燃气分布式供能系统设计手册

RANQI FENBUSHI GONGNENG XITONG SHEJI SHOUCE

组编单位　中国华电科工集团有限公司

参编单位　中国电力工程顾问集团中南电力设计院有限公司

北京市煤气热力工程设计院有限公司

中国能源建设集团广东省电力设计研究院有限公司

内 容 提 要

本手册是按照现行政策和相关标准、规范的规定，结合燃气分布式供能项目特点编写的实用性工具书，可满足燃气分布式供能系统各设计阶段的内容深度要求。

本手册共分十二章，包括燃气分布式供能系统概述、冷热电负荷、冷热电负荷分析与汇总、热能动力设备、设备选型及系统配置、主辅机运行策略、供能站外部工程设计、供能站设计、供能站工程设计案例、技术经济及风险分析、设计文件、燃气分布式供能站标识。其中，设备选型及系统配置、主辅机运行策略、供能站外部工程设计、设计文件、燃气分布式供能站标识等内容，同时还介绍了近年来燃气分布式供能系统的新技术和热点问题。

本手册是供燃气分布式供能项目相关专业设计人员使用的工具书，也可供相关院校热能动力专业师生及企业运行检修技术人员参考使用。

图书在版编目（CIP）数据

燃气分布式供能系统设计手册/中国华电科工集团有限公司组编．—北京：中国电力出版社，2019.7

ISBN 978-7-5198-3279-7

Ⅰ.①燃… Ⅱ.①中… Ⅲ.①气体燃料—供能—系统设计—手册 Ⅳ.①TQ517.5-62

中国版本图书馆CIP数据核字（2019）第115703号

出版发行：中国电力出版社
地　　址：北京市东城区北京站西街19号（邮政编码100005）
网　　址：http：//www.cepp.sgcc.com.cn
责任编辑：刘汝青（010－63412382）　马雪倩
责任校对：黄　蓓　郝军燕　李　楠
装帧设计：赵姗姗
责任印制：吴　迪

印　　刷：北京盛通印刷股份有限公司
版　　次：2019年7月第一版
印　　次：2019年7月北京第一次印刷
开　　本：787毫米×1092毫米　16开本
印　　张：50
字　　数：1184千字
印　　数：0001—2000册
定　　价：198.00元

编辑委员会

序

目前，我国正在加速推进产业结构调整和能源供给多元化进程，能源结构正处于油气替代煤炭、非化石能源替代化石能源的转型过渡期，合理、高效、梯级利用燃气是能源结构转型的选择方案之一。

分布式能源系统，是相对于传统的集中式能源系统而言的，是指将发电系统以小规模（数千瓦至数兆瓦）、分散式的方式布置在用户附近，可独立或同时输出热、电、冷二次能源的系统。燃气分布式能源是分布式能源的主要形式之一，一般以天然气作为燃料，采用燃气轮机或燃气内燃机为发电设备，在发电的同时，利用发电产生的烟气余热生产冷热产品，就近满足用户冷热需求。燃气分布式能源系统，在能源可靠性和备用方面，由于靠近用户端，提高了系统安全性，甚至可保证电网事故情况下重要区域能源的供应；在环境保护方面，通过系统效率的提高、可再生能源的互补利用等，实现了环保最低值排放的目标。总之，燃气分布式能源系统具有清洁高效、削电峰填气谷、安全可靠、与电网形成友好互补关系等诸多优势，符合国家能源发展战略，符合天然气利用政策，符合低碳、高效的能源发展方向。

20 世纪 90 年代末，我国相关专家、学者及企业开始对燃气分布式能源项目进行研究，并积极推动分布式能源在我国的发展。2003 年左右，国内开始建设分布式能源站，先后建成了北京燃气大厦调度中心、上海浦东机场、上海黄浦区中心医院、北京火车南站等燃气分布式能源项目。2011 年《关于发展天然气分布式能源的指导意见》的发布，以及发展燃气分布式能源被写入“十二五”能源发展规划，标志着发展燃气分布式能源被正式纳入国家能源发展战略。

当前我国燃气分布式能源发展仍处于起步阶段，在已建成的项目中，有部分项目可以正常运行，取得了一定的经济、社会和环保效益；但也有部分项目因政策、经济、技术等问题，经济效益不好；另外，由于我国大部分地区面临电力产能过剩问题，电力消纳问题亟待解决。

随着全面深化改革的不断推进，国家治理体系和治理能力现代化将取得重大进展，发展不平衡、不协调、不可持续等问题将逐步得到解决，能源领域基础性制度体系也将基本形成。在我国，燃气分布式能源项目有望迎来“理性而适度”的发展。

因此，需要及时对燃气分布式能源项目建设进行全面总结、归纳、提高，以进一步提高工程项目的设计、建设、运行水平。从工程技术应用角度出发，编制一本介绍燃气分布式供能系统设计的实用工具书恰逢其时。

由中国华电科工集团有限公司组织中国电力工程顾问集团中南电力设计院有限公司、北京市煤气热力工程设计院有限公司、中国能源建设集团广东省电力设计研究院有限公司等单位编写的《燃气分布式供能系统设计手册》一书结合近年来燃气分布式供能系统的新技术及热点问题，详细介绍了各工艺系统的设计，同时给出了相应的工程设计案例，代表了国内该领域的技术水平，也基本可以代表国内该领域工程技术的发展方向。

我相信，《燃气分布式供能系统设计手册》能作为一部精品工具书，成为本行业技术和管理人员的良师益友。

中国工程院院士 倪维斗

2019 年 3 月 25 日

前 言

燃气分布式供能系统是指以燃气为燃料，通过冷热电三联供等方式实现能源的梯级利用，并在负荷中心就近实现能源供应的现代能源供应方式，是燃气高效利用的重要方式，综合能源利用效率在70%以上。

近年来，随着国家扶持政策的逐步落实、配套设施的逐步完善，各地方政府对燃气分布式能源项目的发展给予了大力支持，我国燃气分布式能源项目有了很大的发展。中国华电集团有限公司等电力集团、中国燃气控股有限公司等燃气集团、中石油燃气集团公司等大型油气企业都积极投身于燃气分布式能源项目的建设。据《天然气分布式能源产业发展报告2016》统计，截至2015年底，我国燃气分布式能源项目（单机规模小于或等于50MW，总装机容量200MW以下）共计288个，总装机容量超过11 120MW。其中，已建项目127个，装机容量1405.5MW；在建项目69个，装机容量1603.2MW；筹建项目92个，装机容量8114.8MW。

我国燃气分布式能源的主要用户为工业园区、学校、综合商业体、办公楼、数据中心和综合园区，这些用户具有较大且稳定而连续的冷、热、电负荷需求。在我国，区域式、楼宇式燃气分布式能源项目在数量上几乎各占一半。各类园区等区域式燃气分布式能源项目由于具有比较稳定的电、冷、蒸汽需求，动力设备以燃气轮机、燃气-蒸汽联合循环机组为主；医院、学校、酒店、办公楼等楼宇式燃气分布式能源项目由于能源需求较小且波动较大，动力设备以燃气内燃机和微燃机为主。

本手册所介绍的燃气分布式供能系统范围包括分布式供能站、制冷加热站（在能源站内）、燃气供应系统（含管输气、调压设施）、接入电网设施、相关供热（冷）管网、站外供能子站（建在供能站外的制冷加热站）、水源系统。本手册以实用性为原则，按照现行政策和相关标准、规范的规定，结合燃气分布式供能项目的特点，以工艺系统为基本单元，分别论述了各个系统的设计原则、设计要点、设计计算、系统确定、设备选型及系统配置、设计内外接口等内容，并给出了相应的工程设计案例。

本手册是供燃气分布式供能项目相关专业设计人员使用的工具书，可以满足燃气分布式供能项目各设计阶段的深度要求；也可以作为相关院校热能动力专业师生及企业运行检修技术人员的参考用书。

编写组

2019 年 3 月

目 录

第一章

燃气分布式供能系统概述

构建清洁、低碳的能源供给体系，开创安全、高效的能源消费新格局成为我国能源发展的方向和目标。燃气分布式能源具有的清洁高效、削电峰填气谷、安全可靠、与电网及可再生能源可形成友好互补关系等诸多优势，符合国家能源发展战略，符合天然气利用政策，符合低碳、高效的能源发展方向。

第一节　燃气分布式能源概念与特点

一、燃气分布式能源的概念

（一）分布式能源

分布式能源系统，是相对于传统的集中式能源系统而言的，是指将发电系统以小规模（数千瓦至数兆瓦）、分散式的方式布置在用户附近，可独立或同时输出热、电、冷二次能源的系统。分布式能源系统这一名称起源于国外，国外对分布式能源系统的称谓和定义主要有分布式供能（distributed/decentralized energy resource，DER）、分布式电力（distributed/decentralized power，DP）、分布式能源资源（distributed/decentralized generation，DG）等，但是在相关报告或文献中，它们所指的范畴是不完全相同的。它们三者之间的关系如图 1.1-1 所示。

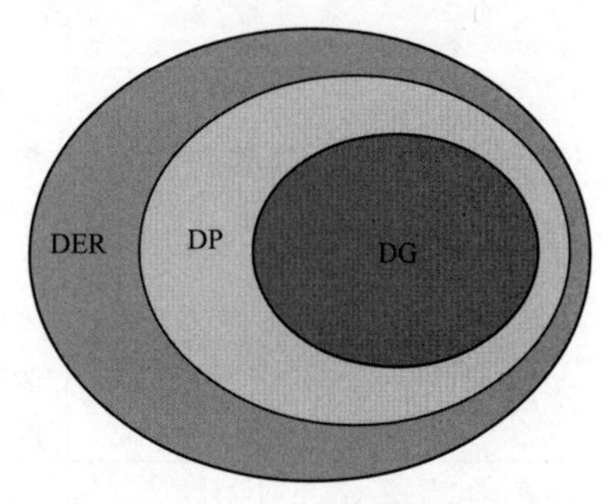

图 1.1-1　DER、DP 和 DG 的关系

不同机构对分布式能源的定义尽管有所不同，但都是以其重要特征分布式（distributed）或分散式（decentralized）为定义核心的，国内分布式能源这一名称也是由此翻译而来。

目前国内得到较广泛认可的分布式能源定义是国家发展改革委给出的：分布式能源是近年来兴起的利用小型设备向用户提供能源供应的新的能源利用方式。与传统的集中式能源系统相比，分布式能源接近负荷，不需要建设大电网进行远距离高压或超高压输电，可大大减少线损，节省输配电建设投资和运行费用；由于兼具发电、供热等多种能源服务功能，分布式能源可以有效地实现能源的梯级利用，达到更高能源综合利用效率。分布式能源设备启停方便，负荷调节灵活，各系统相互独立，系统的可靠性和安全性较高；此外，分布式能源多采用天然气、可再生能源等清洁能源为燃料，比传统的集中式能源系统更加环保。

（二）燃气分布式能源

燃气分布式供能系统是相对于传统的集中式能源生产与供应模式（主要代表形式是集中电厂＋大电网）而言的，是靠近用户端直接向用户提供各种形式能量的中小型终端供能系统。其便于实现能源综合梯级利用，在具有更高能源利用率的同时，还具有更高供能安全性以及更好的环保性能。

燃气分布式能源是分布式能源的主要形式之一，一般以天然气作为燃料，采用燃气轮机或燃气内燃机为发电设备，在发电的同时，利用发电产生的烟气余热生产冷热产品，就近满足用户冷热需求。国家发展和改革委员会下发的《关于发展天然气分布式能源的指导意见》中指出，燃气分布式能源是指利用天然气为燃料，通过冷热电三联供等方式实现能源的梯级利用，综合能源利用效率在70%以上，并在负荷中心就近实现能源供应的现代能源供应方式，是天然气高效利用的重要方式。燃气分布式能源国内外标准见表1.1-1。

表1.1-1　　燃气分布式能源国内外标准

国　　内	
《燃气冷热电联供工程技术规范》(GB 51131—2016)	布置在用户附近，以燃气为一次能源进行发电，并利用发电余热制冷、供热，同时向用户输出电能、热（冷）的分布式能源供应系统，简称为“联供系统”。 该规程适用于以燃气为一次能源，通过发电机单机容量小于或等于25MW的简单循环，直接向用户供应冷、热、电能的燃气冷热电联供工程的设计、施工、验收和运行管理。 系统的年平均能源综合利用率应大于70%
《燃气分布式供能系统工程技术规程》(DG/T J08—115—2016)	在用户内部或靠近用户，联合供应电、热（冷）能的系统。系统输入的能源可以是燃气、轻柴油、生物质能、氢能或太阳能、风能等。 该规程适用于单机容量6.0MW（含）以下的分布式供能系统。 系统年平均总热效率不应小于70%，年平均热电比不应小于75%
《燃气冷热电三联供工程技术规程》(CJJ 145—2010)	布置在用户附近，以燃气为一次能源用于发电，并利用发电余热制冷、供热，同时向用户输出电能、热（冷）的分布式能源供应系统。 该规程适用于发电机总容量小于或等于15MW的燃气分布式能源系统。 系统年平均能源综合利用效率大于70%
《关于发展天然气能源的指导意见》(发改能源〔2011〕2196号)	天然气分布式能源是指利用天然气为原料，通过冷热电三联供等方式实现能源的梯级利用，综合能源利用效率在70%以上，并在负荷中心就近实现能源供应的现代能源供应方式
《分布式电源接入配电网设计规范》(Q/GDW 11147—2013)	分布式电源指接入35kV及以下电压等级的小型电源，包括同步电动机、感应电动机、变流器等类型
《燃气分布式供能站设计规范》(DL/T 5508—2015)	楼宇式供能站原动机单机容量不应大于10MW，区域式供能站原动机单机容量不应大于50MW。 分布式供能站的年均综合能源利用效率不应小于70%
国　　外	
国际能源署（IEA）	分布式电源是指接入配电网、直接供应用户或为局域电网提供支撑的发电装置，通常包括内燃机、燃气轮机、燃料电池和光伏等
美国能源部（DOE）	就近用户侧布置、小型、模块化的发电装置，能够减少配电网升级改造投资，并能为用户提供高可靠性、高品质能源供应的发电系统，其容量通常为几千瓦至50MW
国际分布式能源联盟	分布式能源是分布在用户端的独立的各种产品和技术，包括功率在3kW～40MW的高效的热电联产系统，如燃气轮机、斯特林机，以及分布式可再生能源技术，包括光伏发电系统、小水电和生物质能发电以及风力发电

综合上述分析，燃气分布式能源是以天然气为燃料，通过对天然气的高效利用，在负荷中心按用户个性化需求，就地、就近为用户提供冷热电等产品和增值服务。由于系统采用了温度对口、梯级利用的原则，在系统效率方面，年均综合效率可达70%以上；在能源可靠性和备用方面，由于靠近用户端，提高了系统安全性，甚至可保证电网事故情况下重要区域能源的供应；在环境保护方面，通过系统效率的提高、可再生能源的互补利用等，实现了环保最低值排放的目标。总之，燃气分布式能源具有清洁高效、削电峰填气谷、安全可靠、与电网形成友好互补关系等诸多优势，符合国家能源发展战略，符合天然气利用政策，符合低碳、高效的能源发展方向。

二、燃气分布式能源的特点

燃气分布式能源在提高能源利用效率、提高供电安全及促进节能减排等多方面具有优势。归纳总结主要有以下几个方面的特点：

（1）系统集成度高，多目标优化。燃气分布式供能系统集成技术与时俱进，呈现多领域、多学科交叉协同特征，专业广、层次深；对流程设计、产品性能、运行模式、工程经验等有较高要求。因此针对用户具体需求（高效、可靠、经济、环保、可持续发展等）的集成方式多种多样，层出不穷，具有很明显的个性特点，复制性比较差。

新型的燃气分布式能源通过选用合适的技术，经过系统优化和整合，可以更好地同时实现多个功能目标，满足用户的特殊需求。

（2）系统开放程度高，多能源耦合能力强。随着经济、技术的发展，特别是可再生能源的积极推广应用，用户的能量需求趋向多元、目标各异；又有能源技术的发展，特别是可再生能源技术渐趋成熟，可供选择的技术也日益增多。燃气分布式能源作为一种开放性的能源系统已显现出多功能发展趋势，既可包容多种能源输入，又可同时满足用户的多种能量需求和其他性能要求。

（3）系统不可复制性，贴近用户。燃气分布式供能系统根据用户侧需求设置系统容量及规模，不同的用户需求对系统的能源需求不同，既有能源种类的不同又有能源需求量的不同。用户侧的建筑特性不同，有酒店、医院、数据中心、商业综合体、工业园区等，用户对电力、热、冷、生活热水、蒸汽等需求也不同，燃气分布式能源多样化设备集成系统适应不同用户需求，且同一用户也有多样化的分布式能源解决方案，具有鲜明的个性化特征。

（4）多能源输入与输出，促进供给侧与需求侧改革。燃气分布式能源在输入侧即可实现天然气能源输入，又可实现与可再生能源耦合，实现太阳能、地热能、生物质能、风能的输入。结合用户侧需求，燃气分布式能源从高品位电能到低品位热能的多能源输出，提高了一次能源的综合能源利用率。结合用户需求侧管理，有针对性地建设发展燃气分布式供能系统，根据用户当地能源供给条件，实现与太阳能、生物质能、地热、风能、水电等可再生能源以及储能装置的有机结合，形成互相补充的综合利用系统，增强能源供应可靠性和稳定性。

三、燃气分布式能源的优势

相比于传统的集中式能源系统，新型的燃气分布式供能系统具有以下优势：

（1）能源综合利用率高。燃气分布式供能系统采用能源梯级利用方式大幅度提升能源利用率，将余热进一步用于发电或制冷和供热服务，能源综合利用率可达70%～90%；能源利用不但要考虑量的问题，还要考虑质的问题。常规燃气锅炉的热效率达到90%，甚至是

95%以上，但是燃气锅炉的产品是低品位的蒸汽或者热水，对于优质的天然气资源来说是巨大的浪费。而燃气分布式供能系统规模小，能源可以就近消化，克服了冷能和热能无法远距离传输的困难，实现电、冷、热三联供，为能源的综合梯级利用提供了可能，实现能源的高效节能利用。

（2）输配电成本低。传统的集中发电供能方式必须通过输配电网，才能将生产的电能供给用户。随着电网规模扩大，电能输配成本在总成本中占的比例越来越大。但是燃气分布式供能系统由于分布在用户附近，几乎不需要或只需要很短的输送线路，电能的输配成本几乎为零。因此，燃气分布式供能系统不仅避免了输配线路的线损，而且减少了输配线路的建造成本。

（3）增加电网运行稳定性，提高供电安全性。各种形式的小型燃气分布式供能系统的发展，成为国民经济、国家安全至关重要的纽带，因此大电网不再孤立。安置在用户近旁的燃气分布式能源相互独立，用户可自行控制，可大大地提高供电可靠性，在电网事故和意外灾害（例如地震、暴风雪、战争）情况下，可维持重要用户的供电，保障供电的可靠性。

（4）建设周期短，节约投资。大型电厂和大电网需要大量的资金和较长的建设周期，建设周期长容易出现需求与供应脱节、不同步问题，而小型化、模块化的燃气分布式供能系统建设周期短，不会出现需求与供应脱节不同步问题。另外，燃气分布式供能系统实现能源就地转换、就地供应，大大减少了变电站、热力管网、换热站等的投资，节约了资金。

（5）良好的环保性能。燃气分布式供能系统由于采用液体或气体燃料，减少了粉尘、SO_2、CO_2、废水废渣等废弃物的排放；由于减少了输变电线路和设备，电磁污染和噪声污染极低，因而具有良好的环保性能。

（6）开辟可再生能源利用的新方向。相对于化石能源而言，可再生能源能流密度较低、供能不稳定。燃气分布式供能系统为可再生能源的发展提供了新的机遇和技术保障。我国可再生能源资源丰富，发展可再生能源是减少环境污染及替代化石能源的必然要求，因此为充分利用量多面广的可再生能源发电，推动能源产业深度融合，构建多能互补的智慧能源体系，建设燃气分布式能源融合可再生能源系统是理想选择之一。

（7）可推动微电网和能源互联网的形成。微电网由分布式电源、储能装置、能量转换装置、相关负荷和监控、保护装置汇集而成小型发配电系统，接在用户侧，具有成本低、电压低以及污染小等特点。互联网技术与燃气分布式供能系统相结合，在能源开采、配送和利用上从传统的集中式转变为智能化的分散式，从而将全球的电网变为能源共享网络。

建设多能互补集成优化示范工程是构建“互联网+”智慧能源系统的重要任务之一，有利于提高能源供需协调能力，推动能源清洁生产和就近消纳，减少弃风、弃光、弃水限电，促进可再生能源消纳，是提高能源系统综合效率的重要抓手，对于建设清洁低碳、安全高效现代能源体系具有重要的现实意义和深远的战略意义。

第二节　国内外燃气分布式能源现状

一、国外燃气分布式能源现状

随着能源需求，以及能源与环境的矛盾不断深化，燃气分布式供能系统在世界各国得到了普遍的重视，并率先在发达国家得到了快速发展。随着能源市场机制的完善以及可持续发展战略的实施，燃气分布式供能系统得到迅猛的发展。目前美国、欧洲及日本等国家的燃气分布式能源技术较为先进。

（一）美国分布式能源现状

燃气分布式能源的概念最早起源于美国，起初的目的是通过用户端的发电装置，保障电力安全，利用应急发电机并网供电，以保持电网安全的多元化。经过发展，燃气分布式能源已作为美国政府节能减排的重要抓手。美国已建的分布式热电联产机组主要应用在化工、精炼、造纸等领域，美国燃气分布式能源技术以内燃机、蒸汽轮机、燃气轮机为主，约46%的项目采用内燃机，燃气一蒸汽联合循环占项目数量的8%，占发电总装机容量的53%。

美国政府鼓励发展燃气分布式能源的政策体系比较完备，联邦政府一级，包括能源部、FERC和环保署制定法案或条例等鼓励燃气分布式能源发展，环保署通过制订减排方案等对各州设置奖励资金。政府规定电力公司必须收购热电联产的电力产品，其电价和收购电量以长期合同形式固定，政府为热电联产系统提供税收减免和简化审批等优惠政策。大多州均依据联邦法案制定了各类电站上网标准，部分州给予采用微型燃气轮机的分布式能源项目每千瓦补贴500美元。其中，康州通过实施提高能效和减少排放给予燃气分布式能源奖励，使康州燃气分布式能源得到长足发展。

（二）欧洲分布式能源现状

欧洲的能源结构体系特点是能源高效经济利用和可持续发展为主，大力推广可再生能源和燃气分布式能源的利用，优化能源结构。丹麦、荷兰、德国等，燃气分布式能源装机数量约占欧洲总装机容量的21%，其中工业系统中的燃气分布式能源装机总容量约占燃气分布式能源总装机容量的45%。

（1）德国分布式能源在欧洲占有领先的地位，其中50%的电力需求将通过分布式能源技术覆盖。德国对燃气分布式能源政策支持体现在多方面：①在热电联供法案中规定，燃气分布式能源站向公共电网售电实行固定价格政策，并且小型热电联供设备（＜50kW）在投入运行后的10年内，每千瓦时电依法享受5.11欧分（1欧分≈0.1元）的补贴，此外，由于燃气分布式能源站节省了输电费用，每千瓦时电奖励0.15～0.55欧分；②在能源税法中规定，能效超过70%的燃气分布式供能系统可以享受退税优惠，每千瓦时电为0.55欧分。为了加强对燃气分布式能源的支持，德国政府内部作了职责分工，分别由经济技术联邦署、环境、自然保护和核安全联邦署、经济和出口控制联邦署及能源市场管理署等部门各司其职，全力推进。

（2）英国业界和政府采取的推动燃气分布式能源发展的主要措施有：①政府要求所有的能源公司必须承担碳减排目标（CERT）义务，减少碳排放和能耗；②建立燃气分布式能源效率测量程序（PAS67），规定采用燃气分布式能源技术提高节能50%，企业可以获得政府信贷；③对燃气分布式能源设备降低5%的增值税；④实施智能计量的计划，支持家庭采用燃气分布式能源设备发电，并可向电力公司销售电量。

（3）意大利政府通过能源白皮书鼓励燃气分布式能源和工业燃气分布式能源的发展。白皮证书规定了意大利大型地方电力及天然气分配系统运营商在一次能源节约中的每年义务，以及燃气分布式能源设备安装计划，旨在提高能源效率。通过白色证书工具，对能源分配系统运营商自身开发的项目或能源服务公司开发的项目节能情况进行核实、认证。白色证书分为类型1（节电）、类型2（节气）、类型3（其他燃料节约）三种类型。每份证书代表节约

1t 油当量的一次能源。相关主体可从市场上购买白色证书，当顺利履行义务之后，他们会得到奖励。同时，意大利政府对燃气分布式能源项目在余电上网电价、能源税及信贷方面提供优惠条件，并向使用燃气分布式能源的用户提供补贴。

（三）日本分布式能源现状

日本受限于自身的国土面积，能源匮乏，政府十分重视能源的利用效率，视分布式能源为高附加值社会资本。在日本国内，从 1980 年开始引入热电联产，2013 年装机容量已经达到 1000 万 kW 以上。2005～2010 年间由于美国的次贷危机引发的全球性金融危机，导致设备投资遇冷，燃料价格高涨，因此热电联产市场陷入了困境。日本大地震后，用户对灾害应对意识日趋高涨，热电联产项目被再次推上了进程。

对燃气分布式发电投资方进行减税或免税；建成燃气分布式发电项目第一年可享受税减免和低息贷款，免除供热设施占地的特别土地保有税和设施有关的事业所税。鼓励银行、财团对燃气分布式发电系统出资、融资。此外，政府通过设置专项基金，新建燃气分布式能源项目可得到热电联产推进事业费补助；对于通过技术改造的燃气分布式项目，可得到能源合理化事业支援补助。申请取得专项资金支持的具体条件是：新建项目，针对单机 1～10MW 之间的高效燃气分布式能源项目，单机在 500kW 以下、节能率在 10%以上的，或者单机在 500kW 以上，节能率在 15%以上的均可以享受。燃气分布式能源替代改造项目，项目节能率 5%以上，或者 CO_2 减排 25%以上可以享受。

纵观发达国家燃气分布式能源的发展历程，大多由政府系统性地在法律保障、能源发展规划、价格补偿机制、核心技术及装备研发等方面加以引导，推动产业发展。美国采取减免投资税、简化审批流程的方式给予支持；德国对燃气分布式能源全额发电量进行补贴，将近距离输电方式所节约的电网建设资金返还给燃气分布式能源项目；英国在碳税、商品税、政府补贴的方面进行支持，并推进能源价格市场化体系，为产业发展扫清了障碍；意大利在余电上网电价、能源税及信贷方面提供优惠条件，并向用户提供补贴；日本在低息贷款、电力接入和售电等方面给予扶持。国际能源署认为：一些国家的燃气分布式能源之所以发展得好，都是因为在制度方面进行了大量创新以及政府给予补贴，为产业发展创造了有利的环境和条件，对我国发展分布式有着积极的参考作用。

二、国内燃气分布式能源现状

在我国，燃气分布式能源起步并不算晚，早在 20 世纪 90 年代末，就有专家、学者及企业开始了研究，并积极推动分布式能源在我国的发展。在 2003 年左右，国内陆续开始建设分布式能源站，先后建成了北京燃气大厦调度中心、上海浦东机场、上海黄浦区中心医院、北京火车南站等燃气分布式能源项目。2011 年《关于发展天然气分布式能源的指导意见》的发布以及发展燃气分布式能源被写入“十二五”能源发展规划，标志着发展燃气分布式能源被正式纳入国家能源发展战略。

燃气分布式能源在我国已经有十余年的发展历史，但是由于我国经济与体制的特殊性，燃气分布式能源的发展也很曲折。目前我国燃气分布式能源发展仍处于起步阶段，国内已建和在建的燃气分布式能源项目主要集中在长三角、珠三角、京津冀、长江经济带等经济发达地区。已建成的部分项目正常运行，取得了一定的经济、社会和环保效益。由于各种原因，部分项目因并网、效益或技术等问题处于停顿状态。另外，由于我国能源和电力依然面临产能过剩的问题，因此燃气分布式能源电力产出的消纳问题也亟待解决。不仅如此，相关装备和技术也缺乏竞争力，核心设备自主创新能力弱，市场竞争形势依然严峻。

近年来，随着国家扶持政策的逐步落实、配套设施的逐步完善，各地方政府对燃气分布式能源的发展给予了大力的支持，我国燃气分布式能源有了很大的发展。中国华电集团有限公司等电力企业、中国燃气控股有限公司等燃气企业、中石油天然气集团公司等油气企业都积极投身于燃气分布式能源的建设。据《天然气分布式能源产业发展报告 2016》统计，截至 2015 年底，我国燃气分布式能源项目（单机规模小于或等于 50MW，总装机容量 200MW 以下）共计 288 个，总装机容量超过 11 120MW。其中已建项目 127 个，装机容量 1405.5MW；在建项目 69 个，装机容量 1603.2MW；筹建项目 92 个，装机容量 8114.8MW。在《电力发展“十三五”规划》中提出有序发展天然气发电，大力推进分布式气电建设，“十三五”期间，全国气电新增投产 5000 万 kW，2020 年气电装机规模达到 1.1 亿 kW 以上，其中热电冷多联供 1500 万 kW。

我国燃气分布式能源的主要用户为工业园区、学校、综合商业体、办公楼、数据中心、综合园区，这些用户对冷、热、电存在较大且较稳定、连续的负荷需求。我国的楼宇型、区域型燃气分布式能源项目在数量上几乎各占一半。各类园区由于具有比较稳定的电、冷、蒸汽需求，动力设备以燃气轮机、燃气一蒸汽联合循环为主，医院、学校、酒店、办公楼等楼宇型项目由于能源需求较小且波动较大，动力设备以燃气内燃机和微燃机为主。

我国燃气分布式能源区域分布情况如图 1.2-1 所示。从图 1.2-1 可看出，目前我国燃气分布式能源发展比较快的区域有华东、华北和华南地区。

上述地区的装机容量占全国总容量的 92%，上述地区装机数量之和占全国总装机数量的 82%。三地区发展快的主要原因如下：华东、华北和华南地区的区域经济发达，投资能力强，区域对冷、热、电价格承受能力强；区域产业集中，冷热负荷相对集中且稳定；各区域政府发展节能减排压力大，发展低碳、循环、高效能源经济积极性高，对新兴节能、环保项目财政补贴能力强，能够降低项目投资，项目盈利能力强。在行业早期，只在北京、上海、广州等经济发达的地区发展较多，目前已向国内的二、三线城市渗透发展。从最初的东部沿海地区向天然气资源丰富的西南、西北地区渗透，逐渐呈现普及态势。从燃气分布式能源项目分布情况来看，主要分布在京津冀鲁、长江经济带、珠三角等地区。

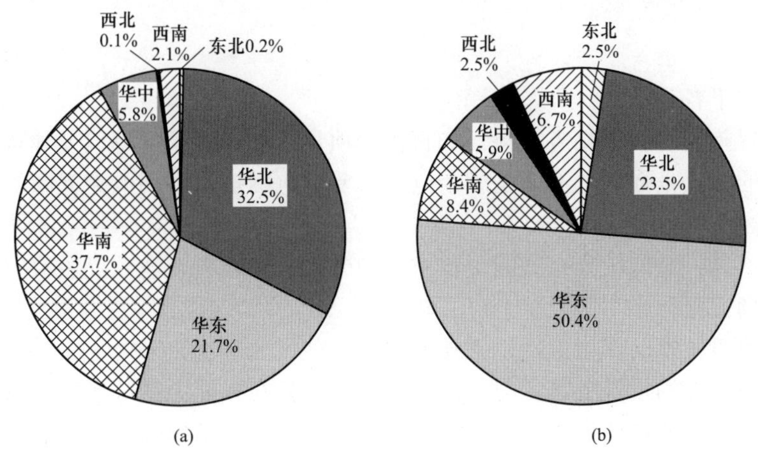

图 1.2-1　我国燃气分布式能源区域分布情况

（a）燃气分布式能源项目装机容量占比图；（b）燃气分布式能源项目装机数量占比图

随着国内天然气价格的下降并逐步稳定，燃气分布式能源项目的经济性得到改善。随着电力体制改革的深入，售电侧将逐渐全面放开，这赋予了供给侧更多的灵活性。建设在用户端的燃气分布式能源将迎来前所未有的发展机遇，各大能源企业正在积极布局各大工业园区、商业集中区和旅游度假区等负荷集中区。

未来，燃气分布式能源在我国的发展将以提高能源综合利用率为首要目标，以实现节能减排任务为工作抓手，在能源负荷中心建设区域分布式能源系统，如城市工业园区、旅游集中服务区、生态园区等；因地制宜发展楼宇分布式能源系统，鼓励创新发展多能源互补利用的燃气分布式供能系统，在条件具备的地区开展天然气与太阳能、风能、地热能等多种可再生能源互补利用的工程示范，并为今后的大规模推广应用奠定基础。

第三节　相关政策及运行模式

伴随着国家电力体制改革的逐步深入和智能制造、大数据、“互联网＋”等技术的发展，以及《国务院关于积极推进“互联网＋”行动的指导意见》等系列文件的出台，推动了国内天然气价格下调和保证了供应市场趋于稳定。“十三五”期间，智能电网、售电平台建设步伐加快，专业化服务公司方兴未艾，燃气分布式能源在我国已具备大规模发展的条件。燃气分布式能源由于其在能源转换效率方面所具有的突出优势，使得其在世界各国的能源领域逐步具有显著地位。本节将从国内外燃气分布式能源的相关政策及运行模式几个方面进行介绍。

一、国内外燃气分布式能源的相关政策

目前，世界各国都把热电联产作为节约能源、改善环境和应对气候变化的重要措施，因地制宜地提出不同形式、不同规模的分布式能源系统，并且各国政府也都不同程度的从法律、法规、规划、技术标准以及税收等方面制定了相应的推广冷热电联产发展的优惠政策。

（一）国外燃气分布式能源政策

国际上支持分布式能源发展的政策主要分为财政政策、公共事业公司配额义务政策、制定地方基础设施和供热规划、入网政策、清洁发展机制、气候变化配额降低政策、能力建设（拓展和研发）政策七类。

1. 财政政策

主要包括以下各项措施：

（1）在项目投资时给予相应支持，如直接的项目补贴、财税优惠以及加速折旧等。

（2）常用的方式是强制电网回购剩余电量、要求电网提供备用电力保障、燃料税豁免等方式。

（3）研发资助：对低碳分布式能源技术（如微燃机、燃料电池）提供政府资助，帮助分布式能源产品商业化。

财政支持政策发挥的作用包括以下几方面：

（1）能承担额外的投资成本：与常规方式相比，分布式能源系统尽管运营成本可能比较低，但常常需要更高的初始投资，以补贴或低息贷款等方式承担部分投资可以帮助投资者解决初始投资紧张问题。

（2）外部成本内部化：财政支持反映了分布式能源项目与传统项目相比，对环境和社会

的贡献。

（3）关注市场失灵：能源市场并不总是开放和竞争性的，比如用电紧张地区，分布式能源项目收益性与电厂相比要差一些，财政支持能够调节电力市场的不足。

国际上有许多国家采用财政政策中的不同措施来支持分布式能源的发展：

（1）电网回购：波兰、西班牙、德国、荷兰、丹麦、捷克、匈牙利、印度等。

（2）投资补贴：意大利、荷兰、西班牙、比利时、美国、加拿大、印度、韩国、日本等。

（3）财税支持：荷兰、瑞典、比利时、意大利、德国、英国、美国、韩国、印度、日本等。

2. 公共事业公司配额义务政策

公共事业公司配额义务政策要求电力供应商必须提供一定比例的来自分布式能源的电力，保证分布式能源电力市场。电力供应商可以用以下两种方式满足要求：拥有分布式能源电站；从分布式能源电站或市场上购买，能源市场监管部门进行认证管理，配额证书可在市场交易。该政策通过对电力供应商的配额要求为分布式能源创造市场，同时提供分布式能源电力分配交易证书，便于其进行市场交易。应用国家包括比利时、波兰、意大利等。

3. 制定地方基础设施和供热规划

为了高效供冷供热，对一定规模的建筑物，应强调能源供应的优化，在建筑标准中对建筑的能效设定了要求，支持节能措施、可再生能源发电和分布式能源等合理、高效的解决方案。应用国家包括丹麦、芬兰、德国、意大利、俄罗斯、瑞典、波多黎各、韩国、英国、德国、奥地利等。通过规划促进了分布式能源的发展：

（1）能源、供热、供冷协同规划，确定了通过地方区域管网输送稳定的热冷负荷。

（2）帮助分布式能源投资商克服了供热供冷管网的初始投资成本问题。

（3）设定建筑标准，促进了小型的楼宇式分布式能源的应用。成千上万的新建筑大量应用分布式能源降低了规模成本。

4. 入网政策

电网接入措施使得分布式能源项目能够向电网输入任何多余的电能，而且在需求超过分布式能源产出时从公共电网购电。在入网措施中，美国、英国、荷兰和德国等主要采取了制定入网接入标准、确定优先接入和对电网的激励等措施。

（1）接入标准：对接入输变电网络，根据电压等级提供清晰的接入规则，流程清晰而且透明。

（2）优先接入：给分布式能源发电优先接入电网。包括以下内容：

净电表：允许电能通过电表双向流动，并保证销售价等于购买价。

优先调度：保证了分布式能源发电的优先权。

许可豁免：允许分布式能源项目在没有发电机许可证的情况下发电，以帮助降低成本。

（3）对电网的激励：使其不会因接入分布式能源而收入减少，将电量和利润间的联系分离，允许或鼓励电网开发分布式能源电站，允许电网在系统使用的收费上灵活掌握。

5. 清洁发展机制

清洁发展机制（clean development mechanism，CDM）将燃气分布式能源纳入补偿范围，可以参加碳交易，对发达国家或发展中国家企业采用的天然气分布式能源的减排量制定了方法论并予以核定。减排交易可以在欧盟国家或美国芝加哥交易所进行交易。

（二）国内燃气分布式能源政策

为推动燃气分布式能源的发展，我国政府相关部门制定并陆续颁布了一系列鼓励和支持性的政策文件，为我国天然气分布式能源的发展提供了适宜的环境和强有力的保障，一些关键政策，见表 1.3-1 和表 1.3-2。

表 1.3-1　　国家能源结构调整及战略规划

政策法规	时间	内容要点
大气污染防治行动计划	2013 年 9 月	（1）到 2017 年，地级及以上城市可吸入颗粒物浓度比 2012 年下降 10%。 （2）鼓励发展天然气分布式能源等高效利用项目，推进天然气价格形成机制改革，理顺天然气与可替代能源的比价关系
能源行业加强大气污染防治工作方案	2014 年 3 月	（1）确定了天然气（不包含煤制气）能源消费比重 2015 年达到 7%以上，2017 年 9%以上。 （2）增加天然气（包括煤层气、页岩气）供应，2015 年达到 2500 亿 m^3，2017 年达到 3300 亿 m^3。 （3）加快天然气分布式能源建设，2015 年力争建成 1000 个天然气分布式能源项目；2017 年天然气分布式能源达到 3000 万 kW；2015 年底前重点在上海、江苏、浙江等地区安排天然气分布式能源示范项目；在江苏、浙江、河北等地选择中小城镇开展以 LNG 为基础的分布式能源试点。 （4）强调要完善相关配套措施，包括推进天然气管网体制改革、油气管网设施公平开放监管、建立和完善市场化价格机制
能源发展战略行动计划（2014—2020 年）	2014 年	（1）提出提高天然气等消费比重，到 2020 年，天然气在一次能源消费中的比重提高到 10%以上。 （2）提出天然气分布式能源是天然气的主要消纳方式，在能源结构调整中将起到重要作用
关于加快推动生态文明建设的意见	2015 年 4 月	（1）调整能源结构，推动传统能源安全绿色开发和清洁低碳利用，发展清洁能源、可再生能源，不断提高非化石能源在能源消费结构中的比重。 （2）发展分布式能源，建设智能电网，完善运行管理体系
中共中央国务院关于推进价格机制改革的若干意见	2015 年 10 月	（1）推进电力、天然气等能源价格改革。 （2）尽快全面理顺天然气价格，建立主要由市场决定能源价格的机制。 （3）合理制定电网、天然气管网输配价格
国家发展改革委、国家能源局关于推进多能互补集成优化示范工程建设的实施意见	2016 年	（1）主要任务是建设终端一体化集成供能系统和风光水火储多能互补系统。 （2）“十三五”期间，建成国家级终端一体化集成供能示范工程 20 项以上，国家级风光水火储多能互补示范工程 3 项以上
中华人民共和国节约能源法	2016 年 7 月	鼓励工业企业采用节能设备、节能发电技术，电网企业安排符合资源综合利用规定的发电机组与电网并网运行，其中包括热电联产方式。电网企业未按照本法规定安排符合规定的热电联产和利用余热余压发电的机组与电网并网运行，或者未执行国家有关上网电价规定的，由国家电力监管机构责令改正；造成发电企业经济损失的，依法承担赔偿责任

续表

政策法规	时间	内容要点
关于开展分布式发电市场化交易试点的通知	2017 年 10 月	明确了分布式发电项目与电力用户交易的过网费，分布式发电项目与电力用户进行电力直接交易，向电网企业支付“过网费”。交易范围首先就近实现，原则上应限制在接入点上一级变压器供电范围内
北方地区冬季清洁取暖规划（2017—2021）	2017 年 12 月	对北方地热供暖、生物质供暖、太阳能供暖、天然气供暖、电供暖、工业余热供暖、清洁燃煤集中供暖、北方重点地区冬季清洁供暖“煤改气”气源保障总体方案做出了具体安排，并提出：在具有稳定冷热电需求的楼宇或建筑群，大力发展天然气分布式能源，适用于政府机关、医院、宾馆、综合商业及办公、机场、交通枢纽等公用建筑

表 1.3-2　　天然气及产业相关政策

政策法规	时间	内容要点
关于发展天然气分布式能源的指导意见	2011 年 10 月	（1）“十二五”期间将建设 1000 个左右天然气分布式能源项目；未来 5～10 年内初步形成具有自主知识产权的分布式能源装备产业体系。 （2）将研究制定天然气分布式能源专项规划，制定天然气分布式能源电网接入、并网运行、设计等技术标准和规范；将对天然气分布式能源发展给予财政支持和优惠政策；研究天然气分布式能源上网电价形成机制及运行机制等体制问题
天然气利用政策	2012 年 12 月	将天然气用户分为优先类、允许类、限制类和禁止类。明确将天然气分布式能源项目（综合能源利用效率 70%以上，包括与可再生能源的综合利用）、天然气热电冷联产用户列为优先类，将天然气发电（除优先类和禁止类中的天然气发电项目外）列为允许类
天然气分布式能源示范项目实施细则	2014 年 12 月	天然气分布式能源示范项目的申报、评选、实施、验收、后评估以及激励政策等做了一系列比较全面的规定
油气管网设施公平开放监管办法（试行）	2014 年	（1）油气管网设施运营企业在一定前提下，向新增用户开放使用油气管网设施。 （2）正式明确管网设施开放的范围为油气管道干线和支线以及与管道配套的相关设施
天然气购销合同（标准文本）	2014 年	为进一步做好天然气合理使用监管，规范天然气购销市场秩序，制定《天然气购销合同（标准文本）》，内容涵盖交付、年合同量、合同价格和气款结算、质量和计量、调试和维修以及争议解决等
关于建立健全居民用气阶梯价格制度的指导意见	2014 年	决定在全国范围内推行居民阶梯气价制度，对各挡气量和气价的确定做了原则性规定
关于加快推进储气设施建设的指导意见	2014 年	（1）鼓励各种所有制经济参与储气设施投资建设和运营，加大对储气设施投资企业融资支持力度。 （2）用好价格杠杆，国家发展和改革委员会要求各级价格主管部门，利用好价格调节手段，引导储备气设施建设
关于建立保障天然气稳定供应长效机制若干意见的通知	2014 年	（1）未来要增加天然气供应。到 2020 年天然气供应能力达到 4000 亿 m^3，力争达到 4200 亿 m^3。同时将推进“煤改气”工程，到 2020 年累计满足“煤改气”用气需求 1120 亿 m^3。 （2）支持各类市场主体依法平等参与储气设施投资、建设和运营。 （3）要求建立天然气监测和预测、预警机制。 （4）强调要进一步理顺天然气与可替代能源价格关系，抓紧落实天然气门站价格调整方案

续表

政策法规	时间	内容要点
《关于进一步深化电力体制改革的若干意见》（中发〔2015〕9号）	2015年3月	（1）处于自然垄断环节的输配电价由政府定价，放开公益性以外的发售电价格由市场决定。 （2）重视分布式发电、微电网和储能。 （3）将发展绿色低碳、节能减排放在了十分重要的位置。 （4）将电网经营模式由收取上网和销售电价价差，改变为收取政府核定的过网费，增加了改革的可行性
国家发展改革委关于理顺非居民用天然气价格的通知	2015年2月	（1）理顺非居民用天然气价格，实现存量气与增量气价格并轨。 （2）放开直供用气价格，由供需双方协商定价
国家发展和改革委员会关于降低非居民用天然气门站价格并进一步推进价格市场化改革的通知	2015年11月	决定从2015年11月20日起非居民用天然气气最高门站价格每千立方米降低700元，提高天然气价格市场化程度，做好天然气公开交易工作
《关于深化石油天然气体制改革的若干意见》	2017年5月	明确深化石油天然气体制改革的指导思想、基本原则、总体思路和主要任务。通过改革促进油气行业持续健康发展，大幅增加探明资源储量，不断提高资源配置效率，实现安全、高效、创新、绿色，保障安全、保证供应、保护资源、保持市场稳定
《加快推进天然气利用的意见》（发改能源〔2017〕1217号）	2017年6月	大力发展天然气分布式能源，在大中城市具有冷热电需求的能源负荷中心、产业和物流园区、旅游服务区、商业中心、交通枢纽、医院、学校等推广天然气分布式能源示范项目，探索“互联网＋”、能源智能微网等新模式，实现多能协同供应和能源综合梯级利用。在管网未覆盖区域开展以LNG为气源的分布式能源应用试点

尽管目前国家出台各种利好分布式能源发展的政策，但是具体实施细则较少，项目推进依然困难重重，例如税收优惠政策、气价折让、上网电价、电力直供等问题无法落到实处，所以未来政策扶持力度需要加大。国外经验表明，新兴行业的发展需要法律来保驾护航，只有从国家法律、法规层面落实相关政策，才能真正确保分布式能源快速、健康和持续发展。随着国内各方面对发展分布式能源需求的不断增长，迫切需要在目前现有法律、法规和政策基础上，形成集中统一的、更具可操作性的实施细则和配套措施。

二、运行模式

我国燃气分布式能源自从1998年建成第一个项目以来，经过多年的探索和发展，依然处于起步阶段。在2011年以前，国家层面没有出台针对性的政策，地方上只有上海出台专项补贴办法；项目主要分布在北京、上海、广东等地，多是示范性项目，以楼宇项目为主，项目规模较小，多采用自发自用模式，并网问题是主要阻碍，亟须国家出台鼓励政策推动分布式能源发展。

2011～2015年期间，国家出台一系列的政策，推动燃气分布式能源的发展，国家发展和改革委员会、财政部、住房城乡建设部、国家能源局于2011年联合发布《关于发展天然气分布式能源的指导意见》，明确了天然气分布式能源的发展目标和具体的政策措施。2013年9月，国务院发布《大气污染防治行动计划》，制定了我国未来五年大气污染防治的时间表和路径图，全国各地政府据此制定了煤改气行动计划。由于政策引领，全国开始大范围推广建设燃气分布式能源示范项目，出现了快速增长的态势，但由于缺乏财政补贴和电力并网等政策支持，行业发展受到限制。同时制约燃气分布式能源发展的天然气价格依然居高不下，不能给分布式项目带来相应的经济性，抑制发展态势。

自从2015年以来，重新启动的电力体制改革和下一步以“管道网运分开”“放开竞争性环节政府定价”“放开下游环节竞争性业务”作为改革重点的油气体制改革，将为分布式能源的发展扫清制度障碍，创造一个更为自由、平等的市场环境。推进“互联网+”智慧能源行动，通过互联网促进能源系统扁平化，推进能源生产和消费模式革命，将为天然气分布式能源提供新的发展契机。2015年天然气价格改革日益推进，上半年实现了存量气与增量气价格并轨，下半年再次下调非居民用天然气门站价格。气价下降大幅降低了天然气分布式能源系统的燃料成本和市场风险，大大改善了天然气分布式能源项目的经济性。

据美国能源信息署（U. S. Energy Information Administration，EIA）预测，许多国家将选择燃气发电来满足未来的电力需求，而不是选择更昂贵或碳排放密集型的电力来源。在中国的《电力发展“十三五”规划》中提出要求到2020年气电装机规模达到1.1亿kW，其中冷热电多联供占1500万kW。在新的发展环境和机遇下，燃气分布式能源出现了快速发展的趋势，燃气分布式能源在中国的市场潜力巨大。

但是目前的发展也存在一些问题：首先，天然气价格是影响燃气分布式能源发展的核心问题。通过调查分析发现，在一套完整的燃气分布式能源的发展规划当中，天然气的燃料成本占据总成本的70%～80%，目前燃气分布式能源的发电成本是煤炭发电成本的2～3倍，已超过全国大多数工商业电价，使其很难和传统发电行业竞争。所以，稳定的价格机制成为分布式能源站发展的一个主要考虑因素。

其次，为了增加收益，燃气分布式能源项目在运行时往往以最大发电量为目标，忽略“以热（冷）定电、欠匹配”的最优运行模式，大量电量上网增加电网负荷，既增大了电网风险也造成了资源浪费。另外，由于电价和热（冷）价由政府控制，价格不能随运行成本上升而上升，燃气分布式能源项目容易遇到燃料、人力、维修成本上涨而产品出厂价格不变的尴尬局面。

目前，随着《关于深化石油天然气体制改革的若干意见》的发布，油气管道向第三方市场主体放开，分析人士认为，气价将会降低，这对燃气分布式能源来说是一利好消息。另外，政府、天然气供应企业、电力企业以及社会四方可以采用“政府补贴一点，天然气供应企业优惠一点，电力和电网企业支持一点，社会承担一点”的“四个一点”，进而缓解价格矛盾。

随着燃气分布式能源市场规模逐步扩大，市场开发的难度也会降低，同时市场的竞争难度也会逐步提升，燃气分布式能源的发展越来越规范化，政策制度更加人性化，燃气分布式能源相关技术获得突破，整体经济成本下降，相关市场开发更加合理、繁荣。

第四节　燃气分布式能源主要技术

作为分布式能源中最重要的类型之一，燃气分布式能源技术的核心是能源梯级利用，具有系统集成度高、系统不可复制、系统开放程度高、多能源输入与输出等特点。但从本质上看，燃气分布式能源涉及的多是已有技术在新领域的拓展应用。分布式能源与集中供能的最大区别是前者有一个具体、明确的服务对象，在经济性最佳、能效最高的前提下，满足特定用户的用能需求。因此，用户负荷预测与分析是系统设计的基础，是燃气分布式能源能否体现能效优势与经济竞争力的决定因素。不同于规模经济批量化生产形式的模式化设计方法，燃气分布式能源专业化设计正在突破传统设计理念，其发展方向是采用量体裁衣的个性化设计。

一、负荷分析预测技术

负荷对系统容量匹配、运行模式选择及能否实现高效、可靠、经济运行都有重要影响。开展燃气分布式能源项目设计的第一步，也是最关键的一步，是统计、预测用户的冷热电负荷，包括全年逐时的负荷变化曲线。在获得了负荷统计和预测数据后，再根据负荷情况合理确定系统的容量，包括供电量、供热和供冷量。通过对大量燃气分布式能源项目的调查表明，冷热电负荷的科学预测和正确选定系统容量是项目成功的关键。

建筑用能负荷分析预测中最为简单的是指标估算法，根据各类设计规范及手册提供的经验指标，可估算冷热电负荷的最大值。根据燃气分布式能源的设计经验，常规用能设计指标存在普遍偏大的现象，不适合在燃气分布式能源项目设计中采用。随着建筑节能水平与意识的提高，建筑能耗下降较快，建筑设计用能指标通常比实际用能负荷大 30%～50%；对于建筑用能的特性分析，可依据经验统计值确定的逐时系数法，还可以通过负荷分析软件产品模拟测算，例如建筑暖通中常用的 DeST、鸿业软件等。负荷特性分析软件虽然可以提供各种条件下负荷逐时曲线，但是用能负荷存在不可以准确预测的特性。因为除了环境不可准确预测外，用户的用能习惯不同、用能心态不同，收费价格与方式对用户的用能产生的影响也不相同。客观地讲，负荷预测及分析最准确的是历史数据统计及同类建筑的用能数据参考。

与建筑用能负荷相比，工业用能的负荷预测分析相对简单。工业负荷是指用于工业生产的设备和工艺的能源需求，在工业冷、热负荷中一般不包括建筑采暖、生活热水和空调冷负荷，而只考虑生产过程中设备和工艺所需要的蒸汽、热水以及低温、冷冻、冷藏等需求。生产工艺与用能情况一般具有相对确定的关系。在设计中可参考生产用能设计指标，并深入现场调研，了解生产工艺，对历史用能数据统计分析，即可保证负荷分析的准确性。本手册的第二、第三章将详细介绍有关内容。

目前，出现了采用历史数据及大数据分析的用能负荷预测软件产品。这种方法预测的数据有望实现预测准确性上的突破，且随着信息化技术的进步，将成为燃气分布式能源最有发展前景的负荷分析与预测方式。目前这种负荷预测产品还不够成熟，如果这种技术商业化后，可以大大提高燃气分布式供能系统的运行水平与系统综合能效。

二、余热利用技术

余热利用技术是燃气分布式能源的重要技术。燃气分布式能源的余热利用主要表现为烟气余热、热水余热两种形式。目前余热利用主要有余热发电、供热、供冷、除湿等方式。

（一）余热发电技术

高温烟气余热通常用来制取高参数的蒸汽产品，蒸汽首先进入汽轮机发电，可采用背压式汽轮机，发电后的蒸汽再供用户使用；或者采用抽汽式汽轮机技术，将部分发电后的蒸汽供用户使用，部分蒸汽纯凝发电。在区域式分布式供能站中采用燃气-蒸汽联合循环形式技术比较成熟。热水也可通过低温朗肯循环或者螺杆膨胀发电，但由于发电转化效率较低，经济性上缺乏竞争力，目前在燃气分布式能源项目的应用较少。

（二）余热供热技术

最常规的余热供热技术应属烟气余热锅炉，一般分为蒸汽型余热锅炉和热水型余热锅炉两类，在蒸汽型余热锅炉的尾部也可布置受热面生产热水。目前余热锅炉技术非常成熟，余热利用效率可达到80%以上。蒸汽型余热锅炉还可分为单压、双压等不同形式。为了进一步降低排烟温度，通常可采用尾部烟气热水换热器，用低温烟气生产热水。

（三）余热供冷技术

余热溴化锂吸收式制冷机是实现余热供冷的最常见设备，一般分为蒸汽型、热水型、烟气型、烟气热水混合型等不同形式，可采用发电过程中产生的各种余热生产5℃以上的冷水。该种设备在我国已经非常成熟，并且已经到达国际先进水平。国内燃气分布式能源项目的吸收式制冷机绝大部分采用国产设备。

（四）其他利用技术

烟气源热泵将烟气作为热泵的热源，对外供冷供热，可将烟气降低到接近环境温度，还能充分利用烟气中水蒸气的潜热。此外，余热还可用于除湿、生物大棚供暖等。该技术在我国目前正处于推广应用阶段。

三、蓄能技术

燃气分布式能源是多能量产品输出系统。用户的冷热电产品需求都是随时间波动的，冷热电的需求很难保证一个稳定的关系。因此，不同能量产品的数量要求在输出中必然存在矛盾，只有引入蓄能环节才能够很好的保证数量上的平衡关系，才能保证对用户的稳定供能。

（一）蓄热技术

从原理上讲，蓄热技术有显热式蓄热、相变式蓄热、热化学过程蓄热等不同种类。目前燃气分布式能源采用最多的是水蓄热，属于显热式蓄热。主要是将用电负荷较高时段的不能消耗的余热通过热水蓄积起来，在用热高峰释放出来。热水蓄热系统流程如图1.4-1所示。由于水的蓄热密度较小，空调耗热量较高，而燃气分布式供能站多建在城市中心区，蓄热水箱或水池难以采用较大容量，因此在空调采暖中一般只起辅助作用。由于生活热水的需求比空调波动性更强，而用量一般不会太大，因此水蓄热技术在生活热水系统中的使用更为普遍。

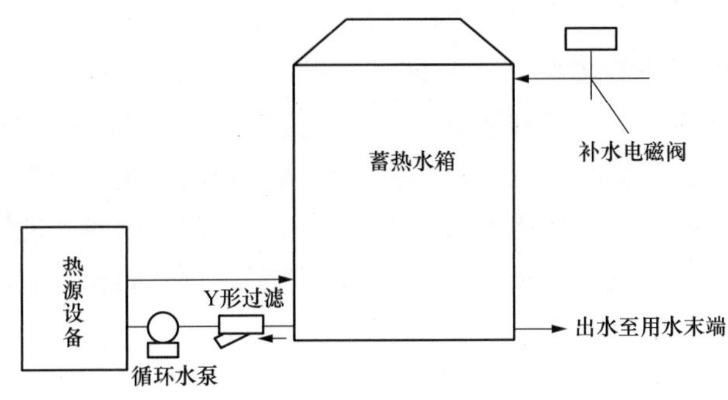

图1.4-1　热水蓄热系统流程图

在以工业生产蒸汽为主的燃气分布式供能站中，为了适应用户蒸汽负荷的频繁波动，有时需要对蒸汽进行蓄能。一般采用压差式蒸汽蓄能罐，在高的压力下将蒸汽液化蓄存起来，在较低的压力下释放成蒸汽。

（二）蓄冷技术

空调的蓄冷使用较为普遍。在供冷低谷段可以将多余的余热制取冷水蓄存，在供冷高峰释放，也可以将多余的电能或者低谷电以冷冻水的方式蓄存，增加系统调节的灵活性，提高系统的运行经济性，一般可分为水蓄冷与冰蓄冷两种。蓄冷原理如图 1.4-2 所示。

在国内的燃气分布式供能站中水蓄冷应用较为普遍，水蓄冷技术可有效解决空调冷负荷波动性较大的问题，可使余热充分利用，并可有效保障供冷的稳定性。

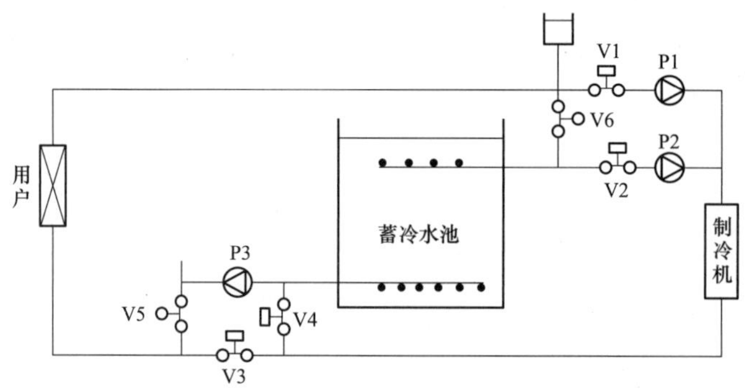

图 1.4-2　蓄冷原理图

冰蓄冷的蓄能密度较大，贮槽所占容积较水蓄冷小，因此冰蓄冷在建筑空调供冷系统中应用较多。但冰蓄冷要采用双工况制冷主机，还需要配置各种结构的蓄冰槽，采用乙二醇等冷媒，需要设置制冰与融冰等换热系统，系统复杂，投资较高，目前在燃气分布式供能站的使用还不多。

（三）蓄电技术

蓄电可以采用飞轮蓄电、电容蓄电、各种电池蓄电等。虽然在燃气分布式能源中蓄电的需求较大，当冷热需求大而电力需求不足时即可出现蓄电需求。但目前大规模蓄电的成本较高，国内还较少在燃气分布式供能站采用。最近，随着电动汽车的快速发展，有些燃气分布式能源项目进行了与电动汽车充电桩结合的技术方案论证，这种蓄电方式在燃气分布式能源具有一定的发展前景。

四、自动控制与运行调节技术

燃气分布式能源整体特征是多种能量输入与多能量产品输出，必须预测并追踪用户不断变化的负荷需求，完成自身复杂系统的自动调整，从而在满足用户需求的情况下，实现提高能效的目标。系统集成的水平和优势需要自动控制与运行调节技术才能体现出来。随着燃气分布式能源的发展，这种技术的市场需求逐步显现出来。较多的技术研发单位开始关注这方面的研究，并取得了一定的成果。

五、标识编码技术

随着我国燃气分布式供能行业的发展，设备自动化程度提高，燃气分布式供能企业的管理工作已呈现了无人值守、精细化、智慧化、复杂化的趋势。此外，随着能源互联网和智能手机技术的发展，对燃气分布式供能系统设备的可控制性有了新的要求。这就需要对燃气分布式供能系统中各类设备采用统一的编码来标识，形成一个能够贯穿生命周期全过程的编码标识体系，使设备从设计开始到运行维护直至退役的每一过程，都能采用现代信息技术手段进行监控。本手册第十二章将介绍燃气分布式供能系统的标识编码技术。

六、微电网技术

微电网是相对传统大电网的一个概念，随着分布式电源的发展而提出的。为了解决分布式电源大规模并网带来的问题，通过把分布式电源、负荷、储能等设备融合形成微电网，可以有效降低分布式电源带来的不利影响，同时发挥其积极作用。微电网作为分布式电源的有效组织形式，除了能实现多种分布式电源的协调互补和安全经济运行外，还可以为分布式电源和大电网提供友好的能量流和信息流窗口。微电网集成了保护与控制、测量与通信、预测与调度等多种技术，实现了分布式电源和负荷的就地平衡和自治运行，可充分发挥分布式电源价值，同时大大降低电网直接监控管理分布式电源的压力，为分布式电源友好介入电网提供了一种行之有效的解决方案。

七、系统集成技术

与传统的、单一功能的简单热力循环和热电联产系统相比，燃气分布式供能系统是一种更加复杂的能量转换利用系统。因此，系统集成技术涉及燃气分布式供能系统的各个层面，是决定燃气分布式能源项目成败的关键技术。

系统集成理论即“温度对口，梯级利用”对燃气分布式供能系统的设计优化、系统开拓和应用发展都是至关重要的，系统集成水平直接体现了燃气分布式能源的先进程度。燃气分布式能源是传统热电联产系统的进一步拓展，由简单的热电联供转向满足用户采暖、制冷、除湿等多种要求，而用户的各种需求也是随时间变化的。燃气分布式供能系统具体配置和组成形式可以多种多样，在流程配置和设计优化过程中需要加强系统集成与综合优化。按系统集成水平，燃气分布式能源的先进程度可以划分为三代，第一代系统的集成水平只能实现相对节能率5%～10%，主要是常规动力技术与余热利用技术的简单叠加，大部分还是靠调峰常规设备满足用户的需求，系统的梯级利用程度不高；第二代系统的集成水平可实现相对节能率10%～20%，主要是由于动力与中温余热利用构成了较好的梯级利用，我国目前建设的燃气分布式能源项目基本上处于第二代的水平；第三代技术的相对节能率将达到20%～40%，特点是采用新一代的冷热电联产的集成技术。联产系统的集成程度显著增加，高品位热能做功损失降低，中温段热利用的温度断层减少，低品位余热也得到了充分利用。

八、能源互联网技术

能源互联网可理解为综合运用先进的电力电子技术、信息技术和智能管理技术，将大量由分布式能量采集装置、分布式能量储存装置和各种类型负载构成的新型电力网络、石油网络、天然气网络等能源节点互联起来，以实现能量双向流动的能量对等交换与共享网络。

能源互联网通过整合运行数据、天气数据、气象数据、电网数据、电力市场数据等，进行大数据分析、负荷预测、发电预测、机器学习，打通并优化能源生产和能源消费端的运作效率，需求和供应将可以进行随时的动态调整。互联网技术与分布式能源、可再生能源相结合，在能源开采、配送和利用上从传统的集中式转变为智能化的分散式。与目前开展的智能电网、分布式发电、微电网研究相比，能源互联网在概念、技术、方法上都有一定的独特之处。因此，研究能源互联网的特征及内涵，探讨实现能源互联网的各种关键技术，对于推动能源互联网的发展，并逐步使传统电网向能源互联网演化，具有重要理论意义和实用价值。

第五节　燃气分布式供能系统设计特点

一、设计范围

本手册所介绍的燃气分布式供能系统范围包括分布式供能站（分为区域式和楼宇式两类）、制冷加热站（在能源站内）、燃气供应系统（含管输气、LNG存储、气化设施）、接入电网设施、相关供热（冷）管网、站外供能子站（建在供能站外的制冷加热站）。

二、设计专业分工

区域式和楼宇式燃气分布式供能站的设计专业如下：

（1）区域式燃气分布式供能站设计专业包括机务、电气、仪控、化学、水务、暖通、总图、建筑、结构。

（2）楼宇式燃气分布式供能站设计专业包括工艺（含暖通、化学、水务）、电控（含电气、仪控）、土建（含总图、建筑、结构）。

三、系统界定

（一）楼宇式燃气分布式供能站的原动机单机容量

考虑到楼宇式燃气分布式供能站承担的负荷性质是空调热、冷负荷，且冷热负荷的最大值一般不超过10MW，因此《燃气分布式供能站设计规范》（DL/T 5508—2015）将楼宇式供能站原动机单机容量定在10MW及10MW以下。

楼宇式分布式供能站的规模通常较小，服务范围主要是本楼或附近几座楼宇，因此原动机可以布置在建筑物内，且尽量利用大楼内商业价值不高的空间，并尽量减少对其他房间的影响。根据国内入户燃气压力的规定，一般的商用建筑物的原动机进气压力不应大于0.4MPa，进入住宅楼的燃气进气压力不应大于0.2MPa。另考虑到地下空间有限，加上燃气有爆炸的危险等因素，布置在地下室的原动机单机容量一般不宜大于3MW。当原动机布置在屋顶时，进一步考虑噪声的影响，原动机单机容量不应大于2MW。

（二）区域式燃气分布式供能站的原动机单机容量

对于区域式燃气分布式能源系统，其承担的负荷性质可能是工业负荷，也可能是多幢楼宇构成的空调负荷，此时负荷量有可能比较大，甚至超过50MW，因此区域式燃气分布式供能站原动机单机容量可以定得比较大一点，但是为了避免建成热电站，《燃气分布式供能站设计规范》（DL/T 5508—2015）规定原动机单机容量原则上不大于50MW，考虑到原动机等级特点和负荷需求的特殊情况，在特殊情况下，可适当放宽原动机单机容量要求。

区域式分布式供能站一般来说服务范围比较广，原动机的容量也比较大，因此原动机露天布置时，进气压力可以提高至4.0MPa；参考国内天然气进入室内的压力规定，如城镇燃气设计规范等，原动机布置在一般建筑物内时的进气压力定在0.4MPa比较合适；而对于附属在工厂的某座独立、单层工业建筑内，并对该工厂供能的原动机，进气压力不能大于0.8MPa。

当进气压力超过了0.8MPa时，实际上已突破了国内现有的规程、规范的规定，因此必须进行技术论证。另考虑到地下空间有限，加上燃气有爆炸的危险等因素，区域式分布式供能站地下布置时原动机的单机容量一般不宜大于5MW。

（三）对年平均能源综合利用率的要求

燃气分布式供能系统的优势在于其能源综合利用率高，符合国家的能源战略和节能目标。一次能源（燃气）由发电机组产生30%～40%的高品位能源（电能），发电余热再产生50%左右的低品位能源（热能），同样数量电能的做功能力是热能的4～5倍，因此燃气联供系统一次能源的通过梯级利用，综合效率高于燃气发电和燃气供热系统。为了简化计算、便于检测，能效指标采用能源综合利用率，要求所有建设的联供系统必须确保一定的能源综合利用率。目前燃气冷、热、电联供系统所使用的发电机组发电效率较高，经余热回收利用后，年平均能源综合利用率一般在70%～85%。为了保证联供系统的高效性和经济性，联供系统的年平均能源综合利用率和余热利用率应尽可能高，一般余热锅炉和吸收式冷温水机可将发电机组的排烟温度降至120℃，内燃机缸套水温度降至75℃，这部分余热回收利用的成本较低，应保证回收利用，因此相关的国家及行业标准规定年平均能源综合利用率应大于70%。有条件的项目，还可进一步深度利用低温余热，提高余热利用率。

（四）对等效供热利用小时的要求

根据已建及在建项目盈亏平衡点调研，原则上，区域式燃气分布式能源系统等效供热利用小时不低于4000h；楼宇式燃气分布式能源等效供热利用小时不低于2500h。

（五）环境保护

天然气分布式能源系统的环境保护和水土保持设计应贯彻政府颁布的有关法律、法规、标准、行政规章、城乡规划以及环境保护规划的要求：

（1）天然气分布式能源系统的废气、烟气排放应符合国家和地方有关排放标准以及污染区排放总量控制的要求，机组选型时应有降低氮氧化物排放的措施。

（2）天然气分布式能源系统污水排放执行当地的排放标准。

（3）原动机、蒸汽轮机、机力通风冷却塔、变压器、调压站、辅助锅炉房的水泵等均有较大噪声，尤其是原动机露天布置时噪声更大。分布式供能站多地处城市，为保证周边居民、企业正常生活、工作的声环境质量要求，能源站噪声对环境的影响应符合《声环境质量标准》（GB 3096）和《工业企业厂界环境噪声排放标准》（GB 12348）的相关规定，若无法达到要求则需配套做降噪设计。

（六）电负荷消纳

原则上，能源站电负荷通过不高于110kV配电网实现就地消纳。

四、工程项目参与方

（一）设计单位

了解参与天然气分布式能源项目的设计单位的特点，以及各设计单位的接口关系，十分重要。设计单位包括以下5类：

（1）能源站设计院：负责能源站内的生产及辅助生产系统、附属设施工程等的设计工作并具有相应资质的设计院。为分布式供能项目的总体设计院，还应负责项目外部接口的技术归总。

（2）燃气系统设计院：主要负责能源站外的天然气管网、调压站等设计工作并具有相应资质的设计院。

（3）冷热管网设计院：主要负责能源站外的热（冷）管网、与冷热用户连接等设计工作并具有相应资质的设计院。

（4）接入系统设计院：主要负责能源站接入电网等设计工作并具有相应资质的设计院。

（5）冷热用户设计院：主要负责能源站外的热（冷）用户建筑、工艺设计工作并具有相应资质的设计院。

（二）用户

用户是天然气分布式能源项目的冷热电的使用方，了解各类用户的特点，十分重要。用户包括以下6种：

（1）已有冷热用户：已建成并运行的冷热用户（含蒸汽、冷热水、生活热水）。

（2）新建冷热用户：拟建的冷热用户（含蒸汽、冷热水、生活热水）。

（3）重要冷热用户：负荷大（占总负荷的33%以上）、对能源站建设具有较大影响的冷热用户（含蒸汽、冷热水、生活热水）。

（4）已有电用户：已建成并运行的电用户（含工业、民用）。

（5）新建电用户：拟建的电用户（含工业、民用）。

（6）重要电用户：负荷大（占总负荷的33%以上）、对能源站建设具有较大影响的电用户（含工业、民用）。

五、设计标准与设计参考资料

燃气分布式供能系统设计中所使用的设计标准分为综合性与专业性两类，详见附录A。设计参考资料除本手册以外，还应参考常规火电的通用设计内容。

六、设计接口与管理

（一）供能站与外部的四个设计接口

（1）与站外热（冷）用户的接口：应画出用户的位置、管网管径数量及路径，说明主要工程量及其他问题。

（2）与电力系统接口：应画出与电网接口的位置、电缆及路径，说明主要工程量及其他问题。

（3）与外部天然气管网接口：应画出天然气门站、LNG气化站、调压站（增压站）的位置、气管管径及路径，说明主要工程量及其他问题。

（4）与外部水源系统的接口：应画出外部水源的位置、水网管径及路径，说明主要工程量及其他问题。

（二）设计接口管理

（1）能源站外部设计接口涉及总图、热机、暖通、电气、系统、水工专业，由总图专业负责归口。

（2）建设方如有需要，可以要求设计单位编制《能源站外部设计接口》报告，对四个设计接口关系做更进一步的描述。

（3）在设计合同中应表明设计接口关系、各设计单位的设计范围。

（4）能源站外部设计接口应作为可研报告审查的重点。

第二章

冷 热 电 负 荷

冷、热、电负荷是燃气分布式供能系统设计的重要依据，也是对系统设计进行技术经济分析的重要原始数据。对整个燃气分布式供能系统而言，冷、热、电负荷分析与估算的结果对确定分布式供能站的类型及规模、供冷热管网规模、电网规模，运行方案合理性以及经济效益、社会效益和环保效益都有很大影响。未做调查与核实的冷热电负荷结果，将导致机组选型不可靠，影响分布式供能系统投产后的经济运行。当然，任何预测都不可能完全准确，但最低要求应避免出现冷、热、电负荷状况与实际情况相差过于悬殊的情况，避免出现严重的供求结构比例失调现象。

保证一定的满负荷运行时间，是分布式能源项目成败的关键。开展分布式供能项目设计的第一步，也是最主要的一步，是统计、预测用户的冷、热、电负荷，包括全年逐时的负荷变化曲线。在获得了负荷统计和预测数据后，再根据负荷情况合理确定系统的容量，包括供电量、供热量、供冷量。对大量分布式供能项目的调查表明，对冷、热、电负荷的科学预测和正确选定系统容量是项目成功的关键。

分布式供能系统的冷、热、电负荷包括蒸汽负荷、建筑采暖热负荷、建筑空调冷、热、负荷、生活热水负荷和电负荷。本章将介绍分布式供能系统冷热电负荷调查、估算的一般方法。

第一节　冷热负荷基本知识

一、冷热负荷的分类

（一）按热负荷的服务对象分类

按热负荷的服务对象分类，冷热负荷可分为民用热负荷和工业用热负荷。民用热负荷主要指供暖、通风、空调、生活热水等的用热。工业热负荷包括工艺热负荷和动力热负荷。工艺热负荷是指企业在生产过程中用于加热、烘干、蒸煮、清洗、熔化等工艺流程的用热负荷，其中也包括企业生产厂房的采暖、通风及空调负荷。动力热负荷专指用于驱动机械设备如蒸汽锤、蒸汽泵等的用热负荷。

（二）按冷热负荷出现的时间分类

按冷热负荷出现的时间分类，冷热负荷可分为季节性热负荷和全年性热负荷。季节性热负荷与室外温度、湿度、风向、风速和太阳辐射、地理位置等室外气象参数密切相关，其中起决定作用的是室外温度，因而在全年中有很大的变化。季节性热负荷中最重要的负荷是采暖热负荷和夏季制冷负荷。夏季制冷负荷是指采用蒸汽型或热水型溴化锂冷水机组作为冷源时所消耗的热负荷。为增加分布式供能站的经济性，提高机组设备的利用率，应考虑发展反向季节性热负荷，如已经有采暖热负荷的地区，能否考虑发展溴化锂制冷用热负荷。

全年性热负荷与气候条件关系不大，而与用热状况密切相关。在全日中变化较大。生活用热和某些生产工艺用热，这类负荷属于全年性热负荷。

（三）按冷热负荷的规划期限分

按冷热负荷的规划期限分，冷热负荷可分为现状负荷、近期负荷和远期负荷，有时还有中期负荷。这种以时间发展顺序为分类的方法通常在供冷热或热电联产等规划中用到。现状负荷一般通过调研方式获得。近、远期热负荷根据估算得到，近期负荷对应的最小负荷、平均负荷和最大负荷将作为机组选型的重要依据。

（四）按冷热负荷的可靠性要求分

按冷热负荷的可靠性要求分，冷热负荷大致可分为一类负荷、二类负荷、三类负荷、四类负荷。

（1）一类负荷。一类负荷指停供后会引发人身或设备事故或特殊条件下的重要用户，这类负荷是必须保证的，不允许断供。

（2）二类负荷。二类负荷指停供后影响生产，例如钢铁厂、石化厂等热用户对蒸汽供应的可靠性和稳定性要求很高，尤其是生产旺季时，蒸汽一旦停止供应，将会导致企业停产，在线产品报废、订单无法如期完成等，使企业的信誉和经济利益蒙受重大损失，这样的负荷也是需要重点保证的。

（3）三类负荷。三类负荷指允许短时间停供，例如某些高档小区，提供 24h 生活热水供应，断供后短时间内对生活不会造成太大的问题。再例如小区集中供热停止供热后，短时间不会对用户造成太大的影响。

（4）四类负荷。四类负荷指不能改为用热水采暖的汽负荷。

（五）按冷热负荷的集中程度分

按冷热负荷的集中程度分，冷热负荷可分为集中型热负荷和分散型热负荷。从一个或多个热源通过供热管网向城市或城市部分地区热用户供热为集中供热；热用户较少、热源和供热管网规模较小的单体或小范围的供热方式为分散供热。前者的热负荷叫作集中供热热负荷，后者叫作分散供热热负荷。例如某几户民建筑、中小型公共建筑和一些小型企业采用自备热源供暖，这些分散的热负荷往往占地面积大，热负荷密度却很小。某些大型公共建筑和企业，这部分区域的热负荷密度往往较大，但未纳入城市集中供热热网中，也认为属于分散热负荷。较多的分散型热负荷可能会导致项目的投资回收期过长。

（六）按输送热负荷的介质分

按输送热负荷的介质分，冷热负荷可分为空调冷热水、热水和蒸汽三种类型。空调冷热水负荷可分采暖、空调负荷。热水热负荷又可分为采暖、通风、空调热负荷。蒸汽热负荷可分采暖、通风、空调、生活热水及工艺热负荷。

（七）冷热负荷种类及特点

冷热负荷按用途、特点、出现时间、重要性、密集程度和输送介质的不同分为 4 类，见表 2.1-1。热密度大、持续时间长、变化幅度小、具备一定规模的冷热负荷属于优质冷热负荷。

表 2.1-1　冷热负荷的种类及特点

冷热负荷	特　点	备注
工艺蒸汽负荷	一年四季均有、稳定，每日随班次有变化	市场定价
空调蒸汽热负荷	仅夏季有，每日变化大，尖峰在下午	市场定价
建筑采暖热负荷	仅冬季（采暖季）有，随室外温度变化，每日变化小，尖峰在早晨	政府定价，按面积收费
建筑空调冷负荷	夏季空调冷负荷：夏季有，每日变化大，尖峰在下午	
建筑空调热负荷	冬季空调热负荷：冬季有，随室外温度变化，每日变化小，尖峰在早晨	市场定价
生活热水负荷	一年四季均有、稳定，但每日内有变化	市场定价

二、供冷热分区划分

供冷热分区指一个或多个分布式供能站所服务的范围。冷热负荷调查、估算、分析前，首先应明确项目规划的供冷热分区是否与供冷热规划和热电联产规划中的供冷热分区范围一致。供冷热分区地理范围和界限的划分在不同规划阶段详细程度有所不同。供冷热分区在城市总体规划阶段是根据供冷热方式和冷热负荷分布来划分。

（一）分布式供能系统供冷（热）负荷的范围

按以下原则确定：

（1）蒸汽系统的供出半径 6km。

（2）热水系统（含采暖、生活热水）的供出半径 10km。

（3）空调冷（热）水系统的供出半径一般 2km，不超过 3km。

超过上述范围的冷（热）负荷，不宜作为分布式供能系统的负荷，如果有特殊情况，应进行政策、技术、经济比较。

（二）供冷热分区内包括的冷热源

随着节能新技术、新方法的应用，供冷热方式呈现出多样性，一个供冷热分区内除了燃气分布式供能站外，可能还有其他多种形式的冷热源，如图 2.1-1 所示。不同冷热源担负的供冷热面积一般不能重叠。

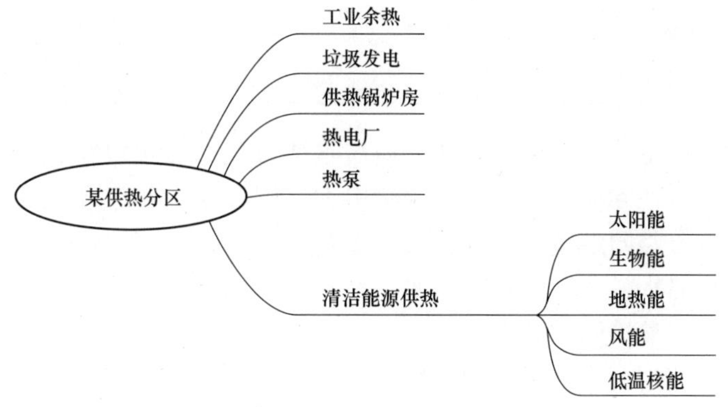

图 2.1-1　供冷热分区内可能包含的热源

对于有城市供冷热规划的城市，供冷热分区的具体边界可在政府主管部门已审批的该市供冷热规划中查到，并应在该市热电联产规划阶段时确保规划区域名称及范围与供热规划尽量保持一致，如必须突破原有分区的划分范围，应予以说明。对于无城市供冷热规划的城市，应结合城市实际供冷热现状及管理情况，科学划分供冷热分区，并给出供冷热分区划分的理由和依据，并填写表 2.1-2。

表 2.1-2　　某市规划范围供冷热分区表

供冷热区域	各供冷热分区范围（以公路、河流、铁路分界）				覆盖的主要行政辖区
	东　界	西　界	南　界	北　界	
某市供冷热分区					
某市供冷热分区					

三、冷热负荷的年限划分

冷热负荷发展一般按现状、近期、远期这三个时间段来进行统计和预测，中期阶段的分类方式使用较少，如无特殊情况不再单独列出，可根据需要增加。

（一）分布式供能系统的冷（热）负荷的年限划分

分布式能源系统的冷（热）负荷的年限划分可分为现状负荷（目前已有的）、近期新增负荷（1～3 年内）、规划负荷（3～5 年）三种类型。其中现状负荷、近期新增负荷是本期分布式能源系统应承担的，规划负荷是根据地方相关规划进行统计的，其负荷量原则上不纳入该期项目，只作为项目后续开发建设的参考。

（二）热电联产规划的年限划分

分布式供能站承担的采暖热负荷与热电联产规划的年限有关，热电联产规划按现状、近期、远期这三个时间阶段的划分原则目前未形成统一规定，其年限的划分可见表 2.1-3，可根据工程需要在表 2.1-3 中选用。

表 2.1-3　　热电联产规划年限取值表

热电联产规划时间划分原则	城市热电联产规划（试行版）	热电联产规划编制规定（报批稿）	某省热电联产规划编制大纲
现状	截至规划编制年的前一年年底	规划编制年或前一年	以规划编制年的上一年为基准年
近期	按规划编制年后 3 年	未来 5～10 年	规划年限为 5 年
远期	与供热规划保持一致	未来 10～15 年	规划年限为 10 年

以上是一些常见的冷热负荷分类方法，通过这些分类方法可以将冷热负荷的服务对象、用热规律、可靠性等特性涵盖到冷热负荷预测中去，使得冷热负荷的预测更接近实际用热情况。在对热负荷进行分类归纳整理时，主要考虑几点：

（1）是供空调冷热水、蒸汽还是供热水。

（2）是属于冬季、夏季两季的，还是属于一年四季的。

（3）蒸汽负荷的使用压力是否在同一级抽汽。

冷热负荷预测的结果最终将作为机组选型的依据，热负荷的预测还应与汽轮机专业共同协商。

四、筛选冷（热）用户

宜对拟作为天然气分布式供能系统的冷（热）用户进行定性排序，定性排序分为优、良、一般、差，定性为优、良的用户应积极接入，定性为一般的用户可选择性接入，定性为差的用户应剔除。

（一）定性原则

（1）负荷量较大、连续稳定、波动性小为优。

（2）蒸汽用户距离远且要求压力高的为差。

（3）普通民宅采暖用户宜考虑经济性，普通民宅空调用户不宜接入。

（二）热（冷）用户的优差定性排序涉及的主要因素

（1）负荷量、用户参数。

（2）负荷连续性、波动性。

（3）用户距能源站的距离。

（4）用户对冷热价格的承受力。

（三）选择冷热用户

在确定燃气分布式供能系统拟承担的热（冷）负荷时，应根据工程情况和热（冷）用户的优差定性排序，筛选热（冷）用户，应考虑近期新增负荷和规划负荷的风险；根据筛选后的热（冷）用户确定天然气分布式能源系统的设计供能负荷。

五、冷热负荷估算中应注意的问题

（1）规划的发展建筑面积应有可靠的依据，如城市总体规划、房地产部门的专项规划等。如果不落实，或缺少足够的依据，建议委托中介咨询机构进行建筑市场发展预测。

（2）要区分已有建筑和新建建筑，根据《公共建筑节能设计标准》（GB 50189—2015）的要求新建建筑的维护结构保温性能应满足节能建筑的要求，采暖热指标应采用户节能措施的值。

（3）在估算空调冷负荷时，应注意空调用户的性质，不应把不采用集中式空调系统的用户的冷负荷计入在内，例如民用住宅一般不采用集中式空调系统。

（4）有些地区采暖期较短，而夏季则需要空调制冷，采用热水/蒸汽型溴化锂制冷技术，致使夏季用热负荷增加，这对冬夏季负荷的平衡，提高分布式供能系统全年的经济性有好处，应积极组织夏季制冷负荷，将其纳入供热范围。但在考虑住宅区的制冷负荷时，应考虑居民的承受能力，目前宜只考虑宾馆、饭店、商场、写字楼等公用建筑。

（5）应认真核实工业热负荷。有的工程在核实热负荷时，未用产品单耗与燃煤量进行校核，有的只能用一种方法计算。一般认为按燃煤量计算也会有出入，这是因为每年消耗的燃料煤量和煤的低位发热量都是用户提供的，设计单位不好再深入核查。而一般的用户缺少来煤计量手段，只能根据财务结算的账单进行统计，来煤亏吨和其他生活用煤都使数量发生变化，导致按来煤量核算的热负荷偏大。因此，应按照几种校核方法核对。

（6）发展冷热负荷应有依据。分布式供能系统是分期建设的，因而应在现有冷热负荷的基础上，考虑发展。

（7）对于工艺蒸汽热负荷，有的工程只写近期发展热负荷，哪一年末交代，根据什么确定的发展热负荷也未说明。有的工程对所有的热用户一律按同样的增长率来计算，也是不科学的。对于新建企业、现有企业增容与新近车间，应有上级主管部门批准立项的文件，作为附件列入。有的新建工程已经施工，在可研究报告中也只列发展热负荷而未详细说明，使人看不出落实到何等程度。对于已施工的用户，其热负荷一般是根据设计文件计算，这也是一个偏大的数字。因为设计文件中的热负荷，是该厂达到生产能力时的热负荷，若干年以后才会实现。如果发展的热用户较多（也就是设计上的数字较多）应在同时率的取值上考虑这一因素，取较小值。

（8）为了避免燃气分布式供能系统冷热负荷计算值偏大，建设方和设计院可根据工程项目的具体情况，对设计冷热负荷值进行修正，具体方法如下：

1）工艺蒸汽负荷，采用同时使用系数、折减系数进行修正，详见本章第二节。

2）建筑采暖热负荷，对入住率进行修正，详见本章第三节。

3）建筑空调冷热负荷，采用同时使用系数进行修正，详见本章第四节。

第二节　工艺蒸汽负荷

本节介绍工艺蒸汽负荷的调查、分析、汇总、归纳与整理。

一、工艺蒸汽负荷的调查

工艺蒸汽负荷涉及食品、木材、粮食、煤矿、造纸、印染、纺织、合成纤维、化工、医药，橡胶、汽车、油脂、饲料、建材、电子半导体、烟草等行业。

由于生产工艺的性质、用热设备的形式以及生产企业的工作制度有所不同，工艺蒸汽负荷的大小、用汽参数也有所不同。工艺蒸汽负荷的特性不能用一个统一的公式描述出来，也难以采用热指标法进行估算（不准确、误差大），通常采用调查法，根据用汽单位提供的数据来综合确定。

（一）调查分类

（1）对于现有的工艺用户，应采用调查实际值。

（2）对于已签订供热合同的近期新增工艺用户，可采用合同值。

（3）对于已有供热协议的近期新增工艺用户，应采用经过核实的值。

注：“经核实”的含义是若以前供热协议与当前的数据不符时，应加以修正。

（4）对于规划中的或无法提供准确值的工艺用户，可参考同类型同等生产规模的项目实际值。

（二）工艺蒸汽负荷调查时的注意点

（1）工艺蒸汽用户在非采暖期平均蒸汽量大于 1t/h 的，应逐个进行调查和核实，在对工业用户调查的基础上进行复核计算，分析研究，以确保现状热负荷数据的可靠。

（2）近期热负荷指热电厂建成投产后能正常供热时各工业热用户的热负荷，即现有热负荷加近期增加的热负荷。增加的热负荷是否统计到近期热负荷的原则见表 2.2-1。

表 2.2-1　增加热负荷的统计分类

可作为近期增加的热负荷	不宜作为近期增加的热负荷
（1）企业正在扩建，其产品在市场上有销路的。 （2）新建企业已经立项，可行性研究报告已得到上级有关主管部门批复或经企业董事会批准，且资金落实的	（1）近期增加的自然增长率热负荷。 （2）企业拟扩建或新建，但仅在项目建议书阶段或设想阶段，只能作为规划热负荷，不宜作为该期工程热负荷增加的依据

(3) 热用户的生产原料是否落实，产品是否适销对路，有无转产、停产的可能，及转产、停产后的热负荷情况。

(4) 有无一类、二类热负荷用户，并注意用户的生产班次和同时使用系数。

(5) 热用户对连续供热的要求，中断供热时产生的影响。

(6) 对新增热用户的热负荷，应通过有关主管领导机关批准的建设规模进行核实。

二、工艺蒸汽负荷的分析

(一) 对现状工艺蒸汽负荷的分析

(1) 通过资料搜集和实地调研，获取用户近年的产能和开工率情况，并在条件允许的情况下通过实地测量方法获取典型生产工况下的用能曲线。

(2) 分析统计现有用户的用能情况，主要包括现有生产状态、生产班制、供能装置配置情况（若有）、燃料类别（若有）、燃料消耗量（若有）、典型日逐时用能曲线（原则要求提供各季节/月份典型日用能曲线）、年总用能量等。

(3) 根据用户生产现状，并结合国家产业政策的要求和用户生产发展特点，合理确定现有用户冷（热）负荷的最大、平均、最小值。

(4) 根据用户生产现状，并结合国家产业政策的要求和用户生产发展特点，合理确定现有用户的工艺蒸汽设计负荷。

(5) 经调查整理后获得的现状热用户的负荷宜按照不同季节进行统计，统计表见表2.2-2。

表 2.2-2　　现状工艺蒸汽负荷统计表

序号	热负荷项目名称	表压力 (MPa)	温度 (℃)	用热时段	运行方式	用热性质	最大量 (t/h)	平均量 (t/h)	最小量 (t/h)	离能源站距离 (km)
1										
2										
3										
4										
5										

注 1. 对于各热用户的热负荷资料进行整理后，应按照年燃料消耗量、产品单耗等指标进行验算。
2. 设计单位可以按上表的原则进行修改完善。

(二) 对近期新增工艺蒸汽负荷的分析

(1) 应充分做好与用户沟通和资料搜集工作，调研用户新增产能、开工建设时间、生产工艺、用能参数、用量及稳定性。原则上要求用户提供项目可研报告（或初步设计报告）和环境影响评价报告。

(2) 应根据不同行业项目估算指标中典型生产规模进行估算，也可按照同类型、同地区类似企业的设计资料或实际耗热量计算。

(3) 结合同类型用户用能特点，按照现状热负荷分析有关要求，确定最大、平均、最小值。

(三) 工艺蒸汽负荷的汇总

工艺蒸汽负荷汇总表见表 2.2-3。

表 2.2-3　　工艺蒸汽负荷汇总表

<table>
<tr><th rowspan="2">用户名</th><th colspan="3">用热量（MW）</th><th colspan="2">用热参数</th><th rowspan="2">备注</th><th rowspan="2">离能源站距离（km）</th><th rowspan="2">拟用能时间</th></tr>
<tr><th>最大</th><th>平均</th><th>最小</th><th>压力（MPa）</th><th>温度（℃）</th></tr>
<tr><td></td><td></td><td></td><td></td><td></td><td></td><td></td><td></td><td></td></tr>
<tr><td></td><td></td><td></td><td></td><td></td><td></td><td></td><td></td><td></td></tr>
<tr><td></td><td></td><td></td><td></td><td></td><td></td><td></td><td></td><td></td></tr>
<tr><td>合计</td><td></td><td></td><td></td><td></td><td></td><td></td><td></td><td></td></tr>
</table>

注　设计单位可以按本表的原则进行修改完善。

三、工艺蒸汽负荷的归纳与整理

应绘制工艺蒸汽负荷和制冷蒸汽负荷的不同季节典型日负荷曲线、平均日负荷曲线、全年热负荷曲线，并依此合成工业蒸汽负荷的不同季节典型日负荷曲线、平均日负荷曲线、全年热负荷曲线。

确定设计工艺蒸汽负荷可采用以下两种方法：

（1）全年热负荷曲线叠加法。

（2）同时使用系数法。

（一）全年热负荷曲线叠加法

有条件时，应优先采用全年热负荷曲线叠加法确定设计工艺蒸汽负荷值；当采用全年热负荷曲线叠加法确定设计工业蒸汽负荷时，应符合以下规定：

（1）根据各用户负荷实测及预测情况，绘制各自不同季节典型日负荷曲线和全年热负荷曲线。

（2）根据全年热负荷曲线叠加得出设计工业蒸汽负荷值（最大、平均、最小）。

（3）对于现状实测负荷，曲线叠加前不考虑折减系数。

（4）对于近期新增用户负荷，曲线叠加前，应充分考虑用户生产性质、负荷是否稳定且连续等情况，考虑是否需要乘以折减系数 0.7～0.9。

（二）同时使用系数法

在有较多生产工艺用热设备或热用户的场合，最大负荷往往不会同时出现。在考虑集中供热系统生产工艺总的设计热负荷或管线承担的热负荷时，应考虑各种设备或各用户的同时使用系数。当无法得出不同负荷不同季节典型日负荷曲线和全年热负荷曲线时，可采用同时使用系数法确定设计工艺蒸汽负荷，并应符合以下规定：

（1）将各用户统计工艺蒸汽热负荷值（最大、平均、最小）叠加后乘以同时使用系数 0.6～0.9（各用户生产性质相同，生产负荷稳定且连续生产时间较长，同时使用系数取较高值，反之取较小值）后，即为设计工艺蒸汽负荷。

（2）对于近期新增用户的负荷，应根据用户生产性质、负荷稳定且连续情况，在叠加前应乘以折减系数 0.7～0.9。

（3）对于现状实测负荷，在叠加前不应乘以折减系数。

四、案例

（一）案例一：某轮胎厂现状工艺蒸汽负荷的分析

1. 简况

轮胎厂一期工程已运行 6 年，所需工艺蒸汽负荷主要用于密炼、硫化和动力工段。一期热源是燃煤锅炉，因环保问题，拟改用燃气分布式供能站代替。

轮胎厂一期生产能力为 500 万条子午胎，二期扩建可生产 500 万条子午胎。一、二期为同规模、同工艺。

该案例根据一期工程 6 年运行数据，对现状工艺负荷进行分析，预测轮胎厂最终规模（一、二期）的负荷情况，并依此选择主机。

2. 热电负荷汇总

根据调研（座谈、现场调查）和 6 年的运行数据进行归纳整理。轮胎厂一、二期的热电负荷汇总情况见表 2.2-4。

表 2.2-4　　轮胎厂一、二期热电负荷汇总表

建设分期	蒸汽量（万 t/年） 低压：1.0MPa，高压：2.0MPa	电（万 kWh/年）
一期（含扩）	23（18 低+5 高）	8500
二期	10（8 低+2 高）	3300
合计	33（26 低+7 高）	11 800

注 1. 空调冷负荷为每年的 5 月 20 日～9 月 29 日，130 天的空调期，蒸汽使用量约为 4700t。表中的蒸汽量已经包括空调制冷所需。
2. 采暖负荷为每年的 11 月 15 日～次年 3 月 15 日，120 天采暖期，蒸汽使用量约为 4300t。表中的蒸汽量已经包括采暖所需。
3. 高压蒸汽压力 2.0MPa，低压蒸汽压力 1.0MPa。

3. 冷热负荷分析

（1）轮胎厂蒸汽月负荷曲线。轮胎厂 2007～2012 年蒸汽月负荷曲线如图 2.2-1 所示。

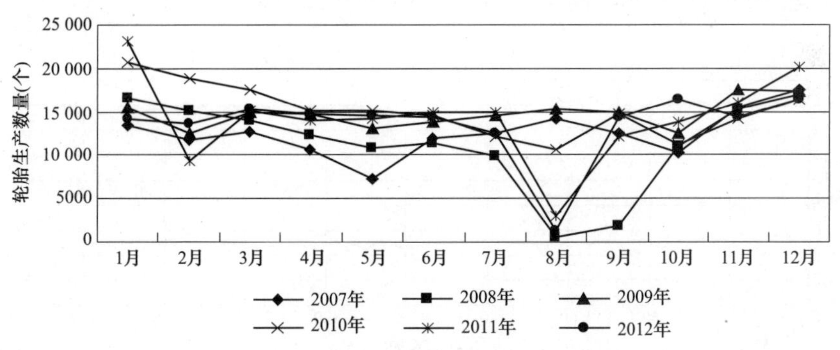

图 2.2-1　2007～2012 年蒸汽月负荷曲线

（2）2010～2012 年的逐月蒸汽负荷。2010～2012 年的逐月蒸汽负荷如图 2.2-2 所示。

（3）逐日蒸汽负荷。2013 年 1 月逐日蒸汽负荷如图 2.2-3 所示。

以上数据均为实际运行记录值，真实、可靠，依此做出日平均蒸汽负荷图。

（4）日平均蒸汽负荷。2013 年上半年日平均蒸汽负荷如图 2.2-4 所示。

4. 工艺负荷的特点

（1）工艺用汽为主、暖通用汽（每年冬季 4300t，夏季 4700t）只占 1/35。

（2）每年四季均衡、每年停一个半月检修。

（3）每日三班，全天 24h 都有负荷。

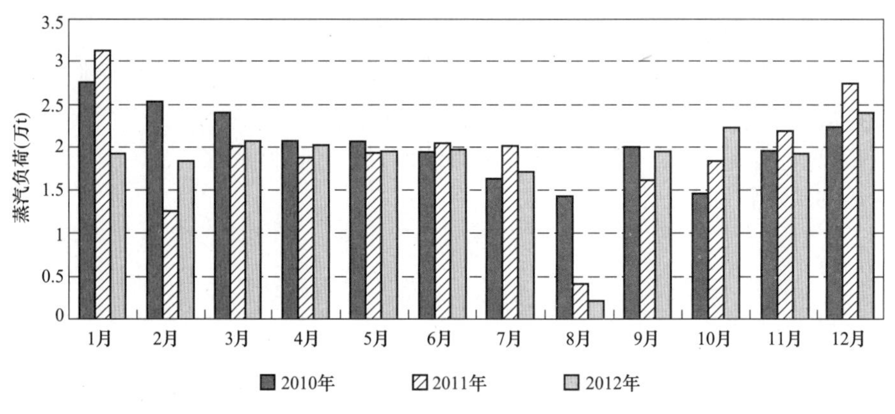

图 2.2-2 2010～2012 年的逐月蒸汽负荷

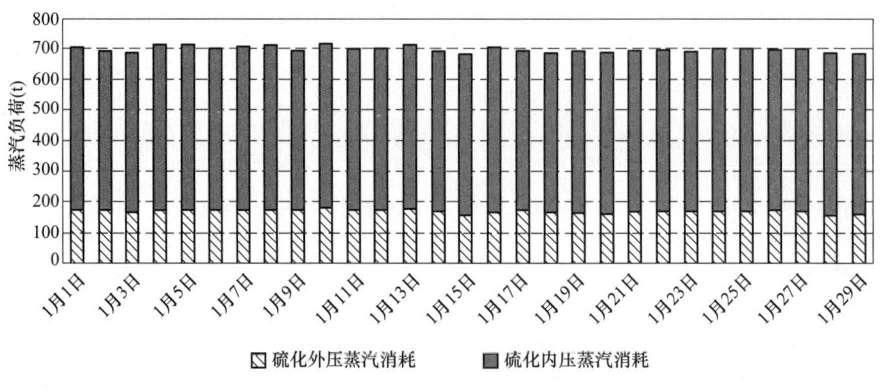

图 2.2-3 2013 年 1 月逐日蒸汽负荷

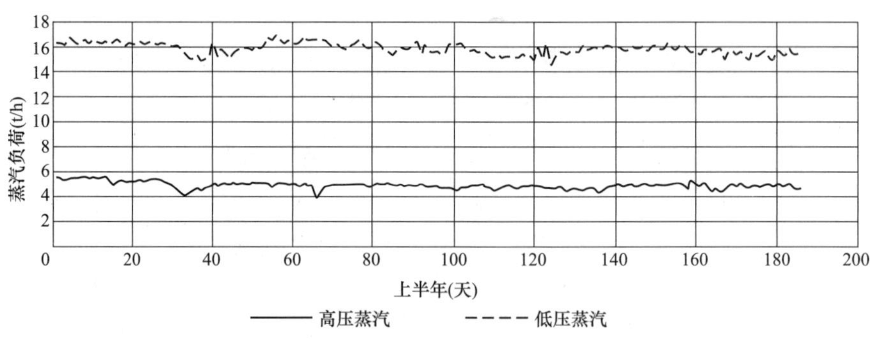

图 2.2-4 2013 年上半年日平均蒸汽负荷

(4) 高低压汽量比为 1∶4。

综上所述，可根据图 2.2-4 的曲线选择一期主设备，并以一期加倍容量选择最终容量。该案例属于参考同类型同等生产规模（一期）的负荷，预测二期的负荷。

（二）案例二：某工程工艺蒸汽负荷的统计

某工程的燃气分布式供能站对外供工艺蒸汽，表 2.2-5 给出了工艺蒸汽负荷调查汇总的情况。

表 2.2-5 工艺蒸汽负荷调查汇总表（1.3MPa/280℃）

序号	用户名称	用汽参数		采暖期用汽量 (t/h)			非采暖期用汽量 (t/h)			折合成出口参数用汽量 p=1.3MPa，t=280℃	
		p(MPa)	t(℃)	最大 Q_M	平均	最小	最大 Q_M	平均	最小	折算系数	最大用量 Q_M
1	服装有限公司 A	0.8	180	10	5	3	10	5	3	0.9304	9.3
2	服装有限公司 B	0.8	180	10	8	6	8	6	4	0.9304	9.3
3	某锅炉有限公司	0.5	180	4	4	4				0.9371	3.75
4	果业公司	0.8	200	36	30	25	36	20	15	0.9462	34.06
5	服装有限公司 C	0.4～0.6	150～180	1	1	1	1	1	1	0.9350	0.94
6	麦芽有限公司	0.8	200	115	80	60	115	80	60	0.9462	108.81
7	化工有限公司	0.6	180	2	2	2	2	2	2	0.9350	1.87
8	生物科技公司	0.6	180	8	6	4	6	4	3	0.9350	7.48
9	服装有限公司 D	0.4～0.6	150～180	2	2	2	2	2	2	0.9350	1.87
10	制药有限公司	0.5	100	2	2	2	2	2	2	0.9163	1.83
11	印染有限公司	0.6	180	6	5	3	6	5	3	0.9350	5.61
12	服装有限公司 E	0.4～0.6	150～180	4	4	4	4	3	2	0.9350	3.74
13	服装有限公司 F	0.4～0.6	150～180	20	15	10	20	8	5	0.9350	18.7
合计				220	164	126	212	138	102	0.9416	207.26

（三）案例三：工艺蒸汽热负荷的优差判定

某工业园区分布式供能项目对外供工艺蒸汽，有 6 个蒸汽用户，对外供工艺蒸汽平面图如图 2.2-5 所示，蒸汽用户的情况见表 2.2-6。请根据用户的情况进行优差排序。

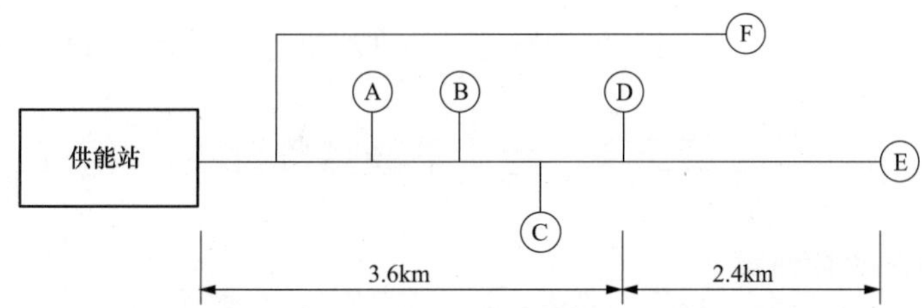

图 2.2-5 某工业园区分布式供能项目对外供工艺蒸汽平面图

表 2.2-6 某工业园区分布式供能项目工艺蒸汽用户的情况

用户	蒸汽量 (t/h)	用户需要的蒸汽压力 (MPa)	距供能站的距离 (km)	每年用汽的时段、每日连续性	优差排序
A	3	0.8	2.0	每年用汽 10 个月，每日用汽 16h	2
B	2	0.7	2.5	每年用汽 9 个月，每日用汽 12h	3
C	10	0.8	3.0	每年用汽 3 个月，每日用汽 16h	5
D	24	0.8	3.6	每年用汽 10 个月，每日用汽 24h	1
E	5	1.2	6.0	每年用汽 11 个月，每日用汽 16h	6
F	5	0.8	5.5	每年用汽 8 个月，每日用汽 16h	4

解：

1. 各用户情况

(1) 用户D：最大用户，距离理想，用汽连续，压力理想，排序1。

(2) 用户A、B：较小用户，距离理想（在主管网沿线上），用汽连续，压力理想，排序2、3。

(3) 用户F：较小用户，距离可以，用汽连续，压力理想，但不在主管网沿线上，需为其单独设管网，不经济，排序4。

(4) 用户C：第二大用户，距离理想，压力理想，每日用汽连续，但每年用汽仅3个月，排序5。

(5) 用户E：较小用户，最远距离，用汽连续，所需压力高，排序6。

如果按图对全部用户供汽，供能站的对外供汽压力应为1.5MPa，设计供汽量应为49t/h。显然，这不经济、不合理。

2. 对各用户分析

(1) 用户D、A、B（排序1、2、3）是理想用户。

(2) 用户E接入将导致供能站的对外供汽压力提高到1.5MPa，不经济；应剔除用户E，建议用户E自建热源。

(3) 用户C：第二大用户，但每年用汽仅3个月，需为其增加较大的调峰容量，不经济，不建议接入。

(4) 用户F：较小用户，不在主管网沿线上，需为其单独设管网5km，不经济，不建议接入。

3. 结论

(1) 用户D、A、B（排序1、2、3）是理想用户，应接入。

(2) 不建议接入用户C、E、F。

(3) 当只接入用户D、A、B时，供能站的对外供汽压力1.0MPa，设计供汽量为29t/h。

第三节 建筑采暖热负荷

一、建筑采暖热负荷估算

可采用以下三种方法估算建筑采暖热负荷：

(1) 采用建筑设计院（或工艺设计院）提供的工程计算值。

(2) 采用现场调查法。

(3) 采用建筑采暖热指标法进行估算。

以上三种方法可在同一项目中使用，并可互为验证。

（一）建筑设计院提供的工程计算值

对于现有建筑和近期建筑的采暖热负荷，应首先采用建筑设计院提供的工程计算值。如无法获得建筑设计院提供的计算值，可进行现场调查法，或采用建筑采暖热指标法进行估算。

（二）现场调查法

建筑采暖热负荷的实地调查应符合以下规定：

（1）现场调查各建筑热（冷）负荷历史记录数据，或在条件允许的情况下使用模拟法，分析建筑热用能特点，得出现场调查的数据。

（2）根据相关设计规范及对同地区同类型建筑的调研情况，分析近期新增建筑热用能特点，得出现场调查的数据。

（3）可根据工程实际情况决定是否对现场调查值进行修正。

（三）建筑采暖热指标法

建筑采暖热负荷可按式（2.3-1）估算。

$$Q = qA \tag{2.3-1}$$

式中 Q——采暖设计热负荷，kW；

q——采暖热指标，可查表取用，W/m^2；

A——采暖建筑物的建筑面积，m^2。

在估算时，应采用总建筑面积作基数。

建筑采暖热指标法使用简单、可靠，是目前燃气分布式供能项目估算采暖热负荷最为多用的方法，本节将主要介绍建筑采暖热指标法。

二、建筑采暖热指标

建筑采暖热指标分体积热指标和面积热指标两种，建筑采暖热负荷估算中比较常用的是面积热指标。下文中如无特殊说明，采暖热指标均指面积热指标。

建筑采暖热指标可细分为一般采暖热指标和综合采暖热指标。一般采暖热指标是指考虑了同类建筑不同节能状况的单位建筑面积热指标。综合采暖热指标则是综合各类建筑以及节能状况的单位建筑面积热指标。

建筑采暖热指标与室外温度、室外平均风速、建筑围护结构、保温材料及窗体传热系数、建筑物体型系数、新风量大小等因素有关系，这使得同类建筑的热指标有所差异，各地的热负荷指标更有所差异。

（一）行业规范使用的建筑采暖热指标

行业规范使用的建筑采暖热指标是按建筑的类别和有无采取节能措施将建筑采暖热指标限定了一个取值范围，行业规范使用的建筑采暖热指标与地区无关，表2.3-1给出了《城镇供热管网设计规范》（CJJ 34—2010）中的建筑采暖热指标推荐值。

表2.3-1　建筑采暖热指标推荐值　（W/m^2）

建筑物类型	住宅	居住区综合	学校、办公	医院、托幼	旅馆	商店	食堂、餐厅	影剧院、展览馆	大礼堂、体育馆
末采取节能措施	58～64	60～67	60～80	65～80	60～70	65～80	115～140	95～115	115～165
采取节能措施	40～45	45～55	50～70	55～70	50～60	55～70	100～130	80～105	100～150

注 1. 表中数值适用于我国东北、华北、西北地区。
2. 采暖热指标中已包括约5%的管网热损失。

在实际使用中，发现以下问题：

（1）表2.3-1中，采取节能措施的建筑采暖热指标数据比实际值偏大。

（2）采暖热指标未对应每一城市，需在给出的范围内选择。

（二）各地区的建筑采暖热指标

随着我国对建筑节能要求的不断提高，各地区根据当地的情况制订了相应的建筑采暖热指标。表 2.3-2 和表 2.3-3 分别给出了北京和沈阳的单体建筑设计时采用的建筑采暖热指标［数据源自《城市供热规划规范》(GB/T 51074—2015)］。

表 2.3-2　北京采用的建筑采暖热指标　(W/m^2)

建筑物类型	住宅	单层住宅	办公楼	医院、幼儿园	旅馆	图书馆	商店	食堂、餐厅	影剧院	大礼堂、体育馆
热指标	45～70	80～105	60～80	65～80	60～70	45～75	65～75	115～140	90～115	115～160

注　外围护结构热工性能好、窗墙面积比小、总建筑面积大、体型系数小的建筑取下限值，反之取上限值。

表 2.3-3　沈阳采用的建筑采暖热指标　(W/m^2)

建筑物类型	住宅建筑			公共建筑					
	多层	小高层	高层	商场	办公	学校	旅馆	医院、幼儿园、托儿所	体育馆
未采取节能措施	60	60	58	90	80	80	90	90	115
采取节能措施	35	33	32	65	60	60	65	70	85

（三）居住建筑采暖热指标

分布式供能项目的采暖用户以居住建筑为主。《城市供热规划规范》(GB/T 51074—2015) 中给出了国内集中采暖区部分城市的居住建筑采暖热指标，见表 2.3-4。

表 2.3-4　全国部分城市居住建筑采暖热指标

地名	采暖期室外计算温度 t_w (℃)	采暖期室外日平均温度 t_{wa} (℃)	采暖天数 (d)	建筑物耗热量指标 q_h (W/m^2)	未采取节能措施建筑采暖热指标 q (W/m^2)	采暖能耗降低50%建筑采暖热指标 q (W/m^2)	采暖能耗降低65%建筑采暖热指标 q (W/m^2)
北京	−9	−1.6	125	20.6	61.8	40.3	28.7
天津	−9	−1.2	119	20.5	63.4	41.3	29.4
石家庄	−8	−0.6	112	20.3	63.3	41.2	29.3
承德	−14	−4.5	144	21	61.7	40.2	28.6
唐山	−11	−2.9	127	20.8	61.3	39.9	28.4
保定	−9	−1.2	119	20.5	63.4	41.3	29.4
大连	−12	−1.6	131	20.6	68.7	44.8	31.8
丹东	−15	−3.5	144	20.9	67.4	43.9	31.2
锦州	−15	−4.1	144	21	65.2	42.5	30.2
沈阳	−20	−5.7	152	21.2	69	45	32
本溪	−20	−5.7	151	21.2	69	45	32
赤峰	−18	−6	160	21.3	64.6	42.1	30

续表

地名	采暖期室外计算温度 t_w（℃）	采暖期室外日平均温度 t_{wa}（℃）	采暖天数（d）	建筑物耗热量指标 q_h（W/m²）	未采取节能措施建筑采暖热指标 q（W/m²）	采暖能耗降低50%建筑采暖热指标 q（W/m²）	采暖能耗降低65%建筑采暖热指标 q（W/m²）
长春	−23	−8.3	170	21.7	66.6	43.4	30.9
通化	−24	−7.7	168	21.6	69.9	45.6	32.4
四平	−23	−7.4	163	21.5	69	45	32
延吉	−20	−7.1	170	21.5	64.9	42.3	30.1
牡丹江	−24	−9.4	178	21.8	65	42.4	30.1
齐齐哈尔	−25	−10.2	182	21.9	64.5	42	29.9
哈尔滨	−26	−10	176	21.9	66.6	43.4	30.9
嫩江	−33	−13.5	197	22.5	68.5	44.6	31.8
海拉尔	−35	−14.3	209	22.6	69.3	45.2	32.1
呼和浩特	−20	−6.2	166	21.3	67.5	44	31.3
银川	−15	−3.8	145	21	66.4	43.3	30.8
西宁	−13	−3.3	162	20.9	64.1	41.8	29.7
酒泉	−17	−4.4	155	21	67.9	44.3	31.5
兰州	−11	−2.8	132	20.8	61.7	40.2	28.6
乌鲁木齐	−23	−8.5	162	21.8	66.2	43.2	30.7
太原	−12	−2.7	135	20.8	64.2	41.9	29.8
榆林	−16	−4.4	148	21	66	43	30.6
延安	−12	−2.6	130	20.7	64.4	42	29.8
西安	−5	0.9	100	20.2	63.1	41.1	29.2
济南	−7	0.6	101	20.2	66.8	43.5	31
青岛	−7	0.9	110	20.2	68.6	44.7	31.8
徐州	−6	1.4	94	20	68.2	44.4	31.6
郑州	−5	1.4	98	20	65.3	42.6	30.3
甘孜	−9	−0.9	165	20.5	64.8	42.3	30
拉萨	−6	0.5	142	20.2	63.6	41.4	29.5
日喀则	−8	−0.5	158	20.4	64.1	41.8	29.7

注　表中的最后两列数据"采暖能耗降低50%建筑采暖热指标"和"采暖能耗降低65%建筑采暖热指标"分别对应的是中华人民共和国住房和城乡建设部提出的居住建筑采暖能耗分别降低50%和65%的节能目标。

近几年来，我国的建筑节能标准体系从设计、建造、运行和评价这四个方面出发，对建筑节能标准进行了逐步细化和完善。为了提高建筑能源使用的效率，改善居住热舒适条件，促进城乡建设、国民经济和生态环境的协调发展，原建设部提出了"三步走"的居民建筑节能战略基本目标，见表2.3-5。

表 2.3-5　　节能发展规划"三步走"阶段及执行标准说明

一步走 1986～1995 年	二步走 1996～2004 年	三步走 2005～2020 年
基准年的基础上节能 30%	基准年的基础上节能 50%	基准年的基础上节能 65%
《民用建筑节能设计标准（采暖居住建筑部分)》(JGJ 26—1986)	《民用建筑节能设计标准（采暖居住建筑部分)》(JGJ 26—1995)	《严寒和寒冷地区居住建筑节能设计标准》(JGJ 26—2010) 《夏热冬冷地区居住建筑节能设计标准》(JGJ 134—2010)

目前，我国又出台了一系列的节能标准，如《被动式低能耗居住建筑节能设计标准》[DB13(J)/T 177—2015]、《绿色建筑评价标准》(GB/T 50378—2014) 等，这些标准的出台和落实将进一步降低供热系统尤其是用户侧的能耗水平，在不改变热源容量的情况下，热源可服务的供热面积将有所扩大。

（四）建筑物耗热量指标与采暖热指标的关系

表 2.3-4 的第 5 列给出了建筑物耗热量指标，这是国家标准中给出的允许建筑物耗热的最大值，建筑物耗热量指标与采暖设计热负荷指标（不含管网及失调热损失）的关系式为

$$q = q_h \frac{t_n - t_w}{t_{na} - t_{wa} - t_d} \tag{2.3-2}$$

式中　q——采暖设计热指标，W/m^2；

q_h——建筑物耗热量指标，W/m^2；

t_n——室内采暖设计温度，取 18℃；

t_w——采暖期室外计算温度，℃；

t_{wa}——采暖期室外日平均温度，℃；

t_{na}——采暖期室内平均温度，16℃；

t_d——太阳辐射及室内自由热引起的室内空气自然温升，℃，一般为 3～5℃，居住建筑取 3.8℃。

（五）燃气分布式项目建筑采暖热指标的选择

(1) 居住类建筑采暖热指标按表 2.3-4 选择，其中建议新增建筑的采暖热指标采用 65% 的节能目标的数据（最后一列)。

(2) 其他类型建筑采暖热指标宜按《城镇供热管网设计规范》(CJJ 34) 选择，也可按当地的标准选择。

(3) 在采用建筑采暖热指标方法估算建筑采暖热负荷时，建议由建设方和设计院根据实际工程情况，商定采用的建筑采暖热指标数据。

三、对设计采暖热负荷的修正与核实

在确定燃气分布式项目的设计采暖热负荷值时，应考虑修正与核实问题。

（一）设计采暖热负荷的修正

燃气分布式项目的设计采暖热负荷，不考虑同时使用系数修正；但可根据工程具体情况确定是否对入住率进行修正。

入住率修正的具体原则如下：

(1) 按采暖建筑面积收费的，可不修正。

（2）按采暖热计量收费的，应对入住率修正。

（3）入住率修正系数为 0.8～0.95。

（4）入住率高的取高值，入住率达到 65%，取 0.95。

现状建筑采暖负荷应考虑实际入住率及其增长情况；在新增采暖负荷分析时，原则上应根据地区影响力、周边基本设施等情况合理预测建筑入住率。

（二）设计采暖热负荷的核实

关于设计采暖热负荷核实的方法，目前没有形成统一的结论，常用的核实方法有下列几种。

1. 人口数量法

由于采暖热负荷有满足人们热舒适性要求的特点，因此采暖面积与人口数量有着一定的关系，按城市总体规划的人口数量发展规模和人均建筑面积估算未来的采暖面积规模有一定的合理性。尤其是城市总体规划前期，建筑类型和用地性质尚未具体落实时，可用人口数量法估算供热分区内的供暖负荷。

首先按城市总体规划对近期、远期的人口数量进行核实，根据住建部《全面建设小康社会居住目标》中颁布的定量指标，2010 年城镇居民人均住房建筑面积 30m^2，2020 年城镇居民人均建筑面积为 35m^2。若人均公共建筑面积按人均住房建筑面积的 35%考虑，则 2010～2020 年间人均建筑总面积为 40.5～47.3m^2。集中供热规划近、远期人均建筑总面积应与 40.5～47.3m^2 相差不大。根据城市不同，近远期人均建筑总面积在 0.95～1.3 倍之间时一般认为是合理的，大型城市取较小值，小城市取较大值。若计算结果差别较大，则应重新校核建筑面积。

根据核实的近、远期人口数量，采用下列公式计算近、远期采暖热负荷。

$$Q = NSq \times 10^2 \tag{2.3-3}$$

式中 Q——采暖热负荷，MW；

N——规划期内的人口数量，万人；

S——人均建筑面积，m^2/人；

q——采暖热指标，W/m^2。

2. 容积率法

若城市总体规划阶段各地块的用地性质和容积率均已确定，则可推算出供热分区内各居住建筑面积和公共建筑面积及各自的比例，同时核实供热区域内居住建筑内节能建筑和非节能建筑的比例，例如居住建筑中节能建筑约占 75%，非节能建筑约占 25%；公共建筑中节能建筑约占 65%，非节能建筑约占 35%。按式（2.3-3）求出近期和远期阶段的综合热指标，并填写表 2.3-6。

表 2.3-6　综合采暖热指标计算表

建筑类型	居住建筑		公共建筑	
节能建筑	非节能建筑	节能建筑	非节能建筑	节能建筑
建筑面积（×10^{4}m^2）				
占比（%）				
分类建筑热指标（W/m^2）				
分类建筑占比（%）				
建筑综合热指标（W/m^2）				

3. 供热面积增长法

根据核实后的现状常住人口数量、采暖建筑面积、采暖热指标核算出现状采暖热负荷，以此现状热负荷为基础数据，按照集中供热面积年增长率5%左右测算出近期、远期热负荷。

现状采暖热负荷按式（2.3-4）求得

$$Q_1 = N_1 S q_1 \times 10^2 \tag{2.3-4}$$

式中 Q_1——现状采暖热负荷，MW；

N_1——现状阶段内的常住人口数量，万人。

四、其他有关问题

（一）采暖面积构成

一个供热分区内的采暖面积大致可以分为住宅采暖面积、公共建筑采暖面积、工业建筑采暖面积三类，这些采暖面积数值可从政府主管部门审批的该市发展总体规划及该市供热规划中得到，按供热分区规划阶段分别统计住宅、公共建筑及工业建筑的面积，填写表2.3-7。

需要注意的是随着国家建筑节能计划的不断深入，很多城市对既有居住建筑进行了节能改造，因此统计时应注意未采取节能措施的面积将有所减少。

表2.3-7　某市规划范围各供热分区采暖建筑面积构成表

期限	供热区域	分类集中采暖建筑面积			分区内总集中采暖建筑面积（$\times10^4m^2$）	总采暖建筑面积（$\times10^4m^2$）	集中供热普及率（%）
		类别	采取节能措施面积（$\times10^4m^2$）	未采取节能措施面积（$\times10^4m^2$）			
现状	某市供热分区	住宅					
		公共建筑					
		工业建筑					
	某市供热分区	住宅					
		公共建筑					
		工业建筑					
近期	某市供热分区	住宅					
		公共建筑					
		工业建筑					
	某市供热分区	住宅					
		公共建筑					
		工业建筑					
远期	某市供热分区	住宅					
		公共建筑					
		工业建筑					
	某市供热分区	住宅					
		公共建筑					
		工业建筑					

表 2.3-7 中现状阶段的数据一般可以直接得到，近期和远期数据如无法得到时，可通过人口数量法、容积率法和供热面积增长法等方法求出。

需要注意的是在确定供热区域时，如果是单一热源，则该热源有一个合理的供热半径，一般燃气分布式供能站的供热半径见表 2.3-8。当供热半径超过表 2.3-8 中数值时，应进行技术经济分析。

表 2.3-8　　燃气分布式供能站的供热半径

管网	一级热水管网	蒸汽管网
推荐的供热半径	≤10km	≤6km

（二）综合采暖热指标的确定

综合采暖热指标的确定一般应根据政府主管部门审批的该市供热规划，说明规划范围内近期和远期各类建筑物采暖热指标值 q_h 的确定原则，并填写表 2.3-9。

表 2.3-9　　××市各类建筑物采暖热指标值 q_h 汇总表　　(W/m²)

期限	采暖热指标值 q_h				备　注
	住宅	公共建筑	工业建筑	综合	
现状					
近期					
远期					

如规划中未给定具体综合热指标的参考数值，则可根据式（2.3-5）估算综合采暖热指标 q。

$$q=\sum_{i=1}^{n}[q'_i\alpha_i+q_i(1-\alpha_i)]\beta_i \tag{2.3-5}$$

式中 q'_i——采取节能措施建筑采暖热指标，W/m^2；

α_i——采取节能措施的建筑面积占同类建筑总面积的比例，%；

q_i——未采取节能措施建筑采暖热指标，W/m^2；

β_i——某一类型的建筑面积占规划期内各类建筑总面积的比例，%；

i——不同的建筑类型，一般情况 $n=3$，包括住宅、公共建筑、工业建筑这三类建筑。

如规划中未给定同一类建筑的节能和非节能面积时，则可对式（2.3-5）进行简化，根据同一类建筑的采暖平均热指标及所占比例估算综合热指标。

$$q=\sum_{i=1}^{n}\overline{q_i}\beta_i \tag{2.3-6}$$

式中 $\overline{q_i}$——同类建筑采暖平均热指标，W/m^2；

β_i——某一类型的建筑面积占规划期内各类建筑总面积的比例，%；

i——不同的建筑类型，一般 $n=3$，包括住宅、公共建筑、工业建筑这三类建筑。

（三）对采暖用户接入的限制

对于拟接入分布式供能系统的采暖用户（现有、近期新增），采暖热水用户应采用板式换热器间接连接，不允许从分布式供能系统直供。原因如下：采暖用户有高低分层要求，末端设备一般是散热器和地暖，对供水温度有限制。

（四）通风热负荷

通风热负荷指冬季新风热负荷，是人们为改善室内空气品质而将冬季室外低温新鲜空气进行预热的热负荷，例如娱乐场所、办公室等人员密集的公共场所，在冬季都要求设置新风系统，以满足公共场所的通风和基本卫生要求。

通风设计热负荷一般并不详细计算，通常按照占建筑采暖设计热负荷的比例进行估算。

$$Q_v = K_v Q_h \tag{2.3-7}$$

式中 Q_v——通风设计热负荷，kW；

Q_h——采暖设计热负荷，kW；

K_v——建筑物通风热负荷系数，可取 0.3～0.5。

五、案例

（一）案例一：综合采暖热指标的确定

在实际工程中，供热区域中往往包含有采暖节能措施和未采暖节能措施的建筑物，又含有民有住宅、学校、办公、旅馆等多种类型的建筑物，而各种建筑物又涉及民用和企事业单位使用。在计算中，有时难以采用合适的热指标，可以采用面积加权法计算近期和远期的综合采暖热指标。

已知济南市（采暖期室外计算温度 $t_w=-7$℃，采暖期 101 天），各类建筑物采暖热指标如下：

未采取节能措施住宅区：50W/m²；

采取节能措施的住宅区：40W/m²；

未采取节能措施的企事业单位：60W/m²；

采取节能措施的企事业单位：50W/m²。

现有建筑中，采取节能措施与未采取节能措施的建筑面积各占 50%。

根据资料调研：供热区域内现有居住小区总面积 94.1 万 m²，小区近期增加 46.2 万 m²。

现有企事业单位建筑面积为 18.8 万 m²，近期新增 16.3 万 m²。

近期具备集中供热条件的建筑物总面积为 175.4 万 m²，远期（2020 年）将增加 80 万 m²（住宅与企事业单位各占 50%）。

确定该市近期采暖综合热指标和远期采暖综合热指标的过程如下：

（1）近期综合采暖热指标。根据式（2.3-6），确定该工程近期综合采暖热指标为

$$[(94.1\times0.5+46.2)\times40+94.1\times0.5\times50+18.8\times0.5\times60+(18.8\times0.5+16.3)\times50]/175.4=45.2(\text{W/m}^2)$$

（2）远期综合采暖热指标。该工程远期采暖建筑物的构成均为节能建筑，根据国家最新关于建筑节能的规范标准并考虑管网热损失，查表 2.3-4，按建筑采暖能耗降低 65%的节能目标，2020 年济南市住宅的采暖热指标取值为 31W/m²，企事业单位的采暖热指标仍取值为 50W/m²，工程远期综合采暖热指标为

$$[80\times0.5\times31+80\times0.5\times50]/80=40.5(\text{W/m}^2)$$

（二）案例二：采暖用户的优差排序

已知石家庄市（采暖期室外计算温度 $t_w=-8$℃，采暖期 112 天，按建筑面积收费），

某商务区分布式供能项目对外供采暖热水，有7个采暖用户，平面图如图2.3-1所示，采暖用户的情况见表2.3-10。请根据用户的情况进行优差排序。

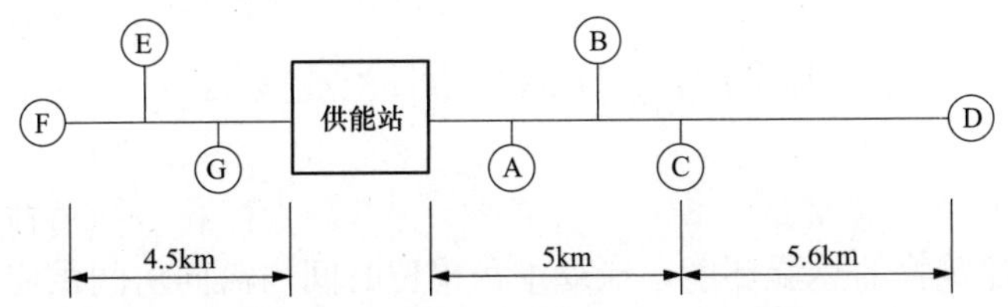

图2.3-1　某商务区分布式供能项目对外供采暖平面图

表2.3-10　**采暖用户的情况表**

采暖用户，性质	建筑面积（万 m^2）	建筑节能情况	采暖热指标 q（W/m^2）	采暖负荷（MW）	距供能站距离（km）	优差排序	备注
A小区学校	1	1995年前建成	65	0.65	2	不排序	政策性接入
B小区保障房	6	2017年建成	30	1.8	3	不排序	政策性接入
C小区高档民宅	36	2017年建成	30	10.8	5	1	接入
D小区普通民宅	50	2004年前建成	41.2	20.6	10.6	4	不接入
E小区普通民宅	12	2004年建成	41.2	4.94	3	3	宜接入
F小区普通民宅	2	1994年建成	60	1.2	4.5	5	不接入
G小区高档民宅	24	2017年建成	30	7.2	2	2	接入
合计	131		平均值：36（W/m^2）	47.19			

注　采暖热指标 q 根据表2.3-4选择。

解：

表2.3-10中各用户均采用建筑面积法收费；除了用户D，其他各用户距离均在10km内；应以比较采暖热指标低的为优。

1. 对各用户分析

（1）用户A、B，是政策性用户（其中用户B为优质用户），不排序，必须接入。

（2）用户C、G，是高档民宅，采暖热指标30W/m^2，为优质用户，应接入。

（3）用户F，普通民宅，1994年建成，采暖热指标值为60W/m^2，明显偏大，是优质用户的二倍，接入不经济，不建议接入。

（4）用户D，采暖热指标41.2W/m^2，距离10.6km，但管网敷设需经过300m宽的河流，具有较多不确定因素，管网敷设从用户C到D，有一段5.6km的单独管网沿途无其他用户，不经济，不应接入。

（5）用户E，普通民宅，采暖热指标41.2W/m^2，宜接入。

2. 结论

（1）用户A、B、C、G应接入，用户E宜接入。

（2）用户D不应接入，用户F不建议接入。

（3）用户B、C、G为优质用户。

（4）接入用户A、B、C、G、E，总供热面积为79万 m^2，总供热量为25.4MW，平均采暖热指标 32.2W/m²。

除此之外，还应注意各用户是否已设置了换热站和二级管网。

第四节　建筑空调冷热负荷

一、设计参数

为了保持空调建筑物的热湿环境，在夏季，单位时间内需向房间供应的冷量称为空调冷负荷；相反，为了补偿房间失热，在冬季，单位时间内需向房间供应的热量称为空调热负荷；为了维持房间相对湿度，在单位时间内需从房间除去的湿量称为湿负荷。空调冷负荷、空调热负荷与湿负荷的计算以室外气象参数和室内空气参数为依据。

（一）室外设计参数

室外设计参数主要是指室外空气的干球和湿球温度、风速和风向，以及建筑物所处的地理特征（海拔和纬度）等。室外空气参数的变化是一个不可逆的随机过程，但是，这种变化又呈现出显著的周期性，它表现在两个方面：一个是气温日变化的周期性；一个是气温季节性变化的周期性。这种周期性变化的特征使我们能有效地确定出不同地区和城市在不同季节的典型设计工况。

室外空气计算参数是指《民用建筑供暖通风与空气调节设计规范》（GB 50736—2012）（简称《规范》）中所规定的用于采暖通风与空调设计计算的室外气象参数，《规范》附录 A 中摘录了一些主要城市的室外空气计算参数。

室外空气计算参数取值的大小，将会直接影响冷、热负荷的大小和暖通空调费用。因此，设计规范中规定的室外空气计算参数是按允许全年有少数时间出现达不到室内温湿度要求的现象，但其保证率却相当高的原则而制定的。若室内温湿度必须全年保证时，需另行确定。

在暖通空调设计中，应根据不同负荷的计算，按现行规范选用不同的室外空气计算参数。

（二）室内设计参数

1. 人员长期逗留区域空调室内设计参数（见表 2.4-1）

表 2.4-1　人员长期逗留区域空调室内设计参数

类别	热舒适度等级	温度（℃）	相对湿度（%）	风速（m/s）
供热工况	Ⅰ	22～24	≥30	≤0.2
	Ⅱ	18～22	—	≤0.2
供冷工况	Ⅰ	24～26	40～60	≤0.25
	Ⅱ	26～28	≤70	≤0.3

注　1. Ⅰ级热舒适度高，Ⅱ级热舒适度一般。

2. 供暖与空调的室内热舒适性按《热环境的人类工效学　通过计算 PMV 和 PPD 指数与局部热舒适准则对热舒适进行分析测定与解释定及热舒适条件的规定》（GB/T 18049）的有关规定执行，采用预计平均热感觉指数（PMV）和预计不满意者的百分数（PPD）评价，热舒适度等级划分按表 2.4-2 采用。

表 2.4-2　　不同热舒适度等级对应的 PMV、PPD 值

热舒适度等级	PMV	PPD
Ⅰ	−0.5≤PMV≤0.5	≤10%
Ⅱ	−1≤PMV<−0.5，0.5<PMV≤1	≤27%

2. 人员短期逗留区域空调室内设计参数

人员短期逗留区域空调供冷工况室内设计参数宜比长期逗留区域提高 1～2℃，供热工况宜降低 1～2℃。短期逗留区域供冷工况风速不宜大于 0.5m/s，供热工况风速不宜大于 0.3m/s。

3. 工艺性空调室内设计参数

工艺性空调室内设计温度、相对湿度及其允许波动范围，应根据工艺需要及健康要求确定。人员活动区的风速，供热工况时，不宜大于 0.3m/s；供冷工况时，宜采用 0.2～0.5m/s。

4. 民用和公共建筑空调室内设计参数

民用和公共建筑空调的室内计算参数，见表 2.4-3。

表 2.4-3　　民用和公共建筑空调的室内计算参数

建筑类型	房间类型	夏季		冬季	
		温度（℃）	相对湿度（%）	温度（℃）	相对湿度（%）
住宅	卧室和起居室	26～28	60～65	18～20	—
旅馆	客房	25～27	50～65	18～20	≥30
	宴会厅、餐厅	25～27	55～65	18～20	≥30
	文体娱乐房间	25～27	50～65	18～20	≥30
	大厅、休息厅、服务部门	26～28	50～65	18～20	≥30
医院	病房	25～27	≤60	18～22	40～55
	手术室、产房	22～25	35～60	22～26	35～60
	检查室、诊断室	25～27	≤60	18～20	40～60
办公楼	一般办公室	26～28	<65	18～20	—
	高级办公室	24～27	40～60	20～22	40～55
	会议室	25～27	<65	16～18	—
	计算机房	25～27	45～65	16～18	—
	电话机房	24～28	45～65	18～20	—
影剧院	观众厅	24～28	50～70	16～20	≥30
	舞台	24～28	≤65	16～20	≥30
	化妆	24～28	≤60	20～22	≥30
	休息厅	26～28	<65	16～18	—
学校	教室	26～28	≤65	16～18	—
	礼堂	26～28	≤65	16～18	—
	实验室	25～27	≤65	16～20	—

续表

建筑类型	房间类型	夏季		冬季	
		温度（℃）	相对湿度（%）	温度（℃）	相对湿度（%）
图书馆	阅览室	26～28	40～65	18～20	40～60
博物馆	展览厅	24～26	40～65	16～18	40～50
美术馆	善本、舆图、珍藏、档案库和书库	22～24	45～60	12～16	45～60
档案馆	缩微母片库	≤15	35～45	≥13	35～45
	缩微拷贝片库	<24	40～60	≥14	40～60
	档案库	≤24	45～60	≥14	45～60
	保护技术试验室	≤28	40～60	≥18	40～60
	阅览室	≤28	≤65	≥18	—
	展览厅	≤28	45～60	≥14	45～60
	裱糊室	≤28	50～70	≥18	50～70
体育馆	观众席	26～28	≤65	16～18	≥30
	比赛厅	26～28	55～65	16～18	≥30
	练习厅	23～25	≤65	16	—
	运动员、裁判员休息室	25～27	≤65	20	—
	观众休息室	26～28	≤65	16	—
	检录处 一般项目	25～27	≤65	20	—
	检录处 体操	25～27	≤65	24	—
	游泳池大厅	26～29	60～70	26～28	60～70
	游泳观众区	26～29	60～70	22～24	≤60
百货商店	营业厅	26～28	50～65	16～18	30～50
电视、广播中心	播音室、演播室	25～27	40～60	18～20	40～50
	控制室	24～26	40～60	20～22	40～55
	机房	25～27	40～60	16～18	40～55
	节目录制室、录音室	25～27	40～60	18～20	40～50

二、实用设计指标

（一）空调面积与建筑面积的关系

不同类型建筑空调面积与建筑面积的关系见表 2.4-4。

表 2.4-4　　不同类型建筑空调面积占建筑面积的关系

建筑类型	空调面积占建筑总面积的百分比（%）
旅游旅馆、酒店、饭店	70～90
办公、展览中心	65～80
剧院、电影院、俱乐部	75～85
医院	70～85
百货商店	65～80

（二）各类空调建筑房间的冷负荷设计指标

根据我国已建成使用的空调工程的统计，采用回归法，分上、下限两组分别进行回归，得出各类空调建筑房间冷负荷设计指标见表 2.4-5～表 2.4-15。

表 2.4-5～表 2.4-15 的数据摘自《实用供热空调设计手册》及《燃气冷热电分布式能源技术应用手册》(其中表 2.4-15 做了调整)，在使用表 2.4-5～表 2.4-15 时，应注意以下问题：

（1）表 2.4-5～表 2.4-15 用于我国所有地区。

（2）表 2.4-5～表 2.4-15 只用于估算空调建筑内各房间的空调冷负荷。

（3）在估算时，应采用空调面积做基数，近期新增建筑只考虑节能建筑。

表 2.4-5　　旅馆空调建筑房间冷负荷设计指标

序号	建筑类型及房间名称	冷负荷指标（W/m^2）
1	客房	70～100
2	酒吧、咖啡	80～120
3	西餐厅	100～160
4	中餐厅、宴会厅	150～250
5	商店、小卖部	80～110
6	大堂、接待	80～100
7	中庭	100～180
8	小会议室（少量人吸烟）	140～250
9	大会议室（不准吸烟）	100～200
10	理发、美容	90～140
11	健身房	100～160
12	保龄球	90～150
13	弹子房	75～110
14	室内游泳池	160～260
15	交谊舞舞厅	180～220
16	迪斯科舞厅	220～320
17	卡拉 OK	100～160
18	棋牌、办公	70～120
19	公共洗手间	80～100

表 2.4-6　　银行空调建筑房间冷负荷设计指标

序号	建筑类型及房间名称	冷负荷指标（W/m^2）
1	营业大厅	120～160
2	办公室	70～120
3	计算机房	120～160

表 2.4-7　　医院空调建筑房间冷负荷设计指标

序号	建筑类型及房间名称	冷负荷指标（W/m^2）
1	高级病房	80～120
2	一般病房	70～110
3	诊断、治疗、注射、办公	75～140
4	X 光、CT、B 超、核磁共振	90～120

续表

序号	建筑类型及房间名称	冷负荷指标（W/m²）
5	一般手术室、分娩室	100～150
6	洁净手术室	180～380
7	大厅、挂号	70～120

表 2.4-8　　商场、百货大楼空调建筑房间冷负荷设计指标

序号	建筑类型及房间名称	冷负荷指标（W/m²）
1	营业厅（首层）	160～280
2	营业厅（中间层）	150～200
3	营业厅（顶层）	180～250

表 2.4-9　　超市空调建筑房间冷负荷设计指标

序号	建筑类型及房间名称	冷负荷指标（W/m²）
1	营业厅	160～220
2	营业厅（鱼肉副食）	90～160

表 2.4-10　　影剧院空调建筑房间冷负荷设计指标

序号	建筑类型及房间名称	冷负荷指标（W/m²）
1	观众厅	180～280
2	休息厅（允许吸烟）	250～360
3	化妆室	80～120
4	大堂、洗手间	70～100
5	比赛馆	100～140
6	贵宾室	120～180
7	观众休息厅（允许吸烟）	280～360
8	观众休息厅（不准吸烟）	160～250
9	裁判、教练、运动员休息室	100～140
10	展览厅、陈列厅	150～200
11	会堂、报告厅	160～240
12	多功能厅	180～250

表 2.4-11　　图书馆空调建筑房间冷负荷设计指标

序号	建筑类型及房间名称	冷负荷指标（W/m²）
1	阅览室	100～160
2	大厅、借阅、登记	90～110
3	书库	70～90
4	特藏（善本）	100～150

表 2.4-12　　餐馆空调建筑房间冷负荷设计指标

序号	建筑类型及房间名称	冷负荷指标（W/m²）
1	营业大厅	200～280
2	包间	180～250

表 2.4-13　　体育馆空调建筑房间冷负荷设计指标

序号	建筑类型及房间名称	冷负荷指标（W/m²）
1	高级办公室	120～160
2	一般办公室	90～120
3	计算机房	100～140
4	会议室	150～200
5	会客室（允许吸烟）	180～260
6	大厅、公共洗手间	70～110

表 2.4-14　　住宅、公寓空调建筑房间冷负荷设计指标

序号	建筑类型及房间名称	冷负荷指标（W/m²）
1	多层建筑	88～150
2	高层建筑	80～120
3	别墅	150～220

表 2.4-15　　数据中心各空调建筑房间冷负荷设计指标

序号	建筑类型及房间名称	冷负荷指标 （W/m²） （kW/个标准机架）
1	主机房区（包括服务器机房、网络机房、存储机房等功能区域）	由设备厂家提供，粗略估算为 3～5kW/个标准机架
2	辅助区（包括进线间、测试机房、总控中心、消防和安防控制室、拆包区、备件库、打印室、维修室等区域）	90～160
3	支持区（包括变配电室、柴油发电机房、电池室、空调机房、动力站房、不间断电源系统用房、消防设施用房等）	宜根据工艺情况和设备散热量情况确定，粗略估算为 110～190
4	行政管理区（包括办公室、门厅、值班室、盥洗室、更衣间和用户工作室等）	70～110

注　1. 建筑类型及房间名称源自《数据中心设计规范》（GB 50174—2017）。
2. 各区域面积：辅助区和支持区的面积之和可为主机房面积的 1.5～2.5 倍。

（三）各功能建筑的冷热负荷指标

在项目前期阶段，各功能建筑的冷热负荷指标可参考表 2.4-16。在使用表 2.4-16 时，应注意以下问题：

（1）表 2.4-16 可用于我国所有地区。

（2）表 2.4-16 用于估算整体同类功能空调建筑的空调冷热负荷。

（3）在估算时，应采用总建筑面积做基数，近期新增建筑只考虑节能建筑。

表 2.4-16　　各功能建筑空调冷（热）负荷指标推荐值　　（W/m²）

建筑物类型	热指标	冷指标
办公楼宇	55～88	64～99
购物中心	55～99	73～110
酒店、宾馆、高档住宅	50～94	64～99
机场、交通枢纽	64～121	99～132
医院	59～94	88～121
文化建筑（展览中心、演艺中心）	64～110	99～132

注　各地区可根据当地气候特性（室外空调计算温度）或相同类型建筑物用能情况在给定范围内选择，北方地区热指标取上限，冷指标取下限；南方地区热指标取下限，冷指标取上限。

（四）建筑空调冷热负荷设计指标（建筑行业标准）

空调冷热负荷设计指标推荐值见表 2.4-17。在使用表 2.4-17 时，应注意以下问题：

（1）表 2.4-17 只用于我国集中采暖地区。

（2）表 2.4-17 用于估算整体同类空调建筑的空调冷热负荷。

（3）在估算时，应采用总建筑面积做基数，近期新增建筑只考虑节能建筑。

表 2.4-17　　空调冷热负荷设计指标推荐值　　（W/m²）

建筑物类型	热指标	冷指标
办公	80～100	80～110
医院	90～120	70～100
旅馆、宾馆	90～120	80～110
商店、展览馆	100～120	125～180
影剧院	115～140	150～200
体育馆	130～190	140～200

注　1. 表中数值适用于我国东北、华北、西北地区。
2. 寒冷地区热指标取较小值，冷指标取较大值；严寒地区热指标取较大值，冷指标取较小值。
3. 南方地区应根据当地气象条件及相同类型建筑物的热（冷）指标资料确定。
4. 数据来源于《城镇供热管网设计规范》（CJJ 34—2010）。

在实际使用中，发现表 2.4-17 中的冷热指标数据比实际值偏大，目前《城镇供热管网设计规范》（CJJ 34—2010）已实施 8 年，正在修订中。

（五）建筑空调冷热负荷设计指标（企业设计导则）

中国华电集团有限公司建筑空调冷热负荷设计指标推荐值见表 2.4-18，在使用表 2.4-18 时，应注意以下问题：

（1）表 2.4-18 用于估算整体同类空调建筑的空调冷热负荷。

（2）在估算时，应采用总建筑面积做基数，近期新增建筑只考虑节能建筑。

表 2.4-18 建筑空调冷热负荷指标推荐值 (W/m²)

建筑物类型	热指标	冷指标
办公楼宇	60～80	70～90
购物中心	60～90	80～100
酒店、宾馆、高档住宅	55～85	70～90
机场、交通枢纽	70～110	90～120
医院	65～85	80～110
文化建筑（展览中心、演艺中心）	70～100	90～120

注 1. 总建筑面积小于 5000m²，取上限，大于 10 000m²，取下限。

2. 本表为上海的指标，其他地区可根据当地气候特性（室外空调计算温度）或相同类型建筑物用能情况做适当调整，上海以北地区热指标增加，冷指标减少，上海以南地区热指标减少，冷指标增加；指标上、下限的调整幅度宜控制在正负 8%以内。

3. 数据来源于《中国华电集团有限公司天然气分布式能源工程项目设计导则》。

（六）关于建筑空调冷热负荷设计指标的使用建议

(1) 由于实际工程千差万别，表 2.4-5～表 2.4-18 中所列指标，只用于方案设计和初步设计阶段估算空调冷热负荷。

(2) 在我国，随着各种节能标准的贯彻执行，建筑外围护结构的热工性能正在逐步改善，围护结构的温差传热明显减少，因此，进行冷热负荷估算时，一般宜取建筑空调冷热负荷设计指标的下限值或中间值。

(3) 由于我国尚缺少对建筑空调冷热负荷设计指标进行工程验证，无法形成各行业公认的建筑空调冷热负荷设计指标，在采用建筑空调冷热负荷设计指标方法估算空调冷热负荷时，建议由建设方和设计院根据实际工程情况，确定采用的冷热负荷设计指标数据，以及是否对估算值进行修正。

(4) 关注《城镇供热管网设计规范》(CJJ 34) 修订版对建筑空调冷热负荷设计指标的修订内容。

(5) 关注《中国华电集团天然气分布式能源工程项目设计导则》实施修改完善的情况。

(6) 若详细计算电气设备用房间的设备散热量，可参考电力工程设计手册《火力发电厂供暖通风与空气调节设计》第三章的有关内容。

三、空调冷热负荷估算方法

空调冷热负荷计算可采用以下三种方法：

(1) 采用建筑设计院（或工艺设计院）提供的工程计算值。

(2) 采用现场调查。

(3) 采用建筑空调冷热设计指标法进行估算。

以上三种方法可在同一项目中使用，并可互为验证。

对于现有建筑和近期新增建筑的空调冷（热）负荷，应首先采用建筑设计院提供的工程计算值，如无法获得建筑设计院提供的计算值，可进行实地调查，或采用建筑空调冷（热）负荷设计指标法进行估算。

（一）建筑设计院（或工艺设计院）提供的工程计算值

本手册给出建筑设计院（或工艺设计院）在工程设计中常使用的建筑空调冷负荷的逐时

负荷系数法及动态负荷计算法。

注：设计院提供的工程计算值是根据建筑实际情况利用软件计算的，行业内通用的软件有华电源、eQuest、鸿业暖通、Dest 等。

1. 逐时负荷系数法

逐时负荷系数法是参照冷（热）负荷指标，将冷（热）负荷估算指标乘以建筑物的建筑面积，计算出各种类型建筑物的空调冷（热）负荷，再乘以表 2.4-19、表 2.4-20 中的典型日逐时冷（热）负荷系数，得出逐时冷（热）负荷。叠加后，找出最大逐时冷（热）负荷，即为系统设计总冷（热）负荷。

（1）计算公式

$$Q=\left(\sum_{i=1}^{n}k_i j_i f_i q_i\right)_{\max} \tag{2.4-1}$$

式中 Q——依据逐时冷（热）负荷系数计算出各小时逐时冷（热）负荷中的最大值，W；

k_i——各种不同类型建筑的逐时冷（热）负荷系数；

j_i——不同类型建筑物的空调面积百分比，%；

f_i——不同类型建筑物的建筑面积，m^2；

q_i——不同类型建筑物的冷（热）负荷指标，W/m^2。

（2）不同类型建筑物的逐时负荷系数。不同类型建筑物的逐时冷（热）负荷系数见表 2.4-19 和表 2.4-20。

表 2.4-19　不同类型建筑物的逐时冷负荷系数

时间	写字楼	宾馆	商场	餐厅	咖啡厅	夜总会	保龄球
1:00	0	0.16	0	0	0	0	0
2:00	0	0.16	0	0	0	0	0
3:00	0	0.25	0	0	0	0	0
4:00	0	0.25	0	0	0	0	0
5:00	0	0.25	0	0	0	0	0
6:00	0	0.50	0	0	0	0	0
7:00	0.31	0.59	0	0	0	0	0
8:00	0.43	0.67	0.40	0.34	0.32	0	0
9:00	0.70	0.67	0.50	0.40	0.37	0	0
10:00	0.89	0.75	0.76	0.54	0.48	0	0.30
11:00	0.91	0.84	0.80	0.72	0.70	0	0.38
12:00	0.86	0.90	0.88	0.91	0.86	0.40	0.48
13:00	0.86	1.00	0.94	1.00	0.97	0.40	0.62
14:00	0.89	1.00	0.96	0.98	1.00	0.40	0.76
15:00	1.00	0.92	1.00	0.86	1.00	0.41	0.80
16:00	1.00	0.84	0.96	0.72	0.96	0.47	0.84
17:00	0.90	0.84	0.85	0.62	0.87	0.60	0.84
18:00	0.57	0.74	0.80	0.61	0.81	0.76	0.86

续表

时间	写字楼	宾馆	商场	餐厅	咖啡厅	夜总会	保龄球
19:00	0.31	0.74	0.64	0.65	0.75	0.89	0.93
20:00	0.22	0.50	0.50	0.69	0.65	1.00	1.00
21:00	0.18	0.50	0.40	0.61	0.48	0.92	0.98
22:00	0.18	0.33	0	0	0	0.87	0.85
23:00	0	0.16	0	0	0	0.78	0.48
24:00	0	0.16	0	0	0	0.71	0.30

表 2.4-20　　不同类型建筑物的逐时热负荷系数

时间	住宅	商业设施	办公（标准）	酒店	医院
1:00	0.65	0.00	0.00	0.26	0.02
2:00	0.42	0.00	0.00	0.16	0.03
3:00	0.29	0.00	0.00	0.07	0.03
4:00	0.29	0.00	0.00	0.04	0.03
5:00	0.29	0.00	0.00	0.08	0.03
6:00	0.37	0.00	0.00	0.26	0.50
7:00	0.50	0.00	0.00	0.52	0.46
8:00	0.90	0.00	0.02	0.51	0.46
9:00	0.71	1.00	1.00	0.44	1.00
10:00	0.73	0.76	0.72	0.42	0.81
11:00	0.44	0.61	0.48	0.50	0.73
12:00	0.65	0.56	0.61	0.36	0.67
13:00	0.63	0.44	0.62	0.40	0.62
14:00	0.63	0.41	0.61	0.46	0.50
15:00	0.63	0.33	0.49	0.42	0.49
16:00	0.66	0.32	0.48	0.44	0.47
17:00	0.66	0.43	0.54	0.47	0.48
18:00	0.92	0.52	0.33	0.52	0.49
19:00	0.98	0.54	0.00	0.60	0.49
20:00	0.98	0.00	0.00	0.83	0.34
21:00	1.00	0.00	0.00	0.96	0.34
22:00	0.97	0.00	0.00	1.00	0.35
23:00	0.94	0.00	0.00	0.86	0.39
24:00	0.90	0.00	0.00	0.55	0.02

2. 动态负荷计算法

根据建筑和设备专业提供的建筑图和空调设备布置，对建筑负荷计算进行简化建模。在建筑环境设计模拟分析软件中，按照建筑物的形状、大小、朝向、窗墙面积比、内部的空间划分和使用功能建模，模拟得出典型日、全年冷负荷变化曲线。建筑围护结构的热工性能参数取值、室内人员数量、照明功率、设备功率、室内温度、空调系统运行时间等需满足《公共建筑节能设计标准》（GB 50189）中的相关规定。建筑能耗值需满足《民用建筑能耗标准》（GB/T 51161）的相关规定。

（二）现场调查

对建筑空调冷（热）负荷的现场调查应符合以下规定：

（1）实地调查各建筑冷（热）负荷历史记录数据，或在条件允许的情况下使用模拟法，分析建筑冷（热）用能特点；得出现场调查设计数据。

（2）根据相关设计规范及对同地区同类型建筑调研情况，分析近期新增建筑冷（热）用能特点；得出现场调查设计数据。

（3）可根据工程实际情况决定是否对现场调查值进行修正。

（三）建筑空调冷（热）设计指标法

指标法是根据建筑面积冷（热）指标进行估算，即

$$Q = K\sum_{i=1}^{n} j_i f_i q_i \tag{2.4-2}$$

式中 Q——空调系统设计热（冷）负荷，W；

K——同时使用系数，见表 2.4-23；

j_i——不同类型建筑物的空调面积百分比，%；

f_i——不同类型建筑物的建筑面积，m^2；

q_i——不同类型建筑物（或房间）的热冷负荷设计指标，分别见表 2.4-5～表 2.4-17，W/m^2。

可根据工程实际情况决定是否对建筑空调冷（热）指标法计算值进行修正。

四、对建筑空调冷热负荷的汇总

（一）楼宇式天然气分布式能源站的建筑空调冷（热）负荷汇总

楼宇式天然气分布式能源站的建筑空调冷（热）负荷汇总见表 2.4-21。

表 2.4-21 楼宇式天然气分布式能源站的建筑空调冷（热）负荷汇总表

分类建筑物名称	建筑面积（m^2）	空调热指标（W/m^2）	空调热负荷（MW）	空调冷指标（W/m^2）	空调冷负荷（MW）	备注
宾馆类						
办公类						
餐饮类						
娱乐类						
合计			空调热负荷汇总值		空调冷负荷汇总值	

注 设计单位可以按表 2.4-21 的原则对表栏的内容进行修改完善。

（二）区域式天然气分布式能源站的建筑空调冷（热）负荷汇总

区域式天然气分布式能源站的建筑空调冷（热）负荷汇总见表 2.4-22。

表 2.4-22　　区域式天然气分布式能源站的建筑空调冷（热）负荷汇总表

建筑物名称	分类建筑物名称	建筑面积（m^2）	空调热指标（W/m^2）	空调热负荷（MW）	空调冷指标（W/m^2）	空调冷负荷（MW）	备注
1号楼							
2号楼							
3号楼							
4号楼							
5号楼							
合计				空调热负荷汇总值		空调冷负荷汇总值	

注　设计单位可以按表 2.4-22 的原则对表栏的内容进行修改完善。

五、对建筑空调冷热负荷的修正

对采用上述三种方法估算出的空调冷热负荷，由建设方和设计院根据实际工程情况，判定是否需要修正，如需修正，可采用同时使用系数对空调冷（热）负荷工程计算值进行修正，并以修正后的建筑空调冷（热）负荷作为选择设备的设计值。

（1）同时使用系数的影响因素。同时使用系数的影响因素主要有：建筑类型；供冷（热）站的规划数量及位置选取；各类建筑的使用特点；气候条件、生活习惯、经济条件等人为因素。

同时使用系数的计算公式为

$$同时使用系数=\frac{各类建筑叠加某时刻最大冷负荷}{各类建筑计算日最大冷负荷之和}$$

（2）同时使用系数的取值。表 2.4-23 为不同类型建筑冷（热）负荷的同时使用系数。

表 2.4-23　　不同类型建筑冷（热）负荷的同时使用系数

建筑类型	同时使用系数
间歇使用类：教室、实验室、图书馆、行政办公楼、体育馆、餐厅、生活服务、文化建筑	0.50～0.60
商务类：商业中心、写字楼、办公类建筑、高档住宅	0.65～0.75
公用类：酒店、宾馆、医院、机场、购物中心、数据中心、交通枢纽	0.75～0.85
综合：上述三类建筑及功能同时具有	0.65～0.80

注　本表数据是根据《燃气冷热电分布式能源技术应用手册》中表 3-1 的数据补充整理而成。

六、案例

（一）某市综合性功能区冷热负荷估算案例

青岛某分布式项目是集商业、酒店、办公、住宅、会所（机场搬迁后新增功能）等为一体的综合性功能区，该项目总建筑面积、供热面积、供冷面积分别为 148 万 m^2、100 万 m^2、84 万 m^2，为用户提供空调冷热负荷。

1. 室外气象参数

该工程地处山东省青岛市，室外气象参数采用《民用建筑供暖通风与空气调节设计规范》（GB 50736—2012）中青岛站的气象统计资料。

供暖室外计算温度：$t=-5$℃；

冬季通风室外计算温度：$t=-0.5$℃；

冬季空气调节室外计算温度：$t=-7.2$℃；

冬季空气调节室外计算相对湿度：63%；

夏季空气调节室外计算（干球）温度：$t=29.4$℃；

夏季通风室外计算温度：$t=26.0$℃；

夏季空气调节室外计算湿球温度：$t=27.3$℃；

夏季通风室外计算相对湿度：73%。

2. 用户选择

用户选取的范围为空调冷（热）水系统的供出半径不超3km的用户。用户分布见表2.4-24。

表2.4-24　　用户分布情况表

序号	用户名称	建筑物类型	建筑面积（m^2）	供热面积（m^2）	供冷面积（m^2）
1	世纪美居	建材商场	320 000	200 000	200 000
2	中韩国际小商品城	饰品配件、工艺品配件城	400 000	50 000	50 000
3	政建集团大厦	办公	10 000	10 000	10 000
4	城中城	酒店	40 000	40 000	40 000
		办公	21 000	21 000	0
		商场	28 185	28 185	28 185
5	多瑙河国际大酒店	酒店	14 000	14 000	14 000
6	中川路3号	综合办公	9000	9000	0
7	东方交通食品有限公司	办公	17 400	9800	9800
8	秋临大酒店	酒店	8000	8000	8000
9	交通枢纽	交通枢纽	250 000	250 000	160 000
10	花溪花园酒店（首创店）	酒店	4000	4000	4000
11	丹顶鹤大酒店	酒店	30 000	30 000	15 000
12	A航空股份有限公司	培训中心	10 000	10 000	10 000
13	B交通股份有限公司	办公	15 000	15 000	15 000
14	复盛大酒店	酒店	15 200	15 200	15 200
15	B航分公司	综合办公	18 000	18 000	0
16	快通大酒店	酒店	22 000	22 000	22 000

续表

序号	用户名称	建筑物类型	建筑面积（m^2）	供热面积（m^2）	供冷面积（m^2）
17	山航物流	办公	8000	4000	0
18	青岛总部基地国际港和首创空港国际中心	商业	29 407	29 407	29 407
		酒店	16 580	16 580	16 580
		会所	10 200	10 200	10 200
		办公	183 605	183 605	183 605
合计			1 479 577	997 977	840 977

3. 负荷分析

通过现场调研：现有冷热源的商业、办公、酒店用户的实际最大耗冷指标分别为 115、72、118W/m^2，实际最大耗热指标分别为 56、71、63W/m^2。同时，参考相关设计手册、设计规范等资料，负荷估算指标见表 2.4-25。

表 2.4-25　　负荷估算指标表

序号	建筑物类型	供冷指标（W/m^2）	供热指标（W/m^2）
1	商业	120	60
2	办公	90	50
3	酒店	120	60
4	培训中心	120	50
5	会所	150	70
6	机场	120	60

根据用能特点对用户的典型日负荷进行叠加分析，如图 2.4-1 和图 2.4-2 所示。

从图 2.4-1 中可知：最大冷负荷出现在 15 点，最大冷负荷为 90 706kW（108W/m^2）。

从图 2.4-2 中可知：最大热负荷出现在 9 点，最大热负荷为 51 752kW（52W/m^2）。

（二）某文化中心冷热电负荷估算案例

某文化中心项目规划总用地面积 9.2×10^5 m^2。分布式能源站主要为文化中心“五馆一廊”提供冷热负荷，建筑物分布情况见表 2.4-26。

表 2.4-26　　某文化中心项目建筑物分布情况表

序号	建筑功能	建筑面积（×10^4 m^2）
1	滨海现代城市与工业探索馆	3.273 2
2	滨海现代美术馆	2.620 0
3	滨海图书馆	3.420 0
4	滨海东方演艺中心	2.464 2

续表

序号	建筑功能	建筑面积（×10⁴m²）
5	滨海市民活动中心	4.170 0
6	文化长廊	3.593 5
7	地下停车场	11.719 5
总计		31.260 4

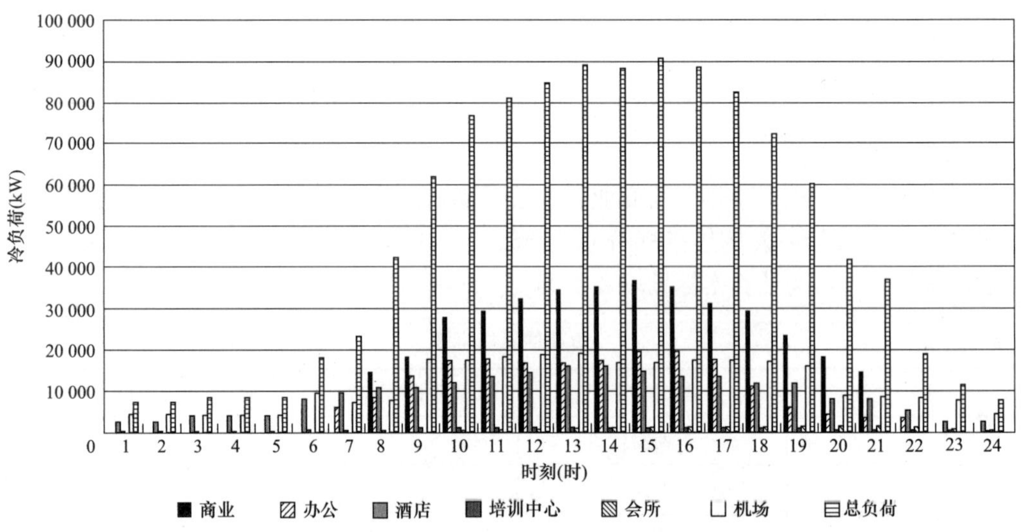

图 2.4-1 典型日逐时冷负荷变化图

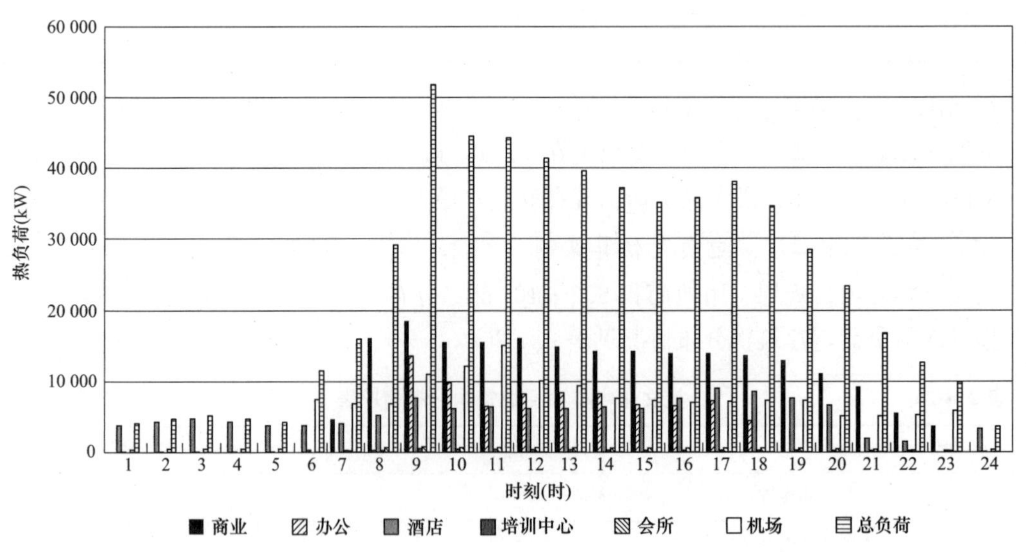

图 2.4-2 典型日逐时热负荷变化图

1. 室外气象参数

该工程地处天津市，室外气象参数采用《民用建筑供暖通风与空气调节设计规范》(GB 50736—2012) 中天津站的气象统计资料。

供暖室外计算温度：$t=-7.0$℃；

冬季通风室外计算温度：$t=-3.5$℃；

冬季空气调节室外计算温度：$t=-9.6$℃；

冬季空气调节室外计算相对湿度：56%；

夏季空气调节室外计算（干球）温度：$t=33.9$℃；

夏季通风室外计算温度：$t=29.8$℃；

夏季空气调节室外计算湿球温度：$t=26.8$℃；

夏季通风室外计算相对湿度：63%。

2. 室内设计参数

根据供能范围内各单体建筑施工图纸，确定室内设计参数，见表 2.4-27～表 2.4-31。

表 2.4-27　现代城市与工业探索馆室内设计参数

房间名称	室内温度（℃）		相对湿度（%）		新风量 [m³/(h·人)]	换气次数 (次/h)	人员密度 (人/m²)
	夏季	冬季	夏季	冬季			
展厅	26	20	55	—	20	—	0.125
办公室	26	20	55	—	30	—	0.15
多功能厅	26	20	60	—	20	—	0.5
公共服务用房	26	20	60	—	—	—	0.3
门厅	27	18	60	—	10	—	0.1
卫生间	≤28	16	—	—	—	10	—
配电间	—	—	—	—	—	3	—
库房	—	—	—	—	4 次/时	5	—

表 2.4-28　现代美术馆室内设计参数

房间名称	室内温度（℃）		相对湿度（%）		新风量 [m³/(h·人)]	换气次数 (次/h)	人员密度 (人/m²)
	夏季	冬季	夏季	冬季			
展厅	26	20	50	40	19	—	0.15
会议	26	20	60	30	14	—	0.4
多功能厅	26	20	60	30	14	—	0.4
办公	26	20	55	40	30	—	0.1
藏品库	20±2	20±2	50±5	50±5	—	8	—
商店	26	20	60	30	19	—	0.3
咖啡厅	26	20	60	30	30	—	0.4

续表

房间名称	室内温度（℃）		相对湿度（%）		新风量[m³/(h·人)]	换气次数（次/h）	人员密度（人/m²）
	夏季	冬季	夏季	冬季			
卫生间	≤28	16	—	—	—	10	实际人数
设备用房	≤30	≥5	—	—	—	4	—
电梯机房	≤35	—	—	—	—	10	—

表 2.4-29　图书馆室内设计参数

房间名称	室内温度（℃）		相对湿度（%）		新风量[m³/(h·人)]	人员密度（m²/人）
	夏季	冬季	夏季	冬季		
普通阅览区	26	21	50～65	—	30	3
普通书架区	26	21	50～65	—	30	6～8
少儿阅览区	26	21	50～65	—	30	10
电子阅览区	26	21	50～65	—	30	3.5
内部业务办公	26	21	50～65	—	30	8
公共活动场所	26	21	55～65	—	25	8～10
球幕演示厅	26	21	55～65	—	15	—
会议室	26	21	55～65	—	15	—
门厅	27	18	50～65	—	10	10
基本书库	26	18	45～60	≥30	≥0.1L/s	—
中央机房，网络机房	23±2	21±2	45～65	45～65	≥0.1L/s	—

表 2.4-30　文化馆室内设计参数

房间名称	室内温度（℃）		相对湿度（%）		新风量[m³/(h·人)]	换气次数 ACH
	夏季	冬季	夏季	冬季		
观众厅	26	20	60	40	20	
前厅	27	18	60	—	15	
排练厅	25	22	55	40	50	
化妆室	26	22	60	30	30	
琴房	26	22	60	30	30	
乐队排练厅	26	22	60	30	30	
交通厅	27	18	—	—	15	
公共卫生间	26	20	—	—		12

表 2.4-31 市民活动中心室内设计参数

房间名称	室内温度（℃）		相对湿度（%）		新风量［m^3/(h·人)］
	夏季	冬季	夏季	冬季	
多功能厅	26	20	60	30	14
前厅	27	18	65	30	10
卫生间	28	16	—	—	—
办公	26	20	60	40	30
商业	26	20	60	40	20
活动	25	22	55	40	30
交通厅	27	18	65	—	30

3. 热（冷）负荷分析

（1）负荷计算工具。建筑设计院采用两种通用计算软件对建筑负荷进行模拟分析，分别为 eQuest 和鸿业负荷计算 8.0。

（2）负荷计算方法。

1）利用两种软件分别进行负荷计算。在计算过程中两个软件的输入参数需要严格满足以下条件：建筑外形和室内建筑分区保持一致；建筑围护结构传热性能保持一致；室内外设计参数保持一致；新风供应量保持一致；对于照明功率逐时变化曲线等在鸿业负荷计算软件中不可调节的参数，接受鸿业中的默认值，仅仅在 eQuest 中进行调节，但是需要保证在设计日峰值负荷时尽量保持一致。

2）比较两个软件产生的设计冷热负荷。如负荷差异在可以接受的范围内，则认为 eQuest 的计算结果满足现行规范和设计要求。考虑到两个软件采用不同的负荷计算方法以及内负荷逐时变化曲线可能不一致，当负荷差异在±7%以内时认为计算结果是可以接受的。如负荷差异超出±7%的范围，则需要调整 eQuest 中的默认参数来保证两个软件的计算差异在±7%以内。

（3）负荷计算结果。通过利用 eQuest 对文化中心进行整体建模（模型请见图 2.4-3），建模过程需要输入围护结构，建筑的运营及时刻表以及内部负荷等信息。这部分数据来源于两部分：①各单体建筑施工图纸（如围护结构和设备系统信息等）；②相关规范或规范推荐输入参数（如人员密度及设备使用逐时分布等）。模拟得出的负荷结果见表 2.4-32。

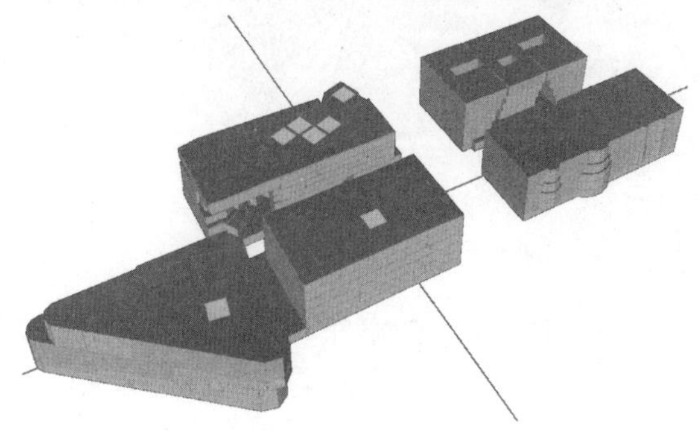

图 2.4-3 由 eQuest 建立的能耗分析模型

表 2.4-32　　文化中心用能负荷简表

序号	建筑功能	建筑面积（万 m^2）	热指标（W/m^2）	热负荷（MW）	冷指标（W/m^2）	冷负荷（MW）
1	滨海现代城市与工业探索馆	3.273 2	76.31	12.17	110.29	17.59
2	滨海现代美术馆	2.620 0				
3	滨海图书馆	3.420 0				
4	滨海东方演艺中心	2.464 2				
5	滨海市民活动中心	4.170 0				
6	文化长廊	3.593 5	0	0	0	0
7	地下停车	11.719 5	0	0	0	0
总计		31.260 4	38.93	12.17	56.26	17.59

eQuest 和鸿业计算得出的设计日负荷对比见表 2.4-33。

表 2.4-33　　eQuest 和鸿业计算得出的设计日负荷对比表

负荷	eQuest	鸿业	差异（%）
冷负荷（MW）	17.59	18.42	4.72
热负荷（MW）	12.17	12.89	5.92

因为两种软件计算得出的结果差异小于±7%，可以认为设计日负荷计算结果是合理的。

图 2.4-4 显示了在设计日条件下冷负荷的来源及其比例分配。可见，冷负荷主要来自于窗户，其带来的冷负荷占设计日总冷负荷的 34%，其他主要负荷来源是新风负荷和照明系统散热带来的热负荷，分别占总冷负荷的 24%和 17%。在其他时段，冷负荷也呈现出了类似的比例分配。

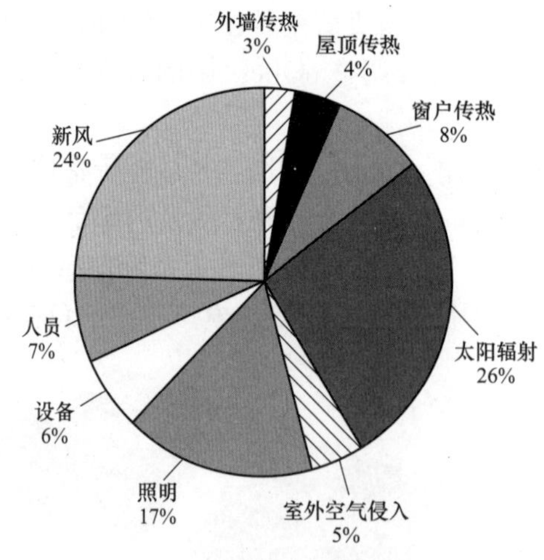

图 2.4-4　设计日冷负荷拆分

日逐时冷负荷变化受很多因素影响，如室外气温、太阳辐射强度等，甚至周末和平时人流密度的不同，照明系统使用时间的变化也会影响到冷负荷的强度和时间分布。之前的冷负荷拆分显示，由窗户及新风带来的负荷占设计日总冷负荷的 58%，由此可见室外气象条件（尤其是室外温度）对建筑负荷的影响很大。图 2.4-5 显示了七月的一周内冷负荷的变化情况，可见每天的冷负荷曲线都有所不同。总体来说，冷负荷在 14～15 时出现最大值，而此时往往是室外温度最高的时段。

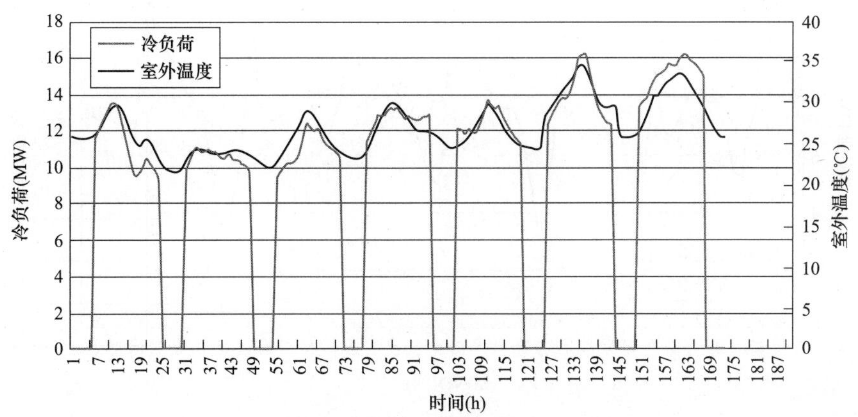

图 2.4-5 一周内冷负荷逐时变化图

图 2.4-6 显示了设计日条件下，热负荷的主要来源及其数值。同冷负荷类似，热负荷主要来自于窗户传热和新风负荷，其总和甚至超过了热负荷总量。在制热条件下，太阳辐射以及内负荷散热起到了抵消一部分热负荷的作用，其总量为 5.0MW。

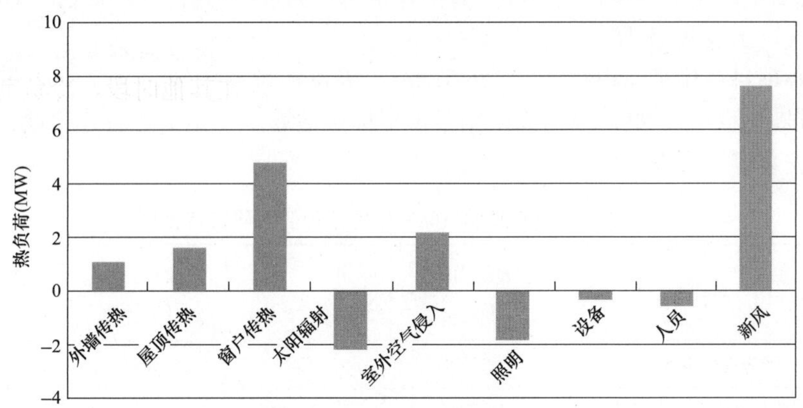

图 2.4-6 设计日热负荷拆分

同冷负荷相同，热负荷同样受室内外条件的综合影响，导致每天的负荷分布都有所不同。而热负荷同样与室外温度有很强的关联性。如图 2.4-7 所示，在 14～15 时室外温度通常最高，而此时热负荷也会显著降低到最低点。

基于上述负荷分析，用户侧所需的最大负荷见表 2.4-34。

表 2.4-34　　负荷统计表

序号	负荷类型	负荷数值（MW）
1	冷负荷	17.59
2	热负荷	12.17

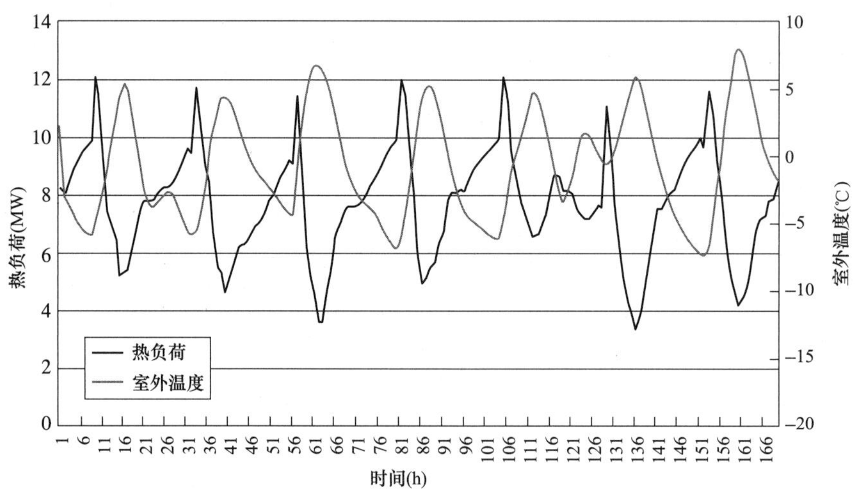

图 2.4-7 一周内热负荷逐时变化图

4. 电力负荷分析

文化中心建筑群内设 1 座 35kV 总降站，电压等级为 35/10kV。35kV 总降压站的两路电源引自附近供电分公司的变电站。各场馆及地下公共区域分别设置 10kV 变电站共计 7 座，以 0.4kV 电压等级配送至各电力用户。

35kV 总变电站主变容量为 2×12.5MVA，35kV 侧采用内桥接线方式；10kV 侧采用单母线分段接线，出线共 18 回。

文化中心项目总建筑面积约为 31.26 万 m^2。因设计过程中缺少文化中心建筑单体详细用电设备资料，故对建筑电负荷估算采用单位指标法估算。文化中心各建筑物内 10kV 变电站的变压器安装容量见表 2.4-35。

表 2.4-35 文化中心各建筑物内 10kV 变电站的变压器安装容量

序号	名称	建筑面积 (m^2)	用电指标 (W/m^2)	平时计算负荷 (kVA)	建筑设计安装容量 (kVA)
1	滨海现代美术馆	26 200	45	1348	2×1250
2	滨海现代城市与工业探索馆	32 730	45	1637	2×1600
3	滨海图书馆	34 200	35	1310	2×1250
4	滨海东方演艺中心	24 642	55	1528	2×1500
5	滨海市民活动中心	41 700	35	1707	2×1600
6	长廊及地下空间	153 130	12	2037	4×1000
7	合计	312 602		9567	18 600
8	计列负荷同时系数			7500	
9	降压站总配置				2×12.5MVA

表 2.4-35 是文化中心各建筑内变压器装机容量，35kV 降压站总配置 2 台 12.5MVA。根据建筑设计资料，各变压器负载率在 52%左右。

（三）华北地区某办公区冷热负荷计（估）算案例

华北地区某办公区总建筑面积约为 94 000m²，其中展馆建筑面积约为 4000m² 办公和酒店建筑地上面积约为 70 000m²、地下面积约为 20 000m²。

冷热负荷由能源中心设计院和建筑设计院在三类建筑中，各取一有代表性的分别估算（建筑设计院根据鸿业暖通软件计算，能源中心设计院采用图法估算）。把两个设计单位的估算结果进行比较分析，以决定三类建筑的设计冷热指标值。

解：

1. 计（估）算结果比较

两个设计院的计（估）算结果比较见表 2.4-36。

表 2.4-36　两个设计院的计（估）算结果比较

设计单位	建筑物	建筑面积（m²）	总冷负荷（kW）	总热负荷（kW）	单位面积冷负荷指标（W/m²）	单位面积热负荷指标（W/m²）
建筑设计院	A 办公楼	7924	862.9	669.6	108.9	84.5
能源中心设计院	A 办公楼	7924	1263.0	786.0	159.4	99.2
建筑设计院	E 酒店	8867	840.5	709.0	94.8	80.0
能源中心设计院	E 酒店	8867	834.0	596.0	94.1	67.2
建筑设计院	展馆	4754	867.7	800.9	182.5	168.5
能源中心设计院	展馆	4754	961.0	937.0	202.1	197.1

2. 分析

从表 2.4-36 可以看出，对于 A 办公楼的数据结果有较大偏差，进一步分析发现，建筑院在计算时考虑了热回收，故偏差在许可范围之内。

结合同类工程项目的数据分析，经业主、建筑设计院、能源中心设计院三方相关专业人员的讨论：按取下限的原则，并在考虑同时使用系数后，办公楼、酒店、展馆三类建筑的负荷设计指标按表 2.4-37 的值计算，并依此进行设备配置和运行技术数据的计算。

表 2.4-37　冷、热负荷指标值

建筑	冷负荷指标（W/m²）	热负荷指标（W/m²）
办公楼	80	68
酒店	75	60
展馆	135	115

第五节　生活热水负荷

生活热水负荷指为满足生活用热水需求，将冷水加热到一定温度所需的热负荷。热水供应系统的特点是热水用量具有昼夜的周期性，每天的热水用量变化不大，但小时热水用量变化较大。

生活热水供应分两类：一般医院、酒店类项目有较大生活热水负荷，需求较稳定，多设置集中供应系统；某些高档办公、商业建筑也会有少量生活热水负荷，其使用随机性强，多采用分散供应的方式。

生活热水供应负荷的计算分两类：当有关资料完整时，可进行较详细的计算；当有关资料不完整时，可进行估算。

对于拟接入分布式能源系统的集中热水供应系统，应符合以下规定：与生活热水用户应采用换热器进行间接连接，不允许从分布式供能系统直接取水。

一、有关计算数据

（一）用水量定额

住宅和公共建筑内，生活热水用水定额应根据水温、卫生设备完善程度、热水供应时间、当地气候条件、生活习惯和水资源情况等确定。

（1）各类建筑的热水用水定额（太阳能热水系统除外）按表 2.5-1 确定。

表 2.5-1　　热水用水定额

<table>
<tr><th>序号</th><th colspan="2">建筑物名称</th><th>单位</th><th>最高日用水定额（L）</th><th>使用时间（h）</th></tr>
<tr><td rowspan="2">1</td><td rowspan="2">住宅</td><td>有自备热水供应和沐浴设备</td><td>每人每日</td><td>40～80</td><td rowspan="2">24</td></tr>
<tr><td>有集中热水供应和沐浴设备</td><td>每人每日</td><td>60～100</td></tr>
<tr><td>2</td><td colspan="2">别墅</td><td>每人每日</td><td>70～110</td><td>24</td></tr>
<tr><td>3</td><td colspan="2">酒店式公寓</td><td>每人每日</td><td>80～100</td><td>24</td></tr>
<tr><td rowspan="2">4</td><td rowspan="2">宿舍</td><td>Ⅰ类、Ⅱ类</td><td>每人每日</td><td>70～100</td><td rowspan="2">24 或定时供应</td></tr>
<tr><td>Ⅲ类、Ⅳ类</td><td>每人每日</td><td>40～80</td></tr>
<tr><td rowspan="4">5</td><td rowspan="4">招待所、培训中心、普通旅馆</td><td>设公用盥洗室</td><td>每人每日</td><td>25～40</td><td rowspan="4">24 或定时供应</td></tr>
<tr><td>设公用盥洗室、淋浴室</td><td>每人每日</td><td>40～60</td></tr>
<tr><td>设公用盥洗室、淋浴室、洗衣室</td><td>每人每日</td><td>50～80</td></tr>
<tr><td>设单独卫生间、公用洗衣室</td><td>每人每日</td><td>60～100</td></tr>
<tr><td rowspan="2">6</td><td rowspan="2">宾馆客房</td><td>旅客</td><td>每床位每日</td><td>120～160</td><td rowspan="2">24</td></tr>
<tr><td>员工</td><td>每人每日</td><td>40～50</td></tr>
<tr><td rowspan="6">7</td><td rowspan="6">医院住院部</td><td>设公用盥洗室</td><td>每床位每日</td><td>60～100</td><td rowspan="2">24</td></tr>
<tr><td>设公用盥洗室、淋浴室</td><td>每床位每日</td><td>70～130</td></tr>
<tr><td>设单独卫生间</td><td>每床位每日</td><td>110～200</td><td rowspan="2">8</td></tr>
<tr><td>医务人员</td><td>每人每班</td><td>70～130</td></tr>
<tr><td>门诊部、诊疗所</td><td>每病人每班</td><td>7～13</td><td rowspan="2">24</td></tr>
<tr><td>疗养院、休养所住房部</td><td>每床位每日</td><td>100～160</td></tr>
<tr><td>8</td><td colspan="2">养老院</td><td>每床位每日</td><td>50～70</td><td>24</td></tr>
<tr><td rowspan="2">9</td><td rowspan="2">幼儿园、托儿所</td><td>有住宿</td><td>每儿童每日</td><td>20～40</td><td>24</td></tr>
<tr><td>无住宿</td><td>每儿童每日</td><td>10～15</td><td>10</td></tr>
<tr><td rowspan="3">10</td><td rowspan="3">公共浴室</td><td>淋浴</td><td>每顾客每次</td><td>40～60</td><td rowspan="3">12</td></tr>
<tr><td>淋浴、浴盆</td><td>每顾客每次</td><td>60～80</td></tr>
<tr><td>桑拿浴（淋浴、按摩池）</td><td>每顾客每次</td><td>70～100</td></tr>
</table>

续表

序号	建筑物名称		单位	最高日用水定额（L）	使用时间（h）
11	理发室、美容院		每顾客每次	10～15	12
12	洗衣房		每千克干衣	15～30	8
13	餐饮业	营业餐厅	每顾客每次	15～20	10～12
		快餐店、职工及学生食堂	每顾客每次	7～10	12～16
		酒吧、咖啡厅、茶座、卡拉 OK	每顾客每次	3～8	8～18
14	办公楼		每人每班	5～10	8
15	健身中心		每人每次	15～25	12
16	体育场（馆）	运动员淋浴	每人每次	17～26	4
17	会议厅		每座位每次	2～3	4

注　热水温度按 60℃计。

（2）卫生器具的一次和小时热水用水定额及水温按表 2.5-2 确定。

表 2.5-2　　　　卫生器具的一次和小时热水用水定额及水温

序号	卫生器具名称		一次用水量（L）	小时用水量（L）	使用水温（℃）
1	住宅、蓝关、别墅、宾馆、酒店式公寓	带有淋浴器的浴盆	150	300	40
		无淋浴器的浴盆	125	250	40
		淋浴器	70～100	140～200	37～40
		洗脸盆、盥洗槽水嘴	3	30	30
		洗涤盆（池）	—	180	50
2	宿舍、招待所、培训中心	淋浴器：有淋浴小间	70～100	210～300	37～40
		无淋浴小间	—	450	37～40
		盥洗槽水嘴	3～5	50～80	30
3	餐饮业	洗涤盆（池）	—	250	50
		洗脸盆工作人员用	3	60	30
		顾客用	—	120	30
		淋浴器	40	400	37～40
4	幼儿园、托儿所	浴盆：幼儿园	100	400	35
		托儿所	30	120	35
		淋浴器：幼儿园	30	180	35
		托儿所	15	90	35
		盥洗槽水嘴	15	25	30
		洗涤盆（池）	—	180	50

续表

序号	卫生器具名称		一次用水量（L）	小时用水量（L）	使用水温（℃）
5	医院、疗养院、休养所	洗手盆	—	15～25	35
		洗涤盆（池）	—	300	50
		淋浴器	—	200～300	37～40
		浴盆	125～150	250～300	40
6	公共浴室	浴盆	125	250	40
		淋浴器：有淋浴小间	100～150	200～300	37～40
		无淋浴小间	—	450～540	37～40
		洗脸盆	5	50～80	35
7	办公楼洗手盆		—	50～100	35
8	理发室美容院洗脸盆		—	50～100	35
9	实验室	洗脸盆	—	60	50
		洗手盆	—	15～25	30
10	剧场	淋浴器	60	200～400	37～40
		演员用洗脸盆	5	80	35
11	体育场馆淋浴器		30	300	35
12	工业企业生活间	淋浴器：一般车间	40	360～540	37～40
		脏车间	60	180～480	40
		洗脸盆或盥洗槽水嘴：一般车间	3	90～120	30
		脏车间	5	100～150	35
13	净身器		10～15	120～180	30

（二）冷水计算温度

在计算热水系统的耗热量时，冷水温度应以当地最冷月平均水温资料确定。无水温资料时，可按表 2.5-3 确定。

（三）热水供水温度

从安全、卫生、节能、防垢等考虑，适宜的热水供水温度为 55～60℃。

生活热水的水质指标，应符合《生活饮用水卫生标准》（GB 5749）的要求。

二、耗热量、热水量计算

当有关资料较完整，且需要对生活热水的耗热量、热水量进行较详细的计算时，可采用以下方法。

（一）设计小时耗热量计算

（1）全日供应热水的宿舍（Ⅰ、Ⅱ类）、住宅、别墅、酒店式公寓、招待所、培训中心、旅馆、宾馆的客房（不含员工）、医院住院部、养老院、幼儿园、托儿所（有住宿）、办公楼等建筑，其集中热水供应系统的设计小时耗热量应按式（2.5-1）计算。

表 2.5-3　　冷水计算温度　　(℃)

区域	省、市、自治区、特别行政区		地面水	地下水
东北	黑龙江		4	6～10
东北	吉林		4	6～10
东北	辽宁	大部	4	6～10
东北	辽宁	南部	4	10～15
华北	北京		4	10～15
华北	天津		4	10～15
华北	河北	北部	4	6～10
华北	河北	大部	4	10～15
华北	山西	北部	4	6～10
华北	山西	大部	4	10～15
华北	内蒙古		4	6～10
西北	陕西	偏北	4	6～10
西北	陕西	大部	4	10～15
西北	陕西	秦岭以南	7	15～20
西北	甘肃	南部	4	10～15
西北	甘肃	秦岭以南	7	15～20
西北	青海	偏东	4	10～15
西北	宁夏	偏东	4	6～10
西北	宁夏	南部	4	10～15
西北	新疆	北疆	5	10～11
西北	新疆	南疆	—	12
西北	新疆	乌鲁木齐	8	12
东南	山东		4	10～15
东南	上海		5	15～20
东南	浙江		5	15～20
东南	江苏	偏北	4	10～15
东南	江苏	大部	5	15～20
东南	江西大部		5	15～20
东南	安徽大部		5	15～20
东南	福建	北部	5	15～20
东南	福建	南部	10～15	20
东南	台湾		10～15	20
中南	河南	北部	4	10～15
中南	河南	南部	5	15～20
中南	湖北	东部	5	15～20
中南	湖北	西部	7	15～20
中南	湖南	东部	5	15～20
中南	湖南	西部	7	15～20
华南	广东、港澳		10～15	20
华南	海南		15～20	17～22
西南	重庆		7	15～20
西南	贵州		7	15～20
西南	四川大部		7	15～20
西南	云南	大部	7	15～20
西南	云南	南部	10～15	20
西南	广西	大部	10～15	20
西南	广西	偏北	7	15～20
西藏			—	5

$$Q_h = K_h \frac{mq_r c(t_r - t_l)\rho_r}{t} \tag{2.5-1}$$

式中　Q_h——设计小时耗热量，kJ/h；

m——用水计算单位数，人数或床位数；

q_r——热水用水定额，按表 2.5-1 采用，L/(人・d) 或 L/(床・d)；

c——水的比热容，c=4.187kJ/(kg・℃)；

t_r——热水温度，t=60℃；

t_l——冷水温度，按表 2.5-3 选用，℃；

ρ_r——热水密度，详见表 2.5-4，kg/L；

t——每日使用时间，按表 2.5-1 采用，h；

K_h——小时变化系数，可按表 2.5-5 采用。

表 2.5-4　不同水温下的热水密度

温度（℃）	40	42	44	46	48	50	52	54
密度（kg/L）	0.993	0.992	0.991	0.990	0.989	0.988	0.987	0.986
温度（℃）	56	58	60	62	64	66	68	70
密度（kg/L）	0.985	0.984	0.983	0.982	0.981	0.980	0.979	0.978

表 2.5-5　热水小时变化系数值

类别	住宅	别墅	酒店式公寓	宿舍（Ⅰ、Ⅱ类）	招待所培训中心、普通旅馆	宾馆	医院、疗养院	幼儿园、托儿所	养老院
热水用水定额{L/[人(床)·d]}	60～100	70～110	80～100	70～100	25～100	120～160	60～160	20～40	50～70
使用人（床）数	≤100～≥6000	≤100～≥6000	≤150～≥1200	≤150～≥1200	≤150～≥1200	≤150～≥1200	≤50～≥1000	≤50～≥1000	≤50～≥1000
热水小时系数	4.8～2.75	4.21～2.47	4.00～2.58	4.80～3.20	3.84～3.00	3.33～2.60	3.63～2.56	4.80～3.20	3.20～2.74

注　1. 应根据热水用水定额高低、使用人（床）数多少取值，当热水用水定额高、使用人（床）数多时取低值，反之取高值，使用人（床）数小于或等于下限值及大于或等于上限值的，就取下限值及上限值，中间值可用内插法求得。

2. 设有全日集中热水供应系统的办公楼、公共浴室等表中未列入的其他类建筑的值可以按《建筑给水排水设计规范》（GB 50015）中表 3.1.10 给水的小时变化系数选值。

（2）定时供应热水的住宅、旅馆、医院及工业企业生活间、公共浴室、宿舍（Ⅲ类、Ⅳ类）、剧院化妆间、体育馆（场）运动员休息室等建筑，其集中热水供应系统的设计小时耗热量应按式（2.5-2）计算。

$$Q_h = \sum q_h (t_r - t_l) \rho_r n_o b c \tag{2.5-2}$$

式中 Q_h——设计小时耗热量，kJ/h；

q_h——卫生器具热水的小时用水定额，按表 2.5-2 采用，L/h；

c——水的比热容，c=4.187kJ/(kg·℃)；

t_r——热水温度，按表 2.5-2 采用，℃；

t_l——冷水温度，按表 2.5-3 选用，℃；

ρ_r——热水密度，kg/L；

n_o——同类型卫生器具数；

b——卫生器具数的同时使用百分数：住宅、旅馆，医院、疗养院病房，卫生间内浴盆或淋浴器可按 70%～100%计，其他器具不计，但定时连续供水时间应大于或等于 2h；工业企业生活间、公共浴室、学校、剧院、体育馆（场）等的浴室内的淋浴器和洗脸盆均按 100%计；住宅一户设有多个卫生间时，可按一个卫生间计算。

(3) 设有集中热水供应系统的居住小区，当居住小区内配套公共设施（如餐馆、娱乐设施等）的最大用水时段与住宅的最大用水时段一致时，应按两者的设计小时耗热量叠加计算；当居住小区内配套公共设施的最大用水时段与住宅的最大用水时段不一致时，应按住宅的设计小时耗热量加配套公共设施的平均小时耗热量叠加计算。

(4) 具有多个不同使用热水部门的单一建筑或具有多种使用功能的综合性建筑，当其热水由同一热水供应系统供应时，设计小时耗热量可按同一时间内出现用水高峰的主要用水部门的设计小时耗热量加其他部门的平均小时耗热量计算。

（二）设计小时热水量计算

设计小时热水量可按式（2.5-3）计算。

$$q_{rh}=\frac{Q_h}{(t_r-t_l)c\rho_r} \tag{2.5-3}$$

式中 q_{rh}——设计小时热水量，L/h；

Q_h——设计小时耗热量，kJ/h；

c——水的比热容，$c=4.187$kJ/(kg·℃)；

t_r——热水温度，按表 2.5-2 采用，℃；

t_l——冷水温度，按表 2.5-3 选用，℃；

ρ_r——热水密度，kg/L。

三、生活热水负荷的估算

当有关资料不够完整，但需要对生活热水负荷进行初步的估算时，可采用以下方法。

（一）生活热水平均热负荷

生活热水的最大热负荷和最小热负荷主要根据生活热水的平均热负荷推算出，生活热水平均热负荷的估算公式为

$$Q_{wa}=q_wA_s\times10^{-3} \tag{2.5-4}$$

式中 Q_{wa}——生活热水平均热负荷，kW；

q_w——生活热水热指标，应根据建筑物类型采用实际统计资料，居住区生活热水日平均热指标可按表 2.5-6 取用，W/m²；

A_s——总建筑面积，m²。

表 2.5-6　居住区采暖期生活热水日平均热指标推荐值　(W/m²)

用水设备情况	热指标 q_w
住宅无生活热水设备，只对公共建筑供热水时	2～3
全部住宅有沐浴设备，并供给生活热水时	5～15

注 1. 本表摘自《城镇供热管网设计规范》(CJJ 34—2010)。
2. 冷水温度较高时采用较小值，冷水温度较低时采用较大值。
3. 热指标中已包括约 10%的管网热损失。

（二）生活热水最大热负荷

建筑物或居住区的生活热水最大热负荷与生活热水平均热负荷有一定的比值关系，衡量这种比值关系的数值称作小时变化系数。生活热水最大热负荷与生活热水平均热负荷关系式为

$$Q_{w,max}=K_hQ_{w,a} \tag{2.5-5}$$

式中 $Q_{w,max}$——生活热水最大热负荷，kW；

$Q_{w,a}$——生活热水平均热负荷，kW；

K_h——小时变化系数，见表 2.5-7～表 2.5-9。

详细的住宅、集体宿舍、旅馆和公共建筑的生活用水定额及小时变化系数可根据用水单位数，按《建筑给水排水设计规范》(GB 50015—2003) 规定取用。

表 2.5-7　住宅、别墅的热水小时变化系数 K_h 值

居住人数	≤100	150	200	250	300	500	1000	3000	≥6000
小时变化系数 K_h	5.12	4.49	4.13	3.88	3.70	3.28	2.86	2.48	2.34

表 2.5-8　旅馆的热水小时变化系数 K_h 值

床位数 m	≤150	300	450	600	900	≥1200
小时变化系数 K_h	6.84	5.61	4.97	4.58	4.19	3.90

表 2.5-9　医院的热水小时变化系数 K_h 值

床位数 m	≤50	75	100	200	300	500	≥1000
小时变化系数 K_h	4.55	3.78	3.54	2.93	2.60	2.23	1.95

第六节　电　负　荷

一、一般规定

在燃气分布式供能系统设计中，采用电负荷的计算值来校验发电机组的容量。当按照“并网不上网”的原则选择发电机容量时，为保证发电机年运行小时数及负荷率的要求，只需满足电力的基本负荷即可，无须满足全部的电力负荷。

分布式供能站电负荷包括非居民用电负荷和工业电负荷两种。

（一）非居民用电负荷的调查估算

1. 对现有非居民用电负荷的调查

应结合电网公司提供的用电量统计的历史数据，绘制设计日及全年电负荷变化曲线，并合理计算出建筑设计电负荷、平均电负荷等基本参数，以及给出不同电负荷需求的运行时间。

2. 对近期将建非居民用电负荷的调查

原则要求参考同地区同类型建筑用电负荷特点，绘制典型日及全年电负荷变化曲线，并给出合理的建筑设计电负荷、平均电负荷等基本参数，以及给出不同电负荷需求的运行时间，综合分析各用户性质及负荷特性，应考虑折减系数。

3. 非居民用电负荷的调查估算要求

（1）对于已有建筑，应采用实际调查值或直接计算值（可采用需要系数法）。

（2）对于规划建筑或无法实际计算的建筑，可采用面积指标法进行估算。

（3）在调查、估算非居民用汇总电负荷时，应考虑同时使用系数、电用户投运时机等因素。

（4）可采用条件相似地区的同类项目的实测负荷数据进行估算。

（二）工业电负荷的调查估算

1. 现状工业电负荷的调查

应结合电网公司提供的用电量统计的历史数据，绘制设计日及全年电负荷变化曲线，并合理给出用户设计电负荷、平均电负荷等基本参数，以及给出不同电负荷需求的运行时间。

2. 对近期工业电负荷的调查

应依据企业设计电负荷、平均电负荷等基本参数以及生产工艺各时段电负荷特点，原则上参考同类型企业用电负荷特点，绘制典型电负荷变化曲线，并给出不同电负荷需求的运行时间。综合分析各用户性质及负荷特性，应考虑折减系数。

3. 工业电负荷的调查、估算要求

（1）对于已有的用电户，应采用实际调查值。

（2）对于已有供电合同（协议）的用电户，可采用合同值，协议值应核实。

（3）对于规划或无法提供准确值的用电户，可采用需要系数法、利用系数法、单位指标法等进行估算。

（4）工业负荷与公用电网的关系有上网取电、能源站直供电两种。

二、非居民用电负荷的计算方法

电力基本负荷一般为总电力负荷的20%～50%。对于已建成项目可根据实际用电负荷变化情况，绘制出电力负荷逐时曲线；或直接计算（可采用需要系数法）分析出基本负荷。对于规划建筑或无法实际计算的建筑，可采用面积指标法进行估算。如果无法确定项目的基本电力负荷，可按《燃气冷热电三联供工程技术规程》（CJJ 145—2010）规定，取不超过项目最大设计电力负荷的30%。

（一）指标法

1. 面积指标法

面积指标法的计算有功功率为

$$P_C = p_a A / 1000 \tag{2.6-1}$$

式中　P_C——计算有功功率，kW；

p_a——负荷密度，W/m^2；

A——建筑面积，m^2。

单位指标受如地理位置、气候条件、建筑规模的大小、建设标准的高低、地区发展水平、节能措施力度等多种因素的影响。

作为示例，表2.6-1列出了上海市各类建筑用电负荷指标和陕西省详细规划用最高用电负荷指标

表 2.6-1　　各类建筑用电负荷指标示例　　(W/m²)

建筑类别		负荷密度		建筑类别	负荷密度
		中心城和新城	新市镇		
上海市控规技术准则的用电负荷指标				陕西省规划设计院的预测指标	
住宅建筑	平均值	50～60		住宅	80
	90m² 以下	60	50		
	90～140m²	75	60		
	140m² 以上	70	60		
公共建筑	平均值	80～90		—	
	办公金融	100	80	办公金融	90
	商业	120	100	商业	100
	医疗卫生	90	80	医疗卫生	70
	教育科研	80	60	教育科研	50
	文化娱乐	90	80	文化娱乐	80

注　引自《工业与民用供配电设计手册》第四版。

2. 动态指标法。

图 2.6-1～图 2.6-4 所示为各种类型建筑逐时负荷变化规律的参考曲线；在进行具体的负荷分析时，应由设计人员调查和推算出具体的动态负荷曲线。

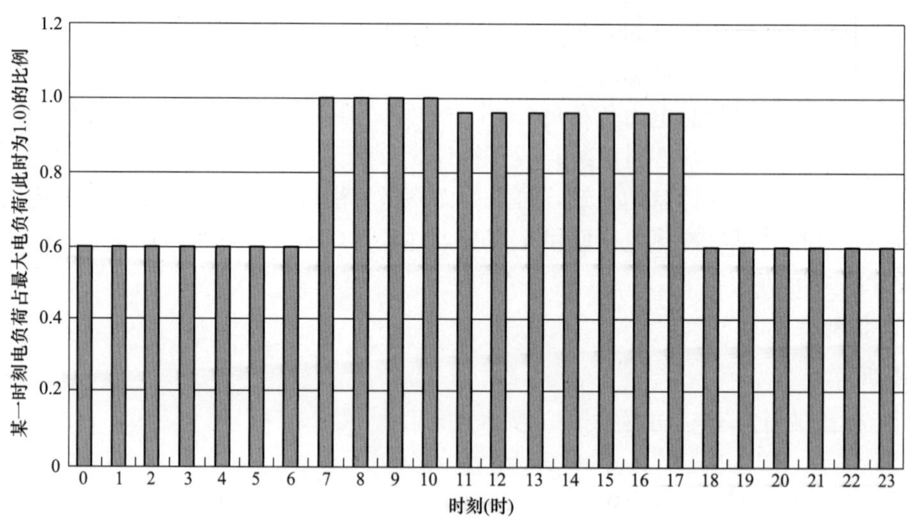

图 2.6-1　医院

（二）逐时负荷系数法

逐时负荷系数法是根据电力负荷估算指标，计算出各种类型建筑的电力负荷，再乘以表 2.6-2 中的典型日逐时电力负荷系数，得出逐时电力负荷，叠加后找出最大的逐时电力负荷，即为系统设计总电力负荷。

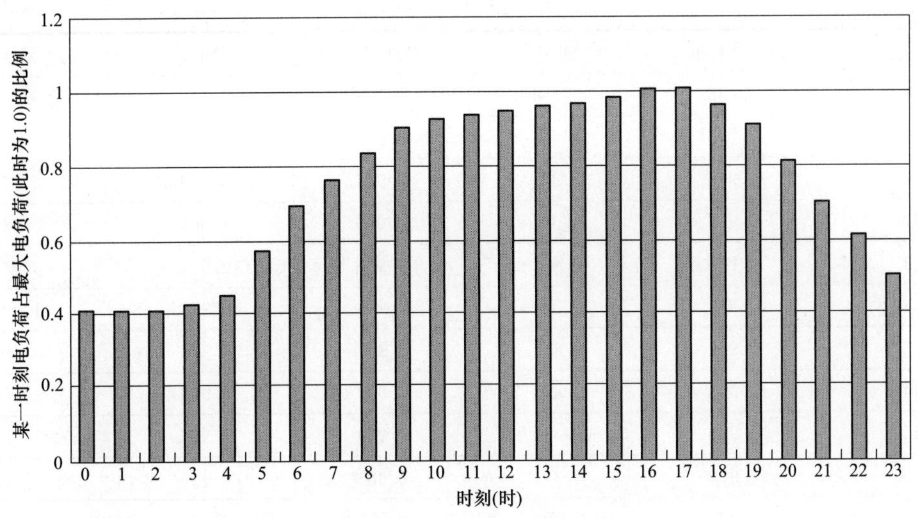

图 2.6-2　写字楼

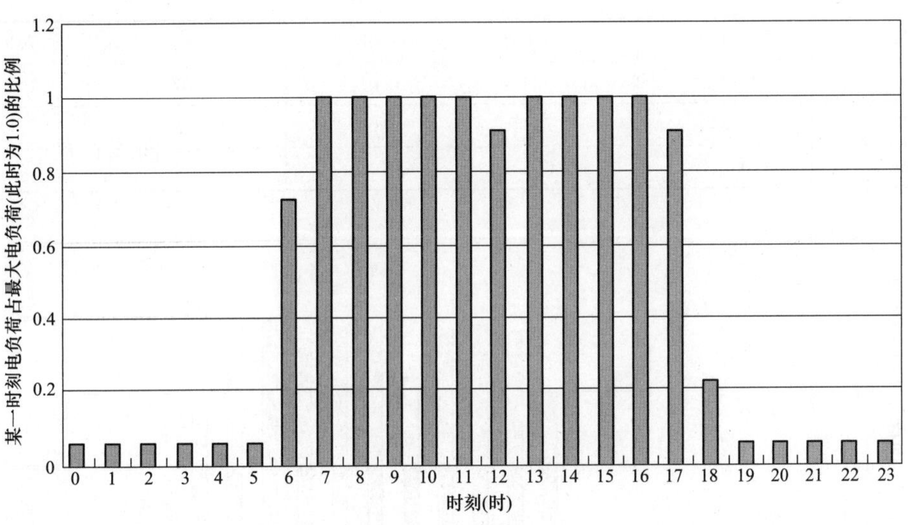

图 2.6-3　酒店

表 2.6-2　　典型日逐时电力负荷系数

时刻	办公（标准）	住宅	商业设施	医院	酒店
0	0.105	0.131	0.011	0.361	0.506
1	0.093	0.131	0.011	0.344	0.459
2	0.088	0.131	0.011	0.336	0.434
3	0.088	0.131	0.011	0.329	0.434
4	0.088	0.081	0.011	0.339	0.429
5	0.088	0.081	0.011	0.354	0.456
6	0.113	0.263	0.032	0.498	0.566

续表

时刻	办公（标准）	住宅	商业设施	医院	酒店
7	0.238	0.364	0.108	0.712	0.645
8	0.717	0.404	0.687	0.895	0.721
9	0.936	0.354	0.977	0.979	0.863
10	0.977	0.354	0.956	1.000	0.932
11	0.980	0.364	0.956	0.997	0.957
12	0.986	0.384	0.956	0.972	1.000
13	0.995	0.414	0.977	0.979	0.982
14	1.000	0.414	1.000	0.998	0.944
15	0.991	0.394	0.999	0.975	0.957
16	0.982	0.374	0.988	0.939	0.944
17	0.848	0.384	0.956	0.862	0.957
18	0.703	0.566	0.848	0.814	0.951
19	0.615	1.000	0.194	0.774	0.914
20	0.450	0.990	0.022	0.684	0.834
21	0.339	0.939	0.011	0.507	0.780
22	0.240	0.798	0.011	0.428	0.787
23	0.127	0.657	0.011	0.399	0.566

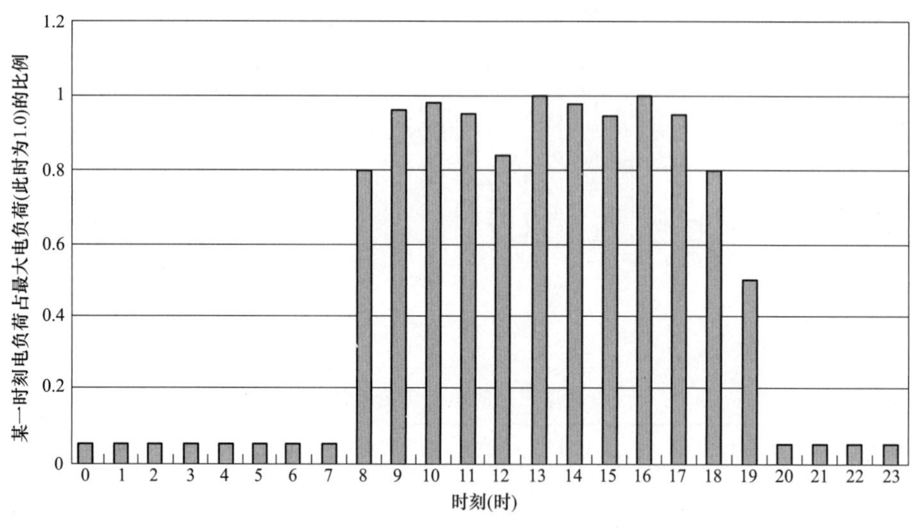

图 2.6-4　商场

（三）同类项目的估算

可采用条件相似地区的同类项目的实测负荷数据进行估算。

三、工业电负荷的计算方法

工业电负荷计算的常用方法有以下三种：

（1）利用系数法。利用系数法主要是依据概率论和数理统计，其计算结果较接近实际，但其计算过程烦琐，不易上手。

（2）单位指标法。单位指标法多用于民用建筑，特别适用于在用电设备功率和台数无法确定时的设计前期。

（3）需要系数法。需要系数法用设备功率乘以不同设备对应的需要系数和同时系数，即可得出不同设备的计算负荷，该方法计算简便，使用广泛。

以下介绍用于工业电负荷计算的需要系数法。

（一）单台用电设备的计算负荷

1. 有功计算负荷

$$P_c = K_{dl} P_e \tag{2.6-2}$$

$$K_{dl} = \frac{K_l}{\eta \eta_{wl}} \tag{2.6-3}$$

$$K_l = \frac{P}{P_e} \tag{2.6-4}$$

式中　P_c——单台用电设备的有功功率，kW；

K_{dl}——单台用电设备的需要系数；

K_l——负荷系数；

P——用电设备的实际负荷有功功率，kW；

P_e——用电设备的铭牌有功功率，kW；

η——用电设备实际负荷时的效率；

η_{wl}——线路的效率，一般取 0.9～0.95。

2. 无功计算负荷

$$Q_c = P_c \tan\varphi \tag{2.6-5}$$

式中　Q_c——单台用电设备的无功功率；

φ——用电设备功率因数角。

（二）用电设备组的计算负荷

$$P_{ca} = K_d \sum P_e \tag{2.6-6}$$

$$Q_{ca} = P_c \sum \tan\varphi_w \tag{2.6-7}$$

式中　K_d——用电设备组的需要系数，见表 2.6-3；

$\sum P_e$——用电设备组（不包括备用设备在内的所有用电设备）的有功功率之和；

φ_w——用电设备组的加权平均公率因数角；

P_{ca}——用电设备组的有功功率；

Q_{ca}——用电设备组的无功功率。

表 2.6-3　　用电设备组的需要系数及功率因数

用电设备组名称		K_d	$\cos\varphi$	$\tan\varphi$
单独传动的金属加工机床	小批生产的金属冷加工机床	0.12～0.16	0.50	1.73
	大批生产的金属冷加工机床	0.17～0.20	0.50	1.73
	小批生产的金属热加工机床	0.20～0.25	0.55～0.60	1.51～1.33

续表

用电设备组名称		K_d	cosφ	tanφ
单独传动的金属加工机床	大批生产的金属热加工机床	0.25～0.28	0.65	1.77
	锻造、压床、剪床及其他锻工机械	0.25	0.60	1.33
	木工机械	0.20～0.30	0.50～0.60	1.73～1.33
	锻压机	0.30	0.60	1.33
	生产用通风机	0.75～0.85	0.80～0.85	0.75～0.62
	卫生用通风机	0.65～0.70	0.80	0.75
	泵、活塞型压缩机、电动发电机组	0.75～0.85	0.80	0.75
	球磨机、破碎机、筛选机、搅拌机等	0.75～0.85	0.80～0.85	0.75～0.62
电阻炉（带调压器或变压器）	非自动装料	0.60～0.70	0.95～0.98	0.33～0.20
	自动装料	0.70～0.80	0.95～0.98	0.33～0.20
	干燥箱、加热器等	0.40～0.60	1.00	0
	公频感应电炉（不带无功补偿装置）	0.80	0.35	2.68
	高频感应电炉（不带无功补偿装置）	0.80	0.60	1.33
	焊接和加热用高频加热设备	0.50～0.65	0.70	1.02
	熔炼用高频加热设备	0.80～0.85	0.80～0.85	0.75～0.62
表面淬火电炉（带无功补偿装置）	电动发电机	0.65	0.70	1.02
	真空管振荡器	0.80	0.85	0.62
	中频电炉（中频机组）	0.65～0.75	0.80	0.75
	氢气炉（带调压器或变压器）	0.40～0.50	0.85～0.90	0.62～0.48
	真空炉（带调压器或变压器）	0.55～0.65	0.85～0.90	0.62～0.48
	电弧炼钢炉变压器	0.90	0.85	0.62
	电弧炼钢炉的辅助设备	0.15	0.50	1.73
	电焊机、缝焊机	0.35、0.20*	0.60	1.33
	对焊机	0.35	0.70	1.02
	自动弧焊变压器	0.50	0.50	1.73
	单头手动弧焊变压器	0.35	0.35	2.68
	多头手动弧焊变压器	0.40	0.35	2.68
	单头直流弧焊机	0.35	0.60	1.33
	多头直流弧焊机	0.70	0.70	1.02
	金属、机修、装盘车间、锅炉房用起重机	0.10～0.15	0.50	1.73
	锻造车间用起重机（0～25%）	0.15～0.30	0.50	1.73
	联锁的连续运输机械	0.65	0.75	0.88
	非联锁的连续运输机械	0.50～0.60	0.75	0.88
	一般工业用硅整流器	0.50	0.70	1.02

续表

用电设备组名称		K_d	cosφ	tanφ
表面淬火电炉（带无功补偿装置）	电镀用硅整流器	0.50	0.75	0.88
	电解用硅整流器	0.70	0.80	0.75
	红外线干燥设备	0.85～0.90	1.00	0.00
	电火花加工装置	0.50	0.60	1.33
	超声波装置	0.70	0.70	1.02
	X光设备	0.3	0.55	1.52
	电子计算机主机	0.50～0.70	0.80	0.75
	电子计算机外部设备	0.40～0.50	0.50	1.73
	试验设备（电热为主）	0.20～0.40	0.80	0.75
	试验设备（以仪表为主）	0.15～0.20	0.70	1.02
	磁粉探伤机	0.20	0.40	2.29
	铁屑加工机械	0.40	0.75	0.88
	排气台	0.50～0.60	0.90	0.48
	老练台	0.60～0.70	0.70	1.02
	陶瓷隧道窑	0.80～0.90	0.95	0.33
	拉单晶炉	0.70～0.75	0.90	0.48
	赋能腐蚀设备	0.60	0.93	0.48
	真空浸渍设备	0.70	0.95	0.33

* 电焊机的需要系数0.2仅用于电子行业。

（三）多个用电设备组的计算负荷

当计算多个用电设备组的总计算负荷时，由于各用电设备组的最大负荷出现时间点不尽相同，因此此时需要考虑各用电设备组之间最大负荷的同时系数 K_{Σ}，通常情况下组数越多，同时系数 K_{Σ} 越小。

$$P_{c\Sigma} = K_{\Sigma} P_c \tag{2.6-8}$$

$$Q_{c\Sigma} = K_{\Sigma} Q_c \tag{2.6-9}$$

式中　$P_{c\Sigma}$——多个用电设备组的总有功计算负荷，kW；

$Q_{c\Sigma}$——多个用电设备组的总无功计算负荷，kW；

K_{Σ}——多个用电设备组之间最大负荷同时系数，见表2.6-4。

表2.6-4　　最大负荷同时系数

应用范围		K_{Σ}
确定车间变电所母线计算负荷时	冷加工车间	0.7～0.8
	热加工车间	0.7～0.9
	动力站	0.8～1.0

续表

应用范围		K_{Σ}
确定配电所母线的计算负荷	计算负荷小于 5000kW	0.9～1.0
	计算负荷为 5000～10 000kW	0.85
	计算负荷超过 10 000kW	0.80

注 1. 无功负荷和有功负荷可取相同的同时系数。
2. 当用各车间的设备容量直接计算全厂的计算负荷时，应同时乘以表中两种同时系数。

（四）计算过程需要注意问题

（1）当用电设备较少（3 台及以下）时，一般将用电设备的功率总记为总计算负荷，不再考虑需要系数和同时系数。

（2）如果某设备组在系数表中没有时，可根据设备组的具体工作情况，套用工作性质相似的设备组系数。

（3）用电设备的实际负荷功率和电动机的铭牌功率较接近时，需要系数较大，反之则较小。用电设备连续稳定工作，则需要系数较大，反之则较小。

四、电负荷分析

分布式供能站的电负荷分析应符合以下规定：

（1）绘制各类建筑四季典型日逐时电负荷曲线。

（2）把各类不同非居民用电的四季典型日逐时电负荷曲线叠加。

（3）绘制工业电负荷的四季典型日逐时电负荷曲线。

（4）把非居民用电负荷与工业电负荷的四季典型日逐时负荷曲线叠加，用于负荷匹配分析。

（5）在电负荷分析时，应考虑与公用电网的关系等因素。

第三章

冷热电负荷分析与汇总

利用冷热电负荷图描述用户负荷随时间或温度变化的关系，能够反映负荷的最大值、最小值等特征，是合理选择机组规模、容量、经济技术分析的重要手段。本章将根据第二章调查、估算的结果，利用各类负荷图对冷热电负荷进行分析、汇总。

一、冷（热）负荷分析、汇总的一般程序

（1）根据本手册第二章的计算结果，将现状冷（热）负荷及近期新增负荷进行汇总叠加。

（2）绘制典型日冷（热）负荷变化曲线；在绘制时，合理选择折减系数，同时使用系数及其他修正系数。

（3）分析各季节/月份典型日逐时冷（热）负荷、月冷（热）负荷变化特点，绘制年冷（热）负荷变化图。

（4）进行冷热电负荷匹配分析。

（5）确定年耗冷热量，确定设计冷（热）负荷。

二、电负荷分析、汇总的一般程序

（1）根据本手册第二章的计算结果，将现状电负荷及近期新增负荷进行汇总叠加。

（2）选取折减系数、同时系数，确定该区域用电最大负荷、平均负荷、最小负荷。

（3）分析各季节/月份典型日逐时电负荷、月电负荷和年电负荷变化特点。

（4）结合楼宇式或区域式项目供电/用电特点，分析区域内的电力平衡情况。

第一节　典型日负荷变化图

典型日负荷变化图描述了以小时为单位、一天内负荷随时间的变化过程。典型日负荷逐时图是以小时为横坐标，小时热负荷为纵坐标绘制而成，它表明了一天内负荷需求的变化关系。以下将分别介绍工业蒸汽、采暖、建筑空调冷热负荷图的绘制（注：典型日也可称设计日，即每季节中具有典型代表性的一天）。

一、工业蒸汽典型日负荷变化图

工业蒸汽负荷属于全年性热负荷，在一天内小时负荷变化较大。因此首先需要确定典型日的热负荷变化曲线。

生产热负荷曲线的纵坐标如果是为满足热用户用汽量要求，则单位按用汽量 t/h 考虑，如果是为确定热源总耗热量，则单位为 kJ/h。

生产工艺用热量直接取决于经营状况、生产班制、生产工艺、大型设备运行方式等因素影响。生产热负荷资料一般是以企业为单位分析的，对企业内各车间的用热单位进行分析，确定各季度（月份）“典型生产日”的小时热负荷，然后绘制出各车间的各季度或月份的典型日生产热负荷曲线，如图 3.1-1 所示。

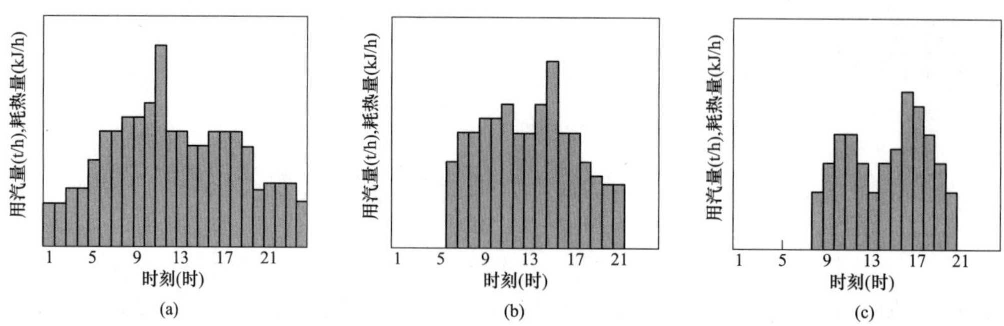

图 3.1-1 典型日工业蒸汽负荷变化图

（a）三班制典型日负荷图；（b）两班制典型日负荷图；（c）一班制典型日负荷图

二、采暖典型日负荷变化图

采暖典型日负荷特性取决于热用户的用热特点，绘制日负荷曲线时应按业主提出的使用要求和各类区域的功能、环境参数要求等，参考类似使用功能的建筑或区域的冷热电负荷及其变化，将各类型负荷合并绘制在一张图中，图 3.1-2 中为居民采暖热负荷变化图，从图中可以看出居民负荷在早晨和晚上有两次峰值。

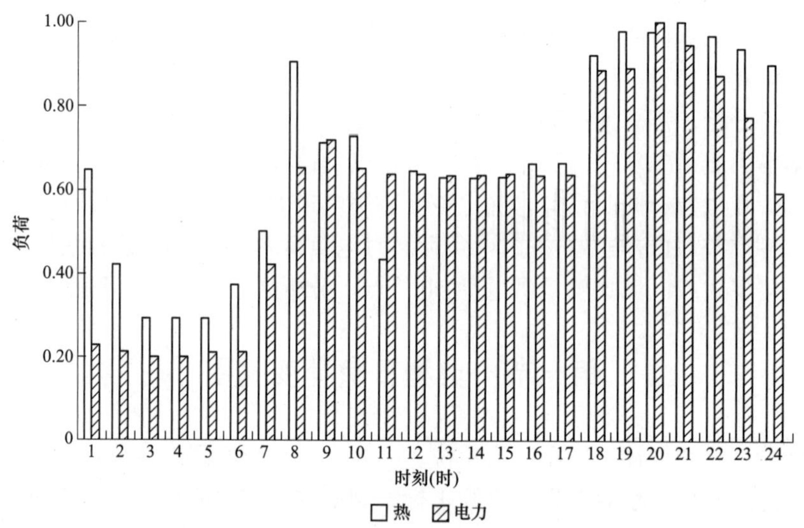

图 3.1-2 采暖热负荷典型日负荷变化图

三、建筑空调冷热典型日负荷变化图

需要空调冷热的建筑，主要为办公楼、商场、医院、酒店等，故建筑空调冷热负荷分析时，以分析上述几种建筑的负荷为主。

（一）办公楼

办公楼在城市各类建筑物中占很大比例，受其功能的影响，办公楼的负荷是间断型的，其变化规律与楼内人员的工作时间和活动规律密切相关。一般情况下，办公楼常年有生活热水负荷，但需求量不大；还有全年电负荷、冬季热和夏季冷负荷。办公建筑的不同季节典型日负荷变化图如图 3.1-3 所示。

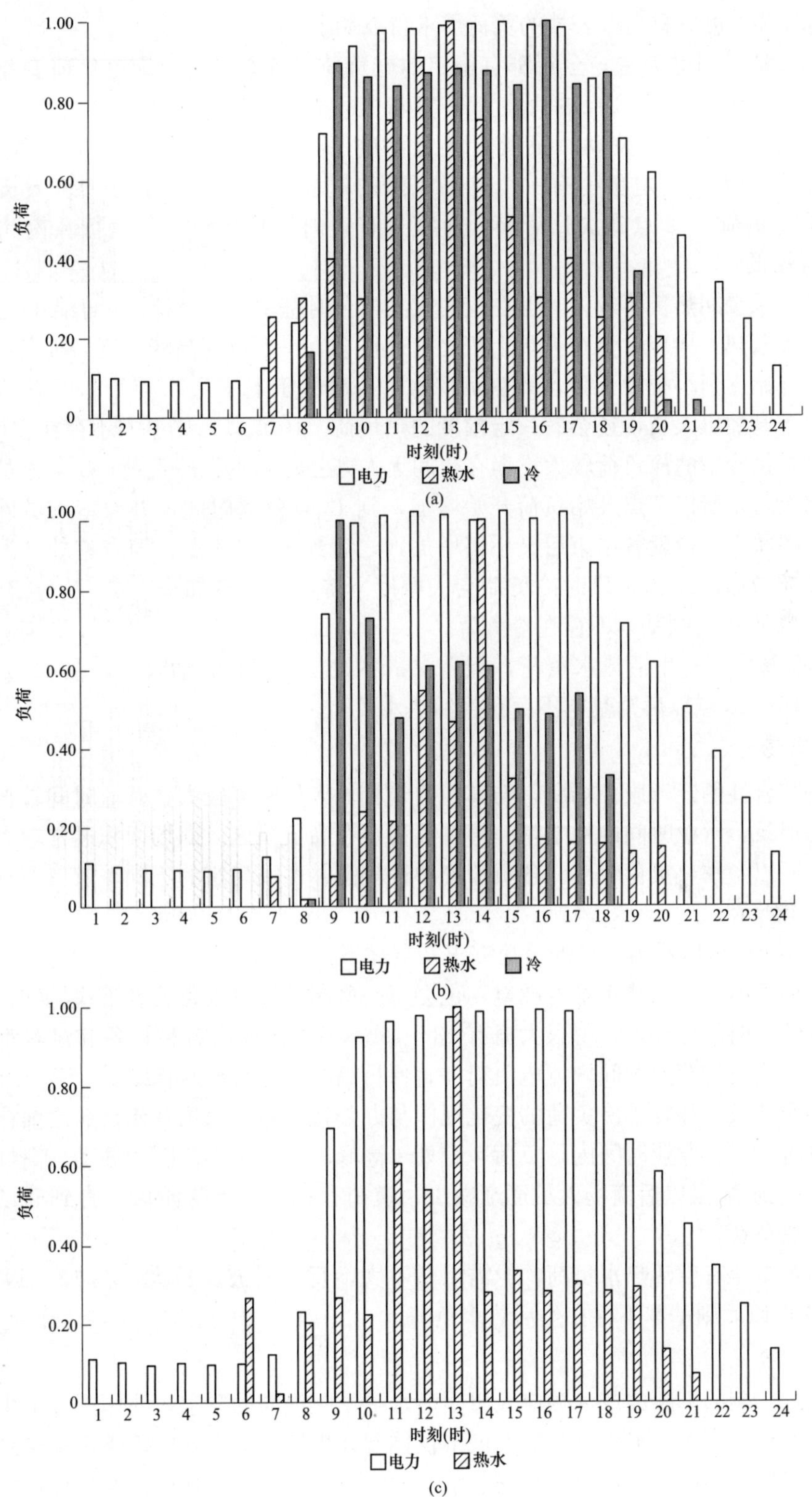

图 3.1-3 办公建筑的不同季节典型日负荷变化图

(a) 办公楼夏季典型日负荷变化图；(b) 办公楼冬季典型日负荷变化图；(c) 办公楼过渡季典型日负荷变化图

从图 3.1-3 中可以看出办公楼的负荷需求特点如下：

(1) 办公楼以用电为主，全年都有稳定的电负荷，各季节的全天电负荷变化有一定的规律：白天上班时间 9～18 点内用电量一直较大，始终处于用电高峰；中午休息的时间内，电负荷会有小幅度的波动。早晨上班之前的一段时间，电负荷存在一个上升阶段，18～19 点的下班时间，电负荷有一个逐渐下降的过程，由于会有部分加班人员，仍需中等幅度的电力负荷。22 点到次日清晨，通常只有楼内一些基础设备运行和夜间照明的用电，电负荷较低。

(2) 冬季采暖期热负荷较大，但在夜间无人办公时基本无热负荷。早上上班之前通常需要提前 1～2h 预热，所以 8 点在人员上班之前往往会有一个负荷高峰，之后随着室外气温升高，热负荷开始逐渐小幅度下降，的热负荷水平一般低于上午。17 点下班时热负荷会大幅度下降，由于有加班人员，还会有一定幅度的热负荷。19 点以后则基本不存在空调热负荷。

(3) 夏季供冷季的冷负荷较大，但在夜间无人办公时基本无冷负荷。8 点人员开始陆续到达办公室上班，所以 7 点开始负荷开始增加，到 12 点就餐时间，办公室人员外出就餐导致冷负荷小幅减少，待就餐结束后又小幅增加，之后到 15～16 点，随着室外气温升高，冷负荷开始逐渐增加，17 点下班时冷负荷会大幅度下降，由于有加班人员，还会有一定幅度的冷负荷。21 点以后则基本不存在冷负荷。

(4) 办公楼常年有生活热水负荷，但需求量不大，且小时波动较大，在 12～13 点之间达到最大。19～20 点以后则基本不存在生活热水负荷。

(二) 商场

商场是综合性的经营服务场所，与其他建筑相比人员密度较大，营业时间较长，但属于间断使用的建筑，营业时间内耗电量一直持续稳定在高负荷区。商场面积通常较大，但由于内区较大，所以冬季热负荷较小。各负荷集中性较强。商场建筑的不同季节典型日负荷变化图如图 3.1-4 所示。

从图 3.1-4 中可以看出商场的负荷需求特点如下：

(1) 商场负荷只包括建筑本身耗电，也会有一些高端用电设备或者某些特殊柜台耗电量较大，商场营业时间比较长，每天大概有 13～16h，营业时间内各种设备和灯具都处于使用状态，使得在商场的营业时间内，电负荷一直保持高峰，并且相对稳定。

(2) 冬季热负荷和夏季冷负荷的变化规律与办公楼类似，商场开始营业之前往往会有一个负荷上升阶段，在营业时间内，负荷一直处于高峰段，只有小范围的波动，高峰段持续时间比较长，直到 21 点以后商场人员逐渐减少，负荷存在一个下降阶段，直到商场关门，夜间没有冷、热负荷。

(3) 商场常年有生活热水负荷，但需求量不大，且小时波动较大，在 13～14 点之间达到最大。20 点以后则基本不存在生活热水负荷。

(三) 医院

随着医疗体制的不断改革，顺应人民生活水平不断提高的要求，我国医疗卫生事业一直呈现蓬勃发展趋势。医疗卫生事业的发展不仅体现在规模的增大，医疗条件也得到了相当大的改善，医院病房和门诊、输液厅都安装了空调系统，这种就医环境的改善也增大了医院对于电的需求量。

医院的一些数字检影成像设备及其他的医疗器械等，一些重要病房、血透中心和手术部

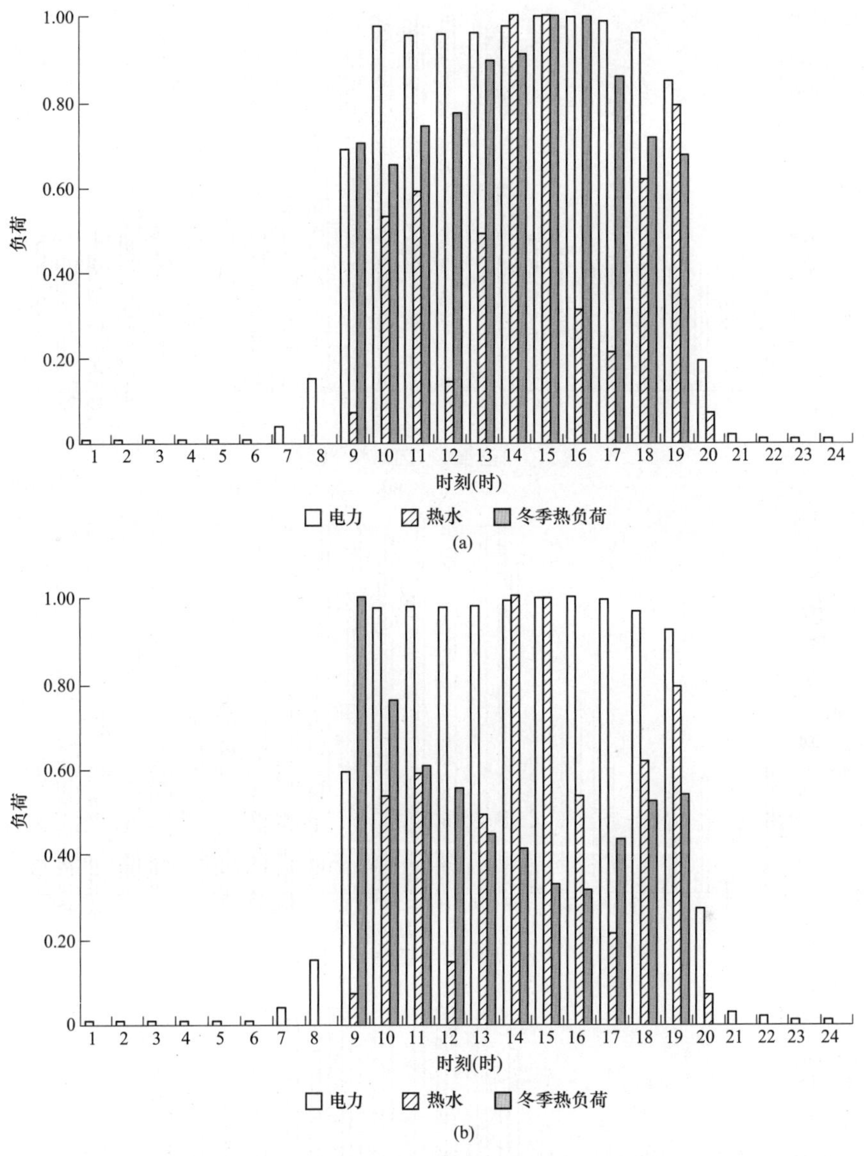

图 3.1-4 商场建筑的不同季节典型日负荷变化图

(a) 商场夏季典型日负荷变化图；(b) 商场冬季典型日负荷变化图

的用电要求必须是特别安全、可靠，很多地方需要保证连续供电，用电等级较高。同时，医院还需要大量蒸汽或热水供杀菌、消毒、治疗等特殊用途，热电需求比较大，系统方案设计时应解决生活热水、蒸汽基本负荷并保证重要设备和病房的连续供电。医院建筑的不同季节典型日负荷变化图如图 3.1-5 所示。

从图 3.1-5 中可以看出医院的各种负荷的变化规律如下：

(1) 全年都有热水负荷，气温越低的季节热负荷越大。由于热水负荷主要用于消毒、杀菌等用途，其需求量变化受医务人员工作时间的影响较大，夜间基本没有负荷，8～16 点负荷较高，一直处于高峰阶段。

(2) 冬季全天都有热负荷，但并不是一直处于高峰期，受上班时间的影响呈现一定的变

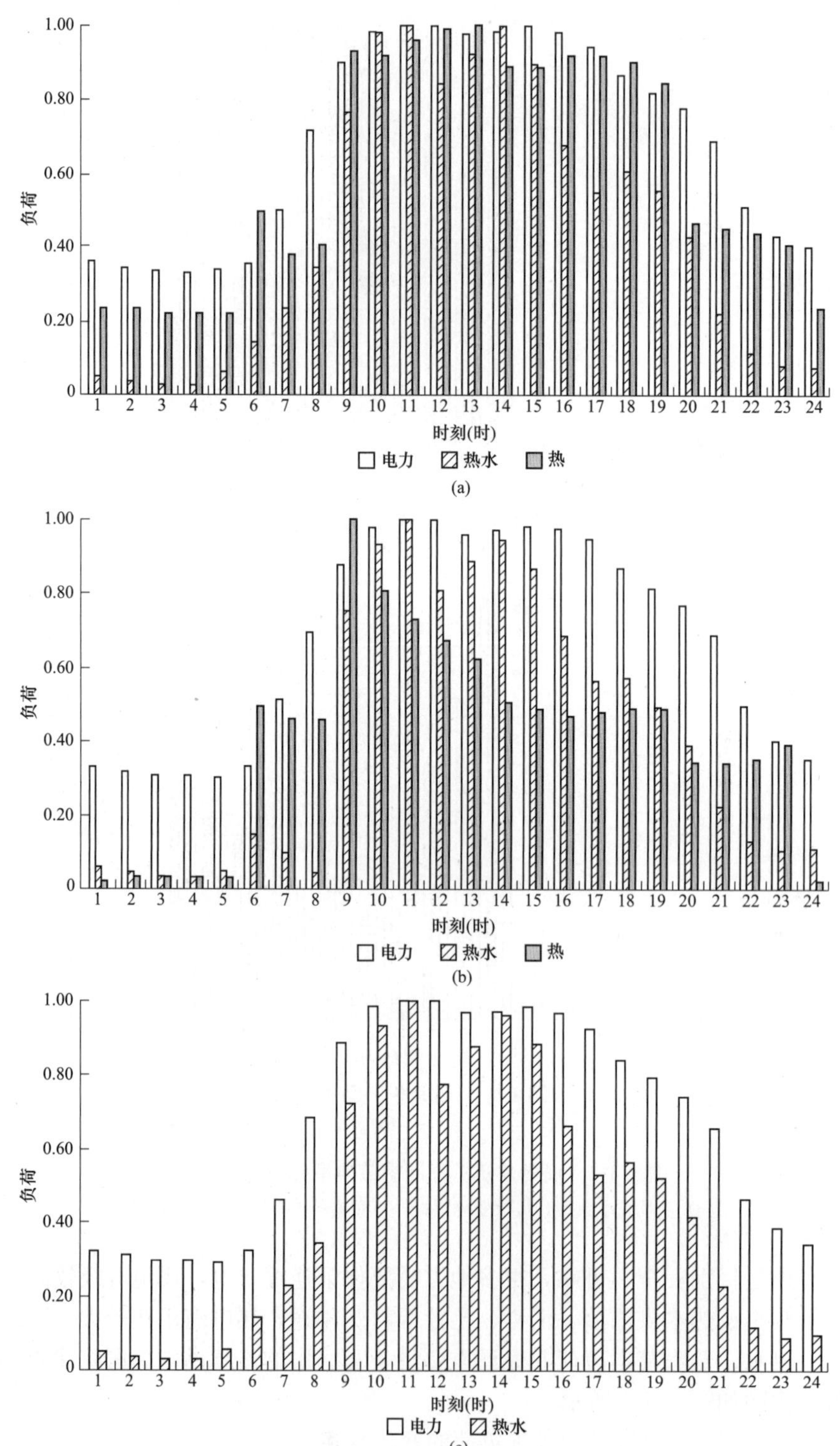

图 3.1-5 医院建筑的不同季节典型日负荷变化图

（a）医院夏季典型日负荷变化图；（b）医院冬季典型日负荷变化图；（c）医院过渡季典型日负荷因子变化图

化趋势：夜间只有在医院的住院病人及值班的医护人员需要热负荷，负荷较低；5～7 点以及 18～22 点，医院对外开放前和下班之后一段时间内，人员和医务活动较少，热负荷较低，但高于夜间负荷；8～18 点时间段内，医院对外开放，医务人员开始上班，就医的病人增多，手术设备的使用频繁，热负荷将持续在高峰段。同样的，夏季制冷负荷也遵循这样的变化规律，但是夏天夜间气温较低，无须制冷，冷负荷通常很低，几乎为零。

(3) 医院对于电负荷要求较高，要求有稳定、安全的电力供应。部分针对手术室和一些重要医疗设备的电力是全天供应，且比较稳定；还有一些其他随着医务人员的工作产生的电负荷有一定规律的：部分电负荷从早上医院开始对外开放时升高，8～19 点一直是用电高峰段，晚上下班后到第二天上班前几乎不存在。

（四）酒店

酒店类建筑有其自身的特点，酒店内有各种不同功能的设施，如餐厅、客房、健身中心、洗涤房等运营时间不同，酒店负荷的变化规律与入住率、室内环境及空调参数的设置密切相关。酒店建筑的不同季节典型日负荷变化图如图 3.1-6 所示。

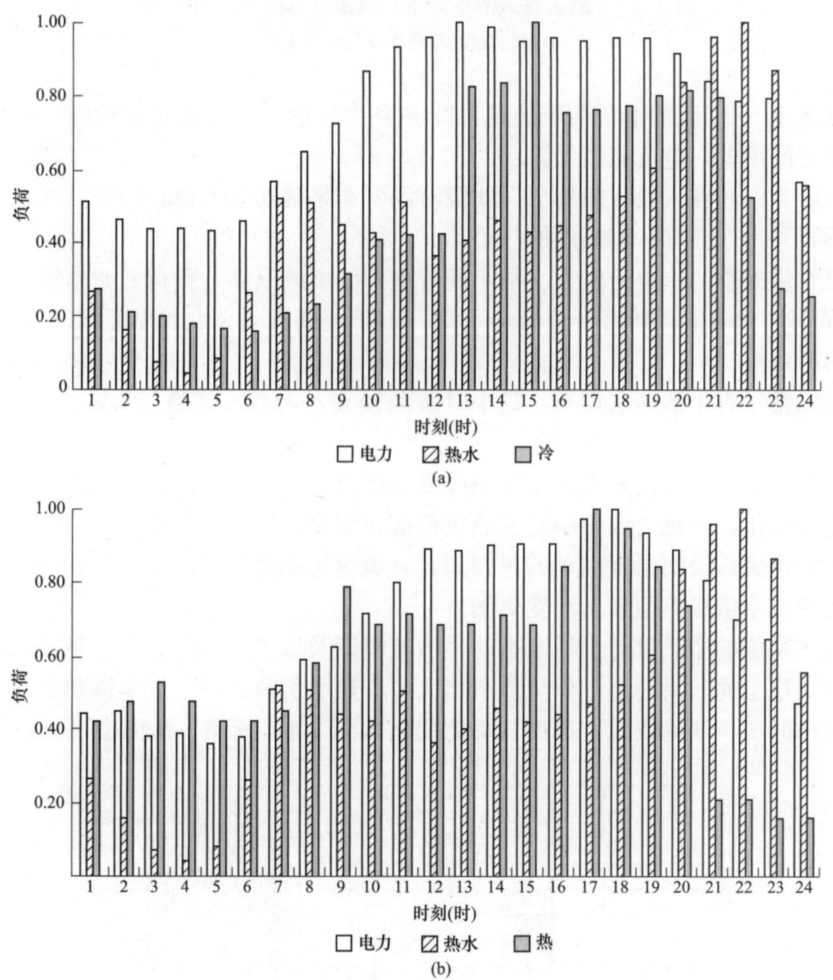

图 3.1-6　酒店建筑的不同季节典型日负荷变化图（一）

(a) 酒店夏季典型日负荷变化图；(b) 酒店冬季典型日负荷变化图；

从图 3.1-6 中可以看出酒店的能源需求特点如下：

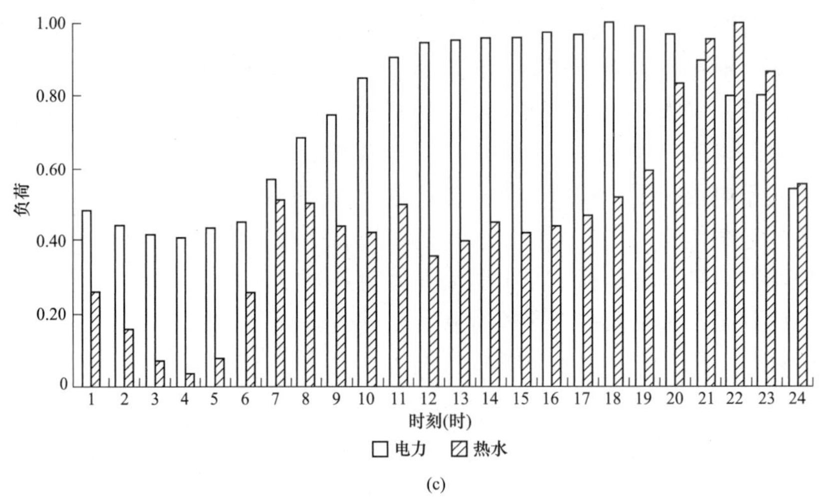

图 3.1-6 酒店建筑的不同季节典型日负荷变化图（二）
（c）酒店过渡季典型日负荷变化图

（1）酒店 10～22 点的电负荷较稳定，23 点到次日清晨，通常只有楼内一些基础设备运行和夜间照明的用电，电负荷较低。

（2）酒店 9～18 点人员一般外出，此段时间冬季采暖期热负荷较稳定，但在夜间人员入住酒店后不再外出，会有一定幅度的热负荷。

（3）夏季供冷季的冷负荷较大。早上随着室外温度的升高，负荷开始增加，之后到15～16 点，冷负荷达到峰值，随后冷负荷会下降，由于夜间人员入住酒店后不再外出，还会有一定幅度的冷负荷。

（4）酒店常年有生活热水负荷，且小时波动较大，人员入住酒店后，在 20～21 点之间达到最大。

当负荷类型单一，仅仅是满足冬季热或夏季冷负荷需求时，空调冷（热）负荷随着室外温度的变化而变化，一日之内每小时的热负荷都在变化，气温日较差（一天中气温最高值与最低值之差）越大，说明温度波动的越剧烈，日负荷也随之波动的越剧烈。

四、生活热水供应典型日负荷变化图

热水供热系统的用热量与生活水平、生活习惯以及居民成分等有关。热水供应热负荷在一年中是相对稳定的，只不过冬季热负荷稍大些。热水负荷也属于全年性热负荷，在以天为单位区间内小时负荷变化较大。典型日负荷变化如图 3.1-7 所示。从图中可见，热水负荷高

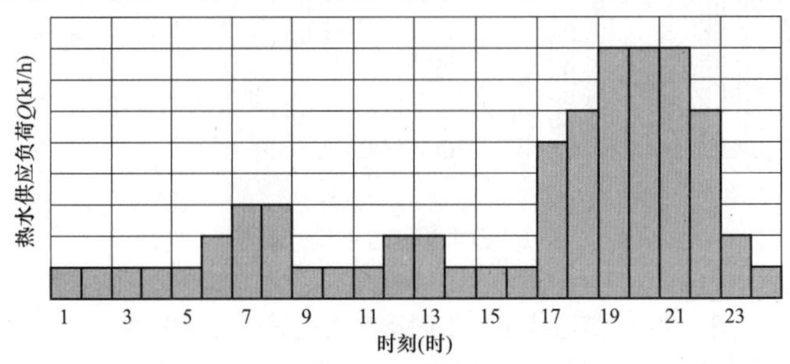

图 3.1-7 生活热水供应典型日负荷变化图

峰时在18～22点之间，6～9点之间用水量稍大，其他时间用水量都不大。由于热水的需求高峰经常与采暖、空调用热高峰相重叠，因此有时也采用蓄热罐调峰，白天制备热水供晚上高峰时使用。

第二节　年负荷变化图

一、工业蒸汽年负荷变化图

月负荷曲线是将逐日负荷曲线按时间顺序绘制出来的，但收集全所有热用户的逐日小时负荷资料是困难的，因此利用典型日负荷曲线来代替热用户的逐日小时负荷，并把负荷值相同的时间汇总到一起并按典型日负荷曲线中日负荷大小顺序排列。用逐月的平均热负荷可以绘出年生产热负荷曲线，如图3.2-1所示。此时热负荷数值是按照时间出现的先后顺序来排列的，当热负荷数值不按出现的先后而按数值的大小来排列时，连接各点形成的曲线即工业蒸年负荷延续曲线，通过工业蒸汽年生产热负荷曲线及工业蒸汽年负荷延续曲线，可得出全年工业蒸汽需求情况（填写表3.2-1），确定工业蒸汽用户全年小时最大、小时最小、小时平均需求量，并为机组选型提供依据。

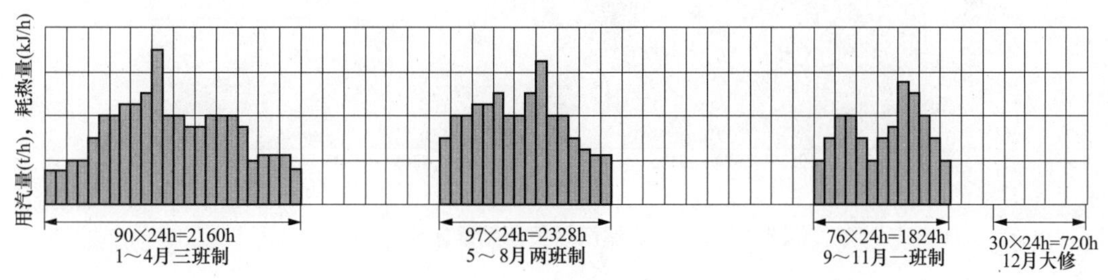

图3.2-1　年生产热负荷曲线

表3.2-1　　全年工业蒸汽需求情况表

工业蒸汽负荷	表压力（MPa）	温度（℃）	蒸汽量（t/h）		
			最大	平均	最小

图3.2-1中的1～4月时段这4个月是企业生产的旺季，企业采用三班制完成订单生产。5～8月时段企业开始减产，生产频率改为两班制。进入9～11月企业生产进入淡季，生产频率改成一班制，12月企业进入大修期，生产用汽量为零。

需要注意的是典型日负荷曲线是针对工作日而言的，不是针对节假日而言的，因此绘制月、年负荷曲线时，应将节假日这样生产周期内的非生产时间去掉，因此典型日负荷曲线横坐标的放大倍数应该是工作日的天数。

例如图3.2-1中，1～4月期间三班制的放大倍数为［31天＋29天＋31天＋30天－（4

个月×4 天休息日+15 天假期)] 即 90 倍，因此典型日负荷曲线的总持续时间为 90×24h，即 2160h，同理可以得到两班制的持续时间为 [31 天+30 天+31 天+31 天-（4 个月×4 天休息日+10 天)] 即 97 倍，因此 5～8 月负荷的总持续时间为 97×24h，即 2328h。同理可得 9～11 月期间一班制的负荷放大倍数为 [30 天+31 天+30 天-（3 个月×3 天休息日+6 天)] 即 76 倍，即总持续时间为 76×24h，即 1824h。12 月大修期，负荷需求为零。

根据月负荷曲线的数据，将图 3.2-1 中每个时段的生产热负荷值按照从大到小的顺序排列，即可绘制图 3.2-2 所示的工业蒸汽年负荷延续曲线。工业蒸汽年负荷延续曲线与工业类别、生产方式、工艺要求等因素有关。工业热负荷与室外温度变化关系不大，因此工业蒸汽负荷延续图与采暖热负荷延续图不同之处在于工业蒸汽负荷延续图没有采暖热负荷延续图纵轴左边那部分描述热负荷与室外温度变化的关系图形。

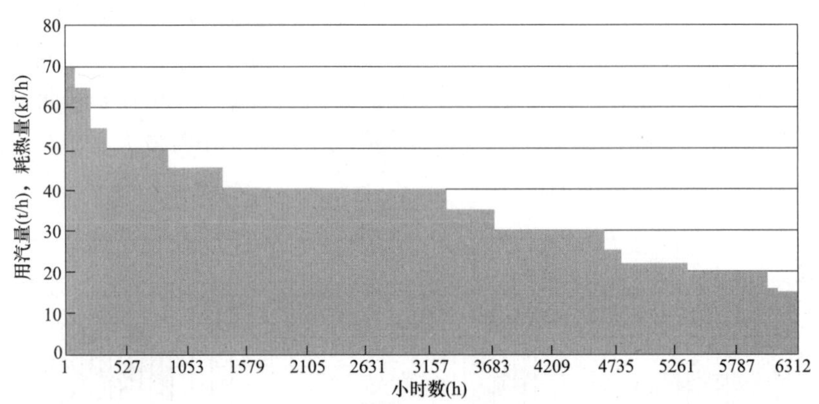

图 3.2-2 工业蒸汽年负荷延续曲线变化图

二、采暖年负荷变化图

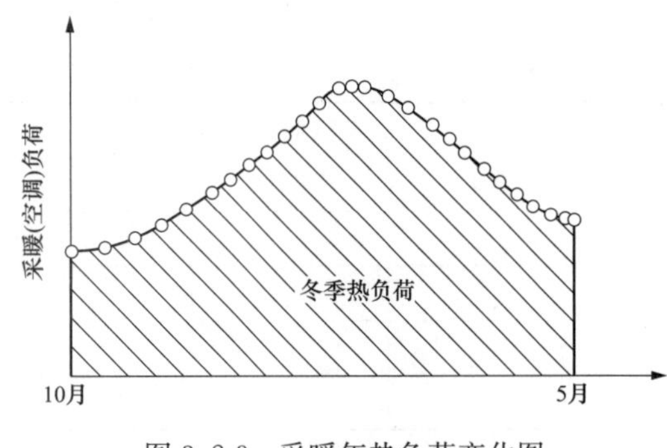

图 3.2-3 采暖年热负荷变化图

东北某城市采暖年热负荷变化图如图 3.2-3 所示。采暖负荷一般集中在当年 10 月到第二年的 5 月，高峰期在 1 月。由于采暖热负荷仅在冬季出现，夏季没有，降低了分布式项目设备年利用小时数，因此应在可能的情况下尽可能开发空调冷负荷资源，利用高温水溴化锂吸收式制冷机组向热用户供冷。

采暖年热负荷延续图描述了热负荷、持续时间和室外温度三者之间的关系，可用于确定分布式项目机组及调峰热源的选型，热媒的最佳参数和多热源供热系统的热源运行方式等。

如图 3.2-4（a）所示为采暖热负荷逐时曲线，它描绘了某一段时间内热负荷 Q 随时间 t 推移而变化的曲线，即 $Q=f(t)$。此时热负荷数值是按照时间出现的先后顺序来排列的。当热负荷数值不按出现的先后而按数值的大小来排列时，连接各点形成的曲线即热负荷延续曲线 $Q=f(n_1)$，如图 3.2-4（b）所示。需要注意的是采暖热负荷逐时曲线 $Q=f(t)$ 下方所包围的面积与热负荷延续曲线 $Q=f(n_1)$ 下方所包围的面积相等。

注：n_1 为延续天数或小时数，有时也用字母 τ 表示。

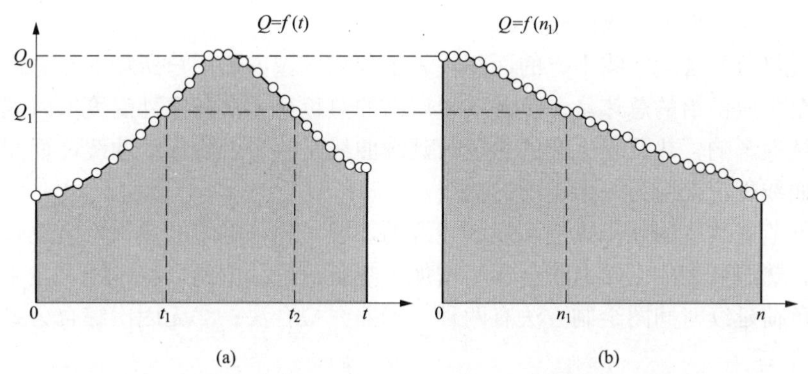

图 3.2-4　采暖热负荷逐时曲线与延续小时曲线对应关系图

（a）采暖热负荷逐时曲线；（b）采暖热负荷延续曲线

年采暖热负荷延续图是采暖热负荷随室外温度变化曲线与年采暖热负荷延续曲线综合而成，如图 3.2-5 所示。通过式（3.2-1）可以看出热负荷 Q 是室外空气温度 t_w 的线性函数，即 $Q=f(t_w)$，采暖小时热负荷曲线是一根直线，可根据该式计算各室外温度相应的小时耗热量绘制出该图。注意采暖起始室外温度定为＋5℃，采暖室外计算温度采用历年平均不保证 5 天的日平均温度，室内采暖计算温度一般采用 18℃。以热负荷为纵坐标，室外空气温度为左方横坐标，可先绘制逐时热负荷曲线图，如图 3.2-5（a）所示的采暖热负荷随室外温度变化曲线。

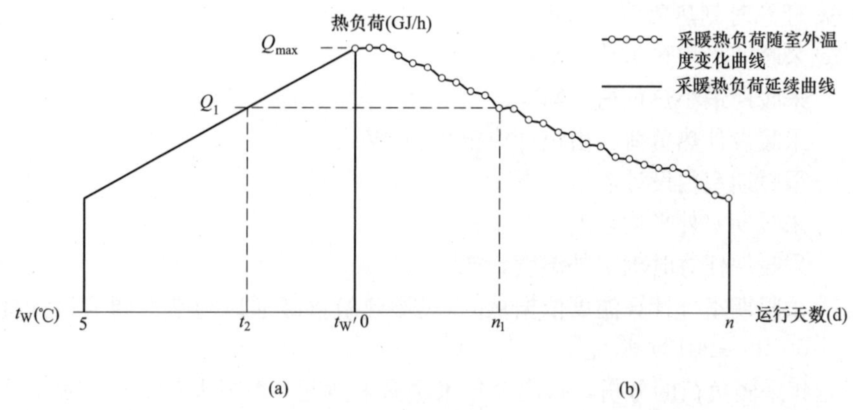

图 3.2-5　年采暖热负荷延续图

（a）采暖热负荷随室外温度变化曲线；（b）采暖热负荷延续曲线

由于热负荷 Q 是室外空气温度 t_w 的函数，即 $Q=f(t_w)$，而每一室外空气温度 t_w 有给定的延续小时数 n_1，故热负荷 Q 也是延续小时数 n_1 的函数，即 $Q=f(n_1)$，见图 3.2-5（b）。因此将热负荷关于室外空气温度的曲线 $Q=f(t_w)$ 与热负荷关于延续小时的曲线 $Q=f(n_1)$ 绘制在一张图上即年采暖热负荷延续图。

采暖热负荷延续图中，横坐标左方为室外温度 t_w 轴，横轴右侧为小时数，如横坐标 n_1

代表供暖期中任意时刻室外温度 t_w 小于或等于 t_2 时出现的总小时数。即室外温度 t_2 越向供暖室外计算温度靠近，小于室外温度 t_2 的温度对应的延续时间越短。当室外温度 t_2 等于供暖室外计算温度 t'_w 时，则该室外温度 t_2 时对应的延续时间为我国规范中定义的供暖室外计算温度为历年平均不保证5天的温度。

图中采暖热负荷延续曲线下方的面积代表了规划区域内热用户所需的年总供热量，即采暖期内热源至少应供给的总热量。热源端生产出的热负荷无法随室外温度实时变化，因此受调节的不连续性影响，热源端生产的热负荷延续曲线是一个台阶形的曲线。而用户端所需的热负荷延续曲线理论上应为一根平滑的曲线。

随着国家节能改造的逐步推进和地区经济的发展，越来越多的热用户会逐步接入到集中供热系统中，热源所带的供热面积会逐年增加，热负荷延续图的形状也随之发生变化。

采暖热负荷延续时间图绘制方法有两种：①曲线拟合法；②无因次综合公式法。

1. 曲线拟合法

曲线拟合法是根据当地大量的气象数据采用曲线拟合的办法求出的。首先收集某个采暖期内由气象站提供的室外日气温平均值，任意时刻室外温度对应的采暖热负荷数值可由下式求得。

$$Q'_h = Q_h \frac{t_n - t_w}{t_n - t'_w} \tag{3.2-1}$$

$$Q_{average} = Q_h \frac{t_n - t_p}{t_n - t'_w} \tag{3.2-2}$$

$$Q_{min} = Q_h \frac{t_n - 5}{t_n - t'_w} \tag{3.2-3}$$

式中 Q'_h——任意时刻热负荷，MW；

$Q_{average}$——采暖期平均热负荷，MW；

Q_{min}——采暖期最小热负荷，MW；

Q_h——采暖设计热负荷（由设计决定），MW；

t_n——采暖期室内设计温度，℃；

t_p——采暖期室外平均温度，℃；

t_w——采暖期任意时刻室外温度，℃；

t'_w——采暖期室外计算温度依据从[《民用建筑供暖通风与空气调节设计规范》（GB 50736—2012）确定]，℃。

通过对全年采暖负荷的分析，得出全年采暖需求情况（填写表3.2-2），确定采暖季采暖用户全年最大、最小、平均热负荷，并为机组选型提供依据。

表3.2-2　　采暖负荷需求情况表

采暖负荷	采暖负荷（MW）		
	最大	平均	最小

求出采暖期内逐日采暖热负荷，并将这些数据按由大到小的顺序排列，即可绘制出该集中供热区域内某一采暖期热负荷延续图，将多个采暖期的热负荷延续曲线总到一起，最后采用曲线拟合的办法求出数学表达式。该方法计算精度较高，但气象资料不容易收集齐全，且计算相对烦琐。

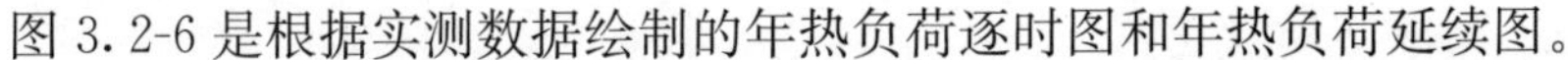
图 3.2-6 是根据实测数据绘制的年热负荷逐时图和年热负荷延续图。

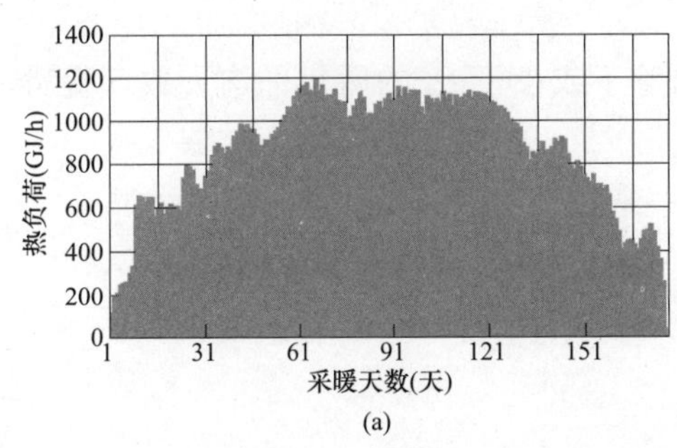

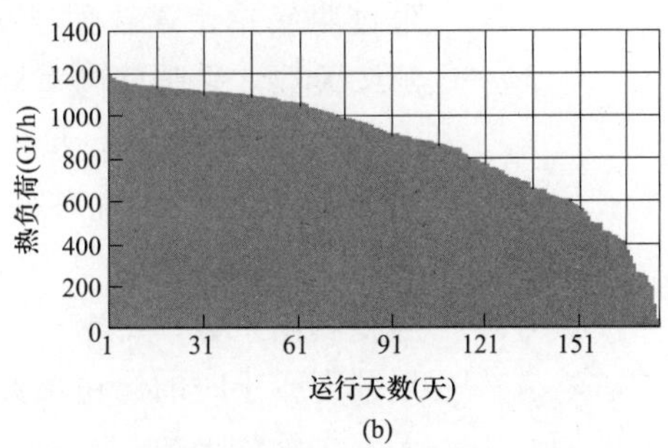

图 3.2-6　根据实测数据绘制的年热负荷逐时图和年热负荷延续图

（a）年热负荷逐时图；（b）年热负荷延续图

2. 无因次综合公式法

无因次综合公式法计算简便，计算精度能够满足工程使用，因此工程上应用的较广，下面着重介绍无因此综合公式法及其应用。

无因次综合公式法是由几个分段函数组成的数学模型，该模型定量地描述热负荷、室外计算温度、延续时间、耗热量之间的对应关系，使用时只需知道采暖室外计算温度 t'_{w}，采暖期室外日平均温度 t_{pj}，采暖期天数 N_{zh}，采暖设计热负荷 Q'_{n}，则可根据该方法绘制年采暖热负荷延续曲线。该方法的适用条件为开始进行供暖的室外温度为+5℃，平均每年不保证时间为 5 天。计算公式如下：

$$t_{w}=\begin{cases} t'_{w} & N \leqslant 5 \\ t'_{w}+(5-t'_{w})R_{n}^{b} & 5<N \leqslant N_{zh} \end{cases} \tag{3.2-4}$$

$$Q_{n}=\begin{cases} Q'_{n} \\ (1-\beta_{0}R_{n}^{b})Q'_{n} \end{cases} \quad 或$$

$$\overline{Q}=\begin{cases} 1 & N \leqslant 5 \\ (1-\beta_{0}R_{n}^{b}) & 5<N \leqslant N_{zh} \end{cases}$$

$$\overline{Q}=\frac{Q_{n}}{Q'_{n}}=\frac{t_{n}-t_{w}}{t_{n}-t'_{w}}$$

$$R_{n}=\frac{N-5}{N_{zh}-5}=\frac{n-120}{n_{zh}-120}$$

$$b=\frac{5-\mu t_{pj}}{\mu t_{pj}-t'_{w}}$$

$$\mu=\frac{N_{zh}}{N_{zh}-5}=\frac{n_{zh}}{n_{zh}-120}$$

$$\beta_{0}=\frac{5-t'_{w}}{t_{n}-t'_{w}}$$

以上式中 $\overline{Q}$——供暖相对热负荷比；

Q_n——在某一时刻室外温度 t_w 的采暖热负荷，MW；

Q'_n——采暖设计热负荷，MW；

t_n——采暖期室内设计温度,℃；

t_w——某一时刻室外温度,℃；

t'_w——采暖期室外计算温度,℃；

N——延续天数，采暖期内室外气温等于或小于 t_w 的历年平均天数（变量，N 天×24h/天=nh），天；

N_{zh}——采暖期总天数（N_{zh}×24h/天=采暖小时数 n_{zh}），天；

b——R_n 的指数值；

β_0——温度修正系数；

μ——延续天或小时的修正系数；

R_n——无因次延续天数；

n_{zh}——采暖小时数（n_{zh}=采暖期总天数 N_{zh}×24h），h；

n——延续小时数（n=延续天数 N×24h/天），即采暖期内室外气温等于或小于 t_w 的延续小时数，或采暖期热负荷等于或大于 $Q_n(t_w)$ 时对应的延续小时数，h。

为方便采暖热负荷延续图绘制，对以上无因次公式推导，得延续小时数 n 关于某一室外温度 t_w 的函数表达式（3.2-5）。

$$n=120+\left(\frac{t_w-t'_w}{5-t'_w}\right)^{\frac{1}{b}}\cdot(n_{zh}-120)$$

$$b=\frac{5-\mu t_a}{\mu t_a-t'_w} \tag{3.2-5}$$

$$\mu=\frac{n_{zh}}{n_{zh}-120}$$

式中 n——延续小时数（n=延续天数 n×24h/天），即采暖期内室外气温等于或低于 t_w 的延续小时数。

t_w——某一室外温度（$t'_w \leqslant t_w \leqslant 5$℃）,℃；

t'_w——采暖期室外计算温度,℃；

t_a——采暖期室外平均温度,℃；

μ——延续天或小时的修正系数；

n_{zh}——采暖小时数（n_{zh}=采暖期总天数 N_{zh}×24），h。

当给定一系列室外温度值（t_{w1}、t_{w2}、…、t_{wn}）时，根据式（3.2-1）和式（3.2-3）即可确定坐标点[$Q_n(t_{w1})$，$n(t_{w1})$]、[$Q_n(t_{w2})$，$n(t_{w2})$]、…、[$Q_n(t_{wn})$，$n(t_{wn})$]，并绘制出采暖热负荷延续图右侧的曲线图形。同时根据[$Q_n(t_{w1})$，t_{w1}]、[$Q_n(t_{w2})$，t_{w2}]、…、[$Q_n(t_{wn})$，t_{wn}]，即可绘制出热负荷延续图的左侧图形。

三、建筑空调冷热年负荷变化图

利用建筑和设备专业提供的建筑图和空调设备布置，对建筑负荷计算进行简化建模。按照建筑物的尺寸和形状输入外墙、内墙参数，添加门窗，通过软件模拟可计算全年逐时冷热负荷及延时冷热负荷。

建筑空调负荷的分布在一年之内是极不均匀的，设计负荷的运行时间，一般仅占空调总运行时间的 6%～10%，其分布情况大致见表 3.2-3。

表 3.2-3　　空调负荷的全年分布

冷负荷率（%）	75～100	50～75	25～50	<25
占总运行时间的百分率（%）	10	50	30	10

根据冷热负荷的逐时、延时变化曲线，可得出制冷（热）季冷（热）负荷需求情况表（见表 3.2-4），确定冷热负荷用户全年最大、最小、平均热负荷。

表 3.2-4　　冷（热）负荷需求情况表

冷（热）负荷	负荷（MW）		
	最大	平均	最小
冷负荷			
热负荷			

某项目的冷、热、电负荷变化如图 3.2-7～图 3.2-9 所示。

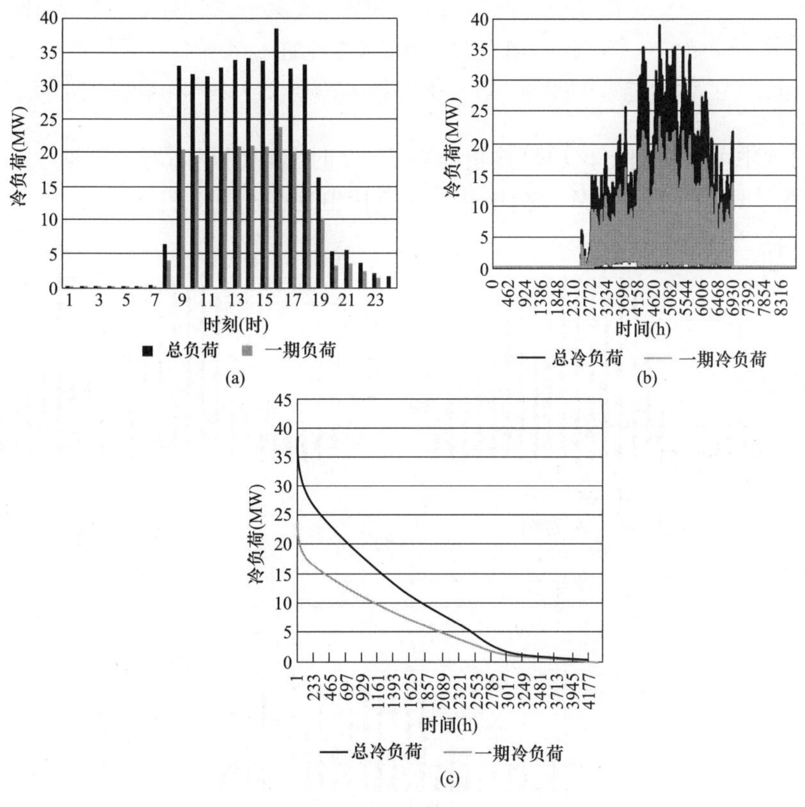

图 3.2-7　冷负荷变化图

(a) 典型日冷负荷变化图；(b) 逐时冷负荷变化图；(c) 延时冷负荷变化图

从图 3.2-7 中可以看出：该项目冷负荷峰值区间出现在 15～16 时之间。一期、一二期全年最大冷负荷分别为 23.87、38.50MW。全年最大冷负荷出现在 7 月 19 日。

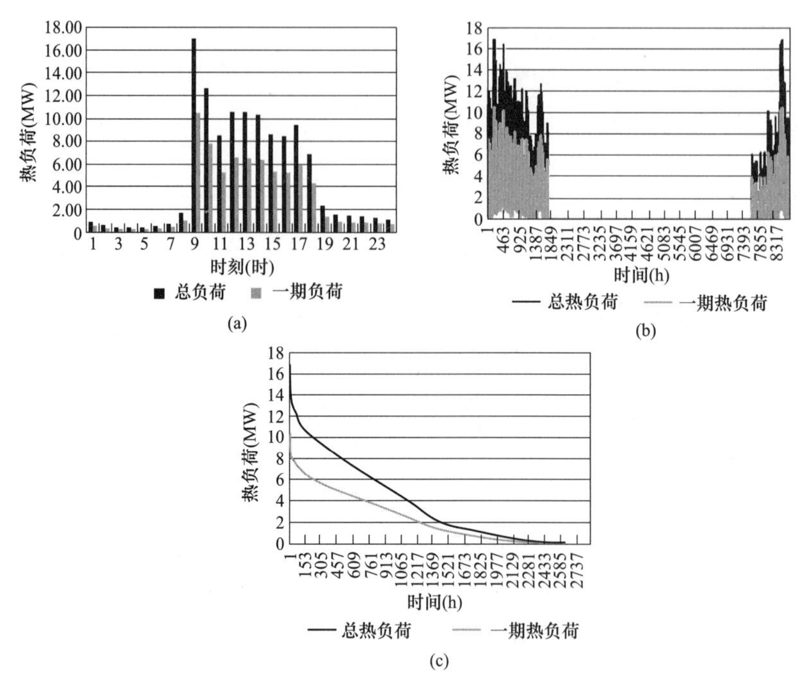

图 3.2-8 热负荷变化图

(a) 典型日热负荷变化图；(b) 逐时热负荷变化图；(c) 延时热负荷变化图

从图 3.2-8 中可以看出：该项目热负荷在 8～9 时出现用热高峰。一期、一二期全年最大热负荷分别为 10.5、16.9MW。全年最大热负荷出现在 1 月 9 日。

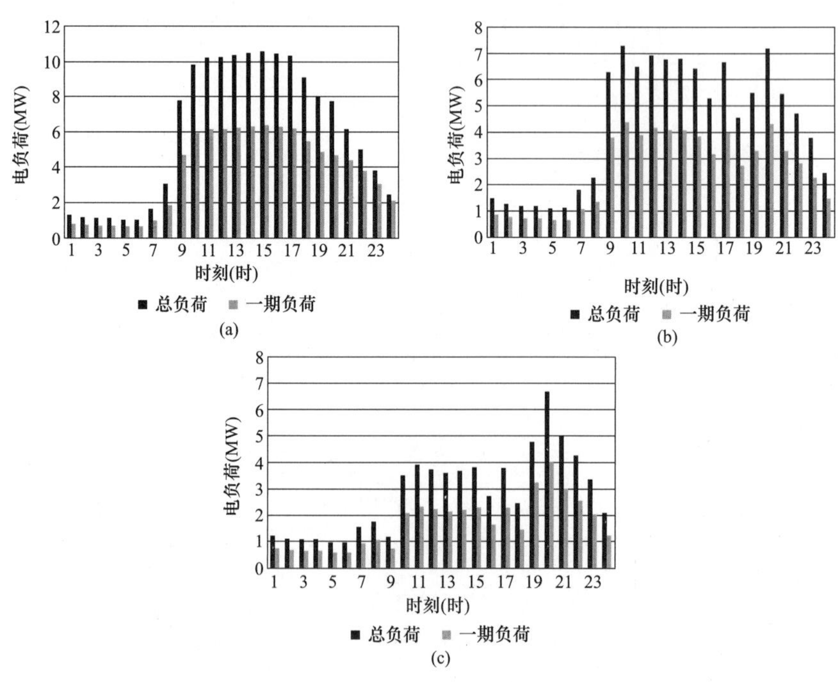

图 3.2-9 电负荷变化图

(a) 夏季典型日电负荷变化图；(b) 冬季典型日电负荷变化图；(c) 过渡季典型日电负荷变化图

从图 3.2-9 中可以看出：该项目夏季、过渡季、冬季分别在 14～15 时、18～19 时、9～10 时出现用电高峰。一期、一二期全年最大电负荷分别为 6.34 、10.57MW，一期、一二期全年平均电负荷分别为 3.6、6MW。从图中可以看出：一期夏季、冬季、过渡季，超过 1.5MW 的时间分别为 16、14、15h，超过 3MW 的时间分别为 15、12、2h，超过 4MW 的时间分别为 11、5、1h。一二期夏季、冬季、过渡季，超过 6MW 的时间分别为 13、9、1h，超过 8MW 的时间分别为 10、0、0h。

第三节　年 耗 热 量

本节所介绍的计算公式、所给出的数据和计算方法是进行燃气分布式供能系统经济技术分析的重要依据。

一、全年耗热量计算公式

（一）采暖全年耗热量

$$Q_h^a = 0.0864 N Q_h \frac{t_n - t_a}{t_n - t_w} \tag{3.3-1}$$

式中　Q_h^a——采暖全年耗热量，GJ；

N——采暖期天数，天；

Q_h——采暖设计热负荷，kW；

t_n——室内计算温度,℃；

t_a——采暖期室外平均温度,℃；

t_w——采暖室外计算温度,℃。

（二）采暖期通风耗热量

$$Q_v^a = 0.0036 T_v N Q_v \frac{t_n - t_a}{t_n - t_{o,v}} \tag{3.3-2}$$

式中　Q_v^a——采暖期通风耗热量，GJ；

T_v——采暖期内通风装置每日平均运行小时数，h；

Q_v——通风设计热负荷，kW；

$t_{o,v}$——冬季通风室外计算温度,℃。

（三）空调采暖耗热量

$$Q_{aw}^a = 0.0036 T_a N Q_a \frac{t_n - t_a}{t_n - t_{o,a}} \tag{3.3-3}$$

式中　Q_{aw}^a——空调采暖耗热量，GJ；

T_a——采暖期内空调装置每日平均运行小时数，h；

Q_a——空调冬季设计热负荷，kW；

$t_{o,a}$——冬季空调室外计算温度,℃。

（四）供冷期制冷耗热量

$$Q_c^a = 0.0036 T_{c,max} Q_c \tag{3.3-4}$$

式中　Q_c^a——供冷期制冷耗热量，GJ；

Q_c——空调夏季设计热负荷，kW；

$T_{c,max}$——空调夏季最大负荷利用小时数，h。

（五）生活热水全年耗热量

$$Q_w^a = 30.24 Q_{w,a} \tag{3.3-5}$$

式中 Q_w^a——生活热水全年耗热量，GJ；

$Q_{w,a}$——生活热水平均热负荷，kW。

在有延时负荷变化曲线时，全年耗热量为曲线下对应的面积。

二、我国各地区不同建筑能耗指标参考值

根据清华大学建筑节能研究中心发布的《中国建筑节能年度发展研究报告》（2007～2010），北京、上海、西安、广州地区不同建筑能耗指标参考值见表 3.3-1～表 3.3-4。

表 3.3-1 北京地区不同建筑能耗指标参考值

序号	不同系统	单位	普通办公楼	商务办公楼	大型商场	宾馆酒店
1	供暖系统全年耗电量（包括热源）	kWh/(m² · a)	18	30	110	46
2	照明系统全年耗电量	kWh/(m² · a)	14	22	65	18
3	室内设备全年耗电量	kWh/(m² · a)	20	32	10	14
4	电梯系统全年耗电量	kWh/(m² · a)	—	3	14	3
5	给排水系统全年耗电量	kWh/(m² · a)	1	1	0.2	5.8
1～5	常规系统全年耗电量	kWh/(m² · a)	53	88	200	87
6	空调系统全年耗冷量	GJ/(m² · a)	0.15	0.28	0.48	0.32
7	供暖系统全年耗热量	GJ/(m² · a)	0.2	0.18	0.12	0.3
8	生活热水系统全年耗热量	GJ/(m² · 人)	—	—	—	12
9	空调系统全年耗冷量	kWh/（m² · a)	41.67	77.78	133.33	88.89
10	供暖系统全年耗热量	kWh/(m² · a)	55.56	50	33.33	83.33

表 3.3-2 上海地区不同建筑能耗指标参考值

序号	不同系统	单位	普通办公楼	商务办公楼	大型商场	宾馆酒店
1	供暖系统全年耗电量（包括热源）	kWh/(m² · a)	23	37	140	54
2	照明系统全年耗电量	kWh/(m² · a)	14	22	65	18
3	室内设备全年耗电量	kWh/(m² · a)	20	32	10	14
4	电梯系统全年耗电量	kWh/(m² · a)	—	3	14	3
5	给排水系统全年耗电量	kWh/(m² · a)	1	1	0.2	5.8
1～5	常规系统全年耗电量	kWh/(m² · a)	58	95	230	95
6	空调系统全年耗冷量	GJ/(m² · a)	0.22	0.32	0.79	0.44
7	生活热水系统全年耗热量	GJ/(m² · 人)	—	—	—	12
8	空调系统全年耗冷量	kWh/(m² · a)	61.11	88.89	219.44	122.22

表 3.3-3 西安地区不同建筑能耗指标参考值

序号	不同系统	单位	普通办公楼	商务办公楼	大型商场	宾馆酒店
1	供暖系统全年耗电量（包括热源）	kWh/(m² • a)	20	31	112	47
2	照明系统全年耗电量	kWh/(m² • a)	14	22	65	18
3	室内设备全年耗电量	kWh/(m² • a)	20	32	10	14
4	电梯系统全年耗电量	kWh/(m² • a)	—	3	14	3
5	给排水系统全年耗电量	kWh/(m² • a)	1	1	0.2	5.8
1～5	常规系统全年耗电量	kWh/(m² • a)	55	89	201	88
6	空调系统全年耗冷量	GJ/(m² • a)	0.16	0.29	0.49	0.33
7	供暖系统全年耗热量	GJ/(m² • a)	0.19	0.17	0.11	0.29
8	生活热水系统全年耗热量	GJ/(m² • 人)	—	—	—	12
9	空调系统全年耗冷量	kWh/(m² • a)	44.44	80.56	136.11	91.67
10	供暖系统全年耗热量	kWh/(m² • a)	52.78	47.22	30.56	80.56

表 3.3-4 广州地区不同建筑能耗指标参考值

序号	不同系统	单位	普通办公楼	商务办公楼	大型商场	宾馆酒店
1	供暖系统全年耗电量（包括热源）	kWh/(m² • a)	40	55	170	78
2	照明系统全年耗电量	kWh/(m² • a)	14	22	65	18
3	室内设备全年耗电量	kWh/(m² • a)	20	32	10	14
4	电梯系统全年耗电量	kWh/(m² • a)	—	3	14	3
5	给排水系统全年耗电量	kWh/(m² • a)	1	1	0.2	5.8
1～5	常规系统全年耗电量	kWh/(m² • a)	75	113	260	119
6	空调系统全年耗冷量	GJ/(m² • a)	0.38	0.48	1.16	0.68
7	生活热水系统全年耗热量	GJ/(m² • 人)	—	—	—	12
8	空调系统全年耗冷量	kWh/(m² • a)	105.56	133.33	322.22	188.89

三、我国各地区不同建筑全年售冷量表

全国主要城市、不同功能建筑的单位使用面积年售冷量估算表见表 3.3-5。

表 3.3-5 全国主要城市、不同功能建筑的单位使用面积年售冷量估算表 (Wh/m²)

城市	大型商场	甲级写字楼	普通办公楼	五星级酒店	四星级酒店	教学楼	食堂	体育馆	图书馆	学生公寓
广州	208 200	177 600	189 100	224 500	171 900	323 100	319 200	239 300	278 600	180 300～248 000
武汉	132 900	118 200	120 000	144 900	109 800	196 900	210 500	161 400	171 000	8100～154 834
上海	118 200	107 400	106 000	130 700	97 000	173 000	193 300	150 300	148 700	72 000～139 600
兰州	71 900	91 500	63 000	95 400	55 700	85 200	71 300	111 000	70 100	5200～788 000
重庆	128 800	121 300	1 142 600	145 300	105 200	186 300	202 400	160 400	155 800	94 200～159 600
北京	111 600	120 100	101 000	135 100	90 800	149 000	145 300	144 400	130 700	69 800～129 100

续表

城市	大型商场	甲级写字楼	普通办公楼	五星级酒店	四星级酒店	教学楼	食堂	体育馆	图书馆	学生公寓
济南	118 200	123 700	105 900	140 600	95 800	160 800	157 300	152 200	137 800	80 400～142 100
贵阳	102 800	101 800	89 300	119 700	81 800	138 900	155 500	139 500	112 400	7300～126 700
海口	262 100	211 300	241 000	273 500	217 900	416 200	411 100	289 600	359 500	238 700～309 800
南京	125 000	109 500	112 800	135 900	103 300	188 200	207 800	155 200	164 100	76 700～145 800

注 1. 表中所列建筑的围护结构满足《公共建筑节能设计标准》(GB 50189—2015) 的节能要求，表中五星级宾馆的窗墙面积比为 0.7，空调温度为 25℃；其余建筑窗墙面积比为 0.4，空调温度为 24℃。

2. 以下情况，需考虑对冷负荷做适当调整：①建筑主朝向为东西向时；②建筑的体型系数大于 0.2 时；③建筑无法满足《公共建筑节能设计标准》(GB 50189—2015) 时。

3. 体育馆的年售冷量是按学校每天有正常教学、训练计算；学生公寓中，下限值为不考虑 7、8 月暑假运行的工况，上限值为全年运行的工况，食堂考虑早餐、午饭、晚餐、夜宵，共营业 11h。

4. 表中没有列出冷量值的城市，可参考与其相近城市的冷量值。

四、调峰负荷与基本负荷热源耗热量的计算

在有延时负荷变化曲线时，调峰负荷与基本负荷热源耗热量如图 3.3-1 所示。

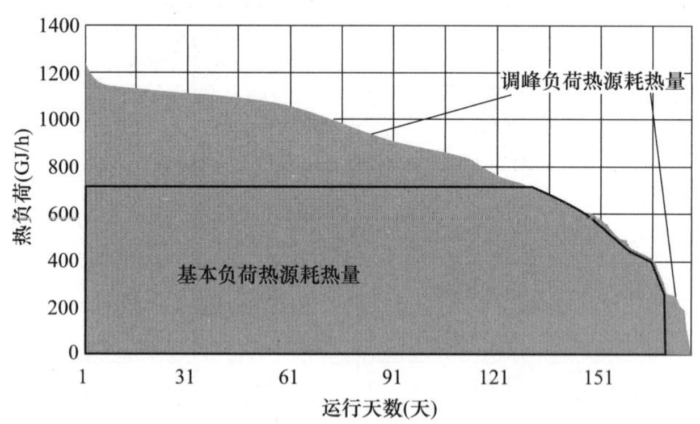

图 3.3-1 调峰负荷与基本负荷热源耗热量

从图 3.3-1 中可以看出：调峰负荷热源仅承担基本负荷热源设备无法开启及热负荷高峰时，基本负荷热源无法满足部分的负荷，其余均为基本负荷热源设备提供。

第四节 负荷分析与汇总

一、冷、热、电负荷分析的重要性

燃气三联供系统适合应用于全年冷、热、电负荷比较稳定的用户，如宾馆、医院和工业园等。而对于一般的住宅小区、办公楼等，由于负荷具有明显的峰谷特性，采用分布式供能系统将面临两种风险：

(1) 容量过大，利用率低，经济性差；

(2) 容量太小，起不了主要作用，发挥不出优势。

如果系统容量按用户的冷、热、电负荷的峰值选取，虽然在峰值负荷时，用户的能源利用率较高，但是从全年的角度来看，很多时间内系统的容量无法全部利用，机组的利用率下

降导致项目的经济性差，这是全国许多燃气三联供项目失败的主要原因。所以，在项目的规划设计阶段应在确实可靠的、经批准的冷、热、电负荷规划基础上，科学地确定系统容量，在运营期应与冷、热、电用户签订合同，保证负荷的相对稳定性，以保证较高的机组利用率和盈利。

为了提高三联供系统的利用率，从而提高项目的经济性，三联供系统供热（冷）容量不得大于用户全年的基本负荷，峰值负荷与基本负荷的差值可用其他措施（电空调、燃气锅炉、各类热泵等）补充。对于负荷具有明显峰谷特性的用户，宜在系统中设置蓄能系统来平衡峰谷负荷。

二、冷、热、电负荷的统计与整理

冷、热、电负荷的统计与整理的目的是要找出用户的用冷、热、电规律、负荷变化的大小与分布式能源站供热的联系与差异，使分布式能源站的设计负荷与能源站投产后的情况基本是相符的。

冷（热）负荷计算中，得出的热（冷）负荷有最大热（冷）负荷、平均热（冷）负荷、最小热（冷）负荷。对采暖负荷、空调冷（热）负荷，室外温度的影响较大，可根据本章第二节内容确定负荷的最大、平均、最小值；对工业蒸汽负荷，室外温度的影响要小得多，主要是根据工艺过程加热升温、保温、生产班制等情况求出全年最大、平均、最小热负荷的数值。

结合冷、热、电负荷四季典型日的逐时负荷变化曲线叠加特性及延时负荷变化曲线叠加特性，根据本章第二节表 3.2-1、表 3.2-2、表 3.2-4 的格式进行汇总，分析冷、热、电负荷匹配关系。并根据匹配关系确定以下内容：

（1）全年基本（平均）冷负荷（空调冷水）。

（2）全年基本（平均）热负荷（工业蒸汽、采暖、空调热水、生活热水）。

（3）区域电负荷及楼宇式的峰、谷、平电负荷。

（4）根据基本（平均）热（冷）负荷，按欠匹配原则选定原动机和余热利用设备的容量。

（5）需调峰的热（冷）负荷。

（6）蓄热（冷）设备的负荷。

（7）需从公用电网购的电量。

（8）选定主机、调峰设备、蓄热（冷）设备四季运行方案。

（9）确定过渡季节停机时的辅助措施。

在分析冷、热、电负荷匹配时，应考虑以下因素：

（1）采暖期历年不保证天数为 5 天。

（2）空调期历年不保证 50h。

（3）冷、热、电负荷的同时使用率和用户的入住率。

三、汇总燃气分布式供能站应向外供出的冷、热、电能

（一）折算到能源站出口的值

能源站供出的热（冷）负荷应等于用户的负荷加上热（冷）网散热损失。采暖热负荷已在热指标中考虑了热网散热损失。对于空调冷负荷，冷网散热损失应小于设计冷负荷的 5%。对于工业蒸汽用汽量及用汽参数，应按焓值和管道的压降及温降折算成能源站的供汽参数、供汽流量或供热量。

（二）能源站供热（冷）介质参数

（1）根据热用户端生产工艺需要的蒸汽参数，按焓值和管道的压降及温降折算成分布式能源站端的供汽参数。

（2）对于采暖用户，热水热力网最佳设计供水温度、回水温度，应根据具体工程条件，综合分布式能源站、管网、热力站、热用户二次供热系统等方面的因素，进行计算经济比较后确定。当不具备确定最佳供水温度、回水温度的技术经济比较条件时，热水热力网的供水温度、回水温度可按下列原则确定：

1）通过热力站与用户间连接供热的热力网，能源站供水温度可取一级热网的供水温度。采用基本加热器的取较小值，采用基本加热器串联尖峰加热器（包括串联尖峰锅炉）的取大值。回水温度可取40～55℃。

2）直接向用户供热水负荷的热力网，能源站供水温度不高于80℃，回水温度可低于60℃。

（3）对于空调冷（热）用户：

1）采用冷水机组直接供冷时，空调冷水供水温度和供回水温度不宜低于5℃，空调冷水供回水温差不应小于5℃；有条件时，适当增大供回水温差。

2）采用蓄冷空调系统时，空调冷水供水温度和供回水温差应根据蓄冷介质和蓄冷、取冷方式分别确定，并应符合《民用建筑供暖通风与空气调节设计规范》中的要求。

3）采用温湿度独立控制空调系统时，负担显热的冷水机组的空调供水温度不宜低于16℃；当采用强制对流末端设备时，空调冷水供回水温差不宜小于5℃。

4）采用蒸发冷却或天然冷源制取空调冷水时，空调冷水的供水温度，应根据当地气象条件和末端设备的工作能力合理确定；采用强制对流末端设备时，供回水温差不宜小于4℃。

5）采用辐射供冷末端设备时，供水温度应以末端设备表面不结露为原则确定；供回水温差不应小于2℃。

6）空调热水的供回水温差，严寒和寒冷地区不宜小于15℃，夏热冬冷地区不宜小于10℃。

7）采用直燃式冷（温）水机组、空气源热泵、地源热泵等作为热源时，空调供水供回水温度和温差应按设备要求和具体情况确定，并应使设备具有较高的供热性能系数。

8）采用区域供冷时，当采用电动压缩式冷水机组供冷时，空调冷水供回水温差不宜小于7℃，当采用冰蓄冷冷系统时，空调冷水供回水温差不宜小于9℃。

四、冷、热、电负荷汇总案例

以下介绍两个冷、热、电负荷汇总的案例。

（一）采暖负荷汇总案例

利用年负荷曲线，可以计算全年联供系统的供能情况，对联供系统运行进行经济预测。下面以某市为例，说明年采暖热负荷延续曲线的绘制过程。

1. 全年采暖耗热量计算

（1）2012～2013年采暖季，供热范围内建筑物采暖设计热负荷121.4MW(437GJ/h)，全年供热量为 844 026GJ，2012 年全年采暖热负荷统计表见表 3.4-1。

（2）2016 年供热范围内建筑物采暖设计热负荷 504MW(1814.4GJ/h)，全年供热量为 3 504 030GJ。2016 年全年采暖热负荷统计表见表 3.4-2。

（3）2020 年供热范围内建筑物采暖设计热负荷 621.6MW(2237.8GJ/h)，全年供热量为 4 321 637GJ。2020 年全年采暖热负荷统计表见表 3.4-3。

（4）全年采暖小时数 2800h，最大负荷利用小时数为 1931h。

表 3.4-1　　2012 年全年采暖热负荷统计表

序号	室外温度（℃）	室外温度延续小时数（h）	小时热负荷（GJ/h）	总供热量（GJ）
1	>5	5880.00		
2	5	324.50	210.43	68 284.37
3	4	307.77	226.61	69 745.01
4	3	290.61	242.80	70 560.99
5	2	272.98	258.99	70 698.96
6	1	254.82	275.17	70 119.35
7	0	236.05	291.36	68 774.30
8	−1	216.57	307.55	66 604.57
9	−2	196.26	323.73	63 534.75
10	−3	174.94	339.92	59 465.19
11	−4	152.36	356.11	54 257.46
12	−5	128.14	372.29	47 705.41
13	−6	101.59	388.48	39 467.04
14	−7	71.31	404.67	28 856.13
15	−8	32.10	420.85	13 507.97
16	−9	120.00	437.04	52 444.80
17	合计		844 026.31	
18	采暖小时数		2800.00	
19	最大负荷利用小时数		1931	

表 3.4-2　　2016 年全年采暖热负荷统计表

序号	室外温度（℃）	室外温度延续小时数（h）	小时热负荷（GJ/h）	总供热量（GJ）
1	>5	5880.00		
2	5	324.50	873.60	283 487.02
3	4	307.77	940.80	289 550.97
4	3	290.61	1008.00	292 938，55
5	2	272.98	1075.20	293 511.34
6	1	254.82	1142.40	291 105.05
7	0	236.05	1209.60	285 520.96

续表

序号	室外温度（℃）	室外温度延续小时数（h）	小时热负荷（GJ/h）	总供热量（GJ）
8	−1	216.57	1276.80	276 513.20
9	−2	196.26	1344.00	263 768.66
10	−3	174.94	1411.20	246 873.59
11	−4	152.36	1478.40	225 253.39
12	−5	128.14	1545.60	198 052.12
13	−6	101.59	1612.80	163 850.00
14	−7	71.31	1680.00	119 798.11
15	−8	32.10	1747.20	56 079.1
16	−9	120.00	1814.40	217 728.00
17	合计		3 504 030.16	
18	采暖小时数		2800.00	
19	最大负荷利用小时数		1931	

表 3.4-3　2020 年全年采暖热负荷统计表

序号	室外温度（℃）	室外温度延续小时数（h）	小时热负荷（GJ/h）	总供热量（GJ）
1	>5	5880.00		
2	5	324.50	1077.44	349 633.99
3	4	307.77	1160.32	35 112.86
4	3	290.61	1243.20	361 290.87
5	2	272.98	1326.08	361 997.32
6	1	254.82	1408.96	359 029.56
7	0	236.05	1491.84	352 142.52
8	−1	216.57	1574.72	341 032.95
9	−2	196.26	1657.60	325 314.68
10	−3	174.94	1740.48	304 477.42
11	−4	152.36	1823.36	277 812.51
12	−5	128.14	1906.24	244 264.28
13	−6	101.59	1989.12	202 081.67
14	−7	71.31	2072.00	147 751.00
15	−8	32.10	2154.88	69 164.36
16	−9	120.00	2237.76	268 531.20
17	合　计		4 321 637.20	
18	采暖小时数		2800.00	
19	最大负荷利用小时数		1931	

2. 年采暖热负荷延续曲线图

采暖热负荷延续曲线是根据室内采暖温度18℃，室外采暖计算温度−8℃，起始采暖室外平均温度5℃，采暖天数为120天绘制的。

不同室外温度下现状与该期小时采暖热负荷曲线与全年采暖热负荷延续曲线，如图3.4-1所示。

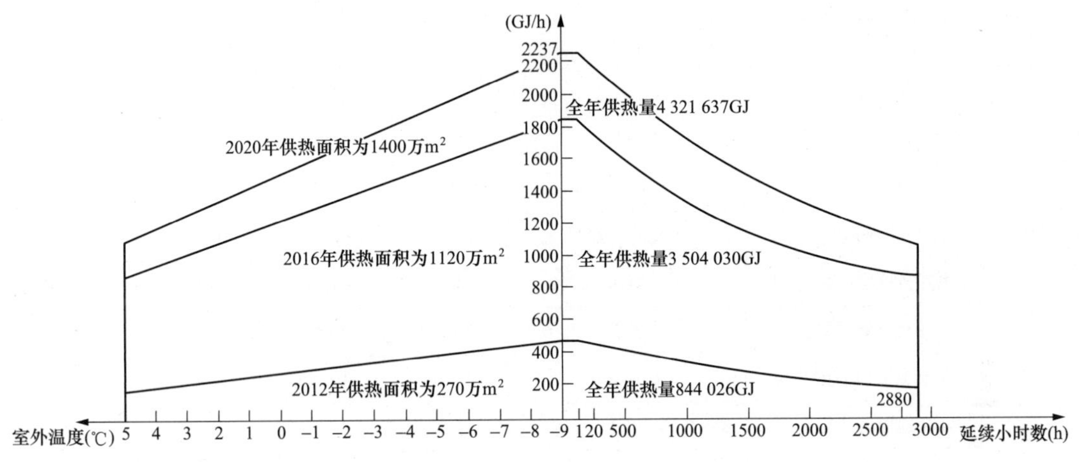

图3.4-1　年采暖热负荷曲线图

通过年采暖热负荷曲线图，可得采暖负荷的最大、最小、平均值，见表3.4-4。

表3.4-4　　采暖负荷需求情况表

采暖负荷	采暖负荷（MW）		
	最大	平均	最小
2012～2013年	121.4	83.7	60.7
2016年	504	347.6	252
2020年	621.6	428.7	310.8

（二）建筑空调冷（热）负荷+采暖负荷汇总的案例

该项目（在山东半岛）是集商业、酒店、办公、会所、住宅（考虑采暖负荷）等为一体的综合性功能区。建筑物分布情况表见表3.4-5。

热水系统（含采暖、生活热水）距能源站的供出半径10km、空调热（冷）水系统距能源站的供出半径不超3km的用户考虑为能源站的供能用户。

表3.4-5　　某项目建筑物分布情况表

序号	用热单位	建筑物类型	建筑面积（m²）	供热面积（m²）	供冷面积（m²）	与能源站的距离（km）
1	世纪美居	建材商场	320 000	200 000	200 000	1
2	中韩国际小商品城	饰品配件、工艺品配件城	400 000	50 000	50 000	1.4
3	政建集团大厦	办公	10 000	10 000	10 000	1.2

续表

序号	用热单位	建筑物类型	建筑面积（m²）	供热面积（m²）	供冷面积（m²）	与能源站的距离（km）
4	青岛城中城	酒店	40 000	40 000	40 000	1.5
		办公	21 000	21 000	0	1.5
		商场	28 185	28 185	28 185	1.5
5	多瑙河国际大酒店	酒店	14 000	14 000	14 000	1.45
6	中川路3号	综合办公	9000	9000	0	1.5
7	东方交通食品有限公司	办公	17 400	9800	9800	1.3
8	秋临大酒店	酒店	8000	8000	8000	2.25
9	交通枢纽	交通枢纽	250 000	250 000	160 000	2.4
10	花溪花园酒店（首创店）	酒店	4000	4000	4000	2.45
11	丹顶鹤大酒店	酒店	30 000	30 000	15 000	2.45
12	A航空股份有限公司	培训中心	10 000	10 000	10 000	2.55
13	B交通股份有限公司	办公	15 000	15 000	15 000	2.95
14	复盛大酒店	酒店	15 200	15 200	15 200	3.05
15	B航分公司	综合办公	18 000	18 000	0	0.9
16	快通大酒店	酒店	22 000	22 000	22 000	2.2
17	山航物流	办公	8000	4000	0	1.1
18	总部基地国际港和首创空港国际中心	商业	29 407	29 407	29 407	3.15
		酒店	16 580	16 580	16 580	3.15
		会所	10 200	10 200	10 200	3.15
		办公	183 605	183 605	183 605	3.15
19	白沙湾保障房	住宅	980 000	980 000	0	6.45～7
20	万霖的花园	住宅	93 400	93 400	0	0.7
合计			2 552 977	2 071 377	840 977	

项目所在地全年较潮湿，制冷期为6月10日～9月20日，共102天；采暖期为11月15日～4月5日，共141天；其余为过渡季，共122天。

负荷分析如图3.4-2、图3.4-3所示。通过典型日、逐时、延时负荷分析，用户侧所需的冷（热）负荷见表3.4-6。

表3.4-6　用户侧所需的冷（热）负荷统计表

序号	负荷类型	最大（kW）	平均（kW）	最小（kW）
1	冷负荷	90 706	40 818	0
2	热负荷	75 904	50 823	42 902

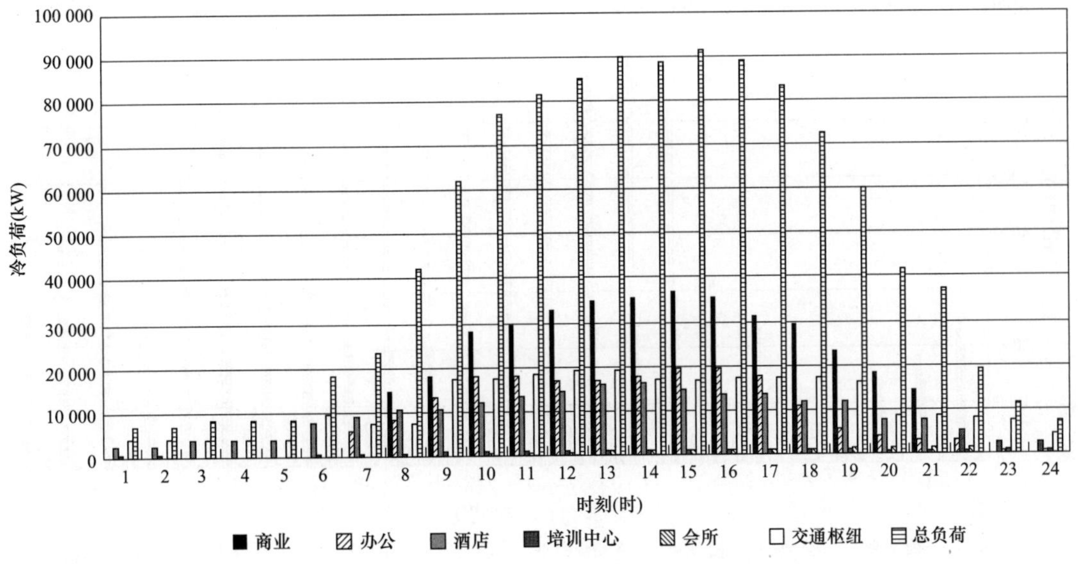

(a)

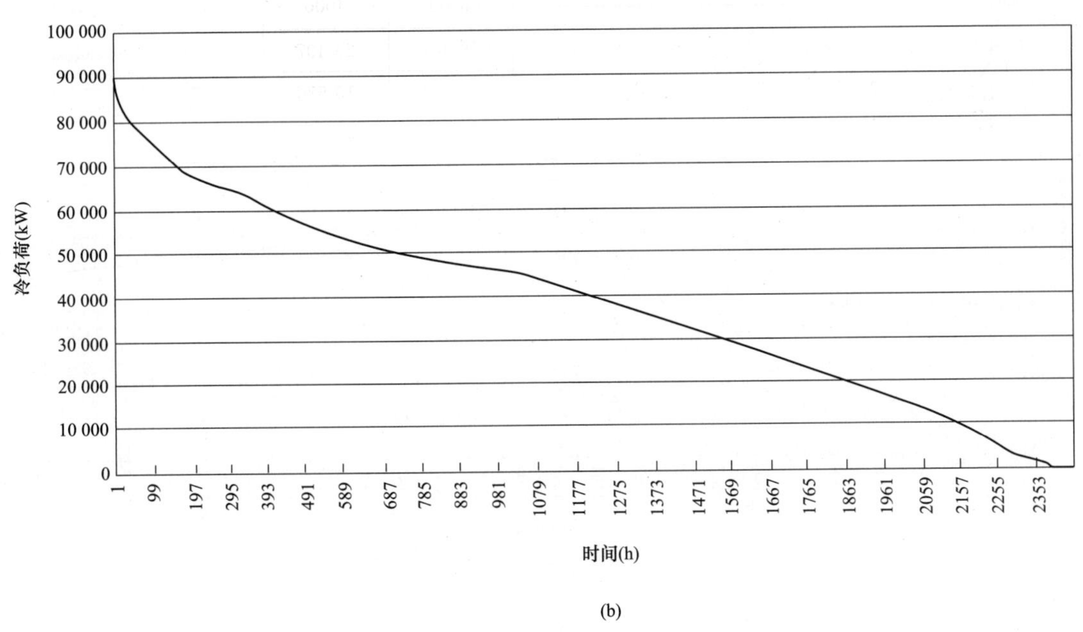

(b)

图 3.4-2　冷负荷变化图

(a) 典型日逐时冷负荷变化图；(b) 延时冷负荷变化图

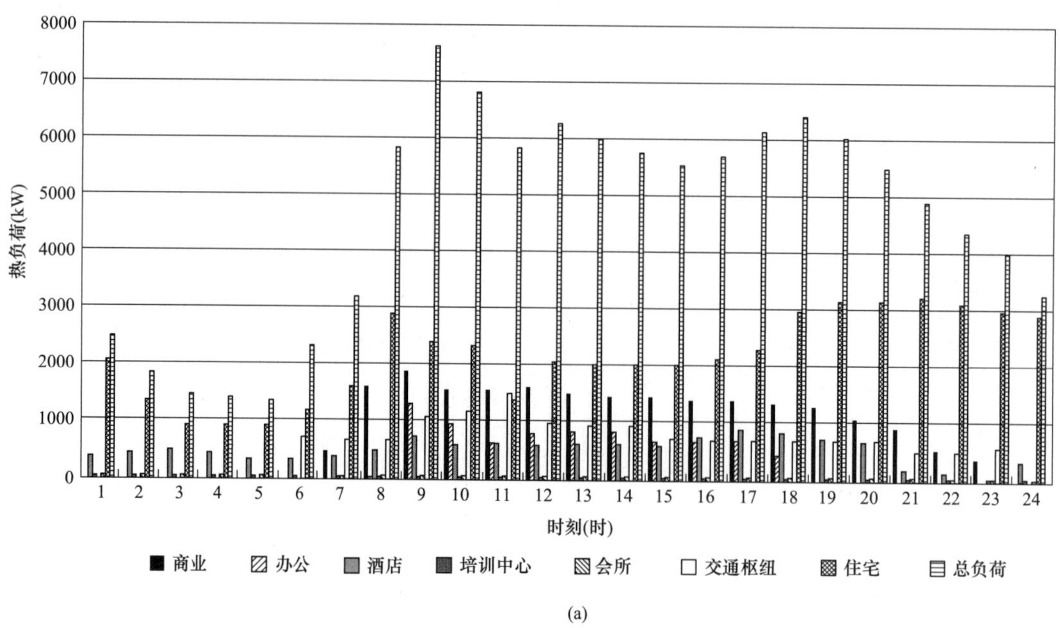

(a)

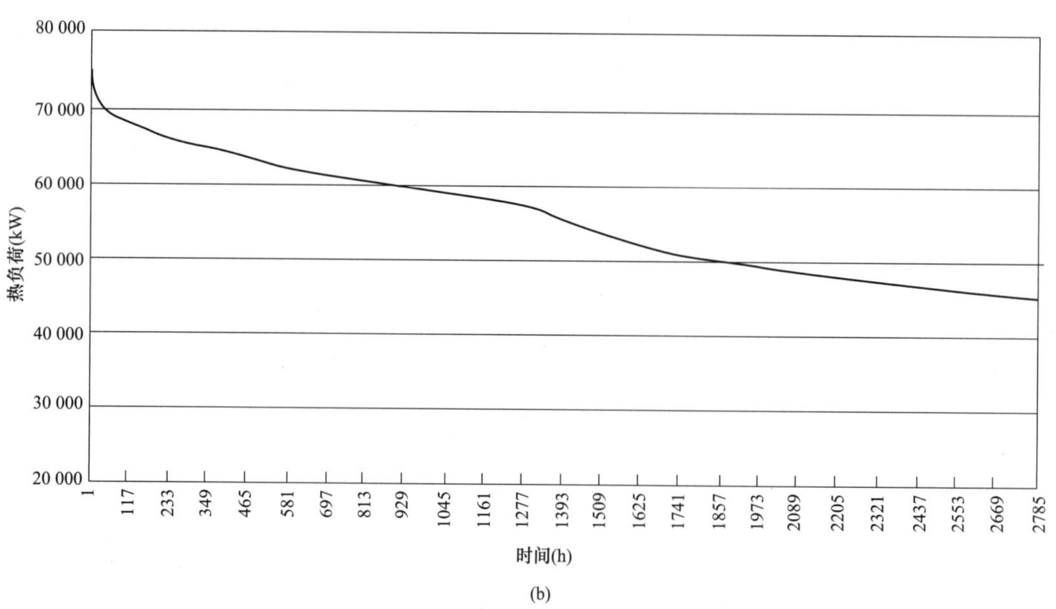

(b)

图 3.4-3 热负荷变化图

(a) 典型日逐时热负荷变化图；(b) 延时热负荷变化图

第四章

热能动力设备

本章介绍燃气分布式供能系统的热能动力设备，这些设备具有与常规发电厂不同的使用特点，包括原动机及发电机组（含燃气轮发电机组、内燃机发电机组、蒸汽轮发电机组），余热利用设备（含余热锅炉、溴化锂吸收式制冷机），调峰设备（含调峰锅炉、电制冷机），蓄能设备（含蓄冷设备、蓄热设备），热泵设备（含空气源热泵、水源热泵、水环热泵和吸收式热泵），增压机和冷却塔。

第一节　原动机及发电机组

本节所述的原动机及发电机组包括燃气轮发电机组、内燃机发电机组、蒸汽轮发电机组三类。

一、燃气轮发电机组

（一）工作原理

燃气轮机主要由空气压缩机、燃烧室、燃气涡轮和发电机这几部分组成。其工作原理为：空气压缩机连续从外界大气中吸入空气并压缩；压缩后的空气进入燃烧室，与喷入的燃料混合后燃烧，形成具有一定温度、压力的烟气，再进入燃气涡轮中膨胀做功，推动燃气涡轮并带动同轴输出的空气压缩机和发电机（或其他负载）旋转，满足空气压缩机功率输出的同时，发电机（或其他负载）同步有功率输出。这种动力机械，在正常工作时，完成压缩、燃烧、膨胀和放热四个过程，实现这一热力循环后，连续的将燃料中的化学能部分的转化成为机械功。燃气轮机原理如图 4.1-1 所示。

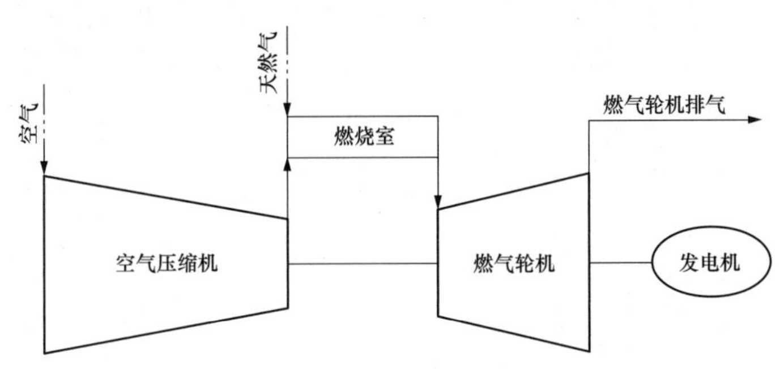

图 4.1-1　燃气轮机原理图

（二）燃气轮机结构

单轴燃气轮机，主要包括空气压缩机、燃烧室、燃气涡轮和发电机，考虑到涡轮转速与电网工频的不同，大部分燃气轮机都带有齿轮箱，用于调节发电机转速。

空气压缩机有轴流式和离心式两种，轴流式压气机效率较高，适用于大功率机组。气体流量较小时，轴流式压气机最后几级叶片会很短，效率低于离心式。

图 4.1-2 燃气轮机实物图

燃烧室系统包含燃料喷嘴、冷却空气和燃烧室内壁等。燃烧系统可以分为常规燃烧系统（扩散式火焰）和干式低氮燃烧系统（稀薄燃烧）两种。两种燃烧系统的主要区别在于空气用于燃烧和冷却的比例不同，前者约 30%的空气用于燃烧、约 70%用于冷却，后者约 60%的空气用于燃烧、约 40%的空气用于冷却。燃气轮机实物如图 4.1-2 所示。

（三）燃气轮机的分类

1. 重型和轻型

重型燃气轮机一般指用于承担基载发电的燃气轮机。

轻型燃气轮机早期由航空发动机改装而来，称之为航改机，随着市场发展，目前航改机核心技术和原有航空发动机来自同样的生产线，即基于航空发动机技术平台，加装用于发电和拖动的配套设备而成，用于陆用发电和拖动。

2. 单轴和双轴

压气机、燃气涡轮、发电机三者同轴，称为单轴燃气轮机。

压气机、燃气涡轮同轴，通过齿轮箱调整转速与发电机相连进行功率输出，称为双轴燃气轮机。

3. 出力和级别

燃气轮机的出力受环境因素影响很大，通常所说的燃气轮机出力指在 ISO 条件下的出力。所谓 ISO 条件，是指环境温度 15℃，大气压力 101.3kPa，相对湿度 60%。

一般的燃气轮机级别分类主要延续 GE 公司对燃气轮机功率及燃烧温度的划分，主要包括“B”级（及以下级）、“E”级、“F”级乃至“H”级。

（四）燃气轮机主要系统

1. 润滑油系统

燃气轮机润滑油系统是燃气轮机必备的重要辅助系统。保证机组在启停和正常运行时，机组各个轴承、传动部件及其他附属设备能够得到充足的、压力和温度满足要求的润滑油来润滑，杜绝轴承烧毁、齿轮法兰变形及转轴弯曲等事故的发生。润滑油系统主要设备包括主油泵、辅助油泵、危急油泵、主油箱（含冷油器、过滤器、加热器）。

（1）主油泵。燃气轮机正常运行时的工作油泵，由燃气涡轮通过齿轮箱直接驱动。

（2）辅助油泵。燃气轮机在启动和停机时的工作油泵，由外部交流电动机驱动，所以在主油泵故障且外部供电正常时，可以代替主油泵工作。机组启动时，先开启辅助润滑油泵，将油温、油压适合的润滑油送入机组各个轴承。

(3) 危急油泵。危急油泵由直流蓄电池提供电力，当没有外部交流电或主、辅油泵都不能正常工作时，投入危急油泵。

(4) 主油箱。用于存储油系统的润滑油。包括润滑油冷油器、过滤器、加热器、液位指示器等，润滑油冷却器是保证润滑油从机组各轴承、润滑点返回后温度能够及时冷却下来，冷油器一般采用水冷。

2. 燃料系统

燃气轮机可使用多种流体燃料，如柴油、重油、天然气、LNG、焦炉煤气等。在天然气分布式能源系统中，一般使用天然气作为主要原料，根据具体情况可以使用 LNG 作为备用燃料。

天然气燃料进入燃气轮机的最小压力和燃气轮机的压气机压缩比有直接关系。同类型的机组，在不同的环境状态下，需要的压力也有不同。环境温度越低，燃气进口压力就越高；海拔越高，燃气进口压力也越低。

3. 控制系统

燃气轮机控制系统主要有 PLC 控制器、传感器和执行机构组成，一般统一由燃气轮机制造商供货。控制系统主要设备包括 PLC 控制器、涡轮和齿轮箱振动检测、轴承温度监测、辅助远程控制显示器、通信接口等。

4. 进气系统

燃气轮机对燃烧空气质量有非常高的要求，空气中的杂质和有害物质，如粉尘颗粒、水雾等直接进入燃气轮机，会严重影响燃气轮机的性能和使用寿命。在燃气轮机实际运行中，进气系统都设置有空气过滤装置和消声装置。

(五) 燃气轮机特性

1. 燃气轮机主要特点

(1) 与其他原动力装置相比，燃气轮机的主要优点是体积小、质量轻。重型燃气轮机的单位功率质量一般为 2～5kg/kW，航改机的单位功率质量要低于 2kg/kW。

(2) 燃气轮机具有启停快的特点，从启动到带满负荷不到 30min。

(3) 功率范围广、种类齐全，输出功率受环境温度影响较大。

2. 燃气轮机主要不足之处

(1) 以商业及民用建筑为主的燃气轮机为原动机的燃气分布式供能系统，虽然燃气轮机有启停快、负荷适应范围广的优点，但是随着冷热负荷白天和夜间的巨大差异，原动机势必会在一天 24h 内频繁启停。这自然会影响到燃气轮机的寿命及大修间隔，但是轻型燃气轮机由于设计之初就考虑了频繁启停因素，因此其频繁启停对性能寿命影响较小。

(2) 燃气轮机负荷适应范围广，但在低负荷区域运行时，效率会大幅下降。

(3) 燃气轮机出力随环境温度变化而变化。环境温度升高，燃气轮机出力下降。

3. 燃气轮机特点

与往复式内燃机相比，燃气轮机具有以下特点：

(1) 运行成本低，日常维护费用比燃气内燃机组低。

(2) 余热主要是尾部排烟，相对比较集中。

(3) 氮氧化物排放低。

(4) 燃料进口压力较高。

(六) 燃气轮机分布式供能系统

1. 烟气直接利用方式

燃气轮机尾部排烟直接引入烟气型吸收式冷（热）水机组，这样余热利用简单，设备占地面积小。由于烟气温度高，此种方式适合“一拖一”模式。

2. 烟气间接利用方式

燃气轮机尾部排烟进入余热锅炉，由于不需要蒸汽发电做功，因此余热锅炉主蒸汽低压饱和即可。蒸汽进入蒸汽型吸收式冷（热）水机组。余热锅炉主蒸汽可以采用母管制系统，所以此方式可用于一台燃气轮机和余热锅炉配多台吸收式冷（热）水机组。

(七) 典型燃气轮机制造商及产品

燃气轮机的技术发展路线主要有两条：一条是以 Rolls-Royce、GE、普惠为代表的航空发动机公司，采用航空发动机改型衍生来的用于工业拖动和发电的航改型燃气轮机，即“航改机”；另一条是以 GE、西门子、三菱为代表的，主要用于发电的工业重型燃气轮机，即“重型机”，全球可提供燃用天然气发电的重型燃气轮机的厂商主要有 GE、西门子、阿尔斯通和三菱等。以下介绍 50MW 级别以下的燃气轮机机型。

1. GE 公司

GE 公司制造燃气轮机有较悠久的历史，20 世纪 40 年代末就将航空发动机技术用于陆用发电，开始了燃气发电机组的研究。GE 公司是世界上最大的燃气轮机制造商，占有全世界 50%以上的市场份额。1978 年开发出 7E 系列机组，1980 年开始制造 9E 型燃气轮机。在 1987 年开发 F 系列技术，现可以制造 H 级机组。GE 公司现在制造的燃气轮机最大联合循环功率可以达到 48 万 kW (9H)，效率可达 60%。GE 公司重型燃气轮机系列产品见表 4.1-1。

表 4.1-1　GE 公司重型燃气轮机系列产品

型号	基本功率 (MW)	净热耗 (kJ/kWh)	排烟温度 (℃)	压比	净效率 (%)
6B.03	44	10 740	548	12.7∶1	33.5
6F.01	52	9369	603	21∶1	38.4
6F.03	82	9991	613	16.4∶1	36

GE 公司轻型航改机系列产品见表 4.1-2。

表 4.1-2　GE 公司轻型航改机系列产品

型号	基本功率 (MW)	净热耗 (kJ/kWh)	排烟温度 (℃)	烟气流量 (t/h)	压比	净效率 (%)
LM1800e	17.6	10 495	—	—	16∶1	34.3
LM2500PE	23	10 591	517	260	18∶1	34
LM2500+RC	36	9000	507	350	23∶1	40
LM6000PC	43.4	9041	428	465	30∶1	39.8
LM6000PG	52	8780	—	—	34.1∶1	41

以上各型号航改机只列出基本型，GE 公司采用各项先进技术，例如低氮燃烧、压气机

注水冷却等优化模块，其各种基本型航改机都有一系列优化衍生型号。

2. 西门子公司

西门子公司于1974年开发出9万kW的V94型燃气轮机，1984年开始制造V94.2型燃气轮机组成的联合循环。1990年开始开发3系列燃气轮机V64.3机组，进而研制了V84.3和V94.3机组。西门子公司燃气轮机系列产品具体见表4.1-3。

表4.1-3　西门子公司燃气轮机系列产品

型号	基本功率(MW)	净热耗(kJ/kWh)	排烟温度(℃)	烟气流量(t/h)	压比	净效率(%)
SGT-100	5.4	11 613	531	74.2	15.6∶1	31
SGT-200	6.75	11 418	466	105.5	12.2∶1	31.5
SGT-300	7.9	11 773	542	108.7	13.7∶1	30.6
SGT-400	12.9	10 355	555	141.9	16.8∶1	34.8
SGT-500	19.1	10 664	369	352.5	13∶1	33.8
SGT-600	24.77	10 533	543	289.5	14∶1	34.2
SGT-700	31.21	9882	528	338.4	18.6∶1	36.4
SGT-750	35.93	9296	462	407.9	23.8∶1	38.7
SGT-800	47	9597	544	473.4	19∶1	37.5

3. 阿尔斯通公司

阿尔斯通公司收购了原ABB公司的发电部门后，继续生产原ABB公司的燃气轮机。1939年原BBC公司研制成功世界第一台发电用燃气轮机，1986年研制出当时世界上最大的燃气轮机GT13E，功率超过16万kW，净效率达到35%，1996年研制成功最新型的60Hz的GT24和50Hz的GT26型燃气轮机，功率分别达到18.3万kW和26.5万kW，净效率分别达到38.3%和38.5%。其主要产品系列见表4.1-4。

表4.1-4　阿尔斯通公司燃气轮机系列产品

型号	基本功率(MW)	净热耗(kJ/kWh)	排烟温度(℃)	烟气流量(t/h)	压比	净效率(%)
GT35	17	—	374	330	12∶1	32.2
GT10B	24.8	—	543	288	14∶1	34.2
GT10C	29.1	—	518	326	17.6∶1	36
GTX100	43	—	546	433.5	20∶1	37
GT8C	52.8	10 466	517	641	15.7∶1	34.4

4. 三菱公司、日立公司、普惠公司

日本三菱重工的701F原型机组于1992年6月在日本单循环投产，同年701F多轴联合循环机组在美国投运。1998年三菱公司开始自主开发，1999年701G多轴联合循环机组在日本投运。

2014年，日本三菱、日立两公司的发电相关业务合作成立三菱日立电力系统株式会社(MHPS)，共同开发发电、环保及燃料电池相关产业。日立公司燃气轮机系列产品见

表 4.1-5。

表 4.1-5　　日立公司燃气轮机系列产品

型号	基本功率（MW）	净热耗（kJ/kWh）	排烟温度（℃）	烟气流量（t/h）	净效率（%）
H-15	16.9	10 500	564	190.5	34.3
H-25（28）	28.1	10 527	552	324	34.2
H-25（32）	32.3	10 338	561	345.6	34.8
H-25（35）	37.6	10 288	556	403.2	35
H-25（42）	42	9664	556	399.6	37.2
H-50	57.4	9516	564	543.6	37.8

普惠（普拉特-惠特尼）公司的 ST 系列主要为小型航空涡轮发动机的地面改型产品。三菱重工已于 2013 年收购普惠动力系统公司，现名称为“PW 动力系统公司”，作为三菱重工的子公司独立运营。普惠公司具有代表性的 P&W 轻型燃气轮机系列产品见表 4.1-6。

表 4.1-6　　普惠公司具有代表性的 P&W 转型燃气轮机系列产品

型号	基本功率（MW）	净热耗（kJ/kWh）	排烟温度（℃）	烟气流量（t/h）	净效率（%）
FT8-3	27.6	9437	478	330.9	38.1

5. 索拉公司

位于美国的索拉公司为卡特比勒全资子公司，其燃气轮机系列产品占据了世界上同等功率范围燃气轮机市场的 60%，可以燃用天然气及低热值的煤层气。其主要系列产品见表 4.1-7。

表 4.1-7　　索拉公司燃气轮机系列产品

型号	基本功率（MW）	净热耗（kJ/kWh）	排烟温度（℃）	烟气流量（t/h）	净效率（%）
Saturn20	1.2	14 795	511	23.4	24.4
Centaur40	3.5	12 910	446	67.9	27.9
Centaur50	4.6	12 270	513	68.2	29.6
Mercury50	4.6	9351	377	63.7	38.8
Taurus60	5.7	11 465	516	77.7	31.9
Taurus65	6.3	10 943	555	74.1	33.7
Taurus70	8.0	10 505	511	95.8	35
Mars90	9.5	11 300	468	143.4	32.3
Mars100	11.4	10 935	490	154.1	32.9
Titan130	15	10 232	500	177.9	35.5
Titan250	21.7	9260	465	245.7	39.1

6. Rolls-Royce 公司

Rolls-Royce 公司燃气轮机系列产品见表 4.1-8。

表 4.1-8　Rolls-Royce 公司燃气轮机系列产品

型号	基本功率 (MW)	净热耗 (kJ/kWh)	排烟温度 (℃)	烟气流量 (t/h)	净效率 (%)
RB211-GT61	32.2	9139	504	340	39.4
RB211-GT62	29.9	9564	497	345	37.6

7. 中国航发动力科技工程有限责任公司

中国航发动力科技工程有限责任公司是国内唯一一家拥有自主知识产权的以航空发动机技术衍生产品为核心业务的高科技公司，以中国航发燃气轮机成套、工业余能集成、燃气轮机和余能等工程总包及服务为主营业务。中国航发动科技工程有限责任公司燃气轮机系列产品见表 4.1-9。

表 4.1-9　中国航发动力科技工程有限责任公司燃气轮机系列产品

型号	基本功率 (MW)	净热耗 (kJ/kWh)	排烟温度 (℃)	压比	烟气流量 (t/h)	净效率 (%)
QDR20	2	15 650	450	7.45∶1	75.6	23
QD70	7.2	11 691	560	12.15∶1	99.4	30.8
QD128	11.5	13 337	495	11.76∶1	217.7	28
QD280	26.7	9850	480	20.5∶1	328	36.5
R0110	110	10 002	517	14.82∶1	1303	34.5
QD50	5.5	11 740	574	14.8∶1	70.6	30.7
QDR70	6.75	11 419	466	12.2∶1	105.5	31.5
QD100	11.41	11 250	482	15.6∶1	171	32
QD160	16	10 000	490	19∶1	194.5	36

（八）微型燃气轮机

微型燃气轮机是一类新型热力发动机，国际上通常将功率范围在 25～300kW 之间的燃气轮机称为微型燃气轮机。微型燃气轮机采用布雷顿循环，主要包括压气机、燃烧室、透平、回热器、发电机及控制装置等。

微型燃气轮机是燃气轮机的一种类型，其核心技术是利用空气轴承将一个整体化的高速转子维持在 6 万～15 万 r/min 的状态下运行，驱动小型永磁发电机发电。微型燃气轮机采用了回热循环技术，将燃烧后的高温烟气通过一个设计紧凑的小型回热器对燃料预热，提高系统能效。

微型燃气轮机起源于 20 世纪 60 年代，但微燃机作为小型分布式供能系统的原动机其发展历史并不长。目前微燃机市场主要品牌有 Capstone、Elliott、Bowman、Honeywell 等，其产品主要性能指标见表 4.1-10。

表 4.1-10　国际主流微型燃气轮机系列产品

制造厂商	Capstone	Bowman	Elliott	NREC	Honeywell
产品型号	C30	TG80CG	TA60	Power work	Parallon75
额定功率（kW）	30	80	60	70	75
发电效率（%）	26	27	27	33	28.5
转速（r/min）	96 000	99 750	110 000	60 000	65 000
燃料耗率（m^3/h）	9.3	17.3	15.6	18.4	22.2
排（进）烟温度（℃）	270（840）	300（680）	280（920）	200（870）	250（930）

二、内燃机发电机组

内燃机是一种传统的能源利用设备，广泛应用于工业、农业、电力、国防各个领域，是当今用量大、用途广泛的热能动力设备。在楼宇式供能站工程中，由于受项目规模、供气压力等条件的限制，内燃发电机组较燃气轮机应用更为广泛。

（一）基本原理

内燃机按照所使用的燃料来分类，可分为汽油机、柴油机、煤油机、燃气内燃机和多燃料发动机等，也可按照点火方式分类分为点燃式（spark-ignition，SI）和压燃式（compression ignition，CI）。天然气发动机的历史十分悠久，世界上第一台燃气内燃机发动机制造于1940 年。适用于楼宇式冷热电三联供系统的内燃机为燃气内燃机。

燃气内燃发动机的优点是发电效率较高（40%～50%），设备投资较低，且需要的燃气压力较低（与市政用燃气压力相当）；在进行合理维护时，其可靠性也较好。与汽油机和柴油机相比，燃气内燃机的污染物排放（CO、NO_x、HC、碳烟和微粒）大大降低。

燃气内燃发动机将燃料与空气注入气缸混合压缩，点火引发其爆燃做功，推动活塞运行，通过气缸连杆和曲轴，驱动发电机发电。四冲程的内燃机工作原理如图 4.1-3 所示。

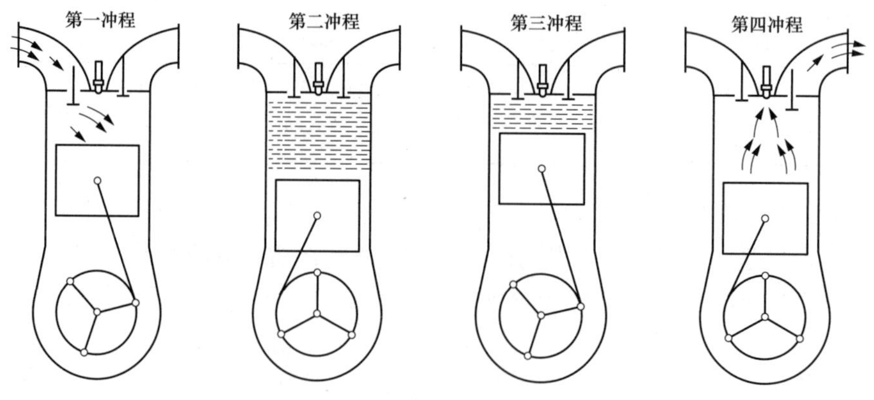

图 4.1-3　四冲程内燃机工作原理

1. 第一冲程（吸气冲程）

进气门打开，排气门关闭，活塞向下运动，燃气和空气混合物进入气缸。

2. 第二冲程（压缩冲程）

进气门和排气门都关闭，活塞向上运动，燃气和空气混合物被压缩，把机械能转化成内能。

3. 第三冲程（做功冲程）

压缩冲程结束时，火花塞产生电火花，使燃料猛烈燃烧，产生高温高压的气体。高温高压气体推动活塞向下运动，带动曲轴转动，对外做功。四个冲程中只有做功冲程对外做功，其他三个冲程都是靠做功冲程的惯性完成的。把内能转化成机械能。

4. 第四冲程（排气冲程）

进气门关闭，排气门打开，活塞向上运动，把废气排出气缸。

内燃机做功后可利用的余热包括气缸排气（400～700℃）、气缸夹套冷却水和润滑油冷却水三个方面，通常后两部分冷却水由一个管路串联供给，两部分统称为缸套水或高温水。

发动机所排出的高温烟气可以进余热锅炉产生蒸汽或热水，用来供热、提供生活热水或驱动蒸汽（或热水）吸收式制冷机制冷供冷，也可以直接进入烟气热水型吸收式机组制冷、供热和提供生活热水，缸套水在采暖季可直接用于供热。余热锅炉或烟气热水型吸收式机组应与内燃机组匹配。

（二）燃气内燃发电机组组成部分

燃气内燃发电机组的主要由气缸、曲柄连杆机构、配气机构、燃料供给系统、润滑系统、冷却系统、启动系统、发电机和基架组成。

1. 气缸

气缸是一个圆筒形金属设备，是内燃机产生动力、实现工作循环的部件。气缸安装在机体里，顶端由气缸盖封闭，活塞在气缸内往复运动。燃料在气缸内燃烧，推动活塞运动，将内能转化为机械能。

2. 曲柄连杆机构

曲柄连杆机构（见图 4.1-4）是发动机实现工作循环，完成能量转换的主要运动零件。它由机体组、活塞连杆组和曲轴飞轮组等组成。在做功行程中，活塞承受燃气压力在气缸内做直线运动，通过连杆转换成曲轴的旋转运动，并从曲轴对外输出动力。而在进气、压缩和排气行程中，飞轮释放能量又把曲轴的旋转运动转化成活塞的直线运动。

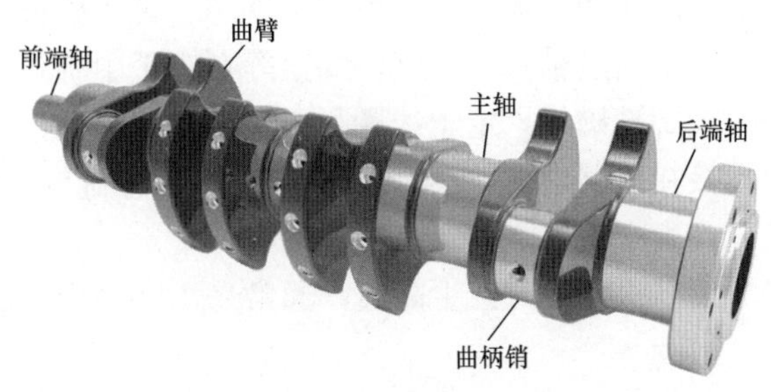

图 4.1-4　曲柄连杆机构

3. 配气机构

配气机构的作用是根据发动机的工作顺序和工作过程，定时开启和关闭进气门和排气门，使可燃混合气或空气进入气缸，并使废气从气缸内排出，实现换气过程。配气机构大多采用顶置气门式配气机构，一般由气门组、气门传动组和气门驱动组组成。

4. 燃料供给系统

燃料供给系统的作用是根据发动机的要求，配制出一定数量和浓度的燃气/空气混合气，供入气缸，并将燃烧后的废气从气缸内排出到大气中去。

5. 润滑系统

润滑系统的作用是向做相对运动的零件表面输送定量的清洁润滑油，以实现液体摩擦，减小摩擦阻力，减轻机件的磨损，并对零件表面进行清洗和冷却。润滑系统通常由润滑油道、机油泵、机油滤清器和一些阀门等组成。

6. 冷却系统

冷却系统的作用是将受热零件吸收的部分热量及时散发出去，保证发动机在最适宜的温度状态下工作。水冷发动机的冷却系统通常由冷却水套、水泵、风扇、水箱、节温器等组成。

7. 启动系统

内燃机本身没有自启动能力，必须依靠外部提供能量带动其转动进行压缩，由外部驱动的内燃机启动的最小转速称为启动转速。低速内燃机的启动转速通常为 30～50r/min，高速内燃机启动转速为 100～300r/min。启动方式有蓄电池启动和压缩空气启动。

（1）蓄电池启动。蓄电池是可充电的，在启动内燃机时，它为启动机提供直流电。在内燃机正常工作时，内燃机通过传动机构为电池充电。

把启动开关置于启动位置，启动电磁开关闭合，启动电动机带动内燃机转动，当内燃机转速达到一定值时，启动电动机与内燃机自动脱离。

（2）压缩空气启动。压缩空气启动的原理是将 2～3MPa 压力的压缩空气送入气缸，以替代内燃机中工作的燃气推动活塞，使内燃机转动。待转速升高到一定程度，内燃机正常工作。压缩空气启动具有能量大、启动迅速、可靠的优点。

8. 发电机

发电机和燃气内燃发动机通过柔性连接，组成一个整体，安装在型钢基架上。发电机由定子、转子、端盖、电刷、机座及轴承等部件构成。定子由定子铁芯、线包绕组以及固定这些部分的构件组成，转子由转子铁芯、转子磁极、滑环、风扇及转轴等部件组成。

转子通过轴承、机座、端盖等在定子中旋转，通过滑环通入一定的励磁电流，使转子成为一个旋转磁场，定子线圈做切割磁力线的运动，从而产生感应电动势，通过接线端子引出，接在回路中，便产生了电流。由于电刷与转子相连处有断路处，使转子按一定方向转动，产生交流电。

发电机工作时产生高温，通常采用空气冷却的方式。

9. 基架

内燃发电机组基架一般为型钢基架，基架与设备基础之间采用减震弹簧隔震，减震弹簧随内燃机组配供，减震弹簧底板具有防滑措施和安装螺栓孔。现场安装时，先在设备基础上安装减震弹簧，再固定型钢基架，基架找平后依次安装燃气内燃发动机和发电机，对准校正。

（三）燃气内燃机主要系统

1. 燃气接入系统

天然气由管网接入，经天然气调压站处理后最终输送至各台内燃机燃料接入单元供燃机燃烧用，为内燃机提供清洁、压力稳定、流量稳定的燃料。燃料接入单元通常由以下部件组成：

（1）手动关断阀。

（2）气液分离器。天然气进入气液分离器，将天然气中残存的微粒和水分进一步清除，并自动排出。

（3）快速切断阀。快速切断阀通常为电磁阀，开关时间短，确保快速切断气源。快速切断阀还应与内燃机房燃气泄漏检测装置联锁，当检测到内燃机房燃气泄漏时，自动关闭快速切断阀。

（4）燃气调节器。根据机组控制系统的信号，来调节进入内燃机的燃气量。

2. 排烟系统

内燃机排烟管道采用预制双层不锈钢烟囱，在工厂内制成由外层筒体、中间隔热层、内层筒体组成的预制管件，运输到现场将预制管件通过连接件、固定件组合快速安装。具有质量轻、安装快等优点。

预制双层不锈钢烟囱的编号为代号（YSB）、内径（mm）和保温层厚度（mm），例如YSB-1100-50：内径1100mm，保温层50mm厚的烟囱。

内层和外层筒体用材料应根据烟气温度、腐蚀环境选择奥氏体不锈钢冷轧钢板，见表4.1-11、表4.1-12。

表 4.1-11　　内层材料

牌号	允许使用温度范围	标准号
06Cr19Ni10（304）	长期连续使用温度不超过450℃ 短期不连续使用温度不超过550℃	GB/T 3280
06Cr17Ni12Mo2（316）		

表 4.1-12　　外层材料

牌　　号	标　准　号
06Cr19Ni10（304）、12Cr17Mn6Ni5N（201）、12Cr18Mn9Ni5N（202）	GB/T 3280

烟囱还应设置补偿器、防爆膜板、排水管、烟气检测传感器等附件。

内燃机排烟为正压，内燃机对排烟系统的背压有要求，如果排烟系统背压超过允许值，发动机效率降低，甚至出现事故停机。因此设计排烟管道时应对排烟阻力进行计算。

3. 脱硝系统

内燃机空燃比及点火的调整，可控制内燃机的排放为 $NO_x \leqslant 500mg/m^3$ 或 $NO_x \leqslant 250mg/m^3$ 两个标准（5%VO_2）。随着环保政策的日趋严格，设置SCR脱硝系统，使烟气排放的 NO_x 含量降低，还原剂为尿素水溶液。SCR脱硝系统如图4.1-5所示。

SCR脱硝系统包括如下部分设备：

（1）喷射器和混合器系统。喷射器和混合器安装在SCR系统反应室的上游，该单元的主要功能是喷射正确量的尿素溶液到发动机排气管中，尿素溶液在管道中发生水解反应，水解后的氨气和发动机尾气气流中的氮氧化物均匀的混合。为了保证准确的混合，安装多组喷射和静态混合器在混合管内。喷射器向尾气中喷射尿素溶液和压缩空气。喷射主要是由温度

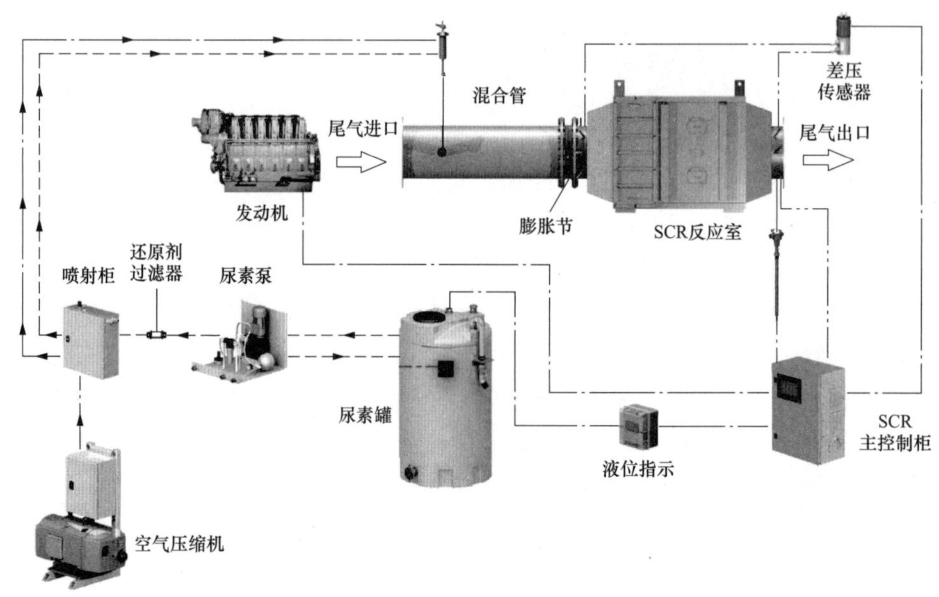

图 4.1-5　SCR 脱硝系统图

控制，最小喷射温度由蜂窝催化剂的特性和混合器的设计来决定。

(2) 反应室系统。反应室是存储催化剂的装置，要求必须要保证很好的密封性，否则会导致脱硝效率低于预期，以及氨逃逸增加。催化剂是决定脱硝效率以及性能寿命的主要部件，作为应用在高温燃气机组的催化剂，长期耐受温度不应低于 500℃，区别于传统火电厂脱硝使用的中温催化剂；催化剂由陶瓷蜂窝组成，其中发生了不同的催化过程。催化剂模块之间使用热膨胀毛毡和丝网进行了密封。附加的预留插槽允许用于将来的催化剂的安装，例如弥补将来由于催化剂性能老化或者排放标准的升级。

(3) 主控制和监控系统。主控制系统具有分析并计算还原剂的喷射量，以及监测过程数据的功能（比如烟气中的 NO_x 浓度，SCR 系统排气背压，进出口温度等）。考虑到未来脱硝要求升级的可能性，以及降低氨逃逸的要求，要求 SCR 系统需采用闭环控制策略，即主控制系统会实时采集 SCR 出口端的 NO_x 排放，结合负荷和前一时刻的还原剂喷射量进行计算，精确地调整下一个时刻需要喷射的还原剂量。

排气温度传感器安装与反应室下游的测量孔内，向 SCR 系统定量喷射系统中发送温度信号，用以确定反应室中的温度达到了可以喷射尿素的最低温度（根据燃料种类），或者发送超温报警和触发信号。

排气压力监控系统的作用是检测反应室入口和出口侧的压差，以此判断催化剂层的状态（堵塞迹象）。

(4) 空气供应系统。压缩空气用于和混合器一起雾化尿素溶液，同时给喷射器降温。压缩空气可以通过两台空气压缩机提供，保证了设定的空气流量适合喷射单元。

4. 余热利用系统

内燃机可利用的余热包括三个部分：气缸排除的烟气（400～550℃）、气缸夹套冷却水和润滑油冷却水，通常后两部分冷却水由一个管路串联供给，两部分统称为缸套水或高温水。

（1）烟气。燃机排出的烟气经烟气三通阀进入溴化锂机组或余热锅炉，旁路直接排入大气中。烟气三通阀的作用是根据调节信号，自动控制阀门的开度，调节进入溴化锂机组或余热锅炉的烟气量。

（2）缸套水。内燃机缸套水直接输入到吸收式溴化锂机组制冷或通过板式换热器制取热水，充分利用余热。当溴化锂制冷机组无法全部利用缸套水热量时，或溴化锂机组停机检修时（溴化锂机组出水口水温高于发电机入口设定水温时），缸套水系统将自动切换电动三通阀，缸套水进入缸套水换热器紧急散掉多余的热量，以保证发电机组系统稳定运行。缸套水换热器有空冷和水冷两种形式，空冷换热器布置在屋顶，通过风扇强制对流将其降温。也可以采用水冷的形式，设置一台紧急散热板换，通过冷却水降温。在不需要利用缸套水余热时，可以通过电动三通阀切换，使缸套水热量全部通过屋顶冷却塔散掉。在冬季制冷工况时，可将缸套水送入缸套水换热器，产生热水供给能源站使用。内燃机缸套水流程如图 4.1-6 所示。

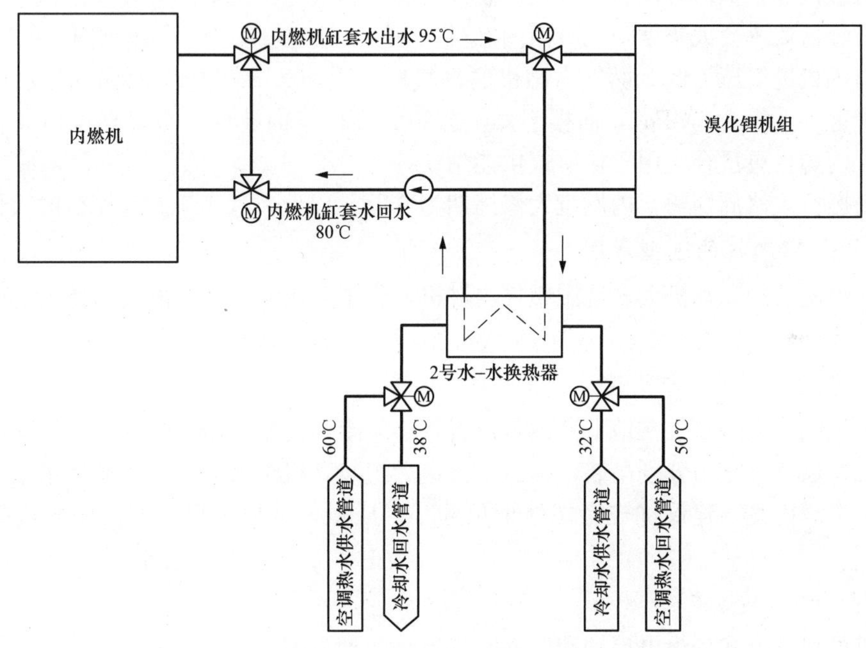

图 4.1-6　内燃机缸套水流程图

5. 冷却系统

对内燃机来说，燃料的能量 40％是以电能方式输出的，25％的能量以热能的方式从烟气排出，15％的能量为缸套水热量，5％的能量为中冷水热量，10％的能量从内燃机机体散发掉。

（1）内燃机房通风量计算。内燃机房的通风量应保证内燃机的燃烧空气量和排出内燃机散发热量。

$$V = H/(1.099 \times 0.017 \times \Delta t) + V_a \qquad (4.1\text{-}1)$$

式中 V——通风量，m^3/min；

H——热辐射，kW；

Δt——内燃机房允许温升,℃；

V_a——内燃机燃烧空气量，m^3/min。

(2) 中冷水。中冷水温度通常为 50～55℃，难以利用，通过屋顶的空冷或水冷装置将其降温。

（四）燃气内燃机的优点

燃气内燃机较燃气轮机有以下优点，因此适用于楼宇式供能系统。

(1) 内燃机单机功率小。楼宇式供能站冷、热负荷较区域式供能站小，而燃气轮机单机功率大，一般不适用于楼宇式供能站。通常采用 2～6 台燃气内燃机作为原动机，便于能源站灵活调节，以适应各种工况。

(2) 内燃机启停速度快。楼宇式供能站的特点是冷热负荷不稳定，昼夜波动大。这就要求原动机启停迅速，内燃机冷态启动至满负荷不超过 5min，能满足楼宇式供能站的要求。

(3) 内燃机部分负荷特性好。燃气内燃机具有比燃气轮机更好的部分负荷特性，燃气轮机的随负荷降低效率会大幅度降低，而内燃机在 50%～100%负荷工况范围内，效率稳定。

(4) 内燃机进气压力低。燃气内燃机的进气压力为 50～500kPa，而燃气轮机通常需要高压进气管道（大于 2.5MPa），而楼宇式供能站大多位于商业区，布置高压燃气管道较困难。因此，内燃机更适合应用于楼宇式供能站。

(5) 内燃机大修周期长。内燃机大修周期为 6 万 h 以上，远高于燃气轮机的大修周期。

（五）燃气内燃机的选型原则

楼宇式供能站的原动机大多选用燃气内燃机，为了适应楼宇式供能站的特点，内燃机选型应考虑以下因素。

1. 内燃机的外形尺寸与质量

楼宇式供能站大多布置在地下室内，位置狭小紧凑，内燃机吊装时拆分为发动机和发电机两个单元，通过汽车吊分别吊装，运抵地下室后组装，机组大修时需要通过吊车将解列后的内燃机吊出。因此，建议优先考虑外形尺寸小、质量轻的内燃机，方便内燃机的安装与检修。

2. 内燃机的启动方式

内燃机的启动方式分为电启动和压缩空气启动两种方式。

电启动通过内燃机带的蓄电池启动电动机，启动方式平稳，实用于中、小功率的内燃机；压缩空气启动通过压力空气瓶带动启动器启动机组。压力空气瓶工作压力 3×10^6Pa 左右，通过压缩空气吹动气动电动机，从而带动发动机转动，然后点火启动，适应于大功率的内燃机。

采用压缩空气启动的内燃机需要配置空气压缩机或空气瓶等压力容器，而电启动的内燃机辅助设备较少，仅需在一组蓄电池。建议优先考虑采用电启动方式的机组。

3. 点火方式

内燃机按点火方式可分为火花塞点火（点燃式）与柴油点火（压燃式）。前者是在缸盖上装有火花塞，由火花塞产生火源，靠火焰传播进行燃烧；后者是需要喷入少量柴油压燃点火，多用于由柴油机改装成的燃气内燃机。

采用柴油点火的内燃机，需在地下室内设置储油间、卸油泵、供油泵等一套燃油系统，提高了能源站的防火、防爆等级要求，增加了不安全因素。建议选择采用火花塞点火的内燃机。

4. NO_x 排放浓度

根据《分布式供能站设计规范》，机组选型时宜有降低氮氧化合物排放的措施，标准状况下，内燃机的氮氧化合物排放浓度不应大于 500mg/m^3（过量空气系数 $\alpha=1$ 时）。

目前，内燃机通过调整空燃比、点火定时等措施，可将 NO_x 排放控制在 250mg/m^3（标准状况），部分厂家的内燃机甚至可控制在 180mg/m^3（标准状况）以内。

随着环保排放控制越来越严格，建议选择排放浓度低的机组（如标准状况下排放浓度为 250mg/m^3）。

5. 噪声

楼宇式供能站布置在医院、商业或居民建筑物内，噪声的控制是能源站设计成败的关键因素。内燃机的活塞与气缸套之间存在间隙，工作时侧向力周期性变化，致使活塞对缸壁发生敲击，形成强烈的机械噪声源。此外，内燃机气门落座时的撞击声、由气门间隙引起的配气机构杆件之间的推撞声和因周期性撞击力产生的振动，形成内燃机配气机构的噪声。

为减少内燃机的噪声，内燃机通过优化设计、减小间隙等措施；机组安装时，设置弹簧隔震基础、隔声罩壳等控制噪声源的手段达到降噪的目的。

建议选择噪声小的内燃机，裸机噪声 105dB 以内（内燃机不带罩壳、水平距离 1m 处测量）、带隔声罩壳 85dB 以内（在罩壳外水平距离 1m 处测量）。

6. 燃气压力

楼宇式供能站多位于商业园区、住宅小区内，内燃机的进气压力宜按商业用户或居民用户的燃气压力等级，能源站的燃气可以与所在园区内的商业用户或居民用户共用燃气调压站或燃气管路。若内燃机对燃气进气压力过高，则需要能源站所在园区内单独设置调压站与燃气管路，增加工程的投资，也增加了燃气管道等设施批准的难度。为了节省工程投资，建议选择进气压力不高于 0.4MPa 的内燃机。

（六）典型燃气内燃机组制造商及产品

燃气内燃发电机技术已很成熟，在国际上也有很多著名制造商。如美国 GE 颜巴赫、美国卡特比勒公司、美国康明斯公司、德国曼海姆公司（已被卡特彼勒收购）、芬兰瓦锡兰公司、日本三菱重工等。

1. 美国 GE 颜巴赫

GE 颜巴赫燃气内燃发电机组功率输出范围为 0.25～9.5MW，可利用天然气或各种特种燃气运行，包括火炬气和煤层气和其他替代燃料如生物质气、垃圾填埋气、木质气、污水气体和工业废气等。GE 颜巴赫燃气内燃发电机组系列如图 4.1-7 所示。

颜巴赫燃气内燃发电机为开式燃烧室火花点火、空气/气体混合物涡轮增压、空气中间冷却的四冲程内燃机。发动机采用 GE 颜巴赫开发的最高级的 LEA NO_x 贫燃烧系统，以优

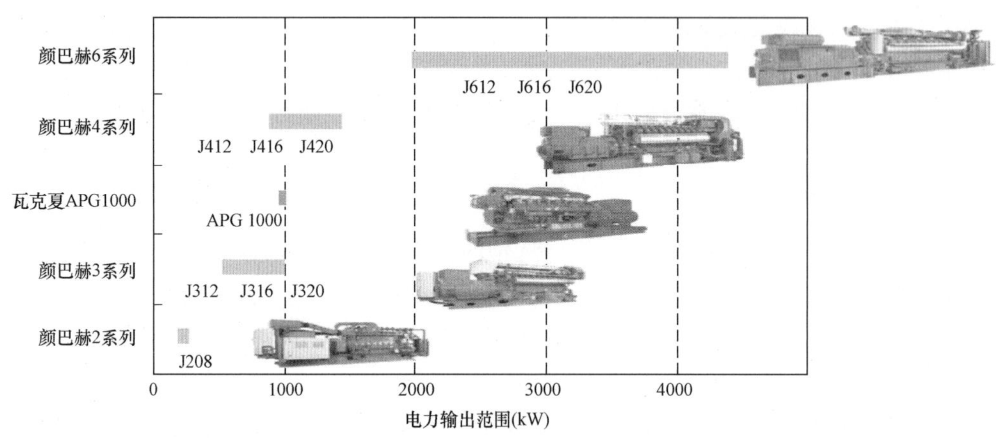

图 4.1-7 GE 颜巴赫燃气内燃发电机组系列

化燃料消耗和废气排放。GE 颜巴赫燃气内燃发电机组部分产品参数见表 4.1-13。

表 4.1-13　　GE 颜巴赫燃气内燃发电机组部分产品参数汇总表

序号	项目	单位	JMS 616	JMS 620	JMS 624	JMS 920
1	制造商		GE 颜巴赫	GE 颜巴赫	GE 颜巴赫	GE 颜巴赫
2	机械功率	MW	2.745	3.43	4.127	
3	电输出功率	MW	679	3.349	4.039	9.521
4	发电效率标准状况	%	43.4	44.9	44.4	46.7
5	标准状况下天然气耗气量（标准状况热值为 33.49MJ/m³）	m³/h	649	822	980	2144
6	天然气进气压力	kPa	15～20	15～20	15～20	800～1600
7	转速	r/min	1500	1500	1500	1000
8	发电机额定转速	r/min	1500	1500	1500	1000
9	发电机效率	%	97.6	97.6	98.0	98.3
10	排气流量	t/h	15.037	18.796	22.874	51.627
11	排气温度	℃	390	390	379	359
12	循环方式		四冲程	四冲程	四冲程	四冲程
13	点火方式		火花塞点火	火花塞点火	火花塞点火	火花塞点火
14	增压方式		空气/气体混合物涡轮增压、中间冷却	空气/气体混合物涡轮增压、中间冷却	空气/气体混合物涡轮增压、中间冷却	空气/气体混合物涡轮增压、中间冷却
15	启动方式		电启动	电启动	电启动	压缩空气启动
16	气缸数及排列		16 缸，V 形 60°	20 缸，V 形 60°	24 缸，V 形 60°	20 缸，V 形 60°
17	气缸直径/活塞行程	mm	190/220	190/220	190/220	310/350
18	润滑油消耗率（标定工况下）	g/kWh	0.3	0.3	0.3	0.25
19	活塞冷却方式	油冷/水冷/其他	油冷	油冷	油冷	油冷
20	气缸套冷却方式	油冷/水冷/其他	水冷	水冷	水冷	水冷
21	发电机出线电压	kV	10.5	10.5	10.5	10.5
22	功率因数	·	0.8～1.0	0.8～1.0	0.8～1.0	0.8～1.0

续表

序号	项目	单位	JMS 616	JMS 620	JMS 624	JMS 920
23	机组尺寸	长×宽×高 (m×m×m)	8.3×2.2 ×2.8	8.9×2.2 ×2.8	12.1×2.2 ×2.9	21.5×3.9 ×5.1
24	机组重量（净）	t	29	32.3	42.5	158
25	检修最低起吊点净高	m	4.5	4.5	4.5	
26	大修时间	h	60 000	60 000	60 000	80 000
27	标准状况下 NO_x 排放	mg/m^3	250/500 可选	250/500 可选	250/500 可选	250/500 可选

2. 卡特彼勒

卡特彼勒总部位于美国伊利诺伊州，是世界上最大的工程机械和矿山设备生产厂家、燃气发动机和工业用燃气轮机生产厂家之一，也是世界上最大的柴油机厂家之一。卡特彼勒从1947年开始研制燃气内燃机，2011年卡特彼勒收购曼海姆内燃机，单机功率范围从400～4500kW不等。卡特彼勒燃气内燃发电机组部分产品参数汇总表分别见表4.1-14～表4.1-16。

表 4.1-14 卡特彼勒燃气内燃发电机组部分产品参数汇总表一

序号	项目	单位	G3512H	G3516H	G3520H
1	制造商		卡特彼勒	卡特彼勒	卡特彼勒
2	电输出功率	kW	1500	2027	2519
3	发电效率	%	44.4	44.7	44.5
4	标准状况下天然气耗气量（标准状况下热值为 $35.6MJ/m^3$）	m^3/h	353	474	587
5	转速	r/min	1500	1500	1500
6	发电机额定转速	r/min	1500	1500	1500
7	发电机效率	%	96.7	96.3	96.9
8	排气流量	t/h	7.94	10.6	13.1
9	排气温度	℃	395	395	402
10	点火方式		火花塞点火	火花塞点火	火花塞点火
11	增压方式		涡轮增压	涡轮增压	涡轮增压
12	启动方式		蓄电池启动	蓄电池启动	蓄电池启动
13	气缸数及排列		12/V	16/V	20/V
14	气缸直径/活塞行程	mm	170/215	170/215	170/215
15	润滑油消耗率	g/kWh			0.122
16	缸套水的最高温度	℃	99	99	99
17	中冷器进口处的冷却水最高温度	℃	53	53	53
18	活塞冷却方式	油冷/水冷/其他	油冷	油冷	油冷
19	气缸套冷却方式	油冷/水冷/其他	油冷	油冷	油冷
20	发电机出线电压	kV	0.4/10.5	0.4/10.5	0.4/10.5
21	功率因数		0.8～1	0.8～1	0.8～1
22	机组尺寸	长×宽×高 (m×m×m)	4.645×1.828 ×2.255	5.8×2.084 ×2.35	6.411×2.217 ×2.413
23	机组重量（净）	t	12.25	18.22	20.13
24	大修时间	h	80 000	80 000	80 000
25	标准状况下 NO_x 排放	mg/m^3	500/250	500/250	500/250

表 4.1-15 卡特彼勒燃气内燃发电机组部分产品参数汇总表二

序号	项目	单位	CG132B-8	CG132B-12	CG132B-16	CG170-12K1	CG170-12K	CG170-12	CG170-16K	CG170-16	CG170-20	CG260-16
1	制造商		卡特彼勒	卡特彼勒	卡特彼勒	卡特彼勒	卡特彼勒	卡特彼勒	卡特彼勒	卡特彼勒	卡特彼勒	卡特彼勒
2	电输出功率	kW	400	600	800	1000	1125	1200	1500	1560	2000	4500
3	发电效率	%	43.1	43.3	43.5	40	41	43.1	40.8	42.9	43.5	44.6
4	标准状况下天然气耗气量（标准状况下热值为 35.6MJ/m^3）	m^3/h	94	140	186	253	277	281	372	368	465	1020
5	天然气进气压力	kPa	15	15	15	15	15	15	15	15	15	15
6	转速	r/min	1500	1500	1500	1500	1500	1500	1500	1500	1500	1000
7	发电机额定转速	r/min	1500	1500	1500	1500	1500	1500	1500	1500	1500	1000
8	排气流量	t/h	2.19	3.26	4.34	5.46	6.29	6.65	8.5	8.7	10.9	24.6
9	排气温度	℃	410	411	423	511	480	408	489	411	413	380
10	点火方式		火花塞点火	火花塞点火	火花塞点火	火花塞点火	火花塞点火	火花塞点火	火花塞点火	火花塞点火	火花塞点火	火花塞点火
11	增压方式		涡轮增压	涡轮增压	涡轮增压	涡轮增玉	涡轮增压	涡轮增压	涡轮增压	涡轮增压	涡轮增压	涡轮增压
12	启动方式		蓄电池启动	蓄电池启动	蓄电池启动	蓄电池启动	蓄电池启动	蓄电池启动	蓄电池启动	蓄电池启动	蓄电池启动	压缩空气启动
13	气缸数及排列		8/V	12/V	16/V	12/V	12/V	12/V	16/V	16/V	20/V	16/V
14	气缸直径/活塞行程	mm	132/160	132/160	132/160	170/195	170/195	170/195	170/195	170/195	170/195	260/320

续表

序号	项目	单位	CG132B-8	CG132B-12	CG132B-16	CG170-12K1	CG170-12K	CG170-12	CG170-16K	CG170-16	CG170-20	CG260-16
15	润滑油消耗率	g/kWh	0.1	0.1	0.1	0.15	0.15	0.15	0.15	0.15	0.15	0.2
16	缸套水的最高温度	℃	88	88	88	93	93	93	93	94	93	90
17	中冷器进口处的冷却水最高温度	℃	49	49	49	43	44	48	45	44	44	45
18	活塞冷却方式	油冷/水冷/其他	油冷	油冷	油冷	油冷	油冷	油冷	油冷	油冷	油冷	油冷
19	气缸套冷却方式	油冷/水冷/其他	油冷	油冷	油冷	油冷	油冷	油冷	油冷	油冷	油冷	油冷
20	发电机出线电压	kV	0.4/10.5	0.4/10.5	0.4/10.5	0.4/10.5	0.4/10.5	0.4/10.5	0.4/10.5	0.4/10.5	0.4/10.5	10.5
21	功率因数		0.8—1	0.8—1	0.8—1	0.8—1	0.8—1	0.8—1	0.8—1	0.8—1	0.8—1	0.8—1
22	机组尺寸	长×宽×高(m×m×m)	3.087×1.467×2.181	3.68×1.467×2.16	4.057×1.467×2.104	4.636×1.802×2.21	4.636×1.802×2.21	4.636×1.802×2.21	5.764×1.802×2.21	5.764×1.802×2.21	6.195×1.706×2.189	8.547×表 4-184×3.382
23	机组重量（净）	t	4.89	6.13	6.98	10.7	10.7	10.7	16.07	16.07	17.2	50
24	大修时间	h	80 000	80 000	80 000	64 000	64 000	64 000	64 000	64 000	64 000	80 000
25	标准状况下 NO_x 排放	mg/m³	500/250	500/250	500/250	500/250	500/250	500/250	500/250	500/250	500/250	500/250

表 4.1-16　　卡特彼勒燃气内燃发电机组部分产品参数汇总表三

序号	项目	单位	G16CM34	G20CM34
1	制造商		卡特彼勒	卡特彼勒
2	机械功率	kW	8000	10 000
3	电输出功率	kW	7800	9750
4	热耗率（LHV）	kJ/kWh	7422	7422
5	发电效率	%	48.5	48.5
6	标准状况下天然气耗气量（标准状况下热值为 35.6MJ/m^3）	m^3/h	1626	2033
7	天然气进气压力	kPa	600	600
8	转速	r/min	750	750
9	发电机额定转速	r/min	750	750
10	发电机效率	%	97.5	97.5
11	排气流量	t/h	45.8	57.3
12	排气温度	℃	345	345
13	点火方式		火花塞	火花塞
14	增压方式		增压器	增压器
15	启动方式		飞轮驱动	飞轮驱动
16	气缸数及排列		V16	V20
17	气缸直径/活塞行程	mm	340/420	340/420
18	润滑油消耗率	g/kWh	0.3	0.3
19	润滑油的最高温度	℃	75	75
20	缸套水的最高温度	℃	93	93
21	中冷器进口处的冷却水最高温度	℃	50	50
22	活塞冷却方式	油冷/水冷/其他	油冷	油冷
23	气缸套冷却方式	油冷/水冷/其他	水冷	水冷
24	机组尺寸	长×宽×高（m×m×m）	12.251×2.907×3.306	13×2.907×3.306
25	机组重量（净）	t	129	162
26	大修时间	h	30 000	30 000
27	大修地点	返厂/现场	现场	现场
28	标准状况下 NO_x 排放	mg/m^3	500	500

3. 瓦锡兰

瓦锡兰是来自芬兰的动力系统公司，在 40 多年前就已开始了冷、热、电三联供分布式能源项目的实施，到目前为止，在全球的 70 个国家的 661 个分布式能源电厂项目共提供了 1586 台内燃发电机组。主要分布在居民区、机场、医院和商务中心。内燃机单机功率范围为 4.343～18.3MW。瓦锡兰燃气内燃机组单机功率较大，最小的单机功率超过 4MW，对天然气进气压力要求较高。瓦锡兰燃气内燃发电机组部分产品参数汇总表见表 4.1-17。

表 4.1-17　　瓦锡兰燃气内燃发电机组部分产品参数汇总表

序号	项目	单位	WARTSILA 9L34SG	WARTSILA 16V34SG	WARTSILA 20V34SG
1	制造商		瓦锡兰	瓦锡兰	瓦锡兰
2	电输出功率	MW	4.343	7.744	9.78
3	发电效率	%	45.9	45.9	45.3
4	标准状况下天然气耗气量（标准状况下热值为 33.49MJ/m³）	m³/h	1017	1808	1950
5	天然气进气压力	kPa	0.55	0.55	0.7
6	转速	r/min	750	750	750
7	发电机额定转速	r/min	750	750	750
8	发电机效率	%	97	97	97.8
9	排气流量	t/h	24.8	44.64	56.12
10	排气温度	℃	390	390	377
11	点火方式		火花塞点火	火花塞点火	火花塞点火
12	增压方式		涡轮增压	涡轮增压	涡轮增压
13	启动方式	电启动/压缩空气启动	压缩空气启动	压缩空气启动	压缩空气启动
14	气缸数及排列		直列 9 缸	V 形 16 缸	V 形 20 缸
15	气缸直径/活塞行程	mm	340/400	340/400	340/400
16	润滑油消耗率	g/kWh	0.36g/kWh	0.36g/kWh	0.25g/kWh
17	活塞冷却方式	油冷/水冷/其他	油冷	油冷	油冷
18	气缸套冷却方式	油冷/水冷/其他	水冷	水冷	水冷
19	功率因数		0.8	0.8	0.8
20	机组尺寸	长×宽×高（m×m×m）	10.4×2.78×3.84	11.3×3.3×4.24	12.92×3.3×4.5
21	机组重量（净）	t	77	120	134
22	检修最低起吊点净高	m	5.5	6.4	6.5
23	大修时间	h	96 000	96 000	96 000

4. 三菱 KU 内燃机

三菱 KU 燃气内燃发电机组部分产品参数汇总表见表 4.1-18。

表 4.1-18　　三菱 KU 燃气内燃发电机组部分产品参数汇总表

序号	项目	单位	12MACH-30G	18MACH-30G
1	制造商		三菱	三菱
2	机械功率	MW	3.918	5.93
3	电输出功率	MW	3.8	5.75

续表

序号	项目	单位	12MACH-30G	18MACH-30G
4	热耗率（LHV）	kJ/kWh	≤9000	≤9000
5	发电效率	%	43.5	43.5
6	标准状况下天然气耗气量（标准状况下热值为33.49MJ/m^3）	m^3/h	939	1421
7	天然气进气压力	kPa	0.51-0.98	0.51-0.98
8	转速	r/min	750	750
9	发电机额定转速	r/min	750	750
10	排气流量	t/h	24.002	36.611
11	排气温度	℃	365	365
12	循环方式		四冲程	四冲程
13	点火方式		柴油点火 柴油消耗量 6.9L/h （约 4t/月）	柴油点火 柴油消耗量 10.3L/h （约 6t/月）
14	增压方式		涡轮增压	涡轮增压
15	启动方式		压缩空气启动	压缩空气启动
16	气缸数及排列		V 形 12	V 形 18
17	气缸直径/活塞行程	mm	300/380	300/380
18	润滑油消耗率	g/kWh	约 0.36g/kWh	约 0.36g/kWh
19	活塞冷却方式	油冷/水冷/其他	油冷	油冷
20	气缸套冷却方式	油冷/水冷/其他	水冷	水冷
21	发电机出线电压	kV	6.3/10 可选	6.3/10 可选
22	机组尺寸	长×宽×高（m×m×m）	9.76×2.9×4.91	11.47×3.18×5.01
23	机组重量（净）	t	84	115
24	大修地点	返厂/现场	不需要解体大修，机器寿命期内只需在现场对部分部件进行更换	
25	标准状况下 NO_x 排放	mg/m^3	≤408（200ppm） 最低 100ppm	

三、蒸汽轮机

蒸汽轮机又称蒸汽透平（steam turbine），以蒸汽作为工质，将蒸汽的热能转换为机械能的一种旋转式原动机。蒸汽轮机是现代火力发电厂的主要设备，也作为驱动设备广泛应用于冶金、石化行业和舰船设备中。

现代大型火力发电厂的蒸汽轮机设备的应用已经到了 1000MW 等级，并且在继续研发更大容量、更高参数的汽轮机。在区域式供能站项目中，根据主机配置的不同，蒸汽轮机的容量在 25MW（一拖一）和 50MW（二拖一）左右。

在分布式供能站项目中，可根据蒸汽的不同品位进行合理利用，使效率最大化。其配套的蒸汽轮机根据用户情况不同，可用于纯发电或发电和供热。

（一）蒸汽轮机的工作原理及结构

蒸汽轮机是能将蒸汽热能转化为机械功的回转式机械，来自余热锅炉的蒸汽进入蒸汽轮机后，依次经过环形配置的喷嘴和动叶做功，将蒸汽的热能转化为汽轮机转子旋转的机械能，并带动发电机输出电能。

在汽轮机中，一对喷嘴叶栅和其相匹配的动叶栅，组成将蒸汽的热能转换成机械功的基本单元，称为汽轮机级。蒸汽经喷嘴叶栅进入汽轮机，冲动动叶栅使转子旋转，蒸汽的热能转换成机械能。根据容量需要，蒸汽轮机可做成若干级。

汽轮机本体主要由定子和转子两大部分组成，定子包括汽缸、隔板、静叶栅、进排汽部分、端汽封以及轴承、轴承座等；转子包括主轴、叶轮、动叶片或直接装有动叶片的鼓形转子、整锻转子和联轴器等，汽轮机外形如图4.1-8所示。

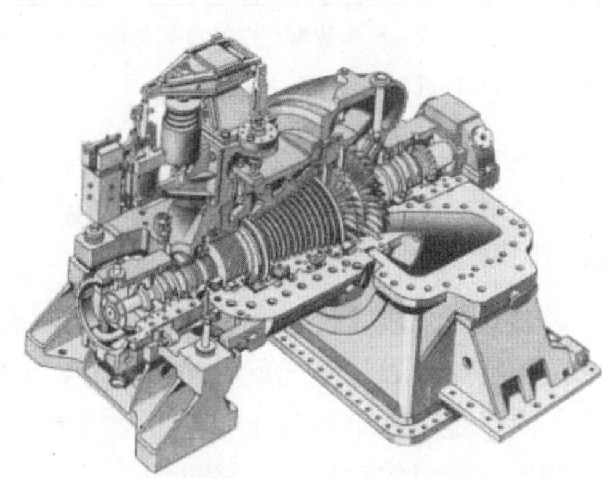

图4.1-8　汽轮机外形图

为了保证汽轮机安全可靠的工作，汽轮机还配置调节保安系统、润滑油系统、轴封系统、疏水系统和各种辅助系统配套设备。

（二）蒸汽轮机分类

分布式供能站项目中采用的蒸汽轮机通常可以按照以下方法分类。

1. 按进汽参数分类

根据进汽参数，汽轮机可分为低压、次中压、中压、次高压、高压、超高压、亚临界机组。

目前燃气-蒸汽联合循环机组，燃机最大容量发展到9H级，其配套的蒸汽参数也只到亚临界参数。在分布式供能站项目中，由于原动机容量一般小于50MW，受原动机排烟量、排烟温度的限制，汽轮机参数一般为次高压，常见的分布式供能站项目燃机和配套汽轮机参数见表4.1-19。

表4.1-19　常见的分布式供能站项目燃机和配套汽轮机参数

燃机型号	汽轮机			
	主汽参数等级	蒸汽压力级数	主蒸汽参数	补汽参数
SIMENES SGT-800	次高压	2	5.5MPa，518℃	0.59MPa，247℃
GE 6F.01	次高压	2	5.5MPa，521℃	0.59MPa，250℃
SIMENES SGT-700	次高压	2	5.0MPa，471℃	0.48 MPa，205℃
GE LM6000	次高压	2	5.0MPa，450℃	0.48 MPa，186℃
GE 6B.03	次高压	2	5.5MPa，521℃	0.59MPa，250℃
GE LM2500	次高压	2	5.0MPa，471℃	0.48 MPa，205℃
SIMENES SGT-600	次高压	2	5.0MPa，471℃	0.48 MPa，205℃
Solar Titan-250	中压	2	4.0MPa，441℃	0.38MPa，186℃

续表

燃机型号	汽轮机			
	主汽参数等级	蒸汽压力级数	主蒸汽参数	补汽参数
Solar Titan-130	中压	2	4.0MPa，471℃	0.38MPa，211℃
SIMENES SGT-400	中压	2	4.0MPa，471℃	0.38MPa，214℃
Solar Mars-90	次中压	2	2.9MPa，443℃	0.38MPa，211℃
Solar Taurus-70	次中压	2	2.9MPa，449℃	0.31MPa，220℃

注 上述配套汽轮机参数为GT-PRO软件根据燃机型号自动选取设置；具体工程项目的应根据边界条件经计算后确定最优的进汽参数。

2. 按热力特性分类

汽轮机组按热力特性可分为背压式、抽汽背压式、抽汽凝汽式、纯凝汽式和抽凝背压式。

（1）背压式汽轮机。背压式汽轮机是将汽轮机排汽全部供热用户使用的汽轮机。这种机组的主要特点是设计工况下的经济性好，节能效果明显。另外它的结构简单，投资省，运行可靠；缺点是发电量取决于供热量，不能独立调节来同时满足热用户和电用户的需要。此外，背压汽轮机的背压高，整机的焓降小，若偏离设计工况，机组的相对内效率显著下降，发电量减少。因此，背压式汽轮机多用于具有稳定热负荷的分布式供能站项目。

（2）抽汽背压式汽轮机。抽汽背压式汽轮机是从汽轮机的中间级抽取部分蒸汽，供需要较高压力等级的热用户，同时保持一定背压的排汽，供需要较低压力等级的热用户使用。这种机组设计工况下的经济性较好，但对负荷变化的适应性差。它适用于两种不同参数的热负荷，扩大了背压式汽轮机的应用范围，用于具有稳定热负荷的分布式供能站项目。

（3）抽汽凝汽式汽轮机。抽汽凝汽式汽轮机是从汽轮机中间抽出部分蒸汽，供热用户使用的凝汽式汽轮机。

这种机组的主要特点是当热用户所需的蒸汽负荷突然降低时，多余蒸汽可以经过汽轮机抽汽点以后的级继续膨胀做功发电。优点是灵活性高，能在较大范围内同时满足热负荷和电负荷的需要，因此适用于负荷变化幅度较大、变化频繁的区域式供能站项目；缺点是热经济性比背压式机组差，且配套辅机较多，造价相对较高，系统复杂。

（4）纯凝汽式汽轮机。凝汽式汽轮机排出的蒸汽流入凝汽器，排气压力低于大气压力，具有良好的热力性能。这种机组是单纯用于发电的汽轮机，在有大量烟气余热可利用的地方，可采用凝汽式汽轮机。

（5）抽凝背压式汽轮机。抽凝背方案是近年来新发展起来的一种机型，其主要特点是运行方式灵活，供热的调节变化范围大，低压缸可以停运，实现供热的最大化。

将低压缸轴端通过自同步离合器与发电机（或高中压缸）连接，使低压缸可在线解列和并列运行，其特点如下：

1）热负荷大时低压缸通过自同步离合器与高中压缸脱开，中压缸排汽蝶阀关闭，低压缸解列，汽轮机背压运行，原用于低压缸冷却的那一部分蒸汽也用来供热，提高了机组的供热能力。

2）抽汽量小于机组最大抽汽量的情况下，在运行状态下将低压缸通过自同步离合器与高中压缸轴端连接，部分开启中压缸排汽蝶阀，汽轮机变为抽汽、凝汽运行，且抽汽量可通过中压缸排汽蝶阀调节。

3）无抽汽工况下，将低压缸通过自同步离合器与高中压缸轴端连接，全部开启中压缸排汽蝶阀，汽轮机纯凝模式运行。

（三）蒸汽轮机主要系统

蒸汽轮机除本体结构外，还有下列配套的辅助系统，以保证机组的安全可靠运行。

1. 润滑油系统

润滑油系统是保证机组在启停和正常运行时，各个轴承、齿轮箱等能够得到充足的、压力温度满足要求的润滑油来润滑，避免轴承烧毁、齿轮法兰变形及转轴弯曲等事故的发生。

润滑油系统主要设备包括主油泵、辅助油泵、危急油泵、主油箱（含冷油器、过滤器、加热器）。

（1）主油泵：蒸汽轮机正常运行时的工作油泵，由交流电动机直接驱动。

（2）辅助油泵：用于在机组启动和停机时的工作油泵，由交流电动机驱动，在主油泵故障且外部供电正常时，可以代替主油泵工作。

（3）危急油泵：由直流蓄电池提供电力，当没有外部交流电或主、辅油泵都不能正常工作时，投入危急油泵。

（4）主油箱：用于存储油系统的润滑油，包括润滑油冷油器、过滤器、加热器、液位指示器等。润滑油冷却器是保证润滑油从机组各轴承、润滑点返回后温度能够及时冷却，一般采用水冷。

2. 轴封系统

汽轮机轴封系统用于给各个轴承提供密封用的蒸汽，轴封系统的汽源需满足机组冷热态启动和停机的需要。轴封系统启动用汽可来源于辅助蒸汽系统和高压蒸汽，轴封系统正常运行时通常是自密封和自动控制的。轴封蒸汽进口处应设有永久性滤网，并有防止汽轮机进水的措施。

轴封系统包含下列设备：

（1）一台100%容量的轴封蒸汽冷却器；两台100%容量的轴封排气风机，一台运行，一台备用。

（2）轴封供汽系统包括汽源用电动隔绝阀、调节阀、旁路阀、泄压阀和其他阀门及滤网、仪表、减温装置等有关附属设备。

（3）轴封系统接至集控室的所有测量用的传感器、开关和其他装置。

3. 疏水系统

汽轮机本体疏水系统能排出汽轮机本体设备、管道及阀门内的凝结水，防止汽轮机进水造成重大损失。

制造厂在疏水系统设计时应遵守ASME TDP-1要求，能排出所有设备本体、本体管道和阀门内的凝结水。系统应使随时可能投入运行的设备经常处于热备用状态。

所有疏水管道设置一道手动阀门和一道气动驱动阀门，系统能实现自动控制；在失去压缩空气气源时，所有疏水阀自动打开。

汽轮机本体的疏水系统通常包括下列各项：

(1) 自动主汽阀、调节汽阀及补气阀上下阀座的疏水。

(2) 汽缸的疏水。

(3) 蒸汽室和高压进汽喷嘴间的高压蒸汽管道疏水。

(4) 轴封和阀杆漏汽的疏水。

(5) 本体管道低位点疏水。

(6) 供热抽汽阀门和汽缸之间抽汽管道疏水。

(四) 蒸汽轮机的特性

1. 蒸汽轮机与余热锅炉的匹配

在常规燃煤机组中采用的是炉跟机模式，即锅炉可通过调节给煤量满足汽轮机的进汽需求。在燃气-蒸汽联合循环机组中，采用的是机跟炉模式，汽轮机的出力则是受制于余热锅炉的产汽量。

在联合循环机组中，当燃气轮机负荷降低时，排气的流量和温度降低，余热锅炉的蒸发量和蒸汽温度也随着降低，为此汽轮机采用滑压运行方式。采取滑压运行方式，进汽压力、进汽流量均不需要控制，因而汽轮机会采用节流调节方式。节流调节要求进汽方式为全周进汽，将调节级的焓降分配到新增的级中去，使整个汽轮机的通流部分更匀顺，从而内效率会明显提高。

作为调峰的联合循环电站，燃气轮机能够快速启停，故要求汽轮机也能够快速启停。汽轮机的结构与系统要适应快速启停要求，与通流部件相接触的零部件的热惯性是应特别重视的问题，动静零部件的间隙应要适应快速启停的要求。在汽轮机系统设计中也应尽可能简洁，防止由于热惯性过大引起系统不灵活。

由于汽轮机取消了给水回热系统和增加补汽，使得汽轮机排汽量比常规机组增大，导致排汽面积和凝汽器面积比常规燃煤机组大。

由于燃汽轮机启动速度快于蒸汽轮机，故启动过程中燃气轮机排气余热不能立即被汽轮机全部利用。若设置旁路烟囱和烟气挡板，则不仅占地大，且投资也大。因此一般是在汽轮机中设置100%容量的蒸汽旁路装置，也有利于在甩负荷时回收介质，节约资源。

2. 蒸汽参数确定

汽轮机在整个联合循环发电系统中的功率虽然只占总功率的1/4～1/3，但由于采用了蒸汽作工质，系统比燃气轮机复杂，在电厂中占地面积通常比燃气轮机大。

蒸汽参数的选择需考虑两个问题：一是蒸汽初参数的选择，是采用一般火电厂常用的中压系统参数还是次高压系统或高压系统的参数；二是采用单压、双压还是三压系统，即余热锅炉中产生几种压力等级的蒸汽。

适用于分布式供能站项目的原动机，单机容量不大于50MW，目前市场上主流的该容量及以下等级的燃气轮机和内燃机，排烟温度、排烟量相较于大容量重型燃机均要低，若汽轮机及配套余热锅炉采用三压系统，就大大增加了系统的复杂程度，增加初投资，且经济性不明显。因此，在分布式供能站项目中，较多采用的是单压或双压系统，在考虑能源充分利用的同时，兼顾了经济性。

(五) 国内主要厂家及设备技术参数

适用于分布式供能站项目的小型蒸汽轮机制造技术难度较低，技术成熟，因此国内大多数汽轮机厂均能生产。目前国内专业生产小型蒸汽轮机的厂家主要有：杭州汽轮机股份有限公司、南京汽轮电机（集团）有限公司、青岛捷能汽轮机集团股份有限公司等。以下主要介绍上述三家制造厂。

1. 杭州汽轮机股份有限公司

公司前身是创建于1958年的杭州汽轮机厂，于1998年改制成立股份有限公司。该公司产品门类主要包括汽轮机、燃气轮机、压缩机等。该公司是全球工业汽轮机研发和制造的主要基地之一，具备年产480台套/420万kW工业汽轮机设计和制造能力。

杭州汽轮机厂的汽轮机产品有冲动式和反动式两大类，每一类细分为凝汽式、抽凝式和背压式，应用于联合循环电站发电、大型电站锅炉汽动给水泵以及各种类型的工业驱动。杭州汽轮机厂曾与西门子在1987年和1997年签署了技术合作协议，于2004年合作协议终止。近期杭州汽轮机股份有限公司与西门子再次签订了合作协议，旨在加快中小型燃机的本土化。目前双方合作的机型为SGT-800，在工程中SGT-800一般与杭州汽轮机股份有限公司生产的汽轮机产品配套。

杭州汽轮机股份有限公司生产的产品在分布式供能站项目中应用的业绩有昆山协鑫分布式供能站项目、中电（成都）综合能源项目等。

2. 南京汽轮电机（集团）有限责任公司

南京汽轮电机（集团）有限责任公司前身为南京汽轮电机厂，创建于1956年，2004年改制为宁港合资企业。南京汽轮电机（集团）有限责任公司生产的汽轮机产品功率覆盖范围较广，单机功率6～330MW，涵盖凝汽式、抽汽式、背压式、抽气背压式等，从中、高压参数简单循环到超高压、亚临界参数再热式循环，主要应用于热电联供及联合循环电站。

南京汽轮电机（集团）有限责任公司于20世纪80年代与美国GE公司建立了6B系列燃气轮机合作生产关系，2004年引进GE公司技术开始生产9E燃气轮机，2012年与GE公司签订了6FA燃气轮机技术引进协议；2014年5月签订了6F.01燃气轮机技术转让协议。南京汽轮电机（集团）有限责任公司主导产品为9E和6B燃气轮机、6～330MW汽轮机、6～350MW汽（燃气）轮发电机、1.5～3MW风力发电机、大中型同异步交流电动机等，电站设备年综合生产能力超过1000万kW。其中适用于分布式供能站项目的6B.03、6F.01机型，在工程实际中一般与南汽集团的汽轮机产品配套。

南京汽轮电机（集团）有限责任公司产品系列较多，其主要单抽汽式汽轮机主要技术参数见表4.1-20，业绩主要有济南钢铁股份有限公司项目、山西寿阳煤层气热电联产工程项目、协鑫湖南浏阳经开区分布式供能站项目等。

表4.1-20　南京汽轮电机（集团）有限责任公司生产的6～25MW级单抽汽式汽轮机主要技术参数

型号	功率(MW)	转速(r/min)	额定进汽		额定工业抽汽			最大工业抽汽(t/h)	排气压力(kPa)
			压力(MPa)	温度(℃)	压力(MPa)	温度(℃)	流量(t/h)		
C6-3.43/0.196	6	3000	3.43	435	0.196	162	20	20	5.38
C6-3.43/0.49	6	3000	3.43	435	0.49	252	30	40	5.69
C6-3.43/0.981	6	3000	3.43	435	0.981	309	30	50	6.23
C6-3.43/1.27	6	3000	3.43	435	1.27	335	30	45～50	6.6

续表

型号	功率(MW)	转速(r/min)	额定进汽		额定工业抽汽			最大工业抽汽(t/h)	排气压力(kPa)
			压力(MPa)	温度(℃)	压力(MPa)	温度(℃)	流量(t/h)		
C12-3.43/0.196	12	3000	3.43	435	0.196	150.8	40	60	3.55
C12-3.43/0.49	12	3000	3.43	435	0.49	235	50	80	5.08
C12-3.43/0.981	12	3000	3.43	435	0.981	313	50	80	5.51
C15-3.43/0.49	15	3000	3.43	435	0.49	240.8	50	80	5.93
C15-3.43/0.981	15	3000	3.43	435	0.981	306.6	50	80	6.46
C15-4.90/0.981	15	3000	4.9	470	0.981	312	50	80	5.76
C25-3.43/0.49	25	3000	3.43	435	0.49	227	70	110	4.18
C25-3.43/0.981	25	3000	3.43	435	0.981		60	100	4.74
C25-4.9/0.49	25	3000	4.9	470	0.49	228	70	130	3.90
C25-4.9/0.981	25	3000	4.9	470	0.981	297	70	130	4.28
C25-4.9/1.27	25	3000	4.9	470	1.27	338	70	130	4.50

3. 青岛捷能汽轮机集团股份有限公司

青岛捷能汽轮机集团股份有限公司是中国汽轮机行业骨干企业之一，2012年与日本三菱重工株式会社正式签订50～200MW陆用蒸汽轮机以及10MW以下的船用蒸汽轮机技术许可协议。公司产品主要包括高效热电联产汽轮机、三菱合作汽轮机、热电汽轮机、工业拖动汽轮机、重型燃气轮机、快装小汽轮机等，适用于分布式供能站的汽轮机产品系列也较多，涵盖凝汽式、背压式、抽凝式、抽背式等机型。

青岛捷能汽轮机集团股份有限公司已获得GE公司MS5002E重型燃机100%制造技术及维修技术的技术许可，工程应用中青岛捷能汽轮机集团股份有限公司生产的汽轮机产品一般与MS5002E重型燃机配套。

（六）蒸汽轮发电机

采用多轴方案的燃气蒸汽联合循环分布式能源项目，燃气轮机及蒸汽轮机应分别配备发电机。

1. 蒸汽轮发电机主要特点

（1）容量。发电机的额定功率和最大连续功率应与蒸汽轮机的额定功率和最大连续功率相匹配。分布式能源项目蒸汽轮机单机容量一般不大于50MW，发电机容量不大于60MW。

（2）冷却方式。发电机容量不大于60MW，冷却方式一般采用空气冷却。

（3）励磁方式。根据机组容量及厂商成熟技术，可选用静态励磁或无刷励磁。

（4）发电机额定电压。根据发电机容量，一般选用6.3kV或10.5kV。对于有直供电要求的机组，宜选择与直供电电压匹配的发电机额定电压。

2. 主要厂家介绍

（1）杭发发电设备有限公司。杭州杭发发电设备有限公司（原杭州发电设备厂）始建于1956年，2003年并入杭州汽轮动力集团有限公司。杭发发电设备有限公司在原有的国内技术的基础上，在与挪威克瓦纳、美国GE、日本明电舍合资、合作中吸收消化了国外先进的技术，主要产品为1.5～60MW汽轮发电机组，每年出厂发电设备160套左右，为中国中小型发电设备生产和出口的重要基地。

(2) 南京汽轮电机（集团）有限责任公司。南京汽轮电机（集团）有限责任公司创建于1956年1月，原名南京汽轮电机厂，1995年11月变更为国有独资有限责任公司，2004年10月改制成为宁港合资企业。

公司于1984年引进英国BRUSH公司空冷无刷励磁发电机设计制造技术，在消化吸收并吸取众家之长后，自主研发了QF、QFW、QFR等多种系列产品和高炉能量回收配套用发电机等派生产品，空冷发电机产品涵盖了350、150、135、60MW及以下等多个容量等级。

(3) 东方电气集团东方电机有限公司。东方电气集团东方电机有限公司位于四川省德阳市，前身为原东方电机厂，始建于1958年，于1993年12月28日经股份制改制成立，是首批在香港及内地上市的规范化股份制试点企业。

东方电气集团东方电机有限公司（以下简称“东方电机”）主要从事成套发电设备（水力、风力、潮汐）、汽轮发电机（含燃气、核能）、交直流电机以及相关控制设备的设计、制造、销售和服务，并拥有东方电机控制设备有限公司、东方电机工模具有限公司、东方电气新能源设备（杭州）有限公司、东方电机有限公司中型电机分公司共四个控股子公司和一个合资公司——东方阿海珐核泵有限责任公司以及电机事业部和电站辅机事业部。

东方电机拥有行业最高端、最齐全的产品品种，包括500～1000MW巨型混流式、30～75MW大型贯流式、300～375MW大型抽水蓄能等水电机组，600～1000MW燃煤、400～480MW燃气、第三代核电AP1000及ERP1750MW等汽轮发电机，核电主泵机组，2.5MW永磁直驱风力发电机组等，公司水电机组制造能力达到年产1000万kW，汽轮发电机制造能力达到年产3000万kW。

(4) 山东济南发电设备厂有限公司。山东济南发电设备厂有限公司始建于1958年，以生产空冷发电机为主，具有生产单机功率300MW等级空内冷汽轮发电机的能力。主导产品为QF系列空冷汽轮发电机和引进ALSTOM（原ABB）公司技术制造的WX系列空内冷汽轮发电机，年生产能力8000MW。

(5) 中国长江动力集团有限公司。中国长江动力集团有限公司发电机设备依托武汉汽轮发电机厂，是以制造汽轮发电机组和水轮发电机组为主的综合性大型企业，2012年9月经资产重组并入中国航天科技集团公司。公司具有设计、生产300MW及以下各类型热电联产汽轮发电机组和200MW及以下各类型水轮发电机组的能力，发电设备年生产能力10 000MW。

第二节 余热利用设备

本节所述的余热利用设备包括余热锅炉、溴化锂吸收式制冷机。

一、余热锅炉

余热锅炉（heat recovery steam generator，HRSG），又称为热回收蒸汽发生器，是指回收利用各种工业过程中废气、废料中显热的一种装置。对于燃气-蒸汽联合循环机组来说，配套的余热锅炉是回收利用燃气轮机排出的高温烟气中热量的装置。

对于分布式供能站配套的原动机，做功后排出的烟气仍具有较高的温度，根据原动机配置容量和厂家的不同，一般在 370～560℃之间。充分利用这部分烟气的热能，可以提高整个装置的热效率。

在大容量的燃气-蒸汽联合循环机组中（如 9E、9F 级燃机），余热锅炉产生的蒸汽带动蒸汽轮机发电所产生的电能可占到联合循环机组发电量的 1/3 左右，可见烟气中可回收的能量是很可观的。

在分布式供能站项目中，余热锅炉产生的蒸汽根据使用情况不同，可用于发电、直接供热、配套制冷机对外供冷等，取决于用户的实际需求。

（一）余热锅炉工作原理

余热锅炉通常由省煤器、蒸发器、过热器、联箱、汽包等换热管组和容器组成。

从燃气轮机出来的高温烟气，分别流经高温过热器、低温过热器、高压蒸发器、高压省煤器等换热面后，热量被水介质回收而输出蒸汽，低温烟气经主烟囱排放至大气。

来自凝汽器热井的凝结水或者化学除盐水系统的除盐水，首先在余热锅炉省煤器中完成预热，使给水温度升高到接近饱和温度；接着在蒸发器中给水相变成为饱和蒸汽，到达过热器后饱和蒸汽被加热升温为过热蒸汽。在有再热器的蒸汽循环中可以加设再热器，在再热器中再热蒸汽被加热升温到设定的温度。

在省煤器内，利用尾部低温烟气的热量来加热余热锅炉的给水，可降低排烟温度，提高余热锅炉和联合循环的效率。通常不希望给水在余热锅炉的省煤器中汽化，因为蒸汽会导致水击或局部过热，对于自然循环余热锅炉还可能危及水循环安全。在机组启动及低负荷时，省煤器管内工质流动速度低，此时最易汽化，采用省煤器再循环管增加省煤器中水的质量流量，可解决在省煤器中汽化的问题。

在自然循环余热锅炉蒸发器内，给水吸收烟气余热使部分水变成蒸汽，故管内流动的是汽水混合物，汽水混合物在蒸发器中向上流动，进入对应压力的汽包。

在过热器内，蒸汽从饱和温度被加热到具有一定的过热度。过热器位于温度最高的烟气区，即余热锅炉烟气进口段。此区域管内工质为蒸汽，受热面冷却条件差，是余热锅炉部件中金属管壁温度最高的区域。

在自然循环余热锅炉中，汽包是必不可少的重要部件，它除了汇集省煤器来的汽气和汽水混合物外，还要提供合格品质的饱和蒸汽进入过热器或供给用户。汽包内装有汽水分离设备，对来自蒸发器的汽水混合物进行分离，蒸汽从汽包顶部引出进入过热器继续被加热，水回到汽包的水空间经下降管返回省煤器，自然循环余热锅炉就是靠蒸发器管内介质与下降管内介质的密度差产生循环动力，维持自然循环。汽包尺寸要足够大，以便具有较大的水容积空间和金属热惯性，容纳必需的汽水分离器装置，并能适应锅炉负荷变化时所发生的水位变化。

（二）余热锅炉结构

余热锅炉通常由省煤器、蒸发器、过热器、联箱、汽包等换热管组和容器组成，除此之外，还包括本体钢构架、平台扶梯、电梯和钢烟囱等，典型的卧式余热锅炉和立式余热锅炉外形如图 4.2-1 所示。

(a)

(b)

图 4.2-1　卧式余热锅炉和立式余热锅炉外形图

(a) 卧式余热锅炉；(b) 立式余热锅炉

(三) 余热锅炉分类

分布式供能站配套的余热锅炉通常可以按照以下几种方法分类。

1. 按余热锅炉烟气侧热源分类

(1) 无补燃型余热锅炉：单纯回收原动机排烟的热量，产生一定压力和温度的蒸汽，这是应用最广的一种余热锅炉类型。

(2) 补燃型余热锅炉：由于原动机排烟中含有14%～18%的氧，可在余热锅炉的适当位置安装补燃燃烧器，补充天然气或者燃油等燃料进行燃烧，提高烟气温度，相应提高蒸汽参数和产汽量，改善机组的变工况特性。由于原动机的容量设计固定，其尾气能量也基本固定，在较高热电比需求的场合，通过用补燃的方式提高蒸汽产量能满足工艺需求。

补燃的好处是可以提高分布式供能站的总效率，因为余热锅炉产生的蒸汽多半或全部用来供热。但若用补燃的方式提高蒸汽产量，再进入汽轮发电机发电，联合循环效率将下降，这就是大型燃气-蒸汽联合循环机组都不采用补燃的原因。此外，用补燃的方式提高蒸汽产量，用补燃获得的蒸汽来驱动吸收式空调机组也不会提高冷热电分布式能源的效率，没有实际的收益。

2. 按蒸发受热面工质流动特点分类

(1) 自然循环余热锅炉。在自然循环余热锅炉中，蒸发受热面中的传热管束为垂直布置，烟气水平方向地流过垂直方向安装的换热管。下降管向蒸发器管供水，其中一部分水在蒸发器换热管中吸收烟气热量转变成为饱和蒸汽；水与蒸汽的混合物经上升管进入汽包。换热管中的水汽混合物与下降管中冷水的密度差，是维持蒸发器中汽水混合物自然循环的动力，下降管内的水比重大向下流动，受热面直立管束内的汽水混合物比重小向上流动，形成连续产汽过程。

(2) 强制循环余热锅炉。强制循环余热锅炉是在自然循环锅炉基础上发展起来的，为立式布置，传热管束为水平布置，吊装在钢架上，汽包直接吊装在锅炉上。强制循环余热锅炉中的烟气垂直地流过水平方向布置的换热管。从汽包下部引出的水借助于强制循环泵进入蒸发器的换热管，水在蒸发器内吸收烟气热量，部分水变成蒸汽，蒸发器内的汽水混合物经导管流入汽包。强制循环余热锅炉通过循环泵来保证蒸发器内循环流量的恒定。强制循环余热锅炉占地面积比自然循环余热锅炉小，是由于空间布局关系的缘故。因此强制循环余热锅炉必须支撑较重的设备，基础很重，需要耗费更多的结构支撑钢；为了便于维护和修理，需要设多层平台；阀门和一些辅助设备必须布置在不同的标高上，致使操作和维护相对困难。目前的工程使用业绩表明，自然循环方式更广泛地应用于燃气-蒸汽联合循环机组，除非是布置场地受限。

3. 按锅炉的布置特点分类

（1）卧式布置余热锅炉。在卧式布置的余热锅炉中，蒸发受热面中的传热管束为垂直布置，从燃机来的烟气水平方向地流过垂直方向安装的换热管，经锅炉尾部的烟囱排到大气中。

（2）立式布置余热锅炉。在立式布置的余热锅炉中，蒸发受热面中的传热管束为水平布置。受热面吊装在锅炉钢架上，汽包直接装在锅炉框架顶部，从燃机来的烟气垂直地流过水平方向布置的换热管，经锅炉钢架顶部的烟囱排到大气中。

4. 按余热锅炉汽水系统级数分类

余热锅炉的汽水系统主要从单压、双压、三压以及是否有再热系统考虑，具体可分为单压无再热、双压无再热、双压再热、三压无再热、三压再热五种系统。压力级数越多，能从燃机排气中回收的余热越多，出力越大、效率越高，相应的设备投资也会增加。汽水系统是否采用再热，取决于燃机的排烟温度。

三压余热锅炉一般是配置在9F级及以上的燃机工程中；适用于分布式供能站项目的余热锅炉通常为单压和双压余热锅炉。

（四）余热锅炉主要系统

1. 烟气系统

从燃气轮机出来的高温烟气，流过过热器、蒸发器、省煤器等换热面，经主烟囱后排放至大气。根据项目的实际需求，有些余热锅炉还配置有旁路烟囱。旁路烟囱位于燃机排烟出口和余热锅炉入口之间，并装设烟气换向挡板。具有旁路烟囱配置的机组运行方式灵活，燃机既可简单循环发电，也可联合循环发电。

2. 汽水系统

余热锅炉本体由省煤器、蒸发器、过热器以及联箱和汽包等换热管组和容器组成，在有再热器的蒸汽循环中，还加设有再热器。在省煤器中余热锅炉的给水完成预热，给水温度升高到接近饱和温度；在蒸发器中给水相变成为饱和蒸汽；在过热器中饱和蒸汽被加热升温成为过热蒸汽；在再热器中再热蒸汽被加热升温到所设定的再热温度。配套分布式供能站项目典型的余热锅炉烟气流程和汽水系统流程如图 4.2-2 所示。

（五）余热锅炉本体设计

余热锅炉的产汽能力，取决于原动机的排烟情况，通常余热锅炉设计时所应具备以下的边界条件。

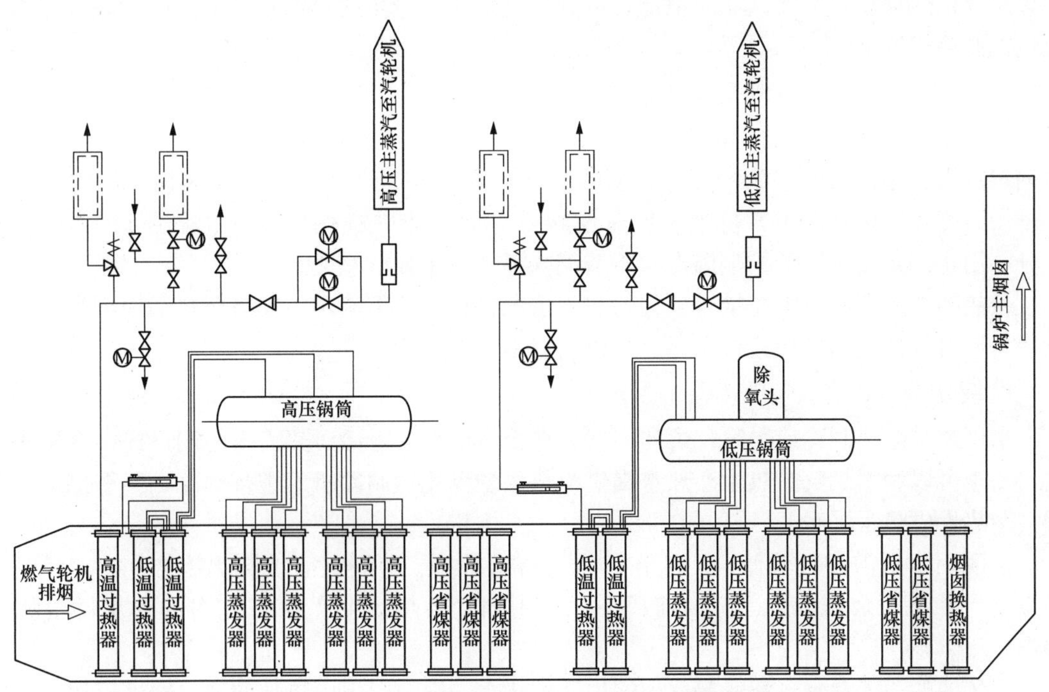

图 4.2-2　余热锅炉烟气流程和汽水系统流程图

1. 烟气侧参数

烟气量（标况或工况）、烟气进口温度、烟气成分、烟气含尘量、烟气侧压力（正压或负压）、锅炉烟气侧系统阻力。

2. 锅炉参数

锅炉额定蒸发量、锅炉额定蒸汽压力、锅炉额定蒸汽温度、锅炉排烟温度。

3. 其他参数

锅炉安装地气象参数、锅炉结构形式、锅炉安装形式、系统工艺说明及其他特殊要求。在余热锅炉本体设计中有两个主要关键参数需注意：

（1）节点温差。余热锅炉蒸发器烟气出口处，烟气与饱和蒸汽温度之间的最小温差称之为节点温差。蒸发器的设计有一个最佳的节点温差，以获取最大的汽轮机输出功率。

（2）接近点温差。余热锅炉省煤器出口水压下饱和温度与出口水温之间的温差称为接近点温差。接近点温差的选取应确保在任何运行工况下，省煤器中不产生蒸汽，即保证省煤器内不发生给水汽化的现象。在余热锅炉的设计中合理选用“节点温差”值是余热锅炉优化设计的重要环节，将综合影响到余热锅炉的余热利用率、工质循环热效率，投资费用和运行效益，也影响设备的制造成本。

（六）余热锅炉与原动机的匹配

对于分布式供能站项目，余热锅炉的选型大小取决于燃气轮机/内燃机的排烟流量和排烟温度。在区域式供能站项目中，通常原动机采用燃气轮机较多，配套的余热锅炉的主要目的是产生蒸汽用于汽轮机发电和对外供热。对于楼宇式供能站，受建设场地限制，原动机采用燃气内燃机，通常是利用排烟余热和高温缸套水余热进入溴化锂制冷机去制冷供给用户。

如果配置余热锅炉，其产汽能力很低，可利用余热锅炉产生的蒸汽对外供热或者进入蒸汽型溴化锂制冷机制冷。

（七）余热锅炉尾部烟气余热利用

对于燃气-蒸汽联合循环机组的余热锅炉，排烟温度偏高是普遍现象，排烟热损失是余热锅炉热损失中最大的一项，占锅炉总热损失的60%～70%。影响排烟热损失的主要因素是排烟温度，一般情况下，排烟温度每增加10℃，排烟热损失增加0.6%～1.0%。因此，充分利用排烟余热，降低排烟温度对于节能降耗具有重要的意义。

余热的具体利用方案需结合工程的实际情况进行分析后确定。如果余热锅炉烟气余热回收后，以对外供热水的形式被利用，可以有以下几种用途。

1. 用于制冷或者供暖及生活用热水

采用烟气余热制冷或采暖，可向厂房、办公区或周边有冷、热需求的用户提供冷量或热量。夏季可以利用烟气余热生产热水提供给热水型溴化锂制冷机组进行制冷，冬季也可以用烟气余热提供热水采暖。

生活用水所需参数较低，一般在50℃左右。根据目前机组的排烟温度参数，可以在不影响原动机及余热锅炉运行的前提下，利用烟气余热，生产60℃左右的热水供给相应用户。

厂区内的职工食堂、浴室等使用的生活用热水一般情况下由单独的加热器进行加热，效率低且成本高，因此可以考虑使用余热锅炉烟气余热加热生活用水供厂内使用。

厂区外居民区、酒店等用户的生活用水一般都是分散的小型集中供水，其效率低，成本高，因此也可以考虑利用余热锅炉烟气余热加热生活用水。

烟气余热制冷、采暖或提供生活热水属于废热利用，可提高全厂能源利用效率。

2. 加热调压站的天然气

自供气末站至调压站的天然气如果经调压站降压较多，降压后温度降低（通常压力降低1MPa，温度降低5℃），为避免凝露发生，并达到燃机供气分界点所需的温度，需要使用加热设备对其进行加热，因此需设置天然气加热单元。

利用烟气余热产生的热水对调压站内降压后的天然气进行加热，提高其温度，避免凝露发生，并满足燃气轮机对天然气温度要求，采用此方案可以取代水浴式加热器，减少能源消耗，提高电厂综合能源利用效率。

3. 用于燃机进气冷却

由于燃气轮机的特点，在夏季气温升高，燃气轮机的出力降低。如果利用余热锅炉尾部烟气废热制冷，用于燃气轮机的进气冷却，理论上可提高系统的出力。具体需要根据工程的地理和气候特点，经过详细的技术经济方案比较后确定，目前尚无实际应用的案例。

（八）主要余热锅炉设备厂家

经过多年的发展，余热锅炉的设计和制造技术十分成熟，国内多个厂家可制造各种容量等级的余热锅炉。以下介绍在分布式工程行业应用业绩相对较多的生产厂家。

1. 东方菱日锅炉有限公司

由东方电气集团东方锅炉股份有限公司、日本三菱日立电力株式会社及日本伊藤忠商事会社三方共同投资组建的一个以经营、设计、制造锅炉和环保设备的中外合资企业。公司以设计、承接300MW及以上本生型直流锅炉、200MW及以下自然循环汽包锅炉、CFB炉、余热锅炉、生物质能锅炉、锅炉零部件及其产品售后服务为主营业务的中日合资企业。

东方菱日锅炉有限公司全套引进了原巴布科克日立公司的9E和9F等级联合循环余热锅炉技术，确保余热锅炉安全、可靠、高效的运行。公司具备各种类型联合循环余热锅炉整套设计供货能力：从压力等级分，可以设计单压、双压和三压余热锅炉、再热或非再热型；从燃料分，可以设计不同燃料的余热锅炉，如高炉煤气+焦炉煤气、天然气、液化气、油（重油）、柴油等；从燃气轮机分，可以适应不同厂家、不同型号的燃气轮机，如GE、西门子、三菱、日立等；从不同用户的要求，可以设计成立式强制循环或卧式自然循环两种类型。东方菱日锅炉有限公司技术成熟可靠，具有大量的电力工程业绩订单。

2. 杭州锅炉集团股份有限公司

杭州锅炉集团股份有限公司是一家主要从事锅炉、压力容器、环保设备等产品的咨询、研发、生产、销售、安装及其他工程服务的大型综合性集团企业。公司的前身是杭州锅炉厂，始建于1955年。从20世纪70年代开始，杭州锅炉集团股份有限公司致力于冶金、化工、建材、城建、联合循环、电站等领域余热发电设备的开发、设计、制造，是国内规模最大、品种最全的余热锅炉研究、开发、制造基地之一。

杭州锅炉集团股份有限公司设计、制造技术实力雄厚，拥有一批国内外先进的制造设备和检测设备，拥有由美国机械工程师协会颁发的ASME的S钢印、U钢印、U2钢印及相应的授权证书、国内A级锅炉制造许可证和一、二、三类特种设备设计许可证以及德国TÜV公司颁发的ISO9001质量认证体系证书，具备年生产18台/套9F级余热锅炉和12台/套9E级余热锅炉的能力。杭州锅炉集团股份有限公司技术成熟可靠，有大量的电站余热锅炉供货业绩。

3. 无锡华光锅炉股份有限公司

无锡华光锅炉股份有限公司前身为无锡锅炉厂，成立于1958年8月。公司致力于能源环保领域的核心设备研发制造、工程综合服务和投资运营，现已形成了350MW及以下的节能高效燃煤电站锅炉、燃气-蒸汽联合循环余热锅炉、垃圾焚烧锅炉、生物质能锅炉为主的产品系列，具备传统电站、新能源电站、烟气治理的设计、设备成套、工程总包能力。

无锡华光锅炉股份有限公司分别于2005年和2009年与比利时CMI公司签订了立式和卧式燃气轮机余热锅炉（HRSG）许可证转让技术引进合作协议，引进了CMI全套立式和卧式余热锅炉设计和制造技术，经过消化与吸收，目前已开发出了与GE、SIEMENS、MHI三大燃气轮机制造商生产的B级、E级、F级燃机相匹配的强制循环、自然循环、本生直流型等余热锅炉产品。无锡华光锅炉股份有限公司与CMI业绩共享，设计技术同步更新，定期交流新型燃机的特点和锅炉设计方法。截至目前，无锡华光锅炉股份有限公司已取得了28台余热锅炉的业绩。

4. 上海电气电站集团上海锅炉厂有限公司

上海锅炉厂有限公司是中华人民共和国成立以来最早创建的专业制造发电锅炉的国有大型企业，隶属上海电气集团，主要经营自产机电产品、成套设备及相关技术的出口业务，电站锅炉年制造能力达2500万kW。

上海锅炉厂有限公司具有一支强大的设计、制造和管理团队，拥有国内外同行中一流的制造、检测设备，建立了全面可靠的质量保证体系，产品质量达到国际先进水平，产品遍及各省市自治区，行销美国、加拿大、埃及、日本、印度等 20 多个国家。

上海锅炉厂有限公司生产的余热锅炉为引进阿尔斯通技术设计制造，目前在国内的主要业绩为大型燃机配套，如华能上海石洞口燃机电厂、大唐广东高要燃机电厂。

5. 哈尔滨电气股份有限公司哈尔滨锅炉厂

哈尔滨电气股份有限公司哈尔滨锅炉厂创建于 1954 年，是当前世界上最具规模、研发设计制造能力最强的大型发电设备制造企业之一，同时也是核电设备、电站辅机、大型重化工设备、环保设备等产品设计制造及服务的顶级供应商之一。

哈尔滨电气股份有限公司哈尔滨锅炉厂主要以生产电站锅炉为主，在余热锅炉的应用上业绩相对较少。早期与比利时 CMI 公司以及国内科研院所技术合作，匹配设计、制造 6B/9F 级燃机超高压余热锅炉技术；为进一步提高联合循环机组的经济性，哈尔滨电气股份有限公司哈尔滨锅炉厂余热锅炉技术正在向更高参数方向发展，如匹配 9HA 级燃机的亚临界余热锅炉技术开发和直流余热锅炉技术的研发。

6. 中船重工第七〇三研究所

中船重工第七〇三研究所组建于 1961 年，隶属中国船舶重工集团公司，主要承担舰船锅炉、舰船燃气动力、蒸汽动力、核动力二回路、后传动装置以及各型动力装置监测控制系统的预先研究、型号研制和舰船主动力技术支持保障等科研生产任务；从事工业用蒸汽和燃气轮机装置及其设备、电站、热能工程、机械传动和自动控制等应用研究和设计；从事科技咨询服务、技术开发转让及服务、相关专业新产品开发生产、工程承包、国内外贸易及经济技术合作等业务。

中船重工第七〇三所是国内最早探索燃气-蒸汽联合循环发电技术的单位之一，是国内唯一具有自主知识产权的燃机余热锅炉供货厂商，提供的余热锅炉阻力小，产品取得良好的经济效益和社会效益，在国内市场上占有较稳定的市场份额。从 1980 年开始，该所先后承担了 100 余个电厂 70 多种型号 200 余台（套）余热锅炉及旁通烟道系统的设计、制造、供货和技术总承包，并向 10 余个国家出口近 60 台（套）余热锅炉及旁通烟道系统，产品系列涵盖从 0.25～250MW 国内外各种燃机型号。

7. 南京南锅动力设备有限公司

南京南锅动力设备有限公司位于江苏省南京市，专业设计和制造余热锅炉、工业锅炉及电站锅炉、压力容器、燃机排气系统等能源利用产品，是国内主要的余热锅炉系统供应商之一。

南京南锅动力设备有限公司持有 A 级锅炉制造许可证和 A2 级（三类）压力容器制造许可证，持有美国机械工程师协会（ASME）颁发的“S”（动力锅炉）和“U”（压力容器）钢印许可证书，是中国石油天然气集团公司入网锅炉及压力容器供应商之一。

南京南锅动力设备有限公司设有一流的余热锅炉技术中心，可提供余热锅炉的性能、结构强度、管道应力分析、烟气流场分析与计算机模拟、三维模型等相关领域研发和计算，可为不同行业和领域的客户提供全面完善的余热利用产品解决方案，广泛应用于电力、钢铁和有色冶金、石油化工、煤化工、建材、废弃物焚烧处理、集中供热、热电联产及热电冷三联供、分布式供能站等众多行业和领域。

二、溴化锂吸收式制冷机

（一）工作原理

溴化锂吸收式制冷，同蒸汽压缩制冷原理相同，都是利用液态制冷剂在低温、低压条件下，蒸发、汽化吸收载冷剂的热量，产生制冷效应。不同的是，溴化锂吸收式制冷，是利用“溴化锂-水”组成的二元溶液为工质对，完成制冷循环的。

在溴化锂吸收式制冷机内循环的二元工质对中，水是制冷剂，在真空状态下蒸发，具有较低的蒸发温度，从而吸收载冷剂热负荷，使之温度降低，源源不断地输出低温载冷剂（水）。工质对中溴化锂水溶液则是吸收剂，可在常温和低温下强烈地吸收水蒸气，但在高温下又能将其吸收的水分释放出来。制冷剂在二元溶液工质对中，不断地被吸收或释放出来。吸收与释放周而复始，不断循环，因此蒸发制冷循环也连续不断。

制冷过程所需的热能可从蒸汽、热水，也可从废热、废气中获得。在燃油或天然气充足的地方，还可采用直燃式溴化锂吸收式制冷机制取低温水。

（二）单效溴化锂吸收式制冷机的制冷原理

溴化锂吸收式制冷系统具有四大热交换装置，即发生器、冷凝器、蒸发器和吸收器。这四大热交换装置，辅以其他设备连接组成各种类型的溴化锂吸收式制冷机。

冷凝器的作用是把制冷过程中产生的气态制冷剂冷凝成液体，进入节流装置和蒸发器中。而蒸发器的作用则是将节流降压后的液态制冷剂汽化，吸取载冷剂的热负荷使载冷剂温度降低，达到制冷目的。

发生器的作用，是使制冷剂（水）从二元溶液中汽化，变为制冷剂蒸气。而吸收器的作用，则是把制冷剂蒸气更新输送回二元溶液中去。两热交换装置之间的二元溶液的输送，是依靠溶液泵来完成的。

制冷剂循环中，高压气态制冷剂在冷凝器中向冷却水释放热量，凝结成为液态制冷剂，经节流进入蒸发器。在蒸发器中液态制冷剂又被汽化为低压冷剂蒸汽，同时吸收载冷剂的热量产生制冷效应。为了维持制冷剂循环，保证蒸发器内的低压状态，使液态制冷剂连续蒸发吸收热量，而设置吸收器。吸收器内的液态吸收剂吸收来自蒸发器所产生的低压冷剂蒸汽，从而形成了制冷剂-吸收剂组成的二元溶液，经溶液泵升压后进入发生器。二元溶液在发生器内，被通过管簇内部低品位热能加热，很容易沸腾，因为发生器内的压力不高，其中沸点低的制冷剂（水）汽化形成气态制冷剂，又与吸收剂（溴化锂溶液）相分离。气态制冷剂去冷凝器中被冷却水吸热而液化，进入蒸发器完成制冷剂循环。分离出制冷剂的吸收剂，依靠与吸收器之间的压力差和重力作用返回吸收器，再次进入吸收低压气态制冷剂的循环，完成全部溶液循环。

如图 4.2-3 所示为单效溴化锂吸收式制冷机原理图。

首先由真空泵将机组抽至高真空状态，为低温下水的沸腾创造了必要条件。

又由于溴化锂水溶液有低于冷剂水的沸点压力，二者之间存在压力差，所以前者具有了吸收水蒸气的能力，因此提供了使得冷剂水能连续沸腾的可能性。

在单效机组里，溶液泵将吸收器里的稀溶液经热交换器送到发生器里去。由驱动热源将它加热浓缩成浓溶液，同时产生冷剂蒸汽。后者在冷凝器中冷凝成冷剂水，其潜热由冷却水带至机外。

冷剂水进入蒸发器后，由冷剂泵经喷淋装置喷淋。在高真空下冷剂水吸收蒸发器管内冷

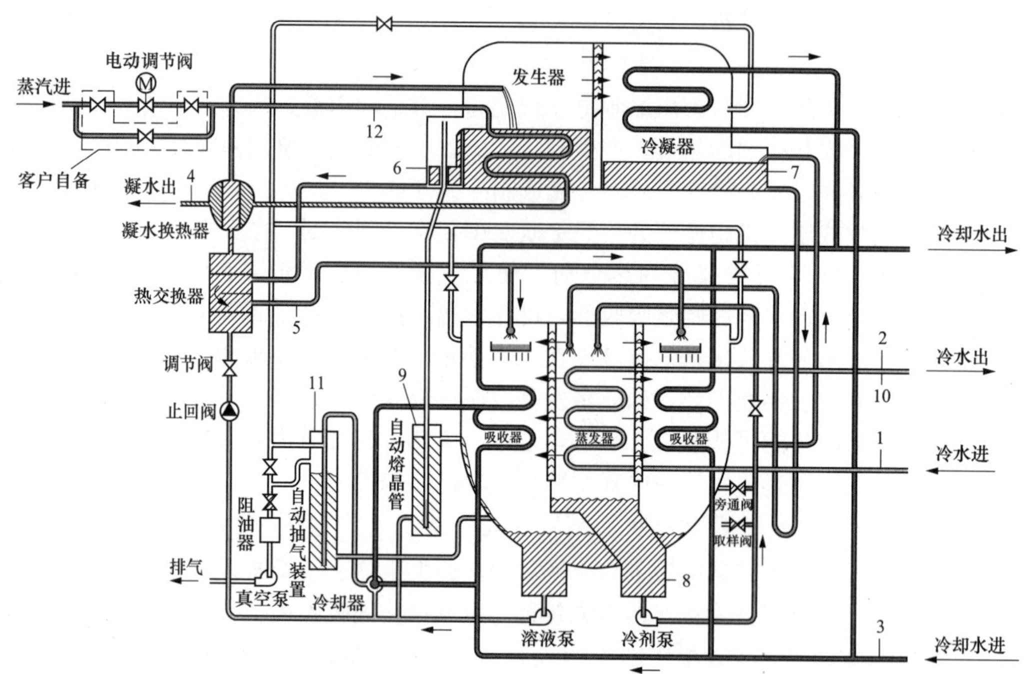

图 4.2-3 单效溴化锂吸收式制冷机原理

1—冷水进口温度；2—冷水出口温度；3—冷却水进口温度；4—蒸汽凝水温度；
5—溶液喷淋温度；6—浓溶液出口温度；7—冷凝温度；8—蒸发温度；9—熔晶管温度；
10—冷水流量开关；11—真空压力；12—蒸汽压力

水的热量，低温沸腾再次形成冷剂蒸汽，与此同时制取低温冷水。浓缩后的浓溶液经热交换器后直接进入吸收器，经布液器淋激于吸收器换热管上。浓溶液一方面吸收蒸发器所产生的冷剂蒸汽后，本身变成稀溶液；另一方面将吸收冷剂蒸汽时释放出来的吸收热量转移至冷却水中。

制冷循环就是溴化锂水溶液在机内由稀变浓再由浓变稀和冷剂水由液态变汽态，再由汽态变液态的循环，两个循环同时进行，周而复始。

（三）双效溴化锂吸收式制冷机的制冷原理

双效溴化锂吸收式制冷机，比单效制冷机增加了一个高压发生器，又称高压筒。低压部分与单效机的结构相近，也是由上、下两筒组成。因此，双效机的一般形式为三筒式。

如为了提高热交换效率，更好地完成制冷循环，双效溴冷机设有两套溶液换热器。从高压发生器流出的温度较高的浓溶液与来自吸收器低温的稀溶液进行热交换的换热器称为高温换热器。从低压发生器流出的浓溶液（温度比高压发生器出口的溶液温度低）与稀溶液进行热交换的换热器称低温换热器。同时，为使进入低压发生器的稀溶液温度更接近低压发生器内的发生温度，充分利用加热蒸汽的余热，在稀溶液离开低温换热器进入低压发生器前，增设一套凝水回热器。把经过低温换热器升温后的稀溶液，利用高压发生器发生过程使用的蒸汽余热，通过凝水回热器继续升温，使稀溶液进入低压发生器后，依靠高压发生器产生的高温冷剂水蒸气，足以让稀溶液在低压发生器内很快发生冷剂水蒸气，进入冷凝器。

综上所述，与单效机相比，双效机增加了高压发生器、高温换热器和凝水回热器，使热力系数有很大提高，有利于节约能耗和推广应用。图 4.2-4 所示为双效溴化锂吸收式制冷机原理流程图。

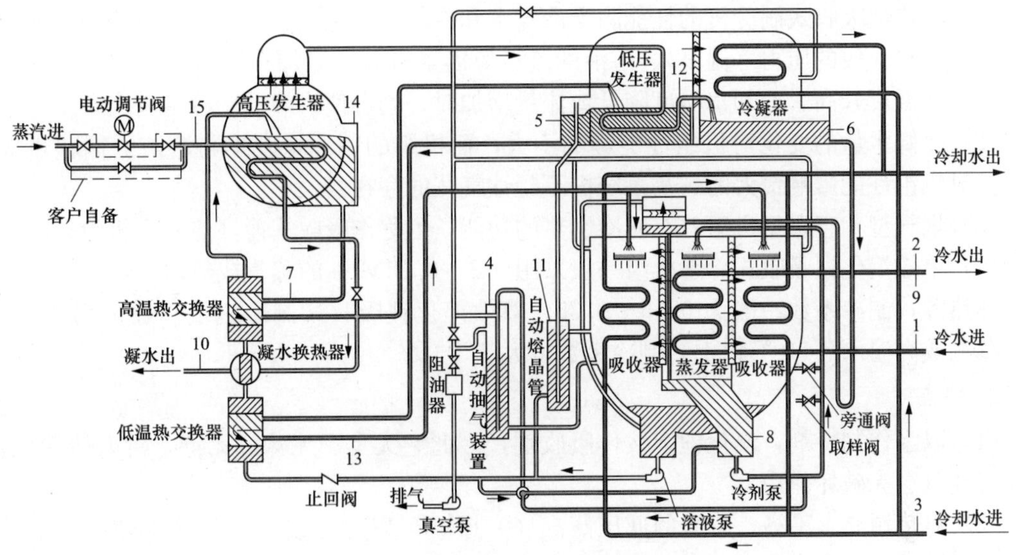

图 4.2-4　双效溴化锂吸收式制冷机原理流程图

1—冷水进口温度；2—冷水出口温度；3—冷却水进口温度；4—自抽装置压力；5—低发浓溶液温度；6—冷凝温度；7—高发中间溶液温度；8—蒸发温度；9—冷水流量；10—蒸发凝水温度；11—熔晶管温度；12—高发压力；13—浓溶液喷淋温度；14—高发液位；15—蒸发压力

双效型溴化锂吸收式冷水机组由高压发生器、低压发生器、冷凝器、蒸发器、吸收器、高温热交换器、低温热交换器、冷剂凝水换热器和凝水换热器等主要部件，以及屏蔽泵（溶液泵和冷剂泵）、真空泵和抽气装置等辅助部分组成。

吸收器溶液泵排出的稀溶液分为二路，一路经低温热交换器和高温热交换器，另一路经冷剂凝水换热器和凝水换热器，二者温度升高后汇集进入高压发生器。在高压发生器中稀溶液被管内蒸汽加热，产生冷剂蒸汽并浓缩成中间溶液后进入高温热交换器，放热后进入低压发生器，被来自高压发生器内产生的冷剂蒸汽加热，再次被浓缩成浓溶液后流经低温热交换器，放热后进入吸收器，淋激在传热管上，吸收来自蒸发器的冷剂蒸汽，回复成稀溶液。吸收过程产生的热量由管内的冷却水带出机外。

另外，高压发生器中产生的冷剂蒸汽进入低压发生器加热中间溶液，放热后凝结成冷剂凝水，经冷剂凝水换热器温度降低后进入冷凝器；低压发生器产生的冷剂蒸汽也进入冷凝器，并被管内的冷却水冷凝成冷剂水，冷凝热则由冷却水排出机外，二者汇集后经 U 形管节流降温进入蒸发器。冷剂泵把冷剂水淋激在传热管表面，吸收管内冷水的热量而蒸发成冷剂蒸汽进入吸收器。冷水降温后则送入用冷终端。

以上循环如此反复不止。

（四）溴化锂吸收式制冷机的选型要点和特点

1. 选型要点

溴化锂吸收式制冷机组有蒸汽型、热水型、直燃型和烟气型等，又可分单效和双效两种主要类型。除在余热及太阳能利用等特殊场合外，目前空调用溴化锂吸收式制冷机组大多为双效型。

（1）溴化锂吸收式制冷机的性能除受冷媒水和冷却水的温度、流量、水质等因素的影响外，还与加热介质的压力（温度）、溶液的流量等因素有关。当加热介质的压力（温度）升高、冷媒水温度升高、冷却水温度降低或流量增加时，均会使机组的制冷量增大。

（2）冷媒水量的变化对机组性能影响不大；而机组的制冷量几乎与溶液的循环量成正比；但对机组性能影响最大的，是系统内不凝性气体的存在。

（3）烟气型和直燃型机组并有制冷制热的功能，也称作吸收式冷（热）水机组。

（4）单效溴化锂吸收式冷水机组一般采用 0.1～0.25MPa 的蒸汽或热水（75℃以上）作为加热热源，制冷系数一般为 0.65～0.75。双效溴化锂吸收式制冷机组一般采用 0.4MPa 以上蒸汽或高温水（110℃以上）制冷系数可大于 1.0。

2. 特点

（1）以水作制冷剂，溴化锂溶液作吸收剂，因此它无臭、无味、无毒，对人体无危害，对大气臭氧层无破坏作用。

（2）对热源要求不高。一般的低压蒸汽（0.12MPa 以上）或 75℃以上的热水均能满足要求，特别适用于有废汽、废热水可利用的化工、冶金和轻工业企业，有利于热源的综合利用。

（3）整个装置基本上是换热器的组合体，除泵外，没有其他运动部件，振动、噪声都很小，运转平稳，对基建要求不高，可在露天甚至楼顶安装，尤其适用于船舰、医院、宾馆等场合。

（4）结构简单，制造方便。

（5）整个装置处于真空状态下运行，无爆炸危险。

（6）操作简单，维护保养方便，易于实现自动化运行。

（7）能在 20%～100%范围内进行制冷量的自动、无级调节，而且在部分负荷运行时，机组的热力系数并不明显下降。

（8）溴化锂溶液对金属，尤其是黑色金属有强烈的腐蚀性，特别在有空气存在的情况下更为严重，因此对机组的密封性要求非常严格。

（9）由于系统以热能作为补偿，加上溴化锂溶液的吸收过程是放热过程，故对外界的排热量大，通常比蒸汽压缩式制冷机大 1 倍以上，因此冷却水消耗量大。但溴化锂吸收式冷水机组允许有较高的冷却水温升，冷却水可以采用串联流动方式，以减少冷却水的消耗量。

（10）因用水作为制冷剂，故一般只能制取 5℃以上的冷水，多用于空气调节及一些生产工艺用冷冻水。

（五）空调制冷所需蒸汽负荷、热水负荷的计算

计算蒸汽型、热水型溴化锂吸收式制冷机所需的驱动热量应符合以下规定：

（1）优先采用设备厂家提供的数据。

（2）如果不具备采用设备厂家数据的条件，可按《城镇供热管网设计规范》（CJJ 34—2010）中 3.1.2 的规定进行估算。

$$Q_c = \frac{q_c A_k \times 10^{-3}}{\mathrm{COP}} \tag{4.2-1}$$

式中　Q_c——蒸汽型、热水型溴化锂吸收式制冷机的设计冷负荷，kW；

COP——吸收式制冷机的制冷系数，在估算时，能效系数参见表 4.2-1。

表 4.2-1　**溴化锂吸收式制冷机的能效系数 COP**

热介质	能效系数 COP
热水单效	0.66～0.80
热水双效	1.30～1.50
蒸汽单效（0.1MPa）	0.79
蒸汽双效（0.2～0.8MPa）	1.10～1.50
烟气双效	1.32～1.50

（3）在确定了溴化锂吸收式制冷机型号后，应按设备厂家提供的实际所需驱动热量校核按式（4.2-1）的估算值。

（六）制造厂家

目前，我国溴化锂吸收式制冷机组的研发、生产能力处于国际主导地位。在产品适用范围、生产质量、产品价格、售后服务等方面具有较大优势，已形成全套的国家标准，是一种十分成熟的规范化产品了。根据中国制冷空调工业协会市场调查，国内溴化锂吸收式制冷机制造厂家见表 4.2-2。

表 4.2-2　**国内溴化锂吸收式制冷机制造厂家**

国内主导生产企业	烟台荏原空调设备有限公司 江苏双良集团有限公司 松下制冷（大连）有限公司 远大空调有限公司
国内主要生产企业	乐星空调系统（山东）有限公司 希望深蓝空调制造有限公司等
国内一般生产企业	开利空调销售服务（上海）有限公司 广州日立冷机有限公司 特迈斯（浙江）冷热工程有限公司 同方人工环境有限公司等

（七）规格和性能

如表 4.2-3～表 4.2-9 所示为江苏双良集团有限公司和远大空样本上常用吸收式制冷机的规格、性能。

表 4.2-3　**单效蒸汽型吸收式制冷机规格、性能（双良）**

序号	制冷量（kW）	冷水量（m^3/h）	冷却水量（m^3/h）	蒸汽耗量（kg/h）	配电量（kW）	运行质量（t）	设备尺寸（长×宽×高，mm×mm×mm）
1	350	60	90	743	3.15	7.5	3340×1720×2340
2	580	100	149	1238	3.55	9.4	3870×1760×2500
3	930	160	239	1981	4.55	13.2	4520×1910×2663

续表

序号	制冷量 (kW)	冷水量 (m^3/h)	冷却水量 (m^3/h)	蒸汽耗量 (kg/h)	配电量 (kW)	运行质量 (t)	设备尺寸 (长×宽×高，mm×mm×mm)
4	1160	200	299	2476	4.85	15.9	5020×1910×2697
5	1450	250	373	3095	5.25	19.6	5080×2070×2920
6	1740	300	448	3714	5.25	21.0	5540×2110×3199
7	2330	400	597	4952	6.85	28.1	6010×2550×3515
8	2910	500	747	6190	7.75	35.8	6780×2635×3762
9	3490	600	896	7428	8.95	38.2	6780×2735×3882
10	4650	800	1195	9904	9.45	62.9	7538×2955×4254

注 冷水温度（出水/回水）7/12℃，冷却水温度（出水/回水）40/32℃，蒸汽压力 0.1MPa。

表 4.2-4　　双效蒸汽型吸收式制冷机规格、性能（双良，蒸汽压力 0.8MPa）

序号	制冷量 (kW)	冷水量 (m^3/h)	冷却水量 (m^3/h)	蒸汽耗量 (kg/h)	配电量 (kW)	运行质量 (t)	设备尺寸 (长×宽×高，mm×mm×mm)
1	350	60	82	341	3.8	8.2	3750×1942×2200
2	580	100	137	566	4.1	9.8	3780×2060×2300
3	930	160	218	908	5.9	12.3	3800×2308×2470
4	1160	200	273	1135	7.0	14.4	4500×2355×2530
5	1450	250	341	1420	7.0	15.6	4500×2350×2870
6	1740	300	410	1703	7.2	18.7	4950×2558×2920
7	2330	400	546	2270	7.5	23.6	5000×2760×3100
8	2910	500	683	2838	9.0	30.8	5720×2800×3270
9	3490	600	819	3405	9.0	36.1	5790×2930×3570
10	4650	800	1092	4540	12.0	48.3	6500×3334×3800

注 冷水温度（出水/回水）7/12℃，冷却水温度（出水/回水）38/32℃。

表 4.2-5　　双效蒸汽型吸收式制冷机规格、性能（双良，蒸汽压力 0.6MPa）

序号	制冷量 (kW)	冷水量 (m^3/h)	冷却水量 (m^3/h)	蒸汽耗量 (kg/h)	配电量 (kW)	运行质量 (t)	设备尺寸 (长×宽×高，mm×mm×mm)
1	350	60	83	345	3.8	8.3	3750×1942×2200
2	580	100	138	575	4.1	9.8	3780×2060×2300
3	930	160	221	920	6.8	12.8	3800×2355×2530
4	1160	200	276	1150	7.0	14.4	4500×2350×2793
5	1450	250	345	1438	7.2	18.4	4950×2558×2920
6	1740	300	414	1725	7.5	21.6	5000×2740×2950

续表

序号	制冷量（kW）	冷水量（m^3/h）	冷却水量（m^3/h）	蒸汽耗量（kg/h）	配电量（kW）	运行质量（t）	设备尺寸（长×宽×高，mm×mm×mm）
7	2330	400	552	2300	7.5	24.6	5330×2815×3230
8	2910	500	690	2875	9.0	33.7	5790×2930×3490
9	3490	600	828	3450	9.5	40.2	6500×3209×3530
10	4650	800	1104	4600	12.5	52.1	6820×3354×3980

注 冷水温度（出水/回水）7/12℃，冷却水温度（出水/回水）38/32℃。

表 4.2-6 热水型溴化锂吸收式制冷机规格、性能（双良，热水温度 130℃）

序号	制冷量（kW）	冷水量（m^3/h）	冷却水量（m^3/h）	热水耗量（t/h）	配电量（kW）	运行质量（t）	设备尺寸（长×宽×高，mm×mm×mm）
1	350	60	114	6.1	6.55	10	4118×1803×2489
2	580	100	189	10.2	7.25	12.9	4216×2023×2687
3	930	160	303	16.3	7.65	17.1	4610×2130×2900
4	1160	200	378	20.4	7.65	20.4	5095×2280×2857
5	1450	250	473	25.5	8.65	23.5	5190×2451×3151
6	1740	300	567	30.6	9.05	27.3	5593×2475×3234
7	2330	400	756	40.8	9.45	34.7	6217×2590×3654
8	2910	500	945	51	11.25	41.3	7110×2854×3816
9	3490	600	1134	61.2	12.35	47.5	7160×2949×4090
10	4650	800	1512	81.6	13.95	64.8	8742×3072×4350

注 冷水温度（出水/回水）7/12℃，冷却水温度（出水/回水）38/32℃。

表 4.2-7 热水型溴化锂吸收式制冷机规格、性能（双良，热水温度 98℃）

序号	制冷量（kW）	冷水量（m^3/h）	冷却水量（m^3/h）	热水耗量（t/h）	配电量（kW）	运行质量（t）	备注
1	302	37.6	87.3	36	2.5	5.1	
2	512	62.9	146	60	2.5	7.0	
3	767	94.2	218	90	5.3	9.5	
4	1023	125	291	120	5.7	11.5	
5	1279	157	364	150	5.7	14.0	
6	1535	188	437	180	5.7	16.0	
7	2046	251	582	240	8.6	22.0	
8	2558	313	728	300	10.1	26.0	
9	3069	376	873	361	10.1	31.0	
10	4092	503	1164	481	13.9	37.0	

注 冷水温度（出水/回水）7/12℃，冷却水温度（出水/回水）37/30℃。

表 4.2-8　　直燃型溴化锂吸收式制冷机规格、性能（远大）

序号	制冷量 (kW)	制热量 (kW)	冷水量 (m^3/h)	冷却水量 (m^3/h)	温水量 (m^3/h)	天然气耗量 (冷/热，m^3/h)	配电量 (kW)	运行质量 (t)
1	349	269	42.9	73.3	23.1	25.4/28.8	4.2	7.4
2	582	449	71.4	122	38.5	42.2/48.1	5.8	10.6
3	872	672	107	183	57.9	63.4/71.9	6.1	13.0
4	1163	897	143	244	77.1	84.5/96.1	9.8	16.0
5	1454	1121	179	305	96.4	106/120	9.8	19.0
6	1745	1349	214	366	116	127/144	11.6	22.0
7	2326	1791	286	488	153	169/192	16.7	29.0
8	2908	2245	357	610	193	212/241	16.7	35.0
9	3489	2687	429	733	231	254/288	21.7	42.0
10	4652	3582	571	977	308	340/384	25.2	50.0

注　冷水温度（出水/回水）7/12℃，冷却水温度（出水/回水）37/30℃，温水温度（出水/回水）65/55℃，标准状况下天然气热值 8600kcal/m^3。

表 4.2-9　　烟气型溴化锂吸收式制冷机规格、性能（远大）

序号	制冷量 (kW)	制热量 (kW)	冷水量 (m^3/h)	冷却水量 (m^3/h)	温水量 (m^3/h)	烟气耗量 (kg/h)	配电量 (kW)	运行质量 (t)
1	349	230	42.9	72.3	19.6	2300	3.2	9.6
2	582	384	71.4	122	32.7	3814	4.3	12.5
3	872	575	107	183	49.0	5732	4.6	16.0
4	1163	767	143	244	65.4	7639	6.8	20.0
5	1454	959	179	305	81.8	9566	6.8	24.0
6	1745	1151	214	366	98	11 494	6.8	27.0
7	2326	1534	286	488	131	15 310	10.2	36.0
8	2908	1918	357	610	163	19 165	10.2	42.0
9	3489	2301	429	733	196	22 999	11.7	56.0
10	4652	3068	571	977	262	30 688	13.2	66.0

注　冷水温度（出水/回水）7/12℃，冷却水温度（出水/回水）37/30℃，温水温度（出水/回水）65/55℃，烟气温度（出水/回水）500/160℃。

第三节　调 峰 设 备

本节所述的调峰设备包括调峰锅炉、电制冷机两类。

一、调峰锅炉

分布式供能系统应配置调峰设备，以应对冷热负荷的波动，热调峰设备有燃气锅炉、直燃机或热泵，应用最广泛的是燃气锅炉。

燃气锅炉根据锅炉的结构形式分为卧式锅炉和立式锅炉，根据出口介质分为蒸汽锅炉和热水锅炉，根据炉膛内是否承压分为承压锅炉和真空锅炉。

燃气承压锅炉是以天然气为燃料的锅炉，其结构与普通锅炉一样，是由“锅”和“炉”两部分组成。“锅”是指吸热部分，高温烟气通过锅的受热面将热量传给锅内工质，锅通常由锅筒、管束、省煤器、空气预热器和再热器组成。“炉”是指放热部分，燃气在其中燃烧，将化学能转化为热能，炉通常由炉膛、烟道、燃烧器、燃气供应系统组成。

燃气真空锅炉是在封闭的炉体内部形成一个负压的真空环境，在机体内填充热媒水，利用水在低压情况下沸点低的特性，快速加热密封的炉体内填装的热媒水，使热媒水沸腾蒸发出高温水蒸气，水蒸气凝结在换热管上加热换热管内的冷水，实现热水的供应。真空锅炉内的热媒水是经过脱氧、除垢等特殊处理的高纯水，在锅炉出厂前一次充注完成，使用时在机组内部封闭循环。真空锅炉正常工作温度低于90℃，真空度低于−30kPa。

真空锅炉的下半部结构与普通锅炉一样，由燃烧室与传热管组成；其下半部装有热媒水，上部为真空室，其中插入了U形热交换器。由于锅炉整体是在负压状态下，性能安全。锅炉运行的过程中，炉内的热媒水封闭在锅炉的真空室内，在锅炉的传热管与热交换器之间传递热量。

（一）燃气锅炉主要系统

1. 燃气供应系统

燃气经站外燃气管道输送来，经过手动关断阀、电磁快关阀、燃气流量计、燃烧调节阀组进入锅炉的燃烧器。

2. 锅炉给水系统

锅炉给水经除氧器除氧后，送至锅炉给水泵，再经锅炉给水泵加压后输送至燃气锅炉。

(1) 给水泵选型。能适应锅炉房全年热负荷变化的要求，且不应少于2台；当流量最大的1台给水泵停止运行时，其余给水泵的总流量应能满足所有运行锅炉在额定蒸发量所需给水量的110%。

(2) 给水泵扬程计算。

$$H = k(H_1 + H_2 + H_3) \tag{4.3-1}$$

式中　H——给水泵扬程，mH_2O；

H_1——锅炉锅筒设计使用条件下安全阀的开启压力，mH_2O；

H_2——省煤器和给水系统的压力损失，mH_2O；

H_3——给水系统的水位差，mH_2O；

k——裕量系数，一般取1.1。

3. 蒸汽系统

(1) 当采用多管供汽时，锅炉房宜设置分汽缸；当采用单管供汽时，锅炉房可不设置分汽缸。

(2) 锅炉房内运行参数相同的锅炉，蒸汽管宜采用单母管制，对常年不间断供汽的锅炉房宜采用双母管。

(3) 蒸汽系统上应设置安全阀，安全阀的形式和规格应满足相关规范要求。

4. 热水系统

(1) 锅炉房宜设置分水器和集水器；每台热水锅炉与热水供、回水母管连接时，在锅炉的进水管和出水管上应装设切断阀；在进水管的切断阀前，宜装设止回阀。

（2）运行参数相同的热水锅炉和循环水泵可合用一个循环管路系统，运行参数不同的热水锅炉和循环水泵应分别设置循环管路系统。

（3）循环水泵的扬程计算

$$H_A = k(H_a + H_b + H_c + H_d) \tag{4.3-2}$$

式中 H_A——循环水泵扬程，mH_2O；

H_a——热水锅炉的流阻压力降，mH_2O；

H_b——锅炉房内循环水管道系统的流阻压力降，mH_2O；

H_c——室外热网供、回水管道系统的流阻压力降，mH_2O；

H_d——最不利用户内部循环水系统的流阻压力降，mH_2O；

k——裕量系数，一般取 1.1。

5. 热水系统定压

热水系统的定压方式应根据系统规模、供水温度和使用条件等具体情况确定。通常可采用高位膨胀水箱定压或补给水定压。定压点设在循环水泵的进口端。

（1）采用高位膨胀水箱定压时，应符合下列要求：

1）高位膨胀水箱的最低水位，应高于热水系统的最高点 1m 以上，并宜使循环水泵停止运行时系统内水不汽化。

2）设置在露天的高位膨胀水箱及其管道应采取防冻措施；高位膨胀水箱应设置自循环水管，自循环管接至热水系统回水母管上，与其膨胀管接电应保持 2m 以上的间距。

3）高位膨胀水箱与热水系统的连接管上，不应装设阀门。

（2）采用补给水泵作为定压装置，应符合下列要求：

1）除突然停电的情况外，循环水泵运行时，应使系统内水不汽化；循环水泵停止运行时，宜使系统内水不汽化。

2）当引入锅炉房的给水压力高于热水系统静压线，在循环水泵停止运行时，宜采用给水保持热水系统静压。

3）采用间歇补水的热水系统，在补给水泵停止运行期间，热水系统压力降低时，不应使系统内水汽化。

4）系统中应设置泄压装置，泄压排水宜排入补给水箱。

（二）燃气锅炉选型

燃气锅炉的选型应满足以下要求：

（1）燃气锅炉的容量应根据原动机余热的供热能力和热负荷需求特性最终确定，并保证当其中最大一台供热设备故障时，系统供热能力满足连续生产用热、采暖通风和生活用热所需的 60%～75%热负荷。

（2）燃气锅炉供热介质和参数应与主机供热系统要求保持一致，锅炉台数不宜超过 2 台，宜选择容量和燃烧设备相同的锅炉。

（3）燃气锅炉的选择和布置应充分考虑有害物排放和噪声的要求，满足有关标准、规范的规定和项目环境影响评价报告的要求。

（三）典型燃气锅炉产品

燃气锅炉制造厂家较多，较知名的品牌有杭州华源前线能源设备有限公司、江苏双良锅炉有限公司、郑州锅炉股份有限公司等。

燃气锅炉结构简单，造价相对较低，应用较广泛的有 WNS 系列卧式燃气锅炉、SZS 系列双锅筒水管式燃气锅炉、ZWS 系列真空式燃气锅炉。

1. WNS 系列卧式燃气锅炉

WNS 系列卧式锅炉是一种应用广泛、品种齐全、效率较高的燃气锅炉。其主要特点如下：

（1）烟气流程一般采用三回程布置，烟气流程长，传热效果好。

（2）采用先进的燃烧器，燃烧技术先进完善，启停快速，热效率高，NO_x 排放负荷国家标准要求。

（3）完善的自控装置，对锅炉锅筒水位、蒸汽压力、燃烧等实现自动控制及保护。

（4）锅炉采用组合式快装结构，布局紧凑、质量轻、占地少、安装简便快捷。

WNS 系列卧式燃气锅炉主要技术参数见表 4.3-1。

表 4.3-1　　WNS 系列卧式燃气锅炉主要技术参数

参数	单位	锅炉型号								
		WNS2-1.25-Q	WNS1.4-0.7/95/70-Q	WNS4-1.25-Q	WNS2.8-1.0/115/70-Q	WNS6-1.0-Q	WNS4.2-1.0/115/70-Q	WNS10-1.25-Q	WNS7.0-1.0/115/70-Q	WNS15-1.25-Q
锅炉形式		蒸汽	热水	蒸汽	热水	蒸汽	热水	蒸汽	热水	蒸汽
额定蒸发量	t/h	2		4		6		10		15
额定热功率	MW		1.4		2.8		4.2		7.0	
额定蒸汽压力	MPa	1.25		1.25		1.0		1.25		1.25
允许热水工作压力	MPa		0.7		1.0		1.0		1.0	
额定蒸汽温度	℃	194		194		183		194		194
供水温度	℃		95		115		115		115	
回水温度	℃		70		70		70		70	
给水温度	℃	20～60		105		105		105		105
锅炉受热面积	m^2	41.71	41.71	89	89	133.87	133.87	202.9	202.3	320
适用燃料		天然气、人工煤气、液化石油气								
燃料消耗量（以 8600kcal/m^3 天然气计算）	m^3/h	189	185	326	321	484	469	837	827	1192
排烟温度	℃	250	182	240	180	230	180	270	185	240
锅炉效率	%	87.2	89.7	87.8	89	89	89.7	86.2	88.8	89
最大运输质量	kg	5400	5400	11300	11300	14000	14000	20000	20000	33000
最大运输尺寸	mm×mm×mm	4525×2402×2374		5955×2400×2950		5200×2900×3070		7694×3290×3538		
安装后外形尺寸	mm×mm×mm	4525×2402×2374		5955×2400×2950		5200×2900×3070		7694×3290×3538		
锅炉出厂形式		快　装								

2. SZS 系列双锅筒水管式燃气锅炉

SZS 系列双锅筒水管式燃气锅炉容量大，效率高。其主要特点如下：

(1) 双锅筒纵向布置，炉体由上下锅筒、燃烧器、炉墙、省煤器等组成，有快装和组装两种形式。

(2) 锅炉采用机械雾化微正压（或负压）燃烧，对流管束管径较小，强化传热，提高锅炉效率。

(3) 配置完善的自控装置，对锅炉锅筒水位、蒸汽压力、燃烧等实现自动控制及保护。

SZS 系列双锅筒水管式燃气锅炉主要技术参数见表 4.3-2。

表 4.3-2　SZS 系列双锅筒水管式燃气锅炉主要技术参数

参数	单位	锅炉型号									
		SZS4-1.25-Q	SZS2.8-0.7/95/70-Q	SZS6-1.25-Q	SZS4.2-0.7/95/70-Q	SZS10-1.25-Q	SZS7.0-0.7/95/70-Q	SZS10-1.25-Q	SZS10-1.25/300-Q	SZS20-1.25-Q	SZS20-1.25/300-Q
锅炉形式		蒸汽	热水	蒸汽	热水	蒸汽	热水	蒸汽	蒸汽	蒸汽	蒸汽
额定蒸发量	t/h	4		6		10		10	10	20	20
额定热功率	MW		2.8		4.2		7.0				
额定蒸汽压力	MPa	1.25		1.25		1.25		1.25	1.25	1.25	1.25
允许热水工作压力	MPa		0.7		0.7		0.7				
额定蒸汽温度	℃	194		194		194		194	300	194	194
供水温度	℃		95		95		95				
回水温度	℃		70		70		70				
给水温度	℃	105		105		105		104	104	104	105
锅炉受热面积	m^2	127.25	94.58	177.58	126.42	208.7	208.7	264	282	542	574
适用燃料		天然气、人工煤气、液化石油气									
燃料消耗量（以 8600kcal/m^3 天然气计算）	m^3/h	317	341	476	508	784	831	815	828	1556	1798
排烟温度	℃	160	185	160	175	170	180	165	169	153	164
锅炉效率	%	90.3	89.2	90.3	89.6	91	91.5	91.5	91	92	91
最大运输质量	t	27.4	25.2	29.9	27	31.5	31.5	6.3	6.3	14	14
安装后外形尺寸	mm×mm×mm	5520×2592×3666		5860×2736×3516		6000×3350×3700		6262×4088×4670		6962×5178×6176	6962×5178×6070

3. ZWNS 系列真空式燃气锅炉

ZWNS 系列真空式燃气锅炉具有运行安全、高效节能、结构紧凑等特点。

(1) 真空锅炉不是压力容器，始终在负压状态下运行，永无膨胀爆炸的危险，具有常压和有压锅炉所无法比拟的安全可靠性。

(2) 热媒水采用高纯水，确保炉体内部不结垢、腐蚀。

（3）锅炉与换热器的一体化设计，节省空间，大大减少占地面积。

（4）进口燃烧器，高效燃烧，噪声、废气排放极低。

ZWNS系列真空式燃气锅炉主要技术参数见表4.3-3。

表4.3-3　ZWNS系列真空式燃气锅炉主要技术参数

参数	单位	真空锅炉型号								
		ZWNS0.35	ZWNS0.58	ZWNS0.7	ZWNS0.93	ZWNS1.05	ZWNS1.4	ZWNS2.1	ZWNS2.4	ZWNS2.8
锅炉形式		热水	热水	热水	热水	热水	热水	热水	热水	热水
额定热功率	kW	350	580	700	930	1050	1400	2100	2400	2800
标准状况下燃气耗量	m^3/h	38.5	64	77	102	115.5	154	231	264	308
供回水温度	℃	45/70								
热水流量	m^3/h	30	50	60	80	90	120	180	205	240
外形尺寸	m×m×m	2.7×1.25×1.8	2.84×1.3×1.9	2.84×1.3×1.9	3.37×1.4×2.1	3.6×1.55×2.26	3.7×1.55×2.3	4.03×1.95×2.5	4.6×1.95×2.7	4.6×1.95×1.7
运行水容积	m^3	1.2	1.3	1.3	1.65	2.3	2.4	3.5	5	5
运输质量	t	3.9	4.5	4.5	5.35	7.2	7.4	10.1	13.4	13.5
运行质量	t	4.2	4.8	4.8	5.4	7.6	7.8	10.5	13.9	14
热效率	%	92								

二、电制冷机

电制冷机即蒸汽压缩式制冷机组，输入一定的高品位能量（电能）驱动，通过工质的相变流动完成热量从低温热源向高温热源传递，从而提供所需温度和冷量的冷源设备。采用的制冷剂有R134a、R407c或其他环保冷媒等。

（一）蒸汽式压缩式制冷的工作原理

蒸气压缩式制冷是技术上最成熟、应用最普遍的冷源设备。它由压缩机、冷凝器、膨胀机构、蒸发器等四个主要部分组成，工质循环于其中。

1. 压缩机

压缩机是整个空调系统的核心，也是系统动力的源泉。整个空调的动力，全部由压缩机来提供，压缩机就相当于把一个实物由低势位搬到高势位地方去，它的目的就是把低温的气体通过压缩机压缩成高温的气体，最后气体在换热器中和其他的介质进行换热。

2. 冷凝器

冷凝器的作用是将压缩机排出的高温高压的制冷剂过热蒸汽冷却成液体或气液混合物。制冷剂在冷凝器中放出的热量由冷却介质带走。

3. 蒸发器

蒸发器的作用是利用液态低温制冷剂在低压下易蒸发，转变为蒸气并吸收被冷却介质的热量，达到制冷目的。

4. 膨胀机构

膨胀机构是制冷系统不可缺少的四大部件之一。它的作用是使冷凝器出来的高压液体节流降压，使液态制冷剂在低压（低温）下汽化吸热。所以，它是维持冷凝器中为高压、蒸发器为低压的重要部件。

当设备运行时，压缩机吸入来自蒸发器内的蒸气，蒸气经压缩后成为高温高压气体，接着进入冷凝器释放热量而被冷凝成高压的液体，然后经过节流机构膨胀，大部分成为低压液体，一小部分变成了低压蒸气，两者一并进入蒸发器，在蒸发器中液体吸取热量而汽化，再为压缩机所吸入，从而实现工质的一个循环。

（二）常用的蒸气压缩式制冷机组简介

1. 活塞式冷水机组

(1) 活塞式冷水机组的特点。蒸气压缩冷水机组中以活塞式压缩机为主机的称为活塞式冷水机组，活塞式冷水机组的压缩机、蒸发器、冷凝器和节流机构等设备都组装在一起，安装在一个机座上，其连接管路已在制造厂完成了装配，因此用户只需要在现场连接电气线路及外接水管（包括冷却水管路和冷水管路），并进行必要的管道保温，即可投入运行，根据机组配用冷凝器的冷却介质的不同，活塞式冷水机组又可分为水冷和风冷两种。

活塞式冷水机组具有结构紧凑、占地面积小、安装快、操作简单和管理方便等优点。对于想加装空气调节，但已经建成的建筑物及负荷比较分散的建筑群，制冷量较小时，采用活塞式冷水机组尤为方便。

(2) 活塞式制冷压缩机。活塞式制冷压缩机是应用曲柄连杆机构，带动活塞在气缸内做往复运动而进行压缩气体的，它的应用最广，具有良好的使用性能和能量指标。但是，往复运动零件引起了振动和机构的复杂性，限制了它的最大制冷量，一般小于500kW。

活塞式制冷压缩机的分类：

1) 按使用的制冷剂分类。它可分为氨压缩机、氟利昂压缩机、二氧化碳压缩机等。不同制冷剂对材料及结构的要求不同。如氨对铜有腐蚀，故氨压缩机中不允许使用铜质零件（磷青铜除外），氟利昂渗透性较强，对有机物有膨胀作用，故对压缩机的材料及密封机构均有较高的要求。

2) 按气缸布置方式分类。它可分为卧式、直立式和角度式三种类型。

3) 按压缩机的密封方式分类。它分为开启式和封闭式两大类。封闭式分为半封闭式和全封闭式二种结构形式。

4) 按制冷量的大小分类，如按《活塞式单级制冷压缩机（组）》（GB/T 10079—2018）规定，配用电动机功率不小于0.37kW、气缸直径小于70mm的压缩机为小型活塞式制冷压缩机；气缸直径在70～170mm范围内的压缩机为中型活塞式制冷压缩机。

5) 按气体压缩的级数分类。它可分为单级压缩和多级（一般为两极）制冷压缩机，两级制冷压缩机可由两台压缩机来实现，也可由一台压缩机来实现，即单机双级压缩机。

2. 螺杆式冷水机组

(1) 螺杆式冷水机组的特点。以各种形式的螺杆式压缩机为主机的冷水机组称为螺杆式冷水机组，它是由螺杆式制冷压缩机、冷凝器、蒸发器、节流装置、油泵、电气控制箱以及其他控制元件等组成的组装式制冷系统。螺杆式冷水机组具有结构紧凑、运转平稳、操作简便、冷量无级调节、体积小、质量轻及占地面积小等优点，所以近年来一些工厂、科研单位、医院、宾馆及饭店等开始在环境降温、空气调节系统中使用，尤其是在负荷不太大的高层建筑物进行制冷空调，更能显示出它独特的优越性。此外，螺杆式冷水机组也可用来供应工业生产用冷水，以满足产品工艺流程的需要。

(2) 螺杆式制冷压缩机。

1) 具有较高转速（3000～4400r/min），可与原动机直联。因此，它的单位制冷量的体积小、质量轻、占地面积小、输气脉动小。

2) 没有吸、排气阀和活塞环等易损件，故结构简单，运行可靠，寿命良好。

3) 因向气缸中喷油，油起到冷却、密封、润滑的作用，因而排气温度低（不超过 90℃）。

4) 没有往复运动部件，故不存在不平衡质量惯性力和力矩，对基础要求低，可提高转速。

5) 具有强制输气的特点，排气量几乎不受排气压力的影响。

6) 对湿行程不敏感，易于操作管理。

7) 没有余隙容积，也不存在吸气阀片及弹簧等阻力，因此容积效率较高。

8) 输气量调节范围宽，且经济性较好，小流量时也不会出现像离心式压缩机那样的喘振现象。

然而，螺杆式制冷压缩机也存在着油系统复杂、耗油量大、油处理设备庞大且结构较复杂、不适宜于变工况下运行（因为压缩机的内压比是固定的）、噪声大、转子加工精度高、需要专用机床及刀具加工、泄漏量大，只适用于中、低压力比下工作等一系列缺点。

螺杆式制冷压缩机的制冷量介于活塞式和离心式之间。从形式上看也有开启式、半封闭式和全封闭式之分。从级数上看有单级、双级、单机双级等。

3. 离心式冷水机组

(1) 离心式冷水机组的特点。以离心式制冷压缩机为主机的冷水机组，称为离心式冷水机组，根据离心式压缩机的级数，目前使用的有单级压缩离心式冷水机组和两级压缩离心式冷水机组。按照配用冷凝器的形式不同，离心式冷水机组有风冷式和水冷式之分。

离心式冷水机组适用于大中型建筑物，如宾馆、剧院、医院、办公楼等舒适性空调制冷以及纺织、化工仪表、电子等工业所需的生产性空调制冷。也可为某些工业生产工艺用冷水，离心式冷水机组是将离心式压缩机、蒸发器、冷凝器及节流机构等设备组成一个整体，这样可以使设备紧凑，节省占地面积。

由于离心式压缩机的结构及工作特性，它的输气量一般希望不小于 $3500m^3/h$，因此决定了离心式冷水机组适用于较大的制冷量，单级容量通常在 581.4kW（50×10^4kcal/h）以上，目前世界上最大的离心式冷水机组的制冷量可达 35 000kW（3000×10^4kcaL/h）。此外，离心式冷水机组的工况范围比较狭窄。在单级离心式制冷机中，冷凝压力不宜过高，蒸发压力不宜过低。其冷凝温度一般控制在 40℃左右，冷凝器进水温度一般在 32℃以下；蒸发温度在 0～10℃之间，用得最多的是 0～5℃，蒸发器出口冷水温度一般为 5～7℃。

(2) 离心式制冷压缩机。大型空气调节系统和石油化学工业对冷量的需求很大，离心式制冷压缩机正是适应这种需求而发展起来的。离心式制冷压缩机是一种速度型压缩机，它是通过高速旋转的叶轮对在叶轮流道里连续流动的制冷剂蒸气做功，使其压力和流速增高，然后再通过机器中的扩压器使气体减速，将动能转换为压力能，进一步增加气体的压力。

离心式制冷压缩机具有制冷量大、体积小、质量轻、运转平稳和无油压缩等特点，多数应用于大型的制冷空调和热泵装置。因压缩气体的工作原理不同，它与活塞式制冷压缩机相比较，具有下列特点：

1）无往复运动部件，动平衡特性好，振动小，基础要求简单。

2）无进排气阀、活塞、气缸等磨损部件，故障少，工作可靠，寿命长。

3）机组单位制冷量的质量、体积及安装面积小。

4）机组的运行自动化程度高，制冷量调节范围广，且可连续无级调节，经济方便。

5）在多级压缩机中容易实现一机多种蒸发温度。

6）润滑油与制冷剂基本上不接触，从而提高了冷凝器及蒸发器的传热性能。

7）对大型离心式制冷压缩，可由蒸汽透平或燃气透平直接带动，能源使用经济、合理。

8）单机容量不能太小，否则会使气流流道太窄，影响流动效率。

9）因依靠速度能转化成压力能，速度又受到材料强度等因素的限制，故压缩机的一级压缩比不大，在压力比较高时，需采用多级压缩。

10）通常工作转速较高，需通过增速齿轮来驱动。

11）当冷凝压力太高或制冷负荷太低时，机器会发生喘振而不能正常工作。

12）制冷量较小时，效率较低。

（三）选型设计

（1）电动压缩式冷水机组的总装机容量，应根据计算的空调系统冷负荷值直接选定，不另作附加；在设计条件下，当机组的规格不能符合计算冷负荷的要求时，所选择机组的总装机容量与计算冷负荷的比值不得超过1.1。

（2）冷水机组的选型应采用名义工况制冷性能系数（COP）较高的产品，并同时考虑满负荷和部分负荷因素，其性能系数应符合《公共建筑节能设计标准》（GB 50189）的有关规定。

（3）电动压缩式冷水机组电动机的供电方式应符合下列规定：

1）当单台电动机的额定输入功率大于1200kW时，应采用高压供电方式。

2）当单台电动机的额定输入功率大于900kW而小于或等于1200kW时，宜采用高压供电方式。

3）当单台电动机的额定输入功率大于650kW而小于或等于900kW时，可采用高压供电方式。

（4）采用氨做制冷剂时，应采用安全性、密封性良好的整体式氨冷水机组。

（5）选择水冷电动压缩式冷水机组类型时，结合工程实际情况，参考表4.3-4中的制冷量范围，经性能价格综合比较后确定。

表4.3-4　各种类型冷水机组的优缺点比较

类型	单机名义工况制冷量	主要优点	主要缺点
活塞式	<580kW	（1）在空调工况下（压缩比为4左右）其容积效率仍比较高。 （2）系统装置较简单。 （3）用材为普通金属，加工易，造价低	（1）往复运动，惯性力大，振动大转速不能太高。 （2）单机容量小，单位制冷量的质量指标大。 （3）COP值低

续表

类型	单机名义工况制冷量	主要优点	主要缺点
螺杆式	116～1758kW	（1）COP 值较高，单机制冷量大，容积效率高。 （2）结构简单，无往复运动的惯性力，转速高。 （3）对湿冲程不敏感，无水击危险。 （4）易损件少，运行可靠，调节方便，通过滑阀，可实现制冷量无级调节	（1）单机容量比离心式小，转速比离心式低。 （2）润滑油系统比较庞大、复杂，耗油量较多。 （3）加工精度和装配精度要求高
离心式	≥1054kW	（1）COP 值高，单机容量大。 （2）叶轮转速高，结构紧凑，质量轻，占用机房面积少。 （3）叶轮做旋转运动，运转平稳，振动较小，噪声较低。 （4）调节方便，15%～100%范围内能较经济地实现无级调节。 （5）采用多级压缩时，效率可提高 10%～20%，且能改善低负荷时的喘振现象	（1）由于转速高，对材料强度、加工精度等要求严格。 （2）单级压缩及在低负荷下运行时，易发生喘振（除非热气旁通或变频）

（四）制造厂家

1. 制造厂家

在中国销售的大多数机组是国内厂商或合资企业在中国境内生产的。关键部件现在也本地化了。中国制冷空调工业凭借低成本和不断提高质量的产品，正在由进口导向逐渐转向出口导向。

综合考虑生产质量、售后服务和技术成熟度等因素，目前市场上主流开利、特灵、约克和麦克维尔四大品牌。

2. 规格和性能

如表 4.3-5～表 4.3-10 所示为开利、特灵、约克样本上常用电制冷机的规格、性能。

表 4.3-5　　螺杆式冷水机组规格、性能（开利）

序号	制冷量（kW）	输入功率（kW）	性能系数（kW/kW）	冷水量（m^3/h）	冷却水量（m^3/h）	运行质量（kg）	设备尺寸（长×宽×高，mm×mm×mm）
1	225	46.7	4.8	38.8	47	1975	2927×890×1530
2	267	54.4	4.9	46	55	1990	2927×890×1530
3	322	67.2	4.8	55.4	67	2378	3010×890×1581
4	386	80.9	4.8	66.6	80	2392	3010×890×1581
5	425	83	5.1	70.6	84	2660	3024×890×1689
6	527	108	4.9	90.8	109	3953	3615×1089×1894
7	590	121.6	4.9	101.7	123	4139	3615×1089×1894

续表

序号	制冷量（kW）	输入功率（kW）	性能系数（kW/kW）	冷水量（m^3/h）	冷却水量（m^3/h）	运行质量（kg）	设备尺寸（长×宽×高，mm×mm×mm）
8	714.8	149.2	4.8	122.68	147.68	4335	3601×1089×1905
9	776	162.3	4.8	133.2	161.2	4542	3601×1089×1905
10	885.33	166.33	5.32	152.11	179.32	6153	1601×1717×1937
11	1046.71	197.03	5.31	179.82	211.84	6923	1601×1717×1937
12	1215.13	228.39	5.32	208.48	245.84	7008	1601×1717×1937
13	1383.19	265.67	5.2	237.61	280.13	7151	1601×1717×1937

注 1. 冷水温度 7/12℃，冷却水温度 35/30℃。

2. 机组电源形式为 380V-3Ph-50Hz。

表 4.3-6 螺杆式冷水机组规格、性能（开利）

序号	制冷量（kW）	输入功率（kW）	性能系数（kW/kW）	冷水量（m^3/h）	冷却水量（m^3/h）	运行质量（kg）	设备尺寸（长×宽×高，mm×mm×mm）
1	540.6	89.8	6.02	93.0	115.4	2994	3055×1008×1743
2	576.3	95.4	6.04	99.1	123.3	3025	3055×1008×1743
3	680	110.9	6.13	117.0	145.8	3979	3080×1135×1950
4	735.4	121.1	6.07	126.5	157.1	4155	3286×1135×1949
5	791.2	131.8	6.00	136.1	168.9	4173	3286×1135×1949
6	858.7	145.4	5.90	147.7	183.5	4204	3286×1135×1949
7	904	150.6	6.00	155.5	192.0	4299	3142×1070×2062
8	979.7	163.2	6.00	168.5	210.0	6069	4695×1070×1947
9	1083.1	180.5	6.00	186.3	232.9	6112	4695×1070×1947
10	1157	192.8	6.00	199.0	249.1	6684	4694×1070×1998
11	1258.6	199.3	6.31	216.5	269.2	8230	4515×1541×2614
12	1351.2	212.4	6.36	232.4	288.7	8230	4515×1541×2614
13	1421.9	224.0	6.34	244.6	303.8	8280	4515×1541×2614
14	1499.4	236.0	6.35	257.9	320.5	8355	4515×1541×2614
15	1600.5	250.6	6.38	275.3	342.6	8443	4515×1541×2614
16	1774.8	281.3	6.30	305.3	380.2	10 948	4809×2160×1586

注 1. 冷水温度 7/12℃，冷却水温度 35/30℃。

2. 机组电源形式为 380V-3Ph-50Hz。

表 4.3-7 螺杆式冷水机组规格、性能（特灵）

序号	制冷量（kW）	输入功率（kW）	性能系数（kW/kW）	冷水量（m^3/h）	冷却水量（m^3/h）	运行质量（kg）	设备尺寸（长×宽×高，mm×mm×mm）
1	534	100.5	5.318	91.63	110.14	4476	3214×1634×1849
2	552	98.9	5.581	94.66	112.94	4787	3674×1634×1849

续表

序号	制冷量（kW）	输入功率（kW）	性能系数（kW/kW）	冷水量（m^3/h）	冷却水量（m^3/h）	运行质量（kg）	设备尺寸（长×宽×高，mm×mm×mm）
3	588	109.4	5.374	100.79	120.95	4544	3214×1634×1849
4	607	107.8	5.626	103.99	123.91	4832	3674×1634×1849
5	757	147.9	5.116	129.70	156.88	6077	3317×1717×1937
6	766	145.4	5.267	131.26	158.04	6202	3313×1717×1937
7	799	140.1	5.702	136.92	162.83	7175	3712×1717×1937
8	882	172.2	5.121	151.18	182.47	6202	3317×1717×1937
9	903	165.9	5.440	154.72	185.34	6823	3313×1717×1937
10	961	162.3	5.921	164.74	194.83	8265	3736×1717×1937
11	1046	203.0	5.151	179.27	216.61	6978	3317×1717×1717
12	1096	195.3	5.613	187.93	224.03	7955	3740×1716×1716
13	1126	191.7	5.875	193.08	228.60	9299	3774×1771×2033
14	1142	217.2	5.258	195.76	235.75	7063	3317×1717×1937
15	1197	210.0	5.699	205.18	244.04	8265	3740×1716×1936
16	1218	234.7	5.188	208.70	251.88	7063	3317×1717×1937
17	1232	206.7	5.960	211.18	249.51	9390	3774×1771×2033
18	1280	225.8	5.668	219.38	261.12	8265	3740×1716×1936
19	1309	219.0	5.977	224.40	265.05	9367	3774×1771×2033
20	1321	276.6	4.777	226.51	277.18	7134	3317×1717×1937
21	1388	264.8	5.243	238.00	286.74	8326	3740×1716×1936
22	1448	260.9	5.551	248.29	296.48	9435	3774×1771×2033

注　冷水温度 7/12℃，冷却水温度 37/32℃。

表 4.3-8　离心式冷水机组规格、性能（约克）

序号	制冷量（kW）	输入功率（kW）	性能系数（kW/kW）	冷水量（m^3/h）	冷却水量（m^3/h）	运行质量（kg）	设备尺寸（长×宽×高，mm×mm×mm）
1	1055	200	5.275	180	216	7041	4256×1676×2197
2	1231	233	5.283	212.4	252	7545	4256×1676×2402
3	1406	259	5.429	241.2	284.4	7687	4256×1676×2402
4	1582	277	5.711	270.0	320.4	9103	4290×1880×2512
5	1758	310	5.671	302.4	352.8	9088	4290×1880×2464
6	1934	340	5.688	331.2	388.8	9520	4290×1880×2464
7	2110	393	5.369	363.6	428.4	9716	4290×1880×2464
8	2285	401	5.698	392.4	460.8	11 368	4324×2108×2768
9	2461	432	5.697	421.2	496.8	11 558	4324×2108×2678

续表

序号	制冷量（kW）	输入功率（kW）	性能系数（kW/kW）	冷水量（m^3/h）	冷却水量（m^3/h）	运行质量（kg）	设备尺寸（长×宽×高，mm×mm×mm）
10	2637	460	5.733	453.6	532.8	11 994	4324×2108×2678
11	2813	512	5.494	482.4	568.8	11 755	4324×2108×2678
12	2989	544	5.494	514.8	608.4	13 743	5007×2521×2748
13	3164	583	5.427	543.6	644.4	14 075	5007×2521×2748
14	3440	614	5.603	572.4	680.4	14 123	5007×2521×2748
15	3516	650	5.409	604.8	716.4	14 550	5007×2521×2748
16	3868	666	5.808	662.4	777.6	16 263	4997×2477×2729
17	4219	779	5.416	723.6	856.8	16 538	4997×2477×2968
18	4571	838	5.455	784.8	928.8	19 486	5221×2813×3278

注 1. 冷水温度 7/12℃，冷却水温度 37/32℃。

2. 机组电源形式为 380V-3Ph-50Hz。

表 4.3-9　　离心式冷水机组规格、性能（约克）

序号	制冷量（kW）	输入功率（kW）	性能系数（kW/kW）	冷水量（m^3/h）	冷却水量（m^3/h）	运行质量（kg）	设备尺寸（长×宽×高，mm×mm×mm）
1	4922	851	5.784	846	993.6	21 143	5221×2813×3332
2	5274	912	5.783	907.2	1062	22 077	5221×2813×3329
3	5626	1047	5.373	964.8	1144.8	23 472	5831×2813×3329
4	5977	1110	5.385	1026	1213.2	23 906	5831×2813×3329
5	6329	1146	5.523	1087.2	1281.6	26 576	5891×3009×3439
6	6680	1286	5.194	1148.4	1364.4	27 084	5891×3009×3439
7	7032	1275	5.515	1206	1425.6	28 850	5902×3249×3586
8	7384	1359	5.433	1267.2	1501.2	28 850	5902×3249×3586
9	7735	1430	5.409	1328.4	1573.2	30 515	5902×3249×3697
10	8087	1494	5.413	1389.6	1641.6	31 117	5902×3249×3697
11	8438	1548	5.451	1447.2	1713.6	34 293	6511×3351×3829
12	8790	1535	5.726	1508.4	1771.2	39 443	6593×3646×4030
13	9142	1638	5.581	1569.6	1850.4	40 265	6593×3646×4030
14	9493	1674	5.671	1630.8	1915.2	42 153	6593×3646×4030
15	9845	1746	5.639	1688.4	1987.2	42 153	6593×3646×4030
16	10 196	1818	5.608	1749.6	2062.8	42 153	6593×3646×4030

注 1. 冷水温度 7/12℃，冷却水温度 37/32℃。

2. 机组电源形式为 10kV-3Ph-50Hz。

表 4.3-10　　离心式冷水机组规格、性能（特灵）

序号	制冷量（kW）	输入功率（kW）	性能系数（kW/kW）	冷水量（m^3/h）	冷却水量（m^3/h）	运行质量（kg）	设备尺寸（长×宽×高，mm×mm×mm）
1	1406	243	5.78	241	288	8385	3942×2182×2506
2	1582	287	5.51	271	327	8615	5046×2182×2506
3	1758	314	5.60	301	362	8907	5046×2182×2506
4	1934	330	5.87	332	395	11 181	4092×2523×2938
5	2110	357	5.91	362	431	11 796	5241×2523×2938
6	2285	385	5.93	392	466	11 754	5241×2523×2938
7	2462	409	6.02	422	499	12 125	5241×2523×2909
8	2637	430	6.14	452	534	12 419	5241×2523×2909
9	2813	473	5.95	482	573	12 314	5241×2523×2909
10	2989	503	5.94	512	609	12 447	5241×2523×2909
11	3164	524	6.04	543	643	16 696	5392×3071×3077
12	3516	565	6.23	603	714	16 625	5393×3148×3085
13	3868	637	6.07	663	788	16 625	5393×3148×3085
14	4219	699	6.03	723	860	17 565	5393×3148×3085
15	4571	767	5.96	784	934	18 343	5393×3148×3085
16	4747	812	5.84	814	973	18 420	5393×3148×3085

注　冷水温度 7/12℃，冷却水温度 37/32℃。

第四节　蓄能设备

一、蓄能设备的特点及分类

由于分布式供能系统的冷热负荷具有很强的时间性和空间性，为了合理利用能源并提高能量的利用率，需要使用一种装置，把一段时期内暂时不用的多余能量通过某种方式收集并储存起来，在使用高峰时再提取使用，或者运往能量紧缺的地方再使用，这种方法就是能量存储。用来储存这些能量的装置，称为蓄能设备。

（一）蓄能设备的特点

将电能储存在某种介质或材料中，在另一时段释放出来的系统称为蓄电系统；将冷/热储存在某种介质或材料中，在另一时段释放出来的系统称为蓄冷/热系统。

燃气分布式供能站中常见的蓄能系统是指将电网负荷低谷期的电力用于制冷或者制热，或者利用供能站的余热制冷、制热，通过蓄能介质将冷（热）量储蓄起来，在电网负荷高峰期，再将冷热量释放，以承担冷热负荷高峰期供能区域所需的全部或者部分负荷。

（二）蓄能设备的分类

蓄能设备的分类如图 4.4-1 所示。

蓄能设备根据储存冷、热、电等目的不同分为蓄冷设备、蓄热设备或蓄电设备等。蓄冷

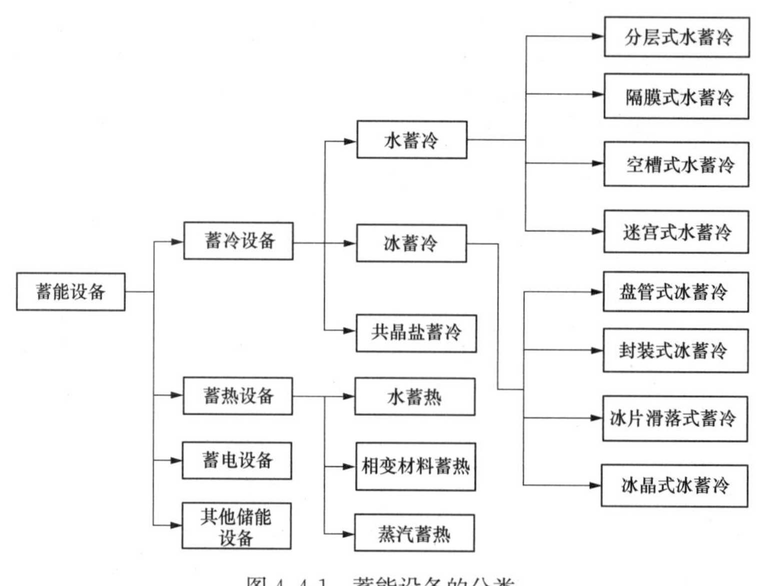

图 4.4-1　蓄能设备的分类

设备根据蓄能方式可分为显热蓄冷和潜热蓄冷两大类；也可以根据蓄冷介质不同分为水蓄冷、冰蓄冷和共晶盐蓄冷三种方式。蓄热设备按照蓄热介质的不同分为水蓄热、相变材料蓄热、蒸汽蓄热等。

二、水蓄冷设备

水蓄冷是利用水的显热来蓄冷。水蓄冷过程中的蓄存损失主要是指蓄水槽表面热损失和内部传热损失。减少蓄水槽表面热损失可以通过加强外表面的保温措施、减少蓄水槽的表面积和冷冻水的储存时间来实现。蓄水槽内部传热损失主要是水与内表面相互作用，不同温度冷冻水之间的界面传热和混合造成的。另外，当蓄冷槽在蓄冷和释冷时，由于内表面受到冷、温冷冻水的交替作用，产生表面效应，将温冷冻水冷却或低温冷冻水升温。

为了提高水蓄冷系统的蓄冷效果和蓄冷能力，维持尽可能大的蓄冷温差，并防止蓄存的冷水和回水的混合，采用了多种有效的水蓄冷形式，主要有分层式水蓄冷、隔膜式水蓄冷、空槽式水蓄冷和迷宫式水蓄冷四种。

（一）分层式水蓄冷

水的密度和水的温度密切相关，在约为 4℃时，水的密度最大，当水温大于 4℃时，温度升高而密度减少；当水的温度在 0～4℃范围内，温度升高密度增大。分层式水蓄冷系统就是根据不同水温会使密度大的水自然聚集在蓄水槽的下部，形成高密度的水层来进行的。在分层蓄冷时，通过使 4～6℃的冷水聚集在蓄冷槽的下部，6℃以上的温水自然地聚集在蓄冷槽的上部，来实现冷温水的自然分层的。在蓄冷槽的上、下设置了两个均匀分布水流的散流器，在蓄冷和释冷的过程中，温水始终从上部散流器流入或流出，而冷水始终从下部散流器流入或流出，以便达到自然分层要求，形成上、下分层水的各自平移动，避免温水和冷水的相互混合。分层式水蓄冷设备示意图如图 4.4-2 所示。

在蓄冷槽的中部，上部温水和下部冷水之间会形成一个斜温层。在斜温层内部存在一个温度梯度，即随着高度的增加，水的温度是逐步升高的。这个由上下温、冷水的导热作用形成的温度过渡层，是影响温、冷水分层和蓄水槽蓄冷效果的重要因素。通过该水层的导热、水和蓄水槽壁面及沿壁面的导热，随着时间的增加该斜温层而逐渐增厚，从而减少可用蓄冷水的体积，使蓄冷量减少。稳定的斜温层能够防止蓄冷槽冷水与温水的混合。蓄水槽在蓄水期间斜温层厚度的变化是衡量蓄水槽效果的主要指标，一般其厚度在 0.3～1.0m 之间。蓄水槽中采用的散流器应确保水流以较小的流速均匀流入和流出蓄水槽，防止水的流出和流入对蓄存冷水温度的影响，减少水的扰动和对斜温层的破坏。

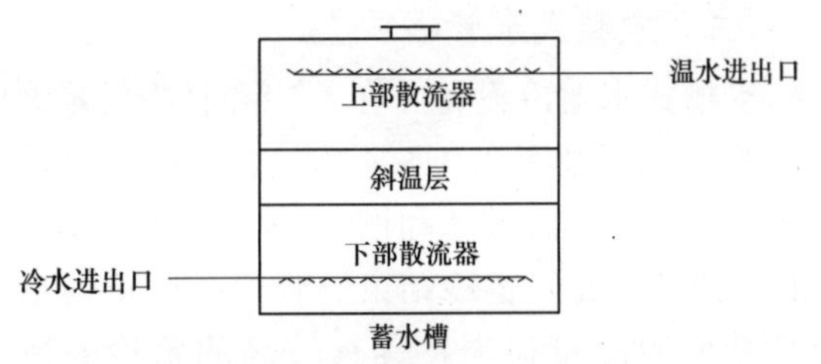

图 4.4-2　分层式水蓄冷设备示意图

在大型自然分层式水蓄冷空调系统中，通常采用蓄冷槽组，即以垂直的间隔方式将一个大的蓄水槽分成多个相互串通的小槽，蓄冷时，冷水由冷水进出口第一个蓄水槽的底部进入蓄水槽中，上部的温水溢流到第二个蓄水槽底部，依次进行，直至蓄水槽中全部为冷水。释冷时则相反。隔板和槽底的间距以及隔板与上部水面的间距均起到散流器的作用，确保无论是蓄冷还是释冷，蓄水槽所有槽中都是温水在上、冷水在下，利用水的密度差来防止冷、温水的混合。分层式水蓄冷槽组示意图如图 4.4-3 所示。

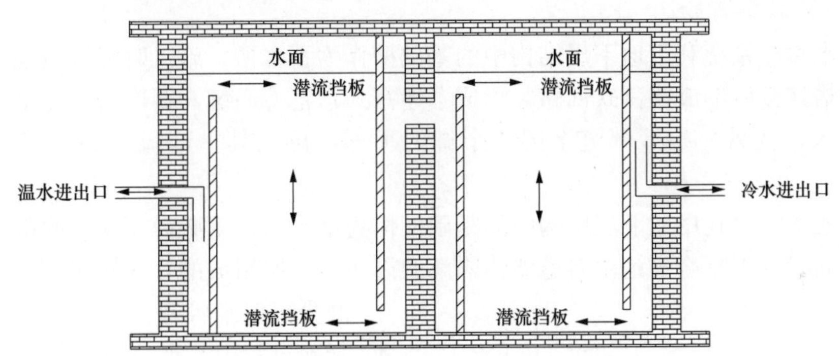

图 4.4-3　分层式水蓄冷槽组示意图

（二）隔膜式水蓄冷

隔膜式水蓄冷设备是在蓄水槽中加一层隔膜，将蓄水槽中的温水和冷水隔开。隔膜可垂直放置也可水平放置，这样相应构成了垂直隔膜式水蓄冷设备和水平隔膜式水蓄冷设备。

一般隔膜都是由橡胶制成一个可以左右或上下移动的刚性隔板。要注意防止隔板和蓄水槽壁间渗水，从而引起温、冷水的混合。垂直隔膜由于水流的前后波动，易发生破裂等，因而其使用逐渐减少。采用水平隔膜较多，以上下波动方式分隔温水和冷水，利用水温不同所产生的密度差，将温水贮存在冷水的上面，即使发生了破裂等损坏也能靠自然分层来防止蓄水槽温、冷水的混合，减少蓄冷量的损失。水平隔膜式水蓄冷原理如图 4.4-4 所示。

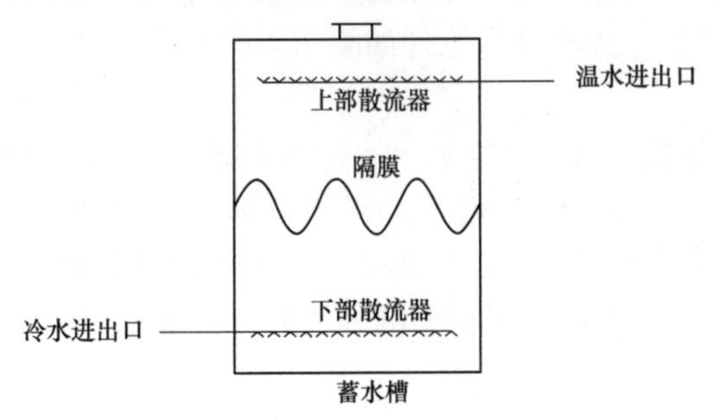

图 4.4-4　水平隔膜式水蓄冷原理图

（三）空槽式水蓄冷

空槽式水蓄冷设备，在蓄冷和释冷转换时，总有一个蓄水槽是空的，因此得名。空槽式水蓄冷原理如图 4.4-5 所示，蓄冷时，槽 2 的水被抽出降温后进入槽 1，槽 1 充满时槽 2 刚好抽光，接着槽 3 和槽 4 的温水被依次按上述方式制成冷水进入槽 2 和槽 3，直至槽 4 的水抽空为止，蓄冷结束。释冷顺序正好相反。这种水蓄冷装置可以避免温、冷水的混合所造成的冷量损失，具有较高的蓄冷效率。它可以用于夏天的蓄冷，也可用于冬天蓄热。

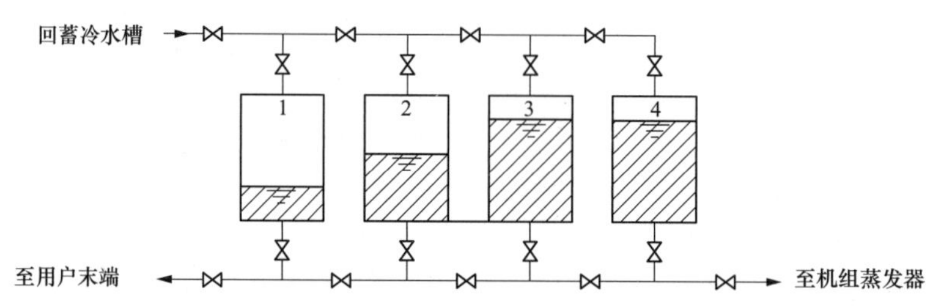

图 4.4-5　空槽式水蓄冷原理图

（四）迷宫式水蓄冷

迷宫式水蓄冷系统利用地下层结构中的基础槽作为蓄水槽，施工时将管道预埋在基础梁中，将基础槽连接后形成迷宫式回路，形成了迷宫式水蓄冷系统。蓄冷时，冷水由第一个槽一端上部流入，从另一端下部流至第二个槽的下部，再从其上部流出到第三个槽，依次进行。

因迷宫式水蓄冷利用地下层结构中的基础槽作为蓄水槽，不必设置专门的蓄水槽，节省了初投资；同时由于蓄冷槽是由多道墙体隔离的许多小槽所组成的，这样对不同水温的冷水的分离效果较好。另外，由于在蓄冷和释冷过程中，水交替从上部和下部的入口流入小蓄水槽中，每相邻的小蓄水槽中，一个温水从下部入口流入或冷水从上部入口流入，这样容易产生浮力，造成混合；流速过高会导致扰动和温、冷水的混合，流速太低会在小蓄水槽中形成死区，降低蓄冷系统的蓄冷量。迷宫式水蓄冷原理如图 4.4-6 所示。

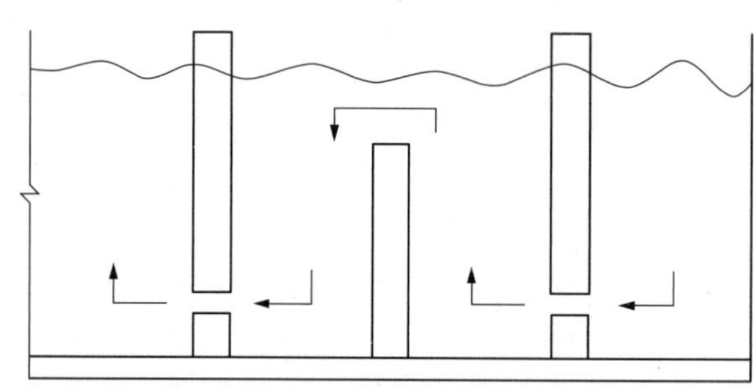

图 4.4-6　迷宫式水蓄冷原理图

三、冰蓄设备

冰蓄冷是指用水作为蓄冷介质，利用其相变潜热来贮存冷量。冰是一种廉价易得，使用安全、方便且热容量大的潜热蓄冷材料，在空调蓄冷中使用最为普遍。冰的溶解潜热为 335kJ/kg，在常规空调 7～12℃的水温使用范围，其蓄冷量可达 386kJ/kg，是利用水的显热蓄冷量的 17 倍。因而采用冰水形式蓄冷比采用水蓄冷形式所需要的容积要小得多。

（一）盘管式蓄冷

盘管式蓄冷装置可分为外融冰和内融冰两种类型。它们的特点是均为在管外结冰，其工作原理是由沉浸在充满水的贮槽中的金属/塑料盘管作为蓄冷介质（水或冰）的换热表面。

在蓄冷装置充冷时，制冷剂或载冷剂在盘管内循环，吸收贮槽中水的热量，直至盘管外形成冰层。

1. 外融冰盘管

这种系统最常见被称为直接蒸发式蓄冷系统，其制冷系统的蒸发器直接放入蓄冷槽中，冰冻结在蒸发器盘管的外表面上。蓄冰时，制冷剂在蒸发器盘管内流动，使盘管外表面结冰。释冷过程采用外融冰方式，从空调用户侧回的温度较高的回水进入蓄冰槽与冰接触，冰由外向内融化，产生温度较低的冷水提供给空调用户直接使用，或经过换热设备间接使用。

蓄冰过程中，随着盘管外表面冰层厚度的增加，盘管表面和水之间的热阻增大，盘管内的制冷剂的蒸发温度将会降低，导致压缩机功耗增大。为此必须增大传热面积或减少结冰厚度。为防止盘管间产生“冰桥”现象并控制冰层的厚度，需要设置厚度控制器或增加盘管的中心距。蓄冰槽的蓄冰率一般保持在40%～50%，即蓄冰槽内应保持50%以上的水，确保能够正常抽取低温冷水使用并进行融冰。

蓄冰槽内的结冰和融冰的均匀是蓄冷和释冷效果好坏的一个重要因素。为了使蓄冰槽内的结冰和融冰均匀，一般在槽内设置空气搅拌器。将压缩空气送至蓄冷槽的底部，利用空气的浮力产生大量气泡升起搅动水流。在制冰过程中，水的扰动使槽内的水温快速均匀降低，从而使盘管外的结冰厚度趋于一致。在融冰释冷过程中，扰动使进入槽内的水流分布均匀，加速冰的融化。在融冰临近结束时，管外的冰很薄，冰层之间的间距增大，空气的扰动将避免水流的短路，改善融冰的效果。

蓄冰槽可以用钢筋水泥支撑，内加保温层，也可用钢板焊接而成，外加保温层。由于系统一般是开式的，还可以用砖砌成，内加保温层。

外融冰蓄冷装置通常有钢制盘管、导热塑料盘管两种形式。

（1）钢制盘管。卷焊钢制盘管由钢板经过高频连续卷焊而成，外表面采用整体热浸锌防腐措施。融冰过程中，冰由外向内融化，温度较高的冷冻水回水与冰直接接触，可以在较短的时间内制出大量的低温冷冻水，出水温度与要求的融冰时间长短有关。这种系统特别适合于短时间内要求冷量大、供冷温度低且稳定的场所，该类钢制蓄冰盘管及装置的产品规格、性能及外形见表4.4-1、表4.4-2和图4.4-7、图4.4-8。

表4.4-1　外融冰整装式标准蓄冰装置性能参数

型号	TSU-364B	TSU-402B	TSU-424B	TSU-536B	TSU-612B	TSU-728B	TSU-804B
蓄冷容量（kWh）	1420	1567	1658	2092	2386	2835	3129
蓄冰（潜热）容量（kWh）	1280	1410	1491	1885	2152	2560	2827
净量（kg）	8830	9420	10 560	12 240	13 430	15 580	16 890
工作质量（kg）	33 930	36 920	40 500	49 450	55 520	65 030	71 130
冰槽内水容量（m^3）	24.04	26.34	28.66	35.65	40.33	47.33	51.93
盘管内溶液容量（m^3）	1.00	1.10	1.20	1.48	1.68	2.00	2.20
冷水管尺寸（mm）	150	150	150	150	150	150	150

续表

设备尺寸（mm）	W	3040	3040	3040	3040	3040	3040	3040
	L	5060	5540	6020	7458	8418	9857	10 817
	H	2150	2150	2150	2150	2150	2150	2150
	A	150	150	150	150	150	150	150
	F	1170	1170	1170	1170	1170	1170	1170
冷水管接管数量（组）		2	2	4	4	4	4	4

注 其中标准蓄冰槽外形如图 4.4-7 所示。

表 4.4-2　　外融冰散装式标准蓄冰装置性能参数

型号		TSC-75B	TSC-96B	TSC-106B	TSC-134B	TSC-153B	TSC-182B	TSC-201B
蓄冰（潜热）容量（kWh）		264	338	373	471	538	640	707
净量（kg）		900	1050	1200	1400	1530	1790	1950
盘管内溶液容量（m^3）		220	270	300	370	420	500	550
接管尺寸（mm）		50	50	50	50	50	80	80
设备尺寸（mm）	W	956	956	1349	1349	1349	1349	1349
	L	2677	3397	2677	3397	3876	4596	5076
	H	1569	1569	1569	1569	1569	1569	1569
冷水管接管数量（组）		2	2	2	2	2	1	1

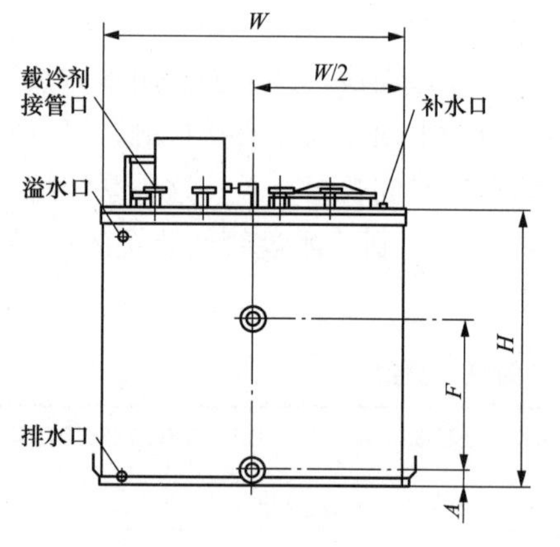

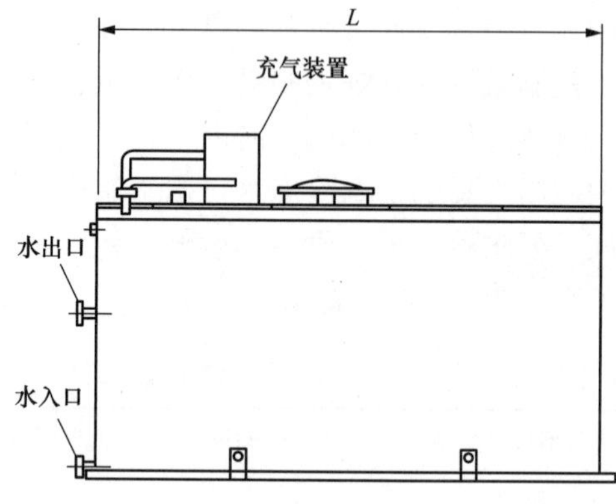

图 4.4-7　外融冰整装式标准蓄冰装置外形图

（2）导热塑料盘管。盘管是采用在塑料中添加导热助剂和强度助剂后，配制而成的导热塑料作为其换热元件。该盘管的主要特点是：质量轻、导热性能好、机械强度高、不腐蚀、使用寿命长；每台蓄冰盘管可自带槽体及保温，安装方便，布置紧凑，节省空间。该类盘管通常用作内融冰，有时也可用于外融冰系统。散装式导热塑料蓄冰盘管的主要性能参数见表 4.4-3。

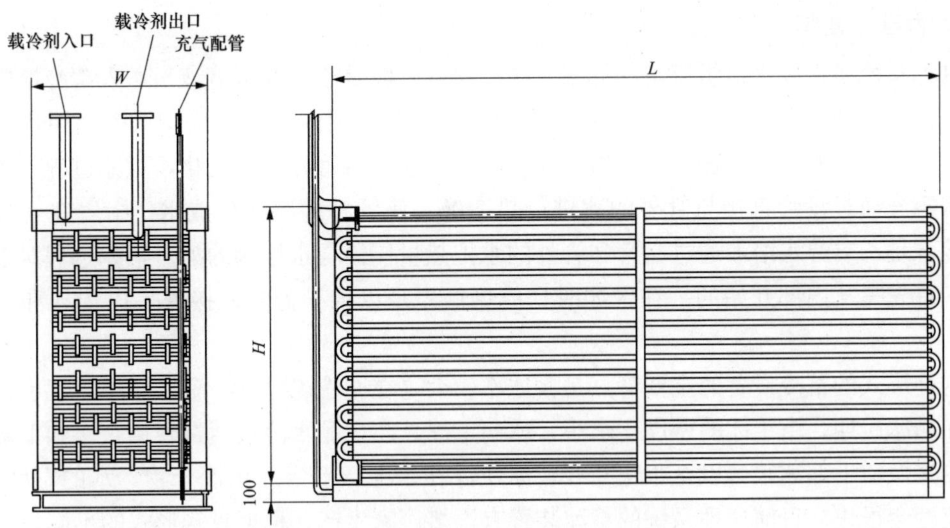

图 4.4-8 外融冰散装式标准蓄冰装置外形图

表 4.4-3 **散装式导热塑料蓄冰盘管主要性能参数**

型号		ITSE-S693	ITSE-S633	ITSE-S577	ITSE-S573	ITSE-S527	ITSE- S477	ITSE-S441	ITSE-S368
蓄冰量（RTh）		693	633	577	573	527	477	441	368
设备尺寸（mm）	L	6000	5500	6000	5000	5500	5000	4000	4000
	W	2794	2794	2338	2794	2338	2338	2794	2338
	H	2806	2806	2806	2806	2806	2806	2746	2746
	h	2466	2466	2466	2466	2466	2466	2406	2406
	D	5390	4890	5390	4390	4890	4390	3390	3390
接管尺寸		DN150							
净重（t）		3.0	2.8	2.5	2.5	2.3	2.1	1.9	1.6
载荷（t/m^2）		2.8	2.8	2.8	2.8	2.8	2.8	2.7	2.7
乙二醇溶液（m^3）		2.5	2.3	2.1	2.1	1.9	1.7	1.6	1.3
流量（m^3/h）		91.4	83.5	76.2	75.6	69.6	54.0	58.2	48.5
阻力（mH_2O）		9.2	7.3	9.2	5.6	7.3	4.3	8.8	8.8

注 其中标准蓄冰盘管外形如图 4.4-9 所示。

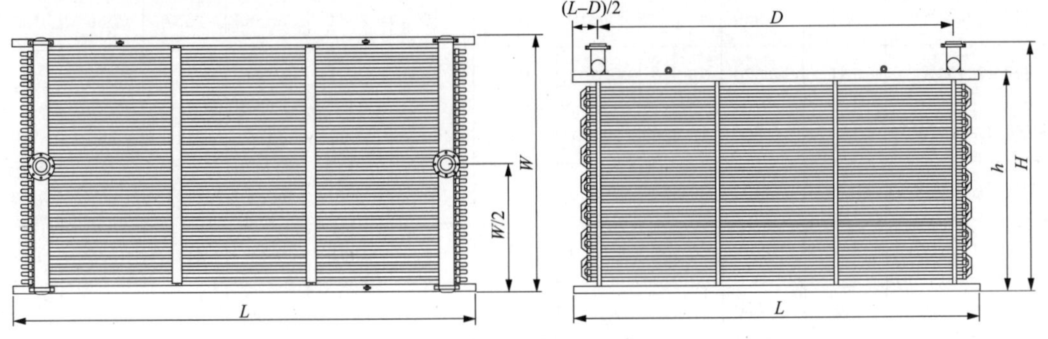

图 4.4-9 标准蓄冰盘管外形图

2. 内融冰盘管

这种系统是将冷水机组制备的低温二次冷媒（一般是乙二醇水溶液）送入蓄冷槽中的盘管内，使管外90%以上的水冻结成冰。释冷过程一般采用内融冰方式，从空调用户侧流回温度较高的乙二醇水溶液进入蓄冰槽，在盘管内流动，将管外的冰融化，融冰过程首先是乙二醇水溶液通过盘管直接与管外的冰进行热交换，使管外的冰融化成水，附着在管外壁周围；接着是乙二醇水溶液通过盘管和管外的水把热量传给与水接触的冰。融冰过程对于冰块来讲，首先是从内部开始的。在融冰时，传热首先是以传导为主，接着是以传导和对流为主了。

这种形式的蓄冷设备的主要特点是蓄冰率较大（在90%以上），而且释冷速度也比较稳定。在融冰后期，由于冰的密度比水小，冰向上浮，乙二醇水溶液通过管壁直接和下部的水进行热交换，下部冰很薄以至很快断开，冰块浮在水上，形成冰水混合物，水的温度升高，融冰速度会很快。目前这种系统的蓄冰装置有许多厂家生产，根据盘管形式的不同，主要有蛇形盘管蓄冰装置、圆形盘管蓄冰装置、U形盘管蓄冰装置三种。采用的材料主要有钢材和塑料。

（1）钢制盘管。卷焊钢制盘管由钢板经过高频连续卷焊后，加工成为蛇形钢盘管，外表面采用热浸锌防腐。盘管管外径为26.67mm，结冰厚度通常控制在23mm左右，虽然是属于内融冰方式，但冰与冰之间仍有极小的间隙，以便在融冰过程中，结在盘管周围的冰存在少量的活动空间，使得钢管与冰始终存在有直接接触的部位，因此导热较好，在整个融冰过程中蓄冰槽的出口二次冷媒温度始终可保持在2～3℃，系统温差可达10℃ ，并使冰几乎全部被融化用来供冷。该类钢制蓄冰盘管及装置的产品规格、性能及外形见表4.4-4、表4.4-5和图4.4-10、图4.4-11。

表4.4-4　内融冰整装式标准蓄冰装置性能参数

型号	蓄冰量(RTh)	净重(kg)	工作质量(kg)	冰槽水容量(L)	乙二醇容量(L)	接管尺寸(mm)	设备尺寸（mm）				
							W	L	H	A	B
TSU-237MW	237	5260	20 590	13 290	990	50	2400	3318	2537	360	961
TSU-476MW	476	8900	37 810	24 990	1880	75	2400	6086	2537	360	961
TSU-594MW	594	10 530	47 040	31 610	2310	75	2981	6086	2537	536	1090
TSU-761MW	761	12 620	56 950	38 200	3000	75	3581	6086	2537	656	1240
TSU-L184MW	184	4380	16 820	10600	780	50	2400	3318	2111	360	961
TSU-L370MW	370	7410	30 870	19 990	1460	75	2400	6086	2111	360	961
TSU-L462MW	462	8750	38 380	25 250	1810	75	2981	6086	2111	536	1090
TSU-L592MW	592	10 470	46 430	30 550	2280	75	3581	6086	2111	656	1240

表 4.4-5　　内融冰散装式标准蓄冰装置

型号	蓄冰量(RTh)	净重(kg)	乙二醇容量(L)	接管尺寸(mm)	设备尺寸(mm)					
					W	L	L_1	H	W_1	W_2
TSC-119M	119	1362	493	50	1019	2740	2880	2045	359	660
TSC-238M	238	2513	938	75	1019	5508	5693	2045	209	810
TSC-297M	297	3125	1175	75	1268	5508	5693	2045	358	910
TSC-380M	380	3696	1497	75	1619	5508	5693	2045	510	1109
TSC-L92M	92	1089	400	50	1019	2740	2880	1643	359	660
TSC-L185M	185	1937	740	75	1019	5508	5693	1643	359	810
TSC-L231M	231	2372	915	75	1268	5508	5693	1643	359	910
TSC-L296M	296	2990	1150	75	1619	5508	5693	1643	510	1109

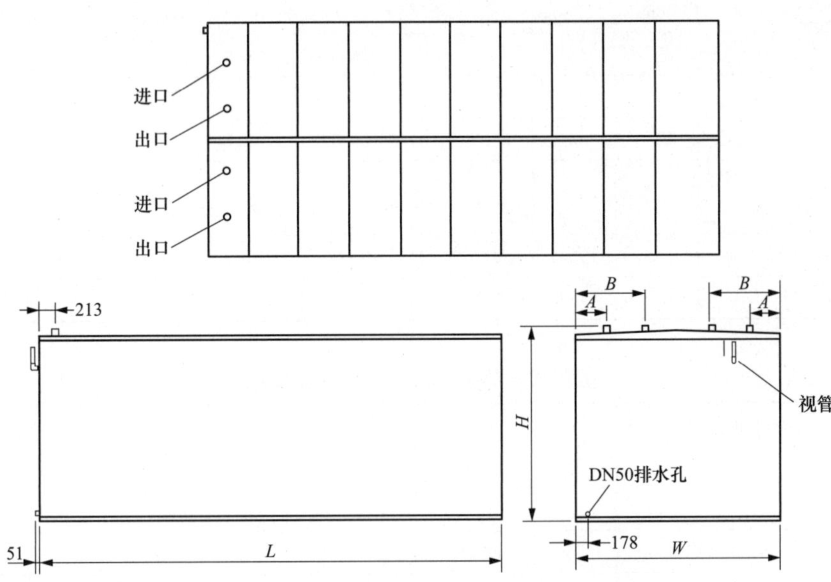

图 4.4-10　内融冰整装式标准蓄冰装置外形图

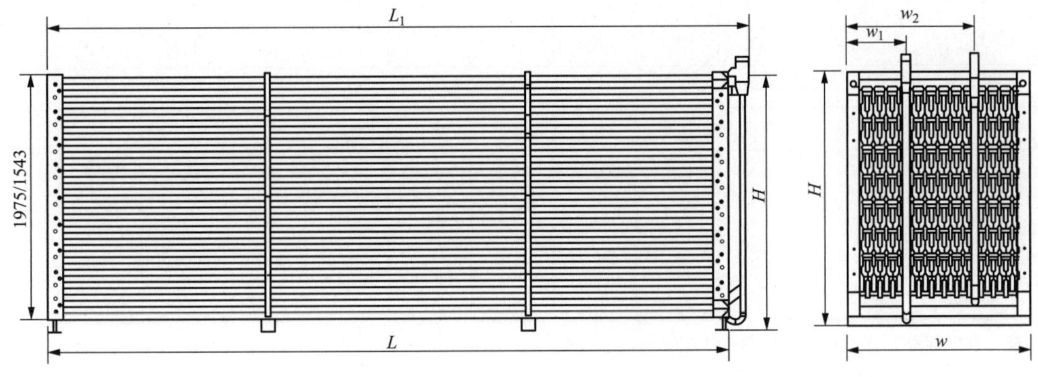

图 4.4-11　内融冰散装式标准蓄冰装置外形图

（2）塑料盘管。盘管是采用在塑料中添加导热助剂和强度助剂后，配制而成的导热塑料作为其换热元件。该类盘管通常用作内融冰，有时也可用于外融冰系统。导热塑料蓄冰盘管的主要性能特性及外形见表 4.4-6、表 4.4-7 和图 4.4-9、图 4.4-12。

表 4.4-6　　整装式导热塑料蓄冰装置性能参数

型号		ITSI-S910D	ITSI-S828D		ITSI-S745D		ITSI-S610D		ITSI-S499D		ITSI-S427D	ITSI-S313D
			A	B	A	B	A	B	A	B		
蓄冰量 RTh		910	828	828	745	745	610	610	499	499	427	313
设备尺寸（mm）	*L*	6800	6800	6230	6800	6800	6800	5165	5165	5870	4500	3650
	W	3000	2760	3000	2520	3000	2520	3000	2520	2520	2520	3000
	H	3176	3176	3176	3176	2696	2696	2936	2936	2616	2936	2376
	h	3126	3126	3126	3126	2646	2646	2886	2886	2566	2888	2326
	D	5850	5850	5280	5850	5850	5850	4215	4215	4920	3500	2700
接管尺寸		DN150										
净重（t）		10.5	9.9	9.7	9.2	9.2	8.0	7.7	6.7	6.9	5.9	4.8
运行质量（t）		61.3	56.3	56.1	51.2	51.2	42.8	42.5	35.5	35.7	30.9	23.6
乙二醇溶液（m^3）		3.0	2.7	2.7	2.4	2.4	2.0	2.0	1.6	1.6	1.4	1.0
流量（m^3/h）		115.6	105.1	105.1	94.5	94.5	77.5	77.4	63.3	63.3	54.2	39.7
阻力（mH_2O）		6.3	6.3	4.8	6.3	3.6	3.6	6.4	6.4	6.4	4.1	6.8

表 4.4-7　　散装式导热塑料蓄冰盘管性能参数

型号		ITSI-S910	ITSI-S828		ITSI-S745		ITSI-S610		ITSI-S499		ITSI-S427	ITSI-S313
			A	B	A	B	A	B	A	B		
蓄冰量（RTh）		910	828	828	745	745	610	610	499	499	427	313
设备尺寸（mm）	*L*	6560	6560	5990	6560	6560	6560	4925	4925	5630	4260	3410
	W	2760	2520	2760	2280	2760	2280	2760	2280	2280	2280	2760
	H	3066	3066	3066	3066	2586	2586	2826	2826	2506	2826	2266
	h	2726	2726	2726	2726	2246	2246	2486	2486	2166	2486	1926
	D	5850	5850	5280	5850	5850	5850	4215	4215	4920	3550	2700
接管尺寸		DN150										
净重（t）		3.8	3.5	3.5	3.1	3.1	2.5	2.5	2.1	2.1	1.8	1.3
荷载（t/m^2）		2.9	2.9	2.9	2.9	2.4	2.4	2.7	2.7	2.4	2.7	2.1
乙二醇溶液（m^3）		3.0	2.7	2.7	2.4	2.4	2.0	2.0	1.6	1.6	1.4	1.0
流量（m^3/h）		115.6	105.1	105.1	94.5	94.5	77.5	77.4	63.3	63.3	54.2	39.7
阻力（mH_2O）		6.3	6.3	4.8	6.3	3.6	3.6	6.4	6.4	6.4	4.1	6.8

注　其中标准蓄冰盘管外形如图 4.4-9 所示。

（二）封装式蓄冷

这种系统采用水或有机盐溶液作为蓄冷介质，将蓄冷介质封装在塑料密封件内，再把这

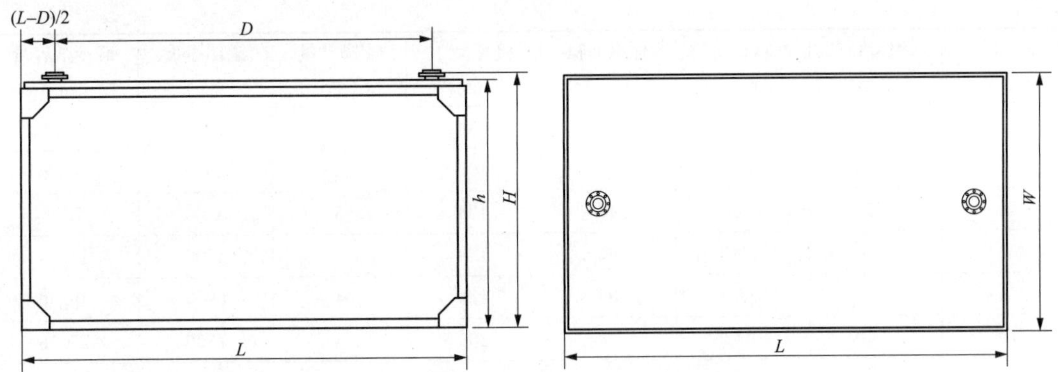

图 4.4-12　内融冰整装式塑料盘管标准蓄冰装置外形图

些装有蓄冷介质的密封件堆放在密闭的金属贮罐内或开放的贮槽中一起组成蓄冰装置。蓄冰时，制冷机组提供的低温二次冷媒（乙醇水溶液）进入蓄冷装置，使封装件内的蓄冷介质结冰；释冷时，仍以乙二醇水溶液作为载冷剂，将封装件内冷量取出，直接或间接（通过热交换装置）向用户供冷。

封装式的蓄冷容器分为密闭式贮罐和开敞式贮槽。密闭式贮罐由钢板制成圆柱形，根据安装方式又可分为卧式和立式。开敞式贮槽通常为矩形，可采用钢板、玻璃钢加工，也可采用钢筋混凝土现场浇筑。蓄冷容器可布置在室内或室外，也可埋入地下，在施工过程中应妥善处理保温隔热以及防腐或防水问题，尤其应采取措施保证乙二醇水溶液在容器内和封装件内均匀流动，防止开敞式贮槽中蓄冰元件在蓄冷过程中向上浮起。

封装式蓄冰装置按封装件形式的不同有所不同，目前主要有冰球、冰板、金属蕊心冰球三种。

（1）冰球。冰球外壳由高密度聚乙烯（HDPE）材料制成，球壳厚度 1.5mm，球内注满去离子水，相变温度一般为 0℃。为了加快结冰和融冰的速度并提高结冰温度，在冰球内的水中通常添加有成核剂。在结冰和融冰过程中，冰球通常浮在槽体内。按冰球直径可分为 77mm（S27 型）和 96mm（ACOO 型）两种，性能参数见表 4.4-8，钢制卧式蓄冰槽（罐）体外形尺寸见表 4.4-9。

表 4.4-8　　圆形冰球性能参数

冰球类型	直径（mm）	相变温度（℃）	潜热（kWh/ m^3）	重量（kg/ m^3）	换热面积（m^2/kWh）	数量（个/ m^3）	用途
S27	77	27	44.5	867	1.0	2250	工业冷却
AC00	96	0	48.4	560	0.8	1320	空调制冷

表 4.4-9　　钢制卧式蓄冰槽（罐）体外形尺寸

体积（m^3）	罐体直径（mm）	总长度（mm）	保温面积（m^2）	接管尺寸（mm）	支脚数量（个）	罐体净重（kg）	载冷剂容量（m^3）
2	950	2980	10	40	2	850	0.77
5	1250	4280	18	50	2	1250	1.94

续表

体积（m^3）	罐体直径（mm）	总长度（mm）	保温面积（m^2）	接管尺寸（mm）	支脚数量（个）	罐体净重（kg）	载冷剂容量（m^3）
10	1600	5240	29	80	2	1990	3.88
15	1900	5610	37	100	2	2900	5.82
20	1900	7400	47	125	3	3700	7.77
30	2200	8285	61	150	3	4700	11.64
50	2500	10 640	89	175	4	6900	19.40
70	3000	10 425	106	200	4	7300	27.16
100	3000	14 770	147	250	6	12 700	38.80

（2）冰板。冰板是由高密度聚乙烯材料制成，里面充满了去离子水，然后整齐得像砖块一样填满在钢制的蓄冰罐内，冰板的性能参数见表 4.4-10。

表 4.4-10　　冰板性能参数

冰　板		大冰板	小冰板
尺寸	长度（mm）	815	815
	宽度（mm）	304	90
	高度（mm）	51	51
	体积（m^3）	0.008 5	0.002 7
质量	去离子水（kg）	8.5	2.7
	冰板质量（kg）	1.022	0.367
蓄冷量	显热（kW）	141.7	45.1
	潜热（kW）	793.5	252.7
	总和（kW）	935.2	297.8
单位体积蓄冷量	kWh/m^3	6.45	6.45

（3）金属蕊芯冰球。金属蕊芯冰球外壳是由高密度聚乙烯 PE 材料制成，其球体内置有金属蕊芯的配重，且球内液体中 95% 为溶液、5% 为促凝剂。冰球内金属蕊芯的采用，既提高了传热效率，使冰球结冰、融冰速度加快，又可避免了开式系统中冰球结冰后的上浮现象。金属蕊芯冰球通常有 BQ 130D-00 和 BQ 130S-00 两种型号，性能参数见 4.4-11。

表 4.4-11　　金属蕊芯冰球性能参数

型　号	单金属蕊芯冰球——BQ 130D-00	双金属蕊芯冰球——BQ 130S-00
直径×长度（mm×mm）	130×140	130×246
容积（m^3/个）	0.001 1	0.002 5
质量（kg/个）	1.20	2.65
热容量（kWh /个）	0.100	0.221
相变温度（℃）	0	0

续表

金属配重——蕊芯	铝合金齿状蕊芯	中空金属蕊芯
单位热容个数（个/kWh）	9.95	4.55
结冰时平均传热系数［kW/(m²·℃)］	≥1.20	≥1.38
融冰时平均传热系数［kW/(m²·℃)］	≥1.90	≥2.22
单位热容体积（m³/kWh）	≤0.019 9	≤0.021 3

（三）冰片滑落式蓄冷

冰片滑落式蓄冷以制冰机为制冷设备，以保温的槽体为低温水泵蓄冷设备。该系统可以在冰蓄冷和水蓄冷两种蓄冷模式下运行。当在冰蓄冷模式下运行时，制冷剂在蒸发器内蒸发为气态（蒸发温度为−9～−4℃），使喷洒在蒸发器外表面的水冻结成冰，待冰达到一定厚度（一般控制在3～6.5mm）时，进行切换，进入收冰阶段，压缩机的排气以不低于32℃的温度进入蒸发器，使蒸发器外侧的冰脱落进入蓄冰槽内。蓄冰槽的蓄冰率一般为40%～50%。这样结冰和收冰过程反复进行，直至蓄冰过程结束；释冰时，从用户返回的温水直接喷洒在蒸发器的外表面上，进行结冰和收冰过程，蓄冰槽提供的低温冷水直接或间接供给用户使用。

在该系统中，由于片状的冰具有很大表面积，热交换性能好，因此有较高的释冰速率。通常情况下，即使蓄冰槽内80%～90%冰被融化，仍能保持释冷温度不高于2℃。

（四）冰晶式蓄冷

冰晶式蓄冷是将蓄冷介质（8%的乙二醇水溶液）冷却到冰结点温度以下，形成非常细小的均匀的冰晶；直径100μm的冰晶和乙二醇水溶液在一起，形成泥浆状的液冰，也被称为冰泥。冰晶或冰泥贮存在蓄冰槽内，当有空调负荷要求时，取其冷量满足用户要求。

这种系统不像制冰滑落式，冰制到一定程度时，需要热流体流过，使冰脱落下来。蓄冰槽也不像冰球式或盘管式，在其内要设置大量冰球或盘管。因而蓄冰槽的构造很简单，只要有足够的强度、足够的蓄冷容积和良好的保温即可。另外，由于该系统生成的冰晶直径小而均匀，其换热面积大，融冰、释冰速度快，并且冰晶和乙二醇水溶液均匀混合在一起，不像其他冰蓄冷系统容易在冰桶或冰槽内产生冰桥和死角，因此制冰和融冰速度快而稳定，同样的管径可以输送较大的冷量。

冰晶式蓄冷最大的缺点是制冷设备需要特殊设计和制造，费用高，同时其制冷能力和蓄冷能力偏小，因此目前还不适用于大型空调系统。

四、共晶盐蓄冷设备

作为一种理想的相变蓄冷材料，要求其相变温度较高，相变潜热要大，导热性能良好，无毒、无腐蚀，成本低，寿命长，使用方便。这样可使蓄冷系统中的蓄冷装置体积减小，制冷设备的性能系数提高，能耗降低，节省蓄冷系统初投资和运行费用。而共晶盐正是这样一种相变蓄冷材料。

共晶盐，又称优态盐，是一种由水、无机盐和少量起成核作用与稳定作用的添加剂调配而成的一种混合物。具有无毒、不燃烧，不会发生生物降解，在固液相变过程中不会发生膨胀和收缩等特性。目前使用较好的一种共晶盐是由硫酸钠无水化合物为主要成分构成混合物，其相变温度为8.3℃。相变潜热为95.3kJ/kg，密度为1473.1kg/m³。

在工程应用中，通常将共晶盐混合物封装在塑料盒内，并将一定数量的这种封装盒层叠放置于蓄冷槽内构成共晶盐蓄冷装置，使水从盒间流过，封装盒及其构件在蓄冷槽占2/3的容积，蓄冷槽同时也用作换热器。蓄冷槽一般采用开敞式，以钢筋混凝土现场浇筑为多，也可用钢板加工而成。由于共晶盐在发生相变时都有一定程度的密度和体积的变化，这就要求盛装共晶盐的容器能够承受压力周期性变化的影响，具有足够的强度和刚度。否则，容易产生疲劳断裂，发生泄漏。有些共晶盐与空气接触会吸收水分，从而失去蓄冷的能力；有些共晶盐会氧化或失去水分，影响其蓄冷能力。

共晶盐在实际应用过程中要防止层化现象的发生。所谓层化，就是共品盐在过饱和状态下溶解时，部分无机盐灰沉淀在容器的底部，相应地使一部分液体浮在容器的上方的现象。层化现象若不阻止，将会使共晶盐在使用一段时间后损失近40%溶解热，使其蓄冷能力仅剩下60%。影响层化的因素很多，如容器的厚度、材料、形状，共晶盐的种类以及成核方法等。

共晶盐蓄冷装置以美国Transphase公司的T形产品为代表。它以板式封装件为单元蓄冰容器，内部充满五水硫酸钠化合物为主要成分的共晶盐液体。若干个单元蓄冰容器在蓄冰槽内有序排列和定位，加上共品盐溶液的密度为水的1.5倍，相变时不发生膨胀和收缩，所以在充冷、释冷过程中单元容器不会产生浮动。共晶盐溶液可以封装在不同形状的蓄冰容器中，一般有球状、管状和板状，目前应用最多的是板状。

五、蓄热设备

蓄热设备根据热源的不同可分为电能蓄热、太阳能蓄热、工业余热或废热蓄热等；根据蓄热介质的不同可分为水蓄热、相变材料蓄热及蒸汽蓄热。

(1) 水蓄热。水蓄热跟水蓄冷的原理一样，是利用水的显热来蓄热，将水加热到一定温度后，当需要用热时释放出来。水蓄热设备具有蓄热方式简单，投资低的优点，但水蓄热蓄能密度较低，设备体积较大，释放能量时水温连续变化，需要较复杂的自控技术才能达到稳定的温度控制。

(2) 相变材料蓄热。相变材料蓄热一般利用的相变材料为共晶盐，利用其凝固或溶解时释放或吸收的相变热进行蓄热。相变蓄热设备具有蓄热密度高，设备体积小，并能获得稳定的热能的特点，但其价格较贵，存在易腐蚀老化等问题。

(3) 蒸汽蓄热。蒸汽蓄热将蒸汽蓄成过饱和水的蓄热方式，该设备具有相变潜热大的特点，但其价格高，且需要采用高温高压装置。

常用的蓄热设备是蓄热水槽，蓄热水槽的型式有迷宫式、多槽式、隔膜式和温度分层式等，详见水蓄冷设备部分。

六、蓄电设备

电池蓄能系统主要利用电池正负极的氧化还原反应进行充放电，主要包括铅酸电池、镍镉电池、锂离子电池、钠硫电池、全钒液流电池等。铅酸电池其循环寿命较短，且在制造过程中存在一定环境污染。镍镉电池效率高、循环寿命长，但随着充放电次数的增加容量将会减少，锂离子电池由于工艺和环境温度差异等因素的影响，系统指标往往达不到单体水平，使用寿命较单体缩短数倍甚至几十倍。大容量集成的技术难度和生产维护成本使得这些电池在相当长的时间内很难再电力系统中规模化应用。钠硫和液流电池被视为新型的、高效的、具广阔发展前景的大容量电力蓄能电池。

七、其他储能设备

压缩空气储能。压缩空气储能电站是一种调峰用燃气轮机发电厂，主要利用电网负荷低谷时的剩余电力压缩空气，并将其储藏在典型压力 7.5MPa 的高压密封设施内，在用电高峰释放出来驱动燃气轮机发电。对于同样的输出，它消耗的燃气要比常规燃气轮机少 40%。压缩空气储能电站建设投资和发电成本均低于抽水储能电站，但其能量密度低，并受岩层等地形条件的限制。压缩空气储能电站可以冷启动、黑启动，响应速度快，主要用于峰谷电能回收调节、平衡负荷、频率调制、分布式储能和发电系统备用。

蒸汽蓄热器，一种应用最广泛的变压式蓄热器。当锅炉蒸发量大于用汽量时，多余的蒸汽进入蓄热器加热其中的储水（饱和水），蒸汽本身也凝结于其中，蓄热器中的压力随之上升。当用汽量大于锅炉的蒸发量时，蓄热器中的储水（饱和水）因降压而沸腾，提供蒸汽以保持锅炉负荷不变。

第五节　热泵设备

本节所述的热泵设备包括空气源热泵、水源热泵、水环热泵和吸收式热泵四类。

一、热泵系统简述

（一）热泵基本原理

热泵是在热力学第二定律基础上利用高位能使热量从低位热源转移到高位热源的装置。热泵的基本特点是消耗少量的高位能源即可制取大量的高位热源。如图 4.5-1 所示，热泵消耗少量高能 W（电能、燃料等），将环境中蕴含的大量低温热能 Q_2（水、地热，或生产过程中的无用低温废热等），变为满足用户要求的高温热能 Q_1。根据热力学第一定律，其关系式可以表述为

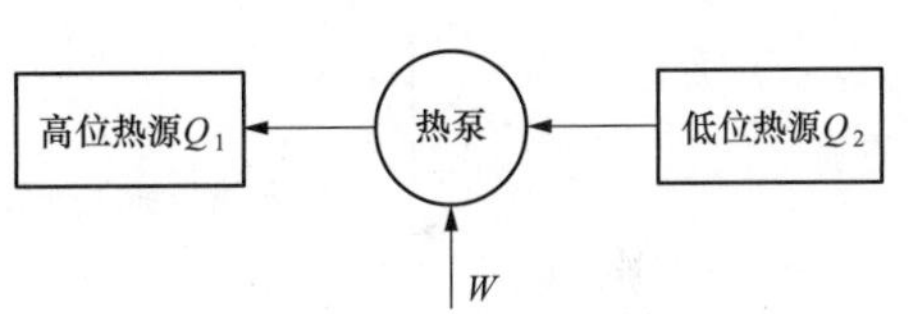

图 4.5-1　热泵原理图

$$Q_1 = W + Q_2 \tag{4.5-1}$$

式中　Q_1——热泵提供给用户的高位热能（有用热能），kW；

Q_2——热泵从低温热源中吸取的低位热能（环境热能或工业废热），kW；

W——热泵工作时消耗的电能或燃料能，kW。

从式（4.5-1）可以看出，即热泵制取的高位能，总是大于所消耗的电能或燃料能，而用燃烧加热、电加热等装置制热时，所获得的热能一般小于所消耗的电能或燃料的燃烧能，这是热泵与普通加热装置的根本区别，也是热泵制热最突出的优点。

热泵系统是由热泵设备、高位热能输配系统、低位热能采集系统和热能分配系统四大部分组成的一种能级提升的能量利用系统。与常规空调系统相比，具有如下特点：

（1）热泵空调系统用能遵循了能级提升的用能原则，避免了常规空调系统用能的单向性。

（2）热泵空调系统利用大量的低温再生能源代替了常规空调系统中的高位能。

（3）热泵空调系统将常规空调系统中的冷源与热源合二为一，用一套热泵设备实现了夏

季供冷、冬季供热的要求。

（4）热泵空调系统较常规空调系统有较好的节能效果和环保效益。

（二）热泵系统分类

热泵设备的种类繁多，按热源种类、热泵驱动方式、用途及供回水温度分类见表 4.5-1。

表 4.5-1 热泵设备分类

<table>
<tr><td rowspan="11">按热源种类</td><td rowspan="2">空气源热泵</td><td colspan="2">空气/空气热泵</td></tr>
<tr><td colspan="2">空气/水热泵</td></tr>
<tr><td rowspan="6">水源热泵</td><td rowspan="4">根据水源类型</td><td>地表水源热泵</td></tr>
<tr><td>地下水源热泵</td></tr>
<tr><td>生活污水源热泵</td></tr>
<tr><td>工业废水源热泵</td></tr>
<tr><td rowspan="2">根据换热方式</td><td>水/空气热泵</td></tr>
<tr><td>水/水热泵</td></tr>
<tr><td rowspan="2">土壤源热泵</td><td colspan="2">大地耦合热泵（地下换热器热泵）</td></tr>
<tr><td colspan="2">大地直接蒸发式热泵</td></tr>
<tr><td colspan="3">太阳能热泵</td></tr>
<tr><td rowspan="11">按热泵驱动方式</td><td rowspan="9">蒸汽压缩式热泵</td><td rowspan="4">根据压缩机不同</td><td>往复式压缩机热泵</td></tr>
<tr><td>螺杆式压缩机热泵</td></tr>
<tr><td>涡旋式压缩机热泵</td></tr>
<tr><td>离心式压缩机热泵</td></tr>
<tr><td rowspan="5">根据驱动能源不同</td><td>电动机驱动热泵</td></tr>
<tr><td>柴油机驱动热泵</td></tr>
<tr><td>汽油机驱动热泵</td></tr>
<tr><td>燃气机驱动热泵</td></tr>
<tr><td>蒸汽透平驱动热泵</td></tr>
<tr><td rowspan="2">吸收式热泵</td><td colspan="2">第一类吸收式热泵</td></tr>
<tr><td colspan="2">第二类吸收式热泵</td></tr>
<tr><td rowspan="4">根据热泵在建筑物中的用途</td><td colspan="3">供暖和热水供应的热泵</td></tr>
<tr><td colspan="3">全年空调的热泵</td></tr>
<tr><td colspan="3">同时供冷与供热的热泵</td></tr>
<tr><td colspan="3">热回收热泵</td></tr>
<tr><td rowspan="2">按热泵供回水温度</td><td colspan="3">高温热泵</td></tr>
<tr><td colspan="3">低温热泵</td></tr>
</table>

二、空气源热泵设备

空气源热泵设备具有节能、冷热兼供、无须冷却水和锅炉等优点，特别适合用于我国夏热冬冷地区作为集中空调系统的冷热源。

空气源热泵设备的分类见表 4.5-2。

表 4. 5-2　　空气源热泵设备的分类

<table>
<tr><th colspan="2">分类</th><th rowspan="2">设备特征</th><th rowspan="2">设备形式</th></tr>
<tr><th>依据</th><th>类型</th></tr>
<tr><td>供冷/热方式</td><td>空气-水热泵机组</td><td>利用室外空气作为热源，依靠室外空气侧换热器（此时作蒸发器用）吸取室外空气中的热量，把它传输至水侧换热器（此时作冷凝器用），制备热水作为供暖热媒。在夏季，则利用空气侧换热（此时作冷凝器用）向室外排热，于水侧换热器（此时作蒸发器用）制备冷水。制冷/热所得冷/热量，通过水传输至较远的用冷/热设备。通过换向阀切换，改变制冷剂在制冷环路中的流动方向，实现冬、夏工况的转换</td><td>整体式热泵冷热水设备、组合式热泵冷热水设备、模块式热泵冷热水设备</td></tr>
<tr><td>供冷/热方式</td><td>空气-空气热泵机组</td><td>按制热工况运行时，都是循着室外空气→制冷剂→室内空气的途径，吸取室外空气中的热量，以热风形式传送并散发与室内</td><td>窗式空调器、家用定/变频分体式空调器、商用分体式空调器、一台室外机拖多台室内机组、变制冷剂流量多联分体式机组、屋顶式空调器</td></tr>
<tr><td rowspan="3">采用压缩机的类型</td><td>往复式制冷压缩机组</td><td colspan="2">由电动机或发动机驱动，通过活塞的往复式运动吸入和压缩制冷剂气体。适用于中、小容量的热泵设备</td></tr>
<tr><td>螺杆式制冷压缩机组</td><td colspan="2">气缸中的一对螺旋齿转自相互啮合旋转，造成由齿形空间组成的基元容积的变化，实现对制冷剂气体的吸入和压缩。它利用滑阀调节气缸的工作容积来调节负荷，转速高、容许压缩比高，排气压力脉冲性小，溶剂效率高，适用于大、中容量的热泵设备</td></tr>
<tr><td>涡旋式制冷压缩机组</td><td colspan="2">利用涡旋定子的啮合，形成多个压缩室，随着涡旋转子的平动回转，使各压缩机的容积不断变化来压缩制冷剂气体。加工精度和安装技术要求高，适用于小容量的热泵设备</td></tr>
</table>

1. 空气/水热泵设备主要特点

（1）整体性好，安装方便，可露天安装在室外，如屋顶、阳台等处，不占有效建筑面积，节省土建投资。

（2）一机两用，夏季供冷，冬季供热，冷热源兼用，省去了锅炉房。

（3）夏季采用空气冷却，省去了冷却塔和冷却水系统，包括冷却水泵、管路及相关的附属设备。

（4）机组的安全保护和自动空气集成度较高，运行可靠，管理方便。

（5）夏季依靠风冷冷却，冷凝压力比水冷时高，COP 值比水冷式机组低。

（6）由于输出的有效热量总大于机组消耗的功率，因此比直接电热供暖节能。

（7）价格较水冷式机组高。

（8）机组常年暴露在室外，运行环境差，使用寿命比水冷式机组短。

（9）机组的噪声与振动易对环境形成污染。

（10）机组的制冷制热性能随室外气候变化明显。制冷量随室外气温升高而降低，制热量随室外气温降低而降低。

（11）机组是以室外空气作为冷却介质（供冷时）或热源（供热时），由于空气比热容小以及室外侧换热器的传热温差小，因此所需风量较大，机组的体积也较大。

(12) 冬季室外温度处于－5～5℃范围时，蒸发器常会结霜，需频繁的进行融霜，供热能力会下降。

2. 设备性能参数

空气源热泵机组规格、性能见表 4.5-3。

表 4.5-3　　空气源热泵机组规格、性能

参数	序号											
	1	2	3	4	5	6	7	8	9	10	11	12
名义制冷量（kW）	2.2	2.8	3.2	4.3	5.2	5.9	7.8	9.2	10.3	12.6	14.7	17.7
名义制热量（kW）	2.4	2.9	4.2	5.4	6.3	7.4	9.7	11.7	12.7	14.0	19.9	23.0
制冷输入功率（W）	523	731	880	979	1335	1542	2094	2190	2710	3230	3770	4425
制热输入功率（W）	533	800	990	1282	1618	1855	2304	2380	2950	3550	4230	5230
循环风量（m^3/h）	320	382	511	763	893	1019	1274	1530	1780	2295	2550	2675
机外静压（Pa）	40	40	50	50	75	75	80	80	80	100	100	100
水流量（m^3/h）	0.5	0.6	0.8	0.9	1.2	1.4	1.8	2.3	2.7	3.2	3.6	4.1

三、水源热泵设备

水源热泵设备是一种使用从水井、湖泊或河流中抽取的水为冷（热）源，制取空调或生活用冷（热）水的设备，它包括压缩机、使用侧换热器、热源侧换热器、膨胀阀等部件，具有制冷或制冷/热功能。

（一）工作原理

制冷时，水源水进入热泵设备冷凝器，吸热升温后排出；空调回水进入设备蒸发器，放热降温后供到空调末端设备。制热时，水源水进入设备蒸发器，放热降温后排出；空调回水进入设备冷凝器，吸热升温后供到空调末端设备。

依据设备内部制冷系统转换的不同，地下水式水源热泵设备可分为外转换设备、内转换设备两种方式。

(1) 外转换设备。外转换设备是通过安装在管道上的 A、B 两类阀门，实现冬/夏季使用侧和水源侧在蒸发器与冷凝器之间的切换的，如图 4.5-2 所示。

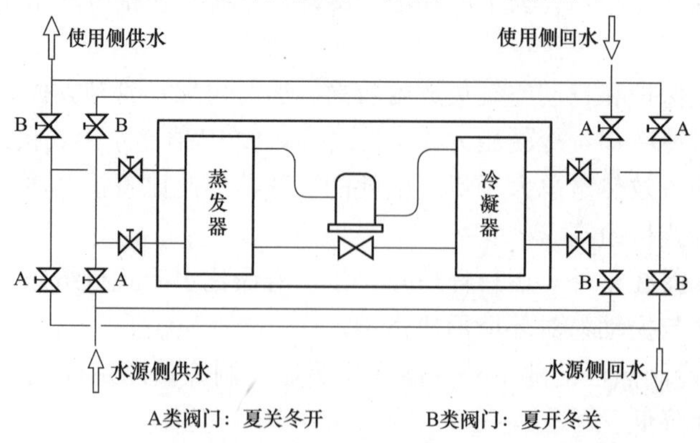

图 4.5-2　外转换地下水式水源热泵设备工作原理

（2）内转换设备。内转换设备是通过制冷系统中的四通换向阀，实现冬/夏季蒸发器与冷凝器在使用侧和水源侧之间的切换的。夏季制冷运行时，蒸发器即为使用侧制冷换热器；冬季制热运行时，冷凝器为使用侧制热换热器，如图 4.5-3 所示。

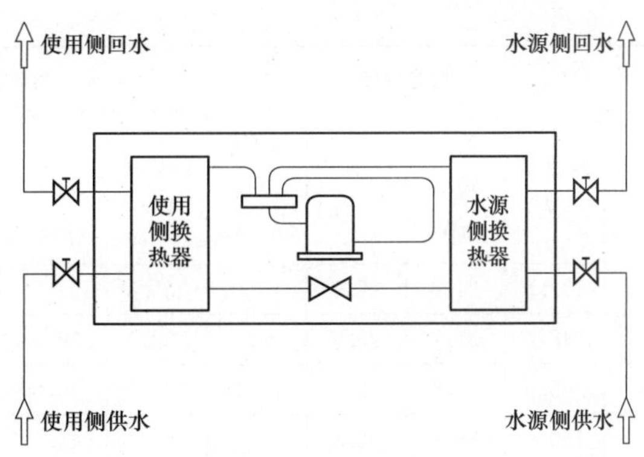

图 4.5-3 内转换地下水式水源热泵设备工作原理

（二）其他水源热泵设备

水源热泵的类型很多，常见的水源类型及它们的特点，见表 4.5-4。

表 4.5-4 不同类型水源热泵的特点

水源类型	特点
海水	（1）温度变化较大，水质较差、腐蚀性严重、易产生藻类、易产生附着生物。 （2）取水构筑物投资大，小型系统可采用在近海地带打井取用海水的方式。 （3）宜采用海水型水源热泵设备
江河、湖水	（1）温度变化较大、水质较差、易产生藻类。 （2）确保水量的稳定性。 （3）取水构筑物需审批、投资大
城市污水	（1）温度在不同季节有变化、水质较差、有一定腐蚀性。 （2）宜设换热器间接使用，换热器设置应合理高效。 （3）确保水量的稳定性。 （4）取水构筑物需审批

（三）设备性能参数

涡旋式地下水源热泵机组规格、性能见表 4.5-5，满液式地下水源热泵机组规格、性能见表 4.5-6，高温冷热水型螺杆水源热泵机组系列性能参数见表 4.5-7，螺杆式地源热泵机组规格、性能见表 4.5-8，地表水源热泵机组规格、性能见表 4.5-9，海水源热泵机组规格、性能见表 4.5-10。

表 4.5-5 涡旋式地下水源热泵机组规格、性能

序号	制冷性能				制热性能				运行质量（kg）	机组尺寸（长×宽×高，mm×mm×mm）
	制冷量（kW）	输入功率（kW）	冷水量（m^3/h）	地源水流量（m^3/h）	制热量（kW）	输入功率（kW）	热水流量（m^3/h）	地源水流量（m^3/h）		
1	50.0	9.3	8.6	10.2	51.7	13.1	9.0	6.8	300	1055×649×1255
2	57.9	10.6	10.0	11.7	59.7	14.7	10.4	7.9	315	1055×649×1255
3	67.9	12.2	11.7	13.7	69.8	17.1	12.1	9.2	325	1055×649×1255
4	76.5	14.3	13.2	15.5	79.0	19.5	13.7	10.4	335	1055×649×1255
5	83.3	15.7	14.3	17.0	87.2	21.3	15.2	11.6	340	1055×649×1255
6	99.5	18.6	17.1	20.2	103.7	25.2	18.0	13.8	595	1222×873×1496
7	116.8	21.7	20.1	23.7	119.9	29.0	20.8	15.9	630	1222×873×1496

续表

序号	制冷性能				制热性能				运行质量(kg)	机组尺寸（长×宽×高，mm×mm×mm）
	制冷量(kW)	输入功率(kW)	冷水量(m^3/h)	地源水流量(m^3/h)	制热量(kW)	输入功率(kW)	热水流量(m^3/h)	地源水流量(m^3/h)		
8	132.8	24.8	22.9	27.0	135.3	32.8	23.5	18.0	675	1222×873×1496
9	148.6	27.7	25.6	30.2	152.1	36.7	26.4	20.2	705	1222×873×1496
10	165.5	30.8	28.5	33.6	169.9	40.8	29.5	22.6	755	1222×873×1496
11	190.2	35.3	32.8	38.6	195.1	46.8	33.9	26.0	805	1222×873×1496
12	215.0	39.8	37.0	43.6	220.3	52.8	38.3	29.4	850	1222×873×1496
13	199.6	37.1	34.4	40.6	207.9	50.3	36.1	27.6	1100	2227×877×1780
14	233.8	43.2	40.2	47.5	240.0	57.8	41.7	32.0	1175	2227×877×1780
15	263.8	49.4	45.4	53.6	269.3	65.3	46.8	35.8	1255	2227×877×1780
16	297.8	55.5	51.3	60.5	304.8	73.5	53.0	40.6	1310	2227×877×1780
17	332.2	61.2	57.2	67.4	340.5	81.1	59.2	45.5	1415	2227×877×1780
18	379.0	70.7	65.3	77.0	389.2	93.7	67.6	51.8	1520	2227×877×1780
19	428.4	79.8	73.8	87.1	439.6	105.9	76.4	58.5	1600	2227×877×1780

注 1. 制冷工况：冷冻水进/出口温度 12/7℃；地源侧进/出口温度 25/30℃。

2. 制热工况：热水进/出口温度 40/45℃；地源侧进/出口温度 10/5℃。

表 4.5-6　满液式地下水源热泵机组规格、性能

序号	制冷性能				制热性能				运行质量(kg)	机组尺寸（长×宽×高，mm×mm×mm）
	制冷量(kW)	输入功率(kW)	冷冻水量(m^3/h)	冷却水流量(m^3/h)	制热量(kW)	输入功率(kW)	冷冻水流量(m^3/h)	热水流量(m^3/h)		
1	484.6	72.8	83.4	43.4	506.1	103.6	44.0	88.0	3080	2900×1180×1960
2	623.0	91.6	107.3	55.7	653.1	130.3	57.1	113.5	3280	2900×1180×1960
3	727.7	106.8	125.3	65.0	762.5	151.8	66.7	132.5	3580	2930×1190×2100
4	884.1	132.0	152.2	79.2	918.5	185.8	80.1	159.6	3980	2990×1310×2200
5	1119.6	164.9	192.7	100.1	1164.7	234.7	101.6	202.4	6500	4430×1270×2210
6	1282.0	188.7	220.7	114.6	1344.0	268.4	117.5	233.6	7070	4470×1270×2250
7	1455.0	213.5	250.6	130.0	1524.9	303.6	133.4	265.0	7300	4470×1270×2280
8	1529.0	223.0	263.3	136.5	1590.0	315.5	139.3	276.4	7760	4565×1320×2380
9	1607.3	237.0	276.7	143.7	1665.6	333.7	145.5	289.4	7820	4650×1320×2380
10	1784.6	264.1	307.2	159.6	1850.8	371.7	161.6	321.6	8000	4680×1320×2380
11	2239.2	329.8	385.4	200.2	2329.4	469.4	203.2	404.8	13 400	4825×2670×2210
12	2564.0	377.4	441.4	229.2	2688.0	536.8	235.0	467.2	14 380	5200×2730×2250
13	2910.8	427.0	501.2	260.0	3049.8	607.2	266.8	530.0	14 840	5200×2730×2280
14	3101.4	445.4	534.0	276.4	3216.4	630.2	282.4	558.9	16 020	4960×2734×2380

续表

序号	制冷性能				制热性能				运行质量（kg）	机组尺寸（长×宽×高，mm×mm×mm）
	制冷量（kW）	输入功率（kW）	冷冻水量（m^3/h）	冷却水流量（m^3/h）	制热量（kW）	输入功率（kW）	冷冻水流量（m^3/h）	热水流量（m^3/h）		
15	3214.6	474.0	553.4	287.4	3331.2	667.4	291.0	578.9	16 140	4960×2734×2380
16	3569.2	528.2	614.4	319.2	3701.6	743.4	323.2	643.2	16 500	4960×2734×2380

注　1. 制冷工况：冷冻水进/出口温度 12/7℃；井水进/出口温度 18/29℃。
2. 制热工况：热水进/出口温度 40/45℃；井水进/出口温度 15/7℃。

目前大部分螺杆机组使用 R22 的制冷剂，也有部分厂商使用 R134a 制冷剂来提高制热工况的热水出水温度。表 4.5-7 列出典型的高温冷热水型螺杆水源热泵机组系列性能参数（R134a 制冷剂，地下水工况）。

表 4.5-7　高温冷热水型螺杆水源热泵机组系列性能参数

序号			1	2	3	4	5	6	7
制热工况	名义制热量（kW）		498	598	772	971	1167	1288	1548
	输入功率（kW）		139	170	2t2	280	325	370	429
	冷凝器	热水进/出水温度（℃）	50/55						
		热水流量（m^3/h）	84	102	131	165	198	220	263
		水压降（kPa）	65	57	59	69	54	59	77
	蒸发器	热水进/出水温度（℃）	15/7						
		热水流量 m^3/h	39	46	60	74	90	99	120
		水压降（kPa）	25	15	20	29	20	35	22
制冷工况	名义制热量（kW）		490	576	654	926	987	1234	1312
	输入功率（kW）		93	117	131	194	201	259	66
	冷凝器	热水进/出水温度（℃）	12/7						
		热水热量（m^3/h）	84	99	112	159	170	212	226
		水压降（kPa）	60	62	65	57	65	62	70
	蒸发器	热水进/出水温度（℃）	18/29						
		热水流量（m^3/h）	46	54	61	88	93	117	123
		水压降（kPa）	16	17	15	11	13	16	18

表 4.5-8 螺杆式地源热泵机组规格、性能

序号	制冷性能				制热性能		运行质量(kg)	机组尺寸（长×宽×高，mm×mm×mm）
	制冷量(kW)	输入功率(kW)	冷水量(m^3/h)	冷却水量(m^3/h)	制热量(kW)	输入功率(kW)		
1	157.1	27.2	27.0	14.3	171.5	38.3	900	2055×815×1300
2	190.2	32.5	32.7	17.3	207.1	45.7	1040	2230×825×1300
3	225.4	39.2	38.8	20.5	246.5	54.9	1060	2230×825×1300
4	315.0	54.6	54.2	28.6	343.7	76.8	1690	3000×1130×1350
5	387.7	65.0	66.7	35.1	415.2	90.5	2090	3210×915×1970
6	376.2	64.9	64.7	34.2	410.9	91.3	1920	3110×1130×1350
7	492.8	78.0	84.8	44.3	517.9	108.0	2380	3535×915×2000
8	441.9	78.0	76.0	40.3	485.3	109.4	1980	3110×1130×1350
9	598.5	96.3	102.9	53.9	636.0	134.0	2690	3535×915×2000
10	734.1	119.5	126.3	66.2	779.5	166.1	3050	3535×915×2040
11	797.3	131.0	137.1	72.0	847.6	182.0	3910	3800×1150×2125
12	875.4	142.7	150.6	78.9	929.2	198.2	3950	3800×1150×2125
13	951.3	154.3	163.6	85.7	1009.1	214.4	4000	3800×1150×2125
14	1109.0	172.7	190.7	99.4	1170.0	240.3	4890	4500×1150×2125
15	1212.7	193.3	208.6	109.0	1284.3	268.7	5070	4500×1150×2125
16	1467.3	233.4	252.4	131.9	1545.5	323.3	6680	4420×1700×2300
17	1321.2	215.2	225.5	119.1	1406.5	299.6	5210	4500×1150×2125
18	1426.2	237.3	225.5	128.9	1526.4	330.3	5230	4500×1150×2125
19	1579.5	247.4	271.7	141.7	1672.3	344.9	6980	4420×1700×2300
20	1681.0	267.8	289.1	151.1	1785.1	373.1	7270	4420×1700×2300
21	1807.0	289.4	310.8	162.5	1917.1	402.7	7640	4420×1700×2300
22	1914.6	311.3	329.3	172.6	2038.5	433.4	7720	4420×1700×2300
23	2044.6	334.3	351.7	184.4	2177.7	465.2	7880	4420×1700×2300
24	2150.7	356.1	358.6	194.3	2297.9	495.9	7960	4420×1700×2300
25	2322.5	366.0	399.5	208.5	2454.9	509.0	10 390	4500×2250×2455
26	2425.5	386.6	417.2	218.0	2568.7	537.5	10 710	4500×2250×2455
27	2534.6	408.6	436.0	228.2	2691.4	568.4	10 800	4500×2250×2455
28	2642.3	430.5	452.3	238.2	2813.0	599.2	10 890	4500×2250×2455
29	2748.6	452.4	452.3	248.1	2933.5	629.9	10 980	4500×2250×2455
30	2852.4	474.4	452.3	257.9	3052.8	660.6	11 070	4500×2250×2455

注 1. 制冷工况：冷冻水进/出口温度 12/7℃；冷却水进/出口温度 18/29℃。

2. 制热工况：热水进/出口温度 40/45℃；蒸发器进/出口温度 15/7℃。

表 4.5-9　　地表水源热泵机组规格、性能

序号	1	2	3	4	5	6	7	8	9	10	11
名义制冷量(kW)	5.4	7.9	9.4	11.3	12.6	17.2	22.3	33.9	39	50.4	63
名义制热量(kW)	7.6	10.6	12.3	14.8	16.5	21.8	30	45	53.2	66	82.5
名义制冷输入功率(kW)	1.35	1.98	2.29	2.69	3.07	3.91	5.31	8.27	10.00	12.29	15.37
名义制热输入功率(kW)	1.77	2.52	2.93	3.44	4.02	5.07	6.98	10.47	12.98	16.10	20.12
压缩机形式	转子		涡旋				涡旋				
源水侧水流量(m^3/h)	1.19	1.7	2	2.4	2.7	3.62	4.75	7.3	8.4	11	13.6
负载侧水流量(m^3/h)	0.95	1.36	1.62	1.94	2.17	2.96	3.83	5.93	6.7	8.86	10.9

表 4.5-10　　海水源热泵机组规格、性能

序号		1	2	3	4	5	6	7	8	9	10	11	12
制冷量（kW）		370	457	562	738	914	1124	1371	1686	2004	2427	2742	2952
制热量（kW）		400	475	595	811	1028	1189	1425	1800	2208	2725	3085	3242
低压缩机性能	形式	半封闭螺杆压缩机											
	能量调节范围（%）	25～100					12.5～100			8.3～100			6.25～100
	台数	1					2			3			4
压缩机性能	启动方式	分绕组		Y-△启动									
	制冷输入功率(kW)	73.1	90.8	105.8	138.6	176.6	211.6	258.6	317.1	386.4	474	529.8	554.4
	制热输入功率(kW)	98.3	113	137.8	185.5	236	275.6	331.1	418.3	512.7	630	708	743.2

四、水环热泵设备

（一）工作原理

水环热泵机组的工作原理如图 4.5-4 所示，供冷时，热量从空调房间中排向循环水系统；供热时，空调房间内的空气从循环水中吸取热量。当供冷机组向循环水排放的热量与同时工作的供热机组自水系统吸收的热量相等时，系统既不需加热也不需冷却，从而理想地实现了热量的转移和回收。当供冷机组向水系统排放的热量大于供热机组自水系统吸收的热量，甚至全部机组均以供冷状态运行，使循环水系统温度升高，超过一定限值时，需启动排热设备向大气排放热量；反之，当供热机组自水系统吸收的热量于供冷机组向水系统排放的热量，甚至全部机组均以供热状态运行，使循环水温度下降，低于一定限值时，需启动加热设备向水系统补充热量。

水环热泵设备的基本组成部件有封闭式压缩机、制冷剂一水换热器、制冷剂一空气换热器、风机及其电机、毛细管或膨胀阀、四通换向阀等。

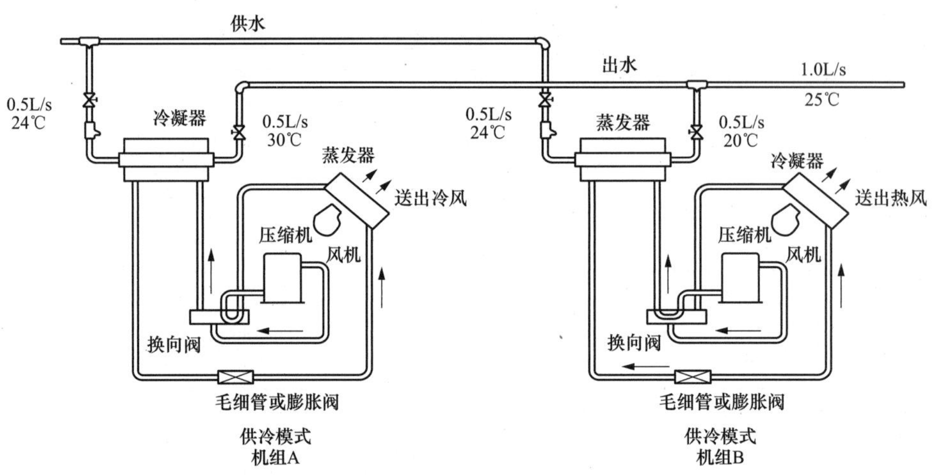

图 4.5-4 水环热泵机组的工作原理图

(二) 设备类型

水环热泵设备的几种形式及其特点与使用范围见表 4.5-11。

表 4.5-11 水环热泵设备的几种形式及其特点与使用范围

形式	特点	使用范围
坐地式机组	(1) 暗装或明装，类似于立式风机盘管机组。 (2) 不接风管	(1) 周边区靠外墙安装。 (2) 不分隔的独立房间。 (3) 独立或多个固定内区空间
立柱式机组	(1) 占地面积小。 (2) 安装、维修、管理方便；需接风管。 (3) 通常安装在作为回风小室的机房内	公寓、单元式住宅楼、办公楼内区等，一般在墙角处安装
水平卧式机组	(1) 吊顶内安装，不占地面面积。 (2) 需接风管	有吊顶空间，对噪声要求不严格的各种场所
大型立式机组	(1) 冷热负荷大。 (2) 送风余压高。 (3) 可接新风。 (4) 需设机房	大空间空调场所
屋顶式机组	(1) 室外屋顶安装。 (2) 需接风管。 (3) 噪声易于处理	通常用于工业建筑或作为新风处理机组
分体式机组	(1) 压缩机、制冷剂-水换热器（外机）与风机、制冷剂-空气换热器（内机）分开布置，用制冷剂管道连接，利于处理噪声。 (2) 可用一台外机连接多台（一般 1～3 台）内机，布置灵活	对噪声要求严格的空调场所
全新风机组	(1) 处理全新风。 (2) 初投资较高	对新风处理要求较高的场所
水-水式热泵机组	(1) 利用空调系统提供 40℃左右热水。 (2) 回收空调系统冷凝热。 (3) 初投资较高	(1) 有少量卫生热水需要的建筑。 (2) 由于冬季预热新风

续表

形式	特　　点	使用范围
独立空气加热器机组	（1）也称双盘管机组。 （2）制冷剂-空气换热器仅用于夏季供冷。 （3）内置独立的空气加热器，用于冬季连接低温热水供热。 （4）不能实现同时供热供冷以及建筑物内部热回收	用于冬季采用集中供热、锅炉等有做热源的场合

五、吸收式热泵

（一）吸收式热泵循环

在人们的生活和生产活动中需要使用大量的热能，这些热能经过利用后，以低温废热形式被排放至环境中，这些废热能温度低而不能直接加以利用。吸收式热泵的作用就是从低温热源中吸取一定数量的热能，提高温度后输送到高温热源或受热物体上。

吸收式热泵是以热能作为主要驱动能源的热回收设备。根据其工作特向来分，可将吸收式热泵分为两种，第一种吸收式热泵和第二种吸收式热泵。

第一种吸收式热泵是以消耗高温热能作为代价，通过向系统输入高温热能，进而从低温热源中回收一部分热能，提高其温位，以中温的形式供给用户。

第二种吸收式热泵或称为热交换器则靠输入的中温热能（废热）驱动系统运行，将其中一部分能量温位提高，送至用户，而另一部分能量则排放至环境中。

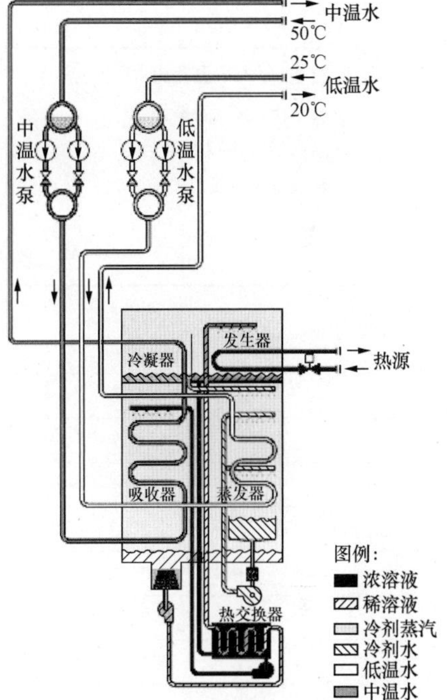

图 4.5-5　吸收式热泵流程图

（二）设备参数

吸收式热泵流程如图 4.5-5 所示，第一类吸收式热泵机组规格、性能见表 4.5-12，第二类吸收式热泵机组规格、性能见表 4.5-13。

表 4.5-12　　第一类吸收式热泵机组规格、性能

序号	制热量（kW）	废热回收量（kW）	中温水流量（m^3/h）	低温水流量（m^3/h）	蒸汽耗量（kg/h）	运行质量（t）
1	282	117	16	12.5	255	3.6
2	424	175	24	18.8	385	6.2
3	706	291	40.7	31.3	643	7.9
4	1059	436	60.7	46.9	963	10.1
5	1412	582	80.7	62.5	1286	11.5
6	1765	727	101	78	1609	13.6
7	2118	823	121	93.7	1932	15.3
8	2824	1163	162	125	2575	21.2

续表

序号	制热量 (kW)	废热回收量 (kW)	中温水流量 (m^3/h)	低温水流量 (m^3/h)	蒸汽耗量 (kg/h)	运行质量 (t)
9	3531	1454	203	156	3220	25.6
10	4273	1745	243	189	3900	31.4
11	5649	2326	324	250	5153	36.4
12	7061	2908	405	313	6446	46.7
13	8473	3489	486	375	7734	53.5
14	11 298	4652	647	500	10 316	68.3
15	14 122	5816	809	625	12 898	83

注 1. 低温水出/入口温差为8℃。
2. 中温水出/入口温差为15℃。
3. 低温水最低出口温度为5℃。
4. 制热额定负荷COP为1.7。

表4.5-13　　第二类吸收式热泵机组规格、性能

序号	制热量 (kW)	一次水流量 (m^3/h)	二次水流量 (m^3/h)	运行质量 (t)
1	557	7.1	48	3.9
2	835	10.7	72	6.4
3	1391	17.9	120	8.4
4	2087	26.8	180	10.4
5	2783	35.7	239	12.0
6	3479	44.6	299	14.3
7	4174	53.6	359	15.8
8	5566	71.4	479	22.2
9	6957	89.3	598	26.7
10	8349	107	718	33.4
11	11 132	143	957	38.8
12	13 915	179	1196	50.0
13	16 697	214	1436	57.6
14	22 263	286	1914	72.5
15	27 829	357	2393	89.0

注 1. 一次水额定出/入口温度为28/95℃。
2. 二次水额定出/入口温度为50/40℃。

第六节　增　压　机

增压机本质上为一种压缩机，即通过压缩气体以提高气体压力的机械设备。以燃气作为工质，将燃气的压力进行提升的压缩机，称为燃气增压机（natural gas booster compressor)，本手册简称增压机。

在分布式能源站项目中，当上游燃气供气气源的压力不足，无法满足原动机设备（如燃气轮机或者燃气内燃机）所需的压力时，需考虑通过增压机将燃气予以增压，以满足系统压力要求，实现分布式能源站安全稳定运行的目的。

一、增压机的分类及工作原理

（一）增压机的分类

增压机的种类繁多，根据工作原理的不同，可分为容积型和速度型。其中容积型又分为往复式、回转式；速度型分为透平式、喷射式。增压机的具体分类如图 4.6-1 所示。

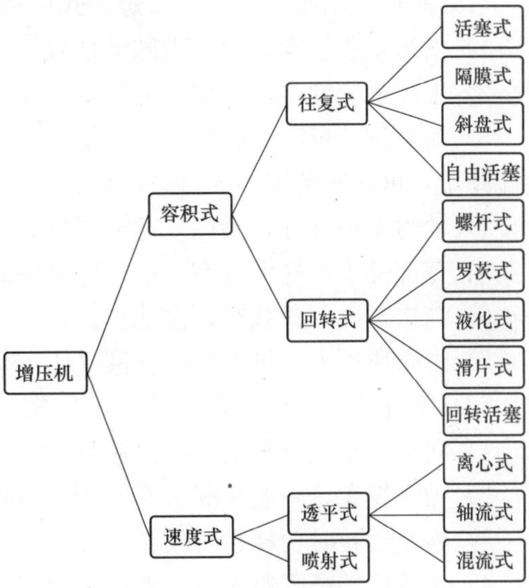

容积型增压机：通过运动部件的位移，使一定容积气体吸入和排出封闭空间以提高静压力的增压机。其中，往复式增压机的典型代表为活塞式增压机；回转式增压机的典型代表为螺杆式增压机。

速度型增压机：随着气体连续地由入口流向出口，将其动能转换为势能来提高气体压力的一种增压机，其典型代表有离心式（径流式）增压机、轴流式增压机。

- 增压机
  - 容积式
    - 往复式
      - 活塞式
      - 隔膜式
      - 斜盘式
      - 自由活塞
    - 回转式
      - 螺杆式
      - 罗茨式
      - 液化式
      - 滑片式
      - 回转活塞
  - 速度式
    - 透平式
      - 离心式
      - 轴流式
      - 混流式
    - 喷射式

图 4.6-1　增压机分类图

（二）增压机工作原理及特点

在电力行业中应用较多的燃气增压机类型主要有螺杆式增压机、往复式增压机和离心式增压机三种。以下内容为三种形式增压机的工作原理及特点。

1. 螺杆式增压机

（1）螺杆式增压机工作原理。螺杆式增压机属容积型增压机，一般分为单螺杆增压机和双螺杆增压机。其中，双螺杆增压机应用最为广泛，其结构由一对螺杆转子、一个机壳与一对端盖组成。螺杆式增压机是靠一对平行排列、相互啮合的阴阳螺杆转子与机壳形成压缩腔，通过螺杆转子齿间容积的变化来提高气体压力。其工作循环可分为吸气、压缩和排气三个过程。随着转子旋转，每对相互啮合的齿相继完成相同的工作循环。气体的压缩依靠容积的变化来实现，而容积的变化又是借助压缩机的转子在机壳内做回转运动来实现。

螺杆增压机绝大部分采用喷油式润滑，通过润滑油与介质混合进入增压机，随着介质的流动对机器进行润滑和密封。油润滑的主要作用在于：

1）降低排气温度。

2）减少工质泄漏，提高密封效果。

3）增强对零部件的润滑，提高零部件使用寿命。

4）对声波有吸收和阻尼作用，可以降低噪声。

5）冲洗掉机械杂质，减少磨损。

由于喷油量较大，因此必须设润滑油系统，在增压机出口也必须设油气分离器，这将增大机组的体积和复杂性。因此，对于不允许污染的介质一般不采用这种喷油式润滑，或者需要额外配备相关除油污设施。

采用无油润滑的增压机对阴阳转子的啮合间隙、转子的刚度以及整个机组的加工质量都要求较高。无油压缩机的造价较高，且维护成本较高，在实际工程中燃气无油压缩机应用较少，较多采用的是有润滑油的螺杆式增压机。

（2）螺杆式增压机的优点。螺杆式增压机的优点如下：

1）增压过程连续，无压力脉动现象。

2）工况适应性强，工作压力变化时，流量变化较小。

3）流量调节灵活、范围广，可实现流量的无级自动调节，适用于工况变化频繁的场合；性能稳定，可在宽范围内保持较高效率。

4）动力平衡性好，无往复运动部件，可做高速运转，运动部件平衡好，振动小。

5）零部件少，易损件少，运行可靠性高，寿命较长，维护管理简单。

6）结构紧凑，荷载轻，占地少。

7）耐杂质冲击，可以输送含液气体、含粉尘气体、易聚合气体等。

（3）螺杆式增压机的缺点。螺杆式增压机的缺点如下：

1）润滑油系统较复杂，油消耗量大，且对燃气存在油污染。

2）噪声较大，一般情况下需安装消声降噪设施。

3）高速运转时功耗相对较高。

4）转子运转精度要求高，螺杆间隙因长期运转会逐步变大，定期修复或更换费用较高。

5）受到转子刚度和轴承寿命的限制，只适用于中、低压范围，不适用于高压运行。

2. 往复式增压机

（1）往复式增压机的工作原理。往复式增压机通常指活塞式增压机，属于容积式增压机。往复式增压机依靠活塞在气缸内做往复运动的活塞，使容积缩小而提高气体压力。活塞式压缩机通过曲轴连杆机构将曲轴旋转运动转化为活塞的往复运动。当曲轴旋转时，通过连杆的传动，驱动活塞做往复运动，由气缸内壁、气缸盖和活塞顶面所构成的工作容积会发生周期性变化。曲轴旋转一周，活塞往复一次，气缸内相继实现进气、压缩、排气的过程，即完成一个工作循环。往复式增压机气缸尺寸一旦确定，其容积变化率即确定，即使流量发生变化时，其输出压力变化相对较小。

（2）往复式增压机的优点。往复式增压机的优点如下：

1）压力适应范围广，压比较高；不论流量大小，均可以实现各级压力增压需求。

2）对材料以及制造工艺要求不高，设备造价相对较低。

3）热效率高，单位能耗少。

4）运行适应性强，排气量范围广，受排气压力影响较小。

5）结构较为简单，操作便捷。

6）技术成熟，有大量的工程业绩。

（3）往复式增压机的缺点。往复式增压机的缺点如下：

1）设备笨重，惯性力大，转速不能太高，故功率及排量受限。

2）易损件多，维修工作量大，维护费用相对较高。

3）排气不连续，气流压力存在脉动，易产生气柱振动。

4）运行时振动与噪声较大，对设备基础要求相对较高。

5）外形尺寸偏大，占地以及检修空间需求大。

6）气缸内存在润滑油，对介质有污染。

7）对润滑油品质要求高，年运行维护费用高。

3. 离心式增压机

（1）离心式增压机的工作原理。离心式增压机属于速度式增压机，通过提高流体动能，将动能转化为压力能，从而实现对气体的增压。离心式增压机由各自独立的离心式叶轮及蜗壳串联而成，由电动机或其他驱动设备通过增速齿轮驱动增压机叶轮高速旋转，产生离心力，使流体获得能量，把燃气稳定、连续地吸入到增压机中去，逐级完成对其压缩增压过程，将动能转化为压力能，最终使燃气压力得到提高。

一般介质在单级叶轮中获得的动能相对有限，因此单级增压效果不够，通常一级离心叶轮的压比为1.30～1.70，若要获得较高的压力，可以在主轴上装设几级叶轮，并使流道串联，使气体经过逐级压缩，故离心式增压机可根据需要采用单级或多级增压结构。

（2）离心式增压机的优点。离心式增压机的优点如下：

1）转速高，排气量大，功率大。

2）排气均匀，气流无脉冲现象。

3）增压过程中介质与润滑油无直接接触，不存在污染介质的情况。

4）密封效果好，基本没有泄漏。

5）运转平稳，操作可靠。

6）动平衡特性好，振动小，对基础要求不高。

7）结构相对简单，易损件少，维修量少，运行可靠性高，连续运转周期长。

8）结构相对紧凑，占地空间相对较小，易于实现大型化。

9）因转速高，除采用电动机外，还可由燃机或内燃机等动力设备驱动，存在进一步节能的可能。

（3）离心式增压机的缺点。离心式增压机的缺点如下：

1）对进口参数适应性较差，不适用于流量过小以及压比过高的场合。

2）价格昂贵，初投资较高。

3）效率相对较低。

4）稳定工况区较窄，偏离设计工况点时运行时性能差。

5）流量调节范围有限，通过回流调节时运行经济性较差。

6）设备运转速度较高，可能存在机械振动与喘振现象。

7）设备操作相对复杂，对齿轮箱等设备技术要求较高，维护费用较大。

二、增压机主要技术参数及相关影响因素

（一）增压机主要技术参数

对于增压机选型，必须先明确压缩机选型的基本参数。因此在进行增压机选型之前，必须掌握增压机选型的基本参数和运行条件。

1. 介质物理化学性质

该参数包括气体组分、介质特性。

2. 工艺参数

(1) 排气量 Q_n。排气量 Q_n也称为增压机的流量或气量，指单位时间内增压机最后一级排出的气量，换算到入口状态参数下的容积流量。通常情况下，燃气流量均换算为标准状态下（101.325kPa，20℃）的容积流量。常用的单位是 m^3/min、m^3/h。

(2) 进气压力 P_s。进气压力 P_s通常指增压机入口的气体压力，即上游接口供气压力考虑增压机入口管线阻力后的压力，常用单位是 MPa、bar。

(3) 排气压力 P_d与 ε。排气压力 P_d通常指增压机最终排出的气体压力，即增压机末级排气压力，常用单位为 MPa、bar。

压力比，简称压比，包括增压机总压力比与级压力比。

总压力比：增压机末级排气绝对压力与第一级进气绝对压力的比值。

级压力比：某一级排气绝对压力与该级进气绝对压力的比值。

(4) 进气温度 T_S。进气温度 T_S通常指进入增压机首级的进气温度，一般为上游供气温度。常用温度单位为℃、K。

进气温度一般会受到上游以及环境条件的影响，波动较大时则会影响到增压机工作效率。

(5) 排气温度 T_d。排气温度 T_d通常指最终排出压缩机的气体温度，即增压机末级排气温度。常用温度单位为℃、K。

为了控制增压过程中气体温度过高影响增压效率，增压机需要配置级间冷却器；如有必要，为了控制最终排气温度，增压机后也会设置后冷却设备。

(6) 轴功率 P 与效率 η。增压机消化的功，一部分直接用于压缩气体，另外一部分用于克服机械摩擦。前者称为指示功，后者称为摩擦功，两者之和为增压机所需的总功，称为轴功。

单位时间所消耗的功称为功率，常用单位为 kW。

指示功率与轴功率的比值即为增压机的效率 η。

3. 现场条件

现场条件包括场地所在地区的季候、环境条件，增压机的安装位置、环境温度、相对湿度、大气压力、大气腐蚀状况、机组冷却条件以及危险区域的划分等级等条件。

(二) 增压机相关影响因素

1. 介质成分的影响

(1) 含水量。若燃气含水量较大，而增压站中的相关过滤设备的除水能力有限，进入压缩机的水分过多，则会出现如下影响：

1) 影响容积效率。

2) 增加气体流动阻力，增大功耗。

3) 不利于增压；对于离心式增压机，可能会使叶片遭受水力冲击，甚至影响设备使用寿命。

4) 介质中的水分具有较强腐蚀性时，容易致使设备锈蚀，缩短使用年限。

(2) 硫化物。一般燃气成分中都含有一定的硫化物，它对增压机的金属部件都有一定的腐蚀作用。对于含硫燃气，随着 pH 值降低，对钢材的腐蚀性加剧，材料对硫化氢应力腐蚀开裂的敏感性增强，特别当 pH 值小于 6 时，材料对硫化氢应力腐蚀开裂特别敏感。同时，随着压力的增大、温度的升高，硫化氢危害更大，更易促进氢向钢材中扩散，引起钢材的应力腐蚀开裂。

2. 温度的影响

增压机各处温度的增高主要是从机械摩擦损耗和压缩功中转换而来的。根据增压机各处温度的高低可判断机器质量的好坏。温度对增压机有以下几点影响：

（1）吸入气体温度过高，会减少排气量。

（2）压缩过程中气体温度过高，会降低增压机效率，增大功耗。

（3）温度过高，也会使得润滑油结焦，增大相关运动部件的磨损。

（4）润滑油温度过高，会降低油的黏度和油压，影响润滑效果。

（5）其他机件过热会降低机械强度。

（6）冷却水温度过高就会降低冷却效果。

（7）电动机温度过高，则会有被烧毁的危险。

同时，温度也不能过低，若冷却水温度低于 0℃就会冻结，影响冷却水的循环，甚至冻坏设备。润滑油温度过低也会使油的黏度变大而妨碍润滑。

因而，对压缩机各部位温度的控制，是增压机自我保护、保证正常运转的一个重要控制环节。

3. 流量的影响

流量是对增压机选型的一种重要影响因素。由于结构限制以及工作原理等方面的原因，活塞式与螺杆式增压机适用于中小流量运行工况，离心式和轴流式则适用中大流量运行工况。不同增压机适用流量范围示意图如图 4.6-2 所示。

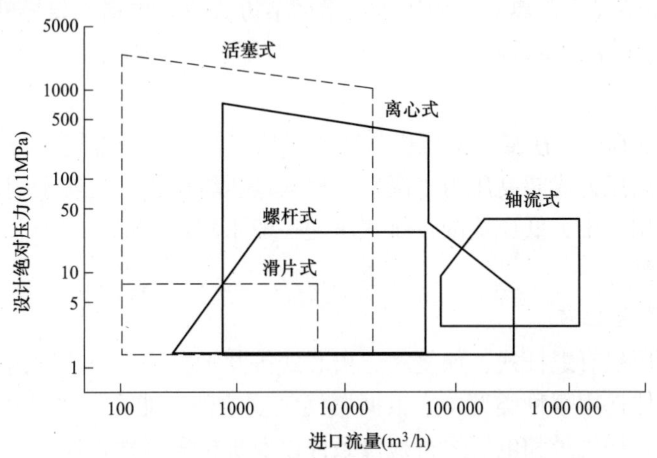

图 4.6-2　不同增压机适用流量范围示意图

（1）螺杆式增压机的流量特性。

1）在转速一定情况下，压比增加时，实际排气量会略有下降。这是由于通过间隙的气体泄漏量会随着压比增高而增大，在低转速情况下尤为明显。

2）流量可通过滑阀在 20%～100%的较大范围内进行调节。

(2) 往复式增压机的流量特性。

1) 理论上在结构确定的情况下，往复式增压机的流量与排气压力无直接关系，与往复速度相关。

2) 在转速一定情况下，往复式增压机的流量调节主要包括余隙调节与回流调节。

(3) 离心式增压机的流量特性。

1) 在转速一定情况下，流量与压比成反比关系。

2) 在转速一定情况下，当流量为某个值时，压缩机效率达到最高值；当流量大于或小于此值时，效率将快速下降，一般以此流量的工况点作为设计工况点。

3) 在转速一定情况下，离心式压缩机的流量有上下限，下限在喘振工况线上，上限则在阻塞工况线上。离心式压缩机稳定工作区域为喘振工况线与阻塞工况线之间的区域。喘振工况是压缩机小流量下的一种不稳定状况，阻塞工况则是压缩机最大流量工况，具体示意图如图 4.6-3 所示。

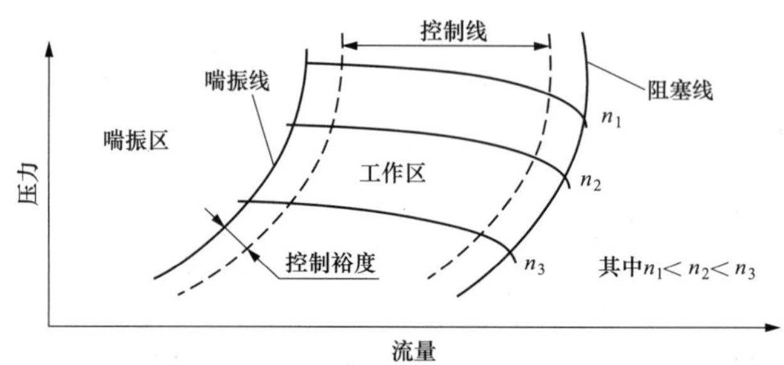

图 4.6-3 离心式增压机喘振线与阻塞线示意图（注：n_1～n_3 为转速）

4) 在转速一定情况下，离心式增压机流量调节方式主要包括入口导叶调节与回流调节。75%～100%范围可采用入口导叶调节，75%以下范围则采用回流调节。

4. 压力的影响

从图 4.6-3 可以看出，往复式增压机与离心式增压机适用于排气压力范围很广，尤其往复式增压机适用于高压力或超高压力工况；螺杆式增压机由于受到转子刚度和轴承寿命等方面的限制，只能适用于中、低压范围，排气压力一般不超过 3MPa。

三、增压机选型

(一) 增压机类型比较

常用的燃气增压机有螺杆式、往复式、离心式等几种类型，目前国内燃气工程项目各种类型均有应用。具体选用哪种类型，应根据燃气气质条件、能源站原动机对燃料技术要求、增压机进出口压力、耗气量和电厂运行检修条件以及价格等因素，经综合比选而定。这三种类型的增压机对比见表 4.6-1。

表 4.6-1 螺杆式、往复式（活塞式）、离心式增压机特点对比

项 目	螺杆式增压机	往复式（活塞式）增压机	离心式增压机
系统特点	简单、单级	简单、单级	复杂、多级
最大连续运行能力	4～6 年	1～2 年	2～3 年

续表

项　目	螺杆式增压机	往复式（活塞式）增压机	离心式增压机
维护周期	1～2年	约5000h	约1年
是否需要备机	不需要	需要	不需要
适用气量	小流量，≤25 000m³/h	中小流量，≤30 000m³/h	大流量，可到100 000m³/h
适用压比	小压比，出口不大于4.6MPa（46bar）	大压比，排气压力高	小压比，单级压比不大于1.7
运行效率	一般	较高	一般
流量调节	无极滑阀调节：100%～20%	余隙调节：100%～88% 回流调节：88%以下	入口导叶调节：100%～75%； 回流调节：75%以下
噪声	低噪、高频	高噪、低频	低噪、高频
对介质影响	存在油污染，需设置后净化装置	存在油污染，需设置后净化装置	无污染
轴功率	一般；部分负荷，功耗可降低	较小；回流调节时，功耗无法降低	较大；回流调节时，功耗无法降低
易损维护件	非常少，易维修保养，维护简便	较多，需专业人员定时更换	需设备件，维护、备件成本较高
体积	较小	较大	较大
基础	占地面积小、轻载	占地面积大、重载	占地面积大、轻载
价格	微油式价格较低；无油式设备价格较高，连续运行能力一般	较低	贵（尤其是进口设备）
使用场合	排出压力不高，流量不大	高压比、不连续工作	大流量，常用于大型燃机电站

（二）增压机选型原则

1. 设置燃气增压机的基本原则

在具体工程项目的燃气供应系统方案设计时，只有在上游燃气供气压力不能满足原动机进口压力要求时，才考虑设置燃气增压机。由于设置增压机需增加投资且增加厂用电耗，因此项目前期应充分做好调研工作，落实上游所供燃气是否具有满足该项目压力的条件，尽可能避免设置燃气增压机。若上游供气压力参数确实不能满足要求时，再考虑燃气增压机选型与配置问题。

2. 燃气增压机选型的具体原则

（1）应满足原动机对燃气流量、压力、温度等工艺参数的要求。

（2）应满足介质（燃气）的特性要求。

1）对于燃气等易燃易爆气体，要求密封严密且安全可靠。

2）若燃气介质存在腐蚀型较强的成分时，要求与介质接触的部件采用耐蚀材质。

（3）必须满足现场安装条件要求：

1）安装在有腐蚀性气体或者潮湿多雨场合的增压机，应采取相应防腐、防潮的措施。

2）安装在室外环境温度低于－20℃以下的增压机应采用耐低温材料。

3）分布式能源站燃气增压机采用电动机驱动时，电动机的防爆等级应符合爆炸性危险环境的区域等级。

（4）燃气增压机应兼顾运行的高效性以及适应分布式能源站运行的灵活性。

（5）燃气增压机选型时，应综合考虑增压机的性能、安全性、可靠性，且充分考察增压机供应商的制造标准以及相关工程使用业绩等因素。

(6) 从各类型增压机的性能特点以及工作范围而言，分布式能源站一般燃气压力需求在中低压范围，燃气增压机类型选用总的原则如下：

1) 中小流量，排气压力较高时，可选用往复式（活塞式）增压机，且选择卧式、对称平衡型。

2) 中小流量，排气压力不高时，或含尘、湿、脏的气体，可选用螺杆式增压机。

3) 中大流量，排气压力为低、中压力时，可选用离心式压缩机。

由于各类燃气增压机的应用范围重叠较宽，具体选用增压机类型时，需根据流量、温度、压力、功率、效率和介质性质等技术参数，以及各增压机供应商的技术实力、设备特性、工程经验等因素综合考虑，才能保证增压机选型的合理性。

四、燃气增压机市场情况

分布式供能站项目容量大小以及原动机（燃气内燃机、燃气轮机等）配置差异较大，对增压机性能要求也各不相同。一般而言，燃气增压机需要根据项目需求予以“定制”，基本没有成型的标准产品可直接套用。因而在实际工程设计中，需要与增压机厂家配合设计增压设备。另外在分布式供能站应用增压机也存在一定困境，一方面燃气增压机在国内分布式供能站中应用并不广泛，技术经验积累不足；另一方面电力行业燃气增压机以国外品牌为主，国内燃气增压机质量良莠不齐，产品性能稳定性，可靠性方面与国际先进水平尚存在差距。

燃气增压机在国内的分布式供能站项目中应用较少，主要有两方面原因：①国内分布式供能站，大部分原动机采用燃气内燃机或小型燃机，所需燃气供气压力不高，在大多数情况下，供气管网均能满足分布式供能站的供气要求，即不需要设置增压机；②由于国内分布式供能站工程发展较晚，应用于分布式供能站的燃气增压机工程案例相对较少，相关经验积累也不足。

燃气增压机国内品牌与国外品牌在产品竞争力上尚存差距，在电力行业增压机采用国外品牌居多。目前国内燃气增压机产品质量良莠不齐，且主要在石油化工行业应用，电力行业应用业绩相对较少（空气压缩机除外）。总的来说，国内燃气增压机产品序列不全，多数为微型增压机与往复式（活塞式）增压机；另外，增压机研发技术以及制造技术也相对落后。其中工艺用的压缩机随着国内工业水平进步，虽然有了较快的发展，但是其技术水平和制造能力，特别是产品性能稳定性和可靠性方面与国际先进水平尚有一定差距。

目前市场上主要燃气增压机生产厂家见表 4.6-2。

表 4.6-2　　燃气增压机生产厂家情况

市　场	类　别	制　造　厂　家
国内	螺杆式	无锡压缩机股份有限公司
		汉纬尔机械（上海）有限公司
	往复式	四川金星清洁能源装备股份有限公司
		重庆气体压缩厂有限责任公司
		无锡压缩机股份有限公司
		四川大川压缩机有限责任公司
	离心式	西安陕鼓动力股份有限公司
		沈阳鼓风机集团股份有限公司

续表

市　场	类　别	制　造　厂　家
国外	螺杆式	西门子-德莱赛兰
	往复式	西门子-德莱赛兰
		通用-新比隆
	离心式	曼透平
		阿特拉斯
		通用-新比隆
		英格索兰
		西门子-德莱赛兰

注　本表厂家仅供参考，各家产品差异较大，最终以厂家实际情况为准。

第七节　冷　却　塔

冷却塔按其通风方式不同可分为自然通风冷却塔和机械通风冷却塔，分布式供能站中常用的为机械通风冷却塔，且基本为湿式，北方缺水地区可考虑采用空冷塔。本节介绍湿冷式塔型选择的一般规定、对冷却塔制造厂家的技术要求和燃气分布式供能站常用的三种冷却塔的性能、规格、外形尺寸。

一、塔型选择的一般规定

(1) 冷却塔选型须根据建筑物功能、周围环境条件、场地限制与平面布局等诸多因素综合考虑。

(2) 对塔型与规格的选择还要考虑当地气象参数、冷却水量、冷却塔进出水温、水质以及噪声、散热和水雾对周围环境的影响。

(3) 经技术经济比较确定，主要考虑热工指标、噪声指标和经济指标。

二、对冷却塔制造厂家的技术要求

(1) 须提供经试验实测的热力性能曲线。

(2) 风机和电动机匹配良好，无异常振动与噪声，运行噪声达到标准要求。

(3) 质量轻。

(4) 电耗较低，G 型塔的实测耗电比不应大于 0.06kW/(m^3·h)，其他型塔不应大于 0.04kW/(m^3·h)，电动机的电流值不应超过额定电流值。

(5) 对有阻燃要求的冷却塔，玻璃钢氧指数不应低于 28。

(6) 布水均匀，不易堵塞，壁流较少，除水效率高，水滴飞溅少，没有明显的飘水现象，底盘积水深度应确保在水泵启动时至少 1min 内不抽空。

(7) 塔体结构稳定。

(8) 维护管理方便。

三、YHG/YHGS 系列逆流式机械通风冷却塔（工业型）

YHG/YHGS 系列逆流式机械通风冷却塔外观及结构如图 4.7-1 所示，平立面外形如图 4.7-2～图 4.7-4 所示，性能规格及外形尺寸参数表见表 4.7-1。

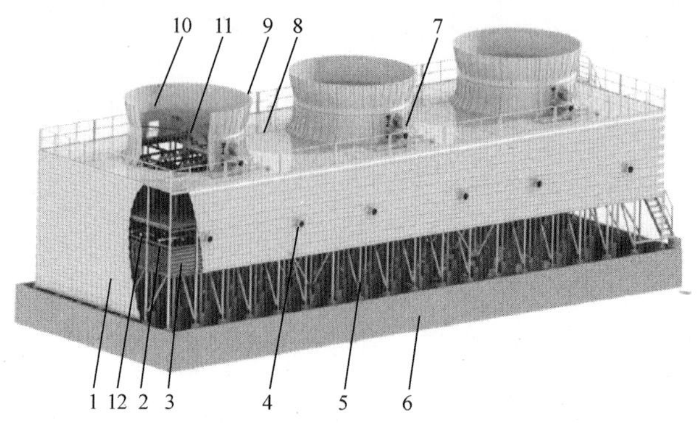

图 4.7-1 YHG/YHGS 系列逆流式机械通风冷却塔外观及结构图

1—侧板；2—大口径喷头；3—淋水填料；4—进水法兰；5—框架；6—水池；7—电动机；8—顶板；9—围栏；10—动能回收风筒；11—风机；12—收水器

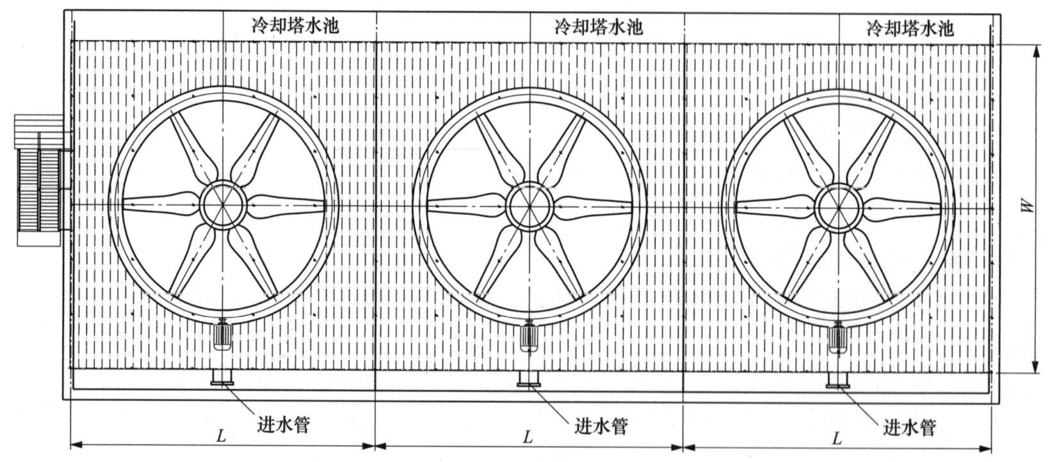

图 4.7-2 YHG/YHGS 系列逆流式机械通风冷却塔外形图

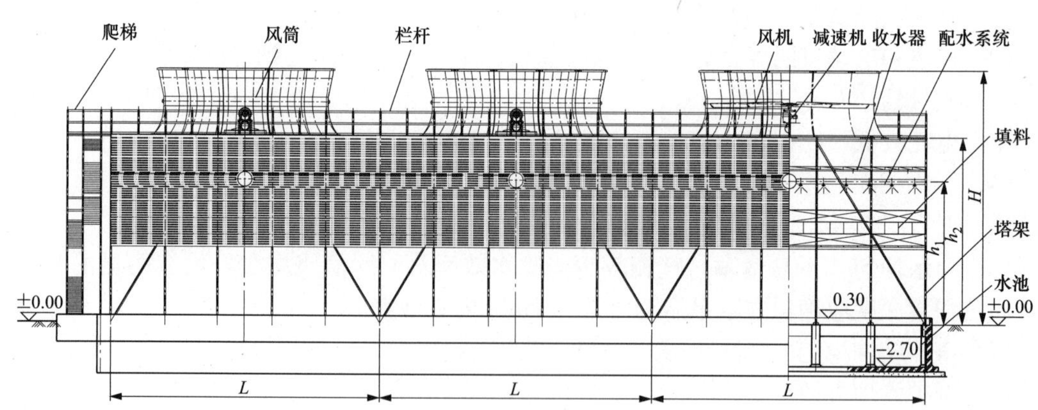

图 4.7-3 YHG/YHGS 系列逆流式机械通风冷却塔正立面图

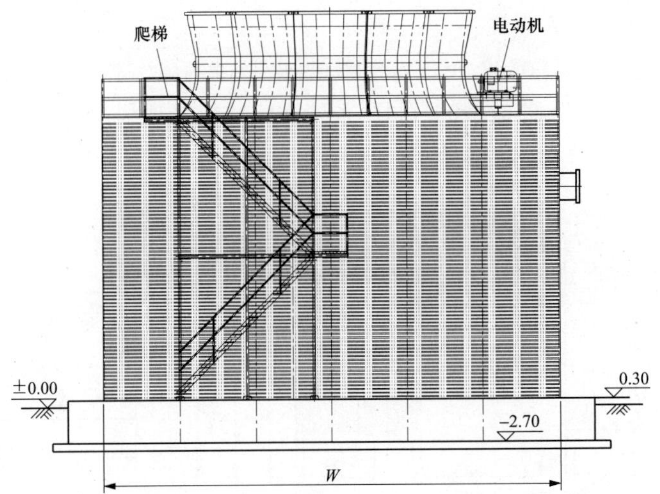

图 4.7-4　YHG/YHGS 系列逆流式机械通风冷却塔侧立面图

表 4.7-1　　YHG/YHGS 系列逆流式机械通风冷却塔性能规格及外形尺寸参数

型号	冷却水量	风机直径(mm)	电动机功率(kW)	长	宽	高			进水管径	进塔水压	自重	运行重（t）
				L	W	H	H_1	H_2	(mm)		(t)	
1000	1000	4700	37	9230	9230	9000	4000	6500	300×2	30	15.5	24.5
1250	1250	5500	45	9230	9230	9200	4200	6700	350×2	30	17.5	27.5
1500	1500	6000	55	11 060	11 060	9650	4350	7160	350×2	30	23.5	34.7
2000	2000	7000	90	12 890	12 890	10 700	4900	7700	450×2	35	32.5	49.5
2500	2500	7700	132	12 890	12 890	11 300	5300	8300	450×2	35	37.5	55.5
3000	3000	8000	160	14 720	14 720	12 100	5600	8600	500×2	35	45.5	64.5
3500	3500	8532	160	16 550	16 550	12 400	5900	8900	550×2	35	50.5	71.5
4000	4000	9144	200	16 550	16 550	12 800	6300	9300	550×2	40	54.7	80.5
4500	4500	9144	200	18 380	18 380	13 400	6400	9400	600×2	40	63.5	84.7
5000	5000	9754	250	18 380	18 380	13 900	5900	9900	600×2	40	64.7	93.5

四、YHD 系列逆流式机械通风冷却塔

1. 型号说明

①	②	③	④	⑤	⑥	⑦
YHD	0606	E	X	1	—	*台数

①：产品线，代表逆流冷却塔。

②：产品模块，代表某个冷却塔模块。

③：电动机代码，代表配备的电动机型号。

④：填料代码，代表配备的填料型号。

⑤：塔体组合代码：1 代表独立 1 台或 2 台冷却塔的组合，3 代表 3 台及 3 台以上拼装冷却塔的组合。

⑥：后缀代码，

无后缀：代表面板、集水盆、风筒等部件为 FRP 玻璃钢；

-SZ：代表面板、集水盆等部件为 Z700 镀锌钢板，风筒为热浸镀锌钢；

-S：代表面板、集水盆、风筒等部件为 304 不锈钢；

-SD：代表面板、集水盆等部件为镀铝镁锌板，风筒为热浸镀锌钢；

-SL：代表面板、集水盆等部件为镀铝锌板，风筒为热浸镀锌钢。

⑦：拼装台数，大于 1 台拼装时，表示实际拼装台数；空白表示单台。

如：YHD-0606EX3-SZ*4 代表 YHD 方形式逆流冷却塔 0606 模块，电动机功率 2.2kW，填料为 X 型填料，3 台或 3 台以上的组合，面板、集水盆等部件为 Z700 镀锌钢板，风筒为热浸镀锌钢；实际拼装台数为 4 台。

2. 产品外形图及相关参数表

本小节列举了 YHD-0606/0806/0808/0808/1008/1010/1210/1212/1313/1414/1616/1818/2020/2222/2424 共 15 种类型的 YHD 系列逆流式机械通风冷却塔，其外形图及相关参数如图 4.7-5～图 4.7-7 及表 4.7-2 所示。并对性能规格及外形尺寸参数表做如下说明：

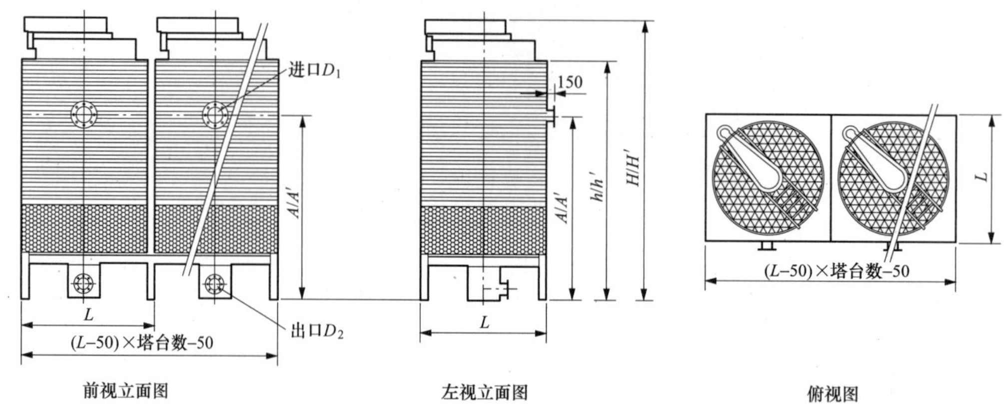

图 4.7-5 YHD-0606/0806/0808/1008/1010/1210/1212/1313 逆流式冷却塔外形图

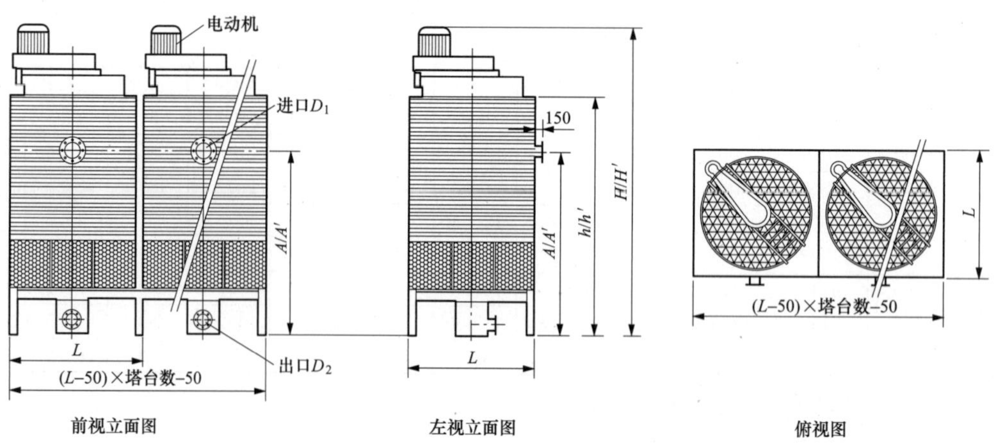

图 4.7-6 YHD-1414/1616 逆流式冷却塔外形图

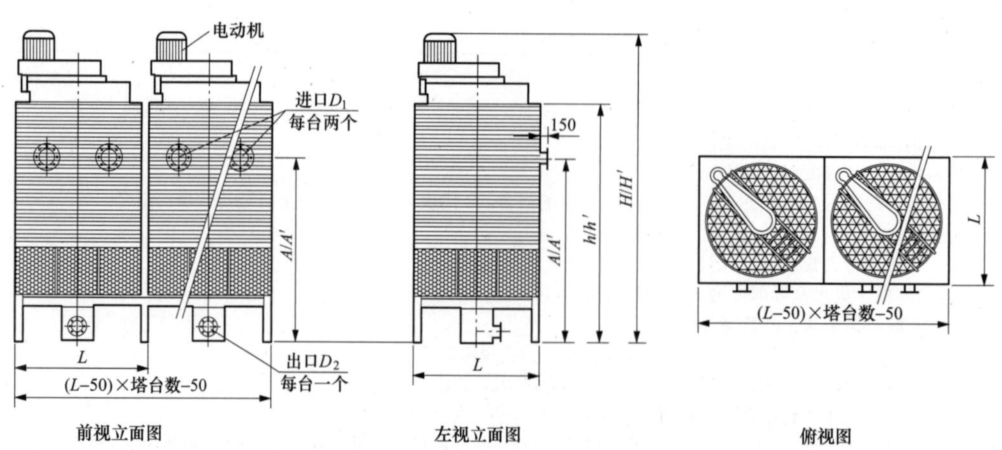

图 4.7-7 YHD-1818/2020/2222/2424 逆流式冷却塔外形图

表 4.7-2 YHD 系列逆流式冷却塔性能规格及外形尺寸参数

型号	名义处理流量 28℃	名义处理流量 27℃	L (mm)	尺寸① (mm)			尺寸② (mm)			电动机功率 (kW)	进口直径 D_1 (mm)	出口直径 D_2 (mm)	风机直径 (mm)	质量③		重量④	
				h	H	A	h'	H'	A'					自重 (kg)	运行重 (kg)	自重 (kg)	运行重 (kg)
YHD-0606PZ	102	117	1915	4140	4710	3334	4340	4910	3534	7.5	DN150	DN150	1500	980	1980	1030	2030
YHD-0806LX	102	117	2525	3540	4110	2724	3740	4310	2924	5.5				1000	2300	1050	2350
YHD-0806MY	100	115		3840	4410	3029	4040	4610	3229	4				1040	2340	1090	2390
YHD-0806MZ	103	118		4140	4710	3334	4340	4910	3534	4				1130	2430	1180	2480
YHD-0808QX	153	176	2525	3640	4260	2850	3940	4560	3150	11	DN200	DN200	1800	1450	3250	1600	3400
YHD-0808PZ	153	176		4240	4860	3460	4540	5160	3760	7.5				1650	3450	1800	3600
YHD-1008QZ	205	235	3135	4240	4860	3460	4540	5160	3760	11				2110	4310	2310	4510
YHD-1010QX	200	229	3135	3840	4460	2950	4140	4760	3250	11			2200	2400	5200	2700	5500
YHD-1010PZ	202	232		4440	5060	3560	4740	5360	3860	7.5				2850	5650	3150	5950
YHD-1210PX	200	229	3745	3840	4460	2950	4140	4760	3250	7.5			2500	2750	5850	3050	6150
YHD-1212LX	200	229	3745	3940	4560	3077	4240	4860	3377	5.5	DN250	DN250		3010	7010	3310	7310
YHD-1212RY	303	348		4240	4860	3382	4540	5160	3682	15				3930	7930	4230	8230
YHD-1313RX	300	344	4050	3940	4560	3077	4440	5060	3577	15			2950	3830	8330	4130	8630
YHD-1414KX	404	464	4355	4240	5570	3303	4640	5970	3703	22				5050	10 150	5350	10 450
YHD-1616VZ	514	590	4965	4940	6270	4013	5340	6670	4413	14-7	DN300	DN300	3400	6290	12 490	6590	12 790
YHD-1616JZ	600	688								30				6810	13 010	7110	13 310
YHD-1818JY	695	797	5575	4740	6070	3782	5140	6470	4182	30	2×DN250	DN350	3600	7130	14 930	7430	15 230
YHD-2020JY	810	929	6185	4940	6720	3882	5340	7120	4282	30		DN400	4200	8090	17 890	8390	18 190
YHD-2020NZ	905	1038		5240	7020	4187	5640	7420	4587	37				8830	18 630	9130	18 930
YHD-2222NX	900	1033	6795	4740	6520	3703	5140	6920	4103	37	2×DN300			8680	20 080	8980	20 380
YHD-2222WX	1020	1170		5040	6820	4008	5440	7220	4408	55				8880	20 280	9180	20 580
YHD-2424WX	1130	1297	7405	4840	6620	3803	5240	7020	4203	55		DN450	4700	9660	23 060	9960	23 360
YHD-2424HZ	1208	1386		5440	7220	4413	5840	7620	4813	45				10 210	23 610	10 510	23 910

（1）本数据栏仅供初步选型设计参考。

（2）名义处理流量 28℃指的是 37℃热水、32℃冷水、28℃湿球温度下该型号冷却塔处理的最大流量值，单位 m^3/h。

（3）名义处理流量 27℃指的是 37℃热水、32℃冷水、27℃湿球温度下该型号冷却塔处理的最大流量值，单位 m^3/h。

（4）尺寸①指的是单台或 2 台拼装时（冷却塔组合代码为 1），该型号冷却塔的相应尺寸，单位 mm。

（5）尺寸②指的是 3 台或 3 台以上拼装时（冷却塔组合代码为 3），该型号冷却塔的相应尺寸，单位 mm。

（6）重量③指的是单台或 2 台拼装时（冷却塔组合代码为 1），该型号冷却塔 1 台的相应质量，单位 kg。

（7）重量④指的是 3 台或 3 台以上拼装时（冷却塔组合代码为 3），该型号冷却塔 1 台的相应质量，单位 kg。

五、YHA 系列横流式机械通风冷却塔

1. YHA 型横流式冷却塔外观及结构图

YHA 型横流式冷却塔外观及结构如图 4.7-8 所示。

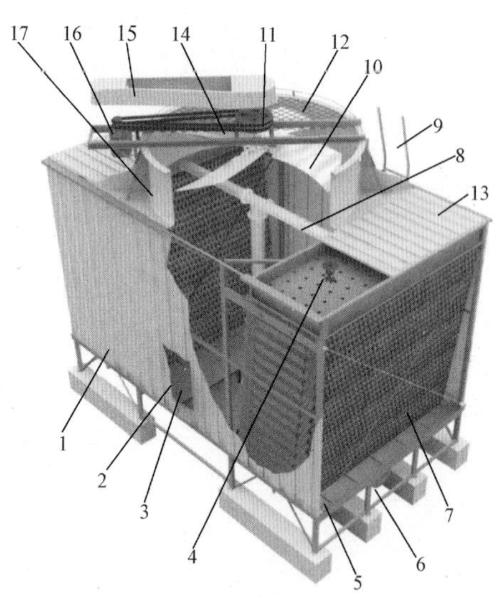

图 4.7-8 YHA 型横流式冷却塔外观及结构图

1—侧板；2—检修门；3—走道；4—布水喷头；5—集水盆；6—进出水法兰；7—淋水填料；8—内接管；9—扶梯；10—机翼风机；11—减速机；12—风扇网；13—播水盆盖；14—皮带；15—皮带罩；16—电动机；17—风扇

2. YHA 型横流式冷却塔产品外形图及相关参数表

YHA 型横流式冷却塔产品外形图及相关参数如图 4.7-9、图 4.7-10 及表 4.7-3 所示。

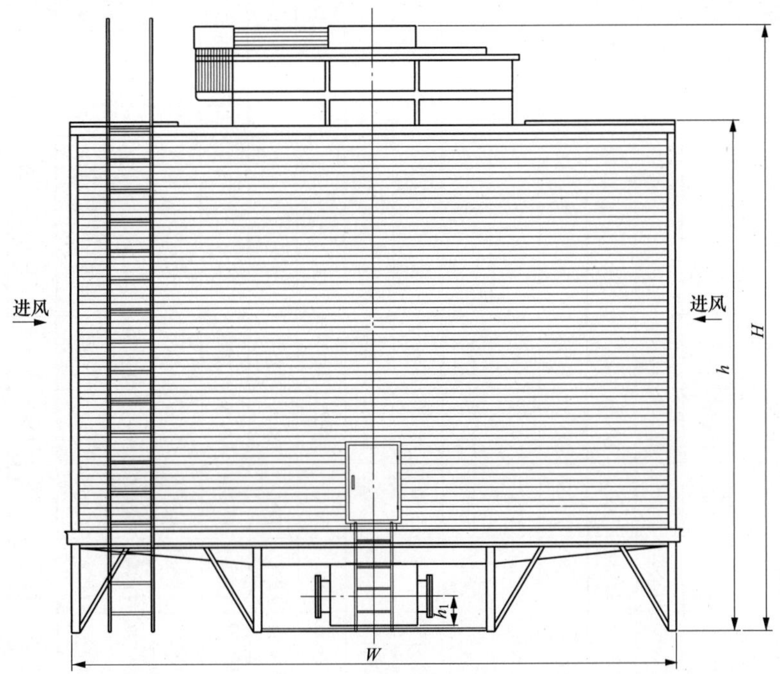

图 4.7-9 YHA 型横流式机械通风冷却塔立面图（非通风面）

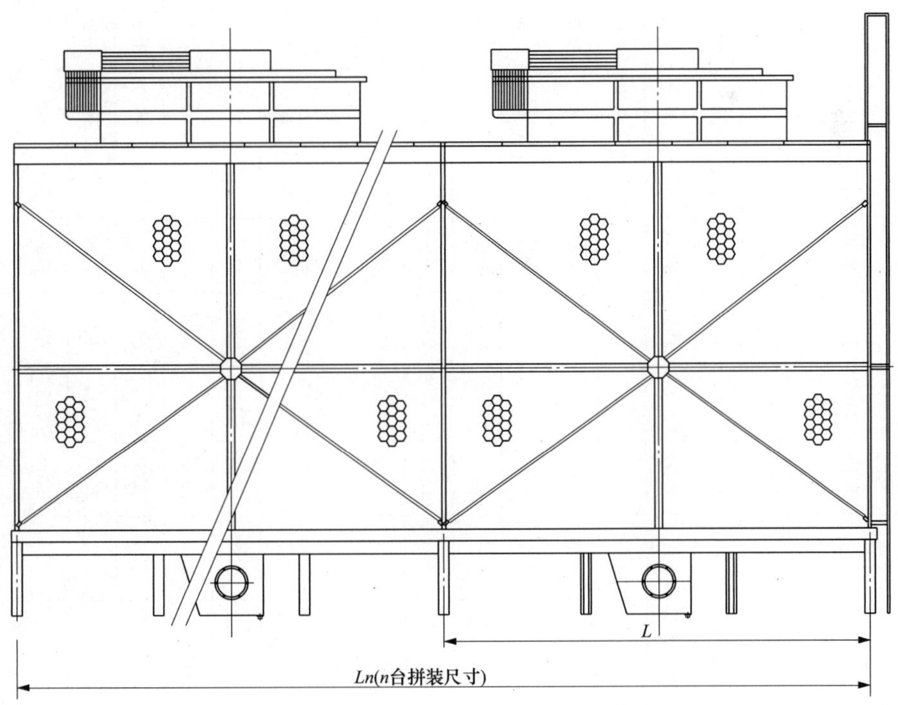

图 4.7-10 YHA 型横流式机械通风冷却塔立面图（通风面）

表 4.7-3 YHA 型横流式冷却塔性能规格及外形尺寸参数

型号	冷却水量 (m^3/h)	动力系统		外形尺寸（mm）.					接口管径（nn）						塔体扬程 (mH_2O)	质量		噪声值
		风机直径 (mm)	电动机功率 (kW)	长 L	宽 W	宽 h_1	高 H	高 h	进水管径	出水管径	满水管径	自动补水	快速补水	排污管径		自重 (kg)	运行重 (kg)	标准点 [dB(A)]
YHA-100C	100	1500	3	1900	3480	170	3630	3060	DN150	DN150	DN80	DN20	DN20	DN50	3.7	1050	2250	59
YHA-100T	110	1500	4	1900	3480	170	3630	3060	DN150	DN150	DN80	DN20	DN20	DN50	3.7	1060	2260	60
YHA-100I	122	1500	5.5	1900	3480	170	3630	3060	DN150	DN150	DN80	DN20	DN20	DN50	3.7	1080	2280	61
YHA-125C	125	1500	4	2100	3480	170	3630	3060	DN150	DN150	DN80	DN20	DN20	DN50	3.7	1150	2350	59
YHA-125T	139	1500	5.5	2100	3480	170	3630	3060	DN150	DN150	DN80	DN20	DN20	DN50	3.7	1170	2370	60
YHA-125I	154	1500	7.5	2100	3480	170	3630	3060	DN150	DN150	DN80	DN20	DN20	DN50	3.7	1190	2390	61
YHA-150C	150	1800	4	2100	3780	170	4270	3680	DN150	DN150	DN80	DN20	DN20	DN50	4.1	1250	2550	59
YHA-150T	166	1800	5.5	2100	3780	170	4270	3680	DN150	DN150	DN80	DN20	DN20	DN50	4.1	1270	2570	60
YHA-150I	184	1800	7.5	2100	3780	170	4270	3680	DN150	DN150	DN80	DN20	DN20	DN50	4.1	1290	2590	61
YHA-175C	175	2200	5.5	2600	4180	200	4400	3680	DN200	DN200	DN80	DN20	DN20	DN50	4.1	1350	2850	60
YHA-175T	194	2200	7.5	2600	4180	200	4400	3680	DN200	DN200	DN80	DN20	DN20	DN50	4.1	1370	2870	61
YHA-175I	220	2200	11	2600	4180	200	4400	3680	DN200	DN200	DN80	DN20	DN20	DN50	4.1	1400	2900	62
YHA-200C	200	2200	5.5	2600	4180	200	4600	3880	DN200	DN200	DN80	DN25	DN25	DN50	4.3	1520	3130	60
YHA-200T	222	2200	7.5	2600	4180	200	4600	3880	DN200	DN200	DN80	DN25	DN25	DN50	4.3	1540	3150	61
YHA-200I	252	2200	11	2600	4180	200	4600	3880	DN200	DN200	DN80	DN25	DN25	DN50	4.3	1590	3200	62
YHA-225C	225	2200	7.5	2600	4180	200	4810	4090	DN200	DN200	DN80	DN25	DN25	DN50	4.6	1620	3770	60
YHA-225T	255	2200	11	2600	4180	200	4810	4090	DN200	DN200	DN80	DN25	DN25	DN50	4.6	1670	3820	61
YHA-225I	283	2200	15	2600	4180	200	4810	4090	DN200	DN200	DN80	DN25	DN25	DN50	4.6	1700	3850	62

续表

型号	冷却水量 (m^3/h)	动力系统		外形尺寸 (mm)					接口管径 (nn)						塔体扬程 (mH_2O)	质量		噪声值
		风机直径 (mm)	电动机功率 (kW)	长 L	宽 W	宽 h_1	高 H	高 h	进水管径	出水管径	满水管径	自动补水	快速补水	排污管径		自重 (kg)	运行重 (kg)	标准点 [dB(A)]
YHA-250C	250	2500	7.5	3000	4480	200	4810	4090	DN200	DN200	DN80	DN25	DN25	DN50	4.6	2080	4300	61
YHA-250T	284	2500	11	3000	4480	200	4810	4090	DN200	DN200	DN80	DN25	DN25	DN50	4.6	2130	4350	62
YHA-250I	315	2500	15	3000	4480	200	4810	4090	DN200	DN200	DN80	DN25	DN25	DN50	4.6	2160	4380	63
YHA-300C	300	2500	7.5	3000	5080	200	4410	3690	DN200	DN200	DN80	DN25	DN25	DN50	4.2	2420	5070	61
YHA-300T	341	2500	11	3000	5080	200	4410	3690	DN200	DN200	DN80	DN25	DN25	DN50	4.2	2470	5120	62
YHA-300I	378	2500	15	3000	5080	200	4410	3690	DN200	DN200	DN80	DN25	DN25	DN50	4.2	2500	5150	63
YHA-350C	350	2500	11	3000	5080	200	4810	4090	DN200	DN200	DN80	DN40	DN40	DN50	4.6	2550	5300	61
YHA-350T	388	2500	15	3000	5080	200	4810	4090	DN200	DN200	DN80	DN40	DN40	DN50	4.6	2580	5330	62
YHA-350I	416	2500	14.7	3000	5080	200	4810	4090	DN200	DN200	DN80	DN40	DN40	DN50	4.6	2550	5300	63
YHA-400C	400	2950	11	3300	5550	220	5030	4190	125×4	250	DN80	DN40	DN40	DN50	4.7	2850	6200	62
YHA-400T	444	2950	15	3300	5550	220	5030	4190	125×4	250	DN80	DN40	DN40	DN50	4.7	2880	6230	63
YHA-400I	476	2950	14.7	3300	5550	220	5030	4190	125×4	250	DN80	DN40	DN40	DN50	4.7	2930	6280	64
YHA-450C	450	2950	11	3300	5550	220	5640	4800	125×4	250	DN80	DN40	DN40	DN50	5.5	3250	6600	62
YHA-450T	499	2950	15	3300	5550	220	5640	4800	125×4	250	DN80	DN40	DN40	DN50	5.5	3280	6630	63
YHA-450I	535	2950	14.7	3300	5550	220	5640	4800	125×4	250	DN80	DN40	DN40	DN50	5.5	3330	6680	64
YHA-500C	500	2950	15	3800	5550	220	5640	4800	150×4	300	DN80	DN40	DN40	DN50	5.5	3550	7400	63
YHA-500T	536	2950	14.7	3800	5550	220	5640	4800	150×4	300	DN80	DN40	DN40	DN50	5.5	3600	7450	64
YHA-500I	568	2950	22	3800	5550	220	5640	4800	150×4	300	DN80	DN40	DN40	DN50	5.5	3630	7480	65

续表

型号	冷却水量 (m^3/h)	动力系统		外形尺寸（mm）					接口管径（nn）						塔体扬程 (mH_2O)	质量		噪声值
		风机直径 (mm)	电动机功率 (kW)	长 L	宽 W	宽 h_1	高 H	高 h	进水管径	出水管径	满水管径	自动补水	快速补水	排污管径		自重 (kg)	运行重 (kg)	标准点 [dB(A)]
YHA-550C	550	3400	15	3800	6000	250	5800	4900	150×4	300	DN80	DN50	DN50	DN50	5.6	4050	8200	63
YHA-550T	589	3400	14.7	3800	6000	250	5800	4900	150×4	300	DN80	DN50	DN50	DN50	5.6	4100	8250	64
YHA-550I	624	3400	22	3800	6000	250	5800	4900	150×4	300	DN80	DN50	DN50	DN50	5.6	4130	8280	65
YHA-600C	600	3400	15	4600	6000	250	5800	4900	150×4	300	DN80	DN50	DN50	DN50	5.6	4650	9800	63
YHA-600T	644	3400	14.7	4600	6000	250	5800	4900	150×4	300	DN80	DN50	DN50	DN50	5.6	4700	9850	64
YHA-600I	682	3400	22	4600	6000	250	5800	4900	150×4	300	DN80	DN50	DN50	DN50	5.6	4730	9880	65
YHA-700C	700	3600	14.7	4600	6200	250	6000	5100	150×4	300	DN80	DN50	DN50	DN50	5.8	5050	10 500	64
YHA-700T	741	3600	22	4600	6200	250	6000	5100	150×4	300	DN80	DN50	DN50	DN50	5.8	5080	10 530	65
YHA-700I	822	3600	30	4600	6200	250	6000	5100	150×4	300	DN80	DN50	DN50	DN50	5.8	5150	10 600	66
YHA-800C	800	3600	22	5100	6200	250	6000	5100	150×4	300	DN80	DN50	DN50	DN50	5.8	5450	11 500	65
YHA-800T	887	3600	30	5100	6200	250	6000	5100	150×4	300	DN80	DN50	DN50	DN50	5.8	5520	11 570	66
YHA-800I	951	3600	37	5100	6200	250	6000	5100	150×4	300	DN80	DN50	DN50	DN50	5.8	5600	11 650	67
YHA-900C	900	4200	30	5300	6800	310	6850	5510	200×4	350	DN80	DN80	DN80	DN50	6.2	6250	13 800	67
YHA-900T	966	4200	37	5300	6800	310	6850	5510	200×4	DN350	DN80	DN80	DN80	DN50	6.2	6330	13 880	68
YHA-900I	1031	4200	45	5300	6800	310	6850	5510	200×4	350	DN80	DN80	DN80	DN50	6.2	6380	13 930	69
YHA-1000C	1000	4700	37	5500	7300	310	7200	6100	200×4	350	DN80	DN80	DN80	DN50	6.8	6950	15 500	67
YHA-1000T	1068	4700	45	5500	7300	310	7200	6100	200×4	350	DN80	DN80	DN80	DN50	6.8	7000	15 550	68
YHA-1000I	1142	4700	55	5500	7300	310	7200	6100	200×4	350	DN80	DN80	DN80	DN50	6.8	7100	15 650	69

3. YHA 型横流式冷却塔基础尺寸

YHA 型横流式冷却塔基础尺寸图如图 4.7-11 所示，参数见表 4.7-4。

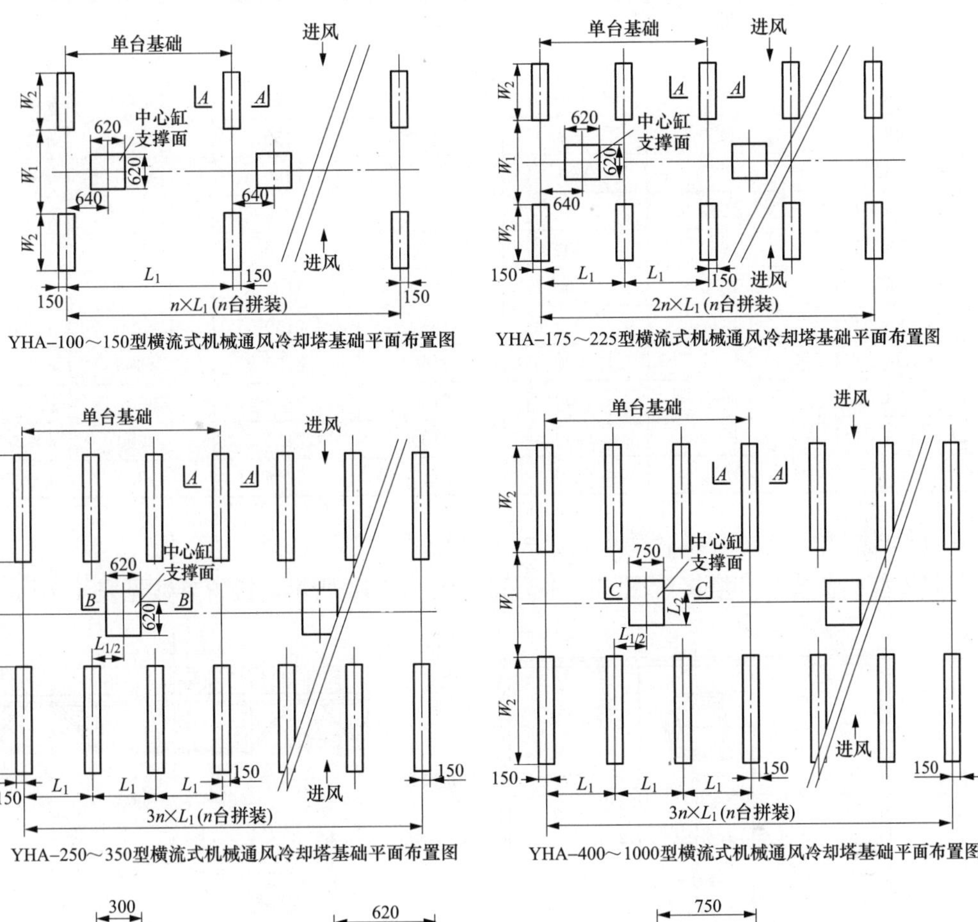

图 4.7-11　YHA 型横流式冷却塔基础尺寸图

表 4.7-4　　YHA 型横流式冷却塔基础参数

型号	基础尺寸参数（mm）					
	L_1	L_2	W_1	W_2	h_2	L_n
YHA-100C/T/I	1860	—	650	1550	≥300	n×1860+40
YHA-125C/T/I	2060	—	650	1550	≥300	n×2060+40
YHA-150C/T/I	2060	—	940	1550	≥300	n×2060+40
YHA-175C/T/I	1280	—	940	1750	≥300	n×2560+40
YHA-200C/T/I	1280	—	940	1750	≥300	n×2560+40
YHA-225C/T/I	1280	—	940	1750	≥300	n×2560+40

续表

型号	基础尺寸参数（mm）					
	L_1	L_2	W_1	W_2	h_2	L_n
YHA-250C/T/I	987	—	1240	1750	≥300	n×2960+40
YHA-300C/T/I	987	—	1440	1950	≥300	n×2960+40
YHA-350C/T/I	987	—	1440	1950	≥300	n×2960+40
YHA-400C/T/I	1087	850	1910	1950	≥300	n×3260+40
YHA-450C/T/I	1087	850	1910	1950	≥300	n×3260+40
YHA-500C/T/I	1250	1000	1910	1950	≥300	n×3760+40
YHA-550C/T/I	1250	1000	1950	2150	≥300	n×3750+50
YHA-600C/T/I	1517	1000	1950	2150	≥300	n×3750+50
YHA-700C/T/I	1517	1000	2150	2150	≥300	n×3750+50
YHA-800C/T/I	1683	1000	2150	2150	≥300	n×3750+50
YHA-900C/T/I	1750	1000	2150	2450	≥300	n×3750+50
YHA-1000C/T/I	1817	1000	2150	2700	≥300	n×3750+50

4. YHA 型横流式冷却塔接管图及相关接管尺寸

YHA 型横流式冷却塔接管图如图 4.7-12～图 4.7-14 所示，接管参数见表 4.7-5。

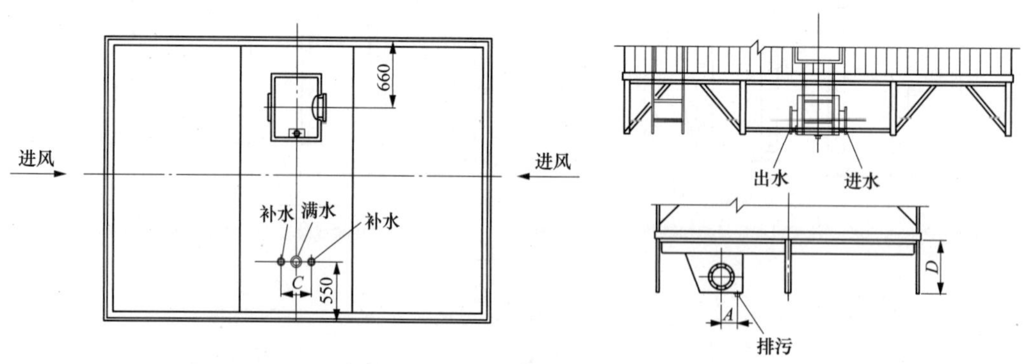

图 4.7-12　YHA-100～225 型横流式冷却塔接管图

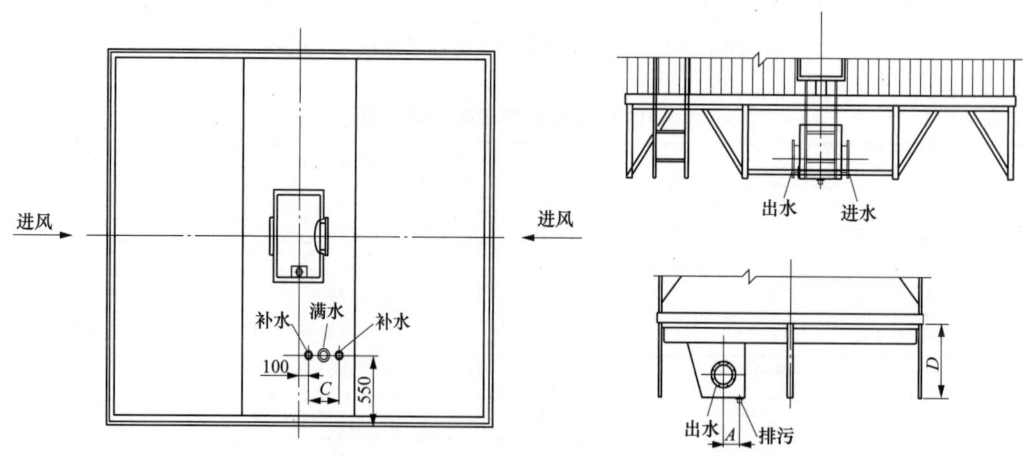

图 4.7-13　YHA-250～350 型横流式冷却塔接管图

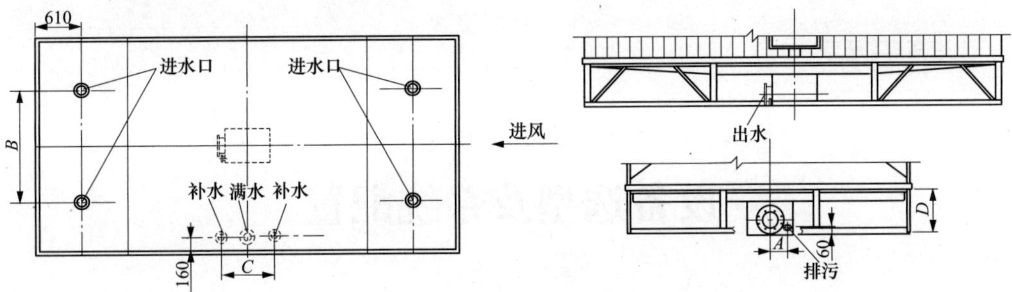

图 4.7-14 YHA-400～1000 型横流式冷却塔接管图

表 4.7-5 **YHA 型横流式冷却塔接管参数**

型号	接管尺寸参数（mm）			
	A	*B*	*C*	*D*
YHA-100	420	—	400	720
YHA-125	420	—	400	720
YHA-150	420	—	400	720
YHA-175	420	—	400	720
YHA-200	420	—	400	720
YHA-225	420	—	400	720
YHA-250	420	—	400	720
YHA-300	420	—	400	720
YHA-350	420	—	400	720
YHA-400	250	1320	400	750
YHA-450	250	1320	400	750
YHA-500	240	1520	410	850
YHA-550	240	1520	410	850
YHA-600	240	2300	410	850
YHA-700	240	2300	410	850
YHA-800	240	2910	410	850
YHA-900	240	3000	450	880
YHA-1000	240	1890	450	880

第五章

设备选型及系统配置

燃气分布式供能系统的主要设备包括原动机、余热利用设备、调峰设备、蓄能设备、热泵设备、增压机、冷却塔等。本章将根据第三章冷、热、电负荷分析汇总的结果和第四章热能动力设备的性能特点，介绍设备选型及系统配置问题。

第一节　供能站典型工艺系统

一、工作原理

燃气分布式能源系统是指以天然气清洁能源为燃料，应用燃气轮机、燃气内燃机、微燃机等各种热动力发电机组和余热利用机组的能量转化设备，为用户提供冷、热、电的各种负荷需求的燃气分布式供能系统。分布式能源梯级利用的示意图如图 5.1-1 所示。燃料天然气进入燃气轮机与燃气内燃机燃烧，输出电能。燃机的排烟在 400～600℃之间，高温烟气首先进入余热锅炉产生蒸汽，蒸汽进入汽轮发电机组中进行发电，在汽轮机中，可抽出一部分已经过发电的低压蒸汽进行供热。汽轮机的抽汽或者排汽可以通过溴化锂空调机组进行空调供冷热。余热锅炉的低温排烟可继续生产热水，对外供生活热水或者采暖。这样就真正实现了“温度对口，梯级利用”的原则，其综合利用效率可达到 70%以上。

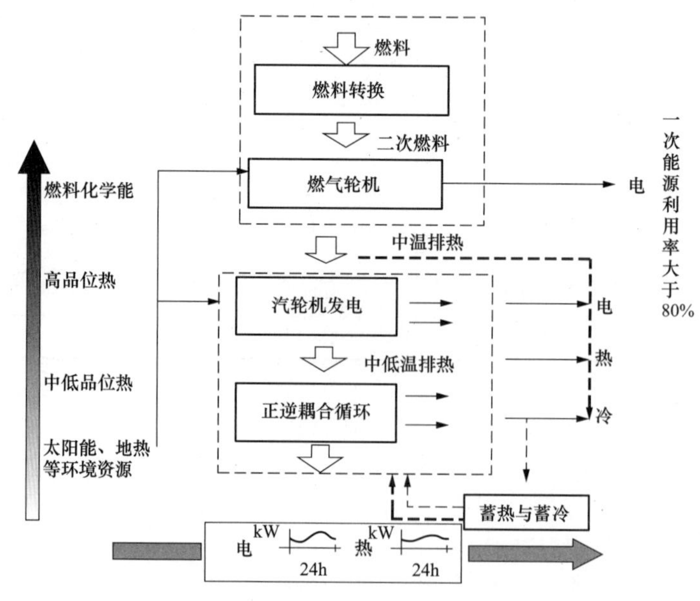

图 5.1-1　分布式能源天然气梯级利用原理示意图

天然气在燃烧过程中几乎没有烟尘与二氧化硫等排放，二氧化碳排放量为石油的54%，煤的48%，燃用天然气燃料，减排效果显著。由于实现了能源的梯级利用，分布式能源系统节能效果显著。分布式能源是天然气的最佳使用途径。与传统的电、热、冷分产系统相比，分布式能源系统的节能率与减排率如图5.1-2所示。

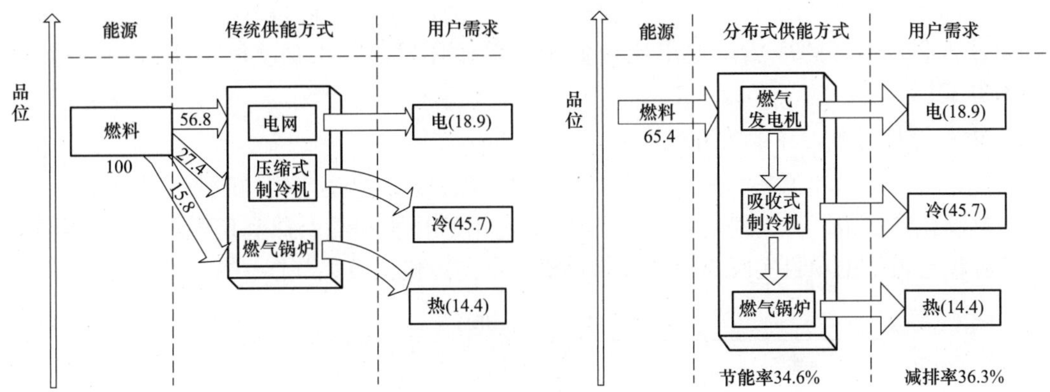

图5.1-2　分布式能源系统的节能率与减排率

在系统配置时，余热回收利用设备与燃机发电装置所产生的余热形式有着密不可分的关系。如燃气轮机的余热形式为450～600℃的高温烟气，燃气内燃机的余热形式为400～550℃的高温烟气和80～120℃的冷却水，微燃机的余热形式为200～300℃的高温烟气。余热利用设备通常包括余热吸收式空调机组（分补燃和纯余热利用两种类型）、余热锅炉（补燃和不补燃）、热交换器（烟气-水、水-水、汽-水）等。调峰设备则指电空调（离心机、螺杆机）、燃气锅炉、直燃机、热泵等。

余热利用的主要流程有：余热锅炉制备出蒸汽后，选用蒸汽双效吸收式空调机组进行制冷；高温烟气采用烟气热水换热器交换出热水，与缸套水交换出的热水混合后，进入热水型吸收式空调机组；高温烟气进入烟气型吸收式空调机组进行吸收式制冷，高温缸套水进入热水型吸收式空调机组进行吸收式制冷；烟气型吸收式空调机组与热水型吸收式空调机组合并在一起，烟气作为高温发生器热源，热水与高温发生器产生的蒸汽作为低温发生器的热源，即烟气热水型吸收式空调机组。

二、系统典型工艺路线

燃气分布式供能系统按照原动机的不同分为燃气轮机系统、燃气内燃机系统、微燃机系统三种类型。根据燃气分布式供能系统的余热利用设备和调峰设备的不同，可对系统进行细分。以下分别按照原动机的种类不同进行分组，同时每个组别又依据余热利用的形式进一步细分，对每种较为典型的工艺路线分别进行介绍。

（一）燃气轮机分布式能源系统典型工艺路线

燃气轮机分布式供能的能源利用形式根据需求不同，有不同的发电方式和余热利用形式，根据发电形式不同分为两大类。

第一大类是简单循环发电形式，余热利用设备主要有余热锅炉、余热吸收式空调机组、烟气-水换热器等，根据余热利用形式不同对系统进行划分，主要有三种较为典型的工艺路线：①燃气轮机＋烟气型（补燃）吸收式空调机组＋调峰设备，余热利用设备为烟气型吸收式空调机组；②燃气轮机＋烟气余热（补燃）锅炉＋蒸汽吸收式空调机组＋调峰设备，余热利用设备为余热锅炉；③燃气轮机＋烟气－水换热器＋热水型吸收式空调机组＋调峰设备。

第二大类是燃气-蒸汽联合循环发电形式，即燃气-蒸汽联合循环发电＋吸收式空调机组＋调峰设备。采用联合循环发电，系统发电量高，但工艺系统复杂，造价较高，而简单循环发电的形式有利于提高系统冷热量输出比例，且系统造价较低，工艺相对简单。相对而言，联合循环的冷热量输出比例低于简单循环发电，根据实际需求选用合适的能源利用方式。

1. 燃气轮机简单循环工艺路线一

燃气轮机简单循环工艺流程如图 5.1-3 所示，系统中余热型溴化锂吸收式空调机组（简称“余热溴化锂机组”），可根据项目情况需要选用带补燃和纯余热利用两种类型的余热机组。调峰设备可根据项目实际需要选择直燃机、电制冷机以及燃气锅炉或热泵等。

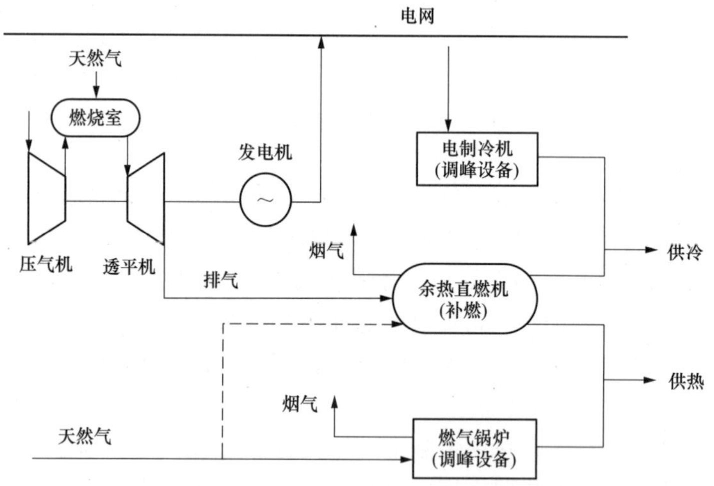

图 5.1-3 燃气轮机简单循环工艺流程（工艺路线一）

该方案的工作原理：一定压力的燃气与经压气机压缩的空气在燃烧室燃烧后，驱动透平机发电和排出 450～600℃高温烟气。余热溴化锂机组利用高温烟气的余热进行吸收式制冷、制热。当夏季余热制冷量不能满足用户所需冷量时，如选取的余热溴化锂机组是带补燃工况类型的，则以燃气补燃增加机组制冷量，仍不能满足用户供冷需求时，启动调峰设备如电制冷机等制冷设备进行制冷；如选用的余热溴化锂机组是纯余热利用类型的，则直接启动调峰设备进行制冷，满足用户需求。冬季工况时，如余热制热量不能满足用户需求，则以燃气补燃增加机组供热量，如不带补燃，则直接启动燃气锅炉等调峰设备供热，满足用户的供热需求。

适用条件及主要特点：该系统采用余热吸收式空调机组，在供热工况时，其效率与燃气锅炉或汽水换热器效率基本相当或略低，基本在 90%左右。在供冷工况时，COP 可达 1.3 以上。燃气轮机的余热品质较高（只有高温烟气一种形式），热电比大，当采用简单循环发电，余热进行吸收式制冷供热时，主要适用于冷热负荷非常稳定的场所。尤其是数据中心、计算机房等有大功率用电设备、常年需求冷负荷的场所。这样，既能保证机组的满负荷运行时间，又能将余热充分利用。

2. 燃气轮机简单循环工艺路线二

燃气轮机简单循环工艺流程如图 5.1-4 所示，系统中余热利用设备是余热锅炉，且可以根据项目需要选用带补燃和不带补燃两种形式。调峰设备是电制冷机和燃气蒸汽锅炉，其中燃气锅炉也可以用高温热水锅炉。在项目设计过程中，调峰设备也可选用直燃机优化厂房布置和气源条件。而且在具备水地源热泵技术应用条件的地区，可以采用热泵型电制冷机作为制冷设备。系统工作原理：燃气轮机的高温烟气经余热锅炉生产出一定压力的饱和蒸汽，在制冷季，蒸汽进入蒸汽型吸收式空调机组制冷，产生冷冻水，当蒸汽制冷量不足时，可通过电制冷机、水地源热泵或直燃机等调峰设备进行补充。在供暖季，通过汽水换热器，将蒸汽热量转换成与用户末端散热装置匹配的热水供给用户，不足的热量由燃气锅炉或者市政热力进行补充。

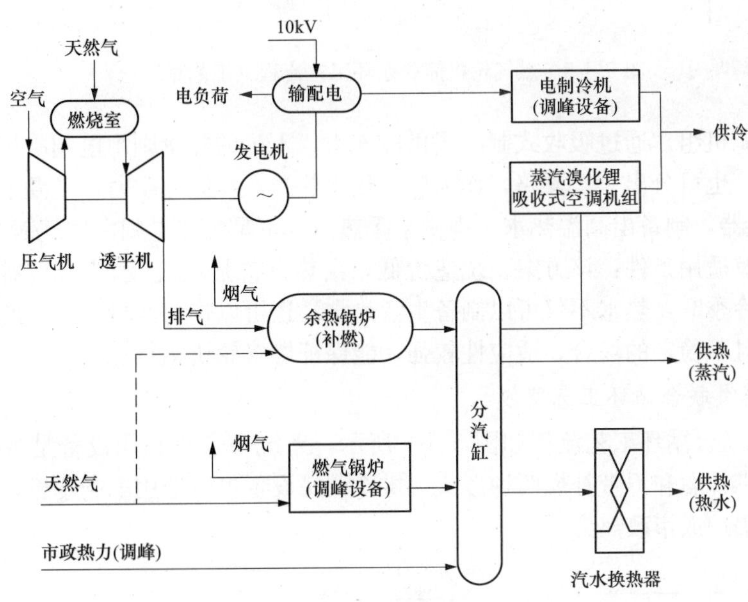

图 5.1-4　燃气轮机简单循环工艺流程（工艺路线二）

适用条件及主要特点：该方案工艺流程较复杂，在制冷季，能源转化传递环节较多，导致能源利用效率不合理，但是经过多重环节的转化传递，给用户提供多种能源利用方式，增加了余热利用方式的选择性，提高供能服务的灵活性。特别的，当蒸汽负荷与供冷负荷一般不在同一时间段出现，增强了余热利用的灵活性，可充分保证余热被利用。考虑经济性时，当燃气价格较高，采用余热制备蒸汽的成本相对更低，因此此种工艺路线多适用于食品、化工、医药类工厂和医院，以及其他有蒸汽需求且采用其他方式获取蒸汽成本较高的场合。

3. 燃气轮机简单循环工艺路线三

燃气轮机简单循环工艺流程如图 5.1-5 所示，系统中，余热利用设备是烟气-水换热器，供热时直接供出，夏季制冷时需要通过热水型吸收式空调机组转换后供冷；调峰设备是电制冷机和燃气锅炉，调峰设备也可选用直燃机优化厂房布置和气源条件。

系统工作原理：燃气在燃气轮机内进行燃烧转化后，驱动透平发电和排出高温烟气。在制冷季，燃气轮机发电后产生的高温烟气，进去烟气-水热交换器，制备出高温热水进入热

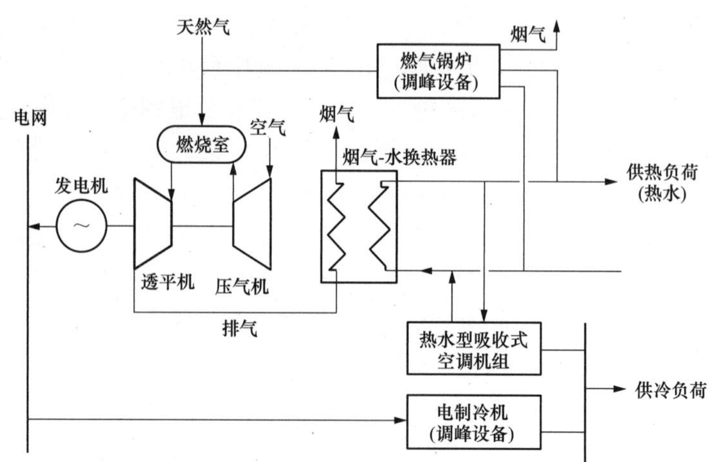

图 5.1-5　燃气轮机简单循环工艺流程（工艺路线三）

水型吸收式空调机组，通过吸收式制冷提供冷冻水，不足的冷量则由电制冷机补充；如果有生活热水需求，也可分出一个支路，作为生活热水热源。在制热季时，高温烟气则直接通过烟气-水热交换器，制备出高温热水，提供采暖热源，不足的热量则由燃气锅炉补充。

主要特点及适用条件：该方案系统造价低，余热设备是烟气-水热交换器，因此设备造价较低。在制冷季时，热水不仅可以制备生活热水，还可以作为制冷源。因此该方案适用于热水负荷较大且不稳定的场合，适应性较强，能保证燃气轮机运行稳定。

4. 燃气-蒸汽联合循环工艺路线

燃气-蒸汽联合循环工艺流程如图 5.1-6 所示，系统中余热利用设备是余热锅炉，余热锅炉还可选择带补燃和不带补燃两种形式。供冷调峰设备可以选用电制冷机，供热调峰设备可以选用燃气锅炉或市政热力。

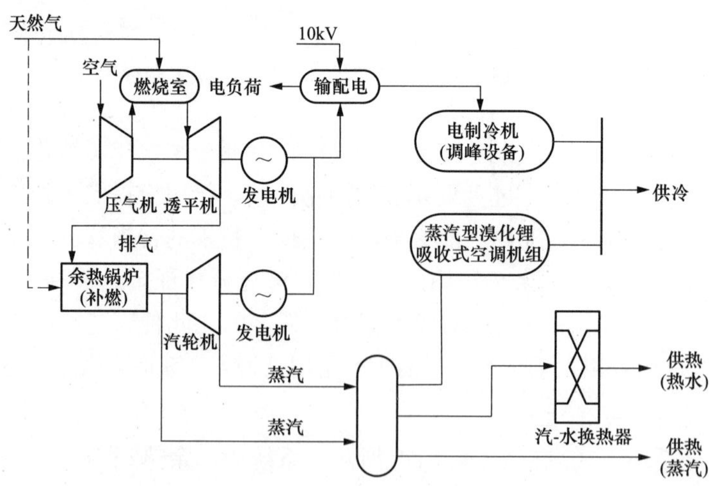

图 5.1-6　燃气-蒸汽联合循环工艺流程

系统工作原理：燃气轮机的高温烟气通过余热锅炉制取蒸汽，利用蒸汽推动汽轮机（抽凝机或背压机）发电，使用分集汽缸汇集汽轮机排出的蒸汽，利用吸收式空调机组和汽水换热装置进行供冷和生产生活热水，或直接送往用汽点。

主要特点和适用条件：燃气轮机和蒸汽轮机联合循环发电，大大提高了系统发电效率，但是系统的造价相对简单循环发电系统较高，适用于用电和蒸汽需求高的场合，尤其对于机房用电要求较高，更加适合于工厂的自备电厂。

（二）燃气内燃机分布式供能系统典型工艺路线

燃气内燃机分布式供能系统的余热形式有高温烟气和缸套冷却水、润滑油冷却水三种。对应余热利用设备仍为余热锅炉、吸收式空调机组和热交换器（烟气-水型、水-水型）。根据系统的余热设备不同，则系统的典型工艺路线可以大致分为三种，基本可以涵盖不同工艺路线的内燃机分布式供能系统的特点，具有分类如下：①燃气内燃机＋烟气热水型吸收式空调机组（补燃）＋缸套水换热器＋调峰设备；②燃气内燃机＋烟气余热锅炉＋蒸汽吸收式空调机组＋缸套水换热器＋调峰设备；③燃气内燃机＋烟气－水换热器＋热水型吸收式空调机组＋缸套水换热器＋调峰设备，其中调峰设备可以是电制冷机、水/地源热泵、燃气锅炉和直燃机。

1. 内燃机工艺路线一

内燃机工艺流程如图 5.1-7 所示，系统中，与内燃机的余热形式高温烟气、高温缸套水及润滑油冷却水相对应的余热利用设备是烟气热水型吸收式空调机组和水-水换热器。

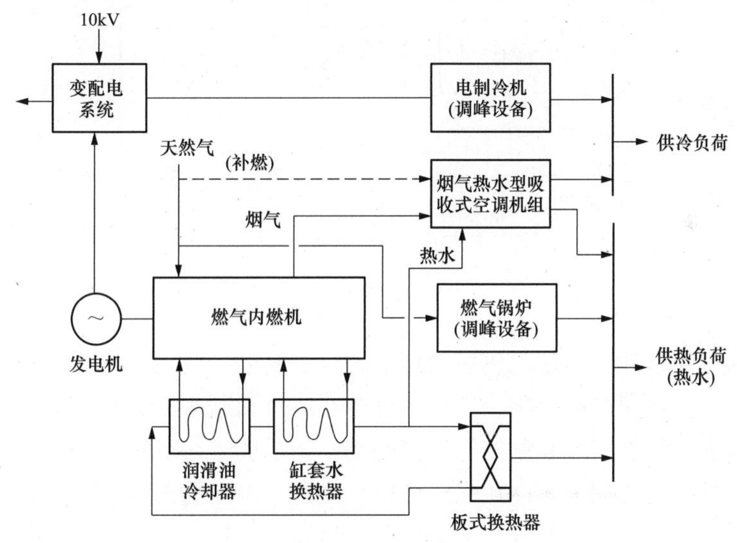

图 5.1-7　内燃机工艺流程（工艺路线一）

系统工作原理：燃气内燃机系统在发电电的同时，也产生了 400～550℃的高温烟气、80～110℃的缸套冷却水和 40～65℃的润滑油冷却水等，利用余热设备对热能进行转化，物尽其用。内燃机产生的高温烟气和高温缸套水将进入吸收式空调机组，制备冷热负荷。高温缸套冷却水和润滑油冷却水也可通过板式换热器，制备出采暖热水或洗浴热水；当供热量不足时，可以先通过补燃提供，仍然不足的部分，则由燃气锅炉提供。

主要特点和适用条件：燃气内燃机系统发电效率要高于燃气轮机和微燃机。但是余热形式中，高温缸套水和润滑油冷却水占的比重很大，其品质远低于高温烟气，所以余热利用形式受限较大。内燃机系统的高温缸套水适用性较广，可用于散热器供热、制备生活热水等。

但润滑油冷却水受其制约，只能适用于生活热水、泳池加热等场合，对于有大量生活热水负荷需求的建筑物比较适合，如用于采暖只能适用于末端采用风机盘管、地板采暖等低温供暖的形式。此外，还比较适合于热泵系统（土壤源、水源热泵等）进行匹配设计。

2. 内燃机工艺路线二

内燃机工艺流程如图 5.1-8 所示，系统工作原理：燃气内燃机系统在发电的同时，产生的余热高温烟气进入余热锅炉，在余热锅炉内生产出饱和蒸汽后，在夏季制冷工况时通过蒸汽双效吸收式空调机组进行吸收式制冷，向系统提供冷冻水，不足的冷量由电空调进行补充，同时通过汽水换热器向用户提供生活热水；在冬季供热工况时，余热锅炉产生的蒸汽直接送往用汽点，或通过换热器制备出采暖热水和生活热水，当供热量不足时，由燃气锅炉补充。

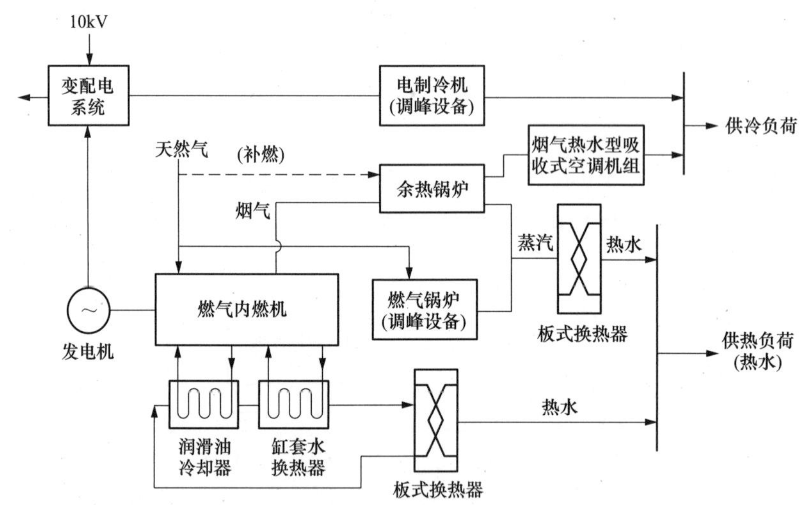

图 5.1-8　内燃机工艺流程（工艺路线二）

主要特点和适用条件：由于内燃机Ⅱ型系统相对复杂，但是余热利用形式通过余热锅炉产生蒸汽后，利用蒸汽间接进行制冷，该系统对有蒸汽和制冷需求的场合非常适用。通过不同时段的不同需求，调配蒸汽和制冷的供汽比例，降低成本，节省能源成本，例如在制冷成本较高时，可以将制冷比例加大，在供汽价格较高时，可以优先满足供汽需求，保证经济效益最大化。

3. 内燃机工艺路线三

内燃机工艺流程如图 5.1-9 所示，系统工作原理：在冬季供热工况时，燃气内燃机系统在发电的同时，尾部的高温烟气通过烟气-水热交换器，制备出高温热水，与高温缸套水和润滑油冷却水通过板式换热器制备的热水一同为热用户提供采暖热水和生活热水，如果热量供应不足，则通过燃气锅炉补充。在夏季制冷工况时，燃气内燃机系统发电产生的烟气余热通过烟气-水热交换器交换出高温热水，与高温缸套水制备的热水一同在热水型吸收式空调机组进行吸收式制冷，向用户提供冷冻水，当冷冻水供应量不足时，剩余不足冷量由电制冷机补充。

主要特点和适用条件：热水型吸收式空调机组的 COP 较低，一般约 0.7，所以余热设

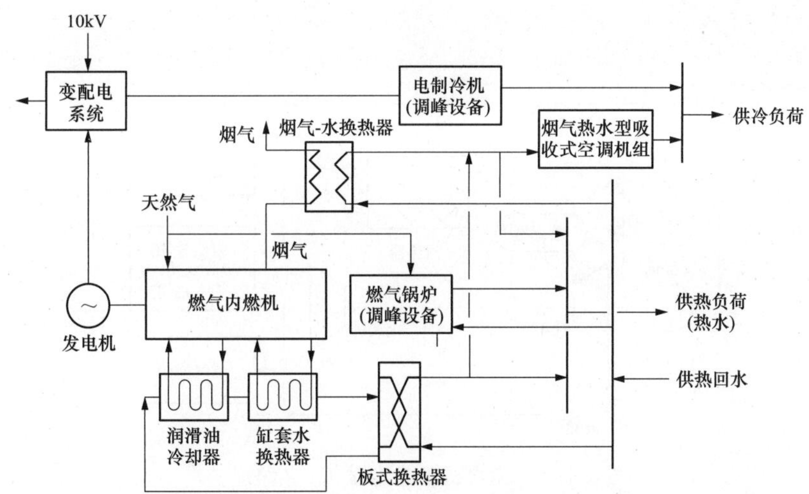

图 5.1-9 内燃机工艺路线（工艺路线三）

备制备出的热水最好可以直接供应用户，尽量降低吸收式制冷供应的比例。所以该系统方案适合于用户电价较高，且热水负荷较大的建筑物，如商场、交通枢纽等。

（三）微燃机分布式供能系统典型工艺路线

微燃机和燃气轮机的余热类型相同，都是高温烟气，但是微燃机的烟气余热温度较低（在200～300℃），因为微燃机设有回热器，余热被部分回收。微燃机燃气分布式供能系统根据余热利用设备的不同，可以分为两大类典型的工艺路线：①微燃机＋烟气余热吸收式空调机组(补燃)＋调峰设备；②微燃机＋烟气－水换热器＋热水吸收式空调机组＋调峰设备。

1. 微燃机工艺路线一

微燃机工艺流程如图 5.1-10 所示，系统工作原理：微燃机驱动透平机发电和排出 450～600℃的高温烟气。高温烟气余热通过回热器将进入微燃机内的压缩空气进行预热，经过回热器的烟气温度降至 200～300℃，接着进入烟气（补燃）型吸收式空调机组，在冬季供热工况制备供热热水，当供热量不足时，通过补燃增加热量，依然不能满足由燃气锅炉补足热量；在夏季制冷工况时，烟气（补燃）型吸收式空调机组制备出冷冻水供给用户，当供冷量不足时根据实际情况既可采用补燃增加冷量，也可采用电制冷增加冷量，最终满足用户供冷需求。

主要特点和适用条件：微燃机Ⅰ型系统适用建筑面积较小、建筑功能比较单一的场合，如写字楼、办公楼等。同时，由于系统设置有回热器，因此可以通过调节回热器的回热量调节发电量和余热量。

2. 微燃机工艺路线二

微燃机工艺流程如图 5.1-11 所示，系统工作原理：微燃机驱动透平机发电和并排出 450～600℃的高温烟气，高温烟气经过回热器余热回收后，烟气温度降至 200～300℃，然后进入烟气-水热交换器，制备出高温热水。在冬季供暖工况时，产生的高温热水直接用于供热，剩余不足热量由燃气锅炉补充。在夏季制冷工况时，高温热水在热水型吸收式空调机组内制备冷冻水，并向用户提供冷冻水，当需求的冷量不够时，由电制冷机补充。

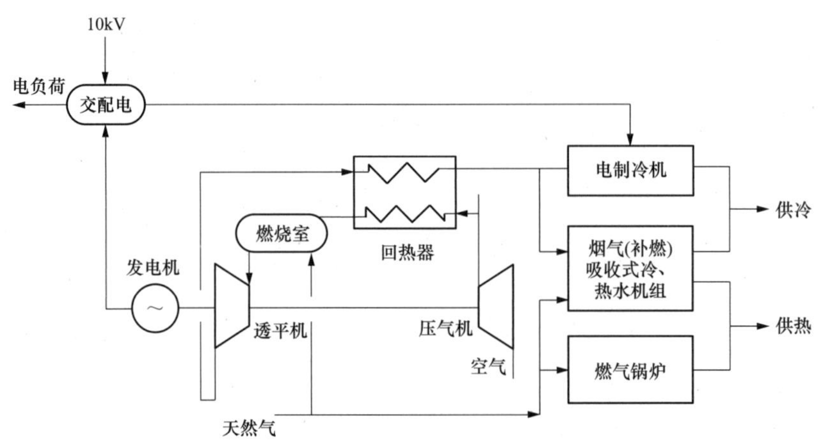

图 5.1-10　微燃机工艺流程（工艺路线一）

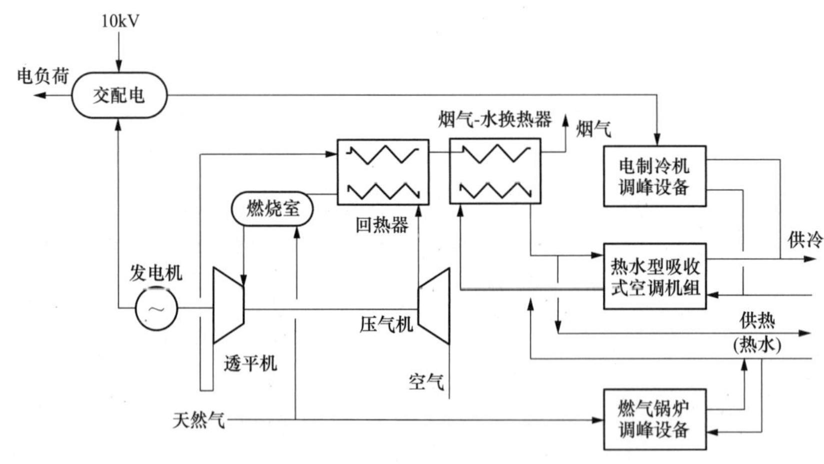

图 5.1-11　微燃机工艺流程（工艺路线二）

主要特点和适用条件：该系统方案适用建筑面积较小、建筑功能比较单一的场合，如写字楼、办公楼等。但是该方案在制备生活热水和冷冻水方面更加灵活可控，根据需求情况可自由调整热水用于制冷和供热水的比例，尤其是制冷高峰与生活热水高峰往往不在同一时段出现，当生活热水负荷需求不太高且波动较大时，系统均可稳定运行，同时也可避免燃气锅炉随着负荷的波动频繁启动。

第二节　主机设备选型及系统配置

本节所述的主机设备包括原动机、余热锅炉、溴化锂吸收式制冷机、蒸汽轮机。

一、主机设备选型

（一）原动机组设备配置选型

1. 一般规定

（1）原动机的容量配置应综合考虑用户冷热负荷特点及原动机特性，并应符合以下规定：

1）区域式天然气分布式能源站的原动机单机容量不应大于50MW级。

2）楼宇式天然气分布式能源站的原动机单机容量不应大于10MW级。

3）为了保障天然气分布式能源项目供能系统运行的安全性和可靠性，提高系统运行的经济性，原动机机组台数不宜少于2台。

(2) 原动机可采用独立建筑或非独立建筑的布置形式，也可以采用露天布置形式，当站房不独立设置时，可贴邻民用建筑布置，并应采用防火墙隔开，且不应贴邻人员密集场所。

1）能源站布置在地下非独立建筑内的原动机单机容量不宜大于3MW，布置在独立的地下建筑内的原动机单机容量不宜大于5MW。

2）能源站布置在建筑物首层时单机容量不应大于7MW，当布置在建筑物屋顶时单机容量不应大于2MW。

(3) 根据热冷负荷的情况，经技术经济比选后，可采用联合循环系统或简单循环系统。

(4) 天然气区域式分布式能源项目，应明确性能保证考核工况，具体内容如下：

1）对于以全年工业蒸汽负荷为主的机组，宜将年平均气象（机组额定供热）工况作为性能保证考核工况。

2）对于以冬季采暖、夏季制冷负荷为主的机组，且采暖、制冷蒸汽负荷相当的情况下，宜将最冷月平均气象（机组额定供热）工况作为性能保证考核工况。

注：性能保证考核工况应包括额定出力、热耗率、污染物排放、噪声、机组振动指标，以及主要热部件使用寿命。

2. 原动机与冷、热、电负荷匹配的四个基本原则

(1) 自身消化，自发、自用、自平衡的原则。既要满足“以热（冷）定电”原则，也要充分考虑“热（冷）电平衡”的需要。如依据“以热（冷）定电”原则，按最大热（冷）负荷选择分布式供能系统原动机容量，这会给以后的稳定、经济运行带来困难。分布式供能系统一般都是以单个或几个用户为对象，热（冷）、电负荷的波动一般都比较大，用热（冷）需求和用电需求不一定同步。按最大热（冷）负荷选择容量，往往是在用热（冷）需求较大时，用电需求不大，致使发出的部分电力无法自身消化，影响正常运行。同时，由于热（冷）负荷的大幅波动，机组也需要频繁调节，这会使机组长期处在低效率工况下运行，运行可靠性和节能效益都将受到影响。

(2) 原动机装机容量宜小不宜大的原则。在选择原动机容量时，不应追求将用户全部用冷热需求都由分布式供能系统提供，在一般情况下，应由原动机带基本热负荷，适当配置调峰设备来进行负荷调峰。

(3) 原动机稳定而连续开机运行的原则。相对稳定、可以使原动机稳定而连续开机运行的热（冷）负荷为基本热（冷）负荷，应根据各工程条件进行个案分析确定；一般可利用热（冷）负荷延时曲线、四季典型日的逐时负荷变化曲线叠加得到。

(4) 原动机的欠匹配原则。应按“以热（冷）定电、欠匹配”的原则配置原动机、余热设备的容量（发电量和供热量）以及余热制冷设备的供冷量；欠匹配的具体内容如下：

1）对于工业蒸汽负荷，欠匹配表示宜按约等于工业蒸汽基本热负荷选择原动机和余热设备的容量，相对于设计最大工业蒸汽负荷不足部分由热调峰设备（燃气锅炉）补充，并保

证当其中最大一台供热设备故障时，系统供热能力满足用户连续稳定蒸汽负荷的100%。

2）对于建筑空调冷负荷，欠匹配表示应按小于建筑空调基本冷负荷选择原动机和余热制冷设备的容量，相对于设计最大建筑空调冷负荷不足部分由冷调峰（电空调或蓄冷）设备补充，并保证当其中最大一台供冷设备故障时，系统供冷能力满足最大负荷的60%～75%。

3）对于建筑空调热负荷，欠匹配表示应按小于建筑空调基本热负荷选择原动机和余热设备的容量，相对于设计最大建筑空调热负荷不足部分由热调峰（燃气锅炉或蓄热）设备补充，并保证当其中最大一台供热设备故障时，系统供热能力满足最大负荷的60%～75%热负荷。

4）对于采暖热负荷，欠匹配表示宜按约等于采暖基本热负荷选择原动机和余热设备的容量，相对于设计最大采暖负荷不足部分由热调峰（燃气锅炉或蓄热）设备补充，并保证当其中最大一台供热设备故障时，系统供热能力满足最大负荷的50%～65%。

注：以上给出的4种类型是单一类型的基本热（冷）负荷，在分析时，应按所需热（冷）介质归类逐时叠加。

3. 原动机设备配置与选型原则

（1）天然气分布式能源项目的原动机主要包括燃气轮机、内燃机和微燃机，楼宇式天然气分布式能源站的原动机宜选用内燃机或微燃机。

（2）对于区域式天然气分布式能源项目，由于燃气-蒸汽联合循环机组供热负荷灵活性的要求，宜优先考虑多轴配置方式。

（3）对于以内燃机或微燃机为原动机的楼宇式天然气分布式能源项目，宜优先考虑与公共电网并网但不上网运行方式；原动机容量和项目建设规模宜按照电负荷和热（冷）负荷的低值需求进行匹配设计，并合理确定调峰方式（燃气锅炉、热泵、电制冷/蓄冷、直燃机等），实现能源梯级利用及综合能源利用效率的最大化，年平均能源综合利用率不应小于70%。

1）当采用并网不上网运行方式时，发电机应根据基本电负荷和冷、热负荷需求确定，单台发电机组容量应满足低负荷运行要求，发电机组满负荷运行小时数应满足经济性要求。

2）当采用孤网运行方式时，发电机组容量应满足所带电负荷的峰值需求，单台发电机组容量应考虑低负荷运行的要求。

3）当采用上网运行方式时，发电机组容量应根据“以热（冷）定电、欠匹配”，综合效益最优原则确定。

（4）对于以燃气轮发电机组为原动机的区域式天然气分布式能源项目，原动机容量和项目建设规模宜按照“以热（冷）定电，欠匹配”的原则进行匹配设计，以实现能源梯级利用及综合能源利用效率的最大化，年平均能源综合利用率不应小于70%。

1）在经济性可行的前提下，当热（冷）负荷变化不大时，机组装机容量按基本热（冷）负荷配置考虑；当热（冷）负荷变化大时，装机容量宜按低于基本热（冷）负荷匹配，保证机组满负荷状态下高效运行。

2）在对项目经济效益不产生负面影响的情况下，可考虑通过采取蓄能调峰和有效的全工况调控手段，保证机组的稳定运行、提高主机的运行时数，以及高峰负荷的需求。

（5）根据国家及地方对烟气排放指标要求的不断提高，原动机应采用低氮燃烧技术，并明确各气象工况下满足烟气排放指标的燃机最低负荷；且宜根据项目环境影响评价报告的要求，确定是否需要同期建设或预留脱硝设施。

（6）在燃气轮机选型时，应按以下运行条件评估燃气轮机的主要性能参数：

1）年平均气象（或机组额定运行工况）参数下：燃机的额定出力、热耗率及排气的流量、压力、温度、允许排气背压。

2）最热月平均气象参数下的燃机的连续出力和排气流量、压力、温度、允许排气背压。

3）最冷月平均气象参数下的燃机的连续出力和排气流量、压力、温度、允许排气背压。

4）标准工况（ISO 工况）参数下：燃机的连续出力和排气流量、压力、温度、允许排气背压。

5）极端冬、夏季气象参数下的燃机的连续出力和排气流量、压力、温度、允许排气背压。

注：需给定项目现场以上各工况的环境温度、大气压力和相对湿度等气象数据。

4. 发电机组容量选择原则

（1）当采用并网不上网运行方式时，发电机应根据基本（平均）电负荷和冷、热负荷需求确定，单台发电机组容量应满足低负荷运行要求，发电机组满负荷运行小时数应满足经济性要求。

（2）当采用上网运行方式时，发电机组容量应根据“以热（冷）定电、欠匹配”，综合效益最优原则确定。

（3）当采用孤网运行方式时，发电机组容量应满足所带电负荷的峰值（最大值）需求，单台发电机组容量应考虑低负荷运行的要求。

5. 原动机配套发电机设备的选型原则

原动配套发电机设备包括以下三类：燃气轮发电机组、内燃机发电机组、蒸气轮发电机组。

（1）发电机的选型和技术要求应符合《隐极同步发电机技术要求》（GB/T 7064—2008）及《旋转电机定额和性能》（GB 755—2008）等要求。

（2）应采用高效、全封闭、三相、隐极式同步发电机。

（3）发电机应满足频繁启停的要求，启动时间必须尽可能地短，以满足非供热期调峰和两班制运行的要求。

（4）在 30％～100％额定负荷下，发电机应持续稳定运行。

（5）在额定电压、额定功率因数、额定频率条件下，发电机容量应：

1）与原动机的额定出力相匹配。

2）与原动机机的最大连续出力相匹配。

（6）发电机出口电压等级选择应根据分布式能源系统的直供电需求、发电机组额定容量、站用电的接引方式，并结合短路电流计算结果确定。宜采用 10.5kV 或 0.4kV；经技术经济对比，也可采用 6.3kV。

（7）发电机应能在额定功率因数 0.8（滞后）至功率因数 0.95（超前）之间发出额定的容量。

（8）发电机的励磁系统可采用无刷励磁或静态励磁方式。励磁配置应满足电网对 AVC、AGC 功能的要求。

（二）余热锅炉设备配置与选型

1. 余热锅炉选型基本规定

余热锅炉选型需与燃机匹配，一般一台燃气轮机配一台余热锅炉，其额定工况与燃机额定工况相匹配，并处于最佳效果范围，还应检验它在冬、夏季工况下的蒸发量、汽温及锅炉效率。此外选择何种蒸汽循环方式的余热锅炉取决于电厂的投资成本和运行成本，一般需要综合考虑以下方面的因素才能决定：燃料品种；燃料费用；燃气轮机的型号；余热锅炉的排烟温度；机组承担负荷的性质。

天然气中几乎不含硫，锅炉的排烟温度可以降低，做到小于100℃。因此锅炉宜采用多级压力蒸汽系统，降低余热锅炉的排烟温度，提高废热利用率。

天然气分布式供能系统一般燃机排气温度较低，排烟量不大，一般采用双压非再热或单压的余热锅炉。

2. 余热锅炉选型的重要参数

与余热锅炉选型相关的重要参数是节点温差和接近点温差。“节点温差”是指烟气在蒸发受热面处的最低温度与蒸发器中工质的饱和温度间的差值，即蒸发器中工质热交换的最小温差点；“接近点温差”则是指蒸发器处工质饱和温度与省煤器出口的工质温度的差值，为避免在部分负荷工况下，省煤器内发生给水汽化，设计余热锅炉时总是使省煤器出口的水温略低于其相应压力下的饱和水温。在余热锅炉的设计与运行中正确理解“节点温差”概念和合理选用“节点温差”值是余热锅炉优化设计的重要环节。

“节点温差”选用将综合影响余热锅炉的余热利用率、工质循环热效率，投资费用和运行效益，及制造商的制造成本。

当选定了余热锅炉的蒸汽压力和节点温差，烟气释放给余热锅炉过热器及蒸发器的热量也就确定了，过热蒸汽流量也随之确定。

余热锅炉蒸汽压力和温度选定后，合理的节点温差是设计余热锅炉的关键因素之一。当增大节点温差时，余热锅炉的出力降低，排烟温度上升，余热锅炉的余热利用及工质循环热效率也下降，余热锅炉受热面面积减少。减少节点温差则蒸汽流量提高，蒸汽吸热量增加，但随着平均传热温差减小，受热面积必须增加，则成本增加。当节点温差趋于0时，一部分受热面的传热温差也趋于0，这部分受热面实际上成为无效受热面，这也是必须避免的。考虑到运行时的偏差，应慎重取用节点温差参数。在设计余热锅炉时，通常节点温差为8～20℃。

当余热锅炉采用多压系统时，每级压力的节点温差的选择有较大的灵活性，应在总体布置时予以综合考虑。

接近点温差，是防止低负荷下的省煤器出现沸腾，反映省煤器安全裕度的一个指标。当余热锅炉滑压运行时，随着运行压力下降，省煤器相对吸热量（省煤器吸热量占余热锅炉总吸热量的比例）增加。为防止省煤器沸腾，在额定负荷下的省煤器出口水的温度与该压力下的饱和温度有一个差值，即接近点温差。一般，接近点温差取5～20℃范围是合适的。

联合循环设备采购国际标准规定，单压（即只产生一种压力等级的蒸汽供汽轮机）余热锅炉的节点温差为15℃；双压和三压（即产生2种或3种压力等级的蒸汽供汽轮机）余热锅炉的节点温差为10℃。联合循环设备采购国际标准规定，省煤器的接近点温差为5℃。

3. 余热锅炉设备选型原则

（1）余热锅炉出口参数的选择应结合原动机排烟参数及供热参数，考虑汽轮机进汽初始参数的优化和供热能力的合理分配，力求联合循环效率最高。

(2) 余热锅炉容量及参数应与原动机排烟特性及给水温度相匹配，余热锅炉额定蒸发量应与燃气轮机额定工况下的排气参数相匹配。

(3) 余热锅炉的选型和技术要求应符合《燃气-蒸汽联合循环设备采购余热锅炉》(JB/T 8953.3)、《锅炉安全技术监察规程》(TSGG 0001) 的要求。

(4) 余热锅炉应满足原动机快速频繁启停的要求。

(5) 余热锅炉宜采用卧式布置方式，在项目场地面积紧张、对景观和噪声有特殊要求的情况下可考虑采用立式布置方式。

(6) 余热锅炉排烟温度应高于酸露点温度 10℃以上，以防止余热锅炉尾部受热面低温腐蚀，烟气酸露点温度应根据烟气成分计算后确定。

(7) 余热锅炉宜采用钢制烟囱，烟囱出口宜配消声器。

(8) 余热锅炉的给水水质应满足《火力发电机组及蒸汽动力设备水汽质量》和《工业锅炉水质》的要求。

(9) 余热锅炉尾部宜设补水或热水受热面进一步降低排烟温度；余热锅炉设补水或热水受热面后总的烟气压降应满足燃机允许排气背压的要求。

(10) 余热锅炉向空排汽的噪声防治应满足环保要求，起跳压力最低的汽包安全阀排汽管宜装设消声器；定期排污扩容器排汽管可装设消声器，在严寒地区宜装设排汽管汽水分离装置。

(11) 余热锅炉可采用一级连续排污扩容系统，连续排污扩容系统应有切换至定期排污扩容器的旁路；定期排污扩容器的容量应考虑余热锅炉事故放水的需要。

(三) 溴化锂吸收式制冷机选型

1. 燃气分布式供能站溴化锂吸收式制冷机选型设计范围

燃气分布式供能站中溴化锂吸收式制冷机的设计范围主要包括的选择、容量及台数的确定、溴化锂吸收式制冷机与原动机配置形式等。

2. 溴化锂吸收式制冷机的选型

燃气分布式供能站中使用较多的溴化锂吸收式制冷机机型为余热型溴化锂吸收式冷(温) 水机组。优势在于可以利用低品位的热能，燃气分布式供能站都至少具有蒸汽、热水和高温烟气三种热能中的一种，在系统中配置余热型溴化锂吸收式冷(温) 水机组，可充分发挥其利用低品位能源的优势，有效提高系统的能源综合利用率，节约能源，提高系统经济性。同时直燃型溴化锂吸收式冷(温) 水机组可用作能源站的冷热负荷的调峰设备，在燃气分布式能源站中也得到了较为广泛的应用。

(1) 燃气分布式供能站选用溴化锂吸收式冷(温) 水机组时，其使用的能源种类应根据能站所在地的资源情况合理确定。在有多种能源可供使用时，宜按照以下优先顺序确定：

1) 发电机组余热。

2) 利用可再生能源产生的热源。

3) 矿物质能源优先使用顺序为天然气、人工煤气、液化石油气、轻柴油等。

(2) 燃气分布式供能站中使用的溴化锂吸收式冷(温) 水机组的性能参数应符合《公共建筑节能设计标准》(GB 50189) 中的有关规定。

（3）燃气分布式能源站中余热型溴化锂吸收式制冷机机型的确定：燃气分布式能源站中余热型溴化锂吸收式冷（温）水机组机型时应根据供能站所能提供的热源形式确定。

1）余热蒸汽压力（表压）0.05～0.12MPa 时，宜选用蒸汽单效型溴化锂吸收式冷（温）水机组；

2）当蒸汽压力不小于 0.4MPa 时，宜选用蒸汽双效型溴化锂吸收式冷（温）水机组；当热水温度不小于 120℃时，宜选用热水二段型溴化锂吸收式冷（温）水机组。

3）当烟气温度大于 200℃时，宜选用烟气型溴化锂吸收式冷（温）水机组。

4）当供能站可以提供两种余热时，宜选用复合型机组，如烟气热水型溴化锂吸收式冷（温）水机组。

（4）燃气分布式能源站中余热型溴化锂吸收式冷（温）水机组机型供回水温度的确定：

1）溴化锂吸收式冷（温）水机组机型根据运行模式的不同，可提供空调热水、生活热水、空调冷冻水等不同温度的供水，溴化锂吸收式制冷机供回水温度应按照供能站末端用户的需求确定。通常空调热水供回水温度取 60/50℃，生活热水供回水温度取 80/60℃，空调冷冻水供回水温度取 13/6℃。

2）由于溴化锂机组供冷原理的特殊性，空调冷冻水供水温度不应低于 5℃。当供能站需要提供低于 5℃的冷冻水时，宜在溴化锂吸收式制冷机下游设置冰蓄冷系统或者电制冷机组供冷。

（5）燃气分布式能源站中余热型溴化锂吸收式冷（温）水机组容量的确定：

1）燃气分布式供能站中溴化锂吸收式冷（温）水机组的容量应根据供能站冷热负荷分析结果及余热量确定。

2）在对燃气分布式供能站冷热负荷进行分析计算时，应分别确定供能站的设计冷热负荷及基础冷热负荷，其中基础冷热负荷才是供能站溴化锂吸收式制冷机选型的依据。供能站冷热负荷分析计算详见本手册第三章“冷、热、电、负荷分析与汇总”。

3）由于溴化锂吸收式制冷机运行中的冷量衰减及机组本身水系统的冷热损失等问题，机组容量选型时一般考虑 10%～15%的富余量。

4）燃气分布式供能站中余热型溴化锂吸收式冷（温）水机组台数的确定：

燃气分布式供能站中余热型溴化锂吸收式冷（温）水机组的台数，应根据供能站中溴化锂吸收式制冷机的总容量及场地条件综合考虑后确定，一般选用 2～5 台为宜，中小型工程工程宜选用 1～2 台。机组的台数应考虑互为备用和轮换使用的可能性。从便于维修管理角度考虑，尽量选用同机型、同型号的机组，也可以采用不同机型不同型号机组组合设置的方案。

7）燃气分布式能源站中余热型溴化锂吸收式冷（温）水机组承压的确定：

余热型溴化锂吸收式冷（温）水机组承压的承压一般为 0.8MPa，燃气分布式供能站需要提供的供水压力大于 0.8MPa 时，水工系统宜采用分区供冷供热或者通过换热器隔离的二次供能供热系统，必要时可选用 1.6MPa 或 2.0MPa 高压机型。

8）燃气分布式能源站中余热型溴化锂吸收式冷（温）水机组与原动机配置形式的确定：

a）楼宇型燃气分布式供能站中采用内燃机或者微燃机作为原动机时，余热型溴化锂吸收式冷（温）水机组与原动机的配置形式尽量采用“一拖一”的配置形式，即单台原动机的余热供单台溴化锂机组利用。

b）区域型燃气分布式供能站中多采用燃气轮机作为原动机，余热类型主要为高温烟气和蒸汽，余热量大、余热品质高，溴化锂吸收式冷（温）水机组与原动机的配置形式较为灵活，一般采用“一拖多”的配置形式。

9）燃气分布式供能站中选用烟气型溴化锂吸收式冷（温）水机组时注意事项：

a）核算原动机的出口背压是否满足烟气型溴化锂吸收式冷（温）水机组的使用及烟囱排放要求。

b）燃气分布式能源站中选用溴化锂吸收式冷（温）水机组时烟气的排放温度不应高于120℃，宜在烟气型溴冷机后设置烟气余热回收装置，控制排烟温度低于90℃。

c）溴化锂吸收式冷（温）水机组烟气出口烟囱的设置应满足《锅炉房设计规范》（GB 50041）中关于排烟系统的设计要求。

（四）蒸汽轮机组设备选型

1. 汽轮机设备选型基本规定

蒸汽轮机选型一般考虑以下几方面：

（1）汽水循环方式。

1）天然气分布式供能项目原动机单机容量较小，一般不考虑再热。

2）一般采用单压或双压。

（2）台数选择。

1）当安装2台及以上燃机时，汽轮机有多种选择，即一拖一，二拖一，或三台及以上燃机（余热锅炉）只配一台汽轮机。

2）当需要采用两种机型，即1台供热抽汽机组，1台背压机组时，一般采用一拖一，即配2台汽轮机的方案。

3）当需要采用一种机型，即2台供热抽汽机组或2台背压机组时，可采用一拖一，也可采用二拖一的配置方式。

2. 汽轮机设备选型原则

（1）汽轮机设备选型和技术要求，应按联合循环发电机组相关的规定选用供热式汽轮机；供热式汽轮机的容量和台数应根据热负荷的大小和性质，并按“热（冷）定电，欠匹配”的原则合理确定。

（2）汽轮发电机组的选型和技术要求应符合《燃气-蒸汽联合循环设备采购汽轮机》（JB/T 8953.2）与《燃气-蒸汽联合循环电厂设计规定》（DL/T 5174）的规定。

（3）应根据余热锅炉蒸汽参数及供热参数确定汽轮机的进汽参数，宜根据供热参数进行优化，并确定汽轮机的抽汽（或背压）参数，力求联合循环效率最高。

（4）汽轮机机型的最佳配置方案应在调查核实热（冷）负荷的基础上，根据设计的热（冷）负荷特性，经技术经济比较后确定，汽轮机选型应符合下列规定：

1）具有常年持续稳定热（冷）负荷的天然气分布式能源站，应按照全年基本热负荷优先选用背压式汽轮机。

2）具有部分持续稳定热（冷）负荷和部分变化波动热负荷的天然气分布式能源站，应选用背压式汽轮机或抽背式汽轮机承担相对稳定的热负荷，再设置抽凝式汽轮机承担其余变化波动的热负荷。

3）当配置双压余热锅炉且热（冷）负荷变化幅度较大时，系统可配置补汽式汽轮机进行调节。

二、机组循环系统配置

根据本章第一节能源站供能系统的典型工艺系统路线，将分布式能源系统分为楼宇式分布式能源系统和区域式分布式能源系统两类。

（一）楼宇式分布式能源系统

以内燃机（或微燃机）为原动机，烟气热水溴化锂机组为余热利用设备产生热水和冷水，通过冷热电联产方式直接向一定区域范围内楼宇建筑用户输出热（冷）能、电能的能源供应系统。

（二）区域式分布式能源系统

以燃气轮机（或内燃机）为原动机，余热锅炉为余热利用设备产生蒸汽，通过冷热电联产方式直接向一定区域范围内生产企业、厂房、楼宇建筑等用户输出热（冷）能、电能的能源供应系统。区域式分布式能源系统有燃气-蒸汽简单循环系统和燃气-蒸汽联合循环系统。

1. 燃气-蒸汽简单循环

燃气轮机的高温烟气通过余热锅炉生产出一定压力的蒸汽，蒸汽直接向外输送或通过减温减压后对外供热，也可简称为简单循环。

2. 燃气-蒸汽联合循环

燃气轮机的高温烟气通过余热锅炉生产出一定压力的蒸汽，蒸汽驱动蒸汽轮机发电机组发电。将燃气轮机和蒸汽轮机这两种按不同热力循环工作的热机联合在一起的机组，也可简称为联合循环。

三、原动机及余热利用机组配置

（一）机组配置方式

天然气分布式供能系统通常分为楼宇式供能系统和区域式供能系统两类，不同类型的供能系统联合循环机组配置方式不同。

楼宇式供能系统供能对象主要为城市综合商圈、写字楼、数据中心、医院、酒店、学校、机场等。联合循环机组配置一般有内燃机或微燃机和烟气热水型溴化锂机组组成，内燃机设置有旁路烟道，排烟通过设置在排烟烟道上的烟气三通阀一路排至余热利用设备烟气热水溴化锂机后排入烟囱，另一路排至旁路烟道后排入烟囱。正常运行时烟气全部通过烟气热水溴化锂机利用后排入烟囱，三通阀也可以根据用户的热（冷）负荷量及用电量来调节两路的开度。内燃机还会产出高温和中温缸套水，高温缸套水量大，出口温度较高约95℃，送至烟气热水型溴化锂机利用，同时还配置有事故应急高温缸套水散热器，当烟气热水溴化锂机故障或冷却不下来高温缸套水时由应急冷却设备冷却。中温缸套水量小，出口温度一般较低，约65℃，通常不利用直接由中温缸套水散热器冷却。典型的系统图如图5.2-1所示。

区域式供能系统供能对象主要为工业园区、大学城、科技园区、技术开发区等。联合循环机组配置一般有燃气燃机或内燃机、余热锅炉和蒸汽轮机组成，燃气轮机不设置有旁路烟囱，高温烟气通过余热锅炉产生一定压力的蒸汽后排入烟囱，余热锅炉产生的蒸汽可驱动蒸汽轮机发电机组发电，也可直接向外输送或通过减温减压后对外供热。典型的系统图如图5.2-2、图5.2-3所示。

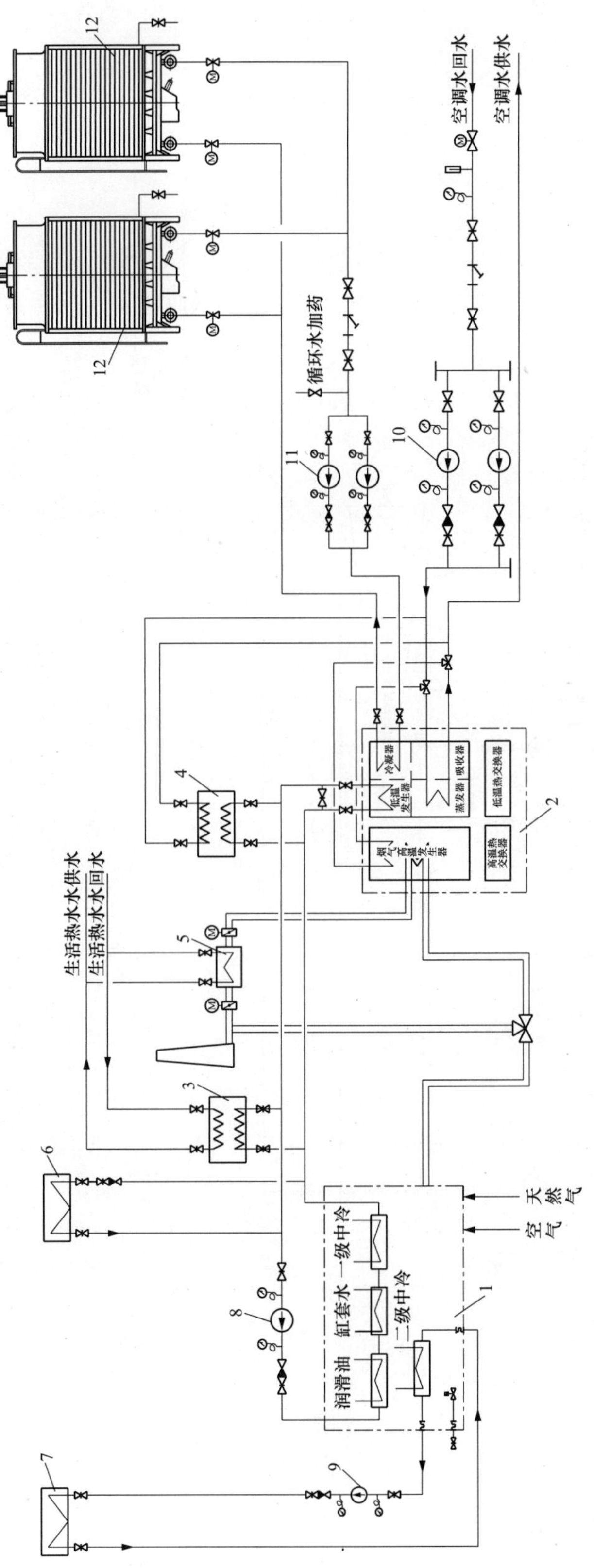

图 5.2-1　楼宇式供能系统三联供原则性热力系统图

1—内燃发电机组；2—热水-烟气溴化锂机组；3—生活热水换热器；4—空调采暖换热器；5—烟气热水换热器；6—高温散热器；7—低温散热器；8—高温缸套水泵；9—中温缸套水泵；10—溴化锂机水冷冻（采暖）水泵；11—溴化锂机水冷水泵；12—冷却塔

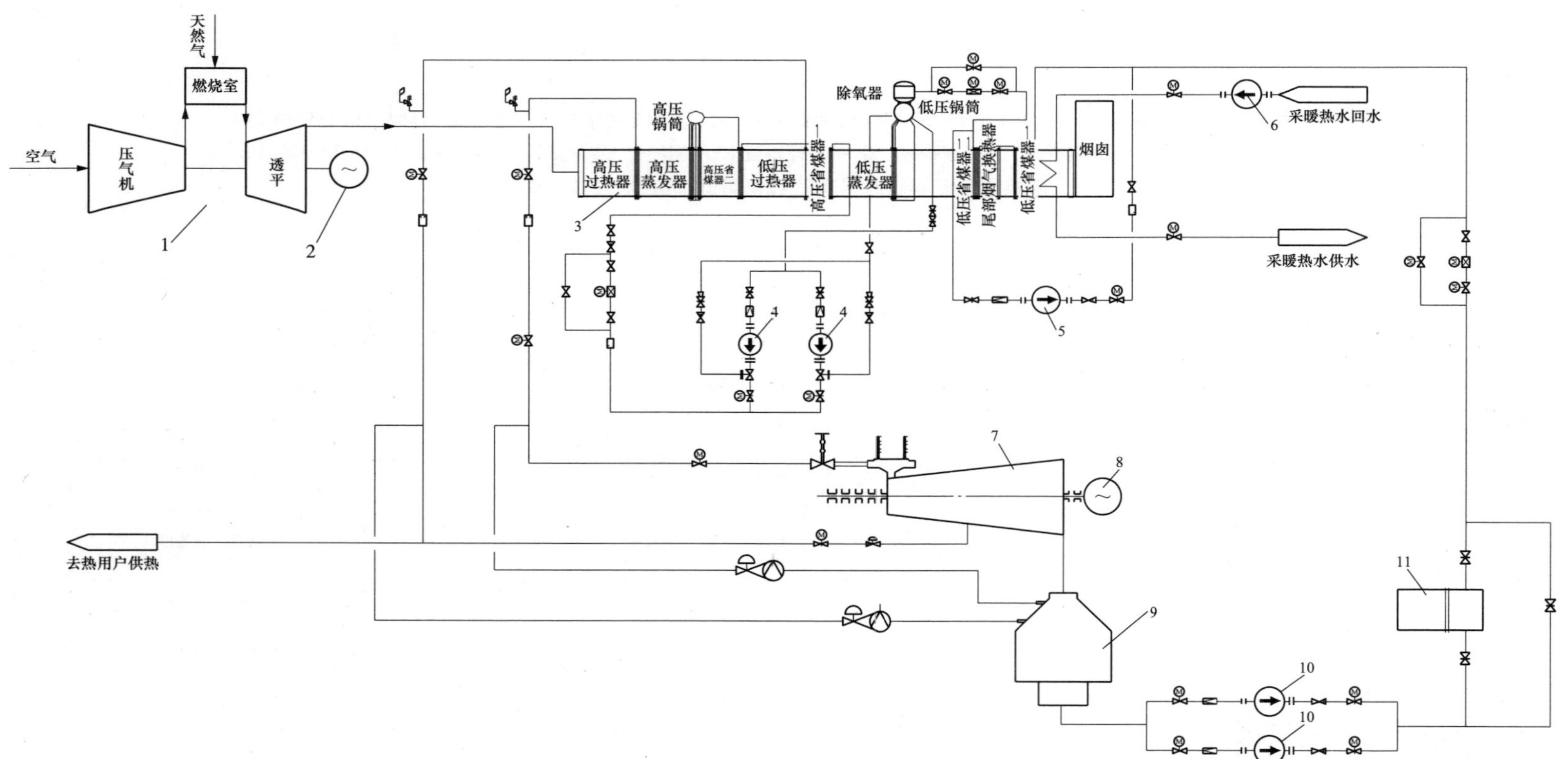

图 5.2-2 区域式联合循环供能系统原则性热力系统图

1—燃气轮机；2—燃气轮机发电机；3—余热锅炉；4—高压给水泵；5—省煤器再循环泵；6—余热锅炉尾部热水循环泵；7—汽轮机；8—汽轮机发电机；9—凝汽器；10—凝结水泵；11—汽封加热器

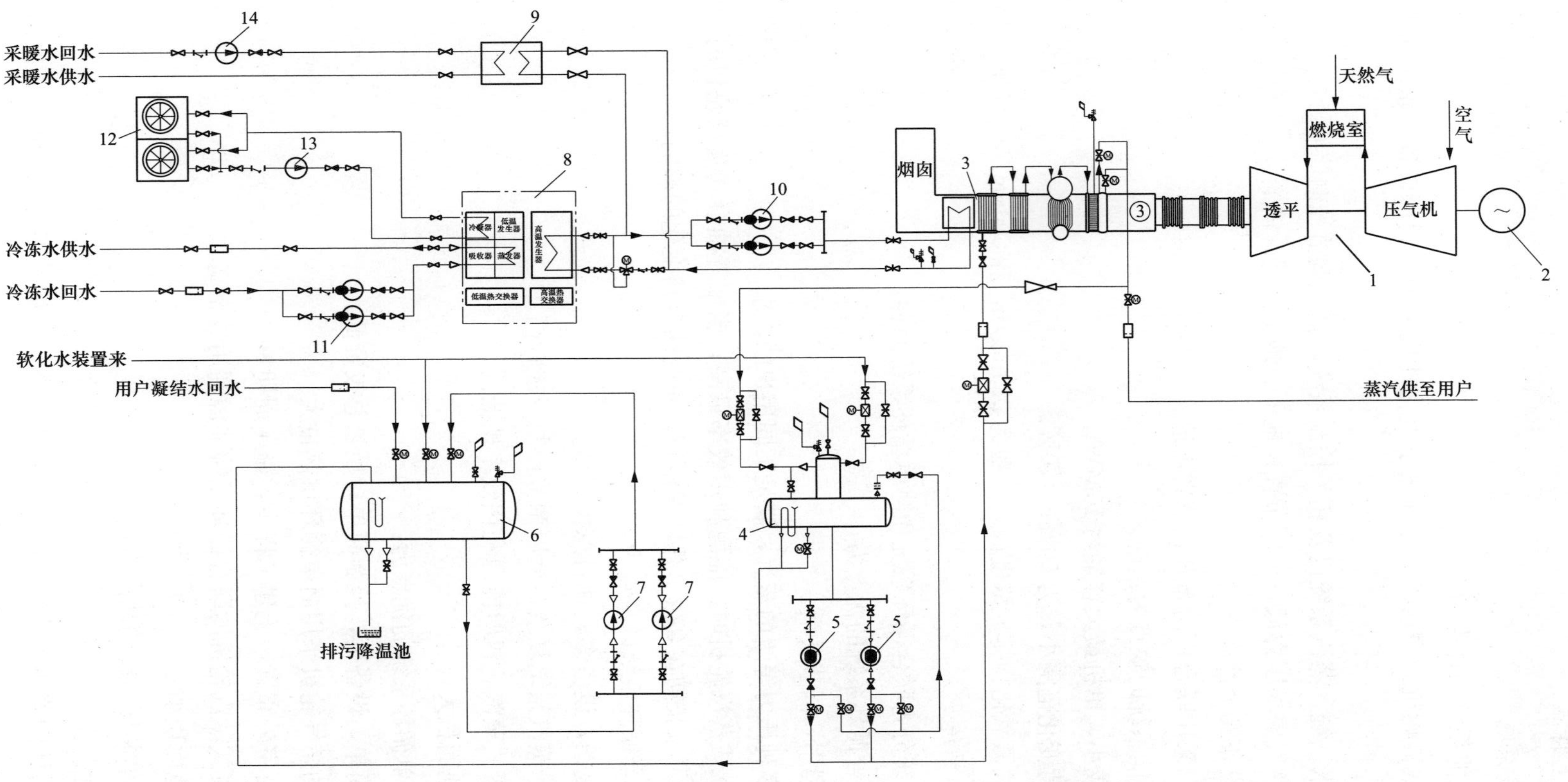

图 5.2-3　区域式简单循环供能系统原则性热力系统图

1—燃气轮机；2—燃气轮机发电机；3—余热锅炉；4—除氧器和除氧水箱；5—给水泵；6—凝结水箱；7—凝结水泵；8—热水溴化锂机；9—采暖板式换热器；10—余热锅炉尾部热水泵；11—冷浆水泵；12—冷却塔；13—冷却水泵；14—采暖水泵

（二）机组配置特点

1. 楼宇式供能系统

（1）楼宇式供能系统的优点为：

1）以内燃机或微燃机为原动机，烟气热水溴化锂机为余热利用设备，系统简单，项目投资低。

2）不需要给水系统、蒸汽系统以及相关控制系统，全厂调节控制简便。

3）原动机的燃气要求压力低，可以布置在地下、地上首层、屋面。

4）余热利用设备安全性高。

5）能源站可以采用联合厂房布置，节省占地。

（2）楼宇式供能系统的缺点为：

1）单机容量较小，单机最大容量约 10MW。

2）内燃机负荷变化范围小，为 50%～100%。

3）内燃机烟气氮氧化物排放浓度高，一般为 250mg/m^3 和 500mg/m^3 两种。

2. 区域式供能系统

区域式供能系统分为联合循环系统和简单循环系统两种。

（1）区域式联合循环系统的优点为：

1）能源梯级利用，调节灵活。

2）可以供应多种压力等级的蒸汽，满足不同用户的需求。

3）当配置背压式蒸汽轮机时，能源利用效率最高；当配置抽凝式蒸汽轮机时，供热调节性好，燃气轮机可以长期在高效负荷区间运行，不受热负荷变化的影响。

（2）区域式联合循环系统的缺点为：

1）系统相对复杂，设备多，项目总投资高。

2）给水系统、蒸汽系统复杂，全厂调节控制要求较高。

3）当配置抽凝式蒸汽轮机时能源利用效率稍低。

4）能源站占地面积大。

（3）区域式简单循环系统的优点为：

1）系统相对简单，设备少，控制简单，项目总投资低。

2）同等容量的燃气轮机采用简单循环供热量大。

3）主要设备可室外布置，土建工程少，施工周期短。

4）比配置抽凝式蒸汽轮机的联合循环系统能源利用效率高。

5）能源站占地面积小。

（4）区域式简单循环系统的缺点为：

1）供热调节性差。

2）燃气轮机需要随着热负荷的变化来调节负荷率，不能长期在高效负荷区间运行，综合发电效率低。

第三节 调峰设备选型及系统配置

当用户冷热负荷具有较强的波动性时，应配置调峰设备。调峰设备包括燃气锅炉、电制冷机、热泵、直燃机，调峰设备的型式及容量的选择应根据冷热电负荷特性及项目边界条件、能源价格等经技术经济比选后确定。

一、调峰设备选型

（一）调峰设备选型原则

电制冷机的容量应根据原动机的余热利用设备供冷能力和冷负荷需求特性最终确定，并保证系统供冷能力满足项目所在地典型日最大冷负荷。

热泵的容量应根据原动机的余热利用设备的供热（冷）能力和热（冷）负荷需求特性及环境资源情况，并经技术经济比较后确定。

直燃机的容量应根据原动机的余热利用设备的供热（冷）能力和热（冷）负荷需求特性最终确定，并以项目所在地典型日最大冷负荷和热负荷中较小值确定直燃机的总容量，系统供热（冷）能力由其他调峰设备满足。

在技术经济合理的情况下，调峰冷、热源宜利用浅层地能、太阳能、风能等可再生能源。当采用可再生能源受到气候等原因的限制无法保证时，应设置辅助冷、热源。

全年进行空气调节，且各房间或区域负荷特性相差较大，需要长时间地向建筑物同时供热和供冷，经技术经济比较合理时，宜采用水环热泵空调系统供冷、供热。

夏热冬冷地区的中、小型建筑宜采用空气源热泵或土壤源地源热泵系统供冷、供热。

在天然地表水等资源可供利用或者有可利用的浅层地下水且能保证100%回灌时，可采用地表水或地下水地源热泵系统供冷、供热。

具有多种能源的地区，可采用复合式能源供冷、供热。

调峰设备的冷水（热泵）机组台数及单机制冷量（制热量）选择，应能适应负荷全年变化规律，满足季节及部分负荷要求。机组不宜少于两台；当小型工程仅设一台时，应选调节性能优良的机型，并能满足最低负荷的要求。

选择电动压缩式制冷机组时，其制冷剂应符合国家现行有关环保的规定。

选择冷水机组时，应考虑机组水侧污垢等因素对机组性能的影响，采用合理的污垢系数对供冷（热）量进行修正。

调峰设备、水泵、末端装置等设备和管路及部件的工作压力不应大于其额定工作压力。

（二）燃气锅炉选型原则

燃气锅炉属于天然气分布式能源项目的供热配套设备，主要用于对主机供热能力的调峰和备用，其配置应满足以下要求：

（1）燃气锅炉的容量应根据原动机余热的供热能力和热负荷需求特性最终确定，并保证当其中最大一台供热设备故障时，系统供热能力满足连续生产用热、采暖通风和生活用热所需的60%～75%热负荷。

（2）燃气锅炉供热介质和参数应与主机供热系统要求保持一致，锅炉台数不宜超过2

台，并宜选择容量和燃烧设备相同的锅炉。

（3）燃气锅炉的选择和布置应充分考虑有害物排放和噪声的要求，满足有关标准、规范的规定和项目环境影响评价报告的要求。

锅炉及单台锅炉的设计容量与锅炉台数应符合下列规定：

（1）锅炉的设计容量应根据供热系统综合最大热负荷确定。

（2）单台锅炉的设计容量应以保证其具有长时间较高运行效率的原则确定，实际运行负荷率不宜低于50%。

（3）在保证锅炉具有长时间较高运行效率的前提下，各台锅炉的容量宜相等。

（4）锅炉房锅炉总台数不宜过多，不应少于两台。

（5）其中一台因故停止工作时，剩余锅炉的设计换热量应符合业主保障供热量的要求，并且对于寒冷地区和严寒地区供热（包括供暖和空调供热），剩余锅炉的总供热量分别不应低于设计供热量的65%和70%。

除工艺、厨房、洗衣、高温消毒以及冬季空调加湿等必须采用蒸汽的热负荷外，其余热负荷应以热水锅炉为热源。

锅炉额定热效率不应低于《公共建筑节能设计标准》（GB 50189）的有关规定。当供热系统的设计回水温度小于或等于50℃时，宜采用冷凝式锅炉。当采用真空热水锅炉时，最高用热温度宜小于或等于85℃。

（三）电动压缩式冷水机组选型原则

选择水冷电动压缩式冷水机组类型时，宜按表5.3-1中的制冷量范围，经性能价格综合比较后确定。

表5.3-1　水冷式冷水机组选型范围

单机名义工况制冷量（kW）	冷水机组类型
≤116	涡旋式
116～1054	螺杆式
1054～1758	螺杆式
	离心式
≥1758	离心式

电动压缩式冷水机组的总装机容量，应根据计算的空调系统冷负荷值直接选定，不另作附加；在设计条件下，当机组的规格不能符合计算冷负荷的要求时，所选择机组的总装机容量与计算冷负荷的比值不得超过1.1。

冷水机组的选型应采用名义工况制冷性能系数（COP）较高的产品，并同时考虑满负荷和部分负荷因素，其性能系数应符合《公共建筑节能设计标准》（GB 50189）的有关规定。

电动压缩式冷水机组电动机的供电方式应符合下列规定：

（1）当单台电动机的额定输入功率大于1200kW时，应采用高压供电方式。

（2）当单台电动机的额定输入功率大于900kW而小于或等于1200kW时，宜采用高压供电方式。

（3）当单台电动机的额定输入功率大于650kW而小于或等于900kW时，可采用高压供电方式。

采用氨做制冷剂时，应采用安全性、密封性良好的整体式氨冷水机组。

（四）热泵设备选型原则

1. 空气源热泵

空气源热泵机组的性能应符合国家现行相关标准的规定，并应符合下列规定：

（1）具有先进可靠的融霜控制，融霜时间总和不应超过运行周期时间的20%。

（2）冬季设计工况时机组性能系数（COP），冷热风机组不应小于1.80，冷热水机组不应小于2.00。

（3）冬季寒冷、潮湿的地区，当室外设计温度低于当地平衡点温度，或对于室内温度稳定性有较高要求的空调系统，应设置辅助热源。

（4）对于同时供冷、供暖的建筑，宜选用热回收式热泵机组。

注：冬季设计工况下的机组性能系数是指冬季室外空调计算温度条件下，达到设计需求参数时的机组供热量与机组输入功率的比值。

空气源热泵机组的有效制热量应根据室外空调计算温度，分别采用温度修正系数和融霜修正系数进行修正。

空气源热泵或风冷制冷机组室外机的设置，应符合下列规定：

（1）确保进风与排风通畅，在排出空气与吸入空气之间不发生明显的气流短路。

（2）避免受污染气流影响。

（3）噪声和排热符合周围环境要求。

（4）便于对室外机的换热器进行清扫。

2. 地埋管地源热泵

地埋管地源热泵系统设计时，应符合下列规定：

（1）应通过工程场地状况调查和对浅层地能资源的勘察，确定地埋管换热系统实施的可行性与经济性。

（2）当应用建筑面积在5000m^{2}以上时，应进行岩土热响应试验，并应利用岩土热响应试验结果进行地埋管换热器的设计。

（3）地埋管的埋管方式、规格与长度，应根据冷（热）负荷、占地面积、岩土层结构、岩土体热物性和机组性能等因素确定。

（4）地埋管换热系统设计应进行全年供暖空调动态负荷计算，最小计算周期宜为1年。计算周期内，地源热泵系统总释热量和总吸收量宜基本平衡。

（5）应分别按供冷与供热工况进行地埋管换热器的长度计算。当地埋管系统最大释热量和最大吸热量相差不大时，宜取其计算长度的较大者作为地埋管换热器的长度；当地埋管系统最大释热量和最大吸热量相差较大时，宜取其计算长度的较小者作为地埋管换热器的长度，采用增设辅助冷（热）源，或与其他冷热源系统联合运行的方式，满足设计要求。

（6）冬季有冻结可能的地区，地埋管应有防冻措施。

3. 地下水地源热泵

地下水地源热泵系统设计时，应符合下列规定：

(1) 地下水的持续出水量应满足地源热泵系统最大吸热量或释热量的要求；地下水的水温应满足机组运行要求，并根据不同水质采取相应的水处理措施。

(2) 地下水系统宜采用变流量设计，并根据空调负荷动态变化调节地下水用量。

(3) 热泵机组集中设置时，应根据水源水质条件确定水源直接进入机组换热器或另设板式换热器间接换热。

(4) 应对地下水采取可靠的回灌措施，确保全部回灌到同一含水层，且不得对地下水资源造成污染。

4. 江河湖水源地源热泵

江河湖水源地源热泵系统设计时，应符合下列规定：

(1) 应对地表水体资源和水体环境进行评价，并取得当地水务主管部门的批准同意。当江河湖为航运通道时，取水口和排水口的设置位置应取得航运主管部门的批准。

(2) 应考虑江河的丰水、枯水季节的水位差。

(3) 热泵机组与地表水水体的换热方式应根据机组的设置、水体水温、水质、水深、换热量等条件确定。

(4) 开式地表水换热系统的取水口，应设在水位适宜、水质较好的位置，并应位于排水口的上游，远离排水口；地表水进入热泵机组前，应设置过滤、清洗、灭藻等水处理措施，并不得造成环境污染。

(5) 采用地表水盘管换热器时，盘管的形式、规格与长度应根据冷（热）负荷、水体面积、水体深度、水体温度的变化规律和机组性能等因素确定。

(6) 在冬季有冻结可能的地区，闭式地表水换热系统应有防冻措施。

5. 海水源地源热泵

海水源地源热泵系统设计时，应符合下列规定：

(1) 海水换热系统应根据海水水文状况、温度变化规律等进行设计。

(2) 海水设计温度宜根据近30年取水点区域的海水温度确定。

(3) 开式系统中的取水口深度应根据海水水深温度特性进行优化后确定，距离海底高度宜大于2.5m；取水口处应设置过滤器、杀菌及防生物附着装置；排水口应与取水口保持一定的距离。

(4) 与海水接触的设备及管道，应具有耐海水腐蚀性能，应采取防止海洋生物附着的措施；中间换热器应具备可拆卸功能。

(5) 闭式海水换热器在冬季有冻结可能的地区，应采取防冻措施。

6. 污水源地源热泵

污水源地源热泵系统设计时，应符合下列规定：

(1) 应考虑污水水温、水质及流量的变化规律和对后续污水处理工艺的影响等因素。

(2) 采用开式原生污水源地源热泵系统时，原生污水取水口处设置的过滤装置应具有连续反冲洗功能，取水口处污水量应稳定；排水口应位于取水口下游并与取水口保持一定的距离。

（3）采用开式原生污水源地源热泵系统设中间换热器时，中间换热器应具备可拆卸功能；原生污水直接进入热泵机组时，应采用冷媒侧转换的热泵机组，且与原生污水接触的换热器应特殊设计。

（4）采用再生水污水源热泵系统时，宜采用再生水直接进入热泵机组的开式系统。

7. 水环热泵

水环热泵空调系统的设计，应符合下列规定：

（1）循环水水温宜控制在15～35℃。

（2）循环水宜采用闭式系统，采用开式冷却塔时，宜设置中间换热器。

（3）辅助热源的供热量应根据冬季白天高峰和夜间低谷负荷时的建筑物的供暖负荷、系统内区可回收的余热等，经热平衡计算确定。

（4）水环热泵空调系统的循环水系统较小时，可采用定流量运行方式；系统较大时，宜采用变流量运行方式。当采用变流量运行方式时，机组的循环水管道上应设置与机组启停连锁控制的开关式电动阀。

（5）水源热泵机组应采取有效的隔振及消声措施，并满足空调区噪声标准要求。

（五）直燃式溴化锂吸收式机组选型原则

选用直燃式机组调峰时，应符合下列规定：

（1）机组应考虑冷、热负荷与机组供冷、供热量的匹配，宜按满足夏季冷负荷和冬季热负荷的需求中的机型较小者选择。

（2）当机组供热能力不足时，可加大高压发生器和燃烧器以增加供热量，但其高压发生器和燃烧器的最大供热能力不宜大于所选直燃式机组型号额定热量的50％。

（3）当机组供冷能力不足时，宜采用辅助电制冷等措施。

吸收式机组的性能参数应符合《公共建筑节能设计标准》（GB 50189）的有关规定。采用供冷（温）及生活热水三用型直燃机时，尚应满足下列要求：

（1）完全满足冷（温）水及生活热水日负荷变化和季节负荷变化的要求。

（2）应能按冷（温）水及生活热水的负荷需求进行调节。

（3）当生活热水负荷大、波动大或使用要求高时，应设置储水装置，如容积式换热器、水箱等。若仍不能满足要求，则应另设专用热水机组供应生活热水。

采用直燃式冷（温）水机组、空气源热泵、地源热泵等作为热源时，空调热水供回水温度和温差应按设备要求和具体情况确定，并应使设备具有较高的换热性能系数。

选择冷水机组类型时，结合工程实际情况，经性能价格综合比较后确定。综上，常用调峰冷源设备的优缺点见表5.3-2。

各种冷源设备的经济性比较见表5.3-3。

二、调峰机组循环系统配置

燃气分布式供能系统是以天然气为主要燃料，为用户提供冷、热、电等多种形式能源并实现能源梯级利用的高效综合能源供应系统。在分布式供能系统设计中，对于设计冷（热）负荷，分布式供能系统发电余热仅满足基本冷（热）负荷外，剩余峰值冷（热）负荷部分还需选择其他设备来供应。由于系统运行时优先利用发电余热满足基本冷（热）负荷，用于调节峰值冷（热）负荷供应的设备一般称为调峰机组。

表 5.3-2 调峰冷源设备的优缺点

项目	压缩式			直燃型溴化锂吸收式
	活塞式	离心式	螺杆式	双效
动力来源	以电能为动力			天然气
制冷剂	R-12、R-22	R-11（高温）、R-12、R-22 和替代工质 R123、R134a	R-22、R-12	水
主要优点	（1）在空调制冷范围内（一般压缩比为 4 左右），其容积效率仍比较高。 （2）系统装置较简单。 （3）用材为普通金属材料，加工容易，造价低。 （4）模块式冷水机组系活塞式的改良型，采用了高效板式换热器。机组体积小，质量轻，噪声低，占地少。采用标准化生产的模块片，可组合成多种容量，调节性能好，部分负荷时的 COP 保持不变（COP 约为 3.6）。其自动化程度比较高，电脑控制单元模块的开、停，制冷剂为 R22，对环境的危害程度小。安装简便。模块式单机容量可达 1040kW	（1）COP 高。对 R-11，7～12℃冷水、冷却水进口温度为 32℃时，可达 5.67。改善热交换器的传热性能，增加中间冷却器后，理论 COP 可达 6.99。用替代工质则略低。 （2）叶轮转速高、压缩机输气量大，单机容量大，结构紧凑，质量轻，相同容量下比活塞式轻 80%以上，占地面积小。 （3）叶轮做旋转运动，运转平稳，振动小，噪声较低。制冷剂中不混有润滑油，蒸发器和冷凝器的传热性能好。 （4）调节方便，在 15%～100%的范围内能较经济地实现无级调节。当采用多级压缩时，可提高效率 10%～20%和改善低负荷时的喘振现象。 （5）无气阀、填料、活塞环等易损件，工作比较可靠	（1）与活塞式相比，结构简单，运转部件少，无往复运动的惯性力，转速高，运转平稳，振动小。中小型密闭式机组的噪声较低，机组质量轻。 （2）单机制冷量较大，由于缸内无余隙容积和吸、排气阀片，因此具有较高的容积效率。单机活塞式压缩比通常不大于 10，且容积效率随压缩比的增加急剧下降。而螺杆式容积效率高，压缩比可达 20，且容积效率的变化不大。COP 高。多级压缩可用于冰蓄冷。 （3）螺杆式易损件少，零部件仅为活塞式的十分之一，运行可靠，易于维修。 （4）对湿冲程不敏感，允许少量液滴入缸，无液击危险。 （5）调节方便，制冷量可通过滑阀进行无级调节。 （6）制冷剂为 R-22 的制冷机产品，危害臭氧层的程度低，温室效应小	（1）加工简单，操作方便，制冷量调节范围大，可实现无级调节。 （2）运动部件少，噪声低，振动小。溴化锂溶液无毒，对臭氧层无破坏作用。 （3）直燃型吸收式制冷机由于与锅炉结合为一体，减少了许多中间环节，热效率提高。直燃型制冷机与单效蒸汽型和热水型比较，燃料减少 40%。机组可直接供冷和供热。一次投资、占地面积以及运行费用都比较少。安全性比锅炉高，没有锅炉要求严格。直燃型在部分负荷下运行时，相对应的热效率不会下降。其调节性能比电动式优越。 （4）吸收式机房能安装在户外。 （5）制冷主机用电量较少，约为同等制冷量压缩式制冷主机用电量的 1/20。因此适用于电力紧缺的地区

续表

项目	压缩式			直燃型溴化锂吸收式
	活塞式	离心式	螺杆式	双效
主要缺点	（1）往复运动的惯性力大，运转不能太高，振动较大。 （2）单机容量不宜过大。 （3）单位制冷量重量指标较大。 （4）当单机头机组不变转速时，只能通过改变工作气缸数来实现跳跃式的分级调节，部分负荷下的调节特性较差。 （5）模块式机组的主要缺点是由于制冷单元的水系统即蒸发器与冷凝器的进、出水没有相应的隔断措施，不适用于变流量运行（冷媒变流量可节约输送能的25%～30%）。水管约为ϕ165×5.5mm，如果采用13片流速将达到4m/s以上，因此片数不宜超过8片。模块式的COP只能达3.60左右，且价格昂贵	（1）由于转速高，对材料强度、加工精度和制造质量要求严格。 （2）R-11高温制冷剂在运行过程中，低压侧在负压状态下工作，容易漏入空气影响效率。 （3）当运行工况偏离设计工况时效率下降较快。制冷量随蒸发温度降低而减少；且减少的幅度比活塞式快。制冷量随转速降低而急剧下降。 （4）单级压缩机在低负荷下，容易发生喘振。 （5）R-11、R-12等制冷剂对臭氧层的破坏作用大，且目前以R22、R123和R134a为工质的产品有待改进。 （6）小型离心式的总效率低于活塞式	（1）单机容量比离心式小。 （2）转速比离心式低。润滑油系统比较庞大和复杂。耗油量较大，噪声比离心式高（指大容量）。 （3）要求加工精度和装配精度高。 （4）部分负荷下的调节性能较差，特别是在60%以下负荷运行时，性能系数COP急剧下降，只宜在60%～100%负荷范围内运行（指目前国内机组）	（1）使用寿命比压缩式短。 （2）有时一次投资、运行费用虽然比较合算，但是按热力学有效能理论，从能源的利用角度出发是不合理的，因为燃料燃烧所产生的是高温位能量。如果把高温位的蒸汽热能先经过汽轮机进行热电转换，变成高级能——电能，把剩余的低温位热能再提供吸收式制冷机利用，即按质供应较为合理
使用范围	（1）单机容量小于580kW。 （2）有足够的电源	（1）单机容量580～28 000kW。 （2）有足够的电源	（1）单机容量不大于1160kW。 （2）有足够的电源	（1）单机容量在230～11 630kW之间。 （2）有燃油、燃气可利用的场合（用电极少）

表5.3-3　　各种冷源设备的经济性比较

比较项目	活塞式		螺杆式	离心式	吸收式
	直接膨胀型	冷水型			
设备费（小规模）	A	B	A	D	C
设备费（大规模）		B	A	D	C
运行费	D	D	C	B	A
容量调节性能	D	D	B	B	A
维护管理的难易	C	B	A	B	D
安装面积	A	B	B	C	D
必要层高	A	B	B	B	C
运转时的质量	A	B	B	C	D
振动和噪声	C	C	B	B	A

注　表中A、B、C、D表示从有利到不利的排列顺序。

在楼宇式分布式能源系统中，主要为用户提供电、空调热（冷）等能源，发电余热利用设备与调峰热（冷）源设备产生热水和冷水，向楼宇建筑用户提供热（冷）能。在区域式分布式能源系统中，主要为用户提供电、工业热、采暖热等能源，发电余热利用设备与调峰热源设备产生蒸汽或热水，向工业或采暖用户提供热能。调峰热（冷）源设备与其相应的辅助配套系统共同构成调峰机组循环系统，为用户提供热（冷）能。

三、调峰机组配置方式及特点

（一）机组配置方式

在分布式能源系统中，应注意合理选择和设计调峰冷热源机组，需要根据使用能源的种类、一次投资费用、占地面积、环境保护、安全问题和运行费用等方面综合考虑，慎重决定系统调峰冷热源的组成方式。

在楼宇建筑中，大多需要空调冷（热）水或生活热水，联合循环机组中烟气热水型溴化锂机组提供用户的基本冷（热）负荷，为满足用户的峰值负荷，在分布式能源站内设置调峰冷（热）源设备。调峰冷（热）源设备与烟气热水型溴化锂机组产生的空调冷（热）水进入分（集）水器或空调供冷（热）母管后，沿空调冷（热）水管网输送至各用户，满足用户的需要。调峰冷（热）源机组一般有电制冷机＋锅炉、直燃机组、热泵机组这三种方式。

目前，分布式能源系统中常见的调峰冷热源机组组合方式见表5.3-4。

表5.3-4　调峰冷热源机组组合方式

序号	组合方式	制冷设备	制热设备	特　点
1	电动冷水机组制冷，锅炉供热	活塞式冷水机组、螺杆式冷水机组、离心式冷水机组	燃气锅炉、燃煤锅炉、燃油锅炉、电锅炉	（1）电动冷水机组能效比高。 （2）冷源、热源一般集中设置，运行及维修管理方便。 （3）对环境有一定的影响。 （4）占据一定的有效建筑面积。 （5）夏季用电动冷水机组制冷，冬季用锅炉采暖
2	直燃型溴化锂吸收式冷热水机组	直燃型溴化锂吸收式冷热水机组	直燃型溴化锂吸收式冷热水机组	（1）直燃机夏季供冷冻水，冬季供热水，一机两用，甚至一机三用。 （2）与独立锅炉房相比，直燃机燃烧效率高，对大气环境污染小
3	空气源热泵冷热水机组	空气源热泵冷热水机组	空气源热泵冷热水机组	（1）它是一种具有显著节能效益和环保效益的空调冷热源，应合理使用高位能。 （2）空气是优良的低位热源之一。 （3）设备利用率高，一机两用。 （4）省掉冷水机组的冷却水系统和供热锅炉房。 （5）可置于屋顶，节省建筑有效面积。 （6）设备安装和使用方便。 （7）注意结霜和融霜问题
4	地下水源热泵冷热水机组	地下水源热泵冷热水机组	地下水源热泵冷热水机组	（1）一套设备实现夏季供冷，冬季供热。 （2）地下水是热源优良低位热源之一，由于冬季地下水温度比空气温度高而稳定，故地下水热泵冷热水机组运行的使用系数高，而且运行稳定。 （3）合理利用高位能源，能源利用率高。 （4）适合用于地下水量充足、水温适当、水质良好、供水稳定的场合。 （5）设计中需注意使用后的地下水回灌到同一含水层中，并严格控制回灌水质量

（二）调峰机组配置特点

在楼宇建筑中，典型的调峰系统如图 5.3-1 和图 5.3-2 所示。

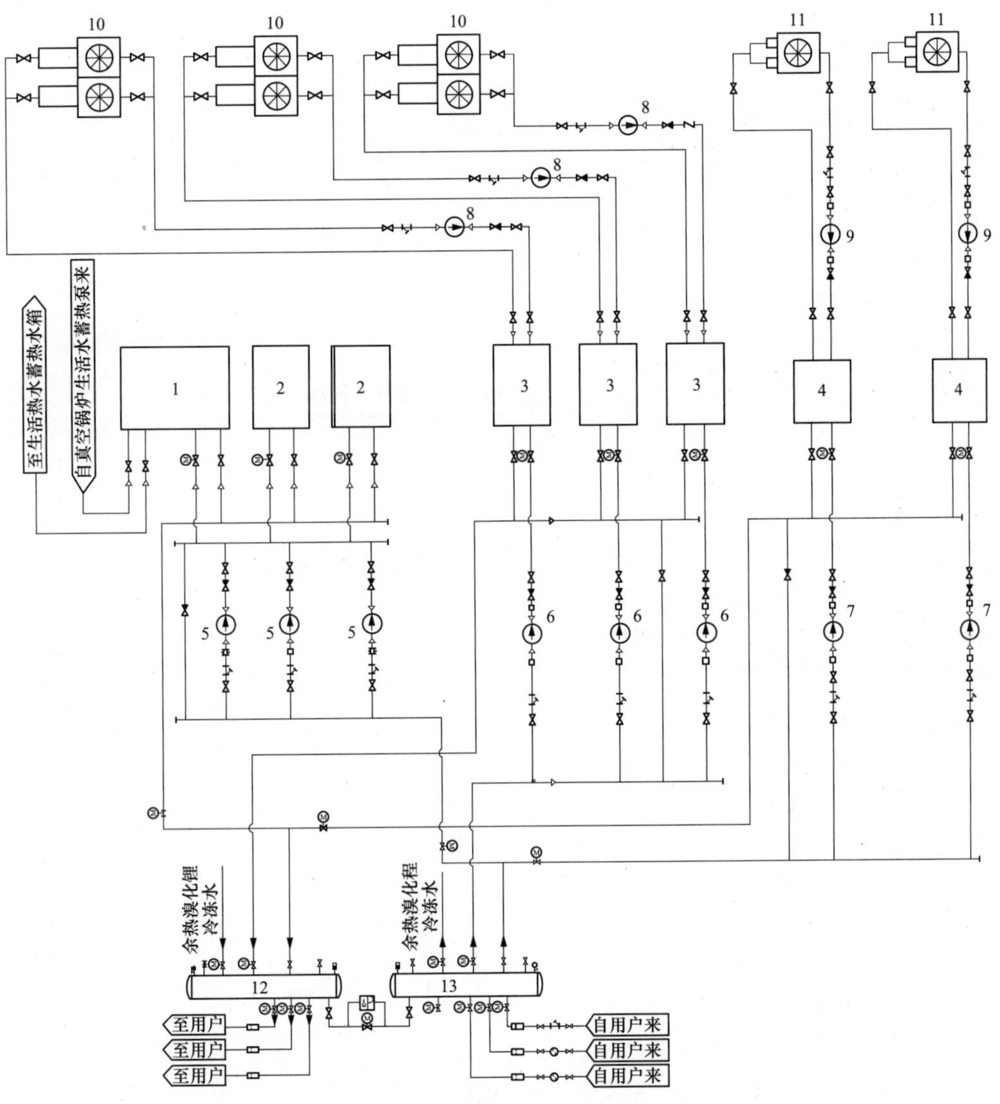

图 5.3-1　原则性热力系统图（电制冷机＋锅炉调峰）

1—双效真空热水锅炉；2—单效真空热水锅炉；3—离心式冷水机组；4—螺杆式冷水机组；5—锅炉热水泵；6—离心机冷冻水泵；7—螺杆机冷冻水泵；8—离心机冷却水泵；9—螺杆机冷却水泵；10—离心机冷却塔；11—螺杆机冷却塔；12—分水器；13—集水器

在工业企业中，大多需要蒸汽作为热媒，供应生产工艺热负荷，联合循环机组中余热锅炉产生的蒸汽或汽轮机抽汽对外供热，为保证热源的安全性、可靠性，在分布式能源站内设置蒸汽锅炉作为备用热源，是一种普遍采用的形式。蒸汽锅炉产生的蒸汽，与余热锅炉产生的蒸汽或汽轮机的抽汽一同进入蒸汽联箱，然后沿蒸汽管网输送至各用户，满足不同用途热用户的需要。典型的系统图如图 5.3-3 所示。在区域式系统中，主要为蒸汽或热水负荷，故需要调峰热源机组，一般有蒸汽、热水锅炉等。

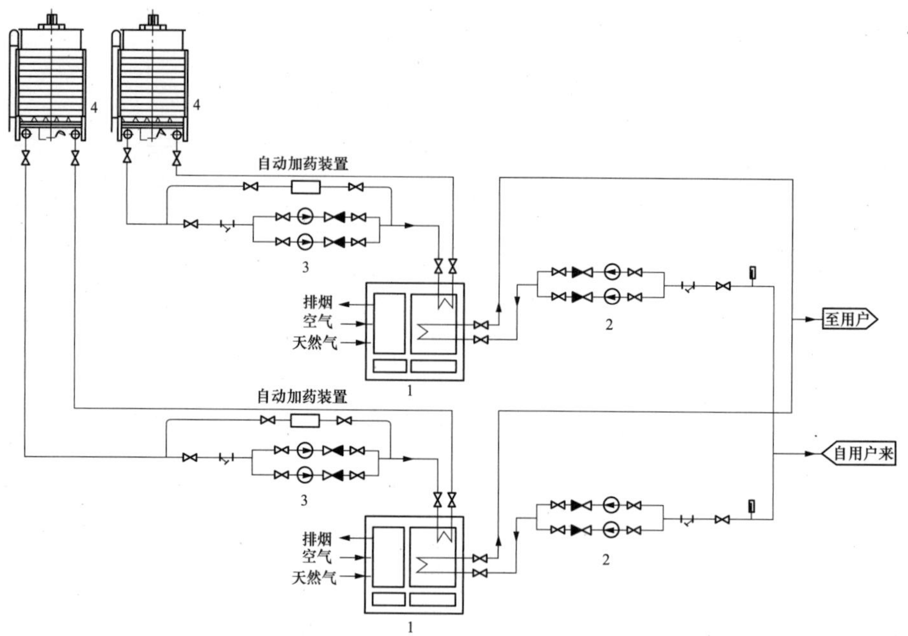

图 5.3-2　原则性热力系统图（直燃机调峰）

1—直燃机；2—直燃机冷空调（采暖）水泵；3—直燃机冷却水泵；4—直燃机冷却塔

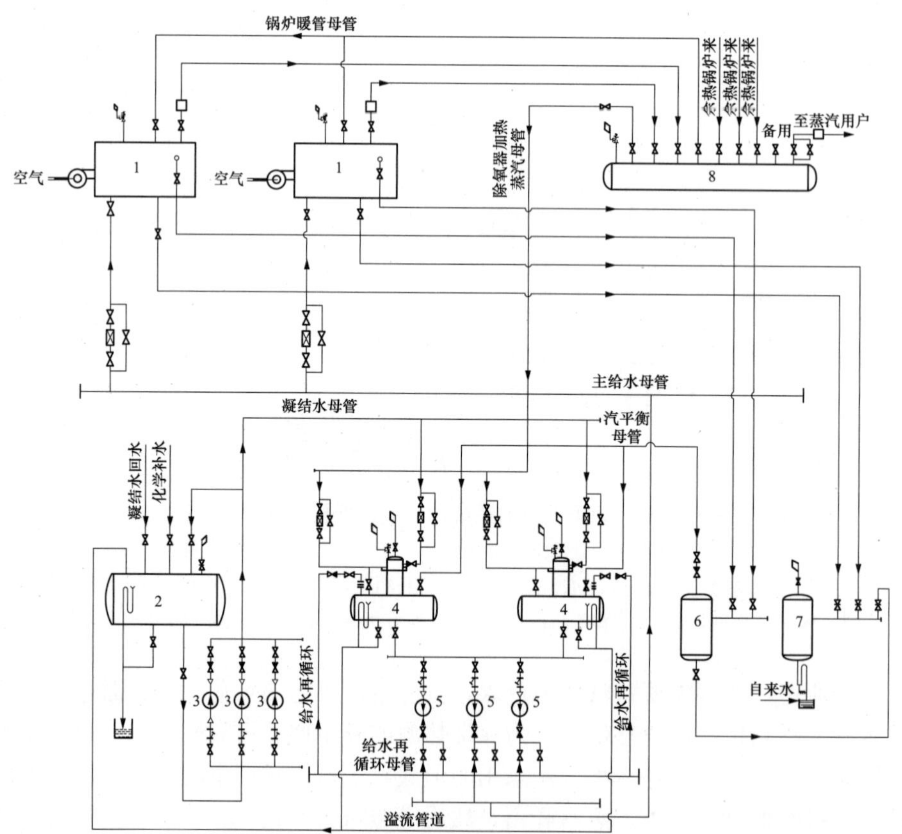

图 5.3-3　原则性热力系统图（蒸汽锅炉调峰）

1—燃气锅炉；2—凝结水箱；3—凝结水泵；4—除氧器；5—给水泵；6—连排扩容器；7—定排扩容器；8—蒸汽联箱

第四节 蓄能设备选型与系统配置

蓄能系统一般分为蓄冷系统、蓄热系统及蓄电系统。燃气分布式供能站中的蓄能系统是指将电网负荷低谷期的电力，或者利用供能站的余热制冷、制热，通过蓄能介质将冷（热）量、电能储蓄起来，在电网负荷高峰期或冷热负荷高峰期，再将电量、冷（热）量释放，以承担冷热负荷高峰期供能区域所需的全部或者部分负荷。燃气分布式供能站中蓄能系统的设计主要内容包括确定蓄能系统的配置、计算蓄能系统的容量、制定蓄能系统的运行策略等。蓄冷系统按存储介质的不同分为冰蓄冷系统和水蓄冷系统。蓄热系统按蓄热用途的不同分为蓄热供暖和蓄热供生活热水。目前蓄电系统在燃气分布式能源中的应用不多，未来可以结合形成区域能源微网系统。

一、燃气分布式供能站中设置蓄能系统的作用

（一）优化系统配置

为了合理确定能源站配置选型，最大限度利用余热，节约运行费用，保证能源站的高效性和经济性，首先应对能源站的冷、热负荷做详细的分析汇总，并绘制采暖期、制冷期和过渡期的典型日负荷图，确定能源站的设计负荷、基础负荷以及调峰负荷。能源站的基础负荷主要由余热利用设备承担，调峰负荷则由调峰设备及蓄能系统承担。合理选择蓄能系统可以使冷热源设备容量减少30%～50%，减少能源站的初投资，使各设备在高效率区段运行。

（二）提高发电机组运行小时数

与常规空调系统不同，分布式能源站系统中的蓄能系统不仅仅用于冷热负荷的调峰，同时可作为一个稳定的冷、热用户，有效平衡能源站服务区域冷、热负荷的波动，以保证发电机组及余热利用设备长期在高负荷时段运行，增大发电机组满负荷运行小时数，提高能源站的经济性。

（三）移峰填谷

蓄能系统在分布式能源站中起到平衡冷、热、电负荷的作用，缓解用电高峰期电力供应短缺的局面，同时使分布式能源站真正做到“自发自用，余电上网”，最大限度地提高分布式能源站的经济效益。

（四）运行灵活

多冷、热源组合，运行灵活，在其他供能设备故障时仍可通过蓄能设备对外供冷、热，提高分布式能源站的可靠性。

二、蓄冷系统配置方式及选型

（一）蓄冷系统简介

将冷量储存在某种介质或材料中，在另一时段释放出来的系统称为蓄冷系统；当冷量以显热或潜热形式储存在某种介质中，并能够在需要时释放出冷量的空调系统称为蓄冷空调系统（ cool storage air-condition systen），简称蓄冷系统；通过制冰方式，以相变潜热储存冷量，并在需要时融冰释放出冷量的空调系统称为冰蓄冷空调系统（ ice storage air-condition systen），简称冰蓄冷系统；利用水的显热储存冷/热量的系统称为水蓄冷/热系统（ chilled-water/hot- water storage systen）。蓄冷介质通常有水、冰及共晶盐相变材料等。

蓄冷系统一般由制冷、蓄冷以及供冷系统所组成。制冷、蓄冷系统由制冷设备、蓄冷装置、辅助设备、控制调节设备四部分通过管道和导线（包括控制导线和动力电缆等）连接组成。通常以水或乙烯乙二醇水溶液（以下简称为乙二醇水溶液）为载冷剂，除了能用于常规制冷外，还能在蓄冷工况下运行，从蓄冷介质中移出热量（显热和潜热）。当需要供冷时，可由制冷设备单独供冷，也由可蓄冷装置单独供冷，或由二者联合供冷。

1. 蓄冷系统的适用条件

燃气分布式供能站中的蓄冷系统设计前，应对供能站服务区域内的建筑冷负荷、空调系统运行时间和运行特点，以及当地电力供应相关政策和分时电价情况进行调查。

当燃气分布式供能站供冷系统以电力作为输入能源时，当符合下列条件之一，且经技术经济分析合理时，以设置蓄冷系统：

（1）执行峰谷电价，且差价较大的地区。

（2）空调冷负荷高峰与电网高峰时段重合，且在电网低谷时段空调负荷较小的工程，如供冷对象为办公楼、银行、百货商场、宾馆、饭店等。

（3）逐时负荷的峰谷悬殊，使用常规空调系统会导致装机容量过大，且冷源设备大部分时间处于低负荷运行的状态的工程。

（4）电力容量或电力供应受限制的空调工程。

（5）要求部分时段备用制冷量的空调工程。

（6）要求提供低温冷水，或要求低温送风的空调工程。

（7）区域型集中供冷工程。

燃气分布式供能站有低温供冷需求时，宜采用冰蓄冷系统，没有低温供冷需求时，宜采用水蓄冷系统。

蓄冷系统设计前，应进行设计日负荷分析计算，其关系可用如下两个公式表示。

$$Q_d = \sum_{i=1}^{24} q_i = nmq_{max} = nq_p \tag{5.4-1}$$

$$Q = (1+k)Q_d \tag{5.4-2}$$

式中 Q——设备选用日总冷负荷，kWh；

Q_d——设备计算日总冷负荷，kWh；

q_i——i 时刻空调冷负荷，kW；

q_{max}——设计日最大小时冷负荷，kW；

q_p——设计日平均小时冷负荷，kW；

n——设计日空调运行小时数，h；

m——平均负荷系数，等于设计日平均小时冷负荷与最大小时冷负荷之比，宜取 0.7～0.8；

k——制冷站设计日附加系数，一般为 5%～8%。

系统需要的蓄冷量取决于设计日内逐时空调负荷的分布情况和系统的蓄冷模式。考虑到系统蓄冷系统的特点，综合投资与运行费用，通常采用部分蓄冷模式。根据蓄冷模式确定系统需要的蓄冷量，即蓄冷槽的可用蓄冷量。蓄冷槽的实际可用蓄冷量必须满足系统对蓄冷量的需求。

2. 蓄冷空调系统的运行策略

蓄冷空调系统的运行策略是：以设计周期内空调冷负荷的特点为依据，同时考虑制冷的一次能源（电、蒸汽、燃油及燃气等）价格结构，蓄冷-释冷周期内冷负荷曲线、电网峰谷时段分布及电价、供能站机房面积等因素，以达到投资和运行费用的最佳状态。运行策略通常有全负荷蓄冷和部分负荷蓄冷两种模式：

（1）全负荷蓄冷：蓄冷装置承担设计周期内全部空调冷负荷，制冷机在夜间非用电高峰期启动进行蓄冷，当蓄冷量达到周期内所需的全部冷负荷量时，关闭制冷机；在白天用电高峰期，制冷机不运行，由蓄冷系统将蓄存的冷量释放出来供给空调系统使用。此方式可以最大限度地转移高峰电力用电负荷（对于通常一次能源采用电而言）。由于蓄冷设备要承担空调系统的全部冷负荷，故蓄冷设备的容量较大，初投资较高，但运行费用最省。全蓄冷一般适用于白天供冷时间较短或要求完全备用冷量以及峰、谷电价差特别大的情况。

（2）部分负荷蓄冷：蓄冷装置只承担设计周期内的部分空调冷负荷，制冷机在夜间非用电高峰期开启运行，并储存周期内空调冷负荷中所需要释冷部分的冷负荷量；在白天空调冷负荷的一部分由蓄冷装置承担，另一部分则由制冷机直接提供。部分蓄冷通常又可分为负荷均衡蓄冷和用电需求限制蓄冷，两者之间的区别及特点见表 5.4-1。

表 5.4-1　　负荷均衡蓄冷和用电需求限制蓄冷区别及特点

对比项目	负荷均衡蓄冷	用电需求限制蓄冷
供冷模式	制冷机在设计周期内连续（蓄冷或供冷模式｜供冷）运行，负荷高峰时蓄冷装置同时释冷提供	制冷机在限制用电或电价峰值期内停机或限量开，不足部分由蓄冷装置释冷提供
特点	制冷机利用率最高，蓄冷装置需要容量较小，系统初投资最低，节省运行费用较少	制冷机利用率较低，蓄冷装置通常需要容量较大，系统初投资较高，节省运行费用较多
使用条件	有合理分时峰、谷电价差地区的空调系统	有严格的限制用电时段，或分时峰、谷电价差，特别大的地区

3. 蓄冷系统的性能分析

（1）蓄冷介质的选用。

水：利用水的温度变化储存显热量 4.184kJ/(kg·℃)，蓄冷温差一般为 6～10℃，蓄冷温度通常为 4～6℃。水蓄冷方式的单位蓄冷能力较低，为 7～11.6kWh/m^3，蓄冷所占的容积较大。

冰：利用冰的溶解潜热储存冷量 335kJ/kg，制冰温度一般采用－8～4℃，蓄冷密度大，蓄冷能力高（40～50kWh/m^3），蓄冰槽所占体积较小。

共晶盐：无机盐与水的混合物称为共晶盐，常用共晶盐的相变温度一般为 5～7℃，该蓄冷方式的单位蓄冷能力约为 20.8kWh/m^3，一般制冷机可按常规空调工况运行。

（2）各类蓄冷空调系统的性能、价格对比。水蓄冷与冰蓄冷空调系统的性能比较见表 5.4-2，冰蓄冷与水蓄冷系统耗能对比见表 5.4-3，各类蓄冷空调系统的性能、特点及价格对比见表 5.4-4。

表 5.4-2　　水蓄冷与冰蓄冷空调系统的性能比较

序号	项目	冰蓄冷	水蓄冷	备注
1	蓄冷槽容积	较小（为水蓄冷槽的10%～35%）	较大	
2	冷水温度	1～3℃	4～6℃	可获得的最低温度
3	制冷压缩机形式	以往复式、螺杆式为佳	任选	
4	制冷机耗电	较高	较低	
5	蓄冷系统初投资	较高	较低	
6	设计与运行	技术要求高，运行费较高	技术要求低，运行费较低	
7	蓄冷槽热能损耗	小（为水蓄冷的20%左右）	大	
8	制冷性能系数	低（比水蓄冷降低10%～20%）	高	
9	空调水系统	冷水温度低、温差大，可用闭式系统，冷量输送能耗低	冷水温度高、温差小，冷量输送能耗高	
10	对旧建筑适应性	好	差	
11	蓄冷槽的冬季供暖	有些蓄冷槽可以，但大多数不行	差	
12	蓄冷槽制造	定型化、商品工业化生产，可采用现场混凝土槽	现场制作	

表 5.4-3　　冰蓄冷与水蓄冷系统耗能对比　　(W/kW)

项　目	冰蓄冷	水蓄冷
制冷压缩机	0.370	0.240
一次冷冻水泵	—	0.006
二次冷冻水泵	0.068	0.068
冷凝器冷却水泵	—	0.011
冷却塔风机	—	0.024
蒸发式冷凝器风机	0.024	—
蒸发式冷凝器水泵	0.003	—
搅拌器	0.014	—
总计	0.479	0.349

注　表内的比值是耗电量（kW）/制冷量（kW）。

表 5.4-4　　各类蓄冷空调系统的性能、特点及价格对比

内容	水蓄冷	冰片滑落式	冰盘管外融冰	冰盘管内融冰	封装冰	共晶盐
制冷（冰）方式	静态	动态	静态	静态	静态	静态
制冷机	标准单工况	分装或组装式	直接蒸发式或双工况	双工况	双工况	标准单工况
蓄冷容积（m^3/kWh）	0.089～0.169	0.024～0.027	0.03	0.019～0.023	0.019～0.023	0.048
蓄冷温度（℃）	4～6	−9～−4	−9～−4	−6～−3	−6～−3	5～7

续表

内容	水蓄冷	冰片滑落式	冰盘管外融冰	冰盘管内融冰	封装冰	共晶盐
释冷温度（℃）	4～7	1～2	1～2	2～6	2～6	7～10
释冷速率	中	快	快	中	中	慢
释冷载冷剂	水	水	水或二次冷媒	二次冷媒	二次冷媒	水
制冷机蓄冷效率（COP）	5.0～5.9	2.7～3.7	2.5～4.1	2.9～4.0	2.9～4.1	5.0～5.9
蓄冷槽形式	开式	开式	开式	开式	开式或闭式	开式
蓄冷系统形式	开式	开式	开式或闭式	闭式	开式或闭式	开式
特点	可用常规制冷机，水池可兼做消防	瞬时释冷速率高	瞬时释冷速率高	模块化槽体，可适用于各种规模	槽体外形设置灵活	可用常规制冷机
适用范围	空调	空调、食品加工	空调、工艺制冷	空调	空调	空调

（二）水蓄冷

1. 水蓄冷

根据燃气分布式供能站供能区域冷负荷特性曲线及项目所在地的峰谷电价政策情况，水蓄冷系统一般分为全蓄冷、部分负荷蓄冷、用电需求限制蓄冷三种形式。

通常可按以下原则选择水蓄冷系统形式：

（1）设计日尖峰负荷远大于平均负荷时，且场地条件允许时，可采用全蓄冷形式。

（2）设计日尖峰负荷与平均负荷相差不大时，可采用部分负荷蓄冷形式。

（3）完全蓄冷系统投资较高，占地面积较大，一般不采用。

（4）部分负荷蓄冷系统应用较多，其初投资与常规系统投资相差不大，但运行费用大幅降低。

2. 水蓄冷系统的主要设备

（1）蓄冷水槽。

1）蓄冷水槽的形式。根据蓄冷水槽使用温度的不同，蓄冷水槽分为冷水槽、热水槽、冷热水槽三种。冷水槽仅用作蓄冷水，热水槽仅用作蓄热水，冷热水槽夏季用作蓄冷水、冬季用作蓄热水。冷水槽可与消防水池合用，热水槽和冷热水槽不得与消防水池合用。燃气分布式能源站中蓄冷水槽选用冷水槽、热水槽或冷热水槽应根据供能站供能区域的冷热负荷需求情况确定。

2）蓄冷水槽体积计算

$$V=\frac{3600\times Q_{st}}{\Delta t\times\rho\times c_p\times FOM\times\partial_v} \tag{5.4-3}$$

式中　Q_{st}——蓄冷量，kWh；

Δt——释能回水温度与蓄能进水温度间的温差，℃；

ρ——水的密度，取 1000kg/m^3；

c_p——水的比热容，取 4.187kJ/(kg·℃)；

FOM——蓄能水箱的完善度，考虑混合和斜温层等因素的影响，一般取 85%～90%；

∂_v——蓄能水箱的体积利用率，考虑布水器的布置和蓄能水箱内其他不可用空间等的影响，一般取 95%。

注：燃气分布式供能站多受空间限制，不具备设置大规模的蓄冷水槽的场地条件，因此在蓄冷水槽体积计算时还需要综合考虑冷热负荷特性、场地条件、余热设备的容量等因素。

（2）制冷主机。水蓄冷制冷主机容量可由式（5.4-4）确定。

$$q_c = \frac{\sum_{i=1}^{24} q_i}{n_1 + c_f \cdot n_2 \cdot \varepsilon} \tag{5.4-4}$$

$$Q_s = q_c \cdot n_2 \tag{5.4-5}$$

式中 q_c——制冷机空调工况出力，kW；

q_i——i 时刻空调冷负荷，kW；

n_1——制冷主机在空调工况下的运行小时数，h；

n_2——每日蓄冷小时数；

c_f——制冷机蓄冷时的能效系数，对于水蓄冷时，可认为等于 1.0；

ε——蓄冷水池的完善度，考虑混合和斜温层等的影响，可取 0.85～0.9；

Q_s——蓄冷水池的可用蓄冷量，kWh；

（3）蓄冷水泵。蓄冷水泵流量一般与制冷主机的流量相匹配，扬程主要克服制冷主机、蓄冷水槽、蓄冷系统管道及管道附件阻力。

（4）释冷水泵。释冷水泵流量一般与供冷水泵的流量相匹配，扬程主要克服板式换热器、蓄冷水槽和释冷管道及管道附件阻力。

（5）板式换热器。板式换热器选型的换热量，在全负荷蓄冷时，取最大时刻的冷负荷值；部分负荷蓄冷时，取高峰时段最大时刻的冷负荷值。

3. 蓄冷（热）水槽系统特点

根据一年中蓄水槽使用温度的不同，一般可分为五种形式，见表 5.4-5。

表 5.4-5　　蓄水槽的系统特点

名称	系统概要	系统特征	建筑物冷、热特性	适合的建筑物规模	注意事项
冷水槽	仅蓄冷水供夏季蓄冷空调系统应用	由于只是蓄冷，不蓄热水，因此保温较简单。且没有用热水槽、腐蚀等问题就轻些，系统具有较高的可靠性	全年冷负荷尖峰条件下的瞬时冷负荷	较大型的办公（2000m² 以上）如广播电台、报社、印刷厂等区域供冷	在利用二层的夹冷蓄冷时，仅在蓄冷水槽的上层部分设计防结露
热水槽	仅蓄热水	一般用作供暖和生活热水	供热负荷和供热水负荷比较大；存在放热、用热的情况	利用太阳能集热的建筑物（住宅、宿舍等）	蓄热水槽周围都需要绝热保温
冷热水槽	夏季水槽用作蓄冷水，冬季用作蓄热水	一年中蓄冷水槽有两次冷水和热水的更换，一般情况下，不可同时作为供暖的和供冷	夏季需用冷量，冬季需用热量的建筑物；全年中冷、热负荷基本相同程度建筑物	中、小规模的办公楼（建筑面积约在 8000m² 以下）	为了减少冷热水更换时的热损失，设计时需要考虑蓄冷水槽的闲置期限，蓄冷水槽周围全部要保温

续表

名称	系统概要	系统特征	建筑物冷、热特性	适合的建筑物规模	注意事项
冷热水槽＋冷水槽	夏季时，水槽当作蓄冷水槽使用，在冬季一部分蓄冷水槽用于蓄热水	全年可以同时供暖、供冷，再同时用冷水槽和热水槽的蓄热系统中，可以使槽容积最小，在冬季时可以回收利用余热	夏季和冬季都有冷负荷的建筑物；在夏季基本上没有加热负荷的建筑物	大规模的办公大楼（建筑面积约在 $2000m^2$ 以上）；大规模多用途建筑（如广播电台、商场等）	作为可以蓄冷水或热水使用的蓄冷水槽，槽周围需要严格保温，由于在低温下热应力的降低，冷水槽和热水槽在地下梁等狭小处不能直接连接（在其间应设有接缝）
冷水槽＋热水槽	冷水和热水各自独立的蓄水槽，供暖和空调供冷可以独立运行	无须供冷供热间切换，蓄冷水槽周围的管道布置简单，在冬季可以回收余热	全年中均需要冷负荷、热负荷以及生活热水的建筑；全年中供冷负荷比供热负荷高很多的建筑物	大规模的办公大楼（建筑面积约在 $2000m^2$ 以上）；大规模多用途建筑（如广播电台、商场等）	由于在低温下热应力的降低，冷水槽和热水槽早地下梁等狭小处不能直接连接（在其间应设有接缝）

4. 水蓄冷空调系统

(1) 水蓄冷系统组成。常规制冷空调系统包括冷水机组、冷水泵、冷却水泵、冷却塔等设备；蓄/释冷系统包括蓄冷水泵、释冷水泵、换热器等设备和蓄冷水槽。在某些特定条件下，水冷系统也可不配置中间换热器，而直接供冷。

(2) 常规水蓄冷系统。常用的水蓄冷系统及连接如图 5.4-1 所示。

由图 5.4-1 可知，水蓄冷系统通过阀门的转换，一般可以完成以下五种运行模式：

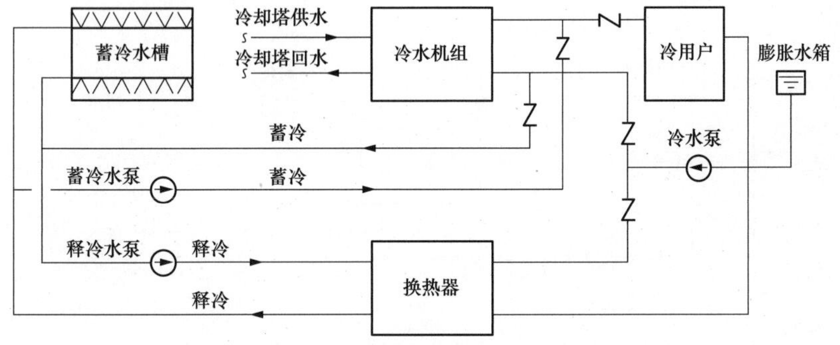

图 5.4-1 水蓄冷系统及连接图

1) 冷水机组蓄冷的运行模式。

2) 冷水机组供冷的运行模式。

3) 蓄冷装置释冷的运行模式。

4) 冷水机组供冷、蓄冷装置释冷的运行模式。

5) 冷水机组蓄冷、冷水机组供冷、蓄冷装置释冷的运行模式。

(3) 高位式蓄冷水槽系统。蓄冷水槽高于空调用户末端系统最高点的系统，称为高位式蓄冷水槽系统。它的最大点是省去了中间换热器和释冷水泵（见图 5.4-2）。

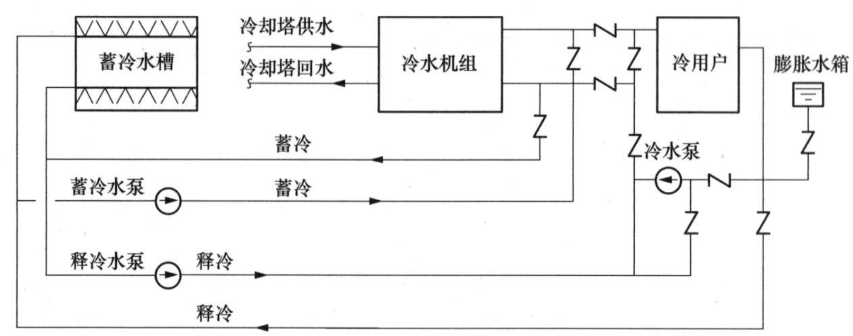

图 5.4-2 高位式蓄冷水槽系统

由图 5.4-2 可知，该类用户处于较低的水蓄冷系统，其可通过阀门的转换实现如下 4 种运行模式：

1）冷水机组供冷的运行模式。

2）冷水机组蓄冷的运行模式。

3）蓄冷装置释冷的运行模式。

4）冷水机组蓄冷、冷水机组供冷、蓄冷装置释冷的运行模式。

为了保证图 5.4-2 中水蓄冷系统的正常运行，除模式 1）外，电动阀 DV-9 处于关闭状态，否则会在系统运行中出现 2 个恒压点的现象。

5. 水蓄冷空调系统的管道连接方式

水蓄冷空调系统的管道连接方式一般有下列三种形式：

（1）冷水机组上游串联：冷水机组位于蓄冷水槽的上游，如图 5.4-3 所示。

（2）冷水机组下游串联：冷水机组位于蓄冷水槽的下游，如图 5.4-4 所示。

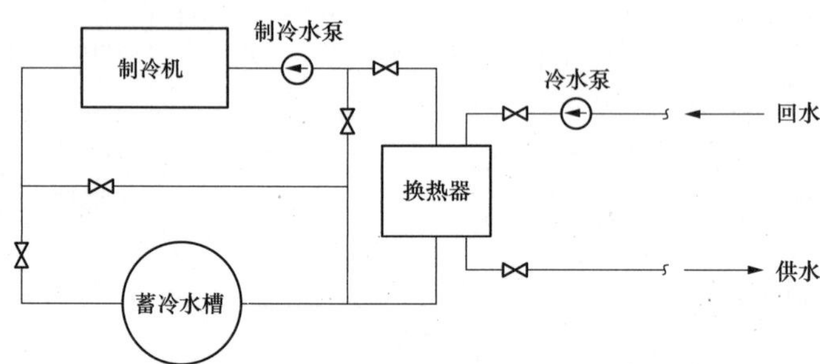

图 5.4-3 冷水机组在蓄冷水槽上游的串联形式图

（3）冷水机组与蓄冷水槽并联：如图 5.4-5 所示。

6. 水蓄冷系统的主要设计参数及设计要点

（1）水蓄冷系统的蓄冷温度及释冷温度差一般取 6～10℃，尽量选取大值。

（2）蓄冷温度一般取 4～6℃，根据蓄冷水槽的自然分层、热力特性和蓄冷释冷时水的流态要求，蓄冷水温度以 4℃最为合适。

（3）蓄冷水系统中为降低制冷主机的能耗，可采用制冷主机串联运行模式。若蓄冷释冷温差为 10℃的时，串联制冷主机每一级温降取 5℃，第一级制冷主机出水温度可以为 9℃，

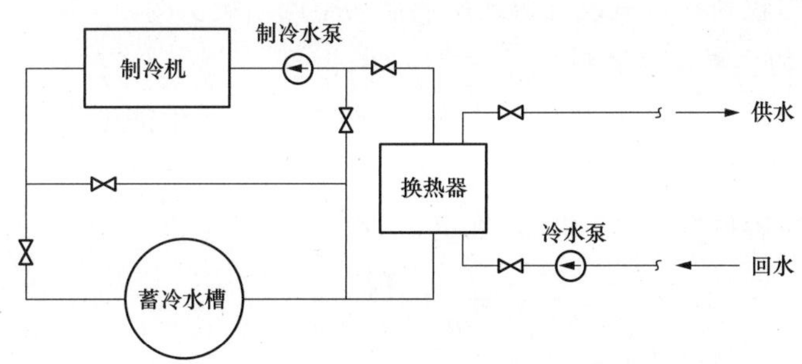

图 5.4-4　冷水机组在蓄冷水槽下游的串联形式图

第二级制冷主机出水温度为 4℃。

(4) 制冷主机与蓄冷水槽可采用制冷主机上游串联、制冷主机下游串联、制冷主机与蓄冷水槽并联三种模式。制冷主机与蓄冷水槽的连接模式应根据供能站需要对外提供的供冷温度确定。

(5) 水蓄冷系统与室外供冷管网一般采用间接链接的形式，采用直接连接时，应采取防倒灌措施。

(6) 水蓄冷系统循环水泵应布置在蓄冷水槽水位以下位置，保证水泵的吸入压头。

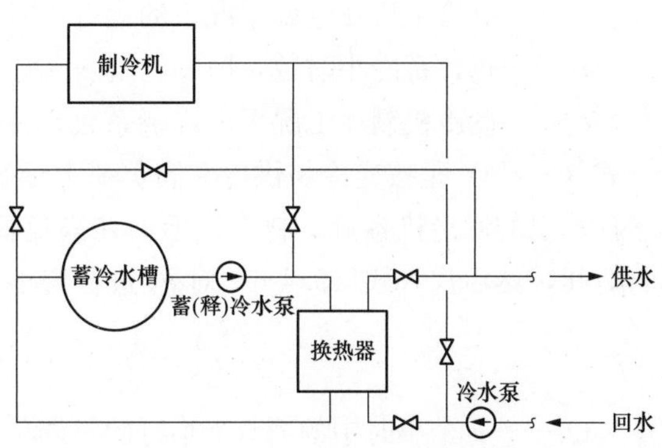

图 5.4-5　冷水机组与蓄冷水槽并联形式图

(三) 冰蓄冷

冰蓄冷是指用冰作为蓄冷介质，利用其相变潜热来储存冷量。在电力非峰值期间利用冷水机组把水制成冰，将冷量储存起来，在电力峰值或空调负荷高峰期间利用冰的溶解把冷量释放出来，满足空调用户的冷量需求。

1. 冰蓄冷系统组成

通过制冰方式，以相变潜热储存冷量，并在需要时融冰释放出冷量的空调系统称为冰蓄冷空调系统，简称冰蓄冷系统。与常规空调系统相比，冰蓄冷空调系统一般由以下几部分组成：

制冷系统包括制冷机、乙二醇泵、冷水泵、冷却水泵、冷却塔等。

蓄/释冷系统包括蓄冰槽、融冰乙二醇泵、板式换热器等。

2. 冰蓄冷系统配置原则

蓄冷系统应根据建筑物类型及设计日冷负荷曲线、空调系统规模及蓄冷装置特性等因素参考以下原则确定：

(1) 蓄冷时段仍需供冷且负荷较大时，宜另设直接向空调系统供冷的制冷机基载主机，且与蓄冷机组并联设置。

(2) 当蓄冷时段所需冷量较少时，也可不设基载主机，由蓄冷系统同时蓄冷和供冷。

(3) 空调水系统规模较小，工作压力较低时，可直接采用乙二醇水溶液循环；当空调水系统规模较大、压力较高时，宜设置板式换热器向空调系统供冷。

3. 冰蓄冷系统的主要设备选型

（1）冰蓄冷制冷主机与蓄冰槽容量的选型。燃气分布式供能站中一般采用外融冰蓄冷系统。

冰蓄冷制冷主机容量按式（5.4-6）确定。

$$q_c=\frac{Q}{n_1+c_f\cdot n_2} \tag{5.4-6}$$

式中 q_c——制冷机空调工况出力，kW；

Q——设备选用日总冷负荷，kWh；

n_1——制冷主机在空调工况下的运行小时数，h；

n_2——每日蓄冷小时数，h；

c_f——制冷机制冰工况下的容量系数，一般取为0.65～0.7。

式（5.4-6）是按充冷与供冷在满负荷下运行来计算的。若出现有 n 个小时的空调负荷小于计算出的制冷机容量，制冷机不会在满负荷下运行，应该将这 n 个小时折算成满负荷运行时间，然后代入式（5.4-6）对 q_c 进行修正。折算后的 n_1 应修正为

$$n_1'=(n_1-n)+\sum_{i-1}^{24}Q_i/q_c \tag{5.4-7}$$

式中 Q_i——n 个小时中的第 i 个小时的空调负荷，kW。

如果采用融冰优先的运行策略，则要求高峰负荷时的释冷量与制冷机的冷量之和满足高峰负荷，一般采用恒定的逐时释冷速率，则有

$$\frac{q_c n_2 c_f}{n_3}+q_c=Q_{max} \tag{5.4-8}$$

式中 Q_{max}——设计日内系统的高峰负荷，kW；

n_3——系统在非电力谷段融冰供冷的时间，h。

可以得出采用融冰优先策略时的制冷机容量为

$$q_c=\frac{Q_{max}n_3}{n_2c_f+n_3} \tag{5.4-9}$$

蓄冰槽的容积可按式（5.4-10）计算，即

$$V=\frac{q_c n_2 c_f b}{q} \tag{5.4-10}$$

式中 b——容积膨胀系数，一般取 $b=1.05$～1.15；

q——单位蓄冷槽容积的蓄冷量，取决于蓄冷装置的形式，kWh/m^3。

冰蓄冷系统利用冰的溶解热进行蓄热，由于冰的溶解热（335kJ/kg）远高于水的比热容，采用冰蓄冷时蓄冰池的容积比蓄冷水池的容积小得多，通常冰蓄冷时单位蓄冷量所要求的容积仅为水蓄冷时的17%左右。

（2）换热器的选型。换热器一般采用板式换热器，换热器的台数不宜少于2台，尽可能与冰蓄冷装置及制冷主机的数量相匹配。当载冷剂为25%～30%的乙二醇水溶液时，应对换热器的换热系数及换热面积进行校核。

(3) 循环泵的选型。

1) 冰蓄冷系统较小时循环泵宜采用单泵系统，冰蓄冷系统较大时宜采用双泵或多泵系统。

2) 循环泵宜选用低比转速、机械密封的单级泵。

3) 循环泵应与制冷主机一对一设置，载冷剂侧宜设置备用泵。

4) 开式冰蓄冷系统的循环泵应设置在蓄冰槽底部，确保水泵的吸入压头。

5) 循环水泵的流量、扬程应满足设计日最大小时负荷下的计算值，并对运行中可能出现的运行工况进行校核。

(4) 溶液系统的膨胀及定压装置选型。

1) 冰蓄冷系统中溶液系统的定压宜采用膨胀水箱定压方式。

2) 溶液系统的补液装置应设计备用泵。

3) 溶液系统膨胀时的载冷剂溶液应回收。

4) 储液箱及其管道不得采用镀锌材料。

4. 常用冰蓄冷系统的技术特点

几种常用的冰蓄冷系统的技术特点见表 5.4-6。

表 5.4-6　　常用冰蓄冷系统的技术特点

名称	系统特点	优　点	缺　点
冰盘管蓄冰	外融冰采用直接蒸发式制冷，开式蓄冷槽，蓄冰率低，一般不大于 50%	(1) 直接蒸发式系统可采用 R22 或氨作为制冷剂。 (2) 供应冷水温度可低至 0～1℃。 (3) 瞬时释冷速率高。 (4) 组合式制冷效率高	(1) 制冰蒸发温度低。 (2) 耗电量较高。 (3) 系统制冷剂量大，对管路的密封性要求高。 (4) 空调供冷系统通常为开式或需采用中间换热形成闭式
冰盘管蓄冰	外融冰采用乙二醇水溶液作为载冷剂，开式蓄冷槽，蓄冰率低，一般不大于 50%	(1) 常采用乙二醇水溶液作为载冷剂。 (2) 供应冷水温度可低至 1～2℃。 (3) 瞬时释冷速率高。 (4) 塑料盘管耐腐蚀较好	(1) 制冰蒸发温度低。 (2) 耗电量高。 (3) 系统制冷剂充量少，但需充载冷剂量。 (4) 空调供冷系统通常为开式或需采用中间换热形成闭式
冰盘管蓄冰	内融冰采用乙二醇水溶液作为载冷剂，多数为开式蓄冷槽，蓄冰率高，一般可达 75%～90%	(1) 常采用乙二醇水溶液作为载冷剂。 (2) 供应冷水温度可低至 2～4℃。 (3) 塑料盘管耐腐蚀性较好。 (4) 钢盘管换热性能好，取冷速率均匀	(1) 制冰蒸发温度较低。 (2) 多一个换热环节。 (3) 系统充制冷剂量少，充载冷剂量较大

续表

名称	系统特点	优　点	缺　点
封装式蓄冰	冰球，蕊心冰球、冰板，容器内充有去离子水，采用乙二醇水溶液作为载冷剂，开式或闭式蓄冷槽	(1) 故障少。 (2) 开始取冷时可取的冷量较大。 (3) 供应冷水温度开始可低至3℃。 (4) 耐腐蚀。 (5) 槽（罐）形状设置灵活	(1) 蒸发温度稍低。 (2) 载冷剂（乙二醇溶液）需要量大。 (3) 蓄冷容器可为承压或非承压型，空调供冷系统可采用开式或闭式；非承压开式系统应易逆流倒灌。 (4) 释冷后期通常供冷温度＞3℃，释冷速率变化较大，后期温度升高快
动态制冰	片冰滑落式采用直接蒸发，蒸发板内流动制冷剂，蒸发板外淋冷水，结冰后，冰块贮于槽内	(1) 占地面积小。 (2) 供冷温度较低，可达1～2℃。 (3) 释冷速率高。 (4) 不用载冷剂，系统较简单。 (5) 贮冰槽在冬季也可作为蓄热水槽用	(1) 冷量损失大。 (2) 机房高度一般要求不小于4.5m空间。 (3) 通常用于规模较小的蓄冷系统。 (4) 系统维护、保养技术要求较高
共晶盐	间接蒸发式	(1) 蒸发温度与性能系数较高，耗电量较少。 (2) 更利于原有空调制冷机的改造利用。 (3) 可以配置比冰水温度更高或更低的凝结温度	(1) 蒸发温度与性能系数较高，耗电量较少。 (2) 更利于原有空调制冷机的改造利用。 (3) 初投资较高。 (4) 配置的共晶盐冻融过程中易分层，效率易降低

5. 冰蓄冷系统形式

(1) 并联系统——双工况制冷机与蓄冰装置并联设置。主机和蓄冰装置均处在高温段，可兼顾制冷主机与蓄冰装置的效率。但供水温度较高，供回水温差较小，不能用于大温差和低温供水、低温送风空调系统。冷负荷的增减变化由制冷主机与蓄冰装置并联分担，温度控制及冷量分配需要有相对复杂的控制系统。并联系统示意图如图5.4-6所示。

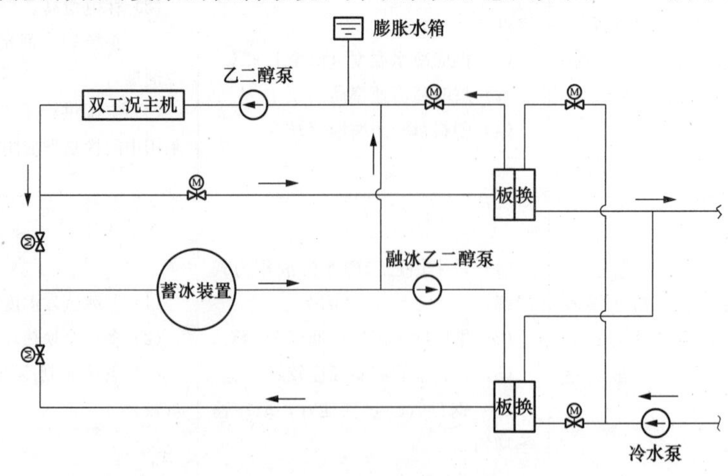

图5.4-6　并联系统示意图

并联系统的供回水温差一般为 5～6℃，在基载机组性能系数满足节能规范要求的情况下，也可为 8℃。

（2）串联系统——双工况主机与蓄冰装置串联布置，供水温度低，供回水温差大，适用于大温差、低温供水和低温送风空调系统。系统工作特性明确，系统参数不仅在设计工况时可以预计到，而且在任何部分负荷运行点上都可以预计到。控制简单，运行稳定，主机优先和融冰优先的控制策略较易实现。原因如下：

1）主机上游——制冷机处于高温端，制冷效率高，而蓄冰装置处于低温端，充分利用了冰的低温能量，但融冰效率较低。适合融冰性能好，能满足设计要求的融冰出水温度和融冰速率的蓄冰装置。主机上游串联系统示意图如图 5.4-7 所示。

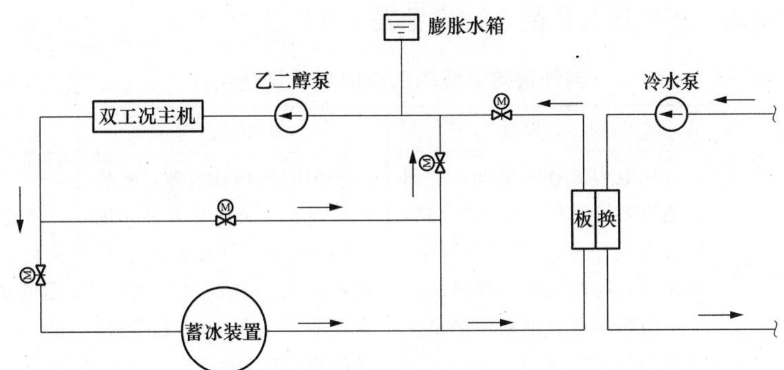

图 5.4-7　主机上游串联系统示意图

2）主机下游——制冷机处于低温端，蒸发温度随之降低因而影响制冷效率。一般每降低 1℃蒸发温度，制冷量会衰减 2%～3%。而蓄冰装置处于高温端，可取得较高的融冰速率，但其低温能量将被浪费。该系统适合融冰性能较差、出水温度不稳定的蓄冰装置。主机下游串联系统示意图如图 5.4-8 所示。

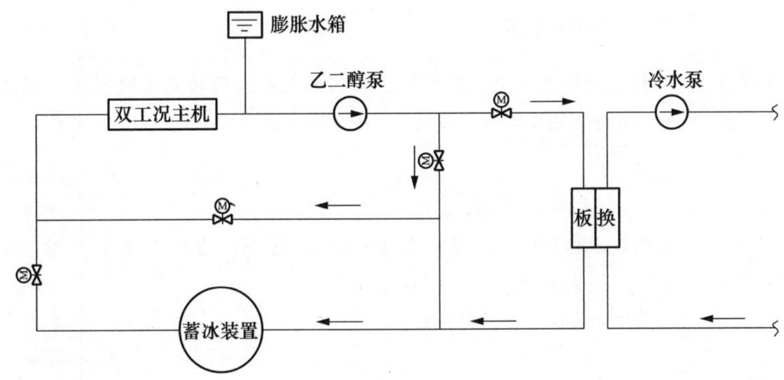

图 5.4-8　主机下游串联系统示意图

6. 冰蓄冷系统主要设计参数及设计要点

（1）供能站冷冻水供回水温度为 7～12℃时，宜选用内融冰系统。

（2）供能站大温差供水（5～15℃）时，宜选用串联式冰蓄冷系统。

（3）空调末端采用低温送风系统时，宜选用 3～5℃的冷冻水供水温度。

（4）燃气分布式供能站蓄冷系统用作区域供冷冷源时，应该用外融冰系统，冷冻水供回水温度宜为 3～13℃，供回水温差不应小于 9℃。

（5）设置冰蓄冷系统的燃气分布式供能站，在蓄冰的同时仍有一定量对外供冷负荷（超过 350kW 或者超过单台制冷主机空调工况制冷量的 20%）时，宜设置基载制冷主机。

（6）冰蓄冷系统的整体 COP 值不应低于 2.5。

三、蓄热系统配置方式及选型

（一）蓄热系统简介

蓄热技术是指采用适当的方式，利用特定的装置，将暂时不用或多余的热量通过一定的蓄热材料储存起来，需要时再释放出来加以利用的方法。

各种蓄热系统的工作原理及优缺点，详见表 5.4-7。

表 5.4-7　各种蓄热系统的工作原理及优缺点

依据	分类	工作原理	优点	缺点
蓄热热源	电能蓄热系统	在电力低谷电期间，利用电作为能源来加热蓄热介质，并将其储藏在蓄热装置中；在用电高峰期间将蓄热装置中的热能释放出来满足供热需要	平衡电网峰谷荷差，减轻电厂建设压力；充分利用廉价的低谷电，降低运行费用；系统运行的自动化程度高；无噪声，无污染，无明火，消防要求低	受电力资源和经济性条件的限制，系统的采用需进行技术经济比较；自控系统较复杂
	太阳能蓄热系统	太阳能蓄热是解决太阳能间隙性和不可靠性，有效利用太阳能/的重要手段，满足用能连续和稳定供应的需要。太阳能蓄热系统利用集热器吸收太阳辐射能转换成热能，将热量传给循环工作的介质如水，并储藏起来	清洁、无污染，取用方便；节约能源；安全	集热器装置大；应用受季节和地区限制
	工业余热或废热蓄热系统	利用余热或废热通过换热装置蓄热，需要时释放热量	缓解热能供给和需求失配的矛盾；廉价	用热系统受热源的品位、场所等限制
蓄热介质	水蓄热	将水加热到一定的温度，使热能以显热的形式储存在水中；当需要用热时，将其释放出来提供采暖用热需要	方式简单；清洁、成本低廉	蓄能密度较低，热装置体积大；释放能量时，水的温度发生连续变化，若不采用自控技术难以达到稳定的温度控制
	相变材料蓄热	蓄热用相变材料一般为共晶盐，利用其凝固或溶解时释放或吸收的相变热进行蓄热	蓄热密度高，装置容积小；在释放能量时，可以在稳定的温度下获得热能	价格较贵；需考虑腐蚀老化等问题
	蒸汽蓄热	将蒸汽蓄成过饱和水的蓄热方式	蒸汽相变潜热大	造价高；需采用高温高压装置

续表

依据	分类	工作原理	优点	缺点
用热系统	供暖系统	供暖系统的供回水温度通常为95℃/70℃；一般蓄热温度为130℃		
	空调系统	空调系统的供回水温度通常为60℃/50℃；一般蓄热温度为90～95℃，也可采用高于100℃的高温蓄热系统		
	生活热水	生活热水供水温度通常为60～70℃；若采用蓄热罐直接供热，一般蓄热温度等于供水温度；也可采用较高的蓄热温度，利用换热器换热后供热		

（二）蓄热式供暖系统

1. 蓄热式供暖系统组成

蓄热式供暖系统主要由蓄热水槽、换热器、循环水泵、管路以及自控系统构成，见图5.4-9。

（1）蓄热水槽。蓄热水槽有迷宫式、多槽式、隔膜式和温度分层式等几种。

（2）换热器。一般将蓄热系统与用热系统通过换热器进行隔离，蓄热系统中一般采用板式换热器以提高系统的效率。板式换热器的换热量取供暖或空调尖峰热负荷，用户侧热水供回水温度根据系统需求选取。

（3）蓄热水泵。蓄热水泵选用时应特别注意水泵的工作温度，应采用热水专用泵。

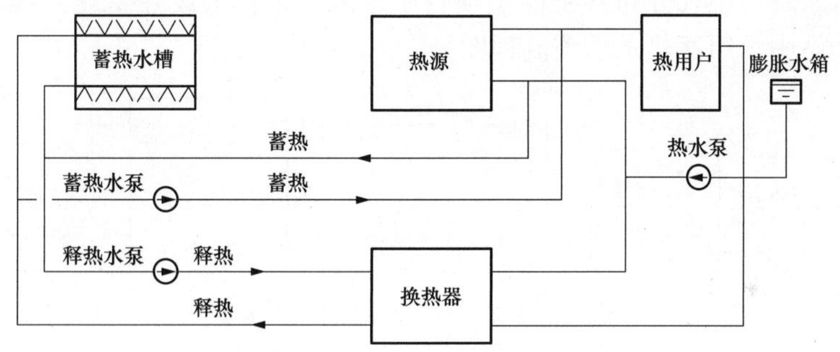

图5.4-9 蓄热式供暖系统连接图

2. 蓄热系统选型

（1）蓄热水箱选型。蓄热水罐的体积计算：

$$V=\frac{Q_s}{\Delta t\rho c_p\varepsilon\alpha}$$

式中 V——蓄热水罐实际体积；

Q_s——蓄热水罐的可用蓄热量，kWh；

Δt——蓄热水温差，根据供能站热水供回水温度确定，℃；

ρ——蓄热水密度，kg/m^3；

c_p——水的比定压热容，kJ/(kg·℃)；

ε——蓄热水罐的完善度，考虑混合和斜温层等的影响，可取0.85～0.9；

α——蓄热水罐的体积利用率，考虑温流器布置和蓄冷槽内其他不可用空间等的影响，一般取为0.95。

（2）换热器选型。燃气分布式供能站的蓄热水系统中，一般采用板式换热器，蓄热用换热器换热量宜根据余热利用设备的设备容量相匹配，放热用换热器换热量与供能站供热负荷相匹配，一般不少于 2 台。

(3) 循环水泵选型。蓄热、放热循环水泵一般采用热水专用泵，宜设置备用泵。高温蓄热和常压蓄热的特点见表 5.4-8。

表 5.4-8 高温蓄热和常压蓄热的特点

类 型	原 理	优 点	缺 点	适用场所
高温蓄热	蓄热温度高于常压下水的沸点温度，一般为 120～140℃	蓄热温度高，蓄热装置可利用温差大；运行费用低廉	蓄热装置需承压、加工要求高；控制和保护系统复杂；初投资高	采暖系统、空调系统
常压蓄热	蓄热温度低于常压下水的沸点温度，一般为 90～95℃	常压工作，蓄热装置加工要求一般；控制和保护要求一般；初投资较低	蓄热温度有限	空调系统

3. 蓄热系统主要设计参数及设计要点

(1) 蓄热系统按照蓄热热源的不同，分为电能蓄热水系统、太阳能蓄热水系统、工业余热或废热蓄热水系统，燃气分布式供能站项目中多采用余热或废热蓄热系统。图 5.4-10 为燃气分布式供能站中常用蓄热水系统流程图。

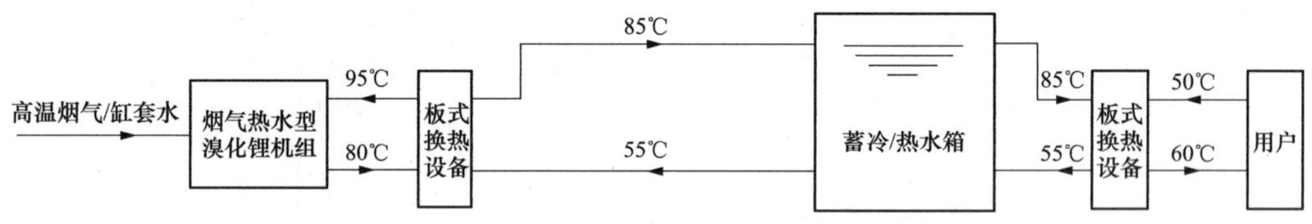

图 5.4-10 燃气分布式供能站中常用蓄热水系统流程图

(2) 蓄热水系统用作供暖系统热源时，供暖系统的供回水温度通常为 95/70℃，蓄热温度一般取 130℃。

(3) 蓄热水系统用作空调系统热源时，系统系统的热水供回水温度通常为 60/50℃，蓄热温度一般取 90～95℃，也可采用高于 100℃的高温蓄热系统。

(4) 蓄热水系统用作生活热水系统热源时，系统的热水供水温度通常为 60～70℃，采用蓄热罐直接供热时，蓄热温度取与供水温度一致；采用换热器换热后间接供热时，宜采用较高的蓄热温度。

(5) 蓄热装置宜采用钢制蓄热水罐，蓄热水管形状应根据场地因地制宜设置，并保证合理的高径比。

(6) 开式蓄热系统的蓄热水温度不应超过 95℃，一般与室外供热管网采用间接连接方式，直接连接时应采取防倒灌措施。

(三) 生活热水蓄热系统

1. 电蓄热式生活热水系统

通常生活热水系统的蓄热温差较大，因此采用电蓄热方式可降低部分能耗和运行费用。表 5.4-9 列出了电蓄热式生活热水系统的分类和适用场所。

表 5.4-9　　电蓄热式生活热水系统的分类和适用场所

类　型	系统原理图	适用场所
屋顶蓄热式	图 5.4-11	机房位置小，屋顶能承受电锅炉及蓄热装置等设备的重量的场所；蓄热量较小的场所
集中低位热水箱蓄热式	图 5.4-12	蓄热量较大的场所；供水系统分散（如居民小区或公寓式集体宿舍等）的场所
集中高位热水箱蓄热式	图 5.4-13	屋顶能部分承受蓄热装置的重量，且底层有电锅炉机房位置的场所；蓄热系统较大的场所；供水系统较集中的场所

2. 太阳能蓄热式生活热水系统

太阳能蓄热式生活热水系统，主要由集热器、蓄热水箱、管路和辅助热源以及自控系统构成，系统原理如图 5.4-14 所示。

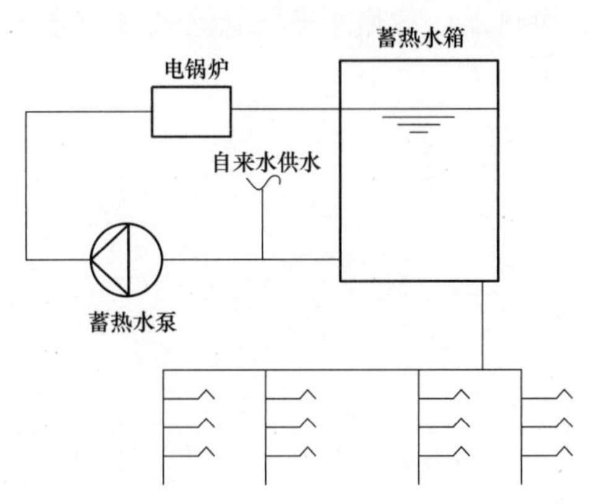

图 5.4-11　屋顶蓄热式

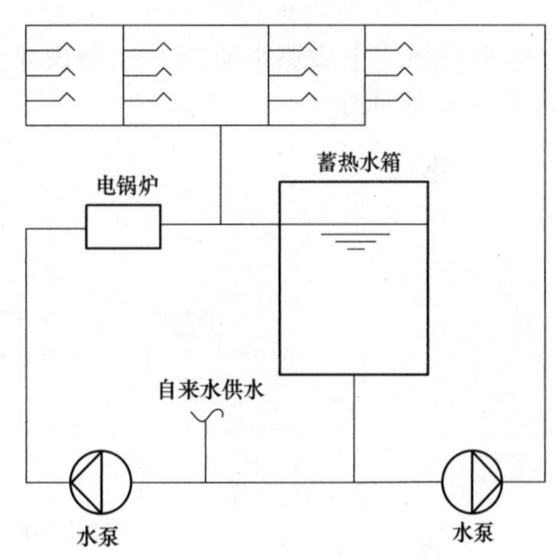

图 5.4-12　集中低位热水箱蓄热式

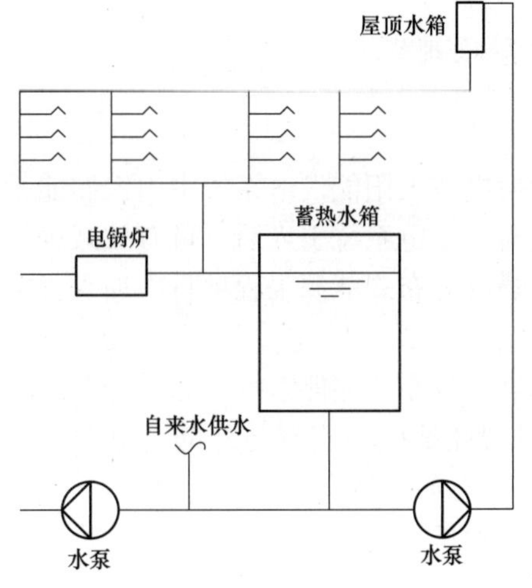

图 5.4-13　集中高位热水箱蓄热式

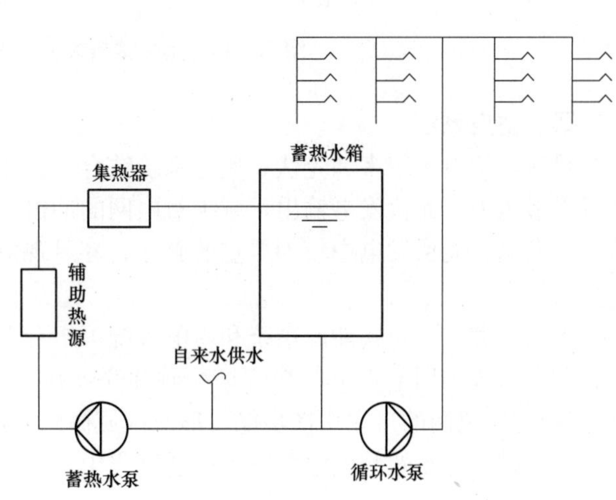

图 5.4-14　太阳能蓄热式生活热水系统原理图

（1）集热器。集热器的主要功能是将太阳辐射能转换成热能，然后将热量传给循环工作的水，是太阳能蓄热系统的关键设备，目前常用的集热器形式有平板式、真空管式和抛物面式等三种。

（2）蓄热水箱。因为太阳能的不稳定性，由集热器产生的热水需要暂时储存，以供使用需要。蓄热水箱需要保温。

（3）管路和辅助热源。在实际应用中，根据工程情况安装管路，同时，通常考虑将太阳能集热器与电锅炉、燃气锅炉或其他辅助热源并联或串联连接。集热器若出口水温达到要求，直接使用；若水温偏低，则仅起预热作用，水需再经辅助热源加热后使用。

（4）控制系统。太阳能蓄热生活热水控制系统一般包括温度及时间控制，依据温度设定或所选时间使蓄热水箱的温度达到设定值。若系统有辅助供热系统，则在日射量不足时启动辅助供热系统，达到设定的温度。

3. 余热蓄热式生活热水系统

余热蓄热式生活热水系统，主要由余热设备、换热器、蓄热水箱、管路及自控系统构成，系统原理如图 5.4-15 所示。

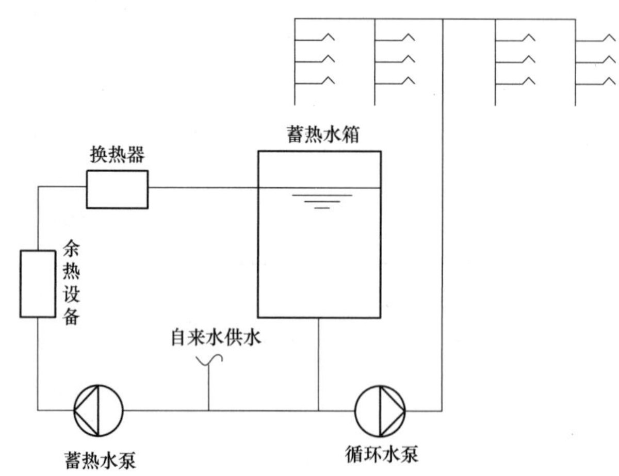

图 5.4-15　余热蓄热式生活热水系统原理图

四、蓄电系统

目前，蓄电系统多和光伏、风电系统结合，在风力发电或太阳能发电系统中引入储能系统可平滑风力、光伏发电输出，减少对电网的冲击；同时，蓄电系统引入后，可有效减少现有风力发电、光伏发电中较为严重的弃光、弃风现象。燃气分布式能源工程项目中加入蓄电系统的较少。

未来，燃气分布式能源系统和蓄电系统可组合形成燃气分布式储能系统。燃气分布式系统、蓄电系统和用电系统在交流母线侧并联连接，通过智能配电柜实现与外部主电网的连接，具有并-离网的自主切换功能，形成区域微网系统，具有如下特点：

（1）燃气分布式与电池蓄电系统适度集中，提高发电效率。

（2）系统具有并-离网功能，能实现并-离网的自主切换。

（3）燃气分布式储能系统易于扩容，未来可以根据载荷的增长，通过扩容来满足更大的用电需求。

(4) 预留了和主电网的接口，未来可以根据需要实现二者的互联，把若干个村落的微电网整体纳入主电网。

(5) 智能化电池管理系统，可通过互联网实时远程监控与数据下载。

(6) 电池系统采用模块化设计，结构整齐美观，易于维护。

第五节　设备选型及系统配置案例

本节介绍五个案例：楼宇式供能站分期建设设备选型方案、楼宇式供能站制冷机选型、区域式供能站机组选择方案比较、蓄冷蓄热系统案例和生活热水蓄热系统案例。

一、楼宇式供能站分期建设设备选型方案

1. 案例介绍

某分布式能源站项目（中南地区），规划建设 4 台 4.044MW 燃气内燃机组配 4 台 3.37MW 烟气热水型溴化锂机组，同时设置 4 台 3.5MW 离心式冷水机组和冷、热水箱作为调峰措施。

能源站向创意园区提供冷冻水、热水，满足园区冷热负荷需求；能源站燃气内燃发电机组所发电能全部上网，园区电负荷需求全部由外部电网提供。

整个项目采取一次设计，分步实施方式，目前该项目已建成 2 台 4.044MW 燃气内燃机组配 2 台 3.37MW 烟气热水型溴化锂机组，同时设置 1 台 3.5MW 离心式冷水机组、1 台 $500m^3$ 的蓄冷蓄热水箱。

能源站主要供能设备配置见表 5.5-1。

表 5.5-1　　能源站主要供能设备配置

序号	名　称	制冷量（kW）	制热量（kW）	发电量（kW）	设计数量	建成数量
1	内燃机	—	—	4044	4	2
2	烟气热水型溴化锂机组	3370	3467	—	4	2
3	离心式冷水机组	3516	—	—	4	1
4	蓄能系统	—	—	—	$1000m^3$	$500m^3$
5	能源站总装机负荷	27 544	13 868	16 176		
6	能源站已建成负荷	10 256	6934	8088		
7	已建成机组对应的园区供能负荷	12 万 m^2				

2. 项目运行情况

在供冷工况下，能源站现有装机容量约为 10.256MW，可满足 12 万 m^2 的供冷面积，2015 年园区供能面积约为 7.14 万 m^2，在夏季冷负荷高峰时段，能源站冷源设备全部投运能满足园区供冷需求，冷冻水供水温度满足设计参数 6℃的要求。

2016 年园区总供能面积达到 12.44 万 m^2，能源站供冷设备缺额 0.44 万 m^2，在 2016 年 6～9 月冷负荷高峰时段，能源站出现供冷不足的情况，能源站冷源设备全部投运，仍不能满足园区供冷需求，冷冻水供水温度升至 7～8℃。

2017 年园区新接入供冷面积约为 3.94 万 m^2，园区总供能面积为 16.38 万 m^2，能源站

供冷设备缺额 4.38 万 m^2，在 2017 年 7～8 月冷负荷高峰时段，能源站出现严重供冷不足的情况，能源站冷源设备全部投运，冷冻水供水温度升至 12～13℃，使得用户端空调温度急剧升高，创意公司因此被园区用户投诉，仅七月份第一周就已达到 50 次以上，能源站的现有冷源设备容量，在夏季冷负荷高峰时段已经远远不能满足供冷需求，急需增加冷源设备。

3. 情况分析

考虑到园区周边交通状况的迅速发展，尤其是地铁线路的陆续开通，园区人流量增加，根据近年的园区负荷增长率，2018 年新增供能面积为 4 万 m^2，预计 2019 年年园区新增供能面积约为 4 万 m^2。至 2019 年年底园区已基本达到设计状态，届时能源站供冷总面积将达到 24.38 万 m^2，缺口将达到 12.44 万 m^2（详见表 5.2-2 园区负荷现状及预测表）。

同时考虑到天然气的涨价及供应紧张，短期内难以缓解的现状，因此建议能源站新增冷源设备采用离心式冷水机组。离心式冷水机组的容量选择依据负荷计算结果确定。

在供冷工况下，能源站现有装机容量约为 10.256MW，可满足 12 万 m^2 的供冷面积。2016 年园区总供能面积达到 12.44 万 m^2，能源站供冷设备缺额 0.44 万 m^2（在此时间点，应考虑增加调峰冷源）。2017 年园区新接入供冷面积约为 3.94 万 m^2，能源站供冷设备缺额 4.38 万 m^2。2018 年供能面积为 4 万 m^2，能源站供冷设备缺额 8.38 万 m^2，预计 2019 年园区每年分别新增供能面积约为 4 万 m^2，届时能源站供冷总面积将达到 24.38 万 m^2，能源站供冷设备缺口将达到 12.44 万 m^2。分析情况见表 5.5-2。

表 5.5-2　园区负荷现状及预测表

序号	年度	新增销售面积（万 m^2）	累计总销售面积（万 m^2）	新增供能面积（万 m^2）	累计总供能面积（万 m^2）	现有机组的供能面积（万 m^2）	供能面积的缺额（万 m^2）	备注
1	2015		8.16		7.14	12		实际
2	2016	6.89	15.05	5.3	12.44	12	0.44	实际
3	2017	3.99	19.04	3.94	16.38	12	4.38	实际
4	2018	4	23.04	4	20.38	12	8.38	预测
5	2019	4	27.04	4	24.38	12	12.38	预测

根据负荷计算结果，园区新增的 120 000 万 m^2 办公面积冷负荷约为 10.5MW。负荷计算及负荷调研情况对比详见表 5.5-3。

表 5.5-3　负荷计算及负荷调研情况对比

项　目	建筑面积（万 m^2）	设计负荷（MW）	单位负荷指标（W/m^2）
初步设计面积、冷负荷	31.3	29.40	94
现供实际面积、供冷负荷	12	10.276	84
新增面积、供冷负荷	12.38	10.500	85
待建建筑面积	6.92		

4. 供冷设备安装方案

该案例是供能站分期建设方案选择的实例。一期在 2015 年建成运行，在 3 年培育期后的 2017 年底，用户负荷增加，到了选择二期建设方案的时机，有如下方案：

（1）方案一：按原规划建设 2 台 4.044MW 燃气内燃机组配 2 台 3.37MW 烟气热水型溴化锂机组，3 台 3.5MW 的离心式水冷机组。

（2）方案二：增设 3 台制冷量 3.5MW 的离心式冷水机组及相应的配套设备，一次性解决问题，可基本满足 2019 年后的供冷需求。

根据负荷分析结果，能源站新增负荷面积 12 万 m^2，所需供冷负荷约为 10.5MW，根据分布式能源站项目“主机欠匹配”原则，同时考虑到能源站整体供冷设计参数情况，溴化锂机组供冷受制于上游内燃机运行情况及天然气供应情况等因素的影响，运行可靠性较离心式冷水机组稍差，建议能源站采用方案二，增建 3 台离心式电冷水机组来满足园区新增冷负荷需求，节省投资，运行可靠。

二、楼宇式供能站制冷机选型

某楼宇型燃气分布式供能站（中南地区），选用内燃机发电机组作为原动机，配套设计溴冷机作为余热利用设备，同时设计燃气热水锅炉及离心式冷水机组作为冷热负荷的调峰设备。

1. 案例介绍

（1）根据冷热负荷分析结果，该供能站设计冷负荷 44MW，设计热负荷 27MW，主要用户类型为办公、酒店及部分商业。

（2）该供能站选用 3 台 GE 颜巴赫 J624 GS-H102 型内燃机发电机组作为原动机，内燃机主要参数详见表 5.5-4。

表 5.5-4　某供能站 GE 颜巴赫 J624 GS-H102 型内燃机主要参数

项目	单位	ISO 工况	额定工况	夏季工况	冬季工况
发电机组额定功率	kW	4303	4303	4303	4303
转速	r/min	1500	1500	1500	1500
标准状况下燃料气热值	kJ/m^3	33 440	33 440	33 440	33 440
燃料气进气压力	$\times 10^5$MPa	6～8	6～8	6～8	6～8
排烟温度	℃	363	363	363	363
允许的排气背压	kPa	≤5	≤5	≤5	≤5
标准状况下烟气排放量	m^3/h (kg/h)	湿尾气：19 350（24 467）；干尾气：17 482（22 966）	湿尾气：19 350（24 467）干尾气：17 482（22 966）	湿尾气：19 350（24 467）；干尾气：17 482（22 966）	湿尾气：19 350（24 467）；干尾气：17 482（22 966）
燃料热耗	kJ/kWh	7909	7909	7909	7909
标准状况下燃料耗量	m^3/h	1015	1015	1015	1015

续表

项目	单位	ISO工况	额定工况	夏季工况	冬季工况
润滑油消耗率	g/kWh	0.2	0.2	0.2	0.2
发电效率	%	44.6	44.6	44.6	44.6
热效率	%	42.1	42.1	42.1	42.1
总效率	%	86.7	86.7	86.7	86.7
缸径/冲程	mm/mm	190/220	190/220	190/220	190/220
缸套水回水/出水温度	℃	80/97	80/97	80/97	80/97
缸套水量	m^3/h	106.3	106.3	106.3	106.3
发电输出电压	kV	10.5	10.5	10.5	10.5
频率	Hz	50	50	50	50
发电机组净重	kg	54 600	54 600	54 600	54 600

注 其中缸套水成分为25%乙二醇水溶液。

2. 溴冷机选型

(1) 溴冷机机型选择。该供能站选用内燃机作为原动机，内燃机可提供的余热为高温烟气和低温热水，原动机满负荷运行时排出高温烟气温度为363℃、低温热水温度为80/97℃，且供能站同时有供冷、供热的需求，因此溴冷机选用烟气热水型溴化锂吸收式冷（温）水机组。

(2) 溴冷机供回水温度的确定。该供能站供能对象为办公、酒店及部分商业，末端用户负荷为空调热水、空调冷冻水及生活热水，其中空调热水与生活热水在用户侧均设计有二次换热站，因此确定供能站冷冻水供回水温度为6/12℃，热水供回水温度为80/55℃。

(3) 溴冷机容量的确定。根据冷热负荷分析结果，该供能站供冷量设计冷负荷44MW，设计热负荷27MW，基础冷负荷为8.8MW～17.6MW，即溴冷机的容量范围。

(4) 溴冷机台数的确定。该供能站设置3台内燃机发电机组，按照溴冷机与原动机“一拖一”的配置原则，同时考虑溴机房的场地设置情况，该供能站设计3台烟气热水型溴化锂吸收式冷（温）水机组。

(5) 溴冷机承压的确定。该供能站热水供应系统与用户末端采用板式换热器隔离的二次供热形式，冷冻水供冷系统与用户端采用直接连接的供冷形式，用户端空调冷冻水系统最高点为95m，供能站位于用户地下－9.000m处，溴冷机冷冻水循环水泵布置在溴冷机冷冻水出口，溴冷机承压不小于1.09MPa，因此溴冷机压力等级取1.6MPa。

(6) 其他参数确定。冷却水供回水温度32/38℃，烟气排放温度不超过100℃，且由于该供能站位于市中心区域，对溴冷机排烟温度的可靠性要求高，因此在溴冷机选型时要设置必要控制措施，确保排烟温度不超过100℃。

根据以上选型计算结果，参照溴化锂吸收式冷（温）水机组选型样本，确定溴冷机主要参数，详见表5.5-5。

表 5.5-5 某烟气热水型溴化锂吸收式冷（温）水机组主要参数

型号			
型号		YRX363（97/80）-395（12/6）H2-G398（55/85）	
数量		3台	
制冷量		kW	3954
		×10⁴kcal/h	340
		美国冷吨（USRt）	1124
供热量		kW	3977
		10^4kcal/h	342
冷水	进出口温度	℃	12/6
	流量	m^3/h	566.7
	压力降	kPa	60
	接管直径（DN）	mm	300
温水	进出口温度	℃	55/85
	流量	t/h	114
	压力降	kPa	85
	接管直径（DN）	mm	150
冷却水	进出口温度	℃	32/38（32/46）
	流量	m^3/h	1136（120）
	压力降	kPa	85（30）
	接管直径（DN）	mm	400
余热烟气	进出口温度	℃	363/100
	流量	kg/h	24 467
	压力降	kPa	2.18
	烟气进口尺寸（DN）	mm	700
	烟气出口尺寸（DN）	mm	700
热源热水	进出口温度	℃	97/80
	热量	kW	2108
	流量	m^3/h	106.3
	压 力 降	kPa	100
	接管直径（DN）	mm	150
电源	电 源	3Φ-380V-50Hz	
	总 电 流	A	60.7
	功率容量	kW	19.3
外形	长度	mm	7800
	宽度		6000
	高度		4300
运输质量		t	51.7
运行质量			72.7

三、区域式供能站机组选择方案比较

1. 案例介绍

某轮胎厂（华北地区）已运行6年，主要是工艺蒸汽负荷，主要用于密炼、硫化和动力工段。一期热源是厂外燃煤锅炉，因环保问题，拟改用燃气分布式供能站代替。

轮胎厂生产能力为500万条子午胎。

日平均蒸汽负荷，2013年1月日平均蒸汽负荷如图5.5-1所示。

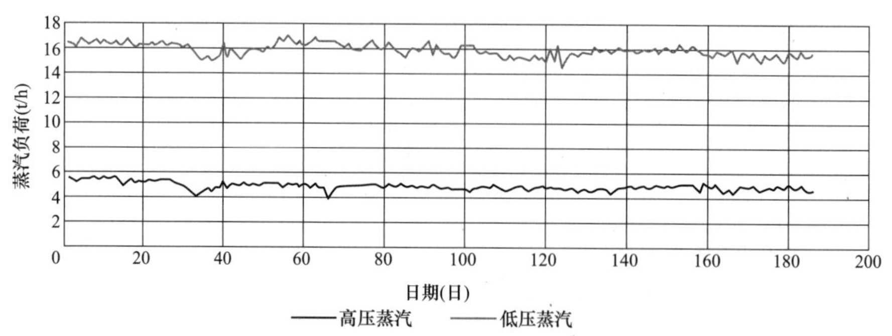

图5.5-1 某轮胎厂日平均蒸汽负荷

工艺热负荷的特点：

（1）工艺用汽为主、暖通用汽（每年冬季4300t，夏季4700t）只占1/35。

（2）每年四季均衡、每年停一个半月检修。

（3）每日三班，全天24h都有负荷。

（4）高低压汽量比为1∶4。

2. 主机选型

轮胎厂的能源需求主要为蒸汽和电负荷，因此主机设备主要考虑燃气轮机、余热锅炉和燃气锅炉。由于该工程的热负荷波动性较小，在应对负荷的波动性方面压力较小，不配置储热装置，热负荷的波动性主要依靠设备本身的变负荷能力与调峰锅炉来满足。主机方案设计要满足稳定运行的能源需求、设备备用和调峰需求，因而设计方案应提供基本配置、备用设备配置和调峰设备配置。其中，主机的基本配置和备用设备由轮胎厂的平均负荷决定。调峰设备配置则需要根据负荷的波动性来确定。

该工程的主要负荷为工业蒸汽，电负荷相对于蒸汽负荷较小，项目的蒸汽负荷为24t/h，电负荷为11.7MW。根据分布式能源“自发、自用、自平衡”的原则，该工程宜采用简单循环方式，不配置蒸汽轮机，从而增加产热量，控制产电量。

燃气轮机是分布式能源站的核心供能设备，燃机的选型直接关系到工程的能效、经济、环保等特性。该工程的规模相对较小，为保证系统的安全性，宜采用3～6MW等级的小型燃气轮机。目前，小型燃气轮机的生产厂商并不多。经过调研，可用于该工程的小型燃气轮机主要包括：美国索拉公司的C40、C50和T60燃气轮机、德国西门子公司的SGT100燃气轮机、日本川崎重工的M7A-01、M7A-01D燃机轮机。几种燃气轮机的性能参数见表5.5-6。

表 5.5-6　　可选燃气轮机的型号与 ISO 性能参数

厂家	型号	ISO 功率（kW）	热耗率（kJ/kWh）	空气流量（t/h）	排气温度（℃）
索拉	C40	3500	12 886	67.9	446
	C50	4600	12 174	68.2	513
	T60	5700	11 298	77.7	516
西门子	SGT100	5400	11 613	74.16	531
川崎重工	M7A-01M7A-01D	5410	12 297	77.76	548

经过比较分析，基于工程实际情况，建设方确定采用选择索拉公司的 C40、C50 和 T60 三种型号的燃机进行项目方案比较。

3. 方案比较

三种型号的燃机对应的配置方案分别为：

方案 1：两台索拉 C40 小型燃气轮机，利用不补燃的余热锅炉进行余热回收产生低压蒸汽，配置低压燃气锅炉补充低压蒸汽量的不足，配置高压燃气锅炉提供高压蒸汽。

方案 2：两台索拉 C50 小型燃气轮机，利用不补燃的余热锅炉进行余热回收产生低压蒸汽，配置低压燃气锅炉补充低压蒸汽量的不足，配置高压燃气锅炉提供高压蒸汽。

方案 3：两台索拉 T60 小型燃气轮机，利用不补燃的余热锅炉进行余热回收产生低压蒸汽，余热锅炉额定产汽量能够全部满足低压蒸汽量的要求，不需额外配置低压燃气锅炉，仅需配置高压燃气锅炉提供高压蒸汽。

根据上述配置方案和负荷情况分别进行能量平衡计算，其计算原则为：首先，根据燃机的技术参数，确定系统的基本电出力和基本热出力。三个方案在设计工况下能量平衡计算见表 5.5-7。

表 5.5-7　　三个方案在设计工况下能量平衡计算结果

方案	单位	C40	C50	T60
燃气轮机及余热锅炉				
燃料输入	GJ/h	90.2	112.0	128.8
燃机发电量	MW	7.0	9.2	11.4
厂用电	MW	0.935	0.935	0.935
燃机产电量	MW	6.1	8.3	10.5
低压蒸汽产量	t/h	16.8	21.7	25.5
低压蒸汽不足量	t/h	8.7	3.8	0.0
电出力不足量	MW	5.7	3.5	1.3
燃气锅炉				
高压蒸汽	t/h	6.4	6.4	6.4
补充低压不足	t/h	8.7	3.8	0.0
燃气锅炉效率	%	90.0	90.0	90.0
燃气输入	GJ/h	47.1	31.8	20.0
燃气消耗量	m^3/h	1414.8	955.1	601.5

基于上述能量平衡计算，可以得到三个方案在设计工况下的能效、经济指标，见表 5.5-8。

表 5.5-8　三个方案在设计工况下的性能指标

系统性能参数	单位	C40	C50	T60
系统年发电量	万 kWh/年	4366.8	5950.8	7534.8
系统年购电量	万 kWh/年	4133.2	2549.2	965.2
系统年天然气消耗量	万 m^3/年	2969.8	3110.4	3219.2
系统能源综合利用效率	%	80.7	82.5	85.1
系统㶲效率	%	38.7	42.4	46.3
系统年购电费用	万元	3513.2	2166.8	820.4
系统年购天然气费用	万元	7929.3	8304.7	8595.2
年运行费用	万元	11 442.5	10 471.5	9415.6

从系统的能耗方面来看，索拉 C40 燃机出力较小，因而从电网购电量较多；索拉 T60 燃机出力较大，可以承担更多的自用电负荷，仅需购买少量网电即可，同时 T60 燃机规模较大，其天然气消耗量也较多。C50 介于 C40 和 T60 之间。

根据系统年购电量和年购天然气量粗略计算系统年运行费用，T60 购电量小，因而购电费用较低，C50 比 T60 增加了 1346 万元购电费用，C40 比 T60 增加了 2693 万购电费用；C40 天然气消耗量较小，C50 比 C40 增加了 375 万元天然气费用，T60 比 C40 增加了 666 万元天然气费用。综合比较年总运行费用，T60 为较低方案，但设备投资较 C40 和 C50 略有增加，需通过技术经济分析确定何种方案经济性最优。

4. 装机方案的经济性分析

轮胎厂分布式能源站是自备性质，属于自用汽，汽价不好确定，难以进行常规的经济性比较，可设立对比方案与三个方案进行比较分析。为此，设立两个对比方案：对比方案一为新建燃气锅炉房供汽，外购电；对比方案二为原厂外燃煤锅炉供汽、外购电。各项比较数据见表 5.5-9。

表 5.5-9　简要的经济比较数据

特点	方案一（2×T60）	方案二（2×C50）	方案三（2×C40）	对比方案一	对比方案二
主机购置费（万元）	5700	4850	4510	1220	0
年耗燃气量（万 m^3/年）	3432	3200	3056	2110	蒸汽：23 万 t/年（230 元/t）
年燃料费（万元/年）	8960	8544	8160	7618（折合：331 元/t 汽）	购汽费：5290
年总发电量（万 kWh/年）	6830	6217	4658	0	0
年总购电量（万 kWh/年）	1670	2282	3842	8500	8500
年购电费（万元/年）	1420	1940	3266	7225	7225
年购气、电费（万元）	10 380	10 480	11 430	14 840	12 515
年运行总费（加：人工、运行维护费）（万元）	11 100	11 170	12 040	15 090	12 515

注　1. 燃气价格：发电为 2.67 元/m^3，锅炉为 3.61 元/m^3。

2. 现况的运行总费为 12 515 万元/年。

3. 人工、运行费为 380 万，一、二、三方案的设备维护费为 5 分/kWh。

采用动态投资回收年限法进行比较分析，已知：初值、年收入（售汽、售电、一成本），求动态回收年限。动态投资回收年限低于贷款期（10～15年）的是可接受方案。以三方案分别与对比方案一（新建燃气锅炉房供汽、外购电）、对比方案二（原厂外燃煤锅炉供汽、外购电）进行比较，小值为好。

经济比较分别见表5.5-10和表5.5-11，动态投资回收年限（对应内部投资收益率 $i=10\%$）的计算模型图如图5.5-2所示。

表5.5-10　　动态投资回收年限（与对比方案一比较）

内部投资收益率 i	方案一（2×T60）	方案二（2×C50）	方案三（2×C40）
10%	2	1.6	1.9
8%	小于2	小于1.6	小于1.9

三个方案的动态回收年限均小于2年，十分理想。

表5.5-11　　动态投资回收年限（与对比方案二比较）

内部投资收益率 i	方案一（2×T60）	方案二（2×C50）	方案三（2×C40）
10%	10.2	8.5	不可回收
8%	8.8	7.5	不可回收

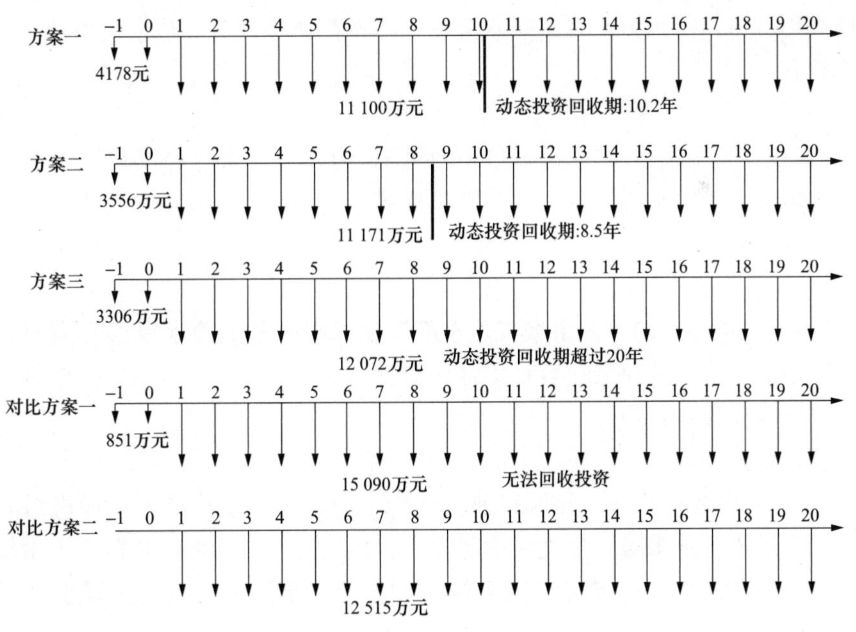

图5.5-2　动态投资回收年限（对应 $i=10\%$）的计算模型图

方案二的动态投资回收年限为8.5年（对应 $i=10\%$），7.5年（对应 $i=8\%$）。较好，为可接受的推荐方案。

5. 推荐的装机方案

综合分析研究后，确定该项目的推荐主机装机方案如下：2台C50小型燃气轮机加2台不补燃的余热锅炉（单台额定产汽量为 10t/h）。

四、蓄冷蓄热系统案例

1. 案例介绍

上海某天然气冷热电分布式能源项目，能源站采取以冷/热定电、冷热与区域电力平衡的原则，最大限度利用发电余热制冷制热，保持系统的高效运行。能源站主要分为生产区域和配套扩建用地 2 个区域，生产区域占地 15 000m^2，配套扩建用地区域占地约 4800m^2。该工程考虑土建工程及公用系统一次完成、设备分批安装。发电装机第一阶段规模为 5×4.4MW 燃气内燃机、第二阶段增加装机 3×4.4MW 燃气内燃机、预留远景再扩建 2×4.4MW 燃气内燃机的建设条件，最终规模为 10×4.4MW。

该工程采用内燃机发电余热带基本冷热负荷，保证最大限度利用发电余热制冷制热，保持系统的高效运行。同时在冷/热负荷需求量较少时，可将余热产生的冷/热量储存在蓄水槽里，供负荷较大时释放。

2. 装机方案

该工程冷、热、电三联供系统主体由天然气内燃机发电机、烟气热水型溴化锂冷热水机组、离心式冷水机组、燃气热水锅炉与蓄能系统联合组成。冷媒水供回水温度为 6/15.6℃，冷媒水供回水温度为 90/65.5℃。

主机设备为 GE 颜巴赫 JMS624GS-N. L 型内燃机发电机组，采用烟气热水型溴化锂机组作为余热利用设备，冷水机组及蓄热水罐作为冷负荷调峰设备，热水锅炉及蓄冷水罐作为冷负荷调峰设备。

（1）蓄冷系统。

1）蓄冷系统：夏季供冷季，该园区冷负荷降低时，烟气余热经溴化锂机组后所产生热量通过蓄冷水泵送入蓄冷水罐，烟气放热降温后排出室外。当外面的负荷需求增加时，冷媒水经释冷水泵输送到二次泵，通过二次泵输送到用户。蓄冷水工况时冷媒水供回水温度为 6/15.6℃。

2）冷源组成：该项目的冷源由烟气热水型溴化锂吸收收式冷水机组＋离心式冷水机以及水蓄冷装置组成。冷源的总装机容量以区域设计日最大供冷冷负荷为计算依据，以满足用户最大负荷需求为前提进行设计。

（2）蓄热系统。

1）蓄热系统：冬季供热季，该园区热负荷降低时，烟气余热经溴化锂机组后所产生热量通过蓄热水泵送入蓄热水罐，烟气放热降温后排出室外。当外面的负荷需求增加时，热媒水经释热水泵输送到二次泵，通过二次泵输送到用户。蓄热水工况时热媒水供回水温度为 90/65.5℃。

2）热源组成：该项目的热源由烟气热水型溴化锂吸收式冷水机组＋燃气热水锅炉装置组成。该园区的热负荷以空调和生活热水热负荷为主，能源站采用分布式供能系统余热设备和燃气热水锅炉作为供热设备，两者并联供热。热源的总装机容量以区域设计日最大供热热负荷为计算依据，以满足用户最大负荷需求为前提进行设计。蓄冷蓄热系统主要设备配置见表 5.5-12。

表 5.5-12　　蓄冷蓄热系统主要设备配置

编号	设备名称	型号规范	单位	数量	备注
蓄冷主要设备					
1	烟气热水型吸收式溴化锂冷水机组	空调制冷量 3890kW，冷却水温度 32/38℃，冷媒水供回水温度 6.0/15.6℃	台	8	
2	离心式冷水机（大）	空调制冷量 6328kW，冷却水温度 32/37℃，冷媒水供回水温度 6.0/15.6℃	台	6（备用1台）	
3	离心式冷水机（小）	空调制冷量 3165kW，冷却水温度 32/37℃，冷媒水供回水温度 6.0/15.6℃	台	6（备用1台）	
4	水蓄冷罐	内径 20m，水位有效高度 19m，蓄冷量：64MWh	套	4	
5	蓄冷释冷水泵	流量为 500m³/h，扬程为 30m，电动机功率为 50kW	台	4	
6	冷媒水二次泵	流量为 2500m³/h，扬程为 110m，电动机功率为 950kW	台	4	变频
7	冷媒水二次泵	流量为 500m³/h，扬程为 110m，电动机功率为 185kW	台	2	变频
蓄热主要设备					
1	烟气热水型吸收式溴化锂冷水机组	空调制热量 4004kW，热媒水供回水温度 90/65.5℃	台	8	
2	燃气热水锅炉	额定功率 8.4MW，工作压力 1.0MPa，进出水温度 90/65.5℃	台	3（备用1台）	
3	蓄热水罐	1000m³	套	1	
4	蓄热释热水泵	流量为 100m³/h，扬程为 30m，电动机功率为 10kW	台	2	
5	供热二次泵（大）	流量为 600m³/h，扬程为 85m，电动机功率为 155kW	台	4	变频
6	供热二次泵（小）	流量为 150m³/h，扬程为 85m，电动机功率为 40kW	台	2	变频

3. 运行方案

(1) 供冷运行原则。分布式能源站按照以下原则运行：

1) 根据冷负荷的需求，优先开启内燃发电机组，使余热机组得到优先使用。

2) 过渡阶段将充分使用余热设备，将余热设备分开供能，一部分余热机组进行供热，一部分将进行供冷。

3) 余热利用设备余热机组制冷出力不宜低于 60%，即 2200kW，为了保证燃气发电机与溴化锂冷水机组在额定负荷下运行，该系统的溴化锂冷水机组在白天冷负荷需求较小时，将冷水输送至水蓄冷罐里储存，当负荷需求较大时释放冷水来供冷。

4) 根据预测冷负荷逐时变化模型，适当开启冷水机组，采用释冷水供冷进行调峰，保证整个冷负荷的需求。

5) 在夜间，由于冷负荷需求量较少，故将余热系统产生的冷量储存在蓄水罐里，供白天使用，夜间的蓄冷量应在次日白天的供冷中全部释放完。

(2) 供热运行原则。由于供热系统没有峰谷电设备，在供热负荷高峰时段，余热设备优先使用，即优先运行溴化锂机组，热水锅炉进行调峰运行，当负荷下降时将溴化锂的余热储蓄在蓄热水罐里，过渡期间将吸收式溴化锂冷水机组分开一部分制冷，一部分制热，使余热充分利用。

考虑生活热水的热负荷需求波动较大，根据负荷需求情况，设置一套 1000m^3 的蓄热水罐。

五、生活热水蓄热系统案例

1. 案例介绍

工程名称：北京某分布式能源生活热水改造。

设计内容：常压电热水锅炉蓄热系统改造。

设计的主要范围：该生活热水改造工程主要设备有常压电热水锅炉、板式换热器、蓄热水箱、水泵等，此次设计范围包括上述设备管道的布置及安装，以及与分布式能源站生活水供回水母管、热交换间二次侧生活水供回水母管道、生活水泵房软化水补水管道的连接。

2. 方案描述

产业园 A、B 座生活热水由分布式能源站提供一次中温热水，热水供回水温度为 70/50℃。在 A 座地下一层热交换间内设半容积式换热器，换热后供该区生活热水用户。

自产业园入住后，A、B 座厨房在用水高峰期间反映热水水温不够。通过调阅 A 座热交换站运行记录数据，发现 A、B 座厨房在用水高峰期间热水水温不够的原因是半容积式水水换热器未能充分利用一次中温热水的热量，未达到设计换热效果。

在充分利用现有设备的前提下，考虑到场地布置、水箱荷载等事宜，现有改造方案仅根据 2015 年 5 月 18～21 日 A 座热交换站运行记录数据进行设计。由于 2015 年 5 月 18～21 日记录 A 座热交换站运行数据时，公共卫生间的生活热水未使用，故无该部分的数据，该设计改造中暂不考虑该部分的生活热水量。

A、B 座生活热水系统改造方案仅提供生活热水一次热水，改造需增设 1 台电锅炉 (150kW) +2 台锅炉侧水泵（一用一备）+1 个蓄热水箱（35m^3）+2 台水箱侧水泵（一用一备）。

电锅炉蓄热供生活热水，在电网用电低谷时段，可将热量储存在蓄热水箱中，在电网用电高峰时段，可将储存在蓄热水箱的热量释放出来供生活热水用户使用。考虑到市政电接入产业园后存在峰谷平电价以及运行的经济性，采用电锅炉利用低谷电蓄热后为 A、B 座提供生活热水。

当分布式能源站全天都运行时，一次中温热水送至原有生活热水系统，最终送至 A、B 座低区、中区生活热水用户；当分布式能源站白天运行、晚上不运行，且晚上 A、B 座有生活热水需求时，白天，能源站一次中温热媒水一部分送至原有生活热水系统，满足 A、B 座低区、中区白天的生活热水需求，同时能源站一次中温热媒水另一部分送至蓄热水箱，满足 A、B 座低区、中区晚上的生活热水需求；当市政电接入产业园、分布式能源站不运行时，利用晚上谷电开启电锅炉蓄热，将热量储存在蓄热水箱中，白天，利用蓄热水箱的热量释放出来供 A、B 座低区、中区生活热水用户用水。

3. 工艺系统描述

(1) 蓄热系统。蓄热系统包含两条支路，一路通过管路将常压蓄热水箱、电锅炉蓄热水泵、常压电热水锅炉连接在一起，以电锅炉为热源蓄热；另外一路通过管路将常压蓄热水箱、生活水蓄热循环泵、生活水蓄热板式换热器和能源站生活水管道相连，以能源站生活水为热源蓄热。

（2）供热系统。供热系统通过管路将常压蓄热水箱、一次供热循环泵、供热板式换热器、二次供热循环泵和生活水泵房原有半容积式换热器相连，通过原有半容积式换热器和用户生活水换热向用户供热。其中板换一次侧供回水管路设置电动三通阀，用了调节供热板式换热器的热负荷。

（3）补水系统。补水系统通过管路将生活水泵房原有软水装置制备的软化水接至常压蓄热水箱和电锅炉高位水箱，用来向电锅炉和蓄热水箱补水，补水系统主要设备见表 5.5-13。

表 5.5-13　　补水系统主要设备

序号	设备名称	技术参数	数量	单位	备注
1	常压电热水锅炉	额定供热量为 150kW	1	台	
2	电锅炉蓄热水泵	流量为 $14m^3/h$，扬程为 17m，压力为 2kW	2	台	一用一备
3	常压蓄热水箱	有效容积为 $35m^3/h$	1	台	
4	一次供热循环泵	流量为 $14m^3/h$，扬程为 15m，压力为 2kW	2	台	一用一备
5	生活水蓄热板式换热器	换热量为 150kW	1	台	
6	生活水蓄热循环泵	流量为 $14m^3/h$，扬程为 15m，压力为 1.5kW	2	台	一用一备
7	高位水箱	体积为 $1m^3$	1	台	
8	供热板式换热器	换热量为 150kW	1	台	
9	二次供热循环泵	流量为 $14m^3/h$，扬程为 15m，压力为 2kW	2	台	一用一备

主辅机运行策略

为了达到分布式供能站各系统的安全、稳定、高效、节能、经济、减排的要求，应事先拟定燃气分布式供能系统主辅机在一年四季的运行策略。本章将根据第五章机组配置选型的结果提出主辅机运行策略。

第一节　主辅机运行策略概述

燃气分布式供能系统往往需要结合项目实际情况，可以与土壤源热泵、水源热泵、蓄冷、蓄热、太阳能热利用等技术相结合，并需要考虑一定容量的常规能源系统技术，是一个综合性较强的能源转换供应系统。

燃气分布式供能系统是否可以实现其工艺设计目标，需要根据项目特点选择和落实合理的设计、实施、运行和维护方案，配套合理的控制策略和控制系统硬件。因此，合理的控制策略和控制系统硬件结构，构成了燃气分布式供能系统的两个重要组成部分。

控制系统服务于燃气分布式能源站各个系统，控制策略是各系统对控制系统提出的控制逻辑要求。具体来讲，控制策略应从保障供应、安全运行、节能降耗、经济运行、综合优化调度等方面入手，使燃气分布式供能系统优势最大化。

一、分布式供能系统运行模式及控制策略

对于燃气分布式供能系统，有以下基本运行模式及控制策略。

（一）能源综合利用最优运行模式

对于装机规模小于25MW的燃气分布式供能系统，《燃气冷热电三联供工程技术规范》(GB 51131—2016) 中明确要求“燃气冷热电联供系统的年平均能源综合利用率应大于70%”。这一条款是体现燃气分布式能源技术高效燃气利用特点的检验标准，也是该技术经济效益、社会效益的保证。对于大于25MW的分布式能源系统也应参照相关规范，提高能源综合利用率。

以能源综合利用率最高为控制目标的控制策略：根据预测或实测的冷、热负荷，计算优化运行的各供能系统功率和对应的优化能源综合利用效率，进而调整系统运行状态，使系统在整个运行过程中都趋于能源综合利用效率最高状态。

（二）经济最优运行模式

这一模式以能源站运行成本最低为控制目标。根据预测或实测的冷、热负荷，计算优化各供能系统的运行成本或收益，进而通过调整供能设备投运顺序和功率，控制运行成本，使系统在整个运行过程中都趋于成本最低状态，从而提高项目整体经济性。

（三）以冷热定电的运行模式

这是以满足项目冷热负荷需求为目标的运行模式。根据预测或实测的冷、热负荷，综合考虑各供能系统的运行功率和运行成本，调整系统运行状态，使系统在整个运行过程中都能满足用户冷热负荷需求。

二、不同类型项目运行策略侧重点

（一）区域型项目运行策略

区域性项目装机容量大，供能区域范围广。在既定的供冷、供热面积前提下，区域内各类负荷特点各异，运行策略的制定应考虑全年不同时间的负荷特点，做出有针对性的运行方案。

应着重考虑以下几个方面：

(1) 针对每天的运行策略应充分考虑冷负荷的波动特点。对于集中供冷的公共建筑，冷负荷波动随建筑物作息特点变化较大。

(2) 对于北方集中供热项目，冬季日间区域总的热负荷变化幅度不大，系统运行可参照常规热电联产，但应考虑“气候补偿”等节能措施。

(3) 对于一些功能性明显的建筑，如写字楼、商场等，区域电负荷需求随建筑物的作息规律变化较大，需要考虑电负荷特点，合理调度发电机组运行。

(4) 区域项目集中供冷峰值负荷运行时间和年满负荷时间相对较短，在整个供冷季波动明显，且冷负荷峰值大，高负荷率所占时段少。因此夏季供冷项目要考虑不同负荷下的系统运行策略。

(5) 对以区域基本电负荷为设计容量的项目，应重点考虑采暖季和过渡季电负荷较低时的运行方式或电负荷与冷热负荷不匹配时的运行策略。

（二）建筑群项目运行策略

该类项目一般以多栋建筑为供能对象，装机容量中等，介于大型区域型项目和楼宇型项目之间，受各建筑使用功能影响很大。

(1) 多个不同功能类型建筑组成的项目，各类总负荷存在相互平衡的可能性，应针对项目具体特点测算总结负荷规律，经过合理的运行分析给出合适的运行方案。

(2) 对于多个相同或类似功能建筑组成的项目，用考虑一定的蓄能系统，并在合理的负荷预测基础上确定蓄能量和合理释能时间。不存在峰谷平电价的项目，需考虑减少主机投资与增加蓄能系统之间的技术经济分析。

(3) 该类项目往往需要燃气分布式能源技术与其他能源技术相结合，形成一套以分布式能源为主、其他技术为辅的能源系统。应根据外部条件及机组配置制定经济合理的运行策略。

（三）楼宇型项目运行策略

楼宇型项目一般以单个或少数几个建筑为供能对象，发电装机容量不大，负荷特点完全取决于建筑功能类型，应针对全年负荷制定合理的系统运行策略。

三、运行策略优化

在制定运行策略的前提下，需要通过对不同运行周期的运行数据分析，得出一系列的运行指标，其中最主要的指标是燃气分布式供能系统总能源利用效率、总能源消耗量及费用、总能源供应量等。

燃气分布式供能系统运行工况每时每刻都在变化，系统各类负荷也都随着外界情况的变化而变化，各个机组的状态也是相对变化的。

为了实现利用历史数据分析指导系统运行、根据负荷变化优化系统运行、整合运行经验及控制策略等功能，需要建立一个较高层级的优化分析系统。优化分析系统可以是控制系统本身，也可以独立于控制系统之外，但是都能够实现运行策略优化分析的功能。

运行策略的优化是建立在理论计算、实现运行数据分析和各类运行经验的基础上的，应根据项目管理方的要求，选择相应的优化方向，执行不同的优化运行策略。

第二节　区域式主辅机运行策略

区域式分布式能源站的运行策略应“以冷、热定电”的方式运行。区域式分布式能源站大多以燃气轮机为主机设备，燃气轮机具有以下特点：

（1）燃气轮发电机组发电功率约占燃气-蒸汽联合循环机组发电功率的 2/3，承担工业热负荷的联合循环供热机组发电设备年利用小时数较大。

（2）当燃气轮机负荷率低于 70%时，效率急剧下降，调整燃气轮机负荷率时建议不要低于 70%。

（3）燃气-蒸汽联合循环机组还可能参与电网调峰。

区域性项目装机容量大，供能区域范围广，制定运行策略的制定应考虑全年不同时间的负荷特点，可以分为采暖期、制冷期、非采暖非制冷期（过渡期）三个时段。区域式分布式能源站通常同时承担工业热负荷和季节性热负荷（采暖、供冷），工业热负荷的特点是负荷稳定、波动不大，而采暖、制冷负荷波动大，尤其是制冷负荷，午间冷负荷达到峰值，但高负荷率区间时段不长。

区域式分布式能源站的运行策略应充分考虑负荷的性质、波动特点，背压式汽轮机的热电比是一个固定的常数，即背压机的热出力决定了其电出力，通常让背压式汽轮机承担波动小的基础负荷，背压式汽轮机对应的燃气轮机负荷率尽量大于 70%；抽凝式汽轮机的抽汽调节能力强，可通过调节抽汽量使其承担波动大的负荷，燃气调峰锅炉承担峰值负荷。

以下用一个案例，对区域式分布式供能系统进行运行策略分析。

一、项目概况

华南地区某区域式分布式供能站项目，厂址位于高新技术开发区主园区内，濒临南海，属于亚热带季风气候，海洋对该地气候的调节作用十分明显，具有温暖多雨、潮湿、日照充足、夏无酷热、冬无严寒、终年无雪、无霜等特点。

该供能站所供负荷为工业生产热负荷（全年）、空调冷负荷（制冷期）、生活热水负荷（全年），以下为其设计负荷统计。

1. 工业设计热负荷

工业生产热负荷为全年负荷，最大热负荷为 66.8t/h，平均热负荷为 57.7t/h，最小热负荷为 34.3t/h。供热介质为过热蒸汽，供热参数初步确定为 1.5MPa（a）、290℃。

2. 空调制冷设计热负荷

制冷期为五月中旬至十月下旬，空调制冷设计最大负荷为 17.15MW，平均负荷为

12.10MW，最小负荷为8.93MW，折算成蒸汽负荷最大为25.2t/h，平均为17.8t/h，最小为13.1t/h。

3. 生活热水负荷

生活热水为全年所需，设计平均热负荷为4.72MW，供热介质为高温热水。

能源站设计负荷汇总见表6.2-1。

表6.2-1　　能源站设计负荷汇总

热负荷类型	单位	非制冷期			制冷期			能源站出口介质及参数
		最大	平均	最小	最大	平均	最小	
工业生产热负荷	t/h	66.8	57.7	34.3	63.2	55.0	34.1	过热蒸汽 1.5MPa (a)、290℃
夏季制冷热负荷	t/h				25.2	17.8	13.1	
生活热水热负荷	MW	—	4.72	—	—	4.72	—	高温热水110℃

二、装机配置

该工程的机组配置为装设2套GE的LM6000 PF型燃气-蒸汽联合循环供热机组，均按"一拖一"配置，其中1套为LM6000 PF型燃机（带1台发电机）＋余热锅炉＋背压式汽轮机（带1台发电机）；另1套为LM6000 PF型燃机（带1台发电机）＋余热锅炉＋抽凝式汽轮机（带1台发电机），另配1台30t/h天然气锅炉。

主机配置包含了背压式汽轮机、抽凝式汽轮机、燃气锅炉，蒸汽应优先使用背压机组的排汽，其次是抽凝机的抽汽，最后是燃气调峰锅炉的蒸汽。原则性热力系统图如图6.2-1所示。

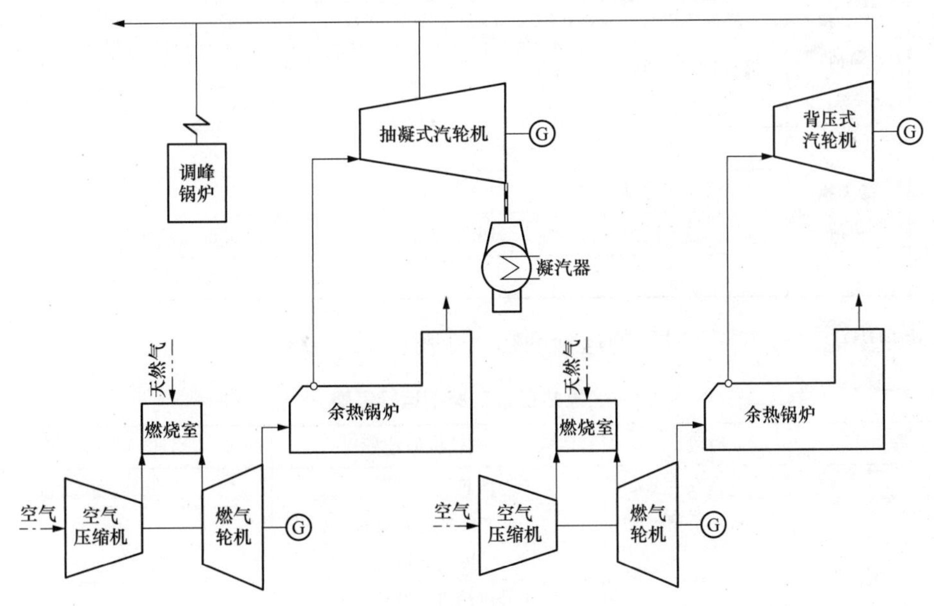

图6.2-1　原则性热力系统图

三、运行策略

根据该项目热负荷的特点，分别按非制冷期和制冷的最小热负荷、平均热负荷及最大热负荷的蒸汽量进行平衡计算。能源站正常工况下蒸汽量平衡表见表6.2-2。

表 6.2-2　能源站正常工况下蒸汽量平衡表

时段	负荷类型	汽轮机编号	余热锅炉蒸发量（t/h）	汽轮机进汽量（t/h）	供汽量（t/h）	蒸汽需求量（t/h）	供需平衡（t/h）
非制冷期	最小热负荷	1号汽轮机（背压式）	36	36	34.3	34.3	0
		2号汽轮机（抽凝式）	—	—	0		
		燃气锅炉	—	—	0		
		总计	—	—	34.3		
	平均热负荷	1号汽轮机（背压式）	36	36	34.3	57.7	0
		2号汽轮机（抽凝式）	31.5	31.5	23.4		
		燃气锅炉	—	—	0		
		总计	—	—	57.7		
	最大热负荷	1号汽轮机（背压式）	42	42	40.8	66.8	0
		2号汽轮机（抽凝式）	42	42	26		
		燃气锅炉	—	—	0		
		总计	—	—	66.8		
制冷期	最小热负荷	1号汽轮机（背压式）	36	36	34.3	47.2	0
		2号汽轮机（抽凝式）	31.5	31.5	12.9		
		燃气锅炉	—	—	0		
		总计	—	—	49.4		
	平均热负荷	1号汽轮机（背压式）	42	42	40.8	72.8	0
		2号汽轮机（抽凝式）	42	42	32		
		燃气锅炉	—	—	0		
		总计	—	—	80.4		
	最大热负荷	1号汽轮机（背压式）	42	42	40.8	88.4	0
		2号汽轮机（抽凝式）	42	42	32		
		燃气锅炉	15.6	—	15.6		
		总计	—	—	88.4		

以此制出能源站在各个时段的运行策略，见表 6.2-3。

表 6.2-3　能源站正常工况下运行策略

时段	时段	汽轮机编号	设备运行情况
非制冷期	最小负荷	1号汽轮机（背压式）	85%负荷运行
		2号汽轮机（抽凝式）	不运行
		燃气锅炉	不运行
	平均负荷	1号汽轮机（背压式）	85%负荷运行
		2号汽轮机（抽凝式）	75%负荷运行
		燃气锅炉	不运行
	最大负荷	1号汽轮机（背压式）	100%负荷运行
		2号汽轮机（抽凝式）	100%负荷运行
		燃气锅炉	不运行

续表

时段	时段	汽轮机编号	设备运行情况
制冷期	最小负荷	1号汽轮机（背压式）	85%负荷运行
		2号汽轮机（抽凝式）	75%负荷运行
		燃气锅炉	不运行
	平均负荷	1号汽轮机（背压式）	100%负荷运行
		2号汽轮机（抽凝式）	100%负荷运行
		燃气锅炉	不运行
	最大负荷	1号汽轮机（背压式）	100%负荷运行
		2号汽轮机（抽凝式）	100%负荷运行
		燃气锅炉	50%负荷运行

当一台燃气-蒸汽联合循环机组故障时，能源站事故工况下蒸汽量平衡表见表 6.2-4。

表 6.2-4　能源站事故工况下蒸汽量平衡表

时段	负荷类型	汽轮机编号	供汽量（t/h）	蒸汽需求量（t/h）	供需平衡（t/h）
非制冷期	最小热负荷	1台燃气-蒸汽联合循环机组	34.3	34.3	0
		燃气锅炉	0		
		总计	34.3		
	平均热负荷	1台燃气-蒸汽联合循环机组	45	57.7	0
		燃气锅炉	12.7		
		总计	57.7		
	最大热负荷	1台燃气-蒸汽联合循环机组	45	66.8	0
		燃气锅炉	21.8		
		总计	66.8		
制冷期	最小热负荷	1台燃气-蒸汽联合循环机组	45	47.2	0
		燃气锅炉	2.2		
		总计	47.2		
	平均热负荷	1台燃气-蒸汽联合循环机组	45	72.8	0
		燃气锅炉	27.8		
		总计	72.8		
	最大热负荷	1台燃气-蒸汽联合循环机组	45	88.4	−13.4
		燃气锅炉	30		
		总计	75		

由事故工况的蒸汽量平衡可知，仅在制冷期最大负荷时段，热负荷有缺口，此时可保证二类工业热负荷和 75%的制冷负荷；在其他时段，可以满足蒸汽负荷的需求。

在事故工况下，优先使用燃气-蒸汽联合循环机组的蒸汽，可采用主蒸汽减温减压供热的方案，不足的部分开启燃气锅炉。

第三节　楼宇式主辅机运行策略

楼宇型分布式能源系统主要针对楼宇单一类型的用户，其用户类型主要包括办公楼、商场、酒店、医院、学校、居民楼等。楼宇型分布式能源项目大部分为冷热定电的模式，以满足冷热负荷为首要目标，其负荷随季节和用户工作生活规律的变化而变化，要求装机配置灵活，设备运行方式灵活。

楼宇型分布式能源站的装机通常由三部分组成：基础负荷——由内燃机余热供给；调峰负荷——由补充冷、热设备供给，多为离心水冷机组和燃气锅炉；峰值负荷——由蓄能装置提供。适用于分布式能源站的蓄能系统则以无毒无害、传热性能好、比热容较大的水作为蓄能介质的蓄能系统，主要为水蓄能和冰蓄冷。

本节选取两个案例，分别针对不同边界条件，采用水蓄能和冰蓄冷两种不同的蓄能配置，对燃气分布式供能系统从能源利用和经济效益等方面进行的运行策略的分析。

一、楼宇式主辅机运行策略案例一

（一）项目概况

中南地区某商业中心建筑面积 49 万 m^2，建筑功能性质包括商业、办公、酒店及公寓。夏季空调冷负荷 34.7MW，设计供回水温度 6/13℃，冬季空调热负荷 27.2MW，设计供回水温度 60/50℃。商业中心采用燃气冷、热、电分布式供能主机与常规直燃机、电制冷以及水蓄冷/热相结合的分布式能源系统。

（二）装机配置

该项目分布式能源站主机采用 6 台 2MW 级别内燃机配 6 台烟气热水型溴化锂机组，组成燃气冷、热、电分布式能源系统，单台溴化锂机组制冷量为 2082kW，制热量 2250kW，6 套机组形成总制冷量 12 492kW，总制热量 13 500kW，用于园区基本冷、热负荷需求。

为保证夏季供冷和冬季供热的需求，除溴化锂机组提供基本冷热需求外，能源站配置有 2 台直燃型溴化锂机组，用于夏季供冷和冬季供热需求的补充，此外还设有 4 台单机制冷量为 2813kW 离心式冷水机组作为夏季供冷调峰措施。

在保证夜间负荷需求的前提下，为极大限度地发挥发电机组的效率，合理利用余热，并充分保证发电机组与溴化锂机组的年利用小时数，同时减少制冷制热设备的装机，该项目根据实际情况设计一套水蓄冷/热系统，如图 6.3-1 所示。

工况切换对应阀门开闭见表 6.3-1。

表 6.3-1　工况切换对应阀门开闭

阀门	V1	V2	V3	V4	V5	V6	V7	V8	V9	V10	V11
蓄冷	关	开	开	关	关	开	关	开	关	关	开
放冷	关	关	关	开	开	关	关	关	开	关	关
蓄热	开	关	关	开	关	开	开	关	关	关	开
放热	关	关	开	关	开	关	关	关	关	开	关

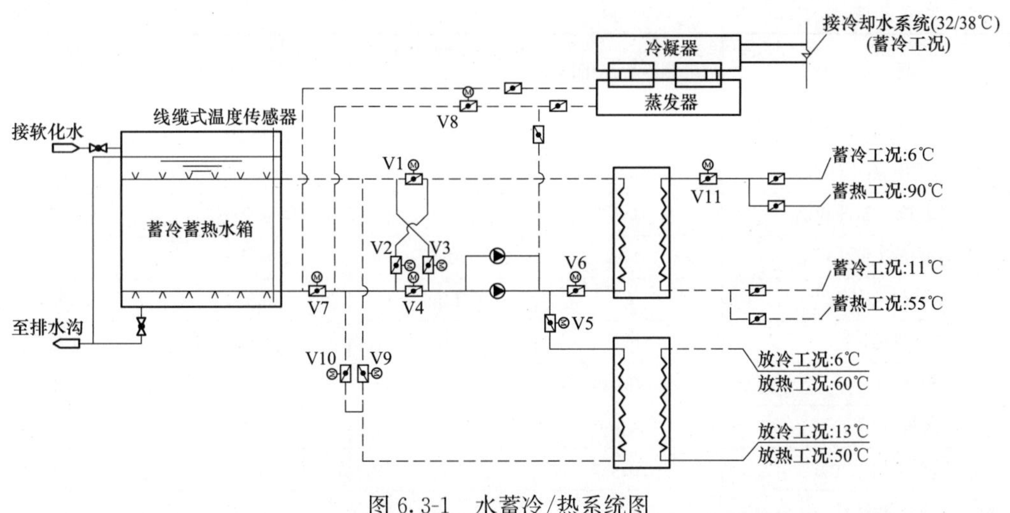

图 6.3-1　水蓄冷/热系统图

（三）运行策略

1. 能源站天然气及冷/热电价格

能源站天然气及冷/热、电价格见表 6.3-2。

表 6.3-2　　能源站天然气及冷/热、电价格

项　目	单　价
冷/热价	0.65 元/kWh
售电价	0.8 元/kWh
标准状况下燃气价格	3.0 元/m^3
购电价	0.9 元/kWh
购水价	3.4 元/t

2. 供冷、供热经济收益分析

能源站供冷来自烟气热水型溴化锂主机供冷、离心式电制冷主机供冷、直燃型溴化锂机组供冷和蓄能系统供冷，能源站供热来自烟气热水型溴化锂主机供热、直燃型溴化锂机组供热和蓄能系统供热。分别对上述各项进行经济收益分析，以确定分布式能源系统优先运行级别，供冷经济收益表见表 6.3-3，供热经济收益表见表 6.3-4。

表 6.3-3　　供冷经济收益表

项　目	电制冷机组供冷	余热溴化锂机组供冷	蓄能系统供冷	直燃型溴化锂机组供冷
售冷量（kWh）	2813	2082	2776	3489
冷价（元/kWh）	0.65	0.65	0.65	0.65
制冷收入（元）	1828.5	1353.3	1804.4	2267.9
发电量（kWh）	0	2000	2000.0	0
耗电量（kWh）	580	130	300.0	160

续表

项　目	电制冷机组供冷	余热溴化锂机组供冷	蓄能系统供冷	直燃型溴化锂机组供冷
可上网电量（kWh）	0	1870	1700.0	0
电网购电量（kWh）	580	0	0	160
上网电价（元/kWh）	0.8	0.8	0.8	0.8
购电电价（元/kWh）	0.9	0.9	0.9	0.9
发电收入（元）	0	1496	1360.0	0
耗电支出（元）	464	0	0	128
耗水量（t）	6	7.5	8.5	10
水价（元/t）	3.4	3.4	3.4	3.4
耗水支出（元）	20.4	25.5	28.9	34
标准状况下耗气量（m^3）	0	489	489	356
标准状况下燃气价格（元/m^3）	3	3	3	3
燃气支出（元）	0	1467	1467	1068
总收入（元）	1828.5	2849.3	3164.4	2267.9
总支出（元）	484.4	1492.5	1495.9	1230
总利润（元）	1344.1	1356.8	1668.5	1037.9
单位制冷量利润（元/kWh）	0.478	0.652	0.601	0.297

注 1. 各制冷主机的耗电均考虑为能源站内发电机自发自用的电量，故耗电电价为上网电价。
2. 各制冷主机系统的耗电量合计中包含了制冷主机、冷却系统、冷水一次泵系统的能耗，未计入二次泵的能耗。
3. 溴化锂主机与内燃发电机一一对应。
4. 以上计算结果仅用于各冷源系统运行的理论计算比较，实际运行会有所偏差。

表 6.3-4　　供热经济收益表

项　目	直燃型溴化锂机组供热	余热溴化锂机组供热	蓄能系统供热	锅炉供热
售热量（kWh）	4087	2250	5700	7000
热价（元/kWh）	0.65	0.65	0.65	0.65
制热收入（元）	2656.6	1462.5	3705.0	4550
发电量（kWh）	0	2000	5333	0
耗电量（kWh）	41	25	120	60
可上网电量（kWh）	0	1975	5213	0
电网购电量（kWh）	41	0	0	60
上网电价（元/kWh）	0.8	0.8	0.8	0.8
购电电价（元/kWh）	0.9	0.9	0.9	0.9
发电收入（元）	0	1580	4170.4	0
耗电支出（元）	32.8	0	0	48
标准状况下耗气量（m^3）	454	489	1304	750
标准状况下燃气价格（元/m^3）	3	3	3	3

续表

项　　目	直燃型溴化锂机组供热	余热溴化锂机组供热	蓄能系统供热	锅炉供热
燃气支出（元）	1362	1467	3912	2250
总收入（元）	2656.6	3042.5	7875.4	4550
总支出（元）	1394.8	1467	3912	2298
总利润（元）	1261.8	1575.5	3963.4	2252
单位制热量利润（元/kWh）	0.309	0.700	0.661	0.495

注　1. 各制热系统的耗电均考虑为能源站内发电机自发自用的电量，所以耗电电价为上网电价。

2. 各制热系统的耗电量合计中包含了制热主机、各水泵的能耗，未计入二次泵的能耗。

3. 溴化锂主机与内燃发电机一一对应。

4. 以上计算结果仅用于各热源系统运行的理论计算比较，实际运行会有所偏差。

根据各供冷系统的经济收益分析计算，溴化锂主机供冷的效益好，蓄能系统供冷的效益其次，溴化锂直燃机供冷效益差。因而，在系统运行过程中，应优先考虑溴化锂主机运行，蓄能系统补充，离心式电制冷主机和溴化锂直燃机尽量少开的运行模式。

比较上述各热源的经济效益，可以看出余热溴化锂机组供热和蓄能系统供热的经济收益要远高于锅炉供热，直燃机供热收益最低。但由于该项目能源站位于人员密集场所的地下室，不得设置锅炉，故供热调峰采用直燃机。因此，根据运行收益，各机组投运顺序应依次为余热溴化锂机组、蓄能系统、直燃机。系统运行阶段，应优先使用溴化锂主机制热，蓄能系统补充，尽量少用直燃机供热形式。

3. 运行策略

根据详细冷热负荷曲线，结合供冷供热优先运行级别，确定能源站运行策略。表 6.3-5～表 6.3-12 分别为能源站夏季或冬季设计负荷分别为 100%、75%、50%和 25%的设计日冷（热）负荷运行策略。

表 6.3-5　　夏季 100%设计日冷负荷运行策略　　(kW)

时间	负荷	余热溴化锂机组供冷	离心机供冷	直燃机供冷	蓄能系统蓄冷	蓄能系统供冷	螺杆机供冷	发电量
0：00	1508	1508	0	0	−4484	0	0	4000
1：00	1582	1582	0	0	−4484	0	0	4000
2：00	1528	1528	0	0	−4484	0	0	4000
3：00	1498	1498	0	0	−4484	0	0	4000
4：00	1450	1450	0	0	−4484	0	0	4000
5：00	1372	1372	0	0	−4484	0	0	4000
6：00	1694	1694	0	0	−4484	0	0	4000
7：00	9014	8328	0	0	0	686	0	8000
8：00	27 040	12 492	8439	3489	0	378	2242	12 000
9：00	30 278	12 492	8439	6978	0	127	2242	12 000
10：00	31 905	12 492	8439	6978	0	1754	2242	12 000
11：00	32 006	12 492	8439	6978	0	1855	2242	12 000

续表

时间	负荷	余热溴化锂机组供冷	离心机供冷	直燃机供冷	蓄能系统蓄冷	蓄能系统供冷	螺杆机供冷	发电量
12：00	32 015	12 492	8439	6978	0	1864	2242	12 000
13：00	32 598	12 492	8439	6978	0	2447	2242	12 000
14：00	33 674	12 492	8439	6978	0	3523	2242	12 000
15：00	34 409	12 492	8439	6978	0	4258	2242	12 000
16：00	34 749	12 492	8439	6978	0	4598	2242	12 000
17：00	34 561	12 492	8439	6978	0	4410	2242	12 000
18：00	29 560	12 492	8439	3489	0	2898	2242	12 000
19：00	28 180	12 492	8439	0	0	5007	2242	12 000
20：00	21 276	12 492	5626	0	0	916	2242	12 000
21：00	18 959	12 492	5626	0	0	841	0	12 000
22：00	2273	2082	0	0	0	191	0	2000
23：00	1918	1918	0	0	−4484	0	0	4000
合计	445 047	197 849	112 520	69 780	−35 872	35 752	29 146	210 000

表 6.3-6　　夏季 75%设计日冷负荷运行策略　　(kW)

时间	负荷	余热溴化锂机组供冷	离心机供冷	直燃机供冷	蓄能系统蓄冷	蓄能系统供冷	螺杆机供冷	发电量
0：00	1131	1131	0	0	−4484	0	0	4000
1：00	1186	1186	0	0	−4484	0	0	4000
2：00	1146	1146	0	0	−4484	0	0	4000
3：00	1124	1124	0	0	−4484	0	0	4000
4：00	1088	1088	0	0	−4484	0	0	4000
5：00	1029	1029	0	0	−4484	0	0	4000
6：00	1270	1270	0	0	−4484	0	0	4000
7：00	6760	6246	0	0	0	514	0	6000
8：00	20 280	12 492	5626	0	0	2162	0	12 000
9：00	22 709	12 492	8439	0	0	1778	0	12 000
10：00	23 929	12 492	8439	0	0	2998	0	12 000
11：00	24 004	12 492	8439	0	0	3073	0	12 000
12：00	24 011	12 492	8439	0	0	3080	0	12 000
13：00	24 449	12 492	8439	0	0	3518	0	12 000
14：00	25 256	12 492	8439	0	0	3204	1121	12 000
15：00	25 807	12 492	8439	0	0	3755	1121	12 000
16：00	26 061	12 492	8439	0	0	4009	1121	12 000
17：00	25 921	12 492	8439	0	0	3869	1121	12 000

续表

时间	负荷	余热溴化锂机组供冷	离心机供冷	直燃机供冷	蓄能系统蓄冷	蓄能系统供冷	螺杆机供冷	发电量
18：00	22 170	12 492	8439	0	0	1239	0	12 000
19：00	21 135	12 492	8439	0	0	204	0	12 000
20：00	15 957	12 492	2813	0	0	652	0	12 000
21：00	14 219	12 492	0	0	0	1727	0	12 000
22：00	1705	1705	0	0	−754	0	0	2000
23：00	1439	1439	0	0	−4484	0	0	4000
合计	333 785	192 252	101 268	0	−36 626	35 781	4484	208 000

表 6.3-7　　夏季 50%设计日冷负荷运行策略　　(kW)

时间	负荷	余热溴化锂机组供冷	离心机供冷	直燃机供冷	蓄能系统蓄冷	蓄能系统供冷	螺杆机供冷	发电量
0：00	754	754	0	0	−4484	0	0	4000
1：00	791	791	0	0	−4484	0	0	4000
2：00	764	764	0	0	−4484	0	0	4000
3：00	749	749	0	0	−4484	0	0	4000
4：00	725	725	0	0	−4484	0	0	4000
5：00	686	686	0	0	−4484	0	0	4000
6：00	847	847	0	0	−4484	0	0	4000
7：00	4507	4164	0	0	0	343	0	4000
8：00	13 520	12 492	0	0	0	1028	0	12 000
9：00	15 139	12 492	0	0	0	2647	0	12 000
10：00	15 952	12 492	0	0	0	3460	0	12 000
11：00	16 003	12 492	0	0	0	3511	0	12 000
12：00	16 007	12 492	0	0	0	3515	0	12 000
13：00	16 299	12 492	0	0	0	3807	0	12 000
14：00	16 837	12 492	0	0	0	4345	0	12 000
15：00	17 205	12 492	2813	0	0	1900	0	12 000
16：00	17 374	12 492	2813	0	0	2069	0	12 000
17：00	17 280	12 492	2813	0	0	1975	0	12 000
18：00	14 780	12 492	0	0	0	2288	0	12 000
19：00	14 090	12 492	0	0	0	1598	0	12 000
20：00	10 638	10 410	0	0	0	228	0	10 000
21：00	9480	8328	0	0	0	1152	0	8000
22：00	1137	1137	0	0	−1891	0	0	2000
23：00	959	959	0	0	−2246	0	0	2000
合计	222 523	180 218	8439	0	−35 525	33 866	0	198 000

表 6.3-8　　夏季 25%设计日冷负荷运行策略　　(kW)

时间	负荷	余热溴化锂机组供冷	离心机供冷	直燃机供冷	蓄能系统蓄冷	蓄能系统供冷	螺杆机供冷	发电量
0：00	377	377	0	0	−3410	0	0	2000
1：00	395	395	0	0	−3373	0	0	2000
2：00	382	382	0	0	−3400	0	0	2000
3：00	375	375	0	0	−3415	0	0	2000
4：00	363	363	0	0	−3439	0	0	2000
5：00	343	343	0	0	−3478	0	0	2000
6：00	423	423	0	0	−3317	0	0	2000
7：00	2253	2082	0	0	0	171	0	2000
8：00	6760	4164	0	0	0	2596	0	4000
9：00	7570	6246	0	0	0	1324	0	6000
10：00	7976	6246	0	0	0	1730	0	6000
11：00	8001	6246	0	0	0	1755	0	6000
12：00	8004	6246	0	0	0	1758	0	6000
13：00	8150	6246	0	0	0	1904	0	6000
14：00	8419	6246	0	0	0	2173	0	6000
15：00	8602	6246	0	0	0	2356	0	6000
16：00	8687	6246	0	0	0	2441	0	6000
17：00	8640	6246	0	0	0	2394	0	6000
18：00	7390	4164	0	0	0	3226	0	4000
19：00	7045	4164	0	0	0	2881	0	4000
20：00	5319	4164	0	0	0	1155	0	4000
21：00	4740	4164	0	0	0	576	0	4000
22：00	568	568	0	0	−3027	0	0	2000
23：00	480	480	0	0	−3205	0	0	2000
合计	111 262	82 822	0	0	−30 064	28 440	0	94 000

表 6.3-9　　冬季 100%设计日热负荷运行策略　　(kW)

时间	负荷	余热溴化锂机组供热	蓄能系统蓄热	蓄能系统供热	直燃机供热	发电量
0：00	8053	8053	−5175	0	0	12 000
1：00	7984	7984	−5240	0	0	12 000
2：00	8126	8126	−5105	0	0	12 000
3：00	8215	8215	−5021	0	0	12 000
4：00	8317	8317	−4924	0	0	12 000
5：00	8440	8440	−4807	0	0	12 000

续表

时间	负荷	余热溴化锂机组供热	蓄能系统蓄热	蓄能系统供热	直燃机供热	发电量
6：00	7784	7784	−5430	0	0	12 000
7：00	13 115	13 115	−365	0	0	12 000
8：00	27 189	13 500	0	5515	8174	12 000
9：00	24 246	13 500	0	2572	8174	12 000
10：00	23 319	13 500	0	1645	8174	12 000
11：00	22 688	13 500	0	1014	8174	12 000
12：00	22 407	13 500	0	733	8174	12 000
13：00	22 265	13 500	0	4678	4087	12 000
14：00	22 085	13 500	0	4498	4087	12 000
15：00	22 129	13 500	0	4542	4087	12 000
16：00	22 333	13 500	0	4746	4087	12 000
17：00	23 120	13 500	0	5533	4087	12 000
18：00	20 990	13 500	0	3403	4087	12 000
19：00	21 581	13 500	0	3994	4087	12 000
20：00	15 720	13 500	0	2220	0	12 000
21：00	17 396	13 500	0	3896	0	12 000
22：00	6406	6406	−6739	0	0	12 000
23：00	7083	7083	−6096	0	0	12 000
合计	390 992	272 524	−48 902	48 989	69 479	288 000

表 6.3-10　　冬季 75%设计日热负荷运行策略　　(kW)

时间	负荷	余热溴化锂机组供热	蓄能系统蓄热	蓄能系统供热	直燃机供热	发电量
0：00	6040	6040	−4950	0	0	10 000
1：00	5988	5988	−4999	0	0	10 000
2：00	6094	6094	−4898	0	0	10 000
3：00	6161	6161	−4834	0	0	10 000
4：00	6238	6238	−4761	0	0	10 000
5：00	6330	6330	−4674	0	0	10 000
6：00	5838	5838	−5141	0	0	10 000
7：00	9837	9837	−1343	0	0	10 000
8：00	20 392	13 500	0	6892	0	12 000
9：00	18 185	13 500	0	4685	0	12 000
10：00	17 490	13 500	0	3990	0	12 000
11：00	17 016	13 500	0	3516	0	12 000

续表

时间	负荷	余热溴化锂机组供热	蓄能系统蓄热	蓄能系统供热	直燃机供热	发电量
12：00	16 805	13 500	0	3305	0	12 000
13：00	16 699	13 500	0	3199	0	12 000
14：00	16 563	13 500	0	3063	0	12 000
15：00	16 597	13 500	0	3097	0	12 000
16：00	16 750	13 500	0	3250	0	12 000
17：00	17 340	13 500	0	3840	0	12 000
18：00	15 743	13 500	0	2243	0	12 000
19：00	16 186	13 500	0	2686	0	12 000
20：00	11 790	11 250	0	540	0	10 000
21：00	13 047	11 250	0	1797	0	10 000
22：00	4805	4805	−6123	0	0	10 000
23：00	5312	5312	−5641	0	0	10 000
合计	293 244	247 143	−47 364	46 101	0	264 000

表 6.3-11　　冬季 50%设计日热负荷运行策略　　(kW)

时间	负荷	余热溴化锂机组供热	蓄能系统蓄热	蓄能系统供热	直燃机供热	发电量
0：00	4027	4027	−2587	0	0	6000
1：00	3992	3992	−2620	0	0	6000
2：00	4063	4063	−2553	0	0	6000
3：00	4108	4108	−2510	0	0	6000
4：00	4159	4159	−2462	0	0	6000
5：00	4220	4220	−2404	0	0	6000
6：00	3892	3892	−4853	0	0	8000
7：00	6558	6558	−2320	0	0	8000
8：00	13595	9000	0	4595	0	8000
9：00	12 123	9000	0	3123	0	8000
10：00	11 660	9000	0	2660	0	8000
11：00	11 344	9000	0	2344	0	8000
12：00	11 204	9000	0	2204	0	8000
13：00	11 133	9000	0	2133	0	8000
14：00	11 042	9000	0	2042	0	8000
15：00	11 064	9000	0	2064	0	8000
16：00	11 167	9000	0	2167	0	8000
17：00	11 560	9000	0	2560	0	8000

续表

时间	负荷	余热溴化锂机组供热	蓄能系统蓄热	蓄能系统供热	直燃机供热	发电量
18：00	10 495	9000	0	1495	0	8000
19：00	10 791	9000	0	1791	0	8000
20：00	7860	7860	−1083	0	0	8000
21：00	8698	8698	−287	0	0	8000
22：00	3203	3203	−3370	0	0	6000
23：00	3542	3542	−3048	0	0	6000
合计	195 496	166 320	−30 096	29 176	0	176 000

表 6.3-12　　冬季 25%设计日热负荷运行策略　　(kW)

时间	负荷	余热溴化锂机组供热	蓄能系统蓄热	蓄能系统供热	直燃机供热	发电量
0：00	2013	2013	−225	0	0	2000
1：00	1996	1996	−241	0	0	2000
2：00	2031	2031	−208	0	0	2000
3：00	2054	2054	−186	0	0	2000
4：00	2079	2079	−2300	0	0	4000
5：00	2110	2110	−2271	0	0	4000
6：00	1946	1946	−2426	0	0	4000
7：00	3279	3279	−1160	0	0	4000
8：00	6797	4500	0	2297	0	4000
9：00	6062	4500	0	1562	0	4000
10：00	5830	4500	0	1330	0	4000
11：00	5672	4500	0	1172	0	4000
12：00	5602	4500	0	1102	0	4000
13：00	5566	4500	0	1066	0	4000
14：00	5521	4500	0	1021	0	4000
15：00	5532	4500	0	1032	0	4000
16：00	5583	4500	0	1083	0	4000
17：00	5780	4500	0	1280	0	4000
18：00	5248	4500	0	748	0	4000
19：00	5395	4500	0	895	0	4000
20：00	3930	3930	−542	0	0	4000
21：00	4349	4349	−144	0	0	4000
22：00	1602	1602	−2754	0	0	4000
23：00	1771	1771	−2593	0	0	4000
合计	97 748	83 160	−15 048	14 588	0	88 000

二、楼宇式主辅机运行策略案例二

（一）项目概况

华南地区某商务区项目规划总用地面积约 73 万 m^2，建筑面积约 332 万 m^2，规划建设酒店、商业广场、购物中心、数码产业、智能产业、汽车文化商贸中心等。项目冷负荷 160.4MW，设计供回水温度 2/13℃。能源站采用燃气冷热电分布式供能主机与常规电制冷以及冰蓄冷相结合的分布式能源系统。

（二）装机配置

该项目分布式能源站主机选择内燃机、烟气热水型溴化锂机组满足园区的基础冷负荷，其余部分由离心冷水机组、蓄能装置提供。表 6.3-13 所示为分布式能源站主要供能设备配置表。

表 6.3-13　　分布式能源站主要供能设备配置表

序号	类型	数量	设备配置	功　能
1	内燃发电机组	4	发电机额定功率：9730kW；发电效率：46.3%；热耗率：7779kJ/kWh；烟气排放量：55 800kg/h；排烟温度：390℃；缸套水进回水温度：81/96℃；缸套水热量：3178kW	提供电能与发电余热
2	烟气热水型溴化锂机组	4	机组制冷量：8024kW，冷冻水供/回水温度：6/13℃；冷冻水流量：985t/h；烟气制热量：4687kW；缸套水制热量：3178kW；热水供/回水温度：60/90℃	满足空调基础冷热负荷和生活热水负荷，该部分负荷稳定
3	离心式冷水机组	9	空调工况：机组制冷量 8790kW；冷冻水供/回水温度 6/13℃；冷冻水流量：1077t/h；冷却水进出口温度：32/37℃；流量：1829t/h；输入功率：1800kW。 制冰工况：机组制冷量 6540kW；乙二醇进出口温度：−2.4/−5.6℃；乙二醇流量：1020t/h；冷却水进出口温度：30/35℃；流量：997t/h；输入功率：1250kW	蓄冰主机和供冷系统的上游主机
		1	机组制冷量：4571kW；冷冻水供/回水温度：6/13℃；冷冻水流量：560t/h；冷却水进出口温度：32/37℃；流量：950t/h；输入功率：900kW	用作基载主机
4	蓄能设备	1	冰蓄冷系统蓄冷量：450MWh（128 250RTh）	冰蓄冷系统串联在供冷系统下游，提供低温冷冻水

（三）运行策略

1. 能源站天然气及冷热电价格

能源站天然气及冷热电价格见表 6.3-14，项目所在地电价政策见表 6.3-15。

表 6.3-14　　能源站天然气及冷热电价格

项　　目	单　　价
供冷/热价	0.75 元/kWh
售电价	0.82 元/kWh
标准状况下燃气价格	3.3 元/m^3
购水价	3.46 元/t

表 6.3-15　　项目所在地电价政策

电压（kV）	峰谷时间段	电价（元/kWh）
35～110	谷：0：00～8：00	0.389 0
	平：8：00～14：00；17：00～19：00；22：00～24：00	0.711 2
	峰：14：00～17：00；19：00～22：00	1.130 1

2. 运行策略

根据该工程电价政策，冰蓄冷空调系统具有明显的经济优势，同时结合烟气热水型溴化锂机组和电制冷机组的特点，制定运行策略。

运行原则：夜间谷价电时段开启双工况主机利用谷价电蓄冰，基载制冷机直接供冷，同时供应少部分厂用电。

白天在预估能够使用完蓄冷量的前提下优先运行溴化锂机组，负荷高峰时段运行双工况主机空调工况参与调峰，双工况主机尽量稳定出力运行，融冰供冷装置采用变流量设计以适应负荷波动。预测冰蓄冷容量不足的情况下，通过调节双工况机组流量，降低双工况机组出水温度，以保证能源站能冷冻水供水温度。

100%设计日冷负荷运行模式见表 6.3-16。

表 6.3-16　　100%设计日冷负荷运行模式　　(kW)

时　间	逐时	主机	电基载	溴化锂	双工况主机	融冰
	冷负荷	制冰	供冷	供冷	供冷	供冷
0：00～1：00	4563	58 858.1429	4563			
1：00～2：00	3952	58 858.1429	3952			
2：00～3：00	3865	58 858.1429	3865			
3：00～4：00	3953	58 858.1429	3953			
4：00～5：00	3691	58 858.1429	3691			
5：00～6：00	3867	58 858.1429	3867			
6：00～7：00	77 940		4571		73 369	
7：00～8：00	153 214		4571	32 096	79 110	37 437
8：00～9：00	145 365		4571	32 096	79 110	29 588
9：00～10：00	146 793		4571	32 096	79 110	31 016
10：00～11：00	151 074		4571	32 096	79 110	35 297
11：00～12：00	144 295		4571	32 096	79 110	28 518
12：00～13：00	147 337		4571	32 096	79 110	31 560
13：00～14：00	148 220		4571	32 096	79 110	32 443
14：00～15：00	160 411		4571	32 096	79 110	44 634
15：00～16：00	160 386		4571	32 096	79 110	44 609
16：00～17：00	151 824		4571	32 096	79 110	36 047
17：00～18：00	74 766		4571	32 096	38 099	

续表

时　间	逐时	主机	电基载	溴化锂	双工况主机	融冰
	冷负荷	制冰	供冷	供冷	供冷	供冷
18：00～19：00	70 128		4571	32 096		33 461
19：00～20：00	64 064		4571	32 096		27 397
20：00～21：00	6093			6093		
21：00～22：00	5455			5455		
22：00～23：00	4603			5455		
23：00～0：00	4603	58 858.142 9	4603			
总计		412 007				412 007

100%设计日冷负荷，双工况主机蓄冰占全天供冷量 23%，溴化锂机组供冷占全天供冷量 24%，电制冷机组供冷占全天供冷量 53%。

75%设计日冷负荷运行模式见表 6.3-17。

表 6.3-17　　75%设计日冷负荷运行模式　　(kW)

时　间	逐时	主机	电基载	溴化锂	双工况主机	融冰
	冷负荷	制冰	供冷	供冷	供冷	供冷
0：00～1：00	3422	59 194.1786	3422			
1：00～2：00	2964	59 194.1786	2964			
2：00～3：00	2899	59 194.1786	2899			
3：00～4：00	2965	59 194.1786	2965			
4：00～5：00	2768	59 194.1786	2768			
5：00～6：00	2900	59 194.1786	2900			
6：00～7：00	58 455		4571		53 884	
7：00～8：00	114 911		4571	32 096	43 950	34 293.5
8：00～9：00	109 024		4571	32 096	43 950	28 406.75
9：00～10：00	110 095		4571	32 096	43 950	29 477.75
10：00～11：00	113 306		4571	32 096	35 160	41 478.5
11：00～12：00	108 221		4571	32 096	35 160	36 394.25
12：00～13：00	110 503		4571	32 096	35 160	38 675.75
13：00～14：00	111 165		4571	32 096	35 160	39 338
14：00～15：00	120 308		4571	32 096	35 160	48 481.25
15：00～16：00	120 290		4571	32 096	35 160	48 462.5
16：00～17：00	113 868		4571	32 096	35 160	42 041
17：00～18：00	56 075		4571	32 096	19 407.5	
18：00～19：00	52 596		4571	32 096		15 929
19：00～20：00	48 048		4571	32 096		11 381
20：00～21：00	4570			4570		

续表

时　间	逐时	主机	电基载	溴化锂	双工况主机	融冰
	冷负荷	制冰	供冷	供冷	供冷	供冷
21：00～22：00	4091			4091		
22：00～23：00	3452			3452		
23：00-0：00	3452	59 194.1786	3452			
总计		414 359.25				414 359.25

75%设计日冷负荷，双工况主机蓄冰占全天供冷量 30%，溴化锂机组供冷占全天供冷量 31%，电制冷机组供冷占全天供冷量 39%。

50%设计日冷负荷运行模式见表 6.3-18。

表 6.3-18　　50%设计日冷负荷运行模式　　(kW)

时　间	逐时	主机	电基载	溴化锂	双工况主机	融冰
	冷负荷	制冰	供冷	供冷	供冷	供冷
0：00～1：00	2282	57 715.3571	2282			
1：00～2：00	1976	57 715.3571	1976			
2：00～3：00	1933	57 715.3571	1933			
3：00～4：00	1977	57 715.3571	1977			
4：00～5：00	1846	57 715.3571	1846			
5：00～6：00	1934	57 715.3571	1934			
6：00～7：00	38 970		4571		34 399	
7：00～8：00	76 607		4571	32 096	17 580	22 360
8：00～9：00	72 683		4571	32 096	17 580	18 435.5
9：00～10：00	73 397		4571	32 096	17 580	19 149.5
10：00～11：00	75 537		4571	32 096	17 580	21 290
11：00～12：00	72 148		4571	32 096	17 580	17 900.5
12：00～13：00	73 669		4571	32 096	17 580	19 421.5
13：00～14：00	74 110			32 096		42 014
14：00～15：00	80 206			32 096		48 109.5
15：00～16：00	80 193			32 096		48 097
16：00～17：00	75 912		4571	32 096		39 245
17：00～18：00	37 383		4571			32 812
18：00～19：00	35 064					35 064
19：00～20：00	32 032					32 032
20：00～21：00	3047					3047
21：00～22：00	2728					2728
22：00～23：00	2302					2302
23：00～0：00	2302	57 715.3571	2302			
总计		404 007.5				404 007.5

50%设计日冷负荷，双工况主机蓄冰占全天供冷量 43%，溴化锂机组供冷占全天供冷量 39%，电制冷机组供冷占全天供冷量 18%。

25%设计日冷负荷运行模式见表 6.3-19。

表 6.3-19　　25%设计日冷负荷运行模式　　(kW)

时　间	逐时	主机	电基载	溴化锂	双工况主机	融冰
	冷负荷	制冰	供冷	供冷	供冷	供冷
0：00～1：00	1141	51 613.035 7	1141			
1：00～2：00	988	51 613.035 7	988			
2：00～3：00	966	51 613.035 7	968			
3：00～4：00	988	51 613.035 7	988			
4：00～5：00	923	51 613.035 7	923			
5：00～6：00	967	51 613.035 7	967			
6：00～7：00	19 485		4571		14 914	
7：00～8：00	38 304					38 303.5
8：00～9：00	36 341					36 341.25
9：00～10：00	36 698					36 698.25
10：00～11：00	37 769					37 768.5
11：00～12：00	36 074					36 073.75
12：00～13：00	36 834					36 834.25
13：00～14：00	37 055			24 072		12 983
14：00～15：00	40 103			24 072		16 030.75
15：00～16：00	40 097			24 072		16 024.5
16：00～17：00	37 956					37 956
17：00～18：00	18 692					18 691.5
18：00～19：00	17 532					17 532
19：00～20：00	16 016					16 016
20：00～21：00	1523					1523
21：00～22：00	1364					1364
22：00～23：00	1151					1151
23：00～0：00	1151	51 613.035 7	1151			
总计		361 291.25				361 291.25

25%设计日冷负荷，双工况主机蓄冰占全天供冷量 78%，溴化锂机组供冷占全天供冷量 15%，电制冷机组供冷占全天供冷量 7%。

3. 经济收益分析

能源站供冷来自烟气热水型溴化锂主机供冷、离心式电制冷主机供冷和冰蓄能系统供冷，结合该工程基本边界条件，根据运行策略计算各个工况的运行收益如下。

（1）100%设计日工况运行收益见表 6.3-20。

表 6.3-20　　100%设计日工况运行收益

时　间	发电量（kWh）	供电量（kWh）	购电量（kWh）	标准状况下耗天然气量（m^3）	购电费用（元）	购天然气费用（元）	卖电收益（元）	供冷收益（元）	合计（万元）
0：00～1：00	0.0	0.0	11 829.0	0.0	4601.5	0.0	0.0	3422.3	
1：00～2：00	0.0	0.0	11 705.7	0.0	4553.5	0.0	0.0	2964.0	
2：00～3：00	0.0	0.0	11 688.1	0.0	4546.7	0.0	0.0	2898.8	
3：00～4：00	0.0	0.0	11 705.9	0.0	4553.6	0.0	0.0	2964.8	
4：00～5：00	0.0	0.0	11 653.0	0.0	4533.0	0.0	0.0	2768.3	
5：00～6：00	0.0	0.0	11 688.5	0.0	4546.8	0.0	0.0	2900.3	
6：00～7：00	0.0	0.0	15 847.2	0.0	6164.6	0.0	0.0	58 455.0	
7：00～8：00	38 920.0	18 557.9	0.0	9536.0	0.0	31 468.8	15 217.5	114 910.5	
8：00～9：00	38 920.0	18 557.9	0.0	9536.0	0.0	31 468.8	15 217.5	109 023.8	
9：00～10：00	38 920.0	18 557.9	0.0	9536.0	0.0	31 468.8	15 217.5	110 094.8	
10：00～11：00	38 920.0	18 557.9	0.0	9536.0	0.0	31 468.8	15 217.5	113 305.5	
11：00～12：00	38 920.0	18 557.9	0.0	9536.0	0.0	31 468.8	15 217.5	108 221.3	
12：00～13：00	38 920.0	18 557.9	0.0	9536.0	0.0	31 468.8	15 217.5	110 502.8	
13：00～14：00	38 920.0	18 557.9	0.0	9536.0	0.0	31 468.8	15 217.5	111 165.0	
14：00～15：00	38 920.0	18 557.9	0.0	9536.0	0.0	31 468.8	15 217.5	120 308.3	
15：00～16：00	38 920.0	18 557.9	0.0	9536.0	0.0	31 468.8	15 217.5	120 289.5	
16：00～17：00	38 920.0	18 557.9	0.0	9536.0	0.0	31 468.8	15 217.5	113 868.0	
17：00～18：00	38 920.0	26 900.0	0.0	9536.0	0.0	31 468.8	22 058.0	56 074.5	
18：00～19：00	38 920.0	34 649.9	0.0	9536.0	0.0	31 468.8	28 412.9	52 596.0	
19：00～20：00	38 920.0	34 649.9	0.0	9536.0	0.0	31 468.8	28 412.9	48 048.0	
20：00～21：00	7388.4	6753.0	0.0	1810.3	0.0	5973.9	5537.5	4569.8	
21：00～22：00	6614.8	6045.9	0.0	1620.7	0.0	5348.4	4957.7	4091.3	
22：00～23：00	6614.8	6045.9	0.0	1620.7	0.0	5348.4	4957.7	3452.3	
23：00～0：00	0.0	0.0	11 837.1	0.0	4604.6	0.0	0.0	3452.3	
总计					38 104.3	425 765.1	246 511.3	1 380 346.5	116.3

（2）75%设计日工况运行收益见表 6.3-21。

表 6.3-21　　75%设计日工况运行收益

时间	发电量（kWh）	供电量（kWh）	购电量（kWh）	标准状况下耗天然气量（m³）	购电费用（元）	购天然气费用（元）	卖电收益（元）	供冷收益（元）	合计（万元）
0：00～1：00	0.0	0.0	11 660.9	0.0	4536.1	0.0	0.0	2566.7	
1：00～2：00	0.0	0.0	11 568.4	0.0	4500.1	0.0	0.0	2223.0	
2：00～3：00	0.0	0.0	11 555.3	0.0	4495.0	0.0	0.0	2174.1	
3：00～4：00	0.0	0.0	11 568.6	0.0	4500.2	0.0	0.0	2223.6	
4：00～5：00	0.0	0.0	11 528.9	0.0	4484.7	0.0	0.0	2076.2	
5：00～6：00	0.0	0.0	11 555.5	0.0	4495.1	0.0	0.0	2175.2	
6：00～7：00	0.0	0.0	11 883.7	0.0	4622.8	0.0	0.0	43 841.3	
7：00～8：00	38 920.0	25 709.9	0.0	9536.0	0.0	31 468.8	21 082.1	86 182.9	
8：00～9：00	38 920.0	25 709.9	0.0	9536.0	0.0	31 468.8	21 082.1	81 767.8	
9：00～10：00	38 920.0	25 709.9	0.0	9536.0	0.0	31 468.8	21 082.1	82 571.1	
10：00～11：00	38 920.0	27 497.9	0.0	9536.0	0.0	31 468.8	22 548.3	84 979.1	
11：00～12：00	38 920.0	27 497.9	0.0	9536.0	0.0	31 468.8	22 548.3	81 165.9	
12：00～13：00	38 920.0	27 497.9	0.0	9536.0	0.0	31 468.8	22 548.3	82 877.1	
13：00～14：00	38 920.0	27 497.9	0.0	9536.0	0.0	31 468.8	22 548.3	83 373.8	
14：00～15：00	38 920.0	27 497.9	0.0	9536.0	0.0	31 468.8	22 548.3	90 231.2	
15：00～16：00	38 920.0	27 497.9	0.0	9536.0	0.0	31 468.8	22 548.3	90 217.1	
16：00～17：00	38 920.0	27 497.9	0.0	9536.0	0.0	31 468.8	22 548.3	85 401.0	
17：00～18：00	38 920.0	30 702.1	0.0	9536.0	0.0	31 468.8	25 175.8	42 055.9	
18：00～19：00	38 920.0	34 649.9	0.0	9536.0	0.0	31 468.8	28 412.9	39 447.0	
19：00～20：00	38 920.0	34 649.9	0.0	9536.0	0.0	31 468.8	28 412.9	36 036.0	
20：00～21：00	5541.6	5065.1	0.0	1357.8	0.0	4480.7	4153.3	3427.3	
21：00～22：00	4960.8	4534.2	0.0	1215.5	0.0	4011.1	3718.0	3068.4	
22：00～23：00	4185.9	3825.9	0.0	1025.6	0.0	3384.5	3137.3	2589.2	
23：00～0：00	0.0	0.0	11 667.0	0.0	4538.5	0.0	0.0	2589.2	
总计					36 172.5	420 970.7	314 094.3	1 035 259.9	89.2

（3）50%设计日工况运行收益见表 6.3-22。

表 6.3-22　　50%设计日工况运行收益

时间	发电量（kWh）	供电量（kWh）	购电量（kWh）	标准状况下耗天然气量（m^3）	购电费用（元）	购天然气费用（元）	卖电收益（元）	供冷收益（元）	合计（万元）
0：00～1：00	0.0	0.0	11 156.7	0.0	4339.9	0.0	0.0	1711.1	
1：00～2：00	0.0	0.0	11 094.9	0.0	4315.9	0.0	0.0	1482.0	
2：00～3：00	0.0	0.0	11 086.2	0.0	4312.5	0.0	0.0	1449.4	
3：00～4：00	0.0	0.0	11 095.1	0.0	4316.0	0.0	0.0	1482.4	
4：00～5：00	0.0	0.0	11 068.6	0.0	4305.7	0.0	0.0	1384.1	
5：00～6：00	0.0	0.0	11 086.4	0.0	4312.6	0.0	0.0	1450.1	
6：00～7：00	0.0	0.0	7920.2	0.0	3081.0	0.0	0.0	29 227.5	
7：00～8：00	38 920.0	31 073.9	0.0	9536.0	0.0	31 468.8	25 480.6	57 455.3	
8：00～9：00	38 920.0	31 073.9	0.0	9536.0	0.0	31 468.8	25 480.6	54 511.9	
9：00～10：00	38 920.0	31 073.9	0.0	9536.0	0.0	31 468.8	25 480.6	55 047.4	
10：00～11：00	38 920.0	31 073.9	0.0	9536.0	0.0	31 468.8	25 480.6	56 652.8	
11：00～12：00	38 920.0	31 073.9	0.0	9536.0	0.0	31 468.8	25 480.6	54 110.6	
12：00～13：00	38 920.0	31 073.9	0.0	9536.0	0.0	31 468.8	25 480.6	55 251.4	
13：00～14：00	38 920.0	35 572.9	0.0	9536.0	0.0	31 468.8	29 169.8	55 582.5	
14：00～15：00	38 920.0	35 572.9	0.0	9536.0	0.0	31 468.8	29 169.8	60 154.1	
15：00～16：00	38 920.0	35 572.9	0.0	9536.0	0.0	31 468.8	29 169.8	60 144.8	
16：00～17：00	38 920.0	34 649.9	0.0	9536.0	0.0	31 468.8	28 412.9	56 934.0	
17：00～18：00	0.0	0.0	923.0	0.0	656.4	0.0	0.0	28 037.3	
18：00～19：00	0.0	0.0	0.0	0.0	0.0	0.0	0.0	26 298.0	
19：00～20：00	0.0	0.0	0.0	0.0	0.0	0.0	0.0	24 024.0	
20：00～21：00	0.0	0.0	0.0	0.0	0.0	0.0	0.0	2284.9	
21：00～22：00	0.0	0.0	0.0	0.0	0.0	0.0	0.0	2045.6	
22：00～23：00	0.0	0.0	0.0	0.0	0.0	0.0	0.0	1726.1	
23：00～0：00	0.0	0.0	11 160.7	0.0	4341.5	0.0	0.0	1726.1	
总计					33 981.6	314 688.0	268 805.7	690 173.3	61.0

（4）25%设计日工况运行收益见表 6.3-23。

表 6.3-23　　　　25%设计日工况运行收益

时间	发电量（kWh）	供电量（kWh）	购电量（kWh）	标准状况下耗天然气量（m^3）	购电费用（元）	购天然气费用（元）	卖电收益（元）	供冷收益（元）	合计（万元）
0：00～1：00	0.0	0.0	9795.4	0.0	3810.4	0.0	0.0	855.6	
1：00～2：00	0.0	0.0	9764.5	0.0	3798.4	0.0	0.0	741.0	
2：00～3：00	0.0	0.0	9760.4	0.0	3796.8	0.0	0.0	724.7	
3：00～4：00	0.0	0.0	9764.5	0.0	3798.4	0.0	0.0	741.2	
4：00～5：00	0.0	0.0	9751.4	0.0	3793.3	0.0	0.0	692.1	
5：00～6：00	0.0	0.0	9760.2	0.0	3796.7	0.0	0.0	725.1	
6：00～7：00	0.0	0.0	3956.7	0.0	1539.2	0.0	0.0	14 613.8	
7：00～8：00	0.0	0.0	0.0	0.0	0.0	0.0	0.0	28 727.6	
8：00～9：00	0.0	0.0	0.0	0.0	0.0	0.0	0.0	27 255.9	
9：00～10：00	0.0	0.0	0.0	0.0	0.0	0.0	0.0	27 523.7	
10：00～11：00	0.0	0.0	0.0	0.0	0.0	0.0	0.0	28 326.4	
11：00～12：00	0.0	0.0	0.0	0.0	0.0	0.0	0.0	27 055.3	
12：00～13：00	0.0	0.0	0.0	0.0	0.0	0.0	0.0	27 625.7	
13：00～14：00	29 190.0	26 679.7	0.0	7152.0	0.0	23 601.6	21 877.3	27 791.3	
14：00～15：00	29 190.0	26 679.7	0.0	7152.0	0.0	23 601.6	21 877.3	30 077.1	
15：00～16：00	29 190.0	26 679.7	0.0	7152.0	0.0	23 601.6	21 877.3	30 072.4	
16：00～17：00	0.0	0.0	0.0	0.0	0.0	0.0	0.0	28 467.0	
17：00～18：00	0.0	0.0	0.0	0.0	0.0	0.0	0.0	14 018.6	
18：00～19：00	0.0	0.0	0.0	0.0	0.0	0.0	0.0	13 149.0	
19：00～20：00	0.0	0.0	0.0	0.0	0.0	0.0	0.0	12 012.0	
20：00～21：00	0.0	0.0	0.0	0.0	0.0	0.0	0.0	1142.4	
21：00～22：00	0.0	0.0	0.0	0.0	0.0	0.0	0.0	1022.8	
22：00～23：00	0.0	0.0	0.0	0.0	0.0	0.0	0.0	863.1	
23：00～0：00	0.0	0.0	9797.4	0.0	3811.2	0.0	0.0	863.1	
总计					28 144.3	70 804.8	65 632.0	345 086.6	31.2

第七章

供能站外部工程设计

本章介绍供能站外部工程的设计，包括燃气分布式供能站与外部的四个主要接口（供冷热外网、燃气系统、接入电网、外部水源），环保设计和站址选择，上述内容是目前燃气分布式供能系统设计工作的重点，涉及燃气分布式供能系统可行性研究设计阶段和初步设计阶段。

第一节　供冷热外网工程设计

燃气分布式的供冷热系统由分布式供能站、供冷热外网、冷热用户（包括冷热源站、冷热管网、冷热用户）三部分组成，这三部分是一个统一的整体，缺一不可。供冷热外网工程是由市政规划设计部门承担的，本节将介绍燃气分布式供能系统的冷热源站、供冷热外网、冷热用户的设计接口关系、各参与方应做的工作。

一、工程方案规划原则

1. 供冷、供热介质的压力、温度选择原则

（1）从分布式供能站供出的蒸汽应满足最不利用户的用汽压力、温度；如果不满足时，可采用不同压力等级的管道，也可调节管径，或在用户处减压；凝结水宜回收，并应考虑回收率、水质及回收措施。

注：应确定管网路由、选择管径，并进行水力计算。

（2）从分布式供能站供出的空调冷冻水供回水温度差宜为5～10℃。

（3）从分布式供能站供出的空调热水供回水温度差宜为10～25℃。

（4）从分布式供能站供出的采暖热水供回水温差一级网宜为30～60℃，二级网宜为15～25℃。

2. 不同介质供热（冷）半径的推荐选择原则

（1）蒸汽，供热半径一般在6km，如超长，应计算允许压力降、温度降。

（2）供暖热水、生活热水，供热半径宜控制在10km以内。

（3）空调冷热水，供冷（热）水半径宜控制在2～3km以内，如超过3km，应计算允许温度降。

注：根据《热电联产管理办法》（发改能源〔2016〕617号）第九条的要求：热水供热半径20km，蒸汽供热半径10km；燃气分布式供能系统的供热半径选择宜与建设方协商。

3. 管网容量的设计原则

（1）主干管网管径是否按最终容量设计，是否一次建成，应根据下一期工程负荷情况，

由建设方与设计单位共同通过技术经济比较后确定。

(2) 支线及进入冷热用户的采暖、空调及生活热水负荷，宜采用经过核实的建筑物设计热负荷。

注："经核实"的含义是：第一，建筑物的设计部门在提供城镇供热管网连续供热条件下，符合实际的设计热负荷；第二，若采用以前偏大的设计数据时，应加以修正。

4. 绘制外供冷热管网工程方案示意图

在可研设计报告中，应绘制"外供冷热管网工程方案"示意图（可以无比例）。应表示热源、供热管网、冷热用户，以便充分了解工程整体布局。应包括（但不限于）以下内容：

(1) 送出介质的温度、压力、流量，主管道管径、主要路径。

(2) 对设在分布式供能站内外的制冷加热站位置及设计要点进行叙述（表明热源侧的主设备形式和配置情况）。

(3) 各冷热用户能量计量点位置、计量方式。

(4) 对与冷热用户接口的技术条件进行叙述：用户的设计参数、合理选择与热源及热用户的连接方式，协调对接参数方位及应力分界。

(5) 需要建设方落实的内容。

5. 路由管径的方案优化

应结合冷热用户的分布及参数要求，配合市政部门进行路由管径的方案优化；宜做出不少于两个可行方案，并根据管长、阻力、施工难度、可靠性及投资等方面的对比，提出路由管径的推荐方案。

6. 管网敷设应注意的问题

(1) 管网分期投产的运行状况。

(2) 防止"冷热桥"的技术保障。

(3) 防止管网"水击"事故的技术保障。

(4) 特殊穿越工程（例如管道穿越铁路、河流、高速公路、市政主要路口），可研阶段需出具简单的大样图，出具两种以上方案并做比选。

(5) 应对直埋管进行应力分析，复核地质水文条件，根据不同地质考虑是否需进行地基处理，根据地下水位的不同考虑是否进行降水处理，并落实有无软地质情况。

7. 对有利条件的利用

(1) 在有利的条件下，分布式供能站可利用当地城市供热管网作为备用（或调峰）热源，以减少工程备用（或调峰）热源的投资。

(2) 在有利的条件下，分布式供能站可利用用户现有的电制冷机作为备用（或调峰）冷源，以减少工程备用（或调峰）冷源的投资。

二、供蒸汽管网

1. 蒸汽管网的小时设计最大热负荷

应按以下三种情况确定：

(1) 有工艺设计资料的，按照各用户的小时运行负荷曲线及全年负荷运行曲线进行叠加求得小时设计最大负荷值。

(2) 没有小时运行负荷曲线的，可按同时率0.6～0.9的修正系数进行叠加，根据蒸汽管网上各用户的不同情况，当各用户生产性质相同、生产负荷平稳且连续生产时间较长，同时系数取较高值，反之取较低值。

（3）上述两种情况都有的用户，可分别叠加后取加权平均值作为小时设计最大热负荷值。

2. 蒸汽管网的设计平均热负荷

应按以下两种方法确定：

（1）有负荷曲线的按年运行负荷曲线确定。

（2）无负荷曲线的按年总负荷统计值除以供汽时间得出。

3. 蒸汽管网的小时设计最大热负荷、最小热负荷、设计平均热负荷

应按小时设计最大热负荷选择管径，按管网通过的最小热负荷校核是否满足用户参数，按管网设计平均热负荷进行经济计算。

4. 蒸汽管网水力计算

蒸汽管网水力计算应根据蒸汽供出压力、用户处使用压力（或温度）、允许流速和沿程温降进行管网水力计算；应列出计算结果表和计算图，对汽网进行最大、最小热负荷的验算，判断各管段计算结果是否能满足用户要求。

5. 能量计量点

应在蒸汽用户入口设置能量计量点，由建设方与用户协商并确定以下事项：

（1）能量计量点的位置。

（2）应计量的介质参数（压力、温度、流量、热量）。

（3）计量仪表的类型。

（4）计量仪表的管理方式。

6. 与蒸汽用户接口管道的连接位置

（1）在用户供能站的分汽缸上连接。

（2）在用户供热管架上合适位置连接。

三、热水管网

1. 生活热水管网设计

（1）生活热水管网干线应采用生活热水平均热负荷。

（2）生活热水管网支线，当用户有足够容积的储水箱时，应采用生活热水平均热负荷。

（3）当用户无足够容积的储水箱时，应采用生活热水最大热负荷。

2. 与生活热水用户的管道连接

（1）应采用换热器进行间接连接，不允许从一级管网直接取水。

（2）按冷水系统分区进行高低分层设置室内系统（转换层）。

（3）应考虑泄压装置。

3. 采暖热水管网设计

（1）应按最大流量选择管径。

（2）应根据达产期的设计最大负荷工况的水力平衡计算，绘制热水管网的水压曲线，确定管网阻力、定压点压力，并提供给天然气分布式供能站的设计单位，作为采暖循环水泵和补水定压泵的选型参数。

4. 与采暖热水用户的管道连接

(1) 应采用换热器进行间接连接，不允许从一级管网直接取水。

(2) 用户最高点充水高度不大于100m的，可采用直接连接。

(3) 用户最高点充水高度大于100m的，高度超过100m的部分应采用板换间接连接，板换应设在转换层。

四、空调冷热水管网

1. 空调冷热水管网设计

(1) 应按最大流量选择管径。

(2) 应根据达产期设计最大负荷工况的水力平衡计算，绘制冷热水管网的水压曲线，确定管网阻力、定压点压力，并提供给天然气分布式能源站的设计单位，作为循环水泵和补水定压泵的选型参数。

(3) 冷热水兼供的管网，应考虑保温、保冷两种工况的设计。

2. 与空调冷热水用户的管道连接

与空调冷热水用户的管道连接应考虑用户设备的承压能力，在一般情况下应符合以下规定：

(1) 用户最高点充水高度不大于100m的，可采用直接连接。

(2) 用户最高点充水高度大于100m的，高度超过100m的部分应采用板换间接连接，板换应设在转换层。

3. 能量计量点

应在空调冷热水用户入口设置能量计量点，由建设方与用户协商并确定以下事项：

(1) 能量计量点的位置。

(2) 应计量的介质参数（压力、温度、流量、热量）。

(3) 计量仪表的类型和管理方式。

4. 与已有空调冷热水用户连接

(1) 在已有供能站的分集水器上连接。

(2) 在已有的冷热水管架上合适位置上连接。

五、冷热供应项目的设计接口关系

1. 冷热供应项目在设计上的差异

设计专业主要是热机和暖通两个专业。

(1) 热机专业与暖通专业的关注点不同，暖通专业注重水压图、定压点、防水击、运行调节方案，而与水压图、定压点、防水击、运行调节方案有关的设备却布置在热源处。

(2) 投资渠道不同，冷热源、冷热网均按单项工程分别单独列支概预算，热用户（包括换热站、二级热网、采暖用户）与小区建筑合并计列。

由于冷热供应项目的冷热源、供冷热外网、冷热用户的建设方、设计方分属不同行业，因此在设计规范、标准、习惯上有不同处，见表7.1-1。

2. 存在的问题

(1) 根据谁投资谁管理的原则，其运行管理方不同，冷热源由电力企业管理，外供管网由供热企业管理，热用户由物业公司（或单位自行）管理。不同的运行管理部门间易出现责任不清的问题。

表 7.1-1　冷热供应项目各部分设计上的差异表

比较项目	冷热源	冷热网	热用户
建设方（投资方）	发电集团公司、当地的热力公司	发电集团公司、热电厂、当地的热力公司、市政部门	房地产开发商
设计单位	电力设计院	当地的市政设计院、当地的热力燃气咨询公司	建筑设计院
采用的设计标准	《小型火力发电厂设计规范》(GB 50049) 《城镇供热管网设计规范》(CJJ 34)	《城镇供热管网设计规范》(CJJ 34) 《城镇直埋供热管道工程技术规程》(CJJ/T 81) 《城镇供热直埋蒸汽管道技术规程》(CJJ/T 104)	《城镇供热管网设计规范》(CJJ 34) 《城镇直埋供热管道工程技术规程》(CJJ 81) 《城镇供热直埋蒸汽管道技术规程》(CJJ 104) 《民用建筑供暖通风与空气调节设计规范》(GB 50736) 《工业建筑供暖通风与空气调节设计规范》(GB 50019)
设计合同关系	热源的建设方与电力设计院签设计合同	一级热网的建设方与一级热网的设计单位签设计合同	各房地产开发商与建筑设计院签设计合同
参与设计的主要专业	热机专业等	暖通专业	暖通专业
概、预算的计列	单独计列	单独计列	与小区建筑合并计列

（2）由多个平行的设计单位分别设计，没有主包与分包之分，各设计单位对自己分工范围负责，对自己范围之内的工作做得很内行，需要一个对项目进行技术归总的总体设计院。

（3）由于设计合同关系问题，建设方只对与自己有设计合同关系的设计单位具有控制力。

（4）冷热源由电力系统的设计单位承担，冷热网、用户由市政建设部门的设计单位承担。由于某些历史原因（例如对有关标准的理解、解释的差异），这两个行业的设计单位有可能存在沟通障碍。

3. 对分布式供能项目综合设计质量的影响

目前，国内有关设计标准没有对区域式分布式供能项目的设计接口管理进行明确的规定，各建设方基本上是凭各自的经验和感觉去做，由于各建设方对设计接口管理的深度不同，如果管理的不细，将有可能出现问题，例如：冷热源与外供管网的建设工期不吻合、冷热负荷提供不准确、供冷热外网建设规模与冷热源规模不符合、调峰热（冷）源难以落实、管网循环水泵和定压设备选择的不理想、运行调节方案难实现、无防水击措施、没考虑与高层建筑连接方案等，以上问题会影响分布式供能项目的综合设计质量。

4. 分布式供能项目设计接口及管理措施

分布式供能项目有三个设计接口：冷热源与供冷热外网的接口，供冷热外网与冷热用户的接口，设计与采购的接口。

（1）冷热源与供冷热外网的设计接口。这类接口是冷热源设计单位与供冷热外网设计单位之间的一对一设计接口，设计接口内容及要点见表 7.1-2。

表 7.1-2　　冷热源与供冷热外网的设计接口

接口编码	接口内容	接口要点
A1	供冷热管道的接点	接管坐标、高度、管径、敷设方式、受力计算的终点和始点，冷热水的温度、压力
A2	水压图、系统定压压力	保证冷热源和冷管网系统最高点不汽化，最低点不被压力破坏，补水泵的运行方式
A3	运行调节方案	
A4	主循环水泵运行方案	供冷热外网的该期运行流量； 供冷热外网的最终运行流量
A5	防水击，防超压措施	
A6	冷热源的建设规模（分几期），供冷热外网的建设规模	

由于是一对一的设计接口，建议采用设计联络会的方式进行管理，由建设方召集设计接口联络会，按表 7.1-2 的内容依次讨论解决接口问题。

1）在可研前，重点是两个设计单位之间的技术沟通。

2）在初设审查后，重点是对初设审查意见的答复。

3）设计接口联络会均应形成设计接口联络会纪要。

（2）供冷热外网与冷热用户的接口。这种接口是供冷热外网设计单位与各房地产商所委托的多个设计单位的一对多的设计接口，设计接口的内容和要点详见表 7.1-3。

表 7.1-3　　供冷热外网与换热设计的设计接口

接口编码	接口内容	接口要点
B1	主要设计参数	供冷热外网温度、压力
B2	对连接方式的要求	间接连或直接连接
B3	制冷站、换热站系统	用系统图的方式做出规定
B4	对与供冷热区域内各建筑物连接的要求	主要是对高层建筑连接方案的考虑
B5	对换冷热站电源、水源的原则要求	
B6	对运行调节的要求	
B7	对热计量的要求	设置热量计的位置

由于是一对多的设计接口，而且房地产商委托的设计单位较多，技术水平和理解能力参差不齐，外供管网设计单位不可能与房地产商委托的所有设计单位一一接口。建议采用正式接口文件的方式进行管理，由外供管网设计单位按表 7.1-4 的内容进行细化后制作成正式的接口文件，由建设方用正规的程序，统一发给各个房地产商并转给各有关用户的设计院。

（3）设计与采购的接口。这是多对多的设计接口，设计接口的内容、要点详见表 7.1-4。

表 7.1-4　　设计与采购的接口

接口编码	接口内容	接口要点
C1	冷热源和供冷热外网有关的主设备	制冷机、加热器、循环水泵、补水设备
C2	供冷热外网的主要材料	直埋管道、补偿器、阀门

设计与采购接口应由建设方管理，在初设审查后委托相关设计单位编制采购技术规格书，采购技术规格书就是设计与采购接口的正式设计接口文件。

5. 设计接口的管理要点

对分布式供能项目设计接口的管理，实质上是对设计工作程序的规范，是一种简单有效、可操作性强的管理方式，值得建设方和设计单位注意。

（1）分布式供能项目设计接口共有三个，应由建设方负责归口管理。

（2）第一个接口：冷热源与供冷热外网的设计接口，可采用召开设计接口联络会的方式进行管理，设计接口联络会的召开次数根据项目需要确定。

（3）第二个接口：供冷热外网与冷热用户的接口，可采用编制正式接口文件的方式进行管理。

（4）第三个接口：设计与采购的接口，可采用编制采购技术规格书的方式进行管理。

（5）是否采用接口编码进行管理，可由建设方自定。

（6）如有可能，建议对分布式供能项目进行“三同”式的设计审查，即：在同一时间，同一地点，由同一个审查单位对分布式供能项目的冷热源部分和供冷热外管网部分进行审查，这将有益于提高分布式供能项目的综合设计质量。

6. 项目参与各方的接口工作

（1）建设方应协调城建部门、规划部门，组织能源站设计单位、供冷热外网设计单位，统计并确认现有和近期拟建的冷热用户需求量及参数。

（2）在可行性研究设计前，建设方应组织能源站设计单位、供冷热外网设计单位对重要冷热用户（占总供冷热量的30%以上）进行实地调研。

（3）建设方应在可行性研究设计前组织能源站设计单位、供冷热外网设计单位召开设计接口联络会，确定与冷热用户接口的设计范围、技术条件、提资范围、所需材料的投资等。

（4）应事先在设计合同中明确约定管网设计单位、冷热用户设计单位各自的设计范围和设计接口条件。

（5）对于拟接入分布式供能系统的近期新增建筑空调冷热用户，能源站设计单位应提前与其用户设计单位进行正式的沟通联络，用户设计单位应按能源站供出的冷热量及介质参数进行建筑空调冷热系统设计。

（6）能源站设计单位、供冷热外网设计单位、各冷热用户设计单位、各已有冷热用户建设方应参加燃气分布式能源项目的各类审查。

六、案例

（一）供冷热外网工程方案

在可研设计报告中，应绘制“供冷热外网工程方案”示意图（可以无比例），表示热源、供冷热外网、冷热用户之间的关系，以便审查方充分了解工程整体布局。

某区域式供能站向外供工业蒸汽和空调冷热水，供冷热外网工程方案见图 7.1-1、表 7.1-5，冷热用户表见表 7.1-6。

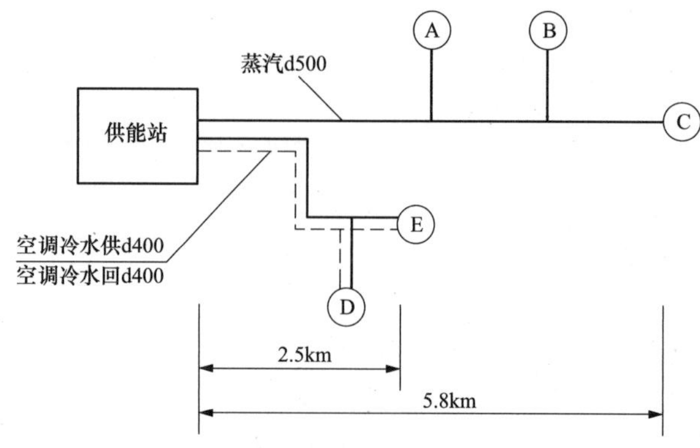

图 7.1-1 供冷热外网工程方案图

表 7.1-5 供冷热外网工程方案

介质	介质的温度、压力	主管道管径	主要工程量	备注
工业蒸汽	1.0MPa，200℃	d500		
空调冷热水	7/12℃ 70/50℃	d400		

表 7.1-6 冷热用户表

用户	介质的温度、压力	距供能站的单程拉直距离（km）	冷热用户能量计量点位置、计量方式	与冷热用户接口的技术条件
A	0.8MPa，168℃	5.8	用户入口	
B	0.8MPa，168℃	4.8	用户入口	
C	0.8MPa，168℃	3.5	用户入口	
D	冷热水	2	用户入口	
E	冷热水	2.5	用户入口	

除此之外，还应说明以下问题：

（1）对设在分布式供能站外的制冷加热站位置及设计要点进行叙述（表明主设备形式）。

（2）对与冷热用户接口的技术条件进行叙述：用户的设计参数、合理选择与热源及热用户的连接方式，协调对接参数方位及应力分界。

（3）需要建设方落实的内容。

（二）制冷加热站的位置案例

1. 布置位置

制冷加热站的位置对分布式供能系统影响较大，制冷加热站有如下几种布置位置：

（1）布置在分布式供能站围墙内，向外供出空调冷热水，称制冷加热站。

（2）布置在分布式供能站外，采用蒸汽或热水作为余热制冷机的驱动能，称供能子站。

（3）布置在重要用户的院内，用蒸汽或热水作为余热制冷机的驱动能，称供能子站。

2. 制冷加热站位置的确定原则

应根据不同介质供热（冷）半径确定制冷加热站位置：

（1）蒸汽，供热半径一般在 6km，如超长，应计算允许压力降、温度降。

（2）供暖热水，供热半径宜控制在 10km 以内。

（3）空调冷热水，供冷（热）水半径宜控制在 2～3km 以内，如超过 3km，应计算允许温度降。

3. 制冷站位置案例

以下用四个方案说明分布式供能系统制冷站设置的位置。

（1）制冷站位置方案一。制冷站位置方案一如图 7.1-2 所示。

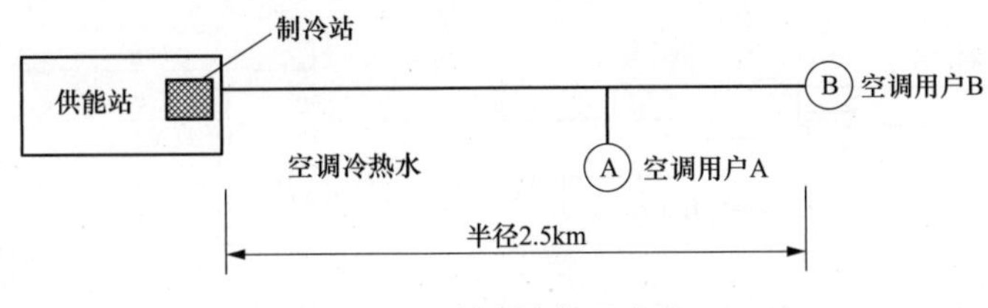

图 7.1-2　制冷站位置方案一

某区域式供能站向外供空调冷热水，空调用户 A、B 距离供能站不超 3km，只在供能站内部设置一个制冷站。

（2）制冷站（供能子站）位置方案二。制冷站位置方案二如图 7.1-3 所示。

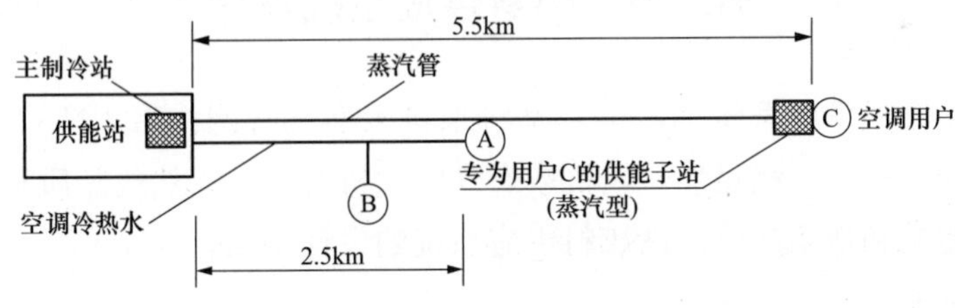

图 7.1-3　制冷站位置方案二

某区域式供能站向外供蒸汽、空调冷热水。设置两个制冷站：一个制冷站设在供能站内部，负责供 2.5km 范围内的空调用户，第二个制冷站设在能源站外的用户 C（超 3km），采用蒸汽型溴化锂制冷机带基本冷负荷（电制冷机调峰），由供能站向第二个制冷站供蒸汽，第二个制冷站可称为供能子站。

（3）制冷站（供能子站）位置方案三。制冷站位置方案三如图 7.1-4 所示。

某区域式供能站向外供高温水、空调冷热水。设置两个制冷站：一个制冷站设在供能站内部，负责供 2.5km 范围内的空调用户，第二个制冷站设在能源站外的用户 C（超 6km），采用热水型溴化锂制冷机带基本冷负荷（电制冷机调峰），由供能站向第二个制冷站供高温水，第二个制冷站可称为供能子站。

（4）制冷站（供能子站）位置方案四。制冷站位置方案四如图 7.1-5 所示。

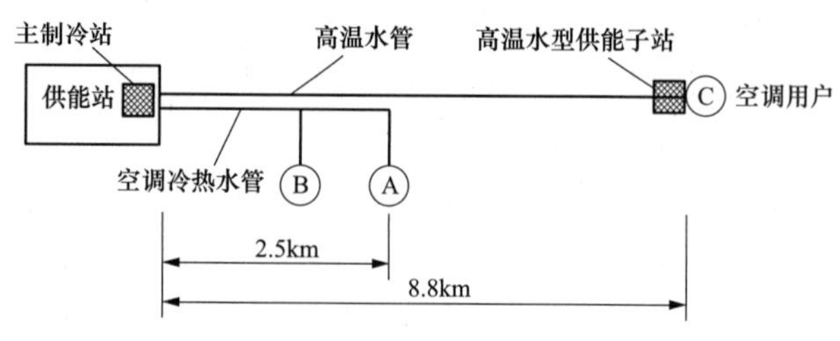

图 7.1-4　制冷站位置方案三

某区域式供能站向外供蒸汽、空调冷热水。设置两个制冷站：一个制冷站设在供能站内部，负责供 2.5km 范围内的空调用户，第二个制冷站（供能子站）设在能源站外 C 点（不超 6km），负责供 C 点 2.5km 范围内的空调用户 D、E，采用蒸汽型溴化锂制冷机带基本冷负荷（电制冷机调峰），由供能站向第二个制冷站（供能子站）供蒸汽。

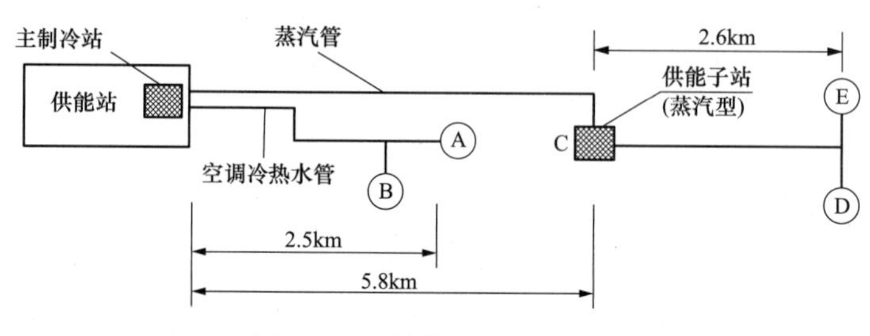

图 7.1-5　制冷站位置方案四

第二节　燃料供应系统设计

分布式供能站燃料供应系统的功能，是将来自天然气管网或者 LNG 液化站的天然气，经过一系列的处理流程后，满足燃气轮机或燃气内燃机对入口天然气品质和压力的需求。本节介绍区域式供能站和楼宇式供能站燃料供应系统的设计要点。

一、区域式供能站

燃料供应系统包括厂区天然气处理系统（调压站）和燃气轮机天然气处理系统。

厂区天然气处理系统一般由业主采购，具有紧急隔断、过滤、计量、加热、调压及安全放散等功能。燃机前置模块和燃机本体油气模块属于燃气轮机天然气处理系统，通常由机岛设备供货商配套提供。

1. 厂区天然气处理系统

区域式供能站的厂区设置一套天然气调压站，总容量满足供给所有原动机用气和燃气调峰/备用锅炉使用。厂区调压站一般采用露天或者半露天布置，所有设备成套供货，可减少现场安装工作量。

天然气调压站可分为入口切断/计量单元、旋风分离单元、精过滤单元、调压单元、增压单元、加热单元、燃气锅炉单元、安全放散单元、氮气置换单元等。

天然气调压站各单元的功能如下：

（1）入口切断/计量单元。入口单元主要包括绝缘接头、紧急切断阀（ESV）、流量计、色谱仪、放散阀和隔断球阀等。

调压站入口管道上配置有紧急切断阀，当调压站内或电厂内发生重大事故时迅速关断紧急切断阀，将站内其他工艺设施与上游隔断。

计量单元根据需要可设置1×100%容量的流量计及旁路，流量计的形式应与上游燃料供应商采用的流量计形式一致。通常可采用超声波流量计，其优点是无压力损失，全量程范围的测量精确度高（可达0.5级）。采用超声波流量计需配流量变送器，将流量计检测值转换为电子信号，传输到配套的流量计算机上；同时测量输入压力、温度和气体组分等，在流量计算机上组成流量计量回路，并通过相应的标准进行流量计算、显示、存储与贸易结算管理。流量计具有瞬时流量、累计流量、体积流量和质量流量显示，并能输出流量信号送机组控制系统。

系统配置在线气相色谱分析仪和分析小屋，气相色谱分析仪分析的天然气组分至少能分析到C6，分析仪的取样时间间隔按需要可调节。燃料的热值在调压系统就地转换后，以4～20mA DC信号输出供机组DCS系统使用。色谱仪模块提供信号用于燃机控制，应遵循燃机供应商提供的采购规范。

（2）旋风分离单元。调压站设置1×100%粗过滤单元，主要包括一台立式旋风分离器及其相关管道、仪表等。分离器容量按分布式供能站总耗气量的100%考虑，对直径为5μm及以上的颗粒清除效率达到99.9%，直径为30μm及以上的液滴清除效率达到99.5%，以保护下游设备的安全。

（3）精过滤单元。调压站设置2×100%精过滤单元。过滤器的形式为凝聚/挡板式，为两段过滤分离器，其上半段为装有凝聚式滤芯的过滤器，下半段为挡板分离器，能高效地除去输送天然气中的固体颗粒、灰尘和雾状液滴，以保证燃机系统及设备的正常运行。精过滤器的过滤效率要求直径为2μm以上固体颗粒过滤效率为99.5%，直径为5μm以上液体过滤效率为99.5%。

（4）调压单元。通常每台机组设置一条调压支路，每条调压支路按单台机组最大耗气量设计。2～3台机组设置一条备用支路。

调压单元支路流程是由球阀、安全切断阀、工作调压器、监控调压器、球阀、安全切断阀按照从上游至下游的顺序，串联在一起的安全、监控式调压系统。正常工况下，工作调压器调节天然气调压站出口压力，当工作调压器故障，该路调压支路关闭，备用调压支路投入使用。每路压力控制单元支路中还设有一台放散阀，当下游压力非正常继续上升至放散阀设定压力，放散阀启动；如果压力继续上升达到安全切断阀设定压力时，安全切断阀关闭以保证系统安全。

（5）增压单元。调压站设计可根据工程实际情况考虑设置/预留增压机接口，当来气不满足原动机的压力要求时，需对气体进行增压。当工程需要设置增压机时，宜每台燃机配置1台增压机，不设备用。增压机的选型应结合机组对天然气的需求经综合比选确定，并满足下列规定：

1）增压机的容量应按燃机最大耗气量的1.1倍选取。

2）增压机采用电动机驱动。

(6) 加热单元。如果上游来气的天然气压力太高，经过调压设备降压范围大，由于天然气的特性，当压力每降低 1MPa，温度会降低约 5℃，此时调压后的天然气的温度如不满足燃机进口的需求，则调压站需设置加热单元。加热单元根据工程实际情况分析，可采用循环水余热加热、水浴炉加热、电加热等方式。

(7) 燃气锅炉单元。如果分布式供能站配置启动/备用锅炉，则天然气调压站还应为启动/备用燃气锅炉提供满足要求的天然气管道支路；该支路是否考虑设置备用调压支路，取决于燃气锅炉的使用性质，即只是用于机组启动还是用于启动及备用。

通常由于燃气锅炉对天然气的品质需求并不高，因此该锅炉单元可从粗过滤单元之后或者加热单元之后引出，经一条单独的调压线减压后送至燃气锅炉燃烧器入口。该调压线也需设置流量计量、调压、加热等模块。

(8) 安全放散单元。调压系统中设置有安全装置，安全装置应保证在任何情况下都不允许压力超过限定值。系统中设置有运行超压的部分流量压力释放阀和事故时的全容量安全放散用压力释放阀。调压站设置 1 座天然气放散塔，高度需满足环保及消防要求。

(9) 氮气置换单元。在天然气调压站中还配置用于置换天然气用的氮气系统，氮气由电厂统一采购的氮气瓶提供。

除此之外，天然气调压站中还设置有天然气泄漏检测系统、火灾报警系统，以及配置用于放气、排污等作用的阀门和污液收集罐等。

2. 燃气轮机天然气处理系统

燃气轮机天然气处理系统包括燃机前置模块和燃机本体油气模块。燃气轮机天然气处理系统为单元制设置，每套机组对应独立的系统。前置模块安装在厂区调压站下游，燃机本体油气模块的上游，通过天然气供应管道由天然气调压站系统向燃机天然气前置模块供应天然气。

燃机天然气前置模块包括：

(1) 一套关断阀，带有一个中间放散阀，用于启动前的自动系统吹扫。

(2) 一套带有进出口阀的双联天然气精过滤器。

(3) 一套气体计量站。

(4) 一套气体压力控制阀。

(5) 一套流量控制阀。

(6) 一套单管式性能加热器。

(7) 一套为燃料喷嘴所用的分叉管。

燃机前置模块可露天布置，入口技术要求取决于不同制造厂原动机的要求。如 GE 的 6F.01 燃气轮机有下列要求：

(1) 设计压力：3.9MPa (g)；工作压力范围：2.88～3.9MPa (g)。

(2) 温度：20℃ (设计条件)，最低 10℃ (满足露点温度过热)。

(3) 最大供应压力波动不超过 1%/s (梯度) 或 5%/s (阶跃)。

(4) 在燃气轮机容量内的任意点的稳定状态的气体燃料供应压力调节应维持在±1%额定压力范围内，且其波动在最小需求压力与最大运行压力范围内不超过 0.25%/s。

（5）如使用增压机，气体燃料中不允许有油分。

（6）沃泊指数变化：经过温度修正的沃泊指数变化范围在±5%以内。正常运行时，经过温度修正的气体燃料的沃泊指数变化应低于0.3%/s，并且温度变化率低于1℃/s。

3. 系统设计参考示意图

区域式供能站天然气调压站系统示意框图如图7.2-1所示。

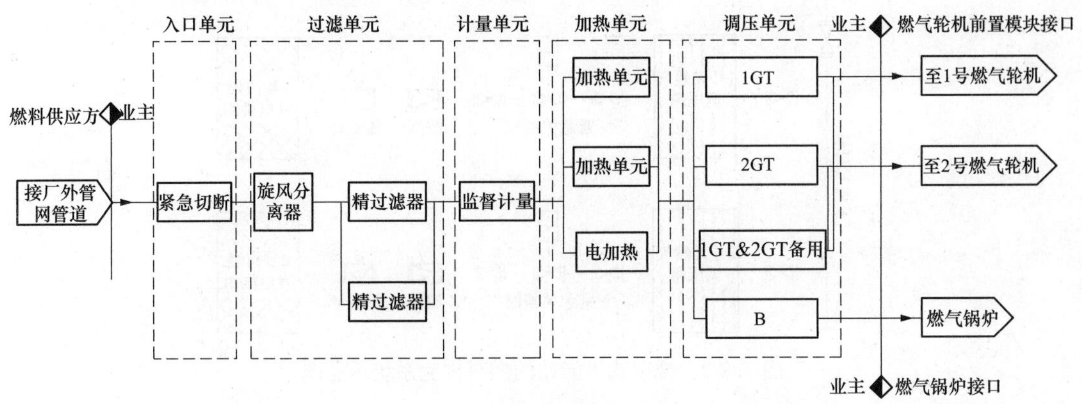

图7.2-1　区域式供能站天然气调压站系统示意框图

二、楼宇式供能站

从市政管网接至楼宇式供能站的天然气母路上，设置一个关断球阀，用于紧急情况下切断与外网的连接，防止事故的扩大。从母管上接至每台内燃机的分支管路上，分别设置有关断球阀、调压箱（一般为内燃机厂配供）、气动紧急切断阀、滤网和流量计等。

1. 设计注意事项

（1）楼宇式供能站通常采用天然气内燃发电机组，对天然气的要求没有燃气轮机高，根据机组容量配置大小，内燃机入口的天然气压力范围需求可在8～800kPa范围内波动，大部分楼宇式供能站机组采用普通的天然气市政管网气即可满足要求。对于部分容量较大的内燃机组，对天然气压力要求较高，可根据工程需要设置增压机和缓冲装置，并应设置进口压力过低保护装置。

（2）内燃机配置的调压设备或者增压设备设置在能源站内时，应设置在单独的房间并采用防火墙与燃烧设备间和电气设备间隔开。其中燃气增压间/调压间按甲类厂房设计，燃烧设备间按丁类厂房设计。

2. 楼宇式供能站调压站（箱）的设置

楼宇式供能站调压站（箱）的设置符合下列原则：

（1）设置在地上单独的调压箱（悬挂式）内时，对楼宇式（包括锅炉房）燃气进口压力不应大于0.8MPa。

（2）设置在地上单独的调压柜（落地式）内时，对楼宇式用户（包括锅炉房）燃气进口压力不宜大于1.6MPa。

（3）高压和次高压燃气调压站室外进、出口管道上宜根据需要设置阀门。

（4）当调压器进出口压差大于1.6MPa时，宜对调压器进口管路和调压设备采取预加热措施。

3. 系统流程示意图

楼宇式供能站的燃料供应系统示意图如图7.2-2所示。

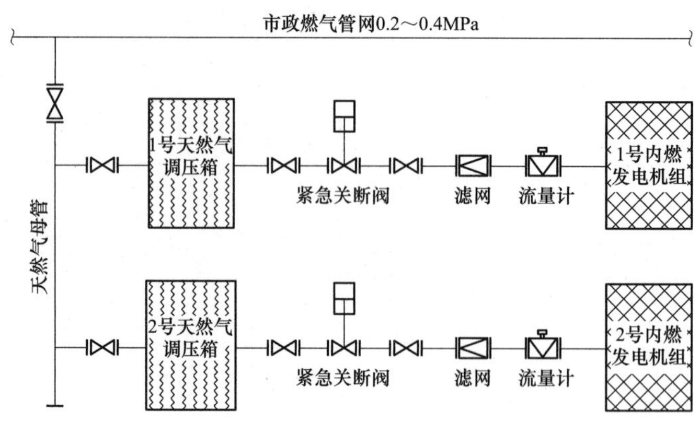

图7.2-2 楼宇式供能站的燃料供应系统示意图

三、有关设计规定

1. 区域式供能站

对于区域式供能站项目的调压站及燃料供应管道的设计应满足下列规定：

（1）进站天然气管道系统的输送容量应满足全站最大耗气量的要求；若进气母管按规划容量一次建成，则进气母管容量应按规划总容量设计，在进站气源切断阀门处设置旁路，旁路的通流能力按全站耗气量的70%～100%考虑。

（2）天然气气质应符合《天然气》（GB 17820）的规定，进入原动机的天然气还应满足制造厂对天然气压力、温度等各项指标的要求。进站天然气管道应设置气质监测取样设施。

（3）进站天然气气源紧急切断阀前总管和站内天然气供应系统上应设置放空管，放空阀和放空管的设置和布置应符合《燃气-蒸汽联合循环电厂设计规定》（DL/T 5174）的要求。

（4）天然气调压站/增压站的火灾危险性为甲类，耐火等级为二级，与其他建（构）筑物的最小间距应符合《燃气分布式供能站设计规范》（DL/T 5508）的有关规定。其放空管布置还应符合《石化天然气工程设计规范》（GB 50183）和《城镇燃气设计规范》（GB 50028）的相关规定。

（5）天然气管道设计压力和设计温度应按各管段内天然气的最高工作压力和最高工作温度确定。

（6）站内的天然气管道管径应按照天然气流量和输气允许压降计算确定。

（7）站内天然气管道的敷设方式可采用埋地敷设或者架空敷设，不应采用管沟敷设。对于软基地质，不宜采用直埋敷设。天然气管道与其他建（构）筑物和管线的最小水平净距，应满足《燃气-蒸汽联合循环电厂设计规定》（DL/T 5174）的有关要求。

（8）直埋管线穿越车行道路时应采用外套管保护。

（9）天然气管道和阀门、设备等的连接处应采用法兰连接；其他不拆卸部位应采用焊接连接。

（10）严寒地区的调压站管道设计及站区天然气管道应考虑防冻设施。

（11）天然气调压站内管道采用无缝钢管，其技术性能符合《高压锅炉用无缝钢管》（GB 5310）、《流体输送用不锈钢无缝钢管》（GB/T 14976）或《化肥设备用高压无缝钢管》（GB 6479）的规定。

2. 楼宇式分布式供能系统

楼宇式分布式供能系统的站房布置、消防等要求应满足《建筑设计防火规范》（GB 50016）的有关规定。燃料供应系统设计的有关要求如下：

（1）燃气的成分、流量、压力等应满足所有用气设备的要求。

（2）燃气供应系统应由调压装置、过滤器、计量装置、紧急切断阀、放散、检测保护系统、温度压力测量仪表等组成。

（3）需增压的燃气供应系统尚应设置缓冲装置和增压机，并设置进口压力过低保护装置。增压机、缓冲装置和原动机一一对应；增压机应设置就地控制装置，并宜设置远程控制装置。其他安全保护装置应符合《燃气冷热电联供工程技术规范》（GB 51131）的有关要求。

（4）燃气引入管应设置紧急自动切断阀和手动快速切断阀。紧急自动切断阀应与可燃气体探测报警装置联动。备用电源发电机组的燃气管道的紧急自动切断阀应设置不间断电源。

（5）独立设置的站房，当室内燃气管道最高压力小于或者等于 0.8MPa 时，以及建筑物内的站房，当室内燃气管道最高压力小于或者等于 0.4MPa 时，燃气供应系统应符合《城镇燃气设计规范》（GB 50028）的有关规定。

（6）独立设置的站房，当室内燃气管道最高压力大于 0.8MPa 且小于或等于 2.5MPa 时，以及建筑物内的站房，当室内燃气管道最高压力大于 0.4MPa 且小于或等于 1.6MPa 时，燃气管道及管路附件的材质和连接应符合下列规定：①燃气管道应采用无缝钢管和无缝钢制管件；②燃气管道应采用焊接连接，管道与设备、阀门的连接应采用法兰连接或者焊接连接；③管道上严禁采用铸铁阀门及铸铁附件；④焊接接头应全部进行射线和超声波检测，并应合格。

（7）燃气管道不得穿过防火墙、封闭楼梯间、防烟楼梯间及其前室、易燃易爆仓库、变配电室、电缆沟、烟道和进风道等。

（8）燃气管道穿过楼板、楼梯平台、隔墙时，应安装在钢套管中。套管与燃气管道之间的间隙应采用柔性防腐、防水材料密封。

（9）燃气管道应装设放散管、放散口、出扫口和取样口。

四、设计接口

与燃料供应系统相关的设计接口，一是从厂外燃料供应管网至能源站厂界的分界点，另一个是从燃料调压系统出口管路与原动机前置模块的接口。

在燃料供应系统设计接口中应注意下列事项：

（1）在可研设计阶段，燃料的消耗量应考虑原动机老化、启停等因素的影响。包含燃料耗量裕量的总燃料消耗量，是业主用于向燃料供应方采购燃料谈判用的依据。

（2）燃料供应方提供的在厂界处的燃料参数，即气体压力、温度和流量，是调压站设计时的重要原始输入数据之一。业主应根据所选原动机对燃料的基本技术要求，与燃料供应方进行谈判，要求供到厂界接口的参数适宜，尽量不要出现接口处压力太高而需要调压站进行较大的降压，导致较大温降而需要设置大容量的加热模块来满足原动机的要求。

(3) 调压站设计方应根据原动机接口处对燃料的技术要求，结合厂界的供气参数，设置合理的调压站系统配置方案，保证燃料供应系统经济合理并满足安全要求。

五、燃料消耗量的计算

对于分布式供能站项目，原动机的天然气耗量需经计算确定，计算时需考虑：天然气组分详细资料；机组年利用小时数；机组运行方式。

当项目的可研阶段初步确定了装机方案后，根据燃料的组分，按《天然气发热量、密度、相对密度和沃泊指数的计算方法》(GB/T 11062) 中的公式，可计算出天然气的密度、低位发热量、沃泊指数等，并且根据初步选定的燃机型号，采用通用计算软件 GTPRO 软件中输出的燃料消耗总热量，折算成机组的小时耗气量。根据机组的运行小时数，得出全年天然气耗量。

由于燃机的老化和频繁启停会导致天然气消耗量的增加，因此通常在采购燃料时，对于上述计算结果再考虑一定的裕量，对于热电联产机组可按 8%考虑，对于调峰机组可按 10%考虑。考虑了天然气裕量后的年总天然气耗量，是业主与燃料供应方进行燃料采购谈判的重要依据。

六、LNG（储配）气化站

当分布式供能站采用 LNG 气源时，LNG 气化站可由投资方单独建设（场地与分布式供能站分开），或者与分布式供能站合并设置。当采用合并设置时，LNG 气化站用地应包含在分布式供能站的统筹规划之内。总平面布置要根据站区的地理位置、建设规模、交通运输、气象等条件，本着有利生产、方便管理、确保安全、保护环境，并结合场地建设的具体情况进行布置。

在实际的工程设计中，由于电力设计院并无 LNG 气化站的设计资质和设计经验，通常此部分应委托专业的石化类设计院来设计，有关技术要求由设计方根据相关规程确定，与能源站的供气设计接口由双方协商确定。

七、燃料供应系统的安全管理要求

2015 年 12 月国家能源局在印发《燃气电站天然气系统安全管理规定》的通知中，对燃气电站的天然气系统安全管理，从设计、施工、运营维护和安全及应急管理的角度提出了诸多要求，在设计分布式供能站的燃料供应系统时同样适用，因此设计中应重点满足与安全相关的设计条款要求，详见附录 B。

八、工程案例

某燃气分布式供能站项目，建设两套“一拖一”燃气-蒸汽联合循环机组，燃气轮机采用 GE 公司生产的 6F.01 型燃气轮机，汽轮机采用南京汽轮机厂有限责任公司生产的抽凝补汽式汽轮机，另设置 1 台 25t/h 的供热调峰备用燃气锅炉。项目燃料主气源为 LNG，天然气从位于能源站外靠近能源站北侧的 LNG 气化站提供，从气化站出口通过管道输送至能源站内调压站；备用气源为管道天然气，通过专用管道接入该项目厂址，预留接口及位置。燃料供应系统如图 7.2-3、图 7.2-4 所示。

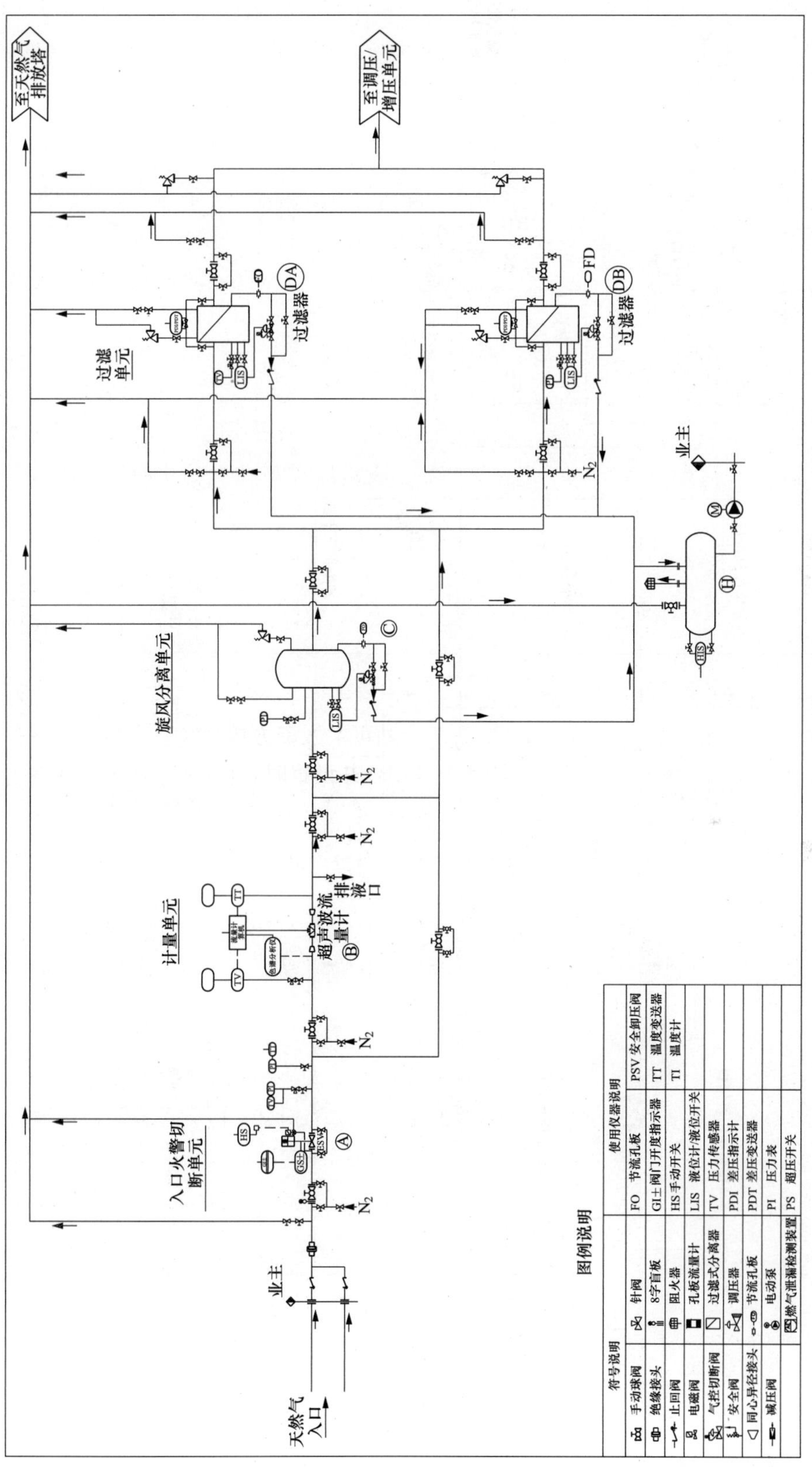

图 7.2-3　天然气供应系统流程图一

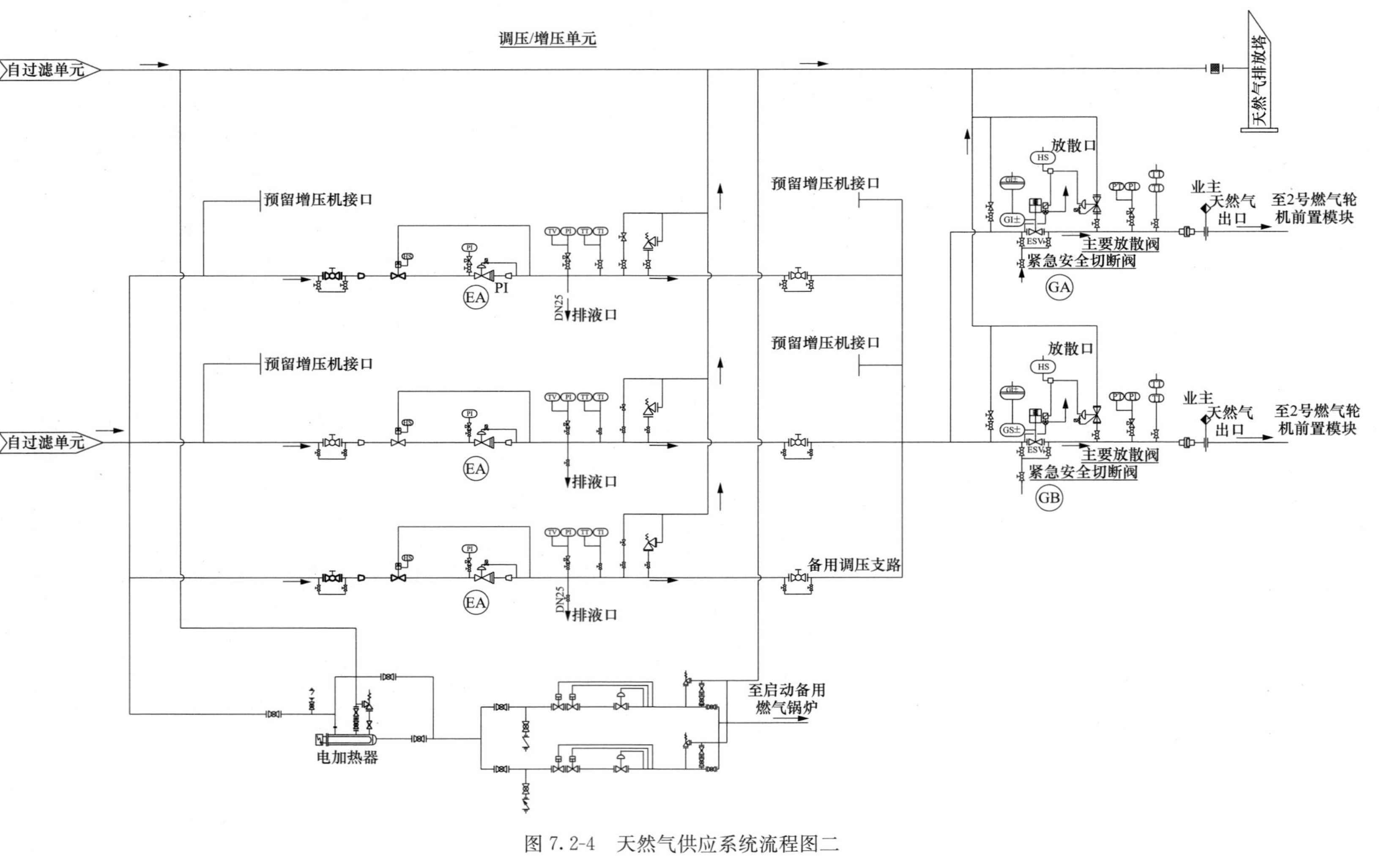

图 7.2-4 天然气供应系统流程图二

第三节 接入系统设计

一、通用规定

1. 设计范围

燃气分布式供能系统接入系统设计研究供能系统与电力系统的关系，主要内容包括接入系统一次部分和接入系统二次部分。其中一次部分包括确定燃气分布式供能系统接入公用电网电压等级、选择恰当的接入点及主接线、对燃气分布式供能系统的无功功率及电能质量提出要求、进行必要的电气计算以及选择接入系统主要设备等内容；二次部分包括系统继电保护及自动装置、系统安全稳定控制、调度自动化系统、电量计量系统、系统通信等内容。

2. 应遵循的规程规范

燃气分布式供能系统接入系统设计主要遵循以下规程规范：

《城市配电网规划设计技术规范》(GB 50613—2010)

《电能质量公用电网谐波》(GB/T 14549—1993)

《电能质量供电电压偏差》(GB/T 12325—2008)

《电能质量电压波动和闪变》(GB/T 12326—2008)

《继电保护及安全自动装置技术规程》(GB/T 14285—2006)

《电力系统安全稳定导则》(DL 755—2001)

《配电网规划设计技术导则》(DL/T 5729—2016)

《分布式电源接入配电网技术规定》(NB/T 32015—2013)

《远动设备及系统 第 5-104 部分：传输规约采用标准传输协议子集的 IEC 60870-5-101 网络访问》(DL/T 634.5104—2002)

《远动设备及系统 第 5-101 部分:传输规约基本远动任务配套标准》(DL/T 634.5101—2002)

《电能计量系统设计技术规程》(DL/T 5202—2004)

《远动设备及系统 第 5 部分：传输规约 第 102 篇电力系统电能累计量传输配套标准》(DL/T 719—2000)

《电力系统通信设计技术规定》(DL/T 5391—2007)

《分布式发电管理暂行办法》(发改能源〔2013〕1381 号)

《电力监控系统安全防护规定》(国家发展改革委 2014 年第 14 号令)

对于国家电网有限公司经营区域内的燃气分布式供能系统，还应遵循以下规程规范：

《配电网规划设计技术导则》(Q/GDW 1738—2012)

《分布式电源接入电网技术规定》(Q/GDW 1480—2015)

《分布式电源接入配电网设计规范》(Q/GDW 11147—2013)

《分布式电源接入系统设计内容深度规定》(Q/GDW 11148—2013)

《分布式电源接入配电网运行控制规范》(Q/GDW 10667—2016)

《分布式电源调度运行管理规范》(Q/GDW 11271—2014)

《国家电网关于促进分布式电源并网管理工作的意见(修订版)》

3. 管理办法

根据《分布式发电管理暂行办法》（发改能源〔2013〕1381号），电网接入相关管理如下：

（1）燃气分布式供能系统采用双向计量电量结算或净电量结算的方式，并可考虑峰谷电价因素。结算周期在合同中商定，原则上按月结算。

（2）燃气分布式供能系统投资方要建立健全运行管理规章制度，有义务在电网企业的指导下配合或参与运行维护，保障项目安全可靠运行。

（3）燃气分布式供能系统并网接入点应安装电能计量装置，满足上网电量的结算需要。燃气分布式供能系统在运行过程中应保存完整的能量输出和燃料消耗计量数据。

（4）拥有燃气分布式供能系统的项目单位应接受能源主管部门及相关部门的监督检查，如实提供包括原始数据在内的运行记录。

（5）燃气分布式供能系统应满足有关发电、供电质量要求，运行管理应满足有关技术、管理规定和规程规范要求。在紧急情况下应接受并服从电力运行管理机构的应急调度。

对于国家电网有限公司经营区域内的燃气分布式供能系统，根据《国家电网关于促进分布式电源并网管理工作的意见（修订版）》，相关管理如下：

（1）适应范围：

1）第一类：10kV及以下电压等级接入，且单个并网点总装机容量不超过6MW的燃气分布式供能系统。

2）第二类：35kV电压等级接入，年自发自用电量大于50%的燃气分布式供能系统；或10kV电压等级接入且单个并网点总装机容量超过6MW，年自发自用电量大于50%的燃气分布式供能系统。

3）接入点为公共连接点、发电量全部上网的发电项目，除第一、第二类以外的燃气分布式供能系统，执行常规电源相关管理规定。

（2）接入申请受理：地市或县级公司营销部（客户服务中心）负责受理燃气分布式供能系统接入申请。

（3）接入系统方案确定：地市公司营销部（客户服务中心）负责组织相关部门审定380V接入系统方案，出具评审意见，项目业主根据确认的接入系统方案开展项目核准（或备案）和工程建设等工作。地市公司发展部负责组织相关部门审定35、10kV（对于多点并网项目，至少一个并网点为35、10kV接入）接入系统方案，出具评审意见和接入电网意见函，项目业主根据接入电网意见函开展项目核准（或备案）和工程设计等工作。

（4）接入系统工程建设：地市（县）公司负责公共电网改造工程建设（包括随公共电网线路架设的通信光缆及相应公共电网变电站通信设备改造等）。

（5）并网验收与调试：地市或县级公司营销部（客户服务中心）负责受理项目业主并网验收及并网调试申请。

（6）国家补贴资金管理：地市或县级公司财务部门负责在收到补助资金后，按照结算周期及时向项目业主（或电力用户）支付补助资金。

4. 设计内容深度

燃气分布式供能系统接入系统研究内容深度按国家和电网公司有关要求执行。对于国家电网有限公司经营区域内的燃气分布式供能系统，应遵循《分布式电源接入系统设计内容深度规定》（Q/GDW 11148—2013），并参考《分布式电源接入系统典型设计》（国家电网发展〔2013〕625 号）。接入系统专题报告应严格遵循上述要求，可行性研究和初步设计报告可适当简化。设计各阶段内容深度要求见表 7.3-1。

表 7.3-1　　设计各阶段内容深度要求

可行性研究	接入系统专题	初步设计
◆系统一次 ·电力系统现状概况及燃气分布式供能系统概述 ·地区电网发展规划 ·电力电量平衡 ·接入系统方案 ·主要技术参数 ·附图 ◆系统二次 ·总体要求 ·继电保护 ·调度自动化 ·电能计量装置及电能量采集终端 ·系统通信 ·附图	◆设计依据和主要内容 ·设计依据 ·设计范围 ·设计边界条件 ·设计主要内容 ·设计思路和研究重点 ◆系统一次 ·电力系统现状概况及燃气分布式供能系统概述 ·地区电网发展规划 ·电力电量平衡 ·接入系统原则 ·电压等级选择 ·接入系统方案 ·主要电气计算 ·主要技术参数 ·运行控制要求 ·投资估算 ·附图 ◆系统二次 ·总体要求 ·继电保护 ·调度自动化 ·电能计量装置及电能量采集终端 ·系统通信 ·设备清单及投资估算 ·附图 ◆方案经济技术比较	◆系统一次 ·电力系统现状概况及燃气分布式供能系统概述 ·地区电网发展规划 ·电力电量平衡 ·接入系统方案 ·主要技术参数 ·附图 ◆系统二次 ·总体要求 ·继电保护 ·调度自动化 ·电能计量装置及电能量采集终端 ·系统通信 ·附图

二、接入系统方案（一次部分）

（一）一般规定

（1）燃气分布式供能系统接网方案应根据其在系统中的定位、送出容量、送电距离、电网安全以及电网条件等因素综合论证后确定。

（2）鼓励结合燃气分布式供能系统应用建设智能电网和微电网，提高能源的利用效率和安全稳定运行水平。

（3）对于电网没有特殊要求的燃气分布式供能系统，机组不需具备黑启动能力。

（二）电力电量平衡

（1）电力电量平衡是确定燃气分布式供能系统消纳范围的主要依据。

（2）电力平衡应分区、分电压等级、分年度进行。

（3）电力平衡应按多种负荷水平及开机方式分别进行平衡。

（4）分电压等级电力平衡应结合负荷预测结果和燃气分布式供能系统容量，校核并网后上级变压器容量。

（三）电压等级选择

燃气分布式供能系统接入系统的电压不宜超过两种。对于单个并网点的燃气分布式供能系统，接入电网的电压等级应按照安全性、灵活性、经济性的原则，根据燃气分布式供能系统的装机容量、导线载流量、上级变压器及线路可接纳能力、用户所在地区配电网情况，经技术经济比较后参照表 7.3-2 确定。

表 7.3-2　　不同容量的燃气分布式供能系统并网电压等级参考表

电源总容量范围	并网电压等级
400kW 及以下	380V
400kW～6MW	10kV
6～50MW	20、35、66、110kV

注　若高低两级电压均具备接入条件，优先采用低电压等级接入。

（四）接入系统方案

燃气分布式供能系统接入系统方案设计应按照节约走廊、简化接线、过渡方便、运行灵活、安全可靠、经济合理、降低短路电流的原则，根据燃气分布式供能系统在电力系统中的定位，考虑远近结合，经技术经济比较后确定，并对电力系统中的不确定因素和变化因素应做敏感性分析。

1. 接入点选择

燃气分布式供能系统接入点选择应符合以下规定：

（1）应根据其电压等级及周边电网情况，经技术经济比较后确定。

（2）接入 35～110kV 电网的燃气分布式供能系统，宜采用专线方式并网；接入 10kV 配电网的燃气分布式供能系统，在满足电网安全运行及电能质量要求时，也可采用 T 形接线并网，见表 7.3-3。

表 7.3-3　　燃气分布式供能系统接入点选择推荐表

电压等级	接　入　点
35kV 及以上	变电站、开关站、配电室或箱变母线
10kV	变电站、开关站、配电室或箱变母线、环网单元、T 形接线
380V	配电室或箱变低压母线、配电箱

注　自发自用为主的燃气分布式供能系统宜与用户配电系统设置统一并网点。

（3）接入单条线路的燃气分布式供能系统容量不宜超过接入线路容量的 10%～30%（专线接入除外），电源总容量不应超过线路的允许容量；接入本级配电网的电源总容量不应超过上一级变压器的额定容量以及上一级线路的允许容量。在技术、经济合理且必要时，可以对相关线路、变电站进行增容改造，满足电源接入需求。

（4）当公共连接点处并入一个以上的电源时，应总体考虑它们的影响。燃气分布式供能系统总容量原则上不宜超过上一级变压器供电区域内最大负荷的25%。

（5）燃气分布式供能系统并网点的系统短路电流与电源额定电流之比不宜低于10。

自发自用/余量上网的燃气分布式供能系统（400kW～6MW）单点接入系统如图7.3-1所示。

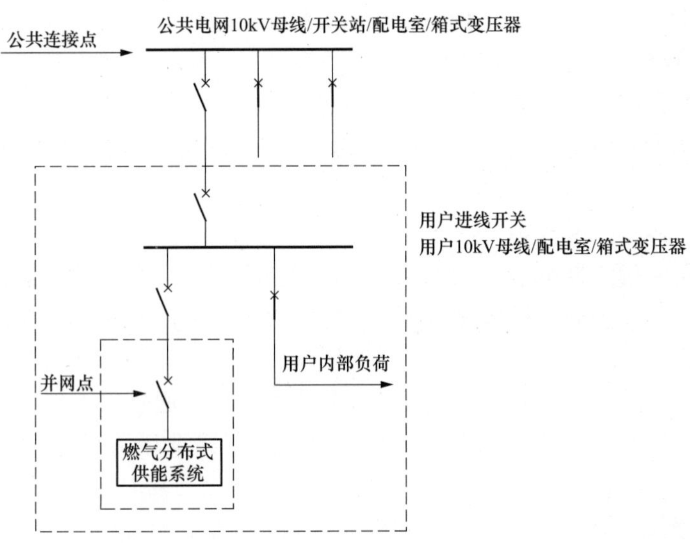

图7.3-1　自发自用/余量上网的燃气分布式供能系统（400kW～6MW）单点接入系统图

2. 出线回路数

燃气分布式供能系统的出线回路数应根据当地电网条件及项目热（冷）负荷功能可靠性要求综合确定。对于电源总容量较大、可靠性要求较高的项目出线回路数宜采用二回及以上。

（五）主要电气计算

燃气分布式供能系统接入系统设计时，应按《电力系统安全稳定导则》（DL 755—2001）的要求，进行潮流、短路电流等电气计算（必要时还应进行稳定计算）对接入的配电线路载流量、变压器容量进行校核，对系统侧母线、线路、开关等相关设备进行短路电流、热稳定校核。

1. 潮流计算

燃气分布式供能系统接入系统潮流计算应遵循以下原则：

（1）燃气分布式供能系统接入配电网设计时，应对设计水平年有代表性的电源出力和不同负荷（最大、最小）组合的运行方式、检修运行方式以及事故运行方式进行分析，必要时进行潮流计算以校核该地区潮流分布情况及上级电源通道输电能力。

（2）必要时应考虑该项目投运2～3年内相关地区预计投运的其他分布式电源项目，并纳入潮流计算。相关地区指该项目公共连接点上级变电站所有低压侧出线覆盖地区。

2. 短路电流计算

燃气分布式供能系统接入系统短路电流计算应遵循以下原则：

（1）在燃气分布式供能系统最大运行方式下，对燃气分布式供能系统并网点及相关节点进行三相短路电流和单相短路电流计算。

（2）短路电流计算为燃气分布式供能系统及相关厂站开关设备选型提供依据。当已有设备短路电流开断能力不足时，应提出限流措施（如加装限流电抗器等）或解决方案。

3. 稳定计算

接入10kV及以上的燃气分布式供能系统应进行稳定计算，接入380V系统的燃气分布式供能系统，可省略稳定计算。

（六）主要技术参数

燃气分布式供能系统接入系统设计时，应对设备参数选型提出要求。

1. 电气主接线

电气主接线应符合以下规定：

（1）燃气分布式供能系统电气主接线方式，应根据燃气分布式供能系统规划容量、分期建设情况、供电范围、当地负荷情况、接入电压等级和出线回路数等条件，通过技术经济分析比较后确定。

（2）接入配电网的燃气分布式供能系统应简化主接线。通过单点并网的项目宜采用线路变压器组或单母线接线，通过多点并网的项目可采用线路变压器组、单母线或单母线分段接线。

2. 升压变压器

升压变压器的选择应符合以下规定：

（1）参数应包括台数、额定电压、容量、阻抗、调压方式、调压范围、联结组别、分接头以及中性点接地方式，应符合《电力变压器能效限定值及能效等级》（GB 24790—2009）、《油浸式电力变压器技术参数和要求》（GB/T 6451—2015）、《电力变压器选用导则》（GB/T 17468—2008）的有关规定。

（2）变压器总容量的确定：

1）电力全额上网消纳的燃气分布式供能系统，变压器总容量应满足全部机组满发时电力送入电网的需求。

2）存在直供电用户的燃气分布式供能系统，当直供电负荷最小时，变压器总容量应满足全部机组满发情况下盈余电力送入电网的需求；当直供电负荷最大时，在站内容量最大的一台发电机停用或因电力系统经济运行要求而出力受限的情况下，变压器容量应满足公用电网对用户供电的需要。

3）变压器抽头和阻抗的选择应根据调压计算和短路电流计算的结果确定。

3. 送出线路

燃气分布式供能系统送出线路导线截面选择应根据所需送出的容量、并网电压等级选取，具体应遵循以下原则：

（1）燃气分布式供能系统送出线路导线截面宜按持续极限输送容量选择。

（2）当接入公共电网时，应结合该地配电网规划与建设情况选择导线截面。

（3）380V电缆可选用120、150、185、240mm^{2}等截面；10kV架空线可选用70、120、185、240mm^{2}等截面，10kV电缆可选用70、185、240、300mm^{2}等截面。

4. 开断设备

（1）燃气分布式供能系统应在并网点内侧设置易操作、可闭锁、具有明显开断点、带接地功能、可开断故障电流的开断设备。

（2）当燃气分布式供能系统并网公共连接点为负荷开关时，需改造为断路器。

（3）根据短路电流水平选择设备开断能力，并需留有一定裕度，380V断路器应具备电源端与负荷端反接能力；10kV断路器一般宜采用20kA或25kA。

（4）当并网点与接入点之间距离很短时，可以在燃气分布式供能系统与用户母线之间只装设一个开关设备。

（七）运行控制要求

1. 功率控制与调节

（1）燃气分布式供能系统有功功率控制应符合以下规定：

1）接入10kV及以上电压等级的并网上网型燃气分布式供能系统，应具有接收并自动执行电力调度部门发送的有功功率及有功功率变化的控制指令的能力，应能实现调节机组有功功率输出、控制机组启停机等功能。

2）接入10kV及以上电压等级的并网上网型燃气分布式供能系统，启停时应得到电力调度机构的许可。

3）其他燃气分布式供能系统的有功功率控制要求可与电力调度机构协商确定。

（2）燃气分布式供能系统电压与无功调节应符合以下规定：

1）燃气分布式供能系统，应保证机端功率因数在0.95（超前）～0.95（滞后）范围内连续可调。

2）接入10kV及以上电压等级的并网上网型燃气分布式供能系统，应具备在其允许的容量范围内根据电力调度部门指令参与电网电压调节的能力。其调节方式、参考电压等方式应按电力调度机构要求执行。

3）无功补偿宜以就地平衡为原则，用户的电能质量、功率因数等参数应符合有关规范和规定，必要时应配置无功补偿装置。

2. 电能质量

燃气分布式供能系统向当地交流负载提供电能和向电网发送电能的质量应受控，且应符合以下规定：

（1）燃气分布式供能系统接入电网后，并网点谐波电压以及向电网公共连接点注入的谐波电流应满足《电能质量 公用电网谐波》（GB/T 14549—1993）的规定。其中燃气分布式供能系统向电网注入的谐波电流允许值按其协议容量与其公共连接点上发/供电设备容量之比进行分配。

（2）燃气分布式供能系统接入电网后，应使公共连接点的电压偏差不超过现行国家标准《电能质量　供电电压偏差》（GB/T 12325—2008）的规定，即：35kV及以上公共连接点电压正、负偏差绝对值之和不超过标称电压的10%［注：如公共连接点电压上下偏差同号（均为正或负）时，按较大的偏差绝对值作为衡量依据］。20kV及以下三相公共连接点电压偏差不超过标称电压的±7%。

（3）燃气分布式供能系统引起公共连接点处电压波动和闪变应满足《电能质量　电压波动和闪变》（GB/T 12326—2008）的规定。

燃气分布式供能系统在公共连接点单独引起的电压波动限值与电压变动频度、电压等级有关，见表 7.3-4。

表 7.3-4　　电压波动限值

r（次/h）	d(%)	
	$U_N \leqslant 35kV$	$35kV < U_N \leqslant 110kV$
$r \leqslant 1$	4	3
$1 < r \leqslant 10$	3	2.5
$10 < r \leqslant 100$	2	1.5
$100 < r \leqslant 1000$	1.25	1

注 1. r 表示电压变动频度，指单位时间内电压变动的次数（电压由大到小或由小到大各算一次变动），不同方向的若干次变动，若间隔时间小于 30ms，则算一次变动；d 表示电压变动，为电压方均根值曲线上相邻两个极值电压之差，以系统标称电压的百分数表示。

2. 很少的变动频度 r（每日少于 1 次），电压变动限值 d 还可以放宽。

燃气分布式供能系统在公共连接点单独引起的电压闪变限值应根据电源安装容量占供电容量的比例以及系统电压等级，按照《电能质量 电压波动和闪变》（GB/T 12326—2008）的规定分别按三级做不同的处理。

（4）燃气分布式供能系统接入系统应预留测试所需接口。

3. 电网异常响应

燃气分布式供能系统在电网电压、频率异常时的响应应满足电力调度机构的相关要求。

4. 孤网运行

供电可靠性要求高的燃气分布式供能系统应具有孤网运行的能力。

5. 调峰需求

为发挥燃气分布式供能系统的优势，应兼顾电力需求削峰填谷。

三、接入系统方案（二次部分）

当燃气分布式供能系统与电力系统并网接入系统方案确定后，根据一次系统接入方案开展接入系统二次部分的方案研究，以满足所接入系统的相关调度对燃气分布式供能系统信息采集及调度控制的要求。接入系统二次部分主要包括系统继电保护及自动装置、系统安全稳定控制、调度自动化系统、电量计量系统、系统通信等内容。

在进行二次接入系统方案研究时，要充分考虑所接入电网的一次系统结构及各二次系统的设备状态、运行习惯，以及可能发展的方向。

（一）系统继电保护及自动装置

1. 一般规定

电力系统继电保护及自动装置是指燃气分布式供能系统（或称供能站）与公共电力系统并网相关的设备的保护和自动装置，一般包括线路保护、母线保护、断路器失灵保护、自动重合闸以及母联（分段）保护。

在进行继电保护及自动装置配置时，应满足《继电保护及安全自动装置技术规程》（GB/T 14285—2006）及《燃气分布式供能站设计规范》（DL/T 5508—2015）等相关规程、规定的要求，并应适应系统运行方式的变化，避免由于继电保护及自动装置配置、接线的不合理而限制一次系统运行方式。

电力系统继电保护及自动装置需满足可靠性、选择性、灵敏性、速动性的要求，并应首选技术成熟、原理简单、运行维护方便并有成功运行经验的设备，所选设备应为通过相关机构检测的数字式设备。

2. 线路保护

线路保护的方案针对不同的电压等级、接网方式、中性点接地方式及通信通道条件有所不同。

(1) 配置原则。

1) 220kV 线路。220kV 线路应按加强主保护、简化后备保护的总体原则配置保护设备，具体配置原则如下：

a. 220kV 系统宜采用近后备保护方式。

b. 220kV 线路应配置全线速动主保护，且双重化配置，以保证线路故障的快速可靠切除。

c. 可配置阶段式相间距离保护作为相间故障的后备保护，配置阶段式接地距离保护、阶段式零序电流保护（或反时限零序电流保护）作为接地故障的后备保护。当两套主保护均含有完善的后备保护功能时，可不单独配置后备保护。

d. 220kV 线路断路器一般为分相操作断路器，要求线路保护具有选相跳闸能力。

e. 对于电缆线路或电缆架空混合线路，应装设过负荷保护。

2) 110kV 线路。

a. 110kV 系统宜采用远后备保护方式，主保护及后备保护单重化配置。

b. 当不具备光纤通信通道传输保护信号时，可配置阶段式相间距离保护作为相间故障的主保护及后备保护；配置阶段式接地距离保护、零序电流保护作为接地故障的主保护及后备保护。

c. 对于电缆线路或电缆架空混合线路，应装设过负荷保护。

3) 10～66kV 线路。

a. 系统采用远后备保护方式，主保护及后备保护单重化配置。

b. 应装设单相接地保护，根据需要动作后发信号或跳闸。

c. 对于电缆线路或电缆架空混合线路，应装设过负荷保护。

4) 380V 线路。

a. 380V 线路不配置保护装置。

b. 线路断路器应具备短路瞬时、长延时保护功能和分励脱扣、欠压脱扣等功能。

(2) 主要应用的保护设备。

1) 纵联保护。线路的纵联保护种类较多，包括纵联电流差动保护、纵联距离保护、纵联方向保护等。各种原理的纵联保护在线路两侧成对配置，并且保护装置间均需要配置相应的通信通道，以向线路对侧装置传输保护信息。因其可快速判别线路全长内的各种故障，又称之为全线速动保护，主要用于 220kV 及以上系统的主保护。分相电流差动保护以其原理简单、具有选相功能、受串补电容影响较小等一系列优点，是目前电网中首选的纵联保护类型。

当具备光纤通信通道条件时，10～110kV 线路均可使用纵联电流差动保护作为主保护。

2) 距离保护。距离保护是通过测量故障点与保护安装处的距离（阻抗），并根据距离的远近确定是否动作及动作时间的一种保护。包括相间距离和接地距离，一般采用三段式。

对于配置了纵联电流差动保护作为主保护的110～220kV线路，距离保护作为后备。

对于配置了纵联电流差动保护作为主保护的35～66kV线路，相间距离保护可作为后备。

距离保护可作为220kV“T”接线路及110kV线路主保护和后备保护，第一段、第二段作为该线路的主保护，第三段作为后备保护。

相间距离保护可作为35～66kV线路主保护和后备保护，第一段、第二段作为该线路的主保护，第三段作为后备保护。

3）零序电流保护。零序电流保护主要用于大电流接地系统中的接地保护，通过测量保护安装处零序电流的大小及方向来判别接地故障。零序电流保护一般配置多段，可无时限或带时限，包括定时限零序电流保护和反时限零序电流保护。

对于配置了纵联电流差动保护作为主保护的110～220kV线路，零序电流保护作为后备。

零序电流保护可作为220kV“T”接线路及110kV线路接地故障的主保护和后备保护，第一段、第二段作为该线路的主保护，其他段作为后备保护。

4）电流电压保护。电流电压保护依据故障状态下电流电压值判别故障元件及故障点范围，保护一般由多段组成，可无时限或带时限，无方向或带方向。

对于配置了纵联电流差动保护作为主保护的10～66kV线路，电流电压保护可作为后备。

电流电压保护可作为10～66kV线路主保护和后备保护，第一段、第二段作为该线路的主保护，其他段作为后备保护。

3. 母线保护

母线保护的方案针对燃气分布式供能系统（或称供能站）不同的电压等级、主接线方式有所不同。

（1）配置原则。

1）220kV母线应配置快速有选择性切除故障的母线保护，并按双重化配置。

2）35～110kV宜配置单套快速有选择性切除故障的母线保护。

3）当并网线路采用线路-变压器组接入电网变电站接线形式，站内不配置母线保护。

（2）主要应用的保护设备。目前，电网中配置的母线保护均为微机型母线差动保护，包括双母线保护和单母线保护。双母线保护适用于双母线、双母线单分段及双母线双分段主接线的35～220kV母线。单母线保护适用于单母线及单母线分段主接线的35～220kV母线。

微机型母线差动保护通常还集成有断路器失灵保护功能，双母线保护装置还集成有母联过流保护、母联充电保护、母联非全相保护、母联死区保护及母联失灵保护功能。

4. 断路器失灵保护

断路器失灵保护用于电力系统发生故障，相关继电保护动作而断路器拒动时，以较短时间跳开与拒动断路器连接的所有电源支路的断路器，达到切除故障的目的，将断路器拒动对电力系统稳定运行的影响限制到最小。

（1）断路器失灵保护配置原则。

1）220kV线路的后备保护采用近后备方式，应配置断路器失灵保护。

2）电气主接线采用单母线、双母线接线形式的，断路器失灵保护按母线配置；采用其他主接线的，断路器失灵保护按断路器配置。

3）对于因系统安全稳定控制要求线路断路器失灵时快速切除故障的，断路器失灵保护需启动远方跳闸。

（2）设备配置。用于220kV电压等级的母线保护，均集成有完善的断路器失灵保护功能，因此，电气主接线采用单母线、双母线接线形式的断路器不单独配置断路器失灵保护装置。

采用其他主接线的，如线路-变压器组、桥形接线以及角形接线等，线路断路器需配置断路器辅助保护，其保护装置均集成有断路器失灵保护功能，不需单独配置断路器失灵保护。需要启动远方跳闸时，断路器失灵保护经线路电流差动保护的远传通道向线路对侧传输远方跳闸信号。

5. 母联（分段）保护

母联（分段）保护是用于利用母联（分段）断路器对母线进行充电试验时的临时性电流速断保护，其功能集成于母线保护装置中，不单独配置。

6. 自动重合闸

在输电线路发生瞬时故障由保护设备将故障点短时隔离后，将断开的线路断路器重新合闸，可快速恢复线路的正常运行。这对提高系统暂态稳定水平以及供电可靠性，充分发挥输电线路的输送能力，减少停电损失均有十分重要意义。因此，10kV以上电压等级的线路均应配置自动重合闸装置。自动重合闸装置一般具有单相重合闸、三相重合闸和综合重合闸功能。

（1）自动重合闸方式使用原则。

1）220kV线路可使用单相重合闸、三相重合闸和综合重合闸方式。

2）10～110kV线路使用三相一次重合闸方式。

3）使用三相重合闸方式时应采用检同步或检无压重合闸。

（2）设备配置。用于220kV以下电压等级的线路保护，均集成有完善的自动重合闸功能，因此，不单独配置自动重合闸装置。

7. 安全稳定控制装置

燃气分布式供能系统接入电网，应根据电网实际情况进行安全稳定分析计算，研究该项目的接入是否会对电网带来系统稳定问题，确定当电力系统发生故障是否对燃气分布式供能系统机组采取控制措施。由于燃气分布式供能系统的装机容量相对较小，而且接入点的电网结构较强（不会是偏远地区），一般不需要配置作为电力系统安全稳定运行第二道防线的安全稳定装置。

为了保证在电力系统发生严重故障时，防止系统稳定破坏、事故扩大、造成大面积停电，作为电力系统安全稳定运行的第三道防线，并网线路应根据所接入电网的实际情况配置必要的安全稳定控制装置。

（1）配置原则。

1）66～220kV并网线路根据电网安全稳定分析结论配置安全稳定控制装置。

2）安全稳定控制装置动作可根据电力系统要求跳开并网线路或发电机组。

（2）设备配置。安全稳定控制装置分两个种类，一种是作为电力系统安全稳定运行第二道防线的安全稳定装置，另外一种是作为电力系统安全稳定运行第三道防线的安全稳定装置。

第一种是针对接入系统的具体情况，根据电网安全稳定分析结论，按照控制方案，实现切机切负荷等控制措施的装置。必要时需经通信通道传输或接收相关信息和控制指令。

第二种安全稳定控制装置包括低频低压自动减载装置、失步自动解列装置或电压频率紧急控制装置。

（二）调度自动化系统

1. 一般规定

调度自动化系统是指用于向接入电网调度中心传送信息并接收调度指令的远动系统及相关设备，包括远动终端单元（RTU）或供能站计算机监控系统及必要的数据网设备。其设备配置、信息采集及信息传输应满足《电力系统调度自动化设计技术规程》（DL/T 5003）、《地区电网调度自动化设计技术规程》（DL/T 5002）及《燃气分布式供能站设计规范》（DL/T 5508）的技术要求，并满足运行性能及可靠性的要求。

2. 配置原则

（1）以10～220kV电压等级并网燃气分布式供能系统（或称供能站）应配置相应的调度自动化系统设备。

（2）当燃气分布式供能系统（或称供能站）设置了计算机监控系统时，应在计算机监控系统中配置专用的远动通信网关，而不配置独立的远动终端设备。

（3）采集控制单元可按元件配置。

（4）根据调控中心AVC控制要求配置相应的AVC装置。

（5）数据网接入设备应按照调控中心要求单套或双套配置，并按照《电力监控系统安全防护规定》（国家发展改革委令〔2014〕第14号）要求配置必要的安全防护设备。

（6）采用交流不停电电源（uninterrupted power supply，UPS）系统为调度自动化系统设备供电，在交流电源失电后应能维持供电2h。

3. 信息采集与传输

（1）燃气分布式供能系统（或称供能站）应根据所接入区域电网的要求采集相关信息，至少采集以下信息，并传送至有关调度中心。

1）遥测量：发电总有功功率和总无功功率；无功补偿装置的无功功率；升压变压器高压侧有功功率和无功功率；并网线路有功功率和无功功率。

2）遥信量：并网线路或变压器的断路器的位置信号；变压器和无功补偿装置的断路器的位置信号；有载调压变压器抽头位置信号；事故总信号；并网线路保护和重合闸动作信号；母线保护动作信号。

（2）燃气分布式供能系统（或称供能站）应根据需要接收有关调度中心下达的遥控或遥调命令，命令包括并网线路或变压器的断路器的分合；无功补偿装置的投切；有载调压变压器抽头的调节；发电机组的起停和AVC调节。

（3）信息传输。

1）传输方式。调度端与远动系统通信主要采用网络和专线方式，条件允许时首选采用经电力调度数据网向有关调度中心传输远动信息。

2）传输规约。远动信息的传输规约应与调度端系统一致。当采用数据网络传输方式时，传输规约应采用《远动设备及系统 第5-104部分：传输规约采用标准传输协议子集的IEC60870-5-101网络访问》（DL/T 634.5104—2002）；当采用专线传输方式时，应采用《远动设备及系统 第5-101部分：传输规约基本远动任务配套标准》（DL/T 634.5101—2002）。

4. 设备配置

（1）远动终端单元（remote terminal unit，RTU）。燃气分布式供能系统（或称供能站）配置一套远动终端单元，用于汇集采集信息，将遥测、遥信量传送至调度端，并接收调度端的遥控、遥调命令下发至采集控制单元。RTU应具备网络和专线通信接口。

如果燃气分布式供能系统（或称供能站）设置了计算机监控系统，可在计算机监控系统中配置专用远动通信网关，而不配置独立的远动终端设备。

（2）采集控制单元。采集控制单元用于遥测、遥信量的信息采集和遥控、遥调命令的执行。根据调度端所需遥测、遥信量及遥控、遥调的要求，按发电机、变压器、并网线路分别配置采集控制单元。

（3）AVC装置。根据地区电网的运行习惯及调控中心AVC控制要求，可以通过站内计算机监控系统与测控装置实现AVC，但多数情况需要配置与地区电网AVC控制系统相适应的AVC控制装置。

（4）数据网接入及安全防护设备。数据网接入设备用于将运动系统与电力调度数据网连接，构成运动信息的网络传输通道。当采用数据网传输运动信息时，需要配置数据网接入设备，包括路由器和接入交换机。实时控制的安全Ⅰ区信息和非实时控制的安全Ⅱ区信息接入应采用不同的接入交换机。

在数据网接入交换机和路由器之间需配置一台经过国家指定部门检测认证的电力专用纵向加密认证装置，以确保电力监控系统的信息安全。各区系统之间应根据安全防护需要配置防火墙、物理隔离装置等安全防护设备。

（三）电量计量系统

1. 一般规定

电能计量系统是电力市场化运营必备的技术基础设施，用于计量关口点电量的采集、存储、数据处理等。厂站端电能计量设备包括电能量计量表计、电能量远方终端及信息传输设备。其设备配置、信息采集及信息传输应满足《电能计量系统设计技术规程》（DL/T 5202—2004）的技术要求，并满足数据精准、完整、可靠及时及保密的要求，保证电量信息的唯一性和可信度。

关口计量点的设置遵循地区电网运行模式，通常设置在分布式供能系统与接入电网的产权分界处或双方合同协议中规定的贸易结算点。

2. 配置原则

（1）10kV以上的燃气分布式供能系统（或称供能站）配置一套电量计量系统。

（2）10kV及以上的燃气分布式供能系统（或称供能站）并网关口计量点应采用双计量表配置，按主/副方式运行。分布式能源项目通过380V接入电网时，关口计量点可单计量表配置。

（3）电量计量信息根据接入电网的要求传输至调度端或电力营销系统，传输方式可采用网络、专线或电话拨号的传输方式，通信协议采用《远动设备及系统 第5部分 传输规约 第102篇 电力系统电能累计量传输配套标准》（DL/T 719—2000）和TCP/IP（传输控制协议/因特网互联协议）。

3. 设备配置

（1）电能量计量表计。电能量计量表计应采用电子式多功能电能表，关口计量点电能量计量表计准确级应为0.2S级，使用电压互感器准确度等级应选择0.2级，电流互感器准确度等级应选择0.2S级。

电能表应具备电流、电压、电量等信息采集和三相电流不平衡监测功能，配有标准通信接口。

（2）电能量远方终端。电能量远方终端用于电能量计量表计信息的采集、存储，并传送至电能量计量系统主站端。

电能采集终端按照单机配置，应能完成对电能数据的高精度采集，能按指定的时间地点、指定的内容向主站传送信息。

分布式能源项目通过380V接入电网时，不需要配置电能量远方终端。

（四）系统通信

1. 一般规定

系统通信为系统继电保护、调度自动化系统及电能计量系统等与接入地区电网调度相关系统提供信息传输通道并进行信息交换，包括传输系统组织、传输设备及站端通信电路设备。系统通信的方案设计及设备配置应遵循《电力系统通信设计技术规定》（DL/T 5391—2007）。

2. 通信方案及设备配置原则

（1）系统通信方案应充分考虑现有和已规划的通信网络状况，应以数字光纤通信为主，也可根据具体情况采用载波通信或无线通信等方式，当采用公网无线通信网络时不得传输控制信息。

（2）光缆架设应利用电力线杆路资源，随分布式供能系统并网线路架设光缆，接入地区电网通信网络。并网线路为35～220kV电压等级时，可采用OPGW（光纤复合架空地线）；为10～20kV电压等级或利用已有线路杆塔时可采用ADSS（全介质自承式光缆）；为电缆线路时，可采用OPPC（光纤复合相线）。光缆长度一般是线路长度的105%。

当光缆采用OPGW或OPPC方式架设时，还需要考虑由开关场至通信机房的引入光缆（ADSS）。

（3）光设备技术体制的选择应根据业务需求、带宽要求以及上级网络的设备制式综合考虑。66kV及以上变电站宜选择SDH制式，35kV及以下变电站可选择PON或工业以太网交换机进行组网。

（4）根据调度通信、系统继电保护和调度自动化系统信息传输的要求组织通道，必要时组织不同路由的双通道通信系统。

（5）光缆及站端通信设备配置应满足调度通信、调度自动化、继电保护等专业通道及业务容量要求，并满足网络冗余要求。

（6）站内配置 DC/DC 转换电源，将 220V 或 110V 操作电源转换为 48V 电源，为通信设备供电。当站内交流电源失电后应能对通信设备维持供电 2h。

3. 主要设备配置

（1）光纤。光纤类型可采用 G. 652 型非色散位移单模光纤，光纤芯数根据传输业务量可选择 12、18、24 芯。光缆应尽可能采用同一类型的光纤成缆，以避免纤芯性能不一致对光传输的影响。

（2）同步数字体系（synchronous digital hierarchy，SDH）光接口设备。SDH 光接口设备选型和数量需要根据所传输业务流量、系统速率、传输方向及接入的传输网络结构确定。

当传输业务只针对一个调度端，且无双通道要求，可配置一台 SDH 光接口设备。否则，需要配置 2 台。

同时，要考虑通信网络接入端的 SDH 光接口设备的配置，当接口设备不能满足接入要求时，需要增配必要的设备。

（3）脉冲编码调制（PCM）设备。当有专线模拟信号业务传输或地区运行要求通过 PCM 下话路时，需要配置相应的 PCM 设备。

（4）PON 通信设备。当采用 PON 通信方案时，站内需配置相应的光线路终端（OLT）、光分配网络（ODN）和光网络单元（ONU）。

当站内有多点传输业务时需配置 OLT，用于传输业务的汇聚分发，其发射功率应根据所接入的 ONU 数量及传输距离确定。

ONU 用于接入所需业务，实现各种电信号的处理与维护管理，其数量取决于传输业务量及发布地点。

ODN 用于 OLT 与 ONU 之间的信息传输和分发，建立 ONU 与 OLT 之间的端到端的信息传送通道。

（5）以太网交换机。当采用以太网交换机通信方案时，站内需配置相应的一台路由器及以太网交换机。路由器用于接入通信传输网，以太网交换机用于接入所需传输的通信业务。

（6）其他设备。通信机房还需要配置综合配线柜，内装有光纤配线单元、数字配线单元和音频配线单元，用各种通信业务的接入，以及与通信网络的连接。各单元的容量根据所传输的业务量确定。

第四节　水 源 设 计

水源设计包括水源选择、水务管理和站外取水。

一、水源选择

分布式供能站给水水源可分为地下水源和地表水源两大类。地下水源包括潜水（无压地下水）、自流水（承压地下水）和泉水；地表水源包括江河、湖泊、水库水、海水以及城市再生水（经生化及深度处理后的城市生活污水）。

（1）分布式供能站的水源选择，必须认真落实，做到充分可靠。除应考虑供能站取、排水对水域的影响外，还要考虑当地工农业和其他用户及水利规划对供能站取水水质、水量和水温的影响。

（2）北方缺水地区建设的分布式供能站生产用水禁止取用地下水，严格控制使用地表水，当有不同的水源可供选用时，应在节水政策的指导下，根据水量、水质和水价等因素经技术经济比较后确定。在有可靠的城市再生水和其他废水水源时，应优先选用。

（3）分布式供能站供水水源的设计保证率宜为95%。根据供能站用户性质、机组容量大小，经充分论证，上述设计保证率标准可作适当降低或提高。

（4）当采用地表水作为供水水源时，取水及其取水构筑物的布置和结构形式应取得当地水行政主管部门或流域管理机构同意的相应文件，在下述情况下，分布式供能站的供水水源应保证供给全部机组满负荷运行所需的水量：

1）当从天然河道取水时，应按保证率为95%的最小流量考虑，同时均应扣除取水口上游必须保证的工农业规划用水量和河道水域生态用水量。

2）当河道受水库、湖泊、闸调节时，应按其保证率为95%的最小下泄流量加上区间来水量考虑，同时均应扣除取水口上游必须保证的工农业规划用水量和河道水域生态用水量。

3）当从水库取水时，应按保证率为95%的枯水年最小供水量考虑。

（5）当采用城市污水处理厂的再生水作为供水水源时，应设备用水源，应取得相关水务主管部门的同意，并与再生水供应方签订供取水协议；供取水协议应明确再生水的水量、水质等保障要求，以及取水泵房、输送管道的投资主体，确定设计和投资边界。

（6）采用地下水作水源时，取用水量不应超过按枯水年或连续枯水年经水量平衡计算后的允许开采量。

（7）当采用城市自来水作为水源时，应取得市政自来水主管部门的同意并签订供取水协议，在协议中宜明确能源站需要有两条供水管线分别从市政自来水管网的两个不同检修段上引接，同时宜明确投资边界、计量设施设置和相关接口费用。

（8）当采用矿区排水作为电厂补给水源时，应根据矿区开采规划和排水方式，分析可供供能站使用的矿区稳定的最小排水量。

（9）楼宇式分布式供能站宜选用城市自来水作为水源。

（10）分布式供能站应根据设计合同确定水源系统的设计分界。

二、水务管理

设计中应根据厂址水源条件和环保对污废水排放的要求，按照批复的水资源论证报告和项目环境评价报告要求开展水量平衡设计工作，因地制宜地对分布式供能站的各类生产和生活供排水进行全面规划、综合平衡和优化比较、积极采用成熟可靠的节水工艺和技术，实现提高重复用水率、减少污水排放、降低全厂耗水指标的目的。水务管理设计要点如下：

（1）分布式供能站水务管理设计除遵守和执行国家有关的法律法规外，还应符合《地表水环境质量标准》（GB 3838—2002）、《生活饮用水卫生标准》（GB 5749—2006）、《污水综合排放标准》（GB 8978—1996）等标准，并应考虑供能站所在地区的有关规定和要求。

（2）分布式供能站设计中应对发电厂的各类供水、用水、排水进行全面规划、综合平衡和优化比较，以达到经济合理、一水多用、综合利用，提高重复用水率，降低全厂用水指标，减少废水排放量，排水符合排放标准等目的。

1）对循环使用、重复利用的水系统在满足生产工艺要求的条件下，应进行水量平衡和考虑采取改善水质的措施。

2）各种废水宜按照水质条件直接回用或按用水点对水质要求采取简易的处理方案经处理后回用，当不具备回用条件时，应经处理后达标排放。

（3）分布式供能站的设计耗水指标应根据当地的水资源调剂和采用的相关工艺方案按表7.4-1确定。

表7.4-1　分布式供能站发电部分的设计耗水指标　［$m^3/(s \cdot GW)$］

序号	机组冷却方式	原动机机组类型		备注
		燃气-蒸汽联合循环机组	燃气内燃机机组	
1	循环供水系统	0.5～0.6	0.4	夏季频率为10%的日平均湿球温度和相应的各组气象条件（干球温度、大气压力、风速等）
2	直流供水系统	0.25	—	燃气内燃机组设计耗水量不宜超过$10m^3/h$
3	空冷系统	0.25	—	

注　各类供能站在申请需水量和取水指标时，应增加供能站对外供蒸汽/热水、供冷水系统服务的循环冷却水系统和化学水处理系统的补给水需水量、供蒸汽/热水和供冷管网系统的损失水量、原水预处理系统和再生水深度处理的自用水量。

（4）分布式供能站应装设必要的水质监测和水量计量装置。

（5）供水设计中可采用下列节约用水措施：

1）冷却塔应装设除水器。

2）宜回收工业用水及其他用水，部分工业用水可采用单独的循环系统。

3）对地表水净水站的自用水宜进行回收处理利用。

4）热力系统的疏水、锅炉排污水应根据具体情况，经降温后可用做锅炉补给水处理的原水或热网、循环冷却水等系统的补充水。

5）锅炉补给水处理再生系统的排水及化学试验室排水经处理后宜回收利用。

6）集中工业废水处理站处理合格后的排水，宜进行回收利用。

7）生活污水经处理合格后，宜回收用于杂用水系统。经深度处理合格也可作为循环冷却水的补充水。

8）具备条件的情况下，水源优先采用城市污水处理厂再生水。在严重缺水地区，经技术经济比较认为合理时，可采用空冷系统；经技术经济比较认为合理时，可对循环水排污水作如反渗透等深度处理，回用于循环水补充水或锅炉补给水处理原水。

（6）施工期间可采用下列节约用水措施：

1）合理选择质量完好的施工供水水泵、水管等配套设施，确保施工现场供水不泄漏。

2）可将现场的施工废水、生产污水收集于废水池内，经处理后用于施工机具及运输车辆冲洗、碎石冲洗、道路冲洗、道路压尘、混凝土搅拌、混凝土养护等方面用水。

3）在洗石场、混凝土养护等用水场地设置集水池，将洗用水汇集于池中沉淀或处理后，重复使用。

4）采取设置集水坑池等有效措施，大量收集天然雨水，作施工生产用水源。

5）在施工运输车辆所经过处地下埋有供水管道的交通要道，特别是有大件运输通过的道路，其管道须采取加固保护措施，防止地下供水管道压坏使水源泄漏产生浪费。

6）施工单位要派专人负责取水设施管理，水系统要装有水表及计量设施。

三、站外取水

站外取水分为地下水取水和地表水取水两类。

（一）地下水取水

地下水取水构筑物主要有管井、大口井、渗渠、泉室等，各构筑物适用条件详见表7.4-2。

表 7.4-2　　地下水取水构筑物适用条件

序号	取水构筑物类型	适用条件
1	管井	含水层厚度大于4m，底板埋藏深度大于8m
2	大口井	含水层厚度5m左右，底板埋藏深度小于15m
3	渗渠	含水层厚度小于5m，底板埋藏深度小于6m，最适宜河床渗透水
4	泉室	有泉水露头，流量稳定，且覆盖层厚度小于5m

分布式供能站中，采用地下水取水时，管井为常见的取水方式，管井常用的井室结构为深井泵房和地下式潜水泵站，具体结构如图7.4-1及图7.4-2所示。

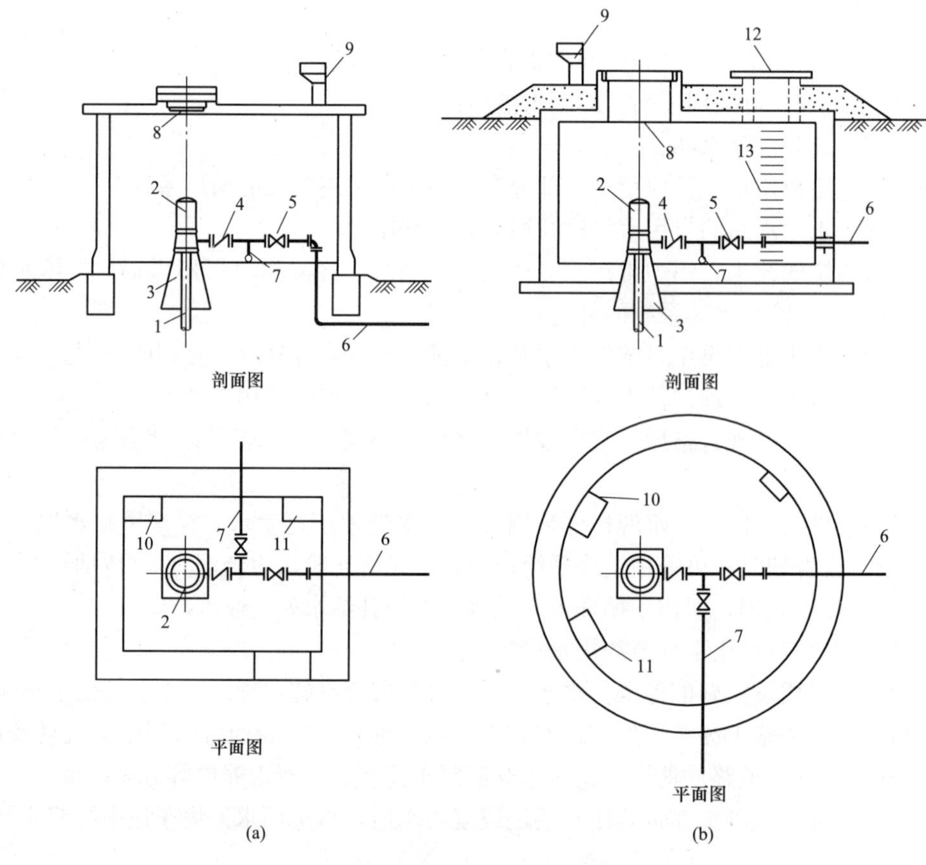

图 7.4-1　深井泵房布置简图

（a）地面式深井泵站；（b）地下式深井泵站

1—井管；2—水泵机组；3—水泵基础；4—单向阀；5—阀门；6—压水管；7—排水管；8—安装孔；9—通风孔；10—控制柜；11—排水坑；12—人孔；13—爬梯

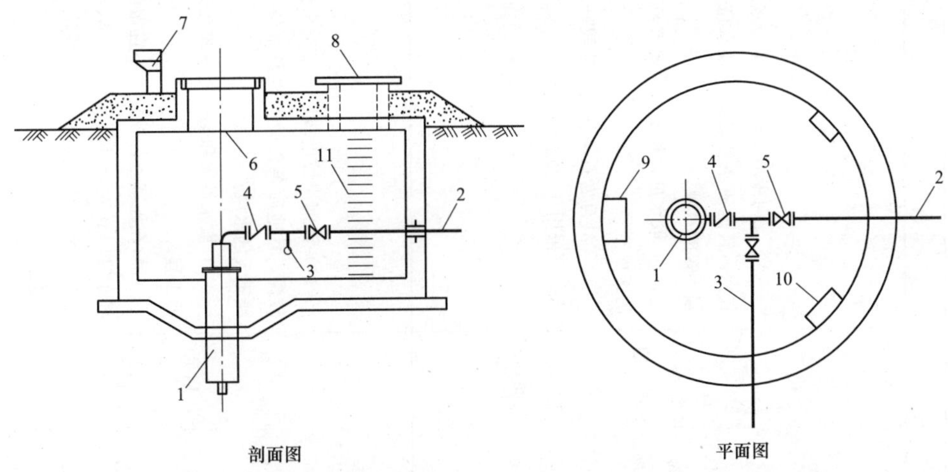

图 7.4-2　地下式潜水泵站布置简图
1—井管；2—压水管；3—排水管；4—单向阀；5—阀门；6—安装孔；
7—通风孔；8—人孔；9—控制柜；10—排水坑；11—爬梯

（二）地表水取水

地表水取水构筑物可分为固定式和移动式两类。固定式地表水取水构筑物类型、图例、特点及适用条件详见表 7.4-3，移动式地表水取水构筑物类型、图例、特点及适用条件详见表 7.4-4。

（三）站外取水构筑物的布置要点

（1）分布式供能站取水建（构）筑物设计应符合《小型火力发电厂设计规范》（GB 50049）的规定，管道和沟渠设计应符合《小型火力发电厂设计规范》（GB 50049）的规定。

（2）分布式供能站水工建筑物设计应符合《小型火力发电厂设计规范》（GB 50049）的规定。

（3）地表水取水构筑物中有关拦污栅、滤网、钢闸门、起吊及启闭设施、冲洗及排除脏物设施、防冰防沙防草措施的要求，可根据机组容量按《小型火力发电厂设计规范》（GB 50049）的规定。

（4）岸边水泵房入口地坪的设计标高应为频率 1%洪水位（或潮位）加频率 2%浪高再加超高 0.5m，并不应低于频率为 0.1%洪水位（潮位），还应有防止浪爬高的措施。否则，水泵房应有防洪措施。

（5）在水位涨落变幅大而缓的江河取水时，宜采用浮船式或缆车式取水设施。

（6）采用海水作冷却水源时，循环水泵、清污设备、冲洗泵、排水泵和阀门等与海水直接接触的部件，应选用耐海水腐蚀的材料或采用防海水腐蚀措施，并应采取防止海生物在进排水构筑物和设备中滋生附着的措施。

（7）集中取水的补给水泵宜设置不少于 2 台，其中 1 台为备用。

（8）管井的备用井数宜按生产井数的 15%～20%确定，但不少于 1 口。

表 7.4-3 固定式地表水取水构筑物类型、图例、特点及适用条件

类型	图例	特点	适用条件
(1) 岸边式取水构筑物			
合建式（底板阶梯式布置）	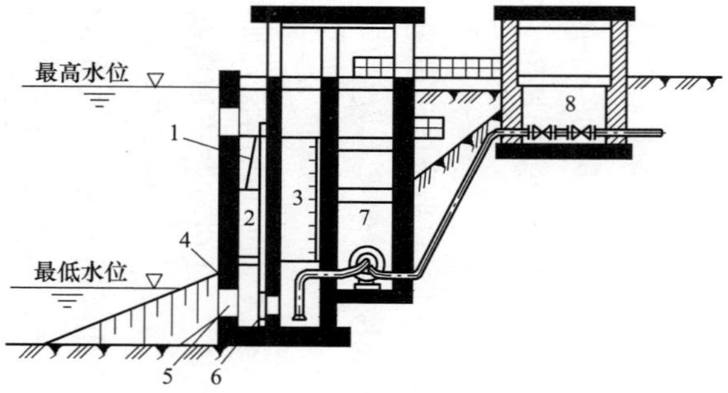 1—进水间；2—进水室；3—吸水室；4—进水孔；5—格栅；6—格网；7—泵房；8—阀门井	（1）集水井与泵房呈阶梯形布置。 （2）可减小泵房深度，减少投资。 （3）水泵启动需采用抽真空方式，启动时间较长	（1）江河岸坡度较陡，岸边水流较深，且地质条件较好以及水位变幅不大的水域。 （2）取水量大和安全性要求较高的工程。 （3）具有岩石基础或其他较好地质，可采用开挖施工
合建式（底板水平布置）	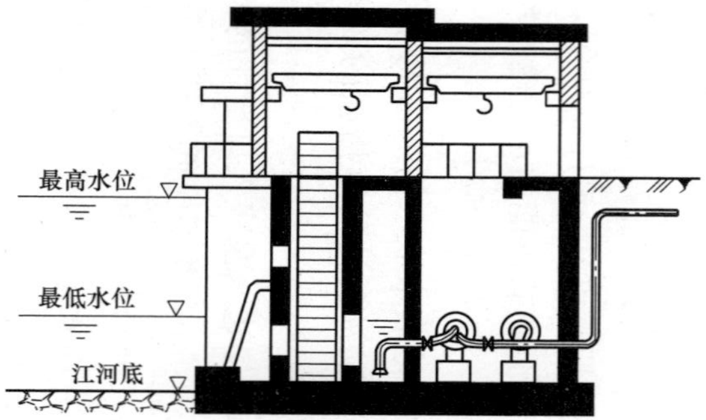	（1）集水井与泵房布置在同一高程上。 （2）水泵可设于低水位下，启动方便。 （3）泵房较深、巡视检查不便，通风条件差	（1）江河岸坡度较陡，岸边水流较深，且地质条件较好以及水位变幅不大的水域。 （2）取水量大和安全性要求较高的工程。 （3）在地基条件较差，不宜做阶梯布置以及安全性要求较高、取水量较大的情况，可采用开挖或沉井法施工

续表

类型	图例	特点	适用条件
（1）岸边式取水构筑物			
合建式（立式泵形式）	1—进水间；2—泵房；3—立式泵；4—立式电动机	（1）减小了泵房占地面积，降低了泵房造价。 （2）电动机设在泵房上层，操作方便，通风条件好	（1）江河岸坡度较陡，岸边水流较深，且地质条件较好以及水位变幅不大的水域。 （2）取水量大和安全性要求较高的工程。 （3）泵房占地面积有限制的情况
分建式	1—进水间；2—引桥；3—泵房	（1）泵房可离开岸边，设于较好的地质条件下。 （2）维护管理及运行安全性较差，一般吸水管布置不宜过长	（1）在河岸处地质条件较差，不宜合建时。 （2）建造合建式对河道断面及航道影响较大时。 （3）水下施工有困难，施工装备力量较差时

续表

类型	图例	特点	适用条件
（2）河床式取水构筑物			
自流管取水	集水间与泵房合建： 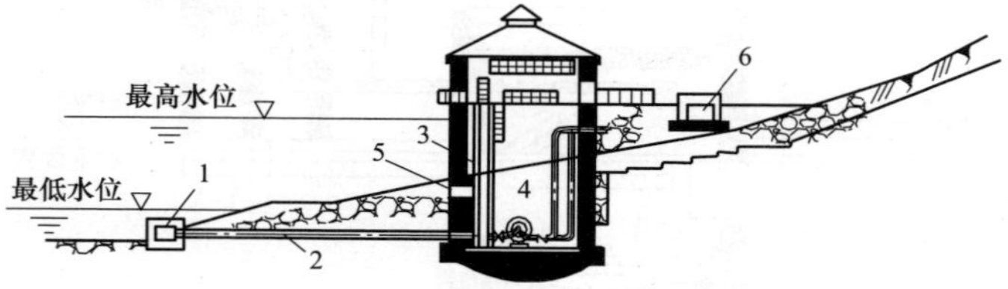 集水间与泵房分建： 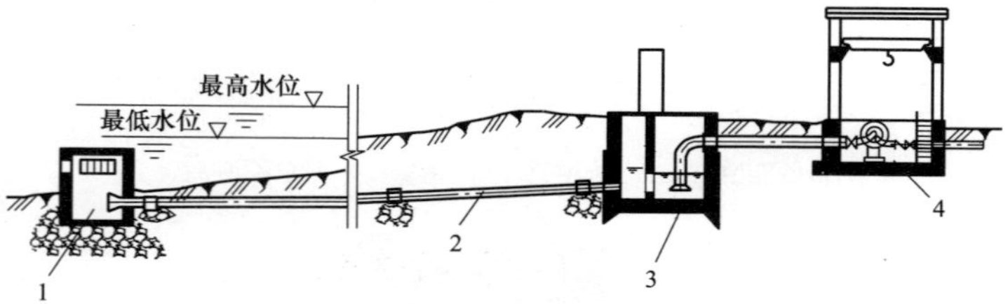 1—取水头部；2—自流管；3—集水间；4—泵房；5—进水孔；6—阀门井	（1）集水井设于河岸上，可不受水流冲刷和冰凌碰击，也不影响河床水流。 （2）取水头部伸人河道，检修和清洗不方便。 （3）在洪水期，河流底部泥砂较多，水质较差，建于高浊度水河流的集水井，常沉积大量泥砂不易清除。 （4）冬季保温、防冻条件比岸边式好	（1）河床较稳定，河岸平坦，主流距河岸较远，河岸水深较浅。 （2）岸边水质较差。 （3）水中悬浮物较少
虹吸管取水	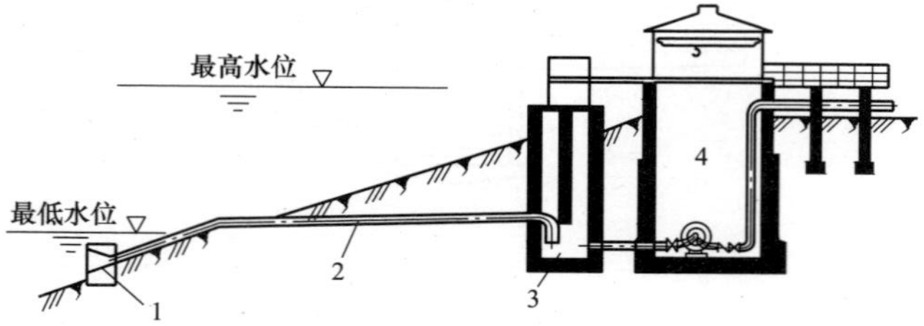 1—取水头部；2—虹吸管；3—集水井；4—泵房	（1）在非洪水期，利用自流管取得河心较好的水；而在洪水期利用水层上进水孔口取得上层水质较好的水。 （2）比单用自流管进水安全可靠	（1）河岸较平坦，枯水期主流离岸边又较远的情况下。 （2）洪水期含沙量较大

续表

类型	图例	特点	适用条件
（2）河床式取水构筑物			
水泵直接吸水	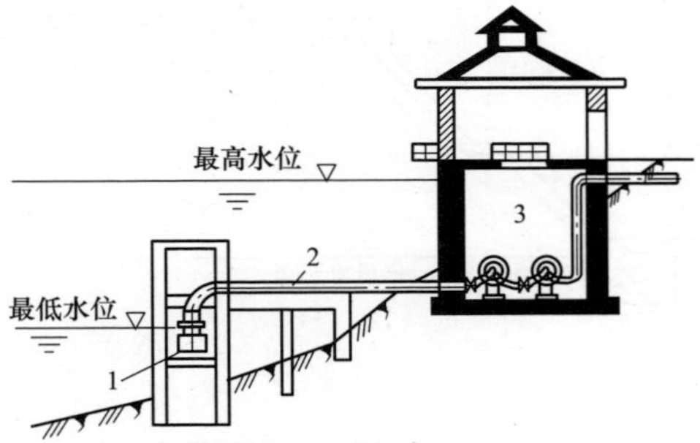最高水位 最低水位 1 2 3 1—进水间；2—吸水管；3—泵房	结构简单、施工方便、造价较低	水中漂浮物不多，吸水管不长的中小型泵房
桥墩式取水	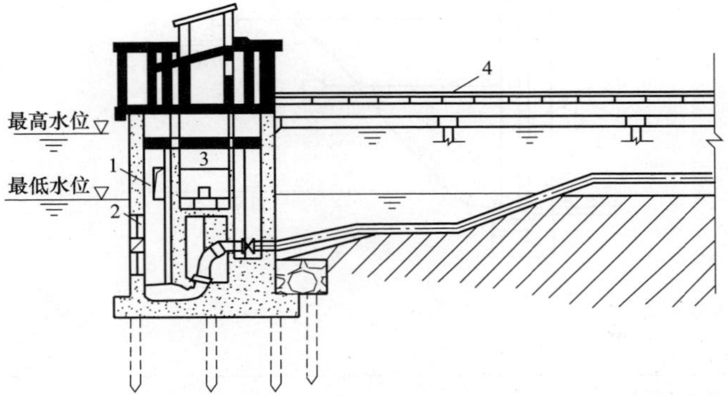最高水位 最低水位 1 2 3 4 1—进水间；2—进水孔；3—泵房；4—引桥	（1）取水构筑物建在河心，需较长引桥，由于减少了水流断面，使构筑物附近造成冲刷，故基础埋置较深。 （2）施工复杂，造价较高，维护管理不便。 （3）影响航运	（1）河岸较平坦，枯水期主流离岸边又较远的情况 （2）洪水期含沙量较大

续表

类型	图例	特点	适用条件
（2）河床式取水构筑物			
湿井式取水	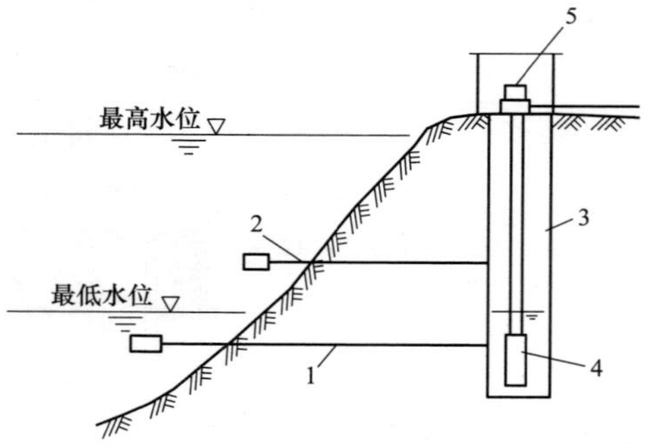 1—低位自流管；2—高位自流管；3—集水间；4—深井泵；5—水泵电动机	（1）泵房下部为集水井，上部（洪水位以上）为电动机操作室，运行管理方便。 （2）采用深井泵可减少泵房面积。 （3）水泵检修麻烦，井筒淤沙难以清除。 （4）在河水含沙量和沙粒拉径较大时，需采用防沙深井泵或采取相应措施（如用斜板取水头部）	水位变幅大（大于10m）。尤其是骤涨骤落（每小时水位变幅大于2m），水流流速较大
淹没式取水	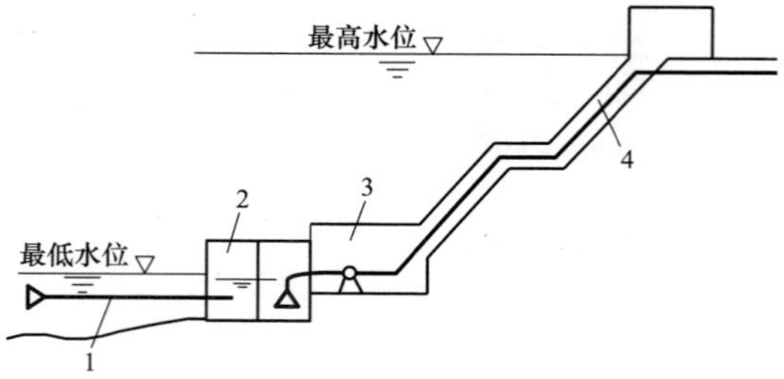 1—自流管；2—集水间；3—泵房；4—交通廊道	（1）集水井、泵房位于常年洪水位以下，洪水期处于淹没状态。 （2）泵房深度线、土建投资较省。 （3）泵房通风条件差，噪声大，操作管理及设备检修运辐不方便。 （4）洪水期格栅难以起吊，冲洗	（1）河岸地基较稳定。 （2）水位变幅大，但洪水期时间较短，长时期为平均水位、枯水期水位的河流 （3）含沙量较少的河流

续表

类型	图例	特点	适用条件
（3）斗槽式取水构筑物			
顺流式取水	取水口	（1）斗槽中水流方向与河流流向一致。 （2）由于斗槽中流速小于河水的流速，当河水正向流入斗槽时，其动能迅速转化为位能，在斗槽进口处形成奎水与横向环流。 （3）由于大量的表层水流进入斗槽，流速较小，大部分悬移质泥沙能下沉；河底推移质泥沙能随底层水流出斗槽，故进入斗槽泥沙较少，潜冰较多	含砂量较多的河流
逆流式取水	取水口	（1）斗槽中水流方向与河流流向相反。 （2）水流顺着堤坝流过时，由于水流的惯性，在斗槽进口处产生抽吸作用，使斗槽进口处水位低于河流水位。 （3）由于大量的底层水流进斗槽，故能防止漂浮物及冰凌进入槽内，并能使进入斗槽中的泥沙下沉，潜冰上浮，故泥沙较多，潜冰较少	冰凌情况严重，含沙量较少的河流
双向进水或用闸门控制进流的双向斗槽	闸门　取水口　闸门	（1）具有顺流式和逆流式斗槽的特点。 （2）当夏秋汛期河水含沙量大时，可利用顺流式斗槽进水，当冬春冰凌严重时，可利用逆流式斗槽进水	冰凌情况严重，同时泥沙量亦较多的河流

表 7.4-4 移动式地表水取水构筑物型式、图例、特点及适用条件

类型	图例	特点	适用条件
浮船式取水		(1) 工程用材少、投资小，无复杂水下工程、施工简便、工期短。 (2) 船体构造简单、便于隐蔽、能适应战备需要。 (3) 在河流水文和河床等资料不全或已知条件发生变化的情况下，有较高的适应性。 (4) 水位涨落变化较大时，除摇臂式接头形式外，多接头布置方式需要更换接头，移动船位或采用中继浮船方式管理比较复杂，前者有短时停水，连续性差的缺点，后者投资较大。 (5) 船体维修养护频繁，不耐冲撞、对风浪适应性差，供水安全性差	(1) 河流水位变幅度在 10～35m 或更大范围，水位变化速度不大于 2m/h，枯水期水深不小于 1m 且水流平稳，风浪较小，停泊条件良好的河段。 (2) 河床较稳定，岸边有较适宜倾角的河段，当联络管采用阶梯式接头时，岸坡角度以 20°～30°为宜，当联络管采用摇臂式接头时，岸坡角度可达 60°或更陡。 (3) 无冰凌、漂浮物少，无浮筏、船只和漂木等物体撞击可能的河流
缆车式取水	1—泵车；2—坡道；3—斜桥；4—输水斜管；5—卷扬机房	(1) 施工技术较固定式简单，水下工程量小，施工期短。 (2) 投资小于固定式，而大于浮船式。 (3) 比浮船式稳定，能适应较大风浪。 (4) 生产管理人员较固定式多，移车困难，安全性差。 (5) 只能取岸边表层水，水质较差。 (6) 泵车内面积和空间较小，工作条件较差	(1) 河水水位涨落幅度较大，在 10～35m 之间，涨落速度不大于 2m/h。 (2) 河床比较稳定，河岸工程地质条件较好，且岸坡有适宜的倾角（一般在 10°～30°之间为宜）。 (3) 河流漂浮物少，无冰凌，不易受漂木、浮筏、船只撞击。 (4) 河段顺直、靠近主流。 (5) 由于牵引设备的限制，泵车不宜过大，故取水量有一定的限度

第五节　环 保 设 计

在分布式能源项目前期设计中，环保设计应首先根据工程环评文件所提出的意见，采取具有针对性的治理措施。分布式供能站的环保设计包括噪声、大气污染物、废水、固体废弃物的防治方案设计。

一、噪声治理

（一）噪声防治方案设计

1. 主要噪声源分析

由于燃气分布式能源项目设备众多，各设备型号及平面布置存在差异，结合具体项目周边不同的自然环境，对噪声源进行较为准确的识别、分析对于噪声预防及治理就显得尤为重要。因此，在燃气分布式能源项目的噪声防治中，对内部省院及项目周边环境因素的影响进行分析、预测是噪声防治中非常关键的环节。

通过对燃气分布式能源项目各功能区域的划分，将各功能系统作为独立的又相互影响的噪声区域进行噪声分部预测，分别为主动力区域（内燃机、燃气轮机、余热锅炉、汽轮机）、冷却塔区域、综合水泵房区域、变压器区域、燃气调压区域和生产办公区域。

各功能区域主要噪声源如下：

（1）主动力区域噪声源主要包括燃机本体噪声、吸风口及通风设备噪声、天然气前置模块噪声、其他辅助设备噪声等；汽轮机的本体噪声、辅助设备噪声、流体管线及阀门节流噪声等；余热锅炉的本体噪声、辅助设备噪声、烟囱噪声、顶部排汽噪声。

（2）冷却塔区域噪声源主要包括冷却塔邻水噪声和冷却风扇噪声（机力通风冷却塔）、循环水泵房水泵噪声等。

（3）天然气调压站区域噪声源主要包括增压机噪声、流体管线及阀门节流噪声等。

（4）变压器区域噪声源主要包括主变压器、厂用变压器及备用变压器的噪声。

（5）综合水泵房区域噪声源主要包括化水车间、污水处理站等厂房内水泵及管线阀门节流噪声等。

2. 环境噪声标准

（1）工业企业厂界噪声排放标准。《工业企业厂界环境噪声排放标准》（GB 12348—2008）对各类工业企业厂界噪声排放的限值和测量方法做了明确的规定，是天然气分布式能源噪声防治中必须遵循的主要国家标准。要点见表 7.5-1。

表 7.5-1　　工业企业厂界环境噪声排放限值　　[dB(A)]

厂界外功能区类别	昼间	夜间	厂界外功能区类别	昼间	夜间
0	50	40	3	65	55
1	55	45	4	70	55
2	60	50			

（2）声环境质量标准。《声环境质量标准》（GB 3096—2008）也是天然气分布式能源项目噪声防治中必须遵循的主要国家标准。要点见表 7.5-2。

表 7.5-2　　环境噪声限值　　[dB(A)]

<table>
<tr><th>声功能区类别</th><th>昼间</th><th>夜间</th><th colspan="2">声功能区类别</th><th>昼间</th><th>夜间</th></tr>
<tr><td>0</td><td>50</td><td>40</td><td colspan="2">3</td><td>65</td><td>55</td></tr>
<tr><td>1</td><td>55</td><td>45</td><td rowspan="2">4</td><td>4a</td><td>70</td><td>55</td></tr>
<tr><td>2</td><td>60</td><td>50</td><td>4b</td><td>70</td><td>60</td></tr>
</table>

(3) 工业企业噪声控制设计规范。《工业企业噪声控制设计规范》(GB/T 5087—2013) 对工业企业各工作场所的噪声控制设计标准及相应措施给出了规范。要点见表 7.5-3。

表 7.5-3　　各类工作场所噪声限值　　[dB(A)]

工　作　场　所	噪声限值
生产车间	85
车间内值班室、观察室、休息室、办公室、实验室、设计室	70
正常工作状态下的精密装配线、精密加工车间、计算机房	70
主控室、集中控制室、通信室、电话总机室、消防值班室、一般车间办公室、会议室、设计室、实验室	60
医务室、教室、值班宿舍	55

(4) 工业企业设计卫生标准。《工业企业设计卫生标准》(GB Z1—2010) 是工业企业劳动保护方面的国家标准，要点见表 7.5-4。

表 7.5-4　　非噪声工作地点噪声声级设计要求　　[dB(A)]

<table>
<tr><th>地点名称</th><th>噪声声级</th><th>工效限值</th></tr>
<tr><td>噪声车间观察（值班）室</td><td>≤75</td><td rowspan="3">≤55</td></tr>
<tr><td>非噪声车间办公、会议室</td><td>≤60</td></tr>
<tr><td>主控室、精密加工室</td><td>≤70</td></tr>
</table>

(5) 环境影响评价技术导则。声环境。《环境影响评价技术导则 声环境》(HJ 2.4—2009) 主要内容包括以下：声环境现状调查和评价；声环境影响预测；声环境影响评价；噪声防治对策。

3. 噪声防治流程

(1) 噪声因素对厂址选择影响。燃气分布式能源项目的选址是整个项目的首要工作，在选址的同时就要考虑噪声影响的相关因素。

选址需考虑的噪声影响因素如下：

1) 调查收集厂址所在行政区域的环境影响报告书。

2) 调查收集厂址周边区域的居民分布情况。

3) 调查收资厂址周边区域的地形条件。

4) 调查收资厂址周边噪声敏感点情况。

(2) 噪声因素对总平面布置影响。在拟定厂址进行总平面布置设计时，要考虑噪声因素，注意以下几点：

1) 主要噪声源区域相对集中布置。

2）噪声区及噪声传播方向尽可能远离、避开敏感点。

（3）初步设计阶段噪声方案。噪声防治专项工程的初步设计应与分布式能源主体项目同步开展工作，在项目可研报告噪声设计防治方案的基础上，根据主体项目环评批复、主要设备噪声值、主体项目的总平面布置等文件开展工作。主要工作如下：

1）与主体项目设计院协调、统一外部输入接口条件。

2）对噪声源通过理论计算及工程经验修正来进行模拟分析，确定合理的噪声防治方案。

（4）施工图设计阶段噪声设计。施工图阶段完成以下具体工作：

1）进行噪声防治措施与主体项目热机、供水、电气、暖通等工艺专业的接口设计。

2）完成噪声防治措施的建筑及结构设计。

（5）施工阶段噪声监控。现场施工阶段完成以下具体工作：

1）制定详细的施工噪声控制方案。

2）安装单位拟定施工噪声控制计划。

3）根据施工进度，积极与周边居民保持沟通，减轻施工噪声带来的负面影响。

（6）试运行阶段噪声控制。燃气分布式能源项目试运行阶段的主要工作内容包括分布调试、吹管、联调和整套试运等阶段。

1）吹管会产生强噪声，要加强临时消声措施。

2）设备的分部调试和整体试运都会产生偶然噪声。针对此类噪声，需要噪声防治的设计单位和施工安装单位积极协调、现场解决。

（7）环保验收阶段噪声控制。进行正式环保验收之前，应组织模拟验收，主要工作内容有：

1）制定详细的噪声控制模拟监测方案。

2）进行模拟验收。

3）模拟验收不达标情况下，进行原因分析、制定整改方案。

（8）生产运行阶段噪声控制。生产运行阶段主要是要求对运行人员加强噪声控制设施维护的培训，保证各项噪声控制设备的正常运行。

4. 噪声治理的设计接口关系

噪声治理的设计接口关系见表 7.5-5。

表 7.5-5　噪声治理的设计接口关系表

序号	接口专业	接口描述	备注
1	总图	噪声设备布置位置、高度等	
2	建筑	主厂房及辅助厂房门、窗、进风口等位置尺寸	
3	结构	噪声设备荷载、预埋件等	
4	暖通	消声器的通风面积、流阻等	
5	水工	冷却塔部分的消声装置荷载、流阻等	

（二）分布式供能站噪声源

分布式供能站的主要设备噪声源见表 7.5-6。

表 7.5-6 分布式供能站的主要设备噪声源 [dB(A)]

设备名称	常见噪声	低噪声	备　　注
分布式航改机	95～105	85～90	距离罩壳外 1m
燃气轮机进风口	76～82	75～80	距离进风口 1m
蒸汽轮机	≥92	85～90	距离机组 1m
厂房屋顶风机	80～85	75～80	风机轴线 45°方向 1m
锅炉本体	75～80	72～75	距离机组 1m
锅炉给水泵	85～90	80～85	距离机组 1m
烟囱	≥70	65～70	加消声器后
机力通风冷却塔风机	85～88	75～80	风筒出风口 45°方向 1m
机力通风冷却塔淋水	88～91	80～85	距离机组 1m
各类泵	85～92	80～85	距离设备 1m
变压器	68～75	65～70	距离机组 1m
天然气调压站（压缩机）	≥105	～100	距离管线 1m

1. 区域式分布式能源站

区域式分布式能源站配备原动机发电机组、汽轮发电机组、余热锅炉、机力通风冷却塔、变压器、调压站等，有的还建有制冷站。

（1）原动机发电机组。原动机发电机组通常露天放置，配备有隔声罩，要求罩壳外 1m 处噪声不大于 85dB(A)。原动机发电机组主要有 LM6000 机组和 LM2500 两类型。燃气轮机本体噪声（罩壳外 1m 处）频谱图如图 7.5-1 所示。

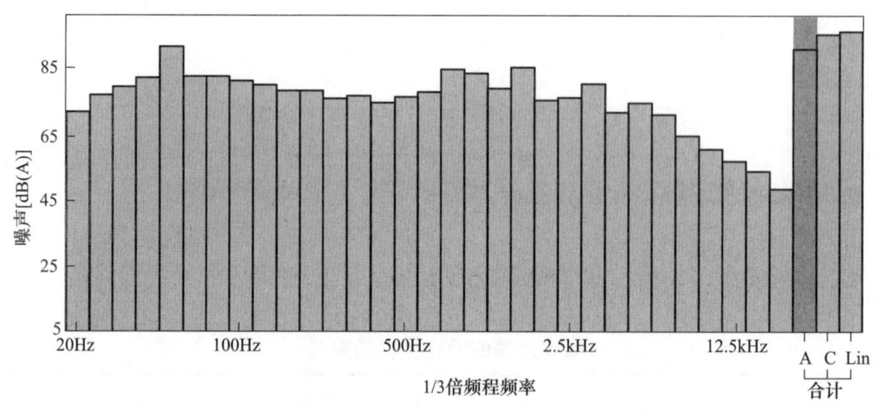

图 7.5-1 燃气轮机本体噪声（罩壳外 1m 处）频谱图

（2）汽轮发电机组。汽轮发电机组通常放置在汽机房内，由设备厂家自带隔声罩，要求罩壳外 1m 噪声不大于 85dB(A)。汽轮机本体噪声（罩壳外 1m 处）频谱示意图如图 7.5-2 所示。

（3）余热锅炉。余热锅炉区域有天然气前置模块、给水泵区域、锅炉本体、烟囱等设备，这些设备及附属设备都会产生较大的噪声，主要包括锅炉本体噪声、天然气前置模块噪声、锅炉排汽放空噪声、给水泵噪声、烟囱噪声等。

参考相似类型的余热锅炉设备的噪声数据，噪声频谱如图 7.5-3 所示，给水泵噪声频谱示意图如图 7.5-4 所示。

（4）机力通风冷却塔。机力通风冷却塔噪声由以下几部分组成：

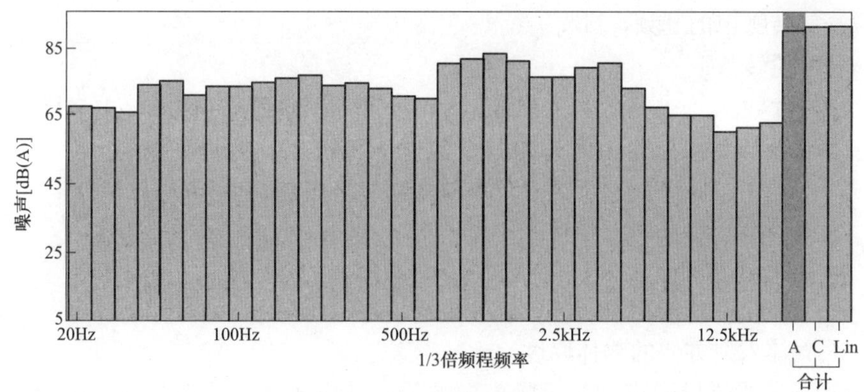

图 7.5-2　汽轮机本体噪声（罩壳外 1m 处）频谱示意图

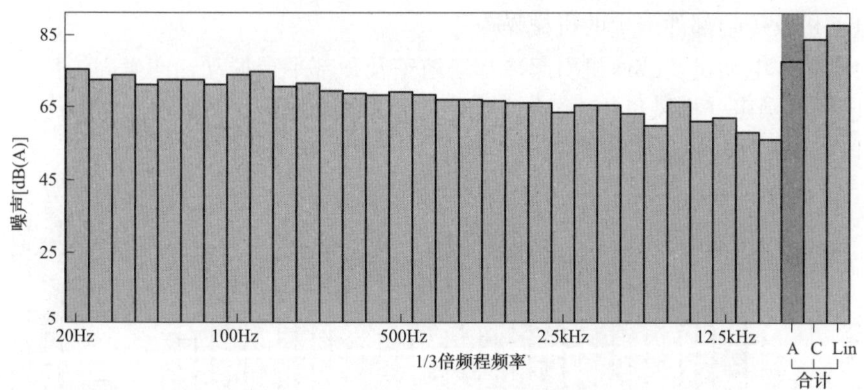

图 7.5-3　余热锅炉本体噪声频谱示意图

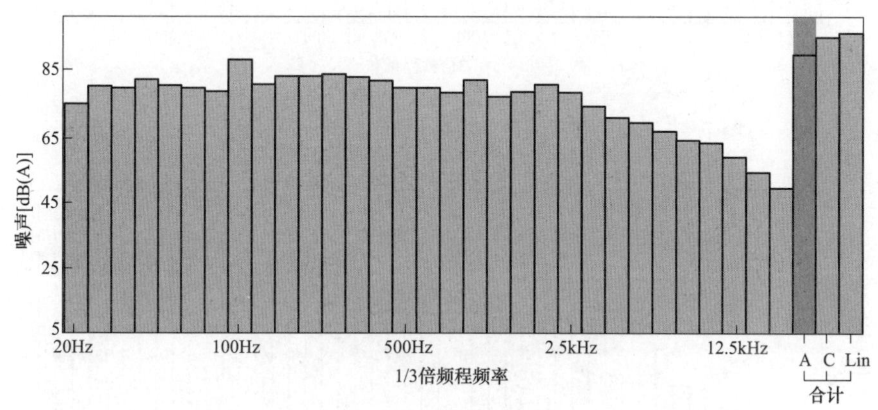

图 7.5-4　给水泵噪声频谱示意图

1）顶部轴流风机产生的空气动力性噪声。这部分噪声主要由旋转噪声和涡流噪声组成，其频率表达式分别为

$$f=\frac{nz}{60} \tag{7.5-1}$$

式中 f——旋转噪声的基频，Hz；

n——叶轮转数；

z——叶片数。

$$f_{\mathrm{i}}=K\cdot\frac{v}{D} \tag{7.5-2}$$

式中 f_{i}——涡流噪声的基频，Hz；

K——斯脱路哈数；

v——气体与叶片的相对速度，m/s；

D——气体入射方向的物体厚度，m。

此部分噪声分为进风噪声和排风噪声两部分，其中排风噪声通过顶部风口直接向外传播，进风噪声则透过填料层向下传播，并最终通过进风口向外传播。

2）淋水噪声：此部分噪声由水的势能撞击冷却塔中的填料和集水池产生。

3）电动机及传动部件产生的机械噪声。

4）由风机、电动机及减速机引起冷却塔塔壁及顶部平台振动，产生固体传声噪声。

机力塔风机噪声（排风口45°方向1m处）频谱图如图7.5-5所示，机力冷却塔淋水噪声（淋水口外1m处）频谱图如图7.5-6所示。

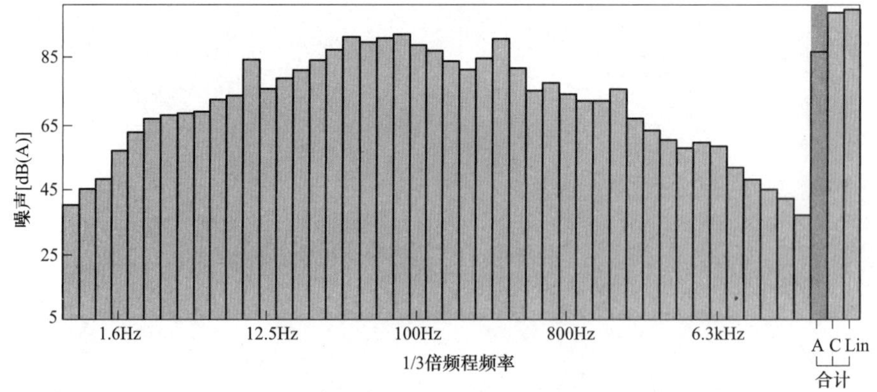

图7.5-5 机力塔风机噪声（排风口45°方向1m处）频谱图

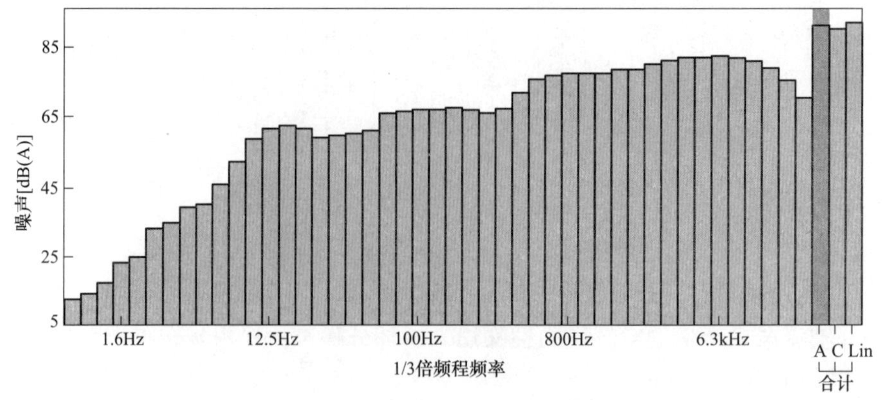

图7.5-6 机力冷却塔淋水噪声（淋水口外1m处）频谱图

（5）变压器。电力变压器噪声主要有两部分：铁芯磁致伸缩振动引起的电磁噪声；冷却风扇产生的机械噪声与气流噪声。

电力变压器的电磁噪声是一个由基频和一系列谐频组成的单调噪声，低频成分突出，且有明显的峰值（100Hz 附近），电力变压器的电磁噪声频谱图如图 7.5-7 所示。由于低频噪声的绕射和穿透能力强，且空气吸收非常小，因此衰减很慢，属于较难治理声源。

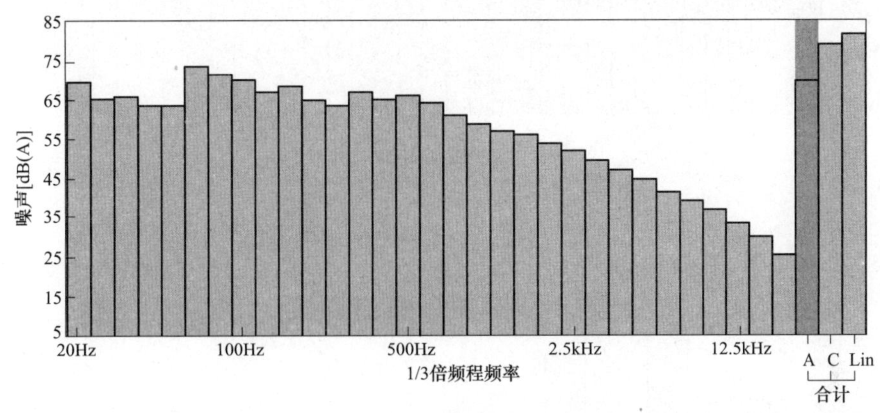

图 7.5-7　电力变压器的电磁噪声频谱图

（6）燃气调压站。调压站区域主要的噪声源包括增压机、调压模块、各类工艺管线、计量调压单元以及过滤分离单元等，管汇区域管道噪声主要由以下几种情况构成：

1）管道所连接的鼓风机及阀门等所产生的噪声通过管道中的介质或管道本身传递出来。

2）流体在管道中由于湍流而产生流动噪声，流动噪声随流动速度的增加而增加；在管道系统的急拐弯区也会引起气流流向的突变而产生湍流发出噪声，这种噪声的频谱以中高频噪声为主。

3）管道受到某种机械或气流激振，通过管壁传播而发出噪声，噪声以低中频噪声为主。

（7）其他辅助厂房。辅助厂房区域包括厂区内的尖峰锅炉房、中央水泵房、消防水泵房以及化学水处理车间等，有些是敞开布置，有些则是室内布置，通过墙体、门窗等辐射噪声。

还有些泵、风机设备布置在室外，设备产生噪声直接向厂界及环境敏感区域传播。给水泵噪声频谱图如图 7.5-8 所示。

2. 楼宇式分布式能源站

楼宇式分布式供能站通常由多台燃气内燃机作为主机，每台连接一台吸收式烟气热水型溴化锂机组，根据不同的需求情况，配备冷水机组和热泵机组，有的还会有燃气锅炉。冷却塔、烟囱等放置在楼顶。楼宇式分布式供能站的主要噪声源如下：

（1）燃气内燃机。燃气内燃机组是楼宇式分布式供能站的主要噪声源，包含进风、排风噪声及排气噪声。燃气内燃机机组的机械噪声高达 100dB(A) 以上，排气噪声高达 120dB(A)。燃气内燃机的噪声在整个频带内都比较高，中低频尤为突出，呈现出明显的宽频特性。通常内燃机组自带隔声罩，罩壳外 1m 处噪声为 85dB(A)。燃气内燃机噪声频谱图如图 7.5-9 所示。

离心式冷水机组及螺杆热泵机组的噪声很高，通常可达 85dB(A)。

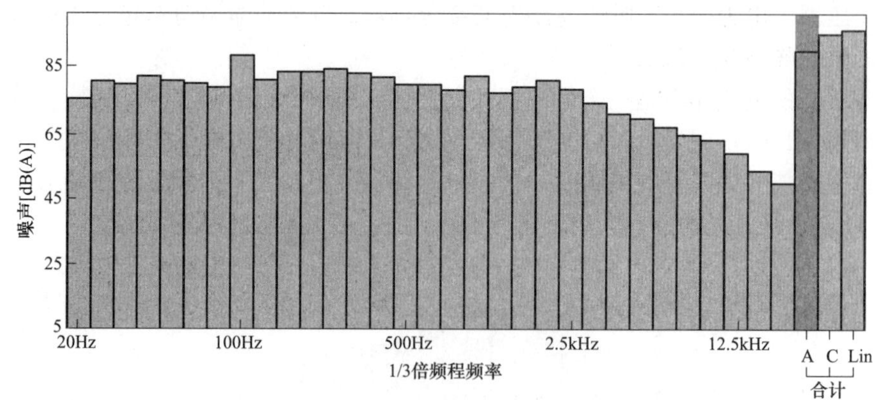

图 7.5-8　给水泵噪声频谱图

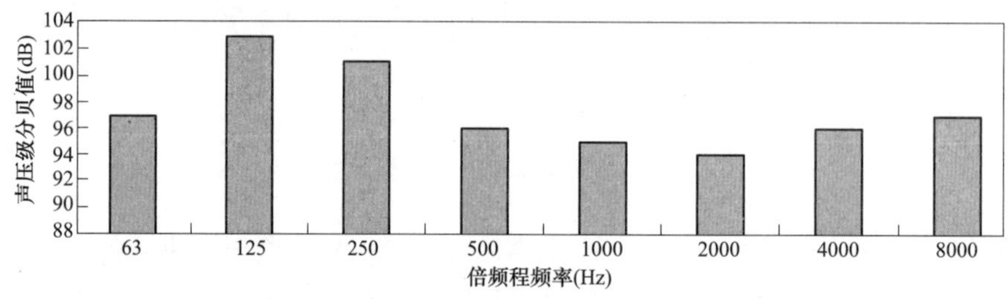

图 7.5-9　燃气内燃机噪声频谱图

其他如烟气热水溴化锂机组、直燃机组噪声较低，不大于 65dB(A)，通常不做降噪处理。

(2) 机力通风冷却塔。楼宇式分布式供能站的机力通风冷却塔通常放置在楼顶，采用玻璃钢冷却塔。玻璃钢冷却塔噪声频谱示意图如图 7.5-10 所示。

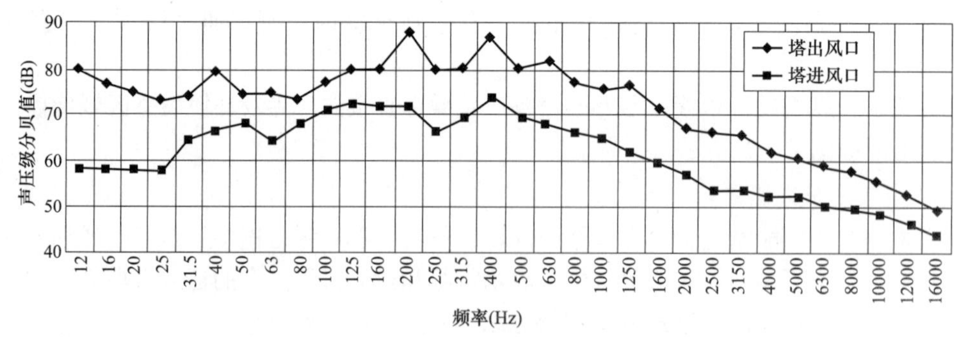

图 7.5-10　玻璃钢冷却塔噪声频谱示意图

(3) 附属水泵及风机设备。供能站内有各种水泵及排风风机，水泵放置在站房内部或站房屋顶，排风风机放置在站房侧墙或屋顶。典型风机声功率频谱图如图 7.5-11 所示。这些都是属于高噪声设备，需要加以处理。

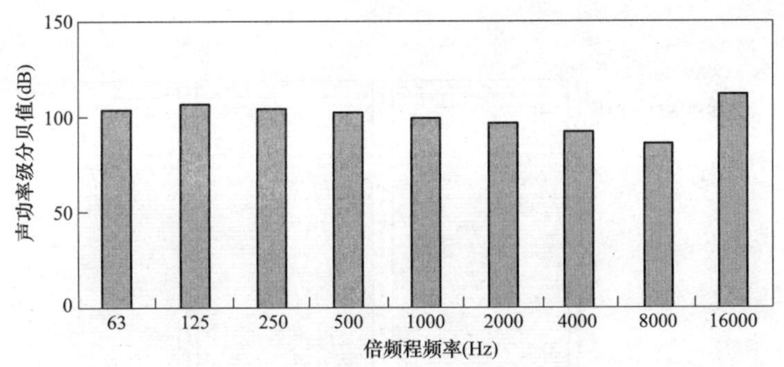

图 7.5-11　典型风机声功率频谱图

（三）噪声控制及装置

分布式供能站噪声治理过程中，常用到的噪声控制设备主要有如下设备：

1. 复合吸隔声墙体

复合吸隔声墙体一般由外彩板、防火阻尼、增强纤维水泥板、离心玻璃棉、穿孔护面板组成，具有轻质隔声的特点，同时还兼具保温功能，如图 7.5-12 所示。

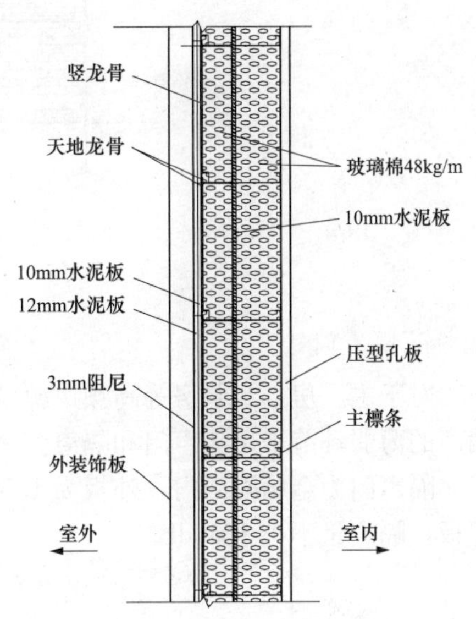

图 7.5-12　复合吸隔声墙体

复合吸隔声墙体广泛用于主厂房、余热锅炉围护等的墙体隔声处理，业主可根据隔声量的需要选择合适厚度的复合吸隔声墙体，常用的计权隔声量在 35～55dB 之间。

2. 通风消声器

通风消声器一般为阻性片式消声装置，用于主厂房、冷却塔、水泵房、风机等通风口的消声降噪。阻性消声器是利用声波在多孔性吸声材料或吸声结构中传播，因摩擦将声能转化为热能而散发掉，使沿管道传播的噪声随距离而衰减，从而达到消声目的。通风消声器常用离心玻璃棉作为吸声材料。其消声量与消声器的结构形式、空气通道横断面的形状与面积、气流速度、消声器长度，以及吸声材料的种类、密度、厚度等因素有关，护面板材料及其形式对消声效果也有很大影响。通风消声器如图 7.5-13 所示。

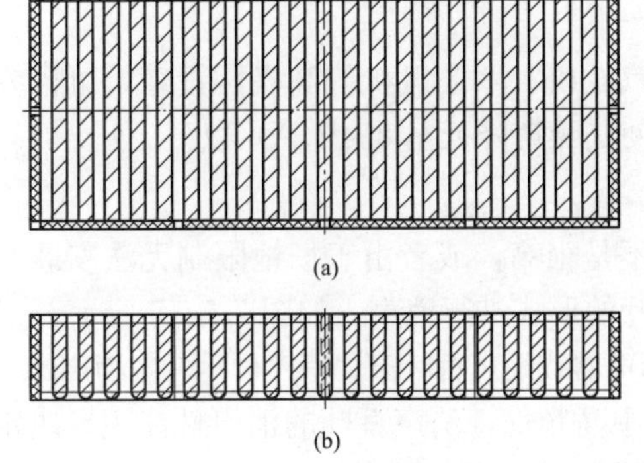

图 7.5-13　通风消声器

（a）消声器立面图；（b）消声器俯视平面图

3. 声屏障

声屏障，主要用于厂界、变压器、调压站和其他高噪声源的隔声降噪。声屏障主要由钢结构立柱和吸隔声屏障板两部分组成，屏障覆盖有效区域内平均降噪达 10～15dB(A)，最高达 20dB(A)。声屏障按材质分类可分为金属声屏障和非金属声屏障两大类。声屏障如图 7.5-14

所示。

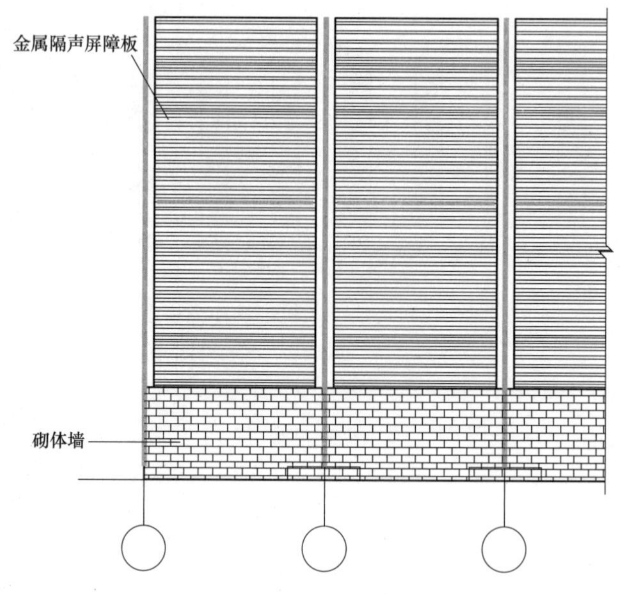

图 7.5-14　声屏障

4. 隔声门

对于主厂房、水泵房等高噪声源设备区域，为达到好的降噪效果，需要针对门窗等容易漏声的薄弱环节采用隔声门和隔声窗。

隔声门为金属隔声门，外板为 1.5mm 以上钢板，中间填玻璃棉或岩棉，内部为穿孔镀锌板，隔声量不小于 30dB。

5. 隔声窗

常用隔声窗为塑钢或铝合金窗框，玻璃为双层中空玻璃或双层夹胶玻璃，为取得较好的隔声效果，隔声窗一般为固定式、平开式或上悬式。

6. 隔声罩

对于燃机、内燃机、汽轮机、罗茨风机等高噪声设备，可以安装隔声罩进行隔声处理，使其噪声降低至 85dB(A) 以下。

7. 消声百叶

有些通风口消声要求不是很高，或者由于场地限制无法安装消声器，则可以采用消声百叶的形式进行消声，如图 7.5-15 所示。

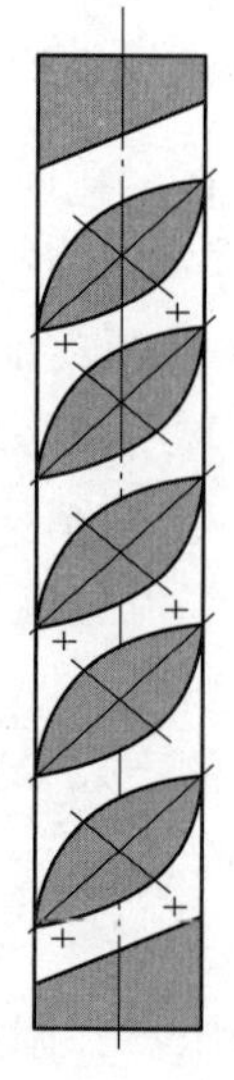

图 7.5-15　消声百叶窗

消声百叶又叫百叶式消声器或消声百叶窗。消声百叶一般消声量为 5～15dB(A)，消声特性呈中高频性，消声百叶的消声性能主要决定于单片百叶的形式、百叶间距、安装角度及有效消声长度等因素。

8. 吸声体

吸声体可以安装在设备间、控制室等的室内墙体和屋顶吊顶，降低设备间、控制室等内部混响，同时起到装饰作用。

吸声体由轻钢龙骨、吸声材料、铝合金护面穿孔板组成，厚度为50～80mm。吸声降噪设计降噪量为3～8dB。

9. 隔声泄爆板

有些楼宇型分布式供能站处于地下，地上有泄爆口，需要进行隔声，同时又要满足泄爆的轻质要求，此时可以采用泄爆隔声板进行处理。

泄爆隔声墙体采用多层泄爆板及离心玻璃棉复合而成，面密度小于60kg/m^2。

（四）工程案例

1. 楼宇型分布式供能站噪声治理工程案例

某旅游度假区燃气分布式供能站，地上布置，建筑面积约14300m^2。供能站有8台GE颜巴赫JMS624GS-N. L型，配有8台烟气热水型溴化锂机组，还有离心式冷水机组、空气压缩机、冷却塔、水泵、风机等设备。

供能站厂界噪声排放执行《工业企业厂界环境噪声排放标准》（GB 12348—2008）中厂界外声环境功能区2类标准，即厂界噪声排放昼间不大于60dB(A)、夜间不大于50dB(A)；敏感点执行《声环境质量标准》（GB 3096—2008）中2类标准，即厂界噪声排放昼间不大于60dB(A)、夜间不大于50dB(A)。

所采取的降噪措施有：

（1）主站房墙体采用高隔声量墙体。

（2）主站房进风口安装进风消声器，排风风机安装排风消声器。

（3）主站房门安装隔声门，部分采用声闸结构，即双道门形式。

（4）主站房窗户采用双层隔声窗，每层隔声窗采用双层中空玻璃。

（5）内燃机排烟管道安装排烟消声器。

（6）主站房屋顶四周安装带通风消声百叶的隔声屏障。

（7）机力通风冷却塔安装进风消声器和排风消声器。

2. 区域型分布式供能站噪声治理工程案例

某区域型分布式供能站，有多台LM6000燃机，建有主厂房、余热锅炉、机力通风冷却塔、变压器、调压站、制冷站、水泵房、辅助车间、办公楼等。

该供能站厂界噪声执行《工业企业厂界环境噪声排放标准》（GB 12348—2008）中厂界外声环境功能区3类标准，同时，敏感点噪声执行《声环境质量标准》（GB 3096—2008）中的声环境功能区2类环境噪声标准。

所采取的主要噪声治理措施有：

（1）主厂房区域。主厂房墙体采用轻质复合吸隔声墙体；主厂房进风口安装进风消声器；主厂房门窗采用隔声门和隔声窗；主厂房排风风机安装排风消声器。

（2）燃机和余热锅炉区域。燃机和余热锅炉区域做整体隔声围护，与主厂房相连接。隔声围护设置隔声门和隔声窗。

（3）机力通风冷却塔区域。机力通风冷却塔的进风口和排风口分别安装进风消声器和排风消声器。

（4）供冷站。供冷站厂房进风口安装进风消声器；供冷站厂房排风口安装排风消声器；供冷站厂房门窗安装隔声门和隔声窗；供冷站厂房屋顶四周安装通风消声百叶；供冷站厂房屋顶冷却塔排风口安装排风消声器。

(5) 辅助车间。辅助车间的门安装隔声门；辅助车间的窗户安装隔声窗。

(6) 厂界。供能站厂界局部安装隔声屏障。

二、大气污染物治理

燃气分布式能源站的燃料是天然气，烟气中基本无颗粒物及二氧化硫，主要的大气污染物为氮氧化物。

(一) 大气污染物控制手段

针对上述分布式能源站产生的大气污染物种类，分别采取相应的控制手段。目前分布式能源系统大气污染物治理主要是脱硝。新建项目燃气锅炉、固定式内燃机或燃气轮机大气污染物排放标准见表 7.5-7。

表 7.5-7 新建项目燃气锅炉、固定式内燃机或燃气轮机排放标准 (mg/m^3)

标准	污染物项目					
	氮氧化物	二氧化硫	一氧化碳	固体颗粒物	逃逸氨	备注
《火电厂大气污染物排放标准》(GB 13223—2011)	燃气锅炉：100 燃气轮机组：50	35	—	5	—	国家标准
《锅炉大气污染物排放标准》(GB 13271—2014)	150	50	—	20	—	国家标准
《锅炉大气污染物排放标准》(DB 11/139—2015)	100	20	—	10	—	北京市
《固定式内燃机大气污染物排放标准》(DB 11/1056—2013)	75	—	800(天然气)	5	2.5	北京市
《固定式燃气轮机大气污染物排放标准》(DB 11/847—2011)	30	20	—	5	—	北京市
《大气污染物综合排放标准》(DB 31/933—2015)	150	100	1000	20	—	上海市
《锅炉大气污染物排放标准》(DB 31/387—2014)	150	20	—	20	—	上海市
《锅炉大气污染物排放标准》(DB 12/151—2016)	80	20	—	10	—	天津市
《山东省锅炉大气污染物排放标准》(DB 37/2374—2013)	250	100	—	10	—	山东省
《厦门市大气污染物排放标准》(DB 35/323—2011)	200	440	—	—	—	厦门市
《广东省锅炉大气污染物排放标准》(DB 44/765—2010)	200	50	—	30	—	广东省

1. 氮氧化物 (NO_x) 控制

(1) 燃气轮机组应首先采取低氮燃烧技术控制氮氧化物 (NO_x) 排放，并应预留选择性催化还原（selective catalytic reduction，SCR）法脱硝装置空间和场地。当低氮燃烧达不到地方和国家标准（见表 7.5-7）限值要求时，应同步建设 SCR 法脱硝装置。

（2）内燃机组应优先采取低氮燃烧技术，并应预留 SCR 法脱硝装置空间和场地。当达不到地方和国家标准（见表 7.5-7）限值要求时，应同步建设 SCR 法脱硝装置。

2. 二氧化硫（SO_2）控制

二氧化硫（SO_2）控制，应通过控制天然气中硫含量达到燃烧后烟气中二氧化硫（SO_2）排放满足地方和国家标准限值要求。天然气中硫含量应满足《天然气》（GB 17820—2012）中规定的二类气的技术指标。

3. 固体颗粒物控制

天然气正常燃烧固体颗粒物（烟尘）均低于 5mg/m^3，能满足目前排放标准要求，暂不需增加控制措施。

4. 燃烧一氧化碳（CO）控制

天然气正常燃烧一氧化碳（CO）排放均低于 800mg/m^3，能满足目前排放标准要求，暂不需增加控制措施。

5. 控制 NH_3 的逃逸

对于采用烟气脱硝装置的燃气轮机，应控制 NH_3 的逃逸，在满足脱硝效率前提下，NH_3 的逃逸不应超过 2.5mg/m^3。

（二）脱硝系统工艺介绍

目前烟气脱硝技术主要为选择性非催化还原（selective non-catalytic reduction，SNCR）脱硝技术和 SCR 脱硝技术。

1. SNCR 脱硝系统

在没有催化剂的条件下，利用还原剂有选择性地与烟气中的氮氧化物（主要是一氧化氮和二氧化氮）发生化学反应，生成氮气和水，从而减少烟气中氮氧化物排放的一种脱硝技术。适用条件是：烟气温度为 900～1100℃；SNCR 脱硝系统不适用于目前的分布式能源系统烟气治理。

2. SCR 脱硝系统

利用还原剂在催化剂作用下有选择性地与烟气中的氮氧化物（主要是一氧化氮和二氧化氮）发生化学反应，生成氮气和水，从而减少烟气中氮氧化物排放的一种脱硝技术。适用条件是：烟气温度为 280～650℃；SCR 脱硝系统适用于目前的分布式能源系统烟气治理。还原剂主要为尿素、氨水和液氨，以下分别介绍：

（1）尿素作为还原剂的 SCR 脱硝系统。

1）工艺原理。尿素贮存于储存间，用软化水将干尿素溶解成约 35%质量浓度的尿素溶液，通过尿素溶液给料泵输送到尿素溶液贮罐。尿素溶液经由供液泵、计量与分配装置、雾化喷嘴等喷入高温烟道中，生成 NH_3、H_2O 和 CO_2，分解产物 NH_3 与 NO_x 在催化剂的作用下生成 N_2 与 H_2O。

2）工艺系统。SCR 脱硝系统主要包括尿素溶液贮存与制备系统、尿素溶液喷射系统、压缩空气系统、催化剂、控制系统及其附属系统等。尿素作为还原剂的 SCR 脱硝系统如图 7.5-16 所示。

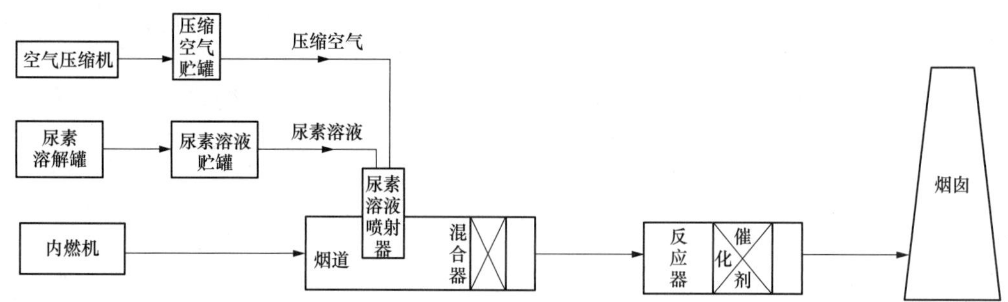

图 7.5-16　尿素作为还原剂的 SCR 脱硝系统图

3）主要设备。尿素溶解罐、尿素溶解输送泵、尿素溶液贮罐、尿素高流量循环泵、尿素溶液计量分配装置、尿素溶液喷射装置、空气压缩机、冲洗水系统、催化剂及控制装置等。

（2）氨水作为还原剂的 SCR 脱硝系统。

1）工艺原理。用 20%的氨水溶液，通过槽车运至厂内，用卸氨泵置于存贮罐中，通过加氨泵送至氨蒸发器，被余热锅炉来烟气加热后蒸发，形成氨气和水蒸气，通过喷氨格栅喷入烟道，NH_3 与 NO_x 在催化剂的作用下生成 N_2 与 H_2O。

2）工艺系统。SCR 脱硝系统由三个子系统所组成，SCR 反应器及附属系统、氨贮存及供应系统、氨蒸发系统。氨水作为还原剂的 SCR 脱硝系统如图 7.5-17 所示。

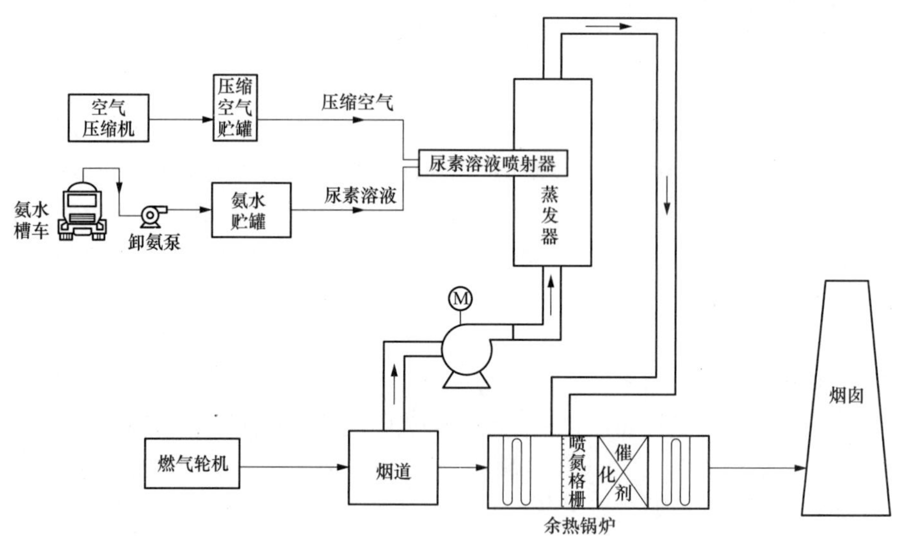

图 7.5-17　氨水作为还原剂的 SCR 脱硝系统图

3）主要设备。氨水贮罐、卸氨泵、氨水输送泵、高温风机、蒸发器、喷射装置、冲洗水系统、催化剂及控制装置等。

（3）液氨作为还原剂的 SCR 脱硝系统。

1）工艺原理。液氨的供应由液氨槽车运送，通过液氨装卸臂连接，利用卸料压缩机抽取液氨贮罐中的氨气，在槽车和液氨贮罐间形成压差，将槽车中的液氨挤压入液氨贮罐中，通过液氨蒸发器气化，经过缓冲罐、氨气输送管道、喷氨格栅喷入烟道中，NH_3 与 NO_x 在催化剂的作用下生成 N_2 与 H_2O。

2）工艺系统。SCR 脱硝系统由两个子系统所组成，SCR 反应器及附属系统和液氨贮存及供应系统。液氨作为还原剂的 SCR 脱硝系统如图 7.5-18 所示。

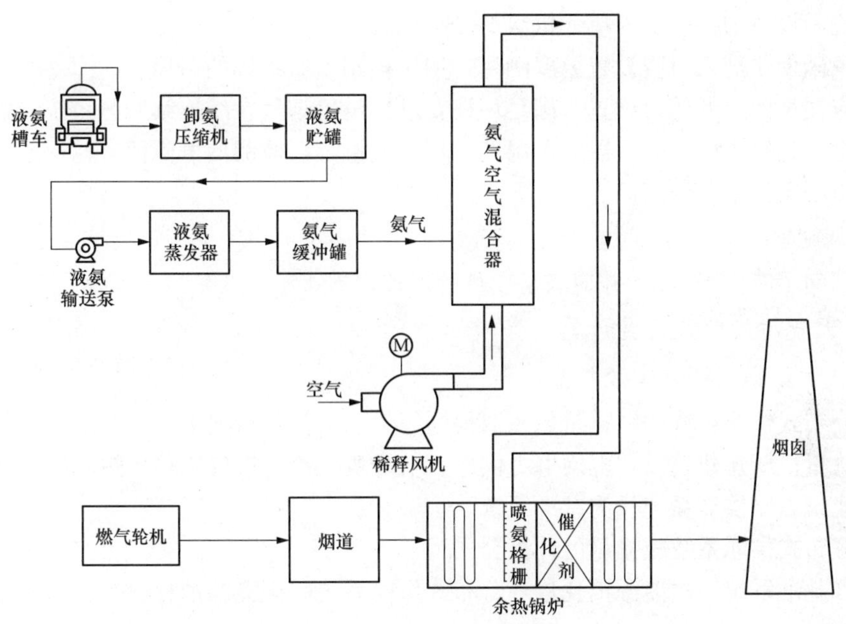

图 7.5-18 液氨作为还原剂的 SCR 脱硝系统图

3）主要设备。液氨贮罐、卸氨压缩机、液氨输送泵、液氨蒸发器、氨气缓冲罐、氨气空气混合器、稀释风机、喷氨格栅、氮气吹扫系统、消防喷淋系统、催化剂及控制装置等。

（三）SCR 脱硝装置

1. SCR 脱硝系统还原剂

（1）脱硝还原剂一般采用尿素，对于环境允许的地方也可采用氨水或液氨。

（2）以尿素作为还原剂的，还原剂的制备、贮存区宜布置在原动机房附近位置。

（3）以氨水或液氨作为还原剂的，还原剂的制备、贮存区应布置在室外，且宜布置在站区边缘下风向的位置。

（4）还原剂的制备、贮存应考虑运输的便利性。

2. SCR 脱硝系统反应区

（1）对于内燃机组，脱硝反应区一般布置在内燃机出口与溴化锂机入口之间的烟道上，烟道一般留有 4～6m 的直段烟道，也可布置在溴化锂机组内；对于燃气轮机组，脱硝反应区一般布置在余热锅炉内，余热锅炉在设计选型时考虑预留 3～5m 的喷氨与催化剂安装空间。

（2）喷射混合系统应考虑防腐、防堵和耐磨，并具有良好的热膨胀性、抗变形性和抗震性；在喷射混合系统的上游和下游宜设置导流或整流装置。

（3）脱硝反应器应采用钢结构，抗爆设计压力应与原动机相同。

3. SCR脱硝系统流场

SCR脱硝烟气系统应做流场数值模拟，根据数值模拟结果考虑布置导流板、混合器等均流设备，保证氮氧化物（NO_x）、氨（NH_3）及烟气温度、流速分布的均匀性。

4. SCR脱硝系统控制及监测手段

（1）脱硝设备的控制纳入单元机组DCS控制。

（2）脱硝催化剂入口应设置温度测量，用于控制喷氨系统的启停。

（3）应在烟囱上的适当位置（满足环评要求）设置烟气在线连续监测系统，监测项目包括氮氧化物、二氧化硫、氧、压力、温度、烟气流量等，监测信号应留有输送至当地环保主管部门和集团监控中心的接口。

5. 排烟烟囱

排烟烟囱不应低于8m，并应满足项目的环评要求。

（四）大气污染物减排量计算

1. 大气污染物减排量计算方法

燃气分布式供能系统的减排量指在取得同等供电供热量情况下，与基准系统相比减少的污染物排放量。新建建筑以“电网电力供电、电冷机供冷、燃气锅炉供热系统”作为基准系统；已建建筑以原供能系统作为基准系统。

燃气分布式供能系统减排量的计算公式为

减排量＝（基准系统一次能源消耗量－分布式供能系统一次能源消耗量）×污染物排放因子　（7.5-3）

式中，一次能源消耗量需折算成标准煤质量（单位为t/a），污染物排放因子见表7.5-8。

表7.5-8　标准煤污染物排放因子　(t/a)

污染物	单位质量标准煤污染物排放量
CO_2	2.46
SO_2	0.075
NO_x	0.0375

2. 减排量计算案例

已知某工程一次能源节省量为1500t/a，根据式（7.5-3）和表7.5-8中的排放因子计算污染物减排量为

减排CO_2 ＝一次能源节省量×2.46
＝1500×2.46
＝3690（t/a）

减排SO_2 ＝一次能源节能量×0.075
＝1500×0.075
＝112.5（t/a）

减排NO_x ＝一次能源节省量×0.0375
＝1500×0.0375
＝56.3（t/a）

（五）大气污染物治理工程案例

1. 楼宇式大气污染物治理工程案例

（1）项目名称。某产业园能源站 2×3.3MW 内燃机机组烟气脱硝工程。

（2）项目背景。该项目主机选用燃气内燃发电机组，规格为 3.3MW 级 JMS620GS-N.LF101 机型。设备布置采用地下机房内分散布置、集中控制（PLC）模式，所发电力为园区内建筑自用。2014 年机组投运后，NO_x 排放浓度为 400～700mg/m^3（标态，干基，5%O_2），现不能满足《固定式内燃机大气污染物排放标准》（DB 11/1056—2013）规定的排放限值要求，对 1、2 号内燃机机组进行脱硝改造。

（3）工艺路线。该工程采用 SCR 脱硝技术，采用颗粒尿素为脱硝还原剂。

（4）SCR 脱硝系统主要经济技术指标见表 7.5-9。

表 7.5-9　　尿素法 SCR 脱硝系统主要经济技术指标

	项目	单位	数值	备　注
设计性能与标准核对	NO_x 控制目标	mg/m^3	≤30	标态、干基、5%氧
	SCR 入口 NO_x 浓度	mg/m^3	700	标态、干基、5%氧
	SCR 改造后 NO_x	mg/m^3	≤30	标态、干基、5%氧
	SCR 脱硝效率	%	>95.7	
	NH_3 逃逸	mg/m^3	2.5	标态、干基、5%氧
	装置可用率	%	>98	
	装置年运行小时	h	8000	
	装置年利用小时	h	6500	
	尿素耗量	kg/h	6.0	单台炉
	冲洗水耗量	kg/min	6.5	单台炉，短时
	溶解水耗量	kg/d	576	单台炉

（5）控制系统。脱硝系统采用集中监控方式，纳入原机组控制系统。通过机组原来已有的人机接口站，对脱硝实现监控。

（6）监测系统。该工程设置 CEMS 系统，配置如下：

脱硝反应器入口：NO_x、O_2、温度、压力。

脱硝反应器出口：NO_x、O_2、温度、压力、流量、NH_3。

（7）供配电系统。脱硝系统设置一段 MCC 段，双电源进线，两路电源分别取自燃气轮机低压配电系统备用回路，其中一回工作，另一回备用，由 ATS 实现自动切换，保证电源的可靠性。

（8）防雷接地及防静电。脱硝区所有主要的电气设备将在其两侧至少设置两个接地点与建筑内接地网相连，设备接地采用 40mm×6mm 热镀锌扁钢。

2. 区域型大气污染物治理工程案例

（1）项目名称。某区域型分布式能源站烟气脱硝项目。

（2）项目背景。该项目建设 2 套联合循环热电联供机组，即安装 2 台（套）燃气轮机发电机组（GT），2 台余热锅炉（HRSG）和 2 台蒸汽轮发电机组（ST），总容量为 100～

150MW 级，每套燃气轮机发电机组的出力为 60MW 等级。

为了响应《煤电节能减排升级与改造行动计划（2014—2020 年）》（发改能源〔2014〕2093 号文）要求，进一步降低广东及其周边的污染物排放，要求氮氧化物排放浓度低于 50mg/m^3（标态，15%O_2），达到超低排放限值。

2017 年 2 月，深圳市下发了深圳市人民政府文件，要求 2017 年起，新建燃气发电机组应配有低氮燃烧器及 SCR 脱硝设备，标准状况下氮氧化物排放浓度控制在 15mg/m^3 以下。

为了适应国家及广东省日益严格的环保要求，考虑对现有 2 台 60MW 燃气轮机机组进行脱硝改造。

（3）工艺路线。该工程采用 SCR 脱硝技术，对相关设备进行升级改造，对脱硝系统进行数值模拟计算，优化结构设计，确保升级改造后标准状况下 NO_x 排放浓度小于 15mg/m^3，采用氨水为脱硝还原剂。

（4）SCR 脱硝系统主要经济技术指标见表 7.5-10。

表 7.5-10　　氨水法 SCR 脱硝系统主要经济技术指标

	项目	单位	数值	备　注
设计性能与标准核对	NO_x 控制目标	mg/m^3	≤15	标态、干基、15%氧
	SCR 入口 NO_x 浓度	mg/m^3	400	标态、干基、15%氧
	SCR 改造后 NO_x	mg/m^3	≤15	标态、干基、15%氧
	SCR 脱硝效率	%	≥96.25%	
	NH_3 逃逸	mg/m^3	2.5	标态、干基、15%氧
	装置可用率	%	>98	
	装置年运行小时	h	7000	
	装置年利用小时	h	5500	
	20%氨水耗量	kg/h	18	单台炉
	冲洗水耗量	kg/min	6.5	单台炉，短时

（5）控制系统。该脱硝系统采用与能源站系统控制水平相同级别的分散控制系统（distribute control system，DCS）进行监视与控制。氨区系统采用 DCS 远程控制站（带控制器）。氨区 DCS 远程控制柜布置于氨区的电控间，就地不设操作员站。

（6）监测系统。该工程设置 CEMS 系统，配置如下：

脱硝反应器入口：NO_x、O_2、温度、压力。

脱硝反应器出口：NO_x、O_2、温度、压力、流量、NH_3。

（7）供配电系统。脱硝反应区不设独立 380/220V 的脱硝配电段，高温风机所需电源由对应机组的 380/220V 厂用低压配电系统引接，CEMS 所需双电源均由 380/220V 厂用低压配电系统引接，低压检修电源由 380/220V 厂用低压配电系统引接，以上电源需由低压厂用配电系统单独供电。

公用氨水区内设置氨水区 MCC 段，为氨水区内所有新增工艺、热控、照明、检修等负荷供电。MCC 采用单母线不分段接线方式，由 380/220V 厂用低压配电系统提供两回容量相同的电源，其中一回工作，另一回备用，由 ATS 实现自动切换，保证电源的可靠性。氨水区 MCC 段双电源引自 380/220V 厂用低压配电系统。

（8）防雷接地及防静电。公用氨水区设备统一布置在氨水区设备车间内，为防直击雷，设置1根独立避雷针。氨水区接地网采用80mm×8mm的接地扁钢，与主接地网有不少于两点连接。

三、废水治理

（一）污染源划分

（1）含悬浮物废水，包括预处理系统沉淀池排放污泥、过滤器反洗废水、超滤设备反洗废水。

（2）含酸碱废水，包括锅炉补给水处理系统酸碱再生废水、锅炉酸洗废水等。

（3）含油废水，包括各系统设备检修含油废水、设备清洗含油废水等。

（4）BOD、COD超标废水，主要来自原水预处理。

（二）废水治理一般要求

（1）各类废水的治理措施应符合工程环境影响评价报告和水资源论证报告的审批意见。

（2）厂内产生的废水应首先循环使用、循序利用，节约原水用量，提高水的利用率，减少废水排放量。

（3）各类废水应根据其水质和水量的不同、处理工艺的差别及处理后回用用途的差异分类收集，对于处理工艺相近且水质不相互恶化的废水可合并收集、处理。

（4）各类废水宜集中处理，也可与其他水处理系统统一布置。

（5）在条件允许情况下，供能站内产生的工业废水和生活污水经场内预处理满足污水厂接收标准后接送至排水管网。

（6）水污染控制方法：絮凝澄清、酸碱中和、除油、曝气氧化等。

（三）化学水处理系统废水处理

锅炉补给水系统再生废水应在就地中和或集中处理。

（四）锅炉酸洗废水处理

（1）酸洗废水处理系统可设置水池、废水泵、空气搅拌装置，酸碱贮存和投加计量处理设备应优先考虑与树脂再生用中和池统一设置。

（2）锅炉化学清洗废液的水量、水质与采用的清洗药剂有关，可参照类似发电厂的运行数据确定。

（3）非经常性废水贮存池（箱）的容量至少应能接纳所有非经常性废水中的最大一次发生量，且数量不少于2台（格）。

（4）酸洗废液贮存池容积可与煤场雨水调节池合并考虑。厂内中和池容积可计入酸洗废液贮存池容积。

（5）当pH值、悬浮物指标超标时，可采用酸碱中和及澄清处理。当COD值较高时，应进行氧化分解处理。

（五）含油污水处理

（1）含油污水应单独设置收集输送设施，其处理工艺如下：含油污水→隔油池→油水分离器→工业废水处理系统。

（2）当含油污水产生量小且运行管理水平较高时，可仅设计隔油池。

（六）工业废水处理

（1）工业废水处理系统可采用如下系统：

1）废水贮存池（箱）→斜板沉淀池→气浮池→中间水池→过滤器→回收水池→回收利用。

2）废水贮存池（箱）→pH 调整池（箱）→混合池（箱）→澄清池（箱）→最终中和池→清净水池→过滤器→回收利用。

（2）当废水中铁铜离子含量不合格时，宜采取相应的曝气措施以提高出水水质。

（3）废水处理中所使用药品的种类和剂量应根据废水的水质、药品来源和品质，经试验或参照类似水质的发电厂的运行数据确定。

（七）生活污水处理

生活污水处理出水水质达到《污水综合排放标准》（GB 8978—1996）一级标准或当地环保标准。

（八）污泥处理

废水处理产生的污泥宜与其他水处理系统的污泥处理统筹考虑，但应根据污泥量及污泥性质等情况进行合理设计。在条件允许情况下，产生污泥可直接排入市政污水管网。

脱水后污泥送至厂内泥饼堆放场地或外送至城镇填埋场处置。

（九）工程案例

福建某工业园分布式能源站废水处理

设计方案：

锅炉补给水处理系统的酸、碱及其他废水经排水沟道排入废水池，加碱或酸中和至 pH=6～9 后，经厂区工业废水管网排至市政污水管网。该工程设 250m^3 混凝土废水池 2 个，并设废水泵 2 台。其废水处理如图 7.5-19 所示。

四、固体废弃物治理

（一）固体废弃物划分

固体废弃物控制划分为一般工业固体废物控制和危险废物控制。

（1）一般工业固体废物。对于分布式项目施工、建设及生产时期产生的一般固体废物，应根据相关规定，运至贮存场分类贮存，生活垃圾及时交由环卫部门统一处理。

（2）危险废物。对于分布式项目施工、建设及生产时期产生的危险固体废弃物，如钒钛系脱硝废催化剂、废机油、废润滑油、油手套等，应运至相应贮存设施贮存，由有资质的单位进行处置。

（二）施工期固废处理

项目规划期向项目施工和管道铺设开挖会产生一定弃土渣，施工过程泥浆水经处理沉淀下来的泥浆经晒干后与开挖产生弃渣弃土一起运至附近政府指定的施工填埋土地填埋处理。

规划项目施工期间还将产生剩余废物料等。建筑废物包括平整场地和开挖基的多余泥土；施工过程中残余泄漏的混凝土；断砖破瓦；破残的残瓷片、玻璃钢碎物、金属碎片、塑料碎片、抛弃在现场的破损工具、零件等。可将以上废料分类收集，金属、木料、塑料废料等可回收，废混凝土其他运至指定地点填埋。

此外项目施工期间人员产生活垃圾，应交由环卫部门统一收集处理。

施工营地食堂产生餐饮垃圾属严控废物，应统一收集交有施工营地食堂产生餐饮垃圾属严控废物，应统一收集交有资质单位处理。

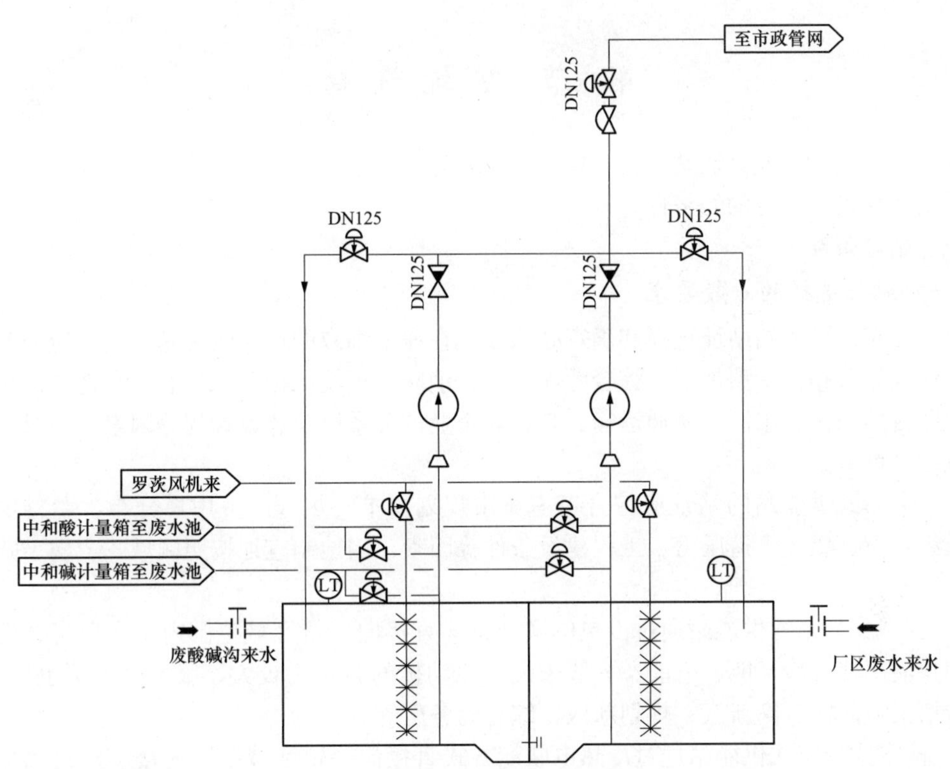

图 7.5-19　福建某工业园分布式能源站废水处理

（三）项目运行期固废处理

项目运行期间产生的固体废物主要是工业垃圾和生活垃圾。工业垃圾主要是电厂运行时产生的少量隔油池底泥、燃气轮机进气口空气过滤系统产生的少量滤渣、天然气管道清洗及净化过程产生的少量机械杂质等。根据设计资料，该工业垃圾的产生量很少，拟定期送市政垃圾场燃烧处理。

生活垃圾主要是电厂员工在厂区产生的生活废物。生活垃圾在指定地点进行收集后，交环卫部门定期清运处理，统一处置，同时管理部门做好垃圾堆放点的消毒工作，杀灭害虫，避免散发恶臭、滋生蚊蝇、传染疾病及影响周围环境卫生。

（四）固废排放量

固废排放量统计见表 7.5-11。

表 7.5-11　　固废排放量统计

种类	名称	来源	数量	处置去向	处置方式
工业废物	机械杂质	天然气管道清洗及净化过程	少量	安全填埋或焚烧	专业资质机构
	滤渣	燃气轮机进气口空气过滤系统	少量		
	底泥	隔油池	少量		
	污水处理污泥	生活污水化粪池工业废水处理池	极少量	填埋	市政垃圾场
生活垃圾	生活垃圾	厂区	少量		

第六节 站址选择

站址选择是分布式供能站建设工作中的重要环节，选址是否合理直接影响着建设项目的供能质量和建设及运行的经济性。

一、站址条件

（一）站址选择的一般要求

（1）分布式供能站站址选择和确定必须建立在深入细致的调查研究基础上，应充分研究城市总体规划及相关专项规划，综合考虑规划、消防、环境保护、风景名胜和遗产保护等要求，地区自然条件、水源、交通运输、与相邻企业的关系以及建设计划等因素，力求选择出最适宜的站址方案。

（2）分布式供能站的站址应综合考虑城市规划要求、热（冷）用户分布、燃料供应情况、机组容量、燃气管道压力、工程建设条件等因素，因地制宜地按照区域式、楼宇式两种类型进行选择。

1）区域式分布式供能站通过冷热电联产方式直接向一定区域范围内生产厂房、楼宇建筑等用户输出热（冷）能、电能。一般来说，原动机的容量比较大，服务的范围也比较广，用户包括工业园区、高新区、规划新区、综合商务区等。

2）楼宇式分布式供能站通过冷热电联产方式直接向一定区域范围内楼宇建筑用户输出热（冷）能、电能。通常规模较小，原动机容量较小，服务范围主要是本楼或附近几座楼宇，如酒店、购物中心、机场、火车站、医院等单位，基本均以建筑内或独立站房的形式布置在城镇建筑群之间。如原动机布置在建筑物内，宜尽量利用大楼内商业价值不高的空间，并尽量减少对其他房间的影响。

（3）区域式分布式供能站的站址应靠近热（冷）负荷集中区域及供电区域的配电室、电负荷中心，供热（冷）范围宜符合下列要求：

1）蒸汽供热半径小于或等于6km。

2）热水供热半径小于或等于10km。

3）供冷半径小于或等于3km。

（4）区域式分布式供能站应避开的地段和地区：

1）发震断层和抗震设防烈度为9度及高于9度的地震区。

2）有泥石流、滑坡、流沙、溶洞等直接危害的地段。

3）采矿陷落（错动）区地表界限内。

4）爆破危险界限内。

5）坝或堤决溃后可能淹没的地区。

6）有严重放射性物质污染影响区。

7）水源保护区、名胜古迹、自然保护区和其他需要特别保护的区域。

8）对飞机起落、机场通信、电视转播、雷达导航和重要的天文、气象、地震观察以及军事设施等规定有影响的范围内。

9）很严重的自重湿陷性黄土地段，厚度大的新近堆积黄土地段和高压缩性的饱和黄土地段等地质条件恶劣地段。

10）具有开采价值的矿藏区。

11）受海啸或湖涌危害的地区。

（5）站址宜避开空气经常受悬浮固体颗粒物严重污染的区域。

（6）站址选择时应考虑燃料供应的安全性、可靠性、经济性，使燃料供应距离较短。

（7）区域式分布式供能站原动机的天然气进气压力不应小于4.0MPa；布置在其他独立、单层工业建筑内的原动机的天然气进气压力不宜大于0.8MPa，超过0.8MPa，应进行技术论证；布置在地下室的原动机单机容量不宜大于5000kW。

（8）楼宇式分布式供能站原动机的天然气进气压力不应大于0.4MPa；当建筑物为住宅楼时，原动机的天然气进气压力不应大于0.2MPa；布置在地下室的原动机单机容量不宜大于3000kW。

（9）使用沼气作为燃料的分布式供能站不宜布置在楼宇内。

（10）区域式分布式供能站防洪防涝标准应满足《小型火力发电厂设计规范》（GB 50049—2011）的要求。

（11）楼宇式分布式供能站场地标高应与所供能对象防洪排涝标准一致。

（二）建站条件及接口

分布式供能站站址选择在初步可行性或可行性研究阶段，应执行《火力发电厂初步可行性研究报告内容深度规定》或《火力发电厂可行性研究报告内容深度规定》，论证其选址及相关建设条件，主要如下：

（1）站址选择时，应落实站址用地，以及站址地形与地质、水文、气象等相关基础资料。站址应选择自然条件有利地段，充分考虑节约集约用地，宜利用非可耕地及劣地，避免高填深挖，减少工程量。

（2）供热（冷）负荷。站址选择时，应充分研究供热规划，落实供热（冷）区域、热（冷）负荷用户及管网接口位置等。站址应尽量靠近热（冷）负荷集中区域，减少供热（冷）运行成本。

（3）燃料供应。站址选择时，应落实燃料供应情况，包括燃料稳定性和可靠性、接入门站位置、压力、输送容量等，以及站外燃气管线可能路径。站址应使燃料供应距离较短，连接便利。

（4）供水水源。站址选择时，应落实供水水源，明确水源地情况（包括位置、标高、取水口拟建位置等）。站址应尽量靠近水源，当有不同水源可供选用时，应在节水政策的指导下，根据水量、水质和水价等因素经技术经济比较后确定。在有可靠的城市再生水和其他废水水源时，应优先采用。楼宇式分布式供能站宜选用城市自来水作为水源。

（5）出线条件。站址选择时，应落实接入系统要求，明确可能接入的已有变电站（或规划变电站）位置、电压等级、进线情况等以及站外出线走廊可能路径。站址应尽量靠近供电区域的配电室、电负荷中心，减少输电运行成本。

（6）交通运输。站址选择时，应落实周边交通情况以及大件设备的运输条件，包括公路等级、结构、宽度、坡度、最小半径、桥梁等级、净宽、桥长、承载能力、防洪标准及隧道尺寸、长度、坡度等；落实周边公路发展规划、计划实现时间等。站外道路应合理利用现有的国家公路及城镇道路，与国家公路或城镇道路连接时，路线应短捷便利。

二、站址规划

分布式供能站的总体规划需要各相关专业共同协作完成。总体规划要有全局观念，要从工程建设的合理性、工程技术的先进性、工程投资的经济性、技术发展的可能性、工程施工的便利性、安全性等方面全面衡量、综合考虑，要处理好总体和局部、近期和远期、平面和竖向、地上和地下、物流与人流、内部和外部、运行与施工的关系，使供能站各设施合理地、有机地联系在一起，与周边环境相适应。

（一）站址规划的一般要求

（1）区域式分布式供能站应根据城镇、园区规划管理要求，按照规划容量远近结合，对站区、施工区、交通运输、出线走廊、供热（冷、气）管廊等进行统筹安排。

（2）区域式分布式供能站总体规划应贯彻节约集约用地的方针，通过采取新技术、新工艺和设计优化，严格控制站区、站前建筑区和施工区用地面积。站区用地范围应根据规划容量和该期建设规模及施工的需要确定，按工程建设需要分期征用。

（3）区域式分布式供能站宜根据区域开发规模，开发节奏，做到一次规划、分步实施。规划容量和分期建设的规模应根据调查落实的现有、近期新增和远期规划的热冷负荷以及该地区的热（冷）电联产规划（如果有）确定。实施原则是远近结合，以近期为主，并宜留有发展余地。

（4）楼宇式分布式供能站应与楼宇建筑总体设计要求相符合，宜结合建筑物及建筑群的整体规划一次规划，土建工程一建成，设备和管网可分期实施。

（5）供能站站外供排水设施规划，应根据规划容量、水源、地形、地质及环境保护等方面要求，统一规划，分期实施。

（6）供能站应按规划容量统一规划出线走廊宽度，与站区总体规划相协调。

（7）供能站专用天然气管道应埋地或架空敷设，并符合《石油天然气工程设计防火规范》（GB 50183—2015）和《输气管道工程设计规范》（GB 50251—2015）的有关消防规范要求。根据天然气管网规划及天然气输气站布局，合理规划供能站专用天然气管廊，管廊应符合城镇规划。

（8）供能站站外道路的规划，应与城乡规划或当地交通运输规划相协调，并应合理利用现有的国家公路及城镇道路。站外道路与国家公路或城镇道路连接时，路线应短捷，工程量应小。

（8）供能站的站址规划应合理规划布置噪声源，防治噪声污染。站址边界的噪声水平应符合《工业企业厂界环境噪声排放标准》（GB 12348—2008）和《声环境质量标准》（GB 3096—2008）的规定及当地环保要求。对区域式分布式能源，以站址围墙为界；对楼宇式分布式能源站，以设备用房外墙为界。

（二）站区规划

1. 区域式分布式供能站的站区规划要求

（1）按功能要求分区，可分为动力岛、燃气调压（增压）站、辅助生产区、配电装置区、生产行政管理区等。站区规划应满足工艺流程，力求分区明确，紧凑合理，有利扩建。

（2）各区内建筑物的布置应考虑日照方位和风向，并力求合理紧凑。辅助、附属建筑和行政管理、公共福利建筑宜采用联合布置和多层建筑。

（3）注意建筑物空间的组织及建筑群体的协调，从整体出发，与环境协调。

（4）因地制宜地进行绿化规划，利用站区、生活区的空闲场地植树种草。厂区绿地率宜不大于厂区占地面积的20%，同时还应符合当地相关控制指标要求。

2. 楼宇式分布式供能站的站区规划要求

（1）站房的防火间距应符合《建筑设计防火规范》（GB 50016）的有关规定。燃烧设备间应为丁类厂房，燃气增压间、调压间应为甲类厂房。

（2）站房宜独立设置或室外布置。当站房不独立设置时，可毗邻民用建筑布置，并应采用防火墙隔开，且不应毗邻人员密集场所。

（3）当燃烧设备间受条件限制需布置在民用建筑内时，应布置在建筑物的首层或屋顶，也可布置在建筑物的地下室。

（4）当采用相对密度（与空气密度比值）不小于0.75的燃气作燃料时，燃烧设备间不得布置在地下或半地下。

（5）燃烧设备间应设置爆炸泄压设施，且不应布置在人员密集场所的上一层、下一层或毗邻。设于地下、半地下及首层的燃烧设备间应布置在靠外墙部位。

（6）当燃烧设备布置在屋顶时，应对建筑结构进行验算。燃烧设备间距屋顶安全出口的距离不应小于6.0m。

（7）变配电室的设置应符合下列规定：

1）变配电室宜靠近发电机房及电负荷中心，并宜远离燃气调压间、计量间。

2）变配电室应方便进、出线及设备运输。

3）变配电室不应设置在厕所、浴室、爆炸危险场所的正下方或正上方。

4）在高层或多层建筑中，有可燃性油的电气设备的变配电室应设置在靠外墙部位，且不应设置在人员密集场所的正下方、正上方、贴邻和疏散出口的两旁。

5）室外布置的变配电设施不应设置在多层、有水雾、有腐蚀性气体及存放易燃易爆物品的场所。

（三）主要设计内容

地形图是供能站总体规划设计的基础资料，在进行总体规划设计前需收集1∶10000或1∶5000地形图，当条件受限无法收集到地形图时，根据具体情况也可以用规划图或交通图代替。站址总体规划设计应在图纸中表示相关外部规划的接口，主要包括以下内容：

（1）与热（冷）用户的接口：应标出用户的位置及规划管网路径。

（2）与电力系统的接口：应标出电力出线走廊及接入变电站的位置。

（3）与天然气管网的接口：应标出天然气门站、LNG气化站、调压站或增压站的位置、燃气管网的规划路径。

（4）与水源系统的接口：应标出外部水源的位置及水网规划路径。

（5）与外部道路接口：应标出与供能站相连的外部道路、路名及路宽，说明主要工程量。

（四）站址总体规划实例

某区域式分布式供能站位于某技术经济开发区，初步可行性研究阶段根据开发区用地情况，结合供热（冷）负荷分布对两个站址进行了比较论证，确定了图7.6-1所示站址位置，具有靠近热（冷）负荷集中区域，天然气、出线及供水管线较短，交通运输便捷等优点。站址总体规划图如图 7.6-1 所示，简要说明如下：

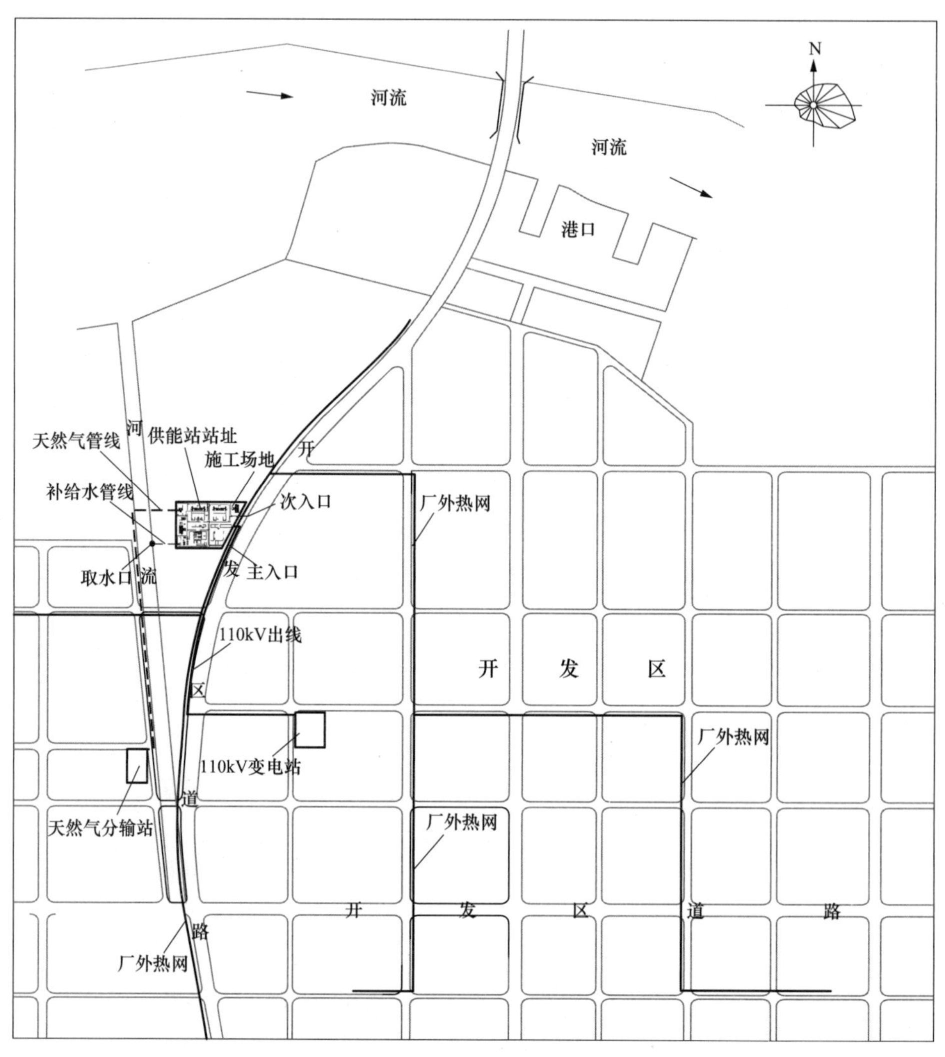

图 7.6-1　站址总体规划图

（1）站址用地：供能站位于某开发区西北部，东邻开发区道路，西依河流，南侧为某企业公司，北侧为开发区预留用地。站址场地东西向长 210～325m，南北向宽 245m，可用面积 6.55hm²。站区平整已有开发区统一平整，地形坡度小。

（2）建设规模：该期建设 2 套燃机为 30MW 级的燃气-蒸汽联合循环冷热电三联供机组（规划容量为 4 套），配置 2 台 LM2500＋G4 型燃机（性能保证工况 31.786MW）和 2 台 12.97MW（纯凝工况）抽凝式汽轮机。

（3）防洪（涝）规划：站址北侧及西侧分别为河流，站址受圩堤保护，不受周边洪水影响。站址部分地面标高低于 50 年一遇设计内涝水位，需采取可靠措施防涝。

（4）供热（冷）负荷：该项目是为某经济开发区提供工业蒸汽热负荷和部分冷负荷。热负荷参数为：压力 1.0MPa.a、温度 270℃、额定热负荷 60t/h、最大热负荷 80t/h。以热定电，要求机组运行稳定可靠，机组年利用小时数为5500h。

（5）供热（冷）管网：管网的布置应符合供热片区总体规划要求，并考虑热用户及热负荷的分布和热源位置，尽量使主干管靠近负荷量大的用户，尽量将干管布置在用户较多的一侧。该项目全线尽量采用架空敷设方式，跨越道路、河道及企业大门，以直埋、高跨相结合方式。经方案比较和详细计算后，计划建设北线蒸汽管道、南线蒸汽管道和东线蒸汽管道及冷水管道，主管为DN500、DN300，支管为DN200、DN150等。

（6）燃料供应：该项目燃料为“西气东输”天然气，天然气专用管线自附近分输站引接专线管道进站，管线长度约1.2km。

（7）供水水源：该项目机组循环水系统采用带机力通风冷却塔的二次循环冷却供排水系统，采用西侧的金水河作为补给水源，补给水泵房设在厂区。厂外补给水管采用2根DN300焊接钢管，单根长度约170m。

（8）电气出线：该项目通过2回110kV线路分别接入南面110kV变电站。

（9）交通运输：该项目周边为开发区交通道路，附近有港口，大件、建材运输条件较好。厂区设主、次两个出入口，主出入口位于东南侧，次出入口位于东侧中部，均利用现有道路开口，与东面开发区道路相连接。

（10）施工场地：该项目为燃气-蒸汽联合循环发电机组，所需的生产辅助项目少，且主要设备以整体运输安装为主，施工用地需求较少，主要利用规划扩建场地。施工生活场地由施工单位自行就近解决。

第八章

供 能 站 设 计

区域式和楼宇式燃气分布式供能站在专业设置上具有以下区别：

（1）区域式燃气分布式供能站设计专业包括机务、电气、仪控、化学、水务、暖通、总图、建筑、结构。

（2）楼宇式燃气分布式供能站设计专业包括工艺（含机务、暖通、化学、水务）、电控（含电气、仪控）、土建（含总图、建筑、结构）。

本章的内容涉及燃气分布式供能站初步设计阶段和施工图设计阶段。本章各专业的名称和顺序按火力发电厂初步设计文件的规定进行排列。

第一节 总 平 面 布 置

燃气分布式供能站分为区域式燃气分布式供能站和楼宇式燃气分布式供能站。楼宇式燃气分布式供能站机组容量小，均以建筑内或独立站房的形式布置在城镇建筑群之间，更多考虑得是与楼宇建筑总体设计要求相符合，与周边环境的协调性，总交专业基本不参与，或参与的话设计内容也较少，一般由建筑专业完成。图 8.1-1 为某楼宇式分布式供能站±0.00m 平面布置图，供能站主要由燃机房、高低压配电间、电控设备间、控制室、溴化锂机组及设备用房等房间组成。

本节以区域式燃气分布式供能站为例介绍总交专业设计。

一、总交专业设计特点

1. 供能站总交专业设计范围

燃气分布式供能站总交专业的设计范围主要包括站区总平面布置、竖向布置、道路布置、管线综合及围墙、绿化规划等方面的设计。

2. 总交专业的主要任务

在满足工艺流程的前提下，结合场地的自然条件，确定拟建建（构）筑物、交通运输线路、工程管线、绿化美化等设施的平面位置，使其在空间上合理组合，在时间上适当衔接，在费用上节省经济，在环境上舒适安全，成为统一的协调的有机整体。

二、站区总平面布置

（一）站区总平面布置的基本原则和要求

1. 总平面布置的基本原则

（1）总平面布置应按批准的规划容量和本期建设规模，统一规划，分期建设。

（2）总平面布置应以主设备区为中心，以工艺流程合理为原则，充分利用自然地形、地

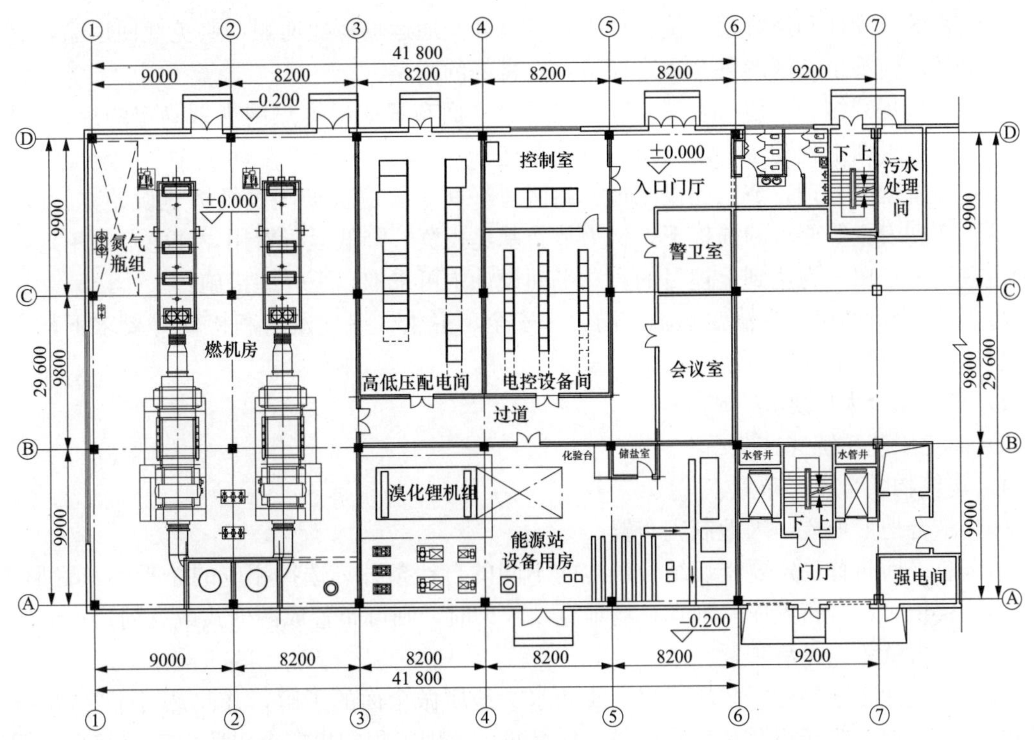

图 8.1-1 某楼宇式分布式供能站±0.00m 平面布置图

质条件，合理规划功能区域。

(3) 站区建（构）筑物的平面和空间组合，应做到分区明确、合理紧凑、生产方便、造型协调、整体性好。宜采用联合建筑，建筑格调和色彩应与周围环境相协调。

(4) 站区原动机（房）、汽机（房）、余热锅炉等荷重较大的主设备区宜布置在站区适中位置，并处于土质均匀、地基承载力较高地段。

地下设施较深的建（构）筑物，宜布置在地下水位较深或需填土的低洼地段。

(5) 主要建筑物和有特殊要求的主要车间的朝向，应为自然通风和自然采光提供良好条件。

汽机房、办公楼等建筑物宜避免西晒。有风沙、积雪的地区，宜采取措施减少有害影响。

(6) 生产过程中有易燃或爆炸危险的建（构）筑物和贮存易燃、可燃材料的仓库等，宜布置在站区的边缘地带。

(7) 总平面布置应考虑消防、防震、防噪声要求。在满足工艺要求的前提下，宜使防振、防噪声要求高的建（构）筑物远离振动源和噪声源。

2. 总平面布置的具体要求

(1) 重视外部条件，完善总体规划。站区总平面布置应根据确定的建站外部条件（包括供热管网、水源、接入变电站、天然气管线、道路以及城镇或园区规划和土地利用规划等），在总体规划的指导下进行。在进行站区总平面布置的过程中，要进一步落实和完善总体规划，使之达到经济合理、有利生产、方便生活的目的。

(2) 符合工艺流程，顺畅连续短捷。站区总平面布置应符合流程及使用功能的要求，保证生产流程的合理性和连续性，使各种工程管线和交通运输短捷通顺，避免迂回运输，尽可能减少交叉，使整个站区的各个生产环节具有良好的联系。

（3）远近规划结合，留有发展余地。站区总平面布置应根据热网规划确定的规划容量，远近结合，以近期工程为主，适当留有发展余地。

（4）布置紧凑合理，节约建设用地。站区总平面布置应贯彻国民经济建设的方针政策，在满足生产和安全等要求的前提下，努力节省基建投资，降低运行费用，注意节约用地，尽量少占或不占良田。为达到上述目的，总平面设计中可采取以下一些措施：

1）分区合理明确，在满足运输、防火、安全、卫生、绿化及有利检修等要求下，合理缩小建（构）筑物的间距。

2）采用联合大厂房。

3）简化工艺系统。

4）建筑物联合多层布置。

（5）结合地形地质，因地制宜布置。

站区总平面布置一定要密切结合场地的不同的自然条件，选择相应的总平面布置形式，例如场地狭长时，可布置成一列式；场地宽度较大时，则可布置成两列式或三列式；地形复杂时，可依山就势，灵活布置。

总平面设计时还要对厂区的工程地质和水文地质做全面的了解，并注意各主要建（构）筑物的不同要求，选择相对有利的地段，尽量减少基础工程的投资，以确保安全运行。例如原动机（房）、汽轮机（房）、余热锅炉等荷重较大的主设备区宜布置土质均匀、地基承载力较高地段；地下设施较深的建（构）筑物，宜布置在地下水位较深或需填土的低洼地段。

（6）符合防护间距，确保生产安全。总平面布置要严格执行《建筑设计防火规范》（GB 50016—2014）的有关规定，应全面了解站区各建（构）筑物在生产或贮存物品的过程中各自的火灾危险性及其应达到的耐火等级。站区的各建（构）筑物的布置应符合防火间距的规定。

1）火灾危险性。站区主要建（构）筑物的火灾危险性及耐火等级应符合表 8.1-1 的规定。其他建（构）筑物在生产过程中的火灾危险性及耐火等级应符合相关建筑防火规范的规定。

表 8.1-1　建（构）筑物在生产过程中的火灾危险性及耐火等级

序号	建筑物名称	火灾危险性	耐火等级
1	原动机房	丁	二级
2	汽机房	丁	二级
3	余热锅炉	丁	二级
4	制冷机房	丁	二级
5	制冷站、供热站	戊	二级
6	天然气调压（增压）站	甲	二级
7	材料库、检修车间	戊	二级
8	冷却塔	戊	二级

注　制冷机房为供能站内制冷机（房），不是制冷站内的制冷机（房）。除本表规定的建（构）筑物外，其他建（构）筑物的火灾危险性及耐火等级应符合国家现行有关标准的规定。

2）防火间距要求。站区原动机房、汽机房、余热锅炉房、制冷机房、天然气调压（增压）站与其他建（构）筑物的最小间距应符合表 8.1-2 的规定，其他各建（构）筑物之间最

表 8.1-2　　建（构）筑物之间的最小间距　　（m）

序号	建（构）物名称	丙、丁、戊类建筑		原动机房、汽机房、余热锅炉房、制冷机房	天然气调压（增压）站	变压器油量（t/台）			屋外配电装置	自然通风冷却塔	机械通风冷却塔	行政生活福利建筑		线路中心线（厂外）	厂外道路（路边）	厂内道路（路边）		围墙
		一级、二级	三级			≤10	>10，且≤50	>50				一级、二级	三级			主要	次要	
1	原动机房、汽机房、余热锅炉房、制冷机房	10	12	—	30	12	15	20	10	30	30	10	12	5	无出入口 1.5，有出入口无引道 3，有引道 7～9			5
2	天然气调压（增压）站	12	14	30	—	25			25	20	25	25		30	15	10	5	5

注　1. 表列间距除注明者外，冷却塔自塔外壁算起；建筑物自最外边轴线算起；露天生产装置自最外设备的外壁算起；屋外变、配电装置自最外构架边缘算起；堆场自场地边缘算起；道路为城市型时，自路面边缘算起，为公路型时，自路肩边缘算起。

2. 单个小型机械冷却塔与相邻设施的间距可适当减少。

3. 生产及辅助生产建筑物均为丙、丁、戊类建筑耐火等级，自然通风冷却塔、机械通风冷却塔距离水工设施为 15m，其他建（构）筑物采用 20m。

4. 在改建、扩建工程中，当受条件限制时，表列间距可适当减少，但不得超过 25%。

5. 在屋外布置油浸变压器时，其与外墙净距不宜小于 10m；当在靠近变压器的外墙上于变压器外廓两侧各 3m、变压器总高度以上 3m 的水平线以下的范围内设有防火门和非燃烧性固体窗时，与变压器外廓之间的距离可为 5～10m；当在上述范围内的外墙上无门窗或无通风洞时，与变压器外廓之间的距离可在 5m 以内。

小距离应符合《小型火力发电厂设计规范》(GB 50049—2011)、《火力发电厂与变电所设计防火规范》(GB 50229—2006)、《建筑设计防火规范》(GB 50016—2014)、《城镇燃气设计规范》(GB 50028—2006)、《石油天然气工程设计防火规范》(GB 50183—2015)等有关消防规范的规定。

站区建(构)筑物与明火或散发火花点的最小间距应符合《建筑设计防火规范》(GB 50016—2014)的要求。

站区放空管布置应符合《石油天然气工程设计防火规范》(GB 50183—2015)和《城镇燃气设计规范》(GB 50028—2006)的相关规定。

3)防噪声要求。站区主要的噪声源是原动机、汽轮机、余热锅炉、变压器、冷却塔、调压站等区域。在总平面布置时要考虑防噪声要求,将噪声大的建(构)筑物集中布置在地势较低地段以减少噪声扩散,安静的车间应避开声源或远离噪声大的车间且位于噪声车间的盛行风向上风侧,对隔声要求高的建筑物应避开交通主干道布置,合理布置绿化带,减低厂区噪声。目前对噪声源采取的噪声控制技术有吸声、隔声、声屏障、消声、隔振等。

站址边界的噪声水平应符合《工业企业厂界环境噪声排放标准》(GB 12348—2008)和《声环境质量标准》(GB 3096—2008)的规定及当地环保要求,还应符合该项目环境影响评价报告提出的各项要求。

(7)适应内外运输,线路短捷顺直。进行站区总平面布置时,首先要了解运输方式,以便使厂内运输方式和厂外运输方式相适应,减少物料的倒运作业。在满足生产和运输要求的前提下,线路力求短捷、顺直,避免迂回,减少运输相互交叉。

(8)注意建(构)筑物的朝向、通风与采光。站区建筑物的朝向,应根据地理位置气象条件,并考虑建筑物的使用要求和建筑特点等综合因素确定。尽量使主要建筑物具有良好的自然通风和自然采光,寒冷地区南北向好,炎热地区应避免日晒。

(9)建筑群体组合,整齐美观协调。供能站站区多在城市范围,站区布置、建筑高度、建筑风格、色调等应与周边城市景观、城市规划要求相协调。

(二)主要建(构)筑物的平面布置

1. 动力岛

动力岛的布置应符合下列要求:

(1)应适应供能站生产工艺流程的要求,为供能站的安全运行和检修维护创造良好的条件,道路通畅,与外部管线连接短接。

(2)主厂房位置应根据总体规划要求,考虑扩建条件。

(3)应注意到站区地形地质、设备特点和施工条件等影响,合理安排。

(4)固定端宜朝向站区主人流方向。

(5)宜使高压输电线出线方便。

2. 配电装置

配电装置区的布置应符合下列要求:

(1)进出线方便,与城镇(园区)规划相协调,宜避免相互交叉和跨越永久性建筑物。

(2)宜布置在湿式循环水冷却设施冬季盛行风向的上风侧。

(3)宜设置环形道路或具备回车条件的道路。

3. 水工设施

水工设施的布置应符合下列要求：

（1）宜集中布置。

（2）冷却塔的布置应根据地形、地质、相邻设施的布置条件及常年的风向等因素予以综合考虑。

（3）在工程初期，冷却塔不宜布置在扩建端。

（4）机械通风冷却塔的长边，宜与夏季盛行风向平行，应注意噪声对周围环境的影响。

4. 天然气调压站

天然气调压站的布置应符合下列要求：

（1）应单独布置。

（2）应布置在明火或散发火花地点的全年最小频率风向的上风侧。

（3）宜布置在站区边缘地带。

（4）如为室内布置，其泄压部位应避免面对人员集中场所和主要交通道路。

5. 生产行政管理建筑

站前行政办公及生活服务设施的布置，应位于厂区全年最小频率风向的下风侧，并应符合下列要求：

（1）应布置在便于行政办公、环境洁净、靠近主要人流出入口、与城镇和居住区联系方便的位置。

（2）行政办公及生活服务设施的用地面积，不得超过工业项目总用地面积的 7%。

6. 围墙和出入口

（1）供能站站区宜设置两个出入口。

（2）供能站的站区围墙应与周围环境相协调，除满足站址所在地城市（园区）规划要求外，还应符合下列规定：

1）站区围墙高度不应低于 2.2m。

2）屋外配电装置应设有 1.8m 高的围栅，变压器场地周围应设有 1.5m 高的围栅，天然气调压（增压）站周围宜设有 1.5m 高的围栅。当天然气调压（增压）站利用站区围墙时，该段围墙应为高度不低于 2.5m 的非燃烧体实体围墙。

（三）站区总平面布置主要指标

1. 站区主要技术指标表

为评定站区总平面布置方案的技术经济合理性，在站区总平面布置图和说明中必须列出技术经济指标表，主要内容见表 8.1-3。

表 8.1-3　站区总平面布置主要技术经济指标表

序号	名称	单位	方案一	方案二	备注
1	站区围墙内用地面积	hm^2			
	（1）该期工程用地面积	hm^2			
	（2）规划容量用地面积	hm^2			
2	建（构）筑物用地面积	m^2			

续表

<table>
<tr><th>序号</th><th colspan="2">名称</th><th>单位</th><th>方案一</th><th>方案二</th><th>备注</th></tr>
<tr><td>3</td><td colspan="2">建筑系数</td><td>%</td><td></td><td></td><td></td></tr>
<tr><td>4</td><td colspan="2">场地利用面积</td><td>m^2</td><td></td><td></td><td></td></tr>
<tr><td>5</td><td colspan="2">利用系数</td><td>%</td><td></td><td></td><td></td></tr>
<tr><td>6</td><td colspan="2">道路及广场地坪面积</td><td>m^2</td><td></td><td></td><td></td></tr>
<tr><td>7</td><td colspan="2">道路系数</td><td>%</td><td></td><td></td><td></td></tr>
<tr><td>8</td><td colspan="2">新建围墙长度</td><td>m</td><td></td><td></td><td></td></tr>
<tr><td rowspan="3">9</td><td colspan="2">供排水管线长度</td><td>m</td><td></td><td></td><td></td></tr>
<tr><td colspan="2">(1) 供水管</td><td>m</td><td></td><td></td><td></td></tr>
<tr><td colspan="2">(2) 排水管(沟)</td><td>m</td><td></td><td></td><td></td></tr>
<tr><td rowspan="2">10</td><td rowspan="2">土石方工程量</td><td>挖方</td><td>$\times 10^4 m^3$</td><td></td><td></td><td></td></tr>
<tr><td>填方</td><td>$\times 10^4 m^3$</td><td></td><td></td><td></td></tr>
<tr><td>11</td><td colspan="2">绿化用地面积</td><td>m^2</td><td></td><td></td><td></td></tr>
<tr><td>12</td><td colspan="2">绿地率</td><td>%</td><td></td><td></td><td></td></tr>
</table>

2. 站区总平面布置用地指标

供能站站区围墙内用地面积参照住房和城乡建设部、国土资源部、国家电力监管委员会联合发布的《电力工程建设项目用地指标(火力发电厂、核电厂、变电站和换流站)》(建标〔2010〕78号)中燃气-蒸汽联合循环发电厂厂区建设用地指标执行,同时还应符合国土资源部发布的《工业项目建设用地控制指标》(国土资发〔2008〕24号)及当地有关规定。

三、站区竖向布置

(一)站区竖向布置的基本原则和要求

1. 竖向布置的基本原则

(1)站区竖向布置必须按站区总平面布置统一考虑,应与总体规划中的道路、地下和地上工程管线、站址范围内的场地标高及相邻企业的场地标高相适应。

(2)站区竖向布置宜与自然地形地势相协调,宜避免设计地面坡向与自然地势主要坡向相反。

(3)站区竖向布置应顺应自然地形,因势利导,力求避免出现高挡土墙、高边坡,避免或减少工程建设对厂址区域原有地形地貌的破坏。

(4)站区竖向布置应尽可能地减少土石方挖方量和填方量,做到土石方挖填综合平衡,并做到挡土墙及边坡工程量小,地基处理工程量小。

2. 竖向布置的一般要求

(1)确定站址标高和防洪、防涝堤顶标高时,应符合下列规定:

1)站址标高应高于重现期为50年一遇的洪水位。当低于此洪水位时,站区必须有排洪(涝)沟、排洪(涝)围堤、挡水围墙或其他可靠的防洪(涝)设施,应在初期工程中按规划规模一次建成。

2)主厂房区域的室外地坪设计标高,应高于50年一遇的洪水位以上0.5m。站区其他区域的场地标高不应低于 50 年一遇的洪水位。

3）其他应满足《小型火力发电厂设计规范》（GB 50049—2011）的要求。

（2）站区竖向布置应根据生产工艺流程要求，结合厂区地形、地质、水文气象、交通运输等条件综合考虑，分别采用平坡式或阶梯式布置。

（3）改建、扩建工程的竖向布置，应妥善处理新老场地、边坡、道路、工艺管线及排水系统的关系，结合现有场地及竖向布置方式统筹确定场地设计标高，使全场统一协调。

（4）站区排水系统的设计应根据地形、工程地质、地下水位、厂外排水口标高等因素综合考虑。

（5）站区竖向应充分考虑站内外边坡、挡土墙的安全防护因素。当挡土墙或边坡高度超过 2m 时，应在顶部设安全护栏。

（6）站区场地设计标高的确定除应满足防洪水、防潮水和排除内涝水的要求外，还应符合下列要求：

1）应与所在城镇、相邻企业和居住区的标高相适应。

2）应方便生产联系、运输及满足排水要求。

3）在满足上述要求的前提下，应使土（石）方工程量小，填方、挖方量应接近平衡、运输距离应短。

（7）站区生产建筑物底层地面标高，宜高出室外地面设计标高 150～300mm，并应根据地质条件考虑建筑物沉降的影响。

（8）站区主要出入口的路面标高，宜高出站外路面标高。当低于站外路面标高时，应有可靠的截、排水设施。

（二）竖向布置形式

竖向设计一般常用的布置形式有平坡式、阶梯式或混合式，主要根据场地的自然条件选用。

1. 平坡式布置

站区地形平坦，自然地形坡度不超过 3%，一般采用平坡式竖向布置。坡可根据场地范围、建筑布置、地下管沟及道路布置等，选用单坡、双坡或多坡布置。供能站一般场地范围较小，可以采用单坡或双坡向布置。

2. 阶梯式布置

站区自然地形坡度在 3%及以上时，宜采用阶梯式布置。

（1）台阶的划分，应符合下列要求：

1）应与地形及总平面布置相适应。

2）生产联系密切的建（构）筑物，应布置在同一台阶或相邻台阶上。

3）台阶的长边，宜平行等高线布置。

4）台阶的宽度，应满足建（构）筑物、运输线路、管线和绿化等布置要求，以及操作、检修、消防和施工等需要。

5）台阶的高度，应按生产要求及地形和工程地质、水文地质条件、结合台阶间的运输联系和基础埋深等综合因素确定，并不宜高于 4m。

（2）相邻的台阶之间，可采用自然放坡、护坡或挡土墙等连接方式，应根据场地条件、地质条件、台阶高度、景观、荷载和卫生要求等因素，综合比较合理确定。

（3）站区的边坡工程还应符合《建筑边坡工程技术规范》（GB 50330—2013）和《建筑地基基础设计规范》（GB 50007—2011）的相关规定。

3. 竖向设计的表示方法

竖向设计时，采用设计标高法（箭头法）、设计等高线法和断面法表示。设计标高法（箭头法）设计工作量较小，修改简单，可以满足设计和施工要求，是最常用的表示方法。

（三）场地排水

站区通常设置雨水排水系统对站区场地雨水进行有组织的收集、排放，并使其能够及时顺畅地排出站区。站区场地排水主要满足以下原则和要求：

（1）站区场地应有完整、有效的雨水排水系统。场地雨水的排除方式，应结合所在地区的雨水排除方式、建筑密度、环境卫生要求、地质和气候条件等因素，合理选择暗管、明沟或地面自然排渗等方式，并应符合下列要求：

1）站区雨水排水管、沟应与厂外排雨水系统相衔接，场地雨水不得任意排至站外。

2）有条件的企业应建立雨水收集系统，应对收集的雨水充分利用。

3）站区雨水宜采用暗管排水。

（2）当站区采用暗管排水时，雨水口的设置应符合下列要求：

1）雨水口应位于集水方便、与雨水管道有良好连接条件的地段。

2）雨水口的间距宜为25～50m。当道路纵坡大于2%时，雨水口的间距可大于50m。

3）雨水口的型式、数量和布置，应根据具体情况和汇水面积计算确定。当道路的坡段较短时，可在最低点处集中收水，其雨水口的数量应适当增加。

4）当道路交叉口为最低标高时，应合理布置和增设雨水口。

（3）站区场地平整设计的最小坡度不宜小于0.5%，困难情况下不应小于0.3%，如有特殊措施，不使场地积水，设计坡度可小于0.3%，最大设计坡度不宜大于6%。

（4）站区内被沟道封闭的场地或局部场地雨水不能排出时，应设置渡槽或雨水口，并接入雨水下水道。

（5）在山坡地带建站时，应在站区上方设置山坡截水沟并在坡脚设置排水沟，同时应符合下列要求：

1）截水沟至站区挖方坡顶的距离，不宜小于5m。

2）当挖方边坡不高或截水沟铺砌加固时，截水沟至站区挖方坡顶的距离，不应小于2.5m。

3）截水沟不应穿过站区。

（四）场地平整及土石方工程

通常来说，电厂在初步设计审查批准后，建设单位首先要进行“五通一平”工程施工，其中的“平”就是指场地平整——初平。但对燃气分布式供能站来说，建设场地多位于工业园区、高新区、综合商务区等规划区内，初平通常已经完成。站区在确定最终竖向标高时要考虑基槽余土等土石方量的平衡。

如场地需平整，应满足下列要求：

（1）站区土石方宜达到填挖平衡，运距最短。

（2）场地平整中，表土宜进行处理，填土应分层夯实。填土工程压实系数为：本期建设地段不应小于0.9；近期预留地段不应小于0.85。场地平整土石方的施工及质量，应符合《土方与爆破工程施工及验收规范》（GB 50201—2012）和《建筑地基基础工程施工质量验收规范》（GB 50202—2002）的有关规定。

（3）站区土石方量的平衡，除应包括场地平整的土石方外，尚应包括建（构）筑物基础及室内回填土、地下构筑物、管线沟槽、排水沟、道路等工程的土方量、表土（腐殖土、淤泥等）的清除和回填量以及土石方松散量。土壤松散系数参见《工业企业总平面设计规范》（GB 50187—2012）的附录A。

四、站区道路布置

站内道路设计应按照《厂矿道路设计规范》（GBJ 22—1987）和《城市道路工程设计规范》（CJJ 37—2012）执行，并应符合下列要求：

（1）站内各建（构）物之间应根据生产、消防、生活和检修维护的需要设置行车道路。

（2）主设备区、配电装置区、天然气调压（增压）站周围应设置环行道路或消防车道。

（3）站内主要出入口主干道行车部分路面宽度宜为6～7m，主设备区周围的环形道路路面宽度宜为6m，站内支道路路面宽度宜为3.5～4m。

（4）站内道路宜采用水泥混凝土或沥青混凝土路面。

（5）室外布置的原动机、余热锅炉周围应留有检修场地和起吊运输设备进出的道路，净空高度不宜小于5m，困难时不应小于4.5m。消防车道宽度和净空高度均不应小于4m。

（6）站内道路主要技术指标宜按表8.1-4执行。

表8.1-4　站内道路主要技术指标　（m）

路面宽度	主干道	6～7
	次干道	6
	支道	3.5～4
	人行道	1～2
最小转弯半径	受场地限制时	6
	载重4～8t单辆汽车	9
	载重10～15t单辆汽车	12
	单辆汽车带一辆挂车	12
	50t汽车吊	12
	100～150t汽车吊	15
	15～25t大平板挂车	15
最大纵坡	主干道	6
	次干道	8
	支道、引道	9
最小计算视距	会车视距	30
	停车视距	15
	交叉口停车视距	20

注　车间引道宽度应与车间大门宽度相适宜，转弯半径不小于6m。

1）主干道为站区主入口通往主设备区或办公楼的入口主要道路。

2）次干道为主设备区四周环形道路及连接各生产区的道路。

3）支道为车辆和行人都较少的道路以及消防车道等。

4）引道为车间、仓库出入口与主、次干道或支道相连接的道路。

五、站区管线布置

站区管线综合布置通常以总平面布置为基础，是优化总平面的重要组成部分，可以调整总平面中建（构）筑物和道路的布置，进而优化总平面布置。

1. 站区管线分类

（1）站区管线按功能特性分主要有循环水管、上水管、下水管、化学水管、热力管、暖气管、压缩空气管、燃气管、电缆等。

（2）站区管线按介质特性分主要有：

1）压力管，大部分管线均属此类。

2）无压力（自流）管，主要是各种下水管，如生活污水、雨水管线等。

3）腐蚀性介质管线，主要是酸碱管等。

4）易燃、易爆管线，主要是燃气管等。

5）高温管线，主要是蒸汽管和热水等。

2. 站区管线布置

站区管线布置一般应符合下列规定：

（1）站区管线布置应从整体出发，结合规划容量、总平面布置、竖向布置及绿化统一规划。管线之间、管线与建（构）筑物、道路等之间在平面及竖向上，应相互协调、紧凑合理、节约集约用地整洁有序。

（2）当站区分期建设时，应按规划容量预留管线走廊。主要管线应避免穿越场地。

（3）站区管线宜成直线平行道路、建筑物轴线和相邻管线，尽量减少交叉。当管线与道路等交叉时，应力求正交，在困难条件下，其交叉角不宜小于45°。

（4）具有可燃性、爆炸危险性及有毒性介质的管道，不应穿越与其无关的建（构）筑物、生产装置、辅助生产及仓储设施、贮罐区等。

（5）站区管线综合布置时，干管应布置在用户较多或支管较多的一侧，宜按下列顺序，自建筑红线向道路方向布置：电信电缆；电力电缆；热力管道；各种工艺管道、管廊或管架；生产及生活给水管道；工业废水管道；生活污水管道；消防水管道；雨水排水管道；照明及电线杆柱。

（6）站区管线综合布置过程中，当管线在平面或竖向产生矛盾时，一般按照以下原则处理：压力管应让自流管；管径小的应让管径大的；易弯曲的应让不宜弯曲的；临时性的应让永久性的；工程量小的应让工程量大的；新建的应让现有的；施工检修方便的或次数少的应让施工检修不方便的或次数多的。

（7）站内管线敷设可分为直埋、管沟、隧道、排架及架空五种方式。应根据自然条件、管内介质、管径、总平面布置、施工及运行维护等因素，经技术经济比较后确定敷设方式。站内地下管线之间最小水平净距及最小垂直净距、站区地下管线与建（构）物的最小水平净距应符合《工业企业总平面设计规范》（GB 50187）的相关要求。

（8）站内燃气管道的敷设方式可根据实际情况选择直埋敷设、高支架架空敷设或低支架沿地面敷设，不应采用管沟敷设。对于软土地基，不宜采用直埋敷设。

(9) 站区布置的管架净空高度及基础位置，不得影响交通运输、消防及检修，不应妨碍建筑物的自然采光与通风，不影响厂容厂貌。具体规定如下：

1) 管架与建（构）筑物之间的最小水平间距，应符合表 8.1-5 的规定。

表 8.1-5　管架与建（构）筑物之间的最小水平间距 (m)

建（构）筑物名称	最小水平间距
建筑物有门窗的墙壁外缘或突出部分外缘	3.0
建筑物无门窗的墙壁外缘或突出部分外缘	1.5
铁路（中心线）	3.75
道路	1.0
人行道外缘	0.5
站区围墙（中心线）	1.0
照明及通讯杆柱（中心）	1.0

注　1. 表中距除注明者外，管架从最外边线算起；道路为城市型时，自路面边缘算起，为公路型时，自路肩边缘算起。
2. 表不适用于低架、管墩及建筑物支撑方式。
3. 液化烃、可燃液体、可燃气体介质的管线、管架与（构）筑物之间的最小水平间距应符合国家现行有关工程设计标准的规定。

2) 架空管线、管架跨越厂内铁路、厂区道路的最小净空高度，应符合表 8.1-6 的规定。

表 8.1-6　架空管线、管架跨越厂内铁路、厂区道路的最小净空高度 (m)

名　称	最小净空高度
铁路（从轨顶算起）	5.5，并不小于铁路建筑县界
道路（从路拱算起）	5.0
人行道（从路面算起）	2.5

注　1. 表中净空高度除注明者外管线从防护设施的外缘算起管架自最低部分算起。
2. 表中铁路一栏的最小净空高度，不适用于由电力牵引机车的线路及有特殊运输要求的线路及有特殊运输要求的线路。
3. 有大件运输要求或在检修时有大型起吊设备，以及有大型消防车通过的道路，应根据需要确定其净空高度。

3) 电缆架空敷设时不宜敷设在热力管道和燃气管道上部。电缆与管道之间无隔板防护时的允许净距应符合表 8.1-7 的规定。

表 8.1-7　电缆与管道之间无隔板防护时的允许净距 (mm)

电缆与管道之间走向		电力电缆	控制和信号电缆
热力管道	平行	1000	500
	交叉	500	250
燃气管道	平行	1000	500
	交叉	500	250
其他管道	平行	150	100

注　若燃气管道上方是插接式母线、悬挂干线时，最小平行净距为 3000mm，最小交叉净距为 1000mm。

六、站区布置实例

1. 站区布置实例一

位于某工业园区的区域式分布式供能站站区布置，燃机轴线排气时机组平行布置，站区总平面布置如图 8.1-2 所示。

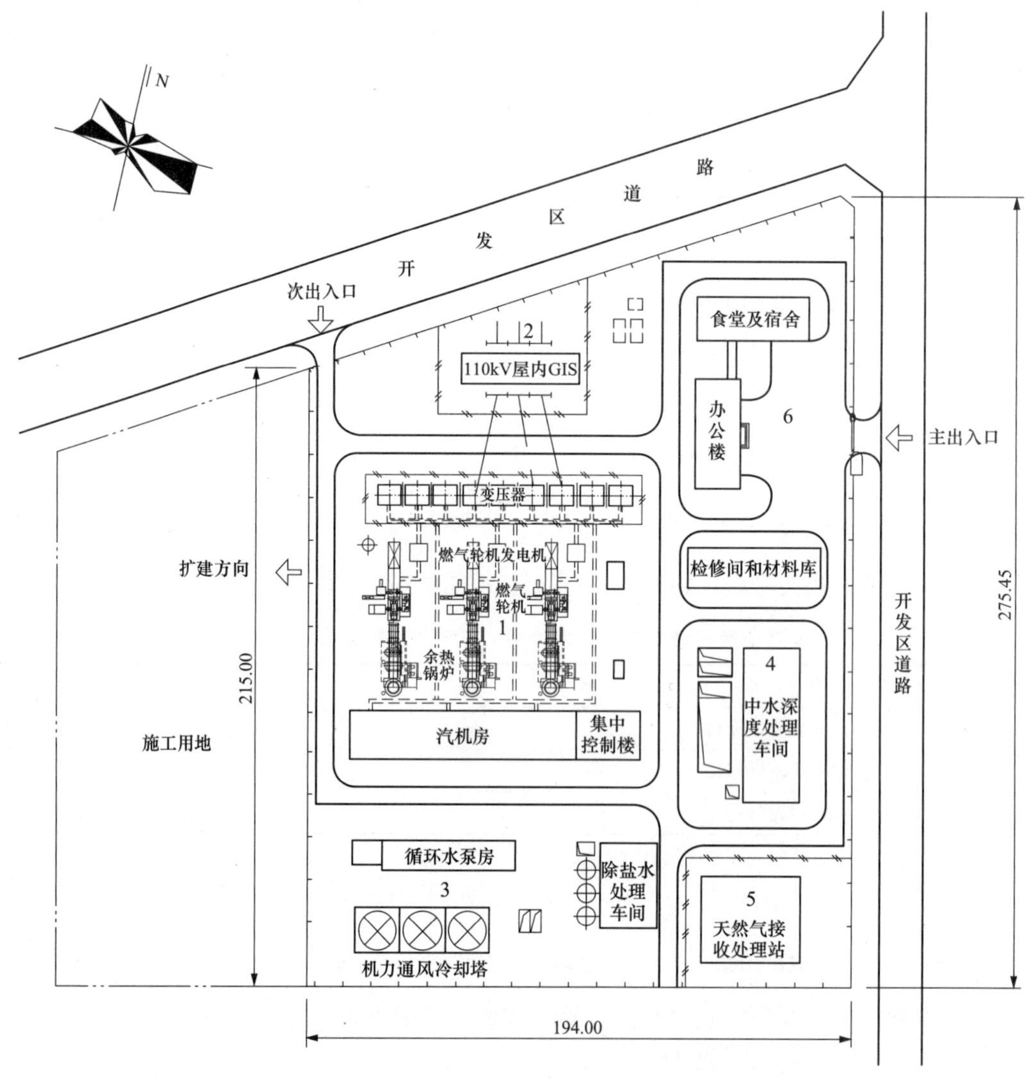

图 8.1-2 某燃气区域式分布式供能站总平面布置图实例一

1—动力岛；2—配电装置区；3—水工设施区；4—辅助生产区；5—天然气调压站；6—生产行政管理区

供能站位于某经济开发区，以满足开发区提供热（冷）需求。站区占地面积约 4.7 公顷，场地已由开发区平整。该期工程安装 3 套 30MW 级燃气轮机发电机组，组成 3 套“2 拖 1”燃气-蒸汽联合循环机组。不堵死扩建条件。

站区主要分为六个功能分区：动力岛、配电装置区、水工设施区、天然气调压站、辅助生产区、生产行政管理区。动力岛区域 3 台燃气轮发电机组顺列布置，余热锅炉同轴向布置于燃气轮机排气口后方，2 台汽轮发电机组纵向顺列布置在汽机房，汽轮发电机组轴向中心线与燃气轮发电机组轴向中心线垂直，汽机房布置在余热锅炉的正上方。站区三列式布置格局，自北向南为配电装置区—动力岛区—水工设施区，辅助生产区、生产行政管理区的各设施主要以一列布置于固定端。

站区设有两个出入口，实行人、物分流，有力地保证运行安全。站区主出入口进厂道路引接于东面开发区道路，次出入口引接于北面开发区道路。

2. 站区布置实例二

位于某城市新区的燃气区域式分布式供能站站区布置，燃气轮机侧向排气时机组纵向布置，站区总平面布置如图 8.1-3 所示。

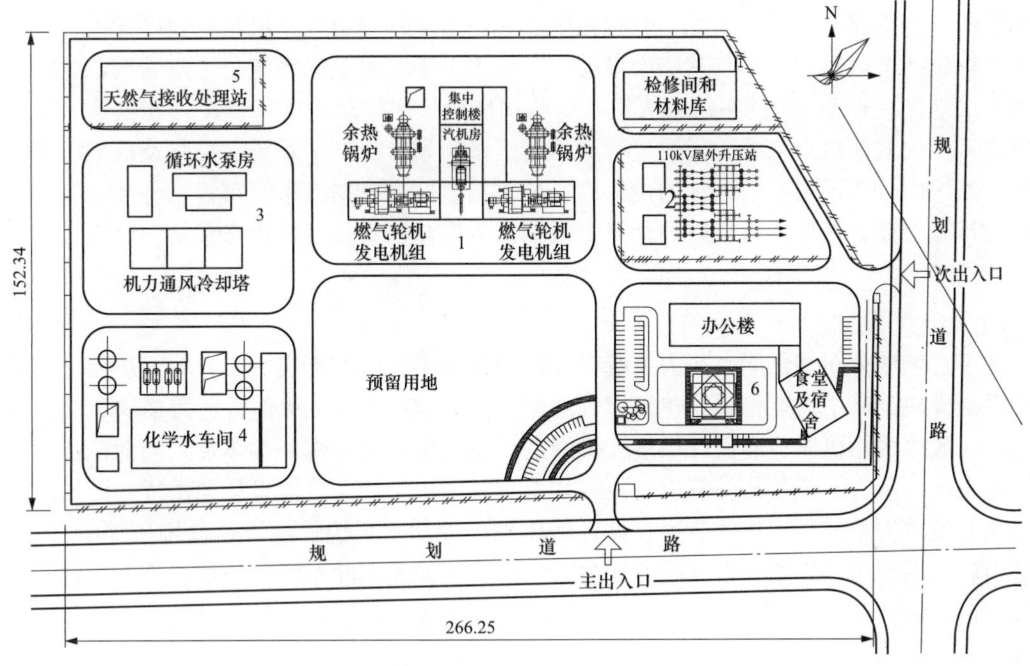

图 8.1-3　某燃气区域式分布式供能站总平面布置图实例二

1—动力岛；2—配电装置区；3—水工设施区；4—辅助生产区；5—天然气调压站；6—生产行政管理区

供能站位于某城市新区，就近、集中向落户新区的产业项目提供工业生产蒸汽以及空调制冷蒸汽（或热水）、采暖热水和生活热水。站区占地面积约 3.6 公顷，场地用地范围内地势平坦。该期工程安装 2 套 30MW 级燃气轮机发电机组，组成 1 套“2 拖 1”燃气-蒸汽联合循环机组。

站区主要分为六个功能分区：动力岛、配电装置区、水工设施区、天然气调压站、辅助生产区、生产行政管理区。动力岛区域 2 台燃气轮发电机组纵向布置，燃机侧向排气，余热锅炉垂直于燃气轮发电机组布置，1 台汽轮发电机组布置在余热锅炉中间。站区三列式布置格局，自东向西为配电装置区—动力岛区—水工设施区，天然气调压站布置在站区西北角，辅助生产区、生产行政管理区的设施主要布置于固定端。

站区设有两个出入口，实行人、物分流，有力地保证运行安全。站区主出入口进厂道路引接于南面规划道路，次出入口引接于东面规划道路。

第二节 热力系统

一、设计范围

1. 区域式燃气分布式供能站热力系统设计范围

区域式燃气分布式供能站热力系统设计范围包括燃气轮机模块、汽轮发电机模块、余热锅炉模块及其他辅助系统模块。其中燃机模块包括燃气轮机及其辅助设备、燃气轮机发电机及其辅助设备、水洗系统、天然气前置模块、润滑油系统等，一般由燃机制造商设计供货；汽轮发电机模块包括汽轮机及其辅助设备、汽轮发电机及其辅助设备、汽轮机轴封系统、润滑油系统、凝汽器、抽真空系统、旁路系统及阀门等，一般由汽轮机制造商设计供货；余热锅炉模块包括余热锅炉本体及其辅助设备、主给水系统、主蒸汽系统及旁路管道，通常余热锅炉岛最外侧柱外1m内的系统及管道，一般均由余热锅炉制造商负责设计和供货。设计院负责主厂房内其他热力系统、天然气管道、站区调压站、冷却水系统、检修及仪用压缩空气系统、站区内供热系统等。详细的设计内容还包括主厂房及辅助车间布置、各系统管道布置和有关计算、设备选型及其相应的计算、主辅设备安装、主辅设备检修起吊、设备和管道的保温油漆等。

2. 楼宇式燃气分布式供能站热力系统设计范围

楼宇式燃气分布式供能站热力系统设计范围包括燃气内燃机模块、尖峰锅炉模块及其他辅助系统模块。其中内燃机模块包括燃气内燃机及其辅助设备、天然气前置模块、润滑油系统等，一般由内燃机制造商设计供货；尖峰锅炉模块包括尖峰锅炉本体及其辅助设备、给水及除氧系统、蒸汽系统及相关管道，一般均由尖峰锅炉制造商负责设计和供货。设计院负责站房内其他热力系统、天然气管道、站区调压站、冷却水系统、检修及仪用压缩空气系统、站房内供热系统等。详细的设计内容还包括主厂房及辅助车间布置、各系统管道布置和有关计算、设备选型及其相应的计算、主辅设备安装、主辅设备检修起吊、设备和管道的保温油漆等。

二、原动机设备及系统

1. 一般规定

(1) 原动机对负荷变化应有快速反应能力。机组允许的日、年启停次数应与用户负荷特性相对应。

(2) 原动机宜选用高效、低噪声、低排放、低振动、低维护率的设备。燃气分布式供能站原动机机组台数不宜小于2台。

2. 原动机设备

(1) 分布式供能站的原动机可选择燃气轮机和燃气内燃机，楼宇式分布式供能站原动机宜选用燃气内燃机。

(2) 原动机的启停次数应符合预定运行方式和承担负荷性质的要求。

(3) 采用燃气轮机作为原动机时，符合下列情况之一时，宜选用轻型燃气轮机：

1) 需要快速、频繁启停并且不影响机组寿命。

2) 项目用地紧张或者是土地价格高。

3) 环保排放要求高。

(4) 对电负荷需求小，环保排放要求高，对振动、噪声敏感，独立使用的情况下，可选用微型燃气轮机。

(5) 原动机主要性能参数应符合下列要求：

1) 原动机的选型应以平均气象年参数及项目当地海拔高度为依据，并应校核年最高气象参数、年最低气象参数及ISO工况下的性能。

2) 燃气轮机的技术性能应符合《燃气轮机 采购》(GB/T 14099) 的相关规定。

3. 原动机系统

(1) 内燃机进气系统设计应满足以下要求：

1) 内燃机进气应具有过滤、防水及防杂质进入的功能。

2) 内燃机燃烧空气宜取自室外，取风口处宜设置消声装置。

(2) 内燃机冷却系统设计应满足以下要求：

1) 内燃机冷却系统宜采用闭式系统，循环介质可选用软化水或防冻液。

2) 内燃机冷却系统应能满足润滑油、缸套水、中冷器等部件对其流量、温度及压力等参数的要求。

(3) 内燃机润滑系统设计应满足以下要求：

1) 燃机宜设置独立的润滑油供应及废油排放系统。

2) 内燃机润滑油供应宜采用重力自流方式。

(4) 内燃机其他系统设计应符合相关产品性能技术性能要求。

(5) 燃气轮机进气系统设计应满足以下要求：

1) 燃气轮机进气（空气吸入）过滤装置应具有过滤、防水及防杂质进入的功能。在严寒地区，该系统还应具有防冻措施。

2) 建在海边或大气环境不良地区的燃气轮机，其进气系统应具有有效的防护措施。

3) 燃气轮机进气系统宜具有相应的消声和反冲吹措施。

4) 安装在较高环境温度或较高空气湿度地区的燃气轮机，经技术经济比较后，可安装进气冷却装置。

(6) 燃气轮机冷却水系统设计应满足以下要求：

1) 燃气轮机冷却水宜采用软化水或除盐水，且宜采用闭式冷却水系统。

2) 燃气轮机冷却水应满足燃气轮机本体、燃气轮机辅助机械设备及发电机对其流量、温度、压力等参数的要求。

3) 燃气轮机冷却水系统宜与汽轮机冷却水系统一并设计。

(7) 燃气轮机应设置清洗系统。可根据机组所处环境、负荷性质及燃料种类确定清洗方式。

三、余热利用设备及系统

1. 一般规定

(1) 余热利用设备应选用高效、低噪声、低振动、低维护率设备。设备选型应根据原动机选型、用户负荷特性等优化确定。

(2) 当余热利用量不稳定时，余热利用设备应有相应的调节措施。

2. 余热锅炉设备及系统

(1) 余热锅炉的选型和技术要求应符合《燃气-蒸汽联合循环设备采购　余热锅炉》(JB/T 8953.3)、《锅炉安全技术监察规程》(TSG G0001) 的要求。

(2) 余热锅炉应满足原动机快速频繁启停的要求。

(3) 余热锅炉的炉型、台数和容量，可按照下列要求确定：

1) 余热锅炉循环方式、布置形式及压力等级，应根据工程具体情况，经技术经济比较后确定。

2) 当原动机采用燃气轮机时，宜采用 1 台燃气轮机配 1 台余热锅炉。

3) 余热锅炉容量应与原动机排烟特性相匹配。余热锅炉应能在原动机各种可能运行工况下，有效吸收原动机排出的热量，产生符合要求的蒸汽或热水。

(4) 余热锅炉额定热力参数应按照以下原则确定：

1) 余热锅炉的额定工况应与原动机年平均气象工况的排气参数相匹配，并处于最佳效率范围，同时应校核月平均气象参数下的蒸汽出力、温度、压力及锅炉效率。

2) 余热锅炉蒸汽参数应综合考虑汽轮机的进汽参数和用户用汽参数，经技术经济比较后确定。

(5) 当热负荷峰值较大且持续时间较短时，经经济技术比较后，可采用补燃型余热锅炉。

(6) 余热利用系统烟气压损应满足原动机排烟背压的要求。

(7) 余热利用系统排烟温度应高于酸露点温度 10℃以上。

(8) 利用余热回收设备供冷供热时，根据用户用能安全要求，可配置相应的备用设施。

3. 烟气系统

烟道、烟囱的设计应满足下列规定：

(1) 烟道、烟囱宜采用钢制材料。

(2) 烟囱高度应能满足当地环保及景观要求，烟囱的出口直径应根据出口流速和烟气流量确定。

(3) 原动机为内燃机时，每台内燃机宜对应一座烟囱，余热利用设备宜设旁通烟道。

(4) 主烟道与旁通烟道之间宜设置性能可靠的电动三通阀。

(5) 余热利用设备进出口应设置膨胀节。

(6) 原动机为燃气轮机时，烟囱的设置应根据机组循环方式、余热锅炉型式、布置方式和启动控制要求等因素确定。

(7) 燃气轮机旁路烟囱和切换挡板的设置宜根据运行方式和经济技术比较确定。

(8) 采用立式余热锅炉时，宜采用钢制烟囱并直接设置在锅炉顶部。

(9) 采用卧式余热锅炉时，应根据机组布置情况，每台余热锅炉设置 1 座烟囱，也可多台余热锅炉设置 1 座集管式烟囱。

(10) 若采用烟囱内挡板门时，挡板门宜采用电动驱动机构。

4. 给水系统

(1) 余热锅炉给水系统中的管路数、调节阀容量，应根据除氧器的配置和给水泵的性能确定。

（2）余热锅炉给水泵的选择及其台数、容量按以下原则确定：

1）在每一个给水系统中，给水泵出口的总流量（不包括备用给水泵），应不小于系统所连接的全部余热锅炉最大给水量及高压旁路减温喷水量之和的110%。

2）当一台余热锅炉配一台除氧器时，可按余热锅炉的给水量配两台100%容量的电动给水泵；当两台余热锅炉配一台除氧器时，可配三台同容量电动给水泵，其中一台泵备用。

3）给水泵的扬程应按下列各项之和计算：

a. 从除氧器给水箱出口到省煤器进口介质流动总阻力（按余热锅炉最大连续蒸发量时的给水量计算），并加20%的裕量。

b. 余热锅炉省煤器进口联想处的正常水位与除氧给水箱正常水位间的水柱静压差。

c. 余热锅炉最大连续蒸发量时，省煤器入口的给水压力。

d. 除氧器额定工作压力（取负值）。

在有前置泵时，前置泵和给水泵的扬程之和应大于上述各项的总和。

前置泵的扬程除应计及前置泵出口至给水泵入口间的介质流动总阻力和净压差以外，还应满足汽轮机甩负荷瞬态工况时为保证给水泵入口不汽化所需的压头要求。

（3）除氧器的台数和容量按以下原则确定：

1）除氧器宜采用余热锅炉低压汽包自除氧。

2）除氧器的总容量，应根据最大给水消耗量选择，每台余热锅炉宜配置一台除氧器。给水箱兼作余热锅炉低压汽包。给水箱的有效储水量宜为5～10min余热锅炉最大连续蒸发量时的给水消耗量。

3）除氧器的启动气源可以来自尖峰锅炉或厂用辅助蒸汽系统或余热锅炉本身。正常运行时，除氧器加热蒸汽宜优先采用来自余热锅炉自身蒸汽。

4）除氧器及其有关系统的设计，应有可靠地防止除氧器过压爆炸的措施，并符合压力式除氧器有关安全技术的规定。

5. 排污和排汽系统

（1）余热锅炉的连续排污和定期排污的系统及设备按下列原则确定：

1）对汽包锅炉，宜采用一级连续排污扩容系统。连续排污扩容系统应有切换至定期排污扩容器的旁路。

2）定期排污扩容器的容量，应考虑余热锅炉事故放水的需要。

（2）余热锅炉向空排汽的噪声防治应满足环保要求，起跳压力最低的汽包安全阀排汽管宜装设消声器。定期排污扩容器排气管可装设消声器，在严寒地区宜装设排气管汽水分离装置。

6. 汽轮机系统及辅助设备

（1）采用“多拖一”方案时，主蒸汽系统应采用母管制。

（2）蒸汽旁路系统按以下原则设置：

1）蒸汽旁路系统应能在汽轮机启动或甩负荷时，及时向凝汽器排出多余的蒸汽，以提高机组启动速度并减少工质损失。

2）蒸汽旁路应根据余热锅炉不同的压力级设置对应的蒸汽旁路。

3）蒸汽旁路应采用单元制，每台余热锅炉设置各自对应的蒸汽旁路系统。各级蒸汽旁路的容量宜为余热锅炉各级蒸发量的100%。

（3）凝结水系统按以下原则确定：

1）汽轮机排汽可采用水冷、间接空冷、直接空冷方式冷却，冷却设备的出力及冷却效率应能满足汽轮机正常运行的要求。在水资源缺乏的地区，汽轮机排汽的冷却方式宜优先采用空冷方式。

2）凝结水泵容量选择应考虑蒸汽旁路投入时对凝结水量的要求。

3）凝汽器应具有凝结汽轮机排汽或凝结各级旁路同时排入蒸汽的能力，两者比较取大值。

（4）凝结水泵的台数、容量应符合下列规定：

1）以工业热负荷为主分布式供能项目，每台机组宜装设 2 台或 3 台凝结水泵，并应符合下列规定：

a. 当机组投产后即开始对外供热，宜装设 2 台凝结水泵。每台容量宜为设计热负荷工况下的凝结水量，另加 10％的裕量。设计热负荷工况下的凝结水量不足最大凝结水量 50％的，每台容量按最大凝结水量的 50％确定。

b. 当机组投产后需做较长时间低热负荷工况运行时，宜装设 3 台凝结水泵，每台容量宜为设计热负荷工况下的凝结水量，另加 10％的裕量。设计热负荷工况下的凝结水量不足最大凝结水量 50％的，每台容量应按最大凝结水量的 50％确定。

2）以采暖热负荷为主分布式供能项目，每台机组宜装设 3 台凝结水泵，每台容量宜为最大凝结水量的 55％。

3）设计热负荷工况下的凝结水量应为下列各项之和：

a. 机组在设计热负荷工况下运行时的凝汽量。

b. 进入凝汽器的经常疏水量。

c. 当设有低压加热器疏水泵而不设备用泵时，可能进入凝汽器的事故疏水量。

4）最大凝结水量应为下列各项之和：

a. 抽凝机组按纯凝汽工况运行时，在最大进汽工况下的凝汽量。

b. 进入凝汽器的经常补水量和经常疏水量。

c. 当设有低压加热器疏水泵而不设备用泵时，可能进入凝汽器的事故疏水量。

（5）凝结水泵的扬程应为下列各项之和：

1）从凝汽器热井到除氧器凝结水入口的凝结水管道流动阻力，另加 20％的裕量。低压加热器的疏水，经疏水泵并入主凝结水管道的，在并入点前应按最大凝结水量计算；在并入点后，应加上低压加热器疏水量计算。

2）除氧器凝结水入口与凝汽器热井最低水位间的水柱静压差。

3）除氧器入口凝结水管喷雾头所需的喷雾压力。

4）除氧器最大工作压力，另加 15％的裕量。

5）凝汽器的最高真空。

（6）分布式供能站应设置工业冷却水系统，工业冷却水系统宜采用母管制。

（7）分布式供能站应按汽轮机抽汽或排汽每种参数各装设一套备用减温减压装置，其容量等于最大一台汽轮机的最大抽汽量或排汽量。

四、主要热力系统设计案例

深圳某区域式燃气分布式供能站，为深圳某产业园项目配套的供能站。规划容量与该期建设规模：该供能站工程燃机选型以单循环容量为 60～100MW 级，该期建设规模为 300MW 级。拟采用多轴燃气-蒸汽联合循环构成方式。

1. 主要设计原则

考虑供能站供热要求及全站热效率最大化原则，结合能源站实际制定本专业设计原则如下：

(1) 燃气轮机采用天然气为设计燃料，不考虑备用燃料。

(2) 燃气轮机不设旁路烟道及调节挡板，不考虑单循环运行。

(3) 余热锅炉尾部产生的 70/90℃低温热水全部供给暖通制冷站使用。

(4) 供能站供热蒸汽总量按以下原则确定，工业抽汽 86.17t/h 由抽凝背机组供给，抽凝机则按抽取蒸汽供给制冷后全站热效率达到 70%的指标确定外供抽汽量。

(5) 余热锅炉采用卧式、自然循环，配一体化除氧器，外部利用去工业化装饰围挡。

(6) 3 台燃气轮发电机组和 2 台供热汽轮发电机组在联合厂房内采用横向布置方式。

(7) 全厂高压主蒸汽系统采用扩大单元制。

(8) 全厂低压主蒸汽系统和工业抽汽系统采用母管制。

(9) 每台余热锅炉各配置 1 套 100%高、低压旁路，该旁路具有供热减温减压器功能。

(10) 2 台汽轮机主要辅机（冷油器、发电机空冷器）采用母管制开式循环冷却水系统，全厂设置 1 套，来水取自循环水供水。

(11) 其余辅机均采用闭式循环冷却系统，系统采用母管制，全厂设置 1 套。

(12) 厂用压缩空气系统采用仪用与检修空气压缩机统一设置方式，系统为母管制。

2 台汽轮机各设置 1 套固定式润滑油净化装置。3 台燃机设 1 套移动式润滑油净化装置。2 台汽轮机设 1 台公用润滑油贮油箱。

2. 主要热力系统设计范围

主要热力系统设计范围为 3 套 6F.03 型多轴燃气-蒸汽联合循环型供热机组安装设计及其辅助系统及配套辅助公用设施设计，包括除燃机岛、余热锅炉岛、汽机岛外电厂部分的系统设计以及设备选型和布置等，主要内容为：

(1) 3×6F.03 室内布置燃气轮发电机组安装及配套工艺系统和安装设计。

(2) 3×110/13t/h 等级露天布置双压余热锅炉安装及配套工艺系统和安装设计。

(3) 1×75MW 级室内布置双压抽凝汽式供热汽轮发电机组安装及配套工艺系统和安装设计。

(4) 1×35MW 级室内布置单压 NCB 型汽轮发电机组安装及配套工艺系统和安装设计。

(5) 热力系统拟定及相关辅助设备选型。

(6) 高、低压主蒸汽系统拟定。

(7) 工业抽汽系统拟定。

(8) 旁路及减温减压供汽系统拟定。

(9) 厂内天然气供应系统拟定。

(10) 开、闭式循环冷却水系统拟定及设备选型。

(11) 压缩空气系统拟定及设备选型。

(12) 该期工程主厂房及辅助设施布置设计。

(13) 该期工程汽轮机热力系统布置设计。

(14) 该期工程燃气供应系统布置设计。

(15) 该期工程工业水及冷却水系统布置设计。

(16) 该期工程仪表及检修压缩空气系统布置设计。

(17) 该期工程化学取样装置冷却系统设计。

(18) 保温油漆的设计。

(19) 检修起吊设施等的设计。

该设计所包括的辅助生产设施有备用锅炉房、柴油发动机室。

3. 热力系统及辅机设备选型

(1) 联合循环热平衡系统。该项目联合循环系统暂按采用GE公司生产的6F.03型燃气轮发电机组，配套国产立式、双压、自然循环余热锅炉，配单抽凝汽式和抽凝背机组组成2套总出力为300MW级的多轴燃气-蒸汽联合循环型供热电站机组，机组以联合循环方式运行，不设旁路烟囱。

由于6F.03型燃气轮机排烟温度高、排烟量大且燃料采用天然气，燃料价格较高，因此联合循环蒸汽系统采用双压。

同时，为提高热效率，节约能源，抽凝联合循环机组的余热锅炉尾部设置烟气换热器。

将来制冷负荷发展后，可设置凝汽器循环水热泵，将提取的热量用于制冷，同时也能提高全厂热效率。

(2) 主要系统及附属设备。燃气-蒸汽联合循环系统分为燃气循环系统和蒸汽循环系统。

1) 燃气循环系统及其主要附属设备。燃气循环系统主要由燃气轮机及其辅机构成。主要有燃料净化装置、燃气轮机、烟道、余热锅炉等部分组成。

燃料为天然气时，燃料先经过调压站及净化加热器后进入燃机。

燃气轮机本体的污油排放至燃机本体4m^{3}污油箱后经污油泵回收至油处理装置。

2) 蒸汽循环系统及其主要附属设备。余热锅炉产生的蒸汽供给蒸汽轮机，经做功后一部分从汽轮机内抽出供给工业抽汽，一部分排入凝汽器，凝结水与补入凝汽器的系统补水一起由凝结水泵经轴封冷却器、锅炉凝结水加热器后送入除氧器进行脱氧，然后由给水泵送入锅炉省煤器。

汽水系统主要由余热锅炉高、低压循环汽水系统、汽轮机、凝汽器、凝结水泵、除氧器、高低压给水泵等设备及管道和阀件组成。

(3) 热力系统拟定原则及特点。

1) 高压主蒸汽系统。高压主蒸汽系统采用切换母管制。主蒸汽系统为从余热锅炉高压过热器联箱出口引出一根ID197×17的管道（材料为P91），经电动关断阀，流量计等合并为1根ID273×17的管道（材料为P91），接至汽轮机的联合汽门（高压主汽门，调节汽门）主蒸汽流速为45.5m/s，再经导汽管接入汽轮机，进入汽轮机高压部分做功，同时高压主蒸汽还作为机组启动低负荷时的轴封用汽源。

高压过热蒸汽联箱设有安全阀，对空排气阀等。在主蒸汽管道上锅炉高压集汽集箱出口附近设置流量测量装置一套以及蠕胀监察段和蠕胀测点。

由于主蒸汽温度达到568℃，因此主蒸汽管道采用按ASME标准生产的P91无缝钢管。

2) 低压补汽系统。低压补汽系统采用切换母管制。系统为从余热锅炉低压过热器出口联箱出口引出一根ϕ159×3.5的低压蒸汽管道（材料为20钢），蒸汽流速为51.8m/s，经电动关断阀，流量计等合并为1根 ϕ219×4（材料为20钢）的管道后接至汽轮机低压补汽调节汽门，再经低压导汽管接入汽轮机，进入汽轮机低压部分做功。

低压过热蒸汽联箱均设有安全阀，对空排气阀等。低压主蒸汽管道在联箱出口侧设有停炉保压用的电动关断阀门，以及流量测量装置，用于计量余热锅炉的低压补汽量。

3）蒸汽旁路系统。为改善机组启、停性能，协调机、炉间的汽量平衡，减少机组循环的汽水损失，利于系统灵活运行，同时为保证机组在100%工况甩负荷时锅炉安全门不启跳，以及在汽轮机启动时，能使锅炉出口各级蒸汽温度与汽轮机缸体金属温度快速匹配，每台锅炉设置了一套高、低压旁路装置，容量按能通过余热锅炉100%的最大连续蒸发量设计。

高压旁路管道从主蒸汽管道上接出，经过旁路减温减压装置接至凝汽器，凝汽器喉部设有专门接受旁路系统来汽的减压减温装置。旁路阀采用气动执行机构，高压旁路阀的减温水取自凝结水泵出口的凝结水。

低压旁路管道从低压补汽管道上另引一路进入凝汽器，除实现与高压旁路相同的功能外，还将适应机组单压运行工况，此时低压补汽经低压旁路进入凝汽器。凝汽器喉部另设有专门接受低压旁路系统来汽的减压减温装置。减压减温装置的减温水来自凝结水泵出口的凝结水。

同时该旁路具有减温减压器功能，在机组事故或停机后可通过其减温减压对外供热。

4）工业抽汽系统。抽汽系统的抽汽能力为：抽凝式汽轮机最大可以达到140t/h，抽凝背汽轮机最大可以达到114t/h。

抽凝式汽轮机设有2个工业抽汽口，ϕ356×9抽汽管从抽汽口引出后合成1根 ϕ480×9供热管，经气动止回门，再经快关阀和电动门后接工业抽汽母管。

抽凝背汽轮机抽汽管从高、低压缸联通管上引出，经气动止回门，再经快关阀和电动门后也接工业抽汽母管。

抽汽总管道和抽凝背汽轮机排汽管道分别设置流量测量装置。

工业抽汽母管从厂房内引出后送至厂内热网首站。

5）凝结水系统。凝结水泵容量按最大凝汽量的110%考虑，并考虑蒸汽旁路系统投入时的所需减温喷水量的要求。

凝结水由凝汽器热井引出，经2台100%容量的凝结水泵（一台运行、一台备用，参数为流量 $Q=270\text{m}^3/\text{h}$，扬程 $H=240\text{mH}_2\text{O}$）并成一路经轴封冷却器后，经余热锅炉尾部凝结水加热器加热后进入除氧器。

两台凝结水泵设置一台变频器，为一拖二自动变频器。为方便凝结水泵电动机的变—工频之间切换，变频器按设旁路切换柜考虑。旁路切换柜配置上应能在任何情况下，能实现整套变频器装置的变频和工频之间自动和手动切换，从而确保电动机的平稳过渡。

凝结水泵进口管道上设置水封阀、滤网，凝结水泵出口管道上装设止回阀和电动阀。凝结水首先进入轴封冷却器，轴封冷却器为表面式热交换器，用以凝结轴封和门杆漏汽，轴封冷却器依靠轴封风机排除轴封系统不凝结的气体，维持微负压状态，以防止蒸汽漏入大气及汽轮机润滑油系统。为维持上述的真空，必须有足够的凝结水量流过汽封加热器，以凝结上述漏汽。

凝结水系统设有最小流量再循环管道，从轴封加热器出口凝结水管路上接出，经调节阀回至凝汽器，以保证凝结水泵启动及低负荷安全运行，保证在启动和低负荷期间有足够的凝结水流经轴封冷却器，维持轴封冷却器的微真空，同时它还可以配合除氧器前的凝结水调节阀共同协调凝汽器水位及除氧器水位。在轴封冷却器出口设置了一路启动放水系统以保证在系统调试或大、小修后凝结水管道系统的冲洗。

由于该工程外供工业抽汽回水率为零，因此抽凝背系统供热补水率按100%考虑。系统补水按补入除氧器设计，补水来自化学水车间补水泵出口母管，在补水管道上设一汽动调节阀以控制补水量，进入除氧器前先在余热锅炉尾部补水加热器内予以加热。

凝结水系统还为以下部分提供凝结水：水封阀的密封水；低压缸的喷水；高、低压旁路减温器的减温水；轴封蒸汽减温器的减温水；全厂疏水扩容器及本体疏水扩容器的喷水减温水等。

6）余热锅炉汽水系统。

a. 高压给水系统。高压给水系统采用单元制，每台炉设置两台100%容量高压电动给水泵。高压给水由除氧水箱接出一根给水管，经高压电动给水泵供至高压省煤器入口，通过省煤器进入余热锅炉高压汽包，同时提供余热锅炉高压过热器所需的减温水。高压锅炉给水的调节和控制由水泵出口流量调节阀调节，每台给水泵设有最小流量回路，以保证启动和低负荷期间给水泵通过最小流量运行，防止给水泵汽化。

锅炉上水利用凝结水泵进行。化学车间除盐水先进入凝汽器，再经凝结水泵打入除氧器内即可。

b. 低压给水系统。低压给水系统采用单元制，经两台100%高压电动给水泵抽头引出，供至低压省煤器入口，通过省煤器进入余热锅炉低压汽包。

7）凝汽器真空系统。凝汽器真空系统在机组启动期间用以抽出凝汽器汽侧空间及附属管道和设备中的空气，尽快建立真空，满足机组启动要求，在机组正常运行期间，用以抽取凝汽器空气区内聚集的不凝结气体，提高凝汽器换热量，确保凝汽器所要求的真空度，维持蒸汽轮机背压，提高机组效率。

凝汽器真空系统设置2×100%容量锥体水环式真空泵（出力为2500m^3/h，1.0kPa）正常工况一台运行，一台备用。为缩短抽真空时间，机组启动时两台泵同时运行。抽空气管道上设置真空破坏管和真空破坏阀。

凝汽器壳体上设有真空破坏阀，当机组事故时，用以迅速破坏真空，缩短转子惰走时间。在真空破坏阀入口，需注满凝结水，以防正常运行时空气漏入凝汽器而影响凝汽器真空。

8）汽轮机本体有关系统。汽轮机本体有关系统包括汽轮机本体轴封系统、润滑油系统和疏水系统。

a. 汽轮机本体轴封系统。轴封系统由均压箱、喷水调节阀、轴封电加热器、轴封加热器等组成。供轴封蒸汽由高压主蒸汽管道上引出，经喷水调节阀（减温减压）后进入轴封均压箱内，再由均压箱引出2路蒸汽，一路供高压前汽封，另一路经调节阀减温减压供后汽封。主蒸汽进入均压箱前设有电加热器，用于加热启动时温度较低的主蒸汽，以满足汽轮机对轴封蒸汽温度的要求，加快汽轮机启动速度。机组正常运行时轴封蒸汽为自供汽，经各级汽封后由前、后末级汽封排出汇入轴封排汽母管进入轴封加热器。另外自动主蒸门的门杆漏汽也排入轴封排汽母管。

b. 润滑油系统。汽轮机本体润滑油系统由主油箱，主油泵，交、直流润滑油泵，辅助油泵，冷油器，滑油过滤器等组成。机组正常运行时由主油泵向1、2号射油器供油，经2台射油器后分别供至主油泵入口和冷油器，供冷油器的油经滑油过滤器后进入汽轮机发电机组润滑油供油母管向汽轮机和发电机的各轴承供给润滑油，启动、停机、事故状态时主油泵压力降低，此时由交流或直流润滑油泵向系统提供润滑油。系统润滑油经一段时间使用后油质会污染、老化，必须净化处理达标后才能使用，因此每台汽轮机设置1台透平油聚结分离式净油机（流量$Q=170L/min$）。

c. 疏水系统。汽轮机本体疏水系统由高、低压自动主门，高、低压主蒸汽导汽管，汽缸、轴封等的疏水管道和气动阀组成。机组启动、停机时，气动疏水阀开启，上述部分的疏水均通过管道流入本体疏水扩容器。本体疏水扩容器为$2m^3$，排汽与凝汽器喉部相接，水则接至凝汽器热井，接受本体系统启动和正常全厂疏水。

9）闭式循环冷却水系统。闭式循环水系统向EH油冷却器、取样冷却器和转动机械轴承等设备提供冷却水。

为节约淡水，该工程设计采用闭式循环冷却水系统，二次水源为化学除盐水，补水由化学除盐水系统直接补入；一次水为循环水，取自循环水泵出口管。

从系统安全和可靠性看，闭式循环冷却水系统采用母管制满足机组的要求，并且母管制系统简单，可靠性高，还可以降低运行成本，因此该设计闭式循环冷却水系统采用母管制。

全厂闭式循环冷却水系统由3台50%容量闭式循环冷却水泵、3台50%容量闭式循环水-水交换器、1台闭式水膨胀水箱、落差管等组成。正常运行时，2台50%闭式循环冷却水泵和2台50%容量水-水换器运行，另1台备用，可满足整个系统对冷却水量及冷却水温度的要求。

为了保证闭式循环冷却水水质，在闭式泵出口总管上设有加药装置，定期加入联氨。

10）循环水系统。该工程循环水采用机力通风塔闭式循环供水系统，由循环水泵为凝汽器提供冷却水，凝汽器设有胶球清洗装置，在机组运行过程中定期投入使用，保证凝汽器换热管清洁，提高机组效率。

11）开式循环冷却水系统。全厂采用1套开式循环冷却水系统，为增加运行灵活性，设3台50%闭式循环冷却水泵，2运1备。开式循环冷却水由联合厂房循环水供水管引出，以满足汽轮机发电机空冷器和冷油器以及真空泵的冷却用水，回水引至循环水回水管。

对于真空泵，因夏季闭式水温度升高，为保证冷却效果从制冷站接1根冷水管接至真空泵冷却水入口，与部分开式水混合降温后供真空泵使用。

12）全厂补给水系统。系统的正常补水及除氧器的首次充水均来自新建化学水处理车间泵出口母管。从此母管引出$\phi108$分别供给燃机水洗模块供水。

13）全厂疏水系统。结合联合循环机组启、停特点，为缩短机组启动时间，加快电力、蒸汽的并网速度，管道暖管系统的启动疏水管道等设置电动疏水阀，直接引至全厂疏水扩容器，此扩容器排汽对大气，疏水进入水工排水降温池。

14）全厂仪用及检修压缩空气系统。系统设计主要考虑以下原则：

a. 空气压缩机设备配置：检修用与仪表用空气压缩机统一设置，采用相同形式和容量。检修用空气压缩机和仪表用空气压缩机可以互为备用，提高设备的利用率。供气系统和贮气罐一同设置。

b. 空气压缩机台数及容量：空气压缩机系统设计选型结合压缩空气系统最大连续用气

量和运行空气压缩机的台数，考虑以下两种情况：

(a) 2 台机组正常运行、不需要停机冷却和检修用气（$10m^3/min$）。

(b) 1 台机组正常运行、同时 1 台机组停机冷却和检修时。

c. 设备台数：3 台螺杆式空气压缩机，其中 1 台正常运行，1 台备用，1 台检修备用。

d. 设备容量：单台设备满足上述两种工况中最大用气量工况的 100%考虑。根据上述原则，该工程设 3 台 $10m^3/min$ 的空气压缩机。

e. 系统管道配置原则：仪用压缩空气与杂用压缩空气的供气管道从供气母管分别接出。

(4) 主要汽水管道的管径和材料。依据《火力发电厂汽水管道设计技术规定》，管径、壁厚计算主要成果见表 8.2-1。

表 8.2-1　　主要汽水管道的管径、壁厚计算

序号	管道名称	设计压力 (MPa)	设计温度 (℃)	流量 (t/h)	管材	管道内径 (mm)	流速 (m/s)	管道规格
1	高压主蒸汽管（支管）	7.8	587	110	A335P91	197	43.7	ID197×17
2	高压主蒸汽管（主管）	7.8	587	220	A335P91	273	45.5	ID273×17
3	低压主蒸汽管（支管）	1.03	303	15	20	211	54	OD219×4
4	低压主蒸汽管（主管）	1.03	303	30	20	159	51.8	OD159×3.5
5	高压旁路管道（阀前）	7.8	587	110	A335P91	235	67	ID159×17
6	高压旁路管道（阀后）	1.6	512	140	12Cr1MoV	363	90.08	OD377×7
7	低压旁路管道（阀前）	1.03	303	15	20	151	52.5	OD159×4
8	低压旁路管道（阀后）	0.6	303	16.5	20	211	55	OD219×4
9	抽汽供热管道（支管）	1.0	300	70	20	338	60	OD356×9
10	抽汽供热管道（主管）	1.0	300	140	20	462	56	OD480×9
11	凝结水泵入口（母管）	0.35	40	250	20	359	0.69	OD377×9
12	凝结水泵出口（母管）	4	40	250	20	207	2.2	OD219×6
13	主凝结水出口（支管）	4	40	125	20	128	2.9	OD133×2.5

(5) 主要辅助设备选择。

1) 凝汽器。凝汽器属于汽轮机成套供货范围。凝汽器的设计应有足够的容量，能接受可能产生的最大工况时汽轮机的排汽、旁路蒸汽、轴封调节器疏水、汽轮机汽缸疏水、轴封冷却器疏水、高压蒸汽疏水、低压蒸汽疏水以及其他各项疏水等。同时，凝汽器设计能根据汽轮机旁路系统的要求，容纳汽轮机旁路系统的排汽而又不产生较大的热应力和真空跳闸等现象。凝汽器液位控制系统能保持热井中的预定液位。热井存储能力：在最大功率输出条件下正常与低液位之间最少能保证 3min 运行。凝汽器采用双进双出双流程，汽轮机运行时，凝汽器允许半侧清洗，半侧运行时汽轮机可以带 70%铭牌功率运行。

抽凝机凝汽器的主要技术规范如下：

形式：　　表面式；

冷却面积：　　$8000m^2$；

额定排汽压力：　　10kPa (a)（额定工况）；

凝结水温度：　　48.95℃（额定工况）；

冷却水温度：　　32.5℃（额定工况）；

管束材质：　　TA2/GB/T3625；

台数：　　1台。

抽凝背机凝汽器的主要技术规范如下：

形式：　　表面式；

冷却面积：　　3600m^2；

额定排汽压力：　　10kPa（a）（额定工况）；

凝结水温度：　　48.95℃（额定工况）；

冷却水温度：　　32.5℃（额定工况）；

管束材质：　　TA2/GB/T3625；

台数：　　1台。

2）给水泵。给水泵由锅炉厂成套供货。

该工程每台余热锅炉采用2台100%容量的电动高压给水泵，形式为卧式，多级节段式离心泵。其额定流量和扬程满足余热锅炉和蒸汽轮机各种工况运行的要求。

每台泵满足100%最大流量的要求，并有10%的裕量。其额定流量应满足余热锅炉和蒸汽轮机各种工况运行的要求，包括过热器减温水及全厂减温减压器和减温器喷水等。

给水泵的扬程选择应遵循《燃气-蒸汽联合循环电厂设计规定》。

给水泵的主要技术规范如下：

形式：　　节段式；

给水泵出口流量：　　120t/h；

扬程：　　900mH_2O；

给水泵转速：　　2983r/min；

电动机容量：　　560kW；

电动机电压：　　6300V；

台数：　　2台/每台锅炉。

3）凝结水泵。凝结水泵容量考虑联合循环机组冬季工况100%负荷运行时（旁路关闭）的最大凝结水量、经常疏水量、正常补水量之和，并考虑10%水量裕量。虽然联合循环发电机组的蒸汽旁路容量按锅炉各压力级蒸汽的最大连续蒸发量的100%考虑，但旁路使用时备用泵投入短期运行可以满足蒸汽旁路投入时对凝结水量的要求，因此凝结水泵容量不考虑旁路系统投入运行时的凝结水输送量的要求。

凝结水泵主要技术规范如下：

流量：　　抽凝270m^3/h，抽凝背140.m^3/h；

扬程：　　240mH_2O；

转速：　　1480r/min；

电动机电压：　　380V；

台数：　　3台/每台机组。

4）开、闭式循环冷却水泵。该项目全厂采用1套开、闭式循环冷却水系统，开、闭水式泵各按3台50%容量考虑、2台运行1台备用。每台设备容量按可满足1套联合循环发电机组所需冷却水量考虑，正常运行时，2台冷却水泵及相应板式换热器运行可满足整个系统的需要。

形式：　　　　　　单级双吸卧式离心泵；
流量：　　　　　　开式 $2000m^3/h$，闭式 $400m^3/h$；
扬程：　　　　　　开式 $15mH_2O$，闭式 $50mH_2O$；
转速：　　　　　　3000r/min；
电动机电压：　　　380V；
台数：　　　　　　3 台。

5）仪用及检修空气压缩机。该工程压缩空气系统设 3 台空气压缩机用于供给仪用和检修用压缩空气。

空气压缩机组冷却形式：考虑系统简化，选用风冷型机组。

主要技术规范：
型号：　　　　　　L55A；
流量：　　　　　　$10m^3/min$；
排气压力：　　　　1.0MPa。
电动机型号：
功率：　　　　　　55kW；
电压：　　　　　　380V；
形式：　　　　　　螺杆式；
台数：　　　　　　3 台/2 台机组。

五、动力岛布置方案

分布式供能站动力岛主要设备包括燃气轮机、余热锅炉、蒸汽轮和发电机及其相关辅助设备。

动力岛布置方案的设计应符合有关设计技术规程和规定，采用可用率高，经济效益良好、技术先进的设计方案，做到工艺流程顺畅、布置合理，安排好检修设施和检修场地，解决好站房内通风、采光、照明、落实排水措施，为分布式供能站安全运行、维护检修提供良好的工作环境。

1. 燃机联合循环机组布置方式

对于燃气-蒸汽联合循环机组的布置随主动力设备不同，分为单轴联合循环机组（以下简称“单轴机组”）和多轴联合循环机组（以下简称“多轴机组”）。

单轴机组是指燃气轮机、蒸汽轮机、发电机连接在同一轴上的配置方式，由燃气轮机和汽轮机同时驱动同一台发电机组发电。

多轴机组是指燃气轮机与蒸汽轮机分别驱动各自匹配的发电机，两套发电机组轴系分开的布置方式，多轴机组通常有下列组合形式：1+1（或称一拖一）机组、2+1（或称二拖一）机组、多拖一。

1+1（或称一拖一）机组：指由一台燃气轮机和一台余热锅炉、一台蒸汽轮机组成的联合循环机组，燃气轮机和汽轮机分别驱动各自匹配的发电机。主要特点是：燃气轮机驱动一台发电机，汽轮机驱动另一台发电机，两台发电机分处不同的轴系中，汽轮机的蒸汽来自利用对应燃气轮机排气余热的余热锅炉。

2+1（或称二拖一）机组：指由两台燃气轮发电机组和两台余热锅炉、一台汽轮发电机组组成的多轴联合循环发电机组。主要特点是：两台燃气轮机分别驱动各自的发电机，汽轮机驱动另一台发电机，他们分处不同的轴系中，汽轮机的蒸汽来自利用对应两台燃气轮机排气余热的两台余热锅炉。

分布式能源项目中联合循环机组的布置方式应根据拟建项目的总装机容量、建设场地情况、电网要求、承担的冷热负荷性质及资金情况等因素经技术经济比较确定联合循环布置方式，分布式能源项目联合循环热电联供机组一般选用多轴 1+1 机组。

机组布置方式如图 8.2-1～图 8.2-3 所示。

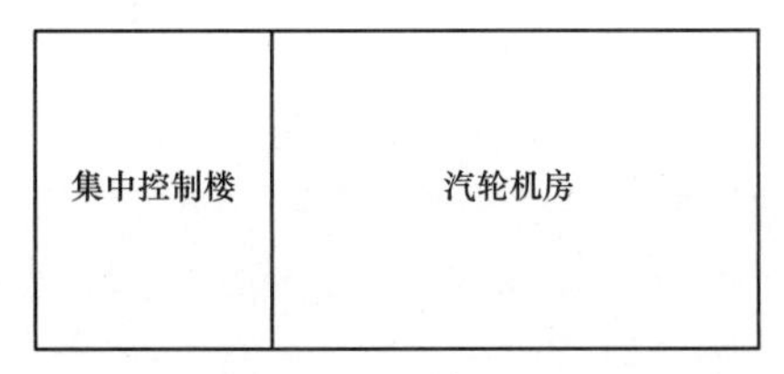

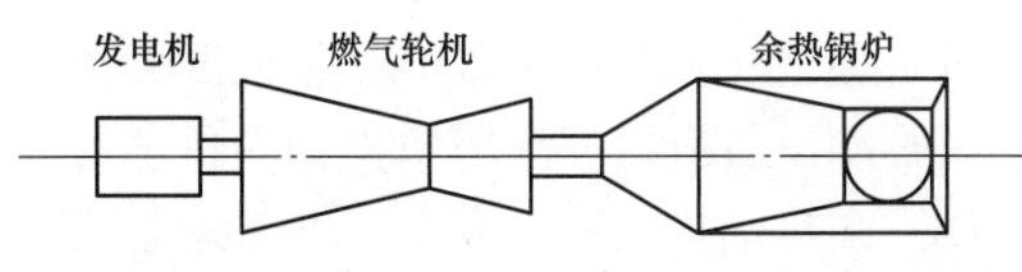

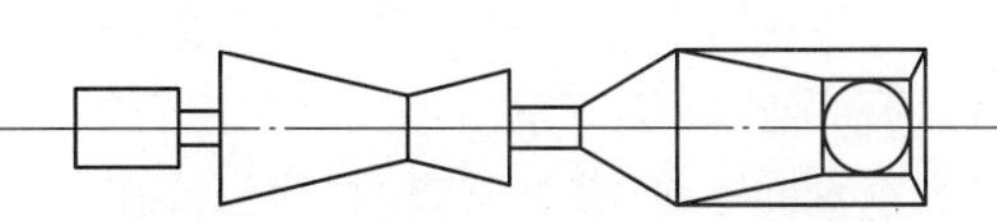

图 8.2-1　联合循环机组平行布置

2. 燃机联合循环机组布置原则

主动力区设计应符合有关技术规程和规定，应根据现场具体条件，采用可用率高、经济效益好、技术先进的设计方案，做到设备布局和空间利用合理，管线连接短捷、整齐，站房内部设施布置紧凑、恰当，巡回检查的通道畅通，为能源站的安全运行、检修维护创造良好的条件。布置原则如下：

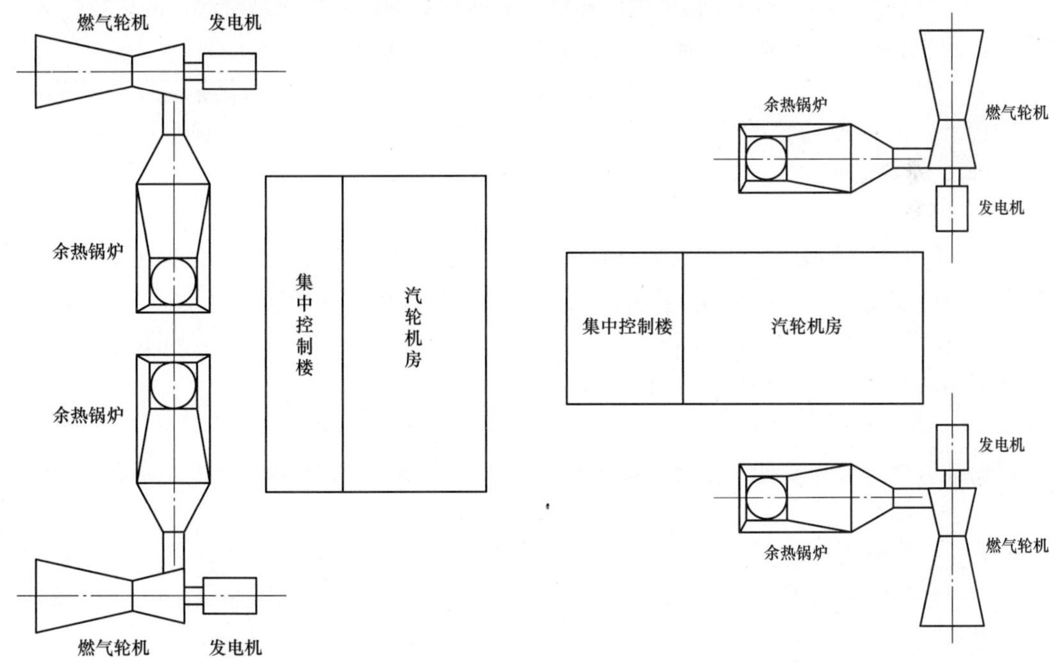

图 8.2-2　联合循环机组 T 形顺列布置　　图 8.2-3　联合循环机组 T 形对称布置

(1) 主设备布置时应进行布置优化，在经济合理的条件下，宜减少燃气轮机与余热锅炉间排气压损，缩短余热锅炉与汽轮机间蒸汽管道，减少蒸汽压损。

(2) 主厂房内的空气质量、通风、采光、照明和噪声等应符合现行有关标准的规定；设备布置应采取相应的防护措施，符合防火、防爆、防尘、防潮、防腐、防冻、防噪声等有关要求。

（3）在设备形式的选择上，尽可能选择占地面积小且维护工作量小的设备。

（4）考虑设备和部件的运输和维护通道，检修和起吊设施及空间。

（5）燃气轮机为轴向排气时，余热锅炉同燃气轮机同轴线连续布置，“燃气轮发电机组＋余热锅炉”组与组之间平行布置；燃气轮机为侧向排气时，余热锅炉同燃气轮机垂直布置，成T形，“燃气轮发电机组＋余热锅炉”组与组之间可纵向一直线布置。

（6）燃气轮机可采用室内或室外布置。对环境条件差、严寒地区或对设备噪声有特殊要求的项目，燃气轮机宜采用室内布置。

（7）燃气轮机本体配置的相关辅助设备应就近布置在燃气轮机周围。当燃气轮机室外布置时，辅助设备应根据环境条件和设备本身的要求设置防雨、伴热或加热设施。

（8）余热锅炉宜露天布置。严寒地区，余热锅炉可室内布置或采用紧身封闭。

（9）余热锅炉的辅助机械、附属设备及余热锅炉本体的仪表、阀门等附件露天布置时，应根据环境条件和设备本身的要求考虑采取防雨、防冻、防腐等措施。

（10）蒸汽轮机应室内布置。当汽轮机为轴向或侧向排汽时，汽轮机应低位布置；当汽轮机为垂直向下排汽时，汽轮机应当高位布置。

（11）汽轮机的主油箱、油泵及冷油器等设备宜布置在主厂房零米层并远离高温管道。除氧器给水箱的安装标高，应满足各种工况下，给水泵不发生汽蚀的要求。

（12）主厂房内应设置桥式起重机，起重设备的起重量宜根据检修时起吊的最重件确定。起重设备的安装标高，应按照被起吊设备的最大起吊高度确定。

（13）主厂房内各主、辅机应有必要的检修起吊空间、安放场地及运输通道，并满足发电机抽转子、凝汽器抽管的空间。厂房设置纵向通道时宜贯穿直通，通道宽度不应小于1.5m，满足设备运输要求，并在两端设置大门。另外在零米层中间检修场处宜设置大门，并与厂区道路相连通。

（14）室外布置的燃气轮机及其辅助设备的周围，应留有起吊运输设备进出的道路，以及将发电机转子吊出的检修位置，并留有足够检修零部件堆放的场地。

（15）余热锅炉及其辅助设备应考虑设备检修起吊设施或检修起吊的空间位置；其周边宜方便起吊运输设备同行和检修零部件堆放。

3. 动力岛布置案例

深圳某天然气分布式能源项目300MW级燃气-蒸汽联合循环机组动力岛布置设计方案如下：

（1）主要设计原则。

1）主设备采用GE公司6F.03型燃气轮机，余热锅炉及其配套辅机采用国产。蒸汽轮机、发电机及其配套辅机均采用国产，燃气-蒸汽联合循环机组为多轴形式，汽轮机高位、下排汽布置方式。

2）主厂房采用燃气轮机、蒸汽轮机放置在同一厂房内的联合厂房布置方案，机组在联合厂房内顺序布置，按规划容量4台燃气轮机和3台蒸汽轮机横向集中，布置于一个厂房内。该期建设3台燃气轮机，2台蒸汽轮机；汽轮机运转层和中间层均采用大平台形式，厂房为钢筋混凝土结构。

3）余热锅炉为钢架结构，采用露天布置。

4）联合厂房扩建方向为从南向北扩建。

5）集控室布置按整个联合循环机组集中控制方式考虑。根据该工程远期规模将建 4 台 6F.03 级燃气轮机，该期先建 3 台，二期再建 1 台。该期工程将按 4 台机组设置一个控制室设计，布置于 1、2 号 2 台余热锅炉间的辅助控制楼内。

6）吊车梁底标高满足机组检修起吊的要求。

（2）联合厂房的主要设计尺寸。

1）汽机岛层高。对于抽凝机，根据下排汽汽轮机凝汽器高度要求，机组中心线标高为 9.85m，同时综合考虑中间层管道、桥架布置要求，运转层标高定为 9.0m。

汽轮机房零米布置辅机、管道较多，层高设定需满足布置其要求。另外，中间层标高需考虑设备检修外运高度。按上述原则，中间层标高确定为 4.5m。

对于抽凝背机，考虑排汽管道布置后并与抽凝机尽量统一，运转层标高也定为 9.0m，中间层标高为 4.5m。

2）联合厂房柱距。联合厂房柱距应考虑以下主要因素：

a. 燃气轮机主设备及其辅机设备布置的空间要求。

b. 汽轮机的横、纵向尺寸。

c. 循环水管道布置。

d. 机组大修时检修场地与条件。

e. 主要通道的布置。

3）联合厂房跨度。联合厂房总跨度为 24m。

除满足燃气轮机设备布置条件外，综合了汽轮机长度，同时还考虑将需安装和检修起吊的设备尽量落在行车起吊范围内。

4）联合厂房行车轨顶标高及屋架下弦标高确定。联合厂房吊车结构梁底标高按燃气轮机和抽凝式汽轮机检修最大起吊高度考虑，共设置 2 台，行车轨顶标高暂按 17.0m，根据 40t 行车的结构尺寸计算，屋架下弦最低标高暂定为 20.0m。

（3）动力岛布置方案说明。

1）动力岛主要设备包括燃气轮机、余热锅炉、蒸汽轮和发电机及其辅助设备。动力岛可以分为燃机岛、余热锅炉岛和汽机岛。燃机、汽机岛设备为室内布置，均布置于联合厂房内。该期 3 套余热锅炉均采用露天方式布置。其中燃气轮机本体设有隔声封闭罩，再加上联合厂房，将燃气轮机与外界隔离开来，可防止外界风沙、雨水对燃气轮机的侵入，更可减低燃机对外界的噪声污染。余热锅炉设计应充分考虑防雨、防风和防腐蚀的相关措施，除炉顶设防雨篷外，锅炉外护板（包括炉进口烟道和主烟囱）采用彩色钢板，顶设防雨板需进行防腐处理。余热锅炉辅机泵类采用室内布置。余热锅炉就地炉水取样冷却器，加药装置，定期排污扩容器等均布置于余热锅炉零米。

主厂房扩建方向为从南向北扩建。

联合厂房该期纵向总长为 125m。

辅助控制楼长度 21m，跨度 9m，布置在 2 台余热锅炉中间。余热锅炉烟囱中心线到主变压器组前部总尺寸为 76m。

余热锅炉区管道及设备布置于锅炉侧面，与锅炉给水泵相对的一侧可作为余热锅炉的检修维护场地。

2）汽机岛各层布置。蒸汽轮机为下排汽。因此，蒸汽轮机、发电机主设备都采用高位大平台布置，布置在9m运转层上，汽轮机前部设有加热器平台，为钢梁、钢柱结构。

4.5m中间层主要布置有轴封电加热器、EH油站、轴封均压箱、顶轴油泵、电动主闸门、高压旁路装置、低压旁路装置、主要汽水管道、汽轮机MCC等。两侧留有台机组的运行通道。

3）联合厂房布置。联合厂房底层主要布置有3台燃气轮机，此外包括汽轮机的辅助设备，润滑油集装装置、凝汽器、凝泵、凝汽器真空泵、轴封冷却器等。还布置有闭式循环水冷却水泵、胶球清洗装置。2套机组公用的空气压缩机组布置在联合厂靠A排4、5号轴之间的零米。

联合厂房在3、4号轴线处留有检修场，宽约8m，长度24m，在检修场靠B排处开有通往厂房外的大门。另外，厂房B排侧也设有防火疏散门通向主厂房外。

汽轮机运转层在检修时可作为辅助检修平台。

辅楼屋顶布置有闭式循环冷却水膨胀水箱，暖通空调机。

4）余热锅炉区相关布置。余热锅炉为卧式，露天布置、炉顶设防雨篷。余热锅炉顺燃气轮机排气方向布置；炉顶设有一座出口标高为60m的钢烟囱，出口直径为3800mm。定期排污扩容器及定排降温水池布置在余热锅炉附近。

余热锅炉区辅助设备主要有：高压给水泵、低压给水泵、化学加药装置、化学取样架、锅炉定期排污扩容器等。余热锅炉区辅助设备主要布置在锅炉一侧，为余热锅炉受热面留出检修通道。

余热锅炉侧面设有综合管架，作为余热锅炉至主厂房的主要汽水管道支架，管架顶层可设天桥和防雨篷，形成汽轮机房和余热锅炉之间的联络走廊，便于机组人员运行巡检。

5）安装及检修起吊设施。

a. 联合厂房行车起重能力选择。检修时需起吊的最大重量设备部件为汽轮机低压缸，质量为36t。

由于发电机定子安装不需利用该行车，在安装时可利用大型起吊重量设备，因此汽轮机房行车选用2台40/10t级桥吊，可满足汽轮机合缸、翻缸及燃气轮机检修吊装的要求。

b. 设备检修起吊设施。燃气轮机的安装、检修、维护使用联合厂房行车进行。

汽轮机运转层为大平台结构，检修时，汽轮机、发电机的某些较轻零部件可以就近放在周围平台上。闭式循环冷却水泵、水环式真空泵等设备单独设置检修单轨。

锅炉炉顶设检修小吊，供运行维护检修用。

c. 检修起吊孔的设置。在凝结水泵、主润滑油泵、循环水阀门上方4.5m层、9.0m层都留有活动格栅，以满足凝结水泵、主润滑油泵等利用联合厂房行车进行安装及检修的要求。

冷油器、旁路阀上方9.0m层均留有便于检修和起吊用的活动格栅。每台机组在9.0m层楼板还留有活动格栅，供通风、散热用。

d. 运行维护通道。联合厂房底层各设备两侧均留有运行维护通道，并在A、B排开有大门。

在检修场地所在的跨距内，靠B排开有大门通向厂房外。

联合厂房B排辅助控制楼设有从0.0m到中间层和运行层的楼梯。控制楼外设有可以到达屋顶的封闭楼梯。

集控室与余热锅炉区之间在运行层设有联络天桥。

6）露天布置及防护设施。分布式供能站所在地区全年气温较高，雨季较长，靠近珠江，因此在露天布置中要注意防雨、防风、防晒和防盐雾腐蚀等问题。

露天或半露天布置的设备有：余热锅炉、锅炉定期排污扩容器、全厂排污扩容器等。锅炉炉顶设防雨篷，采用外护（包括炉进口烟道和主烟囱）彩色钢板，露天布置设备需保温的，都在保温层外裹以铝皮护壳，以防腐、防露和雨水渗透。

六、原动机进气冷却

燃气轮机进口空气的温度对燃气轮机自身性能影响很大，其功率和效率均随进气温度升高而下降，其中功率的下降更为显著，对于中小型燃气轮机，这种变化基本成线性。

空气湿度和大气压力对燃气轮机的功率和热耗率也产生一些影响。进气含湿量增加，燃机功率下降、热耗率上升。燃气轮机安装的地理位置对机组的性能有一定影响，安装位置的海拔越高、气压越低，空气密度就越小，燃气轮机的功率和燃料耗量同步下降。

燃气轮机性能受制于进气条件的这个显著特点，直接影响到燃气轮机自身的经济性，并且越来越受到重视。在进气温度、湿度和压力的三个条件中，温度和湿度随当地的气候和季节变化较大。温度与湿度两者中，温度的影响尤为突出。因此，近年来燃气轮机进气冷却技术发展迅速，应用日益广泛。

（一）燃气轮机进气冷却的基本原理和装置特点

燃气轮机进气冷却的目的就是通过技术手段将燃气轮机进口空气温度降低，从而有效提高机组功率和效率。从基本原理上讲，可以分为两大类，即喷水蒸发进气冷却和表面换热进气冷却。

1. 喷水蒸发进气冷却

喷水蒸发进气冷却就是将冷却液体（除盐水）喷入燃气轮机进口空气中，利用液体在蒸发过程中吸收汽化潜热的原理，达到降低汽周围空气温度的目的。若喷水的水温低于空气的露点温度，周边空气在降温时也会析出部分水分，所以这种冷却技术的实际效果受空气相对湿度的影响很大。

喷水蒸发进气冷却技术进一步延伸，催生了压气机湿压缩技术。在进气喷水蒸发冷却系统中，如果压气机进口的空气相对湿度已接近或达到100%，更多的水滴不能在蒸发冷却了。空气流夹带着未蒸发的水滴进入压气机部分，压缩过程中加热空气流，空气的持湿能力提高；结果是水滴在压气机前面几级中迅速蒸发，从而在压缩过程中对空气形成有效的中间冷却。压缩过程中压缩中间冷却效果降低了工作流体的温度，进一步提高了空气的质量流量率。由于压气机消耗了大量的透平功率（约60%），单此一项改进就可使发电机联轴器端的功率得到显著改善

2. 表面换热进气冷却

表面换热进气冷却是指采用换热器和常规制冷设备实现的燃机进气冷却技术。表面换热进气冷却系统包括进气冷却器（换热器）和制冷机组两大主要设备。通过冷媒水与空气之间的热交换，实现燃气轮机进口空气的冷却。

表面是换热进气冷却系统的冷却温度不受空气相对湿度的制约，可以有较大的降温空间。这一系统的缺点是需要单独的制冷设备，投资大。

(1) 表面换热冷却器。表面换热冷却器一般安装于燃气轮机进气道内，在进气过滤之后。主要包括冷却盘管和除水器两大部分，冷媒水在盘管内流动，被冷却空气在盘管外流动。除水器的作用是当空气遇冷凝结成水时，实现水的分离、收集和排出，防止冷凝水滴进去压气机。

(2) 电制冷。电制冷采用燃气轮机自身所发出的电力，驱动氨基压缩式制冷机产生低温冷水，通过闭式循环回路送到燃气轮机进气道内的鳍片管换热器中，来降低燃气轮机进气温度。这种即时发电、制冷、冷却进气方式的优点是：体积小，占地少，土建工程量不大；制冷不受大气相对湿度的限制；制冷深度高，可将进气冷却至6℃左右。其缺点是：制冷耗电量一部分抵消了安装进气冷却装置所提高的出力；由于电制冷的效率随着冷负荷的下降而下降，若按燃气轮机在夏季白天的运行工况设计制冷容量，则在其他季节制冷时效率较低。

(3) 吸收式制冷。吸收式制冷利用燃气轮机联合循环余热锅炉的尾部余热产生低压蒸汽或高温热水，或利用联合循环汽轮机的低压抽汽，送入溴化锂制冷机，产生5～7℃的冷水。冷水再送入燃气轮机进气冷却鳍片管中冷却进气。与其他制冷方式相比有以下不同：多了一套蒸汽或热水系统，系统稍复杂；溴化锂制冷机比电制冷压缩机占地稍大；制冷效率在不同季节无明显变化，一年四季都能使用。最大的优点是充分利用了联合循环低品位的热量。条件是适用于那些余热锅炉排烟温度较高，尚有余热可进一步利用的联合循环机组或汽轮机具有低压抽汽的联合循环机组。这部分的低品位能量的获得，成本较低。

(4) 冰蓄冷制冷。冰蓄冷制冷技术主要利用电网中夜晚低谷电的廉价优势，采用水冷式低温冷水机组制冷。冰蓄冷制冷本质上也是电制冷，只不过是利用电网夜晚廉价的低谷电制成大量的冰水混合物贮藏起来，等到白天燃气轮机顶峰运行时再将冷量放出来使用。与电制冷相比，有以下不同：需采用低温冷冻机组，冷冻液（乙二醇或丙二醇）出口温度为－15～5℃；需增加冷冻液-水热交换器和大容量的蓄冰罐，增大了系统的复杂性、占地和投资。最大的优点就是利用了比燃气轮机自身发电成本还低的夜晚廉价低谷电，换取了白天的高价高峰电（尚不计热效率的提高），在经济上是划算的，同时还改善了电力系统的整体效益。

(5) LNG冷能利用。液化天然气（LNG）是将天然气在常压下冷却至约－162℃转变为液态而成，称之为液化天然气。液化天然气要经过天然气的开采、净化（脱水、脱烃、脱酸性气体）、液化（节流、膨胀和外加冷源制冷等工艺）、运输（汽车或船只）、再气化等过程才能被终端用户所利用。天然气采取常压深度冷冻的制备工艺，是为了保证LNG运输和储存的安全性和经济型。

LNG冷能的利用技术基本分为两大类，即直接利用和间接利用。直接利用包括发电、空气液化分离、冷冻仓库、干冰制造、海水淡化、空调和低温养殖及栽培等。间接利用包括利用空分后制造出的液氧、液氮、液氩等进行冷冻干燥、低温干燥、低温破碎、水和污染物处理及冷冻食品等。

LNG的温度为－160℃，处于超低温状态，使用前必须在LNG接收站再气化为天然气，再气化过程释放的大量冷能是可回收利用的。利用中间传热介质通过两级换热器将LNG冷能传递给燃气轮机入口处的空气，中间传热工质是乙二醇水溶液（一种常用的抗冻液），达到冷却的目的。

（二）燃气轮机进气冷却技术的应用

由于燃气轮机进气冷却能大大改善高温环境下的燃气轮机出力，提高发电企业的经济效益，因而在国际上受到普遍重视，推广迅速，其技术和设备也在不断发展和完善。现在，国外提供燃气轮机进气过滤设备的主要公司，大多可以同时提供配套的进气冷却设备。

影响燃气轮机进气冷却机组性能和经济效益的主要因素有当地的气候条件、机组的运行方式、机组类型和发电成本、购售电价等。

针对当地气候条件，常年的平均气温越高、相对湿度越小的地区，采用进气冷却的效果越显著；反之，效益越小。在论证系统设计方案时，需要分析当地的气象资料，做出气温和相对湿度的逐时曲线，测算出准确的进气冷却装置利用小时和燃气轮机出力的增量。根据我国地理位置，一般南方和新疆地区的燃气轮机上安装进气冷却装置效益显著，华北和中原地区则须结合其他条件仔细测算，东北地区一般不值得安装进气冷却。在空气相对湿度较大的地区，以采用换热器加制冷的进气冷却技术为宜，而在较为干燥的地方，采用蒸发冷却较为合适。

在适宜的气候条件下，机组的运行方式也直接影响到进气冷却设备的利用小时和经济效益。如果机组只做调峰，在一年中的利用小时数不高，或者机组在夏季不能长时间连续高负荷运行，那么安装进气冷却装置的效益就会大打折扣。

就冷却方式而言，从已投产采用进气冷却技术的工程运行经验来看，一般采用喷水蒸发进气冷却的经济效益优于采用表面冷却器加制冷机组方式的效益；采用吸收式制冷的经济效益优于采用电制冷。

采用电制冷实现燃气轮机进气冷却的情况，一般应用中小型联合循环机组和天然气分布式能源冷热电联供系统。由于分布式能源系统基本任务是满足终端用户的冷、热负荷需求，所发电力自发自用、余电上网，所以这类系统一般都采用电制冷，其综合能效要优于采用余热吸收式制冷系统。针对终端冷、热用户一天当中冷热负荷的峰谷差，消纳夜间机组多余的出力，提高发电机组的利用率，或者为了利用夜间的谷电，还可以采用电制冷的冰蓄冷技术。

第三节　电 气 系 统

燃气分布式供能站电气系统主要包含电气主接线、短路电流计算、主要电气设备、站用电系统、直流电源系统、交流不间断电源（UPS）、站用电气设备布置、电气控制方式、燃机发电机继电保护、爆炸危险环境电气装置、防雷接地等。

一、电气主接线

电气主接线是分布式能源站电气设计的首要部分，也是构成电力系统的重要环节。主接线的确定对整个电力系统及分布式供能站本身的安全可靠运行都非常重要，同时主接线对电气设备选择、配电装置布置、继电保护和控制方式的拟定都有较大影响。

燃气分布式供能站与电网间一般按照并网不上网的方式，在其供能范围内，当外部条件允许时，优先以小、微型供电网络的形式向用户直供电。向用户直供电的网络结构可采用放射式、树干式、手牵手环形等。

分布式供能站发电机选型宜适当降低发电机组的单机容量，增加发电机组台数。在总的发电机容量上可略小于或等于用户侧容量，这时供能站与电力系统一起为用电设备提供电源，发电机与电网并网运行。当供能站侧发生故障时，由外部电力系统负责全部负荷；当外部电力系统发生故障时，则由供能站负责其供电范围内的负荷，此时供能站处于孤网运行状态。

1. 电气主接线原则

（1）可靠性：主接线的首要要求就是保证用户供电的可靠性，这是主接线的最基本要求。主接线的可靠性主要是一次部分和相应二次部分在运行中的综合体现，是长期运行的实践经验，同时也是设备选择的主要初衷。

（2）灵活性：主接线应满足在调度、检修及扩建时的灵活性。①调度时，应可以灵活地投切发电机、变压器和线路，适应各种可能的运行方式。②检修时，方便地停运断路器、母线及其继电保护设备，进行安全检修而不致影响电力网的运行和对用户的供电。③扩建时，容易从初期接线过渡到最终接线。

（3）经济性：主接线在满足可靠性、灵活性要求的前提下要做到投资省、运行成本低。①主接线应力求简单，以节省断路器、隔离开关、电流和电压互感器、避雷器等一次设备。②满足各项要求的前提下继电保护和二次回路要尽量减少，以节省二次设备和控制电缆。③分布式供能站通常离负荷中心较近，必须尽量减少占地面积，以降低初期投资。④经济合理地选择主变压器的种类、容量、数量；对于直供电回路要尽量减少电能损失。⑤选择设备除初期投资外还要重视其长期运行时的检修维护成本。

2. 电气主接线的确定方法

（1）根据分布式能源站中发电机的额定电压、额定容量、能源站的电压等级以及并网情况等，综合考虑后，确定系统的供电电压等级及出线回路。

（2）根据分布式能源站并网的电力系统或者企业内部供电系统的实际情况及能源站中发电机的最大输出功率，经分析比较后确定变压器与发电机组的组合方式，并确定变压器容量和台数。

（3）拟定 2～3 个可行的主接线方案，并同时列出各种方案中的主要电气设备（如变压器、开关柜及电抗器等），进行经济比较，并从供电的可靠性、供电质量、运行和维护的方便性以及建设速度等方面，进行充分的技术比较，最后确定一个最合理的电气主接线方案，这也是投资的关键点。

（4）对确定的电气主接线方案，一般考虑并网运行。并按正常运行（包括最大和最小运行方式）和短路故障条件选择和校验主要设备，并满足继电保护及自动化装置等方面的要求。

（5）对于企业内部或者周围建设分布式能源站，考虑到大部分企业能够消耗掉分布式能源站的电力，一般以用户侧自发自用为主，并网不上网的运行方式。

3. 常用的主接线形式

燃气分布式能源站的接入系统电压一般在 110kV 及以下，其常用的主接线形式有：单母线接线、单母线分段接线、单元接线、扩大单元接线等。

（1）单母线接线。作为单母线接线，其供电电源在分布式能源站中主要是变压器。母线既可保证电源并列工作，又能使任一条出线都可以从任一个电源获得电能。各出线回路输送功率不一定相等，应尽可能使负荷均衡地分配于各出线上，以减少功率在母线上的传输。

每条回路中都装有断路器和隔离开关。由于隔离开关没有灭弧装置，只能用作设备停运后退出工作时断开回路，保证带电部分隔离，起着隔离电压的作用。因此，同一回路中在断路器可能出现电源的一侧或两侧均应配置隔离开关，以便检修断路器时隔离电源。若馈线的用户侧没有电源时，断路器通往用户的一侧，可以不装设线路隔离开关。但是由于隔离开关费用不大，为了防止过电压的侵入或用户自启动自备柴油发电机误倒送电，也可以装设。若电源是发电机，则发电机与其出口断路器之间可以不装设隔离开关，因为该断路器检修必然在停机状态下进行。另外通常在断路器两侧的隔离开关和线路隔离开关的线路侧配置接地开关。单母线接线图见图 8.3-1。

单母线接线的优点是：接线简单、操作方便、设备少、经济性好，并且母线便于向两端延伸，扩建方便。缺点是：可靠性差，母线或母线隔离开关检修或故障时，所有回路都要停止工作，造成全厂长期停电；调度不方便，电源只能并列运行，线路侧发生短路时，有较大的短路电流。

(2) 单母线分段接线。单母线用分段断路器进行分段，可以提高供电可靠性和灵活性；对重要用户可以从不同段引出两回馈电线路，由两个电源供电；当一段母线发生故障，分段断路器可自动打开，保证正常段母线不间断供电，不致使重要用户停电；在可靠性要求不高时，亦可用隔离开关分段，任一段母线故障时，将造成两段母线同时停电，在判别故障后，拉开分段隔离开关，完好段即可恢复供电。单母线分段接线图如图 8.3-2。

这种接线广泛用于中小容量发电厂接线中，由于这种接线对于重要用户必须采用两条出线供电，增加了出线数目，可靠性受到限制。

(3) 单元接线。单元接线是主接线的一种最简单形式，图 8.3-3 所示为发电机-双绕组变压器单元接线图。这种单元接线避免了由于额定电流或短路电流过大，选择发电机出口断路器时价格太高造成的困难。对于燃气分布式供能站中的燃机断路器通常是由燃机本身特性需要设置的，如有些燃机在启动时需要利用燃机出口断路器倒送电进行启动，而对于汽轮机则可通过技术经技比较后决定是否设置。

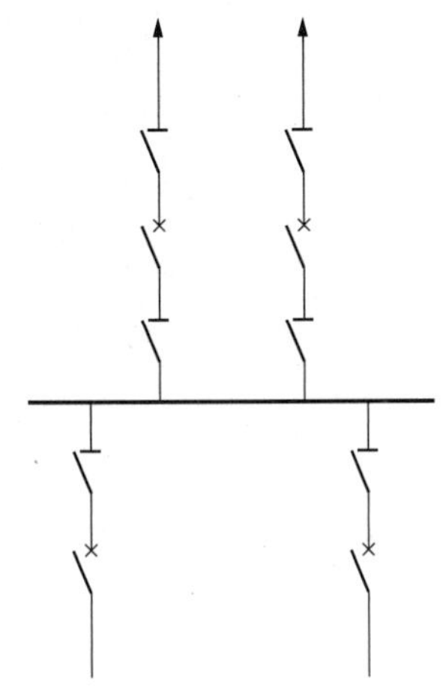

图 8.3-1　单母线接线图

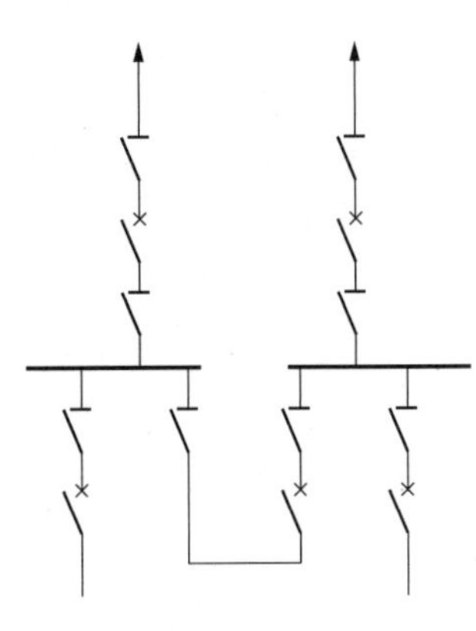

图 8.3-2　单母线分段接线图

图 8.3-3　发电机-双绕组变压器单元接线图

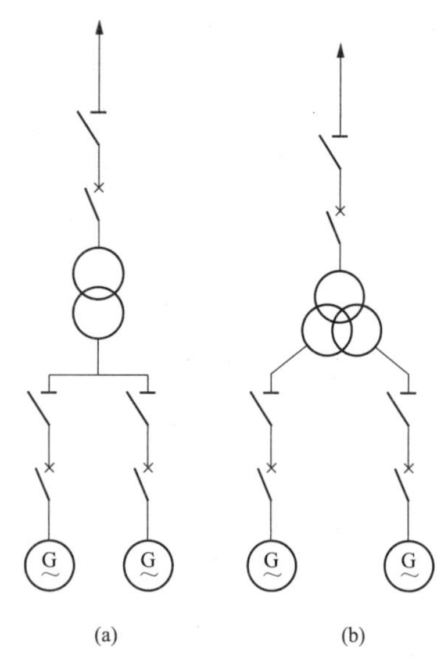

图 8.3-4 扩大单元接线图
(a) 采用双绕阻变压器；(b) 采用分裂变压器

(4) 扩大单元接线。根据燃气分布式供能站的特点，通常可将燃机和汽轮机组成扩大单元接线。当发电机容量不大时，可采用如图 8.3-4 (a) 所示接线；如果短路电流过大也可采用图 8.3-4 (b) 所示接线。采用扩大单元接线需要在主变压器各侧均设置断路器，但可以减少主变压器的台数和高压侧断路器数目，节省主变和配电装置的占地面积。

4. 主接线实例

(1) 图 8.3-5 所示为某分布式供源站主接线简图。该供能站安装有两套联合循环机组，每套由 35MW 燃气轮机 (G1/G3) ＋14MW 汽轮机 (G2/G4) 构成，燃气轮机和汽轮机组成扩大单元接线经三绕组变压器连接到 110kV. 单母线分段 GIS 配电装置，高压站用电直接由燃气轮机发电机出口经电抗器引接，通常燃气轮机的中性点接地方式由厂家根据其技术特点确定，并且由燃气轮机厂家成套供货中性点装置。汽轮机中性点接地方式通常根据电容电流的大小及运行方式确定，该图中燃气轮机中性点采用经单相接地变压器的高阻接地方式，汽轮机为采用避雷器的不接地方式。该接线图中燃气轮机采用电动机拖动的方式启动，对于一些较大型的燃气轮机通常采用 SFC 变频启动的方式，通过燃气轮机发电机出线端倒送电，此时燃气轮机发电机作为电动机运行，当达到一定转速时，切换为发电机方式运行。

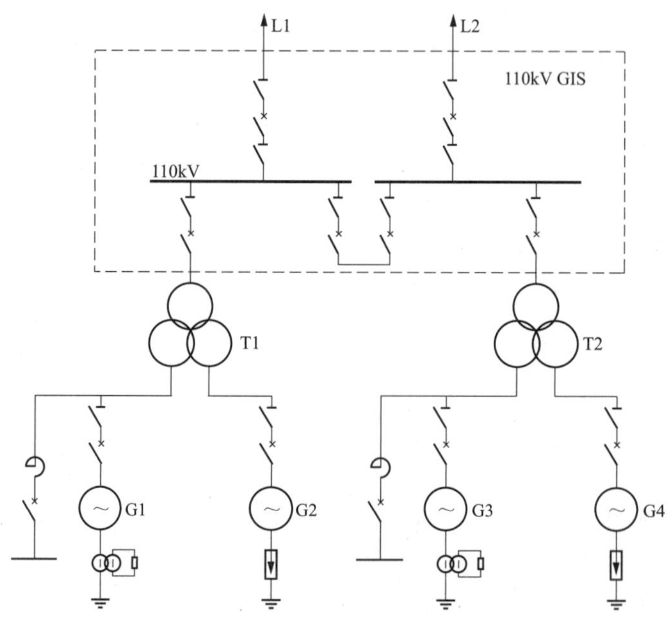

图 8.3-5 某区域式分布式能源站电气主接线简图

(2) 图 8.3-6 所示为某楼宇式供源站电气主接线简图。该能源站采用发电机电压配电装置，该工程 5 台 10MW 级燃气发电机组站内共设 2 段 10.5kV 母线，构成单母线分段接线，10.5kV Ⅰ、Ⅱ段分别接 3、2 台机组。能源站以 110kV 一级电压接入系统，每段通过一台升压变压器升压至 110kV，110kV 高压配电装置采用 GIS 单母线分段接线，通过两回变压器-线路组接入系统。燃机中性点采用经单相接地变压器的高阻接地方式。

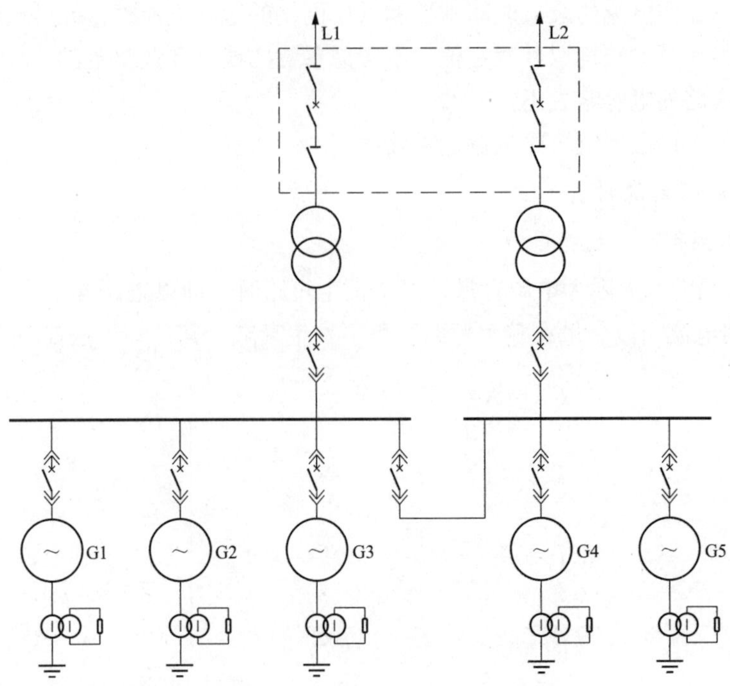

图 8.3-6　某楼宇式供源站电气主接线简图

二、短路电流计算

（一）短路电流计算的主要目的

（1）电气主接线的比选。

（2）导体和电器设备的选择。

（3）中性点接地方式的确定。

（4）供能站接触电势和跨步电压的校验。

（5）保护装置的选择和整定。

（二）短路电流计算假定条件

（1）正常工作时三相系统对称运行。

（2）所有电源的电动势相角相同，短路前三相系统处于正常运行情况下，不考虑仅在切换过程中出现的接线方式。

（3）系统中的同步和异步电动机均为理想电动机，不考虑电动机磁饱和、磁滞、涡流及导体集肤效应等影响；转子结构完全对称；定子三相绕组结构完全相同，空间位置相差 120°电气角度。

（4）假定短路时各元件的磁路为不饱和状态，电气设备的参数不随电流大小发生变化。

（5）在短路的持续时间内，短路类型不发生变化。

(6) 电力系统中所有电源都在额定负荷下运行，其中 50%负荷接在高压母线上。

(7) 同步电动机都具有自动调整励磁装置（包括强行励磁）。

(8) 短路发生在短路电流为最大值的瞬间。

(9) 不考虑短路点的电弧阻抗和变压器的励磁电流。

(10) 除计算短路电流的衰减时间常数和低压网络的短路电流外，元件的电阻略去不计。

(11) 元件的计算参数均取其额定值，不考虑参数的误差和调整范围。

(12) 输电线路的电容略去不计。

(13) 用概率统计法制定短路电流运算曲线。

（三）三相短路电流计算

1. 无限大电源供给的短路电流

远离发电机端的（无限大电源容量）网络发生短路时，即以电源容量为基准的计算电抗 $X_{js} \geqslant 3$ 时，短路电流交流分量在整个短路过程不发生衰减。其计算方法如下：

$$\left.\begin{aligned} R_{js} &= X_{\Sigma}\frac{S_e}{S_j} \\ I_{*z} &= I''_{*} = I_{*\infty} = \frac{1}{X_{*\Sigma}} \\ I_z &= \frac{I_e}{X_{js}} = \frac{U_p}{\sqrt{3}X_{\Sigma}} = \frac{I_j}{X_{*\Sigma}} = I''_{*}I_j \\ S'' &= \frac{S_e}{S_{js}} = \frac{S_j}{X_{*\Sigma}} = I''S_j \end{aligned}\right\} \tag{8.3-1}$$

式中 X_{Σ}——电源对短路点的等值电抗有名值，Ω；

$X_{*\Sigma}$——电源对短路点的等值电抗标幺值；

X_{js}——额定容量 S_e 下的计算电抗；

S_e——电源的额定容量，MVA；

S_j——基准容量，MVA；

I_{*z}——短路电流周期分量标幺值；

I_z——短路电流周期分量有效值，kA；

I''_{*}——0s 短路电流周期分量的标幺值；

I_j——标幺制计算中的电流基准值，kA；

I''——短路电流周期分量的起始有效值，kA；

$I_{*\infty}$——时间为无穷大时短路电流周期分量的标幺值；

I_e——电源的额定电流，kA；

U_p——电网的平均电压，kV；

S''——短路容量，MVA。

式（8.3-1）忽略了电阻，如果回路总电阻 $R_{\Sigma} > \frac{1}{3}X_{\Sigma}$ 时，电阻对短路电流有较大的作用。此时须用阻抗的标幺值 $Z_{*\Sigma} = \sqrt{X_{*\Sigma}^2 + R_{*\Sigma}^2}$ 来代替上式中的 $X_{*\Sigma}$。

短路电流计算过程中所需要的标幺值可根据《电力工程电气设计手册电气一次部分》中

第四章相关内容计算获得。

远端短路时，35～110kV 常用的变压器低压侧三相短路电流值见表 8.3-1～表 8.3-3。

表 8.3-1　**110kV 变压器低压侧三相短路电流值**　(kA)

变压器容量（MVA）	阻抗电压（u_d%）	110/10.5kV 变压器高压侧短路容量（MVA）						
		1000	2000	4000	6000	7620	9526	∞
8	10.5	4.18	4.35	4.44	4.47	4.48	4.49	4.53
10		5.13	5.38	5.52	5.57	5.59	5.60	5.66
12.5		6.27	6.65	6.86	6.93	6.96	6.98	7.08
16		7.78	7.48	8.70	8.82	8.87	8.90	9.06
20		9.39	10.27	10.77	10.95	11.02	11.08	11.32
31.5		13.47	15.34	16.50	16.92	17.11	17.25	17.83
40		16.04	18.78	20.53	21.19	21.48	21.71	22.65
60		21.00	25.95	29.42	30.80	31.42	31.90	33.97
90		26.45	34.82	41.37	44.14	45.43	46.44	50.95
40	12.5	14.13	16.22	17.51	17.99	18.20	18.36	19.02
60		18.79	22.66	25.26	26.26	26.71	27.06	28.53
75		21.63	26.93	30.69	32.19	32.87	33.39	35.67
90		24.07	30.81	35.83	37.88	38.83	39.57	42.80
60	14.5	16.99	20.10	22.12	22.89	23.23	23.49	24.60
75		19.72	24.03	26.98	28.13	28.64	29.04	30.75
90		22.08	27.63	31.60	33.19	33.91	34.47	36.90

表 8.3-2　**66kV 变压器低压侧三相短路电流值**　(kA)

变压器容量（MVA）	阻抗电压（u_d%）	66/6.3kV 变压器高压侧短路容量（MVA）						
		1000	2000	3000	3500	4000	4500	∞
6.3	7	8.33	8.73	8.87	8.91	8.94	8.97	9.16
8		10.33	10.94	11.16	11.23	11.28	11.32	11.64
10		12.55	13.48	13.82	13.92	13.99	14.05	14.55
12.5		15.17	16.54	17.06	17.21	17.32	17.42	18.18
16		18.56	20.65	21.46	21.70	21.88	22.03	23.27
20		22.08	25.11	26.31	26.67	26.95	27.18	29.09
31.5		30.55	36.66	39.28	40.09	40.73	41.24	45.82
40		35.59	44.17	48.02	49.25	50.22	50.99	58.19
16	9	15.12	16.48	16.98	17.14	17.25	17.34	18.10
20		18.15	20.14	20.91	21.14	21.31	21.45	22.63
31.5		25.66	29.84	31.55	32.08	32.48	32.80	35.64
40		30.30	36.29	38.86	39.66	40.28	40.78	45.26

表 8.3-3　　35kV 变压器低压侧三相短路电流值　　(kA)

变压器容量(MVA)	阻抗电压(u_d%)	35/6.3kV 变压器高压侧短路容量(MVA)						
		500	800	1000	1500	2000	2500	∞
2.5	6.5	3.61	3.72	3.76	3.81	3.83	3.85	3.92
5	7	6.28	6.45	6.74	6.91	7.00	7.05	7.27
6.3	7.5	7.21	7.66	7.82	8.05	8.17	8.25	8.55
8		8.78	9.46	9.71	10.07	10.25	10.37	10.57
10		10.47	11.46	11.82	12.36	12.64	12.82	13.58
12.5	8	11.81	13.07	13.56	14.26	14.64	14.88	15.91
16		14.10	15.94	16.66	17.74	18.33	18.70	20.37
20		16.36	18.90	19.92	21.48	22.35	22.91	25.46

注　表 8.3-1～表 8.3-3 中三相短路电流值均已考虑短路阻抗的负误差（u_d%大于 10%为 7.5%，小于 10%为 10%）。

2. 有限电源供给的短路电流

有限电源容量的网络发生短路时，电源母线上的电压在短路发生后的整个过程不能维持恒定，短路电流的变化与发电机的电参数及电压自动调整装置有关。此种短路常规采用查运算曲线的方法，具体参考《电力工程电气设计手册　电气一次部分》。

（四）三相短路电流冲击电源和全电流计算

短路冲击电流包含交流分量和直流分量。短路电流直流分量的起始值 $A=\sqrt{2}I''$，短路全电流最大有效值发生在短路后的第一个周期内。

1. 冲击电流

当不计周期分量衰减时，冲击电流 i_{ch}按式（8.3-2）计算。

$$\left.\begin{aligned} i_{ch} &= \sqrt{2}K_{ch}I'' \\ K_{ch} &= 1+e^{-\frac{0.01\omega}{T_a}} \end{aligned}\right\} \tag{8.3-2}$$

式中　K_{ch}——冲击系数，可按表 8.3-4 选用；

ω——角频率，$\omega=2\pi f=314.6$；

T_a——衰减时间常数，$T_a=\dfrac{X_\Sigma}{R_\Sigma}$；

R_Σ——电源对短路点的等值电阻有名值，Ω。

表 8.3-4　　不同短路点的冲击系数推荐值

短路点	推荐值
发电机端	1.9
发电厂高压侧母线及发电机电压电抗器后	1.85
远离发电厂的地点	1.8

2. 全电流

当不计周期分量衰减时，短路电流全电流最大有效值 I_{ch} 按式（8.3-3）计算。

$$I_{ch}=I''\sqrt{1+2(K_{ch}-1)^2} \tag{8.3-3}$$

三、能源站电气设备及导体

1. 分布式供能站高压电气设备选择

分布式供能站由于其机组容量较小，高压配电装置的电压等级较低，同时往往在占地面积上受到限制，因此其设备的选择必须综合考虑上述的诸多因素。对于 66～110kV 的高压配电装置主要以气体绝缘金属封闭开关设备（gas insulated metal enclosed switchgear and controlgear，GIS）成套式配电装置为主，较少采用装配式配电装置；6.3～35kV 配电装置主要采用中置式手车开关柜。进、出线回路选用固封式真空断路器，电动机回路选用高压限流熔断器串真空接触器（F-C）的组合设备。开关柜应具有“五防”装置。

2. 高压电气设备

（1）气体绝缘金属封闭开关设备。气体绝缘金属封闭开关设备是将除变压器外的所有电气设备，以断路器为核心，与隔离开关、接地开关、快速接地开关、电流互感器、电压互感器以及母线等元件组合，封闭于 SF_6 绝缘的金属壳体内组成的封闭组合电器。具有产品可标准化设计、占地面积小、土建和安装工作量小、运行可靠性高、检修周期长且维护工作量小、适合用于盐雾污染严重的地方等优点。

GIS 有户外和户内两种形式，对于区域式分布式能源站可采用户外或户内型，如采用户外型可不设房间，减少房屋的投资；而对于楼宇式能源站由于其布置空间、位置、面积等多方面因素的限制多采用户内型。

随着技术的发展，GIS 的价格也在逐渐下探，电压等级与分布式能源站相匹配的 GIS 设备，在价格上只是略高于同样配置的敞开式设备，而在其他方面则具有非常大的优势，因此 GIS 开关设备非常适宜在分布式能源站系统中应用。图 8.3-7 为国内某分布式能源站的户外型 110kV GIS 配电装置。

（2）主变压器。在供能站中，主变压器的容量、台数直接影响主接线的形式和配电结构。对于单元接线的主变压器容量需按发电机的最大连续容量扣除高压站用工作变压器（电抗器）计算负荷与高压站用备用变压器（电抗器）可能替代的高压站用工作变压器计算负荷的差值后进行选择，发电机的最大连续容量应与燃机轮机在预定运行的月最低平均气温和初级冷却介质温度条件下基本负荷运行方式的发电机出力配合选择。对于具有发电机电压母线接线的主变压器容量的选择需要满足下列条件：①当发电机电压母线上的负荷最小时，主变压器能将发电机电压母线上的剩余有功和无功容量送入系统；②当接在发电机电压母线上的最大一台机组停机时，主变压器应能从电力系统倒送功率，保证发电机电压母线上的最大负荷的需要；③当发电机电压母线上接有 2 台及以上主变压器时，当其中容量最大的一台因故退出运行时，其他主变压器应能输送母线剩余功率的 70%以上。能源站的主变压器通常采用三相、双绕组、无载调压铜导体低损耗变压器。

（3）高压断路器。高压断路器种类和形式需要根据环境、使用技术条件等并根据设备的不同特点来选择，高压断路器不但能在正常负荷下接通和断开电路，而且在事故状态下能迅速切断短路电流。目前使用的高压断路器主要有真空断路器和六氟化硫（SF_6）断路器等，35kV 及以下断路器以真空断路器和 SF_6 断路器为主，66kV 及以上的断路器以 SF_6 断路器为主。这两类高压断路器各有优点，要根据工程项目的实际情况来判断使用哪一种类型的断路器。

1）真空断路器。利用真空（绝对压力低于 1 个大气压）的高介质强度来实现灭弧的断

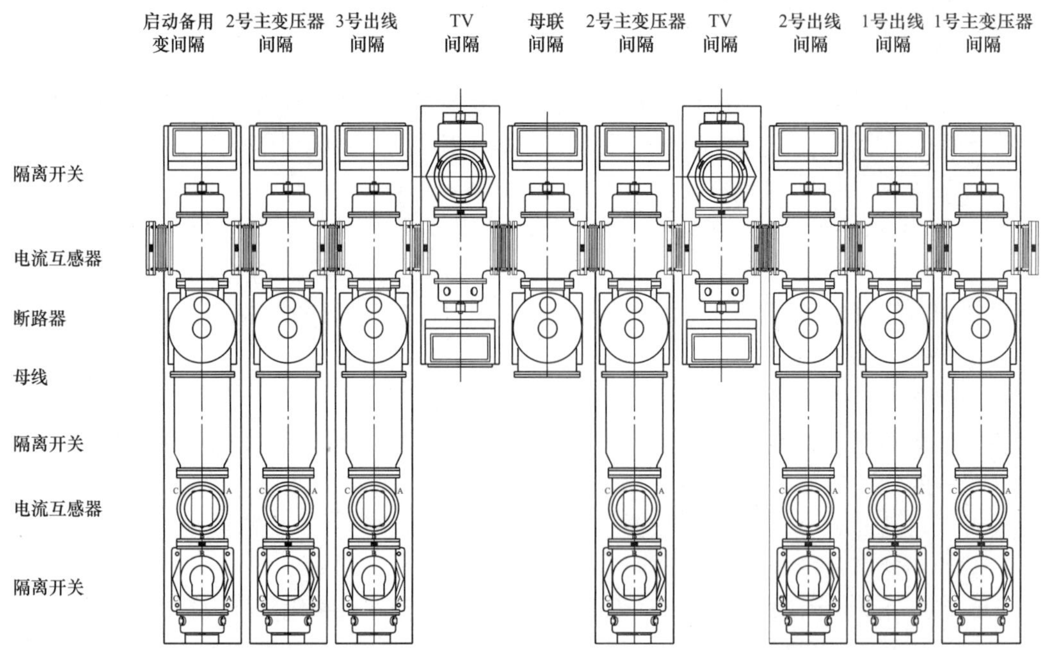

图 8.3-7 国内某分布式能源站的户外型 110kV GIS 配电装置

路器称为真空断路器。优点是开断能力强、灭弧迅速、运行维护简单等。由于真空断路器在各种不同类型电路中的操作，都会使电路产生过电压。不同性质电路的不同工作状态，产生的操作过电压原理不同，其波形和幅值也不同。为限制操作过电压，真空断路器应根据电路性质和工作状态配置专用的 R-C 吸收装置或金属氧化物避雷器。

2）六氟化硫断路器。利用 SF_6 气体作为灭弧介质的断路器称为 SF_6 断路器。优点是具有体积小、可靠性高、开断性能好、燃弧时间短、不重燃，可开断异常接地故障、可满足失步开断要求等特点。但结构复杂、材料和密封要求高等。

（4）高压隔离开关和接地开关。高压隔离开关是分布式能源站的常用开关电器，它没有灭弧装置，不承担接通和断开负荷电流和短路电流，主要在高压配电系统中仅作为检修时有明显断开点使用，所以不需要校验额定开断电流和关合电流，在回路中通常需要与断路器配合使用，具有在有电压、无负荷电流的情况下，分、合电路的能力。

接地开关主要是为了保证电气设备和母线的检修安全。隔离开关和联装的接地开关之间，应设置机械联锁，根据用户要求也可以设置电气联锁，封闭式组合电器可采用电气联锁。配人力操作的隔离开关和接地开关应考虑设置电磁锁。

（5）高压负荷开关。对于负荷开关的选择与高压断路器类似，用途是处于断路器和隔离开关之间，主要用来接通或断开正常负荷电流，不能用以断开短路电流，不校验短路开断能力。

大多数场合它与高压熔断器配合使用，断开短路电流则由熔断器承担，从而可以代替断路器，带有热脱扣器的负荷开关还具有过载保护性能。组合使用时，高压负荷开关的开断电流应大于转移电流和交接电流。

（6）高压熔断器。高压熔断器是最简单的一种保护电器，它用来保护电气设备免受过载和短路电流的损害。一般作为小容量变压器或线路的过载与短路保护，它具有结构简单、价格便宜、维护方便和体积小等优点，有时与负荷开关配用可以代替价格昂贵的断路器，一般用在变压器高压侧、3～10kV 对侧无电源的负载线路、电压互感器高压侧以及电容器回路等。

（7）限流电抗器。限流电抗器是重要的电力设备，有普通电抗器和分裂电抗器两种，多用于发电机出线端或配电线路的出线端，起限制短路电流保护的作用。分布式能源站的发电机组是在负荷集中地建设的，并入负荷原有系统时，原有配电系统的电气设备无法满足现有发电机组和电力网系统共同提供短路电流的安全要求，加装限流电抗器是既经济又合理的设计方案，但同时也应看到电抗器在限制短路电流的同时也增加了系统的能耗，必要时也可设置如“爆炸桥”类装置，在正常时将限流电抗器旁路，以减少其耗能，提高其经济性。

（8）电流互感器。电流互感器是将一次回路的大电流成正比的变换为二次小电流以供给测量仪表、继电保护及其他类似电器，电流互感器通常为电磁式。当电流互感器一次电流等于额定连续热电流，且带有对应于额定输出负荷，其功率因数为 1 时，电流互感器温升不应超过规定限值。电流互感器应按技术条件选择和校验。分布式供能发电系统保护用电流互感器一般可不考虑暂态影响，可采用 P 类电流互感器。对某些重要回路可适当提高所选互感器的准确限值系数或者饱和电压，以减缓暂态影响。是否提高准确限制系数一定要依据规范和设计计算来做决定。

分布式供能站测量用电流互感器应根据电力系统测量和计量系统的实际需要合理选择电流互感器。一般选用 S 类电流互感器。电能计量用仪表与一般测量仪表在满足准确级条件下，可共用一个二次绕组。

（9）电压互感器。电压互感器是将一次回路的高电压变换为二次低电压以供给测量仪表、继电保护及其他类似电器。电压互感器的用途是实现被测电压值的变换，与普通变压器不同的是其输出容量很小。一般不超过数十伏安或数百伏安，供给电子仪器或数字保护的互感器，输出功率可能低到毫瓦级。一组电压互感器通常有多个二次绕组，供给不同用途。如保护、测量、计量等，绕组数量需要根据不同用途和规范要求选择。电压互感器应按技术条件选择和校验。

3. 常用导体

（1）裸导体。裸导体通常由铜、铝、铝合金制成，载流导体一般使用铝或铝合金材料。铝成型导体一般为矩形、槽形和管形；铝合金导体有铝锰合金和铝美合金两种，形状均为管形；铜导体只用在持续工作电流大，且出线位置特别狭窄或污秽、对铝有严重腐蚀的场所。裸导体可分为硬导体和软导线两种，硬导体常用的有矩形、槽形、管形；软导线常用的有钢芯铝绞线、分裂导线和扩径导线。硬导体多用于燃气轮机、汽轮机容量不大及采用发电机出线小间的布置方案；软导线则主要用于主变压器至高压配电装置及配电装置以外的输电线路。

（2）共箱母线。共箱母线［包括共箱铜（铝）导体母线、共箱绝缘母线、共箱隔相母线、全封闭共箱母线及共箱铝管母线］是将每相多片标准型铜排（铝排）或铝管装设在支柱绝缘子上，外壳采用铝薄板保护。一般情况下，如果额定载流量在 2500A 及以上，由于多片导体间集肤效应严重，为减少每相导体片数，一般采用铜导体。由于其自身特点共箱母线防护等级一般为 IP43。该母线可用于额定电流较小的燃气轮机、汽轮机出线和励磁系统。

（3）共箱电缆母线。共箱电缆母线的各相由一根至数根单芯电缆组成，每根电缆间保持一定的间距，彼此间相互平行，直线式地全部装在罩箱内，整套装置均由工厂成套供货，现场加工安装。共箱电缆母线相对于普通共箱母具安全可靠、布置紧凑、适应性强，基本无需维护等特点，但其一次投资巨大，布置上转直角弯困难，母线还需交换相位。

（4）全绝缘浇注母线。全绝缘浇注母线，用一种特别配置的矿物质制成的绝缘材料，在工厂里用浇注的办法将各相母线分别包裹起来，形成中压全浇注矿物质封闭母线直线段（4～6m/段）、折线段以及各种成形的接头部件等。这些母线段和各个部件根据场地情况（或根据设计要求）连接成一个用户需要的完整母线系统。各个母线段之间、母线段和各个部件之间的导体和导体之间用螺栓连接。连接部分的绝缘则在现场以抽真空浇注方法将无机矿物质绝缘材料浇注到金属材料的周围，使之成为同母线一样的浇注实体，成为一个完整的母线系统。其具有防护等级高（IP67）、体积小、载流量较大、免维护的特点，适合于空间狭小的楼宇式分布式供能站中电流较大的回路。

（5）绝缘管母线。绝缘管母线采用中空的铜管或铝管作为导体，导体外部主要由绝缘层、半导电层、屏蔽层、外绝缘保护管层等构成，主绝缘采用聚四氟乙烯等材料，屏蔽层采用编织铜网或铝膜。绝缘管母线的结构类似于电缆外层结构，母线在密封绝缘的环境中安全可靠的运行。该型母线具有载流量大、集肤效应低、散热条件好、温升低、抗震能力强、可靠性高等主要特点。其结构特点可以使其用于分布式供能站的大电流发电机出线处，同时其占用空间远小于离相封闭母线，更方便布置摆放。

（6）电力电缆。电力电缆在供能站的导体应用中具有十分重要的位置，电力电缆根据其芯线的材料选择主要有铜芯和铝芯两种；根据绝缘种类选择主要有聚氯乙烯和交联聚乙烯；根据芯数选择通常分为三芯、四芯、五芯；根据金属护套材料选择主要有铅护套、铝合金护套、铝护套，其中以铝护套应用最为广泛；根据铠装形式分为钢带铠装和钢丝铠装。对于电力电缆的具体选择可参考《电力工程电缆设计规范》（GB 50217）。

四、站用电系统

1. 分布式供能站站用电设计原则

站用电接线的设计应按照运行、检修、施工的要求，考虑全站发展规划，积极慎重地采用成熟的新技术和新设备，使设计达到经济合理，技术先进，保证机组安全、经济地运行。

（1）站用电接线应保证对站用负荷可靠和连续供电，使供能站主机安全运转。

（2）接线应能灵活地适应正常、事故、检修等各种运行方式的要求。

（3）各机组站用电源的对应供电原则，本机、炉的站用负荷由本机组供电，当站用电系统发生故障时，只影响一台发电机组的运行，缩小故障范围。

（4）应注意其经济性和发展的可能性并积极慎重地采用新技术、新设备，使站用电接线具有可行性和先进性。

（5）应对站用电的电压等级、中性点接地方、站用电源引接和站用电接线形式等问题进行分析和论证。

2. 站用电的电压等级

站用电的电压等级应根据发电机的额定电压、站用电动机的电压和站用电供电网络等因素，经过技术经济综合比较后确定。

为了简化站用电接线，且使运行维护方便，站用电压等级不宜过多。低压站用电压常采用 400V，高压站用电压有 6.3、10.5kV 等。为了正确选择高压站用电的电压等级，需要进行技术经济论证。

（1）按发电机容量、电压确定站用电电压等级。根据现有资料分布式供能站的单机容量多在 50MW 以下，发电机电压一般为 10.5kV，此时可采用 10.5kV 作为高压站用电压；当为其他电压时，可通过技术经济论证高压站用电压也可选择 6.3kV。

（2）按站用电动机容量、站用电供电网络短路水平确定高压站用电压等级。供能站中拖动各种站用机械设备的电动机，容量相差悬殊，从几千瓦到几千千瓦，虽然较低的电压等级可以获得较高的电动机效率，但是高电压等级同样可以获得较小的电缆导体截面，不仅节省有色金属，还能降低供电网络的投资。

10.5kV 电动机的功率可制造得更大一些，以满足大容量负荷的需要，如供源站中的制冷设备多在 2000kW 以上；10.5kV 更节省有色金属费用，启动电流更低，有利于大容量电动机的启动；发生短路时 10.5kV 电动机所提供的短路电流更低，有利于高压站用电气设备的选择。但是在相同情况下 10.5kV 设备较 6.3kV 设备稍大，布置上可能会有困难。

3. 站用电中性点接地方式

高压站用电系统中性点接地方式的选择主要与接地电容电流的大小有关。当接地电容电流小于或等于 7A 时，可采用不接地或经高阻接地方式；当电容电流大于 7A 时但小于或等于 10A 时，可采用不接地或经低阻接地方式；当电容电流大于 10A 时，采用低电阻接地方式。

（1）中性点不接地方式。当高压站用电系统发生单相接地故障时，流过短路点的电流为电容性电流，且三相电压基本平衡。当单相接地电容电流小于或等于 10A 时，允许继续运行 2h，可利用此段时间排除故障，当单相接地电容电流大于 10A 时，接地处的电弧不能自动熄灭，将产生较高的电弧接地过电压（可达额定相电压的 3.5～5 倍），并易发展成多相短路，该种接地应动作动于跳闸，停止对设备的供电。对于分布式供能站由于机组容量较小，通常电容电流也较小，高压站用电中性点多采用不接地方式。

（2）中性点经高电阻接地方式。高压站用电系统的中性点经过适当的电阻接地，可以抑制意想接地故障时健全相的过电压倍数不超过额定相电压的 2.6 倍，避免故障扩大。常采用二次侧接电阻的配电变压器接地方式，无须设置大电阻器就可达到预期的目的。中性点经高阻接地方式适用于高压站用电系统接地电容电流小于 7A，且为了降低间歇弧光接地过电压水平和便于寻找接地故障点的情况。

（3）中性点经低电阻接地方式。高压站用电系统的中性点经过低电阻接地，与采用高阻接地方式有相似之处，都可能使间歇性电弧接地过电压水平限制在 2.6 倍以内，要求此时的电阻电流不小于电容电流，且单相接地故障总电流值应能使保护装置跳闸，该种接地方式可使接地故障检测手段大为简单并且可靠。

4. 站用变压器（电抗器）容量的选择

高压站用工作变压器的容量宜按高压电动机厂用计算负荷与低压厂用电的计算负荷之和选择，在负荷的计算过程中由于电抗器自身的特性，对于不经常短时及不经常断续运行的设备需要全部计算，而对于变压器则不需要。明备用的低压站用变压器宜留有 10%的裕度，而对于暗备用的低压站用变压器则可不考虑该裕度。对于站用变压器（电抗器）容量的选择可参照《燃气分布式供能站设计规范》（DL/T 5508）和《火力发电厂厂用电设计技术规程》

（DL/T 5153）执行，此处不再赘述。

5. 设计站用电率估算

站用电率的计算和评估应限定计算的机组边界工况。设计站用电率不同于运行站用电率和考核站用电率，设计站用电率为设计阶段的估算值，是在工程设计阶段用以衡量为了满足整个供能工艺流程而配置的全站工艺系统的辅机和其他辅助设备的自用电能消耗量的年度平均值指标；运行站用电率为统计期内基于实际运行参数的实测值；运行站用电率一般低于设计站用电率。

燃气分布式供能站的站用电率估算按照输出能源的不同分别估算，在设计阶段分别给出供冷站用电率、供热站用电率、发电站用电率和综合站用电率的设计估算值。

（1）分布式供能站常用电负荷用途分类见表 8.3-5。

表 8.3-5　　分布式供能站常用电负荷用途分类表

负荷类型	负　荷　名　称
公用负荷	燃气内燃机发电机组及其辅助设备、燃气轮机发电机组及其辅助设备、余热锅炉及其辅助设备、余热溴化锂机组及其辅助设备、化学水设备、燃气调节增压设备、公共消防、通风、照明等
纯供冷负荷	电制冷机组及其辅助设备、直燃型溴化锂机及其辅助设备等
纯供热负荷	燃气锅炉及其辅助设备、直燃型溴化锂机及其辅助设备等

（2）分布式能源站供冷站用电率可按式（8.3-4）计算。

$$\left.\begin{aligned} e_1 &= \frac{W_g a_1 + W_1}{W} \\ W_g &= S_g \cos\varphi_{av} T_g \\ W_1 &= \sum_{i=1}^{n} S_{1i} \cos\varphi_{av} T_{1i} \end{aligned}\right\} \tag{8.3-4}$$

式中　e_1——供冷站用电率，%；

W_g——公用负荷耗电量，kWh；

W_1——供冷机组耗电量，kWh；

a_1——供冷用热量与总耗热量之比，由热机专业提供；

W——全年发电量，kWh；

S_g——公用部分的站用电计算负荷，kVA；

$\cos\varphi_{av}$——电动机平均功率因数，一般取 0.8；

T_g——能源站年运行小时数，h；

S_{1i}——第 i 台供冷机组站用电计算负荷，kVA；

T_{1i}——第 i 台供冷机组满负荷运行小时数，h。

（3）分布式能源站供热站用电率可按式（8.3-5）计算。

$$\left.\begin{aligned} e_r &= \frac{W_g a_r + W_r}{W} \\ W_r &= \sum_{i=1}^{n} S_{ri} \cos\varphi_{av} T_{ri} \end{aligned}\right\} \tag{8.3-5}$$

式中　e_r——供热站用电率，%；

a_r——供热用热量与总耗热量之比，由热机专业提供；

W_r——供热机组耗电量，kWh；

S_{ri}——第 i 台供热机组站用电计算负荷，kVA；

T_{ri}——第 i 台供热机组满负荷运行小时数，h。

（4）分布式能源站发电站用电率可按式（8.3-6）计算。

$$\left.\begin{aligned} e_d &= \frac{W_g(1-a_l-a_r)+W_d}{W} \\ W_d &= \sum_{i=1}^{n} S_{di}\cos\varphi_{av}T_{di} \end{aligned}\right\} \tag{8.3-6}$$

式中　e_d——发电站用电率，%；

W_d——发电机组耗电量，kWh；

S_{di}——第 i 台发电机组站用电计算负荷，kVA；

T_{di}——第 i 台发电机组满负荷运行小时数，h。

（5）分布式能源站综合站用电率可按式（8.3-7）计算。

$$e = e_l + e_r + e_d \tag{8.3-7}$$

式中　e——综合站用电率。

（6）计算站用电率用的计算负荷采用换算系数法计算，其计算原则大部分与变压器的负荷计算原则相同。对于与变压器负荷计算不同部分按如下原则处理。

1）只计算经常连续运行的负荷。

2）对于备用的负荷，即使由不同变压器供电也不予计算。

3）全站性的公用负荷，按机组的容量比例分摊到各机组上。

4）随季节性变动的负荷（如循环水泵、通风、采暖、制冷机组等）按一年中的平均负荷计算。

5）天然气分布式能源站地上布置时照明负荷乘以系数 0.5，地下布置时照明负荷乘以系数 1。

6. 事故保安电源

事故保安电源目的是当站用工作电源和备用电源都消失时，为确保在严重事故状态下能安全停机，事故消除后又能及时恢复供电，而设置的电源，其通常由柴油发电机提供电能。对于分布式能源站系统，由于其机组通常比较小，一般可不设置专用的保安电源段，对于 0 类负荷可由站内直流系统及不间断供电电源系统保障供电。对于燃气轮机制造厂有需求。

7. 其他电气设施

（1）低压自用电的电压宜采用 380V 动力和照明网络共用的中性点直接接地方式。

（2）发电机组的辅机用电和其余设备自用电可由同一母线供电。

（3）燃机机组及内燃机的起动电源宜由系统取得。

（4）分布式供能站内的低压站用变压器应采用干式变压器。

（5）为重要用户供电和兼作备用电源的分布式供能站，当无外来电源不能启动时，应增设独立启动电源。

（6）可燃气体报警系统及各种控制装置应设不间断电源。

五、直流电源系统

燃气分布式供能系统和常规火力发电厂一样，应设置向控制负荷和动力负荷等供电的直流电源系统（由蓄电池组、充电器及直流屏等设备构成）。动力岛通常自带蓄电池组，以下简述动力岛以外的直流电源系统的配置要求。

（一）系统电压

直流电源系统应根据用电设备类型、额定容量、供电距离和安装地点等确定合适的系统电压。直流电源系统标称电压应满足如下要求：

（1）专供控制负荷的直流电源系统电压宜采用110V，也可采用220V。

（2）专供动力负荷的直流电源系统电压宜采用220V。

（3）控制负荷和动力负荷合并供电的直流电源系统电压可采用220V或110V。

（4）全厂（站）直流控制电压应采用相同电压。扩建和改建工程，宜与已有厂（站）直流电压一致。

（二）蓄电池组

直流电源宜采用阀控式密封铅酸蓄电池，也可采用镉镍碱性蓄电池；蓄电池组正常应以浮充电方式运行。铅酸蓄电池组不应设置端电池；镉镍碱性蓄电池组设置端电池时，宜减少端电池个数。燃气分布式供能系统可根据燃机形式、接线方式、机组容量和直流负荷大小，按套或按机组装设蓄电池组，蓄电池组数配置应符合下列要求：

（1）单机容量为50MW级及以下的燃气分布式供能系统，当机组台数为2台及以上时，全厂宜装设2组控制负荷和动力负荷合并供电的蓄电池。当只有1台机组时，全厂宜装设1组蓄电池。

（2）升压站设有电力网络计算机监控系统时，110kV配电装置根据规模可设置2组或1组蓄电池。

（三）充电装置

充电装置形式宜选用高频开关电源模块型充电装置，也可选用相控式充电装置。充电装置的配置应符合下列规定：

（1）采用相控式充电装置时：1组蓄电池宜配置2套充电装置；2组蓄电池宜配置3套充电装置。

（2）采用高频开关电源模块型充电装置时：1组蓄电池宜配置1套充电装置，也可配置2套充电装置；2组蓄电池宜配置2套充电装置，也可配置3套充电装置。

（四）接线方式

（1）1组蓄电池的直流电源系统接线方式应符合下列要求：

1）1组蓄电池配置1套充电装置时，宜采用单母线接线。

2）1组蓄电池配置2套充电装置时，宜采用单母线分段接线，2套充电装置应接入不同母线段，蓄电池组应跨接在两段母线上。

（2）2组蓄电池的直流电源系统接线方式应符合下列要求：

1）直流电源系统应采用两段单母线接线，两段直流母线之间应设联络电器。正常运行时，两段直流母线应分别独立运行。

2）2组蓄电池配置2套充电装置时，每组蓄电池及其充电装置应分别接入相应母线段。

3）2组蓄电池配置3套充电装置时，每组蓄电池及其充电装置应分别接入相应母线段。第3套充电装置应经切换电器对2组蓄电池进行充电。

4）2组蓄电池的直流电源系统应满足在正常运行中两段母线切换时不中断供电的要求。在切换过程中，2组蓄电池应满足标称电压相同，电压差小于规定值，且直流电源系统均处于正常运行状态，允许短时并联运行。

(3) 每组蓄电池应设有专用的试验放电回路。试验放电设备宜经隔离和保护电器直接与蓄电池组出口回路并接。放电装置宜采用移动式设备。

(4) 220V和110V直流电源系统应采用不接地方式。

直流电源系统典型接线如图8.3-8～图8.3-11所示。

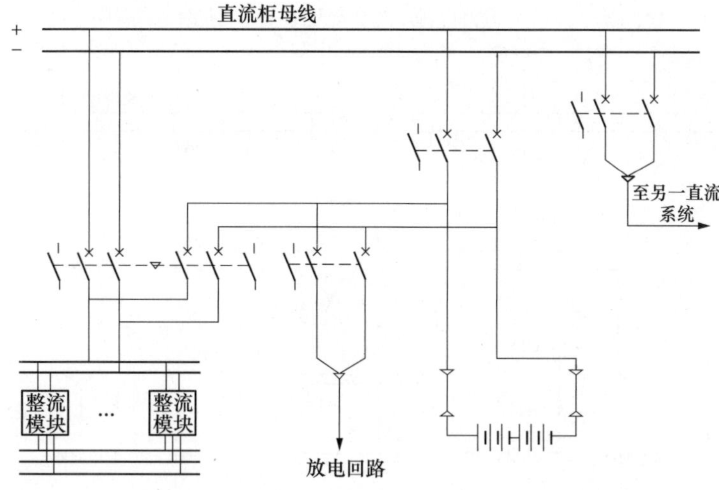

图8.3-8　1组蓄电池、1套充电装置典型接线示意图

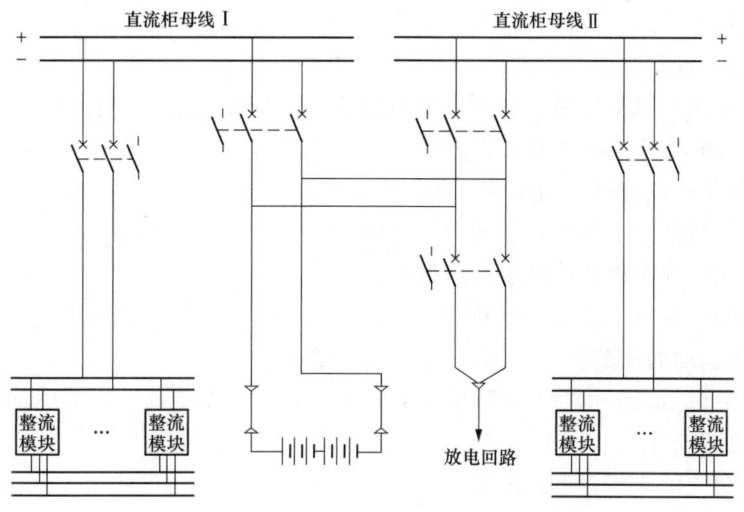

图8.3-9　1组蓄电池、2套充电装置典型接线示意图

(五) 直流负荷

(1) 燃气分布式供能系统直流负荷按功能可分为控制负荷和动力负荷：

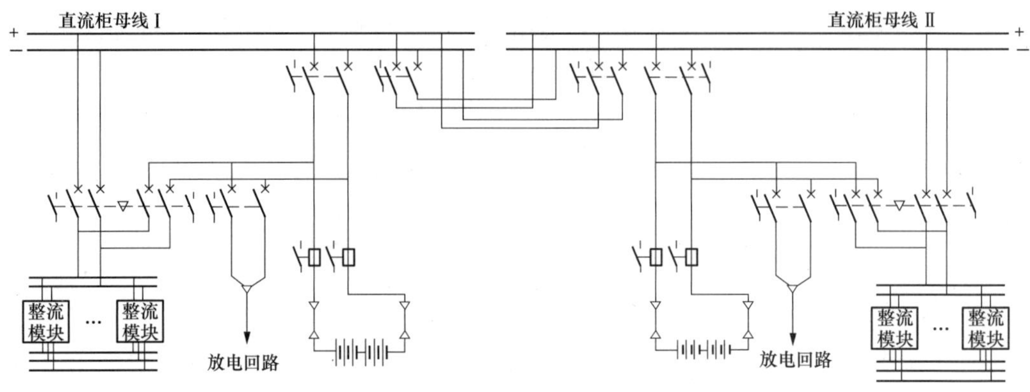

图 8.3-10　2 组蓄电池、2 套充电装置典型接线示意图

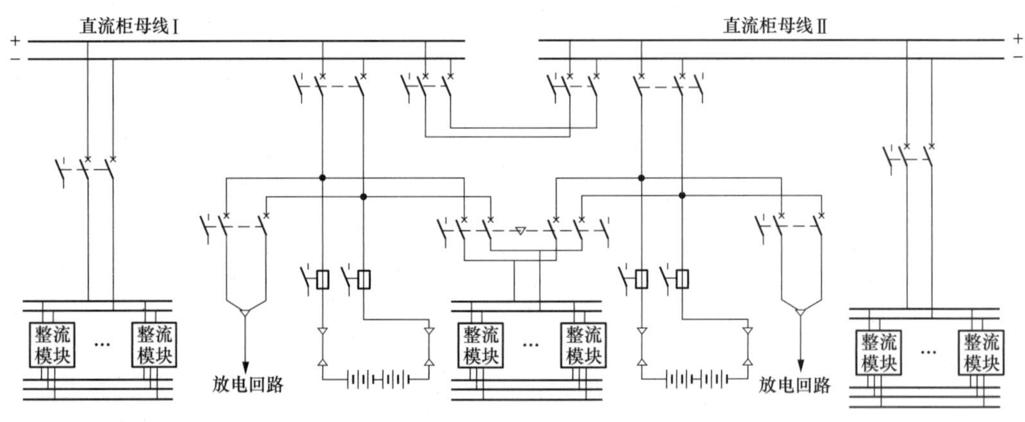

图 8.3-11　2 组蓄电池、3 套充电装置典型接线示意图

1）控制负荷包括以下负荷：电气控制、信号、测量负荷；热工控制、信号、测量负荷；继电保护、自动装置和监控系统负荷。

2）动力负荷包括以下负荷：各类直流电动机；高压断路器电磁操动合闸机构；交流不间断电源装置；DC/DC 变换装置；直流应急照明负荷；热工动力负荷。

（2）直流负荷按性质可分为经常负荷、事故负荷和冲击负荷，并应符合下列规定：

1）经常负荷包括以下负荷：长明灯；连续运行的直流电动机；逆变器；电气控制、保护装置等；DC/DC 变换装置；热工控制负荷。

2）事故负荷包括以下负荷：事故中需要运行的直流电动机；直流应急照明；交流不间断电源装置；热工动力负荷。

3）冲击负荷包括以下负荷：高压断路器跳闸；热工冲击负荷；直流电动机启动电流。

（3）直流负荷统计。

1）直流负荷统计应符合下列规定：

a. 装设 2 组控制专用蓄电池组时，每组负荷应按全部控制负荷统计。

b. 装设 2 组动力和控制合并供电蓄电池组时，每组负荷应按全部控制负荷统计，动力负荷宜平均分配在两组蓄电池上。其中直流应急照明负荷，每组应按全部负荷的 60%统计，对变电站和有保安电源的发电厂可按 100%统计。

c. 事故后恢复供电的高压断路器合闸冲击负荷应按随机负荷考虑。

d. 两个直流电源系统间设有联络线时，每组蓄电池应按各自所连接的负荷统计，不因互联而增加负荷容量的统计。

2）事故停电时间应符合下列规定：

a. 与电力系统连接的燃气分布式供能系统，厂用交流电源事故停电时间应按 1h 计算。

b. 不与电力系统连接的孤立燃气分布式供能系统，厂用交流电源事故停电时间应按 2h 计算。

3）事故初期（1min）的冲击负荷应按以下原则统计：

a. 备用电源断路器应按备用电源实际自投断路器台数统计。

b. 低电压、母线保护、低频减载等跳闸回路应按实际数量统计。

c. 电气及热工的控制、信号和保护回路等应按实际负荷统计。

4）事故停电时间内，恢复供电的高压断路器合闸电流应按断路器合闸电流最大的 1 台统计，并应与事故初期冲击负荷之外的最大负荷或出现最低电压时的负荷相叠加。

直流负荷统计计算时间表见表 8. 3-6。

表 8. 3-6　　直流负荷统计计算时间表

序号	负荷名称		经常	事故放电计算时间						
				初期	持续（h）					随机
				1min	0.5	1.0	1.5	2.0	3.0	5s
1	控制、保护、监控系统	区域式能源站	√	√		√				
		楼宇式能源站	√	√				√		
2	高压断路器跳闸			√						
3	高压断路器自投			√						
4	恢复供电高压断路器合闸									√
5	直流润滑油泵			√		√				
6	交流不间断电源	区域式能源站		√		√				
		楼宇式能源站		√				√		
7	直流长明灯	区域式能源站	√	√		√				
		楼宇式能源站	√	√				√		
8	直流应急照明	区域式能源站		√		√				
		楼宇式能源站		√				√		
9	DC/DC 变换装置	采用一体化电源向通信负荷供电的变电站	√	√						

注　表中“√”表示该项应列入。

直流负荷统计负荷系数表见表 8. 3-7。

（六）燃气发电机的直流蓄电池系统

燃气发电机的直流蓄电池系统一般由燃机制造厂成套配置蓄电池组，用于燃机机组自身的直流用电，如事故润滑油泵、密封油泵、事故照明（模块内）、UPS 系统和控制操作用电等。当燃机交流失电，需要紧急停机时，其自带的直流蓄电池系统即可满足紧急停机要求。

表 8.3-7　　直流负荷统计负荷系数表

序号	负荷名称	负荷系数
1	控制、保护、继电器	0.6
2	监控系统、智能装置、智能组件	0.8
3	高压断路器跳闸	0.6
4	高压断路器自投	1.0
5	恢复供电高压断路器合闸	1.0
6	直流润滑油泵	0.8
7	发电厂交流不间断电源	0.5
8	DC/DC 变换装置	0.8
9	直流长明灯	1.0
10	直流应急照明	1.0
11	热控直流负荷	0.6

六、交流不间断电源（uninterruptible power system，UPS）

燃气分布式供能系统的分散控制系统（distributed control system，DCS）、辅助车间程序控制系统（programmable logic controller，PLC）、网络计算机监控系统（network computerized monitoring and control system，NCS）、电气监控系统（electrical control and management system，ECMS）及厂级实时监控系统（superrisory information system，SIS）等均采用 UPS 装置供电。UPS 应采用在线式，宜采用单相输出。燃气发电机的 UPS 系统，一般由燃机制造厂成套配置，用于燃机机组自身的 UPS 负荷用电。以下简述燃机岛以外的 UPS 配置要求。

（一）UPS 配置

用于计算机监控系统 UPS 的配置应符合以下规定：

（1）UPS 的配置应满足分散控制系统的设置及用电需求，当全厂机组总容量为 100MW 及以上时，宜配置 2 套 UPS，其他情况下可配置 1 套 UPS。

（2）网络继电器室的 UPS 宜与网络直流系统合并考虑，采用直流和交流一体化不间断电源设备，也可设置独立的 UPS。

（二）UPS 接线

UPS 的接线应符合以下规定：

（1）UPS 宜由一路交流主电源、一路交流旁路电源和一路直流电源供电。

（2）UPS 交流主电源和交流旁路电源应由不同厂用母线段引接。对于设置有交流保安电源的发电厂，交流主电源应由保安电源引接。

（3）UPS 直流电源宜由机组的直流系统引接，直流回路应装设逆止二极管。

（4）冗余配置的 2 套 UPS 的交流电源宜由不同厂用或站用电源母线引接。

（5）UPS 旁路应设置隔离变压器，当输入电压变化范围不能满足负载要求时，旁路还应设置自动调压器。

（6）双重化冗余配置的 2 套 UPS 宜分别设置旁路装置，2 台并联或并联冗余的 UPS 宜共用1套旁路装置。

(7) UPS母线应采用单母线接线，其母线接线应符合以下规定：

1) 1台或2台并联UPS构成的不间断电源系统，宜采用单母线接线。

2) 双重化冗余配置的2套UPS构成的不间断电源系统，应采用2段单母线。

(8) UPS应经隔离电器接入交流母线。

(9) UPS宜采用辐射供电方式。

不间断电源系统典型接线如图8.3-12～图8.3-14所示。

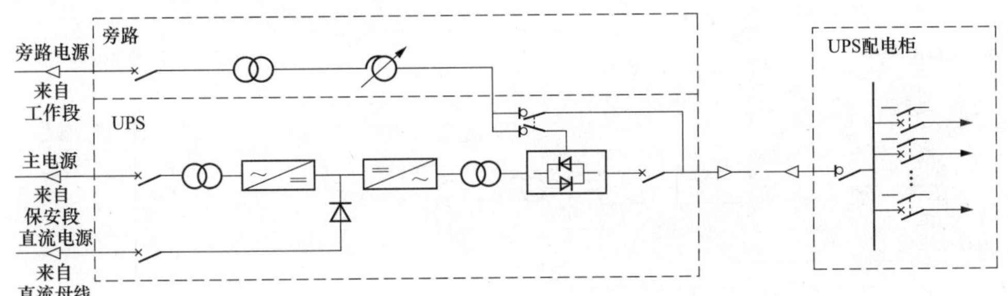

图8.3-12　1台UPS构成的不间断电源系统接线图

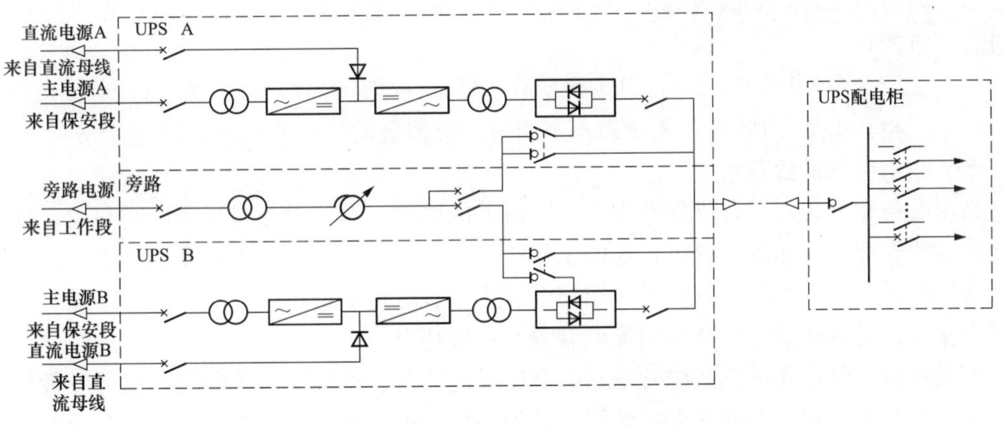

图8.3-13　并联UPS构成的不间断电源系统接线图

(三) 负荷统计

UPS负荷分为计算机负荷和非计算机负荷。计算UPS容量时，应对不间断负荷进行统计，按UPS可能出现的最大运行方式计算，统计计算应遵守下列原则：

(1) 连续运行的负荷应予以计算。

(2) 当机组运行时，对于不经常而连续运行的负荷，应予以计算。

(3) 经常而短时及经常而断续运行的负荷，应予以计算。

(4) 由同一UPS供电的互为备用的负荷只计算运行的部分。

(5) 互为备用而由不同UPS供电的负荷，应全部计算。

(6) 当UPS采用三相输出时，单相负荷应均匀分配到UPS三相上，分别计算每相负荷。

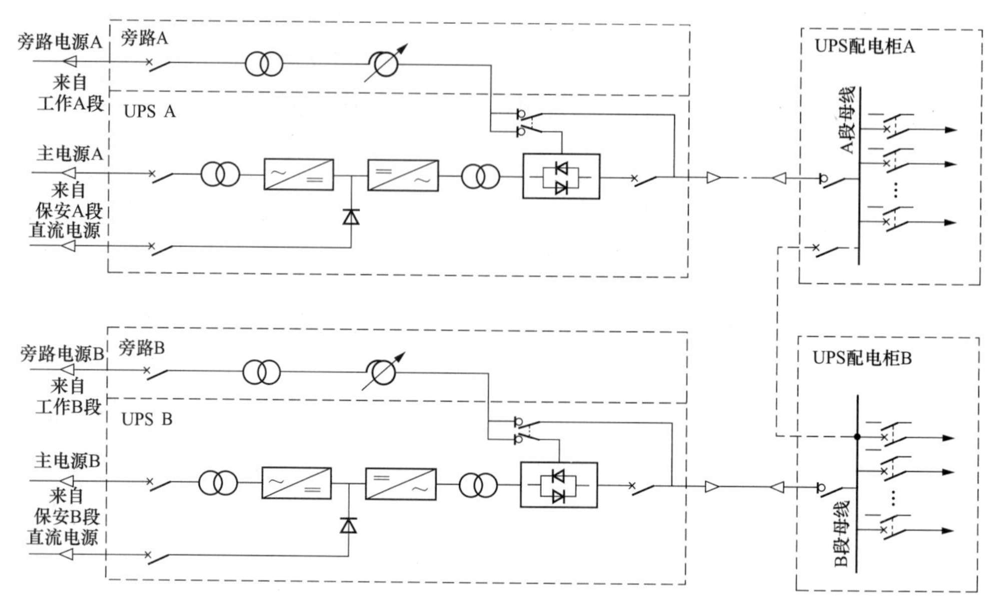

图 8.3-14 双重化冗余 UPS 构成的不间断电源系统接线图

(7) 当负载综合功率因数与 UPS 额定输出功率因数不同时，宜按制造厂提供的负载能力进行容量校正。

(8) 装设 2 台 UPS 时，2 台 UPS 容量宜一致，并按计算容量较大的 1 台 UPS 选择。

(9) 三相输出型 UPS 当三相负载不平衡时，应按最大相负荷选择 UPS 容量。

七、站用电气设备布置

站用设备布置必须符合供能站生产工艺流程的要求，做到设备布局和空间利用合理；要为能源站的安全运行和维护提供良好的工作条件，设备布置满足防火防爆、防水、防潮等要求；满足施工及将来扩建的方便；站用配电装置布置尽量靠近负荷中心，减少电缆的用量同时减少交叉；设备选型应结合站用配电装置的布置特点。

区域式燃气分布式供能系统升压站的高压配电装置、升压主变压器的布置可参考相应大小的机组的布置方式，而继电保护装置、自动装置、远动装置等可采用集成式布置方式。图 8.3-15 为某 2×45MW 区域式分布式能源站电气设备布置图，两台燃气轮机顺次布置，在发电机的出线侧均设有配电间，配电间一层为低压柜、保护等二次设备；二层为站用电电抗器、发电机出口断路器、中压柜等。主变压器靠近配电间布置，方便共箱母线与主变压器的连接。

图 8.3-16 为某 3×1MW 楼宇式分布式能源站 0m 配电间布置图，图中同样是 3 台燃气轮机并列布置，在 1、2 轴之间布置有出线侧的升压变压器和 110kV GIS，低压配电间布置在 7.5m 层，尽量靠近负荷中心。

八、电气控制方式

（一）燃气轮发电机组的电气控制系统

供能系统中燃气轮发电机组的电气控制，包括发电机出口断路器的同期、测量、计量及继电保护等功能通常由燃机成套的控制系统实现，设计时需和燃气轮机厂详细配合控制信号的相互接口。以下两点通常和燃煤机组有不同的控制要求。

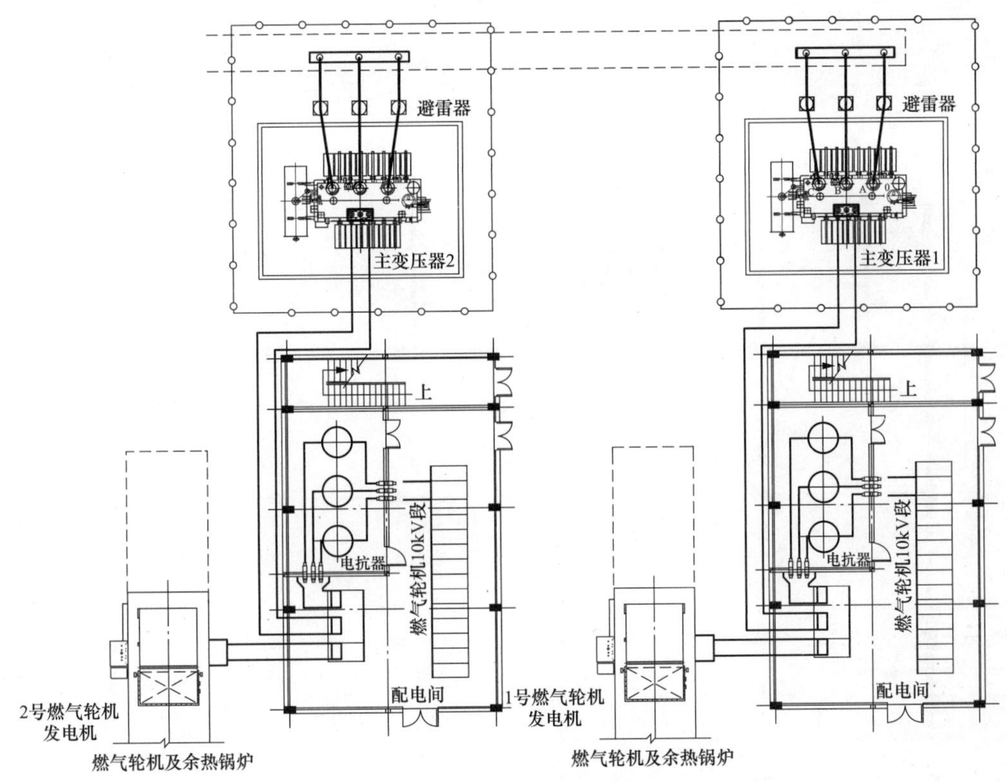

图 8.3-15　某 2×45MW 区域式分布式能源站电气设备布置图

(1) 燃气轮机 SFC 启动时要求接地变退出运行。部分燃气轮机 SFC 启动时要求接地变退出运行的原因是：若发电机中性点变压器投入运行，当 SFC 整流和逆变之间的直流回路一点接地时，会导致直流电流形成回路。由于存在励磁电流，导致发电机向接地点提供直流电流，形成的直流电流会烧毁接地变压器。

SFC 启动要求接地变压器退出运行，此时发电机中性点不接地，若机端 TV 一次侧中性点接地，在变频刺激下会发生电磁谐振，此时通常要求发电机机端 TV 一次侧中性点不接地、TV 按全绝缘考虑。即使机端 TV 一次侧中性点不接地，也会出现轻微电磁谐振现象，导致三相电压不平衡，此时可在 TV 二次侧的开口三角绕组加电阻解决。

也有部分工程采用在极端 TV 一次侧中性点装设可投入和退出运行的消谐装置。SFC 启动时消谐装置投入运行；SFC 启动完成后消谐装置退出运行、TV 一次侧中性点直接接地。

有些燃气轮机在接地变中性点加变流器监测直流电流，动作于灭磁，即装设了接地变直流保护装置，则接地变压器可以在 SFC 启动时投入运行，TV 一次侧中性点直接接地。

(2) 燃气轮机 FCB 运行方式。燃气轮机 FCB 工况的实现通常由燃气轮机控制系统根据燃气轮机负荷快速下降信号或燃气轮机主变压器高压侧断路器位置信号触发 FCB 动作指令，同时燃气轮机励磁调节装置调整励磁系统，以防止发电机过电压。此后汽轮发电机保护动作于解列，并密切监视厂用电系统，等待燃气轮机 FCB 稳定运行。电网恢复后，由燃气轮机自带的同期装置实现燃气轮机主变压器高压侧断路器的自动准同期合闸。

(二) 蒸汽轮发电机组的电气控制系统

供能系统中蒸汽轮发电机组的电气设备和元件通常采用集中控制方式，并采用计算机控

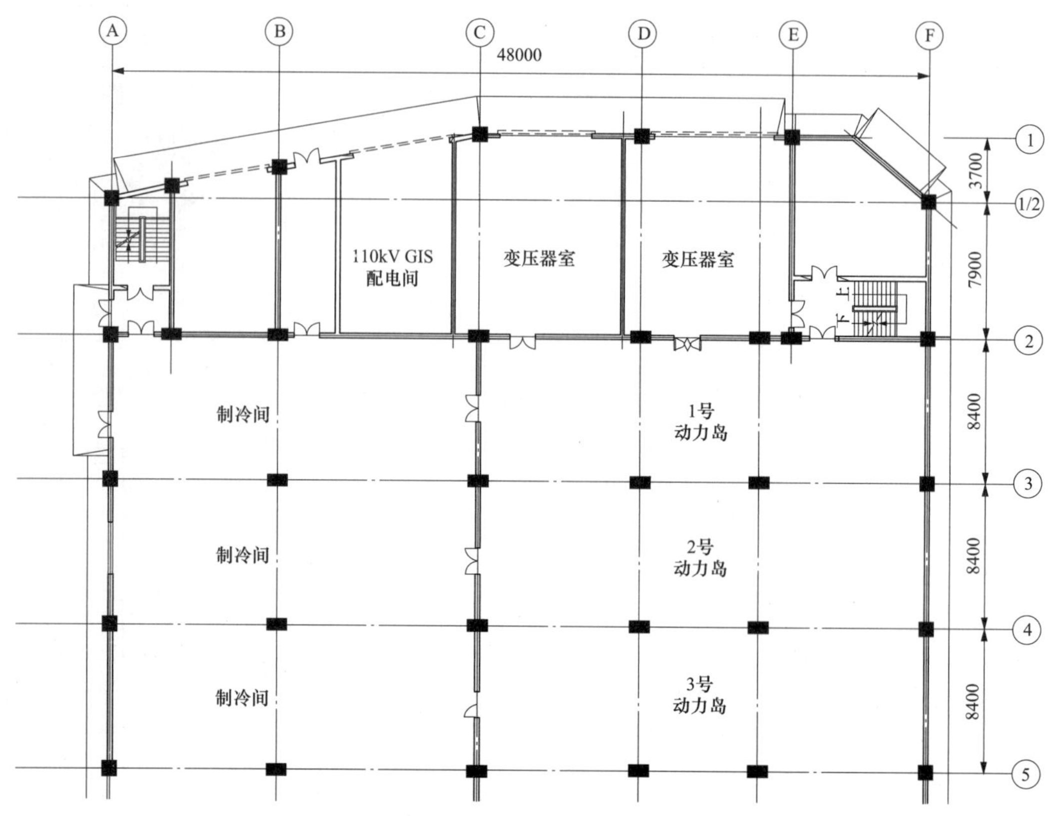

图 8.3-16　某 3×1MW 楼宇式分布式能源站 0m 配电间布置图

制、不设置常规控制屏、不设置常规显示仪表。仅在操作台上设置少量的硬手操（发电机或发电机变压器组紧急跳闸按钮、灭磁开关跳闸按钮、直流润滑油泵启动按钮），通常有以下两个方式：

（1）机组电气设备的控制可纳入机组 DCS 系统进行控制和监测，包括发电机及励磁系统、主变压器、厂用电源系统、保安电源、UPS 及直流系统等；发电厂开关站可设置电力网络计算机监控系统进行控制和监测，包括联络变压器、高压母线设备、线路等。

（2）设置电气监控管理系统对全厂电气设备进行控制和监测，包括发电机及励磁系统、主变压器、厂用电源系统、保安电源、UPS 及直流系统、联络变压器、高压母线设备、线路等。

（三）自动装置

燃气轮发电机的同期功能通常由燃机成套的控制系统实现。

蒸汽轮发电机的同期功能按机组设置微机型智能自动准同期装置实现，并设置手动同期功能作为备用。

全厂按机组设置故障录波器屏。故障录波器屏能自动记录扰动全过程中发电机、变压器等电气设备的电气量的变化、保护装置的动作行为。当动态过程终止时自动停止记录。

厂用电设置快切装置，快切装置可以完成高压厂用电源事故情况下的单向快速切换和正常厂用电源的双向切换。高压厂用电源快速切换采用串联并带同期闭锁功能，当快速切换不成功时自动转入慢速延时切换。

（四）测量和计量

燃气分布式供能系统测量和计量的配置与燃煤发电厂基本一致，需要注意的是部分地区上网电量和用电电量的计量点处设置的单独电能计量装置应满足当地公共电网的要求。

九、燃气轮机发电机继电保护

（一）燃气轮机发电机特点

燃气轮机发电机变压器组单元接线居多，经常采用设发电机断路器的方式。燃机电站除了用涡轮代替汽轮机外，发电机保护配置与常规燃煤发电机组配置原则基本相同，主变压器、厂用高压工作变压器保护配置与燃煤发电厂基本一致。燃气轮发电机组与常规燃煤机组相比主要有两方面不同：

（1）大容量燃气轮发电机一般采用变频启动方式，由外部电源经静态变频装置（static frequency converter，SFC）给电机定子绕组供电，并经启动励磁装置供给励磁绕组励磁电源。

（2）燃气轮机变频启动过程中，发电机定子电流较小，机端电压较低，吸收有功功率，电动机处于同步电动机运行模式。

（3）发电机差动保护、相间后备保护的频率范围宜兼顾启动和正常运行，否则在变频启动过程中为避免灵敏度降低、保护范围减少，需增设启动工况下的发电机启动过流保护、定子接地保护，保护在SFC切除时退出。

（4）变频启动过程中，发电机频率低、定子电压低，发电机低频保护、定子低电压保护、频率异常保护在启动期间应闭锁；电动机处于同步电动机运行模式，发电机失磁保护也宜闭锁，上述保护待发电机并网后再投入运行。

（5）通过SFC输出端隔离开关的辅助触点，可动态控制主变压器差动保护的范围，实现启动期间的两侧差动和并网后的三侧差动。

（6）燃气轮机发电机应装设逆功率保护，但逆功率保护定值需适当提高，保护在燃气轮机变频启动过程中也不会误动。

（7）燃气轮机不会出现汽轮发电机的超速问题，燃气轮机保护动作可不设程序跳闸出口，可取消程序跳闸逆功率保护。

（8）SFC启动的燃气轮机，若发电机机端TV一次侧中性点不接地，发电机定子单相95%接地保护用零序电压应取自接地变压器二次侧抽头。

燃气轮机发电机保护一般由动力岛成套提供，根据燃气轮机合同供货范围的不同，燃气轮机继电保护回路、信号回路、交流回路，电源回路以及发电机（或发电机变压器组）断路器的位置信号需求，以及保护的动作出口需要与燃机供货方配合。燃机发电机保护还需留有跳厂用分支断路器、启动快切、启动失灵等外部接口，以及外部保护（如母线保护、变压器保护）跳燃机的接口。

（二）燃气轮发电机组典型的继电保护配置

燃气轮发电机组典型的继电保护配置如下：发电机差动保护；发电机定子绕组对称过负荷；发电机转子表层（负序）不对称过负荷；电压制动的过电流保护（包括定时限和反时限）；发电机失磁保护；发电机逆功率；程序跳闸逆功率保护；定子接地保护；转子接地保

护；过电压保护；低电压保护；过激磁保护；频率保护（高频、低频）；发电机定子绕组匝间保护（选配）；失步保护（选配）；误上电（选配）；发电机断路器失灵保护（选配）；励磁绕组过负荷；启动过程电动机保护（含在逆功率保护中）。

（三）燃气轮机发电机继电保护出口

与大型燃煤机组的保护出口配置不同，燃气轮机发电机的保护出口通常还配置解列、解列灭磁的出口、以发挥机组快速启停、调峰的作用；以及在启动过程中保护出口还需要跳SFC或启动电动机的电源。主变压器及厂用高压工作变压器故障的保护出口方式与燃煤电厂类似。燃气轮机的保护出口配置如下：

停机：发电机断路器跳闸、关燃机跳闸阀、灭磁、跳SFC或启动电动机（如在启动过程中）。

解列灭磁：发电机断路器跳闸、灭磁，燃机甩负荷，再停止燃机运行，跳SFC或启动电动机（如在启动过程中）。

解列：发电机断路器跳闸，甩负荷，维持机组在同步转速运行。

其他出口。

十、爆炸危险环境电气装置

燃气分布式供能站的爆炸危险环境主要是指爆炸性气体混合物的环境，爆炸性气体混合物包括：在大气条件下，易燃气体、易燃液体的蒸气或薄雾等易燃物质与空气混合物形成爆炸性气体混合物；闪点低于或等于环境温度的可燃液体的蒸气或薄雾与空气混合物形成爆炸性气体混合物；在物料操作温度高于可燃液体闪点的情况下，可燃液体有可能泄漏时，其蒸气与空气混合物形成爆炸性气体混合物。供能站常见的爆炸性气体有一氧化碳、甲烷、乙烷和氢气等。通过对释放源的分级及对通风情况的综合分析最终得出爆炸危险环境的分区，最后根据危险区域分区、可燃性物质分级、引燃温度等来选择相对应的电气装置，表8.3-8为燃气分布式能源站典型释放源对应的电气设备选型表，对于其他情况具体可参考《爆炸危险环境电力装置设计规范》（GB/T 50058）。

表8.3-8　典型释放源对应的电气设备选型表

危险区域	释放源	电气设备防爆等级
爆炸性气体环境	CO	Ex d IIB T4/T3
	CH_4	Ex d IIA T1
	H_2	Ex d IIC T4/T3

十一、防雷接地

对于供能站的站房及附属建（构）筑物防雷设计需满足《建筑物防雷设计规范》（GB 50057）的有关规定，其中站房可按二类防雷建筑物执行。燃机调压站、增压站、燃气架空管道、露天储罐、露天布置的配电装置、变压器等均需设置直击雷防护设施。

站房及附属建（构）筑物宜设置全站统一的接地网，防雷接地、防静电接地、电气设备的工作接地、保护接地、信息系统接地等通常共用接地装置；联合接地系统的接地电阻应按其中最小值确定。接地装置应能承受接地故障电流和对地泄漏电流，并满足动热稳定的要求。交流接地系统的具体要求需满足《交流电气装置接地设计规范》（GB/T 50065）的有关规定。

第四节 仪表与控制

一、控制方式及控制室布置

1. 区域式燃气分布式供能站

区域式燃气分布式供能站宜采用集中监控的方式，实现对燃气轮机、余热锅炉、汽轮发电机、辅助车间、供热（冷）管网、供能子站的监控。

随着自动化水平的提高，多台联合循环的区域式燃气分布式供能站宜设置一个集中控制室，实现集中监控。

区域式燃气分布式供能站集中控制室的布置位置，相对来说比较灵活，一般布置在单独的集控楼或生产综合楼，建议标高与汽轮机运转层一致。根据区域式燃气分布式供能站的布置方式，集控楼可以布置在多台机组的中部，或布置在一期工程的固定端。虽然集控楼布置在多台机组的中部比布置在一期工程的固定端节省电缆和缩短运行值班员到远端机组的距离，但实际上联合循环机组的控制系统在功能上和物理上都是可以分散布置的，因此集控楼与每台机组联系的电缆少之又少，同时因为联合循环机组的特点，运行人员到远端机组的次数和必要性相对于燃煤机组而言大大减少。因此，集中控制室与机组的距离，在集中控制室的位置选择上，不再是决定的因素，可以结合全厂的总平面布置情况综合考虑。

区域式燃气分布式供能站控制系统宜分散布置，建议燃机控制系统、燃机保护系统机柜布置在燃机就地小间内。余热锅炉控制机柜布置在余热锅炉 0m，或与汽轮机及其辅助控制机柜布置在汽机房内或集控楼内。辅助车间控制机柜布置在各自车间就地电子设备间内。供能子站的机柜布置在供能子站就地电子设备间内。

随着电子技术的飞速发展，以及对燃气分布式供能站自动化控制水平的要求越来越高，对燃气分布式供能站辅助车间的监控和管理提出了新的要求。要实现降低投资、生产成本和减员增效，就必须在提高辅助车间的自动化水平基础上，采用集中监控的方式，以减少控制点，从而减少值班人员，降低运行成本。因此对于一些条件成熟的燃气分布式供能站辅助车间可采用集中监控方式，就地车间仅布置相应的控制柜，实现就地无人值班。

区域式燃气分布式供能站辅助车间宜设置两个就地控制点：天然气调压（增压）站就地控制点，水系统（包括锅炉补给水、化学取样加药、废水处理系统、循环水加药、氨制备等）就地控制点，此两个就地控制点仅调试时用，正常投运后实现无人值守。其他辅助车间宜按无人值守设计。

2. 楼宇式燃气分布式供能站

（1）楼宇式燃气分布式供能站宜采用集中监控的方式，实现对燃气内燃机、余热设备、调峰设备、燃气调压站的监控。

（2）楼宇式燃气分布式供能站宜设置一个集中控制室，在集中控制室附近设交接班室、工程师站及电子设备间。

（3）楼宇式燃气分布式供能站本身规模一般都不大，除天然气调压站机柜、设备本体控制柜独立布置外，供能站内的分散控制系统（distributed control system，DCS）或可编程逻辑控制器（programmable logic controller，PLC）控制系统的机柜可集中布置在电子设备间内或就地分散布置。

(4) 楼宇式燃气分布式供能站一般不单独建立集控楼，集中控制室及电子设备间布置在能源站联合厂房专用房间内。

(5) 楼宇式燃气分布式供能站一般不设置就地控制点。

二、热工自动化水平

1. 燃气分布式供能站机组自动化水平

区域式燃气分布式供能站机组宜采用DCS监控；楼宇式燃气分布式供能站机组可采用DCS或PLC监控。

DCS（或PLC）基本功能包括数据采集与处理、模拟量控制、开关量控制。在就地人员的巡回检查和少量操作的配合下，在集控室内实现机组启、停、运行工况监视和调整、事故处理。

2. 分布式供能站辅助车间自动化水平

区域式燃气分布式供能站辅助车间一般包括天然气调压（增压）站、空压站、化学取样加药系统、化学水处理系统、废水处理系统、循环水加药系统、采暖通风系统、启动锅炉、氨制备系统、制冷站、供能子站系统等。

楼宇式燃气分布式供能站辅助车间一般包括天然气调压站等。

目前，燃气分布式供能站辅助车间设备的控制通常采用由可编程逻辑控制器与工控机组成的计算机控制系统来实现。近年来，随着国产DCS的普及，越来越多的电厂开始采用DCS实现辅助车间的控制。我们认为，采用与机组同一硬件的DCS用于燃气分布式供能站辅助车间设备的控制对提高燃气分布式供能站自动化水平，提高运行管理水平，简化检修维护、减少备品备件、实现全能值班提供了更好的解决方案。因此，若条件允许，建议燃气分布式能源站全站主辅车间统一采用相同品牌的DCS控制系统。

3. 现场总线在燃气分布式供能站中的应用

现场总线是工业控制系统的新型通信标准，现场总线技术的采用带来了工业控制系统技术的革命。现场总线仪表都为智能型仪表，它们所提供的丰富的数据都可通过总线上传到DCS，增加了现场数据的信息量，提高了数据采集精度，为SIS提供更加丰富的现场数据，为发挥SIS强大的数据分析、优化功能奠定基础。工程师或操作员站的显示屏（light emitting diode，LED）上能够容易地查看仪表工作情况，对仪表进行调校及参数修改，大大减轻了维护工作量，减少了维护人员。同时，采用现场总线即可节约安装费用又易于系统设备扩充。

采用现场总线技术可以促进现场仪表的智能化、控制功能分散化、控制系统开放化，符合工业控制系统领域的技术发展趋势。因此，如条件允许，可在燃气分布式供能站主厂房及辅助车间对非重要控制回路应用现场总线技术。

检测控制对象纳入现场总线系统的原则如下：

(1) 凡故障直接危及机组安全运行，以及主机和主要辅机保护功能的检测控制对象，暂不宜纳入现场总线，如：燃气轮机控制系统；燃气轮机保护系统；汽轮机数字电液调节系统（digital electric hydrautic control system，DEH）；汽轮机紧急跳闸系统（emergency trip system，ETS）；其他主要辅机保护系统。

(2) 凡要求快速实时控制的对象和要求时间分辨率高的检测参数，暂不纳入现场总线系统。如：旁路控制系统；事件顺序记录（sequence of event，SOE）等。

（3）为保证现场总线的检测控制周期，原则上控制及逻辑功能不宜在现场总线智能装置内完成。但对于非重要的、响应时间要求不高的单回路闭环调节，可考虑在现场总线智能装置内完成，如闭式冷却水水箱水位控制等。

（4）对于开关量仪表，如压力开关、液位开关、温度开关等不宜纳入现场总线，应采用传统硬接线接入 DCS（或 PLC）。

（5）对于纳入现场总线系统的既有调节功能，又有联锁功能要求的回路，除接进现场总线完成正常调节功能外，联锁功能应采用传统硬接线接入 DCS（或 PLC）。

（6）用于非重要控制回路的阀门电动装置，可纳入现场总线系统；用于重要回路的阀门电动装置应采用传统硬接线接入 DCS（或 PLC）。

（7）对于开关型的气动门，通常用于联锁保护和快速开/关动作的要求，如疏水门、抽汽止回门等，不接入现场总线，应采用传统硬接线接入 DCS（或 PLC）完成控制。

（8）380VAC 非重要电动机可采用现场总线接入 DCS 系统。

4. 机组自启停

燃气分布式供能站宜设计机组的自启停（automatic plant start/stop，APS）控制程序，即分布式供能站的机组级顺序控制功能。这一功能旨在集控室内的运行人员只需通过点击 DCS 操作员站画面上的启动或停止按钮，即可根据机组（如燃气轮机、汽轮机、余热锅炉）的初始状态，通过设置少量“断点”，即可完成机组的启停操作。

燃气分布式供能站机组宜设置带断点的机组自启停功能，对于“1＋1＋1”形式的联合循环机组启动断点不宜超过 5 个，停止断点不宜超过 3 个。对于“2＋2＋1”形式的联合循环机组启动断点不宜超过 7 个，停止断点不宜超过 5 个。对于楼宇式燃气分布式供能站，需要根据供能站具体配置设备类型、供能季节，选择不同设备组合运行方式；启停断点数量需要根据能源站具体情况来设置。断点的数量不宜过多，不能太少，过多的断点会造成操作人员劳动强度增加，失去功能程序的可用性，过少断点将增加某一程序组内的故障率，增加程序组完成的难度。

5. 供能站智能决策优化系统

智能决策优化系统以实现分布式供能系统运行的经济效益、能源综合利用效率的综合指标最优为目标，运用负荷预测、在线辨识、数学建模、智能寻优、安全通信等技术，结合系统运行的实时数据和历史数据，建立并求解最优化的负荷分配模型，给出实时最优的冷、热、电负荷设定值、设备的最佳启停时间等指令。智能决策优化系统主要具体内容包括：

（1）负荷预测：智能决策优化系统主要用于预测发电、供热、制冷峰谷负荷的时刻与持续时间，以便合理安排机组加减及启停时间，优化调控负荷超调量，防止超调过大和滞后过多。优化系统运用先进的负荷预测技术，基于冷、热负荷随季节和时刻的变化规律以及工业区内的用户类型等信息，分别建立冷、热负荷预测模型，逐时预测用户负荷，并通过模型校验及实际运行数据优化预测模型，提高预测精度；绘制全天 24h 的负荷需求曲线，并根据实时负荷曲线在线修正预测曲线，使之更加准确地反映负荷需求情况。然后，根据负荷预测曲线提前确定运行工况，使系统按照最优的经济运行方式，主动响应负荷需求。

（2）性能计算：智能决策优化系统对能源站经济运行的各性能指标进行计算，如燃气轮机效率、燃气轮机出力、汽轮机汽耗、锅炉效率、重要辅机设备单耗（锅炉给水泵、循环水泵、开式水泵等）。

（3）负荷动态优化分配：智能决策优化系统根据发电、供热、制冷的实时调度指令，以及单元机组的工作特性和运行效率，对各单元机组的负荷进行动态优化分配，使各单元机组在满足能源利用效率要求的同时实现全厂经济效益最大化。

（4）运行优化策略：智能决策优化系统由冷热源系统调度优化、能效评估管理、能源指标管理、冷热源系统运行策略管理等多个功能系统组成。综合统筹了供热运行方式、厂用电成本、电网低谷电成本等因素，根据冷负荷和热负荷的要求和特性，优化制冷、供热系统的运行方式，使发电厂按照最佳经济效益方式运行。

（5）机组状态诊断：智能决策优化系统能对整个供能站、各个机组及重要设备的运行参数指标进行数据分析处理，通过与历史数据、设计值、正常运行值进行比对，可以对机组运行状态进行诊断，及时判断设备运行问题，提高设备可靠性，同时为制定优化运行策略提供基础数据依据。

（6）实时效益及评估：智能决策优化系统对供能站整体效益计算及评估。将天然气价格、上网电价、市电价格、水价、冷价、热价等作为可变参数输入，数量可人工输入或自动采集，同时可将机组维护费用、人工费用等输入，可得到供能站整体效益实时曲线。通过此曲线的变化趋势，可评估电厂运营水平。

（7）统计与分析：智能决策优化系统可对能源站机组运行参数、经济指标数据进行统计，并可根据用户需求选择特定数据、特定时间段进行数据导出。同时，可按照业主具体要求将小指标竞赛、值际竞赛等相关内容在系统中实现。

燃气分布式供能站可根据自身财力酌情设置供能站智能决策优化系统。DCS（或 PLC）系统通过接收智能决策优化系统的优化控制指令（包括负荷优化分配指令、供热方式优化与调控指令、制冷站二次泵流量控制指令等），调整机组的运行模式，实现燃气分布式供能站的优化控制，确保机组运行达到高效低耗、经济匹配、可靠安全的运营目标。供能站智能决策优化系统应包括操作员站、工程师站、服务器、控制器等设备。

各控制系统的数据宜通过冗余通信接口的方式与智能决策优化系统进行双向通信，重要信号应以硬接线方式接入智能决策优化系统。

6. 能源互联网

随着数字化、“互联网＋智慧能源网”的提出，智慧能源示范项目建设提上日程。

燃气分布式供能站以能源服务为核心，整合互联网、分布式发电、智能电网等新兴技术，优化区域能源资源和用户市场资源，建立市场竞争机制，发挥市场在资源配置中的决定性作用，促进能源生产者和消费者互动，向用户提供专业化、智能化综合能源服务，提高资源利用水平，提高服务质量和水平，降低用能成本，并与外部电力市场形成良好协作关系的新型能源网络。

利用“能源网＋互联网”，广泛运用云计算、大数据技术，建立区域微能源网络系统，帮助用户节能：一方面为用户提供节能服务，提供包括节能诊断、解决方案、维护设备及运营管理等服务；另一方面引导用户错峰用电，通过智能电表、通信网络与服务器建立智能用电系统，分析客户用电情况和习惯引导用户行为。

微电网系统的信息流动主要包括两个途径，一个是以互联网为基础的信息采集和数据交换网络（即信息交互平台）；另一个是以光纤通信网络为物理链路的调度指挥网络（市场调度管理平台)。整个微电网系统对外只有一个网关，即微电网能量管理系统。

微电网信息网络一方面为微电网内的能源站、用户等各元素之间以及各元素与微电网能量管理系统之间的数据交换提供通道，实现微电网能量管理系统的监督、监测功能，以及用户之间的能源互动；另一方面，微电网内用户可以通过互联网对微电网外部市场信息等进行实时了解，给用户以多种选择的权利。

微电网能量管理系统主要的职责有三个方面，一方面对微电网内用户的能源使用情况进行监督、监测并实现用户之间的互动交流；另一方面负责对微电网系统内的所有构成元素的遥测、遥感结果进行数据分析，并将数据存储至云数据中心，进行大数据分析，小至微电网系统每个组成元素的运行优化，大至整个微电网系统的资源平衡，都需要日积月累的数据作为基础；再一方面，是结算功能，即微电网内的能源结算、互动用户间的结算以及对外购能源的结算。

7. 网源一体化管控

对配套建设热（冷）网工程的区域式燃气分布式供能站，热（冷）网子站宜设就地控制箱，就地控制箱实现就地自动控制功能。热（冷）网子站宜接入供能站 DCS 系统，在集控室 DCS 系统中实现集中监控，热（冷）网就地终端宜按无人值守设计。热（冷）网所有仪表与控制设备选型宜与供能站仪表与控制设备选型保持一致。热（冷）网就地终端至供能站 DCS 系统之间可采用有线网络或无线 GPRS 通信方式。

热（冷）网子站的远程视频监控、远程收费等管理信息宜连接到供能站的 MIS，实现网源一体化管理。

三、热工检测

热工检测的任务是对燃气分布式供能站生产过程的各种参数进行检查、测量，使值班员能及时了解主、辅设备及系统的运行情况，保证机组安全、经济运行。

（1）热工检测应包括下列内容：

1）工艺系统的运行参数。

2）主机和辅机的运行状态。

3）天然气耗量、耗水量、供冷量、供热量、发电量等经济核算参数。

4）电动、气动和液动阀门的启闭状态和调节阀门的开度。

5）仪表和控制用电源、气源的供给条件和运行参数。

6）必要的环境参数。

（2）测量油、水、蒸汽等的一次仪表不应引入控制室。可燃气体参数的测量仪表应有相应等级的防爆措施，其一次仪表严禁引入任何控制室。

（3）燃气分布式供能站不宜使用含有对人体有害物质的仪器和仪表设备，严禁使用含汞仪表。

（4）在爆炸气体和/或有毒气体可能释放的区域，应根据危险场所的分类，设置爆炸危险气体报警仪和/或有毒气体检测报警仪。

四、报警、保护

（1）报警应包括下列内容：

1）工艺系统主要热工参数偏离正常运行范围。

2）保护动作及主要辅助设备故障。

3）监控系统故障。

4）电源、气源故障。

5）电气设备故障。

6）火灾探测区域异常。

7）有毒有害气体的泄漏。

（2）报警宜由控制系统的报警功能完成，机组不宜配置常规光字牌报警装置。控制系统的报警应根据信号的重要性设置报警的优先级。

（3）控制系统报警的报警源可来自控制系统的所有模拟量输入、数字量输入、模拟量输出、数字量输出、脉冲量输入及中间变量和计算值。

（4）控制系统功能范围内的全部报警项目应能在显示终端上显示和在打印机上打印，在机组启停过程中应抑制虚假报警信号。

（5）热工保护应符合下列要求：

1）热工保护系统的设计应有防止误动和拒动的措施，保护系统电源中断或恢复不会发出误动信号。

2）热工保护系统应遵守下列对立性原则：

a. 燃气轮机、余热锅炉、汽轮机跳闸保护系统的逻辑控制器应单独冗余设置。

b. 保护系统应有独立的I/O通道，并有电隔离措施。

c. 冗余的I/O信号应通过不同的I/O模件引入。

d. 触发机组跳闸的保护信号的开关量仪表和变送器应单独设置，当确有困难而需与其他系统合用时，其信号应首先进入保护系统。

e. 机组跳闸命令不应通过通信总线传送。

3）在控制台上应设置停止燃机、关闭烟气挡板（如有）、汽轮机和解列发电机的跳闸按钮，并应采用双重按钮或带盖的单按钮；跳闸按钮应直接接至停燃机、停炉、停汽轮机的驱动回路。

4）机组保护动作原因应设事件顺序记录，以及事故追忆功能。

5）热工保护系统输出的操作指令应优先于其他任何指令，即执行“保护优先”的原则。

6）保护回路中不应设置供运行人员切、投保护的任何操作设备及手段。

7）对机组保护功能不纳入分散控制系统的机组，其功能可采用可编程控制器实现，宜与分散控制系统有通信接口，将监视信息送入分散控制系统。

五、开关量控制

（1）开关量控制应包括原动机、余热利用设备、汽轮机、发电机变压器组、电气开关、断路器、辅机、阀门、挡板等单个设备的操作及联锁；对于具有操作规律的工艺过程应采用顺序控制系统，包括单元机组主、辅机的顺序控制系统和发电厂辅助系统的顺序控制系统。

（2）顺序控制系统宜采用机组级、功能组级、子组级和驱动级的分层顺序控制设计，并应包括所有的设备联锁保护和操作许可条件。

（3）顺序控制的设计应符合保护、联锁操作优先的原则。在顺序控制过程中出现保护、联锁指令时，应中断控制进程，优先执行保护、联锁指令。

（4）顺序控制系统在自动运行期间发生故障或由运行人员停止运行时，应中断正在进行的程序，使工艺系统处于安全状态；顺序控制的设计应采取防止误操作的有效措施。

六、模拟量控制

(1) 模拟量控制系统应满足机组正常运行的控制要求，并应满足不同工况下工艺系统安全经济运行的要求。

(2) 燃气分布式能源系统宜采用冷、热、电协调控制。

(3) 模拟量控制至少应包括下列项目：

1) 燃气轮机的转速、负荷、温度调节。

2) 燃气轮机压气机入口导叶调节。

3) 燃气轮机润滑油母管温度调节。

4) 内燃气轮机冷却水温度调节。

5) 凝汽器热井水位调节。

6) 除氧器水位、压力调节。

7) 主蒸汽压力和温度调节。

8) 汽包水位调节。

9) 抽凝式汽轮机抽气负荷调节。

10) 背压式汽轮机排气压力调节。

11) 吸收式冷（热）水机组负荷调节。

12) 生活热水、空调热水负荷调节。

七、信息系统

(1) 燃气分布式供能站宜设置管理信息系统（management information system，MIS），包含生产信息、管理信息（应涵盖建设阶段和生产阶段）、视频监视、视频会议、门禁管理功能；也可根据供能站自身需要设置信息系统的其他功能，如精益化管理所需的智能巡点检等；在集团（或厂级）已设置 MIS 的，区域内供能站宜设计 MIS 接口站，其信息通信至集团（或厂级），功能在集团（或厂级）MIS 实现。

(2) 厂级监控信息系统（supervisory information system，SIS）可根据机组容量确定是否设置［按《燃气-蒸汽联合循环电厂设计规范》（DL/T 5174—2003）规定］。

SIS 包含燃气分布式供能站全站生产过程实时/历史数据库，对全站实时生产过程综合优化服务的监控和管理。

(3) DCS 与 SIS 的通信为 DCS 单向数据传输至 SIS，应设置单向隔离网闸，当工程中 SIS 配置的某些功能要求 SIS 向 DCS 发送控制指令或设置指令时，应采用硬接线方式实现，并在 SIS 侧和 DCS 侧分别设置必要的数据正确性判断功能。SIS 与 MIS 通信为 SIS 单向数据传输至 MIS，应设置单向隔离网闸。SIS 和 MIS 宜合网设计。

(4) 信息系统采用的应用软件应符合信息系统安全等级及国家等级保护的相关规定，具有身份鉴别、访问控制、安全审计、剩余信息保护、通信完整性、通信保密性、抗抵赖、软件容错、资源控制等功能。

(5) 对于关键信息系统的数据，应增加网络备份与容错功能、全系统备份与恢复功能等。

八、工程案例

【案例】 某燃气分布式供能站（简单循环-区域式）的能源互联网设计

1. 工程概况

该燃气分布式供能站项目采取集中和分散相结合的方式布置功能模块，总规划 2 个能源站，分三个阶段工程建设，规划总装机容量 100MW。其中：一期工程在园区南部建设 1 号能源站，配置 2×16MW 级燃气轮机简单循环机组，同步建设天然气专用管线、冷热管网、变配电以及必要的信息网络设施；二期工程在园区北部另选址建设 2 号能源站；三期工程在 1 号能源站站址扩建，各供能网络、信息网络、分散子模块根据用户条件逐步完善。

此案例属于工业园区一期工程，全站配置 2 台 16MW 级燃气轮机+2 台单压无补燃余热锅炉+3 台 15t/h 燃气蒸汽锅炉，机组装机容量为 32MW 级。该工程为简单循环区域式供能站。

2. 能源互联网

该工程能源互联网包含供能站、制冷站、换热站、储能等，融合了冷、热、电、气四网。该工程以现有关联用户为基础，考虑未来新增关联用户构建成长性区域能源网络，将园区内所有的关联用户及有效的产储用能设施纳入能源互联网统一管理之中。在政策和市场允许的条件下，逐步把天然气供应网络及其他关联用能纳入能源互联网管理。

能源互联网构架核心是兼容各类能源供能与用能信息系统的接入，核心平台要构建一套智能负荷优化分配系统，协调各类能源与用户负荷的匹配，达到分布式供能站的效益最大。

与传统能源系统相比，能源互联网架构包括：

(1) 智能决策优化控制系统。将供能站及负荷信息纳入控制系统中，采用智能优化技术、先进控制技术实现供能站高能效、高经济型运行。

(2) 供需侧信息系统。将供能侧产能信息与需求侧用能信息互通，使供能侧及时了解负荷变化情况，并据此实时改变运行策略，调整输出，提高设备利用率。

(3) 数据互联共享，采用矩阵型的数据模式，达到控制数据和管理数据共融、经济数据和技术数据共融、运行数据和检修维护及设备诊断数据共融的目标。

3. 供能站智能决策优化系统

该项目“互联网+智慧能源网（能源互联网）”建设内容主要包括供能站智能决策优化系统、智能能源网、微网能量管理系统、能源互联网交易平台。

(1) 该项目供能站智能决策优化系统（intelligent decision optimization system，iDOS）架构如图 8.4-1 所示。iDOS 功能上包括负荷预测、实时计算、在线优化、智能管理四大部分，其中各部分功能如图 8.4-2 所示。

(2) 智能能源网的系统功能及系统优势如图 8.4-3 所示。智能能源网特点如下：

1) 用户参与。在智能微电网中，由于直供电模式、太阳能光伏设备等的加入，用户可以根据各自的电力需求及价格来调整其消费。而价格也将作为用户用能指导因素之一，用户可自动调整用能计划，继而减少或转移高峰电力需求，削峰填谷使负荷趋于平稳。

2) 多能并用。微电网中各种不同类型的发电和储能系统都能安全、无缝的接入整个系统，不同容量的发电和储能设备都可以实现互联。

(3) 微网能量管理系统是智能分布式能源的控制核心，是以计算机为基础的现代电力系统的综合自动化系统。微网能量管理系统通过对用户侧负荷、电价信息以及对可再生能源的供能预测信息的综合分析，控制分布式电源的输出功率、分布式负荷；保存运行数据供运行

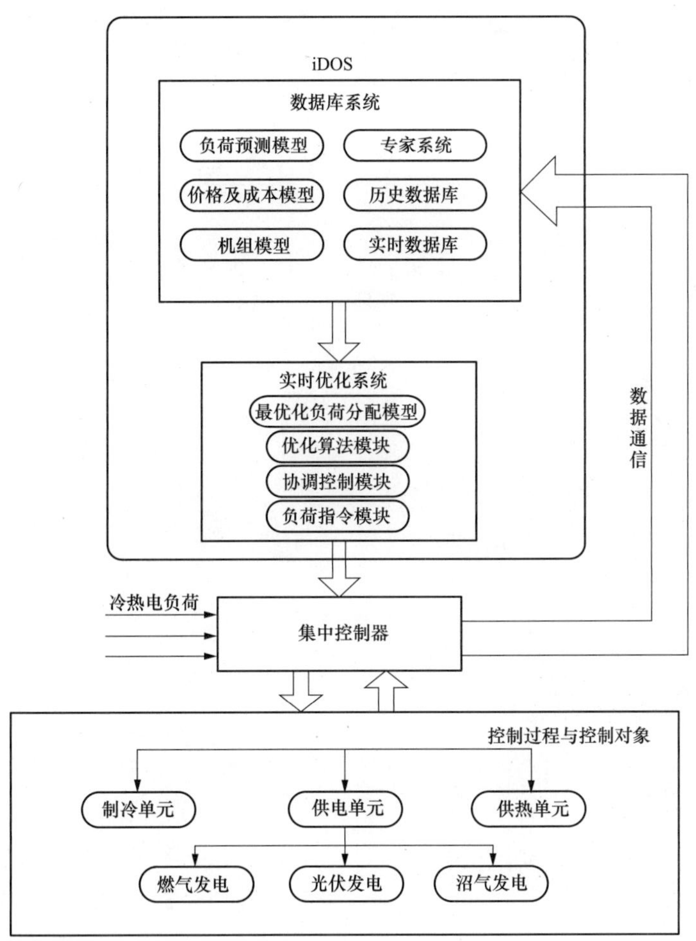

图 8.4-1　供能站智能决策优化系统架构

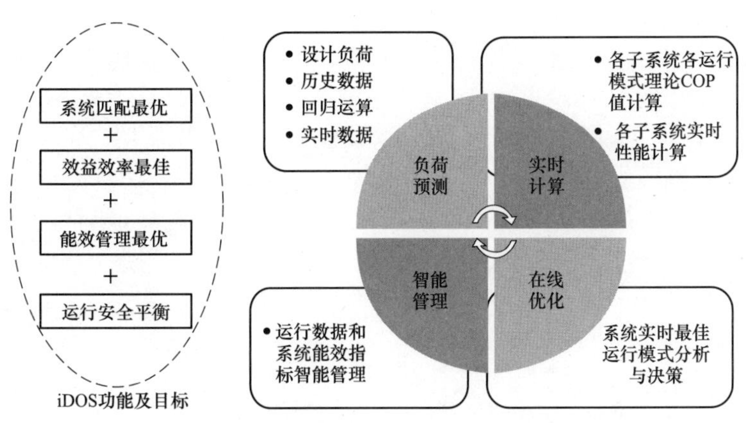

图 8.4-2　供能站智能决策优化系统功能

人员调用分析；实现冷、热、电各种能源的综合优化。微网能量管理系统以保证整个微网系统的经济运行为目标，以满足安全性、可靠性和供电质量要求为约束条件，对分布式发电供能系统的电源进行优化调度、合理分配出力，实现分布式能源微网系统的优化运行。微网能

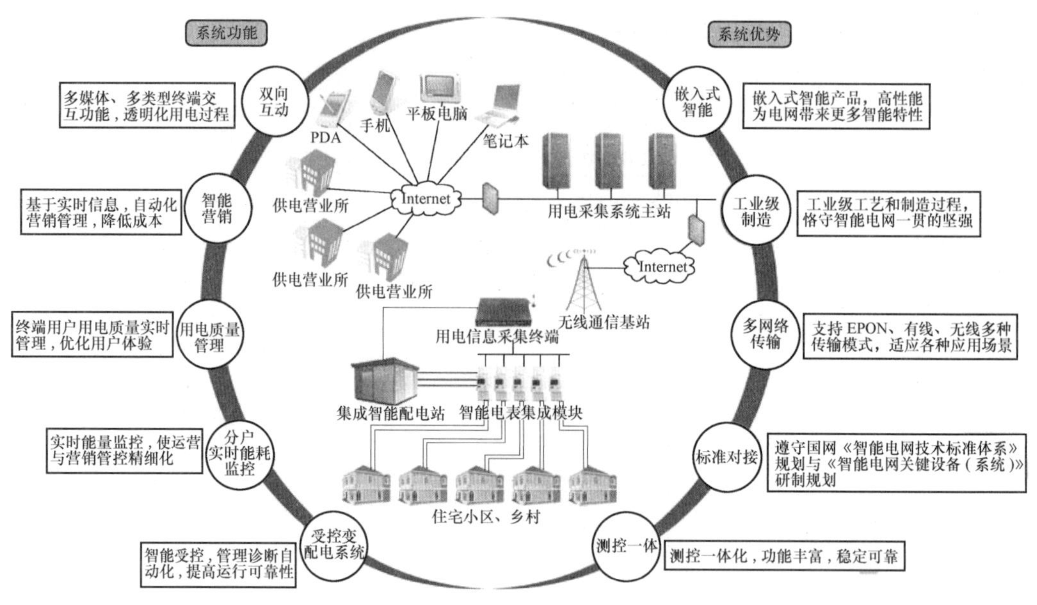

图 8.4-3 智能能源网

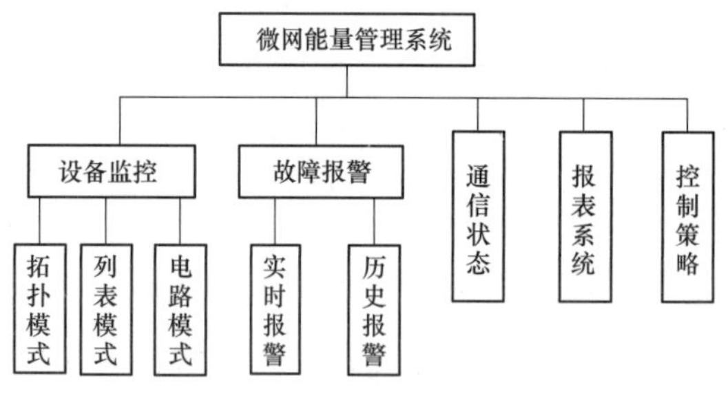

图 8.4-4 微网能量管理系统结构

量管理系统结构如图 8.4-4 所示。

（4）能源互联网交易平台架构如图 8.4-5 所示。能源互联网交易平台通过互联网经营模式，将计划外剩余的电量，以有效便捷的方式销售出去。能源互联网是解决这一问题的关键，它将为发电企业和用电客户提供一个广阔的、互联互通的信息平台，使双方能够在平台上共享各种信息。

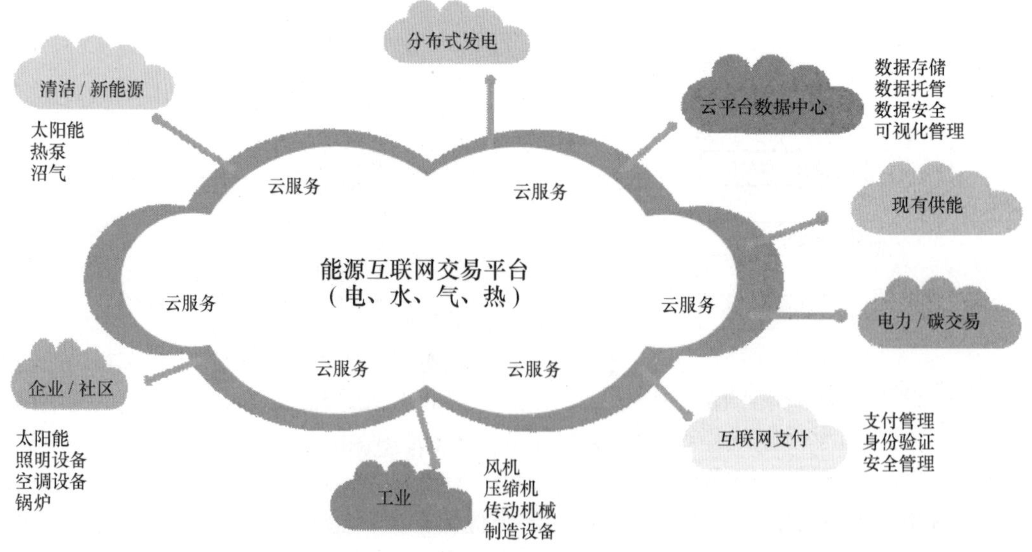

图 8.4-5 能源互联网交易平台架构

第五节　水工及消防

水工专业设计：燃气分布式供能站设计中，水工专业负责从水源取水，向供能站各用户提供符合相应水质、水温、水压要求的生产及生活用水，同时收集供能站的各种排水，做相关处理后复用或使之能符合国家环保部门要求的排放标准，最终达标排放至相应渠道、管网。设计范围主要包括补给水系统、原水预处理系统、循环冷却水系统、工业水系统、复用水系统、生活给排水系统、雨水排水系统等的设计。

消防专业设计：为了保证燃气分布式供能站人身和财产安全，按照相关国家、行业和地方的法律法规要求，需要为各生产建筑、生产辅助及附属建筑设置消防设施。设计范围主要包括主厂房系统、各类电气设备间、各类化学及水工建筑、制冷加热站、办公生活楼等生产建筑、生产辅助及附属建筑的消防及火灾自动报警系统设计。分布式供能站（以下简称“供能站”）应有完整的消防给水系统。应按不同的消防对象设置灭火系统和火灾自动报警、控制系统，合理配置移动式灭火器。

一、水工系统设计

（一）一般规定

（1）分布式供能站水工设计应贯彻落实国家水资源方针政策，应对各类供水、用水、排水进行全面规划、综合平衡，以达到一水多用、节约水资源、降低全站耗水指标、最大限度减少废水排放、防止排水污染环境。

（2）根据分布式供能站特点，对外供热（冷）水应回收循环使用，有条件时蒸汽凝结水宜考虑回收。

（二）供水系统

1. 一般规定

（1）供水系统的选择应根据水源条件和规划容量确定，一般情况下宜优先考虑循环供水系统。

（2）直流供水系统、循环供水系统和空冷系统的设计参数选择应符合《小型火力发电厂设计规范》（GB 50049—2011）的规定。

（3）分布式供能站供水水质和水温要求应符合《小型火力发电厂设计规范》（GB 50049—2011）的规定。

（4）分布式供能站宜采用母管制或扩大单元制供水系统。

（5）采用母管制供水系统时，循环水泵可根据工程情况分期安装，当达到规划容量时，安装在集中水泵房中的循环水泵不应少于 4 台。

（6）循环供水系统应根据具体的气象条件，结合汽轮机和制冷机组等主机的特性和系统布置进行设计，确定循环水供水参数。

（7）冷却设施的选择应根据市政规划、使用要求、自然条件、场地布置和施工条件、运行经济性以及与周围环境的相互影响等因素，经技术经济比较后确定。

（8）机械通风冷却塔的工艺设计应符合《机械通风冷却塔工艺设计规范》（GB/T 50392）、《玻璃纤维增强塑料冷却塔　第 1 部分：中小型玻璃纤维增强塑料冷却塔》（GB/T 7190.1）及

《玻璃纤维增强塑料冷却塔 第2部分：大型玻璃纤维增强塑料冷却塔》(GB/T 7190.2) 的有关规定，自然通风冷却塔的设计应符合《工业循环冷却水系统设计规范》(GB/T 50102) 的规定。

2. 区域式分布式供能站供水系统设计规定

(1) 循环供水系统冷却水的最高计算温度应符合下列规定：

1) 采用按湿球温度频率统计方法计算的频率为10%的日平均气象条件。

2) 气象资料应采用近期连续不少于5年，每年最炎热时期（一般可采用7、8、9三个月）的日平均值统计。

(2) 汽轮发电机组的循环冷却水系统宜采用母管制或扩大单元制的供水系统。

(3) 每台汽轮机宜设置2台循环水泵；水泵的总出力应满足冷却水的最大计算用水量，不设备用。

(4) 采用母管制供水时，循环水进水、排水管（沟）达到规划容量时（大于2台机组）不宜少于2条，并可根据工程具体情况分期建设。

(5) 冷却水量应按夏季最小抽汽工况计算。

(6) 供水系统的补给水管的条数宜按规划容量设置2条，可根据具体情况分期建设。当设有蓄水池或采用其他供水措施做备用时，可设置一条。

(7) 冷却塔布置应满足如下条件：

1) 宜靠近汽机房前布置，但与主厂房之间的净距不应小于50m。

2) 初期冷却塔不宜布置在扩建端。

3) 应布置在粉尘污染源的全年主导风向的上风侧。

4) 应考虑周围热源对冷却塔效果的影响及冷却塔的飘滴、雾和噪声对周围环境的影响。

5) 冷却塔之间或冷却塔与其他建筑物之间的距离应满足冷却塔的通风要求，并应满足管、沟、道路、建筑物的防火和防爆要求，以及冷却塔和其他建筑物的施工和检修场地要求。

6) 应选择地形、地质条件较好，地基处理简单的场地。

7) 单侧进风的机械通风冷却塔的进风面宜面向夏季主导风向；双侧进风的塔的进风面宜平行夏季主导风向。

8) 当塔的格数较多时，宜分成多排布置，每排的长度与宽度之比不宜大于5∶1。

9) 冷却塔与其周围设施的最小间距不应小于表8.5-1的规定。

10) 冷却塔旁布置有高压进线时，当塔与高压进线同期建设时，高压进线边导线在塔零米平面的投影与塔零米标高支柱外缘最近点的最小间距不应小于高压进线边导线对地安全距离加20m。当塔在高压进线旁扩建时，在满足上述最小间距要求下，并结合塔的施工方案确定。

11) 冷却塔的进风口边缘与其他建筑物的净距不应小于进风口高的2倍。

12) 相邻的冷却塔（或塔排）的净距应符合下列规定：

a. 逆流式自然通风冷却塔之间不应小于塔的零米处半径。横流式自然通风冷却塔之间不应小于塔的进风口高的3倍。当相邻两塔几何尺寸不同时应按较大的塔计算。

表 8.5-1　冷却塔与各建（构）筑物的最小间距　（m）

<table>
<tr><th rowspan="3">塔形</th><th colspan="9">建筑物名称</th></tr>
<tr><th rowspan="2">丙、丁、戊类建筑物耐火等级一、二、三级</th><th rowspan="2">露天油库</th><th rowspan="2">屋外配电装置</th><th rowspan="2">行政生活服务建筑</th><th rowspan="2">围墙</th><th colspan="2">铁路（中心线）</th><th colspan="2">道路（路边）</th></tr>
<tr><th>厂外</th><th>厂内</th><th>厂外</th><th>厂内</th></tr>
<tr><td>自然通风冷却塔</td><td>15～30</td><td>20</td><td>25～40</td><td>30</td><td>10</td><td>25</td><td>15</td><td>25</td><td>10</td></tr>
<tr><td>机械通风冷却塔</td><td>15～30</td><td>25</td><td>40～60</td><td>35</td><td>15</td><td>35</td><td>20</td><td>35</td><td>15</td></tr>
</table>

注　1. 最小间距应按与塔相邻建（构）筑物外墙距冷却塔零米标高支柱外缘的最近距离计算。

2. 冷却塔与屋外配电装置的最小间距，对于自然通风冷却塔，为塔零米（水面）至屋外配电装置构架边净距，当冷却塔位于屋外配电装置冬季盛行风向的上风侧时为 40m，位于下风侧时为 25m。对于机械通风冷却塔，在非严寒地区为 40m，严寒地区采取有效措施后可小于 60m。

b. 周围进风的机械通风冷却塔之间的距离，不应小于塔的进风口高的 4 倍。长轴位于同一直线上的机械通风冷却塔塔排之间不宜小于 4m。长轴不在同一直线上相互平行布置的机械通风冷却塔塔排之间可采用 0.5～1.0 倍塔排长度，并不应小于塔的进风口高的 4 倍。

c. 自然通风冷却塔与机械通风冷却塔之间不宜小于自然通风冷却塔进风口高的 2 倍加 0.5 倍机械通风冷却塔（或塔排）的长度，并不小于 40～50m。当冷却塔面积大于 3000m^2 时用大值，当冷却塔面积小于 3000m^2 时用小值。

3. 楼宇式分布式供能站供水系统设计规定

（1）冷却水水温应符合下列规定：

1）冷水机组的冷却水进口温度宜按照机组额定工况下的要求确定，且不宜高于 33℃。

2）冷却水进口最低温度应按制冷机组的要求确定，电动压缩式冷水机组不宜小于 15.5℃，溴化锂吸收式冷水机组不宜小于 24℃；全年运行的冷却水系统，宜对冷却水的供水温度采取调节措施。

3）冷却水进出口温差应根据冷水机组设定参数和冷却塔性能确定，电动压缩式冷水机组不宜小于 5℃，溴化锂吸收式冷水机组宜为 5～7℃。

（2）冷却水系统设计时应符合下列规定：

1）应设置保证冷却水系统水质的水处理装置。

2）水泵或冷水机组的入口管道上应设置过滤器或除污器。

3）采用水冷管壳式冷凝器的冷水机组，宜设置自动在线清洗装置。

4）当开式冷却水系统不能满足制冷设备的水质要求时，应采用闭式循环系统。

（3）冷却塔的选用和设置应符合下列规定：

1）楼宇式分布式能源系统的冷却塔宜选用超低噪声的横流式机械通风冷却塔。

2）在夏季空调室外计算湿球温度条件下，冷却塔的出口水温、进出口水温降和循环水量应满足冷水机组的要求。

3）对进口水压有要求的冷却塔的台数，应与冷却水泵台数相对应。

4）供暖室外计算温度在 0℃以下的地区，冬季运行的冷却塔应采取防冻措施，冬季不运行的冷却塔及其室外管道应能泄空。

5）冷却塔设置位置应保证通风良好、远离高温或有害气体，并避免飘水对周围环境的影响。

6）冷却塔的噪声控制应符合《民用建筑供暖通风与空气调节设计规范》（GB 50736—2012）第 10 章的有关要求。

7）应采用阻燃型材料制作的冷却塔，并符合防火要求。

8）对于双工况制冷机组，若机组在两种工况下对于冷却水温的参数要求有所不同时，应分别进行两种工况下冷却塔热工性能的复核计算。

（4）间歇运行的开式冷却塔的集水盘或下部设置的集水箱，其有效存水容积应大于湿润冷却塔填料等部件所需水量，以及停泵时靠重力流入管道内的水容量。

（5）当设置冷却水集水箱且必须设置在室内时，集水箱宜设置在冷却塔的下一层，且冷却塔布水器与集水箱设计水位之间的高差不应超过 8m。

（6）冷水机组、冷却水泵、冷却塔或集水箱之间的位置和连接应符合下列规定：

1）冷却水泵应自灌吸水，冷却塔集水盘或集水箱最低水位与冷却水泵吸水口的高差应大于管道、管件、设备的阻力。

2）多台冷水机组和冷却水泵之间通过共用集管连接时，每台冷水机组进水或出水管道上应设置与对应的冷水机组和水泵联锁开关的电动两通阀。

3）多台冷却水泵或冷水机组与冷却塔之间通过共用集管连接时，在每台冷却塔进水管上宜设置与对应水泵联锁开闭的电动阀；对进口水压有要求的冷却塔，应设置与对应水泵连锁开闭的电动阀。当每台冷却塔进水管上设置电动阀时，除设置集水箱或冷却塔底部为共用集水盘的情况外，每台冷却塔的出水管上也应设置与冷却水泵连锁开闭的电动阀。

（7）当多台冷却塔与冷却水泵或冷水机组之间通过共用集管连接时，应使各台冷却塔并联环路的压力损失大致相同。当采用开式冷却塔时，底盘之间宜设平衡管，或在各台冷却塔底部设置共用集水盘。

（8）开式冷却塔补水量应按系统的蒸发损失、飘逸损失、排污泄漏损失之和计算。不设集水箱的系统，应在冷却塔底盘处补水；设置集水箱的系统，应在集水箱处补水。

（9）冷却塔布置应满足如下条件：

1）为节约占地面积和减少冷却塔对周围环境的影响，通常宜将冷却塔布置在裙房或主楼的屋顶，内燃机组及制冷制热机组与相应的冷却水泵布置在地下室或室内机房内。

2）冷却塔应设置在空气流通、进出口无障碍物的场所。为了建筑外观而需设围挡时，必须保持有足够的进风面积（开口净风速应小于 2m/s）。

3）冷却塔的布置应与建筑协调，并选择较合适的场所。充分考虑噪声与飘水对周围环境的影响；如紧挨住宅和对噪声要求较严的地方，应考虑消声和隔声措施。

4）布置冷却塔时，应注意防止冷却塔排风与进风之间形成短路的可能性，同时还应防止多个塔之间互相干扰。

5）冷却塔宜单排布置，当必须多排布置时，长轴位于同一直线上的相邻塔排净距不小于 4m，长轴不在同一直线上的、相互平行布置的塔排之间的净距离不小于塔的进风口高度的 4 倍，每排的长度与宽度之比不宜大于 5∶1。

6）冷却塔进风口侧与相邻建筑物的净距不应小于塔进风口高度的 2 倍，周围进风的塔间净距不应小于塔进风口高度的 4 倍，才能使进风口区沿高度风速分布均匀和确保必需的进风量。

7）冷却塔周边与塔顶应留有检修通道和管道安装位置，通道净宽不宜小于1m。

8）冷却塔不应布置在热源、废气和油烟气排放口附近。

9）冷却塔设置在屋顶或裙房顶上时，应校核结构承压强度，并应设置在专用基础上，不得直接设置在屋面上。

（三）生活给水和废水排放

（1）分布式供能站生活给水和排水管网宜与城镇给水和排水系统相连。

（2）分布式供能站自建生活饮用水系统时，应按《室外给水设计规范》（GB 50013）和《生活饮用水卫生标准》（GB 5749）的相关规定选择水源。

（3）分布式供能站内的生活污水、生产废水和雨水的排水系统宜采用分流制。

（4）含有腐蚀性物质、油质或其他有害物质的废水和温度高于40℃的废水和生活污水应经处理达到国家现行有关标准的规定后回收使用或与雨水一起排放。排入雨水系统前应设置水质、水量计量设施。当站区排水系统与城镇或其他工业企业排水系统连接时，排水方式的选择应与受纳系统一致。

二、水工主要设备选型

水工专业主要设备为取水系统设备、原水预处理设备、循环水系统设备及其他各系统的水泵等，本节介绍循环水泵、补给水泵及冷却塔（机械通风冷却塔）的选型。

（一）循环水泵选型

（1）区域式燃气分布式供能站中，循环水泵流量与机组容量、运行工况、冷却倍数和水泵台数有关系，一般通过优化设计确定。循环水泵扬程与机组、冷却塔、循环水泵房的布置位置等条件有关。可根据泵房布置形式及占地情况确定循环水泵的具体形式。

（2）楼宇式燃气分布式供能站中，循环水泵流量根据内燃机、制冷制热机组的容量、运行工况以及水泵台数等来确定，循环水泵扬程与机组、冷却塔、循环水泵房的布置位置等条件有关。一般因楼宇式燃气分布式供能站循环水泵房占地面积、空间有限，宜根据站内设备设施及管道布置，妥善选择循环水泵类型。

（3）运行循环水量占总循环水量的百分数可按表8.5-2采用。

表8.5-2　运行循环水量占总循环水量的百分数

水泵装置台数	水量百分数（%）			
	运行1台	运行2台	运行3台	运行4台
2	60	100	—	—
3	40	75	100	—
4	30	60	85	100

（4）循环水泵选择中应注意的问题。

1）循环水泵在额定工况下运行时，其效率应处于最佳效率范围内。扬程流量曲线在从设计流量到零流量之间应逐步平稳上升，不能有转折点，水泵在任何条件下均能稳定运行。在水源水位变幅较大时，宜选用流量-扬程特性曲线较陡的循环水泵。

2）循环水泵从单泵运行点到两泵并联运行点的运行范围，其效率应处于高效率区。当多台水泵并联运行时，每台泵将平均分担总流量，在并联运行中各泵的流量差在整个运行范围内不宜超过5%。

3）各种运行工况条件下，无论是多泵并联运行或单泵运行，循环水泵均应具有较小的气蚀余量，设计淹没深度宜留有一定安全裕度，保证水泵的叶轮、导叶等通流部位不产生气蚀、振动现象。

4）循环水泵在各种运行条件下（包括水泵在关闭扬程下运行和反转时）产生的所有力与力矩，包括由于地震及温度变化引起的力与力矩，均由水泵机组本体承受，经底座传给运转层楼板的水泵基础，水泵外部出水管的力与力矩不传到水泵本体上。

（5）循环水泵出口可不装止回阀。水泵出口阀门可根据系统布置和水泵性能采用液压缓闭止回蝶阀或电动蝶阀，且水泵和出口阀门的电动机应有联锁装置。循环水泵之间应设联锁装置，也可分组联锁。当水泵出口无止回阀时，水泵的电动机与水泵出口电动阀门应采用联锁装置。

（6）循环水系统宜采用转速低、抗气蚀性能好的循环水泵。当采用海水作冷却水时，循环水泵主要部件应根据具体情况采用不同的耐海水腐蚀的材料、涂料，并可采用阴极保护防腐措施。有条件时，清污设备、冲洗泵、排水泵和阀门等与海水直接接触的部件，也应选用耐海水腐蚀的材料。

（7）根据国内外经验，循环水泵主要部件选用的材料见表 8.5-3。

表 8.5-3　　循环水泵主要部件选用材料

<table>
<tr><th>部件名称</th><th>清水</th><th>海水</th><th>部件名称</th><th>清水</th><th>海水</th></tr>
<tr><td>叶轮</td><td>ZG1Cr13、
ZG06Cr13NiMo、
ZG310-570、
铸青铜</td><td>ZG0Cr18Ni12Mo2Ti、
ZG0Cr18Ni9、
铸 Ni-Al 青铜、
双相不锈钢</td><td>壳体</td><td>HT-250、
Q235A. F、
16Mn</td><td>ZG0Cr18Ni9、
高镍奥氏体球墨铸铁、
耐海水合金铸铁</td></tr>
<tr><td>轴</td><td>优质碳素结构钢 35、
优质碳素结构钢 45、
2Cr3</td><td>2Cr13、
0Cr8Ni9、
1Cr8Ni12Mo2Ti、
双相不锈钢</td><td>淹没轴承</td><td>耐磨橡胶、
含氟塑料、
陶瓷</td><td>耐磨橡胶、含氟
塑料、陶瓷</td></tr>
<tr><td>轴套</td><td>1Cr8Ni9Ti、
ZG310-570
表面、镀铬</td><td>1Cr8Ni12Mo2Ti、
0Cr13、
双相不锈钢</td><td rowspan="2">泵支座</td><td rowspan="2">HT-250、
Q235A. F、
16Mn</td><td rowspan="2">HT-250、
Q235A. F、
16Mn</td></tr>
<tr><td>密封环</td><td>ZG1Cr13、
HT-250</td><td>OCr18Ni9
高镍奥氏体球墨铸铁</td></tr>
</table>

（二）补给水泵选型

（1）集中取水的补给水泵台数不宜少于 3 台，其中 1 台为备用。

（2）补给水泵的型号及台数应根据水量变化、扬程要求、水质情况、泵组的效率、电源条件等综合考虑确定。

（3）水泵的选择应符合节能要求。当流量或扬程变幅较大时，经技术经济比较，可采用大、小泵搭配或变速调节等方式满足要求。

（4）水泵之间宜设联锁装置，可分组联锁。高扬程、长距离压力输水的水泵，其出水管上宜选用两阶段关闭的液压操作阀。

（5）补给水泵房总出水管上应设计量装置，泵进出口应设置压力监测装置。

(三) 冷却塔选型

冷却塔的塔型选择应根据循环水的水量、水温、水质和循环水系统的运行方式等使用要求及下列条件确定：当地的气象、地形和地质等自然条件；场地布置和施工条件；冷却塔与周围环境的相互影响。

1. 标准设计工况

标准设计工况见表 8.5-4。

表 8.5-4　　标准设计工况

标准设计	塔型			
	普通型（P）	低噪声型（D）	超低噪声型（C）	工业型（G）
进水温度（℃）	37			43
出水温度（℃）	32			33
设计温差（℃）	5			10
湿球温度（℃）	28			28
干球温度（℃）	31.5			31.5
大气压力（hPa）	994			994

注　对取其他设计工况的产品，必须换算到标准设计工况，并在样本或产品说明书中，按标准设计工况标记冷却水流量。

2. 循环冷却水基本参数

循环冷却水基本参数包括：总热负荷（kWh）；冷却水量（m^3/h）；进出冷却塔水温（℃）；制冷机冷凝器进水温度小于 32℃，出水温度 35～37℃；制冷机冷凝器水压损耗（MPa），一般为 0.08～0.1MPa；用户设备供水温度保证率（即设计频率）。

3. 其他参数

其他参数包括：电动机资料（电压/相数/频率及是否双速或变频）；塔安装可使用的面积及周围场地状况；配套何种系统。

4. 冷却塔运行噪声及噪声控制

(1) 冷却塔运行噪声。冷却塔所产生的噪声为多声源的综合性噪声，一般包括风机噪声、电动机噪声、减速机噪声、淋水噪声、壳体振动噪声、冷却水泵噪声、输水管道振动噪声等，最基本的是风机产生的噪声。

冷却塔的噪声指标见表 8.5-5。

表 8.5-5　　冷却塔的噪声指标　　[dB(A)]

名义冷却水流量（m^3/h）	噪声指标			
	P 型	D 型	C 型	G 型
8	66.0	60.0	55.0	70.0
15	67.0	60.0	55.0	70.0
30	68.0	60.0	55.0	70.0

续表

名义冷却水流量 (m^3/h)	噪声指标			
	P型	D型	C型	G型
50	68.0	60.0	55.0	70.0
75	68.0	62.0	57.0	70.0
100	69.0	63.0	58.0	75.0
150	90.0	63.0	58.0	75.0
200	71.0	65.0	60.0	75.0
300	72.0	66.0	61.0	75.0
400	72.0	66.0	62.0	75.0
500	73.0	68.0	62.0	78.0
700	73.0	69.0	64.0	78.0
800	74.0	70.0	67.0	78.0
900	75.0	71.0	68.0	78.0
1000	75.0	71.0	68.0	78.0

注 1. 介于两流量间时，噪声指标按线性插值法确定。

2. 对G型塔的噪声指标有特殊要求时，由供需双方商定。

3. 噪声的标准测点为：上测点在出风口45°方向离风筒为一倍出风口直径，当出风口直径大于5m时，测定距离取5m。下测点在塔进风口方向，离塔壁水平距离为一倍塔体直径，当塔体直径小于1.5m时，取1.5m；当塔形为方形或矩形时，取塔体的当量直径，即 $D_m=1.13\sqrt{LW}$（式中 L、W 分别为塔的长度与宽度）。

（2）噪声控制。下列综合措施能有效地降低噪声对环境的影响：

1）在冷却塔布置时，尽量远离办公楼和居民住户窗口、冷却塔噪声的传播，与距离的增加成平方反比规律自然衰减。

2）采用阔叶大弦长型风机叶片，风机叶轮周速 μ 保持 $\mu \leqslant 40m/s$，采用变频风机或多极变速电动机。

3）采用电磁噪声和轴承噪声较低的低噪声、低速、轻型电动机。

4）降低水滴下落速度、避免水滴直接冲击水面和采用透水消声垫。

5）冷却水泵移至室内。设备与水管之间安装减振接头。

6）冷却塔基础设隔振装置。降低管内水流速，防止管内空气积聚，并设隔振设施。

7）增加风筒高度，筒壁和出口采取消声措施。

8）在冷却塔四周加装消声百叶围栏。

5. 冷却塔选型要点

（1）冷却塔选型须根据建筑物功能、周围环境条件、场地限制与平面布局等诸多因素综合考虑。对塔型与规格的选择还要考虑当地气象参数、冷却水量、冷却塔进出水温、水质以及噪声、散热和水雾对周围环境的影响，最后经技术经济比较确定。也就是说选择冷却塔时主要考虑热工指标、噪声指标和经济指标。

（2）冷却水量 G(kg/s) 的确定。

$$G=\frac{kQ_0}{c(t_{w1}-t_{w2})} \tag{8.5-1}$$

式中 Q_0——制冷机冷负荷，kW；

k——制冷机制冷时耗功的热量系数：对于压缩式制冷机，取 1.2～1.3；对于溴化锂吸收式制冷机，取 1.8～2.2；

c——水的比热容 kJ/(kg・℃)，取 4.19；

t_{w1}、t_{w2}——冷却塔的进、出水温度,℃；压缩式制冷机取 4～5℃，溴化锂吸收式制冷机取 6～9℃（采用进出水温差大于或等于 6℃时，最好选用中温塔）；当地气候比较干燥，湿球温度较低时，可采用较大的进出水温差。

方案设计时，冷却水量 G'(t/h) 可按式（8.5-2）估算。

$$G'=\alpha Q \tag{8.5-2}$$

式中 Q——制冷机制冷量，kW；

α——估算系数，压缩式制冷机 $\alpha=0.22$，溴化锂吸收式制冷机 $\alpha=0.3$；选用冷却塔时，冷却水量宜考虑 1.1～1.2 安全系数。

(3) 冷却塔的补水量，包括风吹飘逸损失、蒸发损失、排污损失和泄漏损失。一般按冷却水量的 1%～2%作为补水量。不设集水箱的系统，应在冷水塔底盘处补水；设置集水箱的系统，应在集水箱处补水。

(4) 为了节水和防止对环境的影响，应严格控制冷却塔飘水率，宜选用飘水率为 0.01%～0.005%的优质冷却塔。

(5) 当运行工况不符合标准设计工况时，可以根据生产厂产品样本所提供的热力性能曲线或热力性能表进行选择。

(6) 冷却塔的容量控制调节，宜采用双速风机或变频调速来实现。

(7) 冷却塔材质应具有良好的耐腐蚀性和耐老化性能，塔体、围板、风筒、百叶格宜采用玻璃钢（FRP）制作，钢件应采用热浸镀锌，淋水填料、配水管、除水器采用聚氯乙烯（PVC)，喷溅装置采用 ABS 工程塑料或 PP 改性聚丙烯制作。

6. 利用选型曲线进行冷却塔选型的案例

冷却塔的塔型选择见本手册第四章第七节。以下介绍利用选型曲线进行冷却塔选型的案例。

已知：YHA 系列横流式机械通风冷却塔标准设计工况：进水温度 $t_1=37$℃；出水温度 $t_2=32$℃；湿球温度 $\tau=28$℃；干球温度 $\theta=31.5$℃；大气压力 $p=9.94\times10^4$Pa。其选型过程如图 8.5-1 所示。

三、楼宇式分布式供能站供水系统设计案例

中南地区某楼宇式燃气分布式供能站供水系统设计

【案例】

（一）已知条件

1. 供能站布置

供能站位于酒店地下负一层，场地面积约 6800m^2。

2. 机组配置

该工程共建设 3 台 4.3MW 级的燃气内燃发电机组、3 台烟气热水型溴化锂机组、5 台 7MW 离心水冷机组。同时安装 4 台 WNS7 型天然气热水锅炉、2 台 3t/h 蒸汽锅炉、1 台 400m^3生活热水蓄水箱，作为调峰措施。

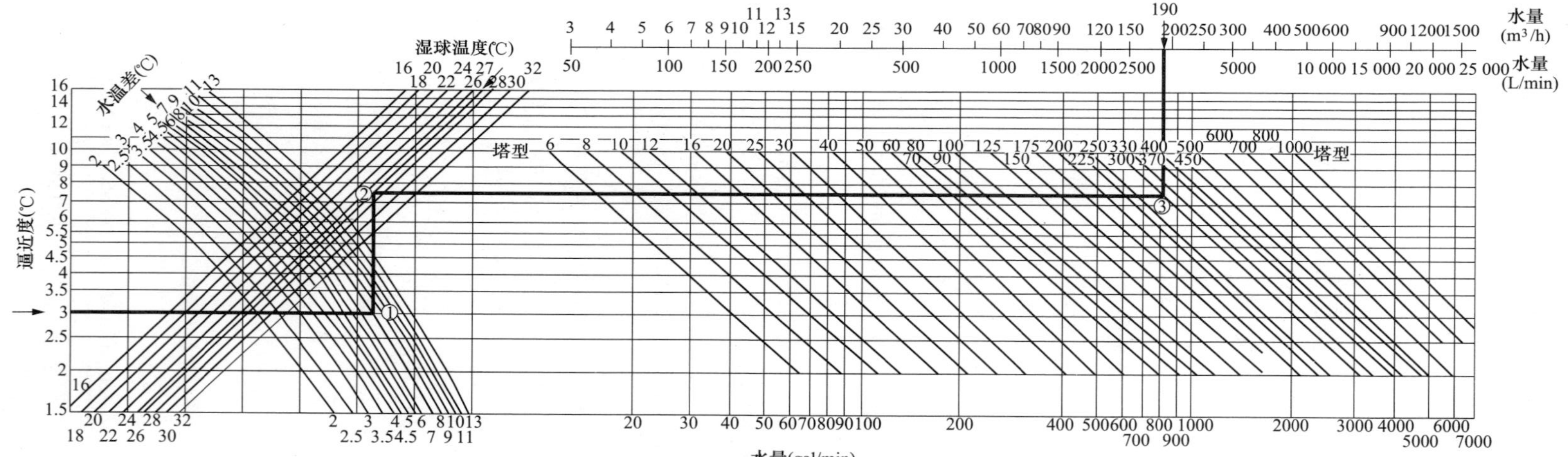

图 8.5-1　YHA 系列横流式机械通风冷却塔选型曲线

选型举例：某工程需处理水量 $190m^3/h$，冷却塔进水温度 37℃，要求出水温度 30℃，室外湿球温度 27℃，根据此选择合适容量的横流式机械通风冷却塔

选型方法：由竖轴 3℃逼近度（出水温度－湿球温度）标线处引出一条平行于横轴的直线，与 7℃水温差（进水温度－出水温度）曲线交于①点；由①点向上平行于竖轴方向引一直线，与 27℃湿球温度曲线交于②点；由②点平行于横轴方向画一直线，同时由处理水量 $190m^3/h$ 处向下平行于竖轴方向引直线，两直线相交于③点；该点在塔型线 300 的曲线下方，且紧密靠近该曲线，因此该例所选塔型标况下处理水量应为 $300m^3/h$。

3. 室外气象参数

年平均温度：16.6℃；

夏季空气调节室外计算干球温度：35.2℃；

夏季空气调节室外计算湿球温度：28.4℃；

冬季空气调节室外计算温度：−0.3℃；

冬季空气调节室外计算相对湿度：77%。

（二）水工设计

1. 供水水源

该供能站位于城市商务区内，生产、消防用水考虑由城市供水管网引入，两路供水，管道设计参数为：DN200，接口处水压力不小于 0.25MPa，水质符合《生活饮用水卫生标准》（GB 5749）的相关要求。

2. 全厂水务管理

（1）供能站补给水为市政自来水，供水系统采用带玻璃钢结构横流式机力通风冷却塔的母管制循环供水系统。

（2）循环水量。供冷工况下，该项目循环冷却水系统主要供给：

1）溴化锂机组冷却用水。

2）离心式冷水机组冷却用水。

3）内燃机中冷水系统冷却用水。

4）内燃机缸套水系统冷却用水（热备用，正常工况下不参与换热，用于溴化锂机组事故工况下防止缸套水系统短时间内超温）。

供热工况下，该项目循环冷却水系统主要供给：

1）内燃机中冷水系统冷却用水；

2）内燃机缸套水系统冷却用水（热备用，正常工况下不参与换热，用于溴化锂机组事故工况下防止缸套水系统短时间内超温）；

3）溴化锂烟气换热器系统冷却用水（热备用，正常工况下不参与换热，用于溴化锂机组事故工况下防止烟气换热器干烧）。

两种工况下用水量分配详见表 8.5-6（溴化锂机组及燃机均按 3 台、离心式冷水机组按 5 台用水量考虑）。

表 8.5-6　冷却水量表

序号	用水项目	需水量（m^3/h）		要求最大冷却水进出水温度（℃）
		供冷工况	供热工况	
1	溴化锂机组冷却用水	3×1100	—	32～38
2	离心式冷水机组冷却用水	5×1500	—	32～37
3	内燃机中冷水系统冷却用水	3×110	3×110	32～38
4	内燃机缸套水系统冷却用水	3×152	3×152	—
5	溴化锂烟气换热器系统冷却用水	—	3×120	—

3. 系统设置

（1）循环水系统。工程考虑设置三套循环水系统，具体如下：

1）溴化锂机组及燃机机组循环水系统。该系统为供冷工况下溴化锂及内燃机机组系统的冷却水供排水系统。单台溴化锂机组所需冷却水量为 1100m^3/h，单台内燃机所需中冷水循环水量为 110m^3/h，单台内燃机所需缸套水循环水量为 152m^3/h（热备用，正常工况下不参与换热，用于溴化锂机组事故工况下防止缸套水系统短时间内超温）。系统在夏季及过渡季节供冷时根据负荷大小运行。考虑工程占地面积限制等情况，系统共设置 8 座标准型横流式机械通风冷却塔，单座处理水量 600m^3/h，进出水温差 5℃。系统共设置 3 台变频循环水泵，单泵流量 Q 约为 1350m^3/h，扬程 H 为 27m。系统设置 1 根 DN800 供水母管，及一根 DN800 回水母管，管道采用 Q235B 焊接钢管。

2）内燃机循环水系统。该系统为供热工况下内燃机机组系统的冷却水供排水系统，供冷季节不运行。系统同时考虑溴化锂机组事故停运时，内燃机缸套水及溴化锂机组烟气换热器的供水要求。系统不设独立冷却塔，但设置变频循环水泵 3 台，并联接入溴化锂及内燃机机组循环水系统循环水管道。单台水泵参数：流量 Q 约为 430m^3/h，扬程 H 为 22m。冬季及非供热制冷季节溴化锂机组及内燃机机组循环水系统不运行时，开启相应的循环水泵，对应开启相应台数的冷却塔。

3）离心式冷水机组循环水系统。该系统为离心式冷水机组的冷却水供排水系统，仅夏季调峰供冷时运行。单台冷水机组所需循环水量为 1500m^3/h，5 台冷水机组最大循环水量为 7500m^3/h。系统共设置 16 座标准型机械通风冷却塔，单座处理水量 600m^3/h，进出水温差 5℃。系统共设置 5 台变频循环水泵：水泵流量 Q 约为 1500m^3/h，扬程 H 为 27m；系统设置 1 根 DN1000 供水母管，及一根 DN1000 回水母管，管道采用 Q235B 焊接钢管。

循环水系统图如图 8.5-2 所示。

循环水系统水泵及参数见表 8.5-7。

表 8.5-7　循环水系统主要设备及参数表

序号	名称	规格及型号	数量（台）
1	溴化锂机组循环水泵	Q=1500m^3/h，H=27m	4
2	离心式冷水机组循环水泵	Q=1500m^3/h，H=27m	5
3	燃机循环水泵	Q=430m^3/h，H=22m	4

循环水系统冷却塔采用横流式玻璃钢结构机械通风冷却塔。具体参数见表 8.5-8。

表 8.5-8　循环水系统机械通风冷却塔参数表

序号	名　称	处理能力及温降	冷却塔本体尺寸（m×m×m）$B\times L\times H$	风机直径（m）	数量（座）
1	溴化锂及燃机机组循环水系统机力通风冷却塔	Q=600m^3/h，Δt=5℃	5.00×5.00×7.27	3.4	8
2	离心式冷水机组机力通风冷却塔	Q=600m^3/h，Δt=5℃	5.00×5.00×7.27	3.4	16

注　B、L、H 分别为冷却塔外轮廓的宽度、长度及高度。

（2）补给水系统。该项目耗水项目主要为：循环冷却水系统补水、软化水系统及生活用水。系统设 130m^3补给水箱一座，水箱尺寸 $B\times L\times H$=6m×8m×3m，材质为不锈钢。补

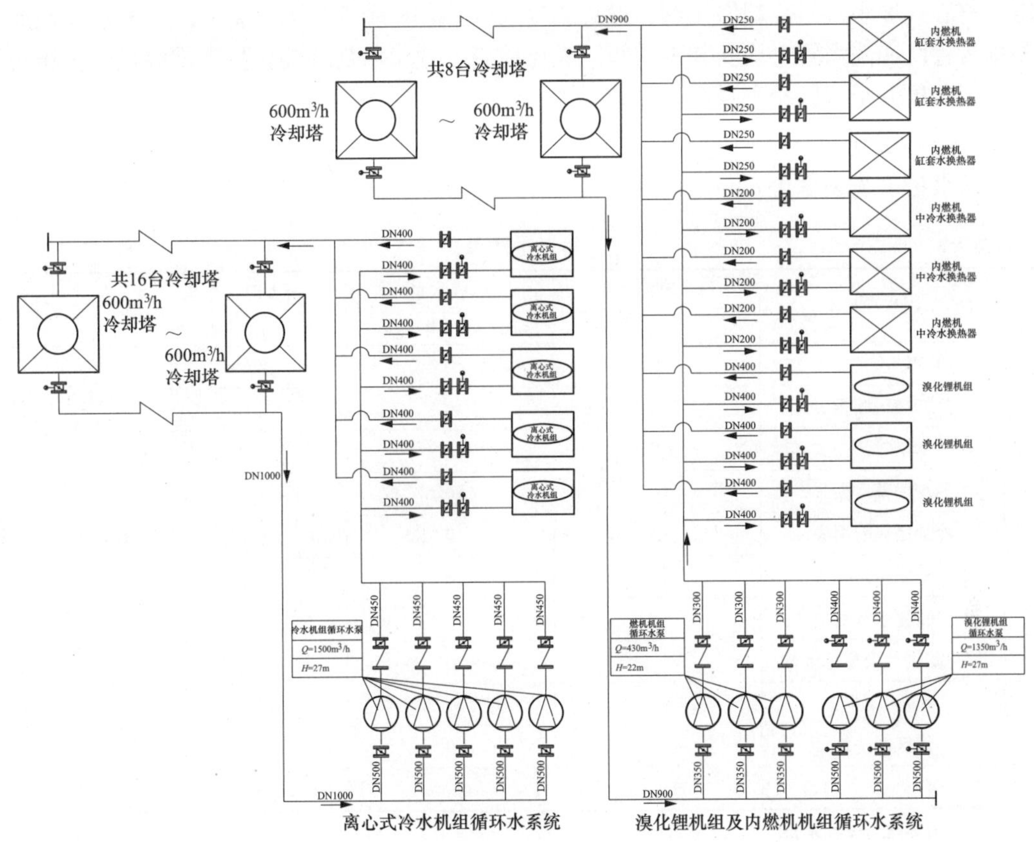

图 8.5-2　循环水系统图

给水源为市政自来水，补给水来水管上设电动蝶阀，与补给水池液位连锁，设置冷却塔补水泵 2 台，单台参数为 $Q=100m^3/h$、$H=30m$，设置软化水系统补水泵 2 台，单台参数为 $Q=60m^3/h$、$H=20m$。所有补水泵均从补给水池吸水，补水泵与冷却塔、软化水系统水位连锁。

能源站内主要生活用水为卫生间及各操作间洗手池生活用水，生活水水源为城市自来水，由主体建筑预留供水接口接入。

(3) 给排水系统。生活给水系统：生活水水源为城市自来水，水压能够满足要求，不需设置增压泵。生活水接口由主体建筑预留供水接口接入。

生活污水系统：由排污泵排至能源站外污水检查井，最终进入园区污水管网。园区污水管网设计由主体建筑设计单位设计。

地面冲洗及雨水排水系统：在站区内地面围绕各主要设备及水泵等修建 $B\times H=200mm\times200mm$ 排水沟收集地面冲洗水及渗漏进站区的雨水。排水沟排水最终流入排污坑。排污坑设计成带有隔油功能，地面冲洗带来的污油被截留在排污坑的隔油区，定期进行清理。不含油的污水用泵提升就近排至园区雨水管网。该工程根据站内工艺设备特点，共布置 15 座排污坑，排污坑尺寸：$B\times L\times H=1.5m\times1.5m\times1.5m$ 每座排污坑均安装有排污泵，考虑大流量溢流的可能性，各排污坑均配置两台排污泵，共安装 30 台，单台排污泵参数：$Q=15m^3/h$，$H=30m$。

生产排水：冷却塔排污管道由循环水排水管上直接就近接入园区雨水排水系统，溴化锂机组及离心式冷水机组冷却塔排污管道均为DN50。站内预留DN15接口，用于站内地面冲洗，排污管及冲洗水管上均安装手动阀门进行控制。软化水处理装置排水排放至站区排污坑后统一用泵提升至园区排水系统。

4. 全站水量平衡

全站水量平衡表见表8.5-9。

表8.5-9 水量平衡表

序号	用水项目	最大时需水量 (m^3/h)	回收水量 (m^3/h)	最大时耗水量 (m^3/h)	备注
1	冷却塔蒸发损失	29.29	0	29.29	溴化锂机组及燃机机组
	冷却塔风吹损失	3.29	0	3.29	
	冷却塔排污损失	1.59	0.50	1.09	
2	冷却塔蒸发损失	67.05	0	67.05	离心式冷水机组
	冷却塔风吹损失	7.5	0	7.5	
	冷却塔排污损失	3.68	0	3.68	
3	软化水补水	59	0	59	
4	管网漏失及未预见水量	17.14	0	17.14	
5	生活用水	0.2	0	0.2	
6	站区冲洗水	0.50	0	0.50	
合计		189.09	0.50	188.59	

注 本表为夏季最大耗水量。

5. 供水建（构）筑物及主要设备布置

循环水系统部分：该工程共有三套循环水系统，所有循环水泵均布置于能源站给水泵房内（位于地下－9.00m层）。循环水管道在能源站内按照统筹布局方针，综合考虑工艺专业的管道，土建专业的梁柱，电气专业桥架及各专业设备后进行布置。冷却塔就近布置于供能站室外地面上。

补给水系统部分：该工程共有一套补给水系统，所有补给水泵及补给水箱均布置于室外地面上，设备考虑相应的保温防冻措施。

溴化锂机组及内燃机机组室外循环水管道与冷却塔布置图如图8.5-3所示，离心式冷水机组室内循环水管道与循环水泵布置图如图8.5-4所示，离心式冷水机组室外循环水管道与冷却塔布置图如图8.5-5所示，冷却塔布置图如图8.5-6所示，冷却塔（单台）底部接管图平面图如图8.5-7所示。

四、消防给水设计原则

(1) 消防给水系统应与供能站的设计同时进行。消防用水宜与全站用水统一规划，水源要有可靠的保证，水质需满足水灭火设施的功能要求。市政给水管网、地表水、冷却塔池等可作为消防给水的水源。

(2) 供能站宜采用独立的消防给水系统，该系统一般包括消防水源、消防供水设施、给水管网、阀门及灭火设施组成，其中供水设施主要包括消防水泵、稳压泵（稳压罐）等。

(3) 供能站同一时间的火灾次数为一次。站区内消防给水水量应按发生火灾时一次最大

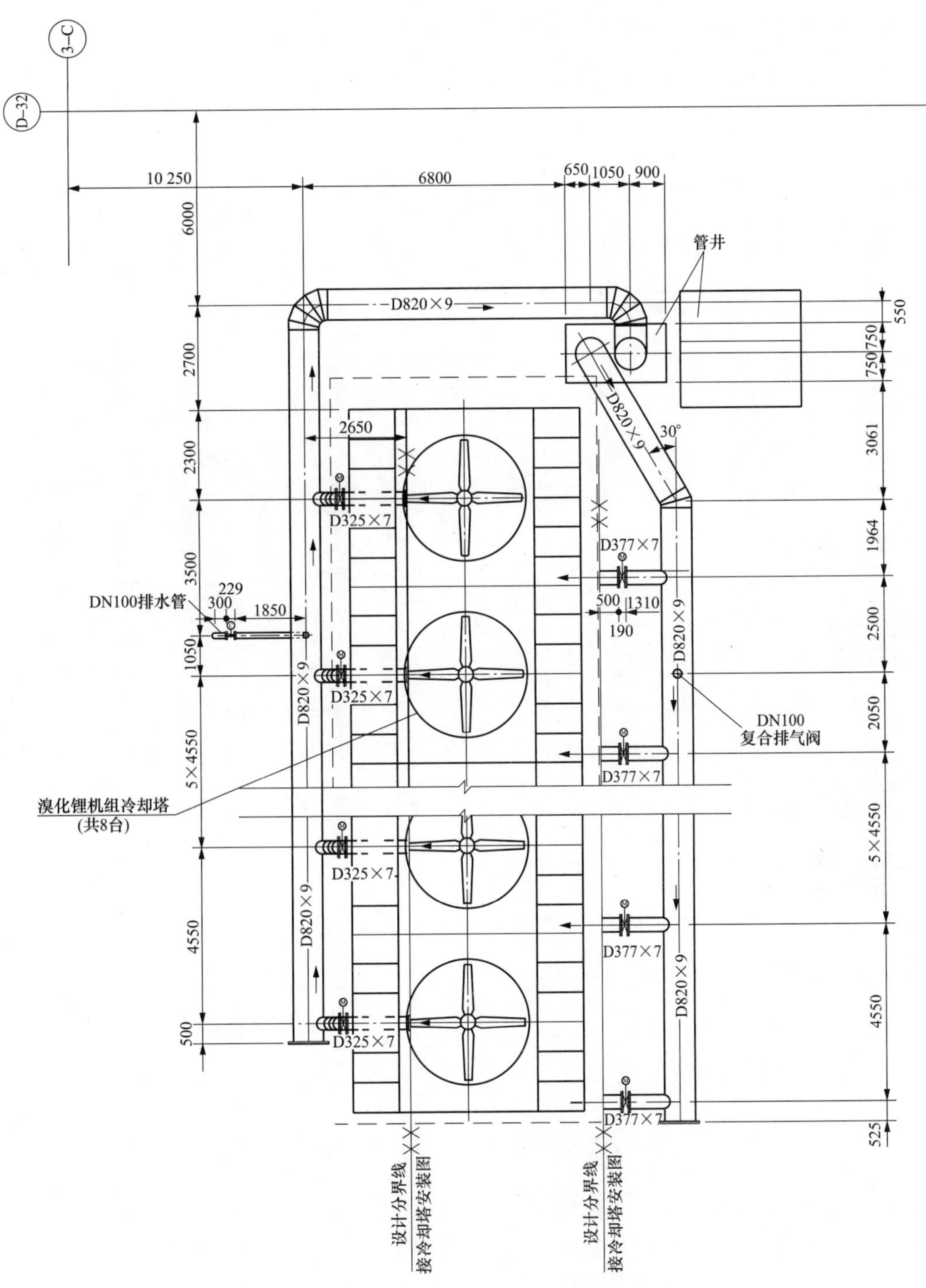

图 8.5-3 溴化锂机组及内燃机机组室外循环水管道与冷却塔布置图

灭火用水量计算。建筑物一次灭火用水量应为室外和室内消防用水量之和。

（4）消防水池的容量应满足在火灾延续时间内室内、室外消防用水总量的需要。消防水池可独立设置，也可与生产、生活水池合并设置，当与其他水池合并设置时，应有确保消防

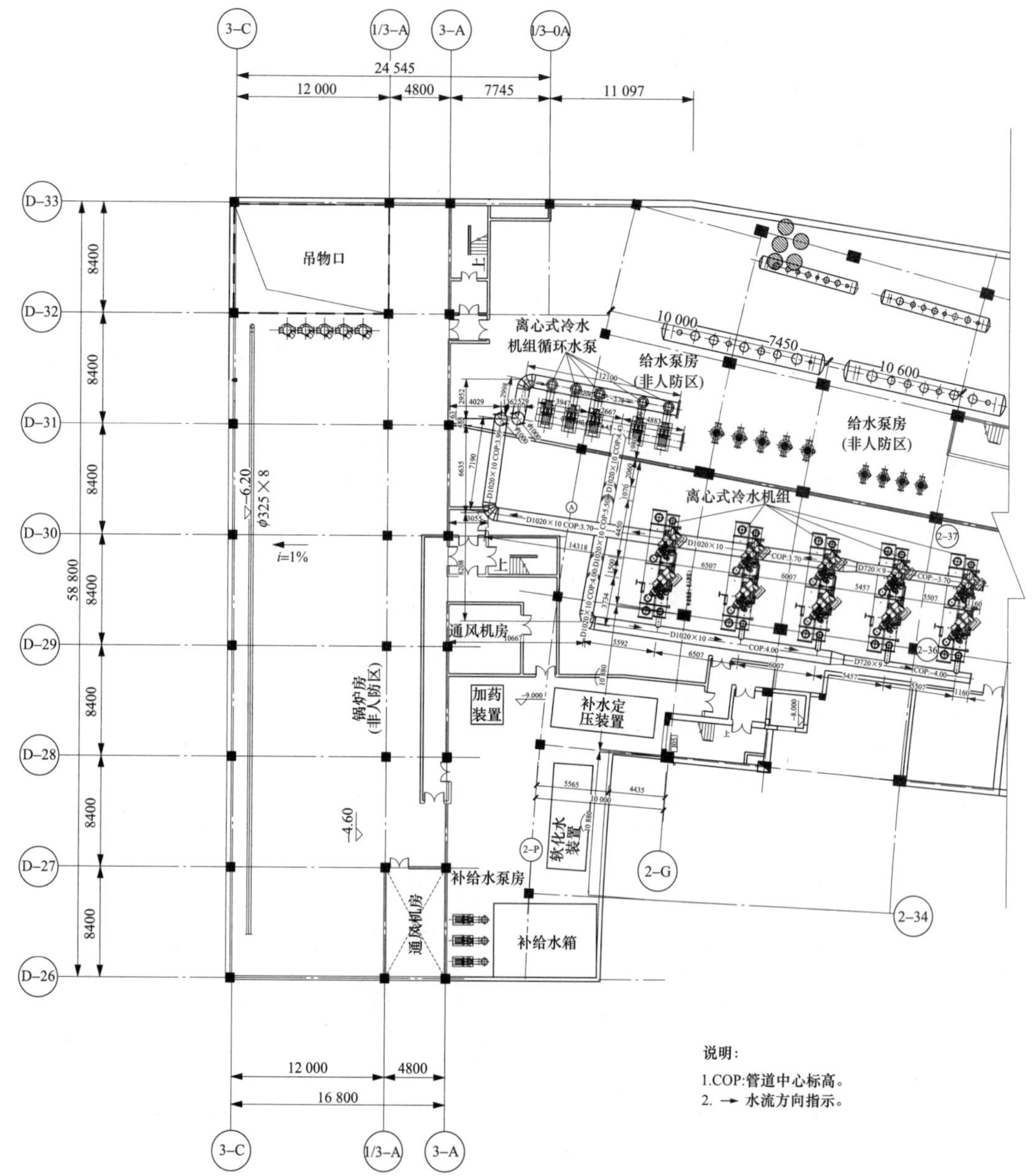

图 8.5-4　离心式冷水机组室内循环水管道与循环水泵布置图

用水不被他用的可靠措施。消防水池的补水时间不宜超过 48h。

（5）消防水泵应设置备用泵，备用泵的流量和扬程不应小于最大一台消防泵的流量和扬程，还应根据消防泵自动启动的需要设置稳压装置、压力监测及控制装置。

（6）在原动机、汽轮机厂房和天然气调压（增压）区域应设置环形管网，并应有独立的两路供水水源。

（7）楼宇型供能站室外消防系统宜充分利用所在楼宇的室外消防给水设施。当条件许可时，楼宇式能源站可充分利用楼宇消防给水系统时，可以不独立设置消防给水系统。

供能站室内消防给水系统主要采用室内消火栓。

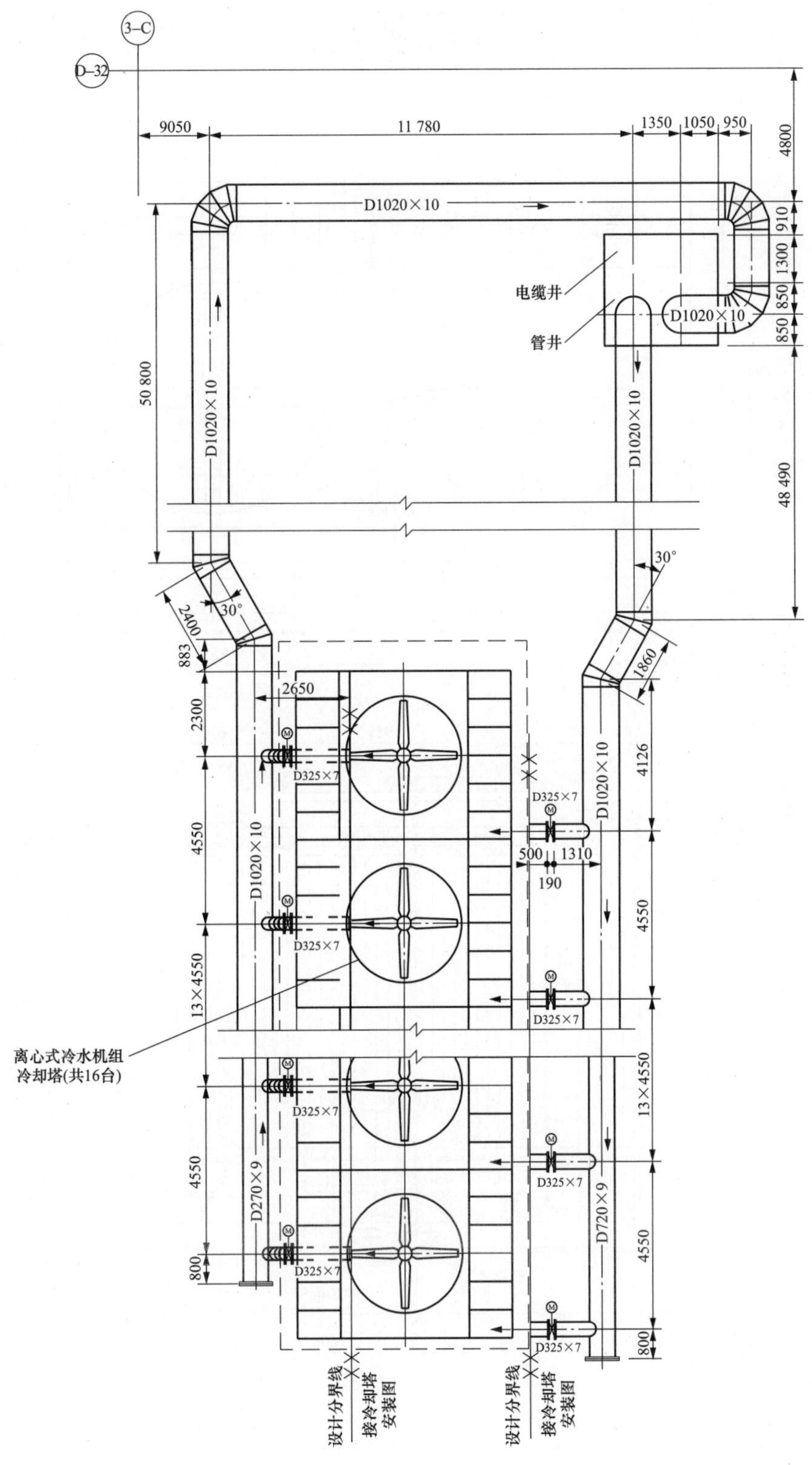

图 8.5-5　离心式冷水机组室外循环水管道与冷却塔布置图

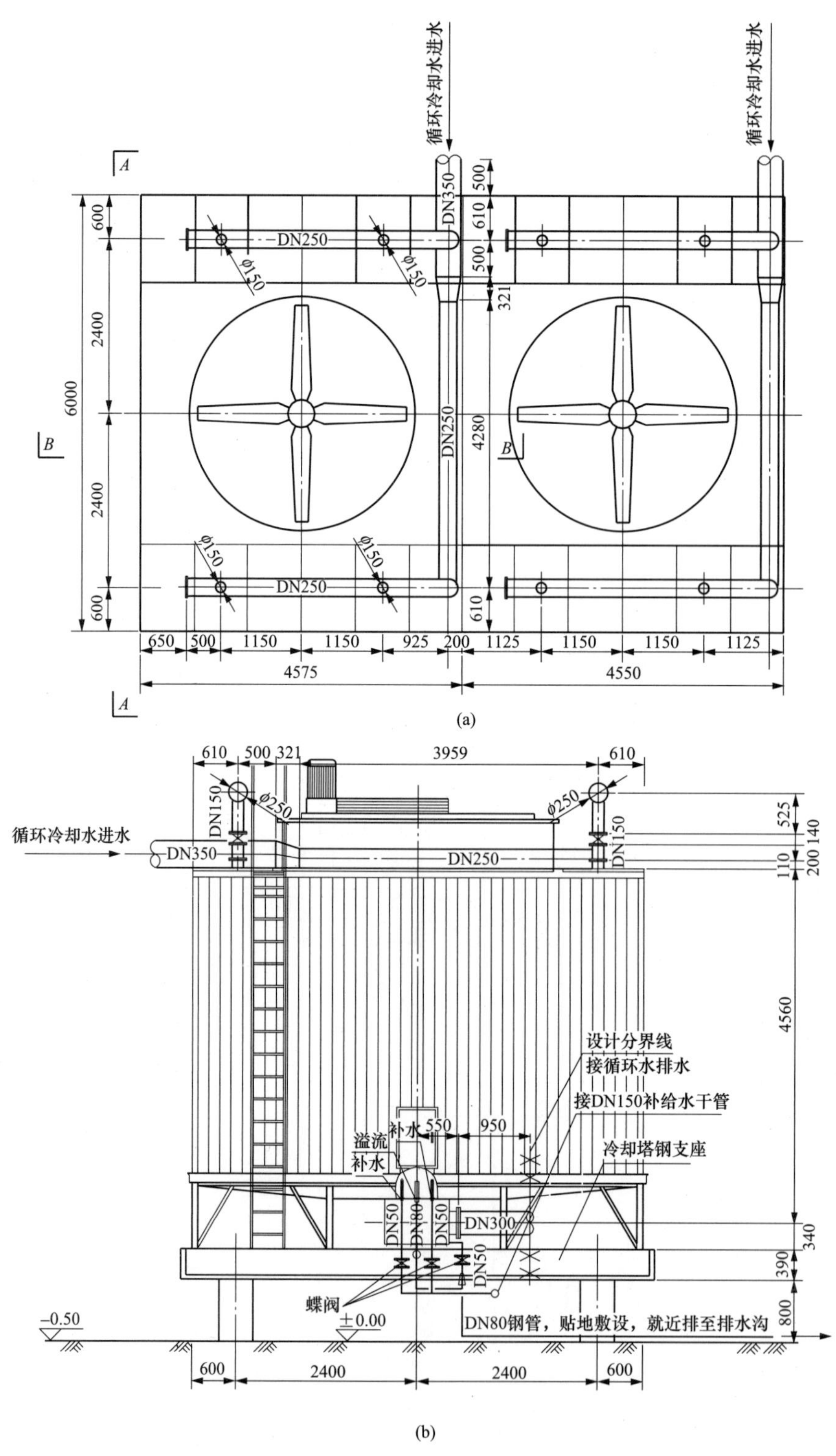

图 8.5-6 冷却塔布置图（一）

（a）冷却塔平面布置图；（b）冷却塔 A-A 剖面图

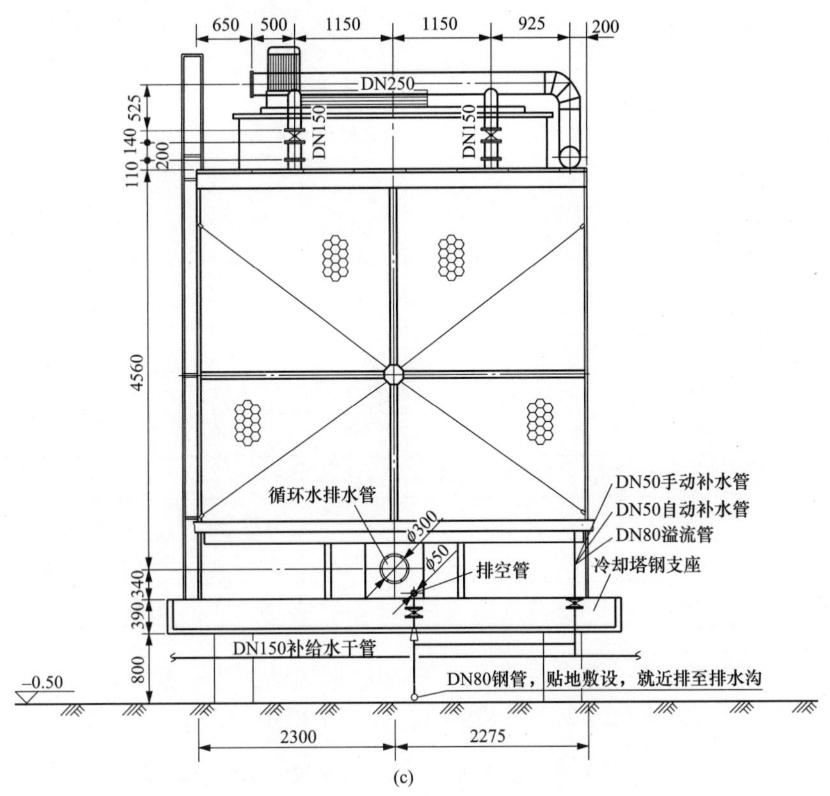

图 8.5-6　冷却塔布置图（二）

（c）冷却塔 *B-B* 剖面图

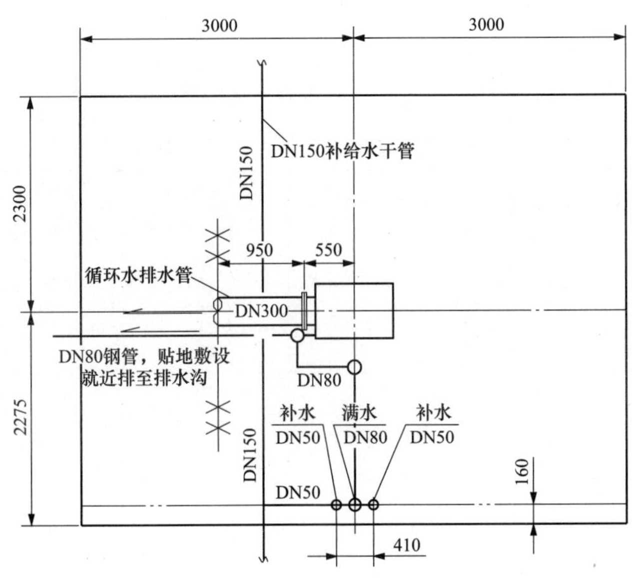

图 8.5-7　冷却塔（单台）底部接管图平面图

五、消防给水系统设计参数

1. 室外消火栓设计流量

建（构）筑物室外消火栓设计流量不应小于表 8.5-10 的规定。

表 8.5-10　　建（构）筑物室外消火栓设计流量

<table>
<tr><th rowspan="2">耐火等级</th><th colspan="2">一次火灾建(构)筑物用水量(L/s)　V (m^3)
建筑物名称、类型</th><th>≤1500</th><th>1500<V≤3000</th><th>3000<V≤5000</th><th>5000<V≤20000</th><th>20000<V≤50000</th><th>V>50000</th></tr>
<tr></tr>
<tr><td rowspan="5">二级</td><td colspan="2">原动机房、汽机房、锅炉房</td><td colspan="4">15</td><td colspan="2">20</td></tr>
<tr><td colspan="2">材料库</td><td colspan="4">15</td><td colspan="2">20</td></tr>
<tr><td rowspan="3">其他建筑</td><td>甲、乙</td><td>15</td><td>15</td><td>20</td><td>25</td><td>30</td><td>35</td></tr>
<tr><td>丙</td><td>15</td><td>15</td><td>20</td><td>25</td><td>30</td><td>40</td></tr>
<tr><td>丁、戊</td><td colspan="5">15</td><td>20</td></tr>
<tr><td rowspan="2">三级</td><td rowspan="2">其他建筑</td><td>乙、丙</td><td>15</td><td>20</td><td>30</td><td>40</td><td>45</td><td>—</td></tr>
<tr><td>丁、戊</td><td colspan="3">15</td><td>20</td><td>25</td><td>35</td></tr>
</table>

2. 室外油浸电力变压器水喷雾灭火系统的供给强度

室外油浸电力变压器水喷雾灭火系统的供给强度不得小于表 8.5-11 的规定。

表 8.5-11　　室外油浸电力变压器水喷雾灭火系统的供给强度

项　目	供给强度 [L/(min·m^2)]
油浸式电力变压器、油开关	20
油浸式电力变压器集油坑	6

3. 室内消火栓用水量

建（构）筑物室内消火栓用水量不应小于表 8.5-12 的规定。

表 8.5-12　　建（构）筑物室内消火栓用水量

<table>
<tr><th>建筑物名称</th><th colspan="3">建筑高度 H(m)、体积 V(m^3)、火灾危险性</th><th>消火栓用水量(L/s)</th><th>同时使用水枪数量（支）</th><th>每根竖管最小流量（L/s）</th></tr>
<tr><td rowspan="3">原动机房、汽机房</td><td colspan="3">H≤24</td><td>10</td><td>2</td><td>10</td></tr>
<tr><td colspan="3">24<H≤50</td><td>15</td><td>3</td><td>15</td></tr>
<tr><td colspan="3">H>50</td><td>20</td><td>4</td><td>15</td></tr>
<tr><td rowspan="7">其他生产类建筑</td><td rowspan="3">H≤24</td><td colspan="2">甲、乙、丁、戊</td><td>10</td><td>2</td><td>10</td></tr>
<tr><td rowspan="2">丙</td><td>V≤5000</td><td>10</td><td>2</td><td>10</td></tr>
<tr><td>V>5000</td><td>20</td><td>4</td><td>15</td></tr>
<tr><td rowspan="2">24<H≤50</td><td colspan="2">乙、丁、戊</td><td>15</td><td>3</td><td>15</td></tr>
<tr><td colspan="2">丙</td><td>30</td><td>6</td><td>15</td></tr>
<tr><td rowspan="2">H>50m</td><td colspan="2">丁、戊</td><td>20</td><td>4</td><td>15</td></tr>
<tr><td colspan="2">丙</td><td>40</td><td>8</td><td>15</td></tr>
</table>

续表

建筑物名称	建筑高度 H(m)、体积 V(m³)、火灾危险性		消火栓用水量(L/s)	同时使用水枪数量（支）	每根竖管最小流量（L/s）
材料库	甲、乙、丁、戊		10	2	10
	丙	V≤5000	15	3	15
		V>5000	25	5	15

4. 室内水喷雾灭火系统系统供给强度

建（构）筑物室内水喷雾灭火系统的供给强度不应小于表 8.5-13 的规定。

表 8.5-13　　建（构）筑物室内水喷雾灭火系统的供给强度

防护目的	保护对象		供给强度［L/(min·m²)］
灭火	液体火灾	闪点 60～120℃的液体	20
		闪点高于 120℃的液体	13
	电气火灾	油浸式电力变压器	20
		油浸式电力变压器的集油坑	6
		电缆	13

六、专用灭火系统及消防车

（1）燃气发电机组设备（内燃机、燃气轮机、齿轮箱、发电机等）和控制室宜采用全淹没气体灭火系统，并应设置火灾自动探测报警系统。

（2）室内天然气调压站、燃气轮机与联合循环发电机组厂房应设置可燃气体泄漏报警装置。当可燃气体浓度达到爆炸下限的 25%时，应发出声光报警信号，并必须联动启动事故排风门；当可燃气体浓度达到爆炸下限的 50%时，应发出声光报警信号，并必须联锁关闭燃气紧急自动切断阀。

（3）燃气轮机设备的灭火及火灾自动探测、报警系统宜随主机设备成套供应。

（4）在燃气轮机的燃烧部位上应安装火焰探测器，以便探测火焰或启动时点火状态。如果火焰熄灭，应迅速（宜小于 1s）切断燃料；如果在正常启动时间内未能完成点火，控制系统应能立即停止启动并关闭燃料阀门。

（5）燃气轮机设备当使用水喷雾消防系统时，应符合以下要求：

1）燃气轮机轴承座的水喷雾消防系统应根据机组的几何形状设置，以避免由于水流造成的设备损坏。

2）裸露油管道和燃气轮机底部地面易于集聚泄漏油的区域，应设置自动喷淋或喷雾水消防系统。

3）水消防系统的喷嘴不应正对着燃气轮机的外罩或燃烧室。

4）在有水流时，燃料阀门应能自动关闭。

（6）供能站消防车的配置应优先考虑与当地消防部门协作联防的条件。在当地消防部门的消防车不能在 5min 内到达站区内火场时，应自配 1 辆消防车。

（7）供能站火灾自动报警系统及消防系统配置见表 8.5-14。

表 8.5-14 分布式供能站火灾自动报警系统及消防系统配置表

编号	建（构）筑物名称	火灾探测器类型	灭火介质及系统形式	备 注
1	原动机房	可燃气体探测器、火焰探测器	气体（燃机模块自带）、水喷雾	燃气轮机、内燃机
2	汽机房	感烟或感温	水喷雾、消火栓	蒸汽轮机、电控楼（B～C 跨）
3	燃气锅炉房	可燃气体探测器或火焰探测器	消火栓	燃气锅炉
4	制冷加热站	感烟	消火栓	制冷机、换热器
5	余热锅炉辅机房	—	—	工艺水泵、化学设施
6	燃气锅炉辅机房	—	—	工艺水泵、化学设施
7	天然气调压站	可燃气体探测器	消火栓	调压器、增压机
8	余热锅炉房	感烟	消火栓	余热锅炉
9	空气压缩机房	感烟	消火栓	空气压缩机
10	锅炉补给水处理车间	—	—	含：化验楼
11	升压站	感烟	消火栓	含：网络继电器室、GIS 配电装置
12	网络继电器楼	感烟	消火栓	
13	燃机电控室	感烟	消火栓	
14	CEMS 室	感烟	消火栓	
15	办公楼	感烟	消火栓	含：办公、门厅、会议、财务、档案、卫生间等
16	综合办公楼	感烟	消火栓	含：办公楼、食堂、夜班休息、材料库、热控实验室等
17	食堂	感烟或感温	消火栓	含餐厅、厨房、储藏间、办公等
18	夜班休息室	—	消火栓	含：夜班休息、卫生间等
19	材料库	感烟	消火栓	含：一般材料、备品备件、办公等
20	警卫传达室	—	消火栓	含：传达、休息、卫生间
21	循环水泵房	—	—	循环水泵
22	消防水泵房	—	—	消防水泵
23	综合水泵房	—	—	多种水泵
24	生产辅助楼	感烟	消火栓	含：辅机间、备品备件、控制室、交接班、电子设备间、办公、会议、档案、夜班休息、卫生间等
25	室外主变压器	线型感温电缆	水喷雾	

第六节　化学水处理

一、主要设计参数

1. 水源选择原则

当有多种水源可作为选择时，应跟踪并收集水质全分析资料，分析其变化趋势，经过比较后确定可供电厂使用的水源。锅炉补给水处理系统水源的选择原则如下：

（1）在具备条件且满足全厂耗水指标时，锅炉补给水水源优先选用天然水源。

（2）扩建机组可使用老厂排水或再生水。

（3）缺水地区或有环保要求时，可使用厂内循环水排污水和工业废水系统出水。

2. 水源分析

电厂水源优先选用污水处理厂中水，北方缺水地区禁止选用地下水。地下水仅可作为生活饮用水源。

初步设计前应取得全部可利用水源的水质全分析资料［分析项目按照《发电厂化学设计规范》（DL 5068—2014）附录 A 执行］，所需份数应符合下列规定：地表水、再生水为近年逐月资料共 12 份，地下水、海水为近年每季资料共 4 份。水质全分析报告见表 8.6-1。

对于石灰岩地区的地下水，应了解其水质的稳定性；对于再生水、矿井排水等，应掌握其来源组成，了解其处理设施的情况。

单一水源的可靠性不能保证时应另设备用水源。原水水质季节性恶化会影响后续水处理系统正常运行时，应经技术经济比较确定是否设置备用水源。

3. 水处理系统设计出力

（1）锅炉补给水处理系统的出力，应满足供能站全部机组正常运行所需补充的水量。

（2）发电厂对外供热抽汽、其他用汽、用水及闭式热水网补充水，应经技术经济比较，确定合适的供汽方式和补充水处理方式。

供能站各项正常水汽损失可按表 8.6-2 计算。

二、锅炉补给水处理

（一）原水预处理系统的设计原则

原水预处理工艺应根据进水水质、水量、结合当地条件并参考类似电厂的运行经验比较后确定，既有效地保证后续水处理系统的正常运行，又做到经济合理，节省投资。预处理工艺应满足以下要求：

（1）当来水水温较低，影响预处理及后续工艺处理效果时，应采取加热措施。

（2）水源为地表水时，可采用混凝沉淀（澄清）或气浮、过滤处理；如作为反渗透装置进水，应增设超滤装置处理，保证其进水水质满足要求，特别是污染指数满足要求。

表 8.6-1 **水质全分析报告**

工程名称： 化验编号：

取水地点： 取水部位：

取水时气温： ℃ 取水日期： 年 月 日

取水时水温： ℃ 分析日期： 年 月 日

水样种类：

透明度				嗅		味	
项 目		mg/L	mmol/L	项 目		mg/L	mmol/L
阳离子	$K^{+}+Na^{+}$			硬度	总硬度		
	Ca^{2+}				非碳酸盐硬度		
	Mg^{2+}				碳酸盐硬度		
	Fe^{2+}				负硬度		
	Fe^{3+}			酸碱度	甲基橙碱度		
	Al^{3+}				酚酞碱度		
	NH_4^{+}				酸 度		
	Ba^{2+}				pH 值		
	Sr^{2+}				氨氮		
	合计				游离 CO_2		
	Cl^{-}				$COD_{Mn/Cr}$		
阴离子	SO_4^{2-}				BOD_5		
	HCO_3^{-}				溶解固形物		
	CO_3^{2-}				全固形物		
	NO_3^{-}				悬浮物		
	NO^{2-}				细菌含量		
	OH^{-}				全硅（SiO_2）		
	合计				非活性硅（SiO_2）		
					TOC		
离子分析误差							
溶解固体误差							
pH 值分析误差							

备注：水质采样参见 SL 187

化验单位： 负责人： 校核者： 化验者：

表 8.6-2 **供能站各项正常水汽损失**

序号	损失类别		正 常 损 失
1	厂内水汽循环损失[①]	125MW 级、200MW 级机组	为锅炉最大连续蒸发量的 2.0%
		100MW 级机组及以下	为锅炉最大连续蒸发量的 3.0%
2	汽包锅炉排污损失[②]		根据计算或锅炉厂资料，但不少于 0.3%
3	厂内其他用水、用汽损失		根据具体工程情况确定

续表

序号	损失类别	正常损失
4	间接空冷机组辅机循环冷却水损失	根据具体工程情况确定
5	闭式热网损失	热网水量的0.5%～1.0%或根据具体工程情况确定
6	厂外供汽损失	根据具体工程情况确定
7	厂外供除盐水量	根据具体工程情况确定

① 厂内水汽循环损失包括锅炉吹灰用汽、凝结水精处理树脂再生及闭式循环冷却水系统等水汽损失。

② 对于背压供热机组，除盐水作为锅炉补充水时，排污率不宜大于2%，若以软化水或预脱盐水作锅炉补充水时，不宜大于3%。

(3) 使用再生水或其他污染较严重的水源时，应根据水质特点选择采用生物反应处理、混凝澄清处理、过滤、杀菌处理、膜过滤等工艺，对于碳酸盐硬度高的再生水宜采用石灰混凝澄清处理。澄清池宜选择具有良好运行业绩的先进池型，具体应经技术经济比较后确定。石灰处理系统出水应加酸调整pH值。采用管式微滤等膜处理工艺用以替代澄清池加过滤或超滤，需经技术经济比较后确定。

(4) 当水中悬浮物或泥沙含量大于预处理系统所能承受情况时，应设置降低泥沙含量的与沉淀设施。采用管式微滤等膜工艺，需经技术经济比较后确定。

(5) 对有机物或胶体含量高的进水，可采用氧化性杀菌剂或非氧化杀菌剂处理，并配合选择混凝沉淀（澄清）、超滤或吸附树脂等处理措施。若后续预脱盐采用反渗透工艺，应避免选择活性炭吸附处理。

(6) 对于铁、锰含量高的水源，采用接触氧化、曝气氧化、沉淀、过滤等处理措施。

(7) 对于胶体硅含量较高的水源，应选择混凝澄清、过滤等处理措施。

(二) 预处理系统设计

(1) 预处理系统的各种水箱（池）的总有效容积应按系统自用水量、前后系统出力的配置以及系统运行要求设计，宜为1～2h用水量。

(2) 澄清器（池）、过滤器（池）反洗宜程序控制。超（微）滤装置应按照全自动运行方式设计。

(3) 过滤器（池）反洗用水宜采用其产品水，活性炭过滤器、超（微）滤反洗用水应采用其产品水。

(4) 寒冷地区室外布置的澄清器（池）、过滤器（池）及其水箱（池）应采用适当的防冻保温、采暖措施。

(5) 预处理系统应配置必要的在线监督仪表。

(三) 锅炉补给水处理工艺的选择原则

(1) 含盐量高于400mg/L的预处理水宜设置反渗透预脱盐工艺；当处理水量较大时，经技术经济比较，后续除盐系统可选择一级除盐＋混床工艺或二级反渗透＋EDI。

(2) 对于有机物及活性硅含量高的水源或对给水品质有特殊要求时，或根据补水率经核算机组汽水品质无法满足要求时，宜采用反渗透预脱盐工艺。

(3) 苦咸水采用反渗透预脱盐时，可根据水源含盐量和后续除盐工艺要求选择一级反渗透或两级反渗透处理。

(4) 在水源水质差，如地表水、矿区排水、循环水排污水、再生水情况时在反渗透前设置超（微）滤装置。

（四）锅炉补给水处理设计

水处理系统设备设计参数的选取应遵循以下原则，并应用最差水质对设备进行校核。

(1) 超（微）滤装置出力应满足自用水量和后续反渗透或其他设备出力要求。

(2) 反渗透装置、EDI装置不宜少于2套，当有1套设备清洗或检修时，其余设备应能满足全厂正常补水的要求。

(3) 离子交换器除盐系统出力应满足机组正常补水量及自用水量要求，当有1套设备检修时，其余设备应能满足全厂正常补水的要求。

(4) 位于反渗透装置后的离子交换除盐设备的出力应与反渗透装置的出力相匹配。

(5) 除盐水箱的总有效容积应能配合水处理设备出力，满足燃气轮机用水及最大1台余热锅炉酸洗或机组启动用水需要。

(6) 至背压供热机组的除盐水输送系统应设置调节pH值的自动加氨装置。

(7) 补水泵和至主厂房的补给水管道，应按能同时输送锅炉启动补水水量或锅炉化学清洗用水量及其余机组的正常补给水量之和选择。

(8) 热力系统疏排水应根据其相应水质回到合适的水箱。

(9) 外供汽回收疏水宜先经过除铁器后再进入热力系统或合适的水箱。

（五）布置设计

(1) 锅炉补给水处理系统超（微）滤、反渗透、离子交换器、EDI装置应布置在室内，冬季月平均温度低于5℃的地区，酸碱贮存设备应布置在室内，必要时应考虑碱加热措施。

(2) 当露天布置时，运行操作盘、取样装置、仪表阀门等，宜集中设置，根据需要采取防雨、防晒、防冻等措施。

(3) 除盐设备的布置应按以下原则设计：

1) 面对面布置时，阀门全开后的操作通道净间距不宜小于2m，巡回检查通道净宽不宜小于0.8m。

2) 两台设备间的净间距不宜小于0.4m，当设备本体为法兰连接时，净间距可适当放大。

3) 当设备台数较多时，每隔一定距离应留有通道，通道的净间距不宜小于0.8m。

4) 浸没式超滤、电除盐装置应根据其结构形式合理布置，且便于检修和吊装更换。

5) 全厂预留机组扩建场地时，应一并预留除盐设备及除盐水箱再扩建的场地。除盐水箱宜布置在室外。寒冷地区的室外水箱及附件应有防冻和保温措施。

6) 若远期热负荷的不确定性较高，则盐间和水泵间的厂房只按该期建设，在该期扩建段预留远期设备场地。

7) 化学水处理系统的布置宜和再生水深度处理、工业废水处理、生活污水处理等其他污、废水处理系统统筹集中布置，共用公用设备，减少设备的冗余和重复。化学试验室和环保实验室宜统一布置，便于公用部分仪器和设备。

三、热网补给水及生产回水处理

(1) 热网补给水处理宜按照与锅炉补给处理系统统一考虑设计，在有反渗透预脱盐的系统，热网补给水可采用反渗透装置出水，否则可使用一级离子交换除盐或钠离子交换器的设备出水。

（2）热网补给水可采用锅炉排污水，并应对其水质进行长期监测。

（3）生产回水水质满足锅炉给水水质要求时，可直接进入热力系统中；不满足给水水质要求时，应进行处理，如降温、除油、除铁等。

（4）生产回水回收至锅炉补给水系统时，应根据回水水质采取相应处理措施。

四、再生水处理

使用再生水的工程项目应对水质进行全分析，并通过小型试验确定最佳处理工艺。进入电厂的再生水水质宜为经过二级污水处理后的排水，来水应达到《城镇污水处理厂污染物排放标准》（GB 18918—2002）中的二级标准或《污水综合排放标准》（GB 8978—1996）中的一级标准。再生水深度处理工艺选择原则如下：

（1）再生水深度处理基本工艺、进水条件可参考《工业循环冷却水处理设计规范》（GB 50050）中的要求，其处理系统的主要工艺流程如下：

1）石灰处理系统工艺按照以下流程设计：

混凝剂、助凝剂、石灰乳

水池→提升泵→ 澄清池→石英砂过滤池 → 清水池→用户。

石灰处理系统优先采用消石灰粉，杀菌剂优先选用外购药品方案。

2）生物膜反应器（membrance bio-reactor，MBR）工艺宜按照以下流程设计：

水池→污水提升泵→曝气生物池→MBR 膜池→ 水池（箱）→用户。

3）膜法处理系统工艺按照以下流程设计：

水池→污水提升泵→自动反洗过滤器→超（微）滤装置→清水池→用户。

4）生化法与石灰联合处理工艺宜按照以下流程设计：

混凝剂、助凝剂、石灰乳

水池→污水提升泵→曝气生物滤池→石灰混凝澄清→介质过滤系统→清水池→用户。

（2）膜法处理系统和 MBR 工艺设计应根据水质特性，特别是有机物含量选择合适的超滤膜形式，MBR 工艺的膜通量不宜过高，应按照制造商下限值及温度对膜通量的影响两个因素选取。

（3）如再生水满足表 8.6-3 水质要求时，也可以直接补入循环水系统。

表 8.6-3　　再生水水质控制指标

序号	项　目	单位	水质控制指标
1	pH 值（25℃）		7.0～8.5
2	悬浮物	mg/L	≤ 10
3	浊度	NTU	≤ 5
4	BOD_5	mg/L	≤5
5	CODCr	mg/L	≤ 30

续表

序号	项　目	单位	水质控制指标
6	铁	mg/L	≤0.5
7	锰	mg/L	≤0.2
8	Cl^-	mg/L	根据凝汽器等换热器管道材质要求确定
9	碳酸盐硬度	mg/L	按照设计的浓缩倍率值确定
10	NH_3—N	mg/L	≤5（当凝汽器等换热器为铜管时，应<1mg/L）
11	总磷（以P计）	mg/L	<1
12	游离氯	mg/L	维持补水管道末端0.1～0.2
13	石油类	mg/L	≤5
14	细菌总数	个/mL	<1000

（4）根据再生水来水水质及再生水深度处理工艺的要求，需在系统进水考虑生水加热措施和设计投加营养液的要求。

（5）条件允许时，再生水深度处理站也可布置在污水厂附近。

五、循环水处理

1. 辅机循环湿冷系统浓缩倍率

辅机循环湿冷系统应根据全厂水量、水质平衡及循环水补充水水质确定排污量及浓缩倍数。浓缩倍数设计值不宜小于3～5倍，节水或环保要求高时，可适当提高。

辅机循环湿冷系统冷却器管材应根据冷却水质合理选用，并满足《发电厂凝汽器及辅机冷却器管选材导则》（DL/T 712—2010）的要求。

2. 循环冷却水处理

（1）循环水系统补充水碳酸盐硬度小于3.0mmol/L时，采用加稳定剂法、加酸法。酸宜采用硫酸。

（2）循环水补充水碳酸盐硬度大于3.0mmol/L时，结合浓缩倍数设计值要求，可采用补充水石灰软化法、弱酸树脂离子交换或钠离子交换法，同时应与加稳定剂/缓蚀剂法联合使用。

（3）当循环水补充水的含盐量不能满足循环水的水质控制指标时，经技术经济比较，也可采用反渗透膜处理。

（4）当采用反渗透出水作为循环水补充水时，可根据实际情况不设置加稳定剂法，需设有加$NaHCO_3$装置用以调节循环水的缓冲性能。

（5）当循环冷却水系统浓缩倍数大于5，或有严重季节性风沙气候情况，经技术经济比较，可设置循环水旁流过滤处理。

（6）循环水加杀菌剂可按照外购杀菌剂、二氧化氯发生器等方案设计。

3. 循环冷却水水质指标

间冷开式系统循环冷却水水质指标见表8.6-4。

表 8.6-4 间冷开式系统循环冷却水水质指标

项目	单位	要求或使用条件	许用值
浊度	NTU	根据生产工艺要求确定	≤20
		换热设备为板式、翅片管式、螺旋板式	≤10
pH			6.8～9.5
钙硬度＋甲基橙碱度（以 $CaCO_3$ 计）	mg/L	碳酸钙稳定指数 $RSI \geq 3.3$	≤1100
		传热面水侧壁温大于 70℃	钙硬度小于 200
总 Fe	mg/L		≤1.0
Cu^{2+}	mg/L		≤0.1
Cl^-	mg/L	碳钢、不锈钢换热设备、水走管程	≤1000
		不锈钢换热设备、水走壳程 传热面水侧壁温不大于 70℃ 冷却水出水温度小于 45℃	≤700
$SO_4^{2-}+Cl^-$	mg/L		≤2500
硅酸（以 SiO_2 计）	mg/L		≤175
$Mg^{2+}SiO_2$（Mg^{2+} 以 $CaCO_3$ 计）	mg/L	pH≤8.5	≤50 000
游离氯	mg/L	循环回水总管处	0.2～1.0
NH_3—N	mg/L		≤10
石油类	mg/L	非炼油企业	≤5
		炼油企业	≤10
COD_{Cr}	mg/L		≤100

六、水汽取样及化学加药系统

1. 水汽取样系统

机组取样点仪表应按照《发电厂化学设计规范》（DL 5068—2014）中的相关要求设置。

2. 化学加药系统

（1）当机组蒸汽用于食品加工或采用混合方式加热生活用水时，对于给水，不得采用加联氨或投加其他对人体有害物质的处理方式。

（2）锅炉给水应加氨校正水质处理，宜采用自动运行方式。给水加氨量应根据给水流量和给水电导率信号控制调节。

（3）锅炉炉水应采用磷酸盐或氢氧化钠碱性处理。

（4）设有闭式除盐水冷却系统机组应设置闭式冷却水加药设施。药品可选用联氨、磷酸盐或其他缓蚀剂。

（5）锅炉给水宜加联氨处理；采用自动运行时，给水加联氨量应根据给水流量信号控制调节。

（6）锅炉炉水、闭式冷却水加药采用手动控制。

（7）药液配制可采用自动配置。

七、设计案例

【案例】 深圳市某燃气分布式供能站，全厂化学专业各系统设计

1. 已知条件

该期工程以深圳市坪山新区上洋污水处理厂再生水作为主水源，城市自来水为备用水源，以城市自来水作为电厂的生活水源，水质全分析见表 8.6-5。

表 8.6-5　　水质全分析表

检测类别	检测点位置	采样方法	样品状态	报告编号
污水	上洋污水厂出水尾水	瞬时	无色、无异味	HLSZE00016311

检测结果：

取样日期：	2012 年 11 月 05 日	
检验日期：	2012 年 11 月 05 日～11 月 09 日	

序号	检验项目	结果
1	钾（K^{+}）(mg/L)	15.1
2	钠（Na^{+}）(mg/L)	65.9
3	钙（Ca^{2+}）(mg/L)	40.6
4	镁（Mg^{2+}）(mg/L)	3.61
5	二价铁（Fe^{2+}）(mg/L)	0.04
6	三价铁（Fe^{2+}）(mg/L)	0.06
7	铝（$Al^{3}+$）(mg/L)	0.28
8	钡（Ba^{2+}）(mg/L)	0.0375
9	锶（Sr^{2+}）(mg/L)	0.0882
10	氯化物（Cl^{-}）(mg/L)	102
11	硫酸盐（SO_4^{2-}）(mg/L)	140
12	重碳酸盐（HCO_3^{-}）(mg/L)	21
13	碳酸盐（CO_3^{2-}）(mg/L)	10
14	硝酸盐（NO_3^{-}）(mg/L)	14.5
15	亚硝酸盐氮(mg/L)	0.004
16	氢氧根（OH^{-}）(mg/L)	10
17	总硬度（mg/L）	477
18	非碳酸盐硬度（mg/L）	458
19	碳酸盐硬度（mg/L）	19
20	甲基橙碱度（mg/L）	19
21	酚酞碱度（mg/L）	10
22	酸度（mg/L）	0.20

续表

序号	检验项目	结果
23	pH 值	5.97
24	氨氮（mg/L）	0.596
25	游离二氧化碳（mg/L）	13
26	高锰酸盐指数（mg/L）	3.3
27	化学耗氧量［(COD)Cr］(mg/L)	6.04
28	BOD_5（mg/L）	2
29	溶解固形物（mg/L）	499
30	全固形物（mg/L）	508
31	悬浮固形物（mg/L）	4
32	细菌总数（mg/L）	9
33	全硅（SiO_2）(mg/L)	9.46

该工程能源站各项正常水汽损失量见表 8.6-6。

表 8.6-6　某工程能源站各项正常水汽损失量

序号	损失类别	损失量
1	厂内水汽循环损失	11t/h
2	锅炉排污损失	4t/h
3	工业抽气	110t/h
4	暖通用水（软化水）	35t/h

2. 锅炉补给水处理系统

锅炉补给水处理系统流程如下：

原水→清水池→自清洗滤器→浸没式超滤装置→超滤水池→超滤水泵→保安过滤器→一级反渗透高压泵→一级反渗透装置→一级反渗透水箱→二级反渗透高压泵→二级反渗透装置→二级反渗透水箱→EDI 给水泵→EDI 电除盐装置→除盐水箱→除盐水泵→主厂房。

经上述系统处理后，出水水质可达到：

电导率（25℃）$\leqslant 0.1\mu S/cm$；

$SiO_2 < 10\mu g/L$。

超滤系统回收率：>90%，一级反渗透回收率：>75%，二级反渗透回收率：>85%，EDI 回收率：>90%。其中超滤反洗水回收至废水处理系统，EDI、二级反渗透排水回收至超滤产水箱，一级反渗透排水排至污水处理厂。

3. 循环水处理

该工程循环水的补水采用污水处理厂的再生水，其水质按完全能够满足《工业循环冷却水处理设计规范》(GB 50050—2007) 中再生水直接作为间冷开式系统补充水的要求考虑。该工程循环水浓缩倍率定为 4 倍。为了达到循环水 4 的浓缩倍率的要求，需要对循环水进行如下处理：

（1）循环水加稳定剂的处理，以防止循环冷却水系统结垢。

（2）为防止循环水系统微生物和藻类的生长，提高其传热性，对循环水进行加次氯酸钠处理。

4. 给水炉水校正处理系统及汽水取样

设置给水及闭式除盐冷却水加氨处理装置、给水加除氧剂处理装置、炉水加磷酸盐系统装置。同时为每台机组设置汽水取样装置。

5. 废水处理系统

（1）工业废水处理。工业废水来源于超滤排水、主厂房杂用排水、地面冲洗水、辅机冷却水排水、取样间排水及其他排水等。该期工程将新建一座工业废水处理站，用于处理以上各种工业废水，处理能力按 $40h^{-1}$ 考虑。在工业废水处理站去除 SS、COD 及油污后回用。其工艺流程为：工业废水→调节池→斜板沉淀池→气浮池→过滤→清水池→回用至冷却塔。

（2）生活污水处理。电厂产生的生活污水收集后并达到相关标准要求后排至市政管网处理。

第七节 建筑及结构

燃气分布式供能站分为区域式和楼宇式两类。由于其规模不同，两种不同的供能站的建（构）筑物构成也不同。

区域式分布式供能站规模相对较大，一般为多个用户同时提供供冷、供热、供电服务，适用于城镇经济开发区、综合工业区和新型住宅区，以及小城镇、CBD 中心等。区域式分布式供能站需要独立布置，有院墙，其布置位置应尽量靠近用户区域中心。

楼宇式分布式供能站相对规模较小，为一个或多个用户提供冷、热、电供能服务，“楼宇”主要指供能用户的主体建筑。楼宇式供能站主要适用于医院、学校、办公楼、商场等。楼宇式供能站采用联合体建筑单独布置，联合体建筑有地上、地下或设在楼宇内三种位置。

一、建筑设计通用规定

本手册只对燃气分布式供能站与常规火电厂不同的建筑专业的内容进行介绍。

（一）辅助及附属、检修、实验室的建筑面积

分布式供能站的辅助及附属建筑物的建筑面积与机组数量和定员人数有关，宜统一同类型火力发电厂辅助及附属建筑物设计，合理控制工程造价，应控制非生产性设施的建筑面积，不得超标准建设。

1. 辅助及附属建筑面积

分布式供能站辅助及附属建筑的建筑规模和面积，应执行现行国家和行业标准的有关规定；各企业的项目可根据本企业劳动定员标准，结合供能站实际需求进行估算，表 8.7-1 是某企业标准所规定的分布式供能站辅助及附属建筑的建筑面积参考限值。

2. 检修建筑面积

分布式供能站一般不设检修队伍，不设修配车间。检修工作原则上外委，外委期间检修人员的临时性住宿，宜利用施工期间的用房解决，原则上，分布式供能站不配置检修建筑。

表 8.7-1　　分布式供能站辅助及附属建筑的建筑面积参考限值

名　称	建筑面积限值（m^2）	备　注
办公、夜班休息、食堂（包括走廊、楼梯间、卫生间等公摊面积）	区域式：1530（宜联合布置） 楼宇式：600	估算时：办公按 $13m^2$/定员每人，夜班休息 $15m^2$/实际住宿每人，食堂 $6m^2$/定员每人
备品、材料库	区域式：260 楼宇式：100	含：各类库、储存间
警卫传达室（含：主次入口各一个）	区域式：60	楼宇式不设置

注　地下布置的楼宇式分布式供能站，由于受条件限制（其辅助及附属建筑不能集中布置，只能插空布置，面积难以达到表 8.7-1 的限值），辅助及附属建筑的建筑面积宜根据工艺要求及现场条件确定。

3. 实验室建筑面积

宜根据项目需要配置化学实验室和热工实验室，建筑面积宜符合《火力发电厂试验、修配设备及建筑面积配置导则》（DL/T 5004）的有关规定。

（二）分布式供能站防火门窗的设置

分布式供能站常用防火门窗的设置可参考表 8.7-2。

表 8.7-2　　分布式供能站常用防火门窗的设置

部位	应设防火门窗的部位	防火门窗等级			备　注
		甲级	乙级	丙级	
防火墙	防火墙上的门窗	√	—	—	依据《建筑设计防火规范》（GB 50016）门窗要求设置为固定的或者火灾时自动关闭
防火墙	紧靠防火墙两侧的门窗，当洞口之间最近边缘的水平间距小于 2m 时	—	√	—	依据《建筑设计防火规范》（GB 50016），门窗要求设置为固定的或者火灾时自动关闭
防火墙	防火墙设在转角附近时，转角两侧墙上的门窗、洞口之间最近边缘的水平距离不小于 4.0m 时	—	√	—	依据《建筑设计防火规范》（GB 50016）
封闭楼梯间	人员密集的公共建筑中，通向楼梯间的门	—	√	—	依据《建筑设计防火规范》（GB 50016），门向疏散方向开启
封闭楼梯间	首层扩大的封闭楼梯间与其他走道、房间的隔墙上的门	—	√	—	依据《建筑设计防火规范》（GB 50016）
封闭楼梯间	地下室和半地下室的楼梯间，在首层与其他部位隔开的隔墙上的门	—	√	—	依据《建筑设计防火规范》（GB 50016）
封闭楼梯间	地下室和半地下室与地上层共用楼梯间时，在首层与地下或半地下层的出入口处隔墙上的门	—	√	—	依据《建筑设计防火规范》（GB 50016）应用明显标志
防烟楼梯间和前室	防烟楼梯间前室和楼梯间的门	—	√	—	依据《建筑设计防火规范》（GB 50016）
防烟楼梯间和前室	首层扩大的防烟前室与其他走道、房间隔墙上的门	—	√	—	依据《建筑设计防火规范》（GB 50016）
室外楼梯	通向室外疏散楼梯的门	—	√	—	依据《建筑设计防火规范》（GB 50016），门应向室外开启，不应正对楼梯段

续表

部位	应设防火门窗的部位	防火门窗等级			备　　注
		甲级	乙级	丙级	
消防电梯	通向消防电梯前室的门	—	√	—	
	消防电梯井、机房与相邻非消防电梯井、机房之间隔墙上的门	√	—	—	
管井	电缆井、管道井、排烟道、排气道、垃圾道等竖井管道井、井壁上的检查门	—	—	√	依据《建筑设计防火规范》(GB 50016)
厨房	一、二级耐火等级除住宅外的其他建筑内的厨房隔墙上的门窗	—	√	—	依据《建筑设计防火规范》(GB 50016)
设备用房	附建式锅炉房、变压器室与其他部位之间开设门窗	√	—	—	依据《建筑设计防火规范》(GB 50016)
	附设在建筑物内的消防控制室、固定灭火系统的设备室和通风空调节机房隔墙上的门	—	√	—	依据《建筑设计防火规范》(GB 50016)
	附设在建筑物中的消防水泵房的门	√	—	—	依据《建筑设计防火规范》(GB 50016)
	附设与建筑内的配变电所通向过道的门、位于多层建筑一层的配变电所通向其他相邻房间的门	—	√	—	
	配变电所内部相通的门和直通向室外的门	—	—	√	
	变压器室、电容器室、蓄电器室、电缆夹层、配电装置室的门应向疏散方向开启；当门外为公共走道或其他房间时		√		配电装置室的中间隔墙上的门应采用由不燃材料制作的双向弹簧门。 依据《火力发电厂与变电站设计防火规范》(GB 50229)
办公建筑	机要室、档案室和重要库房等的隔墙上的门	√	—	—	

（三）分布式供能站的建筑装修标准

（1）生产、辅助生产及附属建筑的门窗选择应贯彻节能、降噪、实用、经济的原则，以中档水平为准；外墙装修材料宜以涂料为主，对于不适宜采用涂料的地区，需要考虑与周围建筑协调的建筑物，可采用普通面砖墙面，局部可采用一级材料装饰。

（2）辅助生产及附属建筑的装修标准可参照《火力发电厂建筑装修设计标准》(DL/T 5029）及《建筑内部装修设计防火规范》(GB 50222）的有关规定执行。

（3）原动机房、汽机房及控制室的建筑装修标准参见表 8.7-3。

表 8.7-3　　原动机房、汽机房及控制室建筑装修标准

名称	房间名称	楼、地面	墙面	墙裙/踢脚	顶棚或吊顶
原动机房、汽机房 ±0.00m	设备区域及其他区域	细石混凝土/环氧自流	乳胶漆	同楼地面	乳胶漆
	配电室、仪表盘间	地砖	乳胶漆	同楼地面	乳胶漆
	油箱间	防油地砖/金刚砂耐磨地坪	乳胶漆	同楼地面	乳胶漆

续表

名称	房间名称	楼、地面	墙面	墙裙/踢脚	顶棚或吊顶
原动机房、汽机房夹层	设备区域及其他区域	细石混凝土/环氧自流	乳胶漆	同楼地面	乳胶漆
	电缆夹层、管道间	细石混凝土	乳胶漆	同楼地面	乳胶漆
汽机房运转层及B～C跨	设备区域及其他区域	加厚防滑地砖/橡胶弹性地材	乳胶漆	同楼地面	乳胶漆
	集中控制室、工程师室等	花岗岩	金属装饰板/人造石、石材	同楼地面	铝合金吸声板吊顶
	电气房间	地砖	乳胶漆	同楼地面	乳胶漆
	电子设备间	防静电地砖/防静电活动地板	乳胶漆	同楼地面	矿棉装饰吸声板吊顶
	空调机房	细石混凝土（加防水层）	乳胶漆	同楼地面	乳胶漆
	封闭楼梯间	防滑地砖	乳胶漆	同楼地面	乳胶漆
	卫生间	防滑地砖	瓷砖	—	条形铝合金板吊顶

注　1. 进设备大门选用电动钢制折叠门或电动卷帘门。
2. 防火型涂料其燃烧性能等级应为A级。
3. 有腐蚀的房间门窗应采取防腐措施。

（4）附属建筑物的建筑装修标准参见表8.7-4。

表8.7-4　附属建筑物的建筑装修标准

名称	房间名称	楼、地面	墙面	墙裙/踢脚	天棚	外墙
生产行政办公楼	办公室、门厅楼梯间、走道	地砖	乳胶漆	同楼地面	矿棉装饰吸声板吊顶	面砖
	MIS机房通信机房	防静电活动地板	乳胶漆	同楼地面	矿棉装饰吸声板吊顶	
	试验室	地砖	乳胶漆	同楼地面	矿棉装饰吸声板吊顶	
	卫生间	防滑地砖	瓷砖	—	铝合金板吊顶	
夜班宿舍	夜班宿舍	地砖	乳胶漆	同楼地面	矿棉装饰吸声板吊顶	面砖
	卫生间	防滑地砖	瓷砖	—	铝合金板吊顶	
职工食堂	餐厅	防滑地砖	乳胶漆	同楼地面	铝合金板吊顶	面砖
	厨房	防滑地砖	瓷砖	—	铝合金板吊顶	
材料库	库房	水泥石屑/环氧自流平	乳胶漆	同楼地面	乳胶漆	外墙涂料
警卫传达室	值班室	全瓷地砖	乳胶漆	同楼地面	乳胶漆	花岗岩
	卫生间	防滑地砖	瓷砖	—	铝合金板吊顶	

注　表中没有的其他辅助及附属建筑装修标准可参照表内相应房间执行。

（四）分布式供能站建（构）筑物、房间的名称

1. 区域式分布式供能站建（构）筑物的名称

当区域式分布式供能站有院墙，且由各不同功能的建筑物组成时，供能站各建（构）筑物的名称应统一由总图专业根据表 8.7-5 确定。

表 8.7-5　区域式分布式供能站各建（构）筑物的名称

序号	建（构）筑物名称	其他名称	KKS编码	备　注
1	燃气机房	原动机房、燃气轮机房	UMB	燃气轮发电机组
2	汽机房	汽轮机房（室）	UMA	蒸汽轮发电机组
3	燃气锅炉房	尖峰、备用、应急锅炉房	UHA	燃气锅炉
4	制冷加热站	制冷机房、加热器间	UXK	制冷机、换热器
5	辅机房	辅机室、综合泵房	UQR	燃气锅炉、给水泵等
6	天然气调压站	天然气调压间、计量间	UEK01	
7	天然气增压站	天然气增压间、计量间	UEK02	
8	余热锅炉		UHR	（室外布置）
9	空压机室	空压机房	UQS	
10	化学水处理室	水处理间	UGD	含：酸碱计量间、酸碱贮存间、加氨间、加药间、水泵间、综合水泵房、化验室等
11	网络继电器楼	继电器室	UBB	含：继电器室、电缆夹层、蓄电池室、配电间、消防设备间、空调机房、工具间、交接班室、卫生间
12	燃机配电室	燃机配电小间	UBQ	
13	CEMS 小室	CEMS 小室	UBR	
14	办公楼	行政办公楼、生产办公楼	ZWA	含：门厅、会议室、办公室、财务、档案资料室、卫生间、开水间、清洁间
15	食堂	餐厅、饭店	ZWE	含：大餐厅、小餐厅、备餐间、主副食加工间、仓库、更衣间、卫生淋浴间
16	夜班休息室	倒班楼	ZWC	
17	材料库	一般器材库、精密器材库、特种材料库、油库	ZVQ	
18	检修间	检修室、工具间	ZXT	
19	警卫传达室	传达室	ZWC05	
20	循环水泵房	循环水泵间	UQS	循环水泵
21	消防水泵房	消防水泵间	ZWD	消防水泵
22	综合水泵房	综合水泵间	UQS	多种水泵
23	动力岛	燃气轮机、余热锅炉布置在室外，其他房间归纳为一个建筑物：辅机楼	UHU	

续表

序号	建（构）筑物名称	其他名称	KKS编码	备　注
24	辅机室	辅机建筑、辅机间、辅机楼、辅机房	ZQC	含：辅机间、备品备件间、控制室、交接班、电子设备间、办公室、会议室、档案资料室、夜班休息、卫生间等
25	冷却塔		UPG	

2. 楼宇式分布式供能站的房间名称

楼宇式分布式供能站无院墙，只是一个单体联合建筑，建筑名称定义为联合厂房。联合厂房有地上、地下或设在楼宇内三种位置。联合厂房内各房间的名称由建筑专业根据表 8.7-6 确定。

表 8.7-6　　联合厂房内各房间的名称

序号	房间名称	其他名称	KKS编码	备　注
1	内燃机间		UMJ	（或原动机房）
2	燃气锅炉间		UHA	
3	燃烧设备间		UMJ	内燃机＋燃气锅炉
4	制冷加热设备间		UXK	制冷机、热交换器
5	辅机间		UQR	泵、箱体、容器
6	变配电室		UBT	电气盘柜、变压器
7	控制室		UCB	
8	燃气计量间		UEK	
9	电子设备间		UBQ	电子设备、电气盘柜
10	备品备件间	材料间	UVQ	
11	办公室		ZWA01	
12	档案资料室		ZWA02	
13	会议室		ZWA03	
14	实验室		ZWA04	
15	交接班室		ZWC01	
16	夜班休息室		ZWC02	
17	卫生间		ZWC03	
18	食堂	餐饮间	ZWE	

注　楼宇式分布式能源站的建筑名称统称为“联合厂房”，采用 UUA 作为建筑分类码。

二、建筑布置要点

（一）区域式供能站原动机房

（1）原动机房火灾危险性为丁类及耐火等级为二级。

（2）所有电缆穿越楼板或墙体处，均采用相应耐火极限的不燃烧体（防火堵料）封堵。

（3）在楼梯、通道、疏散口设置导向标志，色彩醒目，位置适宜。

（4）为满足防火要求，装修材料全部采用非燃烧材料装修。集中控制室、电子计算机室、通信室的顶棚、楼梯间墙面装修材料应采用A级材料，地面及其他装修应采用不低于B1级材料。

（5）为检修、运行安全，凡楼地面人孔、吊装孔等均加设活动盖板或栏杆。

（6）泄压面积不小于原动机房建筑面积的10%。

（7）采光以自然采光为主，在自然采光做不到的区域，以人工照明为辅助照明。集中控制室的采光，以自然采光及人工照明相结合，照明设计不仅要满足照度要求，同时应避免眩光的产生。

（8）原动机房、办公楼及所有电气建筑的屋面防水等级为Ⅰ级，其他建筑物屋面防水等级为Ⅱ级，见《屋面工程技术规范》（GB 50345—2012）的要求。

（9）原动机房的屋面排水为有组织内排水，屋面雨水通过雨水管排至厂区排水系统。

（10）原动机房的底层等经常有冲洗要求的楼地面采用有组织排水，并根据需要设置防水层。

（11）原则以工艺设备本身的隔声降噪为主，结合厂房布置及相应厂区周边降噪要求，满足各类工作场所的噪声标准。本原动机房建筑外墙采用加气混凝土砌块（隔声效果大于40dB），不做特殊的隔声降噪处理。

（二）楼宇式供能站地上联合厂房

（1）为节省占地，宜将工程各建构筑物进行统一合并，按照功能规划出各自的区域。

（2）除了满足工艺要求，合理布局，立面要考虑与周边建筑风格的协调，色彩的和谐、建筑材料该如何搭配。

（3）冷却塔布置在建筑物的屋面，应考虑通风问题，考虑环保隔声降噪问题及去工业化问题。

（4）调压站与建筑物毗邻，外围采用透空钢栏杆、钢门，顶棚做钢结构防雨棚。

（5）调压站与建筑物毗邻的墙体，可采用钢筋混凝土防爆墙。

（6）装修材料全部采用非燃烧材料装修。集中控制室、电子计算机室、通信室的顶棚、楼梯间墙面装修材料应采用A级材料，地面及其他装修应采用不低于B1级材料。

（7）为检修、运行安全，凡楼地面人孔、吊装孔等均加设活动盖板或栏杆。

（8）采光以自然采光为主，在自然采光做不到的区域，以人工照明为辅助照明。构造不能开窗的房间采用人工照明。控制室的照明不仅要满足照度要求，同时应避免眩光的产生。通风以自然进风及机械通风方式相结合。

（三）楼宇式供能站地下联合厂房

（1）用地大小严格受限制，根据工程所有必须设计的功能，将建（构）筑物进行统一合并，按照各自功能规划出各自的区域。

（2）除了满足工艺要求，合理布局，对于出地面的楼梯间、通风孔、泄爆孔需要考虑与周边建筑风格的协调，色彩的和谐、建材的搭配，注意细部处理。

（3）建筑侧墙、顶棚的开孔要与工艺专业紧密配合，尽量避免开错、开漏对工程造成不必要的麻烦。

（4）联合厂房（地下布置）火灾危险性为丁类及耐火等级为二级。

（四）去工业化设计

随着时代的发展及人们审美需求的提高，建设方注重分布式供能站的外形形象建设，提出“去工业化”设计的思维。

1.“去工业化”设计的概念

（1）分布式供能站建筑的平面组织形式、层高、竖向布置等均不同程度地受到工艺要求的影响；建筑功能与形式的关系，应以功能为主，形式为辅；应与周围环境相协调。

（2）不应把“去工业化”设计理解为不惜成本，追求高级材料，过分强调建筑造型及装饰等不理性的设计思维，照搬民用建筑中的各种高级材料，如玻璃幕墙、高强镀铝锌板等材料，造成浪费。

（3）不宜过分强调建筑的外观形式。不惜代价，追求造型的个性化，违背功能需求，喧宾夺主，本末倒置。丧失了分布式供能站建筑原有的工业特色。

（4）人文关怀、以人为本，科学环保，厂区建筑除满足功能要求外，还应从人的舒适、健康需要出发。厂前区的清新整洁，生产区的朝气蓬勃，让员工置身建筑的良好环境中产生归属感和亲切感，提高员工的生活生产质量及工作效率。

2.“去工业化”设计的原则

（1）在建筑设计中，应充分保留其原形，从细节着手，比如运用建筑倒角、机械符号等手段，使设计形神兼备，充分体现分布式供能站独有的特色。

（2）人性化设计。如功能空间的人性化设计，建筑内部装修的人性化设计，色彩的人性化设计等。

（3）对不美观的构筑物进行遮挡修饰设计。根据项目特点，采用广告牌、灯光箱、企业标识板、降噪板等遮挡修饰烟囱、通风井等不美观构筑物。

（4）注重设计的文化内涵。充分发挥地区性的文化特点，将建筑的功能、特点与地域、民族、文化、企业相结合，发掘并塑造独特的企业形象、企业标识、丰富企业文化内涵，追求建筑与环境的整体协调。

（5）合理利用建筑材料。提倡合理的使用新技术、新材料，如水泥自然分色技术，在混凝土中加入稻谷灰等微量元素，达到自然着色的效果，不影响混凝土性能，给大体量的构筑物增添生动色彩。

（6）采用绿色建筑理念设计，在建筑的全寿命周期内，最大限度地节约资源（节能、节地、节水、节材）、保护环境和减少污染，为人们提供健康、安全、适用和高效的使用空间，与自然和谐共生的建筑。可通过以下方式实现：

1）优化建筑布局，整合全厂建筑，紧凑布置，控制用地指标。在总平面规划阶段，充分考虑单体建筑、道路、绿化、停车场等的紧凑布局，交通流线要短而便捷，到达节地节能，节省投资的目的。

2）利用太阳能、生物质能、风能、地热等可再生能源。比如在办公楼屋面安装太阳能板进行发电供室内照明。

3）采用可循环利用，可再生的建筑材料。比如尽量采用钢结构进行构架及围护设计，在设计中利用废旧木板、钢材做标识牌等。

4）中水、雨水回收再利用，利用人工湿地形成污水处理的生态系统。

5）利用屋面、平台、墙面等种植绿化，美化环境，净化空气。

三、建筑设计实例

（一）实例一：区域式分布式供能站原动机房建筑布置

西南地区某产业园区，规划容量为2×14.4MW燃气轮机组，分两期建设。

该工程的主要生产建筑，除了原动机房，还有燃气轮机配电小室、网络控制室、CEMS小室、制冷站、空气压缩机房、化学水实验楼、锅炉补给水车间、循环水泵房、循环水泵房配电间、循环水泵房加药间等；附属建筑有材料库、夜班休息、食堂、办公楼、警卫传达室等。

（1）原动机房结构。原动机房为钢筋混凝土框架结构，建筑的内外墙围护材料，采用加气混凝土砌块，这有利于建筑节能、环保、隔声降噪、降低工程造价。

（2）防火分区。防火分区设一个。

（3）水平交通。原动机房零米层，5～6轴之间布置了6m宽的检修场地并兼作横向通道，A排（外墙处）设置1个电动卷帘门（3600mm×3600mm），满足检修时车辆通行需要，同时设置了供人员疏散的疏散门。

（4）纵向通道。主入口位于主厂房A～B跨的固定端。原动机房B排设有一条1.600m宽的纵向通道，并在纵向通道的两端设置安全门。

（5）垂直交通。在固定端（B～C跨），布置一部封闭式楼梯间，可到达主厂房的±0.000、4.000、6.000、10.500m层及屋面；在扩建端（B～C跨），布置一部室外钢梯，可到达主厂房的±0.000、4.000、6.000、10.500m层及屋面（作为第二安全疏散及消防梯），两个安全疏散，满足相关规范。

（6）采光通风。采光以自然采光为主，在自然采光做不到的区域，以人工照明为辅助照明。集中控制室的采光，以自然采光及人工照明相结合，照明设计不仅要满足照度要求，同时应避免眩光的产生。

（7）通风。A排侧窗进风，通过6.000m层楼板（设置钢格栅及吊装孔等）进行通风，屋顶设置通风机械进行排风。

（8）卫生及生活设施。在原动机房固定端的±0.000m、6.000m层均设置了卫生间、洗手盆及污水池，以满足运行、检修人员的需要。

（9）门窗。A排外检修场地大门采用电动卷帘门。电气设备用房均采用乙级防火门。楼梯间的门采用乙级防火门，其他采用钢板门、木门等。窗采用断桥双玻铝合金窗。

（10）建筑立面。该工程供能站建设在市区内，建设方要求去除工业化是建筑专业应考虑的事情。立面设计要从体现简洁、明快、个性化的设计思路出发，运用虚实对比、节奏变化等，以达到较好的视觉效果，在色彩和建筑构图上，力求与厂区环境协调；注重建筑细部处理，外观独特利落。

（11）平面立面及剖面（见图8.7-1～图8.7-6）。

（二）实例二：区域式分布式供能站辅机楼建筑布置

四川某产业园区域式供能站，装机容量容量为2×7MW燃气轮机简单循环冷、热、电三联供机组，并配置3×15t/h燃气锅炉+2×4t/h燃气锅炉。

（1）燃气轮机、余热锅炉等布置在室外（动力岛形式）。

（2）冷却塔布置在辅机楼设备间的屋面。

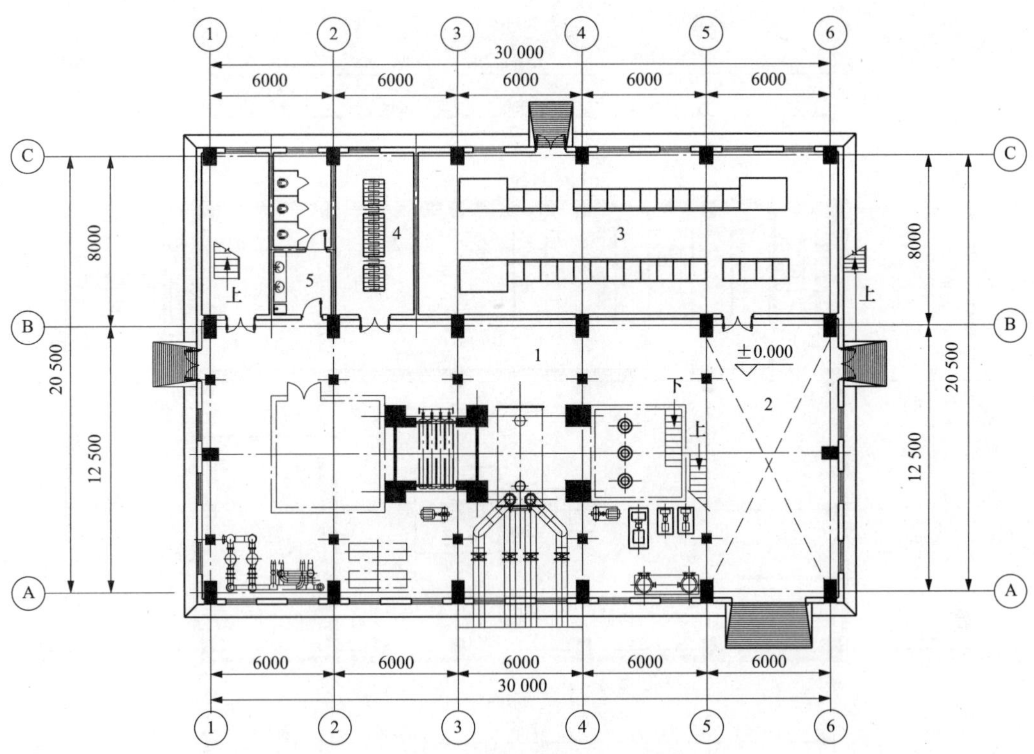

图 8.7-1　西南地区某产业园区域式供能站，原动机房（容量 1×14.4MW）±0.000m 层平面图

1—原动机房；2—检修场地；3—电气用房；4—蓄电池室；5—卫生间

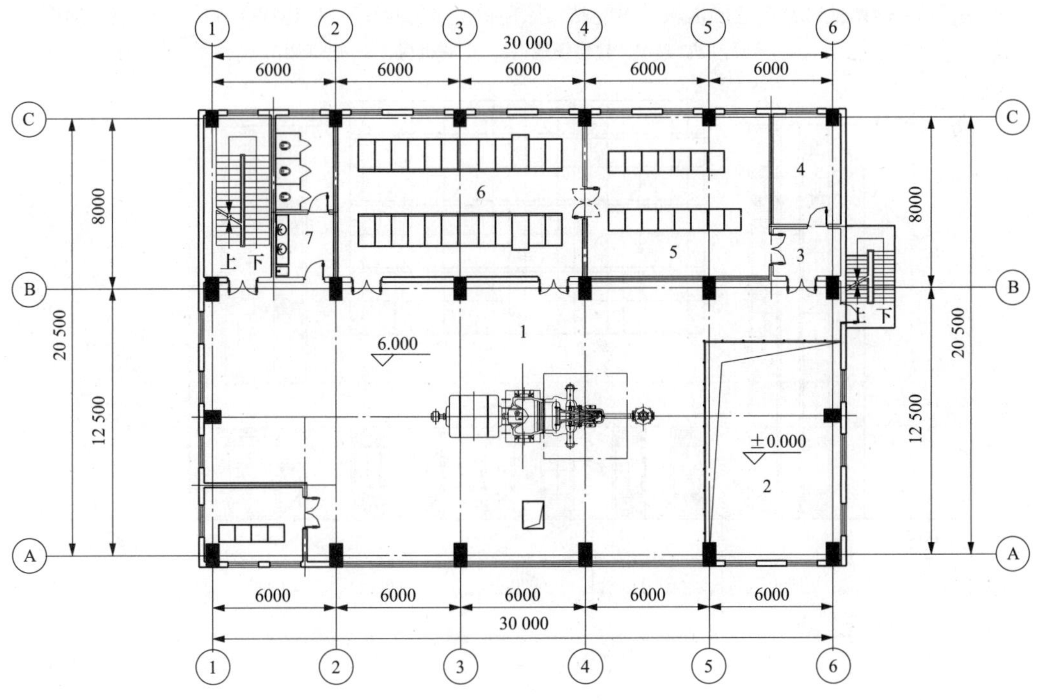

图 8.7-2　西南地区某产业园区域式供能站，原动机房（容量 1×14.4MW）6.000m 层平面图

1—原动机房；2—检修场地；3—隔声小间；4—交接班；5—集中控制室；6—电气用房；7—卫生间

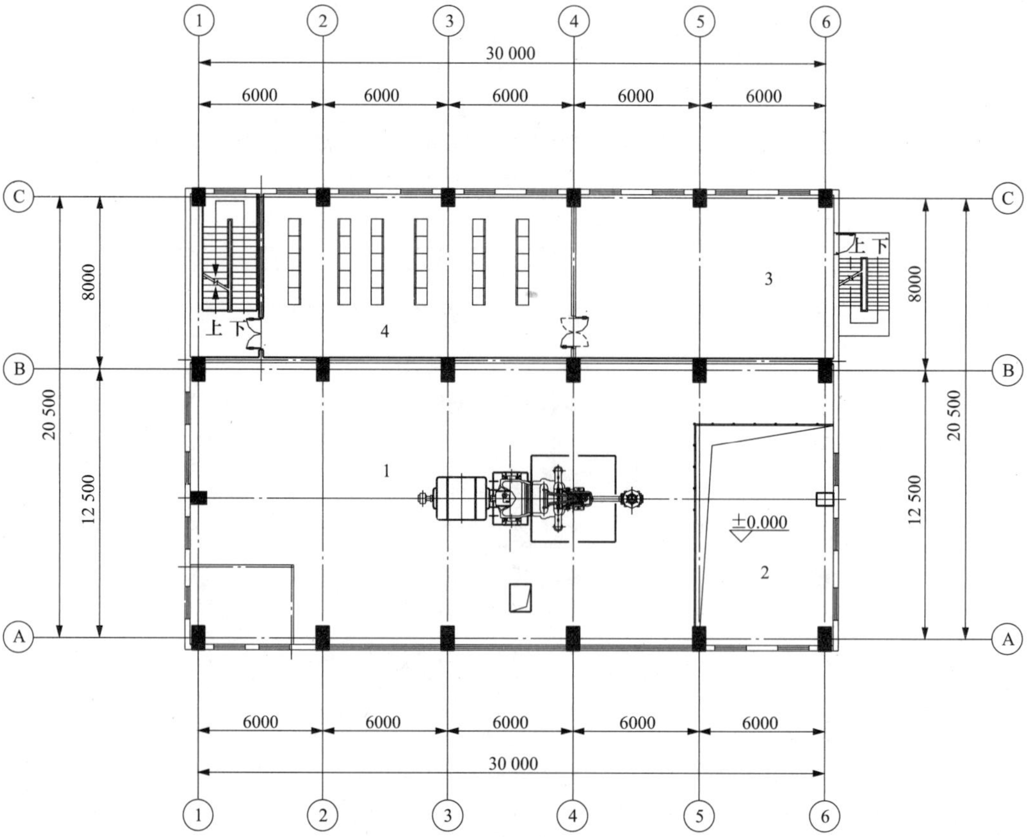

图 8.7-3 西南地区某产业园区域式供能站，原动机房（容量 1×14.4MW）10.500m 层平面图

1—原动机房；2—检修场地；3—空调机房；4—电气用房

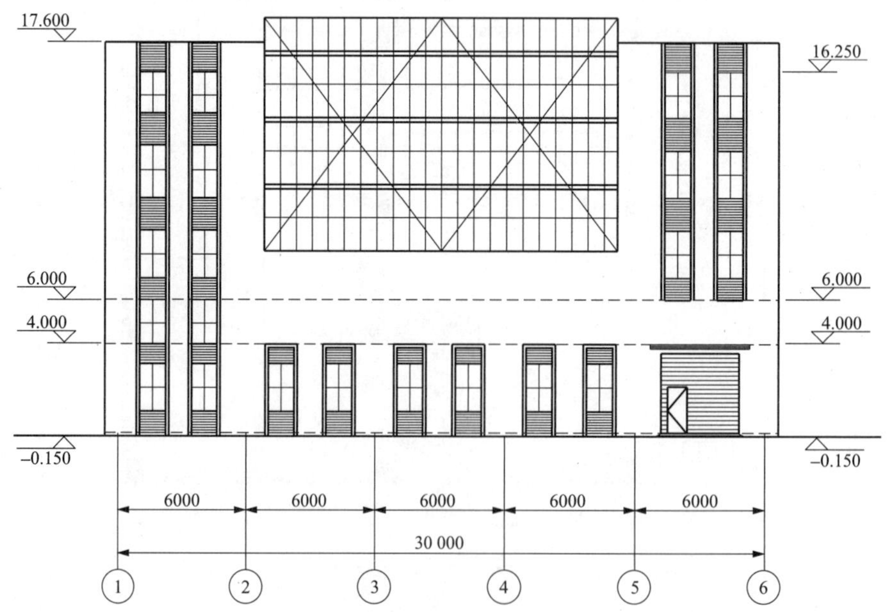

图 8.7-4 西南地区某产业园区域式供能站，原动机房（容量 1×14.4MW）1～6 轴立面图

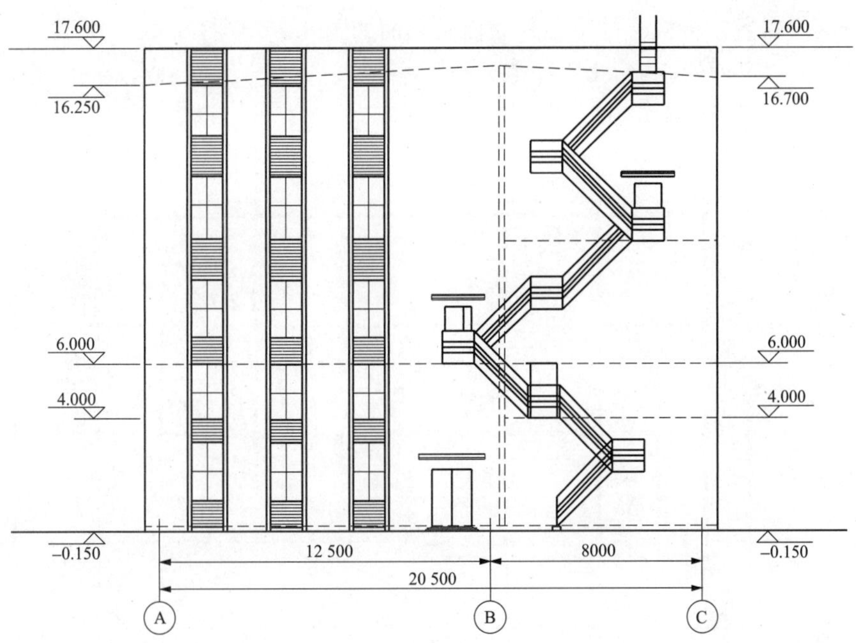

图 8.7-5　西南地区某产业园区域式供能站，原动机房（容量 1×14.4MW）A～C 轴立面图

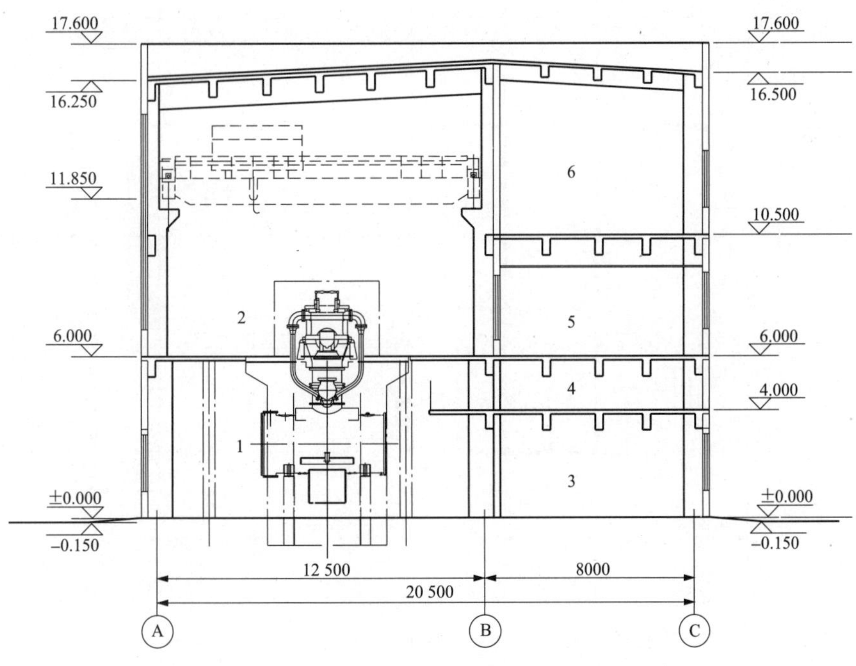

图 8.7-6　西南地区某产业园区域式供能站，原动机房（容量 1×14.4MW）剖面图

1—原动机房；2—运转层；3—电气用房；4—电缆夹层；5—集中控制室；6—空调机房

（3）供能站不再设其他单体的辅助附属性建筑物，而综合为一个建筑物，建筑物名称为

辅机楼，分两层布置。辅机楼的平面、立面及剖面如图 8.7-7～图 8.7-11 所示。

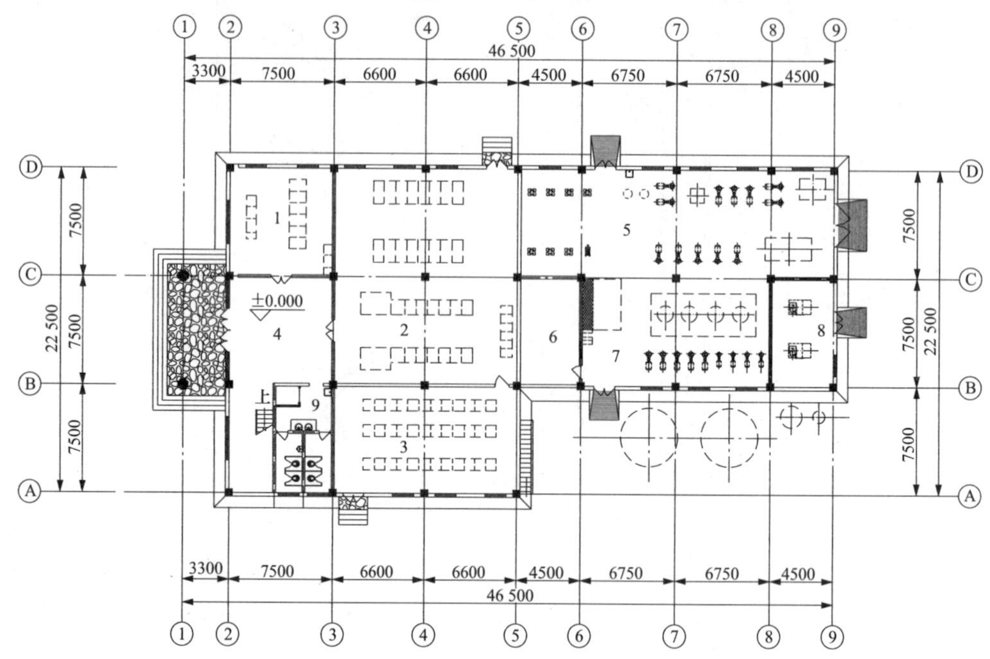

图 8.7-7　四川某产业园区域式供能站，辅机楼（容量为 2×7MW）±0.000m 层平面图

1—控制室；2—配电间；3—电子设备间；4—大厅；5—辅助设备间；6—化学取样；7—化学场地；8—空气压缩机房；9—卫生间

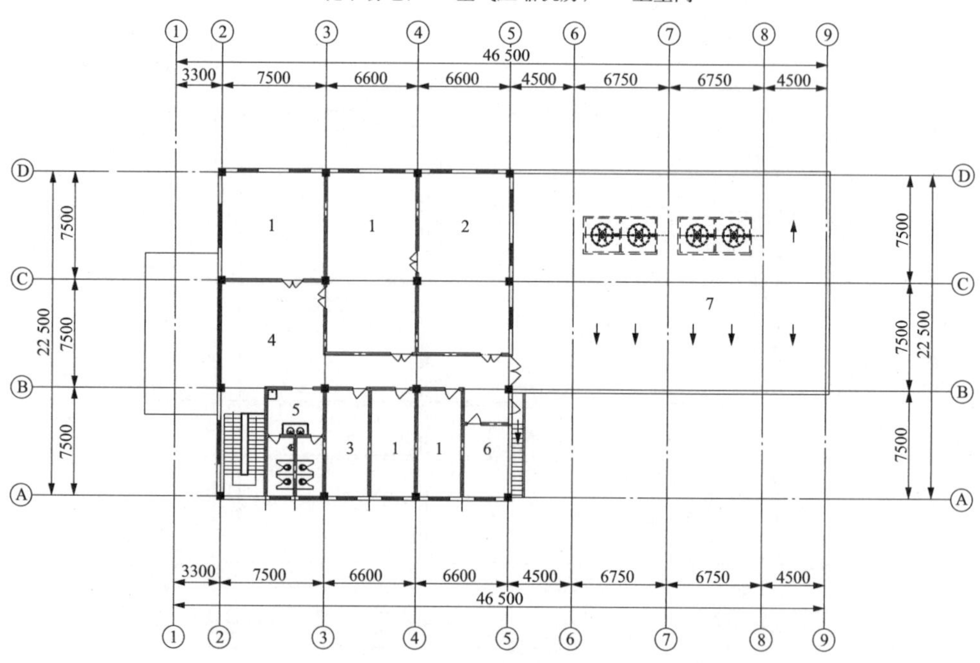

图 8.7-8　四川某产业园区域式供能站，辅机楼（容量为 2×7MW）4.500m 层平面图

1—办公室；2—会议室；3—资料室；4—大厅；5—卫生间；6—热工实验室；7—辅助设备间屋面

（三）实例三：楼宇式分布式供能站联合厂房（地上布置）的建筑布置

华东地区某大学楼宇式分布式供能站，联合厂房（布置在地上），装机容量为 5×4MW

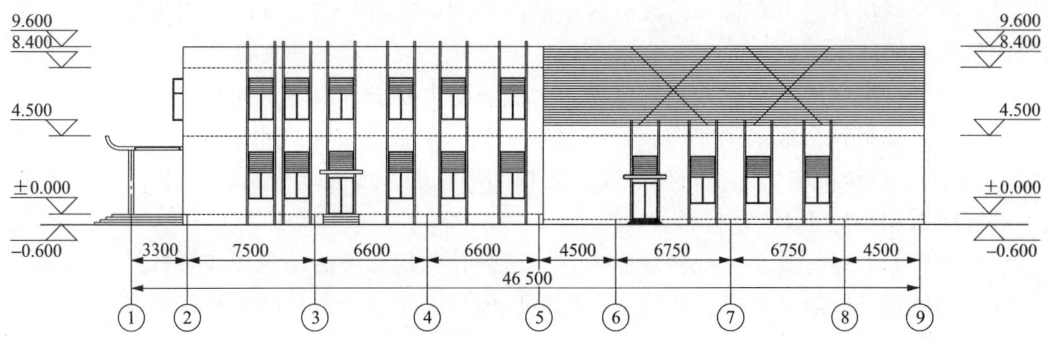

图 8.7-9　四川某产业园区域式供能站，辅机楼（容量为 2×7MW）1～9 轴立面图

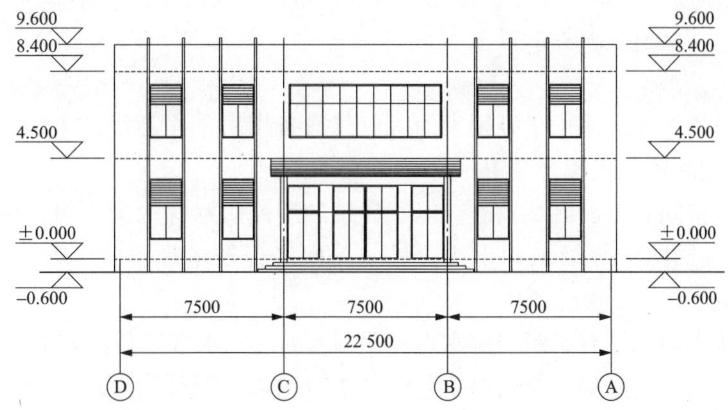

图 8.7-10　四川某产业园区域式供能站，辅机楼（容量为 2×7MW）D～A 轴立面图

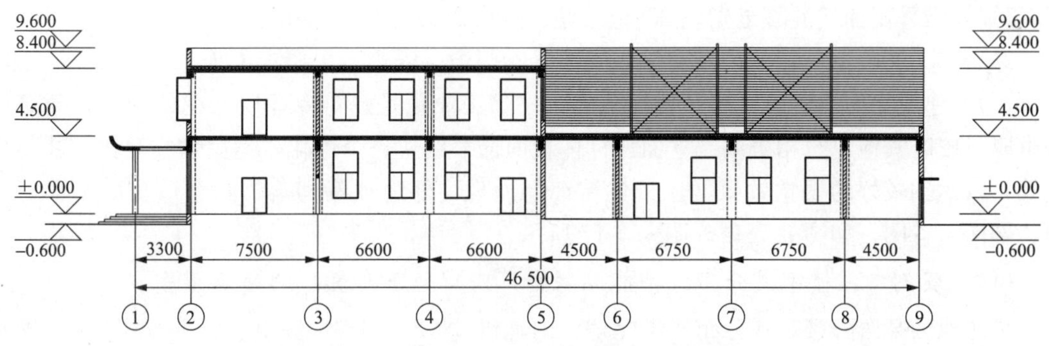

图 8.7-11　四川某产业园区域式供能站，辅机楼（容量为 2×7MW）剖面图

级燃气内燃发电机组。

（1）17.000m 层辅机间一个防火分区（建筑面积 735m^2<1000m^2）；电气用房一个防火分区（建筑面积 896.4m^2<1000m^2）；11.000m 层燃烧设备间一个防火分区（建筑面积 735m^2<1000m^2）。

（2）每个防火分区均布置一部直接通往室外的安全疏散楼梯，同时设置了第二安全疏散。

(3) 联合厂房(地下布置)防火分区上的门采用甲级防火门;配电间、电缆竖井、楼梯间等门采用乙级防火门。

(4) 联合厂房(地下布置)室内装修:为满足防火要求,以建筑内部装修设计防火规范为依据,其装修材料全部采用非燃、难燃材料装修。集控室、电气继电器室、电子设备间、10kV配电间、低压配电室、值班休息室、楼梯间等顶棚、墙面装修材料采用A级,地面及其他装修应采用不低于B1级材料。

(5) 为检修、运行安全,凡楼地面人孔、吊装孔等均加设活动盖板或栏杆。

(6) 燃烧设备间防爆泄爆:燃烧设备间泄压面积大于燃烧设备间建筑面积10%。

(7) 采光以人工照明为主,自然采光为辅,控制室的照明不仅要满足照度要求,同时应避免眩光的产生。

(8) 采用机械通风方式,在各层合理位置分别布置进风孔及排风井。

(9) 电气楼、办公区分别布置卫生间、洗手盆及污水池,以满足运行、检修人员的需要。

(10) 运送设备的大门采用平开钢大门。电气设备用房采用乙级防火门。其他采用钢板门、木门等。采用断桥双玻铝合金窗。

(11) 燃烧设备间、办公区域及所有电气建筑的屋面防水等级为Ⅰ级。联合厂房包含上述内容,该建筑屋面防水等级采用Ⅰ级,见《屋面工程技术规范》(GB 50345—2012)的要求。

(12) 屋面排水均采用有组织内排水,屋面雨水通过雨水管排至厂区排水系统。

(13) 联合厂房隔声降噪。原则以工艺设备本身的隔声降噪为主,结合厂房布置及相应厂区周边降噪要求,满足各类工作场所的噪声标准。由于该工程联合厂房布置在校区内,对噪声控制要求较高。建筑采取隔声降噪的方式:

1) 外墙采用加气混凝土砌块250mm厚(隔声效果远大于40dB)。

2) ±0.000m层外墙的门及窗采用隔声降噪门窗(隔声效果要求大于25dB)。

(14) 建筑立面。联合厂房布置在校区,去除工业化是建筑专业应考虑的问题,建筑风格也应与校区其他建筑相协调。立面设计体现简洁、明快、个性化,运用虚实对比、节奏变化等,以达到较好的视觉效果,注重建筑细部处理,外观独特利落。联合厂房的平面、立面、剖面布置图,如图8.7-12~图8.7-17所示。

(四) 实例四:楼宇式分布式供能站联合厂房(地下布置)的建筑布置

华北地区某医院楼宇式分布式供能站,内燃机2×2.5MW,装机容量为5MW。是独立的综合性的地下建筑。建筑物名称为联合厂房(地下布置)。

(1) 该建筑火灾危险性为丁类,耐火等级为二级。

(2) 防火分区:燃烧设备间一个防火分区,电制冷及泵间一个防火分区,电气楼一个防火分区,办公区域一个防火分区,共计4个防火分区,满足《建筑设计防火规范》(GB 50016)的相关要求。

(3) 燃烧设备间防爆泄爆:燃烧设备间泄压面积应大于燃烧设备间建筑面积10%。

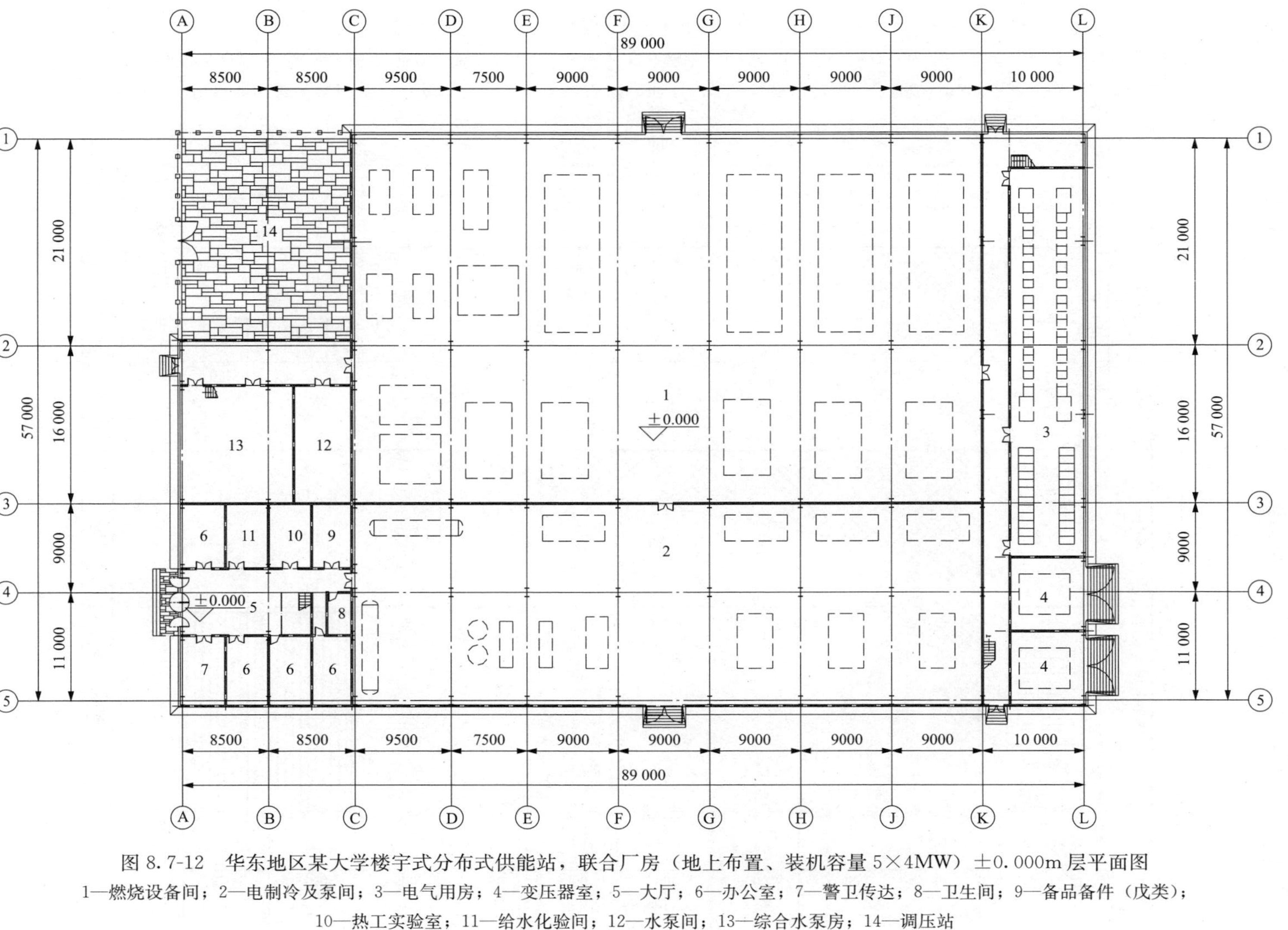

图 8.7-12 华东地区某大学楼宇式分布式供能站，联合厂房（地上布置、装机容量 5×4MW）±0.000m层平面图

1—燃烧设备间；2—电制冷及泵间；3—电气用房；4—变压器室；5—大厅；6—办公室；7—警卫传达；8—卫生间；9—备品备件（戊类）；10—热工实验室；11—给水化验间；12—水泵间；13—综合水泵房；14—调压站

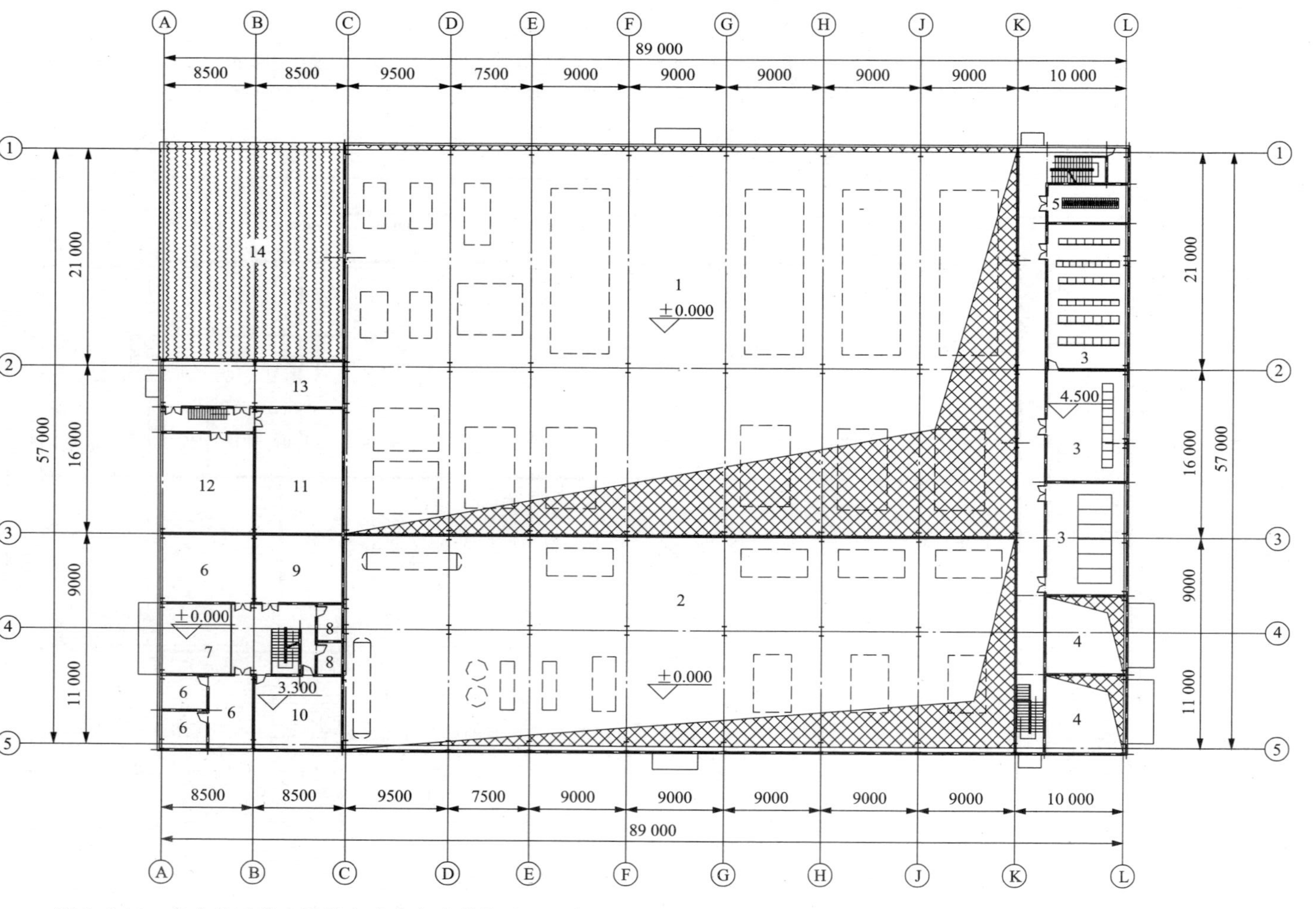

图 8.7-13 华东地区某大学楼宇式分布式供能站，联合厂房（地上布置、装机容量 5×4MW）3.300m、4.500m层平面图

1—燃烧设备间上空；2—电制冷及泵间上空；3—电气用房；4—变压器室；5—蓄电池室；6—办公室；7—大厅上空；8—卫生间；9—会议室；10—夜班休息室；11—脱销间；12—化学用房；13—配电间；14—调压站遮雨棚

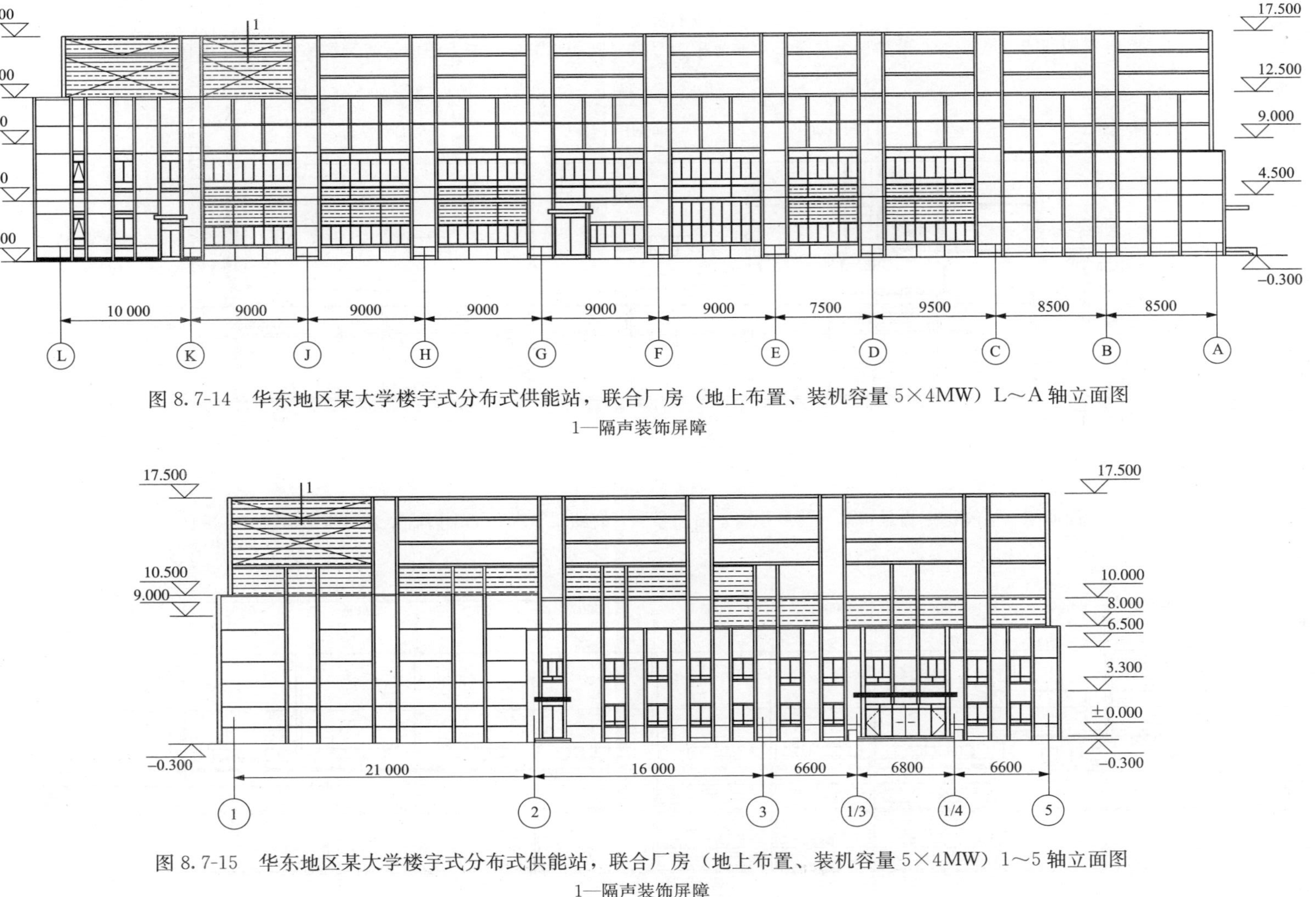

图 8.7-14　华东地区某大学楼宇式分布式供能站，联合厂房（地上布置、装机容量 5×4MW）L～A 轴立面图

1—隔声装饰屏障

图 8.7-15　华东地区某大学楼宇式分布式供能站，联合厂房（地上布置、装机容量 5×4MW）1～5 轴立面图

1—隔声装饰屏障

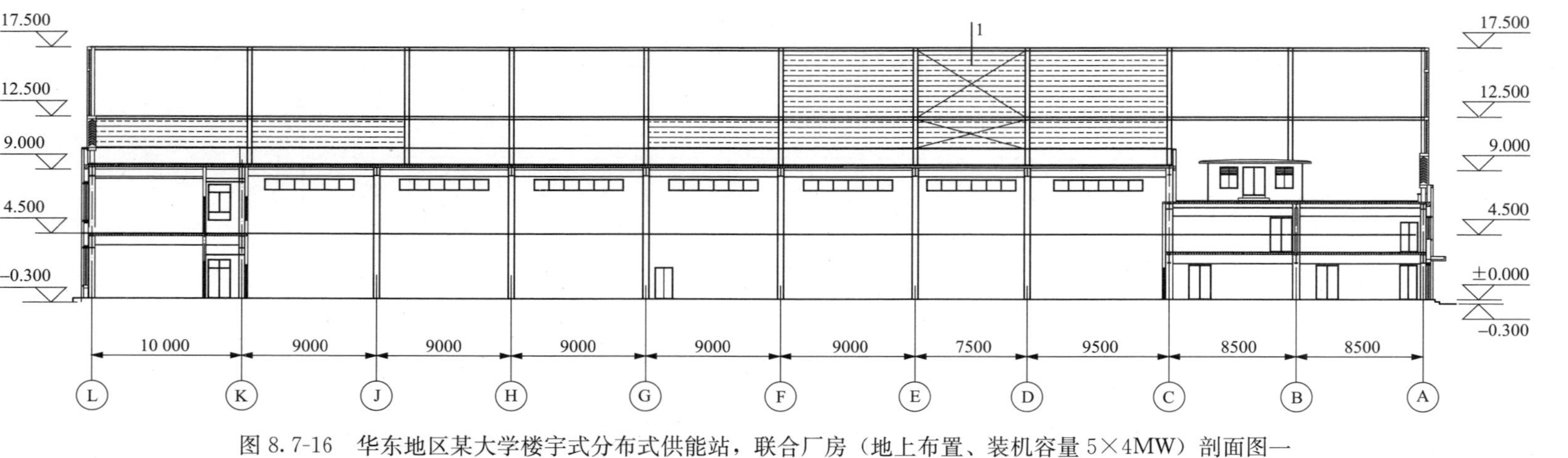

图 8.7-16 华东地区某大学楼宇式分布式供能站，联合厂房（地上布置，装机容量 5×4MW）剖面图一

1—隔声装饰屏障

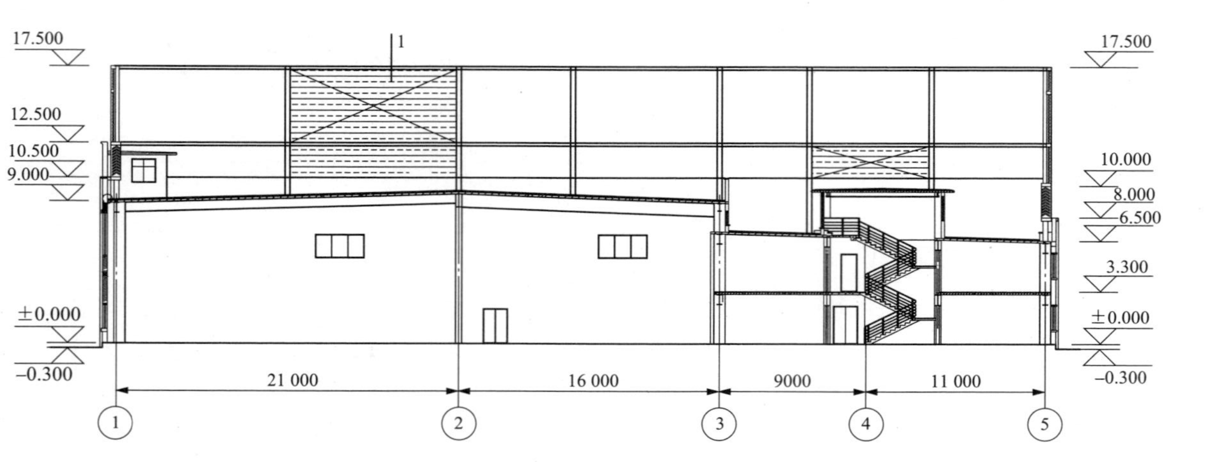

图 8.7-17 华东地区某大学楼宇式分布式供能站，联合厂房（地上布置，装机容量 5×4MW）剖面图二

1—隔声装饰屏障

(4) 安全疏散：燃烧设备间设置 4 个安全疏散门，电制冷泵间设置 3 个安全疏散门。电气楼设置 3 个安全疏散门，两部楼梯。办公区域设置 2 个安全疏散门，一部楼梯同时可通往屋面。

(5) 冷却塔布置在西侧建筑物的屋面。烟囱矗立在北侧建筑物外墙。

(6) 电气楼－6.600m 层、－11.000m 层分别布置卫生间、洗手盆及污水池，以满足运行、检修人员的需要。

(7) 地下防水：联合厂房为地下建筑，防水等级为一级。节点构造见《地下建筑防水构造》建筑图集。

(8) 隔声降噪及建筑构造：联合厂房的隔声降噪方式以工艺设备本身的隔声降噪为主，结合厂房布置，采取相应的降噪措施，以满足各类工作场所的噪声标准。平面、立面、剖面布置图，如图 8.7-18～图 8.7-21 所示。

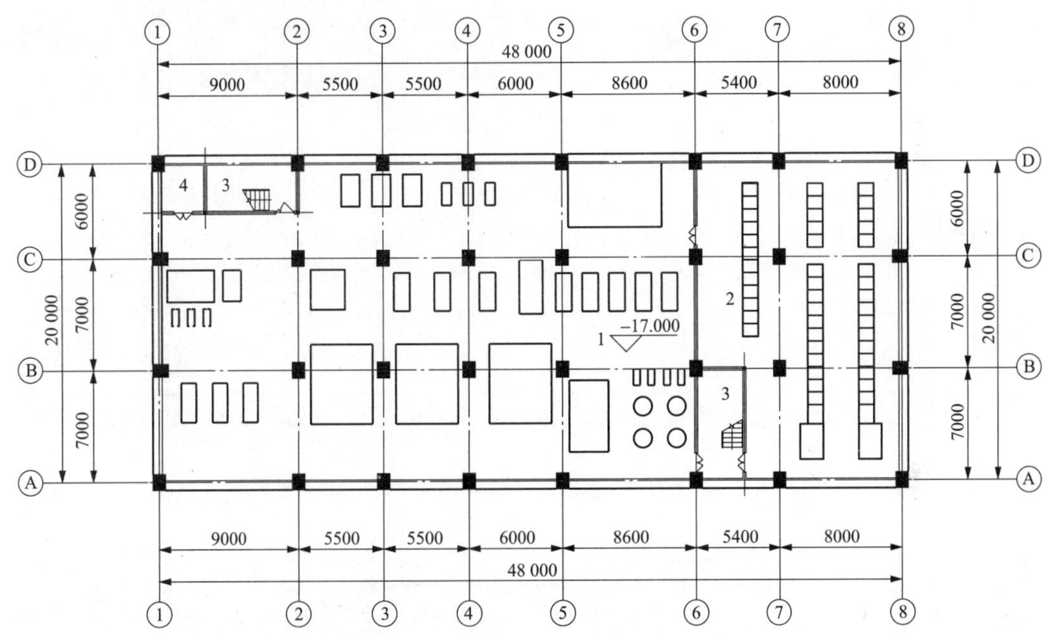

图 8.7-18 联合厂房（地下布置、装机容量 2×2.5MW）－17.000m 层平面图

1—辅机间；2—电气用房；3—楼梯间；4—工具间

四、结构设计通用规定

(1) 楼宇式供能站的设计使用年限应与主体建筑相同，改扩建楼宇式供能站的设计使用年限，应由业主与设计单位共同商定。分布式供能站建（构）筑物的结构设计使用年限，除临时性建构筑物外，应为 50 年。

(2) 楼宇式供能站布置在主体建筑内，其安全等级应与主体建筑一致；区域式供能站，其建（构）筑物安全等级为二级。

(3) 楼宇式供能站的抗震设防类别应与主体建筑相同。区域式分布式供能站的主要生产、辅助及附属建（构）筑物的建筑抗震设防类别为丙类，其中的一般材料棚库、站区围墙、自行车棚等次要建筑的建筑抗震设防类别为丁类。

(4) 分布式供能站的建（构）筑物活荷载可参考《火电厂和核电厂常规岛主厂房荷载设

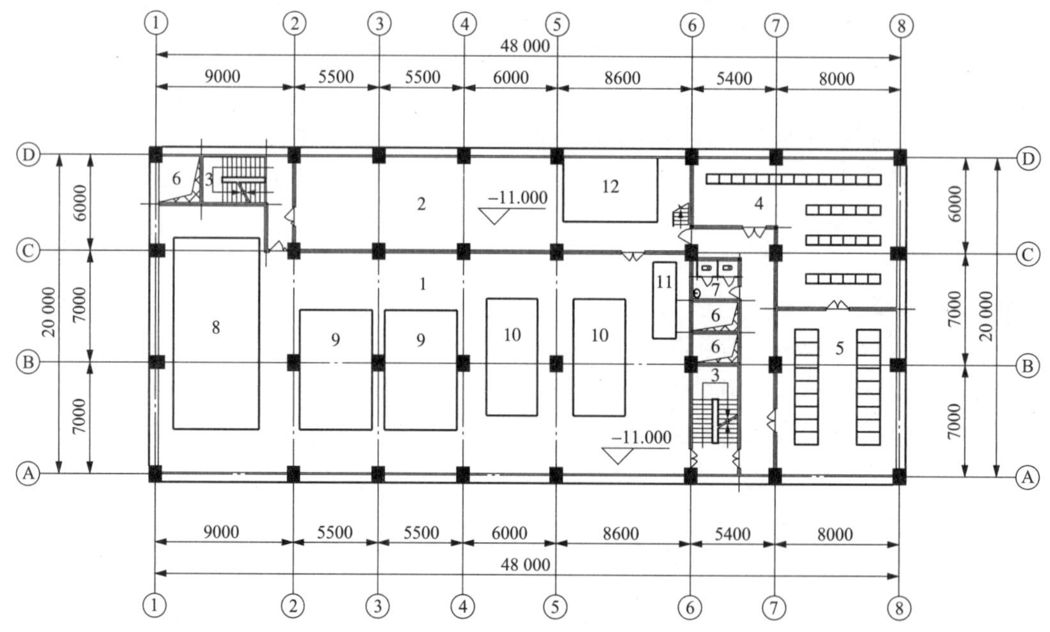

图 8.7-19 联合厂房（地下布置、2×2.5MW）－11.000m 层平面图

1—燃烧设备间；2—水泵间；3—楼梯间；4—电子设备间；5—配电间；6—风道；7—卫生间；8—内燃机；9—溴化锂机组；10—热水锅炉；11—蒸汽锅炉；12—吊装孔

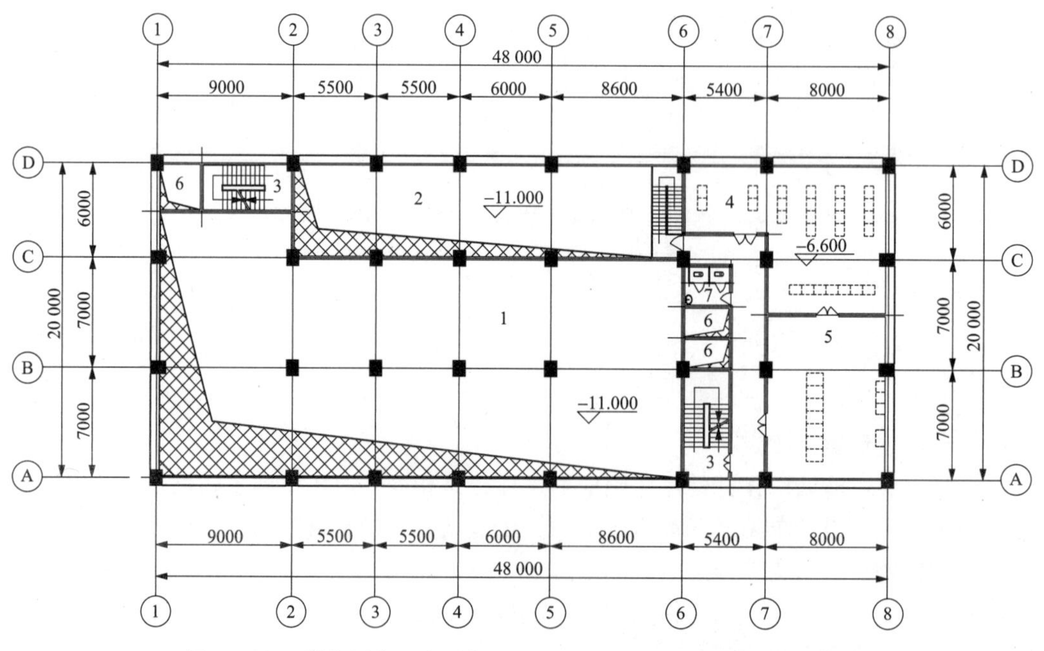

图 8.7-20 联合厂房（地下布置、2×2.5MW）－6.600m 层平面图

1—燃烧设备间上空；2—水泵间上空；3—楼梯间；4—电气用房；5—集控室；6—风道；7—卫生间

计技术规程》(DL/T 5095)。

(5) 一些位于市区的供能站建筑采用去工业化设计时，现行的荷载规范不能提供合适的

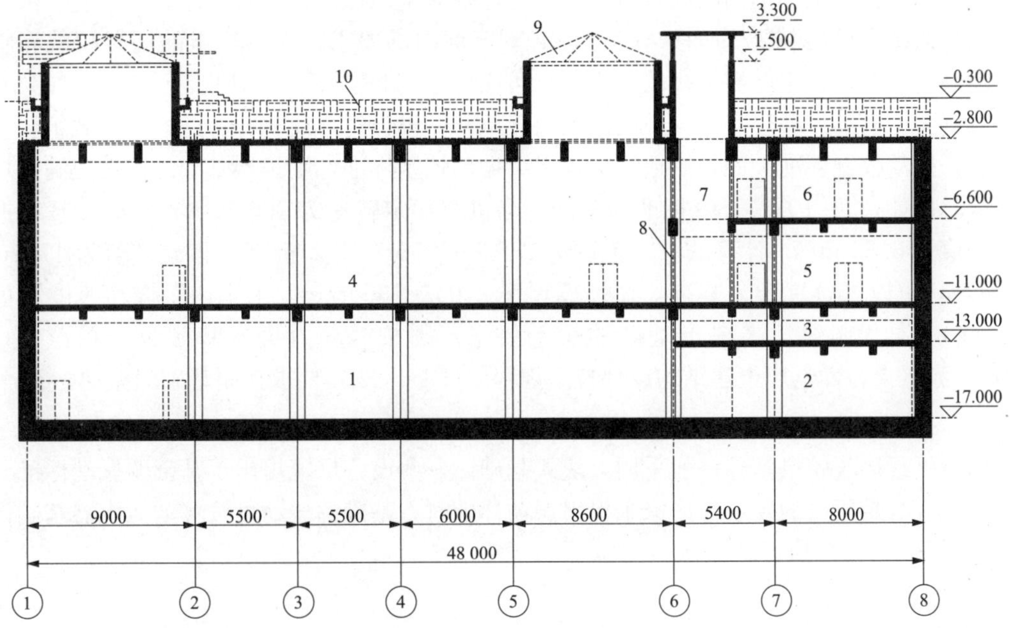

图 8.7-21　联合厂房（地下布置、2×2.5MW）−11.000m 层平面图

1—辅机间；2—电子用房；3—电缆夹层；4—燃烧设备间；5—配电间；6—集中控制室；7—风道；8—防火墙；9—泄爆孔；10—土壤

体形系数、风振系数等，此时应通过风洞试验的方法获取这些与风荷载有关的数据。

五、结构设计要点

（一）区域式供能站

1. 汽机房

汽机房宜采用现浇钢筋混凝土框排架结构，各层楼面采用钢梁现浇板，屋面采用实腹钢梁或钢屋架。区域式供能站的汽机房规模较小，可不设变形缝，结构单元较长时，在构造上考虑温度的作用。

2. 燃气轮机厂房

燃气轮机厂房可采用钢结构。单独的燃气轮机厂房一般为单层厂房，单层钢结构厂房的设计可采用柱脚刚接的排架形式，但该形式由于柱脚刚接，构造比较复杂。单层钢结构工业厂房的结构形式，也可以采用铰接加支撑的方式，即柱脚、梁与柱均为铰接，水平力通过屋面系统传递到山墙，在山墙设置竖向支撑将水平力传至基础。这种结构形式传力直接、构造简单。

3. 汽轮机基础

（1）模型。现浇钢筋混凝土汽轮机基础是国内外普遍采用的结构形式，由于工艺布置原因，一些基础具有框架的特点，而一些基础不具有框架的特点。对于具有框架特点的基础，可以采用杆系模型，对于不具有框架特点的基础，宜采用有限元实体模型。分布式供能站的汽轮机，其转速一般为 3000r/min，属高频旋转机器。根据大量研究成果，当机器转速在 3000r/min 左右时，地基与结构相互作用对基础振动的影响十分有限，因此基础动力分析时，可将底板作为上部结构的固定点，不考虑地基对基础振动的影响。

（2）荷载。机器制造厂应按（GB 50040）等标准的要求，提供机组的运行荷载和临时安装荷载。当制造厂不能提供机器扰力时，可按《动力机器基础设计规范》（GB 50040）计算机器扰力。有的设备厂家会提出固定的荷载组合，设计时，应充分考虑这些荷载组合。

（3）振动控制标准。如果制造厂家提出了振动控制标准，则机器基础的振动应满足厂家的要求。比如，西门子以 ISO 标准为基准，当机组额定转速为 3000r/min 时，A/B 级振动速度限值为 3.8mm/s，计算的频率范围为 2700～3450r/min，折算位移允许值为 17.1um；ALSTOM 也以 ISO 标准为基准，在计算频率 2700～3300r/min 范围内，振动速度限值为 3.8mm/s。如果制造厂未提出基础的振动要求，则按《动力机器基础设计规范》（GB 50040）和《火力发电厂土建结构设计技术规程》（DL 5022）要求控制基础的振动。

4. 燃机基础

内燃机或燃气轮机基础一般采用大块式基础。一些设备厂家提出了基础的振动标准，基础设计时应满足厂家的要求；厂家未提出振动标准时，基础的振动可按《动力机器基础设计规范》（GB 50040）执行。

5. 室内 GIS 基础

GIS 基础不均匀沉降过大会发生 GIS 设备内 SF_6 气体泄漏而影响设备性能，一般情况下，设备厂家均提出不均匀沉降的要求。由于设备对差异沉降要求较高，在地基条件较差时，宜采用钢筋混凝土板式基础，以协调差异沉降。

当设备厂家未提出差异沉降要求时，GIS 基础的沉降可按《变电站建筑结构设计规程》（DL/T 5457）取值。

6. 变压器基础

变压器基础一般采用现浇钢筋混凝土结构，其水平外形尺寸由工艺专业提供。变压器基础油坑深度应根据工艺专业提出的贮油量要求计算。

油坑侧壁高出地面 100～150mm，油坑底部为贮油区，贮油区顶用格栅板上铺不小于 250mm 厚的卵石层，卵石直径宜为 50～80mm。变压器油坑内应设置集油坑，并应有将事故油排至事故油池的设施。

（二）楼宇式供能站

1. 新建楼宇式供能站

独栋新建楼宇式供能站，当采用地上结构时，宜采用钢筋混凝土结构，也可采用钢结构；当采用地下结构时，应采用钢筋混凝土箱形结构；当上部结构带有地下室时，地下结构应采用钢筋混凝土箱形结构。

为方便施工及加快工程进度，供能站的各层楼面宜采用钢梁现浇板结构，必要时可采用压型钢板底模。

新建楼宇式供能站位于主体建筑内，供能站的设备一般布置在主体建筑的楼、地面上，对于动力机器，设备运转引起的振动会通过楼、地面向整个建筑传递，建筑振动超过限值时，会影响居住人员的健康。因此，供能站的动力机器基础设计时，应准确评估机器振动对建筑的影响，当振动影响超过规定的标准时，设备基础应进行隔振设计。

对主体建筑的振动评估是异常复杂的，并具有相当的不确定性，因此应尽量简化设计，采用隔振基础。

2. 改扩建楼宇式供能站

在现有楼宇内改扩建供能站时，需要对原有结构进行改造加固。结构在改造加固前，应根据建筑物的种类，分别按照《工业厂房可靠性鉴定标准》（GB 50144）和《民用建筑可靠性鉴定标准》（GB 50292）进行可靠性鉴定。当与抗震加固结合进行时，尚应按《建筑抗震设计规范》（GB 50011）或《建筑抗震鉴定标准》（GB 50023）进行抗震能力鉴定。

楼宇式供能站的改扩建的结构设计，宜由原主体结构设计单位完成，结构宜采用整体分析的方法，结构的非抗震设计应按现行国家标准。

当改扩建的供能站独立成体系时，该体系的抗震设计应满足《建筑抗震设计规范》（GB 50011）的要求。当改扩建部分在结构上不独立于主体结构时，应同时满足下列三个要求，否则，整个建筑应满足《建筑抗震设计规范》（GB 50011）的要求：

（1）改、扩建部分符合新建建筑结构的要求。

（2）改、扩建后现有建筑结构中的任一结构构件的地震作用不增加，或构件在承受增加的地震作用后仍符合抗震规范的规定。

（3）改、扩建部分不应导致现有建筑结构任一结构构件抗震能力的降低，或构件的抗震能力不低于对新建建筑结构的抗震要求。

第八节　供暖通风与空调

为了保证燃气分布式供能站生产工艺系统的安全稳定运行，为生产、维护、运行人员提供安全、卫生、健康、舒适的工作环境，按照相关国际、行业和地方的法律法规要求，结合具体项目的工艺特点及所在地区的自然条件，为燃气分布式供能站各生产建筑、生产辅助及附属建筑设计相应的供暖、通风、空气调节与防火排烟系统设施。

燃气分布式供能站暖通专业的设计范围主要包括主厂房、各类电气设备间、各类化学及水工建筑、制冷加热站、办公生活楼等生产建筑、生产辅助及附属建筑的通风和空气调节系统设计。

一、主要设计参数

1. 室外气象参数

燃气分布式供能站所在区域的室外气象参数摘录《工业建筑供暖通风与空气调节技术规范》（GB 50019）附录 A。

2. 室内设计参数

燃气分布式供能站室内设计参数按《发电厂供暖通风与空气调节设计规范》（DL/T 5035—2016）中的有关规定执行。详见表 8.8-1。

二、供暖

（一）一般规定

（1）燃气分布式供能站所在区域累年日平均温度不超过 5℃的天数不应少于 90d 时，宜采用集中供暖。

表 8.8-1　　燃气分布式供能站主要建筑室内设计参数

建筑物名称	夏季		冬季		新风量 [m³/(h·人)]
	温度（℃）	相对湿度（%）	温度（℃）	相对湿度（%）	
燃气增压机间	≤40		5		
燃气计量间	≤45				
原动机房	≤40				
制冷供热站	≤40		5		
高压配电间	≤35				
低压配电室	≤35				
GIS 配电装置室	≤35				
电抗器小室	≤35				
蓄电池室	≤30		20		
直流屏室	26	≤70	18～20		
继电器室	24～28	40～65	18～22	40～65	
电子设备间	26±1	50±10	20±1	50±10	
控制室	24～28	40～65	18～22	40～65	≥30
工程师室	24～28	40～65	18～22	40～65	≥30
交接班过厅、交接班会议室及更衣室	24～28	40～65	18～22	40～65	≥30
水泵房	≤40		5（经常无操作） 15（经常有人操作）		
水处理车间	≤40		16		
酸碱计量间	≤35		10		>15 次/h
分析室、试验室	25～27	≤70	18～20		≥30
空气压缩机室	≤40				
各休息室、值班室、办公室、会议室等	25～27	≤70	18～20		

（2）燃气分布式供能站所在区域符合下列条件之一的，且采用余热供暖或经济条件许可时，可采用集中供暖：

1）累年日平均温度不超过 5℃的天数为 60～89d。

2）累年日平均温度不超过 5℃的天数不足 60d，但累年日平均温度不超过 8℃的天数不应少于 75d。

（3）燃气分布式供能站位于严寒地区和寒冷地区时，在非工作时间或中断使用的时间内，当室内温度需要保持在 0℃以上，而利用房间蓄热量不能满足要求时，应按 5℃设置值班供暖。当工艺或使用条件有特殊要求时，可根据需要另行确定值班供暖所需维持的室内温度。

（4）燃气分布式供能站内主机房的供暖设备应以散热器为主，暖风机为辅。冬季供暖室外计算温度不高于－20℃的地区，经常开启且无门斗或室外主机房大门宜设置热空气幕。

(5) 燃机房、直燃机房、燃气或燃油锅炉房内设置于爆炸危险区域的暖风机应采用防爆型，其风机与电动机应直接连接。

(二) 区域式燃气分布式供能站

(1) 区域式燃气分布式供能站厂区内供暖宜采用热水，燃机房、燃油泵房、油处理室、天然气调压站内严禁采用明火供暖。

(2) 区域式燃气分布式供能站内主机房供暖宜按维持室内温度5℃计算围护结构热负荷，计算式不考虑设备、管道散热量。

(3) 天然气调压站的设计温度应能保证调压站的活动部件正常工作。需要设计供暖系统时，供暖热媒宜采用热水，采用电暖气时应选用防爆型电暖气设备，电暖气设备的外壳温度不得大于115℃，电暖气设备应与调压设备绝缘。天然气调压站内的供暖设计及附件应采取防腐措施。

(4) 位于严寒、寒冷地区的区域式燃气分布式供能站宜设置独立的厂区内供暖换热站。

(三) 楼宇式燃气分布式供能站

(1) 楼宇式燃气分布式供能站主机房及各附属车间热负荷计算时，供暖室内计算温度参照表8.8-1。

(2) 楼宇式燃气分布式供能站站内各建筑供暖系统应与供能站对外供暖系统统一设置供暖加热站。

三、通风

(一) 一般规定

(1) 燃气分布式供能站内各建筑宜设计自然通风，当自然通风不能满足要求时，应设计机械通风系统。

(2) 燃气分布式供能站采用季节通风时，通风系统的设计及进、排风口位置设置应满足《工业建筑供暖通风与空气调节设计规范》(GB 50019—2015) 的有关规定。

(3) 事故通风的通风机，应分别在室内和室外便于操作的地点设置开关。

(二) 燃机房等燃气设备间通风

(1) 设置燃气管道或设施的房间，其送排风系统应独立设置，送排风设备应采用防爆型。如燃机房、燃气调压间、增压间、计量间通风系统的设计应符合下列要求：

1) 通风系统应独立设置。

2) 通风系统应兼顾正常通风和事故通风，事故通风机应在可燃气体浓度达到其爆炸下限浓度的25%时启动运行。

3) 通风设备应采用防爆型。

(2) 燃烧设备间的送风量应包括下列部分：

1) 燃烧设备所需要的助燃空气量。

2) 排除室内设备散热量所需空气量。

3) 满足通风换气次数要求。

(3) 燃气分布式供能站位于严寒及寒冷地区时，冬季燃烧设备所需的燃烧空气可采用室内取风，采用室外取风时是否需要经过余热需要根据燃烧空气温度对燃烧设备效率的影响，经过经济技术比较后确定。

(4) 燃机房、燃气调压间、增压间、计量间及敷设燃气管道的房间，首先应根据工艺要求计算通风量，同时通风换气次数应满足表 8.8-2 中的要求。

表 8.8-2 燃气分布式供能站主要设备间通风换气次数表

位置	燃气压力 p(MPa)	房间	通风换气次数（次/h）		
			正常通风	事故通风	不工作时
建筑物内	$p \leqslant 0.4$	燃机房	6	12	3
		燃气调压站、增压间、计量间	3	12	3
		敷设燃气管道的房间	3	6	3
	$0.4 < p \leqslant 1.6$	燃机房	9	18	3
		燃气调压站、增压间、计量间	5	18	3
		敷设燃气管道的房间	5	9	3
独立设置	$p \leqslant 0.4$	燃机房	6	12	3
		燃气调压站、增压间、计量间	3	12	3
		敷设燃气管道的房间	3	6	3
	$0.4 < p \leqslant 1.6$	燃机房	9	18	3
		燃气调压站、增压间、计量间	5	18	3
		敷设燃气管道的房间	5	9	3

(5) 燃机房设备散热量较大，排除余热余湿所需机械通风量过大时，宜采用降温通风方案。

(三) 制冷加热站通风

(1) 制冷加热站一般包括制冷机房、采暖换热站、蓄热设备间、水泵房等房间。制冷加热站应保持良好的自然通风，自然通风不满足时，应设计机械通风系统。设备有特殊要求时，其通风应满足设备工艺要求。

(2) 制冷机房的排风系统宜独立设置，且应直接排向室外。冬季室内温度不宜低于10℃，夏季不宜高于35℃，冬季值班温度不应低于5℃。

(3) 制冷机房的机械排风宜按制冷剂的种类确定事故排风口的高度。当设于地下制冷机房，且泄漏气体密度大于空气时，排风口应上、下分别设置。

(4) 氟制冷机房应分别计算通风量和事故通风量。当机房内设备放热量的数据不全时，通风量可取 4～6 次/h，事故通风量不应小于 12 次/h。事故排风口上沿距室内地坪的距离不应大于 1.2m。

(5) 直燃型溴化锂制冷机房宜设置独立的送、排风系统。燃气直燃溴化锂制冷机房的通风量不应小于 6 次/h，事故通风量不应小于 12 次/h。燃油直燃溴化锂制冷机房的通风量不应小于 3 次/h，事故通风量不应小于 6 次/h。机房的送风量应为排风量和燃烧所需的空气量之和。

(四) 其他房间通风

1. 高、低压配电室通风

(1) 高、低压配电室应设计机械通风，通风量应按照排除室内设备散热量计算确定。

（2）一般情况下设计自然进风、机械排风，当周围环境含尘严重时，应设计机械送风系统，进风应过滤，并保持室内正压。

（3）当机械通风量过大，或机械通风不能满足排除室内设备散热量要求时，宜采用降温通风系统。降温通风系统冷源宜采用燃气分布式供能系统提供的冷源。

（4）当高、低压配电室设计气体消防时，机械通风系统设计需要满足以下要求：

1）当用于排除室内设备散热的通风系统兼作灭火后通风换气用时，宜设置可自动切换的上、下部室内吸风口，排风应直通室外。当灭火后排风系统独立设置时，室内吸风口宜设置在下部，排风应直通室外。

2）排风管道穿越围栏结构处应设置具有电动关闭功能的防火阀或电动快关型风阀。排风系统的吸风管段应设置具有电动关闭功能的防火阀或电动快关型风阀，或者吸风口采用具有电动关闭功能的防火风口，百叶窗应具有电动快关的功能。

3）电动快关风阀及电动快关型百叶窗的控制电缆应实施耐火防护或选用具有耐火性的电缆。

4）当厂用配电装置室发生火灾时，在消防系统喷放灭火气体前，防火阀、防火风口、电动风阀及百叶窗应能自动关闭。

（5）发生火灾时，高、低压配电室通风系统自动切断电源。

（6）高、低压配电室内设置 SF_6 断路器时，机械通风系统的设置参照 GIS 配电装置室相关要求。

2. GIS 配电装置室通风

GIS 配电装置室设置 SF_6 配电装置，通风系统设置满足以下要求：

（1）GIS 配电装置室通风系统包括平时通风和事故通风，平时通风按照连续运行设计，通风量应按换气次数每小时不小于 4 次计算，事故排风量应按换气次数每小时不小于 6 次计算。

（2）平时通风的排风口应设在室内下部，其下缘与地面距离不应大于 0.3m。

（3）事故排风宜由平时通风的下部排风系统和上部排风系统共同保证。

（4）排风口应接至室外并高出屋面。当排风口设在无人员停留或无人经常通行处时，排风可直接排至室外。

（5）GIS 配电装置室通风系统通风机、风管机其附件应采取防腐措施。

3. 蓄电池室通风

蓄电池室分为防酸隔爆式蓄电池室和阀控密封式蓄电池室，燃气分布式供能系统通常采用的是阀控密封式蓄电池室，其通风系统设计应符合以下要求：

（1）当蓄电池室内设计氢气浓度检测仪时，不设计平时通风，事故通风量应按换气次数不小于每小时 6 次计算，事故通风机英语氢气浓度监测仪联锁，蓄电池室内氢气体积浓度达到 0.4%时，事故通风应自动机投入运行。

（2）当蓄电池室内不设计氢气浓度检测仪时，通风系统包括平时通风和事故通风，平时通风量应按换气次数不小于每小时 3 次计算，事故通风量应按换气次数不小于每小时 6 次计算，事故通风宜由平时通风和事故通风系统共同承担。

（3）蓄电池室通风系统排风口应设在蓄电池室上部，吸风口上缘距顶棚平面或屋顶的距离不得大于 0.1m。蓄电池室的顶棚被梁分隔时，每个分隔口应设吸风口。

(4) 蓄电池室通风设备、风管及其附件应采用防腐防爆型。

4. 电缆隧道和电缆夹层通风

电缆隧道和电缆夹层宜采用自然通风，自然通风不能满足要求时设计机械通风，当电缆夹层设计气体消防时，通风系统设计要求同配电室。

5. 变频器室应设计机械通风

通风量应按照排除室内设备散热量计算，设备散热量宜按照设备厂家提供的数据计算。机械通风不能满足排除室内设备散热量要求时，宜采用降温通风系统。降温通风系统冷源宜采用燃气分布式供能系统提供的冷源。

6. 空压机室、水泵房、化学水处理车间通风系统

设计参照《发电厂供暖通风与空气调节设计规范》(DL/T 5035) 执行。

四、空调

(一) 一般规定

(1) 燃气分布式供能系统内控制室、工程师站、交接班室、电子设备间、继电器室、蓄电池室、直流屏室、网控室、化验室、办公室、休息室等应设计空调系统，以满足室内环境温度要求。

(2) 燃气分布式供能系统内主机间、配电室、变压器室、变频器室、电缆夹层等机械通风不能满足要求时，应设计空调系统排除室内设备散热量。

(3) 燃气分布式供能系统空调系统冷热源宜采用能源站提供的冷冻水、热水。

(4) 区域式燃气分布式供能系统内控制室、工程师站、交接班室、电子设备间、继电器室等重要房间的空调系统已按照 2×100%的容量设计。

(二) 控制室、电子设备间、继电器室空调

(1) 空调系统宜采用全空气空调系统，考虑全年运行。

(2) 空调区域保持 5～10Pa 的正压，空调区域的回风量为送风量的 90%～95%。

(3) 空调系统的新风量要满足有关卫生要求和室内保持正压的要求。夏季及冬季空调系统的新风量为系统总送风量的 5%～10%，且新风量不小于 $30m^3/(h·人)$。在过渡季节，空调系统将采用全新风运行，以满足空调系统节能要求。

(4) 空调系统设置自动温度控制系统，维持室内温度湿度满足设备运行要求。

(5) 空调系统与火灾报警系统联锁，火灾时自动切断电源。

(三) 蓄电池室

蓄电池室空调系统设计应满足以下要求：

(1) 当室内设有带报警功能的氢气浓度检测仪，应采用防爆型空气调节装置，并应与氢气浓度检测仪联锁。

(2) 当室内未设置氢气浓度检测仪，宜采用直流式降温通风系统。

(3) 空调送风口应避免直吹蓄电池。

(4) 布置于蓄电池室内的空气调节装置应采用防爆型，且防爆等级不用低于氢气爆炸混合物的类别、级别、组别（ⅡCT1)。

(四) 配电室、变频器室等房间空调

(1) 配电室、变频器室等电气房间空调系统宜采用全空气系统。

（2）配电室、变频器室等电气房间空调系统应与火灾报警系统联锁，火灾发生时应能自动切断电源。

五、防火与排烟设计

（一）一般规定

（1）燃气分布式供能系统机械排烟系统与通风空调系统宜分开设置。

（2）燃气管道不得穿过通风机房和通风管道，且不应紧贴供暖通风空调管道的外壁敷设。

（3）防排烟系统中的管道、风口及阀门等应采用不燃材料制作，排烟管道的厚度应按照《通风与空调工程施工质量验收规范》（GB 50243）中高压系统矩形风管壁厚选取。

（4）防排烟系统及通风空调系统风管穿越楼板、隔墙处的缝隙应采用不燃材料进行封堵。

（5）燃气分布式供能系统内办公生活等辅助建筑的防火与排烟设计参照《建筑设计防火规范》（GB 50016）执行。

（二）防火

（1）空气中含有易燃易爆危险物质的房间的通风系统的通风设备应采用防爆型，如燃气轮机房、燃气调压站、蓄电池室等。

（2）符合下列情况之一时，通风与空调系统的风管应设置防火阀：

1）穿越通风机房、空调机房的隔墙和楼板处。

2）通过重要设备房间或火灾危险性大的房间的防火隔墙和楼板处。

3）穿越防火分隔出的变形缝两侧。

4）每层送回风水平干管与垂直风管交界处的水平管段上。

（3）穿越墙体和楼板的防火阀两侧各 2m 范围内的风管保温材料应采用不燃材料，穿墙处风管厚度不应小于 2mm。

（4）防火阀宜安装在易于检修处，防火阀应设有单独支吊架。

（5）设置感烟探测器区域的防火阀应选用防烟防火阀，并与消防信号联锁。

（6）建筑的防火墙上不应开设风口，必须开设风口时，风口应设置防火阀或采用防火风口。

（三）防排烟

（1）燃气分布式供能系统的下列场所应设置排烟措施：

1）高度超过 32m 的厂房内长度大于 20m 的内走道。

2）集中控制楼、输煤综合楼、化学实验楼、检修办公室等建筑内长度大于 40m 的疏散走道。

3）布置在地下室的燃气分布式供能系统的控制室、电子设备间、继电器室等重要房间。

（2）燃气分布式供能系统下列场所应设置机械加压送风防烟设施：

1）不具自然排烟条件的防烟楼梯间。

2）不具备自然排烟条件的消防电梯间前室或合用前室。

3）设置自然排烟设施的防烟楼梯间，其不具备自然排烟条件的前室。

4）不具备自然通风条件的封闭楼梯间。

（3）自然排烟口的面积、机械放烟量和机械排烟量的选用应符合现行国家规范关于防排烟设计的相关规定。

（4）机械排烟系统中的排烟口、排烟阀、排烟防火阀以及排烟风机的设置应符合现行国家规范关于防排烟设计的相关规定。

六、设计案例

【案例】 广州市某燃气分布式供能站，控制室、电气设备间、继电器室、低压配电室空调系统设计

1. 已知条件

控制室、电气设备间、继电器室位于该燃气分布式供能系统 13.500 层，13.500 层下面为水泵房，13.500 层上面一层为办公室，13.500 层主要布置供能站电制冷机组及冷冻水循环水泵。

(1) 室外气象参数：夏季空气调节室外计算日平均温度为 30.7℃；夏季空气调节室外计算干球温度为 34.2℃；夏季空气调节室外计算湿球温度为 27.8℃；冬季空气调节室外计算温度为 5.2℃；冬季空气调节室外计算相对湿度为 72%；夏季极端最高温度为 38.1℃；冬季极端最低温度为 0℃。

(2) 室内设计参数：控制室、电子设备间、继电器室夏季室内温度为 24～28℃，相对湿度为 40%～65%；冬季室内温度为 18～22℃，相对湿度为 40%～65%。

2. 空调负荷计算

(1) 空调冷负荷计算：

空调冷负荷＝围护结构冷负荷＋设备冷负荷＋照明冷负荷＋人员冷负荷。

各房间空调冷负荷详见表 8.8-3。

表 8.8-3　　各房间空调冷负荷

房间名称	散热设备名	散热量指标（W/台或 W/m²）	数量（台或 m²）	负荷系数称	冷负荷合计（W）	备注
控制室	围护结构				15 840	
	显示屏	500	6	1	3000	
	DCS 操作站	200	6	1	1200	
	值长操作站	200	2	1	400	
	小型打印机	320	1	1	320	
	集中火灾报警控制器	500	2	1	1000	
	LED 照明	30	132	1	3960	
	人员	170	8	1	1360	
	合计				27 080	
电子设备间	围护结构				10 080	
	DCS 机柜	500	22	1	11 000	
	闭路电视机柜	500	5	1	2500	
	配电柜	300	3	1	900	
	LED 照明	15	84	1	1260	
	人员	170	2	1	340	
	合计				26 080	
继电器室	围护结构				10 780	
	继电器机柜	500	39	1	19 500	
	LED 照明	15	98	1	1470	
	人员	170	2	1	340	
	合计				32 090	

注　表格中维护结构冷负荷指标，根据《公共建筑节能标准》(GB 500189—2015) 中规定的建筑热工参数及广州地区室外气象参数计算，设备散热量由设备厂家提供。

(2) 空调热负荷计算。空调热负荷计算仅计算围护结构热负荷。各房间空调湿负荷详见表 8.8-4。

表 8.8-4　各房间空调热负荷

房间名称	热负荷 (W)	备　注
控制室	7820	
电子设备间	5040	
继电器室	5880	

(3) 空调湿负荷计算。空调湿负荷计算仅计算人员散湿量。各房间空调湿负荷详见表 8.8-5。

表 8.8-5　各房间空调湿负荷

房间名称	人员散湿量 [g/(h・人)]	人数	湿负荷 (g/h)	备注
控制室	170	8	1360	
电子设备间	170	2	340	
继电器室	170	2	340	

3. 空调系统和设备选择

控制室、电子设备间、继电器室三个房间根据位置关系，划分为两个空调系统，控制室与电子设备间划分为一个空调系统，称为 K1 系统，继电器室为一个单独的空调系统，称为 K2 系统。

K1、K2 系统均采用定风量一次回风系统，空调系统冷负荷为各房间冷负荷最大值累加值，同时考虑 1.1 的富裕系数，即 K1 系统冷负荷为 58.5kW，热负荷为 14.3kW，K2 系统冷负荷为 35.3kW，热负荷为 6.5kW。

控制室、电子设备间、继电器室室温允许波动范围大于±1℃，送风温差取 12℃，K1、K2 系统夏季送风温度为 14℃，冬季送风温度为 32℃。K1 系统的湿负荷为 1700g/h，K2 系统湿负荷为 340g/h，夏季冷负荷远大于冬季热负荷，在焓湿图中确定送风状态点 S 及室内空气状态点 N，计算 K1 系统送风量及加湿量。

K1、K2 系统均采用组合式空调机组。K1 系统空调机组，额定风量为 14000m^3/h，制冷量为 60kW，制热量为 15kW，加湿量为 20kg/h；K2 系统空调机组，额定风量为 8500m^3/h，制冷量为 40kW，制热量为 15kW，加湿量为 15kg/h。空调机组顺着气流方向设置以下功能段：回风段、回风机段、粗效过滤段、中效过滤段、表冷加热段、加湿段、送风机及均流送风段。空调机组冷热源采用燃气分布式供能系统制冷加热站提供的空调冷热水。

4. 空调系统布置

控制室、电子设备间、继电器室空调系统布置图如图 8.8-1 所示。

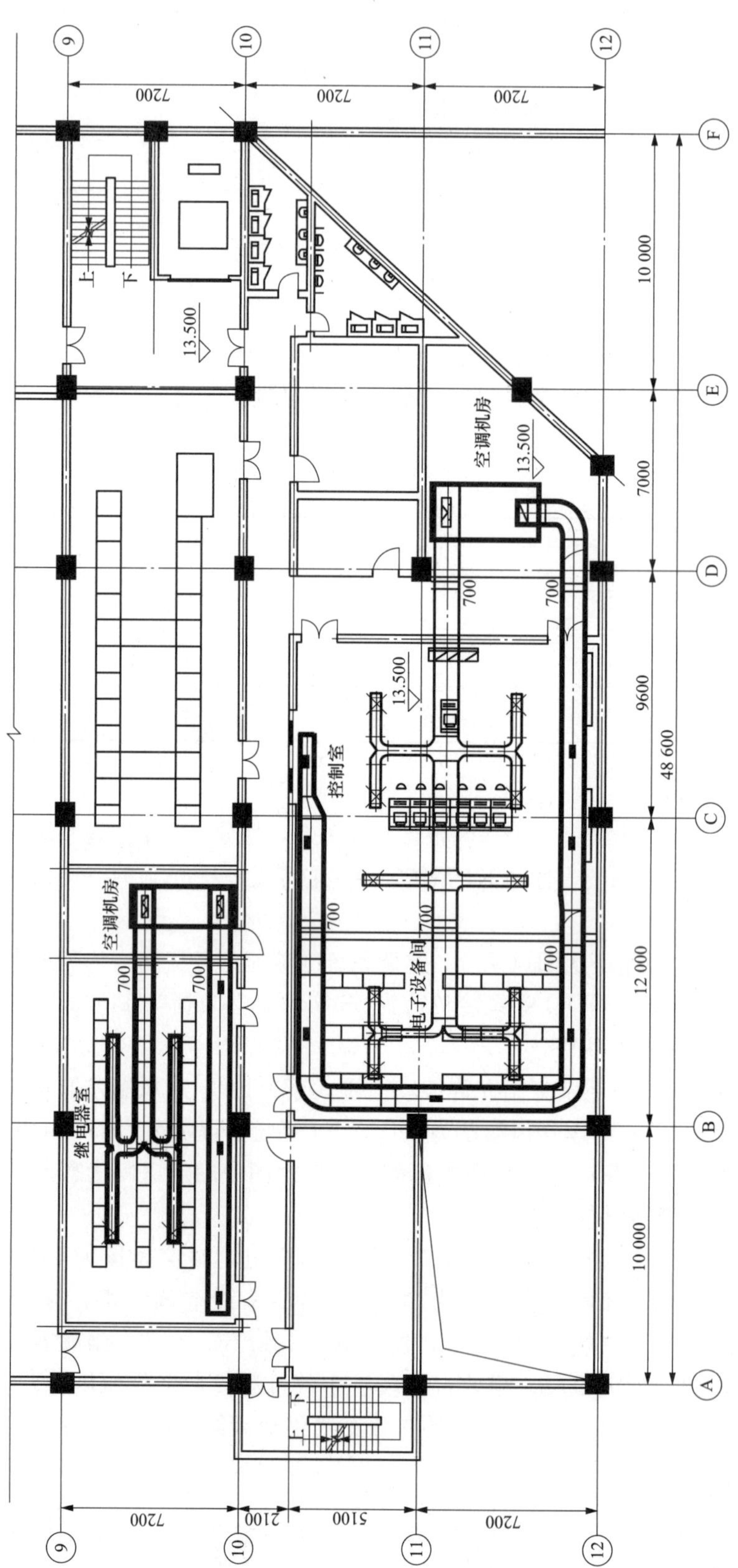

图 8.8-1 控制室、电子设备间、继电器室空调系统布置图

第九节 制冷加热站

燃气分布式供能站对外供冷供热是分布式系统重要组成部分，它体现了分布式供能系统“建设在用户端，同时为用户提供冷、热、电能，就近消纳”的特点。

一、主要设备与供能参数

（一）确定主要设备

供冷供热设计，首先需确定设计冷热负荷，空调冷热负荷是确定能源站的总装机容量、选择冷热设备形式的主要依据。供冷供热负荷详见本书第二、三章的相关内容。

负荷明确后，首先确定余热机组装机。余热机组的供冷供热能力，由发电机组可利用余热而定。

通常燃气内燃发电机组的可利用余热为烟气和高温冷却水，在楼宇式分布式供能系统通常的做法是将烟气和高温冷却水同时接入烟气热水型冷温水机组供冷供热。温度较高的烟气进入高压发生器，温度较低的高温冷却水进入低压发生器，用一台双效余热机组同时吸收烟气和高温冷却水热量。该形式与单效溴化锂吸收式制冷机相比，制冷效率较高，系统设备较少，系统的构成简单；与烟气型吸收式制冷机相比，利用大量高温冷却水热量制冷，能量综合利用率较高。该系统的特点是结构形式较为简单，烟气和缸套水余热得到梯级利用，转换效率高，能量综合利用率高，节省占地。目前国内以燃气内燃机为原动机的分布式供能系统，用户端需求以空调负荷为主时，多采用这种系统连接方式；若用户端需求主要为热水且需求量足够大，可以通过换热的形式将发电余热全部转换为热水供应。

烟气热水型冷温水机组供热供冷能力，应根据选定的内燃机烟气、高温冷却水流量、温度参数，经烟气热水型冷温水机组设备商计算后确定。烟气热水型冷温水机组接收发电余热提供部分冷热负荷供应，不足部分由调峰设备补充。调峰设备可选用电制冷机、燃气锅炉、直燃机或热泵，上述设备都已技术成熟，定型产品型号规格齐全，选用方便，选择确定的关键在于比较初投资和运行费用。目前设备价格都比较低，没有很大初投资差异，但运行费用需要视项目所在地一次能源资源供应状况和能源价格而定。通常，标准状况下天然气低位热值约 36MJ/m^3，即 1m^3 天然气热值相当于 10kWh，燃气制冷能效为 1.3，则 1m^3 天然气产生 13kWh 冷；电制冷能效为 5 计，即 1kWh 电产生 5kWh 冷。根据项目当地燃气价格与电力价格，可以比较方便地对比燃料运行成本，如某地天然气价格为 2.6 元/m^3（标准状况），电价为 0.8 元/kWh，同样产生 1kWh 冷时，使用天然气的一次能源价格为 0.2 元，使用电的一次能源价格为 0.16 元，由此可以得出，电制冷成本较低。需要注意的是，部分地区实行峰平谷电价，且夏季 2～3 个月有尖峰电价，在计算电制冷成本时需选用正确的电价。

目前，集中式空调用冷水机组仍以循环水冷蒸气压缩式冷水机组为主，即以用电制冷为主。

空调冷热源机组台数及单机容量选择时，一般不宜少于 2 台。分布式供能站供冷供热设备包括余热机组和调峰机组，但台数也不宜过多并考虑型号尽量统一；同时应满足空调负荷变化规律及部分负荷尤其是夜间低负荷运行的调节要求，有必要时可以单独设置满足低负荷运行的机组。

设备台数的确定可遵循以下原则：

(1) 低负荷运转时，可通过运行台数的变换来达到既满足冷量的需求，又达到节能、节电和降低运行费用的目的。

(2) 如对不同部门需要供给不同温度的冷热水时，两台或多台机组可实现分区域供冷热。较高的供冷温度有利于提高制冷机运行的热效率。

(3) 选用两台或多台主机设备时，从机房布置，零部件的互换和检修方便的角度出发，应选用同型号同容量的设备为好。当然，供能参数不同时或供能量相差较大时，也可选用不同容量的设备。

(4) 除非超大规模，设备台数不宜多于四台。

(二) 供能温度

分布式供能站对外供冷供热温度，最好在用户端设计之初与之沟通，选择并确定一个能源供应端高效节能，同时又满足用户端需求的供能温度。

一般空调冷冻水供回水温度为 7/12℃，烟气热水型冷温水机组和电制冷机均可满足。对于烟气热水型冷温水机组而言，冷冻水温度低于 6℃时，不仅运行热效率低（热力系数低），而且容易出现结晶或冻裂传热管等故障，建议此设备供水温度不低于 6℃。若对外供冷需要大温差低水温，可以考虑降低电制冷机供水温度，采用混水措施降低整体供水温度，或增设冰蓄冷系统。

相对于常规供冷系统 7℃供水、12℃回水而言，为降低循环水泵功耗，满足节能要求，冷冻水宜加大供回水温差至 6℃。但供回水温度应与用户端需求一致，满足末端设备运行要求。

二、辅助设施

分布式供能站的组成，除了电制冷机、冷温水机、换热器等主机设备外，完成供热供冷工程还需各种辅助设备。如水泵、冷却塔、水处理器、定压装置等。这些辅助设施是供冷供热系统必不可少的部分，直接影响到系统运行的经济性和安全性。

(一) 水泵

分布式供能站的水泵从功能上讲通常分为循环泵、补水泵两类。循环泵负责克服阻力，完成流体在管道的循环流通，如冷冻水循环泵、冷却水循环泵。循环泵主要采用单级单吸清水离心水泵和管道泵两种。当流量较大时，也可采用单级双吸离心水泵。补水泵的作用是向系统充水和补充缺失的水量。补水泵的特点是高扬程、小流量，常采用多级离心水泵。

离心水泵也称叶片式泵，按轴的位置不同，分为卧式和立式两大类。根据泵的机壳形式。吸入方式和叶轮级数，又可分为若干类，见表 8.9-1。

表 8.9-1　　离心水泵的类型

泵轴位置	机壳形式	吸入方式	叶轮级数	泵类举例
卧式	涡壳式	单吸	单级	单级单吸泵、屏蔽泵、自吸泵、水轮泵
			多级	涡壳式多级泵、两级悬臂泵
		双吸	单级	双吸单级泵
			双级	高速大型多级泵（第一级双吸）
	导叶式	单吸	多级	分段多级泵
		双吸	多级	高速大型多级泵（第一级双吸）

续表

泵轴位置	机壳形式	吸入方式	叶轮级数	泵类举例
立式	涡壳式	单吸	单级	屏蔽泵、水轮泵、大型立式泵
			双级	立式船用泵
		双吸	单级	双吸单级泵
	导叶式	单吸	单级	潜水泵
		双吸	双级	深井泵、潜水泵

管道泵也常用于循环输送，它具有以下特点：泵的体积相对较小，重量轻；其进、出水口在一个高度上，小型的管道泵甚至可以直接安装在输水管道上，不需要设置混凝土基础，安装方便，占地较少。采用机械密封，密封性能好，泵运转时不会渗漏水。泵的效率高，耗电少，噪声低。

水泵的轴功率可按式（8.9-1）计算。

$$P_Z = \frac{QH\rho g}{\eta \times 1000} \tag{8.9-1}$$

式中　P_Z——轴功率，kW；

Q——水泵的流量，m^3/s；

H——水泵的扬程，m；

η——水泵在工作点的总效率，对小型泵取 0.4～0.6，中型泵取 0.6～0.75，大型泵取 0.75～0.85；

ρ——水的密度，kg/m^3；

g——重力加速度，m/s^2。

水泵所需的电动机额定功率可按式（8.9-2）计算。

$$P_N = kP_Z \tag{8.9-2}$$

式中　P_N——电动机额定功率，kW；

k——电动机容量安全系数，其值见表 8.9-2。

表 8.9-2　　电动机容量安全系数

水泵轴功率（kW）	<1	1～2	2～5	5～10	10～25	25～60	60～100	>100
k	1.7	1.7～1.5	1.5～1.3	1.3～1.25	1.25～1.15	1.15～1.10	1.10～1.08	1.08～1.05

（二）冷却塔

制冷工况中，室内散发的热量和制冷主机做功产生的热量需要由冷却水带走，通过冷却塔将热量散发到大气中，使水温降低，再回到冷却系统循环使用。制冷空调系统中需要大量的冷却水，使用以后的冷却水，水质基本没有变化，只是水温有所改变，应循环重复利用，可以节约用水，保护水资源。

冷却塔分自然通风和机械通风两种方式。自然通风冷却塔受风力、风向等环境影响，冷却效果不稳定，且漂水损失大。目前，制冷空调系统普遍采用机械通风冷却塔。

（三）水处理设备

采暖、空调系统被加热水、补给水一般应进行软化处理，宜选用离子交换软化水设备；

对于原水水质较好、供热系统较小、用热设备对水质要求不高的系统，也可采用化学水处理；与热源间接连接的二次水供暖系统的水质应达到相关的水质标准。非循环使用的热水加热系统，当直接使用的原水硬度很高，容易在换热设备和管道中严重结垢时，可采用电磁水处理或加药处理，适当降低原水硬度。当采暖设备或用户对循环水的含氧量有较高要求时，补给水系统应设置除氧设备，可采用解析除氧或还原除氧、真空除氧等方式。

全自动软水器是由全自动软水控制器树脂罐（一般为玻璃钢树脂罐和不锈钢树脂罐）、强酸性阳离子交换树脂、盐箱组成的整机。

全自动软水器可分为时间控制型、流量控制型、连续供水型。当用水规律性较强时，推荐采用时间控制方式；当用水不规律且原水较差的情况下，推荐采用流量控制方式；需连续供水时可选双罐，一用一备交替再生。

设备技术指标：

全自动软水器的电源为：220V/50Hz；

功率：10～40W；

入口水温：2～50℃；

入口水压：0.18～0.6MPa；

进水硬度：≤8mmol/L；

出水硬度：≤0.03mmol/L。

（四）定压装置

供热供冷空调系统定压一般分为如下几种方式：

（1）开式膨胀水箱定压。水箱应设置在系统的最高处。此定压方式在中小型供暖或空调系统中应用比较普遍，控制简单。因需在楼顶设置水箱间及开式系统易进气等原因，目前采用不多。

（2）气压罐定压。适用于水质净化要求、含氧量要求较高的供暖或空调循环水系统，且安装位置较灵活；易于实现自动补水、自动排气、自动泄水和自动过压保护等。但占地面积较大，站房紧张时受限。

（3）变频补水泵定压。变频补水泵定压方式运行稳定，用于规模较大、耗水量不确定的系统；对于中小规模的供暖或空调系统，此方式容易出现补水泵频繁启停的现象。

三、设计要点

（一）余热利用系统

内燃机可利用的余热主要有烟气和高温冷却水，内燃机余热利用及供热、供冷系统通常有如下形式：

（1）用户端需求主要为空调冷热负荷。内燃机烟气和高温冷却水直接接入烟气热水型冷温水机组制冷、供热。同时，为保证内燃机正常工作，需设置必要的排热装置，如冷却水系统的远程散热水箱、烟气系统的旁通烟道，在供热负荷需求低余热不能完全利用时，及时将热量排除。此为内燃机余热利用最常见的系统连接形式，如图 8.9-1 所示。

（2）用户端需求主要为热水负荷。内燃机余热可经余热锅炉或换热器产生热水供应热水负荷。

（3）用户端同时需求空调负荷、热水负荷，且此两负荷均不能完全消纳发电余热。此时，可将内燃机余热分别利用，烟气进入烟气型冷温水机组供应空调负荷，冷却水通过换热器交换热量供应热水负荷。

发电机组烟气余热利用后的排烟温度仍较高，由于发电机组年运行小时数较高，建议充

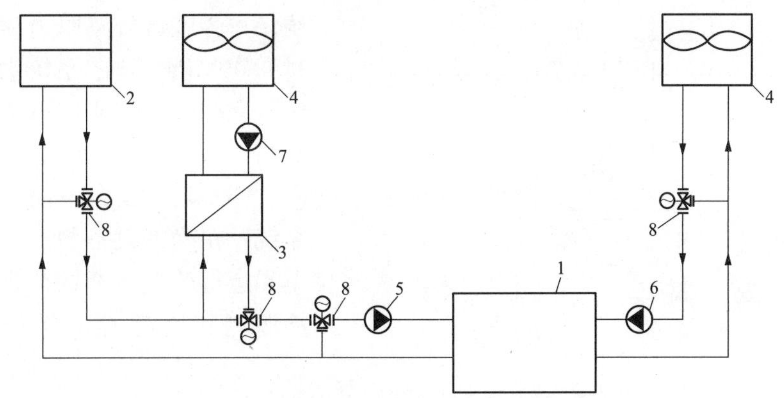

图 8.9-1 内燃机余热利用系统流程图

1—燃气内燃机；2—烟气热水型冷温水机组；3—板式换热器；4—远程散热水箱；5—高温冷却水循环泵；6—低温冷却水循环泵；7—高温冷却水散热循环泵；8—电动三通阀

分利用此部分烟气热量减少排空浪费，可在余热机组尾部烟道加装烟道冷凝器，用于加热卫生热水等。

（二）冷热水系统

在空调系统中，常常通过水作为载冷（热）剂或冷却剂来实现热量的传递，因此水系统是集中式空调系统的一个重要的组成部分，其设计和安装的好坏直接影响到空调系统的效果和使用寿命。

空调冷水供回水温差不应小于 5℃；制冷主机直接供冷系统的空调冷水供回水温度可按设备额定工况取 7/12℃；循环水泵功率较大的工程，宜适当降低供水温度，加大供回水温差，但应校核降低水温对制冷主机性能系数和制冷量的影响。采用换热器加热空调热水时，其空调热水供水温度宜采用 60～65℃，供回水温差不应小于 10℃。供冷供热主机含吸收式冷温水机组、热泵机组时，供回水温差应适当考虑设备性能系数比较后确定。

空调冷热水系统的设备配置形式和调节方式，应经技术经济比较后确定。

（1）水温要求一致且各区域管路压力损失相差不大的中小型工程，可采用冷源侧定流量、负荷侧变流量的一次泵系统，如图 8.9-2 所示。

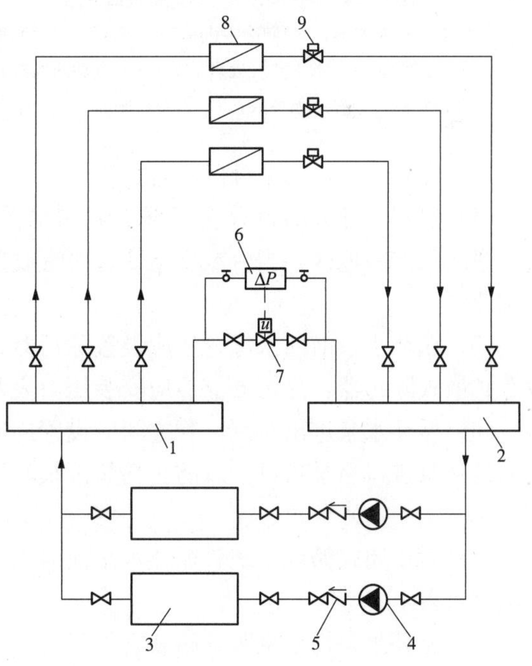

图 8.9-2 空调冷水一次泵系统示例

1—分水器；2—集水器；3—制冷主机；4—定流量冷水循环泵；5—止回阀；6—压差控制器；7—旁通电动调节阀；8—末端空气处理装置；9—电动两通阀

（2）负荷侧系统较大、阻力较大时，宜采用在冷源侧和负荷侧分别设置一级泵（定流量）和二级泵（变流量）的二次泵系

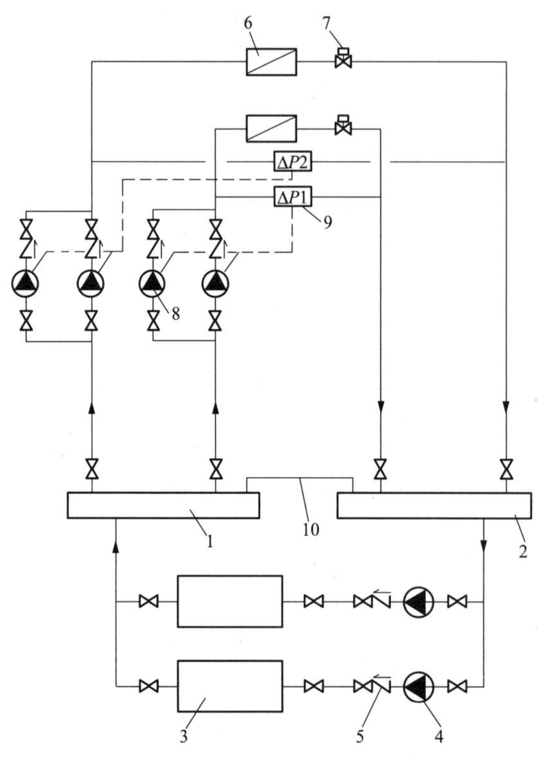

图 8.9-3 空调冷水二次泵系统示例

1—分水器；2—集水器；3—制冷主机；4—定流量一级冷水循环泵；5—止回阀；6—末端空气处理装置；7—电动两通阀；8—变频调速二级冷水循环泵；9—压差控制器；10—平衡管

统；当各区域管路阻力相差悬殊（超过 0.05MPa）或各系统水温要求不同时，宜按各区域或按系统分别设置二级泵，如图 8.9-3 所示。

（3）具有较大节能潜力的空调水系统，在确保设备的适应性、控制方案和运行管理可靠的前提下，可采用冷源侧和负荷侧均变流量的一次泵（变频）变流量水系统，如图 8.9-4 所示。

（三）冷热水循环泵

（1）除空调热水和空调冷水的流量和管网阻力相吻合的情况外，两管制空调水系统应分别设置冷水和热水循环泵。

（2）除采用模块式等小型机组和采用一次泵（变频）变流量系统的情况外，一次泵系统循环水泵及二次泵系统中一级冷水泵，应与冷水机组的台数和流量相对应。

（3）二次泵系统中的二级冷水泵，应按系统的分区和每个分区的流量及运行调节方式确定，每个分区不宜少于 2 台，且应采用变频调速泵。

（4）热水循环泵的台数应根据空调热水系统的规模和运行调节方式确定，不应少于 2 台；寒冷和严寒地区，当台数少于 3 台时宜设置备用泵。当负荷侧为变流量运行时应采用变频调速泵。

（5）循环水泵前回水母管上应设置除污器，当站内条件不允许时，也可在循环水泵进口设置扩散式除污器，除污器前后应安装压力表及旁通阀。

（6）循环水泵进出口侧母管之间应设置连通管，连通管上应安装止回阀，止回阀的水流方向是从泵进口至泵出口，以防止突然停泵时发生水锤现象；连通管的口径不小于母管截面积的 1/2。

（7）对于闭式循环系统，循环水泵前回水母管上须设置安全阀，安全阀应设置在水流稳定的直管段上。

（8）循环水泵扬程克服管路和管件阻力、自控阀及过滤器阻力、机组的蒸发器（或换热器）阻力、末端换热器阻力之和。

（9）宜选用低比转数单级离心泵，选型订货时，应明确温度、承压要求。

（四）冷却水系统

进入到冷水机组冷凝器的冷却水，吸收冷凝器内的制冷剂放出的热量而温度升高，然后进入室外冷却塔散热降温，通过冷却水循环水泵进行循环冷却，不断带走制冷剂冷凝放出的热量，以保证冷水机组的制冷循环。

(1) 制冷系统冷却水温度宜按下列要求确定：

1) 冷水机组的冷却水进口温度不宜高于 33℃。

2) 冷却水进口最低温度应按冷水机组的要求确定，电动压缩式冷水机组不宜低于 15.5℃，溴化锂吸收式冷水机组不宜低于 24℃。

3) 冷却水系统，尤其是全年运行的冷却水系统，宜采取如下保证冷却水供水温度的措施：可采用根据冷却塔出水温度控制冷却塔风机转速或开启台数的方法；室外湿球温度较低的冬季或过渡季运行的冷却塔，宜在冷却水供回水管之间设置旁通调节阀，控制旁通水量，调节混合比控制水温。

4) 冷却水进出口温差应按冷水机组的要求确定，电动压缩式冷水机组宜取 5℃；溴化锂吸收式冷水机组宜为 5～7℃。

(2) 冷却水管路的流速宜按表 8.9-3 确定。

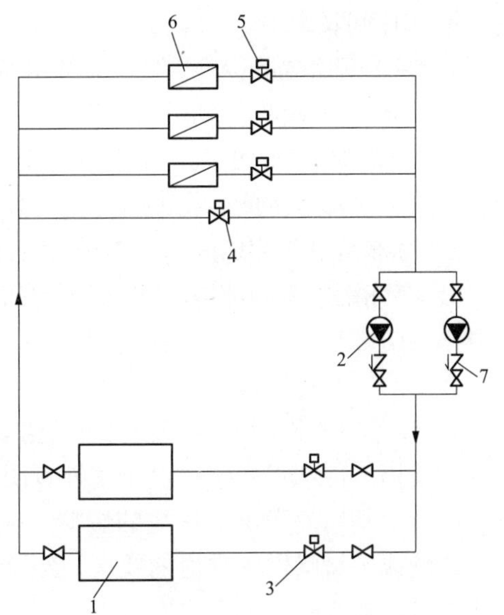

图 8.9-4 空调冷水一次泵（变频）变流量系统示例

1—制冷主机；2—变频调速冷水循环水泵；3—电动隔断阀；4—旁通电动调节阀；5—电动两通阀；6—末端空气处理装置；7—止回阀

表 8.9-3 **冷却水管路流速**

管道类型		管径 DN	流速（m/s）	备注
水泵出水管		≤250	1.2～1.5	管径小时宜取下限流速，管径大时宜取上限流速
		>250	1.5～2.0	
水泵吸水管	接集水箱	≤100	0.6～0.8	
		>100	0.8～1.2	
	接循环干管	≤250	1.0～1.2	
		>250	1.5～2.0	
循环干管		≤250	1.5～2.0	
		>250～500	2.0～2.5	
		>500	2.5～3.0	

(3) 冷却水补水多为市政自来水，当中水水质、水量满足要求时也可采用中水。

(4) 冷却水泵或冷水机组的入口管道上应设置过滤器或除污器。通常采用成套加药装置保证冷却水的灭菌除藻。

(5) 开式冷却水系统补水量占系统循环水量的百分数，按下列要求确定：

1) 蒸发损失，夏季可近似按每 1℃水温降为 0.16%估算。

2) 飘逸损失，宜按生产厂提供数据确定，无资料时可取 0.2%～0.3%。

3) 排污、漏水损失，宜根据补水水质、冷却水浓缩倍数要求、飘逸损失量等经计算确定，估算时可取0.3％。

4）在冷却水温降为5℃时，其补水量可近似取系统循环水量的1.5％。

（6）冷却水系统应采取下列防冻、保温、隔热措施：

1）有冻结危险的地区，冬季不使用的冷却水系统，应设置将冷却塔集水盘及设于屋面的补水管、冷却水供回水管内水泄空的装置。

2）有冻结危险的地区，冬季运行的冷却水系统，不宜在室外补水。

3）有冻结危险的地区，冬季运行的冷却塔应采用以下防冻、保温措施：宜单独设置，且应采用防冻型冷却塔；设在屋面及不采暖房间的补水管、冷却水供回水管应保温并做伴热，存水的冷却塔底盘也应设置伴热设备。

4）设于室外阳面的冷却水管可考虑受太阳照射产生温升的管道长度等因素做隔热处理；冬季不使用的冷却水系统，设于室外背阴面或室内的冷却水管可不做隔热层。

（7）冷却塔的噪声对环境的影响，应符合《声环境质量标准》（GB 3096）规定的城市各类区域或环境噪声标准值的要求。经合理确定冷却塔位置后，设计和选用的低噪声冷却塔仍不能满足要求时，可采取以下消声、隔声措施：

1）采用变频调速风机满足夜间环境的低噪声要求。

2）改变水池结构形式或水面材料降低落水噪声。

3）在冷却塔的进、排风口外设消声装置降低风机和落水噪声。

4）设置隔声屏障等。

（五）冷却水循环泵

冷却水泵应自灌吸水，冷却塔集水盘或冷却水箱最低水位与冷却水泵吸水口的高差应大于管道、管件（包括过滤器）、设备的阻力。冷却水泵宜设置在冷水机组冷凝器的进水口侧（水泵压入式）。

冷却水泵的选用和设置应符合下列要求：

（1）集中设置的冷水机组的冷却水泵的流量和台数应与冷水机组相对应。

（2）冷却水泵的扬程应为以下各项的总和：

1）冷却塔集水盘水位至布水器的高差（设置冷却水箱时为水箱水位至冷却塔布水器的高差）。

2）冷却塔布水管处所需自由水头，由生产厂技术资料提供，缺乏材料时可参考表8.9-4。

表8.9-4　冷却塔布水管所需自由水头

冷却塔类型	配置旋转布水器的逆流式冷却塔	喷射式冷却塔	横流式冷却塔
布水管处所需自由水头（MPa）	0.1	0.1～0.2	≤0.05

3）冷凝器等换热设备阻力，由生产厂技术资料提供。

4）吸入管道和压出管道阻力（包括控制阀、除污器等局部阻力）。

5）附加以上各项总和的5％～10％。

（3）宜选用低比转数的单级离心泵，选型订货时，应明确提出耐温、承压要求。

（六）换热器

(1) 换热器容量应根据计算负荷确定。用于供热的换热器，台数及单台容量的设置应满足建筑防冻的安全要求及负荷变化的正常需求，一般服务于同一区域的换热器不宜少于2台，当其中一台停止工作时，其余换热器的换热量宜满足采暖、空调系统负荷的70%。

(2) 服务于同一区域的换热器宜采用同一规格。当采用不同规格时，系统应采取必要的流体流量分配控制措施。

(3) 换热器应采用高效、紧凑、便于维护、使用寿命长的表面式的产品，空调冷热水系统用换热器宜采用板式换热器。

（七）补水系统

(1) 采暖热水、空调冷热水的循环水系统的小时泄漏量，宜按系统水容量的1%计算。系统水容量应经计算确定，供冷和采用空调器供热的空调水系统可按表8.9-5估算，室外管线较长时应取较大值。

表8.9-5　　空调水系统的单位水容量

空调方式	全空气系统	水-空气系统
单位水容量（L/m^2）	0.40～0.55	0.70～1.30

(2) 闭式循环水系统的定压和膨胀方式，应根据建筑条件，经技术经济比较后确定，并宜符合以下原则：

1）条件允许时，尤其是当系统静水压力接近冷热源设备所能承受的工作压力时，宜采用高位膨胀水箱定压。

2）当设置高位膨胀水箱有困难时，可设置补水泵和气压罐定压。

(3) 循环水系统的补水点，宜设在循环水泵的吸入侧母管上；当补水压力低于补水点压力时，应设置补水泵。

(4) 补水泵应按下列要求选择和设定：

1）补水泵扬程应保证补水压力比系统补水点压力高30～50kPa。

2）补水泵宜设置2台，补水泵的总小时流量宜为系统水容量的5%～10%；平时使用1台，初期上水或事故补水时2台水泵同时运行。

3）当按上款规定的总流量设置1台补水泵时，采暖系统、空调热水系统、冷热水合用的两管制空调系统的补水泵宜设置备用泵。

(5) 水源或软水能够连续供给系统补水量时，补水箱或软水箱补水贮水容积可取30～60min的补水泵流量，系统较小时取较大值。

四、制冷加热站布置

(1) 制冷加热站选址。一般来说，有条件的供能站宜设计成为一个独立的构筑物，其内可分为主设备间、水泵（水处理）间、变配电间、仪表间，另设水质化验间、值班室、维修间及卫生间等。若条件所限，也可设置在建筑物内，可视实际情况增减配套辅助房间；有地下层的建筑，应充分利用地下层房间作为站房，且应尽量布置在建筑平面的中心部位，以便尽可能减少冷（热）媒的输送距离。

(2) 建筑预留。在建筑设计中，应根据需要预留供能站大型设备的进出安装和维修的孔洞，并应配备必要的起吊设施。站房布置时，应充分考虑并妥善安排好大型设备的运输和进出通道、安装与维修所需的起吊空间。

（3）给排水照明。站房内应有给排水设施，满足水系统冲洗、排污等要求，设置在建筑物最底层的供能站，须考虑设置集水坑及潜水泵排除污水。站房内仪表集中处，应设置局部照明；在站房的主要出入口，应设事故照明。

（4）站房高度。供能站的净高（地面到梁底）应根据主要设备的种类和型号而定。通常供能站含溴化锂吸收式冷温水机组、电制冷机、换热器等，应保证设备最高点到梁下不小于1.5m，一般供能站净高不宜低于4.5m；对于仅设置换热器、水泵的房间，其净高不应小于3m。有电动起吊设备时，还应考虑起吊设备的安装和工作高度。

（5）冷却塔位置。一般采用机械通风冷却塔，冷却塔的位置必须选择在散发纤维和粉尘污染点的上风向，并靠近供能站和通风良好的地区。为了节省占地，合理利用空间，减少管材用量，缩短安装工期，如有条件可将冷却塔设置在供能站的屋顶上，当环境对噪声控制要求较高时，若设备达不到噪声控制值要求，可采用加装隔声板、隔声格栅的方式，但需注意不能遮挡空气流通，妨碍冷却效果。

（6）设备布置和管道连接应符合下列要求：

1）设备布置和管道连接，应符合工艺流程，并应使管道布置方便、整齐、经济、便于安装、操作与维修。

2）站房主要通道的净宽度，不应小于1.5m。

3）机组与墙之间的净距不应小于1.0m，与配电柜的距离不应小于1.5m。

4）机组与机组或其他设备之间的净距，不应小于1.2m。

5）机组与其上方管道、烟道、电缆桥架等的净距，不应小于1.0m。

6）温度计、压力表及其他测量仪表应设在便于观察的地方。阀门高度一般离地1.2～1.5m。

7）应留出不小于蒸发器、冷凝器等长度的清洗、维修距离。为了便于换热器内换热管的更换和清洗工作，需预留好位置，将沿制冷机长度方向的某端的换热器部位留出足够的抽管空间。若机房面积有限，可将制冷机直对相当高度的采光窗，或直对大门。

（7）设备、管道和附件的防腐。为了保证站房设备、管道和附件的有效工作年限，站房金属设备、管道和附件在保温前须将表面清除干净，涂刷防锈漆或防腐涂料做防腐处理。

1）明装设备，管道和附件必须涂刷一道防锈漆，两道面漆。如有保温和防结露要求应涂刷两道防锈漆；暗装设备、管道和附件应涂刷两道防锈漆。

2）防腐涂料的性能应能适应输送介质温度的要求；介质温度大于120℃时，设备、管道和附件表面应刷高温防锈漆；凝结水箱、中间水箱和除盐水箱等设备的内壁应刷防腐涂料。

3）防腐油漆或涂料应密实覆盖全部金属表面，设备在安装或运输过程被破坏的漆膜，应补刷完善。

（8）设备、管道和附件的保温。站房设备、管道和附件的保温可以有效地减少冷（热）损失。设备、管道和附件的保温应遵守安全、经济和施工维护方便的原则，设计施工应符合相关规范和标准的要求，并满足：

1）制冷设备和管道保温厚度的确定，要考虑经济上的合理性。最小保温层厚度，应使其外表面温度比最热月室外空气的平均露点温度高2℃左右，保证保温层外表面不发生结露现象。

2）保温材料应使用成形制品，具有导热系数小、吸水率低、强度较高、允许使用温度高于设备或管道内热介质的最高运行温度、阻燃、无毒性挥发等性能，且价格合理，施工方便的材料。

3）设备、管道和附件的保温应避免任何形式的冷（热）桥出现。

（9）减振降噪。对于设置于办公用房、公建附近或地下室的供能站，可考虑设置如下减振降噪装置：

1）水泵基础上应设置减振器，水泵进出水管道上应设置软接头。

2）容易引起振动的热水管道应设置带阻尼装置的支吊架。

3）调节阀应采用有隔声效果的保温材料。

4）供能站的墙壁和顶棚安装吸声板。

5）供能站的门窗采用隔声门窗。

6）供能站的通风口设置消声装置。

五、蓄能

符合以下条件之一，且经综合技术经济比较合理时，宜采用蓄冷（热）系统供冷（热）：

（1）执行分时电价、峰谷电价差较大的地区，或有其他用电鼓励政策时。

（2）空调冷、热负荷峰值的发生时刻与自发电峰值的发生时刻不同步时。

（3）建筑物的冷、热负荷具有显著的不均匀性，或逐时空调冷、热负荷的峰谷差悬殊，按照峰值负荷设计装机容量的设备经常处于部分负荷下运行，利用闲置设备进行制冷或供热能够取得较好的经济效益时。

（4）电能的峰值供应量受到限制，以至于不采用蓄冷系统能源供应不能满足建筑空气调节的正常使用要求时。

（5）改造工程，既有冷（热）源设备不能满足新的冷（热）负荷的峰值需要，且在空调负荷的非高峰时段总制冷（热）量存在富余量时。

（6）建筑空调系统采用低温送风方式或需要较低的冷水供水温度时。

（7）区域供冷系统中，采用较大的冷水温差供冷时。

（8）必须设置部分应急冷源的场所。

除太阳能蓄热外，目前工程中应用较广泛的蓄能技术，主要有水蓄冷、冰蓄冷、水蓄热等。

（一）水蓄冷

水蓄冷是利用水的显热来蓄冷。制冷机尽量在用电低谷期间运行，制备5℃左右的冷冻水，将冷量储存起来；在电力高峰期间空调负荷出现时，将冷冻水抽出来，提供给用户使用。水蓄冷系统一般是以普通制冷机作为冷源，以保温槽为蓄冷装置，加上其他辅助设备、连接管与控制系统等构成。

1. 水蓄冷空调系统优点

（1）以水作为蓄冷介质，无须其他蓄冷介质，节省蓄冷介质费用和能耗。

（2）可以使用常规的制冷机组，设备的选择性和可用性范围广，运行时性能系数高，能耗低。

（3）可以在不增加制冷机组容量条件下达到增加供冷容量的目的，适用于常规空调系统的扩容和改造。

（4）可以利用消防水池、原有的蓄水设施或建筑物地下基础梁空间等作为蓄冷水槽来降低初投资。

（5）技术要求低，维修方便，无须特殊的技术培训。

（6）可以实现蓄冷和蓄热双重用途。

2. 水蓄冷空调系统的缺点

（1）水蓄冷只利用显热，其蓄冷密度低，在同样蓄冷量条件下，需要大量的水，使用时受到空间条件的限制。

（2）由于一般使用开启式蓄水槽，水和空气接触容易产生菌藻，管路也容易生锈，增加水处理费用。

（3）蓄冷槽不同温度的水容易混合，影响了蓄冷效果。

3. 水蓄冷槽设计

蓄水槽是水蓄冷系统中的一个非常重要的部件，除了满足一般容器应具有的结构强度、承压能力、防水防腐和防漏外，还应该具有很好的保温效果。在分层蓄水槽中，应避免温、冷水混合造成的冷量损失；在整个蓄冷和释冷的过程中，维持一个相当薄的斜温层。影响蓄冷效果的主要因素是浮力、混合和热传导等。

在工程设计中，应避免低于4℃的水进入蓄水槽，因低于4℃的水的密度随温度降低而变小。当低于4℃的冷水进入蓄水槽底部时，由于浮力的影响而破坏斜温层，造成水在不同温度层之间流动、混合，影响蓄冷效果。

当冷水进入蓄水槽底部和温水进入蓄冷槽顶部时，水流速越大，混合现象越严重。一般在蓄水槽的上、下部设有起均流作用的散流器，使水由水平方向缓慢流入或流出，避免纵向的扰动和混合。

在蓄水槽容积一定的条件下，为减少蓄水槽的热损失，应尽量减小其表面积。从理论上讲，球状蓄水槽最好，但水在其中的分层效果较差，实际采用非常少。在同样的容量下，圆柱体与立方体和长方体相比，圆柱体的蓄水槽面积最小，因此自然分层的水蓄冷槽一般采用平低圆柱体的形状，同时由于立方体和长方体形状容易建造，还可以与建筑物结构相结合等优点，实际中也得到广泛应用。

消防水池可以用作蓄冷水池，但考虑其耐温性能和管道、附件都是按冷水温度设计，以及热水容易烫伤人等情况，因此不建议用作蓄热。同时蓄冷蓄热的供能站，可考虑采用成品蓄能罐，当用水池蓄冷蓄热时，需充分考虑温差变化较大带来的热胀冷缩、保冷、保温问题。

（二）冰蓄冷

冰蓄冷是指用水作为蓄冷介质，利用其相变潜热来贮存冷量。在电力非峰值期间利用冷水机组把水制成冰，将冷量贮存起来；在电力峰值或空调负荷高峰期间利用冰的溶解把冷量释放出来，满足用户的冷量要求。

冰蓄冷在制冰过程中，由于蒸发温度较低（－10～－6℃），导致制冷机的性能系数降低，增加了耗电量，限制了常规制冷机的使用。因此，冰蓄冷对制冷设备要求更高，必须进行专门的设计，采取合适的运行和控制方式，从整体上提高系统的性能系数。

冰蓄冷与水蓄冷相比，尽管存在着系统复杂、制冰蓄冷过程性能系数降低等不利因素，但具有蓄冷量大，蓄冷装置紧凑，介质输送系统能耗低和占用空间相对较少等优势。

（三）水蓄热

水蓄热可以满足一般的供暖、生活热水、工业热水需求。需要有足够的蓄热空间，且宜用于供暖和供热水温度要求不高的系统。

蓄热装置一般宜采用钢制，形式可以因地制宜采用矩形或圆形，具有一定的高度以利于温度分层。设备及管道保温应确保完好、严密，以减少散热损失。蓄热水池不应与消防水池合用。

蓄热装置的设计应考虑热温水混合、死水空间和储存效率等问题，蓄热装置的热量利用率不宜低于90%。与水蓄冷装置相似，蓄热装置的形式有迷宫式、隔膜式、多槽式和温度分层式等，其中温度分层式是最常用的方式。

温度分层式蓄热装置是根据水在不同的温度下具有不同的密度、会产生不同浮力的原理，使冷热水自行分离的系统。它主要有无隔板式温度分层、水平分隔板式温度分层和管道垂直分隔槽式三种形式。

蓄热系统与用热系统一般应通过换热器进行隔离，宜采用板式换热器。板式换热器的换热量，宜取采暖或空调尖峰热负荷。热水二次侧（末端侧）供回水温度根据系统需求选取，热水一次侧（蓄热侧）供回水温度应考虑供热设备能效情况经技术经济比较后确定。

供能站工程设计案例

本章给出4个已投运的燃气分布式供能站的工程设计案例（区域式联合循环、区域式简单循环、楼宇式地上布置、楼宇式地下布置），以供读者参考。

第一节　区域式联合循环设计案例

某区域式联合循环工程位于华北地区，为满足工业园区及周边居民企业冬季采暖供热和夏季制冷的需求，以热电联产供热方式对各供热分区实行集中供热及供冷。

一、热机专业

1. 发电量的确定及发电机运行方式

根据负荷调研，该区域规划有全年工业蒸汽、冬季采暖、夏季制冷及居民生活热水需求，规划的工业蒸汽负荷为95.6t/h，采暖负荷为303MW，制冷负荷为131.5MW，生活热水负荷为14.6MW，规划建设4套一拖一燃气-蒸汽联合循环发电供热机组，一期明确的工业蒸汽负荷为38t/h，采暖负荷34.06MW，制冷负荷为24.96MW，生活热水负荷为4.55MW。

该项目的设计原则为“以热定电”，根据一期冷热负荷确定的建设规模为两套60MW等级燃气-蒸汽联合循环供热机组，预留余热锅炉烟气脱硝装置。作为园区的供能中心，向周边用户供工业蒸汽、供热、供冷、供生活热水负荷，同时余电上网。供能站设置2台15t/h燃气锅炉作为调峰设备。

2. 项目设计冷热负荷

（1）工业热负荷。该工程为工业园区提供工业负荷。根据供热规划，该工程为工业园区提供0.8MPa、280℃的蒸汽，由汽轮机的非调整抽汽供给。工业热负荷需求见表9.1-1。

表9.1-1　工业热负荷需求

序号	工业用户名称	蒸汽量（t/h）
1	富洲工业区	10
2	泰伦特工业区	4
3	金石工业区	4
4	中荣印刷用户	10
5	70所（用于采暖）用户	6
6	工业蒸汽管网所覆盖企业的采暖用蒸汽	4
工业蒸汽总量		38

（2）生活热水负荷。根据园区建设规划和供热规划，居住区和商业区均考虑冷热双水入户。该工程提供生活热水，供水温度 60℃，一级网供水，仅极少量水能够返回供能站，故站内考虑补水措施。生活热水热负荷的季节性差别较大，最大需求出现在冬季，最小热负荷出现在夏季，见表 9.1-2。每天最大小时需水量出现在 22:00 左右，热水需求时段不均匀，根据分工范围，该供能站仅考虑稳定的热水供应，由入户设计方考虑储水设备及分时段均衡生产的制水模式。为了充分提高余热利用率，该工程考虑由余热锅炉的烟气余热来加热生活用热水，满足用户要求。

表 9.1-2　　生活热水负荷需求

序号	用户名称	用量（t/h）	
1	盛景工业区	约 100	水温 60℃，折合约 4.55MW
2	金石工业区		
3	拓闽工业区		

（3）采暖热负荷。该园区采暖时间为每年的 11 月 15 日至次年的 3 月 15 日，共 122 天。该工程在主厂房内设置热网首站，以高温热水形式向居住区提供采暖热源。热网首站的采暖蒸汽由汽轮机 0.3MPa（表压）的调整抽汽供给。用户处小区设置二级换热设备，由入户设计方负责设计。商业区的采暖热源由汽轮机 0.3MPa（表压）的调整抽汽供给，用户处设置二级换热设备，由入户设计方负责设计。采暖蒸汽回水考虑 100%返回本供能站。

（4）制冷负荷。根据园区建设规划和供热规划，工业区和商业区均考虑集中制冷，空调制冷负荷需求表见表 9.1-3。制冷站设计由业主方单独委托其他单位设计。

表 9.1-3　　空调制冷负荷需求表

序号	用户名称	制冷面积（万 m^2）	
1	盛景工业区	35.4	需 130℃热水 420t/h，具体见制冷站相关设计说明
2	中乾工业区	3	
3	拓闽工业区	13	

（5）供能站内的暖通热负荷。全厂建筑物冬季采暖热媒均为 95/70℃高温热水，来自采暖加热站。厂内设置制冷站，为集中控制室、综合办公楼、化验楼等建筑物提供空调冷源和降温通风系统的冷源。制冷设备选择 2 台水冷螺杆式冷水机组。

（6）设计热负荷。该期工程的设计负荷，见表 9.1-4。

表 9.1-4　　该期工程的设计负荷

项目	工业负荷（t/h）	采暖负荷（MW）	空调负荷（MW）	生活热水负荷（MW）
数量	38	34.06	24.96	4.55

3. 机组选型及运行方式

（1）机组选型。为了节省项目的投资，并保证分布式供能站的主机效率最大化，根据园区的冷、热、电负荷需求及时空变化规律，同时考虑机组年利用小时数，按照“以冷热定电”的原则确定装机方案，燃气轮机组带基本负荷，燃气锅炉作为调峰设备。装机方案：两套 60MW 等级燃气-蒸汽联合循环供热机组+2 台 15t/h 燃气锅炉。

(2) 运行方式。汽轮机的运行方式为定压-滑压。汽轮机可在一定负荷范围内滑压运行。

区域无冷热负荷、工业负荷需求时机组按纯凝汽方式，采用供电调峰方式运行。冬季采暖期机组可按抽凝、“以热定电”的方式运行；在汽轮机发生事故情况下，余热锅炉产生的全部蒸汽经过汽轮机旁路减温减压后，供给热网加热器，实现对外供热；2×15t/h 应急调峰锅炉蒸汽可用作工业蒸汽的备用汽源，保证采暖供热和工业负荷可靠性。

制冷期机组按抽凝方式运行，可按照“以冷定电”的方式运行。抽汽加热热网加热器的热网水用于制冷。

在变负荷运行时，锅炉具有足够的安全可靠性，以适应系统或控制装置在运行中产生的偏差。

4. 节能措施

该工程采取了一系列节能降耗措施：①采用联合循环机组，提高能源利用率；②热电联产，合理利用能源；③进行系统优化减少能耗；④选用节能设备，降低厂用电率；⑤采取合理的建筑节能措施。

5. 供能站布置

(1) 主厂房布置方案：主机设备按采用美国 GE 公司供货的 LM6000PF-25 SPRINT 双轴燃气轮机及直接空冷式的燃气轮发电机，中国船舶重工集团公司第七〇三研究所供货的双压、无补燃、卧式、自然循环余热锅炉，南京汽轮（电机）集团供货的单缸双抽凝汽式汽轮机和发电机。

(2) 燃气轮机和余热锅炉布置：由于主机未招标，该燃气轮机和余热锅炉的布置暂按可研收口推荐的 QD160 燃气轮机设计，燃气轮机与余热锅炉呈 T 形布置。由于同等级的燃气轮机分为轴向排气和侧向排气两种方式，燃气轮机与余热锅炉也相应有同轴布置和 T 形布置两种方式，待燃气轮机招标后动力岛布置再做调整。

(3) 动力区布置：全厂动力区主要设备包括燃气轮机、蒸汽轮机、发电机和余热锅炉及其辅助设备。动力区分为燃机、余热锅炉和主厂房。燃机设备为室外布置；余热锅炉布置在燃气轮机排气侧，为全封闭式独立结构，汽机房横向布置在余热锅炉尾部，集控室按四机一控设计，预留扩建 2 套同类型机组控制室场地，控制室靠近汽机房扩建端布置在运转层上。

(4) 燃机设备采用室外布置：燃气轮机成套设备的燃气轮机本体、发电机都带有罩壳，另外辅助模块也带有罩壳。设备罩壳为设备室外安装而设计的，燃气轮机满负荷时的噪声平均值到 85dB(A)，每一个工作间都带有进出门。燃气轮机本体和发电机的工作间都带有罩壳通风扇（1 运 1 备），通风系统能够带走燃气轮机本体和发电机间内部的热量，并能在气体燃料系统故障时带走可燃气体，流通的空气冷却发电机罩壳及发电机。通风扇在发电机间产生正压，以防可燃气体泄漏，使发电机间成了非危险区域；同时燃气轮机发电机采用直接空冷，发电机的罩壳风机兼顾强制冷却。

(5) 余热锅炉：为卧式锅炉，采用全封闭式的结构。余热锅炉沿燃气轮机排气方向布置；直接接受燃气轮机排气，中间不设旁路烟囱。炉后设有烟囱，烟囱高度根据环保要求为 50m。每台余热锅炉辅助设备包括 2 台 100%高压给水泵（一拖一变频）、2 台 100%低压省煤器再循环泵（与烟气热网再循环泵合并，一拖一变频）、定排系统、连排系统、锅炉就地控制系统、加药系统、取样系统设备。

每台余热锅炉侧面均设置辅助设备间，辅助设备间分为2层，0m布置2台高压给水泵、2台低压省煤器再循环泵、1台热网水水加热器及加药装置等；中间层（7.5m层）布置电气、热控配电柜和取样装置，层高5m；CEMS小间布置在烟囱旁。1号锅炉0m还布置有该期工程公用的空气压缩机房。

在余热锅炉左侧（从余热锅炉侧向燃机侧看）设置厂区综合管架，用于汽机房至余热锅炉的主要汽水管道和电缆桥架的支架。

(6) 汽机房区域布置：由汽机房和电气、热控等辅助用房及热网站组合在一起，采用钢结构，共两层。底层地面标高为0.00m，运转层标高为7.00m。B-C列及集控室下有4.50m层，布置有电缆夹层及暖通风道等。该期工程按四机一控设计集控室，布置在汽机房扩建端。

汽机房0m层为主厂房汽机房底层，蒸汽轮机的主要辅助设备布置在A-B列的0m，包括主油箱、高压电动油泵、交流主润滑油泵、事故润滑油泵、控制油泵站、冷油器、凝结水泵、凝汽器、凝汽器真空泵、胶球装置、闭式循环冷却水泵、闭式水板式换热器、电动自动滤水器、发电机出线小间等辅助设备和房间。

B-C列主要布置有热网设备（热网循环泵、热网疏水泵、热网补水泵、定压泵）及电气电子设备间。

汽机房底层靠近B列设置有检修主通道。

汽机房B-C列及集控室跨设置有4.50m层，布置有热控、电气电缆夹层、暖通风道及热网疏水冷却器，每台机组在该层B-C列间设置有热机管廊。

汽机房7.00m层为运转层，主机中心标高为7.75m。运转层标高为7.00m，布置有2台汽轮发电机组，汽轮发电机组纵向顺列布置。1、2号机组之间设检修起吊孔。汽机房A-B列设置1台20/5t的桥式起重机，用于设备的检修和安装。轨顶标高12.85m。

此外，B-C列7.00m层布置有工程师站、交接班室、空调机房、热网加热器、低压除氧器等。

汽机房运转层为大平台布置，可分别通过设于辅助间固定端和扩建端的楼梯进行安全疏散，两台机组检修区域设置有1台钢爬梯。

(7) 集中控制室：按全厂四机一控设置，布置于汽机房扩建端。集中控制室面积为9m×23m，布置有集中控制站、交接班室、工程师室、会议室。

6. 环保措施

该工程采用天然气为燃料，不产生固体废弃物，燃烧后所产生的废弃物中烟尘的排放量很小，由于天然气中H_2S含量为0，故在燃烧后的尾气中不存在SO_2。为降低NO_x的排放量，该工程燃气轮机将设有干式低氮燃烧器，预留脱硝，烟囱出口NO_x排放浓度不大于50mg/m^3（标准状态，含氧量15%），根据环评批复要求，该工程燃烧烟气分别由两根50m高烟囱排放。

废水处理：该工程的排水系统采用分流制排水系统，分为生活污水排水系统、工业废排水系统及雨水排水系统。

噪声治理：该工程的主要噪声源有燃气轮机、汽轮机、发电机、余热锅炉、主变压器、厂用变压器、循环水泵、机力通风冷却塔的风机和淋水噪声等。为降低该工程设备运行噪声，该工程对设备运行噪声采取以下措施：

(1) 首先从设备选型入手，即声源上控制噪声。设备选型是噪声控制的重要环节，在设备招标中应要求设备制造厂家对高噪声设备采取减噪措施，如对高噪声设备采取必要的消声、隔声措施，以达到降低设备噪声水平的目的。

（2）锅炉房采取紧身封闭措施，给水泵等转动设备均布置在锅炉房内，厂房内侧加装吸声降噪层。

（3）汽轮发电机组布置在主厂房内，主厂房封闭内侧加装吸声降噪层。

（4）主厂房内的主要噪声源——汽轮机的中压缸，也单独设置了隔声罩。

（5）为减少主厂房外的主变压器及厂用变压器的噪声影响，在南侧正对厂界的区域近场安装隔声屏障。

（6）锅炉安全门和热网抽汽安全门均加装消声器：余热炉烟囱内设有消声器。

（7）余热锅炉排汽放空噪声控制，在排汽口安装消声器。

（8）设计上尽量使汽水、烟、风管道布置合理，使介质流动畅通，减少噪声。

（9）加强厂区绿化，以提高对声波的吸收，减少反射。

（10）燃气轮机进气道安装消声装置。

（11）建设单位吹管前在排汽放空气阀上安装消声器。要求建设单位吹管前适当时段内向厂区周边的居民、相关单位等细致通报吹管时间、可能的噪声影响等，取得他们的谅解，以最大限度地减轻锅炉管道吹扫噪声对环境的影响。建设单位应该尽可能地缩短管道吹扫时间。管道吹扫时间安排在昼间，而且应将排汽方向朝向没有居民点分布的方向，以减轻对周边环境的影响。

7. 热机专业的参考图纸

区域式联合循环辅助蒸汽系统流程图如图 9.1-1 所示，高压蒸汽、低压蒸汽如图 9.1-2 所示，凝结水系统流程图如图 9.1-3 所示，主厂房内循环水系统流程图如图 9.1-4 所示。

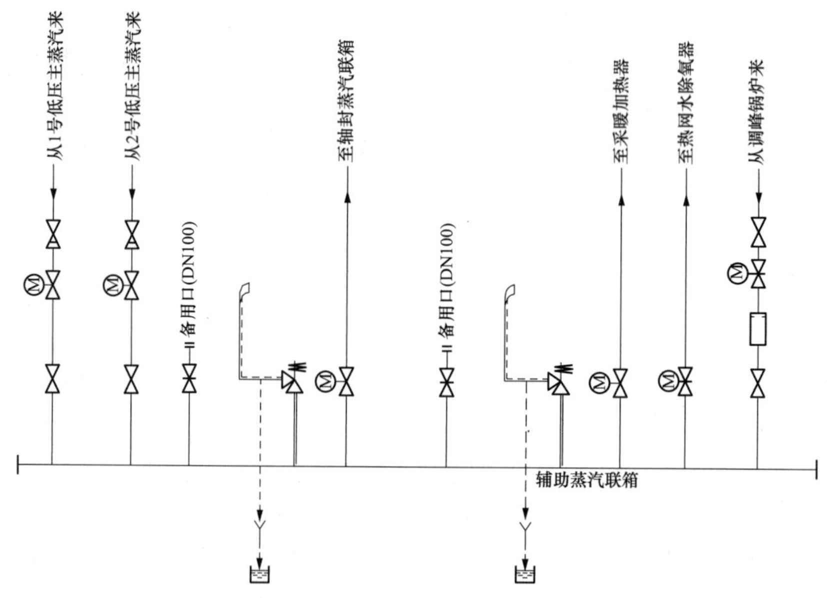

图 9.1-1　区域式联合循环辅助蒸汽系统流程图

二、化学专业

1. 水源和水质

该项目工业用水水源为产业园区污水处理厂达到《城镇污水处理厂污染物排放标准》（GB 18918—2002）一级 A 标准的再生水。

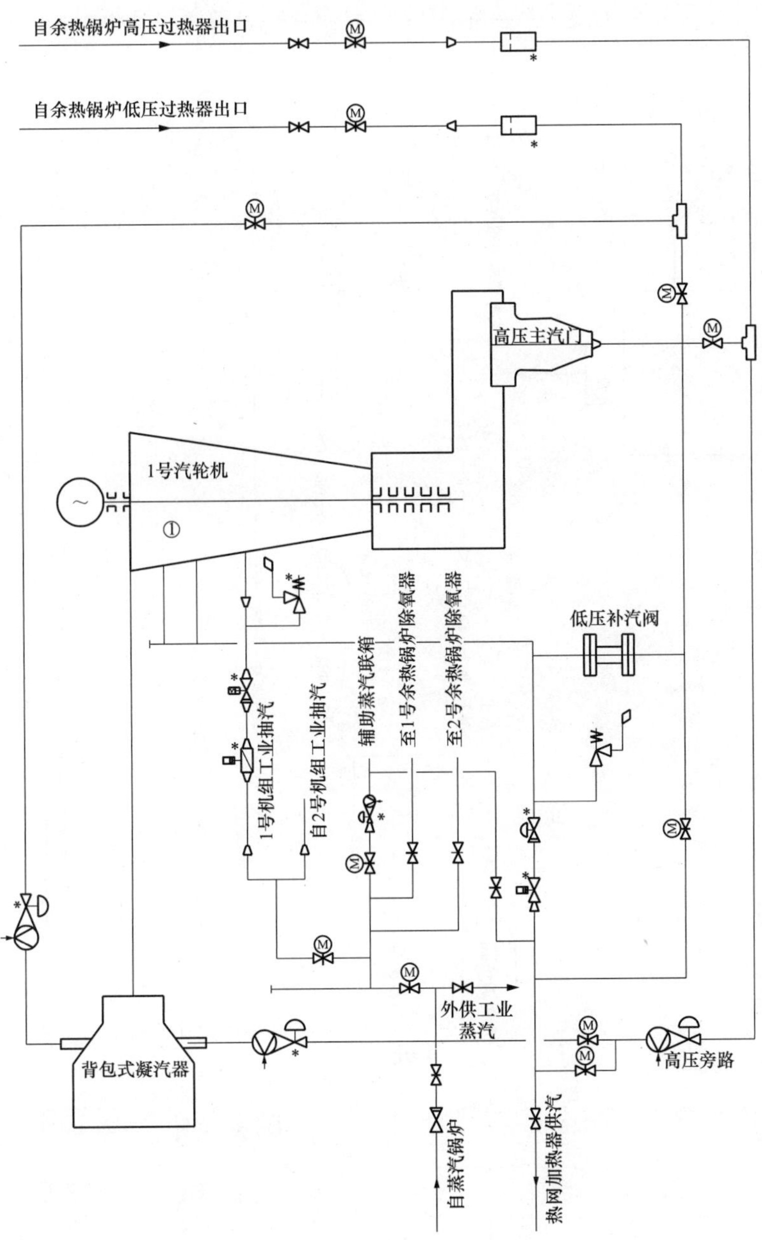

图 9.1-2 高压蒸汽、低压蒸汽

2. 锅炉补给水及热网补充水处理系统出力

锅炉补给水处理系统设备的出力按 80t/h 设计，选用 2×20t/h 的 EDI 装置，选用 2×40t/h 的二级反渗透装置，系统回收率按 90%计；二级 RO 浓水回收至一级 RO 入口，选用 3×32t/h 的一级反渗透装置，系统回收率按 75%计；选用 3×40t/h 的超滤装置，系统净产水率按 90%计。电厂的各项水汽损失见表 9.1-5。

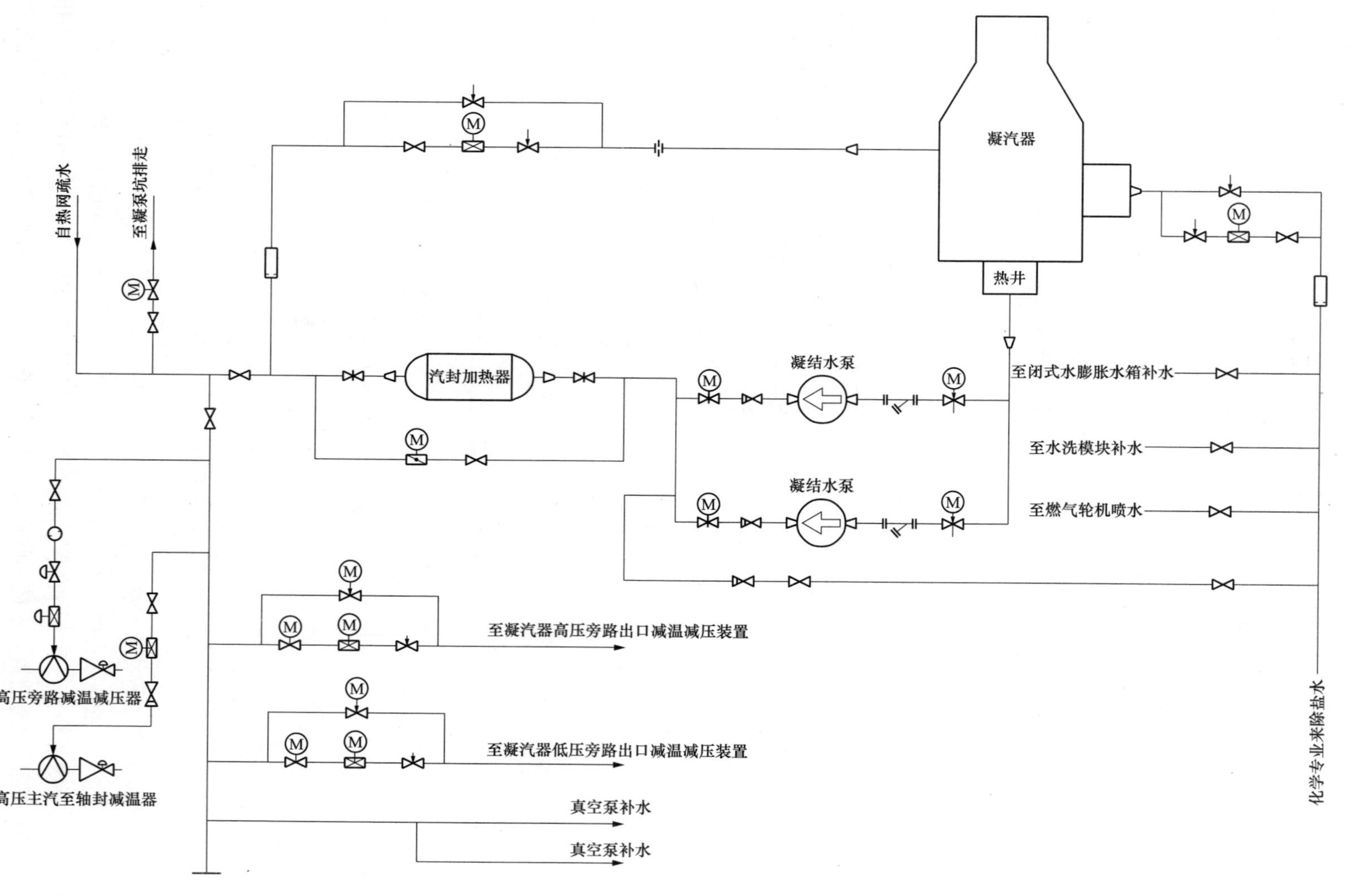

图 9.1-3 凝结水系统流程图

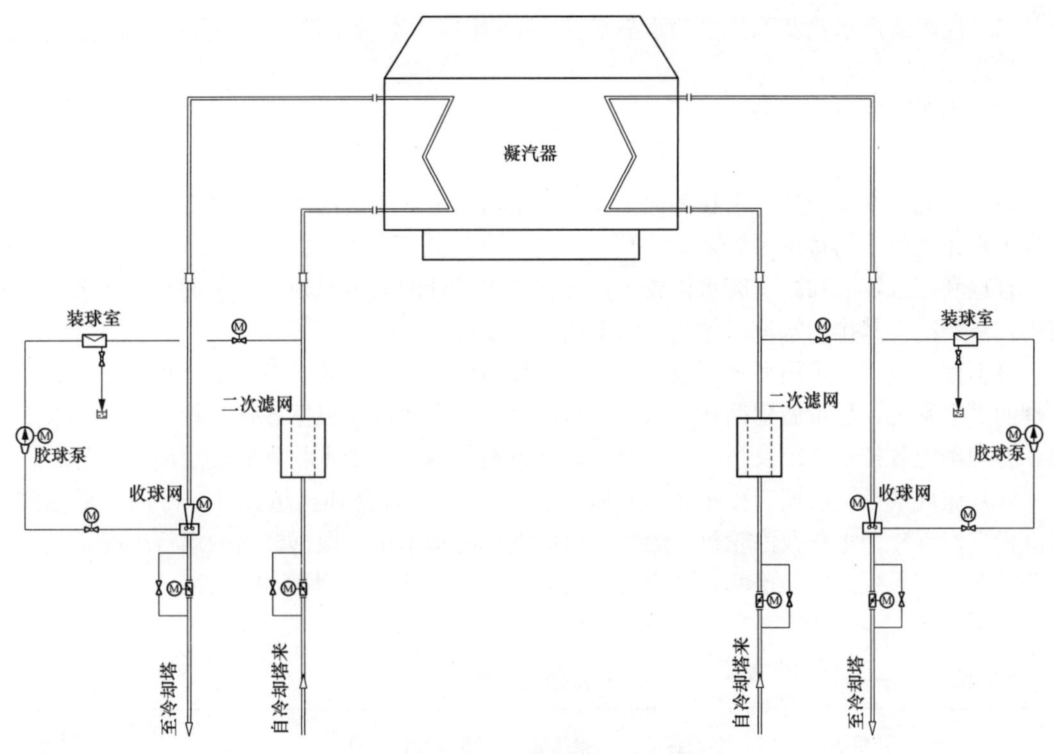

图 9.1-4　主厂房内循环水系统流程

表 9.1-5　　**各项水汽损失**　　(t/h)

序号	损失类别	正常损失	正常损失
		冬季供热工况	夏季工况
1	厂内水汽循环损失	3.6	
2	汽包锅炉排污损失	0.6	
3	燃气轮机注水	11.8	
4	燃气轮机清洗（单台，不同时洗）	1.14	
5	低压除氧器耗汽	2.5	1.4
6	工业抽汽	38	14
7	闭式热水网损失	9.2	4.2
8	制冷站补软化水		15
合计	外供除盐水	58	33
	外供淡水	9.2−2.5=6.7	4.2−1.4+15=17.8

3. 锅炉补给水及热网补充水处理主系统流程

厂外来经过深度处理的再生水（加热后）→生水箱→生水泵→自清洗过滤器→超滤装置→清水箱→清水泵→一级保安过滤器→一级高压泵→一级反渗透→一级反渗透产水箱→一级反渗透产水泵→二级保安过滤器→二级高压泵→二级反渗透→二级反渗透产水箱→EDI 给水泵→EDI 保安过滤器→EDI 装置→除盐水箱→除盐水泵→主厂房。

EDI 装置→EDI 产水箱→EDI 产水泵→主厂房燃气轮机注水系统。

一级反渗透产水箱→暖通补水泵→凝结水箱→热网补水泵→热网补水。

二级反渗透产水箱及除盐水箱设置联络门，当 EDI 水量不够时，利用二级反渗透产水向主厂房补水。

三、水工专业

1. 水务管理

该工程循环水系统的补水和其他工业用水采用河水，生活用水采用城市自来水。同时城市自来水作为河水的备用水源。

合理利用水资源和减少废水排放是该工程节水设计的基本原则，尽量提高循环水的浓缩倍率，从而减少其排污水量。做到一水多用，重复使用。

该工程工业用水采用河水，按照各工艺系统对水量及水质的要求，结合水源条件，设计合理的供水系统，尽量做到循环用水、梯级用水、一水多用。根据各排水点的水量及水质情况，合理确定各排水系统及污、废水处理设计方案，做到污废水收集处理后回用。

（1）循环水量。该期工程按 2 套一拖一燃气-蒸汽联合循环机组设计，冷却水量主要包括汽机凝汽器冷却水量及汽轮机、燃气轮机的辅机冷却水量。根据机组的运行工况、气象条件确定循环水系统的冷却倍率，夏季为 55 倍，冬季为 45 倍。计算出该期工程的冷却水量，见表 9.1-6。

表 9.1-6　　冷却水量表

机组套数	机组运行工况	机组容量（MW）	凝汽量（t/h）	冷却倍率（倍）	凝汽器冷却水量（m^3/h）	辅机冷却水量（m^3/h）	总计（m^3/h）
1套一拖一	夏季工业纯凝	62.35	56.8	55	3124	600	3724
	夏季工业抽汽	55.72	34	55	1870	600	2470
	春秋季工业抽汽	59.6	42.8	55	2354	600	2954
	冬季工业供热	55.1	27.6	45	1242	600	1842
2套合计	夏季纯凝	124.7	113.6	55	6248	1200	7448
	夏季抽汽	111.44	68	55	3740	1200	4940
	春秋季抽汽	124	85.6	55	4708	1200	5908
	冬季供热	110	55.2	45	2484	1200	3684

（2）补给水量。该期工程补充水量主要包括循环水系统的补充水、锅炉补水、工业用水、空调补充水、热网补水和生活用水等。该工程为供热机组，夏季有工业纯凝工况、夏季工业有抽汽和制冷工况，夏季补充水量大；春秋季有工业抽汽工况；冬季有工业抽汽和采暖抽汽工况。因此夏季、春秋季、冬季工业用水量分别计算，该期各系统用水量分别见表 9.1-7～表 9.1-10。

表 9.1-7　　夏季工业纯凝工况用水量

序号	用水项目	供水量（m^3/h）	回收量（m^3/h）	耗水量（m^3/h）	备　注
1	冷却塔蒸发损失	96	0	96	蒸发损失率为 1.37%
2	冷却塔风吹损失	7	0	7	飘水损失率为 0.1%
3	循环水排污	31	0	31	排至城市污水管网，浓缩倍率为 3.5

续表

序号	用水项目	供水量 (m^3/h)	回收量 (m^3/h)	耗水量 (m^3/h)	备 注
4	化学除盐水	12	1	11	
5	锅炉排污	1	1	0	
6	锅炉排污冷却用水	24	24	0	回用于循环水补充水
7	道路喷洒用水和绿化用水	2	0	2	
8	主厂房地面冲洗用水	2	0	2	
9	空调用水	2	0	2	
10	生活用水	2	0	2	
11	未预见水量	3	0	3	
12	合计	182	26	156	
13	耗水量	182－26 ＝ 156（m^3/h）			
14	耗水指标	0.348m^3/(s·GW)（该工况机组出力为124.7MW）			

表 9.1-8　　夏季工业抽汽和制冷工况用水量

用水项目	供水量 (m^3/h)	回收量 (m^3/h)	耗水量 (m^3/h)	备 注
冷却塔蒸发损失	205	0	205	蒸发损失率为1.37%
冷却塔风吹损失	15	0	15	飘水损失率为0.1%
循环水排污	67	0	67	排至城市污水管网，浓缩倍率为3.5
化学除盐水和软化水	179	1	178	
锅炉排污	1	1	0	
锅炉排污冷却用水	24	24	0	回用于循环水补充水
道路喷洒用水和绿化用水	2	0	2	
主厂房地面冲洗用水	2	0	2	
空调用水	2	0	2	
生活用水	2	0	2	
未预见水量	13	0	13	
合计	512	26	486	
耗水量	512－26 ＝ 486（m^3/h）			
机组出力	该工况机组出力为124MW			

表 9.1-9　　春秋季工业抽汽工况用水量

序号	用水项目	供水量 (m^3/h)	回收量 (m^3/h)	耗水量 (m^3/h)	备 注
1	冷却塔蒸发损失	81	0	81	蒸发损失率为1.14%
2	冷却塔风吹损失	6	0	6	飘水损失率为0.1%
3	循环水排污	26	0	26	排至城市污水管网，浓缩倍率为3.5
4	化学除盐水和软化水	80	1	79	

续表

序号	用水项目	供水量（m^3/h）	回收量（m^3/h）	耗水量（m^3/h）	备　注
5	锅炉排污	1	1	0	
6	锅炉排污冷却用水	24	24	0	回用于循环水补充水
7	道路喷洒用水和绿化用水	2	0	2	
8	主厂房地面冲洗用水	2	0	2	
9	空调用水	2	0	2	
10	生活用水	2	0	2	
11	未预见水量	12	0	12	
12	合计	238	26	212	
13	耗水量	238－26＝212（m^3/h）			
14	机组出力	该工况机组出力为111.44MW			

表9.1-10　　冬季工业抽汽和采暖抽汽工况用水量

序号	用水项目	供水量（m^3/h）	回收量（m^3/h）	耗水量（m^3/h）	备　注
1	冷却塔蒸发损失	42	0	42	蒸发损失率为1.14%
2	冷却塔风吹损失	4	0	4	飘水损失率为0.1%
3	循环水排污	13	0	13	排至城市污水管网，浓缩倍率为3.5
4	化学除盐水和软化水	140	1	139	
5	锅炉排污	1	1	0	
6	锅炉排污冷却用水	24	24	0	回用于循环水补充水
7	道路喷洒用水和绿化用水	2	0	2	回用于循环水补充水
8	主厂房地面冲洗用水	2	0	2	
9	空调用水	0	0	0	
10	生活用水	2	0	2	
11	未预见水量	8	0	8	
12	合计	238	26	212	
13	耗水量	238－26＝212（m^3/h）			
14	机组出力	该工况机组出力为110MW			

注　国家发展和改革委员会和电力规划设计总院的要求对于燃汽-蒸汽联合循环凝汽式机组的耗水指标是不大于0.35$m^3/(s \cdot GW)$。

2. 水量平衡与节约用水

（1）水量平衡。该工程充分考虑一水多用、重复使用的原则，从用水量、水质、排水水量综合分析、平衡。考虑供热机组冬季、夏季用水量不同，对夏季工业纯凝、夏季工业抽汽和制冷、春秋季工业抽汽和冬季工业抽汽和采暖抽汽工况分别进行水量平衡。

（2）节水措施及废水的回收和利用：

1）将该期工程化学水处理车间的废水回用于循环水补充水。

2）城市河水用于厂区道路浇洒和地面冲洗等杂项用水。

3）利用河水作为该期循环水补水、锅炉补水和热网补水的水源。

4）提高循环水系统的浓缩倍率，减少系统排污水量。该期工程浓缩倍率采用3.5倍。

5）将锅炉排污水回收作为循环水系统补充水。

6）将循环水排污水送至市政污水管网，进行回收利用，减少废水排放。

7）生活污水送至市政污水管网，处理后的水回用。

（3）给水与排水的计量。该工程在电厂补给水输水干管及厂内各用水点均设有计量装置，要求在电厂运行时，将总用水量、总排水量和各车间或各系统的用水量进行连续和阶段性统计，以便于电厂对用、排水进行监控管理，实时对用、排水情况进行监测，一旦发现问题及时处理。此外，还需大力宣扬节水的意义并强化全体员工节水的意识，采用有效限量用水的手段，切实有效地做到水务管理的各项要求。

3. 循环水系统

根据工程所在地区水资源和取水条件，电厂主要设备的冷却水采用带机力通风冷却塔的循环供水系统，该系统将大量冷却水进行循环利用，仅需补充风吹、蒸发及排污损失部分水量。循环供水系统由冷却塔、循环水泵、循环水管沟及相应的建（构）筑物组成。

该工程供水系统采用扩大单元制，即该期一套机组配1格机力通风冷却塔、2台循环水泵（其中1台泵双速）、1条进水干管、1条回水干管、1条排水沟和相应的构筑物，该期设1座综合水泵房。泵房内设有4台循环水泵。夏季工业纯凝工况下4台循环水泵运行；夏季工业抽汽、制冷工况3台循环水泵运行，其中1台变速运行；春秋季工业抽汽工况下4台循环水泵运行，其中2台变速运行；冬季工业抽汽和采暖抽汽工况下2台循环水泵运行。

电厂循环水量包括汽轮机凝汽器的冷却水及辅机冷却水量。

（1）泵房。该期工程在综合水泵房内安装4台循环水泵、2台消防水泵、2台消防稳压水泵、2台生活水泵和消防稳压装置。为保证供水系统水质的清洁，还设有平板滤网，每台水泵从循环水泵房前池吸水，前池长度24m，宽度为4m，地下部分深4.3m，流道中心线间距为6.0m，设有1个检修跨及配电间。水泵房的长度30m，宽度为7.5m，其地下部分深3.0m，地上部分高6m。同时泵房大门考虑进车要求，可将水泵或电动机及部件外运检修。

（2）循环水泵。考虑该工程为供热机组，夏季纯凝与抽汽工况循环水量相差3倍，因此该期工程1套机组配2台循环水泵（其中1台为双速泵）。夏季纯凝工况下2台循环水泵同时运行。冬季采暖工况下运行1台循环泵。该工程循环水泵电动机冷却采用空冷方式。

（3）综合水泵房控制要求。综合水泵房采用无人值班、定期巡检的运行方式，循环水泵的启、停操作命令均在主厂房集中控制室执行。为便于循环水泵检修时的操作，泵房内设有就地控制按钮。

当夏季机组正常运行时，2台循环水泵同时运行，而在机组降负荷运行时，有单泵运行的可能。当单泵运行时，另1台泵处于自动备用状态。

冬季机组正常运行时，1台泵运行。

在循环水泵检修或故障时应切断循环水泵之间的联锁，检修结束或故障排除后，应恢复循环水泵间的联锁状态。每台循环水泵与相配的液控止回蝶阀联锁。

循环水泵的启停由集中控制室操作，循环水泵紧急启停由就地控制盘操作，循环水泵的启动、停止、检修及出口压力在集中控制室、就地控制盘均有信号显示，水泵故障时在集中控制室还有声、光报警信号。

(4) 循环水压力供水管。循环水压力管是指从综合水泵出水管至主厂房入户管之间的管段部分，管材采用焊接钢管，干管规格 DN900。循环水泵出水管管径分别为 620mm×8mm，出泵房后由汇成 1 根 DN900 的干管，进入凝汽器的循环水管采用 2 条 D720×8 的钢管。循环水压力管采用直埋敷设，管顶覆土 2.5～3m。

(5) 循环水回水管。循环水回水管指从主厂房至机力通风冷却塔之间的管段部分，干管规格 DN900，管材采用钢管，直埋敷设。

凝汽器回水管出主厂房后由 2 根 D720×8 钢管接入 1 根主干管，干管为 DN900 的钢管。进入冷却塔区域后分别接至机力通风塔。每格机力通风塔的进水管为 1 根 DN900 钢管，并设有旁路回流管。

(6) 冷却塔。该工程采用逆流式机力通风冷却塔。根据当地的气象条件和暖通专业夏季制冷循环水量 10 000m^3/h 需要，该期工程统一考虑冷却塔的配置，根据暖通专业和机组循环水量要求配一组 4 格机力通风冷却塔，采取田字形布置的方式。冷却塔的最大冷却能力是按当地夏季 3 个月 10％频率的气象条件进行设计的，在其他季节或水量小于设计工况时，可适当调整开启风机的数量和直接冷却的方式，以节省厂用电。

机力通风冷却塔下部为集水池，现浇钢筋混凝土结构。冷却塔的相对标高±0.00m 定在集水池池壁顶部，设计水面标高为−0.30m。集水池水深 2m，水池壁超高 0.3m。

冷却塔上部淋水架构部分为现浇钢筋混凝土框架结构。

力通风冷却塔技术参数（1 格）：

设计冷却水量：4400m^3/h；

平面尺寸：长×宽＝18m×18m；

总高度：13.000m；

配水管高度：9.000m；

风机：直径为 9750mm，电功率为 180kW，电压为 380V（双速）；

风量：180×10^4m^3/h；

冷却温差：≥10℃；

冷却水出水温度：≤33℃；

零米处水压：＞110kPa；

进风口高度：6.0m；

冷却塔主体采用钢筋混凝土结构，风筒及挡风板为玻璃钢结构。

夏季纯凝与抽汽工况下 4 格冷却塔全部运行，风机可调速，也可根据气象条件和机组运行工况决定运行的格数。冬季运行期间，由于循环水量大幅减少，运行时冷却塔 2 格风机不开启，冷却水通过旁路管进入水池进行冷却。根据不同气象条件、水温情况进行运行方式的调整。

冷却塔地上结构为现浇的钢筋混凝土框架结构。4 格冷却塔。冷却塔基础为钢筋混凝土箱型基础，埋深约 3.0m，冷却塔地基方案，预制预应力混凝土空心方桩，桩长 15m。

4. 补给水系统

该期工程水源分别为河水和城市自来水。

该期河水供至厂区围墙外 1.0m。河水供水管道进入厂区后，直接进入化学水处理站，

经处理后供循环水补充水、冲洗水、锅炉及热网补充水等工业用水。厂外河水供水管道不在该设计范围。

作为备用水源的厂外城市自来水供水管道均不在该设计范围。厂内补充水系统包括河水补充水系统和城市自来水补充水系统。

(1) 生活给水。根据水源条件，结合电厂实际情况，该工程采用生活和消防分别独立的给水系统。生活给水系统分为生活饮用水系统和生活冲洗水系统。

生活饮用水系统水源为市政自来水，自来水给水管道接入厂区后，将首先进入1座$100m^3$的生活蓄水池，经安装在综合给水泵房内生活给水泵升压后，供全厂各生活用水点；生活冲洗水系统水源为城市再生水，由安装在化学处理站生产给水泵升压后，供给全厂各用水点。

生活给水系统由生活水蓄水池、变频调速给水泵、紫外线消毒器和生活给水管道组成。

生活变频调速给水泵安装在综合给水泵房内，水泵直接从生活给水蓄水池取水，升压后通过生活给水管道送至各用水处。

生活水泵设2台，1台运行，1台备用。2台生活水泵配1台变频调速装置。

(2) 生产给水。电厂生产给水系统主要包括锅炉补给及热网补给水、余热锅炉排污降温掺水、电厂各车间地面冲洗用水、厂区道路冲洗用水、绿化和汽车冲洗用水等。

生产给水系统由化学处理站生产给水泵和生产给水管道组成，水源为城市再生水。余热锅炉排污降温掺水由生产水管上引接，通过1根DN150的焊接钢管送至余热锅炉排污降温水池。掺水降温后的温排水通过提升泵升压后，作为循环冷却水系统的补充水补入冷却塔水池；电厂各车间地面冲洗用水、厂区道路冲洗用水汽车冲洗和绿化用水，均由生产水系统供给。该工程在化学处理站内安装2台生产水泵，水泵采用卧式（或立式）离心泵，水泵采用变频控制。通过生产水泵升压后的生产水，通过1条DN200的焊接钢管向各用水点供水。

生产给水泵设2台，1台运行，1台备用。生产水泵配变频调速装置。

5. 排水系统

该工程的排水系统采用分流制排水系统，分为生活污水排水系统、工业废水排水系统及雨水排水系统。

生活污水为独立的排水管网。生活污水干管管径为200～300mm，各建筑物排出的生活污水经化粪池统一处理后排入城市污水管网。

电厂工业废水主要有锅炉补给水系统、中水深度处理系统等化学水处理系统产生的酸碱废水、高浊度废水和含盐废水，厂区油装置区域产生的含油废水，厂区清洁所产生的冲洗废水，现分述如下：

(1) 化学水处理系统所产生的酸、碱废水经就地设置的中和池调整pH值后，经升压水泵升压后排至工业废水集中处理站。化学水处理系统所产生的高浊度废水和含盐废水就地集中后，经升压水泵升压后排至工业废水集中处理站。

(2) 厂区含油废水主要收集主厂房区域及变压器区域的含油废水，该废水收集后经过事故油池分离一级处理，再通过升压水泵升压后送至工业废水集中处理站。

(3) 主厂房地面排水、冲洗汽车排水直接排入工业废水集中处理站去处理。

四、电控专业

1. 电气主接线及电力送出部分

（1）110kV 配电装置接线。供能站发电机组所发电力，除供能站站用电外，设置 2 回 110kV 线路接入 110kV 变电站。

供能站内 110kV 配电装置采用双母线接线，两组母线同时工作，通过母线联络断路器并联运行，电源与负荷平均分配在两组母线上。

2 台燃气发电机和 2 台汽轮发电机经 2 台主变压器接至 110kV 母线，供能站通过 2 回 110kV 线路连接到 110kV 变电站。

110kV 配电装置有 2 个主变压器进线、2 个线路出线、1 个高压备用变压器电源进线、1 个母联和 2 个母线电压互感器，共 8 个间隔。

（2）发电机-主变压器回路接线。供能站 2 套联合循环机组，每套联合循环机组各有 1 台燃气轮发电机和蒸汽轮发电机，共 4 台发电机，每套联合循环机组均采用扩大单元接线，即燃气轮机发电机和蒸汽轮发电机经 1 台主变压器升压至 110kV 配电装置。

燃气轮机发电机经共箱封闭母线连接到燃气轮机发电机小间 10kV 开关柜，燃气轮机发电机小间出线经 10kV 电缆连接到主变压器低压侧。

汽轮机发电机经共箱封闭母线连接到汽轮机发电机小间 10kV 开关柜，汽轮机发电机小间出线经 10kV 电缆连接到主变压器低压侧。

燃气轮机发电机、汽轮机发电机出口设置发电机出口断路器。

（3）启动及备用电源。机组启动电源是通过 110kV 配电装置经主变压器、高压厂用变压器倒送取得。

设置 1 台高压备用变压器，由 110kV 配电装置母线引接。

（4）接地方式。主变压器中性点通过隔离开关接地。

（5）主要设备选型。主变压器：SFS11-75000/110，121±2×2.5%/10.5，U_{d1-2}=28%，U_{d1-3}=15%，U_{d2-3}=13%，三相、油浸、风冷（ONAN/ONAF）；YN，d11，d11。

发电机出口断路器：HVX17-12，（燃气轮机）4000/（汽轮机）1250A，50kA，125kA。

2. 站用电部分

（1）站用电系统的设计原则。站用电系统采用 6kV 和 0.4kV 两级电压。低压站用变压器和容量大于或等于 200kW 的电动机负荷由 6kV 供电，容量小于 200kW 的电动机、照明和检修等低电压负荷由 0.4kV 供电。

低压站用变压器、动力中心和电动机控制中心应成对设置，建立双路电源通道。2 台低压站用变压器间互为备用。

低压站用工作变压器的容量应留有 10%的裕度。低压站用系统应留有 15%的备用回路。

在正常的电源电压偏移和站用负荷波动的情况下，站用电各级母线的电压偏移不应超过额定电压的±5%。最大容量的电动机正常启动时，站用母线的电压应不低于额定电压的 80%。高压母线起动最大电动机和低压动力中心发生三相短路时，不应引起其他运行电动机停转和反应电压的装置误动作。

站用电系统内各级电流保护电器（断路器或熔断器），在短路故障时应能有选择的动作。

（2）6kV 高压站用电接线。高压站用变压器分别从主变压器燃气轮机侧低压绕组 T 接。启动电源经主变压器、高压站用变压器倒送取得。

6kV 高压站用电接线采用单母线分段有联络的接线方式，全站设 3 段 6kV 高压母线，每套联合循环系统设置一段 6kV 高压母线段，另设一段备用 6kV 高压母线段；联合循环 6kV 高压母线段与备用 6kV 高压母线段设联络断路器。联合循环 6kV 高压母线段电源，经高压站用变压器从对应主变压器燃气轮机侧低压侧接引；备用 6kV 高压母线段电源，经高压备用变压器从站内 110kV 配电装置母线引接。

（3）0.4kV 低压站用电接线。供能站 0.4kV 低压站用电供电方式采用动力中心（PC）和电动机控制中心（MCC）的供电方式。动力中心和电动机控制中心成对设置，建立双路电源通道。

动力中心采用单母线分段接线，每段母线由 1 台干式变压器供电，2 台低压变压器间互为备用。

MCC 和容量为 75kW 及以上的电动机由 PC 供电，75kW 以下的电动机由 MCC 供电。成对的电动机分别由对应的 PC 和 MCC 供电。

主厂房设置 4 台容量为 1600kVA 低压工作变压器以及 2 台容量为 1600kVA 低压公用变压器。对应的 2 台低压变压器互为备用。锅炉补给水系统设置 2 台容量为 800kVA 低压变压器。综合水泵房设置 2 台容量为 1600kVA 低压变压器。厂前区设置 2 台容量为 500kVA 低压变压器。

（4）接地方式。低压站用变压器低压绕组中性点采用直接接地。

（5）站用电主要设备选型。高压站用变压器采用 SF11-8000/10，主要参数为：10.5±2×2.5%/6.3，U_d=8%，三相、油浸、风冷。

高压备用变压器采用 SFZ11-8000/110，主要参数为：121±8×1.25%/6.3，U_d=8%，三相、油浸、风冷。

6kV 开关柜采用施耐德 EVX 12 真空断路器作为保护元件及操作元件。额定电流为 1250A、额定开断电流为 31.5kA。

低压变压器选用 SCB11 系列环氧树脂浇注干式变压器，变压器电压比为 6.3±2×2.5%/0.4kV。

低压配电柜采用 400V MNS 2.0 开关柜。400V 动力中心进线、馈线回路采用框架空气断路器；电动机回路一般采用塑壳断路器+接触器；400V 电动机控制中心馈线回路采用塑壳断断路器。

3. 继电保护配置

（1）燃气轮机发电机继电保护配置由燃气轮机生产厂家“华电通用 HDGE”配套提供，单套配置，保护采用数字式微机型保护，装置具有：发电机电流差动；定子绕组过负荷；复压过流；发电机转子一点接地；失磁等保护功能。

（2）汽轮机发电机继电保护配置（双重化配置），保护采用数字式微机型保护。装置具有：发电机电流差动；定子绕组过负荷；复压过流；发电机转子一点接地；失磁等保护功能。

（3）每回 110kV 线路均配置一套光纤电流差动保护、失步解列装置、故障信息远传系统；配置一套微机型母线差动保护。

（4）110kV 母联充电保护配置：当 110kV 母线进行充电时，设置一套母联充电保护装置，用于母线充电时发生的金属性或非金属性的各种故障。110kV 母联保护按单套配置。

保护采用数字式微机型保护。

(5) 主变压器及高压站用变压器保护，除非电量保护外保护均按双重化配置，保护采用数字式微机型保护。装置具有：电流差动、电流速断、过负荷、复压过流、零序过流、间隙零序过流、零序过压、过励磁、非电量保护（包括：冷却器全停、重瓦斯、轻瓦斯、压力释放、温度、油位）等保护。

(6) 备用变压器保护，除非电量保护外保护均按双重化配置，保护采用数字式微机型保护。装置具有：电流差动、电流速断、过负荷、复合电压闭锁过流、间隙零序过流、零序过电压、零序过流、非电量保护（包括：冷却器全停、重瓦斯、轻瓦斯、压力释放、温度、油位）等保护。

(7) 为每套机组各设置一套微机型发电机组故障录波装置，为 110kV 配电装置设置故障录波装置。

(8) 6kV 高压站用电保护配置按厂用电相关技术规定设置，采用微机厂用电综合保护测控装置，安装于开关柜内。

6kV 进线采用线路综合保护测控装置；低压变压器采用低压变压器综合保护测控装置。6kV 电动机采用电动机综合保护测控装置。6kV 母线 TV 采用电压互感器保护测控装置。

4. 系统远动及自动化部分

(1) 电气与热控共用一套分散控制系统 DCS。全站设置一套电气监控管理系统 ECMS，采用 ECMS 与 NSC 一体化的设计方案。与机组运行有关的发电机变压器组智能设备、保护、自动装置有个联合循环机组对应的 DCS 进行监控/监测。

(2) 装设一套远方电量计量系统，含发电机、高压厂用变压器计量表屏、主变压器、启动备用变压器计量表屏、线路计量表屏、电能量远方终端屏共 4 面屏；分别布置在供能站电子设备间和网络继电器室。

(3) 装设监控系统远动工作站屏 1 面，远动信息采用调度数据网通道向调度端主站系统传送。

(4) 装设一套同步相量测量装置，共设 3 面屏。电子设备间设置 1、2 号机组同步相量测量采集屏，网络继电器室设置 1 面同步相量测量采集与处理屏，同步相量测量信息经电力调度数据网向调度端主站系统传送。

(5) 装设一套 AGC 测控装置以及一套当地功能系统，实现电网调度对供能站发电机组的自动发电控制。AGC 测控装置共 4 面屏，1、2 号机组 AGC 测控屏布置在电子设备间，当地功能系统屏 1、系统屏 2 布置在网络继电器室。

(6) 装设一套自动电压控制（automatic voltage control，AVC）系统，共 3 面屏，其中，AVC 主机屏布置在网络继电器室，两面 AVC 下位机屏（分别为 1、2 号机组），布置在电子设备间。

(7) 设置 2 面电力调度数据网设备屏，每面屏均安装 2 台交换机、2 台纵向加密认证装置、1 台路由器。远动工作站、电能量远方终端、信息采集子站、信息管理子站等均经电力调度数据网设备上传至电网电力调度端。

5. 热控部分

(1) 燃气轮机组及其辅助系统采用华电通用（HDGE）随燃气轮机提供的燃气轮机控制系统（TCS）监控，每台燃气轮机各一套，以彩色 LCD、键盘、鼠标以及彩色大屏幕显示器作为主要监视和控制手段，实现全 LCD 监控。

（2）2 台余热锅炉、汽轮机及热力系统、热网系统采用一套分散控制系统（联合循环机组 DCS），以彩色 LCD、键盘、鼠标以及彩色大屏幕显示器作为联合循环机组的主要监视和控制手段，实现全 LCD 监控。

（3）燃气轮机控制系统与联合循环 DCS 进行双向的冗余通信连接，系统之间重要的控制和保护信号采用硬接线，运行人员在集中控制室通过 TCS/DCS 人机接口可实现对燃气轮机组及其辅助系统的监控。

（4）对于与工艺系统集成性较强的天然气增压机本体控制和保护，采用厂家配套设计供货的冗余 PLC 系统，同时与辅控 DCS 进行冗余双向通信，在 DCS 上对辅助车间进行远方监控，其监控功能、监控画面与下层各工艺系统的监控功能、监控画面完全相同。

（5）在 DCS 操作台上配置联合循环机组硬接线的紧急停止按钮及重要辅机的操作按钮，以保证机组在紧急情况下安全停机。

（6）辅助车间（系统）采用一套分散控制系统（辅控 DCS），以彩色 LCD、键盘、鼠标以及彩色大屏幕显示器作为辅助车间（系统）的主要监视和控制手段，实现全 LCD 监控。

（7）为辅助全厂安全生产运行、改善工作环境、减少巡检人员、提高监视水平，该工程设置工业电视监视系统。

（8）根据管理需要，在全厂相关生产及保安区域安装门禁。

（9）建立厂级自动化系统，包括电厂管理信息系统（MIS）和厂级监控信息系统（SIS）。

6. 控制方式

采用集中控制方式，全站联合循环机组合用一个集中控制室。辅助车间和辅助系统均在集中控制室进行监控。

就地设置操作员站，用于调试及事故处理。

7. 集中控制室布置

该工程两套联合循环机组设一个集中控制室，集中控制室周围布置工程师室、交接班室、学习室等。

集中控制室内的操作台上布置联合循环 DCS 操作员站、燃气轮机操作员站、辅控 DCS 操作员站、后备操作按钮等；在操作员站控制台后面布置电视墙，主要用于彩色大屏幕显示器、水位电视等；打印机集中布置在屏幕后，便于管理；值长站和网络计算机监控系统（NCS）操作员站、电气 ECMS 操作员站集中布置在后排值长台。

8. 全厂控制系统总体结构

供能站的管理控制划分为三层网络和三层体系结构：顶层网络为支持厂级自动化管理信息的高速以太网（包括厂级监控信息系统和电厂管理信息系统网络），中间网络为生产过程自动化网络即联合循环机组 DCS 系统、燃气轮机控制系统、辅控 DCS 系统，底层网络是各子系统之间的现场控制网络和远程站网络。它们的任务是监视、协调和管理全厂各单元机组、辅助车间的生产运行以及为职能部门的管理工作服务。同时，全厂工业电视系统及门禁系统网络也作为全厂管控网络的一部分。

9. 电控专业的参考图纸

电气主接线见图 9.1-5，站用电系统见图 9.1-6，机组及系统继电保护配置见图 9.1-7。

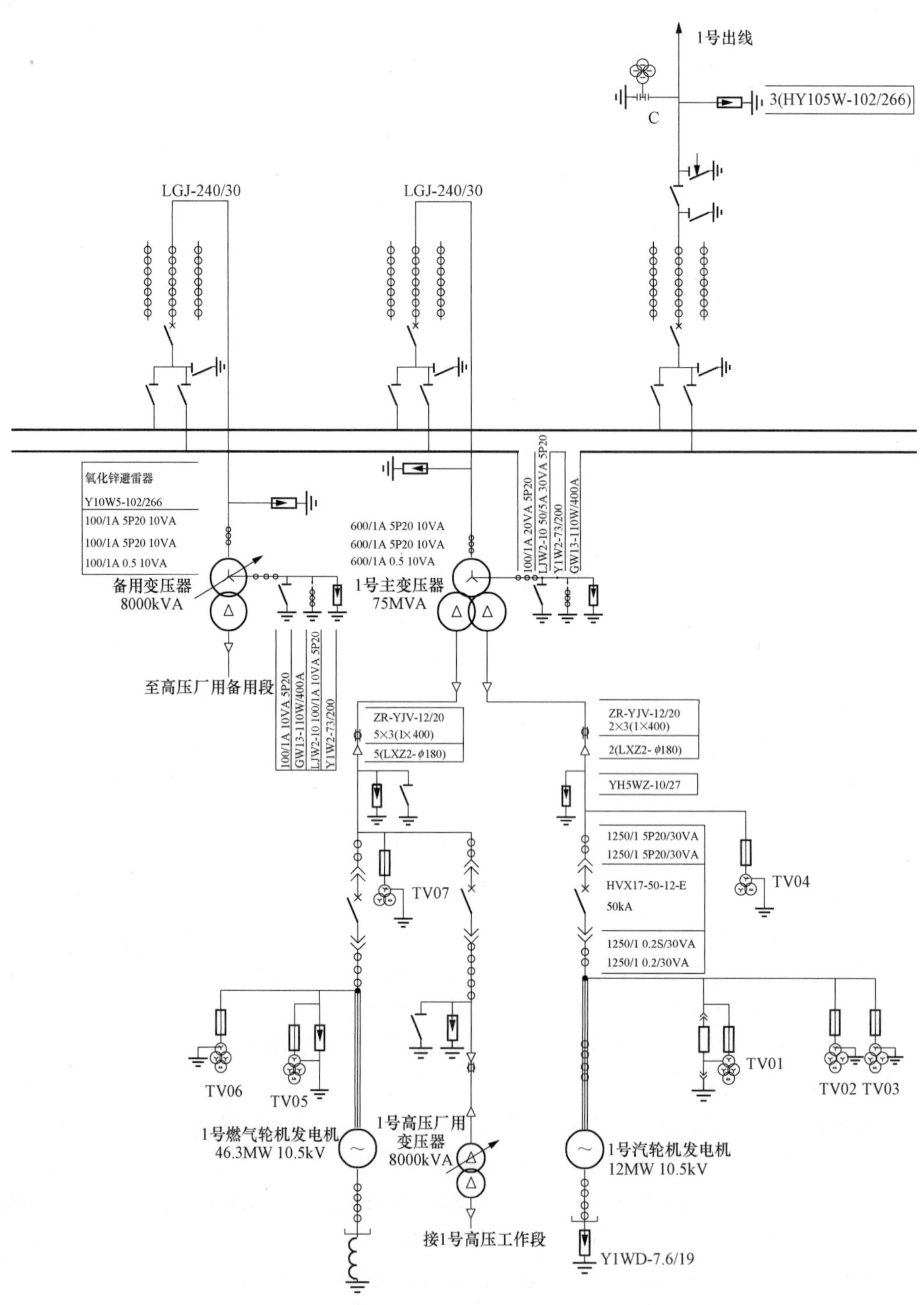
1号出线
C
3(HY105W-102/266)
LGJ-240/30
LGJ-240/30
氧化锌避雷器
Y10W5-102/266
100/1A 5P20 10VA
100/1A 5P20 10VA
100/1A 0.5 10VA
备用变压器
8000kVA
至高压厂用备用段
100/1A 10VA 5P20
GW13-110W/400A
LJW2-10 100/1A 10VA 5P20
Y1W2-73/200
600/1A 5P20 10VA
600/1A 5P20 10VA
600/1A 0.5 10VA
1号主变压器
75MVA
100/1A 20VA 5P20
LJW2-10 50/5A 30VA 5P20
Y1W2-73/200
GW13-110W/400A
ZR-YJV-12/20
5×3(1×400)
5(LXZ2-φ180)
ZR-YJV-12/20
2×3(1×400)
2(LXZ2-φ180)
YH5WZ-10/27
1250/1 5P20/30VA
1250/1 5P20/30VA
HVX17-50-12-E
50kA
1250/1 0.2S/30VA
1250/1 0.2/30VA
TV07
TV04
TV06
TV05
TV01
TV02 TV03
1号燃气轮机发电机
46.3MW 10.5kV
1号高压厂用
变压器
8000kVA
接1号高压工作段
1号汽轮机发电机
12MW 10.5kV
Y1WD-7.6/19

图 9.1-5 电

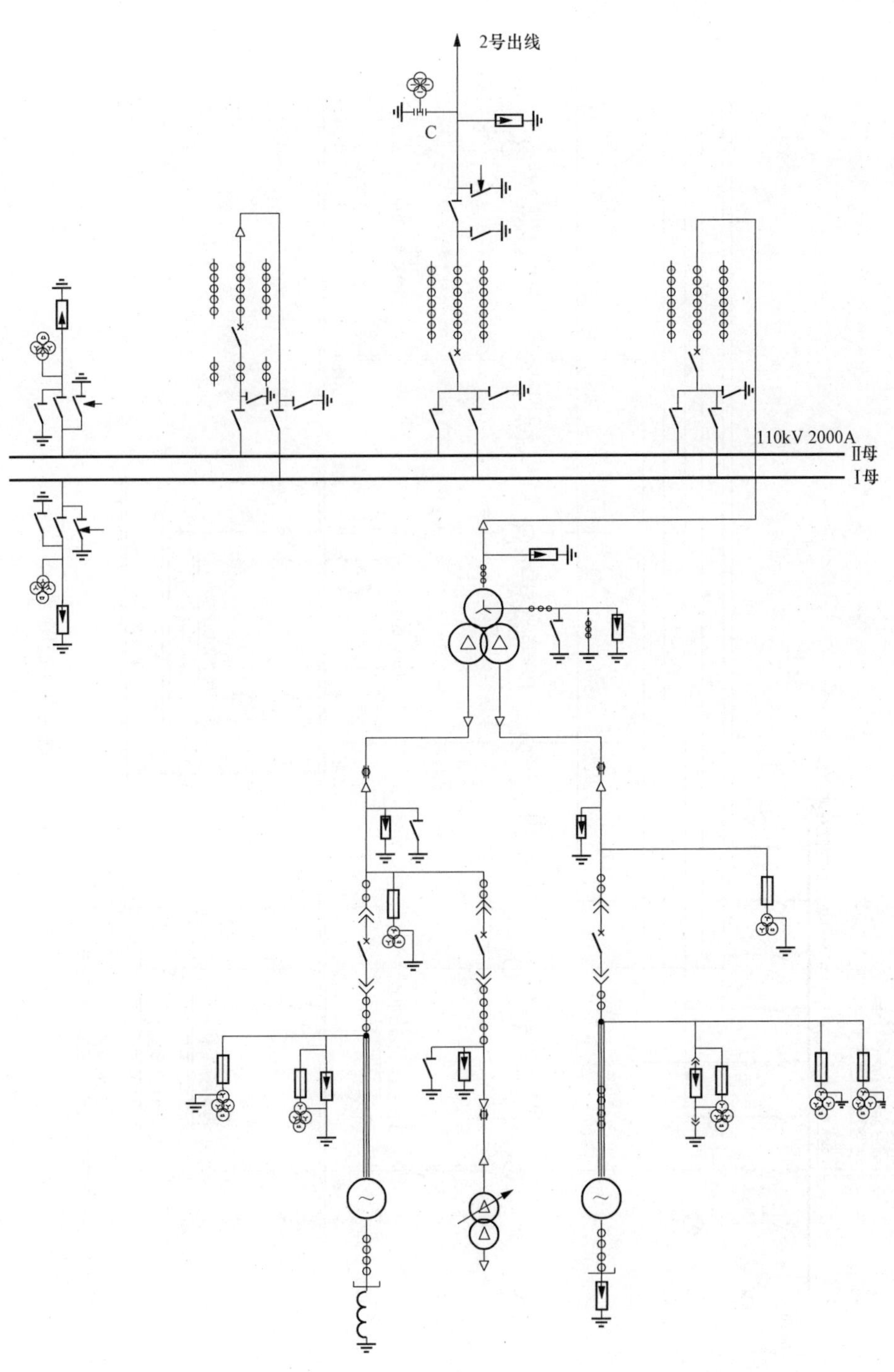

气主接线图

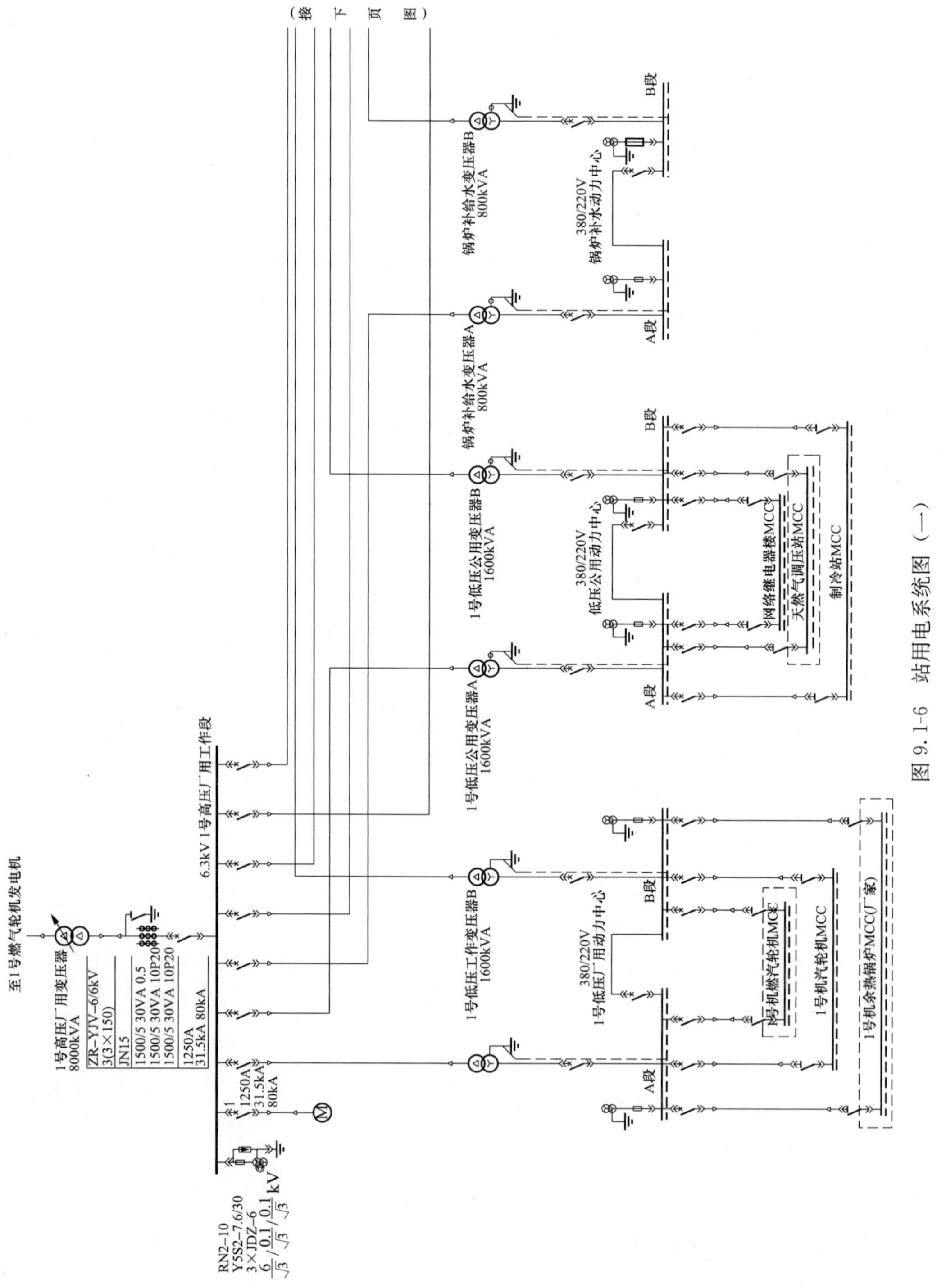

图 9.1-6 站用电系统图（一）

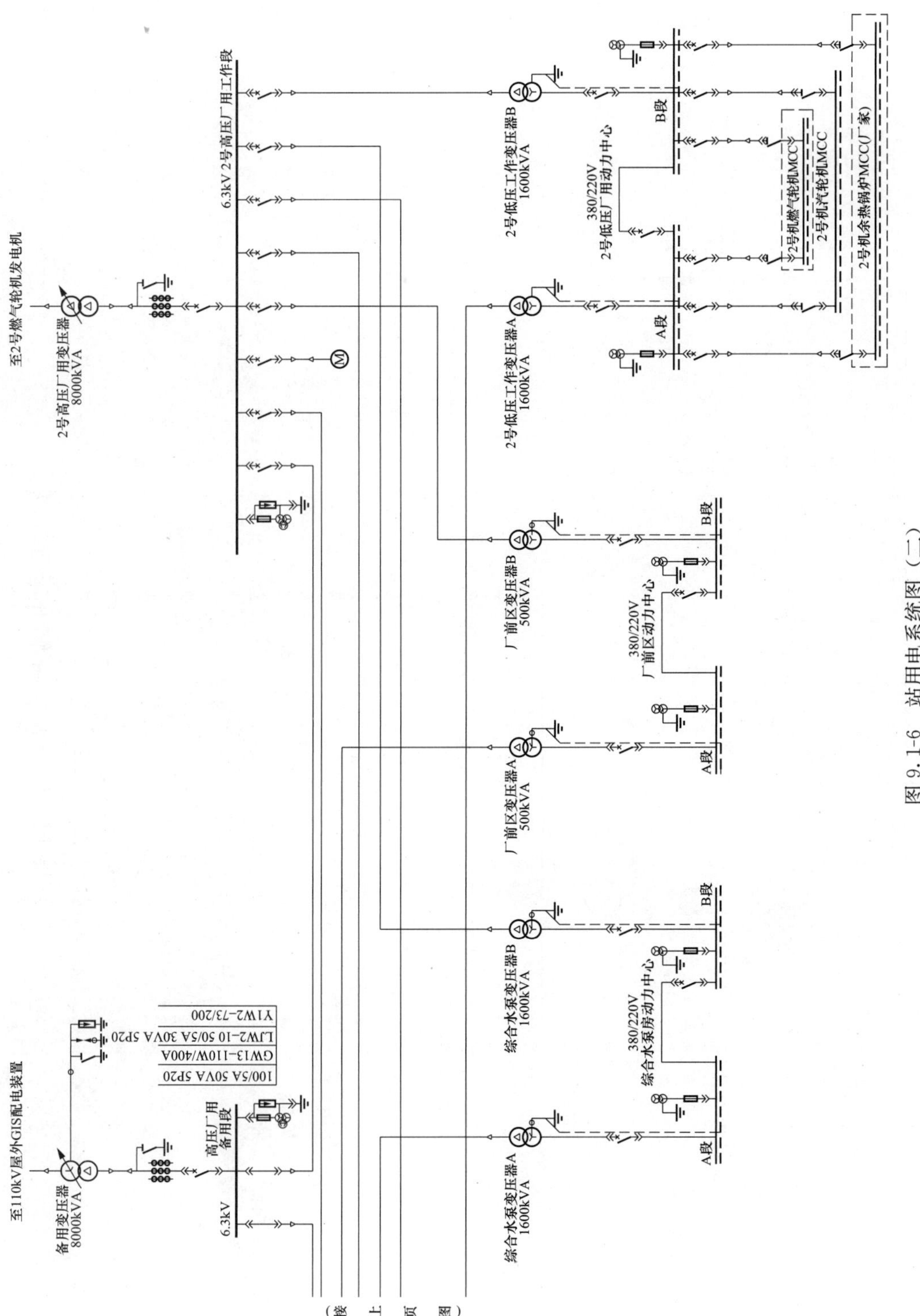

图 9.1-6　站用电系统图（二）

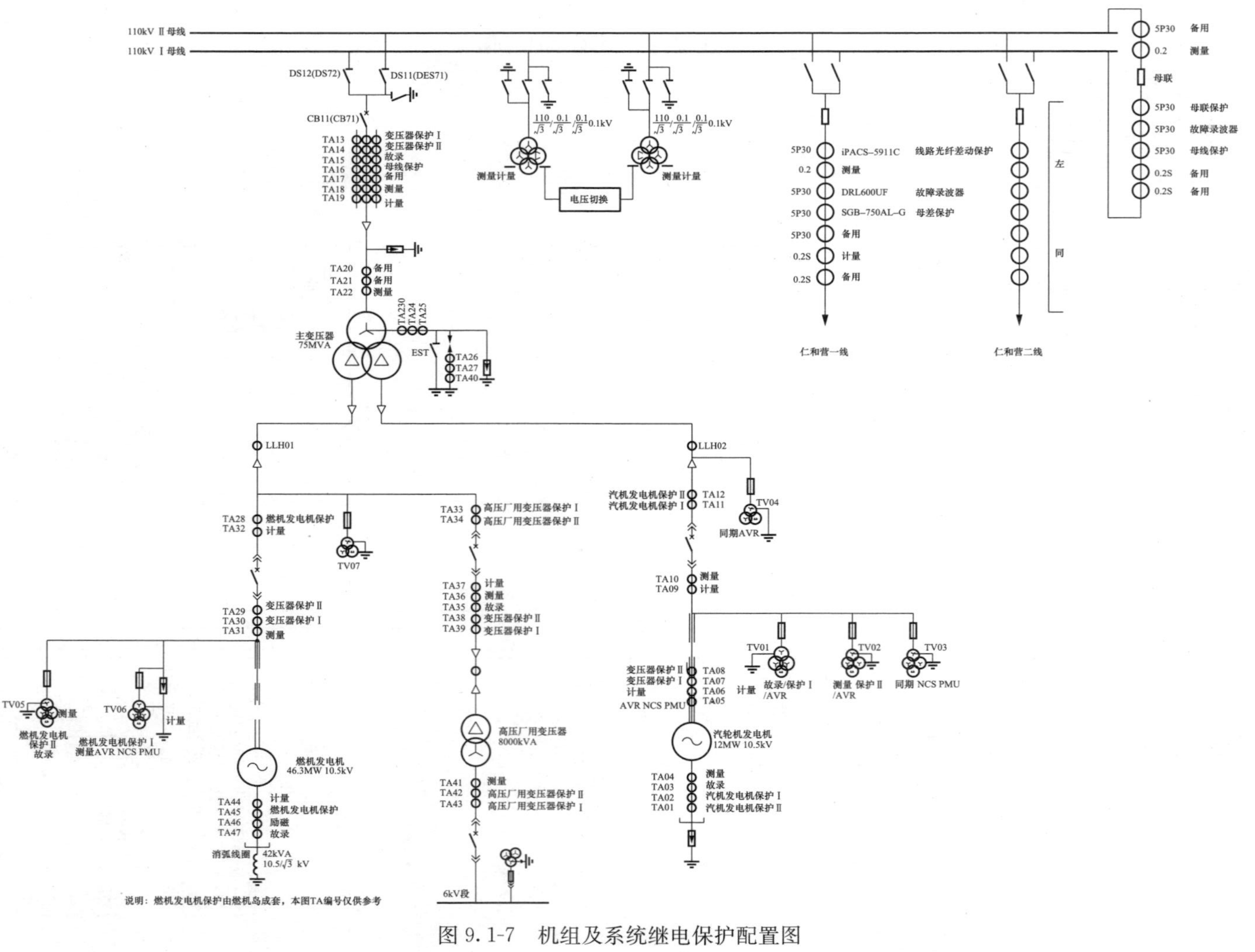

图 9.1-7 机组及系统继电保护配置图

第二节　区域式简单循环设计案例

某啤酒厂燃气分布式供能站位于西南地区，负荷以工业蒸汽为主，主要为啤酒厂的生产提供工艺用蒸汽，蒸汽压力为0.6～0.8MPa，温度为160～180℃；啤酒生产分为旺季和淡季，旺季生产量大，所有生产线处于满负荷运转；淡季生产量小，部分生产线停止生产。啤酒厂的生产旺季为4～9月，生产淡季为1～3月、10～12月。

一、热机专业

1. 项目设计冷热负荷

(1) 蒸汽负荷。根据啤酒厂提供的年总产能蒸汽负荷数据，2016年8月份（旺季）的蒸汽平均负荷为29.64t，2016年2月份（淡季）的蒸汽平均负荷为17.04t。现场调研10:00～10:32的蒸汽用量数据见表9.2-1。

表9.2-1　　现场调研蒸汽用量数据

序号	时间	蒸汽产量（t/h）		合计
		1号锅炉	2号锅炉	t/h
1	10：00	3.6	15.7	19.3
2	10：03	6.1	11.9	18
3	10：08	9.9	9.7	19.6
4	10：13	8.8	12.7	21.5
5	10：18	8.1	13.3	21.4
6	10：21	7.5	16.3	23.8
7	10：25	9.5	11.8	21.3
8	10：27	4	14.6	18.6
9	10：30	8.4	13.5	21.9
10	10：32	6.7	18	24.7

7月10日为旺季典型的生产日，可代表啤酒厂旺季蒸汽用量。啤酒厂的负荷波动性较大，单台燃煤锅炉最大可到25t/h，平均在10t/h左右。

根据现场调研日蒸汽负荷数据和年总用燃煤量折算的蒸汽总量，结合建设单位投提供的负荷数据，确定旺季负荷为19t/h，淡季负荷为12t/h。

(2) 空调负荷。供能时间：该工程地处西南，仅考虑夏季空调负荷，冬季不考虑采暖。夏季供冷时间为5月1日～9月30日（7:00～20:00）。

负荷统计与分析：该工程的设计空调冷负荷为925kW，典型日冷负荷曲线如图9.2-1所示。逐时、延时冷负荷曲线如图9.2-2、图9.2-3所示。

通过典型日逐时冷负荷分析，制冷负荷在15～16点出现用冷高峰。

设计冷负荷为925kW，时间出现在7月中旬，延时冷负荷变化如图9.2-3所示。

(3) 设计负荷。根据对负荷情况的分析，该工程确定设计蒸汽负荷见表9.2-2。

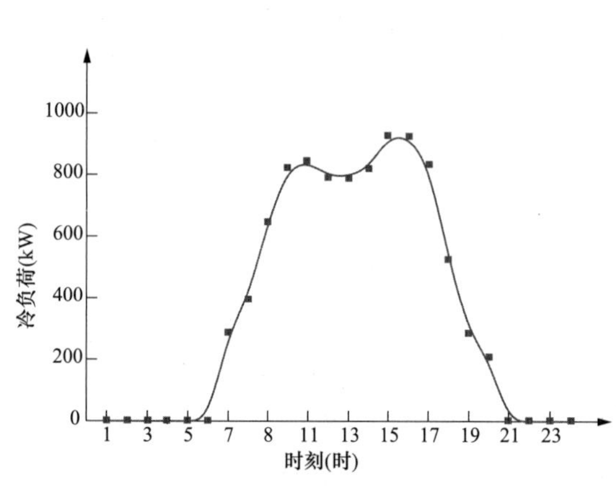

图 9.2-1 典型日冷负荷变化图

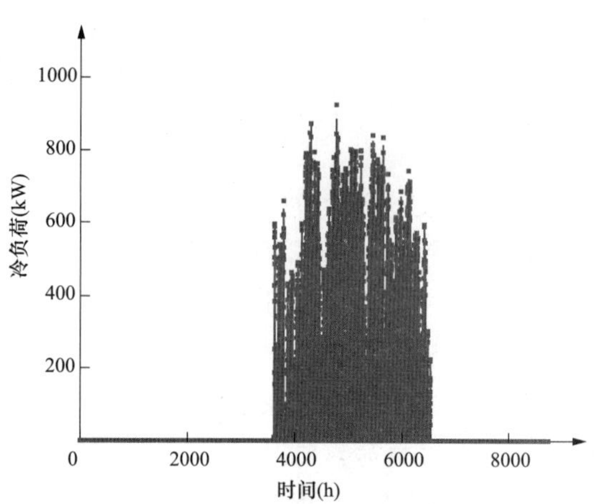

图 9.2-2 逐时冷负荷变化图

表 9.2-2 **设计蒸汽负荷**

时段	单位	最大	平均	最小
旺季	t/h	50	19	10
淡季	t/h	40	12	8

注 该案例以平均负荷作为设计负荷。

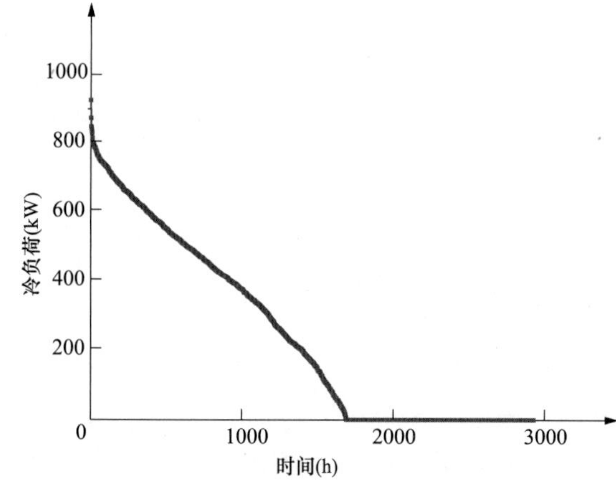

图 9.2-3 延时冷负荷变化图

该工程为啤酒厂办公楼提供冷负荷，设计空调冷负荷为 925kW。

2. 机组选型及运行方式

(1) 装机方案。根据供能站冷热负荷，遵循以热定电的原则，该项目分布式供能站装机方案：1 台 Solar T70 燃气轮机＋1 台补燃式余热锅炉＋2 台 20t/h 燃气锅炉＋1 台热水型溴化锂机，总装机容量 7500kW。供能站采用钢筋混凝土厂房。供能站直接向厂区供应电、冷及蒸汽。

(2) 运行模式。运行模式见表 9.2-3。

表 9.2-3 **运行模式**

项目负荷	运行模式
＞25t/h	燃气轮机满负荷运行，提供 12t/h 蒸汽，补燃余热锅炉满负荷运行，可供 20t/h 蒸汽，燃气锅炉调节蒸汽负荷波动，并保证供能安全性。在燃气轮机故障工况下，燃气锅炉迅速升到满负载，蒸汽蓄热器补充供汽，同时开启另一台燃气锅炉。因糖化工艺负荷具有较强的波动性，建议落实糖化工艺的实施时间和负荷波动特性，以便于制定更为准确的运行模式
20～25t/h	燃气轮机满负荷运行，提供 12t/h 蒸汽，燃气锅炉开启，在低负荷下运行（约 25%），补燃式余热锅炉调节蒸汽用量波动，并保证供能安全性。在燃气轮机故障工况下，燃气锅炉迅速升到满负载，蒸汽蓄热器补充供汽，同时开启另一台燃气锅炉

续表

项目负荷	运行模式
12～20t/h	燃气轮机满负荷运行，提供12t/h蒸汽，燃气锅炉停止运行，负荷变化由补燃式余热锅炉调节，蒸汽蓄热器保证供能安全性。在燃气轮机故障工况下，蒸汽蓄热器提供生产工艺20～30min最低安全用气，同时开启1台燃气锅炉
10～12t/h	燃气轮机变工况运行，提供10～12t/h蒸汽，补燃停止，燃气锅炉停止运行，蒸汽蓄热器保证供能安全性。在燃气轮机故障工况下，蒸汽蓄热器提供生产工艺20～30min最低安全用气，同时开启1台燃气锅炉
5～10t/h	燃气轮机停止运行，燃气锅炉运行，提供5～10t/h蒸汽，并保证供能安全性

3. 供能站设计简介

(1) 工程概况：该期配置1台Solar T70（7500kW）燃气轮机发电机组，配1台20t/h补燃式余热锅炉、2台20t/h的燃气蒸汽锅炉和1台100万kcal热水型溴化锂机。二期规划增加1台Solar T70（7500kW）燃气轮机发电机组，配1台20t/h补燃式余热锅炉和1台热水型溴化锂机。

(2) 设计特点：余热锅炉和燃气锅炉出口蒸汽按1.0MPa（表压）、温度200℃设计。

凝结水回收率按50%～60%设计，温度按110℃设计。

燃气锅炉、燃气轮机和余热锅炉均采用室外布置，机务辅助设备和化学设备布置在综合楼内。

天然气调压（增压）站单独建筑物室内布置，并采取措施保证满足防火间距。

化学系统采用软化水，设计容量满足总规划终期需求。

该工程该期所发电力，就近送入啤酒厂10kV配电室消纳，剩余电力通过啤酒厂外部电源线送入附近的110kV普河变电站10kV侧消纳。

该工程配置一套DCS系统，内燃发电机组、热水型溴化锂机组、燃气锅炉以及其他辅助设备和全厂的公用辅助系统等均能在集控室内进行监控。

综合楼采用混凝土结构，地震烈度为7度，设计基本地震加速度值为0.1g，分组为第三组，设计特征周期值0.45s。场地类别为Ⅱ类，场地属于对建筑抗震一般地段。

综合楼和调压（增压）站均采用自然进风，机械排风。综合楼内的控制室、办公室、休息室等均采用一套VRV系统进行制冷，电子设备间根据工艺要求单独设置空调装置。

(3) 设计范围：厂区总体规划，厂区围墙范围内生产设施区及厂区围墙范围外施工区内的场地平整，土方平衡，厂区内的生产设施配套工程，配电装置工程，供水系统工程，厂区围墙内天然气输送系统工程，厂区围墙范围内生产设施构筑物的道路、上下水道、沟道及照明等全部工程，环境保护和治理工程，厂区绿化规划，厂内通信工程，厂外管网工程（包括蒸汽管接至啤酒厂的分汽缸处，冷冻水供回水接至啤酒厂工艺氨制冷水源母管处），厂外电缆敷设（10kV电缆由厂区敷设至啤酒厂配电室）。

(4) 主要设备表（见表9.2-4）。

表9.2-4　主要设备表

序号	型号、规格及技术参数	数量	单位	制造厂家
1	T70，7500kW	1	台	Solar Turbines
2	卧式，自然循环，单压，补燃，12.5bar，温度为210℃，蒸汽量为25t/h	1	台	浙江特富锅炉有限公司

续表

序号	型号、规格及技术参数	数量	单位	制造厂家
3	露天，表压力为1.25MPa，温度为210℃，蒸汽量为20t/h	2	台	浙江特富锅炉有限公司
4	RFHN028Y，制冷量为1040kW	1	台	烟台荏原空调设备有限公司

4. 主要工艺系统描述

(1) 燃气-蒸汽联合循环机组的热力系统主要由燃气循环系统、余热锅炉汽水系统两部分组成。燃气轮机排气排入余热锅炉，余热锅炉产生蒸汽与2台燃气锅炉产生的蒸汽同时满足工业热负荷。

(2) 工业热负荷的凝结水由凝结水泵升压，经过除氧器加热除氧，分别送入余热锅炉尾部省煤器和2台燃气锅炉的节能器。锅炉产生的高压过热蒸汽供雪花啤酒厂使用。

(3) 燃气循环系统：经过燃气轮机做功后的燃料转变为高温烟气，通过扩散段后依次进入余热锅炉的入口烟道、省煤器、锅筒、蒸发器、过热器，换热后从出口烟道排至大气中。在入口烟道上装有膨胀节。

(4) 主蒸汽及对外供汽系统：主蒸汽管道经余热锅炉及燃气锅炉的过热器出口联箱、电动关断阀，分别引出至辅助蒸汽联箱内，从辅助蒸汽联箱上引出对外供汽管道直接送至热用户。考虑到该工程的蒸汽参数及输送距离和热用户为连续工业用汽用户，该期设置一条外供管道，蒸汽联箱上预留二期接口。每台锅炉的主蒸汽管道及对外供汽管道上均设置流量测量装置。主蒸汽管道和对外供汽管道均考虑在适当的位置设置疏水点和相应的疏水阀以保证机组在启动暖管和低负荷或故障条件下能及时疏尽管道中的冷凝水，防止水击事故的发生。

(5) 给水系统：主给水系统采用母管制为1台余热锅炉和2台燃气锅炉提供合格的锅炉给水。给水经除氧器处理后，由给水泵送入主给水母管，然后通过各分支管进入锅炉，在主给水母管至各锅炉的分支管道上设置电动调节阀，根据锅炉汽包水位进行给水调节。给水泵进口管道上设置手动阀及滤网，出口管道上设置止回阀和电动闸阀。给水泵出口设有最小流量再循环管路，自给水泵出口止回门后电动门前的管段上引出，分别接至给水再循环母管，再由给水再循环母管引出支管分别进入2台除氧水箱，以保证启动和低负荷期间给水泵通过最小流量运行，防止给水泵汽蚀。再循环管道按给水泵所允许的最小流量及系统运行过程给水的最小流量两者中的较大者进行设计。按单台锅炉容量设置4台100%流量给水泵，两用两备，同时满足二期容量需求。

(6) 凝结水系统：该项目的凝结水为来自用户的工艺疏水，凝结水的回收率为50%。凝结水由用户端化验合格后，输送至分布式能源站内的凝结水罐。设置凝结水紧急放水系统至排污降温池。把软化水补水直接补入1台额定处理容量为50t/h凝结水箱，与工艺疏水进行预混合，以降低凝结水的温度，然后再通过凝结水泵升压后送入除氧器。该项目共设置2台除氧器，每台额定处理容量为45t/h为余热锅炉及燃气锅炉提供给水。除氧器的加热蒸汽从厂内蒸汽联箱引出，经过减压阀减压后，分别进入每台除氧器。该期凝结水系统设置3台100%流量凝结水泵。2台运行，1台备用。运行泵与备用泵之间设置联锁，当任何1台泵发生故障时，备用泵自动启动投入运行。凝结水泵进口管道上设置手动阀及滤网，出口管道上设置止回阀和手动阀。凝结水系统设有最小流量再循环管路，自凝结水泵出口的凝结水母管引出，经最小流量再循环阀回到凝结水箱。再循环管道上还设有调节阀以控制在不同工况下的再循环流量。在凝结水进入除氧器之前的管道上，还设有控制除氧器水位的调节阀，以满足除氧器水位调节的需要。

（7）循环冷却水系统：循环冷却水系统主要为热水型溴化锂机提供制冷用的冷却水。冷却塔出水经 Y 形过滤器除污后进入冷却水泵升压，然后进入热水型溴化锂机用于冷却。升温后的冷却水再通过管道返回至冷却塔进行冷却降温以循环利用。循环冷却水系统采用单元制，冷却水系统设置 2 台 50%容量的冷却塔、1 台 100%冷却水变频泵。

（8）闭式循环冷却水系统：闭式循环冷却水系统主要向燃气轮机润滑油、天然气增压调压站、给水泵及汽水取样提供冷却水，包括回水的净化、升压输送、调节和冷却。运行时，软化水经 2 台 100%容量的闭式循环冷却水泵（1 用 1 备）升压后，进入 1 台 100%容量的闭式塔进行冷却，被冷却后的水进入供水母管，向各辅助设备提供冷却水，这些冷却水通过各辅机后被加热，回至闭式循环水泵进口。在水泵进口管道上设置高位膨胀水箱，起到吸收热膨胀和稳压的作用。

（9）溴化锂热源水系统：为了进一步回收利用余热锅炉的排烟热量，在余热锅炉尾部烟道设置热水加热器尾部受热面。通过该系统生产 98℃的热源水 60t/h，作为热水型溴化锂机组的热源，从而进行能量的回收利用。然后 80℃的热源水由循环泵送回至余热锅炉尾部受热面。热源水系统设置 2 台热源水变频循环泵（1 运 1 备），并设联锁。热源水系统设有两台补水定压泵，其作用是对系统起到补水、稳压。补水来自化学专业的软化水系统。为了防止热源水系统停运而余热锅炉在继续运行过程中热源水系统水的汽化导致超压，在靠近热源端锅炉尾部受热面处的热水管道上设置了安全阀超压排放系统及放汽、紧急放水系统，并设置了重新启动热源水系统时的旁路补水管道及阀门，以保证运行的安全。

（10）溴化锂冷冻水系统：通过溴化锂装置生产 6℃的冷冻水，用来冷却啤酒厂原制冷系统自来水，减少原来氨制冷系统的出力，从而实现节约能源。经过设置在用户侧的水-水换热器，冷冻水回水温度达到 12.5℃，由冷冻水循环泵送回至热水型溴化锂机组。冷冻水系统设置 2 台冷冻水变频循环泵（1 运 1 备）。冷冻水系统设有一个 $2m^3$ 高位布置的膨胀水箱，其作用是对系统起到补水、稳压、消除流量波动和吸收水的热膨胀等作用，并且给冷冻水泵提供足够的净正压头。冷冻水系统的补水和启动前对系统的充水都通过膨胀水箱进行。在运行时，膨胀水箱的水位由补水阀进行控制，补水来自软化水系统。为了保证冷冻水系统停运工况下不影响用户端的正常运行，在水-水板式换热器用户侧的进出水管道上设置了一个旁通闸阀。

（11）锅炉排污系统：该工程锅炉排污共用一套排污水系统，排污水系统设置一个 $3.5m^3$ 定排扩容器。来自余热锅炉及燃气锅炉污水和紧急放水分别排至定排扩容器内。定排内的污水排至排污降温池，并与从自来水来的冷却水降温后，排至厂区内的污水排放系统。

（12）压缩空气系统：该工程设置一个压缩空气供应站。空气压缩机及后处理系统负责为全厂提供仪用压缩空气及厂用检修、燃气轮机清洗等压缩空气。该工程共配置 2 台 $2m^3/min$（标准状况）螺杆式空气压缩机，压力等级为 0.8MPa，1 台运行，1 台备用；2 套空气干燥及净化装置，1 用 1 备。压缩空气经微热再生式空气干燥及净化装置处理后的压缩空气母管引出。系统配置 1 台 $8m^3$ 储气罐和 1 台 $2m^3$ 储气罐。其中 $8m^3$ 储气罐用于为燃气轮机提供仪用压缩空气，1 台 $2m^3$ 储气罐用于燃气轮机在线、离线清洗，燃气轮机进气过滤器反吹用压缩空气。

4. 热机专业的参考图纸

热力系统图如图 9.2-4 所示，燃气系统图如图 9.2-5 所示。

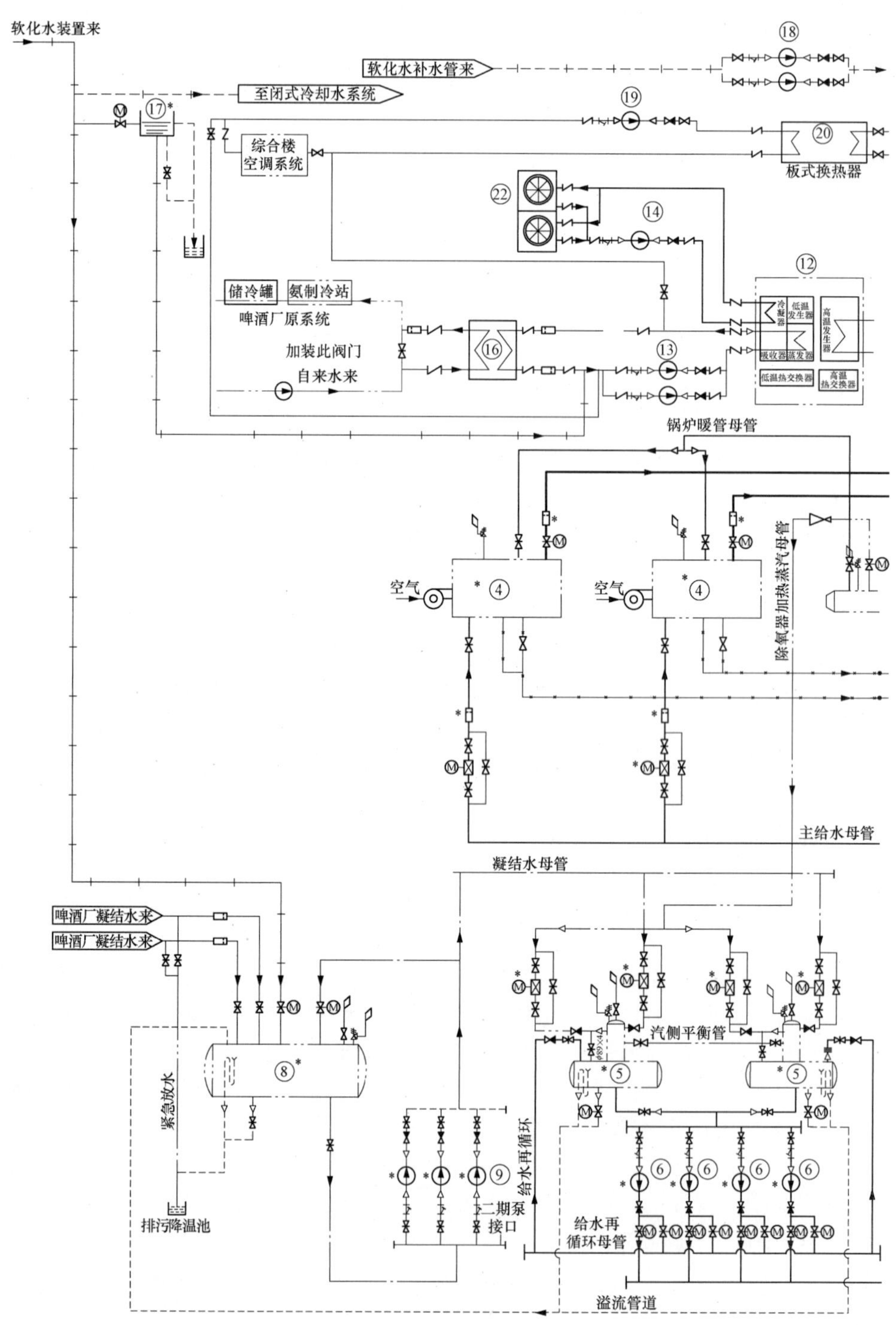

软化水装置来
软化水补水管来
至闭式冷却水系统
综合楼
空调系统
板式换热器
储冷罐
氨制冷站
啤酒厂原系统
加装此阀门
自来水来
冷凝器
低温发生器
高温发生器
吸收器
蒸发器
低温热交换器
高温热交换器
锅炉暖管母管
空气
空气
除氧器加热蒸汽母管
主给水母管
凝结水母管
啤酒厂凝结水来
啤酒厂凝结水来
紧急放水
排污降温池
汽侧平衡管
给水再循环
二期泵接口
给水再循环母管
溢流管道

图 9.2-4　热

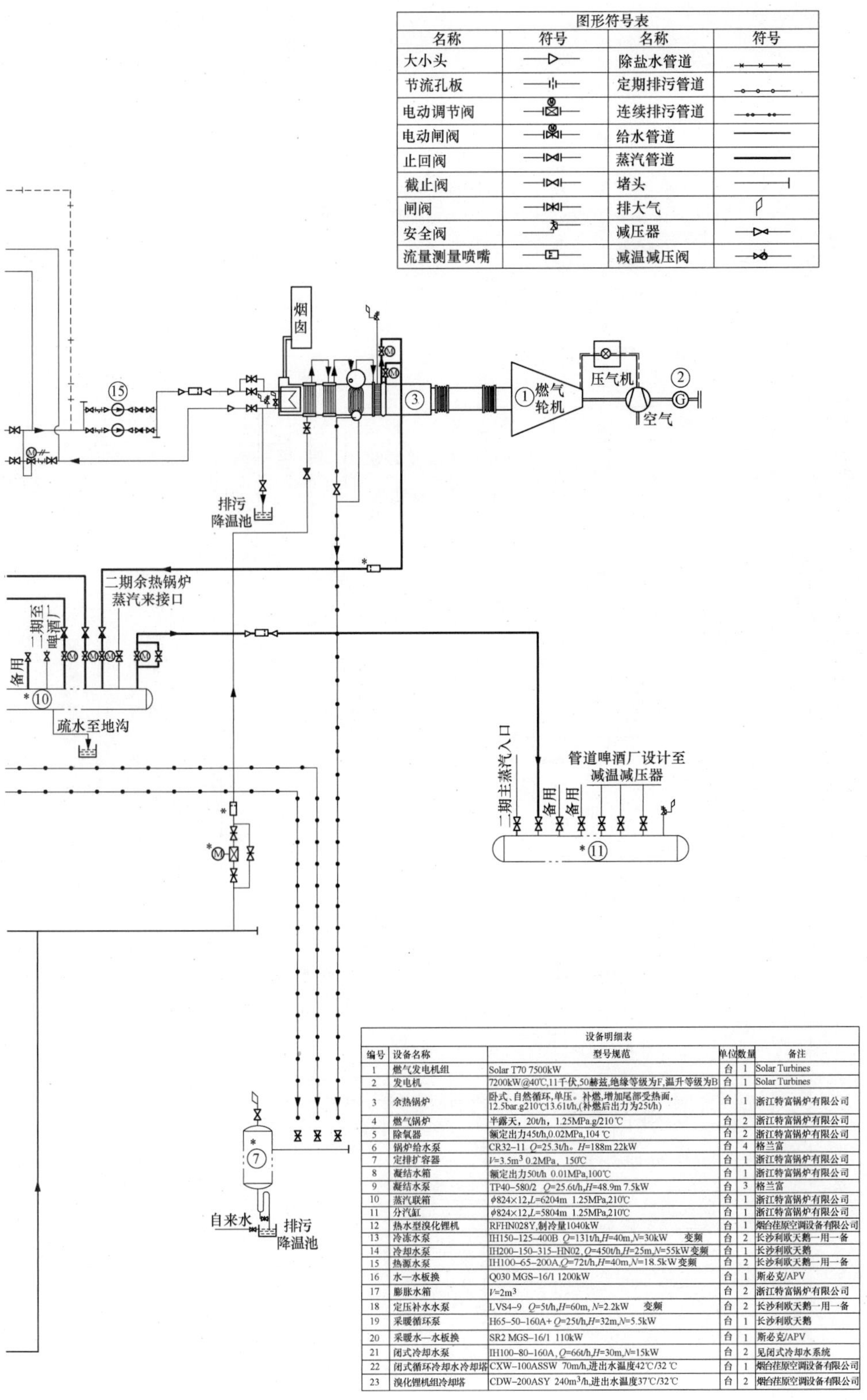

图形符号表			
名称	符号	名称	符号
大小头		除盐水管道	
节流孔板		定期排污管道	
电动调节阀		连续排污管道	
电动闸阀		给水管道	
止回阀		蒸汽管道	
截止阀		堵头	
闸阀		排大气	
安全阀		减压器	
流量测量喷嘴		减温减压阀	

设备明细表					
编号	设备名称	型号规范	单位	数量	备注
1	燃气发电机组	Solar T70 7500kW	台	1	Solar Turbines
2	发电机	7200kW@40℃,11千伏,50赫兹,绝缘等级为F,温升等级为B	台	1	Solar Turbines
3	余热锅炉	卧式、自然循环,单压。补燃,增加尾部受热面,12.5bar.g210℃13.61t/h,(补燃后出力为25t/h)	台	1	浙江特富锅炉有限公司
4	燃气锅炉	半露天，20t/h，1.25MPa.g/210 ℃	台	2	浙江特富锅炉有限公司
5	除氧器	额定出力45t/h,0.02MPa,104 ℃	台	2	浙江特富锅炉有限公司
6	锅炉给水泵	CR32–11 Q=25.3t/h。H=188m 22kW	台	4	格兰富
7	定排扩容器	V=3.5m^3 0.2MPa，150℃	台	1	浙江特富锅炉有限公司
8	凝结水箱	额定出力50t/h 0.01MPa,100℃	台	1	浙江特富锅炉有限公司
9	凝结水泵	TP40–580/2 Q=25.6t/h,H=48.9m 7.5kW	台	3	格兰富
10	蒸汽联箱	ϕ824×12,L=6204m 1.25MPa,210℃	台	1	浙江特富锅炉有限公司
11	分汽缸	ϕ824×12,L=5804m 1.25MPa,210℃	台	1	浙江特富锅炉有限公司
12	热水型溴化锂机	RFHN028Y,制冷量1040kW	台	1	烟台荏原空调设备有限公司
13	冷冻水泵	IH150–125–400B Q=131t/h,H=40m,N=30kW 变频	台	2	长沙利欧天鹅一用一备
14	冷却水泵	IH200–150–315–HN02,Q=450t/h,H=25m,N=55kW 变频	台	1	长沙利欧天鹅
15	热源水泵	IH100–65–200A,Q=72t/h,H=40m,N=18.5kW 变频	台	2	长沙利欧天鹅一用一备
16	水—水板换	Q030 MGS–16/1 1200kW	台	1	斯必克/APV
17	膨胀水箱	V=2m^3	台	2	浙江特富锅炉有限公司
18	定压补水水泵	LVS4–9 Q=5t/h,H=60m, N=2.2kW 变频	台	2	长沙利欧天鹅一用一备
19	采暖循环泵	H65–50–160A+ Q=25t/h,H=32m,N=5.5kW	台	1	长沙利欧天鹅
20	采暖水—水板换	SR2 MGS–16/1 110kW	台	1	斯必克/APV
21	闭式冷却水泵	IH100–80–160A, Q=66t/h,H=30m,N=15kW	台	2	见闭式冷却水系统
22	闭式循环冷却水冷却塔	CXW–100ASSW 70m/h,进出水温度42℃/32 ℃	台	1	烟台荏原空调设备有限公司
23	溴化锂机组冷却塔	CDW–200ASY 240m^3/h,进出水温度37℃/32℃	台	2	烟台荏原空调设备有限公司

力系统图

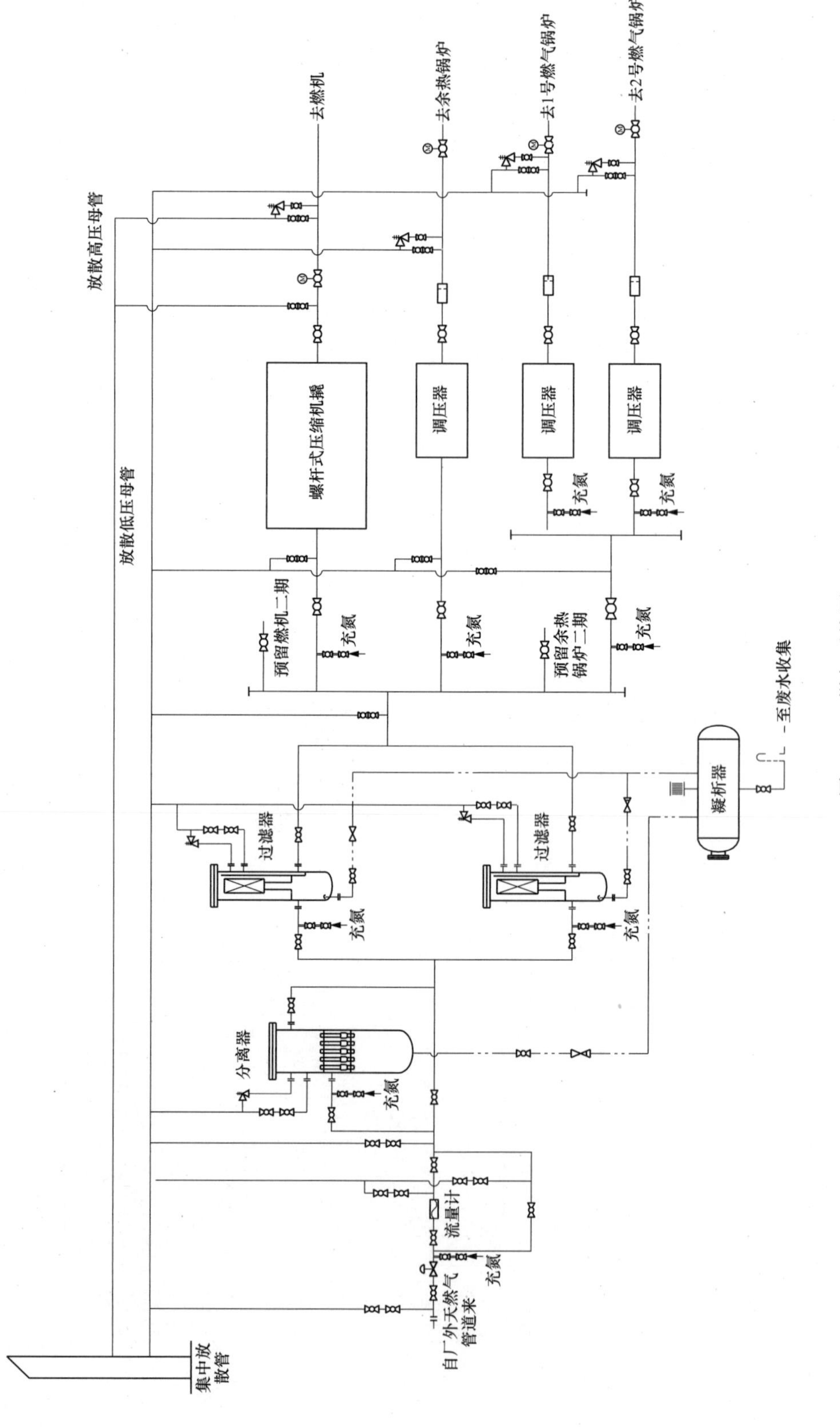
放散高压母管
放散低压母管
集中放散管
自厂外天然气管道来
流量计
充氮
分离器
过滤器
凝析器
至废水收集
螺杆式压缩机撬
调压器
调压器
调压器
调压器
预留燃机二期
预留余热锅炉二期
去燃机
去余热锅炉
去1号燃气锅炉
去2号燃气锅炉

图 9.2-5 燃气系统图

二、化学专业

1. 水源和水质

供能站生产用水采用啤酒厂区自来水管网的城市自来水，取自管网的水样化验报告详见表 9.2-5。

表 9.2-5　水样化验报告

样品名称		自来水	报告编号	13-5962
样品来源		动力	检验日期	2013 年 6 月 9 日
检验依据			报告日期	2013 年 6 月 9 日
检测项目		（计算）依据		检测结果
感观	色泽透明度	无色、无沉淀、透明		合格
	味	无味、无嗅		
pH				7.85
暂时硬度（mg/L）以 $CaCO_3$ 计				112.54
永久硬度（mg/L）		129.38～112.54		16.84
总硬度（mgL・L）以 $CaCO_3$ 计		2.3×0.028 1×112.16×17.847 7		129.38/7.25
Cl（mg/L）		0.35×709×0.089 0		22.08
Ca^{2+}（mg/L）		1.7×0.028 1×801.6		38.29/5.36
总碱度（mg/L）以 $CaCO_3$ 计		(4.60×2−4.72)×0.025 1×1000.9		112.54
备注	Mg^{2+}(mg/L)	(7.25−5.36)/0.230 7		8.19

2. 软化水处理系统选择及设备出力

系统运行水量损耗见表 9.2-6。

表 9.2-6　系统运行水量损耗

序　号	项　目	消耗水量（t/h）	备　注
1	厂内汽水循环损失	80×3%=2.4	汽水损失率 3%
2	余热锅炉排污损失	80×5%=4	排污率 5%
3	闭式冷却水	50×0.5%=0.25	汽水损失率 0.5%
4	冷冻水	116×1%=1.16	热网补水率 1%
5	启动或事故	20×10%=2	按全厂最大一台炉 10%
6	对外供汽损失	80×50%=40	初期 50%回收率
合计		49.81	

该工程水汽质量标准按 GB/T 1576—2018《工业锅炉水质》标准。

根据动力设备参数及热负荷分析，该供能站化学水处理采用一级软化处理，即可满足动力设备用水要求，系统出力为 2×50t/h。出水品质：硬度不大于 0.03mmol/L。

其工艺流程为：清水箱→清水泵→自清洗过滤器→钠离子交换器→软化水箱→软水泵→

用户。化学制水系统图如图 9.2-6 所示。

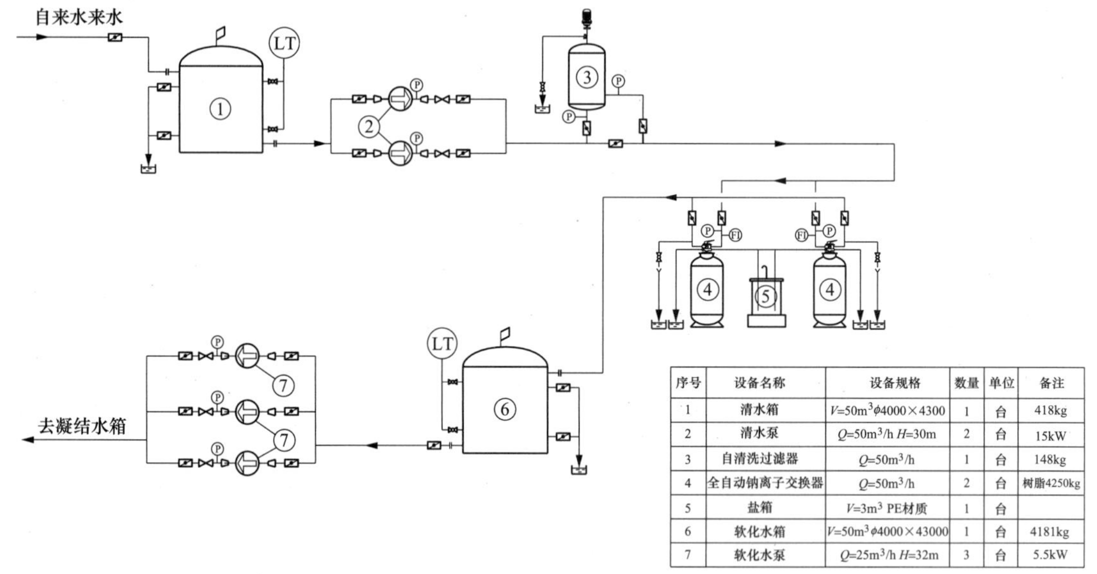

序号	设备名称	设备规格	数量	单位	备注
1	清水箱	V=50m³φ4000×4300	1	台	418kg
2	清水泵	Q=50m³/h H=30m	2	台	15kW
3	自清洗过滤器	Q=50m³/h	1	台	148kg
4	全自动钠离子交换器	Q=50m³/h	2	台	树脂4250kg
5	盐箱	V=3m³ PE材质	1	台	
6	软化水箱	V=50m³φ4000×43000	1	台	4181kg
7	软化水泵	Q=25m³/h H=32m	3	台	5.5kW

图 9.2-6　化学制水系统图

3. 设备布置

化学水处理车间位于综合楼内，由室内、室外两部分组成。化学水处理间室内建筑面积 $80m^2$、跨距 7.5m、长 10.65m、净高 4.5m，房间内布置有自清洗过滤器、全自动软化器、再生盐罐、清水泵、软化水泵等水处理设备；室外布置清水箱、软化水箱。

4. 运行方式

厂外来水首先进入 1 台 $50m^3$ 清水箱，经生水泵升压后进入自清洗过滤器，经过过滤的水进入钠离子交换器进行离子交换，使水中的钙、镁离子与树脂上的交换基团的钠离子交换，其钙、镁离子含量不大于 0.03mmol/L。

钠离子交换装置的运行及再生由程序自动控制，再生指令由出水管的硬度计发出。自清洗过滤器运行为自动清洗，不断流。化学制水系统管道长度较短，为了系统管道材质统一，制水系统管道采用普通碳钢管和不锈钢管两种材质。

为防止微生物菌藻类在循环水系统中滋生蔓延，造成循环水系统管材的污堵和腐蚀，从而影响机组的安全稳定运行。根据运行情况，该工程采用冲击投加杀菌剂和水质稳定剂到循环水系统中。

三、水工专业

供能站生产用水和生活用水补水采用市政自来水。该工程循环水系统分为溴化锂循环冷却水系统和辅机循环冷却水系统两部分。

1. 溴化锂循环冷却水系统

溴化锂循环冷却水系统主要为热水型溴化锂机提供制冷用的冷却水。该工程采用机力通风冷却塔，进/出温度为 37℃/32℃，冷却塔布置在综合楼辅助设备间屋顶。

一期冷却水系统设置一组冷却塔、一台冷却水泵，冷却水泵不设备用。二期拟再增设同样容量的一组冷却塔、一台冷却水泵。主要设备明细表见表 9.2-7。

表 9.2-7　设备明细表

序号	设备名称	设备规格	数量	电动机功率（kW）	备注
1	机力通风冷却塔	处理水量 $Q=150t/h$	2	22	
2	风机	ϕ2400，风量为 8400m^3/h	2	4.0	
3	循环水泵	水量 $Q=320t/h$，扬程 $H=32m$	1	18.5	

注　循环水处理根据运行状况，采取冲击加药处理：加入杀菌灭藻、阻垢剂的方式。

供能站热水型溴化锂制冷机组（273m^3/h）循环冷却水系统，只在制冷期运行，时间 1650h。

循环水运行工况如下：

循环水量：273t/h；

循环水蒸发损失：2.184t/h；

循环水风吹损失：0.819t/h；

循环水排污损失：1.09t/h；

浓缩倍率（Cl^-）：3。

2. 辅机循环冷却水系统

该工程的闭式冷却水主要为燃气轮机提供冲洗水和润滑油冷却水，为增压调压站、给水泵及汽水取样提供冷却水，因各冷却水用水系统要求的水质较高，故闭式冷却水采用软化水，用水量见表 9.2-8。

表 9.2-8　用水量表

项　目	用水量（t/h）	备　注
燃气轮机润滑油冷却水	21	
调压站（增压）冷却水	6	
给水泵冷却水	3	3 台给水泵
取样冷却器冷却水	20.1	

注　本表为一期冷却水用量。

闭式冷却水系统采用闭式循环冷却塔 1 套、闭式冷却水泵 2 台，1 用 1 备。

闭式循环冷却水系统采用软化水作为冷却介质，可减少对设备的污染和腐蚀，使设备具有较高传热效率。同时又可防止流道阻塞，提高各主、辅设备运行的安全性和可靠性，大大减小设备的维修工作量。

闭式冷却水系统设有 2m^3 高位布置的膨胀水箱，对系统补水、稳压、消除流量波动和吸收水的热膨胀等作用，并为冷却水泵提供足够的净正压头。闭式循环冷却水系统的补水和启动前对系统的充水都通过膨胀水箱进行。在运行时，膨胀水箱的水位由补水阀进行控制，补水来自化学专业软化水系统。设备明细见表9.2-9。

表9.2-9　　　　设备明细

序号	设备名称	设备规格	数量	电动机功率
1	闭式式冷却塔	处理水量 Q=50t/h	1	
2	风机	ϕ1600，风量39 200m^3/h	1	2.2
3	循环水泵	水量 Q=56.6t/h，扬程 H=33.4m	2	11

3. 补充水系统

供能站补充水采用啤酒厂自来水管网来水，取水点位于能源站东南侧墙外1m，供水管道一根DN125普通碳钢管从取水点埋地敷设至能源站处，管道设计流速2m/s。供水管路进入供能站后分别至化学制水、冷却塔补水、锅炉降温池及供能站生活用水，该期最大补水量60.973t/h：

化学清水箱最大52.78t/h；

冷却塔集水池4.093t/h；

降温池3.6t/h；

生活用水0.5t/h。

4. 生活用水系统

供能站生活水主要为能源站各车间洗手池洗漱、卫生间和淋浴，以及职工食堂用水，供能站不专门设置生活水泵房，由厂区自来水管网提供。

5. 排水系统

（1）生活废水排放：供能站各车间洗漱卫生间及淋浴产生的生活废水，经化粪池处理后，从供能站西侧排入厂外市政污水管道。

（2）工业废水排放：化学车间产生的废水主要为过滤器清洗废水及软化器再生过程产生的废水。锅炉排污水为清净下水，直接排入厂区雨水管网；地坪及设备冲洗含油废水排入含油废水收集池，通过移动式油水分离处理后排入市政污水管网。

（3）热力设备化学清洗废水处理：供能站不设置热力设备化学清洗废液处理系统，化学清洗产生的废液由清洗单位运输至厂外处理。

（4）厂区雨水排放：厂区周围绿化带下有雨水管道，供能站屋顶雨水经建筑雨水排水管道排至地面，地面雨水经地面径流至厂区周边绿化带下雨水管道排放。

四、电控专业

1. 电气主接线及电力送出部分

（1）电力送出方案。供能站电力送出方案采用自发自用、余电上网的方式。供能站以10kV电压等级接入电力系统；所发电力，就近送入某啤酒厂10kV总配电室消纳，剩余电力，通过某啤酒厂10kV电力专线（送入附近的110kV变电站）消纳。

（2）电气主接线。供能站的燃气轮机发电机组的出口电压选为10.5kV，发电机出口装设发电机出口断路器（GCB）。

供能站10kV系统，采用单母线分段有联络的接线方式，2台发电机分别接入两段10kV母线。该期建设10kV母线Ⅰ段及部分10kV母线Ⅱ段，发电机及站用电馈线、电力送出馈线均接入10kV母线Ⅰ段。10kV母线Ⅱ段暂接入该期的备用电源，并通过母联断路器为10kV母线Ⅰ段做热备用。终期扩建时，再补充建设完整的10kV母线Ⅱ段。

（3）启动及备用电源。机组的启动电源通过系统倒送电取得。

备用电源从附近10kV配电站引接，备用电源不与发电机并列运行。

（4）接地方式。发电机中性点通过消弧线圈接地，并配置自动跟踪补偿系统，以限制中性点电流满足发电机稳定运行的需要。

（5）主要设备选型。发电机出口断路器（GCB）：HVX-12-1250-31.5-E。1号电力送出断路器（VCB）：HVX-12-1250-31.5-E。

2. 站用电部分

（1）站用电系统的设计原则。站用电系统采用10kV和0.4kV两级电压。

380V厂用系统依据用电负荷情况及用电设备布置情况就近分散设置低压干式厂用变压器或设置MCC工作段。380V系统的短路电流限制在50kA内。

容量为75kW及以上电动机和厂用电源进线回路的开关选用框架断路器，由低压厂用电PC段供电。75kW以下的电动机及主厂房和各辅助生产设施由MCC柜供电。15kW以下电动机采用塑壳开关＋接触器＋热继电器保护控制，15～75kW电动机采用塑壳开关＋接触器＋智能电动机保护器保护控制，75kW以上电动机及动力回路采用框架式断路器＋综合保护测控装置保护控制。

（2）10kV站用电系统接线。站用电电源通过1台1250kVA的10kV/0.4kV干式电力变压器从供能站10kV母线Ⅰ段接引，为站内低压用电设备提供动力。

（3）接地方式。站用电系统380V系统中性点直接接地。

（4）站用电主要设备选型。10kV馈线断路器（VCB）：VS1-12-1250-31.5。低压变压器：SCB10－1250，10.5±2×2.5％/0.4kV，Dyn11。

3. 继电保护配置

（1）燃气轮发电机继电保护配置由燃气轮机生产厂家配套提供，单套配置，保护采用数字式微机型保护。具有：定子绕组过负荷、复压过流、发电机转子一点接地、失磁等保护功能。

另外，在发电机出口GCB柜配有数字式微机型保护，具有电动机电流差动、电流速断、过电流、过负荷、过热、低电压、过电压、低频率、失步、接地护、低功率/逆功率、非电量等保护功能。

（2）10kV电力送出线路继电保护，单套配置，保护采用数字式微机型保护。具有光纤电流差动、电流速断、复压方向闭锁过流、过负荷等保护功能。

（3）低压变压器继电保护，单套配置，保护采用数字式微机型保护。具有电流速断、复压闭锁过流、过负荷、零序过流保护、零序过压保护、低电压保护、非电量保护等保护功能。

（4）站内装设一套故障录波装置。

（5）供能站 10kV 并网侧配置一套小电源故障解列装置，具备低/过电压保护、低/过频率保护、零压保护功能。故障解列装置保护跳 10kV 并网断路器。

（6）在电网 110kV 变电站 10kV 某啤酒厂专线路出线间隔、并网点（某啤酒厂 10kV 总配电室 10kV 母线）加装 10kV 带方向的过流保护装置，并具备低压解列功能；在供能站 10kV 母线侧装设 10kV 母线保护和安全自动装置。

4. 系统远动及自动化部分

（1）电气与热控共用一套集控 PLC 系统。完成对全部主辅机设备的控制和监测。燃气轮发电机组测控系统，由生产厂家成套提供，以通信方式与集控 PLC 系统交换信息，接受系统指令及向系统提供监测信息。

（2）某啤酒厂 10kV 总配电室计量柜内表计更换为双向多功能电能表；供源站内 10kV 侧新增一面 10kV 电能计量专用柜。配置用电信息采集终端，满足电能信息采集及远程通信的要求。

（3）能源站 10kV 配电室设计算机网络监控系统，配电室内电气设备均进入 NCS 中实现顺序控制和实时监视。

（4）网络监控系统采集信息有：

遥信量：10kV 进/出线开关位置；接地刀闸位置；保护动作信号（装置异常信号、控制回路断线、弹簧未储能、TV 断线）；开关远方/当地操作转换信号；保护装置异常；直流系统异常信号；0.4kV 进线开关位置；部分出线开关位置等。

遥测量：10kV 进/出线回路 A、B、C 相电流；10kV 母线电压 ua、ub、uc；直流母线电压；10kV 进/出线电功率（有功、无功、功率因数等）；0.4kV 进/出线电功率（有功、无功、功率因数等）等。

遥控量：10kV 进/出线远方拉合；自投远方投退；0.4kV 进线开关；部分出线开关远方拉合等。

（5）网络监控系统局域网由各开关柜微机综保装置、直流屏控制装置、多功能电力仪表、公用测控装置、规约转换装置、卫星对时装置、以太网交换机、通信网关组成。间隔层设备主要以微机综保装置及电力仪表，辅助以综合测控装置，完成对 10kV、0.4kV、直流系统的信息采集、控制；站控层主要由规约转换装置、卫星对时装置、以太网交换机、通信网关组成，完成遥测、遥信上传至后台监控系统及上级主站控制信息管理系统，完成遥控信息下达至间隔层执行的功能。

（6）供能站与上级主站（110kV 变电站）间的通信方式采用专用光纤通信网络；光缆配置相应的 ODF 单元和光纤收容单元；通信设备：以太网交换机、P 通信网关机；双机冗余配置。

（7）供能站配置 1 套 2.5GSDH 光端机及相应的其他通信设备。能源站至用户 10kV 配电室间敷设光缆通道供纵差保护装置使用。

(8) 供能站内配置远动装置1套，配置厂站288点计划发送接收设备，配置调度数据网设备1套，二次安防设备1套。

5. 热工自动化水平及控制方式

该工程采用全厂集中控制方式，以计算机监控系统为机组主要的监视及控制核心，并与其他控制设备一起，构成一套完整的综合自动化控制系统，实现对机组的检测、控制、报警、保护等功能，完成系统启动、停止、正常运行和事故处理。

该工程配置一套集控PLC系统，以PLC操作员站为控制中心，在集控室内实现对燃气轮机发电机组、热水型溴化锂机组、燃气锅炉、余热锅炉、增压调压站及其他辅助设备和全厂的公用辅助系统等的监控。

6. 主要设备控制方式

(1) 燃气轮机配套提供控制柜，用来完成燃气轮机本体的控制，集控PLC系统采用通信方式与燃气轮机控制系统进行数据传输，对于重要的控制信号，采用硬接线的方式进行数据传输。

(2) 热水型溴化锂机组配套控制柜，用来完成机组本体的控制，集控PLC系统采用通信方式与溴化锂机组控制系统进行数据传输，对于重要的控制信号，采用硬接线的方式进行数据传输。

(3) 余热锅炉配套控制柜，用来完成机组本体的控制，集控PLC系统采用通信方式和余热锅炉控制系统进行数据传输，对于重要的控制信号，采用硬接线的方式进行数据传输。

(4) 燃气锅炉配套控制柜，用来完成机组本体的控制，集控PLC系统采用通信方式与燃气锅炉控制系统进行数据传输，对于重要的控制信号，采用硬接线的方式进行数据传输。

(5) 增压调压站配套控制柜，用来完成机组本体的控制，集控PLC系统采用通信方式与调压站控制系统进行数据传输，对于重要的控制信号，采用硬接线的方式进行数据传输。

(6) 发电机、变压器、高低压厂用电源等电气设备的控制、监视和管理在ECMS实现，电动机的监测管理信息进入ECMS，电动机的控制仍由集控PLC实现。

7. 集中控制室布置

在综合楼设置控制室和电子设备间，与电气专业共用。控制室和电子设备间位于综合楼的0m层。集中控制室内有PLC操作站、燃气轮机操作站、打印机、火灾报警盘等。

8. 电控专业的参考图纸

电气主接线图如图9.2-7所示，站用电系统图如图9.2-8所示，机组保护配置示意图如图9.2-9所示，电气监控管理系统网络结构图如图9.2-10所示，热工控制系统网络配置图如图9.2-11所示。

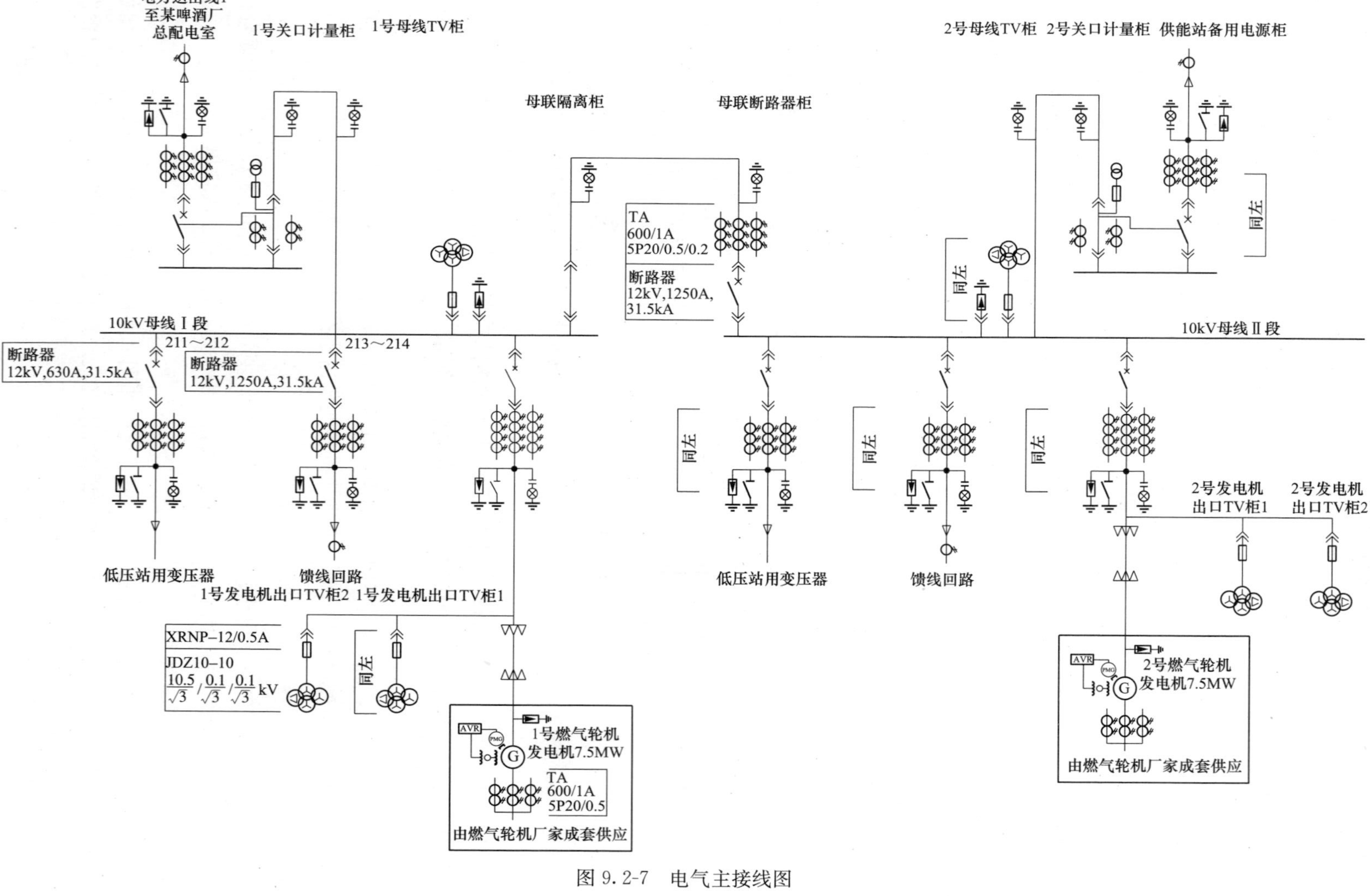

电力送出线1
至某啤酒厂
总配电室
1号关口计量柜
1号母线TV柜
母联隔离柜
母联断路器柜
2号母线TV柜
2号关口计量柜
供能站备用电源柜
TA
600/1A
5P20/0.5/0.2
断路器
12kV,1250A,
31.5kA
同左
10kV母线 I 段
10kV母线 II 段
211～212
213～214
断路器
12kV,630A,31.5kA
断路器
12kV,1250A,31.5kA
低压站用变压器
馈线回路
1号发电机出口TV柜2
1号发电机出口TV柜1
低压站用变压器
馈线回路
2号发电机
出口TV柜1
2号发电机
出口TV柜2
XRNP−12/0.5A
JDZ10−10
$\frac{10.5}{\sqrt{3}}/\frac{0.1}{\sqrt{3}}/\frac{0.1}{\sqrt{3}}$ kV
AVR
PMG
G
1号燃气轮机
发电机7.5MW
TA
600/1A
5P20/0.5
由燃气轮机厂家成套供应
2号燃气轮机
发电机7.5MW
由燃气轮机厂家成套供应

图 9.2-7 电气主接线图

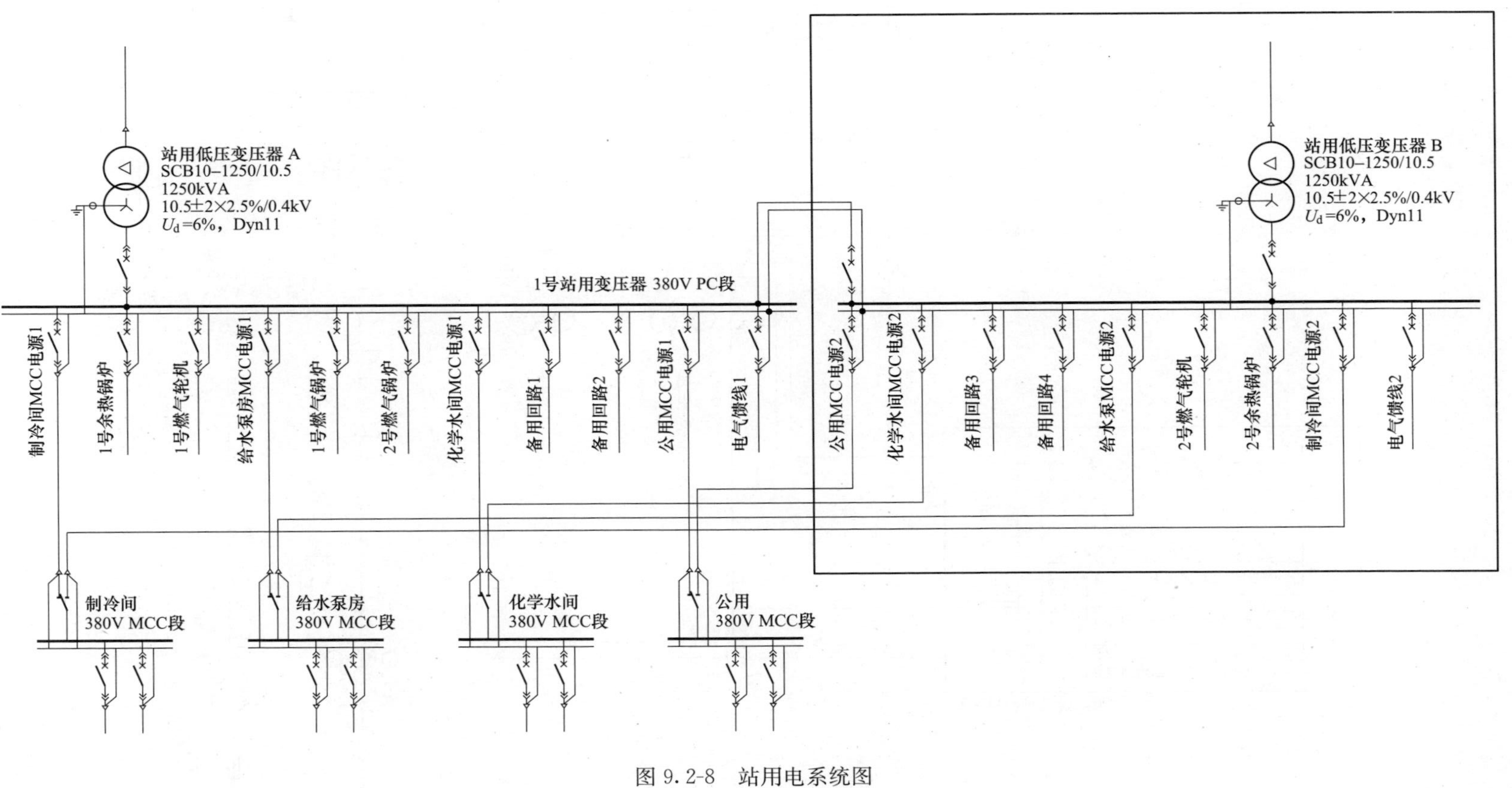
站用低压变压器 A
SCB10–1250/10.5
1250kVA
10.5±2×2.5%/0.4kV
U_d=6%，Dyn11
站用低压变压器 B
SCB10–1250/10.5
1250kVA
10.5±2×2.5%/0.4kV
U_d=6%，Dyn11
1号站用变压器 380V PC段
制冷间MCC电源1
1号余热锅炉
1号燃气轮机
给水泵房MCC电源1
1号燃气锅炉
2号燃气锅炉
化学水间MCC电源1
备用回路1
备用回路2
公用MCC电源1
电气馈线1
公用MCC电源2
化学水间MCC电源2
备用回路3
备用回路4
给水泵MCC电源2
2号燃气轮机
2号余热锅炉
制冷间MCC电源2
电气馈线2
制冷间
380V MCC段
给水泵房
380V MCC段
化学水间
380V MCC段
公用
380V MCC段

图 9.2-8　站用电系统图

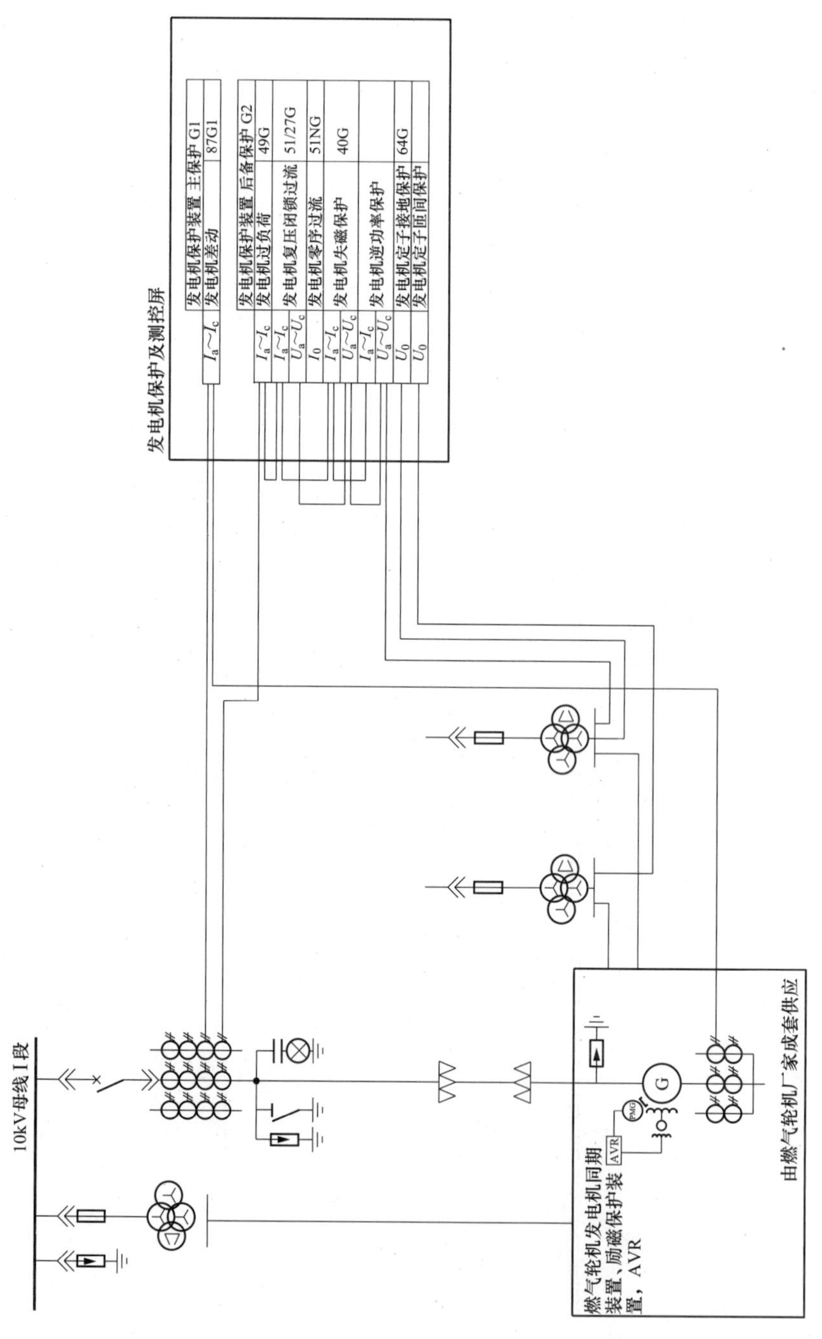

图 9.2-9 机组保护配置示意图

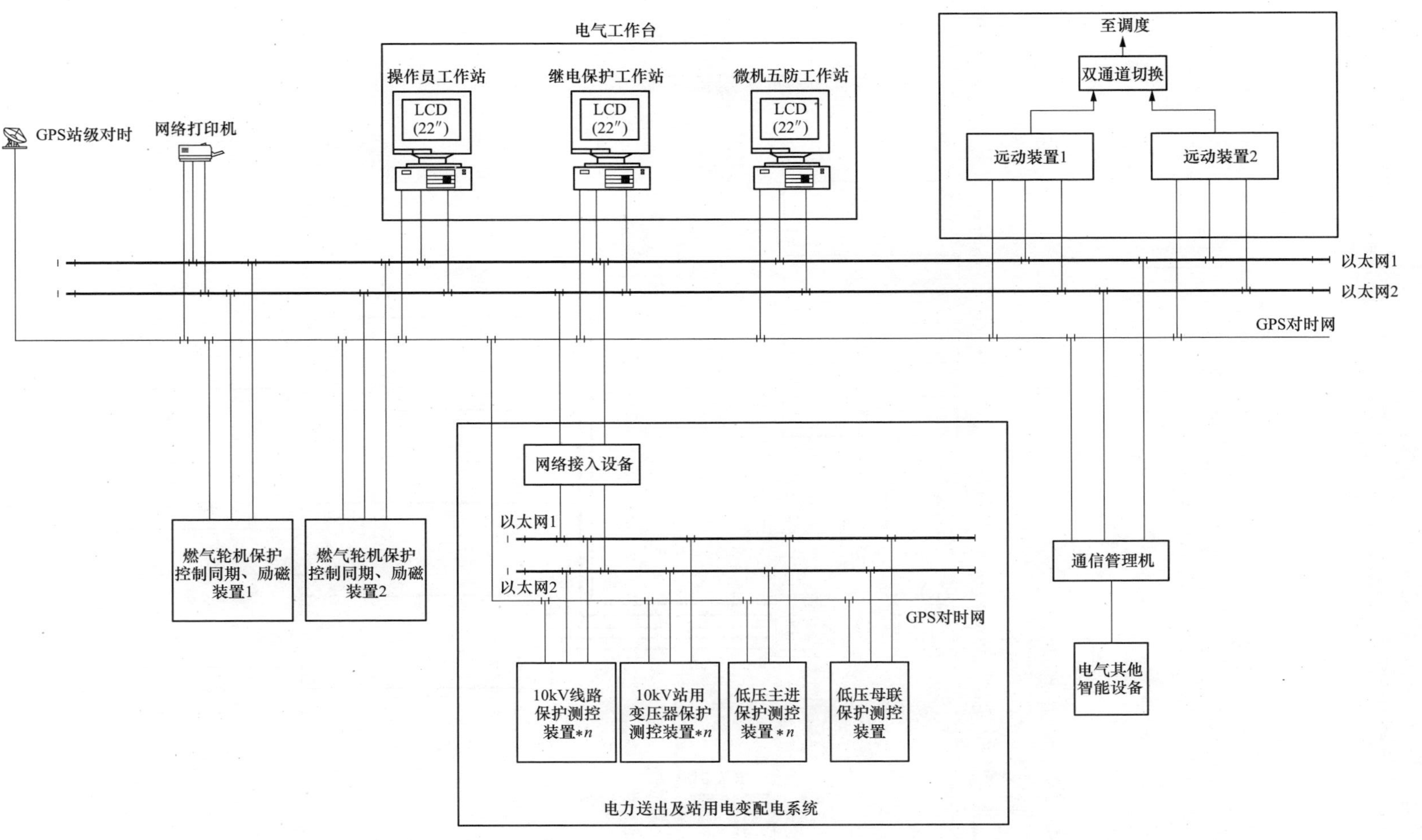

图 9.2-10　电气监控管理系统网络结构图

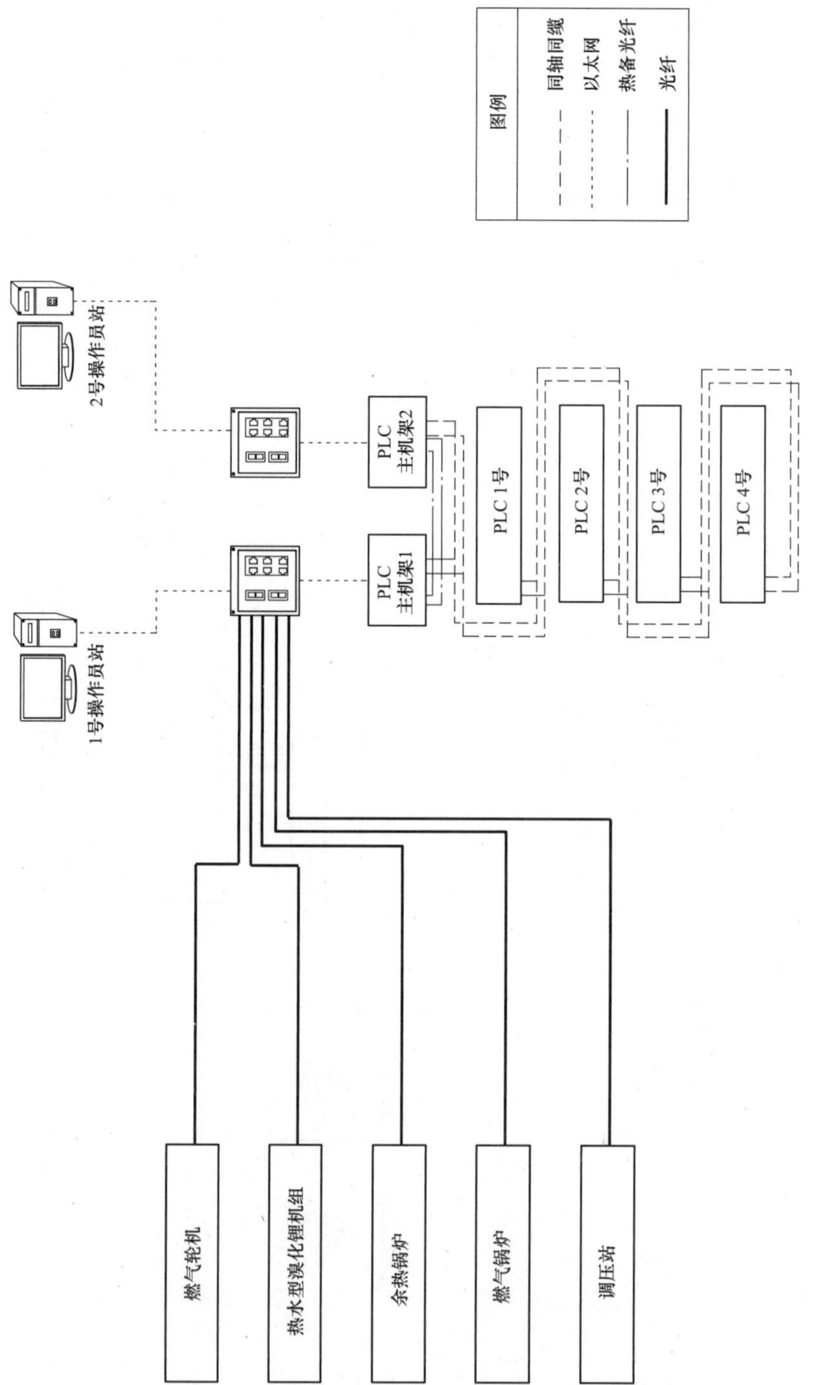

图 9.2-11 热工控制系统网络配置图

第三节　楼宇式地上布置设计案例

某燃气楼宇式分布式供能站位于华东地区某产业园。根据初步规划，产业园总建筑总面积为70.1万m^2。其中，地上建筑面积约为55万m^2。该园区具有良好的冷、热负荷条件，供冷负荷约为58MW，采暖负荷约为32.4MW，生活热水负荷为5.96MW。

一、热机专业

1. 发电量的确定及发电机运行方式

该项目遵循“以热定电”“欠匹配”的设计原则。根据冷热负荷确定内燃发电机建设最终规模为21MW，该工程一期建设3×4MW级的燃气内燃发电机组，最终规划5套燃气内燃机+1台2MW级小型燃气轮机实验平台。机组正常运行时余热可以满足项目稳定的冷热负荷需求，不足部分通过冷热调峰设备满足园区的用能需求；燃气内燃机发电除自用外，多余部分全部采取上网模式。

2. 项目设计冷热负荷

项目设计冷热负荷分析如图9.3-1～图9.3-4所示。

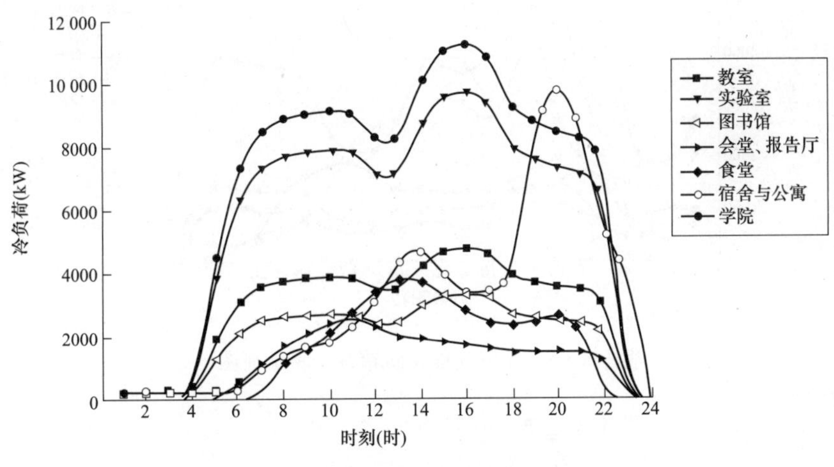

图9.3-1　不同功能建筑错峰冷负荷图

3. 机组选型及运行方式

(1) 机组选型：为了节省项目的投资，并保证供能站的主机效率最大化，根据园区的冷热电负荷需求，同时考虑机组年利用小时数。主机内燃机发电机组带基本负荷，高峰时园区的冷、热负荷超出基本负荷部分由燃气锅炉和电制冷机组进行调峰。主机发出的电供给产业园内各用户使用，不足部分从电网购电进行补充。出于对机组可靠性的考虑，内燃机发电机组推荐采用先进的进口设备。烟气-热水型溴化锂机组等辅助设备选用国内技术领先的设备。

(2) 装机方案：3台4.4MW燃气内燃机+3台烟气热水溴化锂机组+3台离心冷水机组+2台螺杆冷水机组+3台燃气真空锅炉（其中1台具备供生活热水能力）+105kW太阳能热水器作为冷热及热水调峰设备。

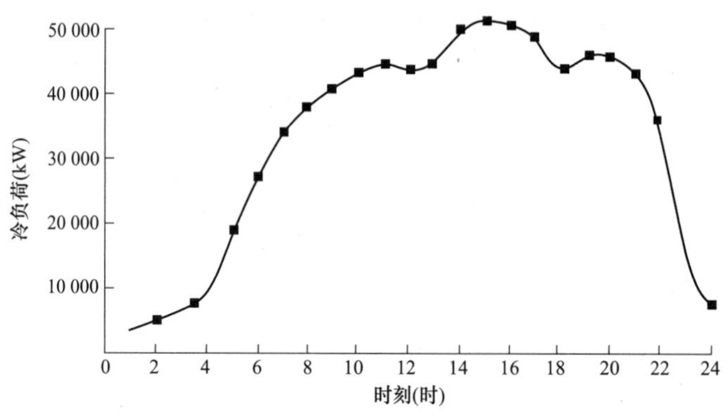

图 9.3-2　典型日逐时冷负荷图

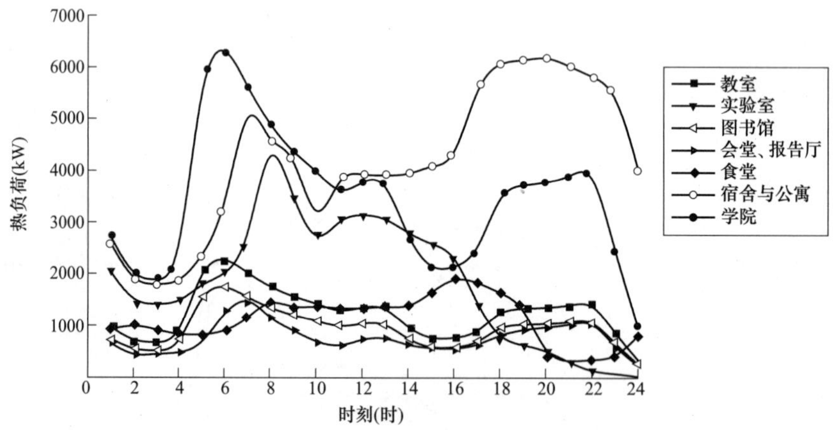

图 9.3-3　不同功能建筑错峰采暖负荷图

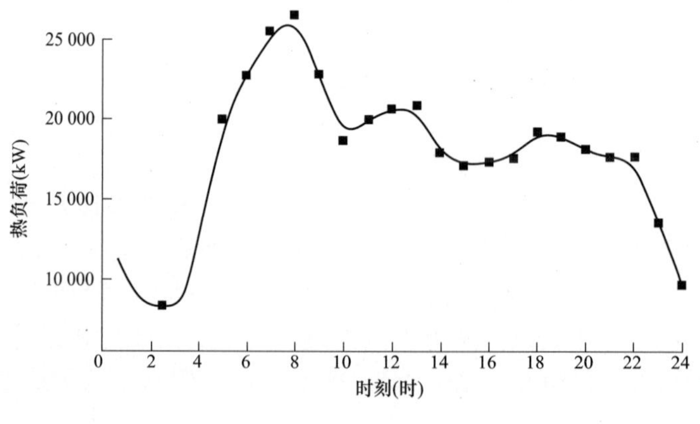

图 9.3-4　典型日逐时热负荷图

（3）运行方式：该工程全年供冷供热，冷、热负荷波动较大，全年分为：供暖期、制冷期和过渡期三个时期。内燃机运行原则是“以热定电”，在供热、供冷季节内燃机带基本稳定的冷热负荷为主，电制冷机和燃气锅炉作为调峰设备；过渡季节根据生活热水的负荷确定内燃机的开启。

4. 供能站布置

供能站建筑及设备全部地上布置，地上建筑及设备总高度在 20m 以内。供能站的南北总长 89m，东西总长 57m。供能站厂房分北、中、南三部分布置，北部为电控楼，主要布置电、控设备及主控室等，中部为主机间与电制冷机及水泵间；南部的东侧为办公、会议等功能区，南部的西侧为软化水装置及消防水泵间。冷却塔、内燃机散热水箱、太阳能集热器布置在供能中心厂房屋顶。

供能站设备分期建设，厂房一次建成。厂房南北方向设 A～L 十二排柱子，总长度 89m，东西设 1～4 四列柱子，总长度 57m，供能中心厂房北部 K、L 两排柱间为电控楼，局部设两层厂房高 9m。从 C～K 排柱间为主机间，跨距 9m，局部跨距为 8.5m。主机间从西至东，1～3 轴为内燃机间，主要布置内燃机、烟气热水溴化锂机组、燃气真空锅炉及小型燃气轮机配套设备，层高 9m；3～4 轴间为电制冷及水泵间，主要布置离心式水冷机组、螺杆式冷水机组及各种水泵设施，层高 6.5m；3 轴处设防爆墙，将燃气设备和电气设备隔开。

5. 环保措施

该工程以天然气为燃料，属于清洁能源发电项目。由于天然气中不含灰分，燃料燃烧充分，因此烟气排放中几乎不产生颗粒物，无烟尘排放。该工程所用天然气含硫量极低，基本不存在 SO_2 污染问题。故供能站废气主要污染因子为 NO_x。NO_x 的产生则还取决于设备形式和运行工况等，该工程选用的内燃机及燃气锅炉排放的 NO_x 浓度均满足相关标准的要求。

该项目方案设计中，各设备容量小，噪声较小。供能站地上建设，整体设备均位于厂房内，对周边环境影响较小。项目为保证供能站噪声达到环评要求，将对噪声治理采用综合防治措施，即

（1）对内燃机主设备考虑采用加装主机罩壳、厂房降噪、厂房内墙面采用隔声材料或设置双墙等方式综合处理机组噪声，确保达到噪声标准。

（2）设备订货时，对制造厂商提出所提供的产品应符合国家产品噪声标准，以便从声源上减少噪声对周边环境的影响。

（3）对产生震动的设备，设备安装时采取防振、减振、隔振等措施。

（4）对难以集中控制的噪声设备，设置隔声工作小间，减少对工作人员的影响。

（5）冷却塔在进风口设置导流段及消声片可推拉、拆卸的进风消声装置，根据进风口距厂界距离设置不同消声长度消声片，在排风口设置导流段及消声片可拆卸排风消声装置，根据排风口距厂界距离设置不同消声长度消声片。

6. 工艺设计的主要特点

装机方案：3 台 4.4MW 燃气内燃机，配 3 台制冷量 4152kW（357 万 kcal/h）烟气热水型溴化锂机组作为一期供冷热负荷主力机型。同时配 3 台制冷量 7735kW 离心式冷水机组＋2 台制冷量 1657kW 螺杆式冷水机组＋3 台制热量 3500kW 燃气真空锅炉（其中 1 台同时具备供生活热水能力）＋太阳能热水器作为冷热及热水调峰设备。一期还设置 1 台 1.25MW 的小型燃气轮机，配套 1 台制冷量 7411kW（640 万 kcal/h）的烟气型溴化锂机。采用内燃机加烟气热水溴化锂机组，提高能源的利用率，采用内燃机加烟气热水溴化锂机组，全厂热

效率可达 78%以上。

燃料：主燃料采用当地燃气销售公司提供的天然气，在供能站外西南角设置调压站以满足设备使用燃气压力要求。

采取节水措施，减少用水量。冷却塔装设除水器减少循环水的风吹损失；内燃发电机组冷却采用闭式循环系统。

水源：冷却水水源、化学水均采用市政自来水。

水质：该工程为低温低压机组，水质要求不高，采用软化水，供能站内设置全自动软化水处理装置。

烟囱：该工程采用不锈钢烟囱，烟囱由屋顶引出排放，烟囱出口标高为 18m（相对能源站 0m）。

7. 主要设备（见表 9.3-1）

表 9.3-1　　主要设备表

编号	设备名称	规格参数	单位	数量
1	内燃机发电机组	JMS624GS-N. L，额定功率为 4400kW，标准状况下额定耗气量为 985m^3/kWh，标准状态下排烟流量为 19 828m^3/kWh，发电效率 44.7%	台	3
2	烟气热水型溴化锂机组	EJ70BTRU，制冷量为 4152kW，供热量为 4310kW	台	3
3	烟气型溴化锂机组	EJ90BTRU，制冷量为 7441kW，供热量为 5385kW	台	1
4	单效型热水锅炉	TFZ300-I-Q，额定热功率为 3.5MW，额定供水/回水温度为 60/50℃，热效率不小于 92%	台	2
5	双效型热水锅炉	TFZ300-Ⅱ-Q，额定热功率为 3.5MW，Ⅰ系统额定供水/回水温度为 85/60℃，Ⅱ系统额定供水/回水温度为 60/50℃，热效率不小于 93%	台	1
6	离心式冷水机组	19XR-A4FB46645BR7，制冷量为 7737kW，耗电功率为 1373kW，COP 为 5.64	台	3
7	螺杆式冷水机组	30XW1712，制冷量为 1675.1kW，耗电功率为 310.4kW，COP 为 6.32	台	2
8	小型燃气轮机	ZK1200，额定功率为 1250kW，额定热耗量为 22 840kJ/kWh，转速为 17 100r/min，额定/最大排烟温度为 550/560℃	台	1

8. 工艺系统描述

（1）内燃机系统：该工程是以燃气内燃机为原动机的分布式供能站，燃气内燃机系统为某高效供应冷、热、电产品的主机设备，电力由天然气燃烧产生的高温高压烟气推动内燃机活塞做功产生，冷、热负荷由主机余热设备及调峰设备满足。燃气内燃机热力系统主要由内燃机散热系统、烟气系统、润滑油系统、烟气脱硝系统等构成。

1）内燃机散热系统。内燃机散热系统由中冷水系统和缸套水系统组成，均采用闭式冷却系统。中冷水系统水温较低不考虑热量回收，由中冷水泵升压后送至设置在主机间屋顶的低温散热水箱冷却，将内燃机中冷水由 79℃冷却至 70℃。由于内燃机缸套水温度较高，考虑热量回收，在缸套水回路上设置三通阀，正常运行时缸套水经缸套水泵升压送至热源水侧，送入余热溴化锂机，作为溴化锂机制冷、制热的热源；同时该项目一期共设计 3 台内燃机，其中 2 台系统设置生活热水板式换热器，2 台内燃机的缸套水优先保证生活热水负荷约 4000kW。为保证内燃机缸套水由 95℃冷却至 86℃，缸套水泵升压后的缸套水还可通过三通阀的调节，送至设置在主机间屋顶的高温散热水箱冷却。

2）烟气系统。内燃机烟气排放系统采用单元制，内燃机与烟气热水型溴化锂机组一一对应。内燃机与溴化锂机之间的烟道设置烟气三通阀，当溴化锂机检修、启动负荷较低或者过渡季节供生活热水时，通过三通阀的切换，内燃机烟气通过旁路烟道直接排放。旁路烟道上设置消声器，以消除排烟噪声对环境的影响。正常运行时，高温烟气输入到烟气热水型溴化锂机组制冷或供热，烟气温度降到 120℃左右排入大气，达到充分利用烟气余热的效果。JMS 624GS-N. L 型内燃机组排烟参数见表 9. 3-2。

表 9. 3-2　　JMS 624GS-N. L 型内燃机组排烟参数

序　号	性能指标	数　据
1	排烟温度	359℃
2	标准状态下排烟质量流量（湿）	25 122kg/h
3	标准状态下排烟质量流量（干）	23 540kg/h
4	标准状态下排烟体积流量（湿）	19 888m^3/h
5	标准状态下排烟体积流量（干）	17 920m^3/h

3）润滑油系统。该工程润滑油利用重力自动补给，新油箱在内燃机隔声罩内布置，靠近内燃机补油口，架空一定高度（距地面约 1.5m），新油补充由自动补油泵将润滑油从油桶内打入新油箱。设置 1 台废油箱并配 1 台移动式废油泵，内燃机的污油定期由废油泵打入废油箱，然后人工送出供能站处理。

4）烟气脱硝系统。该项目能源以天然气为燃料，属清洁能源，建成运营后各污染物排放可以做到达标排放。但从环境保护长远考虑，该工程预留内燃机所排烟气的脱硝装置布置空间及接口。脱硝装置考虑设置在内燃机和余热机之间的烟道直段。

（2）空调冷、热水系统：空调冷热水系统由溴化锂机空调冷热水系统、夏季空调调峰系统、冬季采暖调峰系统组成，空调冷、热水系统采用两管制。具体系统如下：

1）溴化锂机组空调冷热水系统。溴化锂机组空调冷热水系统采用母管系统，分别设置冬夏季两套空调水循环泵，空调冷温水由集水器来，经过过滤器阀组过滤后，由空调冷温水循环泵升压，然后分成三路，分别送至烟气热水型溴化锂机组（或烟气型溴化锂机组）回水口。经过溴化锂机组由空调水支管引出，四路空调水支管汇入母管，接入分水器，由分水器引出管路供给用户。该系统夏季最大冷负荷 11. 391MW，占总制冷负荷的 31. 96%，最大流量为 2115t/h，空调供回水温度为 6/13℃；冬季最大热负荷 11. 397MW，占采暖总负荷的 59. 48%，最大流量为 981t/h，空调供回水温度为 60/50℃。

2）夏季空调调峰系统。夏季空调调峰系统由 3 台制冷量 7735kW（2200RT）的离心式水冷机组和 2 台制冷量 1635kW（470RT）螺杆式水冷机组承担。3 台离心式水冷机组空调水管道采用母管制，设置 3 台空调水循环泵，空调水由集水器来，经过过滤器阀组过滤后，由空调水循环泵升压，然后分成三路，分别送至离心机组回水口。经过离心机的三路空调水支管汇入母管，接入分水器，由分水器引出管路供给用户，离心式冷水机组最大冷负荷 23. 211MW，占总制冷负荷的 64. 58%，最大流量为 2852t/h，空调供回水温度为 6/13℃。

2台螺杆式水冷机组空调水管道采用母管制，设置2台空调水循环泵，空调水由集水器来，经过过滤器阀组过滤后，由空调水循环泵升压，然后分成两路，分别送至螺杆式机组回水口。经过螺杆式机的两路空调水支管汇入母管，接入分水器，由分水器引出管路供给用户，螺杆式冷水机组最大冷负荷3.424MW，占总制冷负荷的9.53%，最大流量为410.8t/h，空调供回水温度为6/13℃。

3）冬季采暖调峰系统。冬季采暖调峰有3台3.5MW的真空热水锅炉承担，锅炉供回水温度设定为供回水温度为60/50℃后向外供出。采暖热水采用母管制，分别设置3台循环泵，采暖回水由集水器来，经过滤器过滤及循环泵升压后送入锅炉内加热，加热后的热水经母管送入分水器供给热用户，冬季调峰热负荷10.5MW，占总采暖负荷的54.80%，最大流量为900t/h，空调供回水温度为60/50℃。

（3）生活水系统：《建筑给水排水工程》中对于某所高校的生活热水定额规定，每学生每日生活热水定额为70L。一期按照，5000人计算，24h供水，时变化系数取3.2，按照热水温差55℃（5～60℃）计算负荷约为2980kW。

生活水系统由三部分组成：一部分是设置在机房顶部的太阳能集热系统；第二部分是溴化锂余热机生活水板换，一次侧为内燃机高温冷却水，利用内燃机高温冷却水来生产生活水，热负荷1900kW；第三部分是一台真空锅炉设置的生活水回路，热负荷2000kW。考虑到生活水负荷的波动性，设置一台开式生活水蓄热水箱，生活水末端换热设备布置在地下室，开式水箱兼作生活水膨胀水箱。生活水系统设置一套生活水蓄热泵，由2台循环泵组成，1用1备。由生活水箱低温侧引出的温度较低的水分成三路：一路由太阳能蓄热泵升压后送至太阳能集热管，吸收太阳能的高温生活水返回生活水箱高温侧；一路送至余热机生活水板换，换热升温后的高温水返回生活水箱高温侧；一路经过真空锅炉生活水循环泵升压送至真空锅炉生活水支路，加热升温后的高温水返回生活水箱高温侧。生活水箱高温侧设2台生活水循环泵，2用1备，将生活水箱高温侧生活水升压供给用户。

定压补水系统：该项目定压的系统有空调水系统和内燃机缸套水及中冷水系统，分别设置一套定压补水装置。空调水系统的定压点为集水器，定压设备为自动稳压补水装置，定压高度为75m，补水泵单台流量为30t/h，设2台变频补水泵，1用1备，定压点设置在集水器；内燃机缸套水、中冷水系统定压点在缸套水、中冷水泵的入口处，小型燃气轮机润滑油冷却水定压点设置在润滑油冷却水泵入口，定压设备为自动稳压补水装置，定压高度为30m，补水泵单台流量为10t/h，设2台变频补水泵，一用一备。

（4）小型燃气轮机实验装置：该期工程为某院小型燃气轮机设计一套实验装置，具体配置有：小型燃气轮机、烟气型溴化锂机组。烟气型溴化锂机组冷温水汇入溴化锂空调水母管。小型燃气轮机设一台润滑油冷却器，冷却塔采用闭式塔，设置在供能站8.88m屋顶，冷却介质为37%乙二醇溶液，循环动力为润滑油冷却水泵。

（5）循环冷却水系统：烟气热水型溴化锂机组、烟气型溴化锂机组、离心式冷水机组、螺杆式冷水机组均采用开式循环冷却水系统。

1）烟气热水型溴化锂机组，每台机组配2台冷却塔，管路系统为单元制，供水流程为：循环水泵→水泵出口管路→烟气热水型溴化锂机组→出水管→冷却塔→回水管→循环水泵。

2）烟气型溴化锂机组，每台机组配2台冷却塔，管路系统为单元制，供水流程为：循环水泵→水泵出口管路→烟气型溴化锂机组→出水管→冷却塔→回水管→循环水泵。

3）离心式冷水机组，每台机组配 2 台冷却塔，管路系统为单元制。

4）螺杆式冷水机组，每台机组配 1 台冷却塔，管路系统为单元制。

9. 热机专业的参考图纸

热力系统图如图 9.3-5 所示，0m 布置图如图 9.3-6 所示，屋顶布置图如图 9.3-7 所示。

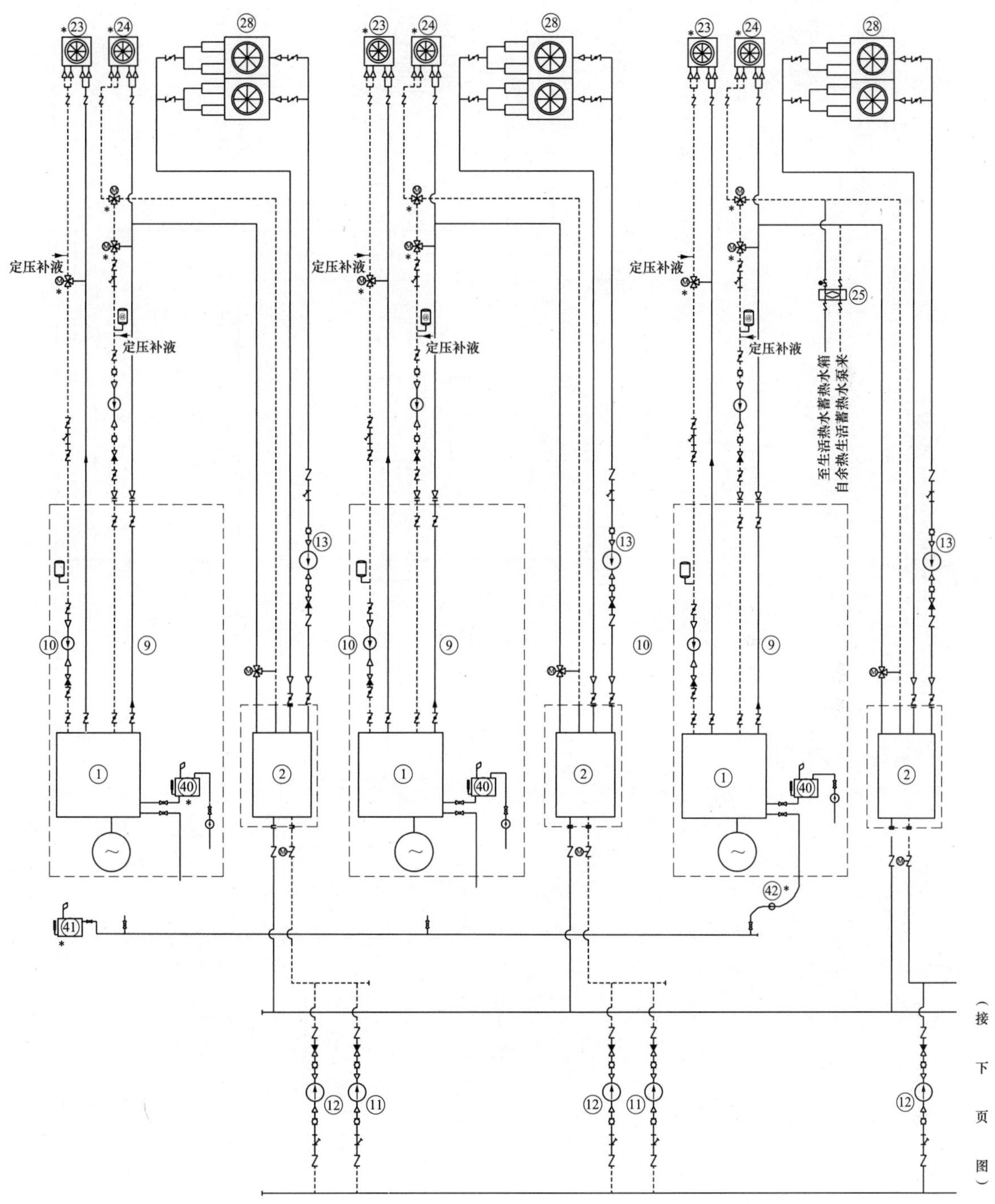

图 9.3-5　热力系统图（一）

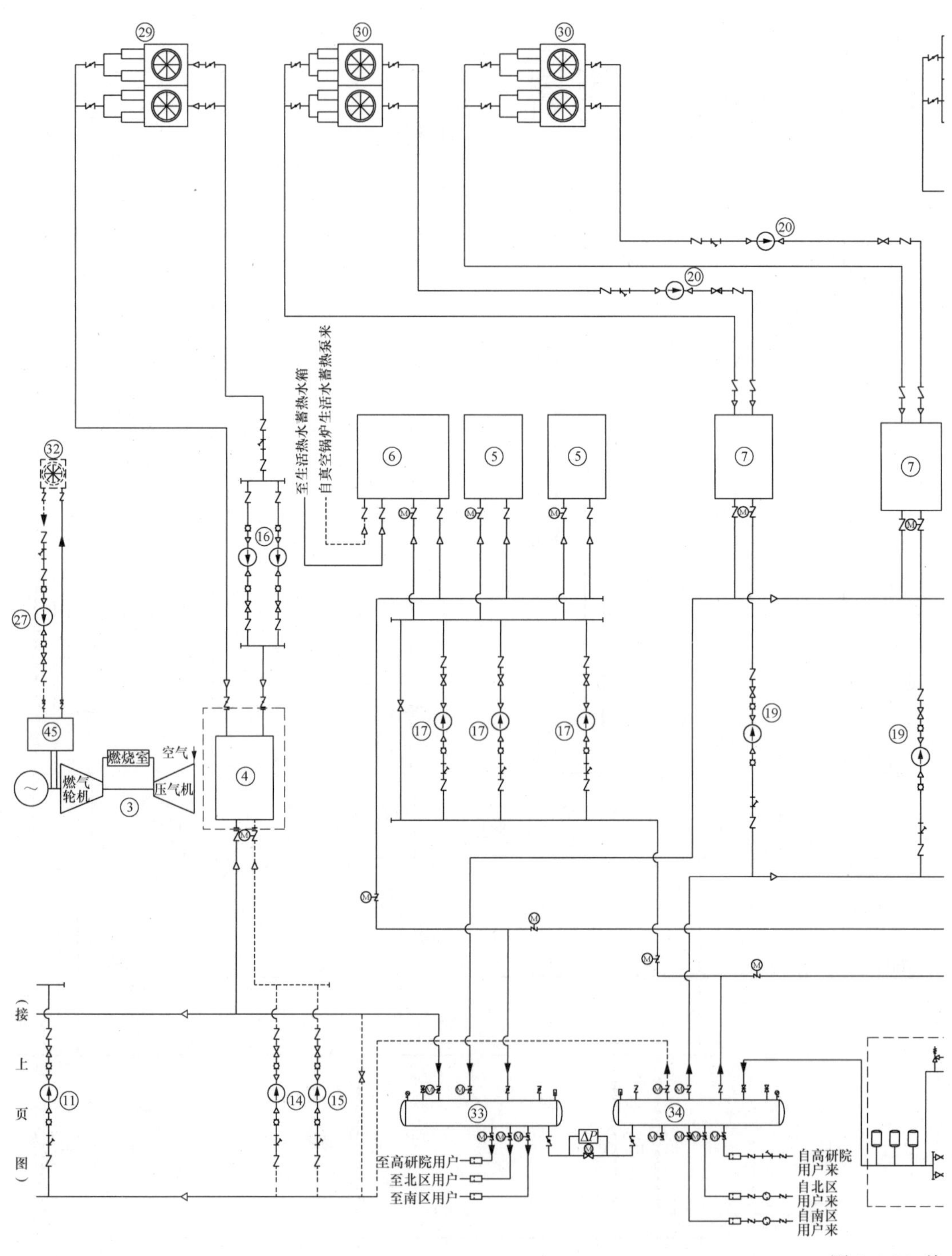

至生活热水蓄热水箱
自真空锅炉生活水蓄热泵来
空气
燃烧室
燃气轮机
压气机
（接上页图）
至高研院用户
至北区用户
至南区用户
自高研院用户来
自北区用户来
自南区用户来

图 9.3-5 热

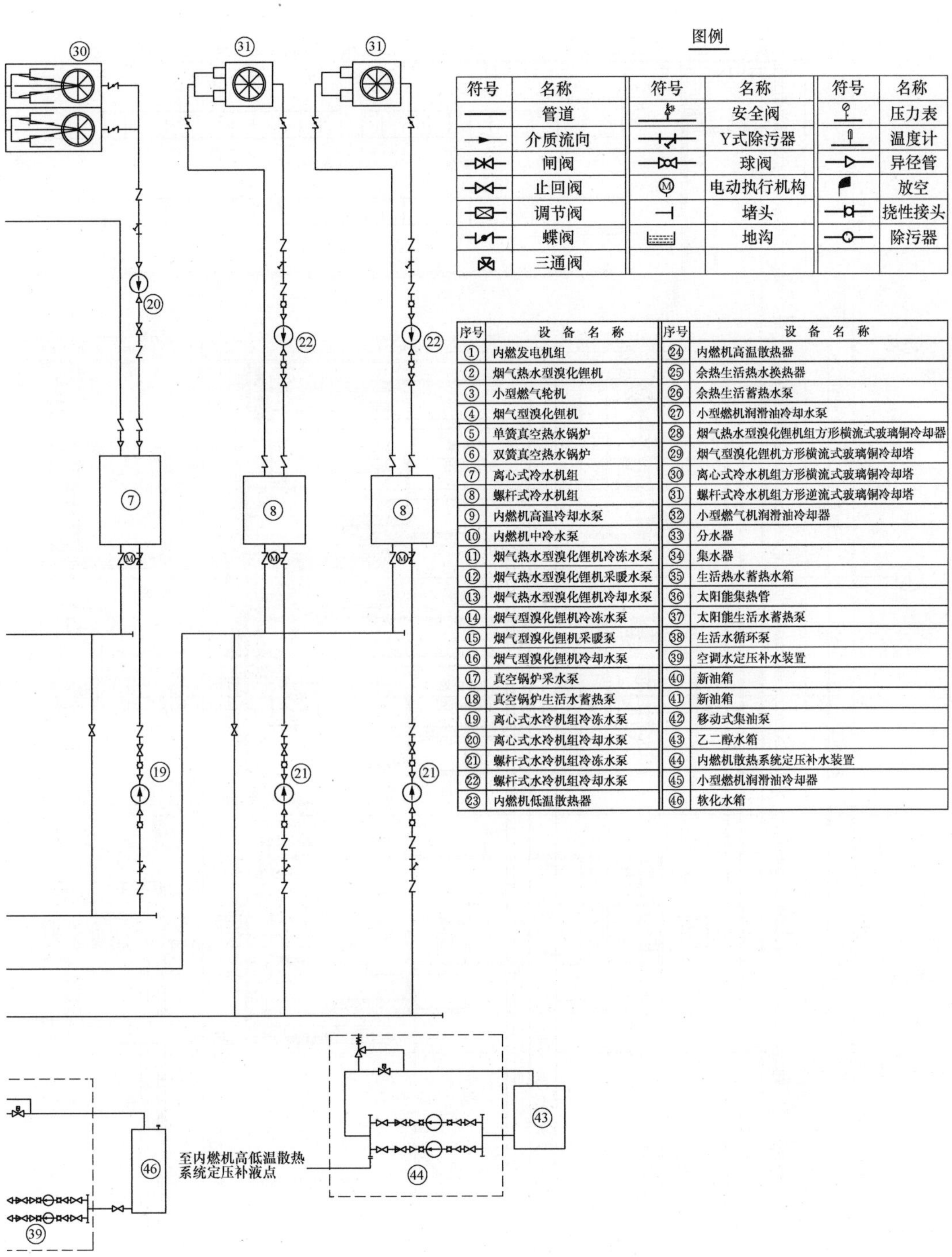

图例
符号 名称
管道
介质流向
闸阀
止回阀
调节阀
蝶阀
三通阀
安全阀
Y式除污器
球阀
电动执行机构
堵头
地沟
压力表
温度计
异径管
放空
挠性接头
除污器
序号 设备名称
① 内燃发电机组
② 烟气热水型溴化锂机
③ 小型燃气轮机
④ 烟气型溴化锂机
⑤ 单筒真空热水锅炉
⑥ 双筒真空热水锅炉
⑦ 离心式冷水机组
⑧ 螺杆式冷水机组
⑨ 内燃机高温冷却水泵
⑩ 内燃机中冷水泵
⑪ 烟气热水型溴化锂机冷冻水泵
⑫ 烟气热水型溴化锂机采暖水泵
⑬ 烟气热水型溴化锂机冷却水泵
⑭ 烟气型溴化锂机冷冻水泵
⑮ 烟气型溴化锂机采暖泵
⑯ 烟气型溴化锂机冷却水泵
⑰ 真空锅炉采水泵
⑱ 真空锅炉生活水蓄热泵
⑲ 离心式水冷机组冷冻水泵
⑳ 离心式水冷机组冷却水泵
㉑ 螺杆式水冷机组冷冻水泵
㉒ 螺杆式水冷机组冷却水泵
㉓ 内燃机低温散热器
㉔ 内燃机高温散热器
㉕ 余热生活热水换热器
㉖ 余热生活蓄热水泵
㉗ 小型燃机润滑油冷却水泵
㉘ 烟气热水型溴化锂机组方形横流式玻璃钢冷却器
㉙ 烟气型溴化锂机组方形横流式玻璃钢冷却塔
㉚ 离心式冷水机组方形横流式玻璃钢冷却塔
㉛ 螺杆式冷水机组方形逆流式玻璃钢冷却塔
㉜ 小型燃气机润滑油冷却器
㉝ 分水器
㉞ 集水器
㉟ 生活热水蓄热水箱
㊱ 太阳能集热管
㊲ 太阳能生活水蓄热泵
㊳ 生活水循环泵
㊴ 空调水定压补水装置
㊵ 新油箱
㊶ 新油箱
㊷ 移动式集油泵
㊸ 乙二醇水箱
㊹ 内燃机散热系统定压补水装置
㊺ 小型燃机润滑油冷却器
㊻ 软化水箱
至内燃机高低温散热
系统定压补液点

力系统图（二）

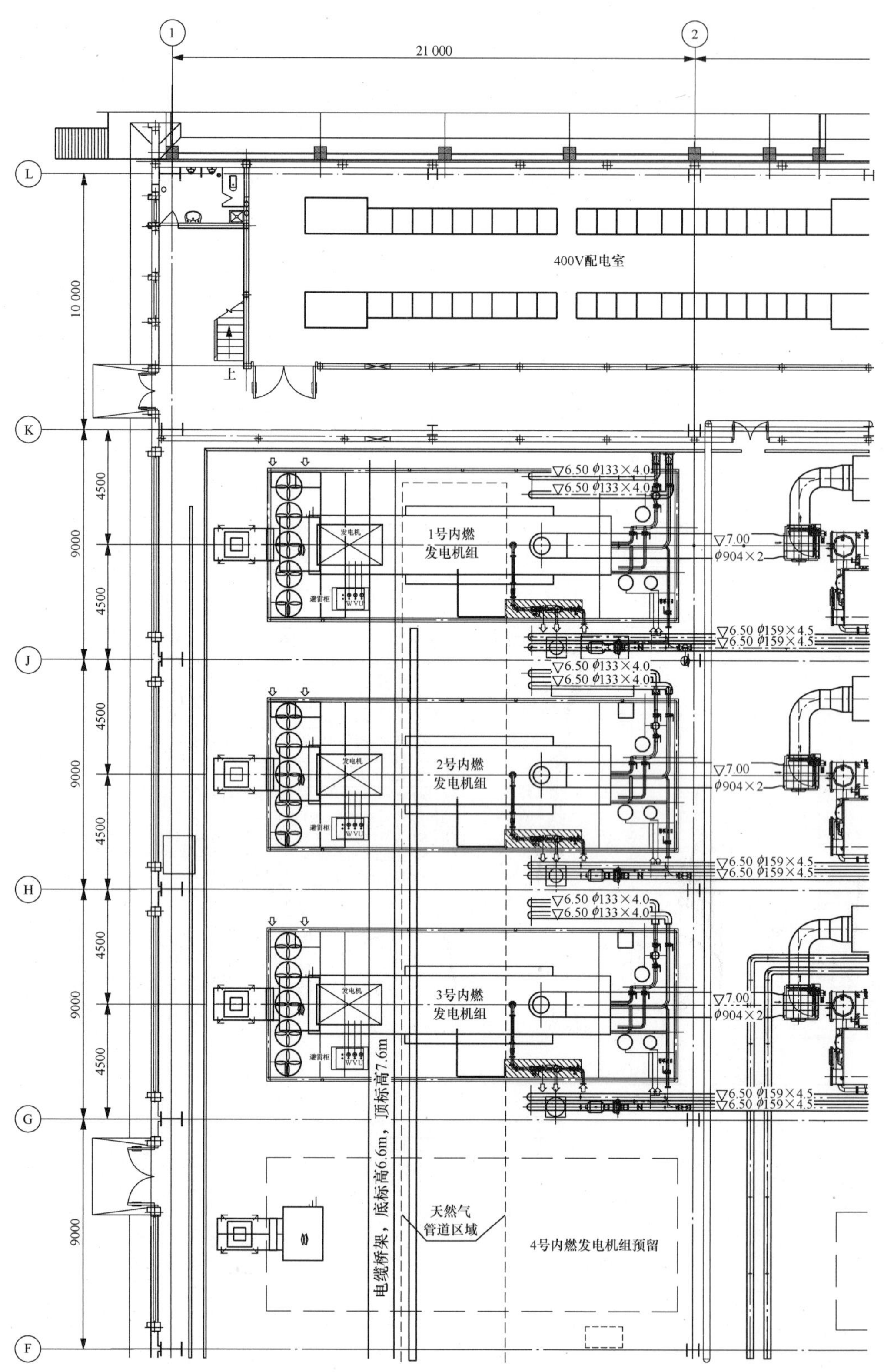
21 000
10 000
4500
9000
400V配电室
上
1号内燃
发电机组
2号内燃
发电机组
3号内燃
发电机组
发电机
避雷柜
▽6.50 φ133×4.0
▽7.00
φ904×2
▽6.50 φ159×4.5
电缆桥架，底标高6.6m，顶标高7.6m
天然气
管道区域
4号内燃发电机组预留

图 9.3-6　0m

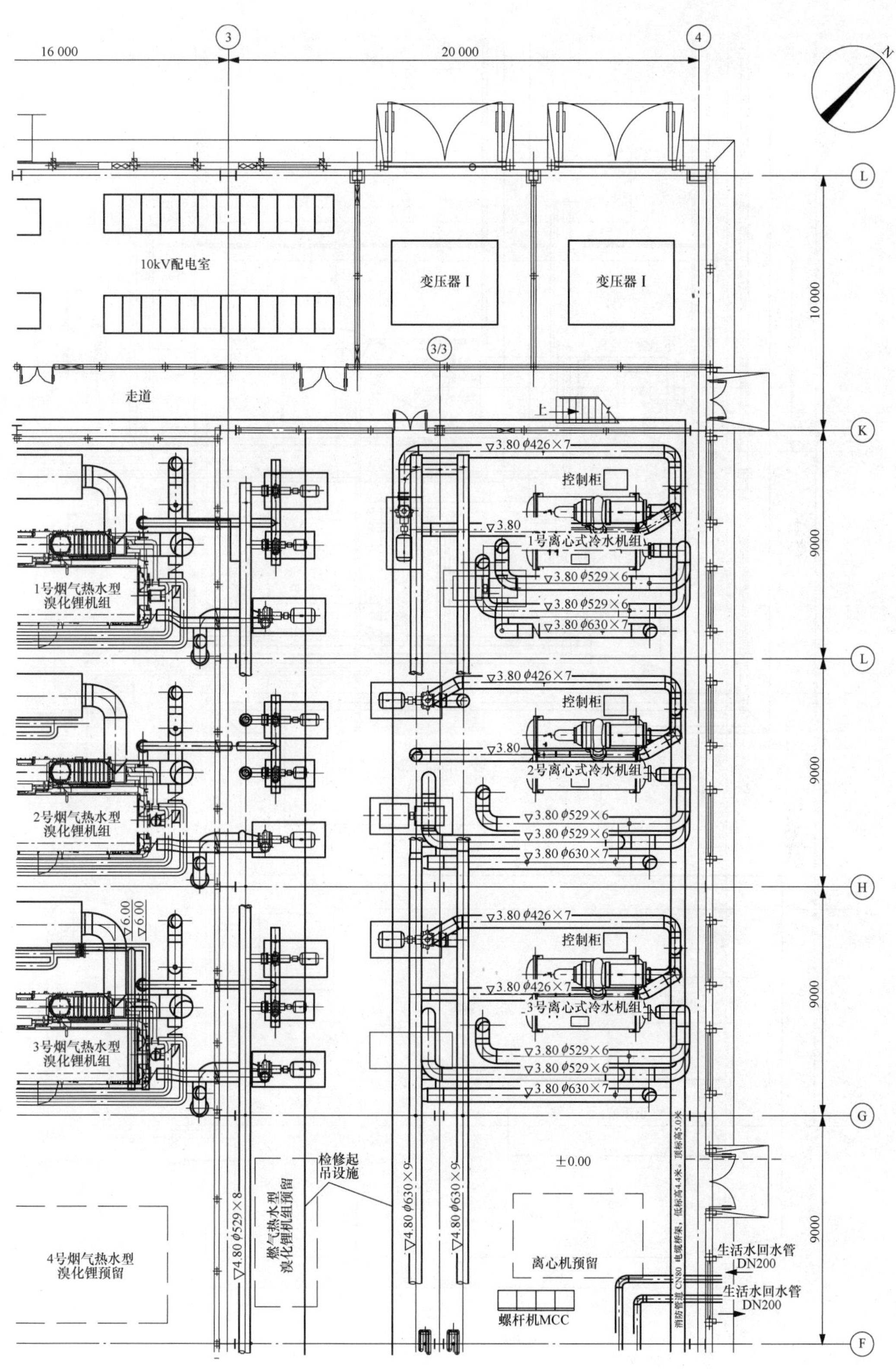
16 000
20 000
10 000
9000
9000
9000
9000
10kV配电室
变压器 I
变压器 I
走道
上
控制柜
1号离心式冷水机组
2号离心式冷水机组
3号离心式冷水机组
1号烟气热水型
溴化锂机组
2号烟气热水型
溴化锂机组
3号烟气热水型
溴化锂机组
4号烟气热水型
溴化锂预留
燃气热水型
溴化锂机组预留
检修起
吊设施
离心机预留
螺杆机MCC
±0.00
生活水回水管
DN200
生活水回水管
DN200
▽3.80 φ426×7
▽3.80 φ529×6
▽3.80 φ630×7
▽4.80 φ529×8
▽4.80 φ630×9
▽6.00

布置图（一）

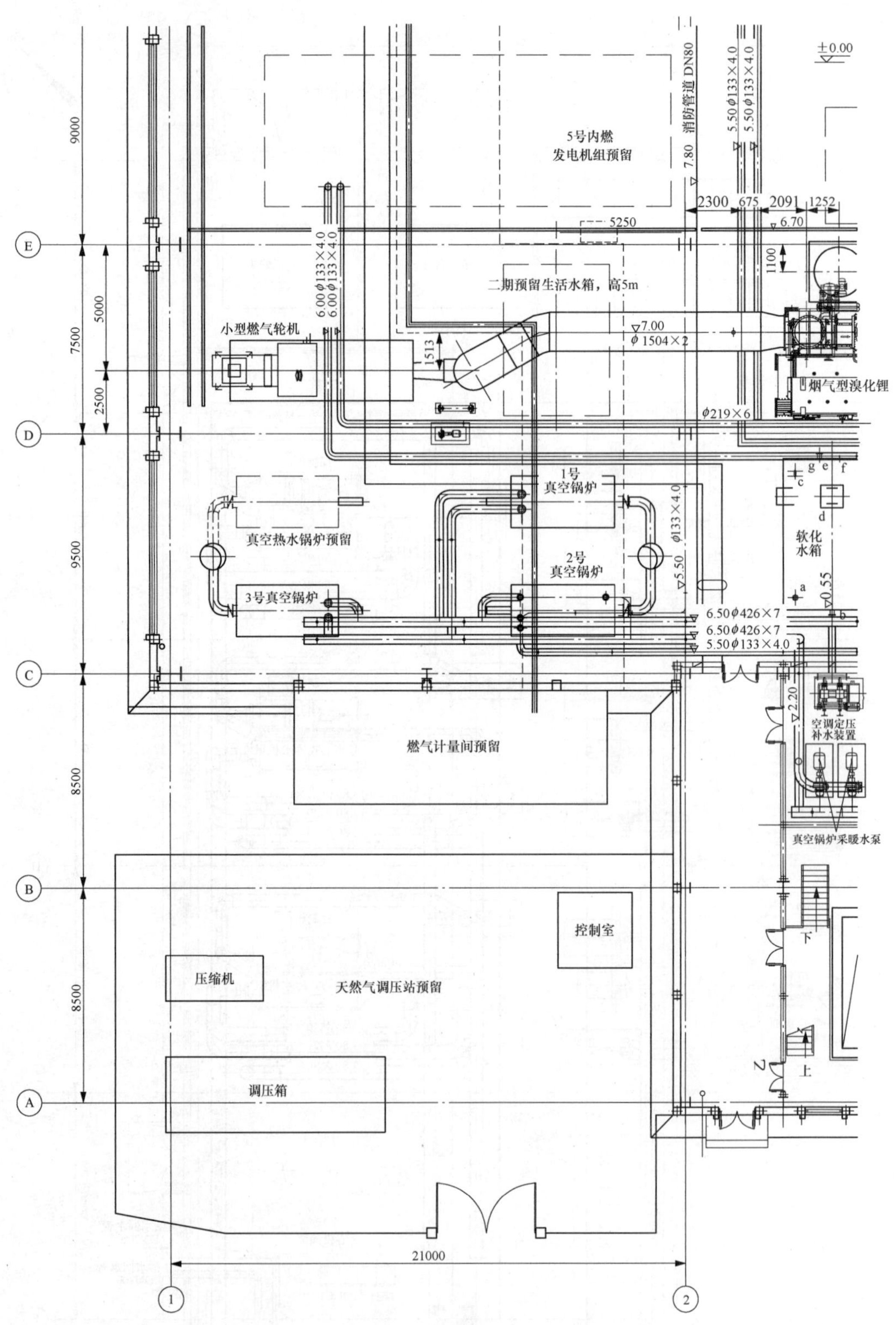
±0.00
消防管道 DN80
7.80
5.50 ϕ133×4.0
5.50 ϕ133×4.0
5号内燃
发电机组预留
9000
7500
5000
2500
9500
8500
8500
2300
675
2091
1252
6.70
5250
1100
6.00 ϕ133×4.0
6.00 ϕ133×4.0
二期预留生活水箱，高5m
小型燃气轮机
1513
7.00
ϕ 1504×2
烟气型溴化锂
ϕ219×6
g
e
f
c
d
1号
真空锅炉
ϕ133×4.0
5.50
软化
水箱
真空热水锅炉预留
2号
真空锅炉
3号真空锅炉
a
0.55
b
6.50 ϕ426×7
6.50 ϕ426×7
5.50 ϕ133×4.0
2.20
空调定压
补水装置
燃气计量间预留
真空锅炉采暖水泵
控制室
压缩机
天然气调压站预留
下
上
调压箱
21000
E
D
C
B
A
1
2

图 9.3-6 0m

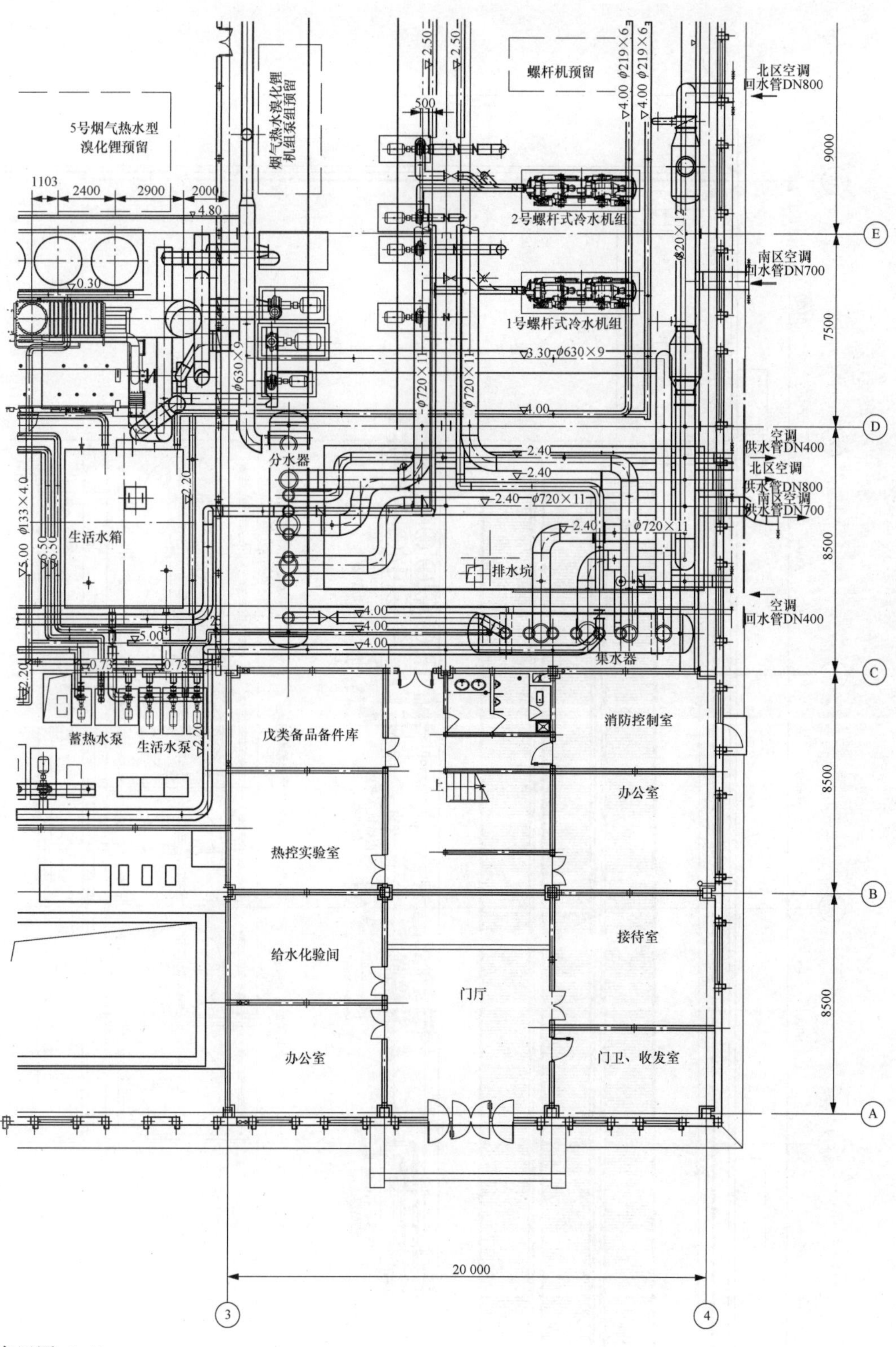
5号烟气热水型
溴化锂预留
烟气热水溴化锂
机组泵组预留
螺杆机预留
北区空调
回水管DN800
2号螺杆式冷水机组
南区空调
回水管DN700
1号螺杆式冷水机组
分水器
空调
供水管DN400
北区空调
供水管DN800
南区空调
供水管DN700
生活水箱
排水坑
空调
回水管DN400
集水器
蓄热水泵
生活水泵
戊类备品备件库
消防控制室
办公室
热控实验室
接待室
给水化验间
门厅
办公室
门卫、收发室
20 000

布置图（二）

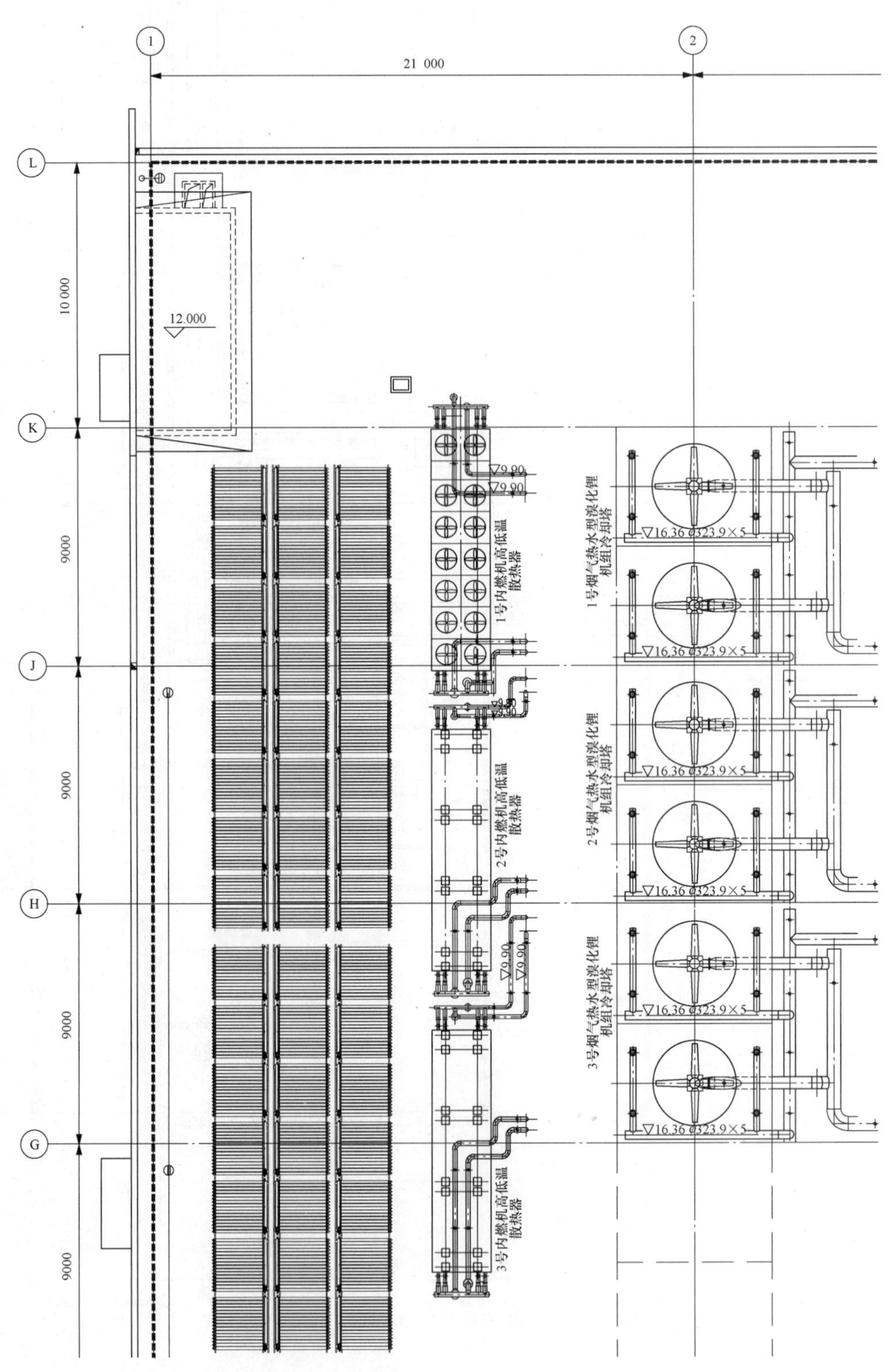
21 000
10 000
9000
9000
9000
9000
12.000
1号内燃机高低温散热器
2号内燃机高低温散热器
3号内燃机高低温散热器
1号烟气热水型溴化锂机组冷却塔
2号烟气热水型溴化锂机组冷却塔
3号烟气热水型溴化锂机组冷却塔
▽9.90
▽16.36 ϕ323.9×5

图 9.3-7 屋

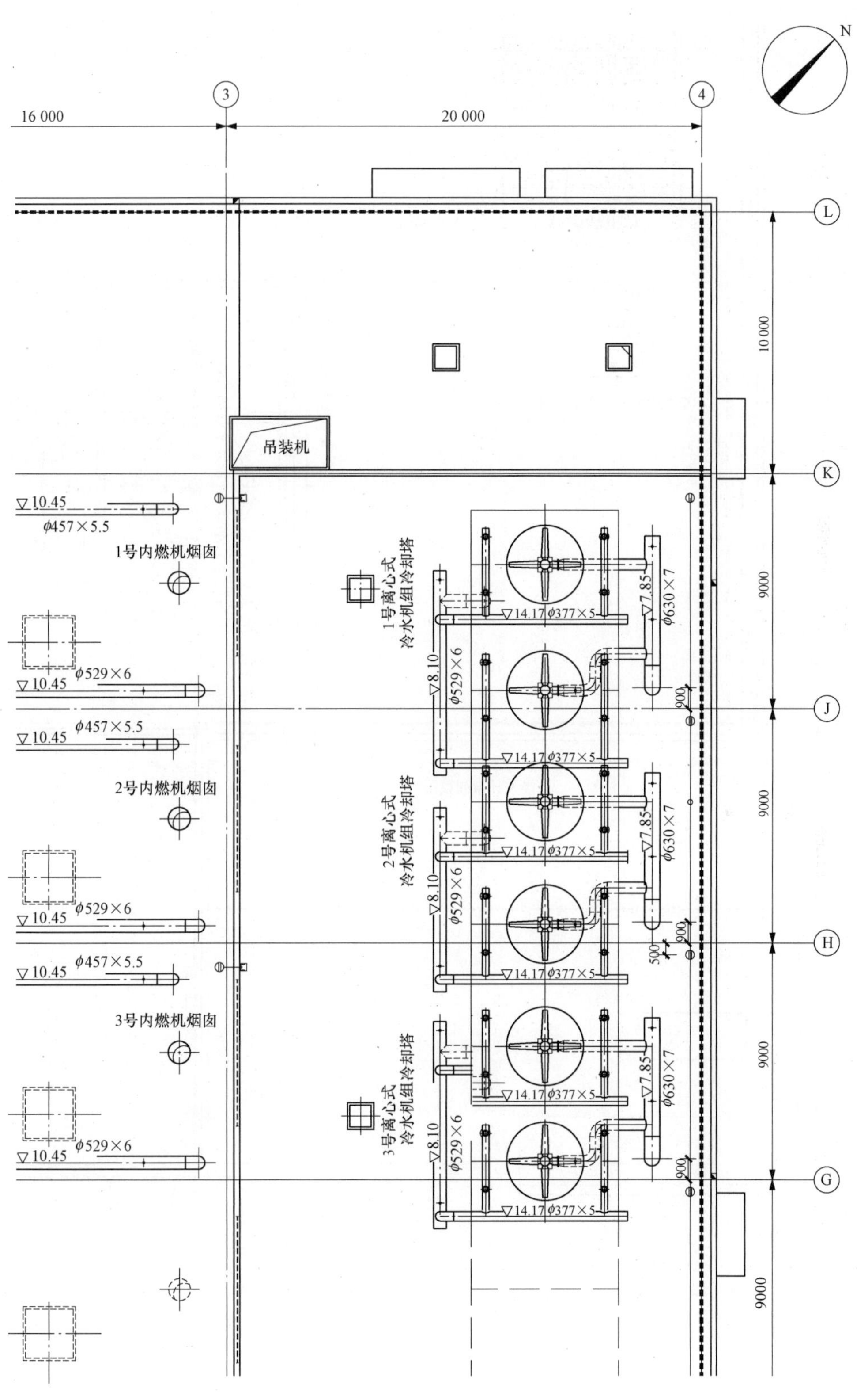
N
3
4
16 000
20 000
L
K
J
H
G
10 000
9000
9000
9000
9000
吊装机
▽10.45
φ457×5.5
1号内燃机烟囱
φ529×6
2号内燃机烟囱
3号内燃机烟囱
1号离心式
冷水机组冷却塔
2号离心式
冷水机组冷却塔
3号离心式
冷水机组冷却塔
▽8.10
φ529×6
▽14.17 φ377×5
▽7.85
φ630×7
900
500

顶布置图（一）

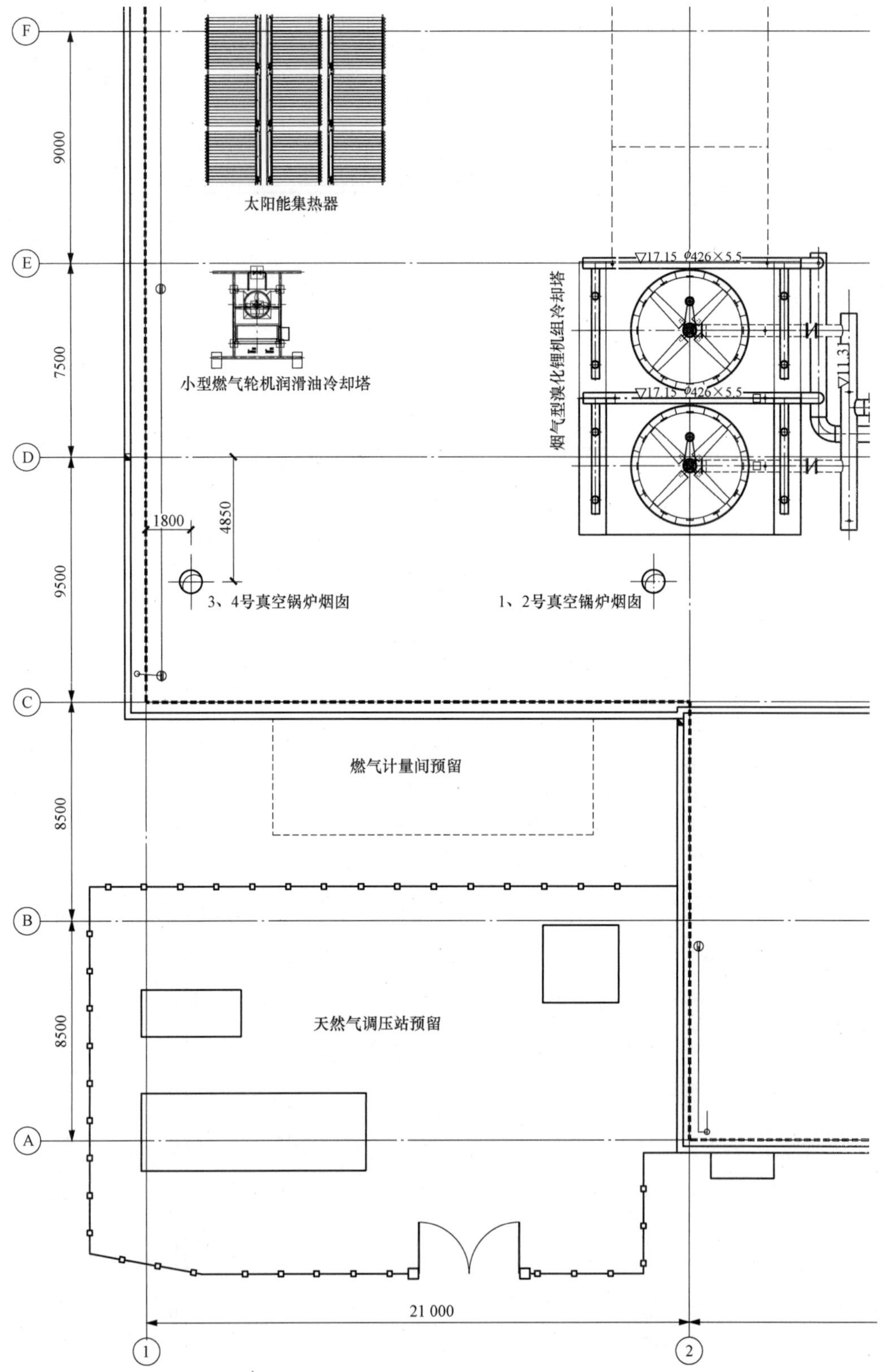
太阳能集热器
小型燃气轮机润滑油冷却塔
烟气型溴化锂机组冷却塔
▽17.15 φ426×5.5
▽17.15 φ426×5.5
▽11.3
3、4号真空锅炉烟囱
1、2号真空锅炉烟囱
燃气计量间预留
天然气调压站预留
1800
4850
9000
7500
9500
8500
8500
21 000
F
E
D
C
B
A
1
2

图 9.3-7 屋

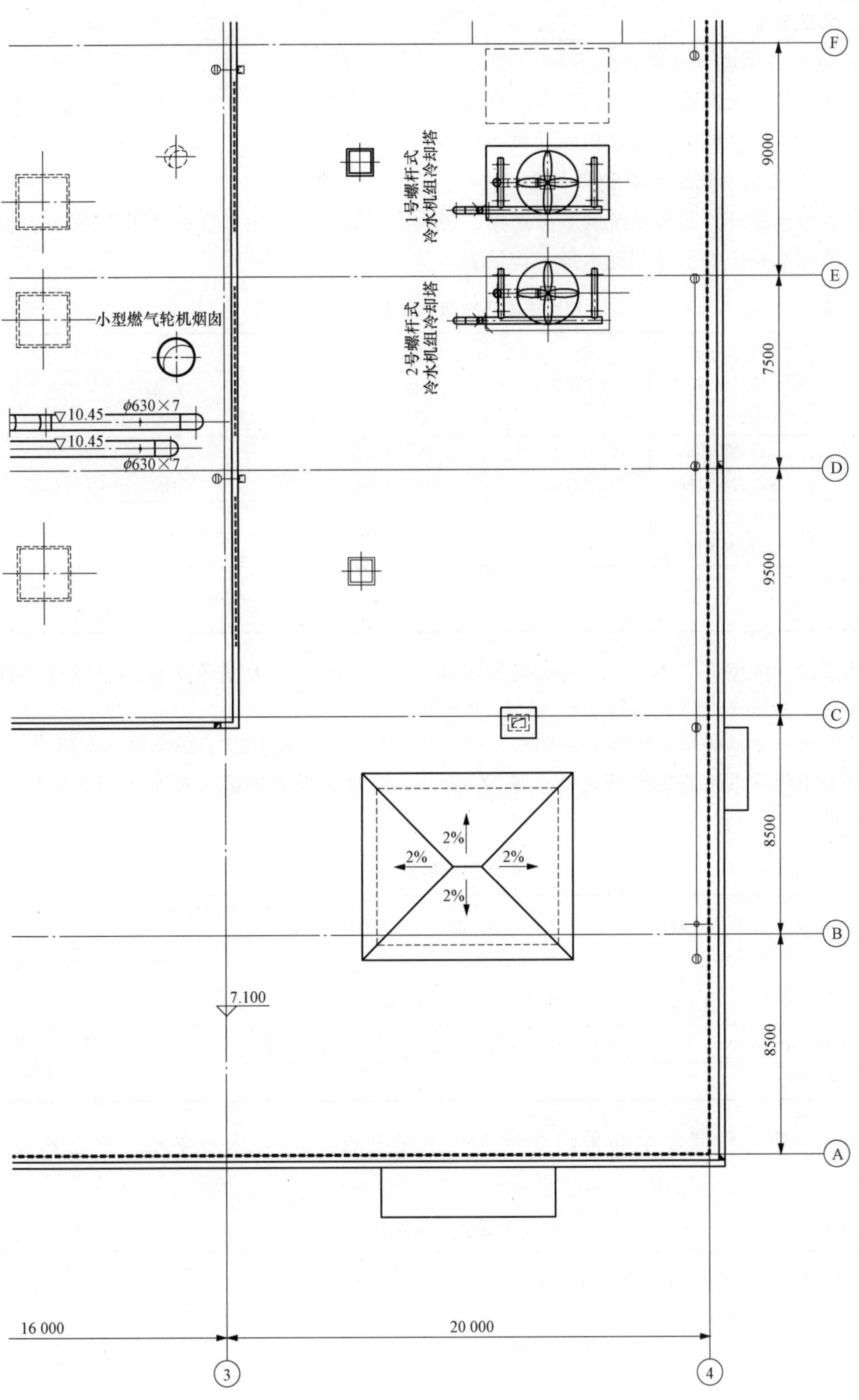

1号螺杆式
冷水机组冷却塔
2号螺杆式
冷水机组冷却塔
小型燃气轮机烟囱
▽10.45
φ630×7
▽10.45
φ630×7
2%
2%
2%
2%
7.100
9000
7500
9500
8500
8500
F
E
D
C
B
A
16 000
20 000
3
4

顶布置图（二）

二、水工专业

1. 全站水务管理和水量平衡

供能站补给水水源取自集慧路下市政自来水管网。根据设计流量以及场地条件，供水系统采用玻璃钢塔体结构带横流式机械通风冷却塔。

2. 循环冷却水系统需水量和耗水量

根据制冷季循环冷却水系统的服务对象、最大小时需水量、耗水量和分期建设等情况计算出循环冷却水系统需水量和耗水量，详见表 9.3-3。

表 9.3-3　制冷季循环冷却水最大量表

序号	设备名称	供回水温度（℃）	一期工程		二期工程	
			台数（台）	单台水量（t/h）	台数（台）	单台水量（t/h）
1	余热机组	32/39	3	944	2	944
2	离心式电制冷	32/37	3	1597	1	1597
3	螺杆式电制冷	32/37	2	341	1	341
4	蒸汽溴化锂	32/39	1	1221		
5	燃机润滑油	32/37	1	13		
6	总水量		9539t/h		3826t/h	

循环水设计浓缩倍率 $N=4$；风吹损失取 0.1%。以小时最大循环水量作为设计条件，一期工程制冷季循环水最大补给水量为 112.02t/h。

工业用水主要是化学水处理系统用水，供水用于生产软化水和离子交换器再生用水。一期工程制冷季化学系统需要的最大补水量为 85t/h，采暖季需要的最大补水量为 36t/h。生活用水量见表 9.3-4。

表 9.3-4　生活用水量表

序号	项目	数量	用水量标准	时变化系数	日平均用水量（m^3/天）	最大小时用水量（m^3/h）
1	员工生活用水	每日 20 人，最大班 16 人	35L/(人·班)	2.5	0.56	0.175
2	冲洗汽车用水量		250～400L/(天·台)		0.3	0.6
3	场地冲洗水				2	0.25

供能站一期工程制冷季和采暖季最大耗水量见表 9.3-5，采暖季最大补给水量见表 9.3-6。

表 9.3-5　制冷季最大补给水量　（m^3/h）

序号	项目	水量
1	冷却塔蒸发损失	84.4
2	冷却塔风吹损失	9.5
3	冷却塔排污损失	18.12
4	化学水处理补给水	85

续表

序号	项目	水量
5	供能站生活用水	1
6	其他杂用及未预见用水	6.08
7	合计	204.1

表 9.3-6　　采暖季最大补给水量　　(m^3/h)

序号	项目	水量
1	化学水处理补给水	36
2	供能站生活用水	1
3	其他杂用及未预见用水	1.21
4	合计	38.3

由表 9.3-5 和表 9.3-6 可知，供能站一期最大耗水量发生在制冷季，制冷机组全部开启时，全厂补水量为 204.1t/h。供能站一期采暖季最大耗水量为 38.3t/h，采暖季制冷机组不运行。

3. 循环冷却水供水系统

供能站一期工程设置余热机组 3 台，离心式电制冷机组 3 台，螺杆式电制冷机组 2 台和 1 台蒸汽型溴化锂机组。为该期所有制冷机组及燃气轮机润滑油设置循环冷却水供水系统。循环冷却水系统采用带横流式机械通风冷却塔的循环供水系统。系统工艺流程如下：

冷却塔（布置在 9m 层站房屋顶）→冷却塔集水盘→重力式自流引水竖管→循环水泵（站房内）→循环水进水管→制冷机组（进水管）→循环水出水管→冷却塔。

循环冷却水系统水质处理标准执行《工业循环冷却水水处理规范》中的规定。

（1）循环水泵布置。一期工程为每台余热机、每台离心机、每台螺杆机和单台蒸汽型溴化锂分别配置一台冷却水循环泵，循环水泵选型详见热机专业内容。循环水泵全部布置在供能站厂房内 0m 层，每台循环水泵布置在相应的制冷主机一端，方便将水泵出水送入相应的制冷机进行热交换。被机组冷凝器升温后的排水将由管道输送到循环水出水管道，由管道输送到屋顶相应的冷却塔进行冷却。

（2）冷却塔的布置。由于该工程制冷主机数量多，供能站场地相对狭小，该工程全部制冷机用冷却塔放置在供能站屋顶 9m 层，该期工程冷却塔整体位于制冷站屋顶北侧区域，并在屋顶预留二期工程冷却塔位置。考虑到冷却塔的选择应满足每台制冷主机循环水量和循环水温升的要求，为每台余热机配置 2 座横流式机力通风冷却塔，单塔设计流量为 $644m^3/h$；每台离心式电制冷机组配置 2 座横流式机力通风冷却塔，单塔设计流量为 $887m^3/h$；为每台螺杆式电制冷机配置 1 座横流式机力通风冷却塔，单塔设计流量为 $388m^3/h$，一期工程共计 14 座冷却塔。考虑到燃气轮机润滑油循环冷却水量较小（13t/h），燃气轮机润滑油冷却水与螺杆机组共用 2 座冷却塔。为燃气轮机带的 1 台蒸汽型溴化锂配置 2 座横流式机力通风冷却塔，单塔设计流量为 $887m^3/h$。冷却塔沿屋顶南北方向成 2 列布置在屋顶，并为每座机力通风塔留有足够进风距离，保证冷却塔达到设计冷却效果。

（3）循环水管系统布置。该期工程各制冷机启停相对独立，单台余热机、离心式电制冷机和蒸汽型溴化锂循环水量较大，为了每台机组控制和操作方便，优化循环水管道内部水利条件，考虑为每台余热机和每台离心式电制冷机组和单台蒸汽型溴化锂各设计 1 套独立的母管制循环冷却水供水系统。每套母管制供水系统连接 1 台循环水泵、1 台制冷主机、2 座横流式机力通风冷却塔。每条循环水供水母管经过制冷机换热后出水母管在制冷机端侧竖直布置，穿过屋顶楼板后连接至相应的 2 台冷却塔；2 座冷却塔出水母管沿屋顶水平布置，在相应 0m 层循环水泵处竖直穿过楼板，连接至循环水泵进口；在冷却塔进、出水管路合适位置设置电动蝶阀，控制冷却塔进水和出水。所有循环水系统的排污管道在屋顶汇总为 DN65 的母管，母管沿供能站外墙敷设至室外污水管道。每台余热机循环水供回水母管采用 DN400 焊接钢管，管道流速 2m/s；每台离心式电制冷机循环水供回水母管采用 DN600 焊接钢管，管道流速 1.6m/s。

（4）该期工程 2 台螺杆式电制冷机循环水量相对较小，且 2 台螺杆机布置位置较近，考虑为 2 台螺杆机设计 1 套母管制循环冷却水供水系统。该母管制供水系统连接 2 台循环水泵、2 台制冷主机和 2 座横流式机力通风冷却塔。2 台螺杆机冷却水出水支管在室内汇总为母管并竖向布置，母管穿过屋顶楼板后在屋顶水平布置并连接至相应的 2 座横流式机力通风冷却塔；2 座冷却塔出水支管在屋顶汇总为 1 条母管后沿屋顶水平布置，在相应 0m 层循环水泵处竖直穿过楼板，连接至 2 台循环水泵进口；在冷却塔进、出水管路合适位置设置电动蝶阀，控制冷却塔进水和出水。螺杆机循环水供回水母管采用 DN350 焊接钢管，管道流速 2m/s。

（5）燃气轮机润滑油循环冷却水量 13t/h，由于水量较小，循环水管道选用 DN50 碳钢管道，并与螺杆机组共用 2 座冷却塔。燃气轮机和燃气轮机润滑油循环水泵布置在屋内 0m 层，循环水供、回水管道穿过 9m 层楼板后在螺杆机冷却塔进、出口母管处接入螺杆机冷却水系统，并且两个循环水系统在相互接口处都设置电动蝶阀进行切换操作。

4. 循环冷却水系统主要设备

（1）余热机冷却塔。为一期余热机设置 6 台 $644m^3/h$ 冷却塔，每 2 座塔对应 1 台余热机。每组冷却塔包括风机、驱动电动机、驱动轴、变速器、填料、玻璃钢塔体结构及集水盘。

冷却塔的主要参数如下：

单塔容量：　　$644m^3/h$；

塔高度（单元内尺寸）：　　5800m；

塔宽度（单元内尺寸）：　　4600m×6000m；

风机直径：　　3400m；

电动机功率：　　18.5kW。

冷却塔集水盘位于冷却塔底部，循环水排污水直接排入校园污水管网。

（2）离心机冷却塔。为一期离心机设置 6 台 $887m^3/h$ 冷却塔，每 2 座塔对应 1 台离心机。每台冷却塔包括风机、驱动电动机、驱动轴、变速器、填料、玻璃钢塔体结构及集水盘。

冷却塔的主要参数如下：

单塔容量：　　$887m^3/h$；

塔高度（单元内尺寸）：　　6000m；

塔宽度（单元内尺寸）：　　　5100m×6200m；

风机直径：　　　3600m；

电动机功率：　　　30kW。

冷却塔集水盘位于冷却塔底部，循环水排污水直接排入校园污水管网。

（3）螺杆机冷却塔。为一期螺杆机设置2台388m^3/h冷却塔，2台塔对应2台螺杆机组和燃气轮机润滑油冷却器。每台冷却塔包括风机、驱动电动机、驱动轴、变速器、填料、玻璃钢塔体结构及集水盘。

冷却塔的主要参数如下：

单塔容量：　　　388m^3/h；

塔高度（单元内尺寸）：　　　4810m；

塔宽度（单元内尺寸）：　　　3000m×5080m；

风机直径：　　　2500m；

电动机功率：　　　15kW。

冷却塔集水盘位于冷却塔底部，循环水排污水直接排入校园污水管网。

（4）烟气溴化锂冷却塔。冷却塔的主要参数如下：

单塔容量：　　　887m^3/h；

塔高度（单元内尺寸）：　　　6000m；

塔宽度（单元内尺寸）：　　　5100m×6200m；

风机直径：　　　3600m；

电动机功率：　　　30kW。

冷却塔集水盘位于冷却塔底部，循环水排污水直接排入校园污水管网。

5. 冷却塔降噪

对于机械通风冷却塔，产生噪声源的众多因素中（例如：进、排风口由于风机运转，进、排风口的风速和淋水下降的冲击，结构的振动等引起的各种频率的噪声），最重要的是排风口处风机运转产生的噪声。

为达到环评规定的噪声标准，在冷却塔目前布置条件下必须做好防噪设计措施。在保证达标前提下，下阶段的目标是与相关的防噪、降噪设计公司积极配合，确定行之有效、经济节省的降噪手段，降低降噪费用。

6. 补给水系统

供能站补给水水源取自厂房附近校区市政自来水管网，直接供水。

据近期了解，威立雅自来水公司在厂房西侧集慧路下埋设有DN500自来水供水管道，供能站通过1条供水母管为一期、二期工程供水，供水母管引接自此市政自来水管道，设计分界线暂定在供能站长墙外1m处。供水母管采用DN200的钢塑复合管，终期流速约为1.95m/s。

供水母管进入能源中设计界限后先设置水表和倒流防止器，从供水母管上引出一路DN40水管，供站内生活用水，母管接入供能站1座地下综合水池，水池位于供能站内南侧，水池有效容积约300m^3，在市政自来水供水出现问题需短暂检修时，综合水池水量可保证供能站短期运行的用水安全。综合水池旁设置泵坑，泵坑内设置循环冷却水补水泵、化学给水泵和消防稳压供水设备。

循环冷却水补水设备为循环水补水泵。该期工程安装 2 台（1 用 1 备）循环水补水泵，水泵参数：流量 Q=115m^3/h，扬程 P=0.2MPa，功率 N=15kW，并为 2 期预留 1 台循环水补水泵基础；当某制冷机冷却塔内集水盘液位较低时，相应冷却塔内的液位控制阀打开，循环水补水泵开启进行补水，直至冷却塔集水盘液位较高，液位控制阀门关闭，该组塔补水结束。

泵坑内安装 3 台（2 用 1 备）化学补水泵，化学补水泵参数详见化学部分设计说明。

泵坑内所有补水泵与综合水池液位连锁，当综合水池液位低于设定液位时，所有补水泵停止运行，综合水池只能进水。当综合水池液位高于设定液位时，各系统补水泵启动。泵坑内还设有集水坑，收集水泵、阀门、管道泄漏的废水，通过 2 台潜污泵将收集的废水排入厂内 0m 层地沟。

市政自来水管道应保证供能站供水母管接入市政处压力大于 0.10MPa（待确认）。

7. 生活水系统

生活用水水质应符合《生活饮用水卫生标准》(GB 5749—2006)，厂区生活用水量最大为 1t/h，生活水接自供能站供水母管，接管管径 40mm，采用 PE 塑料管，接至化验间、卫生间和需要用水场地。

8. 雨、污排水及处理系统

该工程排水主要有生活污水、生产废水和雨水排水系统。

全站的污水包括生活污水和生产废水。生产废水主要为循环水排污水、化学软化系统再生排水，基本为清净下水，可与生活污水在室内汇总后排入校区市政污水管网。供能站东侧道路下的市政污水管网为供能站留有 DN300 排放接口，汇总后的污水通过 DN300 排水管自流入供能站东侧道路下的市政污水管道，污水排入市政管网后去污水处理厂进一步处理。生活污水和生产废水排水管道采用 UPVC 管，设计界限在供能站厂房外 1m。

供能站东侧道路下埋有市政雨水管网，该管网为供能站预留 DN600 雨水排放接口，供能站厂房屋顶雨水通过建筑外表面设置的雨水排放管道排放至供能站室外地面，供能站室外埋设雨水管道并设置雨水口，经过收集的雨水通过雨水管道送至预留市政接口排入校区市政雨水管网。

供水系统图如图 9.3-8 所示。

三、电气、控制部分

1. 电气主接线及电力送出部分

（1）电力送出方案

供能站发电机组所发电力，扣除供能站厂用电外，其余电量全部上网。以 35kV 电压等级接入电力系统，该期出线 1 回通过 1 根截面为 400mm^2 的 35kV 电力电缆接入供能站北侧 35kV 开关站就近消纳。

（2）电气主接线。供能站规划建设 2 台 35kV 20MVA 升压主变压器，采用线路一变压器组的接线方式，该期建设 1 号线路-变压器组。

供能站的燃气内燃机发电机组的出口电压选为 10.5kV，发电机出口装设发电机出口断路器（GCB）。

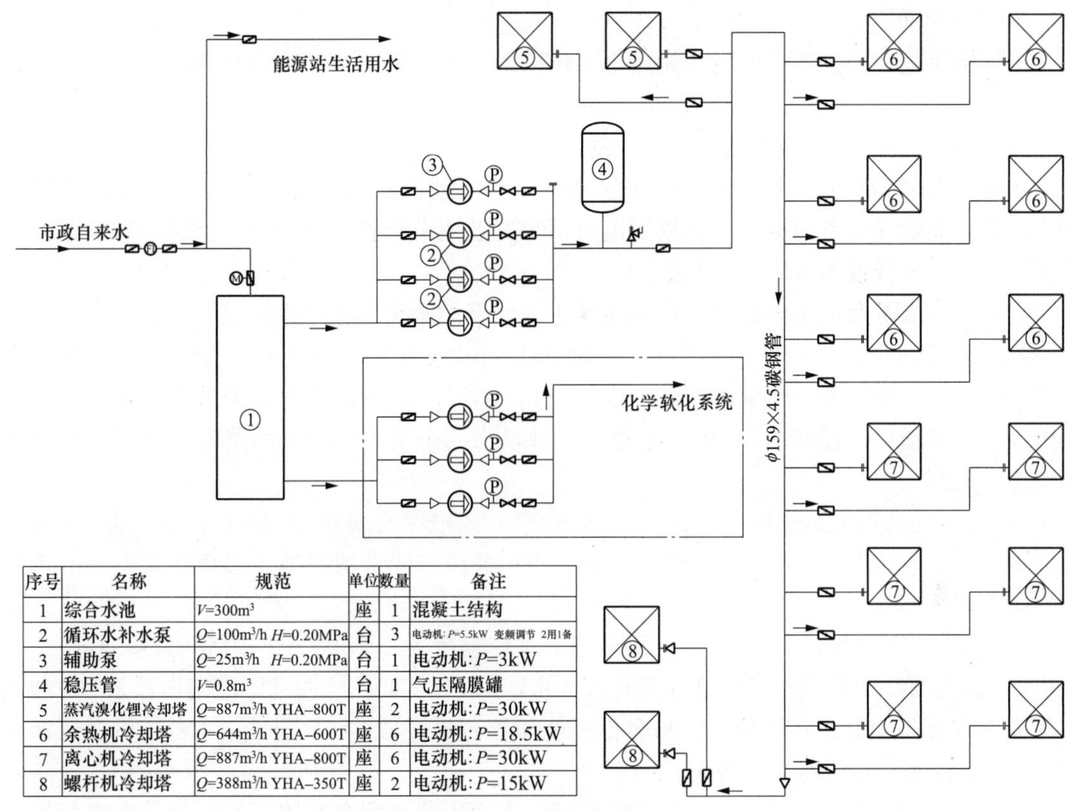

序号	名称	规范	单位	数量	备注
1	综合水池	V=300m³	座	1	混凝土结构
2	循环水补水泵	Q=100m³/h H=0.20MPa	台	3	电动机：P=5.5kW 变频调节 2用1备
3	辅助泵	Q=25m³/h H=0.20MPa	台	1	电动机：P=3kW
4	稳压管	V=0.8m³	台	1	气压隔膜罐
5	蒸汽溴化锂冷却塔	Q=887m³/h YHA-800T	座	2	电动机：P=30kW
6	余热机冷却塔	Q=644m³/h YHA-600T	座	6	电动机：P=18.5kW
7	离心机冷却塔	Q=887m³/h YHA-800T	座	6	电动机：P=30kW
8	螺杆机冷却塔	Q=388m³/h YHA-350T	座	2	电动机：P=15kW

图 9.3-8　供水系统图

供能站 10kV 系统，采用单母线分段有联络的接线方式。规划建设的 5×4.374MW 燃气内燃机（GE-颜巴赫 JMS-624）系统+1×1.25MW 燃气轮机（中科院小型燃气轮机实验平台）分别接入 2 段 10kV 母线段。10kV 母线Ⅰ段经 1 号线路-变压器组，10kV 母线Ⅱ段经 2 号线路-变压器组（后期建设）接入电网。

该期建设的 1、2 号燃气内燃机发电机（4.374MW）接入 10kV 母线Ⅰ段，3 号燃气内燃机发电机（4.374MW）、6 号燃气轮机发电机（1.25MW）接入 10kV 母线Ⅱ段。该期建成运行时母联断路器闭合运行。

站用低压变压器及高压站用电电源直接从 10kV 母线段引接。

（3）启动及备用电源。机组的启动电源通过系统倒送电取得。

备用电源从附近 10kV 配电站引接，备用电源不与发电机并列运行。

（4）接地方式。供能站 35kV 电力送出线路最终接入的申江变和紫薇变的 35kV 侧，其系统中性点采用电阻接地（接地电流 1000A）。供能站 35kV 系统中性点不再接地。

供能站 10kV 系统中性点为不接地方式。

（5）主要设备选型。1 号电力送出断路器（VCB）：ZN85-40.5/630A-25kA；

1 号升压主变压器：SFZ11-2000/35-10。

发电机出口断路器（GCB）：SFEV-12/630-31.5；

1 号升压主变低压侧断路器：SFEV -12/1600-31.5；

2. 站用电部分

(1) 站用电系统的设计原则。站用电系统采用10kV和0.4kV两级电压。

10kV电动机直接从站内10kV母线段取电。

380V系统的短路电流限制在70kA内。

低压厂用电380/220V采用动力中心(PC)和电动机控制中心(MCC)相结合的供电方式，尽可能的深入负荷中心。依据用电负荷情况及用电设备布置情况，就近分散设置低压干式厂用变压器或设置MCC工作段。

容量为75kW及以上电动机和厂用电源进线回路的开关选用框架断路器，由低压厂用电PC段供电。75kW以下的电动机及主、各辅助生产设施由MCC柜供电。15kW以下电动机采用塑壳开关+接触器+热继电器保护控制，15～75kW电动机采用塑壳开关+接触器+智能电动机保护器保护控制，75kW以上电动机及动力回路采用框架式断路器+综合保护测控装置保护控制。

(2) 10kV站用电系统接线。该期1、2号离心式电制冷机接于10kVⅠ段母线，3号离心式电制冷机连接于10kV Ⅱ段母线，同时10kV Ⅱ段母线余留终期4号离心式电制冷机扩建安装位置。

(3) 0.4kV低压站用电接线。供能站共设4台容量为2500kVA厂用变压器，其中1号主机厂用变压器、1号辅机厂用变压器接于10kVⅠ段母线，2号主机厂用变压器、2号辅机厂用变压器接于10kV Ⅱ段母线。每台低压变压器各带一段380V母线。2台主机变压器互为备用，2台辅机变压器互为备用。

站用变压器电源直接从10kV母线段引接。主变压器与配电装置、发电机与配电装置直接均采用电缆连接方式。

(4) 接地方式。站用系统10kV系统中性点为不接地方式。

站用系统380V系统中性点直接接地系统。

(5) 站用电主要设备选型。10kV馈线断路器(VCB)：上海萨费SFEV-12/630-31.5；

低压变压器：SCB10-2500，10.5±2×2.5%/0.4kV，Dyn11，U_k=8%。

3. 继电保护配置

(1) 燃气内燃机发电机继电保护配置由生产厂家配套提供，单套配置，保护采用数字式微机型保护。具有：发电机电流差动、匝间短路、90%定子接地、定子绕组过负荷、复压电压过流、发电机转子一点接地、定子过电压、失磁、逆功率、频率异常、热工保护等保护功能。

另外，在发电机出口GCB柜配有数字式微机型保护，型号为PSL691US，具有电流速断、复合电压过电流、定时限零序过电流、过负荷等保护功能。

(2) 35kV电力送出线路继电保护，单套配置，保护采用数字式微机型保护。型号及软件版本与对侧开关站端一致，具有光纤纵联电流差动、电流速断、复压方向闭锁过流、过负荷等保护功能。

(3) 升压主变压器保护，单套配置，保护采用数字式微机型保护。主保护装置具有电流差动、电流差动速断等保护；后备保护高、低压侧各1套，装置具有复合电压闭锁(方向)过流、过负荷、零序电压等保护；非电量保护装置具有冷却器全停、重瓦斯、轻瓦斯、压力释放、温度、油位等非电量保护。

(4) 低压变压器继电保护，单套配置，保护采用数字式微机型保护。具有三段式复合电压闭锁过流、反时限过流、两段式定时限过流、高压侧定时限零序过流、低压侧定时限零序过流、低压侧反时限零序过流、过负荷、过电压、低电压、非电量保护等保护功能。

(5) 站内装设一套故障录波装置。

(6) 供能站35并网侧配置一套小电源故障解列装置，具备低/过电压保护、低/过频率保护、零压保护功能。故障解列装置保护跳35kV并网断路器。

10kV发电机出口故障解列装置由发电机厂家自带的电压、频率异常保护系统完成，保护跳发电机出口断路器。

4. 系统远动及自动化部分

(1) 电气与热控共用一套集控DCS系统。完成对全部主辅机设备的控制和监测。燃气内燃机发电机组测控系统，由生产厂家成套提供，以通信方式与集控DCS系统交换信息，接受系统指令及向系统提供监测信息。

(2) 供能站配置一套计量及电能采集设备，包括35kV电度表柜、10kV电度表柜、电能采集终端设备。

供能站设置1面35kV侧电度表柜，用于并网线路的电能计量，该期安装关口表1块，贸易表1块，并预留终期电度表安装位置。35kV并网线路计量用电压、电流信号从35kV计量柜内专用计量电压互感器和电流互感器引接。电压互感器精度0.2级；电流互感器精度0.2S级。

供能站设置1面10kV侧电度表柜，用于发电机出线回路的电能计量，该期安装关口表4块，并预留终期电度表安装位置。电压信号引自相应的母线电压互感器计量绕组，精度0.2级；电流信号分别引自各发电机出线回路的电流互感器计量绕组，精度0.2S级。

电能采集终端设备与数据网设备合并组屏安装。

(3) 供能站站内配置远动装置1套，配置厂站288点计划发送接收设备，配置调度数据网设备1套，二次安防设备1套。供能站运行及发电出力信息需送至上海市调及浦东地调。

远动信息采集信息内容有：

1) 遥信量：主变压器高压侧断路器位置、发电机出口断路器位置、线路保护动作、主变压器保护动作、发电机保护动作等。

2) 遥测量：并网线路有功功率、无功功率、电压、电流、发电机出口有功功率、无功功率、电压、电流、功率因数、频率等。

(4) 供能站站内敷设1根48芯通信、继电保护合用光缆至35kV上海科技大学开关站，接入上海电力三级通信网。

供能站站内配置的光纤通信设备有：SDH光端机、相应的ODF单元和光纤收容单元、PCM终端、通信电源、数据网设备等。通信系统设备由上海科大智能有限公司供货并现场安装调试。

5. 热工自动化水平及控制方式

供能站采用全厂集中控制方式，采用计算机监控系统作为机组主要的监视及控制核心，并与其他控制设备一起，构成一套完整的综合自动化控制系统，实现对机组的检测、控制、报警、保护等功能，完成系统启动、停止、正常运行和事故处理。在DCS操作台上配置机组硬接线的紧急停止按钮及重要辅机的操作按钮，以保证机组在紧急情况下安全停机，发电机-变压器组的监控纳入分散控制系统，实现炉、机、电统一值班。

（1）供能站配置1套DCS系统，在集控室内以操作员站为控制中心，并设有机组和设备紧急启停的硬手操。燃气内燃机发电机组、烟气热水型溴化锂机组、电制冷冷水机组、真空热水锅炉以及其他辅助设备和全站的公用辅助系统等均能在集控室内进行监控。

（2）在控制室完成机组正常运行的全部监视与调整以及异常与事故工况下的报警与处理。

（3）在机组启停、正常运行或异常工况下能自动对各有关参数进行扫描和数据处理、定时制表，提供运行人员操作指导。当参数越限时可自动报警和打印，机组发生事故后，可做事件序列记录和事故前、后一段时间的追忆及趋势打印。

（4）电气发电机组和出口开关、升压主变压器、厂用电等系统采用独立于DCS系统的另外一套SCADA控制系统，并单独设两个操作员站，实现除电动机等以外的其他电气部分的控制功能。

6. 主要设备控制方式

（1）燃气内燃机发电机组配套提供控制柜，用来完成燃气轮机本体的控制，全厂DCS系统采用通信方式与内燃机控制系统进行数据传输，对于重要的控制信号，采用硬接线的方式进行数据传输。

燃气轮机自带的监控系统具备如下功能：

在自动控制的情况下，保证机组能够在设定的工况下连续稳定运行。

保证机组能在预设的恒定负荷方式下运行，又能在自动频率控制方式下运行。

机组应能快速启动并加速到额定速度。机组应能自动同步及自动增减负荷。

（2）烟气热水型溴化锂机、冷水机、真空热水锅炉配套提供控制柜，用来完成相应本体的控制，全厂DCS系统采用通讯方式与相应的控制系统进行数据传输，对于重要的控制信号，采用硬接线的方式进行数据传输。

（3）厂内采暖通风、给水处理等辅助系统纳入全厂DCS系统统一控制。

（4）供能站设立厂级实时监控系统（SIS），以提高整个供能站的自动化控制与管理水平；优化供能站相关设备的运行；适应ECMS不断变化的负荷需求；满足发电上网要求。

（5）设置全站的闭路电视监视系统（CCTV），对生产过程关键场所、供能站安全监视点、保安区域等监视区域点进行实时摄像，并连成网络，CCTV的监视器布置在集控室。摄像头数量约为30台。

7. 电控专业的参考图纸

电气主接线图如图9.3-9所示，站用电系统图如图9.3-10所示，机组保护配置示意图如图9.3-11所示，电气监控管理系统网络结构图如图9.3-12所示，热工控制系统网络配置图如图9.3-13所示。

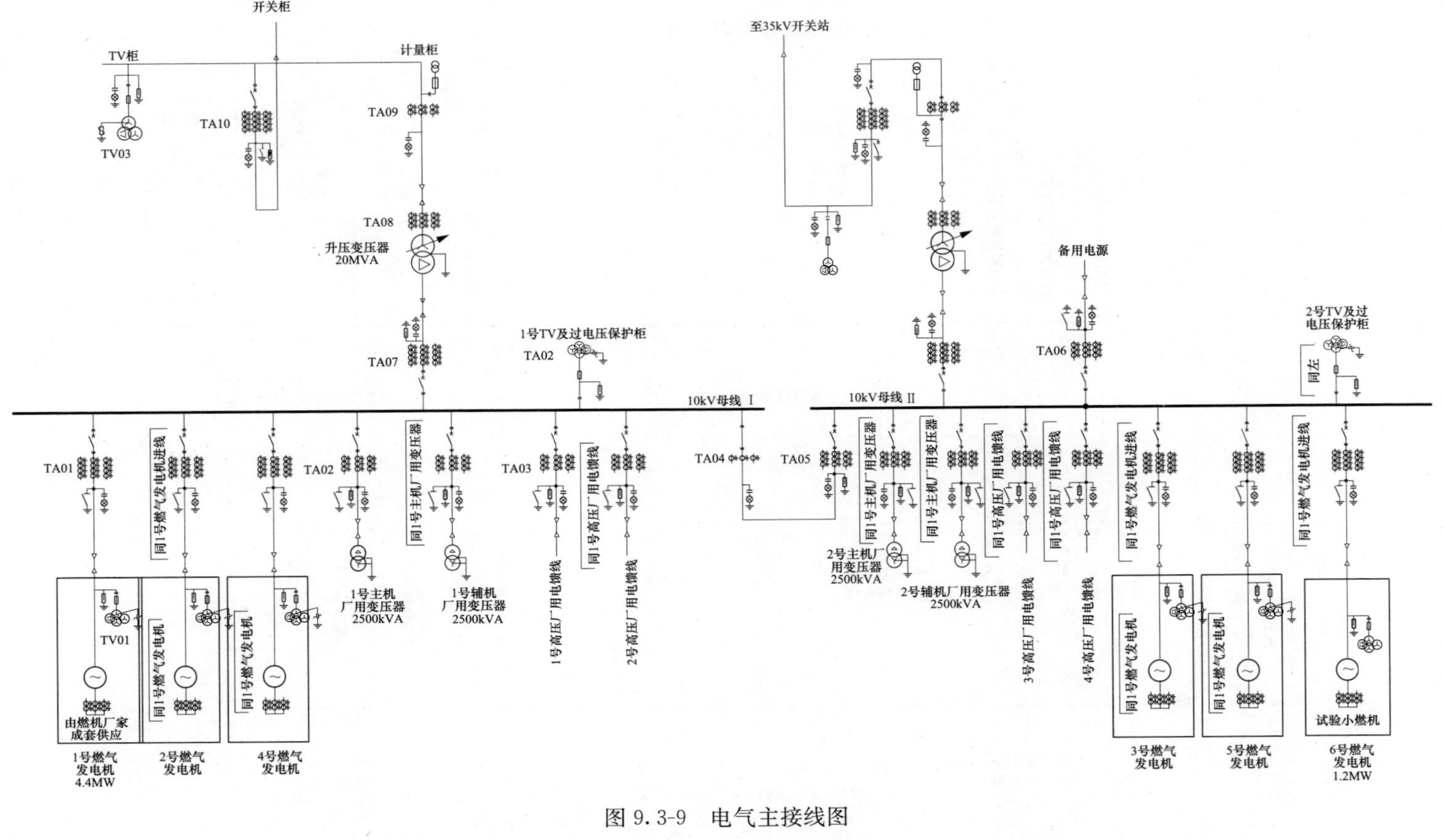
至35kV开关站
开关柜
TV柜
计量柜
TV03
TA10
TA09
至35kV开关站
TA08
升压变压器
20MVA
备用电源
2号TV及过
电压保护柜
1号TV及过电压保护柜
TA02
TA07
TA06
同左
10kV母线 Ⅰ
10kV母线 Ⅱ
TA01
TA02
TA03
TA04
TA05
同1号燃气发电机进线
同1号主机厂用变压器
同1号高压厂用电馈线
1号主机
厂用变压器
2500kVA
1号辅机
厂用变压器
2500kVA
1号高压厂用电馈线
2号高压厂用电馈线
2号主机厂
用变压器
2500kVA
2号辅机厂用变压器
2500kVA
3号高压厂用电馈线
4号高压厂用电馈线
TV01
同1号燃气发电机
由燃机厂家
成套供应
试验小燃机
1号燃气
发电机
4.4MW
2号燃气
发电机
4号燃气
发电机
3号燃气
发电机
5号燃气
发电机
6号燃气
发电机
1.2MW

图 9.3-9　电气主接线图

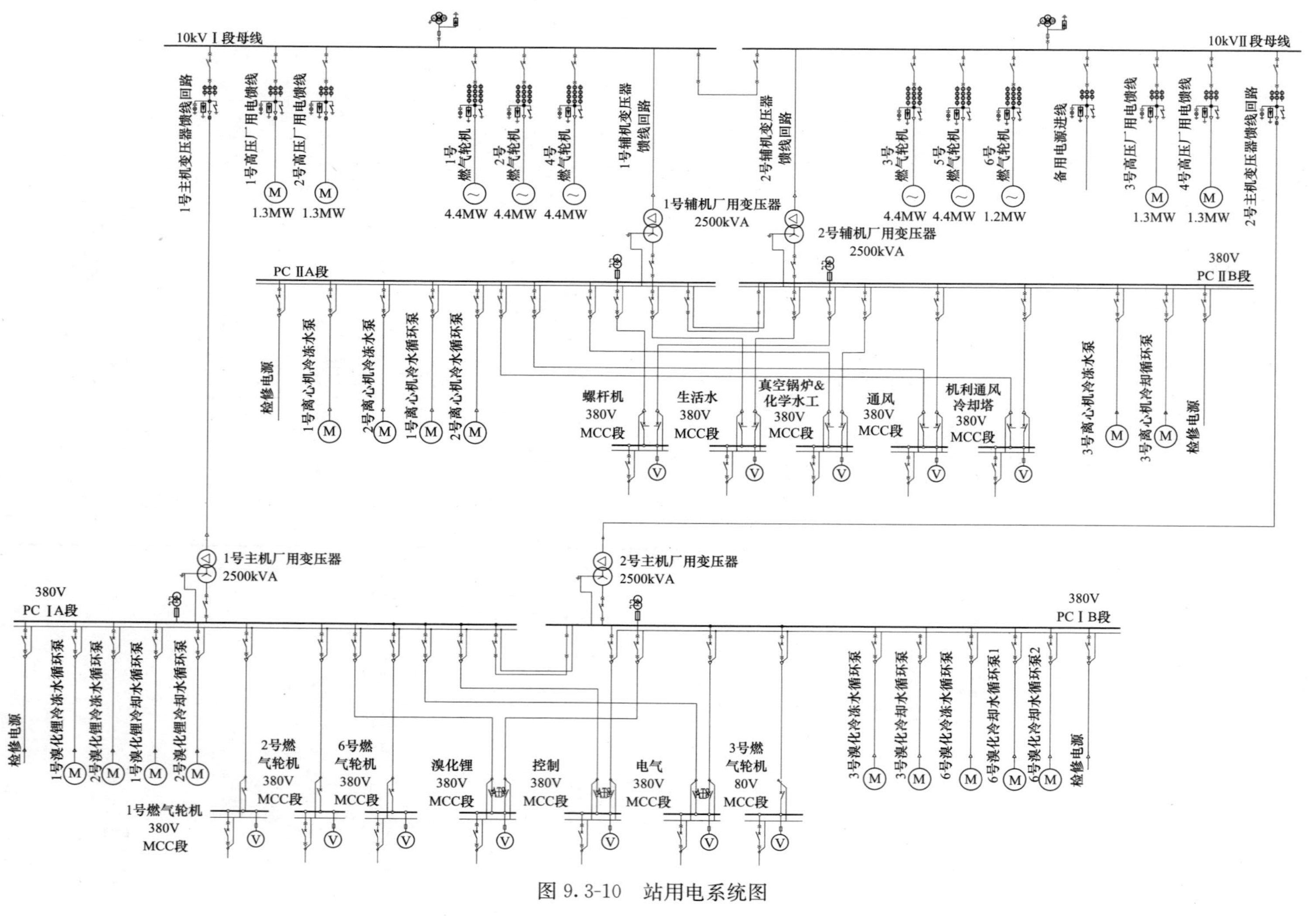

图 9.3-10 站用电系统图

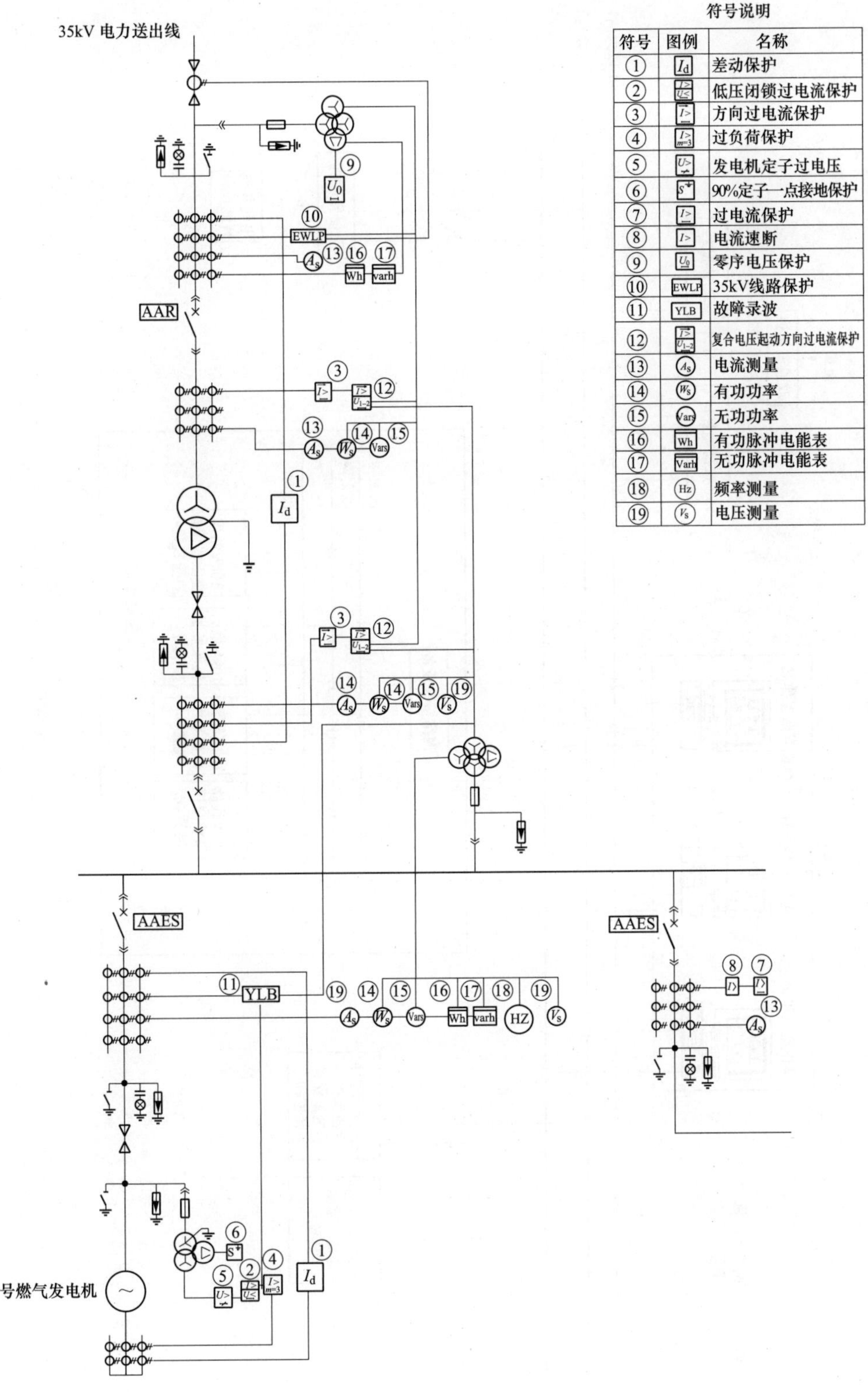

符号说明

符号	图例	名称
①	I_d	差动保护
②	$I>$ / $U<$	低压闭锁过电流保护
③	$I>$	方向过电流保护
④	$I>$ / $m=3$	过负荷保护
⑤	$U>$	发电机定子过电压
⑥	S^+	90%定子一点接地保护
⑦	$I>$	过电流保护
⑧	$I>$	电流速断
⑨	U_0	零序电压保护
⑩	EWLP	35kV线路保护
⑪	YLB	故障录波
⑫	$I>$ / U_{1-2}	复合电压起动方向过电流保护
⑬	A_s	电流测量
⑭	W_s	有功功率
⑮	Vars	无功功率
⑯	Wh	有功脉冲电能表
⑰	Varh	无功脉冲电能表
⑱	Hz	频率测量
⑲	V_s	电压测量

图 9.3-11　机组保护配置示意图

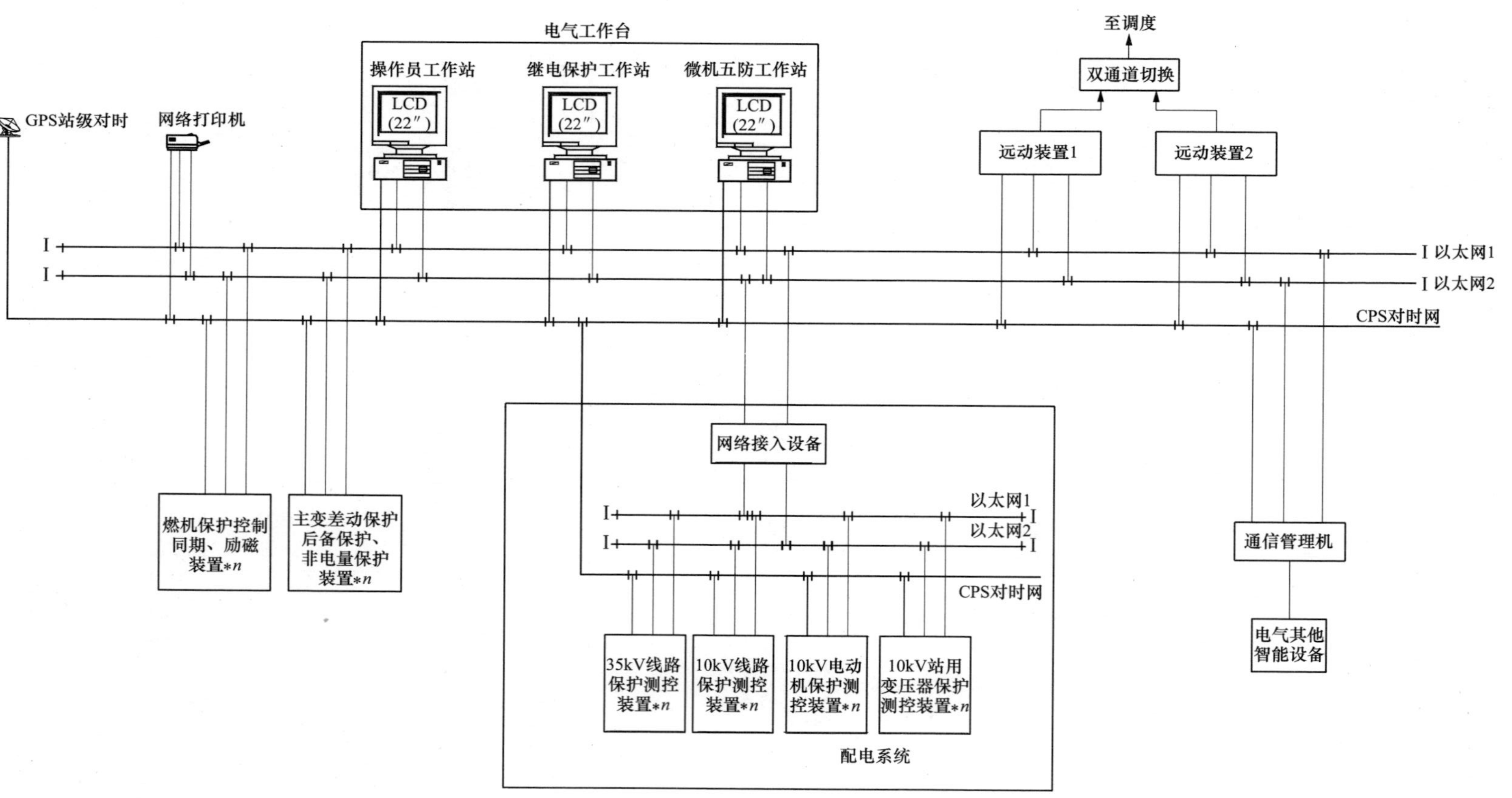

图 9.3-12 电气监控管理系统网络结构图

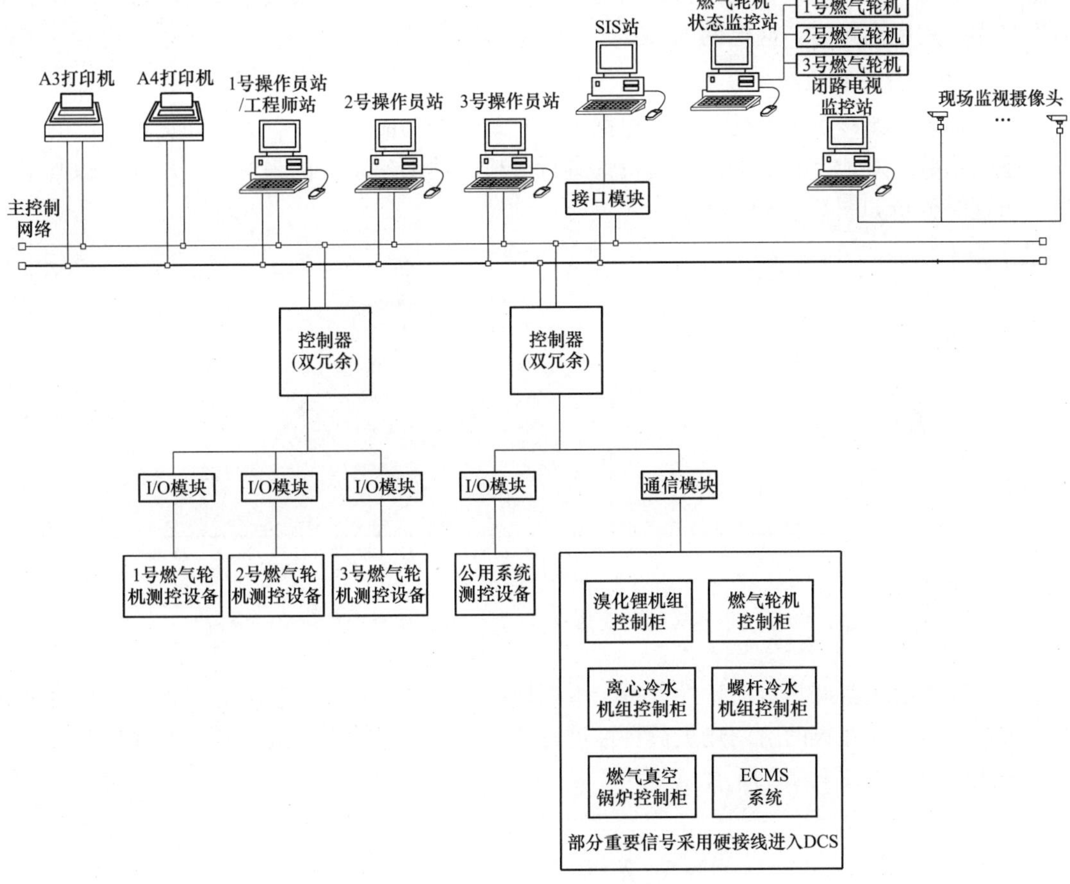

图 9.3-13　热工控制系统网络配置图

第四节　楼宇式地下布置设计案例

某燃气楼宇式分布式供能站（位于北京市），根据初步规划，产业园地上建筑规模大约 17 万 m^2，地下面积约 8 万 m^2。该园区具有良好的热、电、冷负荷条件，园区的供热负荷为 8.024MW，常规供冷负荷为 10.470MW，常年供冷负荷为 1.531MW，生活热水负荷为 1.069MW，用电负荷为 6.951MW。

一、热机部分

1. 发电量的确定及发电机运行方式

该项目设计原则“以冷热定电”，根据冷热负荷确定内燃发电机建设规模为 6.698MW，按一期进行建设，站内设 2 台单机装机容量为 3.349MW 的内燃机发电机组。内燃机烟气及缸套水余热由烟气-热水溴化锂机组利用，作为产业园的分布式供能中心，对该区进行供冷、供热、供生活热水，同时发电并给园区用户供电以提高能源利用效率。项目调峰采用 2 台直燃机和 2 台电制冷机。

根据有关规定，联供系统的配置原则为电能自发自用，并网运行。该项目燃气内燃发电机组拟在供冷供热期内 2 台机运行，在过渡期内 1 台内燃机带生活热水负荷运行，所发电量自发自用，用电高峰时，向电网购买。

2. 项目设计冷热负荷

(1) 地上建筑冷负荷特性分析。根据地上建筑物的功能，参考有关统计资料给出的供冷负荷逐时系数，对地上建筑的冷负荷特性进行分析。地上建筑物的最热月（8 月）的典型日冷负荷逐时分析如图 9.4-1 所示。

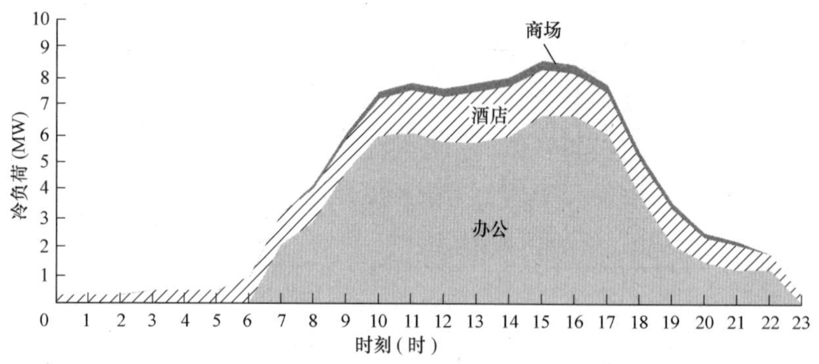

图 9.4-1 地上建筑物的最热月（8 月）的典型日冷负荷逐时分析

(2) 地上建筑空调热负荷特性分析。根据地上建筑物的功能，参考有关统计资料给出的逐时系数，对地上建筑的空调热负荷特性进行分析。地上建筑物的最冷月（1 月）的典型日热负荷逐时分析如图 9.4-2 所示。

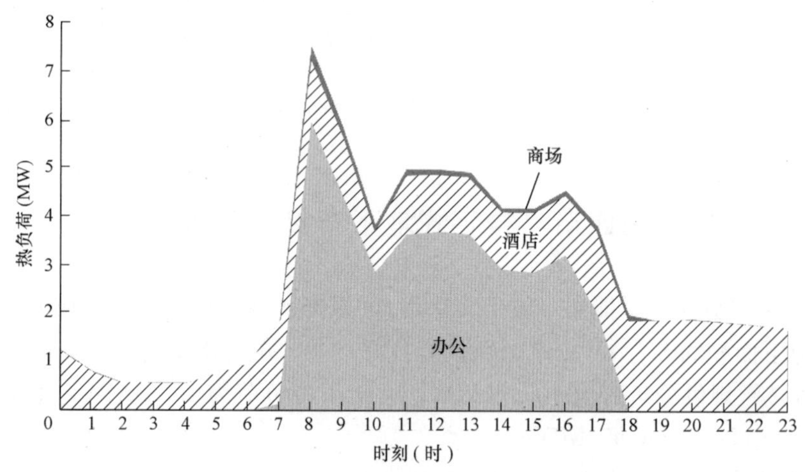

图 9.4-2 地上建筑物的最冷月（1 月）的典型日热负荷逐时分析

(3) 地下建筑空调冷负荷特性分析。根据地下建筑物的功能，参考有关统计资料给出的逐时系数，对地下建筑的空调冷负荷特性进行分析。地下建筑物的最热月（8 月）的典型日冷负荷逐时分析如图 9.4-3 所示。

(4) 地下建筑空调热负荷特性分析。根据地下建筑物的功能，参考有关统计资料给出的逐时系数，对地下建筑的空调热负荷特性进行分析。地下建筑物的最冷月（1 月）的典型日热负荷逐时分析如图 9.4-4 所示。

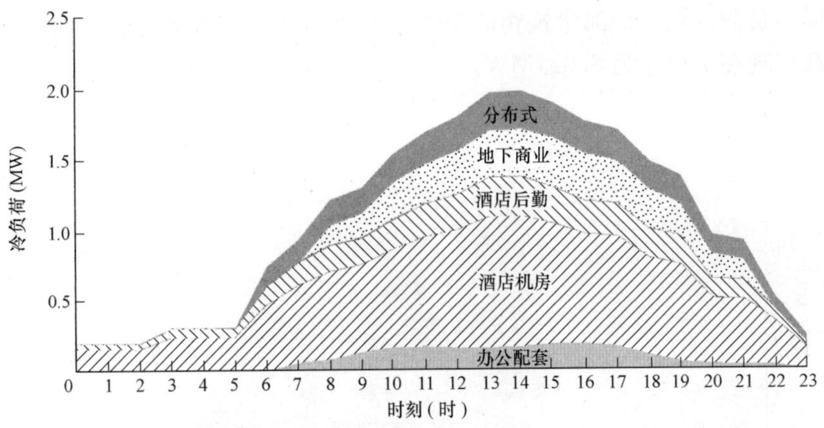

图 9.4-3　地下建筑物的最热月（8 月）的典型日冷负荷逐时分析

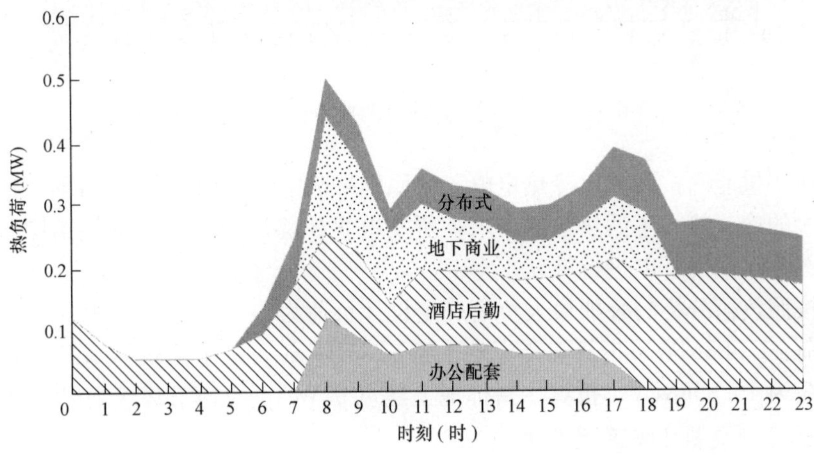

图 9.4-4　地下建筑物的最冷月（1 月）的典型日热负荷逐时分析

(5) 空调冷负荷汇总。全部建筑物的最热月的典型日冷负荷逐时分析如图 9.4-5 所示。最大的冷负荷出现在 15 时，为 10.470MW。

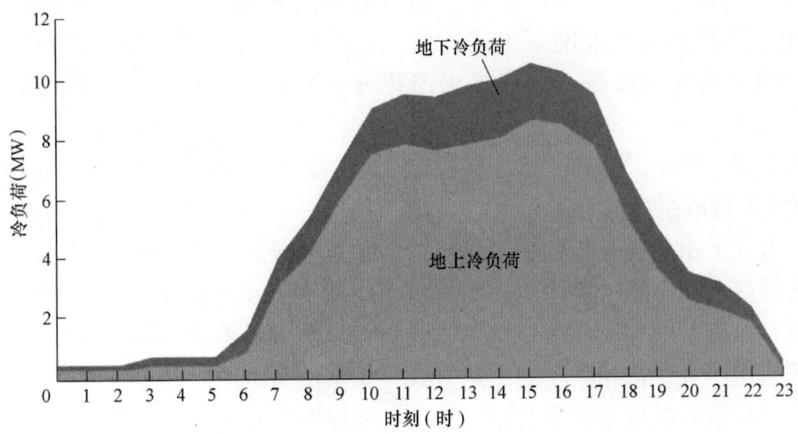

图 9.4-5　全部建筑物的最热月的典型日冷负荷逐时分析

（6）空调热负荷汇总。全部建筑物的最热月的典型日热负荷逐时分析如图 9.4-6 所示。最大的热负荷出现在 7 时，为 8.024MW。

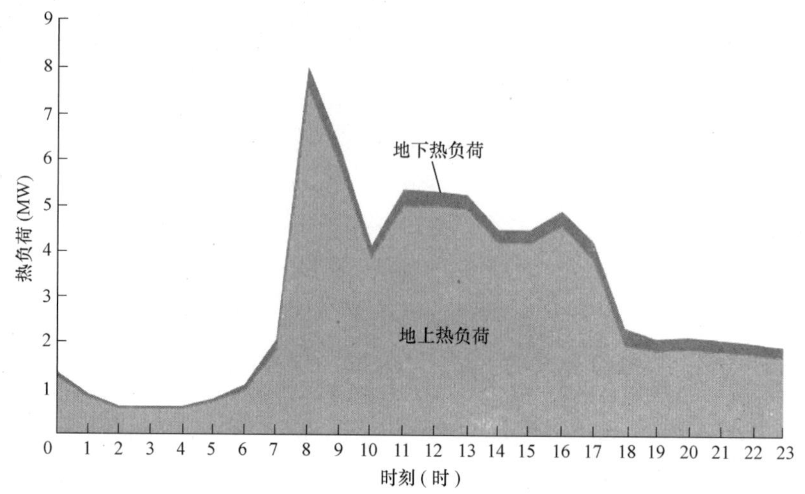

图 9.4-6　全部建筑物的最热月的典型日热负荷逐时分析

综上所述，供能站按照“以冷热定电”的原则来确定运行调度方式，即：优先满足华电产业园内最大的冷、热、生活热水的需求，所发电量扣除厂用电后全部供给园区内各用户，电力的不足部分从市网下电进行补充。

该工程按照负荷分析的叠加最大负荷确定设计负荷为

供热负荷 11.588MW，折算热指标地上建筑 $65W/m^2$，地下建筑 $6.25W/m^2$；

供冷负荷为 16.396MW，折算冷指标地上建筑 $87W/m^2$，地下建筑 $20W/m^2$。

3. 机组选型、装机方案及运行方式

（1）机组选型。为了节省项目的投资，并保证分布式供能站的主机效率最大化，根据园区的冷、热、电负荷需求及时空变化规律，同时考虑机组年利用小时数，按照主机装机“欠匹配”“以冷热定电”的原则确定装机方案。主机内燃机发电机组带基本负荷，高峰时园区的冷、热负荷超出基本负荷部分由直燃机进行调峰。主机发出的电供给产业园内各用户使用，不足部分从电网下电进行补充。出于对机组可靠性的考虑，内燃机发电机组推荐采用进口的先进设备。烟气热水溴化锂机组及直燃溴化锂机组等辅助设备选用国内的设备。

（2）装机方案。2 台 3.3MW 级的内燃机发电机组＋ 2 台烟气热水型溴化锂机＋ 2 台直燃型溴化锂机＋2 台电制冷机。

（3）运行方式。由于该工程的主要热负荷为冬季采暖热负荷、夏季制冷负荷及生活热水负荷。冬季采暖热负荷、夏季制冷负荷为季节性间断负荷，热水负荷为常年性负荷。根据冷热负荷的性质，决定采取如下供冷、供热方式：在冬季采暖季节，采用内燃机发电机组＋烟气热水溴化锂机组＋直燃机相联合的供热方式。基本负荷由内燃机带，直燃机只在热负荷量较小不能满足单台内燃机最小负荷时以及热负荷高峰时期超出 2 台内燃机总的最大供热能力时运行。

1）在夏季制冷季节，同样采用内燃机发电机组＋烟气热水溴化锂机组＋直燃机相联合供冷及供热水的方式。内燃机带基本制冷负荷，并由内燃机的缸套水及中冷水或烟气提供生活热水负荷的用热，当制冷负荷量较小不能满足单台内燃机最小负荷时及制冷负荷高峰时期超出 2 台内燃机总的最大供冷能力时，启动运行直燃机。电制冷机主要考虑在制冷季每天的后半夜运行，主要满足酒店制冷负荷。当制冷负荷出现极端情况超出余热机组及直燃机组的供冷能力时，电制冷机也可以参与调峰。

2）在过渡季节，因存在生活热水负荷，考虑运行 1 台内燃机发电机组，并在额定工况下运行。

3）冬季采暖由供能站提供热媒热水，供回水温度为 60/50℃。

4）夏季制冷由供能站提供符合制冷温度要求的冷水，供回水温度为 7/14℃。热水及冷水将在二级泵站内进行加压后，直接送至用户的空调系统进行采暖和制冷。同时，由供能站提供生活热水的一次热媒热水，供回水温度为 70/50℃，在各热用户的分换热站内进行二次换热，转换成符合使用温度要求的生活热水并提供给各用户。

4. 节能措施

该工程的内燃机发电机组排放的热烟气及冷却内燃机的润滑油、缸套水等的热水进入烟气热水溴化锂机组进行制冷制热，提高能源的利用率，采用内燃机加烟气热水溴化锂机组，全厂热效率可达到 78.6%以上，比常规燃煤火力发电机组热效率高，技术先进，热经济性好。

5. 供能站布置

该工程供能站整体布置在产业园内部东侧绿地下。占地面积为 57.25m×24m，跨距为 12m，柱距分别为 6m 和 7.5m。站内分为三大功能区，由南向北依次为电控楼、内燃机-溴化锂机间、直燃机间。其中电控楼为三层，地下三层地坪标高－14.4m，布置电气低压盘柜和控制电子设备；地下二层标高－10.2m，布置操作员站及化验室；地下一层地坪标高－6.0m，布置新风机组。内燃机-溴化锂机间、直燃机间为地下单层，室内地坪标高－14.4m，站顶标高－3.0m，－3.0～－0.20m 为覆土绿化层。

站内由南向北依次布置有 2 台 3.3MW 级的内燃机发电机组＋2 台烟气热水型溴化锂机＋2 台直燃型溴化锂机＋2 台电制冷机及相关设备。供能站防爆泄压口（也作为吊装口）设置在内燃机-溴化锂机间、直燃机间上方绿地地带，防爆泄压口泄压面积约 156m^2。机组烟囱沿建筑物内的竖井引至 C 或 D 座屋顶，出口标高 53m，烟囱共 3 根，其中内燃发电机组（烟气热水溴化锂机组）烟囱 2 根，直径 1000mm，直燃机组的 2 根烟囱合并为 1 根，直径 1000mm。内燃机发电机组、烟气热水型溴化锂机、直燃型溴化锂机、电制冷机的冷却水供回水管路在供能站内通过与烟囱公用的竖井送至布置在产业园东侧 C、D 楼的屋顶的各冷却塔组处。烟囱及冷却水竖井尺寸为 5600mm×3500mm。

6. 环保措施

该工程以天然气为燃料，属于清洁能源发电项目。由于天然气中不含灰分，且含硫量很微小甚至没有，燃料燃烧充分，因此烟气排放中几乎不产生颗粒物，无烟尘排放。该工程所用天然气含硫量极低，基本不存在 SO_2 污染问题。故供能站废气主要污染因子为 NO_x。NO_x 的产生则还取决于设备形式和运行工况等，该工程选用的内燃机及直燃机排放的 NO_x 浓度均满足相关标准的要求。

供能站内的降噪、防噪措施如下：

供能站的主要噪声源的内燃发电机等均布置在地下厂房内。内燃机设备设置隔声罩，加隔声罩后设备 1m 外噪声值约为 85dB（A）。

水泵选用屏蔽泵，安装减振基础，水泵进出水管道均应安装避振喉，穿墙的管道与墙壁接触的地方均用弹性材料包扎，这可避免因设备运转时产生的振动传播到上层建筑室内，引发固体声而造成噪声污染，设备减振基础的隔振效率大于 95%。

进风和排风机均布置在地下供能站内，进风、出风管道内设置消声装置，进出风口露出地面部分的百叶窗采用消声百叶窗。

烟囱加大管径，降低烟气流速，并将烟囱引至 CD 座屋顶以上。

冷却塔设置隔声栅板，供能站内墙面贴设吸声板。

7. 系统设计简介

（1）设计要点。

1）装机方案：该工程的主机采用 2 台进口颜巴赫 JMS620 内燃机发电机组，2 台 BHEY262X160/390 型烟气-热水型溴化锂机组带基本冷热电负荷，冷热调峰采用 2 台 HZXQⅡ-349（14/7）H2M2 型直燃机和 2 台 RHSCW330×J 型电制冷机。采用内燃机加烟气热水溴化锂机组，提高能源的利用率，采用内燃机加烟气热水溴化锂机组，全厂热效率可达 78%以上。

2）燃料：主燃料为北京市燃气公司提供的西气东输的陕京一线的中压天然气，在供能站外设置调压站以满足设备使用燃气压力要求。

3）水源：冷却水水源采用市政自来水，化学水采用市政自来水。采取节水措施，减少用水量。冷却塔装设除水器减少循环水的风吹损失；主要设备冷却采用闭式循环系统。

4）水处理：该工程用水水源采用城市自来水，该工程为低温低压机组，水质要求不高，采用软化水，站内设置全自动软化水处理装置。

5）烟囱布置：该工程以天然气为燃料，属于清洁能源发电项目。由于天然气中不含灰分，且含硫量很微小甚至没有，燃料燃烧充分，因此烟气排放中几乎不产生颗粒物，无烟尘排放。该工程所用天然气含硫量极低，基本不存在 SO_2 污染问题。故供能站废气主要污染因子为 NO_x。NO_x 的产生则还取决于设备形式和运行工况等。该工程采用不锈钢烟囱，烟囱沿 CD 座外墙内侧引至座楼顶高空排放，烟囱出口标高为 53m。

（2）设计范围。

烟气系统：引接烟道、烟板换热器、挡板门。

空调/采暖系统：溴化锂机、直燃机、电制冷机空调水分别引致空调水母管，通过供回水母管引致二级泵房集分水器，再供到用户。

冷却水系统：各机组冷却水单独配置，独立运行。

生活水系统：通过水水板式换热器回收内燃机缸套水热量，通过烟板换热器回收烟气热量，直燃机卫生水作为调峰备用。

补水定压系统，冷塔制冷系统，内燃机润滑油系统。

（3）主要设备（见表 9.4-1）。

表 9.4-1　　　　主要设备表

编号	设备名称	型号规范	单位	数量
1	内燃发电机组	J620 GS-F101，额定功率为 3431kW	台	2
2	热水烟气溴化锂机组	BHEY300K-160/390-75/95-38/32-7/14-300-k-Fc -Mc	台	2
3	直燃机	HZXQⅡ-349（14/7）H2M2 HZXQⅡ-349（14/7）R2H2- W110	台	2
4	电制冷机组	WCFX73RCN，制冷量 q＝1784kW，冷冻水流量 q＝209.5m³/h，冷却水流量 q＝349.2m³/h	台	2

（4）主要工艺系统设计的特点。

1）烟气系统。单台内燃机排烟首先进入烟气热水溴化锂机组作为热源，被冷却到160℃（或145℃）后，再进入烟气-热水换热器进一步进行热量回收，被继续冷却到90℃，由单独设置的烟囱排出。考虑在过渡季节没有冷、热负荷，内燃机还需要生活热水负荷直接发电时，在烟气热水溴化锂机烟气进出口之间设置烟气旁路烟道，通过烟气切换门进行切换，以保证烟气热水溴化锂机检修时及过渡季节不影响内燃机的正常运行。每台内燃机分别设一路不锈钢烟道及烟囱，烟囱沿 CD 座外墙内侧引至座楼顶高空排放，烟囱出口标高为53m。单台直燃机烟道设置烟气蝶阀，2 台直燃机机组烟道汇集后，公用一根烟囱，和内燃机烟道一起沿 CD 座外墙内侧引至座楼顶高空排放，烟囱出口标高为 53m。

2）采暖、空调水系统。采用内燃机-溴化锂机组系统。夏季工况：内燃机的缸套水和高温的中冷水可进入烟气热水溴化锂机组作为热源水，夏季置换出 7℃的冷水用于制冷；冬季工况：内燃机的缸套水和高温的中冷水在冬季供暖工况下通过设置空调采暖换热器，换热后置换出 60℃的热水用于供暖，此时内燃机的缸套水和高温的中冷水不进入烟气热水溴化锂机组。

3）生活热水：根据需要内燃机的缸套水和高温的中冷水（95/75℃）通过设置的生活热水换热器置换出 70℃的热水作为生活热水的一次热源水。另外，烟气热水溴化锂机组出来的 160℃（或 145℃）的烟气进入烟气-热水换热器换热后，也置换出 70℃的热水，该系统与上述置换出 70℃的生活热水系统并联，也作为生活热水的一次热源水的一部分，用以满足生活热水负荷的需要。

4）直燃机系统。当冷热负荷量较小不能满足单台内燃机最小负荷或冷热负荷的需求大于内燃机所能提供的基本负荷时，直燃机组可直接生产符合用户参数要求的空调冷水（7/14℃）、采暖热水（60/50℃），作为空调采暖水的调峰冷热源。同时，当内燃机-溴化锂机系统所生产的生活热水量不足时，该工程设定 2 号直燃机可生产一次生活热水热源水（70/50℃）。

5）电制冷系统。电制冷机考虑在制冷季每天的后半夜运行，主要满足酒店制冷负荷。当制冷负荷出现极端情况超出余热机组及直燃机组的供冷能力时，电制冷机可参与调峰。考虑园区网络机房常年需要冷负荷，2 台电制冷机另外设置独立管路至二级泵房二级泵，作为备用冷源。

6）冷塔制冷系统。冬季网络机房采用冷塔制冷技术，不开启电制冷机设备，采用为冷水机组配置的冷却水系统，通过冷却塔与室外低温空气进行热交换，获取低温冷却水，为空调提供冷量的技术。

7）循环冷却水系统。内燃机冷却水系统采用闭式空冷高低温散热系统，2 台内燃机各设置一套。由于内燃机高（低）温散热器采取高位布置，故该工程采用高（低）温散热换热器用于内燃机侧（一次侧）与高（低）温散热器侧（二次侧）换热。高温散热系统如下：由一级中冷、缸套水、缸套水泵、高温散热换热器组成内燃机高温散热一次侧系统；由高温散热换热器、高温散热器水泵及高温散热器组成内燃机高温散热二次侧系统；低温散热系统如下：由二级中冷、中冷器循环水泵、低温散热换热器组成内燃机低温散热一次侧系统；由低温散热换热器、低温散热换热器水泵及低温散热器组成内燃机低温散热二次侧系统。高低温冷却水一、二次侧供回水管径均为 DN125。

溴化锂机、直燃机、电制冷机采用闭式湿式循环冷却水系统，供水流程为冷却塔—循环水泵—供水管—回水管—冷却塔。系统均由机力通风冷却塔、循环水泵、补水装置等组成。

8）定压补水系统。采暖空调定压补水系统，设置 2 台变频定压补水泵，2 台定压膨胀罐，设置空调回水母管和电制冷二级泵房支路两个定压点，定压值 100m，软化水由软水器制得，储存在水花水箱内。生活水定压系统，设置 2 台变频定压补水泵，不设置膨胀罐，定压点设置在生活水泵入口母管，定压值 30m，软化水来自软化水箱。内燃机散热系统定压补水，设置 2 台变频定压补水泵，内燃机高（低）温散热换热器一次侧和二次侧各设一个定压点，定压点设置在水泵出入口，同时在水泵出入口各设一个 200L 膨胀罐。设置专门的乙二醇水箱，乙二醇溶液靠移动式水泵补充。

9）内燃机润滑油系统。每台内燃机单独设置 1 台新油箱，润滑油靠重力自流到内燃机润滑油接口，润滑油补油通过手提式新油泵注入新油箱。设置 1 台废油箱，为 2 台内燃机合用，废油通过废油泵打到废油箱里。

8. 热机专业的参考图纸

内燃机及烟气溴化锂机组热力系统图如图 9.4-7 所示，直燃机热力系统图如图 9.4-8 所示，电制冷机组热力系统图如图 9.4-9 所示，定压补水系统如图 9.4-10 所示，烟气系统图如图 9.4-11 所示。

二、电控专业

1. 电气主接线及电力送出部分

（1）电力送出方案。供能站采用自发自用、余电上网的运营方式，发电机组所发电力以 10kV 电压等级接入电力系统。供能站建设 2 台燃气内燃发电机组，1 号内燃机发电机组接入园区总配电室 10kV 母线Ⅰ段 4 号母线（203 间隔），2 号内燃机发电机组接入园区总配电室 10kV 母线Ⅱ段 5 号母线（204 间隔）。园区总配电室 203、204 开关为并网点。

燃气内燃发电机组额定输出功率为 3349kW，出线电缆型号规格为 ZR-YJY-8.7/15kV-3×185。

园区总配电室 10kV 系统采用单母线分段有联络的接线方式，由供能站和市电同时供电。10kV 母线Ⅰ段 4 号母线电源进线为 201 开关（市电）、203 开关（供能站），10kV 母线Ⅱ段 5 号母线电源进线为 202 开关（市电）、204 开关（供能站），设母线联络开关 245。市电进线开关 201、202 设电气互锁，互为备用，不能同时闭合。正常运行时 201、245 闭合，202 断开。

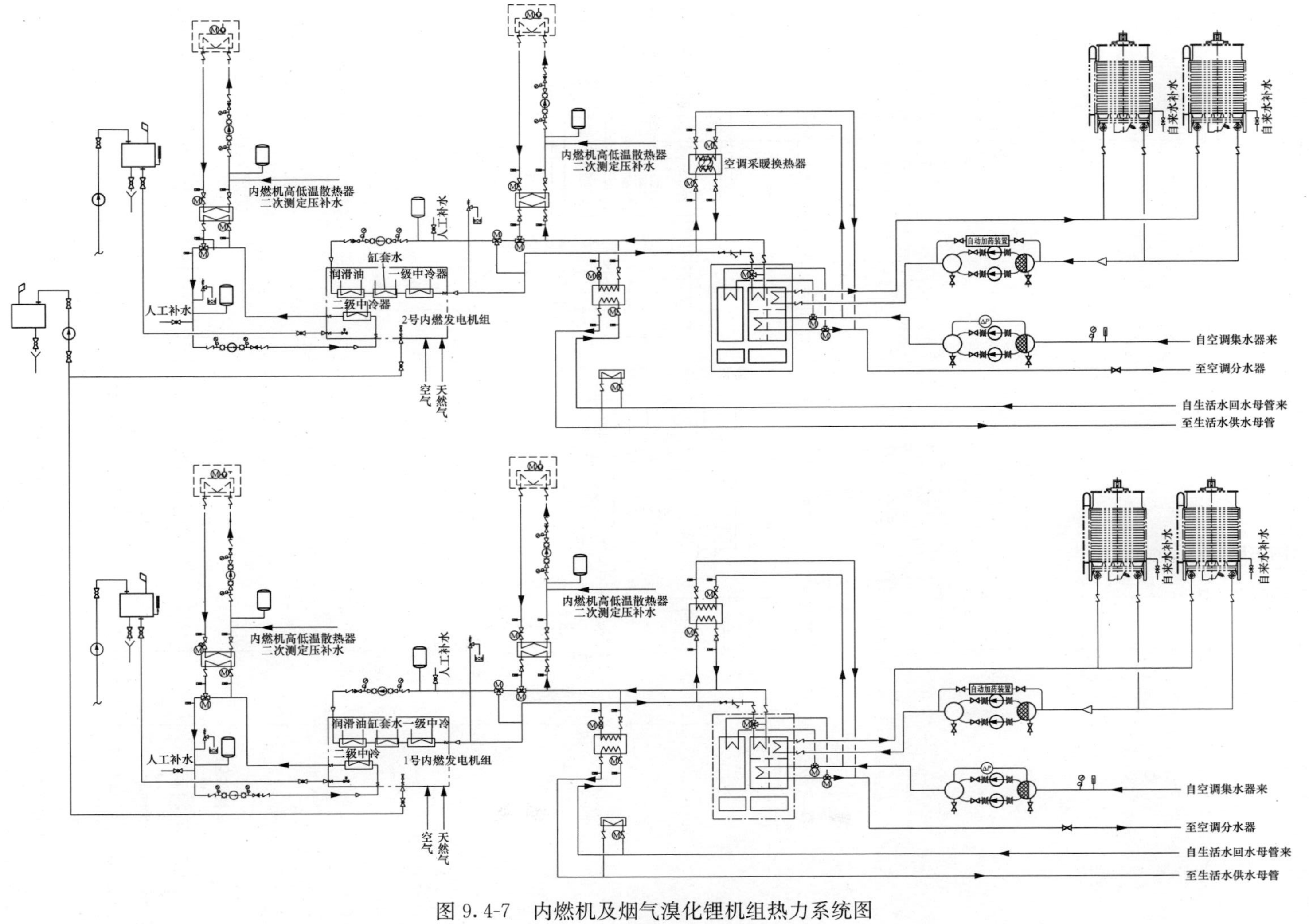

图 9.4-7　内燃机及烟气溴化锂机组热力系统图

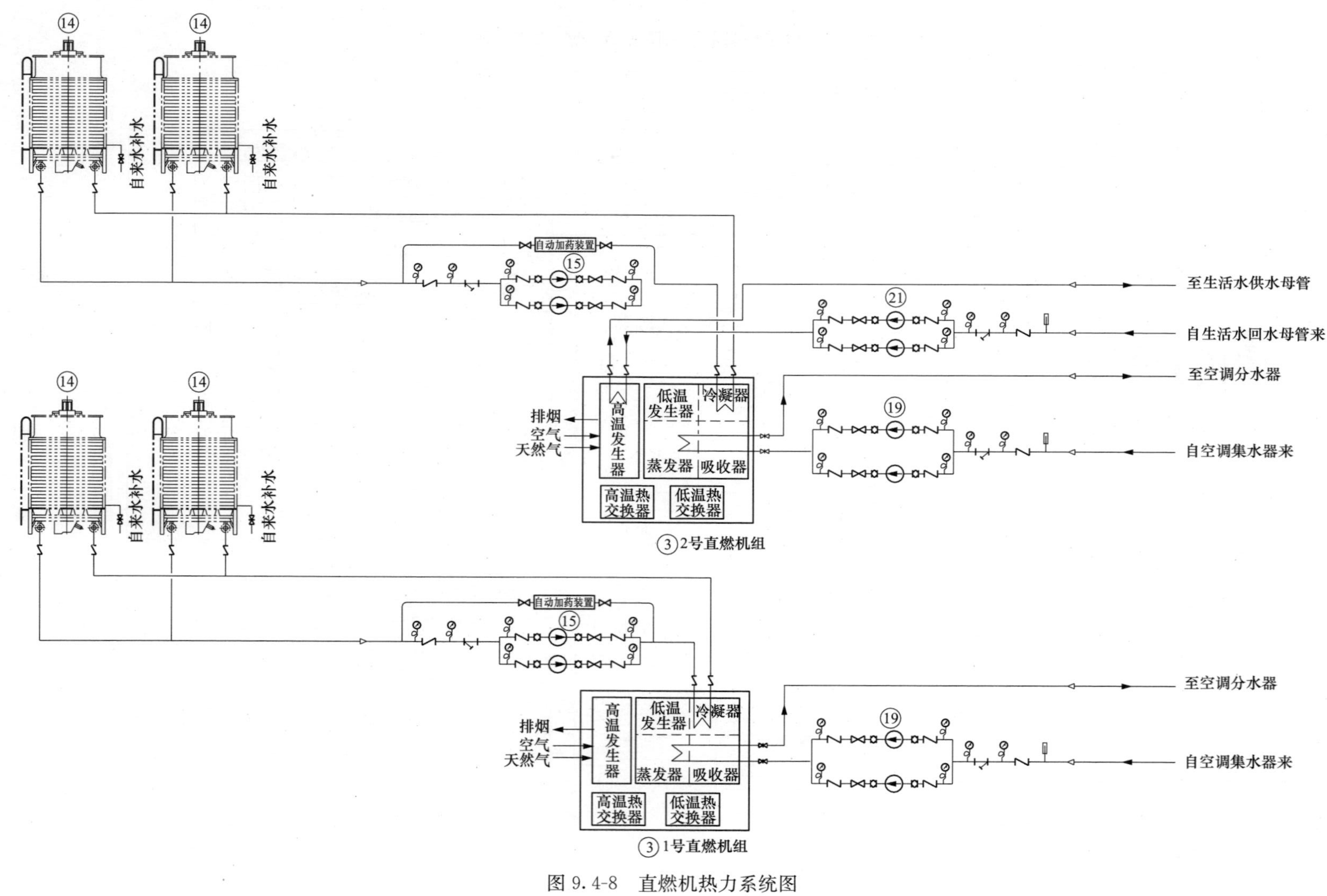

图 9.4-8 直燃机热力系统图

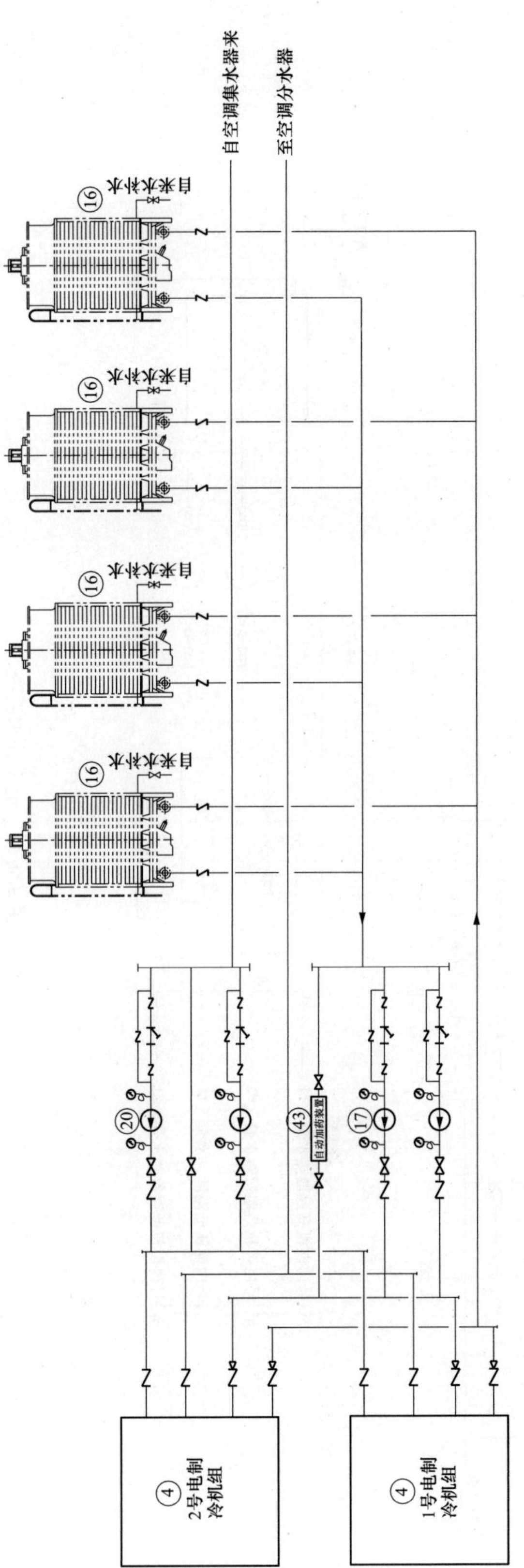

图 9.4-9 电制冷机组热力系统图

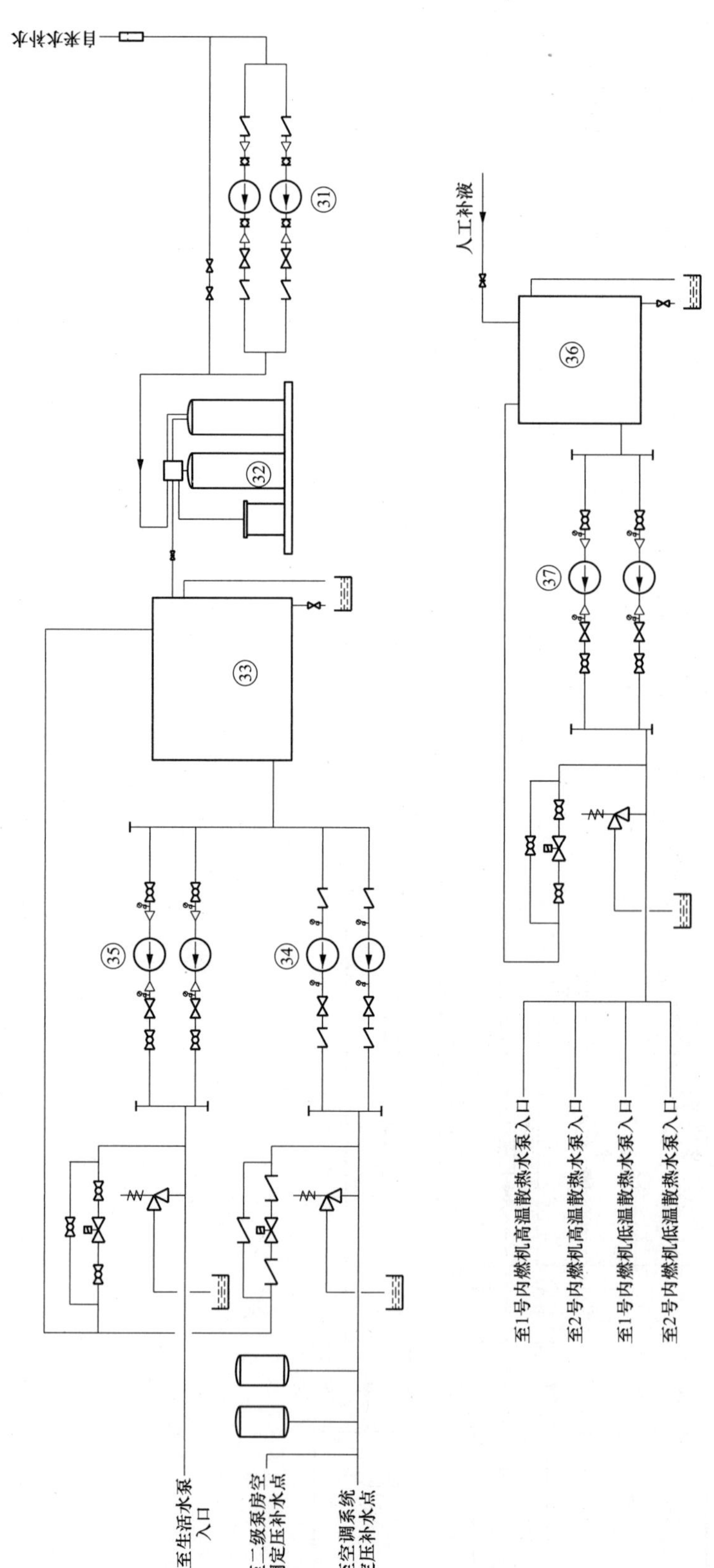

图 9.4-10 定压补水系统

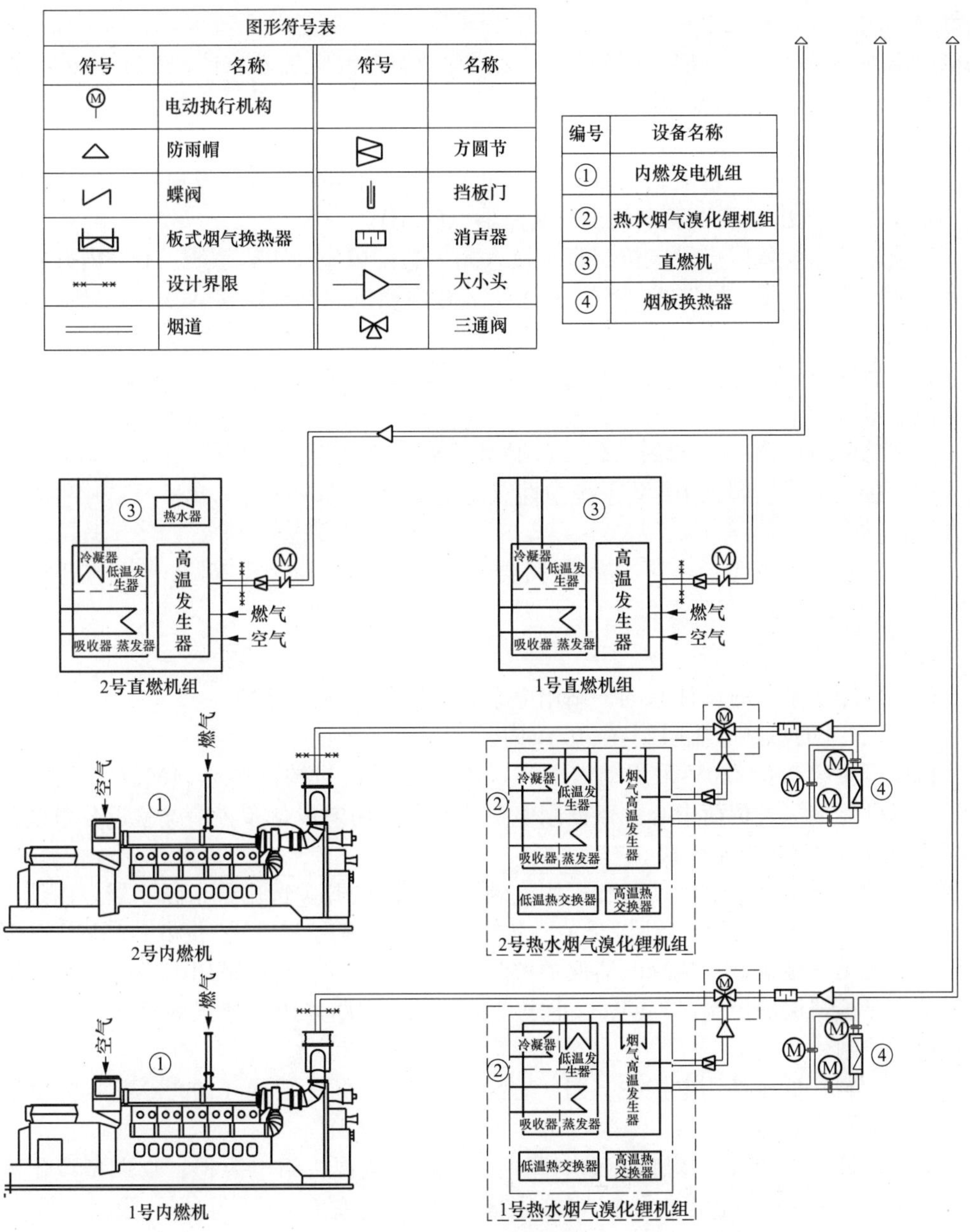

图 9.4-11　烟气系统图

园区总配电室 2 回 10kV 市电进线（201、202）由国网 110kV 变电站 10kV 母线 3B 号馈线开关 225、10kV 母线 4 号馈线开关 247 引入。电缆型号规格为 ZR-YJY$_{22}$-8.7/10kV-3×300。

园区配电网采用 10、0.4kV 两级电压配电。设总配电室 1 座、分配电室 3 座。总配电室位于 CD 座地下一层，设 10kV 配电母线 2 段，0.4kV 配电母线 4 段，配电变压器 4 台，容量为 1600kVA×2+1000kVA×2；供电范围为 C、D 座办公、照明、底层商业、二次泵房、供能站站用电等。另外，AB 座地下一层，设 AB 座分配电室，内设 10kV 配电母线 2 段，0.4kV 配电母线 4 段，配电变压器 4 台，容量为 1600kVA×2+1250kVA×2；供电范围为 A、B 座办公、照明、底层商业等。E 座地下一层，设 EFG 座分配电室，内设 10kV 配电母线 2 段，0.4kV 配电母线 4 段，配电变压器 4 台，容量为 1600kVA×2+1250kVA×2；供电范围为 E、F、G 座办公、照明、底层商业及室外充电桩等。H 座地下一层，设 H 座分配电室，内设 0.4kV 配电母线 2 段，配电变压器 2 台，容量为 1600kVA×2；供电范围为 H、I 座 4 星级酒店、底层商业等。

（2）电气主接线。供能站建设 2×3349kW 燃气内燃机系统。发电机组的出口电压选为 10.5kV，发电机出口装设发电机出口断路器（GCB）。

供能站 2 台燃气内燃发电机组直接接入园区总配电室 10kV 系统。1 号内燃机发电机组接入 10kV 母线Ⅰ段 4 号母线（203 间隔），2 号内燃机发电机组接入 10kV 母线Ⅱ段 5 号母线（204 间隔）。

（3）启动及备用电源。机组的启动电源通过园区总配电室 0.4kV 母线Ⅰ段、0.4kV 母线Ⅱ段取得。

园区总配电室 0.4kV 母线Ⅰ段、0.4kV 母线Ⅱ段互为备用。

（4）接地方式。园区 10kV 系统中性点为不接地方式；园区 0.4kV 系统中性点为直接接地方式。

（5）主要设备选型。市电进线断路器：EVH1A-12/1250A-25kA；发电机出口断路器（GCB）：EVH1A-12/1250A-25kA。

2. 站用电部分

（1）站用电系统的设计原则。站用电系统采用 0.4kV 一级电压。

380V 系统的短路电流限制在 50kA 内。

低压厂用电 380/220V 采用动力中心（PC）和电动机控制中心（MCC）相结合的供电方式，尽可能地深入负荷中心。依据用电负荷情况及用电设备布置情况就近分散设置低压干式厂用变或设置 MCC 工作段。

容量为 75kW 及以上电动机和厂用电源进线回路的开关选用框架断路器，由低压厂用电 PC 段供电。75kW 以下的电动机及主、各辅助生产设施由 MCC 柜供电。15kW 以下电动机采用塑壳开关+接触器+热继电器保护控制，15～75kW 电动机采用塑壳开关+接触器+智能电动机保护器保护控制，75kW 以上电动机及动力回路采用框架式断路器+综合保护测控装置保护控制。

（2）0.4kV 低压站用电接线。园区总配电室 1、2 号变压器（1600kVA）为供能站及园区二次泵房提供电力。

供能站公用 MCC、内燃机辅助电源柜、余热溴化锂机组电源柜、直燃型溴化锂机组电源柜、螺杆式电制冷机组电源柜均接入园区总配电室 0.4kV 母线Ⅰ段（1 号变压器）、0.4kV 母线Ⅱ段（2 号变压器）。

供能站公用 MCC 为站内软化水设备、通风设备、直流系统、UPS 系统、电制冷泵组、冷塔等提供电源。

（3）接地方式。系统接地在园区总配电室完成，站内仅做保护接地。

（4）站用电主要设备选型。10kV 馈线断路器（VCB）：EVH1A-12/630A-25kA；低压变压器：SCB11-1600，10±2×2.5%/0.4kV，Dyn11，U_k=6%。

3. 继电保护配置

（1）燃气内燃机发电机继电保护配置由生产厂家配套提供，单套配置，保护采用数字式微机型保护。其提供的保护装置具有发电机电流差动、匝间短路、90%定子接地、定子绕组过负荷、复压电压过流、发电机转子一点接地、定子过电压、欠电压、失磁、逆功率、频率异常、热工保护等保护功能。

发电机出口GCB柜配数字式微机型保护，具有三段定时限方向过电流、三段定时限零序过电流、过负荷、低压解列、低周减载等保护功能。

(2) 10kV并网线路继电保护，保护采用数字式微机型保护。供能站2台燃气内燃发电机组直接接入园区总配电室10kV母线段，发电机出口断路器（GCB）即为并网点（园区总配电室203、204开关）。亦即10kV并网线路就是发电机出口至GCB的电缆线路。此线路的电流差动保护由内燃机发电机继电保护配置完成，另在GCB开关柜内设有带方向的过流保护做后备保护。

(3) 园区总配电室的10kV市电进线（201、202）线路，采用数字式微机型保护装置，具有三段定时限方向过电流、三段定时限零序过电流、过负荷、低压解列、低周减载等保护功能。

(4) 低压变压器继电保护，单套配置，保护采用数字式微机型保护。具有速断、过流、零序过流、过负荷、失压带电流闭锁、非电量保护等保护功能。

(5) 园区总配电室的10kV内装设一套故障录波装置。

(6) 园区总配电室的10kV并网侧配置一套安全自动装置，实现10kV母线电压频率异常紧急控制功能。该装置故障解列装置10kV母线市电进线断路器（201或202），实现供能站发电机组孤网运行。

4. 系统远动及自动化部分

(1) 供能站电气与热控共用一套集控DCS系统。完成对全部主辅机设备的控制和监测。燃气内燃机发电机组测控系统，由生产厂家成套提供，以通信方式与集控DCS系统交换信息，接受系统指令及向系统提供监测信息。

(2) 园区总配电室配置2套计量及电能采集设备，包括10kV计量专用柜、电能量远程采集终端设备等。

关口计量点按1+1原则安装多功能电能量计量表，具有正、反双向有功、无功计量、事件记录功能，同时具备电压、电流量等信息采集功能。

专用计量电压、电流互感器精度0.5、0.2S级，连同计量关口表、电能量远程采集终端设备等均安装在10kV计量专用柜内。

每台发电机对应并网点按1+0原则配置0.2S级多功能高精度电能计量表。安装于GCB开关柜内。

(3) 园区总配电室内配置远动装置1套，实时采集供能站及总配电室运行信息，包括站并网点开关状态、并网点电流电压、发电机发电量和总配电室接入点开关、主进开关、分段开关状态等；远动信息通过远动装置、通信设备及光缆，实现单路专网远动通道方式接入国网变电站调度数据网上传至当地电网区调。

(4) 园区总配电室内敷设1根24芯非金属管道阻燃光缆，沿电力隧道敷设，至110kV六圈变电站。光缆通信电路，将供能站的自动化信息、计量信息、调度电话信息上送丰台区调。

(5) 总配电室内通信设备配置有2台工业以太网交换机、2台纵向加密认证装置、8端口IAD设备1套、综合配线单元（光、音、网）1套、2部调度电话、通信设备组1面柜。

(6) 国网110kV变电站新增通信设备配置有2台工业以太网交换机、24芯光纤配线单元1套。

5. 热工自动化水平及控制方式

(1) 供能站采用全站集中控制方式，采用计算机监控系统作为机组主要的监视及控制核心，并与其他控制设备一起，构成一套完整的综合自动化控制系统，实现对机组的检测、控制、报警、保护等功能，完成系统启动、停止、正常运行和事故处理。在 DCS 操作台上配置机组硬接线的紧急停止按钮及重要辅机的操作按钮，以保证机组在紧急情况下安全停机。

（2）供能站配置 1 套 DCS 系统，在集控室内以操作员站的彩色液晶显示器（LCD）及其鼠标和键盘为控制中心，其控制范围涵盖了包括内燃机发电机组、烟气热水型溴化锂机、直燃溴化锂机、螺杆式电制冷机冷水机组、集成化换热机、软化水系统、其他辅助系统及站用电系统。可完成包括机组间的冷、热、电负荷分配、计量等机组正常运行的全部监视、控制、保护、调整等以及异常与事故工况下的报警与处理。

（3）在控制室操作员站控制台上，设有独立于 DCS 系统的后备操作按钮，完成启、停机等的紧急操作，确保机组在紧急情况下安全快速停机。

（4）供能站 DCS 系统预留有与园区楼宇中央监控室的通信接口，接口位置在供能站通信接口处，并采取物理隔离措施。园区楼宇中央监控室只能对能源站运行参数等进行监视，不具备控制功能。

（5）智能系统的运行原则：根据冷、热、电等负荷参数的变化，优先使用燃气三联供方式的供应能力来满足需求。智能优化顺序控制可无人操作全自动化的实现整套机组的正常启停、运行工况的监视和调整及设备在异常工况下的紧急处理。并少量就地人员巡回检查及配合下，实现机组的启停操作和事故状态下的有关处理。

6. 主要设备控制方式

（1）燃气内燃机发电机组配套提供控制柜，用来完成燃气轮机本体的控制，全厂 DCS 系统采用通信方式与内燃机控制系统进行数据传输，对于重要的控制信号，采用硬接线的方式进行数据传输。

燃气轮机自带的监控系统具备如下功能：

在自动控制的情况下，保证机组能够在设定的工况下连续稳定运行。

保证机组能够在预设的恒定负荷方式下运行，又能在自动频率控制方式下运行。

机组应能够快速启动并加速到额定速度。

机组应能够自动同步及自动增减负荷。

（2）烟气热水型溴化锂机、直燃型溴化锂机、螺杆式电制冷机冷水机组均由各设备厂商自带的 PLC 控制，并与供能站的 DCS 之间有重要的硬接线信号连接，接受供能站的 DCS 给出的负荷指令完成自动控制，同时通过冗余的通信接口进行更多的数据通信。运行人员能在集控室内对每台相关设备进行监视和控制。

（3）集成化换热机、软化水等系统均由各设备厂商自带的 PLC 控制，并于供能站的 DCS 设计冗余的通信接口连接，必要的信号采用硬接线的方式冗余设计，确保运行人员能在集控室内对每台相关设备进行监视和控制。

（4）供能站设立厂级实时监控系统（SIS），以提高整个供能站的自动化控制与管理水平；优化供能站相关设备的运行。

（5）设置全站的闭路电视监视系统（CCTV），对生产过程关键场所、供能站安全监视点、保安区域等监视区域点进行实时摄像，并连成网络，CCTV 的监视器布置在集控室。

7. 电控专业的参考图纸

供电系统图如图 9.4-12 所示，电力送出系统主接线图如图 9.4-13 所示，通信设备配置示意图如图 9.4-14 所示，调度自动化系统图如图 9.4-15 所示。

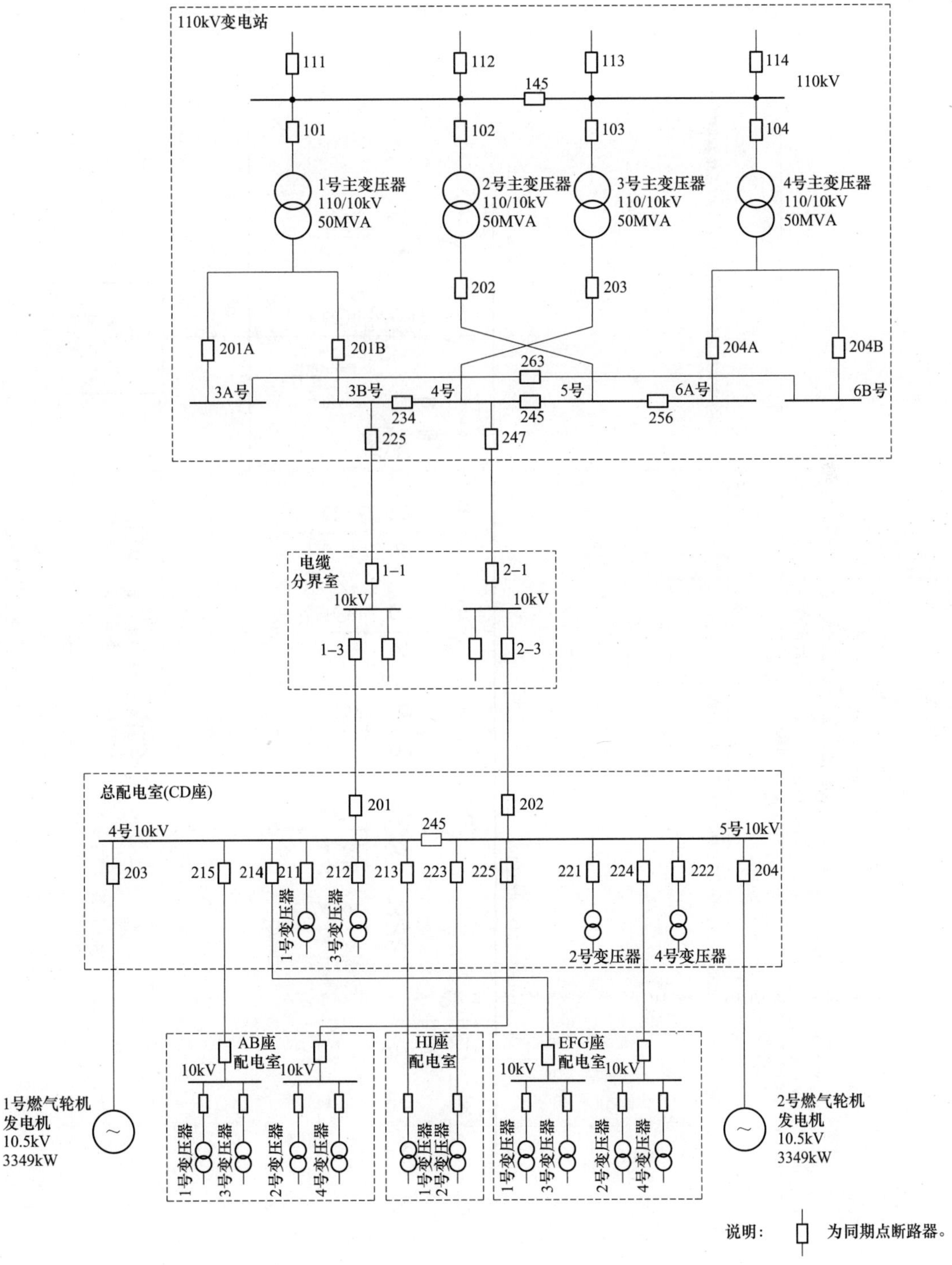
110kV变电站
111
112
113
114
145
110kV
101
102
103
104
1号主变压器
110/10kV
50MVA
2号主变压器
110/10kV
50MVA
3号主变压器
110/10kV
50MVA
4号主变压器
110/10kV
50MVA
202
203
201A
201B
204A
204B
263
3A号
3B号
4号
5号
6A号
6B号
234
245
256
225
247
电缆
分界室
1–1
2–1
10kV
10kV
1–3
2–3
总配电室(CD座)
201
202
245
4号10kV
5号10kV
203
215
214
211
212
213
223
225
221
224
222
204
1号变压器
3号变压器
2号变压器
4号变压器
AB座
配电室
10kV
10kV
HI座
配电室
EFG座
配电室
10kV
10kV
1号燃气轮机
发电机
10.5kV
3349kW
2号燃气轮机
发电机
10.5kV
3349kW
1号变压器
3号变压器
2号变压器
4号变压器
1号变压器
2号变压器
1号变压器
3号变压器
2号变压器
4号变压器
说明：
为同期点断路器。

图 9.4-12　供电系统图

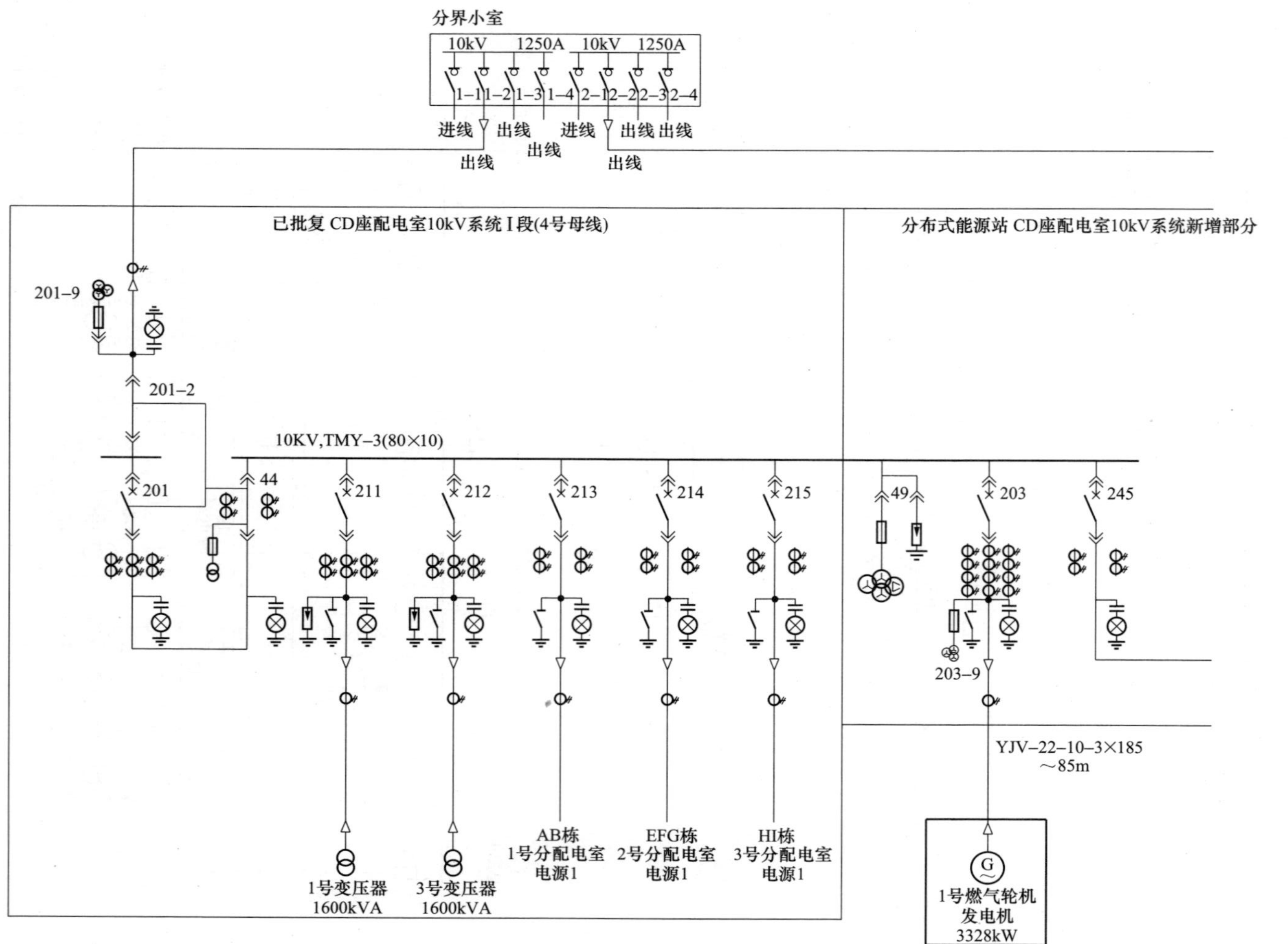

图 9.4-13 电力送出系统主接线图（一）

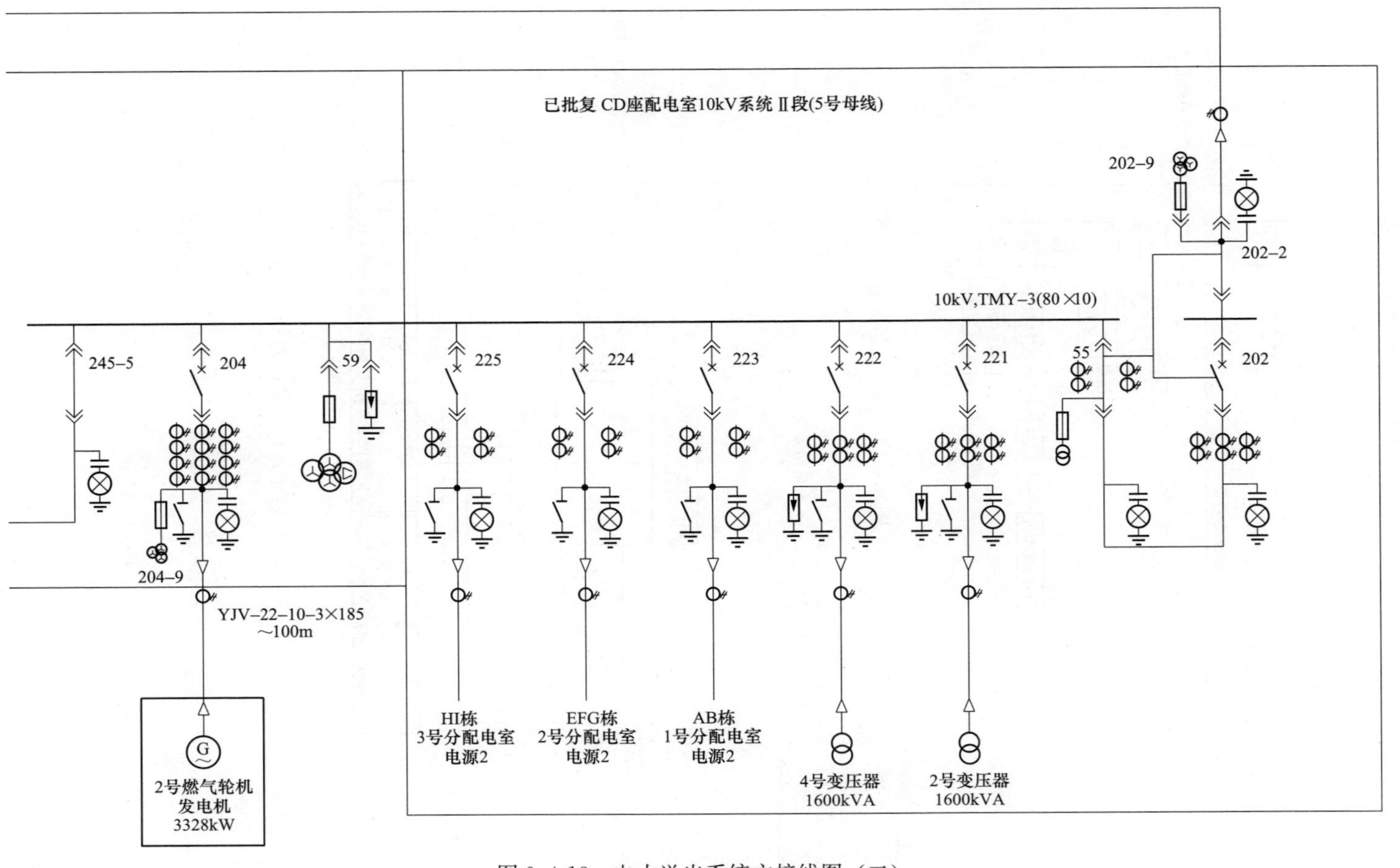

图 9.4-13　电力送出系统主接线图（二）

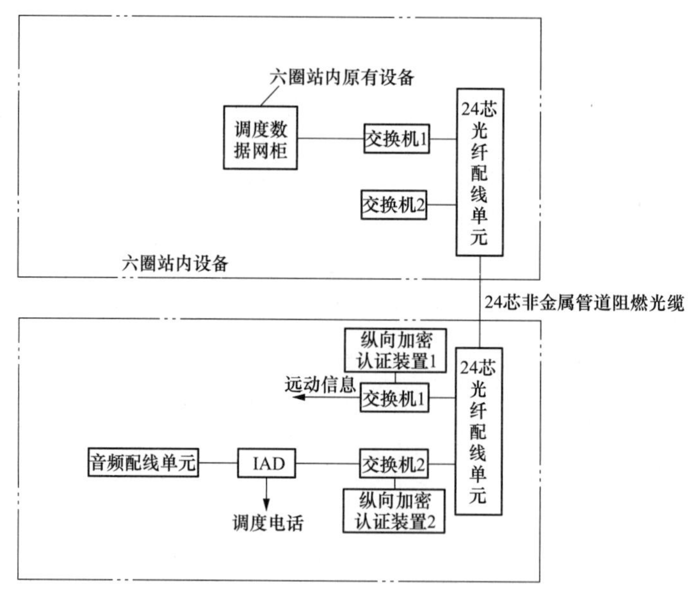

图 9.4-14 通信设备配置示意图

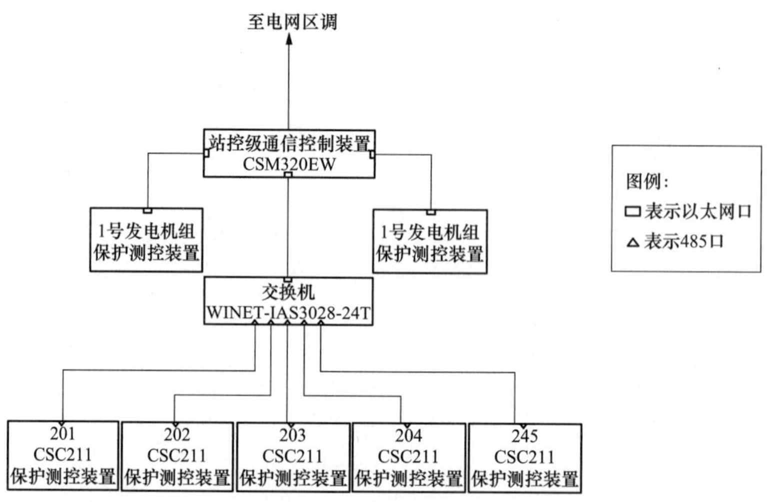

图 9.4-15 调度自动化系统图

第十章

技术经济及风险分析

技术经济指投资估算、概算及财务评价，是设计文件的一部分，分布式供能站项目设计按设计阶段不同需要分别编制初步可行性研究匡算、可行性研究估算、初步设计概算及施工图预算等，在初步可行性研究、可行性研究和初步设计阶段，均需进行财务评价计算。本章介绍可行性研究阶段投资估算、初步设计阶段概算、财务评价编制方法及风险分析。

第一节 投 资 估 算

工程项目投资估算，是在投资决策阶段，以方案设计或可行性研究文件为基础，按照规定的程序、编制方法和现行的计价依据，对拟建项目所需项目总投资及其构成进行的预测和估计，是在研究并确定项目的建设规模、厂址方案、技术方案、工程建设方案以及项目进度计划等的基础上，估算项目从筹建、施工直至建成投产所需全部建设资金总额，并测算建设期各年资金使用计划的过程。

一、投资估算编制流程

投资估算编制流程包括准备阶段、编制阶段、收尾阶段三个阶段，不同阶段编制流程及主要工作如图 10.1-1 所示。

（一）准备阶段

1. 项目启动

初步了解工程的投资背景、项目规模、主机方案等，明确项目可行性研究的时间进度安排。

2. 制定投资估算编制计划大纲

可行性研究工作启动后，应根据可行性研究设计总体大纲及投资估算编制的相关规定，制定投资估算编制计划大纲。明确统一的编制依据和原则等事项，对投资估算的编制进行策划和指导，一般包括如下主要内容。

（1）工程名称：与可行性研究设计大纲的工程名称保持一致。

（2）编制依据：项目设计任务书以及可行性研究设计等文件。

（3）编制范围：根据设计范围确定估算编制的范围，明确业主另行委托项目的接口界限。

（4）主要编制原则：确定投资估算编制基准期，工程量的确定原则，估算指标或概算定额的选取，人工、材料、机械预算价格及价差的确定原则，取费标准和其他费用的确定原

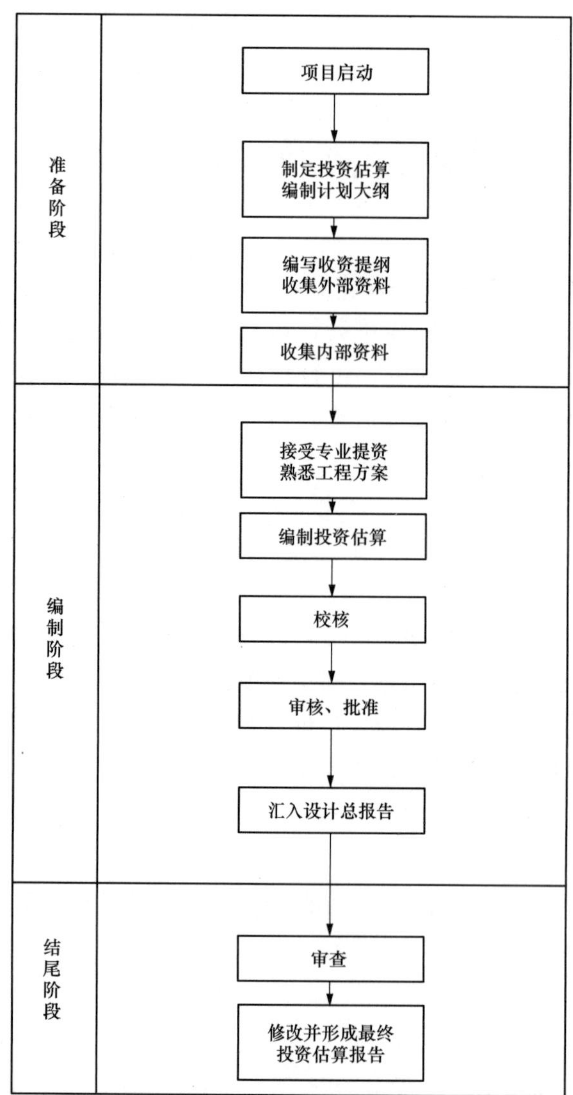

图 10.1-1 投资估算编制流程

则，造价分析比较的方法及比较工程名称等。

（5）评审、验证和确认：根据质量三标管理体系要求，明确投资估算的评审、验证和确认程序。

（6）计划进度：明确投资估算编制、校核的进度计划。

（7）人力资源：明确编制、校核、审核的人员。

3. 收集外部、内部资料

（1）收集外部资料。制定投资估算编制计划大纲后，根据大纲的要求及开展投资估算编制工作的需要，向工程建设单位收集外部资料。

应收集的外部资料清单见表 10.1-1。

表 10.1-1　　应收集的外部资料清单

序号	项　目	单　位	备　注
一	投资估算		
1	征地单价	元/hm^2	包括税费等综合价格
2	租地单价	元/(hm^2·年)	包括税费等综合价格
3	租地复耕费单价	元/hm^2	
4	房屋迁移补偿费用	元/m^2或万元	单价或总价均可
5	余物清理等相关费用	元/m^2或万元	单价或总价均可
6	当地大工业用电价	元/(kWh)	
7	标准状况下天然气价	元/m^3	到厂含税价
8	液氨或尿素单价	元/t	到厂含税价
9	基本养老保险费费率	%	
10	失业保险费费率	%	
11	基本医疗保险费费率	%	
12	生育保险费费率	%	
13	工伤保险费费率	%	
14	住房公积金费率	%	
15	外委设计项目单项工程投资［配套热(冷）网、供热(冷）站、厂外天然气管网、LNG 存储及气化站、噪声治理、水源、送出线路等工程］	万元	静态投资

（2）收集内部资料。编制人员应收集投资估算编制的相关标准、规范、文件及其他工程资料等内部资料。应收集的内部资料：

1）《电力建设工程估算指标》（国能发电力〔2017〕58 号文）；

2）《火力发电工程建设预算编制与计算规定》（国能发电力〔2013〕289 号文）；

3）《电力建设工程概（预）算定额》（国能发电力〔2013〕289 号文）（以下简称《强规》）；

4）《电力建设工程装置性材料综合（预算）价格》（中电联定额〔2013〕470 号文）（以下简称《装材价格》）；

5）《火电工程限额设计参考造价指标（2017 年水平）》（电规科技〔2018〕5 号文）（以下简称《限额设计指标》）；

6）人工、材料、机械价格水平调整文件（定额〔2019〕7 号文）；

7）编制当期工程所在地造价信息；

8）其他资料。

（二）编制阶段

1. 接收专业提资，熟悉工程方案

在投资估算编制阶段，设备及建筑安装工程的工程量均来源于设计专业提供的资料。提供资料的设计专业包括总图、建筑、土建结构、热机、化水、水工、电气、热控、环保、施工组织等。设计专业提供的资料包括以下主要内容：

（1）总图专业。厂区道路及广场、围墙及大门、厂区综合管架、厂区沟道、隧道、室外给排水、厂区挡土墙及护坡、道路、生产区土石方的工程量；厂区征地面积、拆迁项目的工程量等。

（2）建筑专业。热力系统、燃料供应系统、水处理系统、供水系统、电气系统、脱硝系统、附属生产工程等全部建筑工程量，包括楼（地）面、屋面、墙体、墙面、天棚、门窗等；建筑物结构形式及结构尺寸。

（3）土建结构专业。结构形式、地基处理等方案描述；热力系统、燃料供应系统、水处理系统、供水系统、电气系统、脱硝系统、附属生产工程等水工专业以外的结构工程量，包括土石方、基础、钢结构、框架结构、钢筋等；地基处理工程量等。

（4）水工结构专业。冷却塔结构形式描述；凝汽器冷却系统相关建筑结构工程量；综合水泵房、环境保护设施建筑结构工程量；地基处理工程量；厂外水工建（构）筑物征租地面积等。

（5）暖通专业。全厂建筑物采暖、通风、空调、除尘设备工程量，制冷站、热网首站工程量。

（6）照明专业。全厂建（构）筑物及设备照明工程量，包括照明配电箱、检修电源箱、灯具、管线等。

（7）给排水专业。全厂给排水设备及管道。

（8）消防专业。全厂消防设备及管道。

（9）热机专业。热力系统主要技术方案描述；燃气轮机（内燃机）、汽轮机、发电机、余热利用设备及热网系统设备、汽水管道、砌筑及保温的工程量及相关参数；燃气系统设备管道的工程量及相关参数；脱硝系统设备管道的工程量及相关参数；启动锅炉房、金属试验室、车间检修间设备管道的工程量及相关参数等。

（10）化水专业。化学水处理系统主要技术方案描述；化学水处理系统设备管道工程量及相关参数；制氢站、化学实验室、环境保护与监测装置设备管道工程量及相关参数等。

（11）供水专业。供水系统主要技术方案描述；水力清扫系统设备管道的工程量及相关参数；凝汽器冷却系统设备管道、防腐、保温油漆的工程量及相关参数；储灰场、水质净化及补给水系统设备管道的工程量及相关参数；水工模型试验项目等。

（12）电气一次专业。电气系统主要技术方案描述；发电机电气与引出线、主变压器系统、配电装置、厂用电系统、电力电缆及辅助设施、全厂接地、电气试验室设备的工程量及相关参数等。

（13）电气二次专业。主控及直流系统、不停电电源装置、控制电缆的工程量及相关参数等。

（14）继电保护专业。线路保护、母线保护、故障录波、安全稳定控制的工程量及相关参数等。

（15）远动专业。远动装置、电能量计量、PMU、AVC、调度配合的工程量及相关参数等。

（16）通信专业。行政与调度通信系统、厂内通信线路及系统通信设备、管线的工程量及相关参数等。

（17）自动化专业。热工控制系统主要技术方案描述；系统控制、机组控制及仪表、辅助车间控制及仪表、热控电缆及其他材料、热工试验室设备的工程量及相关参数等。

（18）计算机专业。MIS系统、门禁系统、电子围栏、仿真系统的工程量及相关参数等。

（19）环保专业。烟气连续监测、水土保持验收及补偿、环境监测站仪器设备、劳动安全教育室设备、噪声治理的工程量及相关参数等。

（20）施工组织专业。施工区土石方工程、施工电源、施工水源、施工道路、施工降水的工程量等。另外还需提出施工租地面积、大件设备运输特殊措施、工程施工进度安排等。

技术经济专业收到各设计专业的提资后，应仔细研究，了解并熟悉该工程的设计方案和系统特征。

2. 编制投资估算

准备阶段工作完成并接收到设计专业资料后，开展投资估算的编制工作，具体编制方法见本节第五部分内容。

3. 校核

投资估算编制完成后，应开展校核工作。校核工作的主要内容包括：复核工程量输入是否正确，指标和定额套用是否准确，设备材料价格是否合理，检验投资估算的计算是否有错误或遗漏等。

4. 审核

校核完成后，专业主管（主任工程师）、设计总工程师（项目经理）、总工程师对投资估算进行审核。

5. 汇入设计总报告

校核和审核后，投资估算达到成品标准，汇入设计总报告，提交建设单位和相关机构审查。

（三）收尾阶段

提交建设单位和相关机构的投资估算，须经过严格、充分的审查，复核无误后才能批准、下达。

(1) 审查。投资估算审查，一般由建设单位牵头，主管部门或第三方咨询机构进行主审。

(2) 修改并形成最终可行性研究投资估算。编制单位应根据审查报告提出的意见和建议，对投资估算进行修改。经修改后的投资估算提交审查部门复核，复核无误经批准，形成最终的投资估算。

二、投资估算费用构成及计算标准

燃气分布式供能项目投资估算的费用构成按电力工程项目建设过程中各类费用支出或消费的性质、途径来确定，是通过费用划分和汇集所形成的工程造价。在燃气分布式供能项目工程造价的基本结构中，包括用于购买工程项目所含各种设备的费用，为了建筑物建设和对设备安装施工所需的费用，用于委托工程勘察设计所需的费用，为了获得土地使用权所支付的费用，还包括用于建设单位自身进行项目筹建和项目管理所花的费用等。

燃气分布式供能项目的投资估算费用按照《火力发电工程建设预算编制与计算规定》(2013 年版)（以下简称《预规》）的规定构成。费用项目内容可根据工程造价管理实际情况做适当部分修改调整，但修改调整的内容必须依据规定进行。

项目计划总资金由项目建设总费用（动态投资）和铺底流动资金构成。项目建设总费用由建筑工程费、安装工程费、设备购置费、其他费用、基本预备费和动态费用构成。其中建筑工程费、安装工程费、设备购置费、其他费用、基本预备费构成静态投资。

燃气分布式供能建设项目计划总资金构成如图 10.1-2 所示。

1. 建筑安装工程费用

建筑安装工程费包括建筑工程费和安装工程费。

建筑工程费是指对构成建设项目的各类建（构）筑物等设施工程进行施工，使之达到设计要求及功能所需要的费用。

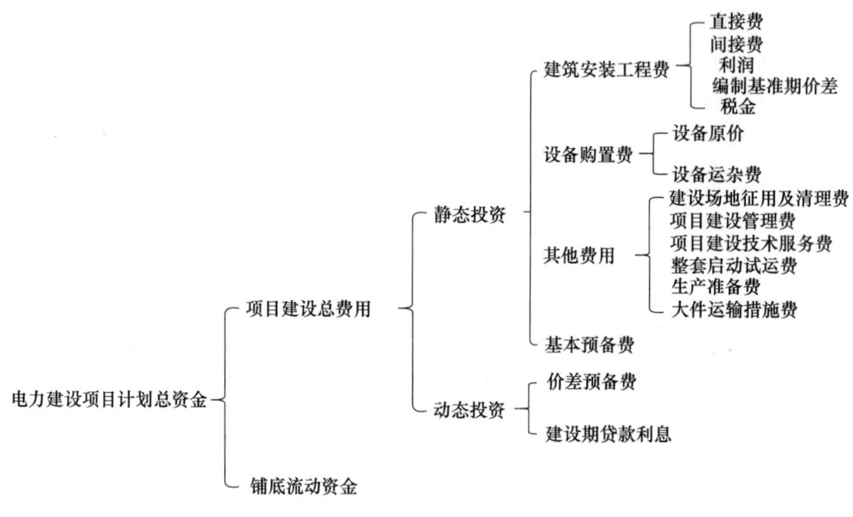

图 10.1-2 项目计划总资金构成图

安装工程费是指对建设项目中构成生产工艺系统的各类设备、管道、电缆及其辅助装置进行组合、装配和调试，使之达到设计要求的功能指标所需要的费用。

建筑安装工程费由直接费、间接费、利润、编制基准期价差和税金组成。

建筑安装工程费用构成见表 10.1-2。

表 10.1-2　　建筑安装工程费用构成表

<table>
<tr><th>费用构成</th><th>费用构成名称</th><th colspan="3">类　型</th></tr>
<tr><td rowspan="21">建筑安装工程费</td><td rowspan="13">（1）直接费</td><td rowspan="4">1）直接工程费</td><td colspan="2">a. 人工费</td></tr>
<tr><td rowspan="2">b. 材料费</td><td>消耗性材料</td></tr>
<tr><td>装置性材料</td></tr>
<tr><td colspan="2">c. 施工机械使用费</td></tr>
<tr><td rowspan="9">2）措施费</td><td colspan="2">a. 冬雨季施工增加费</td></tr>
<tr><td colspan="2">b. 夜间施工增加费</td></tr>
<tr><td colspan="2">c. 施工工具用具使用费</td></tr>
<tr><td colspan="2">d. 特殊工程技术培训费</td></tr>
<tr><td colspan="2">e. 大型施工机械与轨道铺拆费</td></tr>
<tr><td colspan="2">f. 特殊地区施工增加费</td></tr>
<tr><td colspan="2">g. 临时设施费</td></tr>
<tr><td colspan="2">h. 施工机构迁移费</td></tr>
<tr><td colspan="2">i. 安全文明施工费</td></tr>
<tr><td rowspan="5">（2）间接费</td><td rowspan="3">1）规费</td><td colspan="2">a. 社会保险费</td></tr>
<tr><td colspan="2">b. 住房公积金</td></tr>
<tr><td colspan="2">c. 危险作业意外伤害保险费</td></tr>
<tr><td colspan="3">2）企业管理费</td></tr>
<tr><td colspan="3">3）施工企业配合调试费</td></tr>
<tr><td>（3）利润</td><td colspan="3"></td></tr>
<tr><td>（4）编制基准期价差</td><td colspan="3"></td></tr>
<tr><td>（5）税金</td><td colspan="3"></td></tr>
</table>

建筑安装工程费＝直接费＋间接费＋利润＋编制基准期价差＋税金

以下建筑、安装工程的各项费用的解释和计算执行目前《预规》规定，各项费率请查阅《预规》相关内容及数据。并应根据电力工程造价与定额管理总站文件〔2016〕45号“关于发布电力工程计价依据营业税改增值税估价表的通知”，按照文件要求对各项费率进行调整。

（1）直接费。直接费是指施工过程中直接耗用于建筑、安装工程产品的各项费用的总和。包括直接工程费和措施费。

直接费＝直接工程费＋措施费

1）直接工程费。直接工程费是指按照正常的施工条件，在施工过程中耗费的构成工程实体的各项费用。包括人工费、材料费和施工机械使用费。其中人工费、材料费中的消耗性材料费和施工机械使用费包括在定额基价中，材料费中的装置性材料费单独计列。

直接工程费＝人工费＋材料费＋施工机械使用费

a. 人工费。人工费是指支付给直接从事建筑安装工程施工作业的生产人员的各项费用。内容包括：基本工资、工资性补贴、辅助工资、职工福利费、生产人员劳动保护费。

b. 材料费。材料费是指施工过程中耗费的主要材料、辅助材料、构配件、半成品、零星材料，以及施工过程中一次性消耗材料及摊销材料的费用。材料分为装置性材料和消耗性材料两大类，其价格均为预算价格。

装置性材料是指建设工程中构成工艺系统实体的工艺性材料，也称主要材料。装置性材料在概算或预算定额中未计价，也称未计价材料。

装置性材料预算价格按照电力行业定额（造价）管理部门公布的装置性材料预算价格或综合预算价格计算。各地区、各年度装置性材料的调整按市场价格原则确定。

消耗性材料是指施工建设过程中所消耗的，在建设成品中不体现其原有形态的材料，以及因施工工艺及措施要求需要进行摊销的施工工艺材料，也称辅助材料。消耗性材料在建设预算定额中已计价，也称计价材料。

消耗性材料的计算方法执行电力行业定额中的规定。各地区、各年度消耗性材料的调整按照电力行业定额（造价）管理部门的规定执行。

c. 施工机械使用费。施工机械使用费是指施工机械作业所发生的机械使用费以及机械的现场安拆和场外移动包括折旧费、大修理费、经常修理费、安装及拆卸费、场外运费、操作人员人工费、燃料动力费、车船及运检税费等。

施工机械使用费＝∑(施工机械台班消耗量×台班费用单价)

施工机械使用费的计算方法执行电力行业定额中的规定。各地区、各年度消耗性材料的调整按照电力行业定额（造价）管理部门的规定执行。

2）措施费。措施费是指为完成工程项目施工而进行施工准备、克服自然条件的不利影响和辅助施工所发生的不构成工程实体的各项费用。包括冬雨季施工增加费、夜间施工增加费、施工工具用具试运费、特殊工程技术培训费、大型施工机械安拆与轨道铺拆费、特殊地区施工增加费、临时设施费、施工机构迁移费、安全文明施工费。其中特殊工程技术培训费和大型机械安拆与轨道铺拆费是火力发电项目特有的内容。

a. 冬雨季施工增加费。冬雨季施工增加费是指按照合理工期要求，建筑、安装工程必须在冬季、雨季期间连续施工而需要增加的费用，其内容包括：在冬季施工期间，为确保工程质量而采取的养护、采暖措施所发生的费用；雨季施工期间，采取防雨、防潮措施所增加的费用；以及因冬季、雨季施工增加施工工序、降低工效而发生的补偿费用。

建筑工程冬雨季施工增加费＝直接工程费×费率

安装工程冬雨季施工增加费＝人工费×费率

b. 夜间施工增加费。夜间施工增加费是指按照规程要求，工程必须在夜间连续施工的单项工程所发生的夜班补助、夜间施工降效、夜间施工照明设备摊销及照明用电等费用。

建筑工程夜间施工增加费＝直接工程费×费率

安装工程夜间施工增加费＝人工费×费率

c. 施工工具用具使用费。施工工具用具使用费是指施工企业生产、检验、试验部门使用的不属于固定资产的工具用具的购置、摊销和维护费用。

建筑工程施工工具用具使用费＝直接工程费×费率

安装工程施工工具用具使用费＝人工费×费率

d. 特殊工程技术培训费。特殊工程技术培训费是指发电安装工程中为进行高温、高压容器及管道焊接，需要对焊工进行技术培训和年度考核所发生的费用。

特殊工程技术培训费＝热力系统人工费×费率

特殊工程技术培训费只在安装工程热力系统各单位工程计列。分系统调试、整套启动调试、特殊调试工程不计取本项费用。

e. 大型施工机械安拆与轨道铺拆费。大型施工机械安拆与轨道铺拆费是指发电工程大型施工机械在施工现场进行安装、拆卸以及轨道铺设、拆除发生的人工、材料、机械费等。

建筑工程大型施工机械安拆与轨道铺拆费＝直接工程费×费率

安装工程大型施工机械安拆与轨道铺拆费＝人工费×费率

大型施工机械安拆与轨道铺拆费只在建筑和安装工程的热力系统各单位工程中计列。分系统调试、整套启动调试、特殊调试工程不计取本项费用。

f. 特殊地区施工增加费。特殊地区施工增加费是指在高海拔、酷热、严寒等地区施工，因特殊自然条件影响而需额外增加的施工费用。

建筑工程特殊地区施工增加费＝直接工程费×费率

安装工程特殊地区施工增加费＝人工费×费率

g. 临时设施费。临时设施费是指施工企业为满足现场正常生产、生活需要，在现场必须搭设的生活、生产用临时建（构）筑物和其他临时设施所发生的费用，其内容包括：临时设施的搭设、维修、拆除、折旧及摊销费，或临时设施的租赁费等。

建筑（安装）工程临时设施费＝直接工程费×费率

h. 施工机构迁移费。施工机构迁移费是指施工企业派遣施工队伍到所承建工程现场所发生的搬迁费用，其内容包括：职工调遣差旅费和调遣期间的工资，以及办公设备、工具、家具、材料、用品以及施工机械等的搬运费等。

建筑工程施工机构转移费＝取费基数×费率

安装工程施工机构转移费＝人工费×费率

i. 安全文明施工费。安全文明施工费包含安全生产费、文明施工费和环境保护费。

建筑（安装）工程安全文明施工费＝直接工程费×费率

（2）间接费。间接费是指建筑安装产品的生产过程中，为全工程项目服务而不直接消耗在特定产品对象上的费用，由规费、企业管理费和施工企业配合调试费组成。

1）规费是指按照国家行政主管部门或省级政府和省级有关权利部门规定必须缴纳并计入建筑安装工程造价的费用。规费包括社会保险费、住房公积金和危险作业意外伤害保险费。

a. 社会保险费包括养老保险费、失业保险费、医疗保险费、生育保险费和工伤保险费。

建筑工程社会保险费＝直接工程费×0.18×缴费费率

安装工程社会保险费＝人工费×1.6×缴费费率

注：缴费费率是指工程所在省、自治区、直辖市社会保障机构颁布的以工资总额为基数计取的基本养老保险、失业保险、医疗保险、生育保险和工伤保险费费率之和。

b. 住房公积金是指企业按照规定标准为职工缴纳的住房公积金。

建筑工程住房公积金＝直接工程费×0.18×缴费费率

安装工程住房公积金＝人工费×1.6×缴费费率

注：缴费费率按照工程所在地政府部门公布的费率执行。

c. 危险作业意外伤害保险费是指企业按照建筑法规定，施工企业为从事危险作业的建筑安装施工人员缴纳的意外伤害保险费。

建筑工程危险作业意外伤害保险费＝直接工程费×费率

安装工程危险作业意外伤害保险费＝人工费×费率

2）企业管理费是指建筑安装施工企业为组织施工生产和经营管理所发生的费用，其费用内容包括：管理人员工资、办公经费、差旅交通费、固定资产使用费、工具用具使用费、劳动补贴费、工会经费、职工教育经费、财产保险费、财务费、税金和其他。

按照电力工程造价与定额管理总站文件〔2016〕45号关于发布电力工程计价依据营业税改增值税估价表的通知，企业管理费除以上内容外，增加城市维护建设税、教育费附加、地方教育费附加，以及营改增后增加的管理费。

建筑工程企业管理费＝直接工程费×费率

安装工程企业管理费＝人工费×费率

3）施工企业配合调试费是指在工程整套启动试运阶段，施工企业安装专业配合调试所发生的费用。

施工企业配合调试费＝安装工程直接费×费率

（3）利润是指施工企业完成所承包工程获得的盈利。

利润＝（直接费＋间接费）×利润率

（4）编制基准期价差。编制基准期价差根据电力行业定额（造价）管理部门规定计算。

其中人工费及定额水平调整执行电力工程造价与定额管理总站关于定额水平调整的文件。

安装材料按照《火电工程限额设计参考造价指标（编制期水平）》中材料价格计列安装材料价差。

建筑材料按项目所在地最新材料造价信息价格计列建筑材料价差。

（5）税金。税金是指按照国家税法规定应计入建筑、安装工程造价内的增值税销项税额。

税金＝税前造价（不含进项税）×增值税税率

税前造价（不含进项税）＝（直接费＋间接费＋利润＋编制基准期价差）

综合费率取费：钢结构主厂房（包括柱、梁、支撑）的取费（含措施费、间接费、利润）实行综合费率。大于1万m^3的独立土石方工程按照灰坝工程的取费标准执行。

综合取费费用额＝直接工程费×费率

2. 设备购置费

设备购置费是指为项目建设而购置或自制的各种设备，并将设备运至施工现场指定位置所支出的费用。包括设备费和设备运杂费。

设备费是指按照设备供货价格购买设备所支出的费用（包括设备的包装费），自制设备按照以供货价格购买此设备计算。

设备运杂费是指设备自供货地点（生产厂家、交货货栈或供货商的储货仓库）运至施工现场指定位置所发生的费用。包括设备的上站费、下站费、运输费、运输保险费以及仓储保管费。

设备运杂费＝设备费×设备运杂费率

设备运杂费率＝铁路、水路设备运杂费＋公路运杂费率

（1）铁路、水路运杂费率。主设备（锅炉、汽轮机、发电机、主变压器）铁路、水路运杂费率：运距100km以内费率为1.5%；运距超过100km时，每增加50km，费率增加0.08%；运距不足50km时按50km计取。

其他设备铁路、水路运杂费率见《预规》相关内容。

（2）公路运杂费率。运距在50km以内费率为1.06%；运距超过50km时，每增加50km，费率增加0.35%；运距不足50km时按50km计取。

若铁路专用线、专用码头可直接将设备运达现场，主设备不计公路运杂费，其他设备的公路段运杂费率按0.5%计算。

（3）其他说明。供货商直接供货到现场的，只计取卸车费及保管费，主设备按设备费的0.5%计算，其他设备按设备费的0.7%计算。

3. 其他费用

其他费用是指为完成工程项目建设所必需的，但不属于建筑工程费、安装工程费、设备购置费的其他相关费用。包括：建设场地征用及清理费，项目建设管理费，项目建设技术服务费，整套启动试运费，生产准备费，大件运输措施费。其他费用主要内容见表10.1-3。

表10.1-3　　其他费用表

费用构成	项目名称	用途		
		建设用地	工程建设	未来生产经营
（1）建设场地征用及清理费	1）土地费	☆		
	2）施工场地租用费	☆		
	3）迁移补偿费	☆		
	4）余物清理费	☆		
（2）项目建设管理费	1）项目法人管理费		☆	
	2）招标费		☆	
	3）工程监理费		☆	
	4）设备（材料）监造费		☆	
	5）工程结算审核费		☆	
	6）工程保险费		☆	

续表

费用构成	项目名称	用途		
		建设用地	工程建设	未来生产经营
(3) 项目建设技术服务费	1) 项目前期工作费		☆	
	2) 知识产权转让与研究试验费		☆	
	3) 设备成套服务费		☆	
	4) 勘察设计费		☆	
	5) 设计文件评审费		☆	
	6) 项目后评价费		☆	
	7) 工程建设检测费		☆	
	8) 电力工程技术标准编制管理费		☆	
(4) 整套启动试运费	1) 燃气-蒸汽联合循环电厂		☆	
	2) 脱硝工程		☆	
(5) 生产准备费	1) 管理车辆购置费			☆
	2) 工器具及办公家具购置费			☆
	3) 生产职工培训及提前进场费			☆
(6) 大件运输措施费			☆	

(1) 建设场地征用及清理费。建设场地征用及清理费是指建设项目为获得工程建设所必需的场地，并使之达到施工所需的正常条件和环境而发生的有关费用。

建设场地征用及清理费＝土地征用费＋施工场地租用费＋迁移补偿费＋余物清理费

1) 土地征用费。土地征用费是指为按照《中华人民共和国土地法》的规定，建设项目法人单位为取得工程建设用地使用权而支付的费用。包括土地补偿费、安置补助费、耕地开垦费、勘测定界费、征地管理费、证书费、手续费以及各种基金和税金等。

土地征用费根据有关法律、法规、国家行政主管部门以及省（自治区、直辖市）人民政府规定计算。

2) 施工场地租用费。施工场地租用费是指为保证工程建设期间的正常施工，需临时租用场地所发生的费用，包括场地的租金、清理和复垦费等。

施工场地租用费根据有关法律、法规、国家行政主管部门和工程所在地人民政府规定计算。

3) 迁移补偿费。迁移补偿费是指为满足工程建设需要，对所征用土地范围内的机关、企业、住户及有关建筑物、构筑物、电力线、通信线、铁路、公路、沟渠、管道、坟墓、林木等进行迁移所发生的补偿费用。

迁移补偿费按照工程所在地人民政府规定计算。

4) 余物清理费。余物清理费是指为满足工程建设需要，对所征用土地范围内原有的建（构）筑物等有碍工程建设的设施进行拆除、清理所发生的各种费用。

余物清理费＝拆除工程直接工程费×费率。

(2) 项目建设管理费。项目建设管理费是指建设项目经行政主管部门核准后，自项目法人筹建至竣工验收合格并移交生产的合理建设期内对工程进行组织、管理、协调、监督等工作所发生的费用。

项目法人管理费＝招标费＋工程监理费＋设备材料监造费＋工程保险费。

1）项目法人管理费。项目法人管理费是指项目法人在项目管理工作中发生的机构开办费及经常性费用，费用内容包括项目管理机构开办费、项目管理工作经费。

项目法人管理费＝（建筑工程费＋安装工程费）×费率。

2）招标费。招标费是指按招标法及有关规定开展招标工作，自行组织或委托具有资格的机构编制审查技术规范书、最高投标限价，标底、工程量清单等招标文件的前置文件以及委托招标代理机构进行招标所需要的费用。

招标费＝（建筑工程费＋安装工程费＋设备购置费）×费率。

3）监理费。工程监理费是指依据国家有关规定和规程规范要求，项目法人委托工程监理机构对建设项目全过程实施监理所支付的费用。

监理费＝（建筑工程费＋安装工程费）×费率。

4）设备材料监造费。设备材料监造费是为保证工程建设设备材料的质量，按照国家行政主管部门颁布的设备材料监造（监制）的质量管理办法的要求，项目法人或委托具有相关资质的机构在主要设备材料的制造、生产期间对原材料质量以及生产、检验环节进行必要的见证、监督所发生的费用。

设备材料监造费＝（设备购置费＋装置性材料费）×费率。

本项费用的计算基数是指全厂的设备购置费＋装置性材料费。

5）工程结算审核费。工程结算审核费是根据工程合同和电力行业工程结算规定，为保证工程价款的及时拨付，项目法人单位组织工程造价专业人员或委托具有相关资质的工程造价咨询机构，依据工程建设资料，进行工程量计算、核定，编制工程结算文件，并组织各方对工程结算文件进行审核、确认所发生的费用。

工程结算审核费＝（建筑工程费＋安装工程费）×费率。

6）工程保险费。工程保险费是指项目法人对项目建设过程中可能造成工程财产、安全等的直接或间接损失进行保险所支付的费用。

工程保险费根据工程实际情况，按照保险范围和保险费率计算。

（3）项目建设技术服务费。项目建设技术服务费是指为工程建设提供技术服务和技术支持所发生的费用。包括项目前期工作费、知识产权转让与研究试验费、设备成套技术服务费、勘察设计费、设计文件评审费、项目后评价费、工程建设监督检测费及电力工程技术经济标准编制管理费。

1）项目前期工作费。项目前期工作费＝（建筑工程费＋安装工程费）×费率。

2）知识产权转让与研究试验费。根据项目法人提出的项目和费用计列。

3）设备成套技术服务费。设备成套技术服务费按设备购置费的0.3％计列。

4）勘察设计费。勘察设计费＝勘察费＋设计费。勘察费及设计费依据国家行政主管部门颁发的工程勘察设计收费标准计算，并考虑市场竞争因素确定。

5）设计文件评审费。设计文件评审费＝可行性研究设计文件评审费＋初步设计文件评审费＋施工图文件审查费。可行性研究设计文件评审费和初步设计文件评审费按《预规》的费用规定计列。初步可行性研究评审取费按照可行性研究取费标准的60％计算。施工图文件审查费＝（建筑工程费＋安装工程费）×1.5％。

6）项目后评价费。项目后评价费应根据项目法人提出的要求确定是否计列。项目后评价费＝（建筑工程费＋安装工程费）×费率。费率标准：300MW 级及以下机组费率为 0.15％；600MW 级及以上机组费率为 0.11％。

7）工程建设监督检测费。工程建设监督检测费＝电力工程质量检测费＋特种设备安全检测费＋环境监测验收费＋水土保持项目验收及补偿费＋桩基检测费。

a. 电力工程质量检测费＝（建筑工程费＋安装工程费）×费率。

b. 特种设备安全检测费＝机组额定发电容量×费用规定。

c. 环境监测验收费：根据工程所在省、自治区、直辖市行政主管部门规定的标准计算。

d. 水土保持项目验收及补偿费：根据工程所在省、自治区、直辖市行政主管部门规定的标准计算。

e. 桩基检测费：由项目法人根据工程实际情况审核确定。

8）电力工程技术经济标准编制管理费。电力工程技术经济标准编制管理费是指根据国家行政主管部门授权编制、管理电力工程计价依据、标准和规范所需要的费用。

电力工程技术经济标准编制管理费＝（建筑工程费＋安装工程费）×0.1％。

（4）整套启动试运费。整套启动试运费是指发电工程项目按照电力行业启动验收规程规定，在投产前进行机组整套启动、调试和试运行所发生的燃料、辅料、水、电等费用，扣除售出电费和售出蒸汽费的净值。

1）燃气-蒸汽联合循环电站整套启动试运费。燃气-蒸汽联合循环电站整套启动试运费＝燃料费＋其他材料费＋厂用电费＋调试费－售出电费－售出蒸汽费。

a. 燃料费＝发电机额定出力（kW）×台数×整套启动试运小时（h）×规定燃料消耗量（m^3/kWh）×燃气价格（元/m^3）×1.05。

b. 其他材料费＝装机容量（MW）×750 元/MW。

c. 厂用电费＝发电机容量×台数×厂用电率×试运购电小时×试运购电价格。

d. 售出电费＝发电机容量×台数×额定容量系数 0.75×带负荷试运小时×试运售电价。

e. 售出蒸汽费＝售出蒸汽吨数×试运售热单价。

2）脱硝装置整套启动试运费。

a. 脱硝装置整套启动试运费＝脱硝剂材料费＋其他材料费。脱硝剂材料费＝每小时脱硝剂消耗量×脱硝装置整套启动试运小时×脱硝剂单价。

注：催化剂的材料费应计算在内。

b. 其他材料费＝装机容量（MW）×200 元/MW。整套启动试运小时数、试运购电小时数及带负荷试运小时数见《预规》相关内容。

（5）生产准备费。生产准备费是指为保证工程竣工验收合格后，能够正常投产运行提供技术保证和资源配备所发生的费用。

生产准备费包括：管理车辆购置费、工器具及办公家具购置费、生产职工培训及提前进厂费。

1）管理车辆购置费＝设备购置费×费率。

2）工器具及办公家具购置费＝（建筑工程费＋安装工程费）×费率。

3）生产职工培训及提前进厂费＝（建筑工程费＋安装工程费）×费率。

（6）大件运输措施费。大件运输措施费是指超限的大型电力设备在运输过程中发生的路、桥加固改造，以及障碍物迁移等措施费用。

大件运输措施费按照实际运输条件及运输方案计算。

4. 基本预备费

基本预备费是指为因设计变更（含施工过程中工程量增减、设备改型、材料代用）增加的费用，一般自然灾害可能造成的损失和预防自然灾害所采取的临时措施费用，以及其他不确定因素可能造成的损失而预留的工程建设资金。

基本预备费=［建筑工程费+安装工程费+设备购置费+其他费用（不包括基本预备费）］×费率。

5. 动态费用

动态费用是指对构成工程造价的各要素在建设预算编制基准期至竣工验收期间，因时间和市场价格变化所引起价格增长和资金成本增加所发生的费用，主要包括价差预备费和建设期贷款利息。

（1）价差预备费。价差预备费是指建设工程项目在建设期间内由于价格等变化引起工程造价变化的预测预留费用。

$$C=\sum_{i=1}^{n_2}F_i\left[(1+e)^{n_1+i-1}-1\right] \tag{10.1-1}$$

式中 C——价差预备费；

e——年度造价上涨指数；

n_1——建设预算编制水平年至工程开工年时间间隔，年；

n_2——工程建设周期，年；

i——从开工年开始的第 i 年；

F_i——第 i 年投入的工程建设资金。

注：年度造价上涨指数依据国家行政主管部门及电力行业主管部门颁布的有关规定执行。目前，年度造价上涨指数按零考虑。

（2）建设期贷款利息。建设期贷款利息是指筹措债务资金时在建设期内发生并按照规定允许在投产后计入固定资产原值的利息。

6. 铺底生产流动资金

铺底生产流动资金是指建设项目投产初期所需，为保证项目建成后进行试运转和初期正常生产运行所必需的流动资金。主要用于购买燃料、生产消耗材料、生产用备品备件和支付工资所需的周转性自有资金。

铺底生产流动资金应按照生产流动资金的30%计算。

三、投资估算编制深度及内容

（一）投资估算编制深度

分布式供能站工程投资估算应制定统一的编制原则，确定统一的编制依据，严格按照《火力发电工程可行性研究投资估算编制导则》（DL/T 5466—2013）、《预规》，《电力建设工程估算指标（2016年版）》以及配套的政策文件等进行编制。

（二）投资估算编制内容

根据《火力发电工程投资估算编制导则》的要求，火力发电工程投资估算由编制说明；工程概况及主要技术经济指标表（见表10.1-4）；总估算表（见表10.1-5）；安装、建筑工程专业汇总估算表（见表10.1-6、表10.1-7）；其他费用估算表（见表10.1-8）等组成。

1. 编制说明

投资估算编制说明要表述准确，内容具体、简练、规范，主要包括以下内容：

（1）工程概况：内容包括工程名称、建设性质、建设规模、计划投产日期、项目地址特点、交通运输状况、主要设备容量、型号、制造商、主要工艺系统特征、外委设计项目名称及设计分工界线等。

（2）编制依据：内容包括与业主签订的勘察设计合同、现阶段执行的法律法规、政策性文件、行业规范等。

（3）编制原则。

1）投资估算编制基准期：应按电力工程定额管理部门确认的投资估算编制基准期工程项目所在地的当月平均价格水平确定。

2）工程量：依据设计专业提供的设计资料、图纸、设备清册及说明结合估算工程计算规则确定。

3）设备价格：投资估算设备价格的取定原则。

4）建筑安装工程费：指标和定额的选用、材料价格的选用、价差的计取。

定额的选用：编制当期所采用投资估算指标或概算定额名称。

材料价格的选用：编制当期所采用的材料取费价格依据。

价差的计取：包括人工、材料、机械价差。应分别按建筑工程和安装工程描述价差的计取办法。

5）其他费用的计算：计算其他费用所采用的相关规定。

（4）工程投资及分析。

1）工程投资：静态投资及其单位指标、动态投资及其单位指标、建设期贷款利息、项目计划总资金。

2）投资分析：与同期同类型工程对比分析。

3）其他有关重大问题的说明。投资估算重大问题应详细说明，如外委项目的投资计列依据、改扩建工程的设计计列范围等。

2. 工程概况及主要技术经济指标

工程概况及主要技术经济指标包括工程建设规模、厂区自然条件及主厂房特征、主要工艺系统简况、主要技术经济指标等工程信息。工程概况及主要技术经济指标表见表10.1-4。

表10.1-4　　工程概况及主要技术经济指标表

该期容量	MW		规划容量		MW
厂区自然条件及主厂房特征					
场地土类别		地震烈度	度	地下水位	m
布置方式		主机布置		框架结构	
汽机房跨度	m	汽机房柱距	m	设备露天程度	

续表

主要工艺系统简况			
燃气系统		主蒸汽系统	
电气主接线		化学水系统	
供水系统		脱硝系统	
主要技术经济指标			
静态投资	万元	单位投资	元/kW
厂区占地	ha	厂区利用系数	%
主厂房体积	m^3	主厂房指标	m^3/kW
发电标准气耗	m^3/kWh	厂用电率	%
发电成本	元/kWh	电厂定员	人

3. 总估算表

总估算表见表 10.1-5。

表 10.1-5　　总估算表　　（万元）

序号	工程或费用名称	建筑工程费	设备购置费	安装工程费	其他费用	合 计	各项占静态投资（%）	单位投资（元/kW）
一	主辅生产工程							
（一）	热力系统							
（二）	燃料供应系统							
（三）	水处理系统							
（四）	供水系统							
（五）	电气系统							
（六）	热工控制系统							
（七）	脱硝工程							
（八）	附属生产工程							
二	与厂址有关的单项工程							
（一）	交通运输工程							
（二）	防浪堤、填海、护岸工程							
（三）	水质净化工程							
（四）	补给水工程							
（五）	地基处理工程							
（六）	厂区、施工区土石方工程							
（七）	临时工程							
三	编制基准期价差							

续表

序号	工程或费用名称	建筑工程费	设备购置费	安装工程费	其他费用	合 计	各项占静态投资（%）	单位投资（元/kW）
四	其他费用							
（一）	建设场地征用及清理费							
（二）	项目建设管理费							
（三）	项目建设技术服务费							
（四）	整套启动试运费							
（五）	生产准备费							
（六）	大件运输措施费							
五	基本预备费							
六	特殊项目费用							
	工程静态投资							
	各项占静态投资（%）							
	各项静态单位投资（元/kW）							
七	动态费用							
（一）	价差预备费							
（二）	建设期贷款利息							
	项目建设总费用（动态投资）							
	其中：生产期可抵扣的增值税							
	各项占动态投资（%）							
	各项动态单位投资（元/kW）							
八	铺底流动资金							
	项目计划总资金							

注　如编制基准期价差已经在各单位工程中计算时，本表中“编制基准期价差”可汇总计列，但不得重复计列。

4. 安装、建筑工程专业汇总估算表

安装、建筑工程专业汇总估算表见表 10.1-6、表 10.1-7。

表 10.1-6　**安装工程专业汇总估算表**　（元）

序号	工程项目名称	设备购置费	安装工程费				合 计	技术经济指标		
			装置性材料费	安装费	其中人工费	小 计		单位	数量	指标

注　按单位工程从表 10.2-6 汇入。

表 10.1-7　　建筑工程专业汇总估算表　　（元）

序号	工程项目名称	设备费	建筑工程费		合计	技术经济指标		
			金额	其中人工费		单位	数量	指标

注　1. 按单位工程从表 10.2-7 汇入。建筑工程中给排水、暖气、通风、空调、照明、消防等项目按建筑费、设备费汇总计入表 10.1-7，再以建筑工程费合计数汇入表 10.1-5。

2. 技术经济指标按项目划分附表中的技术经济指标单位填写。

5. 其他费用估算表

其他费用估算表见表 10.1-8。

表 10.1-8　　其他费用估算表　　（元）

序号	工程或费用项目名称	编制依据及计算说明	合　价

注　编制依据及计算说明必须详细填写，并注明数据来源及计算过程。

四、投资估算编制方法

为了保证编制精度，可行性研究阶段项目投资估算原则上应采用指标估算法。指标估算法是指依据投资估算指标，对单位工程或单项工程费用进行估算，进而估算项目总投资的方法。其编制内容一般包含工程静态投资部分、动态投资部分与铺底流动资金三部分。

投资估算的主要编制步骤：一是分别估算各单项工程或单位工程的建筑工程费、设备购置费、安装工程费，在汇总各单项工程的基础上，估算工程建设其他费用和基本预备费，完成工程项目静态投资部分的估算；二是在编制完成静态投资的基础上，估算价差预备费和建设期利息，完成工程项目动态投资部分的估算；三是估算铺底流动资金，汇总成建设项目计划总资金。

1. 建筑工程费用估算

建筑工程费用是指为建造永久性建（构）筑物所需要的费用。总的看来，建筑工程费的估算方法有单位工程指标投资估算法、估算指标投资估算法和概算定额投资估算法。

（1）单位工程指标投资估算法。单位工程指标估算法，适合有以往类似工程造价资料时使用，是以单位建筑工程费用乘以建筑工程总量来估算建筑工程费的方法。根据所选建筑单位的不同，这种方法可以进一步分为单位长度价格法、单位面积价格法、单位体积价格法和单位实物价格法等。

1）单位长度价格法。此方法是利用每单位长度的成本价格进行计算，首先要用已知的项目建筑工程费用除以该项目的长度，得到单位长度建筑工程费指标，然后将结果应用到未来的项目中，以估算拟建项目的建筑工程费。例如：公路、铁路以单位长度（km）作为建筑工程费指标；输煤地道和栈桥以单位长度（m）作为建筑工程费指标，然后乘以相应的建筑工程量计算建筑工程费。

建筑工程费＝单位长度建筑工程费指标×建筑工程长度。

2）单位面积价格法。此方法首先要用已知的项目建筑工程费除以该项目的房屋总建筑面积，得到单位面积建筑工程费指标，然后将结果应用到未来的项目中，以估算拟建项目的建筑工程费。工业与民用建筑物的一般土建（含装修）、给排水、采暖、通风、照明工程，建筑物以建筑面积为单位，套用规模相当、结构形式和建筑标准相适应的投资估算指标或类似的工程造价资料进行估算。

建筑工程费＝单位面积建筑工程费指标×建筑工程建筑面积。

3）单位体积价格法。此方法首先要用已知的项目建筑工程费用除以建筑容积，即可得到单位体积建筑工程费指标，然后将结果应用到未来的项目中，以估算拟建项目的建筑工程费。在一些项目中，楼层高度是影响成本的重要因素。工业与民用建筑的一般土建（含装修）、给排水、采暖、通风、照明工程，以建筑体积为单位，套用规模相当、结构形式和建筑标准相适应的投资估算指标或类似的工程造价资料进行估算。例如：主厂房、泵房等的高度根据工程需要会有很大的变化，显然这时已不再适应单位建筑面积建筑工程费指标，而单位体积价格则成为确定投资估算的方法。

建筑工程费＝单位体积建筑工程费指标×建筑工程体积。

4）单位功能价格法。此方法是利用每功能单位的成本进行估算，选出所有此类项目中共有的单位，并计算每个项目中该单位的数量。例如：全厂绿化、各种井池等以项或座为功能单位。

建筑工程费＝功能单位建筑工程费指标×建筑工程功能单位。

（2）估算指标投资估算法。设计深度及条件具备时，可采用估算指标编制投资估算，以设计专业提供的工程量资料为基础，套用相应的估算指标子目单价计算工程造价。

（3）概算定额投资估算法。设计深度允许时，可采用套用概算定额进行估算，这种方法需要较为详细的工程设计资料，投入的时间和工作量较大。实际工作中可根据具体条件和要求选用。

2. 设备购置费估算

设备购置费＝设备费＋设备运杂费。

设备费的计算是根据设计各专业提供的设计资料，设计资料应包含设备品种、规格和型号及数量，主要设备及主要辅机设备价格按照市场询价、编制期同类工程的设备合同价格进行编制，其他设备按照当前市场价格。

设备运杂费按照《预规》中的运杂费率进行计算。

3. 安装工程费估算

安装工程费包含安装费和装置性材料费。

（1）安装费。安装费包括估算指标估算法和概算定额估算法。

1）估算指标估算法。估算指标估算法是指采用估算指标编制投资估算，以设计专业提供的工程量资料为基础，套用相应的估算指标子目单价计算工程造价。

2）概算定额估算法。安装工程采用概算定额计算，其中工程量由设计专业提资确定，按专业估算表深度要求进行安装工程费的编制。

a. 工艺设备安装费估算。以单项工程为单元，根据单项工程的专业特点和各种具体的概算定额进行计算。

设备安装费＝设备数量（项目）×设备（项目）安装费定额。

b. 工艺金属结构、工艺管道、设备（管道）的保温及管道的防腐，以单项工程为单元，根据设计选用的材质、规格，以 t、m^3、m^2或 m 为单位，套用技术标准、材质和规格、施工方法相适应的概算定额进行估算。

其他安装费＝数量×安装费定额。

（2）装置性材料费。按照设计专业提供的工程量资料，套用当期《电力建设工程装置性材料综合预算价格》的综合价进行计算。

装置性材料费＝装置性材料用量×装置性材料综合预算价格。

4. 其他费用及基本预备费估算

电力工程项目的其他费用及基本预备费，按《火力发电工程建设预算编制与计算规定》规定的项目及计取办法计算。

5. 工程静态投资

工程静态投资＝建筑工程费＋设备购置费＋安装工程费＋其他费用及基本预备费。

建筑工程费、设备购置费、安装工程费、其他费用及基本预备费按照以上编制方法及《预规》的项目划分规定，即完成工程静态投资的编制。

6. 项目建设总费用（动态投资）

项目建设总费用（动态投资）＝工程静态投资＋动态费用。

动态费用由价差预备费和建设期贷款利息构成。价差预备费目前暂不计取，动态费用仅计取建设期贷款利息。

建设期贷款利息金额按照财务评价计算值计列。

7. 生产期增值税抵扣

项目建设总费用（动态投资）之后，应计列生产期可抵扣的增值税。增值税抵扣的原则执行电力工程造价与定额管理总站文件〔2016〕45号“关于发布电力工程计价依据营业税改增值税估价表的通知”及配套文件。按照建筑工程费、设备购置费、安装工程费、其他费用分别计列。其中设备购置费及主要材料（含建筑设备）按照17%进行抵扣，建筑安装工程费按11%进行抵扣，其他费用中项目建设管理费和项目建设技术服务费可按咨询费6%进行抵扣，整套启动试运中的脱硝剂、电价可按17%进行抵扣，天然气按11%进行抵扣，生产准备费的管理车辆购置费、工器具及办公家具购置费按17%进行抵扣，生产职工培训及提前进厂费按咨询费的6%进行抵扣，大件运输措施费参考运输11%进行抵扣。

8. 项目计划总资金

项目计划总资金＝项目建设总费用（动态投资）＋铺底流动资金。

铺底生产流动资金金额按照财务评价计算值计列。

第二节　初步设计概算

初设设计概算是初步设计文件的重要组成部分，是以初步设计文件为依据，按照规定的程序、编制方法和计价依据，由设计单位根据初步设计方案确定的工程量、现行计价标准、项目建设地区自然、技术经济条件等资料，编制的建设项目从筹建至竣工交付使用所需全部费用的技术经济文件。

一、编制流程

初步设计概算的编审须满足国家、行业和地方政府有关建设和造价管理的法律、法规和规定等。初步设计概算在设计单位内部要履行编制、校核、审核和批准流程，其后还需外部单位进行审查和批复。

初步设计概算编制流程如图 10.2-1 所示。

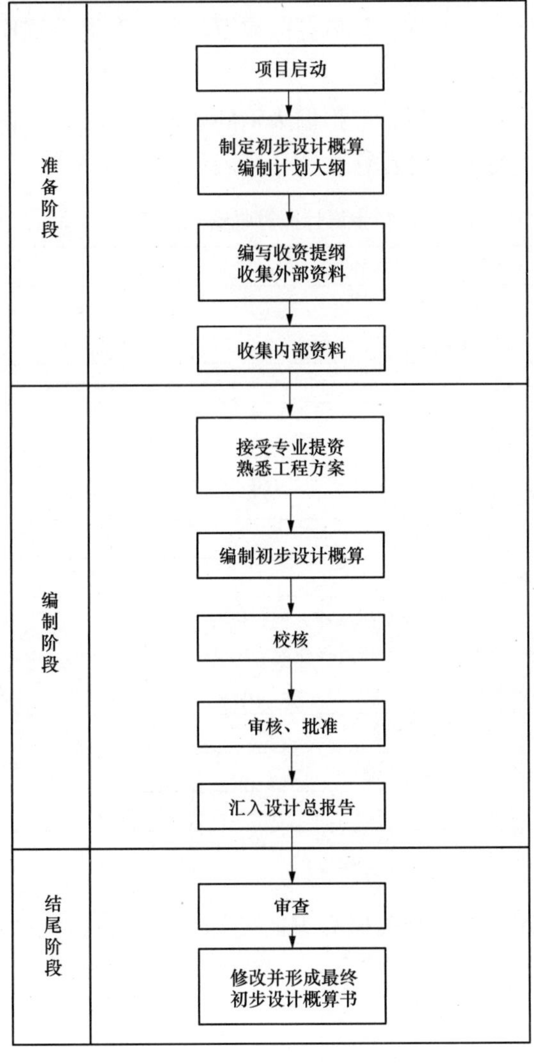

图 10.2-1　初步设计概算编制流程

（一）准备阶段

1. 项目启动

初步了解工程的投资背景、项目规模、主机方案、核准情况等。

2. 拟定初步设计概算编制计划大纲

根据工程初步设计大纲及概算编制的相关规定，制定初步设计概算编制计划大纲。明确统一的编制依据和原则等事项，对初步设计概算的编制进行策划和指导，一般包括如下主要内容。

（1）工程名称：确定初步设计概算统一使用的项目名称。

（2）编制依据：项目设计任务书以及可行性研究设计等文件。

（3）编制范围：根据设计范围确定概算编制的范围，明确业主外委项目的接口界限。

（4）主要编制原则：确定概算编制基准期，工程量的确定原则，概算定额的选取，人工、材料、机械预算价格及价差的确定原则，取费标准和其他费用的确定原则等。

（5）评审、验证和确认：明确设计概算的评审、验证和确认程序。

3. 编写收资提纲，收集外部资料

制定初设概算编制计划大纲后，应根据大纲的要求及编制初步设计概算的需要，向工程建设单位收集外部资料。初步设计概算收资一览表见表 10.2-1。

表 10.2-1　　初步设计概算收资一览表

序号	项　目	单　位	备　注
1	征地单价	元/hm^2	包括税费等综合价格
2	租地单价	元/(hm^2·年)	包括税费等综合价格
3	租地复耕费单价	元/hm^2	
4	房屋迁移补偿费用	元/m^2或万元	单价或总价均可
5	余物清理等相关费用	元/m^2或万元	单价或总价均可
6	当地大工业用电价	元/(kWh)	
7	标准状况下天然气价	元/m^3	到厂含税价
8	液氨或尿素单价	元/t	到厂含税价
9	外委设计项目单项工程投资［配套热（冷）网、供热（冷）站、厂外天然气管网、LNG 存储及气化站、噪声治理、水源、送出线路等工程］	万元	静态投资
10	主机设备合同及技术协议		
11	该工程可研估算及审查意见		
	……		

4. 准备其他资料

概算编制人员应准备、收集有关概算编制的标准、规范、文件以及其他同类工程等资料。准备、收集的其他资料主要有：

（1）现行《预规》；

（2）现行《定额》；

（3）现行《装材价格》；

(4) 现行《限额设计造价指标》;

(5) 现行概(预)算人工、材料、机械调差文件(定额〔2019〕7号文);

(6) 编制当期工程所在地造价信息;

(7) 同类工程概(预)算资料等。

(二) 编制阶段

1. 接收专业提资,熟悉工程方案

具体内容见本章第一节相关内容。

2. 编制初步设计概算

在完成准备阶段工作并接收到设计提资后即可编制初步设计概算,具体编制方法见本节第四部分内容。

3. 校核

编制完成初步设计概算后,相关成品要进行校核。初步设计阶段的校核内容主要是复核工程量是否合适,定额套用是否准确,设备材料价格是否合理,判断设计概算的设计输入是否正确,检验设计概算的计算是否有错误或遗漏等。

4. 专业主管(主任工程师)、设计总工程师(项目经理)、总工程师审核

初步设计概算校核后,专业主管(主任工程师)、设计总工程师(项目经理)、总工程师对初步设计概算进行审核,审查初步设计概算文件是否符合国家法规、行业规范和标准等。

5. 汇入设计总报告

经校核和审核后的初步设计概算最后汇入设计总报告,提交建设单位和相关机构审查。

(三) 结尾阶段

提交建设单位和相关机构的设计概算,还须经过严格、充分的审查,复核无误后才能批准、下达。

1. 审查

设计概算的审查,一般由建设单位牵头,主管部门或第三方咨询机构进行主审并形成初步设计审查纪要。

2. 修改并形成最终初步设计概算

编制单位应根据初步设计审查纪要,对初步设计概算进行修改。经修改后的设计概算提交审查部门复核,复核无误后即可批准,形成最终的初步设计概算。

二、初步设计概算费用构成及计算标准

燃气分布式供能项目初步设计概算的费用构成按电力工程项目建设过程中各类费用支出或消费的性质、途径来确定,是通过费用划分和汇集所形成的工程造价。在燃气分布式供能项目工程造价的基本结构中,包括用于购买工程项目所含各种设备的费用,为了建筑物建设和对设备安装施工所需的费用,用于委托工程勘察设计所需的费用,为了获得土地使用权所支付的费用,还包括用于建设单位自身进行项目筹建和项目管理所花的费用等。

燃气分布式供能项目的初步设计概算费用按照《火力发电工程建设预算编制与计算规定》(2013 年版)(以下简称《预规》)的规定构成。费用项目内容可根据工程造价管理实际情况做适当部分修改调整,但修改调整的内容必须依据规定进行。

具体内容见本章第一节相关内容。

三、初步设计概算编制深度及内容

（一）初步设计概算编制深度

初步设计概算应按现行规程规范包括《火力发电工程初步设计概算编制导则》（DL/T 5464—2013）、《火力发电工程建设预算编制与计算规定》《电力建设工程概算定额》《火电工程限额设计参考造价指标》等标准或文件，编制安装、建筑工程概算表（见表10.2-6、表10.2-7），汇总形成建筑、安装工程专业汇总概算表（见表10.2-4、表10.2-5），编制其他费用概算表（见表10.2-8）、编制期基准价差、基本预备费、特殊项目费用、工程静态投资、建设期贷款利息、项目建设总费用、铺底流动资金、项目计划总资金，并汇总形成总概算表（见表10.2-3）。

（二）初步设计概算编制内容

根据《火力发电工程初步设计概算编制导则》的要求，初步设计概算由编制说明、工程概况及主要技术经济指标表（见表10.2-2）、总概算表（见表10.2-3）、专业汇总概算表（见表10.2-4、表10.2-5）、安装、建筑工程概算表（见表10.2-6、表10.2-7）、其他费用概算表（见表10.2-8）、附件及附表等组成。

1. 编制说明的内容

初步设计概算编制说明要表述准确，内容具体、简练、规范，主要包括以下内容：

（1）工程概况：内容包括工程名称、建设性质、建设规模、计划投产日期、项目地址特点、交通运输状况、主要设备容量、型号、制造商、主要工艺系统特征、外委设计项目名称及设计分工界线等。

（2）编制依据：内容包括与业主签订的勘察设计合同、可研审查纪要、现阶段执行的法律法规、政策性文件、行业规范等。

（3）编制原则：

1）初步设计概算编制基准期：应按电力工程定额管理部门确认的初步设计概算编制基准期工程项目所在地的当月平均价格水平确定。

2）工程量：依据设计专业提供的设计资料、图纸、设备清册及说明结合概算工程量计算规则确定。

3）设备价格：初步设计概算设备价格的取定原则。

4）建筑安装工程费：定额的选用、材料价格的选用、价差的计取。

定额的选用：编制初步设计概算当期所采用概预算定额名称。

材料价格的选用：编制初步设计概算当期所采用的材料取费价格依据。

价差的计取：包括人工、材料、机械价差。应分别按建筑工程和安装工程描述价差的计取办法。

5）其他费用的计算：计算其他费用所采用的相关规定。

（4）工程投资及分析：

1）工程投资。静态投资及其单位指标、动态投资及其单位指标、建设期贷款利息、项目计划总资金。

2）投资分析。可按下面两项内容进行投资分析：

a. 与同期同类型工程进行对比分析。

b. 与该工程可行性研究投资估算的对比分析，对投资差异的主要原因进行分析说明。

3）其他有关重大问题的说明：

初步设计概算相关的重大问题，如外委项目的投资、改扩建工程的设计范围等。

2. 工程概况及主要技术经济指标

工程概况及主要技术经济指标包括了工程建设规模、厂区自然条件及主厂房特征、主要工艺系统简况、主要技术经济指标等工程信息，见表 10.2-2。

表 10.2-2　　　　工程概况及主要技术经济指标表

<table>
<tr><td>该期容量</td><td colspan="2">MW</td><td colspan="2">规划容量</td><td>MW</td></tr>
<tr><td colspan="6">厂区自然条件及主厂房特征</td></tr>
<tr><td>场地土类别</td><td></td><td>地震烈度</td><td>度</td><td>地下水位</td><td>m</td></tr>
<tr><td>布置方式</td><td></td><td>主机布置</td><td></td><td>框架结构</td><td></td></tr>
<tr><td>汽机房跨度</td><td>m</td><td>汽机房柱距</td><td>m</td><td>设备露天程度</td><td></td></tr>
<tr><td colspan="6">主要工艺系统简况</td></tr>
<tr><td>燃气系统</td><td colspan="2"></td><td colspan="2">主蒸汽系统</td><td></td></tr>
<tr><td>电气主接线</td><td colspan="2"></td><td colspan="2">化学水系统</td><td></td></tr>
<tr><td>供水系统</td><td colspan="2"></td><td colspan="2">脱销系统</td><td></td></tr>
<tr><td colspan="6">主要技术经济指标</td></tr>
<tr><td>静态投资</td><td colspan="2">万元</td><td colspan="2">单位投资</td><td>元/kW</td></tr>
<tr><td>厂区占地</td><td colspan="2">ha</td><td colspan="2">厂区利用系数</td><td>%</td></tr>
<tr><td>主厂房体积</td><td colspan="2">m^3</td><td colspan="2">主厂房指标</td><td>m^3/kW</td></tr>
<tr><td>发电标准气耗</td><td colspan="2">m^3/kWh</td><td colspan="2">厂用电率</td><td>%</td></tr>
<tr><td>发电成本</td><td colspan="2">元/kWh</td><td colspan="2">电厂定员</td><td>人</td></tr>
</table>

3. 总概算表

总概算表见表 10.2-3。

表 10.2-3　　　　总　概　算　表　　　　（万元）

序号	工程或费用名称	建筑工程费	设备购置费	安装工程费	其他费用	合计	各项占静态投资（%）	单位投资（元/kW）
一	主辅生产工程							
（一）	热力系统							
（二）	燃料供应系统							
（三）	水处理系统							
（四）	供水系统							
（五）	电气系统							
（六）	热工控制系统							
（七）	脱硝工程							
（八）	附属生产工程							

续表

序号	工程或费用名称	建筑工程费	设备购置费	安装工程费	其他费用	合计	各项占静态投资（%）	单位投资（元/kW）
二	与厂址有关的单项工程							
（一）	交通运输工程							
（二）	防浪堤、填海、护岸工程							
（三）	水质净化工程							
（四）	补给水工程							
（五）	地基处理工程							
（六）	厂区、施工区土石方工程							
（七）	临时工程							
三	编制基准期价差							
四	其他费用							
（一）	建设场地征用及清理费							
（二）	项目建设管理费							
（三）	项目建设技术服务费							
（四）	整套启动试运费							
（五）	生产准备费							
（六）	大件运输措施费							
五	基本预备费							
六	特殊项目费用							
	工程静态投资							
	各项占静态投资（%）							
	各项静态单位投资（元/kW）							
七	动态费用							
（一）	价差预备费							
（二）	建设期贷款利息							
	项目建设总费用（动态投资）							
	其中：生产期可抵扣的增值税							
	各项占动态投资（%）							
	各项动态单位投资（元/kW）							
八	铺底流动资金							
	项目计划总资金							

注 如编制基准期价差已经在各单位工程中计算时，本表中“编制基准期价差”可汇总计列，但不得重复计列。

4. 安装、建筑工程专业汇总估算表

安装、建筑工程专业汇总估算表见表 10.2-4、表 10.2-5。

表 10.2-4　　安装工程专业汇总概算表　　（元）

序号	工程项目名称	设备购置费	安装工程费				合计	技术经济指标		
			装置性材料费	安装费	其中人工费	小计		单位	数量	指标

注　按单位工程从表 10.2-6 汇入。

表 10.2-5　　建筑工程专业汇总概算表　　（元）

序号	工程项目名称	设备费	建筑工程费		合计	技术经济指标		
			金额	其中人工费		单位	数量	指标

注　按单位工程从表 10.2-7 汇入。建筑工程中给排水、暖气、通风、空调、照明、消防等项目按建筑费、设备费汇总计入表 10.2-5，再以建筑工程费合计数汇入表 10.2-3。

5. 安装、建筑工程概算表

安装、建筑工程概算表见表 10.2-6、表 10.2-7。

表 10.2-6　　安装工程概算表

表三甲　　（元）

序号	编制依据	项目名称	单位	数量	单重	总重	单价				合价			
							设备	装置性材料	安装	其中工资	设备	装置性材料	安装	其中工资

注　1. 在编制依据栏应注明采用的定额或指标编号，调整使用的应注明调整系数，参照使用的应注明“参＋编号”；采用其他资料时应注明“参××工程”“补”或“估”字样。

2. 单价栏中的数据应保留两位小数，合价栏中的数据只保留整数，有小数时四舍五入。

表 10.2-7　　建筑工程概算表　　（元）

序号	编制依据	项目名称	单位	数量	设备单价	建筑费单价		设备合价	建筑费合价	
						金额	其中工资		金额	其中工资

注　1. 在编制依据栏应注明采用的定额或指标编号，调整使用的应注明调整系数，参照使用的应注明“参＋编号”；采用其他资料时应注明“参××工程”“补”或“估”字样。

2. 给排水、暖气、通风、空调、照明、消防等项目中的设备购置费列入设备栏中。

3. 单价栏中数据应保留两位小数，合价栏中数据只保留整数，有小数时四舍五入。

6. 其他费用概算表

其他费用概算表见表10.2-8。

表10.2-8　其他费用概算表　（元）

序号	工程或费用项目名称	编制依据及计算说明	合价

注　编制依据及计算说明必须详细填写，并注明数据来源及计算过程。

7. 附件及附表

初步设计概算的附件及附表应完整，包括价差预备费计算表（目前不计列此项费用可不附）、编制基准期价差计算表等，应有必要的附件或支持性文件；外委设计项目的建设概算表［如配套热（冷）网、供热（冷）站、厂外天然气管网、LNG存储及气化站、噪声治理、水源、送出线路等］；特殊项目费用的依据性文件及建设概算表等。

四、初步设计概算编制方法

初步设计概算目前通常采用概算定额法编制。

概算定额法是以设计图纸、设备材料清册等为计量依据，以概算定额、设备市场价、材料综合价格、相关税费政策等为计价依据的一种初步设计概算的编制方法，其步骤包括计量和计价。

（一）计量内容

(1) 核实设计专业提供的专业间互提资料交接单、设备材料清册的完整性。

(2) 核实提资单工程量与电力建设工程概算定额计算规则是否匹配。

(3) 对工程量有疑问的部分提出反馈意见。

(4) 确定概算工程量。

（二）计价内容

计价包括套用定额、确定材料预算价格、确定设备购置费、计算费税、计算编制期基准价差、计算其他费用、计算基本预备费、特殊项目费用、汇总静态投资、计算动态费用、汇总动态投资、计算铺底流动资金、汇总项目计划总资金。

1. 套用定额

套用定额分为以下两个步骤：

(1) 根据初设阶段相关专业的提资，综合考虑设备类别、设备型号、材料材质、施工方法等选取合适的定额子目。

(2) 根据初设阶段相关专业的提资及概算定额工程量计算规则，确定与所选取的定额子目相对应的工程量。

2. 确定材料预算价格

初步设计概算材料费包括消耗性材料费、装置性材料费。

（1）消耗性材料费：已包含在建筑安装定额基价中，不再单独计列。

（2）装置性材料费：安装工程装置性材料属于定额未计价材料，需要单独计列价格。其价格应采用编制期《装置性材料综合预算价格》，不足部分采用《装置性材料预算价格》。

3. 确定设备购置费

（1）主机设备。初步设计阶段主机设备［燃气轮机（内燃机）、汽轮机、发电机、余热利用设备］均已招标，其设备价格应按合同价或招标协议价计列。

按合同价格或招标协议价格计列时，需查看合同协议中主机设备的交货地点。交货地点在工程现场的，运杂费应按设备购置费的0.5%计列；不在工程现场交货的，按《火力发电工程建设预算编制与计算规定》中主设备铁路、水路运杂费计算办法计算交货地点至工程现场的运杂费；根据合同协议交货地点，计列相应的设备运杂费。

（2）除主机以外的其他设备。除主机以外的其他设备价格可按市场价格或近期类似工程设备订货合同价计列。主要辅机设备购置费参考近期类似工程设备订货合同价的，均按设备供货商供货到现场的情况考虑，辅机设备运杂费按辅机设备购置费的0.7%计列；其他设备应按《火力发电工程建设预算编制与计算规定》中其他设备铁路、水路、公路运杂费计算办法计算设备运杂费。

4. 计算费税

建筑安装工程费税包括措施费、间接费、利润和税金，其计取标准执行编制期现行《预规》及相关政策性文件中的费税计算办法。

5. 计算编制期基准价差

编制期基准价差由人工价差、材料价差及机械价差构成，分部工程价差均应汇总计入总概算表（见表10.2-3）编制基准期价差中。

（1）人工价差。采用编制初步设计概算当期定额总站发布的年度定额水平调整文件中的人工费调整相关规定计算。

（2）材料价差。

1）建筑工程材料价差。在分部工程中所有定额套用完成后，首先汇总分析分部工程定额计价材料含量，再按电力工程造价与定额管理总站文件定额〔2014〕1号文中规定的调差种类选出分部工程定额计价材料需调差的品种，而后按编制基准期工程所在地市场信息价（不含税价格）与选出的该分部工程定额计价材料需调差的品种对应的定额消耗性材料价格逐项作价差并计取税金。

2）安装工程材料价差。安装工程材料价差包括定额消耗性材料价差和装置性材料价差。

a. 定额消耗性材料价差。定额消耗性材料价差的计算依据是编制年度电力建设工程概预算定额价格水平调整文件。

在分部工程中定额套用完成后，汇总分析单位工程定额消耗性材料费，按编制当期的定额站发布的定额价格水平调整文件对应地区规定的调整系数乘以单位工程定额材料费后得出价差，并计取税金。

b. 安装装置性材料价差。采用编制初步设计概算当期的《火电工程限额设计参考造价指标》与装置性材料综合预算价格之差计列，并计取税金。

(3) 机械价差。机械价差由建筑工程机械价差和安装工程机械价差组成。

1) 建筑工程机械价差：建筑工程机械价差的计算依据是编制年度电力建设工程概预算定额价格水平调整文件。

在单位工程中所有定额套用完成后，汇总分析分部工程定额机械含量，然后根据编制当期的定额站发布的电力建设工程概预算定额价格水平调整文件，按文件中对应的机械台班价格与定额基价中的机械台班价格之差乘以定额机械含量后得出价差，并计取税金。

2) 安装工程机械价差：安装工程机械价差的计算依据是编制年度电力建设工程概预算定额价格水平调整文件。

在单位工程中所有定额套用完成后，汇总分析分部工程定额机械费，然后按编制当期的定额站发布的电力建设工程概预算定额价格水平调整文件对应地区规定的调整系数乘以单位工程定额机械费，并计取税金。

6. 计算其他费用

其他费用的计算执行编制期现行《预规》的划分及计算方法，结合提资内容计算。其他费用计算基数中的“建筑工程费”“安装工程费”“设备购置费”“装置性材料费”来源于安装、建筑专业汇总概算表（见表 10.2-4、表 10.2-5）。

(1) 建设场地征用及清理费。

1) 土地征用费。根据设计相关专业有关征地面积的提资及业主提供的征地单价计算土地征用费。

2) 施工场地租用费。根据设计相关专业提供的有关租地面积提资及业主提供的租地单价计算施工场地租用费。

3) 迁移补偿费。根据设计相关专业有关拆迁内容（面积或户数）及业主提供的拆迁补偿费用标准计算迁移补偿费。

4) 余物清理费。根据总图及水工结构专业有关场地余物清理的内容计算余物清理费。余物清理费计算标准按编制初步设计概算当期《预规》中的计算规则计取。

(2) 项目建设法人管理费。

1) 项目法人管理费。按初步设计概算编制当期《火力发电工程建设预算编制与计算规定》规定计取相应费用。

2) 招标费。按初步设计概算编制当期《火力发电工程建设预算编制与计算规定》规定计取相应费用。

3) 工程监理费。按初步设计概算编制当期《火力发电工程建设预算编制与计算规定》规定计取相应费用。

4) 设备材料监造费。按初步设计概算编制当期《火力发电工程建设预算编制与计算规定》规定计取相应费用。

5) 工程结算审核费。按初步设计概算编制当期《火力发电工程建设预算编制与计算规定》规定计取相应费用。

6) 工程保险费。根据项目法人要求及工程实际情况，参考同期类似工程或按照保险范围和费率计算。

(3) 项目建设技术服务费。

1) 项目前期工作费。初步设计阶段根据项目法人提供的经审计后的费用计列。

2) 知识产权转让与研究试验费。根据设计专业及项目法人提出的项目和费用计列。

3) 设备成套技术服务费。按初步设计概算编制当期《火力发电工程建设预算编制与计算规定》规定计取相应费用。

4) 勘察设计费。勘察设计费包括勘察费和设计费两部分。该部分费用根据归口部门提供的勘察设计合同金额计列。

5) 设计文件评审费。按初步设计概算编制当期《火力发电工程建设预算编制与计算规定》规定计取相应费用。

6) 项目后评价费。按初步设计概算编制当期《火力发电工程建设预算编制与计算规定》规定计取相应费用。

7) 工程建设检测费。按初步设计概算编制当期《火力发电工程建设预算编制与计算规定》规定计取相应费用。其中环境监测验收费及水土保持项目验收及补偿费应按环保专业根据工程所在省、自治区、直辖市行政主管部门的规定计算金额计取。桩基检测费应根据勘测专业按相关规定计算后计取。

8) 电力工程技术经济标准编制管理费。按初步设计概算编制当期《火力发电工程建设预算编制与计算规定》规定计取相应费用。

(4) 整套启动试运费。

1) 冷热电三联供工程。按初步设计概算编制当期《预规》及业主提供的到厂含税天然气价、试运外购电价、试运售出电价等计取相应费用。

2) 脱硝装置。按初步设计概算编制当期《预规》及业主提供的到厂含脱硝剂价格等计取相应费用。

(5) 生产准备费。

1) 管理车辆购置费。按初步设计概算编制当期《火力发电工程建设预算编制与计算规定》规定计取相应费用。

2) 工器具及办公家具购置费。按初步设计概算编制当期《火力发电工程建设预算编制与计算规定》规定计取相应费用。

3) 生产职工培训及提前进厂费。按初步设计概算编制当期《火力发电工程建设预算编制与计算规定》规定计取相应费用。

(6) 大件运输措施费。大件运输措施费按大件运输报告中大件运输措施费计列。

7. 计算基本预备费

按初步设计概算编制当期《预规》规定计取相应费用。

8. 计列特殊项目费用

特殊项目费根据工程实际情况计列。

9. 汇总静态投资

静态投资由主辅生产工程费用、与厂址有关的单项工程费用、编制基准期价差、其他费用、基本预备费、特殊项目费用累加汇总。

10. 计算动态费用

动态费用由价差预备费与建设期贷款利息组成。

根据国家计划发展委员会计投资〔1999〕1340号文《国家计委关于加强对基本建设大中型项目概算中“价差预备费”管理有关问题的通知》中的规定价差预备费均不再计取。

建设期贷款利息应按财务评价计算结果计列。

11. 汇总动态投资

动态投资由静态投资和动态费用（价差预备费＋建设期贷款利息）汇总形成。

12. 计算铺底流动资金

按初步设计概算编制当期《预规》规定计取相应费用。铺底流动资金可简化按照30天燃料费用的1.1倍计算，亦可按财务评价计算结果计列。

13. 汇总项目计划总资金

项目计划总资金由动态投资和铺底流动资金之和后形成。

以上费用编制完成后，还应按编制当期《预规》对总概算表的要求编制形成初步设计概算表（见表10.2-3）。

五、初步设计概算案例

1. 工程概况

（1）建设规模。某分布式供能项目工程拟新建由3套75MW级6FA型高效燃气轮机构成的2套多轴燃气-蒸汽联合循环供热发电机组，该期建设规模为300MW级。全厂联合循环机组的组合配置为2套机组，1套为“2＋2＋1”多轴抽凝式，另1套为“1＋1＋1”多轴NCB（抽凝背）式。

（2）建设计划。该工程计划2016年4月开工，第一套机组2017年8月投产运行，第二套机组2017年12月投产运行。

（3）厂址概况。厂址位于国家级医药基地的边缘地带，位于某公园的东南角，即位于生物医药园西部边缘的西南侧。厂址西面有某河渠环绕，紧邻规划九号道路；东靠外环高速公路，南临某路，北侧以规划十路为界；规划容量用地面积为5.42hm^2，拟用地的性质为规划工业用地。

1）厂区地形：场地地貌单元上属于丘陵缓坡，地势较平缓、开阔。场地呈南北两面较高，中部地段下凹，形似马鞍状；降雨水流分别朝东西两侧向场外排泄。场地高程48.35～55.55m，平均高程约为52.95m。

2）厂区地质：场地内地层主要由砾质黏性土层、风化岩石层组成，工程性质较好。

3）厂区地耐力：

a. ①$_1$耕土层和①$_2$杂填土层将被挖除，局部残留且厚度较薄，其物理力学性质不均匀，未经处理不宜作为基础的持力层。

b. ②质黏性土（硬塑）：土层承载力$f_{ak}=250kPa$。

c. ③$_1$砾质黏性土（可塑）：土层承载力$f_{ak}=230kPa$。

d. ③$_2$黏性土（可塑）：土层承载力$f_{ak}=200kPa$。

e. ③$_3$黏性土（软塑）：土层承载力$f_{ak}=120kPa$。

f. ③$_4$ 砂质黏性土（可塑）：土层承载力 $f_{ak}=200kPa$ 。

g. ④$_2$ 砂岩：土层承载力 $f_{ak}=800kPa$ 。

4）厂区地下水位：该次勘察期间测得地下水水位在 7.00～11.00m 之间，水位高程在 41.29～45.55m 之间。

5）厂址地震基本烈度：抗震设防烈度为 7 度。

6）补给水水源：拟利用生物环保园的 X 污水处理厂处理后的再生水，解决电厂用水水源问题。X 污水处理厂位于厂址南约 2.10km 处，城市自来水作为该工程的备用水源及生活水源，补给水通过管道输送进厂。生活用水可考虑由市政自来水供给。

7）燃料运输：国家天然气"西气东输"二线工程 X 接收站在 X 处，由此与 X 燃气公司管网相连，故该分布式能源站用气专线可由 X 分输站引接。天然气经 X 分输站沿着通往 X 处的燃气管道走向敷设，通过地下直埋管道输送入厂。

（4）各工艺系统主要设计特征。

1）热力系统：全厂高压主蒸汽系统采用扩大单元制，全厂低压主蒸汽系统和工业抽汽系统采用母管制。每台锅炉设置了一套高、低压旁路装置。

2）燃气供应系统：该期 3 台燃气轮机的供气管道分别由调压站引出，以 2 根 ϕ219 钢管分别供至 2 台燃气轮机经相关燃气模块后，供入燃气轮机。

3）主厂房布置：联合厂房布置。联合厂房包括汽机房、燃机房、辅助控制楼及电控综合楼。

4）水处理系统：锅炉补给水系统采用二级反渗透＋电除盐系统方案。

5）供水系统：采用以机械通风冷却塔为冷却设备的循环冷却系统，工业补给水采用 X 污水处理厂再生水，城市自来水作为该工程的生活水水源以及工业补给水的备用水源。

6）电气系统：该期工程建设 1 套 2＋2＋1 抽凝机加 1 套 1＋1＋1 背压机，两种组态构成两套燃气-蒸汽联合循环机组。留有扩建可能。

第 1 套 2＋2＋1 抽凝机其中的第 1 台燃气轮机发电机和汽轮机发电机以扩大单元接线形式接入 110kV 配电装置，第 2 台燃气轮机以发电机-变压器组单元接线形式接入 110kV 配电装置。第 2 套 1＋1＋1 背压机其中的燃气轮机发电机和汽轮机发电机以扩大单元接线形式接入 110kV 配电装置，110kV 配电装置采用户内 GIS 形式，GIS 采用单母线分段接线方式，引接三回出线至 110kV 变电站。110kV 配电装置采用 GIS，共有 10 个间隔：3 个出线间隔；3 个主变压器进线间隔；2 个母线设备间隔；1 个分段间隔；1 个高压厂用备用变压器间隔。预留 1 个出线间隔和 2 个主变压器进线间隔。

燃气轮机发电机出口装设断路器，与燃气轮机主变压器低压侧采用全连式离相封闭母线相连。汽轮机发电机出口装设断路器，采用槽型铝母线连接电缆后引至汽轮机主变压器低压侧。

该期 3 台主变压器高压侧采用单芯电力电缆接入 GIS 相应间隔。

热工控制系统：采用炉、机、电集中控制方式，两套联合循环机组合用一个控制室。辅助车间及辅助系统采用集中与就地相结合的控制方式。

2. 概算编制原则及依据

（1）执行国能电力〔2013〕289 号文"国家能源局关于颁布 2013 版电力建设工程定额

和费用计算规定的通知”。

电力规划设计总院二O 一五年颁发《火电工程限额设计参考造价指标》(2014 年水平)。

(2) 设备价格取定：主要设备为询价；主要辅机参考《火电工程限额设计参考造价指标(2014 年水平)》计列，其余设备按现行价格计列。

(3) 材料价格取定：安装材料价格执行中国电力企业联合会中电联定额〔2013〕470 号文“关于颁布《电力建设工程装置性材料综合预算价格》(2013 年版）的通知”。综合预算价与电规总院《火电工程限额设计参考造价指标（2014 年水平)》中材料价格的差列入编制年价差。建筑材料价格执行《电力建设工程概算定额（2013 年版） 第一册建筑工程》，其主要建筑材料价格与某市最新材料造价信息中材料价格的差列入编制年价差。

(4) 定额的建筑、安装的人工单价的取定标准：

1) 人工工资单价分别为：建筑工程普通工 34 元/工日，技术工 48 元/工日，安装工程普通工 34 元/工日，技术工 53 元/工日。并根据电力工程造价与定额管理总站文件定额〔2015〕44 号《关于发布 2013 版电力建设工程概预算定额价格水平调整的通知》及当地工资水平进行人工费调整。

2) 材机调整：建筑、安装工程执行电力工程造价与定额管理总站文件定额〔2014〕48 号文《关于发布 2013 版电力建设工程概预算定额价格水平调整的通知》及当地机械水平进行价差调整。

劳社部发〔2003〕7 号“关于调整原行业统筹企业基本养老保险缴费及失业保险比例的通知”。

建设期贷款利率执行中国人民银行 2015 年 10 月 24 日发布的人民币贷款基准利率，按 4.9%计列。

3) 工程量：根据该工程设计文件进行编制。

3. 其他有关说明

(1) 征租地价格：征地费用 8192 万元，施工临时租地费 80 万元，临时租地退租时原状恢复费 30 万元。

(2) 天然气价：西二线门站价格为 2.18 元/m^3（标准状况下），管输费 0.28 元/m^3（标准状况下)，合计 2.46 元/m^3（标准状况下)。

4. 投资概况

该工程静态投资基准日期现为 2015 年 12 月。

工程静态投资 146 067 万元，单位造价 4013 元/kW。工程动态投资为 151 373 万元，单位造价 4159 元/kW，其中建设期贷款利息 5307 万元。项目计划总资金为 1 549 987 万元，其中铺底流动资金 3614 万元。

5. 概算表

总概算表见表 10.2-9；安装工程机务专业汇总概算表见表 10.2-10；安装工程机务专业概算表见表 10.2-11；安装工程电气专业汇总概算表见表 10.2-12；安装工程电气专业概算表见表 10.2-13；建筑工程汇总概算表见表 10.2-14；建筑工程概算表见表 10.2-15；其他费用计算表见表 10.2-16；机务部分编制年价差计算表见表 10.2-17；电气部分编制年价差计

算表见表 10.2-18；建筑工程编制年价差汇总表见表 10.2-19；建筑工程材料价差计算表见表 10.2-20；建筑机械价差计算表见表 10.2-21。

表 10.2-9　　**总概算表**

机组总容量：364MW　　（万元）

序号	工程或费用名称	建筑工程费	设备购置费	安装工程费	其他费用	合计	各项占静态投资（%）	单位投资（元/kW）
一	主辅生产工程	17 046	81 565	11 606		110 217	75.46	3028
（一）	热力系统	4083	63 037	2785		69 905	47.86	1920
（二）	燃料供应系统	76	1057	203		1336	0.91	37
（三）	水处理系统	1085	2809	660		4554	3.12	125
（四）	供水系统	1485	583	499		2567	1.76	71
（五）	电气系统	648	5909	3859		10 416	7.13	286
（六）	热工控制系统		4027	2950		6977	4.78	192
（七）	附属生产工程	9669	4143	650		14 462	9.90	397
二	与厂址有关的单项工程	1665	23	357		2045	1.40	56
（一）	交通运输工程	9				9	0.01	
（二）	补给水系统	715	23	357		1095	0.75	30
（三）	地基处理	259				259	0.18	7
（四）	厂区、施工区土石方工程	192				192	0.13	5
（五）	临时工程	490				490	0.34	13
三	编制基准期价差	356		476		832	0.57	23
四	其他费用				17 293	17 293	11.84	475
（一）	建设场地征用及清理费				8302	8302	5.68	228
（二）	项目建设管理费				2330	2330	1.60	64
（三）	项目建设技术服务费				2985	2985	2.04	82
（四）	整套启动试运费				2011	2011	1.38	55
（五）	生产准备费				1365	1365	0.93	38
（六）	大件运输措施费				300	300	0.21	8
五	基本预备费				3807	3807	2.61	105
六	特殊项目	1618	2881	5227	2147	11 873	8.13	326
（一）	去工业化	600				600	0.41	16
（二）	配套热网工程	1018	2881	5227	2147	11 273	7.72	310
	工程静态投资	20 685	84 469	17 666	23 247	146 067	100.00	4013
	各类费用单位投资（元/kW）	568	2320	485	639	4013		
	各项费用占静态投资的比例（%）	14.16	57.83	12.09	15.92	100.00		

续表

序号	工程或费用名称	建筑工程费	设备购置费	安装工程费	其他费用	合计	各项占静态投资（%）	单位投资（元/kW）
七	建设期贷款利息				5307	5306		146
	工程动态投资	20 685	84 469	17 666	28 554	151 373		4159
	其中：可抵扣固定资产增值税额		12 273			12 273		
	各项占动态投资的比例（%）	13.66	55.80	11.67	18.86	100.00		
	各项动态单位投资（元/kW）	568	2321	485	784	4159		
八	铺底流动资金				3614	3614		99
	项目计划总资金	20 685	84 469	17 666	32 168	154 987		4257

表 10.2-10　安装工程机务专业汇总概算表　（元）

序号	工程或费用名称	设备购置费	安装工程费				合计	技术经济指标		
			装置性材料费	安装费	其中：人工费	小计		单位	数量	指标
一	主辅生产工程									
（一）	热力系统	630 372 416	4 030 712	23 838 921	4 289 275	27 869 633	658 242 049	kW	364 000	1808
1	燃气轮发电机组	544 806 109	1 002 069	3 341 448	631 572	4 063 305	548 863 755			
1.1	燃气轮发电机组本体	541 956 299	1 002 069	2 983 116	577 375	3 985 185	545 941 484			
1.2	燃气轮发电机组本体附属设备	2 849 810		358 332	54 197	358 332	3 208 142			
2	燃气-蒸汽联合循环系统	85 566 307	3 028 643	16 682 778	2 713 919	19 711 421	105 277 728			
2.1	余热锅炉	68 244 390	239 100	10 580 893	1 571 559	10 819 993	79 064 383			
2.1.1	余热锅炉本体	68 244 390		9 020 204	1 389 666	9 020 204	77 264 594			
2.1.2	余热锅炉其他辅机			425 969	95 836	425 969	425 969			
2.1.3	分部试验及试运		239 100	1 134 720	86 057	1 373 820	1 373 820			
2.2	蒸汽轮发电机组	11 380 617	84 645	2 761 711	568 397	2 846 356	14 226 973			
2.2.1	蒸汽轮发电机本体	543 780		1 704 702	361 688	1 704 702	2 248 482			
2.2.2	蒸汽轮机发电机辅助设备	5 216 059		934 414	187 849	934 414	6 150 473			
2.2.3	汽轮机发电机其他辅助设备	395 314	84 645	84 229	14 629	168 874	564 188			
2.2.4	旁路系统	5 225 464		38 366	4231	38 366	5 263 830			
⋮	⋮	⋮	⋮	⋮	⋮	⋮	⋮			

表 10.2-11 安装工程机务专业概算表 （元）

序号	编制依据	项目名称	单位	数量	单价				合价			
					设备	装置性材料	安装	其中工资	设备	装置性材料	安装	其中工资
一		主辅生产工程										
(一)		热力系统										
1		燃气轮发电机组										
1.1		燃气轮发电机组本体										
		燃气轮机 PG611FA 型	台	3	179 753 333				539 259 999			
		燃气轮机发电机 73.78MW	台	3								
	GJ13-2	燃气轮机间本体 PG611FA 型	台	3			279 580.79	123 762.6			838 742	371 288
	GJ13-6	燃气轮机发电机间本体	台	3			92 370.22	27 436.4			277 111	82 309
	GJ13-25	燃气轮发电机组整套空负荷试运配合	台	3			34 701.55	26 579.50			104 105	79 739
	GJ13-10	燃气轮机进气装置（随燃气轮机厂家供货）	t	183			898.48	240.65			164 422	44 039
		空气过滤器、消声器	套	3								
		进气加热装置	套	3								
		空气处理站	套	3								
		控制室	套	3								
		天然气	m^3	315 900		3.16				998 244		
		除盐水	t	255		15				3825		
		小计							539 259 999	1 002 069	1 384 380	577 375
		1 直接费								1 002 069	1 804 045	577 375
		（1）直接工程费								1 002 069	1 384 380	577 375
		（2）措施费									419 665	
		临时设施费、安全文明施工费	%	6.79			2 386 449				162 040	
		其他措施费	%	44.62			577 375				257 625	
		2 间接费									793 105	
		（1）规费	%	69.83			577 375				403 181	
		（2）企业管理费	%	63.5			577 375				366 633	
		（3）施工企业配合调试费	%	0.83			2 806 114				23 291	
		3 利润	%	7			3 599 219				251 945	
		4 税金	%	3.48			539 259 999				134 021	
		设备运杂费	%	0.50					2 696 300			
		合计							541 956 299	1 002 069	2 983 116	577 375
⋮	⋮	⋮	⋮	⋮	⋮	⋮	⋮	⋮	⋮	⋮	⋮	⋮

表 10.2-12　　安装工程电气专业汇总概算表　　（元）

序号	工程项目名称	设备购置费	安装工程费				合计	技术经济指标		
			装置性材料	安装	其中：人工费	小计		单位	数量	指标
一	电气系统	59 094 939	23 991 966	14 602 781	2 396 962	38 594 747	97 689 686			
1	发电机与电气引出线	7 161 784	2 980 346	1 677 147	227 551	4 657 493	11 819 277			
1.1	发电机电气与出线间	7 161 784	94 196	674 978	138 312	769 174	7 930 958			
1.2	发电机引出线		2 886 150	1 002 169	89 239	3 888 319	3 888 319			
2	主变压器系统	15 991 160	2 874 621	1 074 227	84 139	3 948 848	19 940 008			
2.1	主变压器	14 490 730	2 874 621	1 029 292	76 443	3 903 913	18 394 643			
2.2	厂用高压变压器	1 500 430		44 935	7696	44 935	1 545 365			
3	配电装置	6 545 500		230 026	41 409	230 026	6 775 526			
3.1	屋内配电装置	6 545 500		230 026	41 409	230 026	6 775 526			
⋮	⋮	⋮	⋮	⋮	⋮	⋮	⋮	⋮	⋮	⋮

表 10.2-13　　安装工程电气专业概算表　　（元）

序号	编制依据	项目名称	单位	数量	单价				合价			
					设备	装置性材料	安装	其中工资	设备	装置性材料	安装	其中工资
一		主辅生产工程										
(一)		电气系统										
1		发电机与电气引出线										
1.1		发电机电气与出线间										
	GD1-2	发电机电气容量 135MW	机组	3			43 205.36	13 963.61			129 616	41 891
	GD1-2	发电机电气容量 135MW	机组	1			43 205.36	13 963.61			43 205	13 964
	GD1-1	发电机电气容量 50MW	机组	1			28 856.14	9373.23			28 856	9373
		电流互感器	台	48	39 000				1 872 000			
		电压互感器及避雷器柜	台	2	50 000				100 000			
		电压互感器及励磁变压器柜	台	2	60 000				120 000			
		接地变压器柜	台	2	60 000				120 000			
	GD3-155	电压互感器电容 110kV	台	2	50 000		1085.2	306.48	100 000		2170	613
	GD3-240	电缆进线柜	台	2	40 000		1002.59	350.99	80 000		2005	702

续表

序号	编制依据	项目名称	单位	数量	单价				合价			
					设备	装置性材料	安装	其中工资	设备	装置性材料	安装	其中工资
		发电机中性点消弧线圈装置	套	2	200 000				400 000			
	GD4-42	槽形母线 2×(250×115×12.5)	m	120			599.96	295.93			71 995	35 512
		槽型铝母线 2×(200×90×12)	t	2.13		20 345.5				43 360		
	GD4-41	槽形母线 2×(150×65×7)	m	120			518.44	265.33			62 213	31 840
		槽型铝母线 2×(175×90×12)	t	0.820 8		20 345.5				16 700		
	GD4-9	穿墙套管装设额定电压（20kV）	个	6		3444	338.25	70		20 664	2030	420
	GD4-1	支柱绝缘子 ZD-20F	支	120		112.27	43.71	15.45		13 472	5245	1854
	GD3-2	燃气轮机发电机出口断路器	台	3	900 000		633.89	256.81	2 700 000		1902	770
		15kV 6300A 63kA										
	GD3-2	汽轮机发电机出口断路器	台	1	900 000		633.89	256.81	900 000		634	257
		15kV 6300A 63kA										
	GD3-2	汽轮机发电机出口断路器	台	1	600 000		633.89	256.81	600 000		634	257
		15kV 4000A 63kA										
	GD3-66	户内隔离开关 10～20kV 电流 8000A	组	1	60 000		1013.94	475.18	60 000		1014	475
	GD3-65	户内隔离开关 10～20kV 电流 4000A	组	1	60 000		796.42	383.99	60 000		796	384
		小计							7 112 000	94 196	352 315	138 312
		1 直接费							7 112 000	94 196	411 872	138 312
		（1）直接工程费							7 112 000	94 196	352 315	138 312
		（2）措施费									59 557	
		临时设施费、安全文明施工费	%	6.79			446 511				30 318	

续表

序号	编制依据	项目名称	单位	数量	单价				合价			
					设备	装置性材料	安装	其中工资	设备	装置性材料	安装	其中工资
		其他措施费	%	21.14			138 312				29 239	
		2 间接费									188 611	
		（1）规费	%	69.83			138 312				96 583	
		（2）企业管理费	%	63.5			138 312				87 828	
		（3）施工企业配合调试费	%	0.83			506 068				4200	
		3 利润	%	7			694 679				48 628	
		4 税金	%	3.48			743 307				25 867	
		设备运杂费	%	0.70					49 784			
		合计							7 161 784	94 196	674 978	138 312
⋮	⋮	⋮	⋮	⋮	⋮	⋮	⋮	⋮	⋮	⋮	⋮	⋮

表 10.2-14　　建筑工程专业汇总概算表　　（元）

序号	工程项目名称	设备费	建筑费		建筑工程费合计	技术经济指标		
			金额	其中人工费		单位	数量	指标
一	主辅生产工程	32 004 597	136 482 751	18 336 803	168 487 348	kW	364 000	463
（一）	热力系统	592 000	40 241 523	4 202 283	40 833 523	kW	364 000	112
1	主厂房本体及设备基础	592 000	40 241 523	4 202 283	40 833 523	kW	364 000	112
1.1	主厂房本体	403 500	22 502 418	2 493 394	22 905 918	m^3	89 340	256
1.2	电控综合楼	92 500	2 928 054	367 628	3 020 554	m^3	7410	408
1.3	辅助控制楼	96 000	2 928 054	367 628	3 024 054	m^3	7410	408
1.4	设备基础		10 951 442	853 419	10 951 442	项	1	10 951 442
⋮	⋮	⋮	⋮	⋮	⋮	⋮	⋮	⋮

表 10.2-15　　建筑工程概算表　　（元）

序号	编制依据	项目名称	单位	数量	设备单价	建筑费单价		设备合价	建筑费合价	
						金额	其中工资		金额	其中工资
一		主辅生产工程								
（一）		热力系统								
1		主厂房本体及设备基础								
1.1		主厂房本体	m^3	89 340		256.39				
1.1.1		基础工程								
	GT1-3	主厂房土方	m^3	45 644		25.6	11.55		1 168 486	527 188
	GT2-8	钢筋混凝土基础	m^3	1121		412.86	61.76		462 816	69 233
	GT7-1	钢筋混凝土 基础梁	m^3	121		505.56	138.42		61 173	16 749

续表

序号	编制依据	项目名称	单位	数量	设备单价	建筑费单价		设备合价	建筑费合价	
						金额	其中工资		金额	其中工资
	GT7-23	普通钢筋	t	128		4898.03	373.11		626 948	47 758
1.1.2		框架结构								
	GT7-2	钢筋混凝土 框架	m^3	1360		744.29	195.89		1 012 234	266 410
	GT8-5	钢吊车梁	t	125		7301.02	95.78		912 628	11 973
	GT8-17	钢轨	t	22.24		5754.76	93.66		127 986	2083
	GT7-23	普通钢筋	t	300		4898.03	373.11		1 469 409	111 933
1.1.3		运转层平台								
	GT4-4	汽轮机运转层平台浇制混凝土梁板	m^2	3408		144.21	28.02		491 468	95 492
	GT4-6	汽轮机中间层平台浇制混凝土梁板	m^2	3000		183.26	35.84		549 780	107 520
	GT4-34	地砖面层	m^2	6408		89.3	11.19		572 234	71 706
	GT7-23	普通钢筋	t	165		4898.03	373.11		808 175	61 563
1.1.4		地面及地下设施								
	GT3-3	混凝土面层	m^2	4500		223.91	41.44		1 007 595	186 480
	GT2-11	循环水泵坑	m^3	1144		395.37	65.37		452 303	74 783
	GT7-23	普通钢筋	t	208		4898.03	373.11		1 018 790	77 607
1.1.5		屋面结构								
	GT8-1	钢屋架	t	132		7010.83	158.34		925 430	20 901
	GT8-21	钢结构 刷防火涂料	t	23		1277.64	256.63		29 761	5978
	GT4-17	钢梁浇制混凝土板	m^2	4500		115.1	27.98		517 950	125 910
	GT4-12	压型钢板底模	m^2	3000		77.86			233 580	
	GT4-20	屋面有组织外排水	m^2	4500		12.24	2.5		55 080	11 250
	GT4-23	苯板保温隔热	m^2	4500		67.09	5.24		301 905	23 580
	GT4-26	橡胶卷材防水	m^2	4500		84.88	12.5		381 960	56 250
	GT7-23	普通钢筋	t	49		4898.03	373.11		240 003	18 282
1.1.6		围护及装饰工程								
	GT5-5	主厂房砌体外墙	m^3	554.28		314.73	42.78		174 449	23 712
	GT5-14	主厂房砌体内墙	m^3	247.38		317.4	41.21		78 518	10 195
	GT6-4	塑钢窗	m^2	1895.36		338.03	20.85		640 689	39 518
	GT6-9	防风、防寒钢木大门	m^2	494		272.76	13.86		134 743	6847
	GT6-20	金属卷帘门	m^2	15		409.92	22.49		6149	337
	GT6-7	木门	m^2	123		229.41	39.82		28 217	4898
	GT6-11	防火门	m^2	93		547.88	17.04		50 953	1585
	GT5-31	涂料	m^2	6169		47.07	10.72		290 375	66 132
	GT5-1	保温金属墙板	m^2	4123		185.29	28.14		763 951	116 021

续表

序号	编制依据	项目名称	单位	数量	设备单价	建筑费单价		设备合价	建筑费合价	
						金额	其中工资		金额	其中工资
	GT8-9	其他钢结构	t	70		7373.41	1119.94		516 810	78 498
1.1.7		固定、扩建端								
	GT8-6	钢支撑、桁架	t	5		7171.35	92.76		35 857	464
	GT11-1	主厂房给排水 200MW 级机组及以下	m^3	89 340		3.58	0.49		319 837	43 777
	GT11-57 ×1.3	主厂房通风空调 200MW 级机组及以下	m^3	89 340		1.77	0.68		158 132	60 751
	GT11-97	主厂房照明接地 200MW 级机组及以下	m^3	89 340		3.38	0.56		301 969	50 030
		设备费								
		排气扇	台	2	1500			3000		
		防爆屋顶风机	台	12	25 000			300 000		
		防爆玻璃钢屋顶风机	台	6	15 000			90 000		
		轴流通风机	台	3	3500			10 500		
		小计						403 500	16 928 343	2 493 394
		1 直接费						403 500	18 230 133	2 493 394
		（1）直接工程费						403 500	16 928 343	2 493 394
		（2）措施费	%	7.69		16 928 343			1 301 790	
		2 间接费							2 284 649	
		（1）规费	%	7.746		16 928 343			1 311 269	
		（2）企业管理费	%	5.75		16 928 343			973 380	
		3 利润	%	6		20 514 782			1 230 887	
		4 税金	%	3.48		21 745 669			756 749	
		设备运杂费	%	0.7	403 500			2825		
		合计						403 500	22 502 418	2 493 394
⋮	⋮	⋮	⋮	⋮	⋮	⋮	⋮	⋮	⋮	⋮

表 10.2-16　　其他费用计算表　　（元）

序号	工程或费用项目名称	编制依据及计算说明	总价
一	建设场地征用及清理费		83 024 750
1	建筑场地征用费	业主提供	81 924 750
2	施工临时租地	业主提供	800 000
3	临时用地退租时原状恢复	业主提供	300 000
二	项目建设管理费		23 297 839
1	建设项目法人基本管理费	（建筑＋安装）×3.31%	10 221 139
2	招标费	（建筑＋安装＋国内设备）×0.34%	3 726 760

续表

序号	工程或费用项目名称	编制依据及计算说明	总价
3	工程监理费	业主提供	3 600 000
4	设备监造费	国内设备×0.2%	1 689 634
5	工程结算审核费	（建筑＋安装）× 0.25%	771 989
6	工程保险费		3 288 317
三	项目建设技术服务费		29 848 843
1	前期费	业主提供	9 528 000
2	知识产权转让与研究试验费		
3	设备成套服务费	国内设备×0.3%	2 361 930
4	勘察设计费		14 109 400
4.1	勘察费		1 200 000
4.2	设计费		12 909 400
	基本设计费		9 330 000
	施工图预算编制费	基本设计费×10%	933 000
	竣工图设计费	基本设计费 ×8%	746 400
	造价咨询费	业主提供	1 900 000
5	设计文件评审费		1 059 950
5.1	初可研、可研设计文件评审费		320 000
5.2	初步设计文件评审费		600 000
5.3	施工图文件审查费	基本设计费 × 1.5%	139 950
6	项目后评价费	（建筑＋安装）×0.15%	463 194
7	电力工程建设检测费	（建筑＋安装）×0.16%	494 073
8	特种设备安全监测费	电定总造〔2010〕（03）文	505 500
9	环境监测验收费	业主提供	618 000
10	水土保持项目验收及补偿费	中电联定额〔2015〕（162）文	400 000
11	电力工程技术经济标准编制管理费	（建筑＋安装）×0.1%	308 796
四	整套启动试运费		20 108 938
1	整套启动试运费		20 108 938
	发电燃料费	216h×0.18m^{3}kWh×2.46 元/m^3×364MW×1.05	36 555 443
	其他材料费	364MW×750 元/MW	273 000
	厂用电费	364MW×72h×4.51%×0.8×0.672 元/kWh	635 433
	售出电费	364MW×0.75×168h×0.473 5 元/kWh×0.8	−17 354 938
五	生产准备费		13 654 239
1	管理车辆购置费	设备×0.44%	5 687 308
2	工器具、办公、生产及生活家具购置费	（建筑＋安装）×0.34%	1 049 906
3	生产职工培训及提前进厂费	（建筑＋安装）×2.24%	6 917 025
六	大件运输措施费		3 000 000

表 10.2-17　　机务部分编制年价差计算表　　（元）

序号	项目名称	单位	数量	预算单价	2014 年限额设计单价	价差
一	定额部分					1 507 775
	定额材机差					297 465
	定额工资差					1 210 310
二	装置性材料					3 373 527
	汽水管道					
	主蒸汽管道 A335P91	t	33	28 385	109 089	2 663 232
	中低压给水、凝结水管道	t	59	12 047	22 163	596 844
	硅酸铝	m^3	1860	699	699	
	岩棉	m^3	7492	415	415	
	税金	%	3.480	3 260 076		113 451
	合计					4 881 302

表 10.2-18　　电气部分编制年价差计算表　　（元）

序号	项目名称	单位	数量	预算单价	2014 年限额设计单价	价差
一	定额部分					1 376 489
	定额材机差					37 252
	定额人工差					1 339 237
二	装置性材料价差					−1 498 180
	电气系统					
	共箱封闭母线	m		5900	4345	
	直流励磁共箱封闭母线	m		5900	10 750	
	交流励磁共箱封闭母线	m		5900	14 000	
	6kV 阻燃电力电缆	km	23	280 818	262 000	−432 814
	1kV 阻燃电力电缆	km	60	87 244	85 000	−134 640
	1kV 耐火电力电缆	km		87 244	85 000	
	阻燃控制电缆	km	150	14 944	13 000	−291 600
	阻燃计算机电缆	km		12 432	13 000	
	耐火控制电缆	km	5	14 944	13 000	−9720
	热控系统					
	阻燃控制电缆	km	90	11 393	11 000	−35 370
	补偿电缆	km	60	25 856	24 000	−111 360
	阻燃计算机电缆	km	300	12 432	11 000	−429 600
	接地电缆	km	1.2	87 244	85 000	−2693
	税金	%	3.48	−1 447 797		−50 383
	合计					−121 691

表 10.2-19　　建筑工程编制年价差汇总表　　（元）

序号	项目名称	单位	数量	定额单价	实际单价	价差
一	编制年价差					3 555 746
1	定额部分					3 436 167
	人工费价差	%	21.97	18 529 222		4 070 870
	材料价差	元				−982 144
	机械价差	元				347 440
2	税金	%	3.48	3 436 167		119 579
	合计					3 555 746

表 10.2-20　　建筑工程材料价差计算表　　（元）

编号	材料名称	单位	数量	单　价		合　价		
				预算价	市场价	预算价	市场价	价差
C01020115	工字钢 16 号以下	kg	3556	4.2	2.7	14 935	9601	−5334
C01020125	钢梁（成品）	t	258	6520	3100	1 679 562	798 565	−880 997
C01020126	钢吊车梁（成品）	t	126	6720	3100	844 200	389 438	−454 763
C01020127	单轨钢吊车梁（成品）	t	0	6720	3100	3247	1498	−1749
C01020132	钢屋架（成品）	t	100	6410	3100	637 805	308 455	−329 350
C01020133	钢桁架（成品）	t	4	6530	3100	26 251	12 462	−13 789
C01020150	H 形钢综合	kg	13 779	4.9	3.5	67 517	48 227	−19 291
C01020216	槽钢 16 号以下	kg	8433	4.1	2.72	34 576	22 938	−11 638
C01020301	等边角钢边长 30 以下	kg	2438	4	2.7	9753	6583	−3170
C01020302	等边角钢边长 50 以下	kg	86 789	4	2.7	347 155	234 330	−112 825
C01020303	等边角钢边长 63 以下	kg	73 204	4	2.7	292 818	197 652	−95 166
C01020500	扁钢综合	kg	14 191	4.05	2.7	57 474	38 316	−19 158
C01020501	扁钢 3～5×50 以下	kg	201	3.75	2.7	754	543	−211
C01020502	扁钢 6～8×75 以下	kg	61	3.75	2.7	230	166	−65
C01020600	方钢综合	kg	1210	3.9	3	4720	3631	−1089
C01020712	圆钢 ϕ10 以内	kg	858 685	4.1	2.4	3 520 609	2 060 844	−1 459 765
C01020713	圆钢 ϕ10 以外	kg	4 099 898	4.1	2.6	16 809 582	10 659 735	−6 149 847
C01020714	圆钢 ϕ21～ϕ50	kg	161	3.95	2.6	637	419	−218
C01030101	薄钢板 1.0 以下	kg	410	4.6	2.84	1888	1166	−722
C01030102	薄钢板 1.5 以下	kg	16 639	4.66	2.84	77 539	47 256	−30 284
C01030104	薄钢板 2.5 以下	kg	46 354	4.3	2.84	199 320	131 644	−67 676
C01030105	薄钢板 4 以下	kg	33 515	4.2	2.84	140 763	95 183	−45 580
C01030203	中厚钢板 6～12	kg	295	4.4	2.75	1297	811	−486
C01030204	中厚钢板 12～20	kg	17 636	4.4	2.62	77 597	46 205	−31 391
C01030205	中厚钢板 20～30	kg	3557	4.4	2.62	15 651	9319	−6331

续表

编号	材料名称	单位	数量	单价		合价		
				预算价	市场价	预算价	市场价	价差
C01030301	镀锌钢板 0.5 以下	kg	19 673	5.6	3.48	110 168	68 462	−41 707
C01030302	镀锌钢板 1.0 以下	kg	2687	5.6	3.25	15 047	8733	−6314
C01030306	镀锌钢板 6 以下	kg	139	5.4	3.5	752	488	−265
C01030901	不锈钢带 2 以下	kg	2590	22	21.7	56 982	56 205	−777
C04030100	工字铝综合	m	20	3.85	3.06	76	60	−16
C07010502	加工铁件综合	kg	9637	5.8	3.2	55 892	30 837	−25 055
C08020101	方材红白松一等	m^3	51	1760	2400	89 060	121 446	32 386
C08020102	方材红白松二等	m^3	68	1580	2000	107 925	136 614	28 689
C08020201	板材红白松一等	m^3	33	1760	1750	58 017	57 687	−330
C08020202	板材红白松二等	m^3	54	1580	1750	85 783	95 013	9230
C09010101	普通硅酸盐水泥 42.5	t	14 618	320	410	4 677 624	5 993 205	1 315 582
C10010101	中砂	m^3	39 548	56.5	130	2 234 484	5 141 290	2 906 806
C10020103	碎石 40	m^3	60 649	60.6	130	3 675 314	7 884 336	4 209 022
C10020301	毛石 70～190	m^3	346	62.3	70	21 553	24 217	2664
C10020322	毛石粗料石	m^3	6595	96	80	633 140	527 617	−105 523
C10020401	块石	m^3	659	76	83	50 093	54 707	4614
C10070101	标准砖 240mm ×115mm×53mm	千块	1391	290	380	403 496	528 719	125 223
C110505212	成品防火门	m^3	92	485	600	44 651	55 238	10 587
C11051114	成品塑钢窗（双层玻璃）	m^3	2177	245	380	533 439	827 375	293 936
	小计：							−982 144

表 10.2-21　　建筑机械价差计算表　　（元）

编号	机械名称	单位	数量	单价		合价		
				预算价	市场价	预算价	市场价	价差
J01-01-001	履带式推土机 75kW	台班	351.287 3	609.4	621	214 074	218 048	3973
J01-01-003	履带式推土机 105kW	台班	190.617 6	771.69	784	147 098	149 465	2367
J01-01-023	轮胎式装载机 $2m^3$	台班	407.270 4	673.4	687	274 256	279 823	5567
J01-01-035	履带式单斗挖掘机（液压）$1m^3$	台班	443.944 2	968.2	981	429 827	435 687	5860
J01-01-043	光轮压路机（内燃）12t	台班	69.727 5	379.11	386	26 434	26 903	469
J01-01-044	光轮压路机（内燃）15t	台班	47.914 6	448.66	458	21 497	21 929	431
J01-01-047	振动压路机（机械式）15t	台班	585.830 3	801.98	820	469 824	480 416	10 592
J01-01-053	夯实机	台班	6099.636 7	24.6	26	150 051	161 213	11 162
J01-01-070	轮胎压路机 9t	台班	2.236	367	377	821	843	22
J03-01-005	履带式起重机 25t	台班	610.324 4	708.01	717	432 116	437 584	5469
J03-01-007	履带式起重机 40t	台班	11.549 5	1288.86	1302	14 886	15 039	154

续表

编号	机械名称	单位	数量	单价		合价		
				预算价	市场价	预算价	市场价	价差
J03-01-008	履带式起重机 50t	台班	5.874	1780.48	1799	10 459	10 567	108
J03-01-009	履带式起重机 60t	台班	0.795 8	2214.64	2233	1762	1777	15
J03-01-013	履带式起重机 150t	台班	21.469 1	7376.2	7403	158 360	158 926	565
J03-01-033	汽车式起重机 5t	台班	810.786 7	365.82	401	296 602	324 785	28 183
J03-01-034	汽车式起重机 8t	台班	330.806 6	532.59	542	176 184	179 426	3242
J03-01-035	汽车式起重机 12t	台班	6.804	676.26	688	4601	4684	83
J03-01-036	汽车式起重机 16t	台班	12.255 3	838.83	854	10 280	10 466	186
J03-01-038	汽车式起重机 25t	台班	17.264 2	1061.24	1082	18 321	18 676	354
J03-01-041	汽车式起重机 50t	台班	4.038 6	3177.34	3212	12 832	12 973	141
J03-01-054	龙门式起重机 10t	台班	14.410 7	348.34	358	5020	5160	140
J03-01-055	龙门式起重机 20t	台班	17.524 8	560.96	584	9831	10 230	399
J03-01-057	龙门式起重机 40t	台班	0.3	913.32	948	274	284	10
J04-01-002	载重汽车 5t	台班	1125.394 8	288.62	297	324 811	334 647	9836
J04-01-003	载重汽车 6t	台班	2677.770 3	309.41	319	828 529	853 593	25 064
J04-01-004	载重汽车 8t	台班	168.087 1	363.01	374	61 017	62 806	1788
J04-01-016	自卸汽车 12t	台班	2383.677 2	640.17	655	1 525 959	1 561 714	35 755
J04-01-020	平板拖车组 10t	台班	12.552 5	517.87	573	6501	7188	688
J04-01-022	平板拖车组 20t	台班	14.733	791.7	812	11 664	11 966	302
J04-01-024	平板拖车组 30t	台班	121.125	946.95	974	114 699	118 022	3322
J04-01-025	平板拖车组 40t	台班	7.274 8	1157.43	1191	8420	8667	247
J04-01-032	机动翻斗车 1t	台班	37.996 7	117.48	119	4464	4527	63
J04-01-035	管子拖车 24t	台班	8.529	1430.23	1466	12 198	12 507	308
J04-01-041	洒水车 4000L	台班	99.174 8	357.77	418	35 482	41 502	6020
J05-01-001	电动卷扬机（单筒快速）10kN	台班	400.724 8	98.95	103	39 652	41 102	1451
J05-01-009	电动卷扬机（单筒慢速）30kN	台班	979.785	107.78	111	105 601	109 001	3400
J05-01-010	电动卷扬机（单筒慢速）50kN	台班	332.476 6	116.18	120	38 627	39 857	1230
J06-01-052	混凝土振捣器（插入式）	台班	4928.623 6	13.96	14	68 804	70 972	2169
J06-01-053	混凝土振捣器（平台式）	台班	593.084 5	19.92	20	11 814	12 075	261
J08-01-006	钢筋弯曲机 40mm	台班	1371.213 1	24.38	26	33 430	35 364	1933
J08-01-024	木工圆锯机 500mm	台班	955.831 2	25.27	28	24 154	26 677	2523
J08-01-033	木工压刨床（刨削宽度：三面 400mm）	台班	43.738 9	83.42	89	3649	3901	252
J08-01-058	摇臂钻床（钻孔直径：50mm）	台班	22.561 8	119.95	121	2706	2731	25
J08-01-072	剪板机（厚度×宽度：40mm×3100mm）	台班	2.313 3	601.77	617	1392	1428	36
J08-01-073	型钢剪断机 500mm	台班	11.360 2	185.1	191	2103	2169	66

续表

编号	机械名称	单位	数量	单价		合价		
				预算价	市场价	预算价	市场价	价差
J08-01-074	弯管机（WC27～108）	台班	13.170 8	79.4	83	1046	1092	46
J08-01-078	型钢调直机	台班	4.615 9	55.68	58	257	268	11
J08-01-079	钢板校平机 30mm×2600mm	台班	0.592 6	281.32	289	167	171	5
J08-01-095	管子切断机 150mm	台班	295.421 2	42.74	44	12 626	13 046	419
J08-01-096	管子切断机 250mm	台班	21.375	52.71	55	1127	1180	53
J08-01-098	管子切断套丝机 159mm	台班	44.920 3	20.34	21	914	930	17
J08-01-116	电动煨弯机 100mm	台班	5.580 6	136.4	139	761	775	14
J09-01-003	电动单级离心清水泵 出口直径 150mm	台班	8.529	148.1	158	1263	1345	82
J09-01-012	电动多级离心清水泵（出口直径：150mm，扬程：180m 以下）	台班	122.4	580.3	647	71 029	79 232	8203
J09-01-021	泥浆泵出口直径 100mm	台班	124.032	265.6	291	32 943	36 144	3201
J09-01-027	真空泵抽气速度 $204m^3/h$	台班	3342	113.72	120	380 052	399 837	19 785
J09-01-033	试压泵 25MPa	台班	11.372	72.26	74	822	841	19
J09-01-038	井点喷射泵（喷射速度：$40m^3/h$）	台班	3342	158.37	174	529 273	580 739	51 467
J10-01-001	交流电焊机 21kVA	台班	8112.354 9	52.89	60	429 062	482 847	53 785
J10-01-002	交流电焊机 30kVA	台班	317.862 1	72.94	83	23 185	26 233	3048
J10-01-014	氩弧焊机（电流：500A）	台班	11.116	101.13	109	1124	1211	86
J10-01-024	点焊机（短臂）50kVA	台班	75.463 2	85.8	97	6475	7331	857
J10-01-035	热熔焊接机（SHD-160C）	台班	96.935 2	268.83	276	26 059	26 720	661
J10-01-040	逆变多功能焊机（D7-500）	台班	160.063 7	145.3	154	23 257	24 666	1409
J11-01-015	电动空气压缩机（排气量：$0.6m^3/min$）	台班	1.236 8	91.61	94	113	117	3
J11-01-018	电动空气压缩机（排气量：$3m^3/min$）	台班	98.573 3	175.09	187	17 259	18 425	1166
J11-01-020	电动空气压缩机（排气量：$10m^3/min$）	台班	10.059	408.05	452	4105	4551	446
J15-01-001	轴流通风机 7.5kW	台班	1.686 4	38.5	43	65	72	7
J15-01-006	鼓风机 $30m^3/min$	台班	857.691	315.6	346	270 687	297 104	26 417
	合计							347 440

第三节 财务评价

财务评价（也称财务分析）是在国家现行财税制度和价格体系的前提下，从项目角度出发，计算项目范围内的财务效益和费用，分析项目的盈利能力和清偿能力，评价项目在财务上的可行性。

一、财务评价编制流程

根据《建设项目经济评价方法与参数》（第三版）及《火力发电工程经济评价导则》相关规定，燃气分布式供能项目一般只进行财务评价，无特殊情况下可不进行国民经济评价。

财务评价是在电力产品市场研究、工程技术方案研究等工作的基础上进行的。财务评价基本工作流程如图 10.3-1 所示。

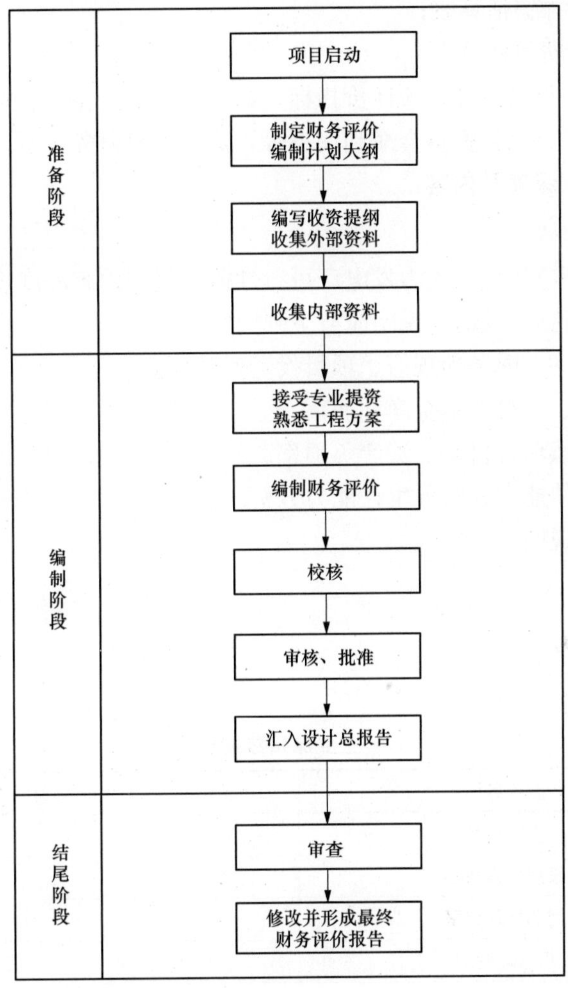

图 10.3-1　财务评价基本工作流程

主要工作内容有：收集、整理和计算基础数据资料，包括项目投入物的数量、质量、价格及项目实施进度的安排等。如投资费用、贷款和额度、产品的销售收入、生产成本、税利等。

（1）运用基础数据编制以下基本财务报表和辅助报表：

基本报表 1：项目投资现金流量表；

基本报表 2：项目资本金现金流量表；

基本报表 3：投资各方现金流量表；

基本报表 4：利润与利润分配表；

基本报表 5：财务计划现金流量表；

基本报表 6：资产负债表；

辅助报表 1：流动资金估算表；

辅助报表 2：投资使用计划与资金筹措总表；

辅助报表 3：借款还本付息计划表；

辅助报表 4：折旧摊销估算表；

辅助报表 5：成本费用估算表。

（2）通过基本财务报表计算各项评价指标，如财务内部收益率、财务净现值、项目投资回收期、总投资收益率、项目资本金净利润率等，进行项目财务分析。

二、财务评价编制深度及内容

（一）编制深度要求

（1）财务分析编制应执行《火力发电厂可行性研究报告内容深度规定》的相关要求。

（2）主要财务分析指标及简要说明应有下列内容：

1）财务内部收益率、财务净现值、项目投资回收期。

2）总投资收益率、项目资本金净利润率。

3）利息备付率、偿债备付率、资产负债率。

4）盈利能力、偿债能力、财务生存能力分析。

5）敏感性分析及说明。

（二）编制内容组成

1. 财务分析报表

（1）主要原始数据表，见表 10.3-1。

表 10.3-1　　主要原始数据表

序号	参数名称	单位	数量	取定依据
1	投资总额	万元		
2	长期贷款利率	%		
3	短期贷款利率	%		
4	项目运营期	年		
5	资本金比例	%		
6	固定资产折旧年限	年		
7	残值率	%		
8	无形资产摊销年限	年		
9	年发电量	GWh		
10	年供热量	万 GJ		
11	标准状况下发电气耗	m^3/kWh		
12	标准状况下供热气耗	m^3/GJ		
13	发电厂用电率	%		

续表

序号	参数名称	单位	数量	取定依据
14	供热厂用电率	kWh/GJ		
15	发电用水量	万 t/年		
16	供热用水量	万 t/年		
17	脱硝剂年耗量	万 t/年		
18	排污费	万元		
19	定员	人		
20	年人均工资	万元		
21	福利费系数	%		
22	材料费	元/MWh		
23	其他费用	元/MWh		
24	保险费率	%		
25	水价	元/t		
26	脱硝剂单价	元/t		
27	燃气轮机组修理提存率	%		
28	所得税率	%		
29	法定公积金	%		
30	售电价格	元/MWh		
31	售冷热价格	元/GJ		

（2）项目投资现金流量表，见表 10.3-2。

表 10.3-2　　项目投资现金流量表　　（万元）

序号	项　　目	合计	计　算　期					
			1	2	3	4	…	n
1	现金流入							
1.1	产品销售收入							
1.2	补贴收入							
1.3	回收固定资产余值							
1.4	回收流动资金							
2	现金流出							
2.1	建设投资							
2.2	流动资金							
2.3	经营成本							
2.4	城建税及教育附加和地方教育附加							
3	所得税前净现金流量（1-2）							
4	所得税前累计净现金流量							
5	调整所得税							

续表

序号	项目	合计	计算期					
			1	2	3	4	…	n
6	所得税后净现金流量（3-5）							
7	所得税后累计净现金流量							
计算指标：项目投资财务内部收益率（%）（所得税前）								
项目投资财务内部收益率（%）（所得税后）								
项目投资财务净现值（所得税前）（i_c=　%）								
项目投资财务净现值（所得税后）（i_c=　%）								
项目投资回收期（年）（所得税前）								
项目投资回收期（年）（所得税后）								

注 1. 调整所得税为以息税前利润为基数计算的所得税，区别于“利润与利润分配表”“项目资本金现金流量表”和“财务计划现金流量表”中的所得税。

2. 对外商投资项目，现金流出中应增加职工奖励及福利基金科目。

3. 1-2 表示某一列序号 1 行与序号 3 行的数值之差，其他表中表示类同。

（3）项目资本金现金流量表，见表 10.3-3。

表 10.3-3　　项目资本金现金流量表　　（万元）

序号	项目	合计	计算期					
			1	2	3	4	…	n
1	现金流入							
1.1	产品销售收入							
1.2	补贴收入							
1.3	回收固定资产余值							
1.4	回收自有流动资金							
2	现金流出							
2.1	建设投资资本金							
2.2	自有流动资金							
2.3	经营成本							
2.4	长期借款本金偿还							
2.5	流动资金借款本金偿还							
2.6	长期借款利息支付							
2.7	流动资金借款利息支付							
2.8	城建税及教育附加							
2.9	所得税							
3	净现金流量（1-2）							
计算指标：资本金财务内部收益率（%）								

注 对外商投资项目，现金流出中应增加职工奖励及福利基金科目。

(4) 投资各方现金流量表，见表 10.3-4。

表 10.3-4　　投资各方现金流量表　　(万元)

序号	项　目	合计	计　算　期					
			1	2	3	4	…	n
1	现金流入							
1.1	各投资方利润分配							
1.2	资产处置收益分配							
1.2.1	回收固定资产和无形资产余值							
1.2.2	回收还借款后余留折旧和摊销							
1.2.3	回收自有流动资金							
1.2.4	回收法定盈余公积金和任意盈余公积金							
2	现金流出							
2.1	建设投资资本金							
2.2	自有流动资金							
3	净现金流量							
计算指标：投资各方财务内部收益率（%）								

(5) 利润与利润分配表，见表 10.3-5。

表 10.3-5　　利润与利润分配表（冷热电三联供项目）　　(万元)

序号	项　目	合计	计　算　期					
			1	2	3	4	…	n
1	产品销售收入							
1.1	售电收入							
1.1.1	售电量							
1.1.2	售电价格（不含税）							
1.1.3	售电价格（含税）							
1.2	供冷、热收入							
1.2.1	供冷、热量							
1.2.2	供冷、热价格（不含税）							
1.2.3	供冷、热价格（含税）							
2	销售税金及附加							
2.1	售电销售税金及附加							
2.1.1	销售税金							
2.1.2	城建税及教育附加							
2.2	供冷、热销售税金及附加							
2.2.1	销售税金							
2.2.2	城建税及教育附加							

续表

序号	项　　目	合计	计　算　期					
			1	2	3	4	…	n
3	总成本费用							
4	补贴收入							
5	利润总额（1-2.2-3+4）							
6	弥补以前年度亏损							
7	应纳税所得额（5-6）							
8	所得税							
9	净利润（5-8）							
9.1	法定盈余公积金							
9.2	任意盈余公积金							
9.3	各投资方利润分配							
	其中：投资方1							
	投资方2							
9.4	未分配利润							
10	息税前利润（利润总额+财务费用）							
11	息税折旧摊销前利润（利润总额+财务费用+折旧+摊销）							

注 1. 对于外商投资项目应由第9项减去储备基金、职工奖励与福利基金和企业发展基金后，得出各投资方利润分配。

2. 本表的售电收入、供冷热收入均为不含增值税收入。

（6）财务计划现金流量表，见表10.3-6。

表10.3-6　　财务计划现金流量表　　（万元）

序号	项　　目	合计	计　算　期					
			1	2	3	4	…	n
1	经营活动净现金流量（1.1-1.2）							
1.1	现金流入							
1.1.1	销售收入							
1.1.2	补贴收入							
1.1.3	回收流动资金							
1.2	现金流出							
1.2.1	经营成本							
1.2.2	城建税及教育附加							
1.2.3	所得税							
1.2.4	其他流出							
2	投资、筹资活动净现金流量（2.1-2.2）							

续表

序号	项　　目	合计	计　算　期					
			1	2	3	4	…	n
2.1	现金流入							
2.1.1	项目资本金投入							
2.1.2	建设投资借款							
2.1.3	流动资金借款							
2.1.4	短期借款							
2.1.5	回收固定资产余值							
2.2	现金流出							
2.2.1	建设投资							
2.2.2	流动资金							
2.2.3	借款本金偿还							
2.2.4	各种利息支出							
2.2.5	各投资方利润分配							
2.2.6	其他流出							
3	净现金流量（1+2）							
4	累计盈余资金							

注　对外商投资项目，经营活动现金流出中应增加职工奖励及福利基金科目。

（7）资产负债表，见表10.3-7。

表10.3-7　　**资产负债表**　　（万元）

序号	项　　目	合计	计　算　期					
			1	2	3	4	…	n
1	资产							
1.1	流动资产总额							
1.1.1	应收账款							
1.1.2	存货							
1.1.3	现金							
1.1.4	累计盈余资金							
1.2	在建工程							
1.3	固定资产净值							
1.4	无形资产及其他资产净值							
2	负债及所有者权益							
2.1	流动负债总额							
2.1.1	应付账款							
2.1.2	流动资金借款							
2.1.3	其他短期借款							

续表

序号	项　　目	合计	计　算　期					
			1	2	3	4	…	n
2.2	建设投资借款							
	负债合计							
2.3	所有者权益							
2.3.1	资本金							
2.3.2	资本公积金							
2.3.3	累计盈余公积金							
2.3.4	累计未分配利润							
计算指标	资产负债率（%）							
	流动比率							
	速动比率							

（8）流动资金估算表，见表10.3-8。

表10.3-8　　流动资金估算表　　（万元）

序号	项　　目	合计	计　算　期					
			1	2	3	4	…	n
1	流动资产							
1.1	应收账款							
1.2	存货							
1.2.1	原材料							
1.2.2	燃料							
1.2.3	其他							
1.3	现金							
2	流动负债							
2.1	应付账款							
3	流动资金							
4	流动资金本年增加额							

（9）投资使用计划与资金筹措表。

1）投资使用计划与资金筹措总表，见表10.3-9。

表10.3-9　　投资使用计划与资金筹措总表　　（万元）

序号	项　　目	合计	计　算　期					
			1	2	3	4	…	n
1	项目总投资							
1.1	建设投资（静态投资+价差预备费）							
1.2	建设期利息							

续表

序号	项　　目	合计	计　算　期					
			1	2	3	4	…	n
1.3	流动资金							
2	资金筹措							
2.1	项目资本金							
2.1.1	用于建设投资							
2.1.2	用于流动资金							
2.2	债务资金							
2.2.1	长期借款							
2.2.2	流动资金借款							
2.2.3	其他短期借款							
2.3	其他							

2）投资使用计划与资金筹措明细表，见表 10.3-10。

表 10.3-10　　投资使用计划与资金筹措明细表　　（万元）

序号	项　　目	合计	计　算　期					
			1	2	3	4	…	n
1	建设投资使用计划							
1.1	逐年建设投资使用比例（%）							
1.2	逐年建设投资使用额度							
2	建设投资资金筹措							
2.1	资本金（%）							
2.1.1	投资方 1							
2.1.2	投资方 2							
2.2	债务资金（%）							
2.2.1	借款 1							
	建设期借款利息							
	其中承诺费							
2.2.2	借款 2							
	建设期借款利息							
	其中承诺费							
3	建设期利息合计							
4	流动资金							
4.1	自有流动资金							
4.2	流动资金借款							
5	工程动态总投资							
5.1	其中：固定资产投资							
5.2	无形资产投资							
5.3	其他资产投资							

(10) 借款还本付息计划表，表 10.3-11。

表 10.3-11　借款还本付息计划表　(万元)

序号	项目	合计	计算期					
			1	2	3	4	…	n
1	借款 1							
1.1	期初借款余额							
1.2	当期还本付息							
	其中：还本							
	付息							
2	借款 2							
2.1	期初借款余额							
2.2	当期还本付息							
	其中：还本							
	付息							
3	流动资金借款							
3.1	期初借款余额							
3.2	当期还本付息							
	其中：还本							
	付息							
4	短期借款							
4.1	期初借款余额							
4.2	当期还本付息							
	其中：还本							
	付息							
5	借款合计							
5.1	期初借款余额							
5.2	当期还本付息							
	其中：还本							
	付息							
计算指标	利息备付率							
	偿债备付率							

(11) 资产折旧、无形资产及其他资产摊销估算表，见表 10.3-12。

表 10.3-12　资产折旧、无形资产及其他资产摊销估算表　(万元)

序号	项　目	合计	计算期					
			1	2	3	4	…	n
1	固定资产合计							
1.1	原值							
1.2	折旧费							
1.3	净值							

续表

序号	项 目	合计	计 算 期					
			1	2	3	4	…	n
2	无形资产合计							
2.1	原值							
2.2	摊销费							
2.3	净值							
3	其他资产合计							
3.1	原值							
3.2	摊销费							
3.3	净值							

（12）成本费用估算表。

1）总成本费用估算表（冷热电三联供项目），见表10.3-13。

表10.3-13　　总成本费用估算表（冷热电三联供项目）　　（万元）

序号	项 目	合计	计 算 期					
			1	2	3	4	…	n
1	年发电量（GWh）							
2	厂用电量（GWh）							
3	售电量（GWh）							
4	供冷热量（万GJ）							
5	生产成本							
	其中：发电生产成本							
	供冷热生产成本							
5.1	燃料费							
5.2	水费							
5.3	材料费							
5.4	工资及福利费							
5.5	折旧费							
5.6	摊销费							
5.7	修理费							
5.8	脱硝剂费用							
5.9	排污费用							
5.10	其他费用							
5.11	保险费							
5.12	其他							
6	单位成本							
6.1	发电单位成本（元/MWh）							

续表

序号	项　目	合计	计　算　期					
			1	2	3	4	…	n
6.2	供冷热单位成本（元/GJ）							
7	财务费用							
7.1	长期借款利息							
7.2	流动资金利息							
7.3	短期借款利息							
7.4	其 他							
8	总成本费用							
8.1	固定成本							
8.2	可变成本							
9	经营成本（8-5.5-5.6-7）							

注　本表的成本为不含增值税成本。

2）总成本费用估算明细表（冷热电三联供项目），见表10.3-14。

表10.3-14　　总成本费用估算明细表（冷热电三联供项目）　　（万元）

序号	项　目	合计	计　算　期					
			1	2	3	4	…	n
1	年发电量（MWh）							
2	厂用电量（GWh）							
3	售电量（GWh）							
4	供冷热量（万GJ）							
5	发电生产成本							
5.1	燃料费							
5.2	水费							
5.3	材料费							
5.4	工资及福利费							
5.5	折旧费							
5.6	摊销费							
5.7	修理费							
5.8	脱硝剂费用							
5.9	排污费用							
5.10	其他费用							
5.11	保险费							
5.12	其他							
6	供冷热生产成本							
6.1	燃料费							
6.2	水费							
6.3	材料费							
6.4	工资及福利费							

续表

序号	项　目	合计	计　算　期					
			1	2	3	4	…	n
6.5	折旧费							
6.6	摊销费							
6.7	修理费							
6.8	脱硝剂费用							
6.9	排污费用							
6.10	其他费用							
6.11	保险费							
6.12	其他							
7	财务费用							
7.1	发电财务费用							
7.1.1	长期借款利息							
7.1.2	流动资金利息							
7.1.3	短期借款利息							
7.1.4	其他							
7.2	供冷热财务费用							
7.2.1	长期借款利息							
7.2.2	流动资金利息							
7.2.3	短期借款利息							
7.2.4	其他							
8	总成本费用							
8.1	发电总成本费用							
8.1.1	固定成本							
8.1.2	可变成本							
8.2	供冷热总成本费用							
8.2.1	固定成本							
8.2.2	可变成本							

注　本表的成本为不含增值税成本。

（13）财务评价指标一览表，见表10.3-15。

表10.3-15　　财务评价指标一览表

序号	项目名称	指标
1	机组容量（MW）	
2	工程静态投资（万元）	
3	单位投资（元/kW）	
4	工程动态投资（万元）	
5	单位投资（元/kW）	
6	流动资金（万元）	
7	铺底流动资金（万元）	
8	不含税电价（元/MWh）	

续表

序号	项目名称	指标
9	含税电价（元/MWh）	
10	不含税冷（热）价（元/GJ）	
11	含税冷（热）价（元/GJ）	
12	总投资收益率（%）	
13	资本金净利润率（%）	
14	基准收益率（%）	
15	项目投资所得税前内部收益率（%）	
	投资回收期（年）	
	财务净现值（万元）	
16	项目投资所得税后内部收益率（%）	
	投资回收期（年）	
	财务净现值（万元）	
17	项目资本金内部收益率（%）	
18	投资方内部收益率（%）	

（14）敏感性分析表。

1）敏感性分析表（给定电价），见表10.3-16。

表 10.3-16　　敏感性分析表（给定电价）

序号	不确定因素	变化率	内部收益率	内部收益率变化率	敏感度系数
1	基本方案				
2	建设投资（%）				
3	年发电量（%）				
4	年供冷热量（%）				
5	售电价格（%）				
6	供冷热价格（%）				
7	燃料价格（%）				

注　敏感度系数=内部收益率变化率/变化率。

2）敏感性分析表（测定电价），见表10.3-17。

表10.3-17　敏感性分析表（测定电价）

序号	不确定因素	变化率	电价	电价变化率	敏感度系数
1	基本方案				
2	建设投资（%）				
3	年发电量（%）				
4	年供冷热量（%）				
5	供冷热价格（%）				
6	燃料价格（%）				

注　敏感度系数=内部收益率变化率/变化率。

2. 盈利能力分析

项目经营期以20年计算。通过项目财务评价，测算出当上网电价×元/MWh（含税）时，融资前和融资后财务内部收益率是否满足电力行业现行的财务内部收益率要求，且财务净现值是否大于零。如果财务内部收益率满足电力行业现行的财务内部收益率要求，且财务净现值大于零，项目投产后的盈利能力是可行的，评价结果则表明项目可行，否则项目不可行。

3. 偿债能力分析

项目计算期内，按照贷款条件要求进行还贷。还贷资金由还贷折旧和还贷利润组成。项目利用银行贷款，还贷期较长（一般10年以内），可减轻项目的还贷压力。按投资方内部收益率为10%或8%时的上网电价进行测算，是否满足贷款偿还的要求。

从借款还本付息表可以看出，利息备付率和偿债备付率是否大于1，大于1说明项目具有较强的还本付息能力，反之则说明还本付息能力较弱。

从资产负债计算表（见表10.3-7）可以看出，项目在经营期内资产负债率是否低于银行评估企业经营的风险值。由于发电项目在电网的合理调度下，财务上流动资金占用率相对稳定，又无存货，所以流动比率和速动比率应较高，说明项目具有较强的清偿能力，反之清偿能力较弱。

4. 电价对比分析

说明测算的电价与国家公布的地区标杆电价及所在电网同类型机组平均上网电价对比分析。

5. 电价测算情况

应测算项目经营期平均上网电价或按投资方要求补充其他方式电价测算。

三、财务评价编制方法及参数

冷热电三联供项目财务评价是项目前期研究工作的重要内容，可行性研究阶段和初步设计阶段应按照《火力发电工程经济评价导则》的规定，全面、完整地进行财务评价。

1. 财务分析方法

（1）财务效益与费用估算。

1）冷热电三联供项目的财务效益指销售产品所获得的收入。电力行业的销售收入主要包括售电收入、供冷热收入及其他产品收入。

销售收入＝售电收入＋供冷热收入＋其他产品收入　　(10.3-1)

年售电收入＝机组容量×机组年利用小时×（1－厂用电率）×电价　　(10.3-2)

年供冷热收入＝年供冷热量×热价　　(10.3-3)

冷热电三联供项目所支出的费用主要包括投资、成本费用和税金。

2）项目总投资指冷热电三联供项目自前期工作开始至项目全部建成投产运营所需要投入的资金总额，包括工程动态投资（含工程静态投资、价差预备费、建设期利息）和生产流动资金。项目总投资分别形成固定资产、无形资产、其他资产。

3）固定资产投资指项目投产时直接形成固定资产的建设投资，包括工程费用和工程建设其他费用中按规定形成固定资产的费用；无形资产投资指直接形成无形资产的建设投资，主要是专利权、非专利技术、商标权、土地使用权和商誉等；其他资产投资指建设投资中除形成固定资产和无形资产以外的部分，如生产准备及开办费等。

4）建设期利息指筹措债务时在建设期内发生并按规定允许资本化部分的利息。项目为多台机组时，建设期利息按以下方法进行计算：

a. 开工年度。

（本年贷款/2×有效年利率）×[（12－投入资金月份＋1）/12]　　(10.3-4)

b. 建设年度。

（单台机组年初贷款本息累计＋本年贷款/2）×有效年利率　　(10.3-5)

c. 投产年度。

[（单台机组年初贷款本息累计＋本年贷款/2）×有效年利率]×投产月份/12　　(10.3-6)

5）生产流动资金指分布式能源站项目为正常生产运行，维持生产所占用的，用于购买燃料、材料、备品备件和支付工资等所需要的全部周转资金。生产流动资金在机组投产前安排投入，估算中应将进项税额包括在相应的年费用中。生产流动资金的来源包括自有流动资金和流动资金借款两部分。

a. 流动资金计算公式如下：

流动资金＝流动资产－流动负债　　(10.3-7)

流动资金本年增加额＝本年流动资金－上年流动资金　　(10.3-8)

b. 流动资产和流动负债计算公式如下：

流动资产＝应收账款＋存货＋现金　　(10.3-9)

流动负债＝应付账款　　(10.3-10)

应收账款＝年经营成本/周转次数　　(10.3-11)

存货＝（年燃料费＋年其他材料费）/周转次数　　(10.3-12)

现金＝（年工资及福利费＋年其他费用＋年保险费）/周转次数　　(10.3-13)

应付账款＝（年燃料费＋年其他材料费＋年水费）/周转次数　　(10.3-14)

周转次数＝360 天 / 最低周转天数 (10.3-15)

最低周转天数按实际情况并考虑保险系数分项确定。其他材料费指生产运行、维护修理和事故处理等所耗用的各种原料、材料、备品备件和低值易耗品等费用、脱硫剂费用和脱硝剂费用。

6）建设项目资金分为资本金和债务资金。资本金指在项目总投资中，由投资者认缴的出资额，项目资本金占建设项目资金的比例应符合国家法定的资本金制度。债务资金指项目总投资中以负债方式从金融机构、证券市场等资本市场取得的资金，项目法人在筹措债务资金时，应明确债务条件，包括利率、宽限期、偿还期、偿还方式及担保方式等。建设项目资金的使用应根据项目的建设工期合理安排，明确资本金和债务资金的分年使用额度。

7）总成本费用指冷热电三联供项目在生产经营过程中发生的物质消耗、劳动报酬及各项费用。根据电力行业的有关规定及特点，总成本费用包括生产成本和财务费用两部分。

8）总成本费用可分解为固定成本和可变成本。固定成本指在一定范围内与电、冷热产量变化无关，其费用总量固定的成本，一般包括折旧费、摊销费、工资及福利费、修理费、财务费用、其他费用及保险费；可变成本指随电、冷热产量变化而变化的成本，主要包括燃料费、用水费、材料费、脱硝剂费用、排污费用。

9）生产成本包括燃料费、用水费、材料费、工资及福利费、折旧费、摊销费、修理费、脱硝剂费用、排污费用、其他费用及保险费等，同时要求计算电力和冷热力产品的单位生产成本。

10）冷热电三联供项目生产成本。

a. 冷热电三联供项目的电力和热力生产是同时进行的，所发生的成本和费用应按以下原则进行分配：凡只为电力或热力一种产品服务而发生的成本和费用，应由该产品负担；凡为两种产品共同服务而发生的成本和费用，应按电热分摊比加以分配。电热分摊比包括成本分摊比和投资分摊比。

b. 成本分摊比用于分摊燃料费、用水费、材料费、脱硝剂费用、排污费用等可变成本和工资及福利费、其他费用等固定成本。

发电成本分摊比(％)＝发电用天然气量 /(发电用天然气量＋供冷热用天然气量)×100％ (10.3-16)

供冷热成本分摊比(％)＝100％－发电成本分摊比 (10.3-17)

c. 投资分摊比用于分摊折旧费、摊销费、修理费、保险费及财务费用。

发电投资分摊比(％)＝发电固定资产 /(发电固定资产＋供冷热固定资产)×100％ (10.3-18)

供冷热投资分摊比(％)＝100％－发电投资分摊比 (10.3-19)

发电固定资产＝汽轮发电机本体系统费用＋循环水系统费用＋电气系统费用－厂用电系统费 (10.3-20)

供冷热固定资产＝厂内冷热网系统费用 (10.3-21)

公用固定资产＝总固定资产－发电固定资产－供冷热固定资产 (10.3-22)

d. 燃料费计算方法。

年发电燃料费＝发电用天然气量×天然气单价 (10.3-23)

年供冷热燃料费＝供冷热用天然气量×天然气单价 (10.3-24)

发电用天然气量＝(年发电量－供冷热厂用电量)×发电标准气耗 (10.3-25)

供冷热用天然气量＝年供冷热量×供冷热标准气耗＋供冷热厂用电量×发电标准气耗 (10.3-26)

供冷热厂用电量＝供冷热量×单位供冷热厂用电 (10.3-27)

e. 用水费计算方法。

年发电用水费＝(循环补充水量＋公用补充水量×发电成本分摊比)×水价 (10.3-28)

年供冷热用水费＝(供冷热补充水量＋公用补充水量×供冷热成本分摊比)×水价 (10.3-29)

f. 材料费计算方法。

年发电材料费＝发电量×冷热电三联供电厂单位发电量综合材料费×发电成本分摊比 (10.3-30)

年供冷热材料费＝发电量×冷热电三联供电厂单位发电量综合材料费×供冷热成本分摊比 (10.3-31)

g. 工资及福利费计算方法。

年发电工资及福利费＝全厂定员×发电成本分摊比×人均年工资标准×(1＋福利费系数) (10.3-32)

年供冷热工资及福利费＝全厂定员×供冷热成本分摊比×人均年工资标准×(1＋福利费系数) (10.3-33)

h. 折旧费计算方法。

年发电折旧费＝(发电固定资产＋公用固定资产×发电投资分摊比)×折旧率 (10.3-34)

年供冷热折旧费＝(供冷热固定资产＋公用固定资产×供冷热投资分摊比)×折旧率 (10.3-35)

投产年度，折旧费按该年燃料耗量占达产年燃料耗量比例进行折减。

i. 摊销费计算方法。

年发电摊销费＝无形资产及其他资产×发电投资分摊比/摊销年限 (10.3-36)

年供冷热摊销费＝无形资产及其他资产×供冷热投资分摊比/摊销年限 (10.3-37)

投产年度，摊销费按该年燃料耗量占达产年燃料耗量比例进行折减。

j. 修理费计算方法。

年发电修理费＝(发电固定资产＋公用固定资产×发电投资分摊比)×修理提存率 (10.3-38)

年供冷热修理费＝(供冷热固定资产＋公用固定资产×供冷热投资分摊比)×修理提存率 (10.3-39)

修理费计算中的固定资产原值应扣除所含的建设期利息。

k. 脱硝剂费用计算方法。

年发电脱硝剂费用＝年脱硝剂耗量×脱硝剂单价×发电成本分摊比 (10.3-40)

年供冷热脱硝剂费用＝年脱硝剂耗量×脱硝剂单价×供冷热成本分摊比 (10.3-41)

l. 排污费用计算方法。

年发电排污费用＝年排放量×排放单价×发电成本分摊比　(10.3-42)

年供冷热排污费用＝年排放量×排放单价×供冷热成本分摊比　(10.3-43)

m. 其他费用计算方法。

年发电其他费用＝全厂其他费用×发电成本分摊比　(10.3-44)

年供冷热其他费用＝全厂其他费用×供冷热成本分摊比　(10.3-45)

n. 保险费计算方法。

年发电保险费＝全厂保险费×发电投资分摊比　(10.3-46)

年供冷热保险费＝全厂保险费×供冷热投资分摊比　(10.3-47)

11）财务费用指企业为筹集债务资金而发生的费用，主要包括长期借款利息、流动资金借款利息和短期借款利息等。对冷热电三联供项目，应按投资分摊比进行分摊。

12）长期借款利息，可以按等额还本付息、等额还本利息照付以及约定还款方式计算。

a. 等额还本付息方式。

$$A = I_c \times \frac{i\,(1+i)^n}{(1+i)^n - 1} = I_c \times (A/P,\ i,\ n) \quad (10.3\text{-}48)$$

式中　A——每年还本付息额（等额年金）；

I_c——还款起始年年初的借款余额；

i——有效年利率；

n——预定的还款期；

$(A/P, i, n)$——资金回收系数，可以自行计算或查复利系数表。

其中：每年支付利息＝年初借款余额 × 年利率；

每年偿还本金＝A－每年支付利息；

年初借款余额＝I_c－本年以前各年偿还的借款累计。

b. 等额还本利息照付方式。

$$A_t = \frac{I_c}{n} + I_c \times \left(1 - \frac{t-1}{n}\right) \times i \quad (10.3\text{-}49)$$

式中　A_t——第 t 年的还本付息额。

其中：每年支付利息＝年初借款余额×有效年利率；

即：第 t 年支付利息＝ $I_c \times \left(1 - \frac{t-1}{n}\right) \times i$；

每年偿还本金＝ $\frac{I_c}{n}$ 。

c. 约定还款方式，指除了上述两种还款方式之外的项目法人与银行签订的还款协议约定的方式。

13）流动资金借款利息，按期末偿还、期初再借的方式处理，并按一年期利率计息。

年流动资金借款利息＝年初流动资金借款余额×流动资金借款年利率。

14）短期借款利息的偿还按照随借随还的原则处理，即当年借款尽可能于下年偿还，借款利息的计算同流动资金借款利息。

15）经营成本是项目财务分析中所使用的特定概念，包括燃料费、用水费、材料费、工资及福利费、修理费、脱硝剂费用、排污费用、其他费用及保险费。

$$经营成本=总成本费用-折旧费-摊销费-财务费用 \tag{10.3-50}$$

16）财务分析涉及的税费主要包括增值税、城市维护建设税和教育费附加及地方教育费附加、企业所得税。如有减免税优惠，应说明依据及减免方式并按相关规定估算。冷热电三联供项目财务分析采用不含（增值）税价格的计价方式。

a. 财务分析应按税法规定计算增值税，计算公式为

$$增值税=销项税额-进项税额 \tag{10.3-51}$$

b. 城市维护建设税和教育费附加及地方教育费附加是地方性的附加税和专项费用，计税依据是增值税，计算公式为

$$城市维护建设税和教育费附加及地方教育费附加=增值税\times税率 \tag{10.3-52}$$

c. 企业所得税是针对企业应纳所得税额征收的税种，财务分析时应根据税法规定，并注意正确使用有关的优惠政策。

17）在计算完成财务效益与费用估算（含建设投资估算）后，根据项目建设进度计划编制财务分析辅助报表，包括流动资金估算表、投资使用计划与资金筹措表、借款还本付息计划表、固定资产折旧、无形资产及其他资产摊销估算表和总成本费用估算表。

（2）财务分析。通过编制财务分析基本报表，计算财务指标，分析项目的盈利能力、偿债能力和财务生存能力，判断项目的财务可接受性，明确项目对项目法人及投资方的价值贡献，为项目决策提供依据。财务分析基本报表包括现金流量表、利润与利润分配表、财务计划现金流量表和资产负债表。

1）现金流量表是反映项目在建设和运营整个计算期内各年的现金流入和流出，进行资金的时间因素折现计算的报表。现金流量表包括项目投资现金流量表、项目资本金现金流量表和投资各方现金流量表。

a. 项目投资现金流量表用来进行项目融资前分析，即在不考虑债务筹措的条件下进行盈利能力分析，分别计算所得税前与税后的项目投资财务内部收益率、项目投资财务净现值和项目投资回收期。项目投资现金流量表中的所得税为调整所得税，调整所得税为以息税前利润为基数计算的所得税，区别于“利润与利润分配表”“项目资本金现金流量表”和“财务计划现金流量表”中的所得税。

$$调整所得税=息税前利润\times企业所得税率 \tag{10.3-53}$$

b. 项目资本金现金流量表在拟定的融资方案下，从项目资本金出资者整体的角度，考察项目的盈利能力，计算息税后资本金财务内部收益率。

c. 投资各方现金流量表从投资方实际获利和支出的角度，反映投资各方的收益水平，计算息税后投资各方财务内部收益率。

2）利润与利润分配表反映项目计算期内各年销售收入、总成本费用、利润总额等情况，以及所得税后利润的分配，用于计算总投资收益率、项目资本金净利润率等指标。冷热电三联供项目的利润分为利润总额和净利润。

$$利润总额=销售收入-总成本费用-城市维护建设税和教育费附加及地方教育费附加+补贴收入 \tag{10.3-54}$$

补贴收入指与收益相关的政府补贴，包括先征后返的增值税，以及属于财政扶持而给予的其他形式的补贴等。上述补贴收入应根据财政、税务部门的规定，分别计入或不计入应税收入。

年度利润总额实现后的用途依次为：弥补以前年度亏损（自发生亏损的下年开始，可延续5年弥补，第6年仍未补完，需用净利润弥补），交纳所得税（自盈利年起），提取法定盈余公积金和任意盈余公积金，偿还短期借款及长期借款本金，各投资方利润分配。

3）财务计划现金流量表反映项目计算期内各年的投资、筹资及经营活动的现金流入和流出，用于计算累计盈余资金，分析项目的财务生存能力。拥有足够的经营净现金流量是财务可持续的基本条件；各年累计盈余资金不出现负值是财务生存的必要条件。

4）资产负债表反映项目计算期内各年年末资产、负债及所有者权益的增减变化及对应关系，计算资产负债率、流动比率和速动比率。

5）盈利能力分析的主要指标包括财务内部收益率（FIRR）、财务净现值（FNPV）、项目投资回收期、总投资收益率（ROI）、项目资本金净利润率（ROE）。

a. 财务内部收益率（FIRR）指项目在计算期内各年净现金流量现值累计等于零时的折现率，是考察项目盈利能力的主要动态评价指标，可按式（10.3-55）计算：

$$\sum_{t=1}^{n}(\mathrm{CI}-\mathrm{CO})_t(1+\mathrm{FIRR})^{-t}=0 \quad (10.3\text{-}55)$$

式中　CI——现金流入量；

CO——现金流出量；

$(\mathrm{CI}-\mathrm{CO})_t$——第 t 期的净现金流量；

n——项目计算期。

求出的FIRR应与行业的基准收益率（i_c）比较。当FIRR≥i_c时，应认为项目在财务上是可行的。

电力行业还可通过给定财务内部收益率，测算项目的上网电价，与政府主管部门发布的当地标杆上网电价对比，判断项目的财务可行性。一般地，项目投产期、还贷期和还贷后为单一电价，即经营期平均电价。

b. 财务净现值（FNPV）是指按行业基准收益率（i_c），将项目计算期内各年的净现金流量折现到建设期初的现值之和，是反映项目在计算期内盈利能力的动态评价指标，可按式（10.3-56）计算：

$$\mathrm{FNPV}=\sum_{t=1}^{n}(\mathrm{CI}-\mathrm{CO})_t(1+i_c)^{-t} \quad (10.3\text{-}56)$$

财务净现值不小于零的项目是可行的。

c. 项目投资回收期指以项目的净收益回收项目投资所需要的时间，是考察项目财务上投资回收能力的重要静态评价指标。投资回收期（以年表示）宜从建设期开始算起，可按式（10.3-57）计算：

$$\sum_{t=1}^{P_t}(\mathrm{CI}-\mathrm{CO})_t=0 \quad (10.3\text{-}57)$$

投资回收期可用项目投资现金流量表中累计净现金流量计算求得。可按式（10.3-58）计算：

$$P_t=T-1+\frac{\left|\sum_{i=1}^{T-1}(\mathrm{CI}-\mathrm{CO})_i\right|}{(\mathrm{CI}-\mathrm{CO})_T} \quad (10.3\text{-}58)$$

式中 T——各年累计净现金流量首次为正值或零的年数。

投资回收期短，表明项目投资回收快，抗风险能力强。

d. 总投资收益率（ROI）指项目达到设计能力后正常年份的年息税前利润或运营期内平均息税前利润（EBIT）与项目总投资（TI）的比率，表示总投资的盈利水平。可按式（10.3-59）计算：

$$\mathrm{ROI}=\frac{\mathrm{EBIT}}{\mathrm{TI}}\times 100\% \tag{10.3-59}$$

式中 EBIT——项目正常年份的年息税前利润或运营期内年平均息税前利润；

TI——项目总投资。

总投资收益率高于同行业的收益率参考值，表明用总投资收益率表示的盈利能力满足要求。

e. 项目资本金净利润率（ROE）指项目达到设计能力后正常年份净利润或运营期内平均净利润（NP）与项目资本金的比率，表示项目资本金的盈利水平。可按式（10.3-60）计算：

$$\mathrm{ROE}=\frac{\mathrm{NP}}{\mathrm{EC}}\times 100\% \tag{10.3-60}$$

式中 NP——项目正常年份的年净利润或运营期内年平均净利润；

EC——项目资本金。

项目资本金净利润率高于同行业的净利润率参考值，表明用项目资本金净利润率表示的盈利能力满足要求。

6）偿债能力分析的主要指标包括利息备付率（ICR）、偿债备付率（DSCR）、资产负债率（LOAR）、流动比率和速动比率。

a. 利息备付率（ICR）指在借款偿还期内的息税前利润（EBIT）与应付利息（PI）的比值，表示利息偿付的保障程度指标，可按式（10.3-61）计算：

$$\mathrm{ICR}=\frac{\mathrm{EBIT}}{\mathrm{PI}} \tag{10.3-61}$$

式中 EBIT——息税前利润；

PI——计入总成本费用的应付利息。

利息备付率应分年计算。利息备付率高，表明利息偿付的保障程度高。

b. 偿债备付率（DSCR）指在借款偿还期内，用于计算还本付息的资金（EBITDA-TAX）与应还本付息金额（PD）的比值，表示可用于还本付息的资金偿还借款本息的保障程度指标，可按式（10.3-62）计算：

$$\mathrm{DSCR}=\frac{\mathrm{EBITAD}-\mathrm{TAX}}{\mathrm{PD}} \tag{10.3-62}$$

式中 EBITAD——息税前利润加折旧和摊销；

TAX——企业所得税；

PD——应还本付息金额，包括还本金额和计入总成本费用的全部利息。融资租赁费用可视同借款偿还。运营期内的短期借款本息也应纳入计算。

偿债备付率应分年计算。偿债备付率高，表明可用于还本付息的资金保障程度高。

c. 资产负债率（LOAR）指各期末负债总额（TL）与资产总额（TA）的比率，是反映项目各年所面临的财务风险程度及综合偿债能力的指标。可按式（10.3-63）计算：

$$LOAR=\frac{TL}{TA}\times 100\% \tag{10.3-63}$$

式中　TL——期末负债总额；

TA——期末资产总额。

项目财务分析中，在长期债务还清后，可不再计算资产负债率。

d. 流动比率是流动资产与流动负债之比，反映项目法人偿还流动负债的能力，可按式（10.3-64）计算：

$$流动比率=\frac{流动资产}{流动负债} \tag{10.3-64}$$

e. 速动比率是速动资产与流动负债之比，反映项目法人在短时间内偿还流动负债的能力，可按式（10.3-65）计算：

$$速动比率=\frac{速动资产}{流动负债} \tag{10.3-65}$$

（3）不确定性分析。不确定性分析指分析不确定性因素变化对财务指标的影响，主要包括盈亏平衡分析和敏感性分析。

1）盈亏平衡分析根据项目正常生产年份的产量、固定成本、可变成本、税金等，计算盈亏平衡点，分析研究项目成本与收入的平衡关系。当项目收入等于总成本费用时，正好盈亏平衡，盈亏平衡点越低，表示项目适应产品变化的能力越大，抗风险能力越强。盈亏平衡点通常用生产能力利用率或者产量表示，可按式（10.3-66）计算：

$$BEP_{生产能力利用率}=\frac{年固定成本}{年销售收入-年可变成本-年税金及附加}\times 100\% \tag{10.3-66}$$

$$BEP_{产量}=\frac{年固定成本}{单位产品销售价格-单位产品可变成本-单位产品税金及附加} \tag{10.3-67}$$

两者之间的换算关系为

$$BEP_{产量}=BEP_{生产能力利用率}\times 设计生产能力 \tag{10.3-68}$$

对盈亏平衡分析的计算结果应通过盈亏平衡分析图表示，见图 10.3-2。

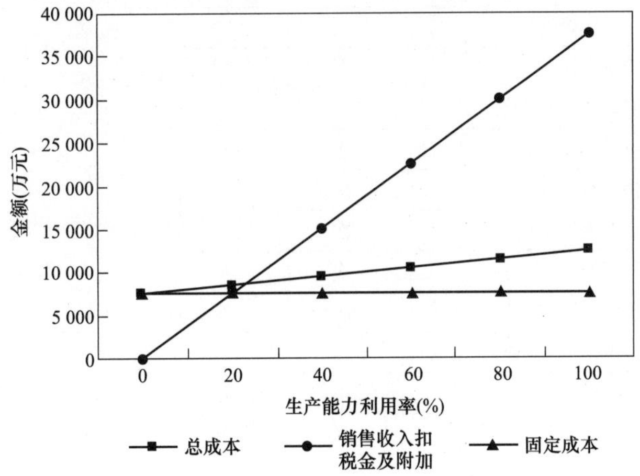

图 10.3-2　盈亏平衡分析图（生产能力利用率）

2）敏感性分析指分析不确定性因素变化对财务指标的影响，找出敏感因素。应进行单因素和多因素变化对财务指标的影响分析，主要分析对内部收益率的影响，并计算敏感度系数和临界点，结论应列表表示，并绘制敏感性分析图。根据冷热电三联供工程项目特点，不确定性因素主要包括建设投资、年发电量、年供冷热量、售电价格、供冷热价格、燃料价格等。

当给定内部收益率测算电价时，敏感性分析主要指建设投资、年发电量、年供冷热量、供冷热价格、燃料价格等不确定因素变化时，对售电价格的影响，找出敏感因素。

a. 敏感度系数（S_{AF}）指项目评价指标变化率与不确定性因素变化率之比，可按式（10.3-69）计算：

$$S_{AF}=\frac{\Delta A/A}{\Delta F/F} \tag{10.3-69}$$

式中 $\Delta A/A$——项目评价指标变化率；

$\Delta F/F$——不确定性因素变化率。

b. 临界点指单一的不确定因素的变化使项目由可行变为不可行的临界数值，可采用不确定因素对基本方案的变化率或其对应的具体数值表示。

2. 财务评价参数

（1）财务分析参数。

1）参数的测定和选用应坚持谨慎性和准确性原则。财务分析工作需要在大量预测的基础上进行，对参数不能简单套用，而是要在充分分析论证的基础上，根据项目的具体情况合理选定相应参数。每个参数均有其自身的有效期，都需要适时进行调整。

2）财务分析参数包括计算、衡量项目效益与费用的计算参数和判定项目合理性的判据参数。具体财务分析参数见表10.3-18。

表10.3-18　财务分析参数表

序号	参数名称	单位	数量	取定依据
一	计算参数			
1	投资总额	万元		估算或概算
2	可抵扣增值税额	万元		估算或概算
3	长期贷款利率	%		执行中国人民银行颁布的现行利率
4	短期贷款利率	%		
5	项目运营期	年	20	火力发电工程经济评价导则
6	资本金比例	%	≥20	
7	应收账款年周转次数	次	12	
8	燃料年周转次数	次	12	
9	原材料年周转次数	次	12	
10	现金年周转次数	次	12	
11	原材料年周转次数	次	12	
12	应付账款年周转次数	次	12	
13	自有流动资金占生产流动资金比例	%	30	
14	固定资产折旧年限	年	15	
15	残值率	%	5	
16	无形资产摊销年限	年	5	
17	其他资产摊销年限	年	5～10	

续表

序号	参数名称	单位	数量	取定依据
18	年发电量	GWh		设计确定值
19	年供热量	万 GJ		
20	发电标准气耗	m^3/kWh		
21	供热标准气耗	m^3/GJ		
22	发电厂用电率	%		
23	供热厂用电率	kWh/GJ		
24	发电用水量	万 t/年		
25	供热用水量	万 t/年		
26	脱硝剂年耗量	万 t/年		
27	排污费	万元		
28	发电成本分摊比	%		
29	发电投资分摊比	%		
30	定员	人		
31	年人均工资	万元		由业主提供
32	福利费系数	%		火电工程限额设计参考造价指标
33	材料费	元/MWh		
34	其他费用	元/MWh		
35	保险费率	%		执行现行保险费规定
36	水价	元/t		由业主单位提供
37	脱硝剂单价	元/t		由业主单位提供
38	燃气机组修理提存率	%	3～3.5	火力发电工程经济评价导则
39	电力产品增值税率	%	17	执行现行税务规定
40	冷、热力产品增值税率	%	11	
41	燃气增值税率	%	11	执行现行税务规定
42	自来水增值税率	%	11	
43	材料增值税率	%	17	
44	脱硝剂增值税率	%	17	
45	城市维护建设税率（市区）	%	7	
46	城市维护建设税率（县镇）	%	5	
47	城市维护建设税率（其他地区）	%	1	
48	教育费附加及地方教育费附加费率	%	5	执行现行国家和地方规定
49	所得税率	%	25	执行现行税务规定
50	法定公积金	%	10	执行现行国家规定
51	售电价格	元/MWh		执行现行标杆电价
52	售冷、热价格	元/GJ		由业主提供

续表

序号	参数名称	单位	数量	取定依据
二	判据参数			
1	财务基准收益率	%	7.5	火力发电工程经济评价导则
2	利息备付率		1.5～2	
3	偿债备付率		大于1.3	
4	资产负债率	%	40～80	
5	流动比率		1.0～2.0	
6	速动比率		0.6～1.2	

四、财务评价案例

【案例】 某燃气分布式供能站工程财务评价

1. 资金来源及融资方案

(1) 资本金。该项目资本金由××发电集团公司独家出资，出资比例为发电工程动态投资的20%。

(2) 债务资金。该项目债务资金为项目融资。融资暂按银行贷款考虑，贷款利率执行中国人民银行发布的现行贷款利率，其中建设投资贷款年利率为4.9%，流动资金贷款年利率为4.35%。贷款偿还期为10年，其中宽限期1年，还款方式为等额本金还款。

2. 财务分析

(1) 编制原则及依据。执行国家发展和改革委员会、建设部发改投资〔2006〕1325号“关于印发建设项目经济评价方法与参数的通知”(第三版)。

执行现行火力发电厂工程经济评价导则。

执行现行的《中国华电集团公司投资项目经济评价办法》。

执行现行的《中国华电集团公司天然气分布式能源开发指导意见》。

执行现行的《中国华电集团公司天然气分布式能源项目前期工作及投资管理办法》。

执行中国电力顾问集团公司编制的现行《电力工程经济评价软件》。

执行现行的国家财税政策。

(2) 财务评价主要原始数据一览表(见表10.3-19)。

表10.3-19　　财务评价主要原始数据一览表

序号	项目名称	单位	数量	取定依据	备　注
1	工程静态投资	万元	146 041	总估（概）算表	含热网投资
2	设备利用小时	h	5115	设计确定值	
3	年发电量	GWh	1895		
4	年供热量	万GJ	345		
5	发电标准气耗	m^3/kWh	0.182		
6	供热（冷）标准气耗	m^3/GJ	20.41		
7	厂用电率	%	2.38		
8	标准状况下天然气价格	元/m^3	2.8	业主单位提供	含税

续表

序号	项目名称	单位	数量	取定依据	备 注
9	水费	元/t	0.5	业主单位提供	含税
10	折旧年限	年	15	现行税法及企业财务制度	
11	材料费	元/ MWh	15	集团公司天然气分布式能源项目工程设计导则	
12	其他费用	元/ MWh	16		
13	大修理提存率	%	2.93		投产后前 3 年
14	大修理提存率	%	5.85		投产 3 年以后
15	年平均工资	元/人年	120 000	业主单位提供	
16	企业所得税税率	%	25	现行企业所得税税法	2008 年 1 月 1 日起施行
17	年排污费	万元/年	45.22	设计确定值	
18	长期贷款利率	%	4.9	中国人民银行现行规定	2015 年 10 月 24 日起施行
19	短期贷款利率	%	4.35		
20	热价	元/ GJ	80	业主单位提供	含税

(3) 财务评价指标一览表见表 10.3-20。

表 10.3-20　财务评价指标一览表

序号	项目名称	指标数据
1	机组容量 (MW)	364
2	工程静态投资 (万元)	146 041
3	单位投资 (元/kW)	4012
4	工程动态投资 (万元)	151 348
5	单位投资 (元/kW)	4158
6	流动资金 (万元)	12 047
7	铺底流动资金 (万元)	3614
8	不含税电价 (元/MWh)	598.29
9	含税电价 (元/MWh)	700
10	总投资收益率 (%)	5.01
11	资本金净利润率 (%)	13.87
12	基准收益率 (%)	6.5
13	项目投资所得税前内部收益率 (%)	8.42
	投资回收期 (年)	10.8
	财务净现值 (万元)	22 162
14	项目投资所得税后内部收益率 (%)	6.77
	投资回收期 (年)	11.96
	财务净现值 (万元)	2996
15	项目资本金内部收益率 (%)	9.62
16	投资方内部收益率 (%)	8.06

(4) 敏感性分析。任何一个项目的经济效果主要取决于成本费用和收益两大方面。

热(冷)电工程项目成本中，可变成本主要是燃料费，影响燃料费变化最大的因素是煤天然价和气耗；固定成本主要是折旧费，影响折旧费变化最大的因素是固定资产投资和折旧年限；影响热(冷)电工程项目收益的因素很多，其主要的因素是销售收入，销售收入主要取决于年售电量、年供热量和上网电价及售热价。

以固定资产投资、发电量、供热量、气价、电价、热价要素作为项目财务评价的敏感性分析因素，分析测算出当含税电价为700元/MWh、含税热价为80元/GJ时的项目资本金内部收益率。以增减10%为变化步距，其计算结果详见敏感性分析结果一览表(见表10.3-21)。

表10.3-21　敏感性分析结果一览表　(%)

不确定因素	变化率	内部收益率	内部收益率变化率	敏感度系数
基本方案	0.00	9.62	0.00	0.00
总投资	−10.00	13.46	39.95	−4.00
总投资	10.00	6.42	−33.22	−3.32
发电量	−10.00	6.86	−28.63	2.86
发电量	10.00	12.26	27.41	2.74
供热量	−10.00	8.51	−11.51	1.15
供热量	10.00	10.70	11.25	1.12
燃料价格	−10.00	27.22	182.98	−18.30
燃料价格	10.00	−31.28	−425.20	−42.52
电价	−10.00	−54.17	−663.24	66.32
电价	10.00	28.02	191.35	19.14
热价	−10.00	5.59	−41.92	4.19
热价	10.00	13.46	39.93	3.99

从表10.3-21敏感性分析可以看出，在含税电价为700元/MWh、含税热价为80元/GJ的情况下，投资、发电量、供热量、气价、电价、热价分别调整正负10%时，对项目资本金内部收益率的影响由大到小依次为电价、气价、热价、投资、发电量和供热量，当投资和气价增加10%，电价、发电量、热价减少10%时，项目资本金内部收益率均低于8%。该项目抗风险能力较弱。

(5) 财务评价结论。

1) 盈利能力。该工程经营期预计20年。通过项目财务评价，测算出当上网电价700元/MWh(含税)和售热价80元(含税)时，项目投资所得税前、项目投资所得税后及项目资本金内部收益率均满足电力行业及集团公司现行的财务内部收益率要求，且财务净现值均大于零。评价结果表明，该工程项目投产后的盈利能力是可行的。

2) 偿债能力。该工程项目计算期内，按照贷款条件要求进行还贷。还贷资金由还贷折旧和还贷利润组成。项目拟利用银行贷款，还贷期较长(10年)，减轻了项目的还贷压力。按上网电价700元/ MWh(含税)和售热价80元(含税)进行测算，满足贷款偿还的要求。

从借款还本付息表可以看出，利息备付率和偿债备付率均大于1，说明项目具有较强的还本付息能力。

从资产负债计算表（基本报表6）可以看出，该项目在经营期内资产负债率低于银行评估企业经营的风险值。由于热（冷）电项目在电网的合理调度下，财务上流动资金占用率相对稳定，又无存货，因此流动比率和速动比率较高，说明项目具有较强的清偿能力。

3）评价结论。该工程项目财务评价的各项指标均能满足电力行业基本要求。对于区域经济用电负荷增长，该工程的建设投产将起到很好的作用，同时该项目也具有一定的市场竞争能力。

该工程可行性研究（或初步设计）财务评价说明项目建设是可行的。

（6）财务评价报表。

基本报表1：项目投资现金流量表（略）；

基本报表2：项目资本金现金流量表（略）；

基本报表3：现金流量表（投资各方）（略）；

基本报表4：利润与利润分配表（略）；

基本报表5：财务计划现金流量表（略）；

基本报表6：资产负债表（略）；

辅助报表1：流动资金估算表（略）；

辅助报表2：投资使用计划与资金筹措总表（略）；

辅助报表3：借款还本付息计划表（略）；

辅助报表4：折旧摊销估算表（略）；

辅助报表5：总成本费用估算表（略）。

第四节 风 险 分 析

燃气分布式供能项目风险分析的目的是为业主进行项目投资决策提供技术依据。工程项目风险分析工作属于前期工作，应在可行性研究阶段开展。

对拟建设的燃气分布式供能项目，通过对项目上马后的市场预测、技术方案论证、项目融资方案和社会影响评价论证等，综合分析和识别拟建项目在建设和运行中潜在的主要风险因素，揭示风险来源，判别风险程度，确定项目上马建设的必要性。对有必要建设的工程项目提出规避风险的对策，降低风险损失。

一、燃气分布式供能站项目风险分析的要点

项目风险分析应贯穿于项目建设及投产运行后的项目全寿命周期。在项目可行性研究报告中，风险分析应独立成章。燃气分布式供能站项目风险分析的主要包括市场风险、工程风险、技术风险、资金风险、政策风险、外部协作风险等。

1. 市场风险

（1）燃料供应风险分析：依据可行性研究阶段确定的燃料供应方案，分别分析燃料来源、燃料品质、燃料价格等变化对本项目的影响。

（2）电力产品外送风险分析：根据该项目接入系统方案，结合项目所在地电力需求情况，分析该项目所发电力外送存在的风险。

（3）热（冷）产品外售风险：依据项目所在地区热（冷）负荷的需求，结合该项目生产

的热（冷）产品质量状况，分析市场风险。

2. 工程风险

依据该项目可行性研究报告中提出的主要工程设想，分别从项目厂址安全、投资方、建设方和施工方能力、建设工期控制、建设资金保障、自然条件的影响等方面分析项目建设的风险及对策。

3. 技术风险

依据可行性研究报告中拟定的装机方案和主要工艺系统，分析该项目采用的主要技术方案和主要设备的市场运行状况及运行业绩。对该项目采用的新技术和新设备，要分析技术的可靠性和规避风险的措施。

4. 资金风险

依据可行性研究报告的项目投资估算和经济分析，从项目建设资金的筹措，资本金比重，未来市场利率变化和项目投产后盈利能力等方面，分析该项目的资金风险及相应对策。

对于使用外汇的项目（如进口设备或材料），要分析汇率变化对该项目建设资金方面的风险。

5. 政策风险

根据该项目的性质和生产规模，分析与国家政策和地方政策的适配性。对可能的政策变化给该项目建设和运营造成的影响要进行分析预判。

6. 外部协作风险

通过对该项目 EPC 承包方、设计分包方、施工分包方、监理方、主要设备供应商，以及与该项目外部接口相关的协作单位的资质、业绩和能力评估，分析该项目建设期间与各个外部协作方合作上存在的风险，提出应对措施和解决方案。

二、风险分析结论及对策

根据上述各个分项风险发生的概率和各个风险发生的程度，综合分析该项目建设期和运营期的综合风险等级。对于风险较高的事项，提出应对风险的措施。

三、风险分析案例

以下给出某城市（华南地区）经济技术开发区燃气分布式供能站项目可行性研究报告中风险分析的篇章，供设计者参考。

投资项目风险分析是在市场预测、技术方案、融资方案和社会评价论证中已进行的初步风险分析的基础上，进一步综合分析识别拟建项目在建设和运行中潜在的主要风险因素，揭示风险来源，判别风险程度，提出规避风险的对策，降低风险损失。项目风险分析贯穿于项目建设及投产运行后的整个经营全过程，在该项目的规划、可行性研究阶段主要有以下的风险因素：

1. 市场风险

（1）燃料风险分析。

1）燃料品质变化。该工程采用西气东输二线天然气，由于天然气的成分存在变化的可能，联合循环机组是否能够适应新的燃料品质，此问题应在主机设备招标时予以充分重视。为避免不确定性因素的发生，业主仍需尽快和供气单位达成供气保证协议。该项目的用气将参与应急调峰，因此对今后天然气出现临时供应量不足的情况有充分的估计。

2）燃料价格波动。就长期历史数据来看，国际天然气价格基本上保持着与原油价格相同的走势，随着国际油价的大幅波动，预计天然气的价格也会持续波动，对发电成本形成较大的波动。应在供气合同中争取长期稳定的气价。

由敏感性分析可以看出天然气价格每上升5%，上网电价上升5.7%。

(2) 电力外送风险分析。结合该项目的情况，计划于2015年年末建成2套6FA级联合循环机组，所发电均可送入电网消纳，结合南方某市电网的电力平衡分析：无论是在丰大或者枯大情况下，供能站剩余电力均可被电网充分吸纳，电力消纳方面风险较低。但是分布式供能站电力上网政策仍不明晰，电力上网或成为分布式能源站建设的一大障碍，仍需业主方与电网公司签订并网协议，以实现机组顺利投产并达到预期的机组出力与经济效益。

(3) 蒸汽外送风险分析。该项目外供冷、热负荷较大，可以满足国家对燃气热电厂热电比要求，但是需制定合理供热价格，以利于集中供热的推广和用热负荷的落实，达到供热、用热企业“双赢”的目标。

2. 工程风险

该工程在选址过程中充分考虑了尽量避开自然灾害易发区和不良地质作用发育地段。该工程进行了工程地质、水文、地震、地质灾害等专题研究，根据各项专题的结论采取了相应的工程措施，不会出现由于项目的建设而引发的地质灾害和防洪等问题。

该工程业主是大型国有电力企业，实力雄厚，具备开发、管理项目和融资的资质和能力。该工程有电力行业的规程、规范指导，由具有资质的国有设计和施工单位进行设计和施工，设备采购采取招投标，工程质量与实施有保证。

由于该工程符合国家的产业政策，基础工作踏实，资源和工程组织落实，具有较强的抗风险能力。

该工程工期按2012年开工建设，2014年10月全部投产，工期比较短。鉴于目前的工程进展情况，需要考虑以下风险因素：

(1) 开工期风险，能否按期开工主要取决于开工批件和建设场地的落实、起动资金的到位、是否按期提供第一批施工图等“开工九条”的要求。施工设计图纸需要设备资料的支持、必要的工作时间和方案的确认程序。

(2) 施工期风险，能否在计划的施工期完成各项施工任务，在对设备的供货进度、设备资料的提供、施工图纸提供、施工组织等进行综合协调，制订科学合理可行的综合进度计划的基础上，考虑任一方可能的拖期对全盘的影响。

(3) 资金的不间断到位和非常天气风险等对施工进度的影响。

3. 资金风险

(1) 筹资风险。该项目静态总投资129 366万元（方案一），投资金额大，资金使用周期长，项目的筹资渠道是否落实可行，直接影响着工程的建设质量和工期。因此项目的资金筹集风险是一个需要重视的因素。目前国内电源项目的资金来源一般是投资方注入资本金、银行贷款两种主要渠道。该项目注册资本金占发电工程动态投资20%，注册资本金以外资金全部采用人民币贷款解决。现金流量大、收益稳定、银行信用等级高是电力企业的一个突出优势，其资金风险相对于一般行业较小。该项目作为清洁能源又有国家的政策扶持，因此该项目的筹资风险较低。但在燃气发电项目燃料价格变化较大且上网电价不确定的情况下，燃气发电机组的盈利能力呈现一定的不确定性，因此在一定程度上会影响该项目融资，从而面临一定的资金来源中断和资金供应不足的风险，需要积极的拓宽项目融资渠道。

（2）利率风险。该项目注册资本金占发电工程动态投资的20%，注册资本金以外的资金全部采用人民币贷款解决，近期人民币贷款利率预计呈稳定趋势，因此该项目由于利率变化产生的还贷风险较小。同时该项目通过合理安排筹资结构、降低资金成本、结合项目自身现金流特点安排还贷资金，科学控制运营成本，可将利率风险进一步降低至可控范围之内。

（3）汇率风险。该项目可能部分采用进口设备或材料，由于近年来人民币对大部分主要货币汇率呈稳定或上升趋势，同时进口设备或材料金额占总投资额比例不大，该项目可能面临的汇率风险较小。

（4）物价风险。近年来随着原油、铁矿石等国际大宗商品价格的剧烈起伏，国内建筑安装工程主要材料钢材、水泥、沙石等价格也大幅波动，由此可能会引发出材料供应缓慢、承包商偷工减料等一系列问题，严重地甚至会影响施工进度。因此项目业主须科学拟定采购策略，努力降低采购成本，控制材料使用额度，根据工程进度编制采购计划，安排人员跟踪和调查市场行情，做好价格的估算，采用批量购进、长期订货、期货交易等措施，降低采购成本，做好重要材料储备工作，才能有效避免或减少价格波动的风险。

4. 政策风险

该工程提出的燃气-蒸汽联合循环供能机组兼顾“燃气-蒸汽联合循环发电”和“热电联产”，符合国家发展和改革委员会《能源产业结构调整指导目录》中电力产业“鼓励类”下的名单。

该工程为燃气-蒸汽联合循环供能站，供能站燃料全部采用天然气，基本不含硫分和灰分，排放烟气中基本无SO_2和烟尘。该工程所排放NO_x污染物对其周围环境质量的影响在可接受的范围内，对周边的环境影响较小，属于清洁环保型能源站。

该工程的建设，能提供高热值、高品质的热负荷，满足当地热负荷增长和经济发展的需要。热电联产是国家鼓励发展的通用节能技术，符合国家的节能减排政策，可显著提高能源综合利用率和热能源站的综合效益。

该工程建设完全符合国家现行相关产业政策，属于国家鼓励建设类项目。符合国家天然气利用政策、符合国家环保政策，符合广西节能减排工作方案的要求。具有很强的抵抗政策风险能力。

天然气作为清洁能源，需要由国家出台相应的优惠政策予以扶持。但是在我国电力体制改革过程中，还存在着一系列不确定因素，一些关键性改革进展缓慢。目前，电力市场改革还面临着市场体系，市场主体的培育过程漫长，电力项目、电价的审批机制难以适应市场化的要求等一系列问题，这些政策方面的不足，给天然气电厂经营带来风险。

燃气发电是中国发电能源多元化的重要组成部分，有利于优化和调整电源结构。利用天然气发电有利于满足系统调峰需要，提高电网运行的安全性。而且，天然气发电可以在受环保和用地制约的地区作为负荷中心的重要电源，实现就近供电，提高电网稳定性。与其他电源相比，天然气发电有着许多特殊点。作为天然气产业的重要组成部分，天然气发电要与供气方签订长期照付不议购售气合同，同时燃气电站参与市场竞争。在目前的市场环境下，还没有在价格机制中充分反映燃气电厂的环保和调峰优势。

为了扶持燃气电厂的发展，国家和地方政府应当制定和实施一系列的相应政策，包括税收优惠政策、环保折价、分类气价、峰谷电价等政府扶持和协调政策，才能降低能源站经营风险，发挥其社会经济效益。

5. 外部协作条件风险

（1）工程建设期设备及材料运输。设备运输实施过程应预料到可能发生极端天气灾害状况，以及设备运输通道和过程中存在的风险。公路桥梁改造的加固、船舶及车辆调配、排障等技术措施与涉及运输交通有关部门要预先沟通好、协调好，若考虑、组织、协调和管理工作不及时、不到位，可能造成运输操作过程中不可预见因素增加，影响正常的设备材料运输安排，给施工建设期的大中小设备材料运输会带来许多不利影响。最终是延误运输时间，使得因设备材料不能按计划规定时间及时到位，以至工程进度与技术方案计划实施受阻，从而影响工程顺利建设。为确保设备材料按期运往工地安全完好施工，在施工过程中，要认真做好对风雪、雷雨与气温的监测工作，加强与气象部门与运输沿途涉及部门的密切联系，密切注意天气变化，随时取得气象资料，避免在极端恶劣天气条件下实施运输，对大、中、小件设备材料及混凝土的运输、浇灌作业时间，在连续工作时，应尽量避开雨季等天气，运输设备、材料与混凝土浇灌时如遇雷雨、低温天气时，应用塑料薄膜与其他可阻挡抗寒覆盖物等有效措施，对需保护的设备、材料与新浇混凝土，在运输中要采取有效的覆盖、包装、检测等措施，以免设备、材料与混凝土面被雨水冲刷，或受其他不利灾害的影响而损坏。该工程在设备材料运输方案上，在正式运输之前应与运输实施及交通管理、技术配合部门预先签订好有效、合法的相关合同及文件，并考虑当地季节气候与其他外部条件的影响，提前做好可靠前期技术准备工作，合理安排运输时间。为慎重起见，对大件设备运输方案，根据国家发展和改革委员会发布的《火力发电厂可行性研究报告内容深度规定》和原电力工业部文件电电规〔1997〕274 号文要求，应委托有电力设备材料运输资质的运输单位编制工程大件设备运输专题研究报告，以落实项目主要设备运输的路径、方案相关细节，确保设备顺利、按时运抵工程现场。参照火力发电厂工程施工中设备材料运输经验，只要技术保证措施考虑周全、实施到位，以上不利因素，不会对施工中设备材料运输造成威胁。

（2）施工力能供应。施工中，若出现停电、停水等将影响正常的土建、安装施工安排，造成施工安全、质量隐患，施工正常工期不能得到保证，从而影响工程顺利建设。为保证施工力能供应安全可靠性，该工程暂考虑从能源站附近现有的电源点上，引接专用施工变电线路供电方案；施工用水及通信利用当地已有水源及通信设施至现场的方案，施工用水、用电引接方案等力能供应点明确、安全可行、可靠。为确保施工力能供应安全可靠性，业主应与中标施工单位积极沟通，达成协议，尽量保证工程施工现场的施工力能供应，如遇不可避免的力能中断时，最好能提前通知准备，避免意外事件发生。各施工场地范围内要因势利导，在风雨等天气对力能供应设施，要加强防雨、防风、防雷等技术力度，施工水、电、通信等力能供应设备必须要有防漏水、漏电、触电、短路、断路、断水、断电等防范措施，严格按照国家设计、施工、运行、检修相关技术规范实施。施工生产要合理安排施工程序，适应季节性施工，并采取相应的有效的保证防护措施，力能管线施工、运行、维护、检修、管理要指定设置有技术资质、经验丰富的专人负责。据调查表明，国内具有资质的大型火电施工单位，曾在国内外众多的大中小型火电工程施工中，积累有丰富的抗风险能力的成功经验。实践证明，通过招标优选，有资质及实力的单位施工，应具有该工程的抗风险能力、可以解决处理好该工程施工风险及经济与社会影响产生的问题。参照火力发电厂工程施工中力能供应设计、运行、管理成熟经验，只要技术保证措施考虑周全、实施到位，以上存在的风险因素，应不会影响该工程施工力能正常供应，也不会对该工程建设期力能供应产生严重影响。

6. 技术风险

近年来，随着改革开放的不断深化，全国各地的物流业蓬勃发展。物流业热负荷具有以下特点：

（1）冷热负荷大，相对集中，且冷热负荷增长的趋势较明显。

（2）对供汽的可靠性要求较高。

（3）冷热负荷一天内波动范围较大。

因此，要求承担热负荷的分布式能源站合理配置装机，并有充足的备用容量和足够的供冷、供热调峰能力。由于分布式供能站联合循环热电联产机组污染小、效率高及靠近热、电负荷中心，本身所具有的特性能够较好地满足上述要求，近年来日益受到重视，已有类似机组相继投入商业运行，同时也推动了燃气-蒸汽联合循环热电联产相关技术的发展。

该项目的主机设备国内已有投产业绩，主机设备不存在技术风险。

7. 项目实施和管理方面的风险

该项目在实施过程中应积累运行、维护及日常管理的经验，以规避项目实施中存在的风险。

8. 风险分析结论

从该项目预测的风险来看，大部分风险程度为“一般”，即发生这种风险的可能性比较小，不影响项目的策划、设计、施工、运营及销售。

在以上所列的风险中，市场风险中的燃料供应、原材料及项目建设设备材料等价格属于“较大”风险。近年来，国内的经济发展势头良好，但各种产品价格不稳定，建设所需资金与编制的估算存在突破风险。国家目前未颁布物价上涨指数，编制估算时未考虑涨价预备费。项目在实际建设中可根据国家有关政策及时调整项目投资。

第十一章

设 计 文 件

第一节 项目前期设计文件

一、供能项目前期工作性质

供能项目的前期工作内容和工作程序都具有一定的时效性，随着国家政策的不断调整，社会改革的深入，前期工作程序会阶段性调整变化。

供能建设项目的前期咨询工作属于投资决策范畴，一般分阶段开展工作。不同阶段研究的内容和目的不同，成果文件的深度和范围也不同。对于大型发电厂项目，其前期工作一般包括投资机会研究、初步可行性研究、可行性研究和项目评估等阶段。对于燃气分布式供能系统项目，投资方拟在某地区开发新项目时，一般需要委托有资质的单位或部门，编制投资意向书（相当于投资机会研究），为进一步确定投资意向和投资计划提供技术支持。鉴于分布式供能项目装机规模相对较小，其生产的电力和热力（供冷）产品多为区域内使用，即使所发电力向电网输送，其发电量对电网的影响也不大，再加上分布式能源站发电机组的运行灵活，接受电网调峰的能力很强，所以分布式供能项目一般不再设初步可行性研究阶段。

二、投资机会研究报告

投资机会研究相当于区域性规划选厂，是由投资单位委托相关咨询部门开展的区域性能源项目布局规划。投资机会研究的目的是研究某区域内中、长期供能项目建设的发展趋势，为在该区域内投资项目提供基础依据。

投资机会研究一般针对较大的范围开展，研究的区域内一般包括若干个项目点的自然状况和建厂条件。

1. 投资机会研究的主要内容

对于燃气分布式供能项目，投资机会研究的主要内容如下：

（1）该区域社会发展及需求分析。通过展望该地区社会发展状况，分析该区域内对电力、热力（含工业用热、市政供热、区域供冷）等产品的需求。

（2）厂址选择和技术论证。这个阶段一般是根据能收集到的资料，概略查明厂址区域自然条件，建厂资源条件，提出建厂的可行性。研究的深度可参照可行性研究阶段的内容深度，若条件不具备，某些深度也可适当放宽。

（3）工程设想。这个阶段不做详细的工程设想，只对每个项目点的装机方案提出概要建议。

2. 投资机会研究报告的主要章节内容

对于燃气分布式供能项目，投资机会研究报告的主要内容如下：

（1）研究区域内社会现状和发展趋势。概要介绍研究区域的自然、政治、经济、社会、文化等基本情况，简要论述当地政府制定的国民经济发展、工农业及第三产业发展、电力发展、热力发展、土地利用、城镇发展等规划。对该地区建设燃气分布式供能项目的软环境（社会环境）和硬环境（自然基础条件）做出评价。

（2）该地区电力发展现状及电力市场预测。对该区域电力市场现状、设计水平年和远景年的负荷预测、电力电量平衡，以及电源建设空间等进行定性论述，确定电源建设的必要性。若有向区域外送电的发展规划时，还应对受电地区电力负荷需求进行论证。

（3）该地区热力发展现状及热力市场预测。在一个特定区域内，热力负荷的需求是确定燃气分布式供能项目建设必要性、紧迫性和建设规模的最重要因素。在投资机会研究阶段，对热（冷）负荷的现状分析和发展预测，最重要的资料来源是当地政府部门的城镇发展规划和供热规划。没有这些基础规划时，则要对研究的区域进行初步的热（冷）负荷调查，以调查数据为依据，分析该地区目前及未来对热（冷）负荷的需求预测。

（4）该区域安全性评价。对研究区域的地质构造及稳定性进行判别分析，阐述研究区域内地震断裂及地震烈度区划，提出区域内适合建厂（站）的位置。

（5）该区域资源分析。研究该地区可用于分布式供能站项目建设的土地资源、燃料资源、水资源等资源总量，分析出主要受控因素。通过受控资源因素，推算出该区域在设计水平年和远景水平年可以建设的总装机容量。

对于天然气燃料资源量的评估，除了该地区可用资源总量以外，还要研究域外可用的天然气资源量。

（6）建厂条件综述。对区域内各个拟建厂址，按照厂址自然状况和建厂条件分别进行宏观论述。

（7）区域内建厂顺序（排序）。对研究区域内的各个拟选建厂点，按建厂条件进行排序，提出优先建厂的顺序。

（8）各推荐建厂的规划容量。对优先建厂的各电源点进行排序，按顺序给出各个厂址的装机规划容量和分期建设的概要设想。

（9）经济分析。对研究区域内的各个厂址，按规划容量和分期顺序，给出初步投资估算。条件不具备时，可按单位造价及当前水平年指标进行估算。

（10）风险评估。对研究区域内各电源点进行建设风险分析，包括政策风险、市场风险、规划风险、资源占用风险、环境变化风险，以及潜在的竞争风险等。

三、可行性研究报告

可行性研究报告是燃气分布式供能项目前期工作的最重要设计文件之一。由于燃气分布式供能项目主要以供热（冷）为主，供电为辅，不属于大型电源点项目，一般可不做初步可行性研究，在该地区投资机会研究报告，或当地政府部门提供的城镇规划（含供热规划，或热电联产规划）基础上，直接开展可行性研究工作。

燃气分布式供能项目可行性研究报告是项目申请核准批复的重要技术支撑文件，也是投资方对该项目投资决策的主要依据。

（一）可行性研究工作应遵循的规程规范和规定

燃气分布式供能项目可行性研究阶段遵循和参考的规范标准见附录 A。

（二）可行性研究阶段项目建设单位（业主）需明确的主要原则

（1）项目建设规模。业主要明确项目该期建设的规模和最终规划容量。对于老厂扩建的项目，业主要提供老厂与该期建设相关的接口资料。

（2）项目性质。鉴于燃气分布式能供能站项目的特点，主要明确项目建成后发电上网原则（是否并网运行？只从网上受电，不上网送电？及从网上受电，同时也并网卖电）；冬夏季运行方式等。

（3）热（冷）负荷。业主协助提供该能源站服务区域的热（冷）负荷需求（从政府部门获得包含供能站项目建设区域范围的城镇发展规划，供热规划，热电联产规划等）。确认现状热（冷）负荷、投产年热（冷）负荷、中长期规划热（冷）负荷等。

（4）装机方案及主机选型意见。业主对主机的形式、参数、台数、冷却方式等重要原则提出建议。

（5）燃料来源。业主要提供该项目燃料主气源和备用气源的来源，燃气供应单位，与该工程接口位置，燃气的主要参数及品质等。

（6）水源。明确该工程全厂工业水源和生活水源（海水、江河湖地表水、中水、城市自来水）；主机冷却方式的原则意见［采用空冷（直接空冷，间接空冷），还是湿冷（直流冷却、二次循环）］。

（7）电力出线方向，接入变电所位置，出线电压等级及回数等。

（8）供能站年利用小时。

（9）项目初步建设进度计划，包括开工日期、计划投产日期。

（10）提供（或委托）可行性研究报告所需的有关环评、水保、接入系统（一次、二次）、地震安全评价、地质灾害危险性评价报告、水资源论证报告、能源站站址地质勘测报告、大件运输报告等。

（11）确定该项目可行性研究阶段的工作范围和进度要求。

（三）燃气分布式供能项目可行性研究阶段研究的主要内容

燃气分布式供能项目可行性研究阶段的设计文件主要包括以下几类：分布式供能站可研设计；配套热力管网可研设计；配套燃气系统可研设计；接入系统设计、防噪声设计、去工业化设计等。

1. 区域式燃气分布式供能站可研设计

（1）区域式燃气分布式供能站可研设计文件可分为主可研报告文件和相关配套文件（配套热力网可研报告、配套燃气供应系统可研报告、接入系统报告、能源站及热力站防噪声设计报告等）。

（2）区域式燃气分布式供能站可研设计文件内容深度要求。区域式燃气分布式供能站工程，与传统的小型发电工程类似度很高，在国家或地方政府没有专门出台燃气分布式供能站可行性研究报告内容深度规定之前，在区域式燃气分布式能源站项目可行性研究，工作内容深度可参照《火力发电厂可行性研究报告内容深度规定》（DL/T 5375）的相关要求执行。

（3）开展可行性研究需要的准备工作。

1）根据业主提供（或有限提供）的基础资料，收集整理并研究落实建厂区域电、热、冷负荷需求。对燃气分布式供能站而言，重点要落实热（冷）负荷的市场需求（包括现状、规划和潜在市场需求）。

2）厂址选择与论证。

a. 查明厂址（含异地的水源地等）自然情况。包括厂址地形地貌、岩土工程、水文气象、交通运输、生态环境状态、周边社会环境状况等。确定厂址是否安全可行。

——通过现场调查、踏勘、收资等方式，获得不同比例的厂址地形地貌图。最常用的是1∶5000和1∶2000的地形图。图中应标明等高线、地面河流、沟壑、树林、送电线路、公路、铁路、水渠和建（构）筑物等。

——收集分析厂址水文气象资料，确认厂址受洪水和内涝的安全性。

——收集分析或现场勘测厂址地质资料，判断确认厂址区域的地质稳定性和地质灾害隐患。

——收集厂址（水源地）水文地质资料，研究水源储量、可用量及水资源平衡利用政策等。

——收集整理厂址区域交通运输资料，理清厂址周边公路、铁路、水路交通的现有资源状况和发展规划，确认该工程可利用的交通资源。

——收集厂址周边区域环境状态本底，包括大气环境、水环境、噪声环境等，评估该地区环境污染物接纳能力，从环境保护方面判断该地区建厂的可行性。

——收集其他与建厂向关联的影响因素，如周边古迹、自然保护区、航空设施、军事设施、通信设施等。

b. 落实建厂条件和可用资源。逐项落实项目建设所依托的市场、土地、燃料、水资源、社会资源等要素。这是能源站项目可行性研究阶段最重要的工作。

——市场需求。对燃气能源站项目，市场需求是项目建设决策的第一要素。分布式能源站项目的市场包括电力市场和热力市场。

热力市场是指该区域工业及民用热（冷）负荷的需求。对以冷、热、电三联供为主要产品的燃气分布式供能站项目而言，热（冷）力市场需求是可行性研究阶段研究分析最重要的内容。

对于并网发电的供能站，该地区电力的需求也是项目建设的主要依据。

热力市场和电力市场都应着眼于现状负荷分析、设计水平年（投产年）负荷预测和项目寿命周期内负荷需求分析。

——土地供应。土地是重要的建厂资源，能源站项目使用土地必须符合国家土地政策。建设用地的审批主要是业主的工作，设计院需要配合提供相关技术数据资料，协助业主申办用地手续。

——燃料。可研阶段要通过业主方落实燃料的来源、品质、输送方式、接口位置等。

——水源。落实水源性质、许用水量和水质资料。

（4）区域式燃气分布式供能站项目可行性研究报告的要点。

1）工程设想部分。可行性研究阶段一项重要工作是各个专业提出的工程设想。工程设想可简述为“阐明各专业的技术原则和工程方案，运用综合技术进行整合梳理，形成供能站项目的技术全貌”。

a. 可研报告中工程设想的目的。在各专业工程设想（技术方案）的基础上，通过综合技术应用，将各相关专业有机地组合到一起，形成一个符合燃气分布式供能站生产流程，反映供能站整体技术全貌的综合技术文件，为供能站的技术经分析及后续综合技术评估奠定基础。

b. 综合技术设想主要内容。

——规划容量、该期容量、机组台数和铭牌参数、发电设备利用小时、投产时间、建设进度等。对于首次采用的新机型，应注明主设备容量的匹配。

——供能站总体规划、总布置概要描述。

——能源综合利用（一次能源梯级利用）、全厂水务管理（节水）、厂用电管理（节电）、土地利用（接地）等。

——项目建设成本控制（投资、建贷利息等）、运行成本控制（气耗、电耗、水耗等）。

c. 专业技术设想主要内容。

——机务专业：装机方案；主要工艺系统拟定，包括燃气轮机（原动机）系统、余热锅炉系统、蒸汽轮机系统；主要辅机选型，主要热力管道，保温；动力岛（主厂房）布置；全厂气耗及热效率计算。

——电气专业：电气主接线、厂用电原则接线、电气控制系统原则拟定；主变压器、厂用变压器、启动备用变压器、高低压开关柜、电缆及桥架等选型；全厂电气设备布置、高压配电装置布置、厂用电设备布置等。厂用电率计算。

——建筑结构专业：地基处理方式、主要设备基础形式选择；全厂建筑结构原则确定；主厂房（动力岛）及主要辅助建筑结构形式选择。全厂主要建筑耗材（钢材、水泥、木材）用量估算。

——水务专业：主机冷却方式的优化选择、冷却系统计算、机组冷端优化计算；全厂供水系统原则及水量平衡、耗水指标计算；全厂排水系统拟定、消防系统拟定；外供生活热水系统拟定；主要设备和管路系统选择。

——热控专业：全场控制策略拟定；控制系统确定及主要控制设备选型；控制室布置。

——化学专业：蒸汽轮机发电系统补给水方式选择及系统拟定；凝结水精处理系统；废水处理系统选择。

——暖通专业：供能站供暖热负荷和供冷热负荷的调查研究及汇总；厂外加热站、供冷站的设置原则；厂内供暖系统热媒选择及供暖系统拟定；厂房通风系统拟定及主要设备选择；控制室空调系统及全厂空调系统拟定。

——总图专业：全厂总体规划及总平面布置；全厂交通运输、厂外供气、供水系统、电力送出、热力送出等衔接设计；厂区竖向设计；全厂用地、土石方平衡、拆迁工程量等相关技术经济指标。

——环保专业：查明供能站区域环境现状本底；阐述国家及当地环境质量标准；预测项目建成后污染物排放量，并与国家以及当地污染物排放标准和排放量要求进行对照；结合燃气分布式供能站建设场地特点，考虑公众参与的结论意见，提出污染物治理措施和工程费用。

应预测供能站及外围供热（冷）站建设过程中站址周围水土流失，按国家和当地政府对水土保持的法令、政策和规定要求，提出防治措施和工程费用。

——施工组织专业：规划施工场地条件和使用方案；结合燃气分布式供能站项目特点，拟定主要施工方案和机具选择；研究和推荐大件运输方式；提出施工用电、用水、用汽，以及通信、通路和场地平整的方案设想。

2）经济分析部分。经济分析是燃气分布式供能站项目前期工作的重要内容。可行性研究阶段经济分析包括项目投资估算和财务评价。

该阶段投资估算的允许误差为±10%。

a. 经济分析的目的：向项目法人提供建设项目的决策依据。

投资估算反映项目的基建成本；财务分析反映项目的盈利能力、清偿能力和财务生存能力，是项目法人投资、金融机构融资的基础参考数据。

b. 经济分析的方法：投资估算采用建设投资分类估算法，即将供能站及其辅助系统的建设资金分为建筑工程费、设备购置费、工程建设其他费用、基本预备费、差价预备费和建设贷款利息七大类分别进行估算。

财务评价应按照政府最新颁发的“建设项目经济评价方法与参数”进行。

3）劳动者保障。劳动者保障是指能源站投运后保证劳动者生产安全和职业卫生。

供能站一旦发生事故，不应对临近企业和居民区的安全产生影响。供能站内局部建筑物或系统的事故，不应对邻近建筑物的安全产生影响，建（构）筑物之间的安全距离必须满足标准要求。确定供能站厂址是应对可能发生的自然灾害采取规避和防护措施。对站内储存和使用的各类危险品，以及生产过程中产生的应向劳动者安全的危险因素必须进行分析，阐明危害的种类、位置、形态、范围和程度，提出防护措施，确保职工的人身安全。

根据《职业病危害因素分类目录》的相关规定，确定供能站内各岗位的职业病危害因素，委托职业卫生服务机构开展职业病危害预评价。根据燃气分布式供能站生产过程中产生的职业病种类、部位、形态、理化性质和毒性、危害程度和范围进行分析，采取防护措施，保证职工人身安全和健康。

4）风险分析。风险分析需从市场风险、技术风险、工程风险、资金风险、政策风险、外部协作风险等方面进行风险评估，提出防范的对策和措施。

对于燃气分布式供能站项目，市场风险需重点对电、热（冷）产品的销售量波动情况，燃料（燃气）价格的变化因素进行评估；技术风险需对该工程采用技术的先进性、可靠性和适用性进行评估；工程风险需对突发的地震、洪水、台风等自然灾害的影响进行评估；资金风险需对贷款利率和汇率波动进行评估；政策风险需对国家政策和地方政策可能发生的变化进行评估；外部协作风险需对协作单位，如燃气公司、项目供货商等单位减产、停产、破产进行评估。

5）经济与社会影响分析。

a. 经济影响主要阐述该项目建设过程和建成投产后对当地经济的拉动作用，包括上下游关联项目的发展规划、投资规模、产品销售、促进当地劳动力就业等。要特别分析该项目建设和建成投运后对当地财政的贡献。

项目经济影响分析除了分析该项目建设对地方经济的积极影响以外，同时也要分析该项目建设是否会对地方经济产生负面影响，例如形成行业垄断等。

b. 社会影响主要分析该项目建设在地方发展规划中所处的地位和占用地方资源情况，论证分布式供能站项目建设和建成投产后对地方产生的社会影响和社会效益，比如民生效益、环保效益等。根据地方社会环境和人文环境的接纳程度，分析该项目建设尚存在的问题，提出协调解决的措施。

根据地方政府出具的支持性文件和参与的积极程度，论述地方政府对该项目建设的支持力度。

（5）区域式燃气分布式供能站可研设计报告主要内容。典型的区域式燃气分布式供能站可研设计报告主要内容见表11.1-1。

表11.1-1　　区域式燃气分布式供能站可行性研究报告主要内容

序号	章节名称	责任专业	章节内容概要	备注
一	综述	设总		
1	项目背景及项目概况		（1）建设该项目的目的、作用。 （2）该项目已完成的前期工作过程和主要成果。 （3）是否改、扩建项目，及原有项目现状	
2	投资方及项目单位概况		（1）项目投资方概况。 （2）投资人与项目法人隶属关系	
3	研究范围及工作分工		（1）划清该报告研究范围。 （2）多单位参加时应阐明各自工作接口	
4	简要工作过程及主要参加人员		该项目前期截至目前的前期工作概要	
5	主要结论		（1）从项目所在地区的电力、热力（冷）负荷需求，说明项目建设的必要性。 （2）从建厂条件、外部条件落实、资源配置、环保和社会可持续发展等角度说明项目实施的可行性	
二	冷热电负荷			
1	工业热负荷	热机	（1）分类列表区域内现状工业热负荷、近期工业热负荷等各类工业负荷需求。 （2）该期（该工程）工业热负荷选择确定原则及总量	
2	建筑空调冷热负荷	暖通	（1）分类列表区域内各建筑空调冷（热）负荷需求。 （2）该项目（该期）（冷）热负荷选择确定	
3	生活热水负荷	给排水、暖通	（1）现有负荷情况。 （2）未来生活热水负荷的确定	
4	电负荷	电气	（1）工业用电负荷。 （2）民用电负荷	
5	冷热电负荷整理分析	热机、暖通	（1）冷热电负荷的选择确定与匹配原则。 （2）确定该工程（该期）冷热电设计负荷。 本节重点内容	
三	主辅机配置及运行策略	热机		
1	主机选型		（1）该工程主机选型原则。 （2）主机设备选型。 （3）主机技术条件。 建议通过装机方案专题研究确定主机选型	
2	主要辅助系统		根据不同装机方案，分别论述主要辅助系统的选择和系统选择原则	
3	系统运行策略		（1）机组运行模式的确定原则。 （2）机组运行策略。 （3）机组启动运行要点。 本章的重点，也是体现分布式能源站系统特点的内容	

续表

序号	章节名称	责任专业	章节内容概要	备注
四	项目建设条件及供能方案	设总汇总		
1	燃气供应	热机	(1) 该工程燃气来源及可靠性分析。 (2) 燃气输送方式及设计接口。 (3) 机组设计运行小时及燃料消耗量计算。 (4) 过渡、备用燃料	
2	水资源条件	水工	(1) 该工程供水水源的选择原则。 (2) 供水水源的可靠性分析。 (3) 水源位置、现状、水质、水量等自然情况	
3	自然条件	勘测、水工	项目所在地地质条件、水文条件、气象条件等	
4	土地条件	总图、设总	(1) 燃气分布式能源站站址土地条件。 (2) 配套管网及子站工程土地条件	
5	社会环境条件	设总	(1) 项目所在地社会现状。 (2) 社会环境对该项目建设实施的影响	
6	接入系统	系统一次	(1) 项目所在地区社会发展现状、能源资源概况、电力系统负荷现状。 (2) 电力负荷预测。 (3) 电力电量平衡。 (4) 该项目建设的必要性分析。 (5) 项目与系统的连接方案	
7	供冷及供热	暖通、热机	(1) 工业供热系统。 (2) 民用供热（冷）系统。 (3) 生活供热系统	
五	工程设想			
1	总体规划及总平面布置	总图	(1) 能源站厂址总规划。 (2) 能源站总平面布置。 (3) 厂区竖向布置	
2	装机方案	热机	在专题研究基础上确定该项目装机方案。 (1) 装机方案的确定原则。 (2) 装机方案	
3	主机技术参数	热机	(1) 燃气轮机、蒸汽轮机、余热锅炉及发电机主要技术参数。 (2) 主要设计技术指标	
4	热力系统	热机	(1) 燃气分布式供能系统拟定热力系统的原则。 (2) 热力系统描述	
5	供冷供热系统	热机	(1) 系统拟定原则。 (2) 各系统简述	
6	动力岛布置	热机	(1) 燃气分布式供能系统动力岛特点。 (2) 动力岛布置原则。 (3) 动力岛布置方案优化选择。 (4) 主要布置设计指标	

续表

序号	章节名称	责任专业	章节内容概要	备注
7	电气部分	电气	(1) 电气主接线方案。 (2) 厂用电接线方案。 (3) 主要电气设备选择原则。 (4) 电气设施规划布置	
8	仪表与控制	热控	(1) 燃气分布式供能系统控制水平。 (2) 各系统设想	
9	化学水处理	化学	(1) 原水水质条件。 (2) 全厂用水水质要求。 (3) 各水处理系统概述。 (4) 废水处理及回用方案	
10	建筑结构部分	建筑、结构	(1) 能源站主要建构筑物的布置、结构形式和选材。 (2) 主要建(构)筑物地基处理方案及基础形式。 (3) 区域式燃气分布式供能系统生产辅助建筑及附属建筑的设计原则及面积	
11	水工部分	水工工艺	(1) 供水方案。 (2) 冷却系统设计参数及系统形式。 (3) 供水系统主要设施、设备、材料选择及布置	
12	暖通空调部分	暖通	(1) 能源站供暖、供冷系统冷热源选择。 (2) 主厂房(联合厂房)供暖通风与空气调节系统。 (3) 辅助建筑供暖通风设计方案	
13	给排水及消防部分	给排水	(1) 全厂供排水系统设计。 (2) 燃气分布式能源站消防系统	
14	天然气分布式供能系统标识	设总	(1) 分布式供能系统标识原则。 (2) 全厂标识系统架构	
六	环境保护与水土保持	环保		
1	环境保护		(1) 项目厂址环境现状分析。 (2) 该项目环保工程依据的规范标准。 (3) 该工程环境影响因素分析。 (4) 采取的环保措施	
2	水土保持		(1) 项目厂址环境现状分析。 (2) 该项目水土保持依据方案的规范标准。 (3) 该工程水土流失影响因素分析。 (4) 采取的水土保持措施	

续表

序号	章节名称	责任专业	章节内容概要	备注
七	劳动安全与职业卫生	环保		
1	劳动安全		（1）该项目潜在危险因素分析。 （2）劳动安全设计执行的标准。 （3）该工程采取主要劳动安全防护措施	
2	职业卫生		（1）该项目潜在的职业病危害因素分析。 （2）职业病防控设计执行的标准。 （3）该项目采取的主要职业病防护措施	
八	人力资源配置	设总	（1）人力资源配置原则及依据。 （2）该项目人力资源配置方案	
九	项目实施条件及轮廓进度	施工组织		
1	项目建设实施条件		（1）该工程施工机具、施工场地规划设想。 （2）施工供电、供水、通信方案设想。 （3）大件运输及地方建材供应	
2	项目建设轮廓进度		从项目前期工作规划到达标投产的各阶段施工周期	
十	投资估算及财务分析	技经		
1	投资估算		（1）该工程投资估算的编制依据。 （2）编制燃气分布式供能项目的投资估算范围。 （3）编制工程总估算表和建筑、安装分项估算表	
2	资金来源及融资方案		（1）明确项目建设资金来源及融资方案。 （2）各投资方出资比例及分利方式。 （3）有多种融资渠道时要进行融资成本分析比较，选择最优融资方案	
3	财务分析		（1）说明该项目财务分析采用的原始数据及计算依据。 （2）按可研深度规定说明各项财务分析指标和附表。 （3）按燃气分布式供能项目享受的各种优惠政策进行测算对比，分析项目盈利性	
十一	风险分析与对策	设总	重点分析项目投资风险和应对对策	
十二	经济与社会影响分析	设总	（1）该项目建设对区域经济发展的影响。 （2）该项目建设对当地社会可持续发展的影响。 （3）地方政府对项目建设的支持力度	
十三	结论及主要技术经济指标	设总	（1）在项目可行性研究基础上提出主要结论意见。 （2）依据可研得出的主要技术经济指标：总投资；单位投资；年供电/供热（冷）量；发电设备利用小时；经营期上网电价/热价；项目用地面积；施工土石方量；全厂热效率；设计发供电气耗（折算标煤耗）；百万千瓦耗水率；能源站厂用电率；废物排放量；项目收益率；项目人员指标等	

续表

序号	章节名称	责任专业	章节内容概要	备注
	附图	各相关专业	（1）厂址地理位置图（1∶2000或1∶5000）。 （2）电力系统现状地理接线图（针对并网发电的分布式供能项目）。 （3）分布式能源站项目所在地区电力系统现状地理接线图（针对并网发电的分布式供能项目）。 （4）设计水平年电力系统地理接线图（针对并网发电的分布式供能项目）。 （5）各厂址总体规划图。 （6）厂区总平面规划布置图。 （7）厂区竖向规划布置图。 （8）能源站原则热力系统图。 （9）燃气供应系统原理图。 （10）电气主接线原理图。 （11）分布式供能系统自动化规划图。 （12）供水系统图。 （13）全厂水量平衡图。 （14）原则性水处理系统图。 （15）主厂房（联合厂房）平断面图	
	设备清册	各相关专业		
	专题报告	各相关专业	专题报告内容参考表11.1-6	

2. 分布式供能站可研设计

（1）楼宇式分布式供能站可研设计文件可分为主可研报告文件和相关配套文件，也可合成一个可行性研究报告。

（2）楼宇式燃气分布式供能站可研设计文件内容深度要求。楼宇式燃气分布式供能站工程，与区域型供能站相比系统相对简单，其可行性研究报告内容深度主要参照相关民用规范规程确定执行。

（3）楼宇式燃气分布式供能站项目开展可行性研究需要的准备工作。

1）根据业主提供（或有限提供）的基础资料，收集整理并研究落实设站区域电、热、冷负荷需求。

2）站址选择与论证。

a. 调查站址自然情况。包括站址地形地貌、交通运输、生态环境状态、周边社会环境状况等。确定站址是否安全可行。

——通过现场调查、踏勘、收资等方式，获得不同比例的站址地形地貌图，或站址区域行政区地图。最常用的是1∶1000和1∶2000的地图。

——收集站址（水源地）水文地质资料，研究水源储量、可用量及水资源平衡利用政策等。

——收集整理站址区域交通运输资料，包括站址周边公路、铁路、水路交通的现有资源状况和发展规划，确认该工程可利用的交通资源。

——收集厂址周边区域环境状态本底，包括大气环境、水环境、噪声环境等，评估该地区环境污染物接纳能力，从环境保护方面判断区域建站的可行性。

——收集其他与建站关联的影响因素，如周边古迹、自然保护区、航空设施、军事设施、通信设施等。

b. 落实建站条件和可用资源。逐项落实项目建设所依托的市场、土地、燃料、水资源、社会资源等要素。这是供能站项目可行性研究阶段最重要的工作。

——市场需求。对燃气供能站项目，市场需求是项目建设决策的第一要素。分布式供能站项目的市场包括电力市场和热力市场。

热力市场是指该区域工业及民用热（冷）负荷的需求。对以冷、热、电三联供为主要产品的燃气分布式供能站项目而言，热（冷）力市场需求是可行性研究阶段研究分析的最重要的内容。

对于并网发电的楼宇式分布式供能站，电力市场是指能源站所在地区社会对电力的需求。

热力市场和电力市场都应着眼于现状负荷分析、设计水平年（投产年）负荷预测和项目寿命周期内负荷需求分析。

——燃料。可研阶段要通过业主方落实燃料的来源、品质、输送方式、接口位置等。

——水源。落实水源性质、许用水量和水质资料。

（4）典型的楼宇式分布式供能站可行性研究报告内容。典型的楼宇式燃气分布式供能站可研设计报告主要内容见表 11.1-2。在编制具体工程项目的可行性研究报告时，应根据项目具体情况进行增减调整。

表 11.1-2　　楼宇式燃气分布式供能站可行性研究报告主要内容

序号	章节名称	责任专业	要点摘要	备注
一	综述	设总	本章各节内容要点可参照表 11.1-1	
1	项目背景及项目概况			
2	投资方及项目单位概况			
3	研究范围及工作分工			
4	简要工作过程及主要参加人员			
5	主要结论			
二	冷热电负荷		本章各节内容要点可参照表 11.1-1	
1	建筑空调冷热负荷	暖通		
2	生活热水负荷	给排水、暖通		
3	电负荷	电气		
4	冷热电负荷整理匹配	热机、暖通		
三	主辅机配置及运行策略	热机	本章各节内容要点可参照表 11.1-1	
1	主辅机选型方案			
2	主机运行策略			

续表

序号	章节名称	责任专业	要点摘要	备注
四	供能系统方案			
1	燃气供应	热机	(1) 该工程燃气来源及可靠性分析。 (2) 燃气输送方式及设计接口。 (3) 机组设计运行小时及燃料消耗量计算。 (4) 过渡、备用燃料	
2	对外供热供冷管网	暖通	(1) 能源站对用户供热、供冷系统概要。 (2) 供热（冷）管网设计范围、分界与接口。 (3) 管网工程设计概况	
3	供冷加热站（子站）设置	暖通	(1) 子站对所承担的用户供热、供冷系统概要。 (2) 本子站设计范围、分界与接口。 (3) 子站工程设计概况	
4	接入系统	系统一次、系统二次	(1) 项目所在地区社会发展现状、能源资源概况、电力系统负荷现状。 (2) 电力负荷预测。 (3) 电力电量平衡。 (4) 该项目建设的必要性分析。 (5) 项目与系统的连接方案	
五	工程设想			
1	能源站工艺系统	热机等	(1) 机组燃气供应系统。 (2) 主机设备及技术参数。 (3) 燃烧及热力系统。 (4) 辅助系统主要设备及参数。 (5) 对外供热系统。 (6) 对外供冷系统	
2	电气与仪表控制	电气、热控	(1) 电气主接线方案。 (2) 站内供电方案。 (3) 主要电气设备选择。 (4) 电气设备规划布置。 (5) 燃气分布式供能系统控制水平。 (6) 仪表与控制系统功能。 (7) 仪表设备选型	
3	站房布置	热机建筑结构	(1) 站房规划。 (2) 站房内动力设备规划布置。 (3) 站房建筑设计方案。 (4) 站房结构设计方案	
4	消防、环保、噪声控制	给排水、环保	(1) 站房消防、环保、噪声控制设计标准及设计原则。 (2) 消防、环保及噪声控制设计方案	
5	供能系统标识	设总	(1) 燃气分布式供能系统标识原则。 (2) 楼宇式能源站标识系统结构框架	

续表

序号	章节名称	责任专业	要点摘要	备注
六	人力资源配置	设总		
七	项目实施条件及轮廓进度	施工组织	从项目前期工作规划到达标投产的各阶段施工周期	
1	项目建设实施条件		（1）该工程施工机具、施工场地规划设想。 （2）施工供电、供水、通信方案设想。 （3）设备运输方案	
2	项目建设轮廓进度			
八	投资估算及财务分析	技经		
1	投资估算		（1）该工程投资估算的编制依据。 （2）编制燃气分布式供能项目的投资估算范围。 （3）编制工程总估算表和建筑、安装分项估算表	
2	资金来源及融资方案		（1）明确项目建设资金来源及融资方案。 （2）融资成本分析，确定融资方案	
3	财务分析		（1）该项目财务分析采用的原始数据及计算依据。 （2）可研深度规定各项财务分析指标和附表。 （3）按燃气分布式供能项目享受的各种优惠政策进行测算对比，分析项目盈利性	
九	风险分析与对策	设总		
十	结论及主要技术经济指标	设总	（1）在项目可行性研究基础上提出主要结论意见（项目是否可行）。 （2）依据可研报告得出的主要技术经济指标：总投资；单位投资；年供电/供热（冷）量；发电设备利用小时；经营期上网电价/热价；项目耗用建筑面积；全厂热效率；设计发供电气耗（折算标煤耗）；耗水指标；能源站用电率；废物排放量；项目收益率；项目人员指标等	
	附图	各相关专业	（1）站址地理位置图（1：1000或1：2000）。 （2）电力系统现状地理接线图（针对并网发电的分布式供能项目）。 （3）分布式能源站项目所在地区电力系统现状地理接线图（针对并网发电的分布式供能项目）。 （4）设计水平年电力系统地理接线图（针对并网发电的分布式供能项目）。 （5）站区总平面规划布置图。 （6）站区竖向规划布置图。 （7）能源站原则热力系统图。 （8）燃气供应系统原理图。 （9）电气主接线原理图。 （10）分布式供能系统自动化规划图。 （11）供水系统图。 （12）站区供水系统原理图。 （13）原则性水处理系统图。 （14）能源站布置平断面图	
	设备清册	各相关专业		
	专题报告	各相关专业	可参考表11.1-6中专题报告内容进行选择	

3. 燃气分布式供能系统供热、供冷管网工程可行性研究报告

（1）开展可行性研究需要的准备工作。

1）收集整理供能站源头资料，理清供能站可行性研究报告中提出的供热供冷范围、供能量、供能介质及技术参数、供能外网工程设想等。

2）收集整理并研究落实供热供冷管网工程及各个换热（冷）站的供地、供水、供电、市政工程接口资料。

a. 查明管网及二级站拟建区域的自然情况，包括建设场地的地形地貌、岩土工程、交通运输、生态环境状态、周边社会环境状况等。

——通过现场调查、踏勘、收资等方式，获得不同比例的工程建设场地地形地貌图。最常用的是 1∶5000 和 1∶2000 的地形图。图中应标明等高线、地面河流、沟壑、树林、送电线路、公路、铁路、水渠和建（构）筑物等。

——收集（或依据能源站）水文气象资料，确认工程建设场地受洪水和内涝的安全性。

——收集分析或现场勘测工程场地地质资料，判断确认建设区域的地质稳定性和地质灾害隐患。

——收集整理建设区域交通运输资料，如周边公路、铁路、水路交通的现有资源状况和发展规划，确认该工程可利用的交通资源。

b. 落实拟建设场地可用的社会资源。

——土地资源。土地是重要的项目建设资源，供能站项目配套的供热供冷管网工程所使用的土地必须符合国家和项目所在地的土地政策。供能站配套建设的供热供冷管网工程的建设用地应与供能站项目一同申办和报批。用地审批主要是业主的工作，设计院需要配合提供相关技术数据资料，协助业主申办用地手续。

——可利用的供水、供电等市政资源。

（2）供能站配套的供热供冷管网工程的可行性研究报告内容深度应参照市政与民用工程的相关规范规程和相关规定执行。原则上可参照《市政公用工程设计文件编制深度规定》（2013 版，热力部分，北京市市政工程设计研究总院主编）。

（3）供热供冷管网可行性研究报告主要内容。供热供冷管网可行性研究报告主要内容见表 11.1-3。

表 11.1-3　　供能站供热供冷管网工程可行性研究报告主要内容

序号	章节名称	责任专业	要点摘要	备注
一	概述	设总		
1	城市概况		项目所在城市的自然地理概况，包括行政区划、地理位置、地形特点、河湖水系、气象条件、工程地质、水文地质、地震烈度等	
2	城市供热规划概况		可行性研究报告应简要介绍城市供热规划内容。如果尚无城市供热规划，应简要介绍城市总体规划中有关供热专业方面的内容	
3	项目概况		概要说明工程项目提出的背景，项目规模，建设的必要性和社会、经济意义。说明该项目与城市供热规划的关系。改（扩）建工程项目还应简述先期工程的概况	

续表

序号	章节名称	责任专业	要点摘要	备注
4	编制依据			
5	研究范围		说明该研究报告的工作范围以及委托其他单位专门研究的项目（如燃气系统、电力接入系统、防噪、环境评价等），相关的专题研究项目。 应包含：与能源站设计单位的设计接口；与主要冷热用户的设计接口，能量计量	
6	该项目热（冷）源情况		热（冷）源类型，装机容量，供热（冷）参数，对外供热（冷）能力，冷热首站及尖峰热（冷）源情况等	
二	热（冷）负荷			
1	热（冷）负荷计算指标	暖通	（1）工业热负荷耗热指标：包括生产工艺现状和规划热负荷的耗汽量指标。还应包括工业建筑的采暖、通风、空调及生活热负荷的耗热指标。应论述所采用数据的依据。 （2）民用热（冷）负荷耗热指标：包括各类建筑的采暖、通风、空调及生活热水负荷的耗热指标	
2	热（冷）负荷的确定	暖通	（1）通过方案论证确定供热（冷）范围，计算出热（冷）负荷数值。 （2）热（冷）负荷数值应分别列出采暖期、非采暖期、最大、最小、平均负荷和同时系数、凝结水回水率等	
3	年供热（冷）量	暖通	绘制年热（冷）负荷延续时间图，计算年供（冷）热量	
三	工程方案		可研阶段应提出多方案设想，并进行技术经济比较，提出比较的结论和推荐的最佳方案	
1	供热（冷）介质及技术参数	暖通		
2	热（冷）网形式及敷设方式	暖通	包括热（冷）网形式、热（冷）网布置方案、热（冷）网敷设方式的技术经济比较及推荐方案	
3	热（冷）网与用户的连接方式	暖通	热（冷）网与用户连接方式的研究确定；能量计量、热（冷）站设置原则及数量；凝结水回收及节能措施	
4	水力计算与水压图	暖通	（1）热（冷）网水力计算与水压图绘制，热（冷）网循环水泵的设置。 （2）多热（冷）源供热系统应按投产顺序绘制各热（冷）源满负荷时的水压图。 （3）必要时应进行事故工况水力分析或动态水力分析	
四	热（冷）网运行调节	暖通	针对该工程特点，分析不同调节方式的适用性和各自优缺点，确定该项目选用的调节方式	

续表

序号	章节名称	责任专业	要点摘要	备注
五	电气与控制			
1	电气部分	电气	热（冷）网工程及配热（冷）站供电系统原则和配电方案	
2	仪表与控制	电气、热控	热（冷）网工程及配热（冷）站系统控制、计算机监控系统	
3	通信	通信	热（冷）网、站通信系统原则、通信方式和通信站设置	
六	节约能源	设总、暖通	热（冷）网节能设计原则、节能措施和节能效果	
七	项目实施条件及轮廓进度			
1	项目定员	设总	结合能源站项目提出外网（站）工程的人力资源配置原则	
2	项目建设轮廓进度	施工组织	（1）简述燃气分布式供能中心（区域式、楼宇式能源站）项目建设周期规划。 （2）热网工程项目施工周期规划	
八	投资估算	技经		
1	投资估算		（1）能源站（总站）及配套热网工程投资估算的编制依据。 （2）编制供热（冷）管网项目的投资估算范围。 （3）编制管网工程总估算表和分项估算表	
2	资金来源及融资方案		（1）管网工程项目建设资金来源及融资方案。 （2）融资成本分析，确定融资方案	
九	结论及存在的问题	设总		
	附图	暖通	（1）供热（冷）管网系统流程图。 （2）供热（冷）管网系统负荷分布图。 （3）管网总平面规划图。 （4）管网主干线水力计算成果及水压图	
	设备清册	各相关专业		

4. 燃分布式供能系统对外供能子站工程可行性研究报告

（1）开展可行性研究需要的准备工作。

1）收集整理分布式供能站供能系统各子站资料，理清供能站可行性研究报告中提出的供热供冷范围、供能量、供能介质及技术参数、供能外网工程设想等。

2）收集整理并研究落实各子站的供地、供水、供电、市政工程接口资料：

a. 查明各子站拟建站址区域的自然情况，包括建设场地的地形地貌、岩土工程、交通运输、生态环境状态、周边社会环境状况等。

——通过现场调查、踏勘、收资等方式，获得不同比例的工程建设场地地形地貌图。最常用的是1∶5000和1∶2000的地形图。图中应标明等高线、地面河流、沟壑、树林、送电线路、公路、铁路、水渠和建（构）筑物等。

——收集（或依据能源站）水文气象资料，确认工程建设场地受洪水和内涝的安全性。

——收集分析或现场勘测工程场地地质资料，判断确认建设区域的地质稳定性和地质灾害隐患。

——收集整理建设区域交通运输资料，如周边公路、铁路、水路交通的现有资源状况和发展规划，确认该工程可利用的交通资源。

b. 落实拟建设场地可用的社会资源：

——土地资源。土地是重要的项目建设资源，供能站项目配套的供热（冷）子站工程所使用的土地必须符合国家和项目所在地的土地政策。供能站配套建设的供热供冷子站工程的建设用地应与供能站项目一同申办和报批。用地审批主要是业主的工作，设计院需要配合提供相关技术数据资料，协助业主申办用地手续。

——可利用的供水、供电等市政资源。

（2）供能站配套的供热供冷子站工程的可行性研究报告内容深度应参照市政与民用工程的相关规范规程和相关规定执行。原则上可参照《市政公用工程设计文件编制深度规定》（2013 版，热力部分，北京市市政工程设计研究总院主编）。

（3）供热供冷管网可行性研究报告主要内容。供热供冷管网可行性研究报告主要内容见表 11.1-4。

表 11.1-4　　供能子站工程可行性研究报告主要内容

序号	章节名称	责任专业	要点摘要	备注
一	概述	设总		
1	项目背景		整体项目情况，供能模式，能源中心规模，子站与能源中心关系等	
2	项目概况		子站名称、供能对象范围、供能面积、负荷；子站位置、主要设备、投资	
3	设计依据		委托合同；规划、可研；会议纪要；规范标准等	
4	设计范围		子站设计包括的专业、边界；不包含的专业等	
5	主要设计原则		分专业简述子站设计依据、设计输入和系统设计原则	
二	负荷分析			
1	供能区域面积	热机、暖通	该子站供能区域总建筑面积；供能面积；分区、分系统、分期实施情况等	
2	热（冷）负荷需求	热机、暖通	冷负荷：负荷分区、温度参数等。 热负荷（空调热负荷、散热器采暖热负荷、地板采暖热负荷）：负荷分区、温度参数等；卫生热水负荷；工业和生活蒸汽负荷	
3	供能方式	热机、暖通	简述子站设备如何利用能源中心提供的热水（或蒸汽），供应冷、热、卫生热水负荷，即原则性系统流程	
三	外部建设条件			
1	站址概述		站址所在区域自然状况；站址区域地质、水文条件	
2	站址热（冷）源条件			
3	站址市政条件		站址周边水、电、交通条件	

续表

序号	章节名称	责任专业	要点摘要	备注
四	工程设计			
1	概述	设总	子站供能对象；设置位置；供应负荷；主机设备等	
2	热力系统设计	热机/暖通	热力系统划分；主要设备选型；系统运行调节；平面布置等	
3	电气部分	电气	子站用电负荷计算；供电系统设计；主要电气设备选型；防雷、接地及电气安全措施	
4	仪表与控制	电气、热控	控制系统构成；系统主要控制功能；控制系统硬件要求；仪表选型；控制软件要求等	
5	供暖通风及给排水	暖通、给排水	供热（冷）子站内供暖通风空调设计原则及方案	
6	对外接口设计	各相关专业	一次热源；电气；冷却水；空调、采暖系统水；卫生热水；蒸汽；自来水；排污水等位置、管径等	
五	环境保护	环保	大气污染、水污染、噪声污染源分析及控制措施	
六	节约能源	设总汇总	子站工艺系统节能设计原则、节能措施和节能效果	
七	劳动安全与职业卫生	环保	（1）该项目潜在危险因素和有害因素分析。 （2）劳动安全和职业卫生设计执行的标准。 （3）该工程采取主要劳动安全防护和职业卫生防护措施	
八	投资估算	技经	供热（冷）子站项目投资与主体工程分离时，应该单独编制供热（冷）子站的投资估算	
九	结论及存在的问题	设总		
附图		各专业	（1）供能子站站址规划图。 （2）供能子站对外供能系统原理图。 （3）子站内供电、供水示意图。 （4）子站平、断面布置图。 （5）子站与市政工程接口示意图	
设备清册		各相关专业		
专题报告		各相关专业		

5．与供能站可行性研究报告同期开展的相关工作

（1）燃气分布式供能项目可行性研究报告审查需要的支撑文件。随着国家政府部门对分布式供能站项目核准程序的不断调整，目前对各类分布式供能项目的核准机关已经下达给各地政府部门。

各地政府部门对区域式和楼宇式分布式供能站项目核准的要求和权限各不相同。按照国家发展和改革委员会关于能源建设项目核准程序的指导意见，项目可行性研究报告已经不是政府部门核准项目的必备文件，因此从满足项目核准意义上，可行性研究报告的重要性已经下降。

但是，作为投资方对项目进行投资决策的重要依据，可行性研究报告的主要作用是为项目投资方提供决策依据。按照这个职能，燃气分布式供能站项目可行性研究报告审查时通用的支撑文件见表 11.1-5。

表 11.1-5　典型项目可行性研究报告审查需要的支撑文件

序号	文件名称	重要性	备注
1	集团公司同意发起备案函	必备	
2	热（冷）、电负荷调查报告	重要	
3	区域热电联产规划批复文件	重要	
4	区域供热规划批复文件	重要	
5	接入系统报告	重要	
6	与相关政府主管部门签署的项目合作协议	重要	
7	建设用地规划选址意见书	重要	
8	项目用地预审文件	必备	
9	环境影响报告书（表）	必备	
10	节能审查意见	重要	
11	社会稳定风险分析评估报告	重要	
12	供热（冷）意向性协议［包括热（冷）负荷规模、供热（冷）参数、用能时间及用能安全等级］	必备	
13	供气（意向）协议书（包括气质成分、气量）	必备	
14	供热（冷）价格依据文件（政府批文、供需双方协议）	参考	

（2）在燃气分布式供能项目可研设计阶段，建议编制完成的专题报告。对区域式分布式供能站项目，可行性研究报告编制阶段建议同期开展相关技术专题研究，为可行性研究报告提供技术支撑。

对于不同地区和不同规模的燃气分布式供能站项目，根据当地政府部门核准项目和可行性研究报告审查单位的要求，需要研究的技术专题也不尽一致，可根据项目具体情况进行调整。典型的区域式燃气分布式供能站项目可行性研究阶段建议开展的专题研究见表 11.1-6。

表 11.1-6　典型的区域式燃气分布式供能站项目可行性研究阶段建议开展的专题报告目录

序号	专题报告名称	编制时间	建议编制单位	备注
1	冷热负荷专题报告	项目优选过程中	可研编制单位	应编制
2	系统装机方案比选报告	项目优选过程中	可研编制单位	应编制
3	对外供能专题报告	可研前	合格单位	宜编制
4	主机运行模式（策略）专题报告	可研前	可研编制单位	宜编制
5	降噪专题报告	可研	专业公司	宜编制
6	燃气系统选择报告	可研前	燃气系统设计院	可选择
7	动力岛布置专题报告	可研前	可研编制单位	可选择
8	蓄能系统专题报告	可研	可研编制单位	可选择
9	进气冷却专题报告	可研	可研编制单位	可选择
10	水源专题报告	可研前	可研编制单位	宜编制
11	站址选择专题报告	可研前	可研编制单位	宜编制

第二节　初步设计文件

初步设计是确定施工图设计原则的重要环节，直接关系着工程项目的建设质量和运行效益。

燃气分布式供能项目的初步设计包括供能站工程初步设计和配套工程初步设计。

供能站配套工程初步设计可根据不同项目的构成特点和建设范围，进一步分解为燃气工程初步设计；供热（冷）管网工程初步设计；供能子站单项工程初步设计，以及其他配套的辅助工程初步设计。

不同类型的供能站项目，其配套工程也不同，要根据具体工程项目情况确定。

一、开展初步设计工作的依据

（1）开展燃气分布式供能项目初步设计需遵循的规范标准，见附录A。

（2）项目投资方内部管理规定。

（3）项目前期工作成果。

项目前期工作成果是开展初步设计工作的最主要技术依据。要注意的是，有的项目前期工作周期很长，技术方案变换很多次，前后方案差异较大。开展初设前要对这些前期成果进行甄别，以免误用。对于燃气分布式供能项目，开展初设前一般要获得或依据以下前期成果：

1）收口后的该项目可行性研究报告［包括供能站项目可行性研究报告及配套的燃气工程、接入系统、供热（冷）管网工程及子站工程的分项可行性研究报告］及其审查意见。审查意见包括投资方管理机构的内部审查（评审）意见和委托咨询机构（如中国电力规划设计总院、中国国际工程咨询公司等）提出的评审意见。

2）该项目核准报告及其核准意见。

3）项目前期工作过程中重要的会议纪要及项目建设备忘录等。

（4）初步设计合同文件及合同附件。

（5）招标后的主机技术协议和主机厂初设资料。

（6）投资方组织开展和审定后的该工程初步设计原则。

在上述各项开展初步设计的各项依据中，最重要的设计依据是项目投资方（业主）与设计单位签订的设计合同。工程项目初步设计的工作范围、设计分工、工作进度和主要技术原则均应以设计合同为准。

除设计合同以外，该项目的核准文件也十分重要，尤其是有关该项目土地利用、环境保护、资源配置、职业卫生、消防安全等与当地社会发展密切相关的要求，在初设中应不折不扣地落实，以确保工程项目顺利实现达标投产验收。当设计合同的要求与核准文件有冲突时，设计单位在开展初设工作时应及时与业主方澄清落实，重要原则应有书面记载。

二、燃气分布式供能系统供能站工程初步设计文件

（一）区域式燃气分布式供能站项目初步设计文件

1. 区域式燃气分布式供能站初步设计文件内容

区域式燃气分布式供能站项目，其工艺系统构成与建设模式都和常规燃气电站项目很类似，各设计单位在开展这类项目的工程设计、设备技术规范书、施工招标文件等工作时，基

本参照已经非常成熟的火电厂工程设计模式。实践证明也是合适的。

对于不同类型的区域式分布式供能站，其工艺系统的组成差异较大。表 11.2-1 中给出了典型区域式燃气分布式供能站项目的初步设计文件目录，使用中可结合具体项目的生产工艺组成进行删减调整。

表 11.2-1　　典型区域式燃气分布式供能站项目的初步设计文件目录

卷　号	分卷号	册　号	名　称	备　注
第 1 卷			总的部分	
	第 1 分卷		说明书	
第 2 卷			电力系统部分	
	第 1 分卷		说明书	
	第 2 分卷		主要设备材料清册	
第 3 卷			总图运输部分	
	第 1 分卷		说明书	
	第 2 分卷		专题报告	可选项
第 4 卷			热机部分	
	第 1 分卷		说明书	
	第 2 分卷		主要设备材料清册	
	第 3 分卷		专题报告	可选项
第 5 卷			化学部分	
	第 1 分卷		说明书	
	第 2 分卷		主要设备材料清册	
	第 3 分卷		专题报告	可选项
第 6 卷			电气部分	
	第 1 分卷		说明书	
	第 2 分卷		主要设备材料清册	
	第 3 分卷		专题报告	可选项
第 7 卷			仪表与控制部分	
	第 1 分卷		说明书	
	第 2 分卷		主要设备材料清册	
	第 3 分卷		专题报告	可选项
第 8 卷			建筑结构部分	
	第 1 分卷		说明书	
	第 2 分卷		专题报告	

续表

卷 号	分卷号	册 号	名 称	备 注
第 9 卷			供暖通风及空气调节部分	
	第 1 分卷		说明书	
	第 2 分卷		主要设备材料清册	
	第 3 分卷		专题报告	可选项
第 10 卷			水工部分	
	第 1 分卷		说明书	
	第 2 分卷		主要设备材料清册	
	第 3 分卷		专题报告	可选项
第 11 卷			环境保护部分	
	第 1 分卷		说明书	
	第 2 分卷		主要设备材料清册	
	第 3 分卷		专题报告	可选项
第 12 卷			水土保持部分	
第 13 卷			消防部分	
	第 1 分卷		说明书	
	第 2 分卷		主要设备材料清册	
	第 3 分卷		专题报告	可选项
第 14 卷			劳动安全部分	
	第 1 分卷		说明书	
	第 2 分卷		主要设备材料清册	
第 15 卷			职业卫生部分	
	第 1 分卷		说明书	
	第 2 分卷		主要设备材料清册	
第 16 卷			节约能源部分	
第 17 卷			施工组织大纲部分	
	第 1 分卷		说明书	
第 18 卷			运行组织及电厂设计定员部分	
第 19 卷			工程概算	

2. 区域式燃气供能站初步设计文件内容设计深度要求及要点

(1) 对于区域式燃气分布式供能站，各相关专业初步设计文件的内容深度可参照《火力发电厂初步设计文件内容深度规定》(DL/T 5427)，结合具体项目的特点，调整相关内容。

(2) 根据区域式燃气分布式供能站的特点，初步设计文件的主要内容见表 11.2-2。

表 11.2-2　　区域式燃气分布式供能站初步设计文件的主要内容

卷号	卷名	完成人	说明书主要内容	图纸及附件	专题研究内容
第 1 卷	总的部分	项目经理汇总热机、暖通参与	1. 概述 (1) 介绍该项目建设的主要目的、性质、建设规模、建设条件。 (2) 开展该次初步设计的依据，该项目前期工作概况，各项前期工作审批意见。 (3) 该阶段设计内容、设计范围、设计分工界限等。 2. 厂址简述 (1) 厂址自然条件及建厂条件，包括地理位置、建设场地、交通运输、地震地质、水文气象、气源、水源、电力出线条件等。 (2) 厂址与当地城镇规划、供热规划及企业发展规划的关系。 (3) 能源站厂区功能划分、用地面积、用地性质及占地指标等。 当该阶段厂址条件与可行性研究阶段和核准文件不一致时，应说明变更的理由和依据。 3. 电负荷、热负荷及能源站容量 (1) 要明确该项目电力及热力（冷）各种负荷的来源和甄别过程，各类负荷的数量、参数、性质，列出负荷一览表。 (2) 说明该能源站规划容量、分期建设规模及建设周期等。 4. 主要设计原则及技术方案 从各专业说明书中摘取的精华内容。要重点说明各专业（各个系统）主要设计原则、设计优化、重大技术方案的论证比选和设计特点。 5. 节约资源措施 (1) 各主要工艺系统和设备材料选择时采取的节能措施。 (2) 节水、节地、节约原材料等措施。 (3) 采取节能措施后气耗、水耗、厂用电、占地等降耗效果。 6. 环境保护措施 (1) 说明该项目环境影响报告书的编制及审查结论意见。 (2) 该项目所在地区域环境现状、大气扩散条件、污染物排放状况及降低排放的措施。 (3) 各类工业和生活废水的处理措施及环境影响分析。 (4) 噪声防治措施及预期效果。 (5) 绿化和环境美化。	1. 总报告附件 (1) 可行性研究报告的审查意见。 (2) 接入系统设计的审查意见。 (3) 环境影响报告书的批复意见。 (4) 水土保持方案报告书的批复意见。 (5) 安全预评价报告的审查意见。 (6) 职业病危害预评价报告的审查意见。 (7) 地质灾害评价报告书的审查意见。 (8) 地震评价报告书的审查意见。 (9) 水资源评价报告的审查意见。 (10) 城镇供热规划和热电联产规划的批复文件。 (11) 业主单位对燃料的确认意见。 (12) 该项目特殊工程，如码头、海事工程、天然气工程的专项设计审查文件。 (13) 业主方提供的燃气、用地、用水、铁路、大件运输、贷款等各类协议。 2. 总报告附图 (1) 总图专业的总体规划图；总平面布置图（各个方案）；竖向图；对外接口图。 (2) 热机专业的热力系统图；动力岛平、断面布置图；燃气供应系统图及接口关系图。 (3) 电气主接线图。 (4) 全厂供水系统图；全厂水平衡图。 (5) 全厂去工业化效果图（如有）。 (6) 热（冷）网系统图及总平面图。 (7) 供热（冷）子站布置图。 (8) 燃气供应系统图	

续表

卷号	卷名	完成人	说明书主要内容	图纸及附件	专题研究内容
第1卷	总的部分	项目经理汇总热机、暖通参与	7. 水土保持措施 （1）供能站区域水土流失现状和问题。 （2）该项目建设对该区域水土流失的影响。 （3）该项目建设中采取的水土流失保护措施及预后评价。 8. 劳动安全与职业卫生 （1）该项目设计中采取的防火、防爆、防尘、防毒、防化学伤害、防机械伤害、防噪声、防电伤、防寒防暑及防坠落措施。 （2）对该项目采取的劳动安全和职业卫生措施进行评价，说明预期效果。 （3）根据该项目特点采取的特殊劳卫措施。 9. 运行组织及设计定员 （1）该项目运行组织和设计定员的编制依据。 （2）列表说明该工程设计定员指标。 10. 工程标识系统 说明该工程标识系统编码依据的标准，编码原则和范围等。编制工程约定和工程编码索引。 11. 主要技术经济指标 （1）供能站设计性能指标，包括年发电量、年供热（冷）量、全厂热效率、气耗、水耗、电耗等。 （2）总布置指标，包括项目总用地面积、厂区用地面积、千瓦用地面积、建筑系数、挖/填土石方量、厂区绿化面积。 （3）耗材指标。 （4）工程投资指标。 12. 技术创新措施 （1）根据燃气分布式供能系统的特点，提出该项目创新措施及达到的预期效果。 （2）根据该工程建设条件，提出特殊创新创优措施。 （3）该项目开展重大技术专题的研究情况及结论。 （4）该工程采用的新技术、新设备、新工艺、新方法等。 （5）为提高项目建设质量而采用的设计、管理方法和手段。 13. 存在的问题及建议		

续表

卷号	卷名	完成人	说明书主要内容	图纸及附件	专题研究内容
第2卷	电力系统部分	系统	1. 供能站在电力系统中的作用和地位 （1）该项目拟接入的当地电力电网的概况。 （2）该供能站项目建设的目的、发电容量、建设顺序。 （3）该供能站在电力系统中的作用和地位。 2. 电力需求预测及电力电量平衡 （1）该地区电力系统现状、社会发展趋势及负荷预测。 （2）该地区电力装机规划及进度安排。 （3）该项目燃气分布式供能站设计容量供电范围。 （4）从电力接纳的要求确定该项目发电设备利用小时。 3. 供能站接入系统方案 （1）该地区电网建设规划及建设进度。 （2）该项目接入系统设计的评审意见。 （3）建议该项目接入系统的电压等级，各级电压出线回路数、方向及落点。 4. 电气主接线方案 5. 系统继电保护及安全自动装置 6. 系统调度自动化 7. 系统通信和供能站厂内通信	1. 附件 该项目接入系统报告（一次、二次）评审意见。 2. 附图 （1）电力系统现状地理接线图（可附在报告中）。 （2）电力系统设计年份地理接线图（可附在报告中）。 （3）供能站原则主接线图	
第3卷	总图运输部分	总图	1. 概述 （1）工程概况，说明该工程厂址位置、地形地貌、项目建设规模、建设进度、水文气象条件、工程地质条件等。 （2）设计依据。 （3）可研审查意见及设计原则。 （4）该工程特点及重点研究的问题。 （5）设计范围、工作分工及接口界限。 2. 全厂总体规划 （1）该供能站与周边城镇及企业的关系。 （2）供能站厂区规划。 （3）电力出线、热（冷）力送出、燃气供应、水源供应的输入及送出规划、接口。 （4）厂区防洪、排水。 （5）施工区规划设计。 3. 厂区总平面布置 （1）总平面布置原则。 （2）总平面布置方案。 （3）集约用地及节地措施。 4. 厂区竖向布置 5. 交通运输 6. 厂区综合管线及沟道规划设计 7. 厂区绿化设计 8. 总平面布置的安全设计及防护设计	附图 （1）厂址地理位置图（1：5000～1：10 000）。 （2）全厂总体规划图（1：2000～1：10 000）。 （3）厂区总平面布置图（各个不同组合方案）（1：1000～1：2000）。 （4）厂区竖向布置图（1：1000～1：2000）。 （5）厂区综合管线布置。 （6）厂区绿化设计。 （7）厂区土石方计算图。 （8）厂区危险区域划分	根据具体项目特点，可对厂区总平面布置、竖向设计、厂址防护等进行专题研究

续表

卷号	卷名	完成人	说明书主要内容	图纸及附件	专题研究内容
第3卷	总图运输部分	总图	根据燃气分布式供能站项目的特殊性，总图专业在初设说明书中应该体现以下内容： （1）鉴于燃气分布式供能站项目建设地点基本靠近城镇公共服务区，或居民居住区附近，供能站场地受限，地价高，因此应严格控制占地面积，总平面采用紧凑布置。报告中应详细说明该项目采取紧凑布置，同时满足相关规程规范要求的具体措施。 （2）分布式供能站项目毗邻市区建设，政府规划中一般都会要求能源站的建设要与周边环境相协调，对去工业化的要求很高。因此，对厂区内建构筑物的摆设，在满足供能站生产工艺要求的前提下，还要结合该地区城市规划中对区域环境的界定，满足城市环境美化的需求。 （3）供能站与周边相连的进出道路；燃气供气管线；电力、热力（冷）管线；供排水管线；通信网络等，与外界的连接要求，需要依托当地具体状况，并符合当地市政标准要求。在总平面布置和竖向布置中应详细论述。 （4）城市中建设的分布式供能站项目，由于场地及运输条件受限，初设阶段要结合项目所在地的现状条件，详细进行个性化施工组织设计		
第4卷	热机部分	热机	1. 概述 （1）设计依据。 （2）设计特点，重点说明燃气分布式供能站在工艺系统、设备选择、厂房布置等方面的特点。 （3）主机规范，包括燃气轮机发电机组、余热锅炉和蒸汽轮机发电机组。 （4）设计范围。 （5）可研阶段装机方案及主要辅机设备选择变化情况。 （6）主要技术指标。 2. 燃料 （1）供能站所需燃气燃料的来源、种类及燃料供应依据（协议）。 （2）燃气的消耗量。 （3）燃气燃料的品质分析。 （4）燃气供应系统的设计分工及接口。 （5）备用燃料系统。 3. 燃气供应系统及辅助设备选择 （1）燃气供应系统及辅助设备选型。 （2）燃气轮机供气系统及附属设备。 （3）燃气供应安全检测及防护。	1. 附件 （1）主机厂提供的热平衡图（包括ISO工况、纯凝工况、供热工况等）。 （2）主机厂供货范围清单。 2. 设计附图 （1）燃料系统（天然气系统）供应流程图。 （2）燃气轮机本体燃料系统流程图（若干张）。 （3）供能站各热力系统流程图（若干张）。 （4）动力岛冷却水系统流程图。 （5）压缩空气系统流程图。 （6）动力岛布置平断面图（若干张）	结合工程项目的特点，选择以下内容进行专题研究： （1）该项目供电、供热（冷）负荷的确定。 （2）装机方案研究。 （3）分布式供能站节能措施研究。 （4）供能站动力岛布置优化

续表

卷号	卷名	完成人	说明书主要内容	图纸及附件	专题研究内容
第4卷	热机部分	热机	4. 燃气轮机烟风燃烧系统及辅助设备选择 (1) 燃气轮机烟风燃烧系统。 (2) 燃气轮机进气系统。 (3) 燃气轮机清洗系统。 (4) 烟气脱硝系统。 5. 热力系统及辅机设备选型 (1) 燃气分布式供能系统热力系统的确定原则、系统构成、系统特点、运行模式。 (2) 供能站装机容量与冷热电负荷的适配原则及装机方案优化。 (3) 热力系统主要辅助设备的选型。 (4) 主要管道的规格参数。 (5) 节约用水及回收工质的措施。 (6) 热力系统的主要技术经济指标。 6. 系统运行方式 (1) 机组启动系统。 (2) 主辅机设备的可控性。 (3) 机组启动方式。 (4) 机组运行方式。 (5) 主机及辅助系统的安全保护。 7. 供能站动力岛布置 (1) 动力岛（主厂房）布置主要原则。 (2) 动力岛（主厂房）布置方案及主要尺寸。 (3) 安装检修及维护设施。 (4) 动力岛安全防护设施。 8. 辅助设施 (1) 修配厂、检修间、维护车间、实验室等布置。 (2) 空气压缩系统。 (3) 动力岛杂用水系统。 (4) 全厂保温油漆。 9. 节能设计		
第5卷	化学部分	化学	1. 项目概况 2. 该工程水处理系统设计条件 (1) 供能站水源及水质。 (2) 燃气分布式供能系统给水及蒸汽质量要求和设计标准。 (3) 设计范围和分工。 3. 锅炉（余热锅炉）补给水系统 (1) 锅炉补给水系统优化选择。 (2) 系统出力的确定。 (3) 系统设计及设备选型。 (4) 系统运行调节。 (5) 水处理站布置。 4. 循环冷却水处理 (1) 循环冷却水浓缩倍率的优化确定。 (2) 冷却水系统设备的优选。 (3) 冷却水加药杀菌。 (4) 循环冷水处理站布置。 5. 给水、炉水校正系统及汽水取样系统 6. 全厂废水处理系统 7. 劳动安全与职业卫生	附图 (1) 锅炉补给水系统、循环冷却水系统、汽水取样系统、废水处理系统流程图（若干张）。 (2) 水处理站布置图（若干张）	结合供能站所在地水资源状况和水保护要求，可选择城市中水利用及处理方法；供能站污水处理工艺系统选择等方面的专题进行研究

续表

卷号	卷名	完成人	说明书主要内容	图纸及附件	专题研究内容
第6卷	电气部分	电气	1. 项目概况 2. 电气主接线 (1) 电气主接线设计原则。 (2) 电气主接线方案。 (3) 各级电压中性点接地。 3. 短路电流计算 4. 导体及设备选择 (1) 主要设备技术规范及参数。 (2) 导体选择原则及规范参数。 5. 厂用电接线及布置 (1) 厂用电系统设计原则。 (2) 高压厂用电系统。 (3) 低压厂用电系统。 (4) 厂用电设备选择。 (5) 厂用电率。 (6) 厂用电配电装置布置。 6. 事故保安电源和不停电电源 (1) 事故保安电源。 (2) 单元机组不停电电源。 (3) 网络系统不停电电源 (UPS)。 7. 电气设备布置 (1) 电气建构筑物布置原则，电气出线走廊及周边环境对电气设备的影响。 (2) 发电机引出线布置。 (3) 高压配电装置形式选择及布置。 (4) 变压器布置。 8. 直流电系统 9. 发电机励磁系统 (1) 燃气轮机发电机励磁系统。 (2) 汽轮发电机励磁系统 10. 电气系统的控制、继电保护、自动装置 11. 过电压保护及接地 12. 照明通信 13. 电缆敷设 (1) 电缆选型原则，包括绝缘材料、缆芯材料、护套材料、铠装形式等。 (2) 供能站厂区及动力岛区电缆隧道、桥架、沟道形式选择及敷设路径。 (3) 电缆防火措施及阻燃电缆选用的原则。 14. 电气节能设计 (1) 从节能的角度说明电气设备选型原则。 (2) 电气设备的容量及裕量确定原则。 (3) 其他电气设计节能措施。 15. 劳动安全与防护设计 (1) 电气设备的防火、防爆设计原则。 (2) 防电伤、防机械伤害等	附图 (1) 电气主接线图 (各方案若干张)。 (2) 厂用电原则接线图 (多方案若干张)。 (3) 短路电流计算。 (4) 电气主要设备选型计算结果图表 (若干)。 (5) 燃机发电机及汽轮发电机出线布置图 (若干)。 (6) 变压器及封闭母线、厂用变等布置图 (若干)。 (7) 高压配电装置布置图 (若干)。 (8) 动力岛电缆敷设图。 (9) 控制室、电子设备间、继电器室等电气设备布置图 (若干)。 (10) 不停电电源系统图。 (11) 直流系统图。 (12) 汽轮发电机变压器组保护配置图	专题研究内容： (1) 电气主接线方案研究。 (2) 厂用电系统设计。 (3) 防雷接地系统研究。 (4) 电气专业节能设计研究

续表

卷号	卷名	完成人	说明书主要内容	图纸及附件	专题研究内容
第7卷	仪表与控制部分	热控	1. 概述 （1）工程项目概况。 （2）主要热力系统及电气系统概况。 （3）本专业设计特点。 （4）设计范围与接口。 2. 仪表与控制自动化水平和控制方式、控制室/电子设备间布置 （1）仪表与控制自动化水平。 （2）控制方式。 （3）控制室/电子设备间布置。 3. 仪表与控制系统及装置功能 （1）厂级管理信息系统 MIS（SIS）。 （2）动力岛（主厂房）内控制系统及装置供能。 （3）辅助车间（系统）网络及控制系统供能。 （4）仪表与控制保护及报警信号系统。 4. 仪表与控制系统设备 （1）动力岛联合循环机组内控制系统及设备配置。 （2）辅助车间的控制系统及设备配置。 （3）仪表防护措施。 5. 控制系统的可靠性措施及实时性 （1）控制系统的可靠性。 （2）控制系统的实时性。 6. 电源和气源 （1）电源。 （2）气源。 7. 仪表与控制系统及设备材料选型 （1）燃气轮机联合循环机组控制系统及设备选型。 （2）主机设备厂配套供货的控制系统及设备。 （3）热控电缆及桥架选型。 （4）热控电缆防火及安全措施。 （5）仪表管材与仪表阀门选型。 8. 仪表与控制实验室	附图 （1）全厂自动化控制系统网络配置示意图。 （2）控制楼（室）各层热控布置图（若干）。 （3）相关工艺系统控制系统图（若干）。 （4）热控电缆布置图（若干）。 （5）套用热机等工艺专业的相关工艺系统流程图	
第8卷	建筑结构部分	建筑结构	1. 概述 （1）项目概况。 （2）主要设计依据。 （3）设计范围。 2. 主要设计技术数据 （1）与建筑结构相关的水文气象条件。 （2）工程地质条件。 （3）设计采用的主要技术数据。 （4）主要建筑材料。 （5）主要建筑物设计基本要求。 3. 地基与基础 （1）全厂建构筑物地基处理方案。 （2）各建筑物基础形式与埋深。 （3）地下结构（室）防水措施。	附图 （1）动力岛（主厂房）各层建筑平面及断面图（可多张）。 （2）控制楼（控制室）建筑平断面图（可多张）。 （3）主要辅助建筑平断面图（多张）。 （4）动力岛（主厂房）基础布置图。 （5）动力岛（主厂房）结构横向及纵向布置图	专题研究报告 （1）全厂地基处理专题研究。 （2）动力岛结构形式选择。 （3）能源站建构筑物去工业化措施研究

续表

卷号	卷名	完成人	说明书主要内容	图纸及附件	专题研究内容
第 8 卷	建筑结构部分	建筑结构	4. 动力岛（主厂房）建筑设计 5. 动力岛（主厂房）结构设计 6. 其他生产生活辅助建筑物建筑结构设计 7. 建筑结构新技术、新工艺、新材料的应用 8. 建筑结构设计节能措施 9. 供能站建（构）筑物去工业化设计		
第 9 卷	供暖通风及空气调节部分	暖通	1. 概述 （1）项目概况。 （2）设计依据。 （3）设计原始资料。 （4）设计范围、接口及分工。 2. 供能站厂区供暖热源及空调冷源系统 （1）分布式供能站厂内供暖热源选择。 （2）供能站厂内建筑物空调冷源选择。 （3）厂内供暖加热站及空调供冷站布置。 3. 动力岛（主厂房）供暖通风空调 （1）主厂房（联合厂房）供暖。 （2）主厂房通风。 4. 控制楼（室）供暖通风空调 5. 生产辅助建筑及生活附属建筑供暖通风与空气调节 6. 供能站厂区管网设计 7. 节能设计 （1）暖通空调系统节能措施。 （2）暖通节能设备选型。 8. 劳动安全与职业卫生	附图 （1）供能站厂区供暖加热站系统原理图（项目所在地为集中供暖区）。 （2）供能站空调系统供冷站系统原理图。 （3）主厂房（联合厂房）供暖平面图（集中供暖地区）。 （4）主厂房（联合厂房）通风平断面图。 （5）控制楼（室）空调系统布置图	
第 10 卷	水工部分	水工工艺、给排水	1. 概述 （1）项目概况。 （2）设计依据。 （3）设计原始资料。 （4）设计范围、接口及分工。 2. 区域自然条件 （1）自然地理条件。 （2）水文气象条件。 （3）供水水源（分别论述各种可用供水水源）。 3. 全厂水务管理和水量平衡 （1）概述。 （2）全厂循环水量。 （3）能源站各项用水水量、排水、耗水。 （4）全厂废水回收及利用。 （5）该工程节水措施。 （6）全厂水量平衡结果及各项用水指标。 （7）全厂给、排水计量控制措施	附图 （1）全厂供水系统图。 （2）全厂水量平衡图。 （3）循环水泵房、综合水泵房平断面布置图（可多张）。 （4）取排水泵房平断面布置图（可多张）。 （5）补给水管道布置图（可多张）	专题报告 （1）水资源合理利用（水源选择）专题研究。 （2）冷却系统（冷端优化）专题研究。 （3）全厂废水处理及回收利用（废水零排放）专题研究（可与化学专业合作）

续表

卷号	卷名	完成人	说明书主要内容	图纸及附件	专题研究内容
第10卷	水工部分	水工工艺、给排水	4. 冷却水系统选择及布置 (1) 冷却水系统简述。 (2) 系统方案比较与优化设计。 (3) 冷却设施优化选择。 (4) 冷却系统设计计算及设备选择。 (5) 冷却水系统瞬变流分析。 5. 取排水建构筑物设计及供排水管沟 6. 给水处理 (1) 给水处理规划及处理能力。 (2) 给水处理工艺系统流程和布置。 (3) 给水处理系统设备选型及布置。 7. 污废水处理及回收利用 8. 节水措施及效果		
第11卷	环境保护部分	环保	1. 概述 (1) 燃气分布式供能站概况。 (2) 项目所在地环境概况。 (3) 设计依据。 (4) 设计采用的环保标准。 (5) 设计范围。 2. 工程所在地环境现状 (1) 自然概况。 (2) 水文气象。 (3) 生态环境。 (4) 区域环境质量状况。 3. 该工程生产工艺概述 (1) 燃料。 (2) 生产工艺流程。 (3) 总平面布置。 (4) 冷却水系统。 (5) 其他生产工艺系统。 4. 该工程污染防治措施 (1) 环境空气污染防治措施。 (2) 水污染防治措施。 (3) 噪声污染防治措施。 5. 水的总平衡及计量 6. 厂区绿化及生态保护 7. 环境管理及检测 8. 环保投资及效益分析 9. 结论	附图 (1) 厂址地理位置图及厂区总平面布置图（套用总图专业成品）。 (2) 水量平衡图（套用水工专业成品）。 (3) 废水处理工艺流程图（套用水工、化学专业成品）	
第12卷	水土保持部分	环保	1. 概述 (1) 项目概况。 (2) 项目所在地环境概况。 (3) 社会经济概况。 (4) 水土保持设计依据。 (5) 水土流失防治标准。 (6) 设计范围。 2. 工程所在地环境现状 (1) 自然概况。 (2) 水文气象。 (3) 生态环境。 (4) 区域环境质量状况。	附图 (1) 厂址地理位置图及厂区总平面布置图（套用总图专业成品）。 (2) 厂区总平面布置图（推荐方案）	

续表

卷号	卷名	完成人	说明书主要内容	图纸及附件	专题研究内容
第12卷	水土保持部分	环保	3. 该工程生产工艺概述 （1）燃料。 （2）生产工艺流程。 （3）总平面布置。 （4）冷却水系统。 （5）其他生产工艺系统。 4. 水土保持 （1）水土流失成因分析。 （2）项目水土保持现状。 （3）项目建设过程中水土流失预测。 （4）水土流失防治方案。 5. 水土保持管理和监测 （1）水土保持管理。 （2）水土保持监测。 6. 水土保持投资及效果		
第13卷	消防部分	给排水（消防）	1. 概述 （1）项目概况。 （2）设计依据。 （3）消防设计主要原则。 2. 总平面布置及交通要求 （1）供能站总平面布置。 （2）建（构）筑物的防火间距。 （3）消防车道。 3. 建（构）筑物防火设计要求 （1）建（构）筑物火灾危险性分类及耐火等级。 （2）主厂房（联合厂房）的安全疏散。 （3）建筑构造。 4. 供能站各系统消防措施 （1）燃气输送系统消防措施。 （2）动力岛内消防措施。 （3）油系统消防措施。 （4）电气系统消防措施。 （5）全厂火灾报警系统及控制系统。 5. 消防给水及灭火设施 （1）消火栓消防系统。 （2）自动喷水消防系统（可选项）。 （3）消防水量及水压确定。 （4）消防水泵及消防水池。 （5）其他消防系统。 6. 消防供电 （1）消防电源。 （2）事故照明。 7. 供暖通风系统的防火措施	附图 （1）消防给水系统图。 （2）消防水泵房布置图。 （3）主厂房（联合厂房）建筑平断面图（套用建筑设计成品）。 （4）控制楼（室）建筑平断面图（套用建筑图）	专题报告 （1）结合项目所在地当地消防要求，专题研究该工程消防设计。 （2）结合燃气分布式能源站工艺特点，研究消防设计方案

续表

卷号	卷名	完成人	说明书主要内容	图纸及附件	专题研究内容
第14卷	劳动安全部分	环保	1. 概述 (1) 项目概况。 (2) 安全保护工作过程。 (3) 工程概况。 2. 安全工程设计 (1) 设计依据。 (2) 厂址安全工程。 (3) 总平面布置及建筑物的安全设计。 (4) 工艺系统安全防护设计。 3. 该工程生产工艺概述 (1) 燃料。 (2) 生产工艺流程。 (3) 总平面布置。 (4) 冷却水系统。 (5) 其他生产工艺系统安全设计。 4. 安全机构设置及专项投资 5. 结论	1. 附件 安全生产监督管理部门同意该工程《安全预评价报告》备案的文件。 2. 附图 厂址地理位置图及厂区总平面布置图（套用总图专业成品）	
第15卷	职业卫生部分	环保	1. 概述 (1) 项目自然概况。 (2) 工程概况。 (3) 职业卫生工作过程。 2. 职业卫生工程设计 (1) 设计依据。 (2) 自然危害因素分析及防护设计。 (3) 总平面布置防护设计。 (4) 生产工艺系统职业卫生防护设计。 (5) 职业卫生辅助设施设计。 3. 职业卫生检测机构及专项投资 4. 结论及建议	1. 附件 卫生行政主管部门对《职业病危害预评价报告书》的批复意见。 2. 附图 厂址地理位置图及厂区总平面布置图（套用总图专业成品）	
第16卷	节约能源部分	设总	1. 概述 (1) 项目建设规模、进度及建设意义。 (2) 项目建设自然条件、建厂外部条件、资源情况。 2. 节约及合理利用能源的措施 (1) 工艺系统设计中采取的节能设计措施。 (2) 主辅机设备选择中考虑的节能措施。 (3) 主要材料选择中考虑的节能措施。 (4) 建筑节能。 (5) 节能效果及对标说明。 3. 节约用水的措施 4. 节约原材料的措施 5. 节约用地措施	附图 厂址地理位置图及厂区总平面布置图（套用总图专业成品）	

续表

卷号	卷名	完成人	说明书主要内容	图纸及附件	专题研究内容
第17卷	施工组织大纲部分	施工组织（总图）	1. 概述 （1）设计依据。 （2）项目建设规模。 （3）厂址自然条件。 （4）设计范围。 （5）工程设计概况（各专业设计方案简述、主要工程量）。 （6）施工单位应具备的条件。 2. 施工总平面布置 （1）施工总平面布置原则。 （2）施工总平面布置。 （3）施工生产、生活区竖向布置。 （4）施工道路。 （5）施工力能配置。 3. 主要施工方案与大型机具配备 （1）主要施工方案。 （2）施工降水。 （3）大型施工机具的配置。 4. 施工力能供应 （1）施工用电。 （2）施工用水。 （3）施工通信。 5. 交通运输条件及大件运输	附图 （1）施工场区总平面规划布置图。 （2）主厂房（联合厂房）吊装机械平面布置图。 （3）主厂房（联合厂房）吊装机械断面布置图	
第18卷	运行组织及电厂设计定员部分	设总	1. 概述 （1）项目整体概况。 （2）供能站生产运行性质及运行方式。 （3）主要设备及控制系统条件。 2. 组织机构、人员编制及指标 （1）供能站自动化控制水平及控制方式。 （2）供能站人员配备原则。 （3）配备人员的水平要求。 （4）设计定员指标。 3. 机组启动、运行方式及系统启动条件 （1）燃气分布式供能系统启动必备的条件（启动前准备）。 （2）启动电源、汽源。 （3）机组启动及试运行。 （4）燃气分布式供能机组启动注意事项		

续表

卷号	卷名	完成人	说明书主要内容	图纸及附件	专题研究内容
第19卷	工程概算	技经	1. 编制说明 (1) 工程概况。 (2) 概算编制原则。 (3) 工程投资。 (4) 投资分析。 2. 概算书部分：区域式燃气分布式供能项目初步设计概算书应编制的表格(建议)［供能站概算总表；安装工程专业汇总表；建筑工程专业汇总表；安装工程概算表；建筑工程概算表；其他费用计算表；供能站工程概况及主要技术经济指标（可放在供能站概算总表前）］		

（二）楼宇式燃气分布式供能站初步设计文件

1. 楼宇式燃气分布式供能站初步设计文件内容

楼宇式燃气分布式供能站，与区域式燃气分布式供能站相比，具有装机规模和单机容量小，工艺系统简单，建设周期短，投资少的特点。依托目前国内已建成投运的楼宇式燃气分布式供能站项目案例，建议楼宇式供能站项目的初步设计，原则上参照民用工程的相关设计规定执行。

表 11.2-3 中给出了典型楼宇式燃气分布式供能站项目的初步设计文件目录，使用中可结合具体项目的实际情况进行增减调整。

表 11.2-3　　典型楼宇式燃气分布式供能站项目初步设计文件目录

卷　号	章节序号	名　称	备　注
第1卷		供能站设计说明书	
	第1章	综述	
	第2章	电力系统	
	第3章	站址条件	
	第4章	热机部分	
	第5章	水处理部分	
	第6章	电气部分	
	第7章	仪表与控制部分	
	第8章	建筑结构部分	
	第9章	供暖通风与空气调节部分	
	第10章	水工部分	
	第11章	环境保护及水土保持	
	第12章	消防	
	第13章	劳动安全与职业卫生	
	第14章	节约资源	
	第15章	施工组织大纲	
	第16章	运行组织及设计定员	
	第17章	存在的问题及建议	
		附件	
第2卷		设备材料清册	
第3卷		工程概算	
第4卷		附图	

2. 楼宇式燃气供能站初步设计文件设计深度要求及内容要点

(1) 楼宇式燃气分布式供能站的设计说明原则上可合为一卷(供能站设计说明),必要时也可根据内容情况分为几个分卷。在设计说明书中,与供能站生产工艺系统相关的各专业,初步设计文件的内容及深度也可参照中国电力行业标准《火力发电厂初步设计文件内容深度规定》(DL/T 5427)进行编制。

(2) 根据楼宇式燃气分布式供能站的特点,初步设计文件中,各相关专业应重点关注以下设计内容,见表 11.2-4。

表 11.2-4 楼宇式燃气分布式供能站初步设计文件的主要内容

卷号及卷名	章号	章节名称	章节主要内容	完成人	备注
第1卷供能站设计说明	1	综述	1. 项目概况 (1) 介绍该项目建设的主要目的、性质、服务对象、建设规模、建设条件。 (2) 开展该次初步设计的依据,该项目前期工作概况,各项前期工作审批意见。 2. 设计依据 (1) 设计依据的规程规范。 (2) 项目支撑文件。 3. 设计内容及设计范围 (1) 项目建设规模。 (2) 设计范围及工作分工。 4. 站址简述 (1) 站址位置。 (2) 站址所在建筑物概况。 (3) 该供能站规划容量、分期建设规模及建设周期等。 5. 简要工作过程 6. 主要设计原则及技术方案 从各专业说明书中摘取的精华内容。要重点说明各专业(各个系统)主要设计原则、设计特点、重大技术方案的论证比选和设计特点。 7. 工程标识系统 说明该工程标识系统编码依据的标准,编码原则和范围等。编制工程约定和工程编码索引。 8. 主要技术经济指标 (1) 供能站设计性能指标,包括年发电量、年供热(冷)量、全厂热效率、气耗、水耗、电耗等。 (2) 耗能、耗材指标。 (3) 工程投资指标。 9. 技术创新措施 (1) 根据燃气分布式供能系统的特点,提出该项目创新措施及达到的预期效果。 (2) 根据该工程建设条件,提出特殊创新创优措施。 (3) 该项目开展重大技术专题的研究情况及结论。 (4) 该工程采用的新技术、新设备、新工艺、新方法等。 (5) 为提高项目建设质量而采用的设计、管理方法和手段。 10. 存在的问题及建议	项目经理汇总	

续表

卷号及卷名	章号	章节名称	章节主要内容	完成人	备注
第1卷供能站设计说明	2	电力系统	1. 供能站在电力系统中的作用和地位 (1) 该项目拟接入的当地电力电网的概况。 (2) 该供能站项目建设的目的、发电容量、建设顺序。 (3) 该供能站在电力系统中的作用和地位。 2. 电力需求预测及电力电量平衡 (1) 该地区电力系统现状、社会发展趋势及负荷预测。 (2) 该地区电力装机规划及进度安排。 (3) 该项目燃气分布式供能站设计容量供电范围。 (4) 从电力接纳的要求确定该项目发电设备利用小时。 3. 供能站接入系统方案 (1) 该地区电网建设规划及建设进度。 (2) 该项目接入系统设计的评审意见。 (3) 建议该项目接入系统的电压等级，各级电压出线回路数、方向及落点。 4. 电气主接线方案 5. 系统继电保护及安全自动装置 6. 系统调度自动化 7. 系统通信和能源站厂内通信		
	3	站址条件	1. 站址自然条件 (1) 站址所在区域地质地震、水文气象、工程地质条件等。 (2) 站址周边社区。 2. 供能站建设条件 (1) 该供能站与周边城镇及企业的关系。 (2) 供能站站区规划。 (3) 电力出线、热（冷）力送出、燃气供应、水源供应的输入及送出规划、接口。 (4) 供能站施工规划。 3. 站区布置 (1) 站区总平面布置原则。 (2) 站区布置方案。 4. 站区竖向布置	总图、规划或建筑	

续表

卷号及卷名	章号	章节名称	章节主要内容	完成人	备注
第1卷供能站设计说明	4	热机部分	1. 概述 (1) 设计依据。 (2) 设计特点，重点说明楼宇式燃气分布式供能站在工艺系统、设备选择、站房布置等方面的特点。 (3) 主机规范，包括燃气轮机发电机组、余热锅炉和蒸汽轮机发电机组。 (4) 设计范围。 (5) 可研阶段装机方案及主要辅机设备选择变化情况。 (6) 主要技术指标。 2. 燃料 (1) 供能站所需燃气燃料的来源、种类及燃料供应依据（协议）。 (2) 燃气的消耗量。 (3) 燃气燃料的品质分析。 (4) 燃气供应系统的设计分工及接口。 (5) 备用燃料系统。 3. 燃气供应系统及辅助设备选择 (1) 燃气供应系统及辅助设备选型。 (2) 燃气轮机供气系统及附属设备。 (3) 燃气供应安全检测及防护。 4. 燃气轮机烟风燃烧系统及辅助设备选择 (1) 燃气轮机烟风燃烧系统。 (2) 燃气轮机进气系统。 (3) 燃气轮机清洗系统。 (4) 烟气脱硝系统。 5. 热力系统及辅机设备选型 (1) 燃气分布式供能系统热力系统的确定原则、系统构成、系统特点、运行模式。 (2) 供能站装机容量与冷热电负荷的适配原则及装机方案优化。 (3) 热力系统主要辅助设备的选型。 (4) 主要管道的规格参数。 (5) 节约用水及回收工质的措施。 (6) 热力系统的主要技术经济指标。 6. 系统运行方式 (1) 机组启动系统。 (2) 主辅机设备的可控性。 (3) 机组启动方式。 (4) 机组运行方式。 (5) 主机及辅助系统的安全保护。 7. 供能站动力岛布置 (1) 动力岛（主厂房）布置主要原则。 (2) 动力岛（主厂房）布置方案及主要尺寸。 (3) 安装检修及维护设施。 (4) 动力岛安全防护设施。 8. 辅助设施 9. 节能设计	热机	结合工程项目的特点，选择以下内容进行专题研究： (1) 该项目供电、供热（冷）负荷的确定。 (2) 装机方案研究。 (3) 分布式能源站节能措施研究

续表

卷号及卷名	章号	章节名称	章节主要内容	完成人	备注
第1卷 供能站设计说明	5	水处理部分	1. 项目概况 2. 该工程水处理系统设计条件 (1) 供能站水源及水质。 (2) 燃气分布式供能系统给水及蒸汽质量要求和设计标准。 (3) 设计范围和分工。 3. 软化水处理系统 (1) 软化水处理系统设计原则。 (2) 系统出力的确定。 (3) 系统设计及设备选型。 (4) 系统运行调节。 (5) 水处理站布置。 4. 循环冷却水处理系统 (1) 循环冷却水系统选择。 (2) 冷却水系统设备的优选。 (3) 冷却水加药杀菌。 (4) 循环冷却水处理站布置。 5. 废水处理系统	化学	
	6	电气部分	1. 项目概况 2. 电气主接线 (1) 电气主接线设计原则。 (2) 电气主接线方案。 3. 短路电流计算 4. 主要导体及设备选择 (1) 主要设备技术规范及参数。 (2) 导体选择原则及规范参数。 5. 站用电接线及设备选择 (1) 站用电系统接线。 (2) 站用电系统接地。 (3) 站用电系统设备选择。 (4) 站用电配电装置布置。 6. 直流电系统及交流不间断电源 (1) 概述。 (2) 设备选择。 (3) 直流系统接线。 (4) 直流系统设备布置。 (5) 交流不间断电源。 7. 二次线、继电保护及自动装置 (1) 控制、信号和测量。 (2) 元件继电保护。 (3) 自动装置。 (4) 系统继电保护。 (5) 系统调度自动化。 8. 过电压保护及接地 (1) 过电压保护。 (2) 接地装置。 9. 照明通信 10. 电缆敷设 (1) 电缆选型原则，包括绝缘材料、缆芯材料、护套材料、铠装形式等。 (2) 供能站站区及动力岛区电缆隧道、桥架、沟道形式选择及敷设路径。 (3) 电缆防火措施及阻燃电缆选用的原则。 11. 火灾探测报警及门禁	电气一次、二次；系统二次	

续表

<table>
<tr><th>卷号及卷名</th><th>章号</th><th>章节名称</th><th>章节主要内容</th><th>完成人</th><th>备注</th></tr>
<tr><td rowspan="2">第1卷
供能站
设计
说明</td><td>7</td><td>仪表与
控制
部分</td><td>1. 概述
(1) 工程项目概况。
(2) 主要热力系统及电气系统概况。
(3) 本专业设计特点。
(4) 设计范围与接口。
2. 仪表与控制自动化水平和控制方式、控制室/电子设备间布置
(1) 仪表与控制自动化水平。
(2) 控制方式。
(3) 控制室/电子设备间布置。
3. 热工自动化系统的功能
(1) 分散控制系统 (DCS/PLC)。
(2) 供能站管理信息系统 MIS。
(3) 全厂闭路电视。
4. 仪表与控制系统设备选择
(1) 供能站 DCS 控制系统及设备配置。
(2) 一次仪表设备配置。
(3) 闭路电视。
(4) 随主机设备配供的控制设备。
5. 控制系统的可靠性措施及实时性
(1) 控制系统的可靠性。
(2) 控制系统的实时性。
6. 电源及供电方式
(1) 电源。
(2) 供电方式。
7. 仪表与控制系统材料选型
(1) 热控电缆及桥架选型。
(2) 热控电缆防火及安全措施。
(3) 仪表管材与仪表阀门选型</td><td>热控</td><td></td></tr>
<tr><td>8</td><td>建筑结构
部分</td><td>1. 概述
(1) 项目概况。
(2) 主要设计依据。
(3) 设计范围。
(4) 供能站建筑结构体系与现有楼宇建筑结构体系的关联。
2. 建筑设计
(1) 供能站建筑布置。
(2) 防火疏散。
(3) 防爆要求。
(4) 降噪隔声。
(5) 建筑装修。
(6) 去工业化设计。
(7) 主要建筑材料。
(8) 其他设施。
3. 结构设计
(1) 主要荷载。
(2) 主要建筑结构材料。
(3) 结构选型。
(4) 抗震设计。
(5) 隔震设计</td><td>建筑、
结构</td><td></td></tr>
</table>

续表

卷号及卷名	章号	章节名称	章节主要内容	完成人	备注
第1卷供能站设计说明	9	供暖通风与空气调节部分	1. 概述 (1) 设计原始资料。 (2) 室内设计参数。 (3) 设计范围、接口及分工。 (4) 主要设计原则。 2. 冷热负荷分析 (1) 供能站供能区域及热(冷)负荷需求。 (2) 热(冷)负荷分析。 3. 供能站对用户制冷供热系统 (1) 集中供暖系统。 (2) 集中供冷系统。 4. 供能站供暖通风空调 (1) 燃机房通风。 (2) 其他工艺及电气机房供暖通风及空调。 5. 供能站管网设计 6. 节能设计 (1) 暖通空调系统节能措施。 (2) 暖通节能设备选型	暖通	
	10	水工部分	1. 概述 (1) 项目概况。 (2) 设计依据。 (3) 设计原始资料。 (4) 设计范围、接口及分工。 2. 区域自然条件 (1) 站址自然地理条件。 (2) 水文气象条件。 (3) 供水水源。 3. 水务管理和水量平衡 (1) 概述。 (2) 全厂循环水量。 (3) 供能站各项用水水量、排水、耗水。 (4) 全厂水量平衡结果及各项用水指标。 4. 系统设置 (1) 循环水系统。 (2) 补给水系统。 (3) 供水系统设备选择及布置。 5. 给排水系统 6. 节水措施及效果	水工工艺 给水排水	

续表

卷号及卷名	章号	章节名称	章节主要内容	完成人	备注
第1卷供能站设计说明	11	环境保护及水土保持	1. 该工程设计依据 (1) 燃气分布式供能站概况。 (2) 项目所在地环境概况。 (3) 环保及水保设计依据。 (4) 设计范围。 2. 环保保护 (1) 污染源及污染物分析。 (2) 环保治理措施。 (3) 结论与建议。 3. 水土保持 (1) 项目概况。 (2) 水土流失原因分析。 (3) 水土保持措施。 4. 站区绿化及生态保护 5. 环境管理与水土保持管理及检测 6. 环保及水保投资及效益分析	环保	
	12	消防	1. 概述 (1) 项目概况。 (2) 设计依据。 (3) 消防设计主要原则。 2. 建筑物及构筑物 (1) 建筑布置。 (2) 火灾危险性、耐火等级。 (3) 防火分区及疏散。 (4) 防爆要求。 (5) 主要建筑构造及防火措施。 3. 能源站各系统消防措施 (1) 各个系统的消防措施。 (2) 消防供电及消防系统控制。 (3) 供暖通风系统的防火措施	给水排水(消防)	
	13	劳动安全与职业卫生	1. 劳动安全防护措施 (1) 防火、防爆。 (2) 防电伤、防机械伤害、防坠落。 2. 职业卫生防护措施 (1) 防毒、防化学伤害。 (2) 防冻、防暑、防潮。 (3) 防噪声、防震动。 3. 其他安全防护设施 4. 项目运行期间安全管理	环保	

续表

卷号及卷名	章号	章节名称	章节主要内容	完成人	备注
第1卷 供能站设计说明	14	节约资源	1. 概述 (1) 项目建设规模、进度及建设意义。 (2) 项目建设自然条件、建厂外部条件、资源情况。 2. 节约及合理利用能源的措施 (1) 工艺系统设计中采取的节能设计措施。 (2) 主辅机设备选择中考虑的节能措施。 (3) 主要材料选择中考虑的节能措施。 (4) 建筑节能。 (5) 节能效果及对标说明。 3. 节约用水的措施 4. 节约原材料的措施 5. 节约用地措施	设总汇总热机、电气、建筑(总图)、水工、暖通等专业	
	15	施工组织大纲	1. 概述 (1) 设计依据。 (2) 项目建设规模。 (3) 站址自然条件。 (4) 设计范围。 (5) 工程设计概况(各专业设计方案简述、主要工程量)。 (6) 施工单位应具备的条件。 2. 施工总平面布置 (1) 施工生产区域布置。 (2) 施工生活区域布置。 3. 主要施工方案与大型机具配备 (1) 主要施工方案。 (2) 大型施工机具的配置。 4. 施工力能供应 (1) 施工用电。 (2) 施工用水。 (3) 施工通信。 5. 施工进度安排 6. 大件设备运输 (1) 大件设备运输条件。 (2) 大件设备运输参数。 (3) 大件设备运输方案	总图(施工组织)	

续表

卷号及卷名	章号	章节名称	章节主要内容	完成人	备注
第1卷供能站设计说明	16	运行组织及设计定员	1. 编制依据和原则 2. 组织机构生产定员 （1）供能站自动化控制水平及控制方式。 （2）供能站人员配备原则。 （3）配备人员的水平要求。 （4）设计定员指标。 3. 机组启动、运行方式及系统启动条件 （1）燃气分布式供能系统启动必备的条件（启动前准备）。 （2）启动电源、汽源。 （3）机组启动及试运行。 （4）燃气分布式供能机组启动注意事项	设总 热机 热控	
	17	存在的问题及建议	（1）初步设计阶段与前期工作阶段发生的主要设计原则的变化情况说明。 （2）该项目开展初步设计时尚未落实的基础资料、设备资料等设计输入条件。 （3）业主方需要落实和提供的设计支撑文件。 （4）其他事宜		
		附件	（1）可行性研究报告的审查意见。 （2）接入系统设计的审查意见（可选）。 （3）消防许可证书。 （4）环境影响报告书的批复意见。 （5）水土保持方案报告书的批复意见（可选）。 （6）安全预评价报告的审查意见（可选）。 （7）职业病危害预评价报告的审查意见（可选）。 （8）小区供热规划和热电联产规划的批复文件（可选）。 （9）业主单位对燃料的确认意见。 （10）业主方提供的燃气、用地、用水、大件运输、贷款等各类协议		
第2卷设备材料清册			各专业设备材料清册合订（或分卷）	各专业	设总汇总，或设总指定专业汇总
第3卷工程概算			1. 编制说明 （1）工程概况。 （2）概算编制原则。 （3）工程投资。 （4）投资分析。 2. 概算书部分 区域式燃气分布式供能项目初步设计概算书应编制的表格（建议）[供能站工表；安装工程专业汇总表；建筑工程专业汇总表；安装工程概算表；建筑工程概算表；其他费用计算表；供能站工程概况及主要技术经济指标（可放在供能站工表前）]	技术经济	

续表

卷号及卷名	章号	章节名称	章节主要内容	完成人	备注
第4卷 附图			(1) 厂址地理位置图（1∶2000～1∶5000）。 (2) 全厂总体规划图（1∶1000～1∶2000）。 (3) 厂区总平面布置图（各个不同组合方案）（1∶1000～1∶2000）。 (4) 电力系统现状地理接线图（可附在报告相应章节中）。 (5) 电力系统设计年份地理接线图（可附在报告中）。 (6) 燃料系统（天然气系统）供应流程图。 (7) 燃气轮机本体燃料系统流程图。 (8) 供能站热力系统流程图（可多张）。 (9) 动力岛冷却水系统流程图。 (10) 动力岛布置平断面图（若干张）。 (11) 供能站软化水处理系统流程图。 (12) 电气主接线图（各方案）。 (13) 厂用电原则接线图（多方案若干张）。 (14) 短路电流计算。 (15) 电气主要设备选型计算结果图表。 (16) 燃气轮机发电机出线布置图。 (17) 变压器及封闭母线布置图（可多张）。 (18) 高压配电装置布置图。 (19) 供能站电缆敷设图。 (20) 控制室、电子设备间、继电器室等电气设备布置图（若干）。 (21) 不停电电源系统图。 (22) 直流系统图。 (23) 供能站自动化控制系统网络配置示意图。 (24) 控制室布置图（可多张）。 (25) 热控电缆布置图（若干）。 (26) 年供能站各层建筑平面及断面图（可多张）。 (27) 控制室建筑平断面图（可多张）。 (28) 其他辅助车间平断面图（可多张）。 (29) 供能站动力岛基础布置图。 (30) 供能站供暖通风空调系统图。 (31) 站区供水系统图。 (32) 供能站水量平衡图。 (33) 循环水泵房、综合水泵房平断面布置图（可多张）。 (34) 取排水泵房平断面布置图（可多张）。 (35) 补给水管道布置图（可多张）。 (36) 供能站消防系统图及布置图（可多张）。 (37) 施工场区总平面规划布置图		

三、燃气分布式供能项目配套工程初步设计文件

（一）供热（冷）管网工程初步设计文件

1. 供热（冷）管网初步设计文件内容

燃气分布式供能站的主要功能之一，是向服务的小区（社区）供热（冷）。供能站的供热（冷）管网是燃气分布式供能项目的配套工程。

表 11.2-5 中给出了典型燃气分布式供能站供热（冷）管网工程初步设计文件目录，使用中可结合具体项目的内容进行增减调整。

表 11.2-5　　典型燃气分布式供能站供热（冷）管网工程初步设计文件目录

卷　号	章节序号	名　称	备　注
第 1 卷		供热（冷）管网设计说明书	
	第 1 章	概述	
	第 2 章	冷、热负荷	
	第 3 章	供冷、供热介质	
	第 4 章	管网布置与管道敷设	
	第 5 章	水力计算	
	第 6 章	土建工程	
	第 7 章	管网监控系统	
	第 8 章	施工及验收要求	
	第 9 章	环境保护及水土保持	
	第 10 章	劳动安全与职业卫生	
	第 11 章	节约能源	
	第 12 章	主要工程量	
	第 13 章	存在的问题及建议	
		附件	
第 2 卷		设备材料清册	
第 3 卷		工程概算	
第 4 卷		附图	

2. 供热（冷）管网工程初步设计文件设计的主要内容

供热（冷）管网工程初步设计文件设计的主要内容见表 11.2-6。

（二）供能子站工程初步设计

1. 供能子站初步设计文件内容

燃气分布式供能系统的换热（冷）站（供能子站），是燃气分布式供能系统的配套工程之一。根据各个供能子站的功能、规模和建设承担单位的划分，供能子站的初步设计，可以合并到供能站配套工程进行，也可以独立开展。

表 11.2-7 中给出了典型供能子站工程初步设计文件目录，使用中可结合具体项目的实际情况进行增减调整。

表 11.2-6　　　　供热（冷）管网工程初步设计文件的主要内容

卷号及卷名	章号	章节名称	章节主要内容	完成人	备注
第1卷 供热（冷）管网设计说明书	1	概述	1. 项目概况 （1）燃气分布式供能站项目供热、供冷的范围。 （2）供能站建设规模及供热、供冷能力。 （3）该管网工程的内容。 （4）管网工程投资。 （5）与可研报告（前期工作）的变化情况说明。 2. 工程项目所在地概况 （1）项目所在地理位置、行政区划及社会发展现状。 （2）工程区域自然条件（气候条件、水文条件、地形地貌及地质条件）。 3. 设计依据 4. 设计范围 （1）项目建设规模。 （2）设计范围及工作分工	设总	
	2	冷、热负荷	1. 冷、热负荷统计 各类冷热负荷分类列表统计。 2. 设计冷、热负荷的确定 3. 年供冷、供热量 4. 冷源和热源系统	暖通	
	3	供冷、供热介质	1. 供冷、供热介质的选择 2. 供冷、供热参数	暖通	
	4	管网布置与管道敷设	1. 管网形式 2. 管网布置原则 3. 管网敷设方式 （1）热力管道敷设原则。 （2）管道敷设方式。 4. 管网路由 5. 管道热补偿 （1）热力管道热伸长量确定。 （2）热补偿方式及补偿器选择原则。 （3）自然补偿。 （4）补偿器补偿。 （5）该工程主要补偿方式确定。 6. 管材及管道附件 （1）管道及管件材料选择。 （2）管道壁厚确定。 （3）管道附件。 7. 管道保温及防腐 （1）保温设计原则。 （2）保温结构及保温材料优化选择。 （3）保温层厚度计算。 （4）管道及支架防腐。 8. 管道支架 （1）支架形式选择。 （2）支架隔热。 （3）固定隔热支架。 （4）导向隔热支架。 （5）滑动隔热支架	暖通	

续表

卷号及卷名	章号	章节名称	章节主要内容	完成人	备注
第1卷 供热（冷）管网设计说明书	5	水力计算	1. 计算条件和参数 （1）冷水管网计算参数。 （2）热水管网计算参数。 （3）蒸汽管网计算参数。 2. 管网水力计算 （1）水力计算公式及模型。 （2）管网水力计算过程及结果。 3. 水压图 4. 管网调节 （1）温度调节。 （2）压力调节	暖通	
	6	土建工程	1. 土建工程设计原则 2. 管沟工程 3. 管道支架形式 4. 地基处理	总图、土建	
	7	管网监控系统	1. 管网监控系统概述 2. 能量计量系统选择 3. 能量计量系统的主要功能及设备配置 （1）能量计量系统的主要功能。 （2）就地热（冷）计量工程。 （3）主要计量设备及配置方案。 4. 用户端PLC系统设计及设备配置	热控	
	8	施工及验收要求	1. 该工程遵循的质量验收标准 2. 管网试验要求 3. 管道清洗 4. 管网试运行	暖通	
	9	环境保护及水土保持	1. 该工程设计依据 （1）燃气分布式供能站管网工程概况。 （2）项目所在地环境概况。 （3）环保及水保设计依据。 （4）设计范围。 2. 环保保护 （1）污染源及污染物分析。 （2）环保治理措施。 （3）结论与建议。 3. 水土保持 （1）项目概况。 （2）水土流失原因分析。 （3）水土保持措施。 4. 管网工程区域生态保护 5. 环境管理与水土保持管理及检测 6. 环保及水保投资及效益分析	环保	

续表

卷号及卷名	章号	章节名称	章节主要内容	完成人	备注
第1卷 供热（冷）管网设计说明书	10	劳动安全与职业卫生	1. 劳动安全 （1）主要物料的危险性分析。 （2）热力管网敷设工作危险性分析。 （3）生产过程中主要危险、有害因素分析。 （4）重大危险源识别。 （5）安全对策措施。 （6）施工期间的安全防护。 2. 职业卫生 （1）生产过程中有害因素分析。 （2）防冻、防暑、防潮。 （3）防噪声、防震动。 3. 其他安全防护设施 4. 项目运行期间安全管理	环保	
	11	节约能源	1. 该工程节能途径 2. 节约及合理利用能源的措施 （1）工艺系统设计中采取的节能设计措施。 （2）主辅机设备选择中考虑的节能措施。 （3）主要材料选择中考虑的节能措施。 （4）建筑节能。 （5）节能效果及对标说明。 3. 节约用水的措施 4. 节约原材料的措施 5. 节约用地措施	设总汇总热机、电气、建筑（总图）、水工、暖通等专业	
	12	主要工程量	1. 管网工程量汇总 2. 监控系统工程量 3. 土建工程量 4. 拆迁与征地	设总汇总各相关专业	
	13	存在的问题及建议	（1）初步设计阶段与前期工作阶段发生的主要设计原则的变化情况说明。 （2）该项目开展初步设计时尚未落实的基础资料、设备资料等设计输入条件。 （3）业主方需要落实和提供的设计支撑文件。 （4）其他事宜	设总	
		附件	（1）管网工程可行性研究报告的审查意见。 （2）环境影响报告书的批复意见。 （3）水土保持方案报告书的批复意见（可选）。 （4）职业病危害预评价报告的审查意见（可选）。 （5）小区供热规划和热电联产规划的批复文件（可选）。 （6）业主方提供的用地、用水、设备运输、贷款等各类协议	设总	

续表

卷号及卷名	章号	章节名称	章节主要内容	完成人	备注
第2卷 设备 材料清册			各相关专业设备材料清册合订	各相关专业	设总汇总
第3卷 工程 概算			1. 编制说明 (1) 工程概况。 (2) 概算编制原则。 (3) 工程投资。 (4) 投资分析。 2. 概算书部分 燃气分布式供能项目配套热(冷)网工程初步设计概算书应编制的表格(建议)(工程总概算表;安装工程专业汇总表;建筑工程专业汇总表;安装工程取费表;建筑工程取费表;安装工程概算表;建筑工程概算表;安装工程材料差价表;建筑工程材料差价表;其他费用计算表	技术经济	
第4卷 附图			(1) 管网工程总平面布置图(1∶1000～1∶2000)。 (2) 蒸汽管网平面布置图(多张)(1∶1000～1∶2000)。 (3) 热水管网平面布置图(多张)(1∶1000～1∶2000)。 (4) 冷水管网平面布置图(多张)(1∶1000～1∶2000)。 (5) 管网布置纵断面图(多张)。 (6) 管网布置横断面图(多张)。 (7) 管网节点布置图(多张)。 (8) 管网工程检测系统原理图。 (9) 热水管网系统流程图。 (10) 冷水管网系统流程图。 (11) 蒸汽管网系统流程图。 (12) 土建工程平、断面图及节点图(多张)。 (13) 土建主要构件布置图(多张)	暖通、 总图、 土建结构	

表 11.2-7　　典型供能子站工程初步设计文件目录

卷　号	章节序号	名　称	备　注
第1卷		供能子站设计说明书	
	第1章	概述	
	第2章	冷、热负荷	
	第3章	供冷、供热介质	
	第4章	建设条件	
	第5章	工程设计方案	

续表

卷 号	章节序号	名 称	备 注
	第 6 章	环境保护及水土保持	
	第 7 章	劳动安全与职业卫生	
	第 8 章	节约能源	
	第 9 章	主要工程量	
	第 10 章	存在的问题及建议	
		附件	
第 2 卷		设备材料清册	
第 3 卷		工程概算	
第 4 卷		附图	

2. 供能子站初步设计文件设计的主要内容

供能子站初步设计文件设计的主要内容见表 11.2-8。

表 11.2-8　　供能子站初步设计文件设计的主要内容

卷号及卷名	章号	章节名称	章节主要内容	完成人	备注
第 1 卷 供能子站设计说明书	1	概述	1. 概述 (1) 项目建设背景。 (2) 供能子站与供能中心的关系。 (3) 子站项目概况（子站名称；供能范围、面积；供能负荷；子站位置等）。 (4) 设计依据。 (5) 子站设计范围。 2. 工程项目所在地概况 (1) 项目所在地理位置、行政区划及社会发展现状。 (2) 工程区域自然条件（气候条件、水文条件、地形地貌及地质条件）。 3. 设计依据 4. 设计范围 (1) 项目建设规模。 (2) 设计范围及工作分工	设总	
	2	冷、热负荷	1. 冷、热负荷统计 该子站承担的各类冷热负荷分类列表统计。 2. 子站设计冷、热负荷的确定 (1) 冷负荷。 (2) 热负荷。 (3) 工业蒸汽负荷。 (4) 生活热水负荷。 3. 供能方式	暖通	

续表

卷号及卷名	章号	章节名称	章节主要内容	完成人	备注
第1卷供能子站设计说明书	3	供冷、供热介质	1. 供冷、供热介质的选择 2. 供冷、供热参数	暖通 热机	
	4	建设条件	1. 站址概述 （1）站址自然条件（水文、气象、地质）。 （2）站址所在社会条件。 2. 热（冷）源条件 （1）供能子站冷、热源。 （2）热交换系统。 3. 市政设施条件（供电、供水、通信、消防等）	暖通	
	5	工程设计方案	1. 子站工艺系统概述 2. 热力（热交换）系统设计 （1）系统划分。 （2）设备选型。 （3）系统运行调节。 （4）系统及设备布置。 3. 电气设计 （1）子站用电负荷。 （2）子站供电系统。 （3）电气设备选型及布置。 （4）防雷接地及电气安全。 4. 控制系统设计 （1）控制系统功能。 （2）仪表设备选型。 （3）控制软件。 5. 土建设计 （1）子站建筑设计 （2）子站结构设计。 6. 暖通、给排水及消防设计 7. 接口设计	暖通	
	6	环境保护及水土保持	1. 该工程设计依据 （1）子站工程概况。 （2）项目所在地环境概况。 （3）环保及水保设计依据。 （4）设计范围。 2. 环保保护 （1）污染源及污染物分析。 （2）环保治理措施。 （3）结论与建议。 3. 水土保持 （1）项目概况。 （2）水土流失原因分析。 （3）水土保持措施。 4. 子站区域生态保护	环保	

续表

卷号及卷名	章号	章节名称	章节主要内容	完成人	备注
第1卷 供能子站 设计 说明书	7	劳动安全与职业卫生	1. 劳动安全 (1) 子站生产过程中主要危险、有害因素分析。 (2) 重大危险源识别。 (3) 安全对策措施。 (4) 施工期间的安全防护。 2. 职业卫生 (1) 生产过程中有害因素分析。 (2) 防冻、防暑、防潮。 (3) 防噪声、防震动 3. 其他安全防护设施	环保	
	8	节约能源	1. 该工程节能途径 2. 节约及合理利用能源的措施 (1) 工艺系统设计中采取的节能设计措施。 (2) 主辅机设备选择中考虑的节能措施。 (3) 主要材料选择中考虑的节能措施。 (4) 建筑节能。 (5) 节能效果及对标说明。 3. 节约用水的措施 4. 节约原材料的措施 5. 节约用地措施	设总汇总热机、电气、建筑（总图）、水工、暖通等专业	
	9	主要工程量	1. 子站工艺系统工程量汇总 2. 电气控制系统工程量 3. 土建工程量 4. 附属设施工程量	设总汇总各相关专业	
	13	存在的问题及建议	(1) 初步设计阶段与前期工作阶段发生的主要设计原则的变化情况说明。 (2) 该项目开展初步设计时尚未落实的基础资料、设备资料等设计输入条件。 (3) 业主方需要落实和提供的设计支撑文件。 (4) 其他事宜	设总	
		附件	(1) 管网及子站工程可行性研究报告的审查意见。 (2) 该项目环境影响报告书的批复意见。 (3) 水土保持方案报告书的批复意见（可选）。 (4) 职业病危害预评价报告的审查意见（可选）。 (5) 小区供热规划和热电联产规划的批复文件（可选）。 (6) 业主方提供的子站用地、用水、设备运输、贷款等各类协议	设总	

续表

卷号及卷名	章号	章节名称	章节主要内容	完成人	备注
第2卷 设备 材料清册			各相关专业设备材料清册合订	各相关专业	设总汇总
第3卷 工程概算			1. 编制说明 (1) 工程概况。 (2) 概算编制原则。 (3) 工程投资。 (4) 投资分析。 2. 概算书部分 燃气分布式供能项目配套子站工程初步设计概算书应编制的表格（建议）(工程总概算表；安装工程专业汇总表；建筑工程专业汇总表；安装工程取费表；建筑工程取费表；安装工程概算表；建筑工程概算表；安装工程材料差价表；建筑工程材料差价表；其他费用计算表)	技术经济	
第4卷 附图			(1) 供能子站热力系统流程图。 (2) 子站工程位置规划图（1：1000～1：2000）。 (3) 子站工艺系统平面布置图（多张）。 (4) 子站工艺系统布置断面图（多张）。 (5) 子站建筑平、断面图（多张）。 (6) 电气系统图及布置图（多张）。 (7) 子站控制系统图及布置图（多张）	暖通、总图、电气、建筑、结构	

第三节 技术规范书

技术规范书就是技术规范的说明文档，主要描述该设备的主要功能及用途，一般作为招标书的重要附件。技术规范是有关使用设备工序、执行工艺过程以及产品、劳动、服务质量要求等方面的准则和标准。在工业上，有时候可以将技术规范书和技术协议等同看待，但是在两者是有区别的。技术协议应严格按技术规范书内容签订，但要比技术规范书更详细、全面。在要求不是很高的情况下两者可混用，成为供货合同的附件，同样具有法律效应。

一、技术规范书的基本格式

(1) 设备用途及基本要求。主要描述该设备的主要功能及用途。

(2) 设备技术要求及主要规格参数。主要描述设备主要零部件的技术要求，包括品牌、设计、系统、备品备件、环保上的要求等；另外需对规格参数（数量）做详细的注明，列出清单表格。设备清单上应给出设备的标识编码。

(3) 设计和制造标准。基本上所有的设备都有相关的国家或者行业法律法规标准，一般采用最新、最权威的设计规范。如国标××、××标准、××设计规范等。

(4) 设计基础资料。该项涉及设备运行条件、安装方式、动力配置等内容。

(5) 供货的主要要求、内容。该项内容应包括设备的几大系统控制等功能、设备品质保证、售后服务、验收标准及供货日期等。

(6) 其他。主要设备和材料的技术规范书建议进行评审。技术协议的签订份数宜与合同份数相同，并作为合同的有效附件。

二、技术规范书主要内容

(一) 技术规范

1. 总则

2. 工程概况

(1) 工程条件。

(2) 环境条件。

(3) 电源条件。

(4) 仪用压缩空气条件。

(5) 主机条件。

(6) 设计(系统)条件。

(7) 其他条件或要求。

3. 设备规范

(1) 规范、规程和标准。

(2) 设备规范。

4. 技术要求

5. 监造、检验和性能验收试验

(1) 质量保证。

(2) 检验与试验。

(3) 性能/质量保证。

6. 油漆、标志、包装、运输、储存

(1) 油漆。

(2) 标志。

(3) 包装。

(4) 运输。

(5) 储存。

7. 其他

(1) 随同装置一起供应。

(2) 质量保证期限。

8. 附表附图

9. 数据表

(1) 技术参数表。

(2) 产品主要特点描述。

（二）供货范围/工程范围

1. 一般要求

2. 供货范围

（1）供货清单（包括但不限于）。

（2）备品备件清单。

（3）三年备品备件。

（4）专用工具。

（三）图纸、技术资料及交付进度

1. 一般要求

2. 资料提交的基本要求

（1）投标阶段投标方必须提供的图纸和资料。

（2）配合工程设计的图纸与资料。

（3）设备供货时提供下列资料。

（4）设备监造检验所需要的技术资料。

（5）施工、调试、试运、机组性能试验和运行维护所需的技术资料。

（6）投标方须提供的其他技术资料。

3. 技术文件交付要求及进度

（四）分包与外购部件

（五）技术服务与设计联络

1. 技术服务

2. 投标方现场服务人员的要求

3. 投标方现场服务人员的职责

4. 技术培训

5. 招标方的义务

6. 设计联络会

（六）大（部）件情况

（七）设备/工程交付进度

（八）技术差异表

三、主要设备及招标批次分类

燃气分布式供能项目主设备应作为首批招标设备，需在可研阶段结束后或初步设计开展之前编制主机设备技术规范书，主要包括燃气内燃机发电机组及其辅助系统设备、燃气轮发电机组及其辅助系统设备、余热锅炉及其辅助系统设备、汽轮机及其辅助系统设备、汽轮机发电机及其辅助系统设备等。其余设备和材料一般按第一批辅机、第二批辅机、第三批辅机等开展招标采购，其中第三批辅机一般含电缆、管道及阀门等材料类，详见表 11.3-1。

另外，重点项目和复杂项目的招标批次可根据项目情况适当增加。

表 11.3-1 燃气分布式供能项目主要设备及材料招标批次分类表

序号	主机设备	第一批辅机	第二批辅机	第三批辅机
1	燃气轮机及发电机组	GIS 配电装置	天然气调压站	电缆及附件
2	余热锅炉	主变压器	共箱封闭母线及附件设备	区域供冷站循环水加稳定剂、主机循环水加稳定剂装置
3	汽轮机及发电机组	离心式电制冷机、螺杆式冷水机组	高低压开关柜、发电机出口断路器柜	末端空调机组
4	内燃机及发电机组	蒸汽（或热水）型溴化锂制冷机	UPS 设备（不停电电源装置）	风机及附属设备
5		烟气热水型溴化锂机组	直流屏及充电系统设备	生产信息管理系统
6		化学水处理系统	网络计算机监控系统 NCS 设备	MIS 系统硬件及综合布线
7		逆流式机械通风冷却塔	净水站水处理设备	制冷站暖通循环水泵设备
8		主厂房桥式起重机	循环水泵及电动机设备	制冷站系统电动蝶阀
9		凝结水泵	主机机力通风冷却塔	热控仪表成套设备
10		取水泵房及综合水泵房常规水泵	汽轮机旁路装置设备	干式变压器
11		化学加药设备	DCS 控制系统	管道及阀门
12		汽水取样及除盐水闭式循环冷却装置设备	闭路电视监视系统	支吊架
13		减温减压装置	定压补水真空排气装置	减温减压装置
14		胶球清洗装置	蝶阀、小型电动蝶阀	分、集水器
15		真空泵	母线保护、线路保护	补水定压装置
16		燃气热水（蒸汽）锅炉	发电机同期屏、变送器屏、电度表屏设备	润滑油储油系统
17		线路及发电机变压器故障录波装置	电能量计量厂站系统	空气压缩机系统
18		噪声治理	站内通信系统及电源设备	消声器
19		储能（热水、冷水）系统	接入系统通信设备	暖通新风机组
20		脱硝系统	蓄电池	智能门禁系统
21		高温烟道	换热器类	通信设备
22		隔离变压器	检修起吊设施	
23		热泵	分、集水器	
24		直燃型溴化锂机组		
25		空冷岛		

注：以上分类含区域型分布式项目和楼宇型分布式项目，设备名称和类别仅供参考，可根据项目具体情况、进口设备或其他关键设备及部件的供货周期等进行调整。

第四节　支持性文件

在供能项目各阶段设计中，各类支持性文件都是必不可少的。支持性文件既是重要的设计依据和设计输入，也是设计文件的重要组成部分，是开展项目建设和运行管理的重要依据。

与传统的发电项目相比，燃气分布式供能系统是处于发展初期的能源板块，目前正在逐步补充完善相关建设标准和规程规范体系。

参照常规的电力工程项目建设模式，依托目前已建成投运的燃气分布式供能系统项目，对设计阶段应获取的支持性文件提出原则建议。项目建设单位和设计单位在具体项目的实施中应结合项目特点和项目所在地各级政府部门的特殊要求，分别整理出支持性文件清单，以作为项目建设的重要依据。

一、可行性研究阶段（项目前期工作）应获取的支持性文件

可行性研究是项目基本建设程序中为项目决策提供科学依据的重要工作过程。可行性研究结果是项目建设单位投资决策的重要参考；可行性研究报告是项目所在地政府部门核准批复项目的最基本技术依据。

关于能源项目的核准批复程序，随着国家政府部门不断简政放权，中央政府对各类能源项目建设核准的权利已经下达给各省市地方政府。不同地区政府部门对分布式供能项目的核准程序也有各自要求，项目建设单位应会同设计单位，积极与当地政府部门沟通，合理确定具体项目支持性文件清单。

依据这个原则，典型项目可行性研究阶段建议获得的支持性文件见表 11.4-1。

表 11.4-1　典型项目可行性研究阶段建议获得的支持性文件

支持性文件名称	文件的作用	文件的来源	文件获得时间
第一类　项目建设单位（投资方/业主）上级主管部门出具的文件			
项目法人单位上级决策部门同意开展项目前期工作的文件	开展可行性研究（前期）工作	项目法人单位的上级决策机构	可行性研究前
项目法人单位上级决策部门关于分布式项目前期工作内容及深度的要求（集团公司设计导则）	开展可行性研究工作	项目单位的上级决策机构	可行性研究前
第二类　设计输入或设计依据类文件			
热（冷）、电负荷调查报告	编制可行性研究报告	项目法人或委托方	可行性研究前
区域热电联产规划	编制可行性研究报告/项目核准	当地政府	可行性研究前
区域供热规划	编制可行性研究报告/项目核准	当地政府	可行性研究前
供热（冷）意向性协议［包括热（冷）负荷规模、供热（冷）参数、用能时间及用能安全等级、热价等内容］	编制可行性研究报告	供能站用户	可行性研究前

续表

支持性文件名称	文件的作用	文件的来源	文件获得时间
第二类　设计输入或设计依据类文件			
供气（意向）协议书（包括气质成分、气量、协议气价等）	编制可行性研究报告	供能站用户	可行性研究前
第三类　政府或行政主管部门批复和监管、监控类文件			
供电、供热（冷）价格依据文件（政府批文或供需双方协议）	编制可行性研究报告/项目核准	当地政府	可行性研究前
燃气分布式供能站接入系统报告及审查意见	编制可行性研究报告/项目核准	电力行政主管部门	与可研同步，项目核准前
与相关政府主管部门签署的项目合作协议	编制可行性研究报告/项目核准	当地政府部门	与可研同步
项目建设用地规划选址意见书	编制可行性研究报告/项目核准	当地国土管理部门	与可研同步
项目用地预审文件	编制可行性研究报告/项目核准	当地国土管理部门	与可研同步，项目核准前
项目环境影响报告书及评估意见	编制可行性研究报告/项目核准	当地环保部门	与可研同步，项目核准前
项目水土保持方案的批复文件	编制可行性研究报告/项目核准	当地水利主管部门	与可研同步，项目核准前
项目区域地震安全评价的批复文件	编制可行性研究报告/项目核准	当地国土管理部门	与可研同步，项目核准前
节能审查意见	编制可行性研究报告/项目核准	政府确认的机构	与可研同步，项目核准前
社会稳定风险分析评估报告	编制可行性研究报告/项目核准	当地政府	与可研同步，项目核准前
第四类　项目合作方出具的支持性文件			
项目合资（合作）方出具的合资协议书	项目支撑	项目合作方	与可研同步
银行贷款协议	项目支撑	项目合作银行	与可研同步

二、初步设计阶段应获取的支持性文件

项目的初步设计工作承接了项目前期工作成果，初步设计文件要全面反映项目前期工作中确立的主要技术原则和技术方案；同时，初步设计又是开启了项目实质性建设的前期基础工作，对工程项目建设的质量、安全、进度等都十分重要。

根据这个定位，典型项目初步设计阶段建议所需的支持性文件见表 11.4-2。该表中列出的支持性文件可根据具体项目情况进行增减。

表 11.4-2　　典型项目初步设计阶段所需的支持性文件

支持性文件名称	文件的作用	文件的来源	文件获得时间
第一类　项目建设单位（投资方/业主）上级主管部门出具的文件			
项目法人单位上级决策机构对本项目初设原则的审查意见	初设文件编制/初设审查	项目单位的上级决策机构	可研后，初步设计前
项目法人单位上级决策机构（或项目法人单位）对该项目燃气全分析资料的确认函	初设文件编制/初设审查	项目单位的上级决策机构，或法人单位	初步设计前
项目法人上级决策单位（或项目法人单位）对该项目水质资料的确认函	初设文件编制/初设审查	项目单位的上级决策机构，或法人单位	初步设计前
第二类　设计输入或设计依据类文件			
项目收口版可行性研究报告及可研审查意见	初设文件编制/初设审查	项目业主/审查机构	开展初设前
项目核准报告及核准意见	初设文件编制/初设审查	项目业主/当地政府（发改委）	开展初设前
区域热电联产规划报告及批复文件	编制初设文件	当地政府/项目业主	开展初设前
区域供热规划报告及批复文件	编制初设文件	当地政府/项目业主	开展初设前
供热（冷）协议［包括热（冷）负荷规模、供热（冷）参数、用能时间及用能安全等级、热（冷）价等内容］	初设文件编制/初设审查	政府/合作方	开展初设前
供气（意向）协议书（包括燃气成分、供气量、气价等）	初设文件编制/初设审查	政府/合作方	开展初设前
第三类　政府或行政主管部门批复和监管、监控类文件			
当地政府部门对上网电价、供热（冷）价格的确认文件	初设文件编制/初设审查	政府相关部门	开展初设前
燃气分布式供能站接入系统报告及审查意见	初设文件编制/初设审查	电力行政主管部门	开展初设前
项目环境影响报告书及批复意见	初设文件编制/初设审查	当地环保部门	开展初设前
项目水土保持方案的批复文件	初设文件编制/初设审查	当地水利主管部门	与初设工作同步
项目征用（租用）土地协议	初设文件编制/初设审查	当地国土主管部门	与初设工作同步
安全预评价报告及审查意见	初设文件编制/初设审查	当地安全主管部门	与初设工作同步
地质灾害评估意见书及审查意见	初设文件编制/初设审查	当地国土主管部门	开展初设前
职业病危害预评估报告的审查意见	初设文件编制/初设审查	当地卫生主管部门	与初设工作同步
水资源评价报告的审查意见	初设文件编制/初设审查	水利行政主管部门	开展初设前

续表

支持性文件名称	文件的作用	文件的来源	文件获得时间
第四类 项目合作方出具的支持性文件			
大件运输调查报告	初设文件编制/初设审查	业主单位	开展初设前
其他有关交通、生产物料、供能站生产副产品利用的协议文件	初设文件编制/初设审查	业主单位/合作单位	开展初设前，或同步进行

三、其他支持性文件

本节的第一、第二部分已给出了可行性研究阶段和初步设计阶段应获取的主要支持性文件，但不同地区分布式供能项目的核准要求不尽相同，表 11.4-3 中列举了在初步设计文件编制和初设审查中可能会需要落实的其他支持性文件。

表 11.4-3　　其他支持性文件

文件名称	文件的作用	文件的来源	文件获得时间
项目选址意见	初设文件编制/初设审查	项目所在地规划主管部门	初步设计前
项目用地预审	初设文件编制/初设审查	项目所在地国土资源主管部门	初步设计前
供热管网工程备案	初设文件编制/初设审查	项目所在地发改委	初步设计前
抗震设防要求批复意见	初设文件编制/初设审查	项目所在地地震局	初步设计前
社会稳定风险评估	初设文件编制/初设审查	项目所在地管委会	初步设计前
项目用地范围文物遗存分布情况确认函	初设文件编制/初设审查	项目所在地文物主管部门	初步设计前
对航空不影响文件	初设文件编制/初设审查	项目所在地航空部门	初步设计前
对军事设施不影响文件	初设文件编制/初设审查	项目所在地军事主管部门	初步设计前
氢气供应	初设文件编制/初设审查	项目氢气供应单位	初步设计前
液氨（氨水、尿素）供应	初设文件编制/初设审查	项目液氨（氨水、尿素）供应单位	初步设计前

第十二章

燃气分布式供能站标识

目前，国内的火电、水电、核电、新能源发电工程均已采用标识编码系统，但燃气分布式供能项目还较少采用标识编码，需要对燃气分布式供能项目进行标识的有如下两种情况：

（1）国外工程，标书对标识编码有要求的燃气分布式供能项目。

（2）国内工程，建设方有明确标识编码要求的燃气分布式供能项目。

对于建设方无明确标识编码要求的工程项目，宜根据工程实际情况确定是否进行标识编码。

本章将依据《电厂标识系统编码标准》（GB/T 50549）的有关内容，介绍燃气分布式供能站的标识。本章的内容可用于为新建、扩建、技术改造的燃气分布式供能项目进行标识，也可用于为已建成运行的燃气分布式供能项目增补标识编码。

第一节　标识整体要求

一、燃气分布式供能项目标识使用的设计标准、参考资料

燃气分布式供能项目标识编码所使用的设计标准、参考资料见表 12.1-1。

表 12.1-1　　燃气分布式供能项目标识编码所使用的设计标准、参考资料

序号	名称、标准号、(性质)	备注
1	电厂标识系统编码标准（GB/T 50549）	国家标准
2	电厂标识系统编码标准应用手册（第三版）	对 GB/T 50549 的应用说明
3	燃气分布式能源站标识规定（CHEC-SJ-GD-021）	华电分布式工程公司企业标准； 用于燃气分布式供能站
4	城镇供热标识系统编码标准	城镇供热团体标准； 用于外供冷热管网、冷热站、用户

二、燃气分布式供能项目的标识范围

燃气分布式供能项目标识分为供能站和对外供能系统两部分，标识范围示意见图 12.1-1。图 12.1-1 中，左侧是分布式供能站，右侧是对外供能系统，其中 A、B、C 为蒸汽用户，D、E 为空调冷热水用户，F 为采暖用户。

三、标识要求

燃气分布式供能项目的标识由联合标识和参考标识两部分构成，即联合标识＋参考标识。燃气分布式供能项目的联合标识由建设方确定，并应符合《电厂标识系统编码标准》（GB/T 50549）第 4.2 节的规定。

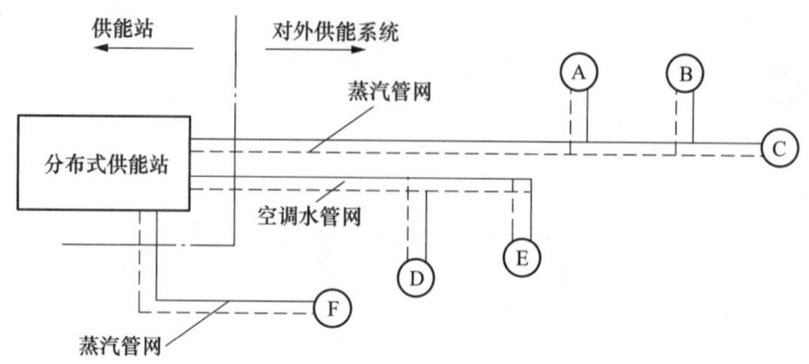

图 12.1-1　燃气分布式供能项目的标识范围示意

（一）分布式供能站的标识范围及要求

1. 标识范围

各工艺系统，电气系统、控制系统及与上述系统有关的建（构）筑物。

2. 标识要求

（1）工艺系统（包括：机务、暖通、电气、控制、化学、水工、消防等专业）采用参考标识的功能标识。

（2）建（构）筑物采用参考标识的位置标识。

（3）电气、仪控系统采用参考标识的安装点标识。

（二）对外供能系统的标识范围及要求

1. 标识范围

对外供能系统包括供蒸汽系统，供热水系统（含供暖、生活热水）、空调冷水系统的热力工艺部分，与上述系统有关的建构筑物，各冷热用户。

2. 对外供能系统的构成

外供蒸汽系统包括：一级网、蒸汽用户。

外供热水系统包括：一级网、热力站、中继泵站、二级网、热水用户（采暖、生活热水）。

外供冷水系统包括：一级网、制冷子站、空调用户。

3. 对外供能系统的标识要求

（1）对外供蒸汽、热水、冷水系统的工艺部分（包括一级网、热力站、制冷站、中继泵站、二级网）和电控部分采用参考标识的功能面标识。

（2）热力站、制冷站、中继泵站的地理位置和管道检查井的地理位置采用参考标识的安装位置标识。

（3）冷热用户建筑的地理位置采用参考标识的安装位置标识，并采用设备级标识各用户建筑内的阀门、温度、压力、流量测量等元件。

四、标识工作程序

1. 电厂标识系统标识工作的内容

（1）确定标识对象及其编码。

（2）在工程文件和图纸上对标识对象进行标注。

（3）对系统、设备、产品进行编码，并将编码标注在设备铭牌上。

（4）对建（构）筑物及房间进行编码，并将编码标注在建（构）筑标识牌上。

（5）把标识对象的编码录入相关数据库。

2. 工程约定与编码索引

在对具体工程项目进行标识时，应根据工程项目的实际情况，按《电厂标识系统编码标准》(GB/T 50549）的规定编制工程项目的《工程约定与工程编码索引》。

3. 编码工作分工

（1）设计院负责该单位设计范围内的系统设备编码。

（2）设备厂家负责该单位设备供货范围内的系统设备编码。

4. 管理与培训

（1）电厂标识工作应纳入工程项目管理。

（2）应组建电厂标识工作机构。

（3）电厂标识工作机构应适时组织电厂标识系统知识培训。

第二节　标 识 结 构

一、标识构成与前缀

（1）燃气分布式供能站标识系统由联合标识和参考标识组成。

（2）燃气分布式供能站的联合标识用于标识项目的区域（地理）定位、功能定位、建设方对项目的有关标定要求；由地理位置码、工厂装置码组成。

（3）燃气分布式供能站的参考标识分为功能标识、位置标识和安装点标识三类，其组成应符合以下规定：

1）功能标识用于标识工艺、电控的系统、设备；由全厂码、系统码、设备码组成。

2）位置标识用于标识建（构）筑物；由全厂码、建（构）筑物码、房间码组成。

3）安装点标识用于标识电气仪控设备的安装位置，由全厂码、安装单元码、安装空间码组成。

（4）全厂码是对标识对象的第一级划分，用于区分标识对象（发电机组）范围内的系统、建（构）筑物。

（5）联合标识和参考标识均含有前缀符，燃气分布式供能站标识使用的前缀符应符合表12.2-1的规定。

表 12.2-1　　燃气分布式供能站标识使用的前缀符

前缀符	前缀符名称	用途
#	井号	联合标识的前缀
=	等号	功能标识的前缀
++	连加号	位置标识的前缀
+	加号	安装点标识的前缀

二、联合标识

（1）燃气分布式供能站的联合标识采用两级编码，格式应符合以下规定。

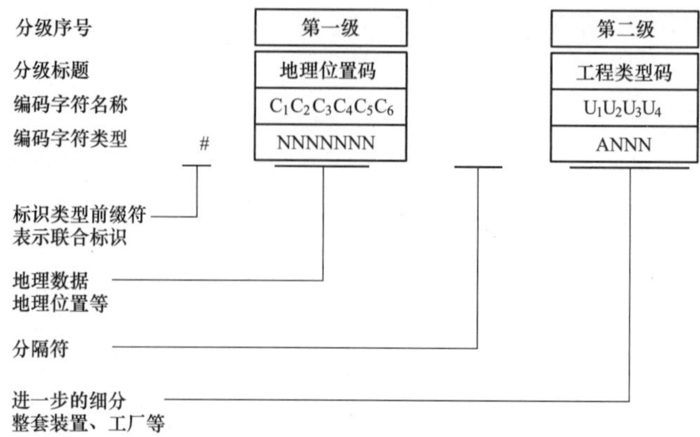

注 字符类型N为阿拉伯数字，A为大写的英文字母（禁用I，O）。

（2）联合标识的第一级是地理位置码，由六位数字组成；采用我国通用的六位数字邮政编码，用以表示供冷热工程所在的地理位置。当供冷热工程跨编码区时，应以冷热源所在地为主选择邮政编码。

（3）联合标识的第二级是供冷热工程类型码，由一位大写的英文字母和三位数字组成，英文字母表示冷热源或对外供冷热系统，三位数字表示冷热源或对外供冷热系统的编号，应标注满三位。供冷热工程类型码的使用应符合表12.2-2的规定。

表12.2-2　供冷热工程的类型码的使用

工程（项目）类型代码A	工程类型	ANNN	备注
E	热源	E001～499：具有发电功能的热源（燃煤热电厂、燃气热电厂、燃气分布式供能站） E501～899：不具有发电功能的热源（锅炉房、新能源热源） 编号900～999预留（可用）	NNN：热源的顺序编号，在全部工程范围内顺序编号
W	管网	W001～990 编号991～999预留（可用）	NNN：管网的编号，在全部工程范围内顺序编号，由工程设计单位商建设方确定，可根据供热工程内用户分布、行政区划、历史沿袭、当地习惯等因素确定
Z	用户	Z001～950 编号951～999预留（可用）	NNN：用户的顺序编号，在全部工程范围内顺序编号
S～Z	预留（可用）		可由工程参加各方根据工程情况自行约定，例如：建设方对供冷热工程的有关标注需求

注 1. 只对热源、对外供冷热系统（含：冷热管网、站、用户）做联合标识。
2. 对外供冷热系统的标识规定详见《城镇供热标识系统编码标准》。
3. 联合标识由建设方和设计院共同编制，使用方法由工程参加各方协商约定。
4. 联合标识为可选择性标识，建设方可根据工程的具体情况确定是否采用。

三、全厂码

（1）全厂码是在参考标识范围内对机组的第一级划分，用于区分标识机组范围内的系统、建（构）筑物，由两位数字组成。

（2）燃气分布式供能站的全厂码采用机组编号，机组编号以发电机组为基础，机组编号由两位数字组成，应符合表 12.2-3 的规定。

表 12.2-3　　燃气分布式供能站的全厂码

全厂码	涉及范围	备　注
01～09	1～9 号机组的系统、建（构）筑物、安装项	区域式的机组包括：燃气轮发电机组、余热锅炉； 楼宇式的机组包括：燃气内燃发电机组、烟气换热器、吸收式制冷机组
11～19	1～9 号汽轮发电机组的系统、建（构）筑物、安装项	
21～59	备用（可用）	
61～80	分别为 1、2 号机组，3、4 号机组……的共用系统、建（构）筑物、安装项，或分别为一期工程，二期工程……的共用系统、建（构）筑物、安装项	
81～90	3 台或 3 台以上机组共用的系统、建（构）筑物、安装项	
00	按最终规划容量考虑，全站公用的系统、建（构）筑物、安装项	

注　1. 公用系统的范围需要从分布式供能站整体规划考虑命名。
2. 某一期工程的共用系统应按照规划的各期工程范围命名。
3. 机组编号的取值依次从固定端向扩建端方向由小到大递增。

（3）各工程的全厂码约定应写进工程约定。当工程情况与上表规定有出入时，工程参与方可以根据工程的具体情况另行约定。

（4）在分布式供能站中，全厂码对于功能标识、位置标识和安装点标识应具有相同的含义和功能。

四、参考标识—功能标识

（1）功能（工艺、机械）标识用于工艺、电控系统的标识。

（2）功能标识应采用三级编码，其编码构成应符合以下规定。

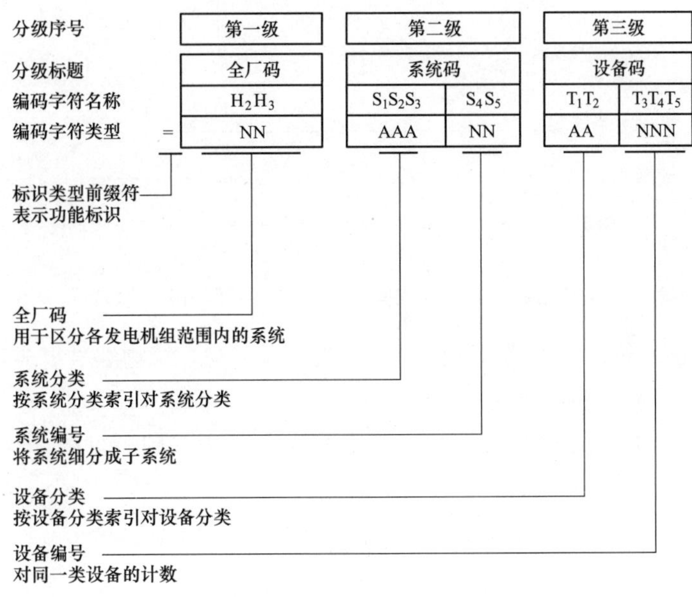

注：字符类型 N 为数字，A 为大写的英文字母（禁用 I、O）。

（3）系统码由系统分类 $S_1S_2S_3$ 和系统编号 S_4S_5 两部分组成，并应符合下列规定：

1）系统分类见表 12.3-1～表 12.3-8。

2）系统编号 S_4S_5 由两位阿拉伯数字构成，可以采用流水号顺序 01、02、03、…、99，也可以按照十位递增，每位上的“0”必须写出。

（4）设备码由设备分类 T_1T_2 和设备编号 $T_3T_4T_5$ 组成，应符合下列规定：

1）设备分类见表 12.3-9。

2）设备编号 $T_3T_4T_5$ 由三位数字构成，一般采用流水顺序 001、002、…、999，每位上的“0”必须写出。

五、参考标识——位置标识

（1）位置标识用于建（构）筑物地理位置的标识。

（2）位置标识应采用三级编码，其编码构成应符合以下规定。

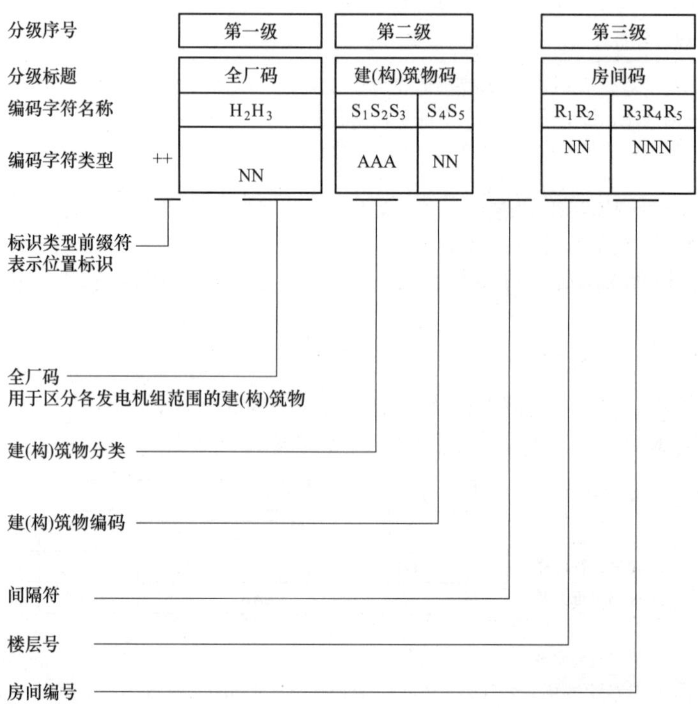

注：字符类型 N 为阿拉伯数字，A 为大写的英文字母（禁用 I，O）。

（3）建（构）筑物码由建（构）筑物分类、建（构）筑物编号组成，应符合以下规定：

1）建（构）筑物分类见表 12.4-1。

2）建（构）筑物编号由 01～99 两位数字组成，表示同类型建构（筑）物的流水编号，由设计单位与建设方共同确定。

（4）房间码由间隔符、楼层号、房间编号组成，且应符合以下规定：

1）楼层号采用 01～99 两位流水数字，为建筑物的自然层数，应符合表 12.2-4 的规定。

表 12.2-4　　建筑的楼层号

楼层号	标识的范围	备注
•01～90	建筑的自然层数，1～90 层	0m 以上部分
•91～99	建筑的负 1 层到负 9 层	地下部分

（2）房间编号采用 001～999 三位流水数字，编号方案由设计单位与建设方共同确定。

六、参考标识——安装点标识

（1）安装点标识用于标识电气/仪控的安装单元（控制台、盘、柜）内的安装点。

（2）安装点标识应采用三级编码，其编码构成应符合以下规定。

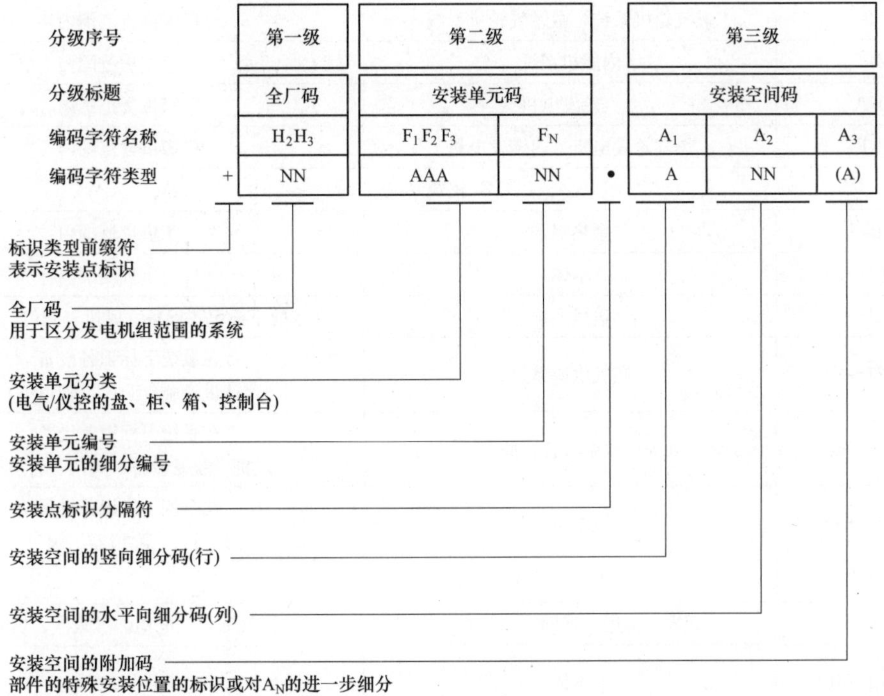

（3）安装单元码由安装单元分类码 $F_1F_2F_3$ 和安装单元编号 F_N 组成，并应符合下列规定：

1）安装单元分类码用于标识硬件设施，系统分类见表 12.3-5。

2）安装单元编号 F_N 由两位阿拉伯数字构成，可以是 01、02、03、…、99，一般采用流水顺序，每位的“0”必须写出。

（4）安装空间码各要素的取值应符合下列规定：

1）安装空间的竖直方向分组（层、行）编码从上往下分别为 A、B、C、…。

2）安装空间的水平方向分组（列）编码从左往右分别为 01、02、03、…。

3）安装空间细分附加码的使用细节可由工程各方约定，亦可省略。

第三节　系统分类码和设备分类码

燃气分布式供能站的完整的系统分类码和设备分类码应在《电厂标识系统编码标准》

(GB/T 50549) 中的附录 A、附录 B 中查找，本节只给出燃气分布式供能站常用的系统分类码和设备分类码。

一、工艺部分的主要系统分类码

(1) 分布式供能站的工艺系统包括机务、暖通、化学、水工等专业。

(2) 机务专业的主要系统分类码见表 12.3-1。

表 12.3-1　　分布式供能站机务专业的主要系统分类码

编码	系统名称	备　注
1. 主机系统		
MA	汽轮机系统	厂家供货范围内
MB	燃气轮机系统、微燃气轮机系统	厂家供货范围内
MR	内燃机系统	厂家供货范围内
MKA	汽轮发电机	厂家供货范围内
MKR	燃气轮发电机、内燃发电机	厂家供货范围内
2. 锅炉系统		
HB	余热锅炉	厂家供货范围内
HBQ01～10	本体	厂家供货范围内
HBQ11～20	送风系统	在系统下标识各设备（风机、阀门、管道等）
HBQ21～30	燃气供应系统	在系统下标识各设备（计量设施、阀门、管道等）
HBQ31～40	烟气处理排放系统含：脱氮、引风	在系统下标识各设备（风机、脱氮设备、阀门、管道等）
HBQ41～50	汽水系统	在系统下标识各设备（水泵、储存设备、除污器、阀门、管道等）
HBQ51～90	备用（可用）	
QQ	调峰（备用、辅助）锅炉系统	燃气锅炉、电锅炉（蒸汽、热水）
QQA01～10	本体	厂家供货范围内
QQA11～20	送风系统	在系统下标识各设备（风机、阀门、管道等）
QQA21～30	燃气供应系统	在系统下标识各设备（计量设施、阀门、管道等）
QQA31～40	烟气处理排放系统（含脱氮、引风）	在系统下标识各设备（风机、脱氮设备、阀门、管道等）
QQA41～50	汽水系统	在系统下标识各设备（水泵、储存设备、除污器、阀门、管道等）
QQA51～90	备用（可用）	
3. 汽水循环系统		
LA	给水系统	
LAC01～80	给水输送系统	在系统下标识各设备（水泵、储存设备、除污器、阀门、管道等）

续表

编码	系统名称	备　注
3. 汽水循环系统		
LAC81～90	备用（可用）	
LB	蒸汽系统	
LBA01～80	主蒸汽管道系统	在系统下标识各设备 （联箱、除污器、阀门、管道等）
LBD01～90	抽汽管道系统	在系统下标识各设备 （联箱、除污器、阀门、管道等）
LBE01～90	背压管道系统	在系统下标识各设备 （联箱、除污器、阀门、管道等）
LBG01～90	辅助蒸汽管道系统	在系统下标识各设备 （联箱、除污器、阀门、管道等）
LBA81～99	备用（可用）	
LC	凝结水系统	
LCC01～70	凝结水输送系统	在系统下标识各设备 （水泵、储存设备、除污器、阀门、管道等）
LCC71～80	凝结水处理（例如除铁）系统	在系统下标识各设备 （水泵、储存处理设备、除污器、阀门、管道等）
LCC81～90	备用（可用）	
4. 燃气、烟气循环系统		
EK	燃气供应系统	
EKA01～80	传输系统（包括管道、预热设备）	在系统下标识各设备（储存处理设备、 除污器、预热设备、阀门、管道等）
EKC01～80	增压系统	在系统下标识各设备（增压机、 储存处理设备、除污器、阀门、管道等）
EKH01～80	减压系统	在系统下标识各设备（调压箱、 储存处理设备、除污器、阀门、管道等）
EKU01～80	计量表计站	在系统下标识各设备（表计、 储存处理设备、除污器、阀门、管道等）
EKA81～90	备用（可用）	
RA	烟气排放系统	
RAB01～80	烟气排放系统	在系统下标识各设备（表计、 连续监测设备、阀门、管道等）
RAB81～90	备用（可用）	
RAC01～20	引风机系统	
RAE01～20	烟囱系统	
RD	烟气脱氮系统	
RDA01～80	烟气脱氮系统	在系统下标识设备（各种脱氮设备、 储存处理设备、除污器、阀门、管道等）
RAD81～90	备用（可用）	

续表

编码	系统名称	备　注
5. 全站的公用系统		
QE	压缩空气和输送用气系统	
QEQ01～80	气体供应系统	在系统下标识设备（压缩机设备、储存处理设备、表计、除污器、阀门、管道等）
QEQ81～90	备用（可用）	
QS	控制油集中供应	
QSQ01～80	油集中供应系统	在系统下标识设备（泵设备、储存处理设备、表计、除污器、阀门、管道等）
QSQ81～90	备用（可用）	
XM	起吊、升降、检验设备	
XMT10	起吊、升降设备系统	全站一个系统，在系统下标识设备（起吊、升降设备）
XMT20	检验设备系统	全站一个系统，在系统下标识检验设备
XMT21～90	备用（可用）	
XN	电梯系统	
XNU10	电梯系统	全站一个系统，在系统下标识电梯设备
XNU11～90	备用（可用）	

（3）暖通专业的主要系统分类码见表 12.3-2。

表 12.3-2　分布式供能站暖通专业的主要系统分类码

编码	系统名称	备　注
XA	空调通风系统	
XAU01～90	各建筑的空调通风系统，例如： XAU01：汽机房空调通风系统 XAU02：办公楼空调通风系统 XAU66：＊＊车间空调通风系统	在系统下标识各种设备（空气处理设备、空调机、表计、阀门、风道等）
XAU91～99	备用（可用）	
XB	采暖系统	
XBU01～90	各建筑的采暖系统。例如： BU01 汽机房采暖系统 XBU02：办公楼采暖系统 XBU66：＊＊车间采暖系统 XBU70：室外采暖管网系统	在系统下标识各种设备（散热设备、水泵、储存处理设备、表计、除污器、阀门、管道等）
XBU91～99	备用（可用）	
XK	空调冷水系统	
XKQ01～20	分布式供能站内各空调冷水系统。例如： XKQ0：一号制冷站系统 XKQ02：二号制冷站系统 XKQ10：室外冷水管网系统	在系统下标识各种设备（制冷机、冷却塔、水泵、储存处理设备、表计、除污器、阀门、管道等）
XKQ21～99	备用（可用）	

（4）化学专业的主要系统分类码见表12.3-3。

表12.3-3 分布式供能站化学专业的主要系统分类码

编码	系统名称	备 注
GA	原水处理系统	
GAQ01～80	原水处理系统	在系统下标识各种设备（水处理设备、水泵、储存设备、表计、除污器、阀门、管道等）
GAQ81～99	备用（可用）	
GB	水硬度处理系统 （包括除盐处理）	
GBB01～60	水硬度处理系统	在系统下标识各种设备（水处理设备、水泵、储存设备、表计、除污器、阀门、管道等）
GBB61～80	冷却塔补水处理系统	在系统下标识各种设备（水处理设备、水泵、储存设备、表计、除污器、阀门、管道等）
GBB81～99	备用（可用）	
GM	废水排放系统	
GMA01～80	集中废水排放系统	在系统下标识各种设备（水泵、储存设备、表计、除污器、阀门、管道等）
GMA81～99	备用（可用）	
GN	废水处理系统	
GNB01～80	集中废水处理系统	在系统下标识各种设备（水处理设备、水泵、储存设备、表计、除污器、阀门、管道等）
GNB81～99	备用（可用）	

（5）水工（消防）专业的主要系统分类码见表12.3-4。

表12.3-4 分布式供能站水工（消防）专业的主要系统分类码

编码	系统名称	备 注
PA	冷却水、供水系统	
PAC01～80	供水系统	在系统下标识各种设备（水处理设备、水泵、储存设备、表计、除污器、阀门、管道等）
PAD01～80	再循环冷却系统、排水冷却系统	在系统下标识各种设备（水处理设备、水泵、储存设备、表计、除污器、阀门、管道等）
PAQ01～50	制冷站冷却、设备冷却水系统	在系统下标识各种设备（冷却塔设备、水泵、储存设备、表计、除污器、阀门、管道等）
PAR01～60	补给水系统	在系统下标识各种设备（水处理设备、水泵、储存设备、表计、除污器、阀门、管道等）
PAS01～30	排污系统	在系统下标识各种设备（水处理设备、水泵、储存设备、表计、除污器、阀门、管道等）
PAT01～80	备用（可用）	
XG	消防系统	
XGA01～10	消防水系统	在系统下标识各种设备（水泵、储存设备、表计、阀门、管道等）

续表

编码	系统名称	备　　注
XGC10	喷雾灭火系统	全站一个系统，在系统下标识喷雾灭火设备
XGE10	自动喷淋灭火系统	全站一个系统，在系统下标识自动喷淋灭火设备
XGQ10	其他灭火系统	全站一个系统，在系统下标识其他灭火设备
XGF	泡沫灭火系统	
XGK	惰性气体灭火系统	
XGL	干粉灭火系统	

二、电气部分的主要系统分类码

(1) 燃气分布式供能站的电气包括：电气一、电气二、通信和信息、照明等专业。

(2) 电气专业采用功能标识和安装点标识，主要系统分类码见表 12.3-5。

表 12.3-5　　分布式供能站电气部分的主要系统分类码

编码	系统名称	备　　注
电力外送（采用工艺标识“＝”）		
AE	110kV $\leqslant U_n <$ 220kV 系统	U_n 为工程所采用的电压
AEA	180kV $\leqslant U_n <$ 220kV 输电	
AEC	150kV $\leqslant U_n <$ 180kV 输电	
AEE	132kV $\leqslant U_n <$ 150kV 输电	
AEG	110kV $\leqslant U_n <$ 132kV 输电	
AEQ	可用（AEQ 至 AER）	
AES	110kV $\leqslant U_n <$ 220kV 系统高层级任务的装置系统	
AET	可用（AET 至 AEU）	
AK	10kV $\leqslant U_n <$ 20kV 系统	
AKA	10kV $\leqslant U_n <$ 20kV 配电	
AKQ	可用（AKQ 至 AKR）	
AL	6kV $\leqslant U_n <$ 10kV 系统	
ALA	6kV $\leqslant U_n <$ 10kV 配电	
ALQ	可用（ALQ 至 ALR）	
AM	1kV $< U_n <$ 6kV 系统	
AMA	1kV $< U_n <$ 6kV 配电	
AMQ	可用（AMQ 至 AMR）	
AMT	可用	
厂用电（采用安装点标识“＋”，工艺标识“＝”）		
BB	中压主供电系统 1	
BBA	中压主供电系统 1，电压等级 1	
BBB	中压主供电系统 1，电压等级 2	

续表

编码	系统名称	备　注
厂用电（采用安装点标识“+”，工艺标识“=”）		
BBT	中压辅助电力变压器	
BBX	控制和保护系统的流体供应系统	
BBY	控制和保护系统	
BC	中压主供电系统 2	
BCA	中压主供电系统 2，电压等级 1	
BCB	中压主供电系统 2，电压等级 2	
BCT	中压辅助电力变压器（例如：启动变压器、备用变压器）	
BCX	控制和保护系统的流体供应系统	
BCY	控制和保护系统	
BD	用于安全服务的中压供电系统	
BF	低压主供电系统 1	
BFA	低压主供电系统 1，电压等级 1	
BFB	低压主供电系统 1，电压等级 2	
BFC	低压主供电系统 1，电压等级 3	
BFT	低压辅助电力变压器	
BFX	控制和保护系统的流体供应系统	
BFY	控制和保护系统	
BG	低压主供电系统 2	
BGA	低压主供电系统 2，电压等级 1	
BGB	低压主供电系统 2，电压等级 2	
BGC	低压主供电系统 2，电压等级 3	
BGT	低压辅助电力变压器	
BGX	控制和保护系统的流体供应系统	
BGY	控制和保护系统	
BH	低压主供电系统 3	
BHA	低压主供电系统 3，电压等级 1	
BHB	低压主供电系统 3，电压等级 2	
BHC	低压主供电系统 3，电压等级 3	
BHT	低压辅助电力变压器	
BHX	控制和保护系统的流体供应系统	
BHY	控制和保护系统	
BM	不间断供电系统（UPS）	
BP	低压直流主供电系统	

续表

编码	系统名称	备　注
发电机系统（本体）（采用工艺标识“＝”）		
MK	发电机系统	
MKA	汽轮发电机本体（包括发电机套管，包括定子，转子和整套冷却系统）	
MKC	发电机励磁设备，包括带电制动的系统	
MKR	燃气轮发电机、内燃发电机	
MKS	可用（MKS 至 MKU）	
电力输出系统（采用工艺标识“＝”）		
MS	电力输出系统（用于替代原 BA 系列）	
MSA	发电机出线	
MSB	后续标准预留	
MSC	发电机断路器系统（包括冷却）	
MSD	换向开关	
MSE	变流器系统	
MSQ	可用（MSQ 至 MSR）	
MSS	补偿系统	
MST	发电机变压器系统（包括冷却）	
MSU	可用	
MSY	电力输出系统的控制和保护系统	
控制和保护系统（采用工艺标识“＝”）		
EKY01～99	气体燃料供应的控制和保护系统	
GAY01～99	原水供水的控制和保护系统	
GBY01～99	水处理的控制和保护系统	
PAY01～99	水工供水、冷却水系统的控制和保护系统	
MSY01～99	电力输出系统的控制和保护系统	
RAY01～99	烟气排放系统的控制和保护系统	
RDY01～99	烟气脱氮系统的控制和保护系统	
LAY01～99	给水系统的控制和保护系统	
LBY01～99	蒸汽系统的控制和保护系统	
LCY01～99	凝水系统的控制和保护系统	
MAY01～99	汽轮机的电气控制和保护系统	
MBY01～99	燃气轮机的电气控制和保护系统	
MKY01～99	发电机的控制和保护系统	
MRY01～99	内燃机的控制和保护系统	
HBY01～99	余热锅炉的控制和保护系统（燃气）	
QQY01～99	调峰锅炉的控制和保护系统（燃气）	
XKY01～99	空调冷水系统的电控和保护系统	

注：01～30，电气二次专业用；31～50，仪控专业用；51～60，电气一次专业用；61～99，备用（可用）

续表

编码	系统名称	备　注
通信和信息（采用工艺标识“＝”）		
YA	站内通信系统	
YAQ01～20	站内通信系统	在系统下标识通信设备
YAQ21～30	备用（可用）	
YB	站内信息任务系统	
YBQ01～20	站内信息任务系统	在系统下标识信息任务设备
YBQ21～30	备用（可用）	
AY	电网通信系统	
AYQ01～20	电网通信系统	在系统下标识通信设备
AYQ21～30	备用（可用）	

(3) 厂用电（B）的标识有以下 2 类：

1）安装点标识，一般只需标识到系统级（高、低压配电盘的编号）。

例 1：高压配电盘（8 号），标识为：＋BBA08；

例 2：低压配电盘（4 号），标识为：＋BFC04。

2）工艺标识，当高、低压配电盘下还有就地配电盘需要进行标识时，就地配电盘应作为该配电盘系统下的设备（UH）进行标识。

例 1：高压配电盘（8 号）下的就地配电盘（6 个），标识为：＝BBA08UH001～006；

例 2：低压配电盘（4 号）下的就地配电盘（3 个），标识为：＝BFC04UH001～003。

(4) 就地安装的照明、检修、通信接线箱采用工艺标识，标识构成：所在建筑物分类码＋楼层号＋UCNNN（NNN 为每一楼层的接线箱单独编号），符合表 12.3-6 的规定。

表 12.3-6　　就地安装的照明、检修、通信接线箱

标　识	说　明	备　注
＝11UMB01・02UC008	区域式供能站 1 号原动机房 2 层 008 号接线箱	UC：照明、检修、通信接线箱合用的设备分类码
＝12UMB01・01UC016	区域式供能站 2 号原动机房 1 层 016 号接线箱	UC：照明、检修、通信接线箱合用的设备分类码
＝00UUA01・02UC015	楼宇式供能站 2 层 015 号接线箱	楼宇式分布式供能站是一个单体联合建筑，建筑名称为联合厂房或地下联合厂房；建筑分类：UUA，全厂码为 00
＝00UUA01・92UC015	楼宇式供能站负 2 层 015 号接线箱	

三、仪控部分的主要系统分类码

(1) 燃气分布式供能站的仪控专业采用参考标识的功能标识和安装点标识，主要系统分类码见表 12.3-7。

表 12.3-7　　分布式供能站仪控部分的主要系统分类码

编码	系统名称	备　注
CA	一般过程自动化	PLC 为基础
CB	操作和监控	
CC	自动化系统	
CD	诊断系统	
CF	数据传输和远程控制系统	
CJ	优化	
CK	过程监控	
CM	操作管理系统	
CS	用于多个控制和管理系统的装置	
CT	就地控制站	
CU	可用	闭环控制（功率部分）

（2）燃气分布式供能站仪控专业与电气专业共用的系统分类码见表 12.3-8。

表 12.3-8　　仪控专业与电气专业共用的系统分类码

编码	系统名称	备　注
发电机系统（本体）（采用工艺标识“＝”）		
MK	发电机系统	
MKA	汽轮发电机本体（包括发电机套管，包括定子，转子和整套冷却系统）	
MKC	发电机励磁设备，包括带电制动的系统	
MKR	燃气轮发电机、内燃发电机	
MKS	可用（MKS 至 MKU）	
电力输出系统（采用工艺标识“＝”）		
MS	电力输出系统	（用于替代原 BA 系列）
MSA	发电机出线	
MSB	后续标准预留	
MSC	发电机断路器系统（包括冷却）	
MSD	换向开关	
MSE	变流器系统	
MSQ	可用（MSQ 至 MSR）	
MSS	补偿系统	
MST	发电机变压器系统（包括冷却）	
MSU	可用	
MSY	电力输出系统的控制和保护系统	

续表

编码	系统名称	备　注
控制和保护系统（采用工艺标识“＝”）		
EKY01～99	气体燃料供应的控制和保护系统	
GAY01～99	原水供水的控制和保护系统	
GBY01～99	水处理的控制和保护系统	
PAY01～99	水工供水、冷却水系统的控制和保护系统	
MSY01～99	电力输出系统的控制和保护系统	
RAY01～99	烟气排放系统的控制和保护系统	
RDY01～99	烟气脱氮系统的控制和保护系统	
LAY01～99	给水系统的控制和保护系统	
LBY01～99	蒸汽系统的控制和保护系统	
LCY01～99	凝水系统的控制和保护系统	
MAY01～99	汽轮机的电气控制和保护系统	
MBY01～99	燃气轮机的电气控制和保护系统	
MKY01～99	发电机的控制和保护系统	
MRY01～99	内燃机的控制和保护系统	
HBY01～99	余热锅炉的控制和保护系统（燃气）	
QQY01～99	调峰锅炉的控制和保护系统（燃气）	
XKY01～99	空调冷水系统的电控和保护系统	
注　01～30，电气二次专业用；31～50，仪控专业用；51～60，电气一次专业用；61～99，备用（可用）		
通信和信息（采用工艺标识“＝”）		
YA	站内通信系统	
YAQ01～20	站内通信系统	在系统下标识通信设备
YAQ21～30	备用（可用）	
YB	站内信息任务系统	
YBQ01～20	站内信息任务系统	在系统下标识信息任务设备
YBQ21～30	备用（可用）	
AY	电网通信系统	
AYQ01～20	电网通信系统	在系统下标识通信设备
AYQ21～30	备用（可用）	

四、设备分类码

设备分类索引见表 12.3-9。

表 12.3-9　　设备分类索引

设备分类	设备名称	备　注
工艺专业		
BF	流量计（001～400）	就地
BL	其他物理量测量元件（001～400）	就地，例如液位、速度、时间等

续表

设备分类	设备名称	备 注
	工艺专业	
BP	压力计（001～00）	就地
BQ	热量计（001～00）	就地
BT	温度计（001～400）	就地
CM	分配、储存类设备	001～500 联箱类(分集水器、分汽缸)； 501～999 箱、槽、罐、池类
EC	空调制冷设备	制冷机、空调机、空气处理机组
EP	换热器、传热面、锅炉	
EQ	采暖、通风、空调的末端设备	风机盘管、散热器、风口
EZ	热力工艺类的组合设备	补水定压装置、储能类设备
FM	消防设备	501～999 固定式消防设备
GM	起吊、升降机、电梯设备	
GP	泵类设备（不含配用电动机）	
GQ	风机、压缩机、空气压缩机组	
GZ	换热类组合设备	热泵类设备、太阳能类设备、 换热机组、冷却塔
HN	流体处理设备（清洗、干燥、 除硬度、分离、排污、过滤、分离）	001～700 水、汽； 701～999 烟、风
MA	配用电动机	泵、风机类设备配套
MZ	其他设备（001～500）	环保类设备、固定工具类、 难以归类的设备
QM	各类阀门	001～400 手动（汽、水管道）； 401～500 电、气动（汽、水管道）； 501～900 手动（烟、风管道）； 901～999 电、气动（烟、风管道）
RQ	保温层、护套	
RR	管道附件	补偿器、弯头、三通、变径管等； 001～500 水、汽管道； 501～999 烟、风管道
UL	底座、梁柱	
UN	吊架、支架、托架	
UZ	基础类的组合设施	
WP	管道	001～500 水、汽管道； 501～999 烟、风管道
	电控专业	
BF	流量测量（401～900）	远传
BL	其他物理量测量元件（401～900）	远传，例如液位、速度、时间等
BP	压力测量（401～900）	远传

续表

设备分类	设备名称	备　注
电控专业		
BQ	热量测量（401～900）	远传
BT	温度测量（401～900）	远传
FZ	电、控保护的组合设备	
GB	蓄电池、直流电源设备	
MZ	其他电气组合设备（501～900）	固定工具类、难以归类的设备
QB	开关类设备	配电盘、断路器、电气盘柜等
QC	防雷保护、接地类设备	避雷器等
TA	变压器、电压互感器、电流互感器等	变压器的绕组
TB	不停电电源、逆变器、整流器	
TZ	电气仪控的组合设备	箱式供电设备
UC	各种配电箱、接线箱	照明配电箱、检修配电箱、通信接线箱、插座、按钮
UH	控制台、电气和仪控安装设备	控制柜、操作台

注　1. 本表源自《电厂标识系统编码标准》(GB/T 50549) 附录 B。

2. 本表中最左一栏未包括的设备分类码，禁用。

3. 本表缺的设备分类，可参见《电厂标识系统编码标准》(GB/T 50549) 附录 B。

第四节　建（构）筑物分类码

分为区域式分布式供能站和楼宇式分布式供能站两种类型。

一、区域式分布式供能站

(1) 建（构）筑物应采用位置标识，建（构）筑物分类码见表 12.4-1。

表 12.4-1　　区域式分布式能源站各建（构）筑物分类码

序号	建筑（构）物名称	其他名称	建筑（构）物分类码	备　注
工艺类				
1	原动机（房）	燃气轮机房	UMB01～10	燃气轮机露天或室内布置
		内燃机房	UMR01～10	内燃机
2	汽机房	汽机间	UMA01～10	蒸汽轮机电控楼（B～C 跨）
3	余热锅炉（房）		UHA01～10	露天或室内布置
4	尖峰锅炉（房）（备用、应急）	燃气锅炉	UHA11～20	露天或室内布置
5	制冷加热站	制冷机房、加热器间	UXK01～10	制冷机、换热器
6	辅机房	辅机间、工艺泵间	UQR01～30	工艺水泵、化学设施
7	天然气调压站	天然气调压间	UEK01～05	调压器、计量设施

续表

序号	建筑（构）物名称	其他名称	建筑（构）物分类码	备　注
		工艺类		
8	天然气增压站	天然气增压间、计量间	UEK11～15	增压机、计量设施
9	空气压缩机房	空气压缩机室	UQS01～05	空气压缩机
10	化学水处理室	补给水处理车间	UGD01～05	含：化验楼
11	原水供应建筑		UGD11～15	
12	循环水、冷却水泵房	循环水泵间	UQS01～05	水泵
13	消防水泵房	消防水泵间	UQS06～10	消防水泵
14	综合水泵房	综合水泵间	UQS11～15	多种水泵
15	供水建构筑物		UQS21～50	
	备用（可用）	其他工艺类建筑	UMP01～90	由设计人员确定
		电控类		
1	升压站建（构）筑物		UBA01～90	含网络继电器室、GIS配电装置
2	电控楼		UBB01	
3	网络继电器楼		UBB02	继电器
4	燃气轮机电控室	燃气轮机电控小间、PCM小室	UBB03	
5	CEMS小室		UBB04	
6	配电装置室		UBB10～20	
	备用（可用）	其他电控类建筑	UBQ01～90	由设计人员确定
		行政、办公、生活、仓库类		
1	办公楼	生产、行政办公楼	ZWA01	含办公、门厅、会议、财务、档案、卫生间等
2	综合楼	综合楼	ZWA02	含办公楼、培训、食堂、夜班休息、材料库、热控试验室
3	生产辅助楼	辅助楼	ZWA03	含辅机间、备品备件、控制室、交接班、电子设备间、办公、会议、档案、夜班休息、卫生间等
4	食堂	职工食堂	ZWE01～20	含餐厅、厨房、储藏间、办公等
5	夜班休息室	倒班楼	ZWC01～10	含夜班休息、卫生间等
6	警卫传达室	传达室、收发室	ZWC11～20	含传达、休息、卫生间
7	材料库、各种仓库		ZVQ 01～30	含一般材料、备品备件、办公等
	备用（可用）	其他行政类建筑	ZWQ01～90	由设计人员确定
		室外设施		
1	室外工艺设施		UWB01～90	
2	室外各类水池、水罐		UWR01～90	
3	室外电气装置		UWV01～90	

续表

序号	建筑（构）物名称	其他名称	建筑（构）物分类码	备　注
室外设施				
4	室外各类罐		UWS01～90	
5	室外各类沟		UWA001～999	
6	室外各类管架		UWB001～999	
7	室外各类井	检查井	UWC001～999	
	备用（可用）	其他室外设施	ZWQ01～90	由设计人员确定

注　区域式分布式供能站有院墙，且由各不同功能的建筑物组成。

（2）当多种功能建筑合并布置在一幢建筑内时，该建筑的建筑分类标识可采用主要功能建筑的分类码。

（3）区域式分布式能源站各建（构）筑物的分类码应由总图专业按表 12.4-1 确定，应标注在供能站总平面布置图的建（构）筑物名称表中，并提供给建筑专业。

（4）区域式分布式供能站各建（构）筑物的房间码应由建筑专业确定，应标注在该建筑首页图的房间名称下和建（构）筑房间名称表中，并提供给其他专业。

二、楼宇式分布式供能站

（1）楼宇式分布式供能站的建（构）筑物应采用位置标识。当楼宇式分布式供能站为多建筑组成时，应参照区域式的方式进行标识。

（2）当楼宇式分布式供能站为单体联合建筑（可地上或地下布置，由各不同功能的房间组成）时，建筑名称统称为“联合厂房”，应采用 UUA01-10 作为建筑分类码。

注：01～10 表示同类单体联合建筑物的流水编号，当只有一个单体联合建筑物时，为 01。

（3）联合厂房的标识应由建筑专业负责标识。

（4）联合厂房的标识由“前缀＋全厂码＋建筑分类码＋房间码（建筑层高号＋房间编号）”组成，标识格式应符合表 12.4-2 的规定。

表 12.4-2　　联合厂房的标识格式

建筑分类码＋房间码	说明	备注
＋＋00UUA01・01003	联合厂房（01 号）1 层 003 号房间	
＋＋00UUA01・02017	联合厂房（01 号）2 层 017 号房间	
＋＋00UUA01・03101	联合厂房（01 号）3 层 101 号房间	
＋＋00UUA02・91005	联合厂房（02 号）负 1 层 005 号房间	
＋＋00UUA01・92003	联合厂房（01 号）负 2 层 003 号房间	

（5）联合厂房的标识应由建筑专业负责，应标识在建筑首页图中的房间名称下和建筑一览表中，并提供给其他专业；建筑一览表的格式内容应符合表 12.4-3 的规定。

表 12.4-3　　建筑首页图中建筑一览表的格式内容

KKS标识	房间名称	备注
++00UUA01・91005	电气配电间	联合厂房（01号）负1层005号房间
++00UUA01・92003	原动机间	联合厂房（01号）负2层003号房间
++00UUA01・93002	联合水泵间	联合厂房（01号）负3层002号房间

注　表中的房间名称，应写该房间的实际名称。

第五节　全厂码标识案例

一、全厂码标识案例一

某区域式分布式供能站项目，联合循环（一拖一配置），分二期建设，一期建设2台燃气轮发电机组、2台余热锅炉、2台汽轮发电机组；二期建设2台燃气轮发电机组、2台余热锅炉、2台汽轮发电机组。把燃气轮发电机组、余热锅炉分别定义为1、2、3、4号，把汽轮发电机组分别定义为11、1、13、14号机组。其全厂码见表12.5-1。

表 12.5-1　　某区域式分布式供能站的全厂码

全厂码 H2H3 的取值	涉　及　范　围	备　注
01	1号燃气轮发电机组、余热锅炉的系统、建（构）筑物、安装项	项目一期 1号机组
02	2号燃气轮发电机组、余热锅炉的系统、建（构）筑物、安装项	项目一期 2号机组
03	3号燃气轮发电机组、余热锅炉的系统、建（构）筑物、安装项	项目二期 3号机组
04	4号燃气轮发电机组、余热锅炉的系统、建（构）筑物、安装项	项目二期 4号机组
11	1号汽轮发电机组的系统、建（构）筑物、安装项	项目一期 11号机组
12	2号汽轮发电机组的系统、建（构）筑物、安装项	项目一期 12号机组
13	3号汽轮发电机组的系统、建（构）筑物、安装项	项目二期 13号机组
14	4号汽轮发电机组的系统、建（构）筑物、安装项	项目二期 14号机组
61	一期工程的共用系统、建（构）筑物、安装项	项目一期
62	二期工程的共用系统、建（构）筑物、安装项	项目二期
00	全厂公用的系统、建（构）筑物、安装项	

二、全厂码标识案例二

某楼宇式分布式供能站，只建设一期。2套内燃机组为一拖一配置（每套包括：1台内燃发电机组、1台烟气换热器、1台余热制冷机）分别定义为1、2号机组。其全厂码见表12.5-2。

表 12.5-2　　某楼宇式分布式供能站的全厂码

全厂码 H2H3 的取值	涉及范围	备注
01	1 号内燃发电机组、1 号烟气换热器、1 号余热制冷机的系统、建（构）筑物、安装项	1 号机组
02	2 号内燃发电机组、2 号烟气换热器、2 号余热制冷机的系统、建（构）筑物、安装项	2 号机组
00	全厂公用的系统、建（构）筑物、安装项	全厂公用

三、全厂码标识案例三

某区域式分布式供能站，联合循环（二拖一配置），分二期建设：一期 2 台燃气轮机发电机组、2 台余热锅炉、1 台汽轮机发电机组；二期 2 台燃气轮机发电机组、2 台余热锅炉、1 台汽轮机发电机组。其全厂码见表 12.5-3。

表 12.5-3　　某区域式分布式供能站的全厂码

全厂码 H2H3 的取值	涉及范围	备注
01	1 号燃气轮发电机组、1 号余热锅炉的系统、建（构）筑物、安装项	项目一期 1 号机组
02	2 号燃气轮发电机组、2 号余热锅炉的系统、建（构）筑物、安装项	项目一期 2 号机组
11	1 号汽轮发电机组	项目一期 5 号机组
03	3 号燃气轮发电机组、3 号余热锅炉的系统、建（构）筑物、安装项	项目二期 3 号机组
04	4 号燃气轮发电机组、4 号余热锅炉的系统、建（构）筑物、安装项	项目二期 4 号机组
12	2 号汽轮发电机组	项目二期 6 号机组
61	一期工程的共用系统、建（构）筑物、安装项	项目一期
62	二期工程的共用系统、建（构）筑物、安装项	项目二期
00	全厂公用的系统、建（构）筑物、安装项	

附录 A　燃气分布式供能系统设计参考标准

1. 综合性的设计标准

《火电厂大气污染物排放标准》GB 13223

《锅炉大气污染物排放标准》GB 13271

《城镇燃气设计规范》GB 50028

《锅炉房设计规范》GB 50041

《小型火力发电厂设计规范》GB 50049

《城镇燃气技术规范》GB 50494

《电厂标识系统编码标准》GB/T 50549

《燃气冷热电联供工程技术规范》GB 51131—2016

《燃气-蒸汽联合循环电厂设计规定》DL/T 5174

《燃气分布式供能站设计规范》DL/T 5508—2015

《城镇供热管网设计规范》CJJ 34

《分布式电源接入电网技术规定》Q/GDW 480

《中国华电集团公司火力发电工程设计导则》(B 版)

《中国华电集团有限公司天然气分布式能源项目工程设计导则》(2017 年版)

2. 各专业的设计标准

《旋转电机　定额和性能》GB 755

《火力发电机组及蒸汽动力设备水汽质量》GB/T 1214

《工业锅炉水质》GB/T 1576

《内燃机通用技术条件》GB/T 1147

《声环境质量标准》GB 3096

《地表水环境质量标准》GB 3838

《生活饮用水卫生标准》GB 5749

《油浸式电力变压器技术参数和要求》GB/T 6451

《同步电机励磁系统定义》GB/T 7409.1

《同步电机励磁系统电力系统研究用模型》GB/T 7409.2

《隐极同步发电机技术要求》GB/T 7064

《污水综合排放标准》GB 8978

《干式电力变压器技术参数和要求》GB/T 10228

《中小型同步电机励磁系统基本技术要求》GB 10585

《工业企业厂界环境噪声排放标准》GB 12348

《燃气轮机采购》GB/T 14099

《继电保护和安全自动装置技术规程》GB/T 14285

《声环境功能区划分技术规范》GB/T 15190

《溴化锂吸收式冷（温）水机组安全要求》GB 18361
《直燃型溴化锂吸收式冷（温）水机组》GB/T 18362
《蒸汽和热水型溴化锂吸收式冷水机组》GB/T 18431
《危险废物贮存污染控制标准》GB 18597
《一般工业固体废物贮存、处置的污染控制标准》GB 18599
《火力发电厂与变电站设计防火规范》GB 50229
《建筑地基基础设计规范》GB 50007
《建筑结构荷载规范》GB 50009
《建筑抗震设计规范》GB 50011
《室外给水设计规范》GB 50013
《室外排水设计规范》GB 50014
《建筑给水排水设计规范》GB 50015
《建筑设计防火规范》GB 50016
《钢结构设计规范》GB 50017
《工业建筑供暖通风与空气调节设计规范》GB 50019
《锅炉房设计规范》GB 50041—2008
《工业建筑防腐蚀设计规范》GB 50046
《工业循环冷却水处理设计规范》GB 50050—2007
《烟囱设计规范》GB 50051
《低压配电设计规范》GB 50054
《通用用电设备配电设计规范》GB 50055
《建筑物防雷设计规范》GB 50057
《爆炸危险环境电力装置设计规范》GB 50058
《电力装置的继电保护和自动装置设计规范》GB/T 50062
《电力装置的电测量仪表装置设计规范》GB/T 50063
《交流电气装置的过电压保护和绝缘配合设计规范》GB/T 50064
《交流电气装置接地设计规范》GB/T 50065
《汽车库、修车库、停车场设计防火规范》GB 50067
《工业企业噪声控制设计规范》GB 50087
《工业循环水冷却设计规范》GB/T 50102
《工业用水软化除盐设计规范》GB/T 50109
《火灾自动报警系统设计规范》GB 50116
《建筑灭火器配置设计规范》GB 50140
《原油和天然气工程设计防火规范》GB 50183
《公共建筑节能设计标准》GB 50189—2015
《电力工程电缆设计规范》GB 50217
《输气管道工程设计规范》GB 50251
《工业设备及管道绝热工程设计规范》GB 50264
《开发建设项目水土保持技术规范》GB 50433

《民用建筑供暖通风与空气调节设计规范》GB 50736—2016
《工作场所有害因素职业接触限值 第2部分：物理因素》GBZ 2.2
《火电厂环境监测技术规范》DL/T 414
《燃气发电厂噪声防治技术导则》DL/T 1545
《火力发电厂土建结构设计技术规定》DL 5022
《火力发电厂建筑装修设计标准》DL/T 5029
《火力发电厂总图运输设计规范》DL/T 5032
《发电厂供暖通风与空气调节设计规范》DL/T 5035
《电力工程直流电源系统设计技术规程》DL/T 5044
《发电厂废水治理设计规范》DL/T 5046
《火力发电厂辅助及附属建筑物建筑面积标准》DL/T 5052
《发电厂化学设计规程》DL 5068
《火力发电厂建筑设计规程》DL/T 5094
《火力发电厂、变电站二次接线设计技术规程》DL/T 5136
《火力发电厂厂用电设计技术规程》DL/T 5153
《火力发电厂热工控制系统设计技术规定》DL/T 5175
《导体和电器选择设计技术规定》DL/T 5222
《发电厂电力网络计算机监控系统设计技术规程》DL/T 5226
《高压配电装置设计规范》DL/T 5352
《发电厂和变电站照明设计技术规定》DL/T 5390
《火力发电厂热工保护系统设计技术规定》DL/T 5428
《火力发电厂再生水深度处理设计规范》DL/T 5483
《电力工程交流不间断电源系统设计技术规程》DL/T 5491
《城镇供热直埋热水管道技术规程》CJJ/T 81
《城镇供热直埋蒸汽管道技术规程》CJJ /T 104
《蓄冷空调工程技术规程》JGJ 158
《民用建筑电气设计规范》JGJ 16
《建筑地基处理技术规范》JGJ 79
《危险废物收集 贮存 运输技术规范》HJ 2025
《水土保持监测技术规程》SL 277
《开发建设项目水土保持监测设计和实施计划编制提纲》（试行）

附录B　燃料供应系统的安全管理要求

摘自国家能源局《燃气电站天然气系统安全管理规定》。

第二章　安 全 要 求

第四条　燃气发电工程设计单位应具备相应等级的资质证书，并应严格执行国家规定的设计深度要求和标准规范中的强制性条文。

第五条　进入燃气电站的天然气气质应符合《天然气》（GB 17820）中的相关要求，同时还应满足《输气管道工程设计规范》（GB 50251）等国家和行业标准中的有关规定；天然气在电站内经过滤、加热及调压后，最终应满足燃气轮机制造厂对天然气气质各项指标的要求。

第六条　燃气电站天然气系统的设计和防火间距应符合《石油天然气工程设计防火规范》（GB 50183）的规定。

第七条　调压站与调（增）压装置的设计，应遵循以下原则：

（一）天然气调压站应独立布置，应设计在不易被碰撞或不影响交通的位置，周边应根据实际情况设置围墙或护栏。

（二）调压站或调（增）压装置与其他建、构筑物的水平净距和调（增）压装置的安装高度应符合《城镇燃气设计规范》（GB 50028）的相关要求。

（三）设有调（增）压装置的专用建筑耐火等级不低于二级，且建筑物门、窗向外开启，顶部应采取通风措施。

（四）调（增）压装置的进出口管道和阀门的设置应符合《城镇燃气设计规范》（GB 50028）及《输气管道工程设计规范》（GB 50251）的相关要求；调（增）压装置前应设有过滤装置。

第八条　天然气系统管道设计，应遵循以下原则：

（一）天然气进、出调压站管道应设置关断阀，当站外管道采用阴极保护腐蚀控制措施时，其与站内管道应采用绝缘连接。天然气管道不得与空气管道固定相连。

（二）天然气管道宜采用支架敷设或直埋敷设。

（三）天然气管道应有良好的保护设施。地下天然气管道应设置转角桩、交叉和警示牌等永久性标志。易于受到车辆碰撞和破坏的管段，应设置警示牌，并采取保护措施。架空敷设的天然气管道应有明显警示标志。

（四）地下天然气管道不得从建筑物和大型构筑物（不包括架空的建筑物和大型构筑物）的下面穿越。地下天然气管道与建（构）筑物或相邻管道之间的水平和垂直净距应符合《城镇燃气设计规范》（GB 50028—2016）6.3.3 的有关规定，且不得影响建（构）筑物和相邻管道基础的稳固性。

（五）地下天然气管道埋设的最小覆土厚度（路面至管顶）应符合《城镇燃气设计规范》

（GB 50028—2016）6.3.4 的有关规定。

（六）地下天然气管道与交流电力线接地体的净距不应小于《城镇燃气设计规范》（GB 50028—2010）6.7.5 的有关规定。

（七）除必须用法兰连接部位外，天然气管道管段应采用焊接连接。

（八）连接管道的法兰连接处，应设金属跨接线（绝缘管道除外），当法兰用 5 副以上的螺栓连接时，法兰可不用金属线跨接，但必须构成电气通路。如天然气管道法兰发生严重腐蚀，电阻值超过 0.03Ω 时，应符合《压力管道安全技术监察规程　工业管道》（TSG D0001）的有关规定。

第九条　天然气系统泄压和放空设施设计，应遵循以下原则：

（一）天然气系统中，两个同时关闭的关断阀之间的管道上，应安装自动放空阀及放散管。为使管道系统放空而配置的连接管尺寸和排放通流能力，应满足紧急情况下使管段尽快放空要求。

（二）在天然气系统中存在超压可能的承压设备，或与其直接相连的管道上，应设置安全阀。安全阀的选择和安装应符合《安全阀安全技术监察规程》（TSG ZF001）和《城镇燃气设计规范》（GB 50028—2016）的有关规定。

（三）天然气系统应设置用于气体置换的吹扫和取样接头及放散管等。放散管应设置在不致发生火灾危险的地方，放散管口应布置在室外，高度应比附近建（构）筑物高出 2m 以上，且总高度不应小于 10m。放散管口应处于接闪器的保护范围内。

第十条　天然气爆炸危险区域的范围应根据释放源的级别和位置、易燃物质的性质、通风条件、障碍物及生产条件、运行经验等现场实际情况，经技术经济比较综合确定。爆炸危险区域内的设施应采用防爆电器，其选型、安装和电气线路的布置应按《爆炸危险环境电力装置设计规范》（GB 50058—2016）执行。

第十一条　天然气系统设备的防雷接地设施设计应符合《建筑物防雷设计规范》（GB 50057）及《石油天然气工程设计防火规范》（GB 50183）的有关规定。防静电接地设施设计应符合《化工企业静电接地设计规程》（HG/T 20675）的有关规定。

第十二条　天然气系统消防及安全设施设计应执行《火力发电站与变电所设计防火规范》（GB 50229）和《城镇燃气设计规范》（GB 50028—2016）的有关规定。

第十三条　天然气工程设计完毕后，应由工程建设单位组织图纸会审，会审时应对设计图纸的规范性、安全合规性、实用性和经济性等方面进行综合评定。

第十四条　天然气工程施工单位应具备相应等级的资质证书，禁止施工单位将工程项目转包、违法分包和挂靠资质等行为。

第十五条　燃气发电企业应建立工程建设质保体系并建立健全工程质量管理制度，指定专人对天然气工程质量进行监督管理。

第十六条　设施设备与管材、管件的提供厂商必须具备相应的生产资质，进场设备和材料规格必须符合国家现行有关产品标准的规定和设计要求，进场设备和材料必须具备出厂合格证及必要的检验报告。

第十七条　天然气工程施工前必须进行技术交底，并有书面交底记录资料和履行签字手续。燃气发电企业和施工单位对施工人员必须进行针对天然气工程建设特点的三级安全教育。

第十八条　施工必须按设计文件进行，如发现施工图有误或天然气设施的设置不能满足《城镇燃气设计规范》(GB 50028—2016）时，施工单位不得自行更改，应及时向燃气发电企业和设计单位提出变更设计要求。修改设计或材料代用应经原设计部门同意。

第十九条　承担天然气钢质管道、设备焊接的人员，必须具有锅炉压力容器压力管道特种设备操作人员资格证（焊接）焊工合格证书，且在证书的有效期及合格范围内从事焊接工作。间断焊接时间超过 6 个月，应重新考试合格后方可再次上岗。

第二十条　天然气系统施工中管道、设备的装卸运输和存放、土方施工、地下和架空管道敷设、调压设施安装，以及管道附件与设备安装应符合《城镇燃气输配工程施工及验收规范》(CJJ 33—2005）的有关规定要求。

第二十一条　管道、设备安装完毕后应按《城镇燃气输配工程施工及验收规范》(CJJ 33）的有关规定，依次进行吹扫、强度试验和严密性试验。

第二十二条　工程竣工验收应以批准的设计文件、国家现行有关标准、施工承包合同、工程施工许可文件和本规定为依据。工程竣工验收应由燃气发电企业（建设单位）主持，组织勘察、设计、监理及施工单位对工程进行验收。验收合格后，各部门签署验收纪要。燃气发电企业及时将竣工资料、文件归档，然后办理工程移交手续。验收不合格应提出书面意见和整改内容，签发整改通知限期完成。整改完成后重新验收。整改书面意见、整改内容和整改通知编入竣工资料文件中。

第二十三条　竣工资料的收集、整理工作应与工程建设过程同步，工程完工后应及时做好整理和移交工作。整体工程竣工资料包括工程依据文件、交工技术文件和检验合格记录等，具体可参照《城镇燃气输配工程施工及验收规范》(CJJ 33—2005）中 12.5.3 规定执行。

附录C 量纲及换算

主要量的符号及其计量单位见表 C-1，长度单位换算表见表 C-2，面积单位换算表见表 C-3，力单位换算表见表 C-4，压力、应力单位换算表见表 C-5，功率单位换算表见表 C-6，功、能、热量单位换算表见表 C-7，冷量单位换算表见表 C-8，常用热量单位换算表见表 C-9，饱和蒸汽压力与温度对照表见表 C-10。

表 C-1 **主要量的符号及其计量单位**

量的名称	符号	计量单位	量的名称	符号	计量单位
长度	L（l）	m	热（冷）指标	q	W/m^2
高度	H（h）	m	热耗率	q	kJ/kWh
半径	R（r）	m	导热系数	λ	W/(m·K)
直径	D（d）	m	换（传）热系数	k	$W/(m^2 \cdot K)$
公称直径	DN	mm	热化系数	α	%
厚度（壁厚）	δ	m	比热容	G	kJ/(kg·℃)
面积	A	m^2	比熵	s	kJ/(kg·K)
体积、容积	V	m^3	比焓	h	kJ/kg
速度	v	m/s	煤耗量	B	t
密度	ρ	kg/m^3	单位发电、供热煤耗	b	kg/kWh、kg/GJ
比体积	ν	m^3/kg	蒸汽流量	D	t/h
力	F	N	水流量	G	t/h
力矩	M	N·m	比㶲	e	kJ/kg
压力	p	Pa	功率	P	W
热力学温度	T	K	电量	W	kWh
摄氏温度	t	℃	设备利用小时数	n	h
温升（温差）	Δt	℃	厂用电率	ξ	%
热量	Q	J	比摩阻	R_m	Pa/m
热负荷	Q	kW	效率	η	%
电流	I	A			
电压	U	V			
千乏	Q	kvar			

表 C-2 **长度单位换算表**

长度名称	m	in	ft	yd	km	mile	nmile
米	1	39.37	3.281	1.094	10^{-3}	6.21×10^{-4}	5.40×10^{-4}
英寸	0.025 4	1	0.083 3	0.027 8	0.254×10^{-4}	1.578×10^{-5}	1.371×10^{-5}

续表

长度名称	m	in	ft	yd	km	mile	nmile
英尺	0.304 8	12	1	0.333	$0.304\,8\times10^{-3}$	1.894×10^{-4}	1.646×10^{-4}
码	0.914 4	36	3	1	$0.914\,4\times10^{-3}$	5.682×10^{-4}	4.937×10^{-4}
千米	1000	3.937×10^{4}	3281	1094	1	0.621	0.540
英里	1609	63 360	5280	1760	1.609	1	0.869
海里	1852	72 913	6076	2025	1.825	1.151	1

表 C-3　面积单位换算表

面积名称	m^2	in^2	ft^2	yd^2	亩	acre	$mile^2$	km^2	ha
平方米	1	1550	10.76	1.196	1.5×10^{-3}	2.471×10^{-4}	3.861×10^{-7}	10^{-6}	10^{-4}
平方英寸	6.452×10^{-4}	1	6.944×10^{-3}	7.716×10^{-4}	9.677×10^{-7}	1.594×10^{-7}	2.491×10^{-10}	0.645×10^{-9}	6.452×10^{-8}
平方英尺	0.092 9	144	1	0.111 1	1.394×10^{-4}	2.296×10^{-5}	3.587×10^{-8}	9.29×10^{-8}	9.29×10^{-8}
平方码	0.836	1296	9	1	1.254×10^{-3}	2.066×10^{-4}	3.228×10^{-7}	8.361×10^{-7}	8.361×10^{-5}
亩	666.7	1.033×10^{6}	7.176×10^{3}	797.3	1	0.164 6	2.574×10^{-4}	6.667×10^{-4}	6.667×10^{-2}
英亩	4046.9	6.273×10^{6}	43 560	4840	6.073	1	1.563×10^{-3}	4.407×10^{-3}	0.404 7
平方英里	2.59×10^{6}	4.014×10^{9}	2.788×10^{7}	3.098×10^{6}	3.885×10^{3}	640	1	2.59	2.59×10^{2}
平方千米	10^{6}	1.55×10^{9}	1.076×10^{7}	1.196×10^{6}	1500	247.1	0.386	1	100
公顷	10^{4}	1.55×10^{7}	1.076×10^{5}	1.196×10^{4}	15	2.471	3.86×10^{-3}	0.01	1

表 C-4　力单位换算表

力名称	N	kgf	lbf	tf	tonf	UStonf
牛顿	1	0.101 97	0.224 8	$1.019\,7\times10^{-4}$	$1.003\,6\times10^{-4}$	1.124×10^{-4}
千克力	9.806 7	1	2.204 6	10−3	9.842×10^{-4}	1.102×10^{-3}
磅力	4.448	0.453 6	1	4.536×10^{-4}	4.464×10^{-4}	5×10^{-4}
吨力	$9.806\,7\times10^{3}$	103	2204.6	1	0.984 2	1.102 3
英吨力	9964	$1.016\,1\times10^{3}$	2240	1.016 1	1	1.12
美吨力	8896	907.2	2000	0.907 2	0.892 9	1

表 C-5　压力、应力单位换算表

压力、应力名称	Pa (N/m^2)	kgf/Gm^2	atm	mH_2O	mmHg (Torr)	inH_2O	lbf/ft^2	lbf/in^2
帕［斯卡］	1	$1.019\,7\times10^{-5}$	9.869×10^{-6}	$1.019\,7\times10^{-4}$	7.5×10^{-3}	$4.014\,6\times10^{-3}$	$2.088\,5\times10^{-2}$	$1.450\,4\times10^{-4}$
千克力/平方厘米	$9.806\,7\times10^{4}$	1	0.967 8	10	735.5	395	2048	14.22
标准大气压	$1.013\,3\times10^{5}$	1.033 3	1	10.333	760	407.5	2116.8	14.696
米水柱	9807	0.1	0.096 8	1	73.556	39.40	204.77	1.422 3
厘米汞柱（托）	133.32	1.36×10^{3}	1.31×10^{3}	0.013 6	1	0.535 2	2.784 5	0.019 3
英寸水柱	249	2.54×10^{-3}	2.46×10^{-3}	2.54×10^{-2}	1.87	1	5.202 3	3.61×10^{-2}

续表

压力、应力名称	Pa (N/m²)	kgf/Gm²	atm	mH_2O	mmHg (Torr)	inH_2O	lbf/ft²	lbf/in²
磅力/平方英尺	47.88	4.883×10^{-4}	4.724×10^{-4}	4.884×10^{-3}	0.359 1	0.192 2	1	6.944×10^{-3}
磅力/平方英寸	6894	0.070 3	0.068 0	0.703	5172	27.72	144	1

表 C-6　　功率单位换算表

功率名称	W(J/S)	kcal/h	kgf・m/s	马力	hp	lbf・ft/s	Btu/h
瓦（焦耳/秒）	1	0.859 8	0.102	1.36×10^{-3}	1.341×10^{-3}	0.737 6	3.412
千卡/时	1.163	1	0.118 6	1.531×10^{-3}	1.56×10^{-3}	0.857 8	3.968
千克力米/秒	9.806 7	8.432	1	0.013 33	0.013 15	7.233	33.46
马力	735.5	632.4	75	1	0.986 3	542.5	2509.6
英马力	745.7	641.2	76.04	1.013 9	1	550	2544.4
磅力英尺/秒	1.355 8	1.165 8	0.138 3	1.843×10^{-3}	1.818×10^{-3}	1	4.626
英热单位/时	0.293	0.252	2.988×10^{-2}	3.985×10^{-4}	3.930×10^{-4}	0.216 2	1

注　1 千瓦（kW）＝1000 瓦（W）。

表 C-7　　功、能、热量单位换算表

功、能、热量名称	kJ	kWh	kcal	kgf・m	Btu	马力时	hp・h
千焦	1	2.778×10^{-4}	0.238 8	101.97	0.947 8	3.777×10^{-4}	3.723×10^{-4}
千瓦时	3600	1	859.8	367 098	3412.14	1.36	1.341
千卡	4.186 8	1.163×10^{-3}	1	427.2	3.968	1.581×10^{-3}	1.558×10^{-3}
千克力米	9.807×10^{-3}	2.724×10^{-6}	2.341×10^{-3}	1	9.291×10^{-3}	3.701×10^{-6}	3.653×10^{-6}
英热单位	1.055	2.931×10^{-4}	0.252	107.6	1	3.984×10^{-4}	3.93×10^{-4}
马力时	2.648×10^{3}	0.735 3	632.5	2.702×10^{5}	2510	1	0.986 3
英马力时	2.685×10^{3}	0.745 7	641.2	2.737×10^{5}	2544.4	1.013 9	1

注　1 焦耳（J）＝10^7尔格（erg）＝1N・m。

表 C-8　　冷量单位换算表

冷量单位	冷吨	美国冷吨	日本冷吨	kcal/h	W	Btu/h
冷吨	1	1.012 7	1.021 67	3300	3837.9	13 100
美国冷吨	0.916 36	1	1.068 10	3024	3516.9	12 000
日本冷吨	0.978 79	0.936 20	1	3230	3756.5	12 820
千卡/时	2.931×10^{-4}	0.33×10^{-3}	0.31×10^{-3}	1	1.163	3.968
瓦	2.931×10^{-4}	0.284×10^{-3}	0.267×10^{-3}	0.86	1	3.412
英热单位/时	2.931×10^{-4}	8.3×10^{-5}	7.85×10^{-5}	0.252	0.293	1

表 C-9 常用热量单位换算表

常用热量名称	GJ	kWh	MWh	Gcal	t/h
吉焦	1	278	0.278	0.24	0.4
千瓦时	0.003 6	1	0.001	0.000 86	0.001 43
兆瓦时	3.6	1000	1	0.86	1.43
百万大卡	4.187	1163	1.163	1	1.667
吨饱和蒸汽/时	2.5	700	0.7	0.6	1

表 C-10 饱和蒸汽压力与温度对照表

压力（MPa）	0.1	0.2	0.4	0.6	0.8	1.0	1.2	1.6	2.5	4.0
温度（℃）	120	133	151	164	175	183	191	203	225	250

参 考 文 献

[1] 林世平．燃气冷热电分布式能源技术应用手册［M］．北京：中国电力出版社，2014.
[2] 杨旭中，康慧，孙喜春．燃气三联供系统规划设计建设与运行［M］．北京：中国电力出版社，2014.
[3] 华贲．天然气冷热电联供能源系统［M］．北京：中国建筑工业出版社，2010.
[4] 杨旭中，郭晓克，康慧．热电联产规划设计手册［M］．北京：中国电力出版社，2009.
[5] 覃朝阳．浅析新时期我国商业楼宇型天然气分布式能源发展前景［J］．大科技，2016（36）.
[6] 宋伟明．我国天然气分布式能源发展现状及趋势［J］．中国能源，2016，38（10）：41-45.
[7] 中国电力工程顾问集团有限公司，中国能源建设集团规划设计有限公司．电力工程设计手册　火力发电厂热机通用设计［M］．北京：中国电力出版社，2019.
[8] 中国电力工程顾问集团有限公司，中国能源建设集团规划设计有限公司．电力工程设计手册　火力发电厂锅炉及辅助系统设计［M］．北京：中国电力出版社，2019.
[9] 中国电力工程顾问集团有限公司，中国能源建设集团规划设计有限公司．电力工程设计手册　火力发电厂汽轮机及辅助系统设计［M］．北京：中国电力出版社，2019.
[10] 中国电力工程顾问集团有限公司．电力工程设计手册　火力发电厂建筑设计［M］．北京：中国电力出版社，2017.
[11] 中国电力工程顾问集团有限公司．电力工程设计手册　火力发电厂结构设计［M］．北京：中国电力出版社，2017.
[12] 中国电力工程顾问集团有限公司．电力工程设计手册　火力发电厂供暖通风与空气调节设计［M］．北京：中国电力出版社，2017.
[13] 中国电力工程顾问集团有限公司，中国能源建设集团规划设计有限公司．电力工程设计手册　火力发电厂水工设计［M］．北京：中国电力出版社，2019.
[14] 中国电力工程顾问集团有限公司，中国能源建设集团规划设计有限公司．电力工程设计手册　火力发电厂化学设计［M］．北京：中国电力出版社，2019.
[15] 中国电力工程顾问集团有限公司．电力工程设计手册　火力发电厂消防设计［M］．北京：中国电力出版社，2017.
[16] 中国电力工程顾问集团有限公司．电力工程设计手册　火力发电厂电气一次设计［M］．北京：中国电力出版社，2018.
[17] 中国电力工程顾问集团有限公司．电力工程设计手册　火力发电厂电气二次设计［M］．北京：中国电力出版社，2018.
[18] 中国电力工程顾问集团有限公司，中国能源建设集团规划设计有限公司．电力工程设计手册　火力发电厂仪表与控制设计［M］．北京：中国电力出版社，2019.
[19] 中国电力工程顾问集团有限公司．电力工程设计手册　集中供热设计［M］．北京：中国电力出版社，2017.
[20] 中国电力工程顾问集团有限公司，中国能源建设集团规划设计有限公司．电力工程设计手册　火力发电厂总图运输设计［M］．北京：中国电力出版社，2019.
[21] 中国电力工程顾问集团有限公司，中国能源建设集团规划设计有限公司．电力工程设计手册　火力发电厂烟气治理设计［M］．北京：中国电力出版社，2019.
[22] 中国电力工程顾问集团有限公司，中国能源建设集团规划设计有限公司．电力工程设计手册　燃气-蒸汽联合循环机组及附属系统设计［M］．北京：中国电力出版社，2019.

[23] 中国电力工程顾问集团有限公司．电力工程设计手册　火力发电厂节能设计［M］．北京：中国电力出版社，2017.
[24] 中国电力工程顾问集团有限公司，中国能源建设集团规划设计有限公司．电力工程设计手册　环境保护与水土保持［M］．北京：中国电力出版社，2019.
[25] 中国电力工程顾问集团有限公司，中国能源建设集团规划设计有限公司．电力工程设计手册　职业安全与职业卫生［M］．北京：中国电力出版社，2019.
[26] 中国电力工程顾问集团有限公司，中国能源建设集团规划设计有限公司．电力工程设计手册　技术经济［M］．北京：中国电力出版社，2019.
[27] 陆耀庆．实用供热空调设计手册［M］．2版．北京：中国建筑工业出版社，2008.
[28] 建设部工程质量安全监督与行业发展司．全国民用建筑工程设计技术措施：暖通空调·动力［M］．北京：中国计划出版社，2003.
[29] 住房和城乡建设部工程质量安全监管司．2009全国民用建筑工程设计技术措施．暖通空调·动力［M］．北京：中国计划出版社，2009.
[30] 住房和城乡建设部工程质量安全监管司．全国民用建筑工程设计技术措施．节能专篇．给水排水［M］．北京：中国计划出版社，2009.
[31] 金红光，郑丹星，徐建中．分布式冷热电联产系统装置及应用［M］．北京：中国电力出版社，2010.
[32] 清华大学建筑节能研究中心．中国建筑节能年度发展研究报告［M］．北京：中国建筑工业出版社，2017.
[33] 关文吉．建筑热能动力设计手册［M］．北京：中国建筑工业出版社，2015.
[34] 钱以明．简明空调设计手册［M］．2版．北京：中国建筑工业出版社，2017.
[35] 刘泽华，彭梦珑，周湘江．空调冷热源工程［M］．北京：机械工业出版社，2005.
[36] 常丽，秦渊，李晨．楼宇型分布式能源站中蓄能系统的应用探讨［J］．发电与空调，2015（1）：6-9.
[37] 常丽，马彦涛，李文琴．蓄冷系统在燃气分布式能源站中的应用［J］．制冷与空调，2017，17（5）：62-65.
[38] 熊信银．发电厂电气部分［M］．3版．北京：中国电力出版社，2004.
[39] 水利电力部西北电力设计院．电力工程电气设计手册：电气一次部分［M］．北京：中国电力出版社，1989.
[40] 国家能源局．火力发电工程建设预算编制与计算规定［M］．北京：中国电力出版社，2013.
[41] 中华人民共和国国家经济贸易委员会．电力工程建设投资估算指标——火电工程［M］．北京：中国电力出版社，2002.
[42] 中国电力企业联合会．电力建设工程装置性材料综合预算价格［M］．北京：中国电力出版社，2013.
[43] 电力规划设计总院．火电工程限额设计参考造价指标［M］．北京：中国电力出版社，2017.
[44] 王聪生，康慧，等．电厂标识系统编码应用手册［M］．2版．北京：中国电力出版社，2011.